JN445892

원리로 이해하는

무선 공학

RF and Microwave Wireless Systems

홍익표 지음

한빛아카데미
Hanbit Academy, Inc.

지은이 **홍익표** iphong@kongju.ac.kr

전자기 수치해석 분야로 2000년 연세대학교에서 박사학위를 취득했고, 2003년까지 삼성전자 무선사업부에서 CDMA 단말기 개발 및 연구를 했다. 또한 2006~2007년 미국 Texas A&M 대학에서, 2012~2013년 미국 Syracuse 대학에서 방문연구원을 지냈다. 현재 국립공주대학교 스마트정보기술공학과 교수로 재직 중이며, 관심 분야는 주기구조 전자기 응용, 전자기 수치해석, EMI/EMC 등이다.

[저서] 『통신기초실험』(공주대학교 출판부, 2008)
『원리로 이해하는 마이크로파공학』(한빛아카데미, 2015)
『기초 전기전자 에센스』(한빛아카데미, 2016)
[역서] 『EMC를 고려한 PCB 설계기술』(진한엠엔비, 2006)
『RF 및 초고주파 공학』(한빛아카데미, 2009)
『Ott의 EMC 공학(실무응용편)』(학산미디어, 2013)
『전기자기학』(홍릉과학출판사, 2022)

원리로 이해하는 무선공학

초판발행 2022년 1월 22일
3쇄발행 2025년 1월 20일

지은이 홍익표 / **펴낸이** 전태호
펴낸곳 한빛아카데미(주) / **주소** 서울시 서대문구 연희로2길 62 한빛아카데미(주) 2층
전화 02-336-7112 / **팩스** 02-336-7199
등록 2013년 1월 14일 제2017-000063호 / **ISBN** 979-11-5664-579-5 93560

총괄 박현진 / **책임편집** 김평화 / **기획** 김은정 / **편집** 박현진 / **교정** 송지은 / **진행** 임여울
디자인 표지 이아란 / **전산편집** 라미경 / **제작** 박성우, 김정우
영업 김태진, 김성삼, 이정훈, 임현기, 이성훈, 김주성 / **마케팅** 김호철, 심지연

이 책에 대한 의견이나 오탈자 및 잘못된 내용은 출판사 홈페이지나 아래 이메일로 알려주십시오.
파본은 구매처에서 교환하실 수 있습니다. 책값은 뒤표지에 표시되어 있습니다.
홈페이지 www.hanbit.co.kr / 이메일 question@hanbit.co.kr

Published by HANBIT Academy, Inc. Printed in Korea

지은이 머리말

5G 이동통신의 핵심, 전파를 이용한 무선공학 기술의 원리를 배운다.

2016년 세계 경제 포럼에서 클라우스 슈바프가 4차 산업혁명을 주장한 이후, 로봇공학, 인공지능, 나노기술, 양자 프로그래밍, 생명공학, IoT, 3D 인쇄 및 자율주행 차량을 비롯한 여러 분야에서 새로운 기술 혁신이 이루어지고 있습니다. 특히 2018년 한국에서 상용화가 시작된 5세대 이동통신은 이 4차 산업혁명의 핵심 인프라로 자리매김하면서 그 중요성이 더욱 강조되고 있는데, 이 이동통신의 핵심기술이 바로 전파를 이용한 무선공학 기술입니다.

필자는 무선통신 시스템의 동작원리를 쉽게 설명하고자 『원리로 이해하는 마이크로파공학』(한빛아카데미, 2015) 교재를 출간했고, 어느덧 6년 남짓한 시간이 흘렀습니다. 그동안 수업 중 학생들이 자주 했던 질문들에 대한 설명, 기업체의 엔지니어들과 이야기하면서 필요하다고 느낀 내용, 가르치면서 아쉬웠던 부분을 보완하는 작업이 필요하다는 생각이 들었습니다.

이번에 새롭게 추가된 내용은 무선전파의 특성, 전자기학 이해를 위한 기초 수학, 전송선로 이론을 응용하기 위한 전자파 적합성, 안테나의 측정, 레이다, 변조와 복조, 무선공학을 응용하기 위한 무선통신시스템 등입니다. 이는 학생들이 졸업 후에 무선공학 관련 실무 엔지니어가 되는 데 도움이 되는 내용들입니다.

이 책의 특징

이 책은 다음과 같이 총 11개 장으로 이루어져 있습니다. 무선공학의 선수과목인 전파와 전자기학의 기초 개념, 전송선로 이론, 무선 송수신 시스템을 구성하는 RF 부품의 동작원리와 설계 파라미터, 변조와 복조, 안테나 이론, 그리고 무선공학의 응용으로 레이다 등을 다룹니다. 무선공학에서 꼭 알아야 할 이론과 개념을 중심으로 담았기 때문에 전자/전파/정보통신 관련 학과 학생뿐만 아니라 실무 엔지니어 입문자를 위한 교재로도 활용할 수 있습니다.

- 1~2장 : 무선공학을 배워야 하는 이유와 주요 내용을 이해하는 데 필요한 전파와 전자기학의 기초 개념을 다룹니다.
- 3~4장 : 전송선로, 스미스차트, 산란 행렬의 내용 및 전자파 적합성 기초 내용을 다룹니다.
- 5~7장 : 마이크로파 수동소자와 능동소자로 구성되는 마이크로파 송수신기 관련 내용을 다룹니다.
- 8~9장 : 안테나와 전파전파와 관련한 내용 및 레이다의 기초 내용을 다룹니다.
- 10~11장 : 통신시스템의 변조와 복조 및 무선공학의 응용 서비스들을 다룹니다.

- 부록 A~C : 전자기학 관련 주요 공식과 페이저, 우모드/기모드 개념에 대해 다룹니다.
- 부록 D~E : 실무 엔지니어들이 사용하는 소프트웨어(Ansoft Designer, FEKO)를 활용하여 필터와 안테나를 설계하는 과정을 소개합니다.

또한 이 책에서는 지방직/국가직 공무원 시험 채용과목 중 전기자기학, 전파공학, 통신이론, 무선공학개론 등의 과목들에서 다루는 내용, 그리고 기사시험(무선설비기사, 전파전자통신기사, 방송통신기사)과 연관된 내용을 다룹니다. 각 장의 주제와 관련한 기출문제를 장 말미에 넣어 실제 공무원 및 기사시험을 준비하는 학생들에게 도움이 될 수 있게 했습니다.

무선 공학에서 꼭 알아야 할 이론과 개념들을 모두 담으려고 노력했지만, 여전히 부족한 부분이 많습니다. 이 책을 활용하다 발견한 오류, 수정 및 보완해야 할 부분을 알려주시면 다음 개정판에 반영하도록 하겠습니다. 아무쪼록 이 책이 무선공학을 처음 공부하는 학생과 엔지니어에게 많은 도움이 되기를 바랍니다.

감사의 글

이 책이 나오기까지 오랫동안 교재의 방향과 내용에 대해 함께 고민해 주신 한빛아카데미(주)의 김은정 차장님과 초판(원리로 이해하는 마이크로파공학)에 이어 편집을 도와주신 박현진 팀장님께 고마운 마음을 전합니다. 옆에서 항상 응원해주는 사랑하는 가족에게도 각별한 감사의 마음을 전합니다.

국립공주대학교 천안캠퍼스에서
지은이 **홍익표**

이 책의 구성

학습목표
각 장에서 학습할 주제와 목표를 제시한다.

> **학습목표**
> - 전자기 에너지를 전달하기 위한 전송선로의 개념을 이해한다.
> - 전송선로 방정식을 유도하여 전자파 전압, 전류, 임피던스의 관계를 이해한다.
> - 특성 임피던스, 위상속도, 반사계수, 전압정재파비 등 전파의 특성을 나타내는 파라미터를 이해한다.
> - 전송선로에서 전력전달의 개념을 이해한다.

예제
본문에서 다룬 개념을 응용한 문제와 그에 대한 상세한 풀이를 제공한다.

> **예제 4-12** 전송선로의 ABCD 행렬
>
> 다음의 그림과 같은 무손실 전송선로가 다음과 같은 ABCD 행렬로 주어지는 것을 유도하라.
>
> 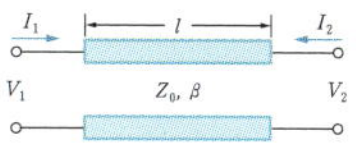
>
> $$\begin{bmatrix} A & B \\ C & D \end{bmatrix} = \begin{bmatrix} \cos(\beta l) & jZ_0\sin(\beta l) \\ j\dfrac{\sin(\beta l)}{Z_0} & \cos(\beta l) \end{bmatrix}$$
>
> 풀이
>
> ❶ 먼저 전송선로의 양단을 단락시키면 전송선로 길이
> 전류를 구할 수 있다.
>
> 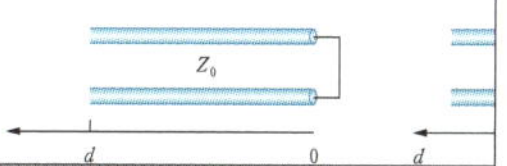

연습문제
해당 장에서 학습한 내용을 얼마나 이해했는지 확인할 수 있는 문제를 제시한다.

> **Chapter 07 연습문제**
>
> 7.1 **[잡음지수와 SNR의 관계]** 증폭기가 40[dB] 이득과 3[dB] 잡음지수를 갖는다. 입력신호가 −80[dBm], 신호 대역폭이 10[MHz]일 때 입력 SNR과 출력 SNR을 구하라.
>
> 7.2 **[수신기의 잡음지수]** 다음의 그림과 같이 저잡음 증폭기, 믹서, IF 증폭기로 이루어진 수신기에서 각각의 잡음지수는 3[dB], 6[dB], 10[dB]이다. 수신기의 전체이득 G_T는 30[dB]이며, IF 증폭기 이득은 10[dB]이다. 주어진 물음에 답하라.
>
> (a) 시스템의 전체 잡음지수가 5[dB]보다 크지 않으려면 저잡음 증폭기의 최소이득은 얼마가 되어야 하는가?
>
> (b) 저잡음 증폭기 이득이 최솟값을 가질 때 IF 증폭기의 잡음지수를 20[dB]로 증가시키면 전체 시스템의 잡음지수 N_{FT}는 얼마가 되는가?

기출문제
무선설비/전파전자통신기사, 공무원 등 관련 자격시험을 준비하는 독자를 위해 최신 기출문제를 수록했다.

> **Chapter 07 기출문제**
>
> L7.1 **[2021, 국가직 9급]** 슈퍼헤테로다인 수신기에서 입력신호가 통과하는 순서대로 나열한 것은?
>
> ① RF 증폭기 → 혼합기 → 포락선 검파기 → IF 증폭기
> ② RF 증폭기 → IF 증폭기 → 포락선 검파기 → 혼합기
> ③ RF 증폭기 → IF 증폭기 → 혼합기 → 포락선 검파기
> ④ RF 증폭기 → 혼합기 → IF 증폭기 → 포락선 검파기
>
> L7.2 **[2021, 지방직 9급]** 슈퍼헤테로다인 superheterodyne 수신기에 대한 설명으로 가장 옳은 것은?
>
> ① TRF Tuned Radio Frequency 수신기는 슈퍼헤테로다인 수신기의 영상 주파수 image frequency 에 대한 간섭문제를 해결하기 위해 개발되었다.
> ② 슈퍼헤테로다인 수신기는 AM Amplitude Modulation 수신에서만 사용된다.

부록(D, E)
소프트웨어를 활용하여 필터와 안테나를 직접 설계해보는 과정을 보여준다.

> Appendix
> **D. 마이크로스트립 결합선로 대역 통과 필터 설계**

> Appendix
> **E. 마이크로스트립 패치 안테나 설계**
>
> 이 장에서는 전자기 해석 소프트웨어인 Altair Feko™ Student Edition 프로그램을 사용하여 2.45[GHz]에서 동작하는 마이크로스트립 패치 안테나를 설계하는 과정을 살펴볼 것이다. 먼저 Altair Feko™ Student 프로그램의 기본 기능을 살펴보자.

이 책의 사용 설명서

■ 강의 보조 자료

한빛아카데미 홈페이지에서 '교수회원'으로 가입하신 분은 인증 후 교수용 강의 보조 자료를 제공받을 수 있습니다. 한빛아카데미 홈페이지 상단의 〈교수전용공간〉 메뉴를 클릭하세요.

http://www.hanbit.co.kr/academy

■ 연습문제 해답

도서는 대학 강의용 교재로 개발되었으므로 연습문제 풀이는 제공하지 않습니다. 단, 정답은 아래의 경로에서 내려받을 수 있습니다.

한빛아카데미 홈페이지 접속 → [도서명] 검색 → 도서 상세 페이지의 [부록/예제소스]

■ 표준스케줄 표

주	해당 장	주제
1	1장	무선통신의 역사, 주파수와 파장, 무선전파의 특성
2	2장	전자기학 기초(전자기학 이해를 위한 수학, 전기장과 자기장)
3	2장	전자기학 기초(맥스웰 방정식, 매질의 특성, dB의 개념)
4	3장	전송선로(전송선로 방정식과 파라미터, 전송선로의 종류와 설계)
5	4장	스미스차트, 임피던스 정합회로
6	4장	산란계수, 전자파적 합성
7	5장	*RLC* 회로, 전력분배기 및 결합기, 마이크로파 필터
8		**중간고사**
9	6장	증폭기와 발진기, 검파기와 믹서, 스위치
10	7장	송수신기 구조, 송신기와 수신기 시스템 파라미터
11	8장	안테나 파라미터, 안테나의 종류
12	8장	안테나 측정, 자유공간 손실방정식, 링크방정식과 링크버짓
13	9장	레이다 방정식, 여러 레이다의 동작원리
14	10장	아날로그/디지털 변조, 표본화, 다중접속
15	11장	방송, 무선링크, 무선 LAN, 이동통신 등 무선통신 시스템
16		**기말고사**

목차

Chapter 01

개요

Introduction

학습목표

- 무선통신의 역사를 살펴본다.
- 주파수와 파장의 관계를 알아보고, 주파수 대역의 구분, 마이크로파 주파수의 장점을 이해한다.
- 무선 신호 전송을 위한 전파의 종류와 그 특성을 이해한다.
- 마이크로파 공학을 공부해야 하는 이유와 필요성을 이해한다.
- 현대 생활에 사용되는 마이크로파 및 RF radio frequency 무선통신 시스템의 응용에 대해 알아본다.

1.1 무선통신의 역사

본격적인 무선통신의 시대는 맥스웰James Clerk Maxwell, 1831~1879과 헤르츠Heinrich Rudolf Hertz, 1857~1894라는 두 명의 유럽 과학자에 의해 시작되었다고 볼 수 있다. 스코틀랜드의 물리학자 겸 수학자였던 맥스웰은 전자기파의 존재를 예측했다. 그는 1864년 전기와 자기장에 대한 **가우스** Gauss **법칙**과 자기장에 대한 **암페어** Ampere **법칙**, 전자기유도에 대한 **패러데이** Faraday **법칙**을 결합했고, 암페어 법칙에 **변위전류** displacement current의 개념을 추가하여 **맥스웰 방정식**을 정립하고 발표했다. 그는 맥스웰 방정식에서 전기장과 자기장의 상호관계를 제시했으며, 자유공간에서 전자기파의 전파가 빛의 속도를 가진다는 것을 예측했다. 또한 빛이 특정한 파장을 띤 전자기 파동의 형태라고 주장하고, 다른 파장에서도 전자기파 방사가 발생한다는 것을 예측했다. 그러나 이와 같은 맥스웰의 이론은 20년 후 헤르츠가 전자기파의 전파를 증명하기 전까지 학계에 받아들여지지 않았다.

■ 전자기파의 증명

독일의 물리학자인 헤르츠는 처음으로 라디오파의 존재를 실험적으로 증명하여 맥스웰 방정식을 검증했다. 헤르츠는 1888년 첫 번째 실험 결과를 발표했다. 그는 송신기는 방전장치를 가진 다이폴 안테나로 구성하고, 수신기는 방전장치와 루프 안테나로 구성하여 [그림 1-1]과 같은 무선통신 장치를 만들었다. 약 50[MHz]에서 동작하는 전파 송수신 실험을 통해 헤르츠는 전자기파의 존재를 밝혔다. 그런 다음 전자기파의 반사, 굴절, 편파 등을 제시했으며, 전자기파의 간섭패턴으로부터 파장을 측정했다. 헤르츠는 이 연구로 인해 이후 무선의 아버지로 일컬어지게 되었고, 주파수의 단위가 Hertz([Hz])로 명명되었다.

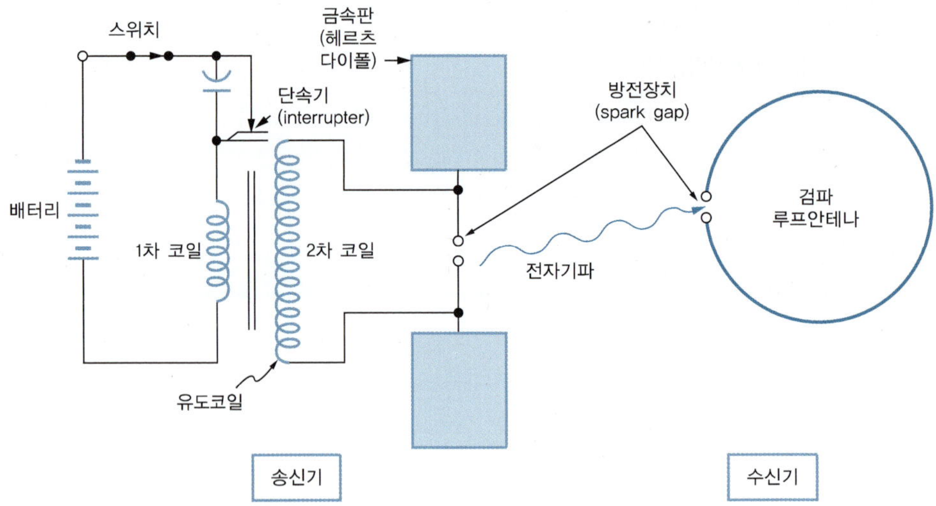

[그림 1-1] **헤르츠의 무선통신 실험장치**

■ 무선통신의 시작

무선통신을 위해 전자기파를 처음 사용한 사람은 이탈리아 발명가 마르코니Guglielmo Marconi, 1874~1937이다. 그는 1895년에 실험을 수행하여 1896년 영국에 「송신 전기 임펄스와 신호 그리고 관련 장치의 향상 방법Improvement in transmitting electrical impulses and signals and in apparatus therefor」이라는 특허를 제출했다. 1901년 마르코니는 영국 콘월Cornwall 지방의 폴두Poldhu에서 대서양 건너 캐나다 뉴펀들랜드Newfoundland에 있는 세인트 존스St. Johns까지 모르스 코드 문자 'S'를 전파를 사용하여 보내는 데 성공했다. 당시 전송거리는 3000[km] 이상이었는데, 이 실험을 통해 불가능으로 여겨졌던, 전자기파를 이용한 대륙 간 정보전송이 가능하다는 것을 증명했다. 이후 전신telegraph을 이용한 통신이 상용화되어 고속통신의 수단이 되었다. 특히 타이타닉Titanic호 침몰사건 당시 무선통신으로 조난신호를 보낸 사례는 대중에 무선통신의 유용성을 각인하게 된 계기가 되었다. 전신을 사용하는 마르코니의 무선통신기술은 선박이 더 이상 바다에 독립되어 있는 것이 아니라, 그 위치를 지속적으로 보고하여 지상에서 원격으로 지휘통제가 가능하다는 것을 의미했다. 마르코니는 이러한 연구결과로 1909년에 노벨상을 수상했다. 한편, 러시아의 물리학자인 포포프Alexander Popov, 1859~1906도 마르코니와 거의 비슷한 시기에 유사한 실험을 했다. 그는 1895년 상트페테르부르크St. Petersburg에서 열린 과학대중강연에서 그의 장치를 전시하고, 1899년에 50[km] 떨어진 거리에서 무선통신을 성공시키는 등 초창기 무선 전신 발전에 선구적인 역할을 했다.

■ 진공관 발명

헤르츠는 안테나 단자 사이의 방전장치를 수신기로 사용했다. 그러나 1891년 프랑스 물리학자인 브랑리Edouard Branly, 1844~1940는 진공관 속 두 전극 사이에 있는 니켈 분말과 같은 작은 금속 입자들을 사용한 검파기인 코히어러coherer를 발표했다. 이 장치는 전극 사이에 전파가 가해지면 전류가 급격히 증가하게 되는데, 이는 방전장치보다 우수한 특성을 갖는다. 마르코니와 포포프는 초기 실험에서 이 코히어러를 사용했다. 진공관의 발명은 송신기와 수신기의 발전사에 커다란 획을 그었다. 1904년 영국 물리학자인 플레밍John Ambrose Fleming, 1849~1945은 정류 진공관, 다이오드를 발명했고, 1906년 미국 발명가 디포리스트Lee De Forest, 1873~1961는 그리드라 불리는 세 번째 전극을 추가하여 오디온Audion이라 하는 삼극 진공관을 발명했다. 이 그리드를 사용함으로써 전류 제어가 가능해졌고, 신호 증폭이 가능하게 되었다. 1900년대 초의 무선통신에는 매우 긴 파장을 사용했는데, 송신기는 알렉산더슨 발전기Alexanderson alternators, 폴젠 아크Poulsen arcs, 방전장치spark gap로 구성되었으며, 수신기는 검파기, 플레밍 밸브Fleming valves 그리고 오디온(초기 진공관)으로 구성되었다. 핀란드의 엔지니어였던 티거스테트Eric Tigerstedt, 1887~1925는 1914년에 전극으로 원형 기둥구조를 사용하여 전자관의 효율을 매우 향상시키는 방법으로 삼극 진공관에 대한 특허를 출원했다.

■ 라디오 방송

디포리스트와 미국의 엔지니어이자 발명가인 암스트롱Edwin Armstrong, 1890~1954은 1912년에 독립적으로 재생 피드백regenerative feedback 구조를 발견했다. 이 현상은 음성신호를 변조할 수 있는 지속파continuous wave를 만들어 내는 데 사용되었으며, 라디오 방송에 쓰이는 1.5[MHz] 이하 주파수에서 훨씬 안정적인 주파수와 전력 출력을 얻을 수 있었다. 또한 암스트롱은 슈퍼헤테로다인 수신기를 발명했는데, 이로부터 방송이 가능하게 되었다. 1920년대 디트로이트의 AM 방송국에서 처음으로 라디오 방송을 시작했으며, 1935년 독일에서는 TV 전송을 시작했다. 암스트롱의 세 번째 발명은 FM 라디오였으나 FM 방송은 제2차 세계대전이 발발하기 전까지 상용화가 이루어지지 않았다. 그러나 전쟁을 계기로 무선방송, 이동국-지상국 간 통신, 공공안전시스템, 해상이동서비스, 그리고 지상교통시스템을 위한 무선 전파 사용이 급격하게 증가했다.

■ 레이다 기술의 발전

잰스키Karl Jansky, 1905~1950는 1932년 Bell 연구소에서 라디오 잡음을 연구하면서 우주 은하로부터 수신되는 일정한 히스hiss 잡음을 감지했는데, 이것이 전파천문학의 시초가 되었다. 이후 1939년 마이크로파 튜브인 클라이스트론klystron이 발명되고, 1940년 마그네트론magnetron이 발명되면서 제2차 세계대전 중 마이크로파 레이다radar : radio detection and ranging가 개발되었다. 전쟁 기간 중 무선통신 기술은 전자무기와 군사작전에 없어서는 안 되는 요소가 되었고, 레이다 기술에 대한 요구가 급부상했다. 원래 레이다의 원리는 1903년 독일의 엔지니어인 훌스마이어Christian Hulsmeyer, 1881~1957의 실험으로 훨씬 전부터 소개되었는데, 마르코니 역시 안개 속에서 배를 감지하기 위한 레이다 기술을 제안했었다. 레이다는 '전파감지 및 도달범위'라는 뜻을 가진 약어임에도 불구하고, 물체로부터 반사되는 전파를 통해 목표물의 상대적인 속도와 거리를 감지하고 결정하기 위해 사용되는 장치를 가리키는 일반적인 용어가 되었다. 레이다의 해상도, 즉 감지할 수 있는 최소 물체크기는 파장에 비례하기 때문에 전투기와 같은 작은 물체를 감지하기 위해서는 더 짧은 파장이나 높은 주파수, 즉 마이크로파 또는 그 이상의 주파수가 필요하다.

■ 장거리 무선통신

전신, 방송, 전화 그리고 점대점 무선링크 등을 사용하는 무선통신 기술은 제2차 세계대전 이전에도 사용되었지만, 전쟁으로 인해 그 범위가 훨씬 광범위해지고 적용 속도가 가속화되었다고 볼 수 있다. 장거리 무선통신을 위해서는 릴레이 시스템 또는 전자파의 대류권 산란현상이 사용되었다. 1959년 미국의 엔지니어 피어스John Robinson Pierce, 1910~2002와 콤프너Rudolf Kompfner, 1909~1977는 위성을 거친 대양 간 통신을 실험했고, 이로부터 위성을 사용한 글로벌 통신시대가 열렸다. 위성은 동시에 수천 명의 전화 가입자, 수백 개의 TV 채널, 그리고 대용량의 데이터링크들을 지원할 수 있는 광대역 고주파수 시스템을 사용하고, 동작 주파수가 [GHz] 이상인 영역이다.

■ 이동통신시스템의 발전

1980년대 이후부터는 무선 전화기와 셀룰러 전화기가 널리 사용되었는데, 이십여 년 동안 매우 빠른 성장을 해왔다. 최근에는 더 넓은 주파수 대역폭을 갖고 높은 주파수에서 동작하는 이동통신시스템에 음성메일, 이메일, 비디오, 컴퓨터통신, 데이터 그리고 컴퓨터 온라인 서비스와 같은 다양한 서비스가 융합되고 있다. 심지어 위성과 개인 이동단말기 간의 직접적인 연결을 통해 지구상에서 가장 멀리 떨어진 곳뿐만 아니라 언제 어디서든 자유롭게 음성, 비디오, 데이터를 주고받을 수 있게 되었다.

■ 확대된 무선기술의 응용 분야

무선기술은 통신과 레이다 분야 외에도 다양한 서비스에 응용되고 있다. 1990년대에 유럽과 일본에서는 차량과 도로교통 시스템에 응용할 수 있는 무선 RF radio frequency 및 마이크로파를 사용하는 기술이 늘어났고, 소비자가 선택적으로 케이블 방송을 수신할 수 있는 직접방송위성DBS : Direct Broadcast Satellite 시스템이 서비스되고 있다. 또한 냉전 이후 국방 분야에서 사용되던 많은 무선통신 기술들이 대중을 위해 상용화되면서 GPS, RFID 시스템, 원격탐사 및 감시시스템 등과 같이 다양한 분야에 응용되고 있다.

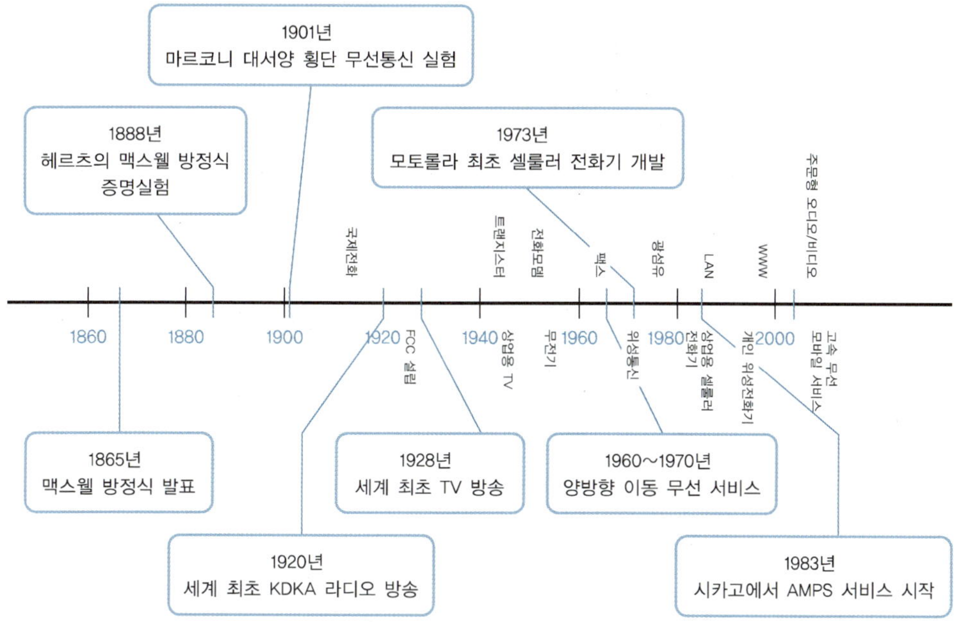

[그림 1-2] **무선통신의 역사**

1.2 주파수와 파장

자유공간에서 전자기파의 속도를 v라고 하고, 전자기파의 파장을 λ_0, 주파수를 f, 빛의 속도를 c, 전자기파가 전파하는 매질의 비유전율을 ε_r이라고 할 때, 다음과 같은 식이 성립한다.

$$\frac{\lambda_0 f}{\sqrt{\varepsilon_r}} = c \tag{1.1}$$

자유공간의 유전율과 투자율을 각각 ε_0, μ_0라고 할 때, 빛의 속도는 $c = \dfrac{1}{\sqrt{\varepsilon_0 \mu_0}}$로 주어진다. 자유공간 매질의 경우 $\varepsilon_r = 1$이므로 전파의 속도는 빛의 속도와 같게 된다. 그러나 유전율이 높은 매질 내에서의 전파는 자유공간의 전파보다 느려진다.

무선통신에서 주파수와 파장은 매우 중요한 파라미터이다. 무선통신은 기저대역 baseband 의 신호를 반송파 carrier 를 이용하여 대역 제한된 bandwidth limited 신호(또는 대역 통과 bandpass 신호)로 변조 modulation 하여 통신한다. 이때 대역폭은 주파수와 관계가 있고, 무선통신 회로의 소자와 안테나 크기는 파장과 관계가 있다.

마이크로파에서 마이크로는 매우 작다는 뜻이고, 파 wave 는 전자기파를 의미한다. 따라서 마이크로파는 파장이 매우 작은 혹은 짧은 전자기파를 말한다. 전자기 스펙트럼은 주파수 대역에 따라 여러 영역으로 구분된다. 일반적으로 RF, 마이크로파, 밀리미터파는 300[GHz] 이하의 전자기 스펙트럼

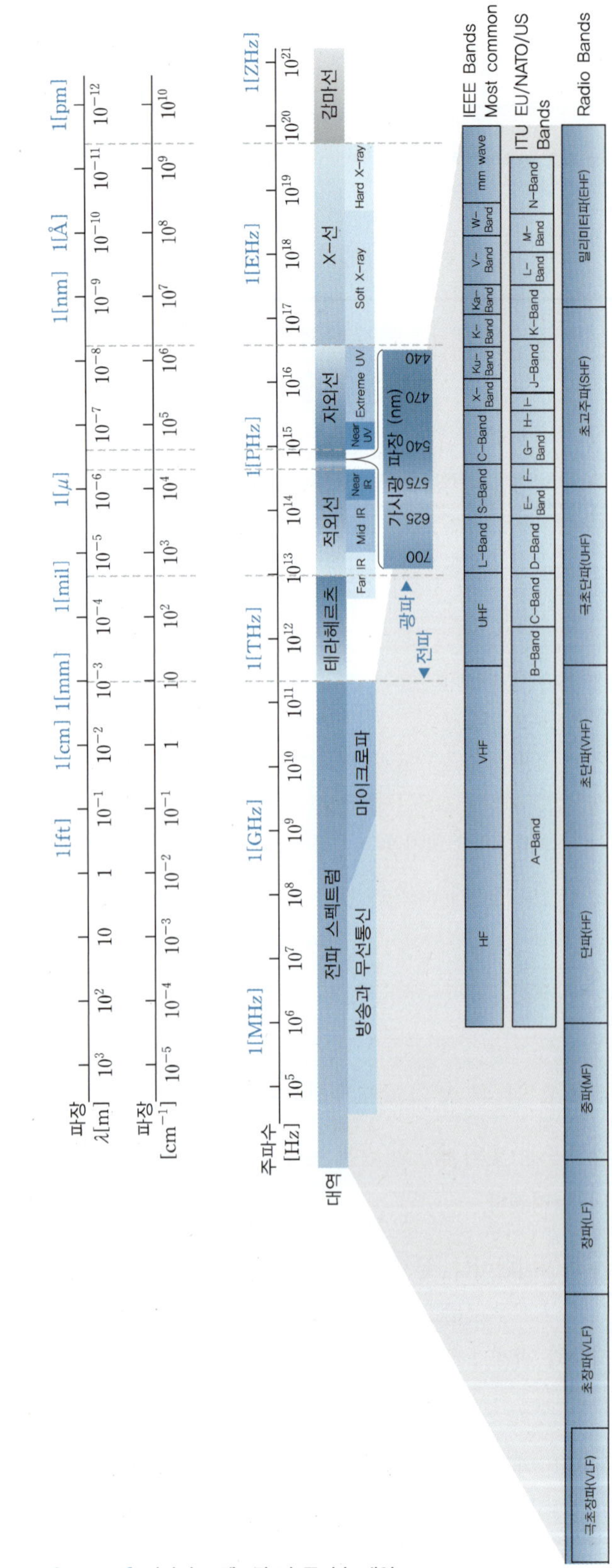

[그림 1-3] 전자기 스펙트럼 및 주파수 대역

영역에 분포한다. 마이크로파 스펙트럼은 주파수 대역이 300[MHz] ~ 30[GHz]이고, 파장이 1 ~ 100[cm]인 영역을 말한다. 마이크로파 스펙트럼 아래 300[MHz] 대역 이하를 RF 스펙트럼이라고 하며, 그 위 대역을 밀리미터파 스펙트럼으로 정의한다. 밀리미터파 스펙트럼 위쪽 영역에는 서브 밀리미터파, 적외선, 가시광, 자외선 스펙트럼이 존재한다. 밀리미터파 스펙트럼은 주파수 대역이 30 ~ 300[GHz]이고, 파장이 1 ~ 10[mm]인 영역을 말한다. 기술적인 면으로 봤을 때, 밀리미터파 기술은 마이크로파 기술과 비슷하기 때문에 마이크로파 기술로 분류되기도 한다. 마이크로파 스펙트럼은 제2차 세계대전 전까지는 그다지 개발이 이루어지지 않았지만, 전쟁 기간 미국이 막대한 연구비를 투입하여 마이크로파 주파수와 관련한 레이다 및 기타 유용한 기술들을 개발했다.

[그림 1-3]에 주파수 또는 파장에 따른 전자기 스펙트럼을 나타냈다. 전자기 스펙트럼은 파장 λ에 대해 10의 배수 기준으로 장파^{LF : Long Frequency}, 중파^{MF : Medium Frequency}, 초단파^{VHF : Very High Frequency} 등으로 나눌 수 있다. IEEE와 산업표준에서는 마이크로파 영역 주파수 대역을 레이다에 사용되는 도파관을 기준으로 L 대역^{long wave}(1 ~ 2[GHz]), S 대역^{short wave}(2 ~ 4[GHz]), X 대역^{cross wave}(8 ~ 12[GHz]), Ku 대역^{Kurz-under wave}(12 ~ 18[GHz]) 등으로 나누기도 한다. [표 1-1]에 파장에 따른 주파수 명칭과 그에 따른 응용 서비스를 정리했다.

[표 1-1] 파장에 따른 주파수 구분과 응용

구 분	응 용
초장파(VLF : Very Long Frequency) 3 ~ 30[kHz]	무선항법 서비스, 음파탐지장치, 잠수함통신, 지구물리학, 무선제어시계
장파(LF : Long Frequency) 30 ~ 300[kHz]	라디오 표지, 항행보조, 진폭변조 장파방송
중파(MF : Medium Frequency) 300 ~ 3000[kHz]	AM 방송, 해상무선, 방향탐지, 해안경찰통신, 눈사태 표지
단파(HF : High Frequency) 3 ~ 30[MHz]	전화, 전보, 팩스, 국제방송, 선박-해안/선박-항공 통신, 아마추어 라디오, RFID
초단파(VHF : Very High Frequency) 30 ~ 300[MHz]	지상-항공통신, 항공-항공통신, 해상통신, TV, FM 방송, 항공교통관제, 택시이동무선, 경찰차, 기상방송
극초단파(UHF : Ultra High Frequency) 300 ~ 3000[MHz]	TV 방송, 마이크로파 오븐, 마이크로파 소자, LAN, 블루투스, GPS, 지그비, 위성통신, 감시레이다, 항법보조, 무전기
초고주파(SHF : Super High Frequency) 3 ~ 30[GHz]	항공레이다, 지상레이다, 마이크로파 소자, 전자전, 마이크로파 링크, 위성통신
밀리미터파(EHF : Extremely High Frequency) 30 ~ 300[GHz]	밀리미터파 레이다, 고주파 무선 릴레이, 원격탐지, 고에너지 빔 무기, 밀리미터파 스캐너

우리나라의 경우에는 방송통신위원회^{KCC : Korea Communications Commission}가, 영국에서는 통신위원회^{Ofcom : Office of Communication}가, 미국에서는 연방통신위원회^{FCC : Federal Communications Commission}가 텔레비전, 라디오, 위성통신, 셀룰러 이동통신, 경찰 레이다, 도난경보, 무선항행, 고정통신 등을 포함한 여러 무선 응용 서비스에 사용할 주파수 영역과 용도를 할당해준다. 예를 들어, **ISM 대역**^{Industrial,}

Scientific and Medical band은 국제통신연합ITU-R에서 할당 권고된 대역으로, 최소 출력규격만 만족하면 별도 허가 없이 사용할 수 있다. 나라마다 약간씩 다르지만 13.56[MHz], 433[MHz], 2.4[GHz] 대역과 5.8[GHz] 대역 등을 할당하여 사용하고 있다. 또한 전 세계 40만여 명의 회원이 가입되어 있는 미국의 국제 전기전자 기술자협회인 IEEE Institute of Electrical and Electronics Engineers에서는 통신방식과 관련한 다양한 기술표준을 제정하고 있으며, 주파수 대역에 대한 통신기술표준을 제안하고 있다. 예를 들어, 무선 LAN WiFi의 경우 IEEE 802.11 회의에서 프로토콜 표준을 정한다. 11[Mbps] 속도를 갖는 IEEE 802.11b와 54[Mbps]의 IEEE 802.11g는 2.4[GHz] 대역, IEEE 802.11a의 경우 5[GHz] 대역에서 동작하며, IEEE 802.11n의 경우는 2.4[GHz] 대역과 5[GHz] 대역에서 모두 동작한다.

무선통신에서 정보를 손실 없이 전달하기 위해서는 안테나 크기와 간섭을 고려해야 한다. 일반적으로 안테나 크기는 사용하는 주파수의 $\frac{1}{4}$파장 길이가 된다. 왜 $\frac{1}{4}$파장 길이일까? [그림 1-4]를 보면 안테나의 길이에 따라 서로 다른 전압과 전류분포가 나타난다. 그림으로부터 $\frac{1}{4}$파장 길이의 파형만 알게 되면 원래의 파형을 복원할 수 있다. 따라서 최소 안테나 길이는 $\frac{1}{4}$파장 길이가 된다.

예를 들어, 20[kHz] 주파수를 갖는 초장파VLF 신호의 경우에는 $\frac{1}{4}$파장의 길이가 5[km], 1[MHz]의 AM 라디오의 경우에는 75[m], 1[GHz]의 이동통신의 경우에는 7.5[cm] 정도가 되는데, 주파수가 높을수록 안테나의 크기를 줄일 수 있다는 장점이 있다. FM 라디오의 경우에는 88 ~ 108[MHz]의 대역을 사용한다. 100[MHz]에서의 $\frac{1}{4}$파장 길이는 75[cm]가 되는데, 소형 라디오 또는 휴대폰에서 FM 라디오를 수신할 수 있도록 하려면 75[cm] 길이의 도체선으로 만들어진 이어폰을 삽입할 것을 권장하는데, 이때 이어폰이 안테나 역할을 하게 된다.

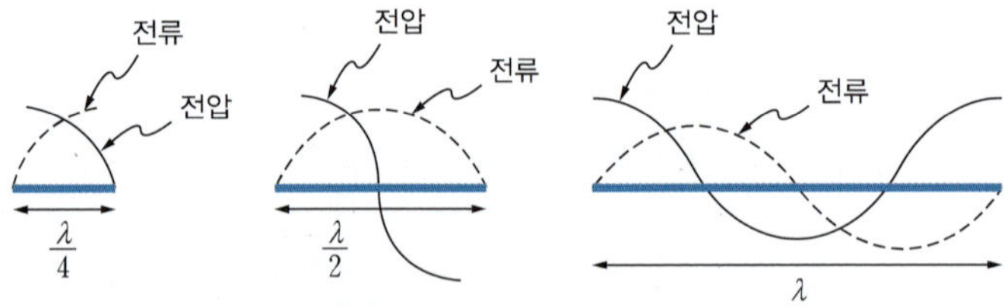

[그림 1-4] 통신을 위한 안테나의 최소길이

■ 마이크로파 주파수의 특징

주파수를 이용하는 초창기의 무선기술은 대부분 저주파수 대역에서 서비스가 이루어지기 때문에 주파수 밀집도로 인한 간섭interference이나 혼선crosstalk이 발생한다. 따라서 상대적으로 주파수 여유가 있는 고주파수 대역으로 이동하면 인접 대역 간 간섭을 줄일 수 있다. 마이크로파 주파수의 특징과 장점은 다음과 같다.

❶ 높은 안테나 이득과 지향성

마이크로파 대역 안테나의 이득은 전기적인 크기에 비례하며, 동작주파수의 파장의 제곱에 반비례한다. 즉, 동작주파수가 높을수록 고이득 안테나를 구현할 수 있다. 안테나의 이득은 안테나 효율을 1로 가정했을 때, 물리적인 면적과 파장에 대해 다음과 같은 식으로 주어진다. (자세한 설명은 8장을 참고하기 바란다.)

$$G = \frac{4\pi A_e}{\lambda^2} \tag{1.2}$$

G는 안테나의 이득, A_e는 안테나의 유효면적, λ는 동작주파수의 파장이다. 공간상에서 특정 방향으로 높은 전력밀도를 방사하는 것을 안테나의 지향성으로 정의하는데, 안테나의 빔폭이 작을수록 높은 지향성을 갖는다. 안테나의 빔폭은 안테나의 전기적 크기에 반비례한다. 마이크로파에서는 파장이 짧을수록 안테나의 크기를 줄일 수 있고 높은 지향성을 구현할 수 있다. 예를 들어, 파장이 3[cm]인 10[GHz]의 X 대역에서 1°의 빔폭에 2[m]의 안테나가 필요한 반면, 1.25[GHz]의 L 대역에서는 1°의 빔폭에 17[m]의 안테나가, 150[MHz]의 VHF 대역의 경우에는 140[m] 폭을 갖는 안테나가 필요하다. 따라서 높은 주파수에서는 빔폭이 작아지므로 높은 정확도로 탐지물을 추적하는 추적 레이다에 매우 유용하게 쓰인다. 높은 이득과 방향성은 상대적으로 작은 안테나와 적은 전력으로도 얻을 수 있는데, 이러한 특징은 항공기와 선박 등의 레이다 장치에 널리 사용된다.

❷ 넓은 대역폭

넓은 대역폭과 용량을 확보할 수 있어 정보를 대량으로 전송할 수 있다. 예를 들어, 음성채널 대역폭이 4[kHz]라고 가정하면 4[GHz] 반송파의 10% 대역폭은 100,000개의 음성채널을 처리할 수 있다. 6[MHz]의 TV 채널 대역폭의 경우 66개의 TV 채널을 사용할 수 있다. 주파수가 높아질수록 사용할 수 있는 채널 용량이 증가한다. 또한 고해상도 레이다를 구현하거나 상세한 영상정보를 감지할 수 있으며, 안테나와 부품들의 크기를 줄일 수 있다. 근접한 주파수 대역의 응용 서비스들 간에 간섭이 적고, 디지털 시스템 신호처리와 데이터 전송을 빠르게 처리할 수 있다. 그리고 스펙트럼을 확보하기 쉬우며 전파방해가 어려워 군사적으로 응용할 수 있다는 장점이 있다.

❸ 가시선 LOS : Line of Sight 전파 특성

마이크로파 주파수를 이용한 통신은 가시선 통신을 기반으로 이루어진다. 즉, 마이크로파 주파수 대역에서 송신 안테나와 수신 안테나는 안테나 사이에 물리적인 장애물 없이 서로 마주 봐야 효과적이고 안정적인 통신이 가능하다는 뜻이다. 따라서 장거리 통신을 위해서는 중계기 repeater 또는 릴레이 relay 를 설치해야 한다. 중계기 안테나는 양방향 통신을 커버할 수 있는 거리에 위치한 지상국 또는 위성국에 설치된다. 이러한 통신모드는 지상과 위성 통신링크에서 매우 일반적으로 사용된다.

❹ 마이크로파 대역 잡음특성

1 ~ 10[GHz]의 마이크로파 주파수 영역에서는 전자기 잡음레벨이 상대적으로 매우 낮다. 따라서 신호강도가 매우 낮은 목표물을 탐색하고 포착하는 레이다에 사용된다.

❺ 마이크로파 송수신에 대한 이온층의 영향

마이크로파 주파수 이하의 낮은 주파수에서는 전파가 이온층의 영향을 받아 감쇄와 왜곡이 심하게 이루어진다. 반면, 마이크로파 주파수에서는 전파가 이온층의 영향을 받지 않고 그대로 통과하므로 전파천문과 위성통신 등의 우주통신에 사용하기 적합하다는 장점이 있다.

이 밖에 마이크로파 주파수를 사용하는 기술은 유선통신과 달리 케이블이 없어도 고품질의 무선전송이 가능하며, 고속 컴퓨터 또는 고속 신호처리 응용 분야에 사용될 수 있다.

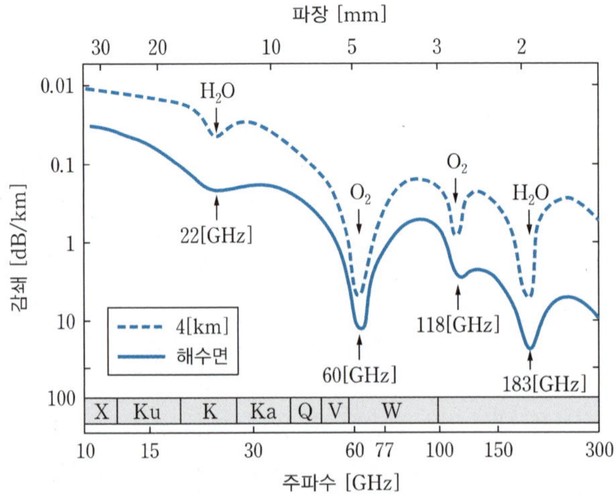

[그림 1-5] 전자기파의 대기 감쇄특성

그러나 마이크로파 주파수 대역과 같이 주파수가 높아지면 소자 및 부품가격이 상승하며, 회로가 복잡하고 비선형성 등이 증가하기 때문에 설계도구의 정확성이 떨어지게 된다. 또한 LOS 전송에 기반하기 때문에 산과 같은 지형, 높은 빌딩 등 장애물에 의해 영향을 받는다. 마이크로파를 이용한 무선통신 시스템 설계에서는 [그림 1-5]와 같은 강우, 안개, 강설 등과 같은 대기손실에 따른 감쇄특성을 고려해야 한다.

1.3 무선 전파의 특성

무선 전파 radio propagation는 무선 신호(또는 RF 신호)가 한 지점에서 다른 지점으로 전송될 때 전파 radio wave가 이동하거나 전파 propagation되는 방식을 말한다. 전파전파는 전파가 전파되는 매질, 즉 지구 주위 여러 곳의 대기 상태에 영향을 받는다. 즉, 매질에 따라 무선 신호가 전파될 수 있는 거리가 달라진다. 무선 신호는 모든 무선통신 시스템의 통신 성능에 영향을 주므로 동작하는 무선 주파수를 결정할 때 이 점을 고려해야 한다. 즉, 최상의 무선 주파수를 선택하려면 무선통신 시스템의 작동 방식과 무선 전파의 정의와 원리를 잘 이해해야 한다. 예를 들어, 낮은 주파수 대역의 신호는 수십 [km] 이상 전파되고 건물을 쉽게 통과할 수 있지만, 30 ~ 300 [GHz]의 밀리미터파 무선 신호는 수 [km] 이하로만 전파되고 상대적으로 고체 물질을 통과하기가 어렵다. 대신 밀리미터파는 더 밀집된 통신링크를 허용하여 매우 효율적으로 스펙트럼을 활용할 수 있고, 통신 전송의 보안을 강화할 수 있으며, 광대역 주파수 특성으로 고속 데이터 전송이 가능하다.

무선 신호가 전파되는 경로의 속성으로는 [그림 1-6]과 같이 굴절 refraction, 반사 reflection, 회절 diffraction, 편파 polarization 및 산란 scattering이 있으며, 이들은 수신된 신호의 수준과 품질을 결정한다.

❶ **굴절** refraction : 밀도가 다른 경계면에서 전파의 속도와 경로가 바뀌는 현상으로, 전파의 변화량과 방향은 두 매질의 밀도 비율에 따라 결정된다.

❷ **반사** reflection : 진행하는 전자기파의 파동이 그 파동의 파장보다 큰 장애물에 부딪힐 때 방향이 바뀌는 현상이다. 무선 시스템에서는 각각의 매질이 밀도가 다른 공기층일 수 있으므로 동일한 시스템에서 반사와 굴절이 동시에 발생할 수도 있다. 전파가 밀도가 낮은 매질과 밀도가 높은 매질 사이 경계면에 특정 입사각으로 입사될 때 동일한 각도로 반사된다. 입사각과 반사각이 같은 현상을 이용하면 반사된 무선 신호의 원점을 추적할 수 있다.

❸ **회절** diffraction : 전파의 진행 방향에 산이나 건물 같은 물체가 있어도 신호가 휘어져 뒤편에서도 수신이 가능해지는 현상이다.

❹ **편파** polarization : 전자기파의 전기장, 자기장 또는 전자기장 벡터의 시간에 따른 궤적이다.

❺ **산란** scattering : 무선 신호인 전파가 입자와 충돌하여 주변으로 흩어지는 현상이다.

[그림 1-6] **무선 전파의 다섯 가지 특성**

무선 신호의 전파는 [그림 1-7(a)]와 같이 신호의 경로에 따라 지상파 ground wave, 상공파 sky wave와 공간파 space wave로 나눌 수 있다. 지상파는 [그림 1-7(b)]와 같이 다시 지표파 surface wave, 직접파 directed wave, 반사파 reflected wave, 회절파 diffraction wave로 구분할 수 있다. 문헌마다 다르기는 하지만, 지상파를 지표파와 공간파로 분류하고, 직접파와 반사파를 공간파로 분류하기도 한다.

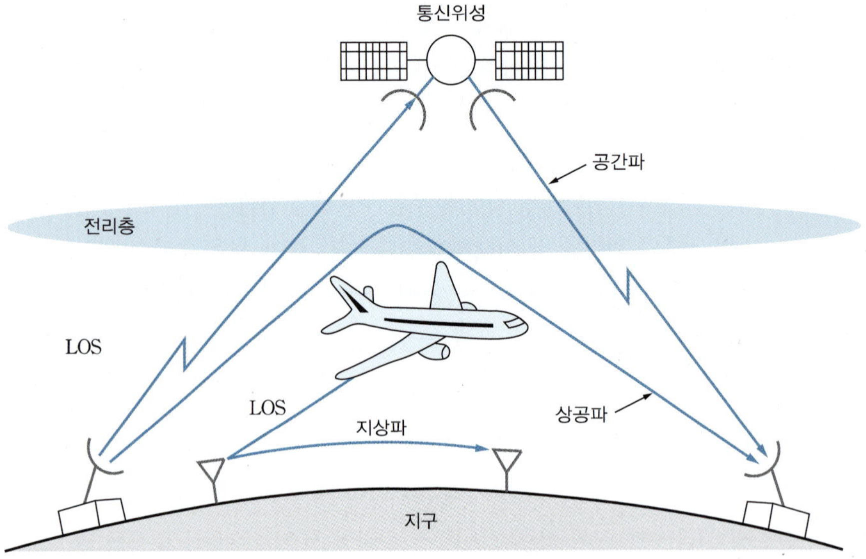

(a) 신호 경로에 따른 전파의 분류

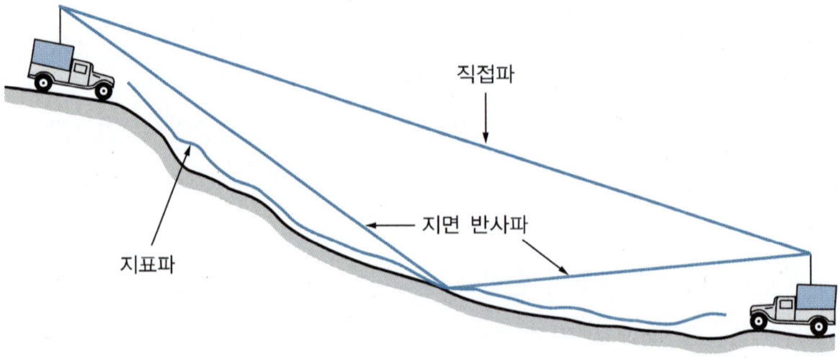

(b) 지상파의 분류

[그림 1-7] **무선 전파의 분류**

결과적으로 무선 전파는 전파의 성질에서 나타나는 현상들로부터 여러 경로로 전파하여 도달하는 여러 신호의 조합으로 주어진다. 이 신호들은 서로 합쳐지거나 상쇄될 수 있으며, 다른 경로를 통해 이동하는 신호의 지연특성으로 인해 결과 신호가 왜곡될 수 있다. 공간파는 대기를 구성하는 매질의 전파와 관련하여 대류권파tropospheric wave와 전리층파ionospheric wave로 나눌 수 있다. 또한 무선 신호의 전파는 신호의 전달방식에 따라 다음과 같이 나눌 수 있다.

■ 자유 공간 전파

자유 공간 전파 free space propagation 는 자유 공간에서 전파가 전달되는 것으로, 무선 신호가 송신 안테나를 통해 전송될 때 수신 안테나에 직접 도달하는 전파이다. 직접파와 반사파 등으로 구성되며, 신호강도는 신호원으로부터 멀어질수록 감소한다. 주로 VHF, UHF 및 마이크로파 주파수 신호가 사용된다.

■ 지상파 전파

지상파 전파 ground wave propagation 는 지상파 특히 지표파를 통해 무선 신호가 전파되는 것으로, 지면 또는 지형에 의해 흡수가 발생함으로써 감쇠가 발생한다. 이는 지구의 곡률에 영향을 받는다. 또한 지상파는 단거리 전파에 적합하다. 낮 동안 전리층 전파는 신호감쇠가 발생하여 사용이 어려워 LF 및 MF 주파수 대역의 지상파 전파가 사용된다.

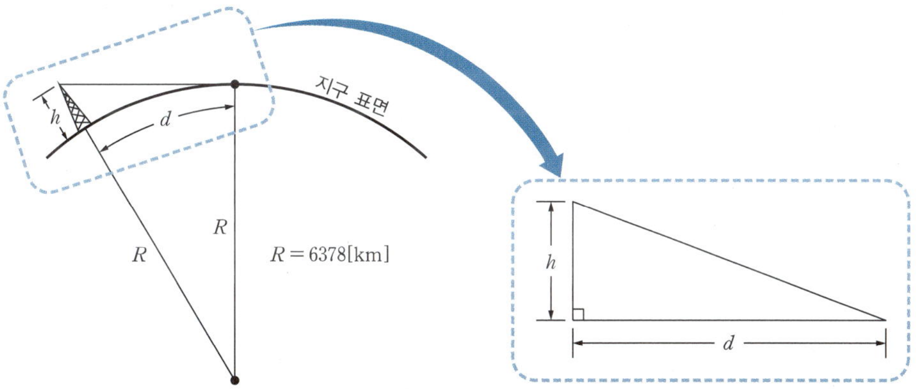

[그림 1-8] **지상파 전파의 모델링**

VHF 이상에서의 공간파는 소위 LOS 거리로 제한된다. 이론적으로 수평선은 통신 거리의 한계이지만, 전파 수평선은 실제로 광학 수평선 optical horizon 보다 약 60% 더 멀리 있다. 이 현상은 대기의 구부러짐과 관련이 있으며, [그림 1-8]에서 주어진 지상파 전파 모델링으로부터 구할 수 있다.

$$d = \sqrt{2Rh} = 3.57\sqrt{h}\ [\mathrm{km}] \tag{1.3}$$

■ 전리층 전파(또는 HF 전파)

전리층(또는 이온층)은 지구 상층의 이온화된 층으로, 지상 80 ~ 400 [km]에서 반사되거나 산란된다. 이러한 형태의 무선 전파는 HF 또는 단파 대역에서 전송하는 무선통신 시스템에서 사용되며, 사용된 무선 주파수, 시간, 기타 다양한 요인에 따라 지구 반대편에서도 방송을 들을 수도 있다.

[그림 1-9(a)]와 같이 전리층은 전자밀도에 따른 높이에 따라 D, E, F_1, F_2층으로 다시 구분한다.

❶ **D층** : 50 ~ 90 [km] 영역으로, 낮에만 존재하고 밤에는 사라진다. 또한 VLF 및 LF파를 반사하고 MF파를 흡수하며, 부분 흡수를 통해 HF파를 약화시킨다. VHF 및 고주파수는 감쇠가 거의 없이 D층을 통과한다.

❷ **E층** : 90 ~ 130 [km] 영역으로 낮과 밤에 모두 존재하며, MF 및 HF 전파 모두에 대한 반사가 일어나고, 고주파수에서는 작은 감쇠가 일어난다. E층에는 전리도가 높고 출현이 불규칙한 **산재 E층**[Es : sporadic-E]이 존재하며, 불규칙한 반사층이 형성되기 때문에 VHF 전파의 이상 전파현상을 일으킨다.

❸ **F층(F_1, F_2층)** : 130 ~ 400 [km] 영역으로 하절기 주간에만 존재한다. 또한 F층은 HF파의 반사와 고주파수의 낮은 감쇠특성을 갖는 F_1층과, 밤낮에 모두 존재하며 장거리 HF 통신을 위한 주요 반사 영역인 F_2층으로 나뉜다. 약 100 [MHz] 이상에서는 F_2 및 기타 이온화된 층으로 인한 감쇠가 약 1 [dB] 미만이므로 무시할 수 있다.

전리층은 매우 높이 있기 때문에 반사 매질로써 전리층을 사용하여 장거리 통신을 달성할 수 있다. 30 [MHz] 이하의 저주파는 전리층에서 전파가 주로 반사되어 원거리 전파가 가능하고, 100 [MHz] 이상의 고주파는 전리층을 통과하며 산란, 회절, 흡수 등이 발생한다. LF나 MF의 경우 주로 D, E층의 영향을 받으며, HF의 경우 F층의 반사특성으로 장거리 육상 및 해상통신에 이용된다. HF 통신 시스템의 성능을 평가할 때 자유 공간 경로 손실, 전리층에서의 손실, 육지 또는 바다에 대한 반사로 인한 손실의 세 가지 주요 손실을 고려해야 하는데, 하나 이상의 전리층 반사를 사용하면 신호가 전리층을 통과할 때마다, 그리고 반사가 발생할 때마다 손실이 발생한다. 일반적으로 전리층은 하루 중 시간과 사용된 주파수에 따라 통과할 때마다 2 ~ 30 [dB] 범위에서 손실이 생기며, 반사로 인한 손실은 일반적으로 주파수와 지형 유형에 따라 반사당 2 [dB] 미만이다. 전리층을 반사 수단으로 사용하는 HF 통신은 제한된 대역폭 때문에 잡음이 높고 손실이 많다. 또한 극지방 근처의 경로에서는 신뢰할 수 없기 때문에 대부분 위성통신 및 기타 장거리 통신 수단으로 대체되었다.

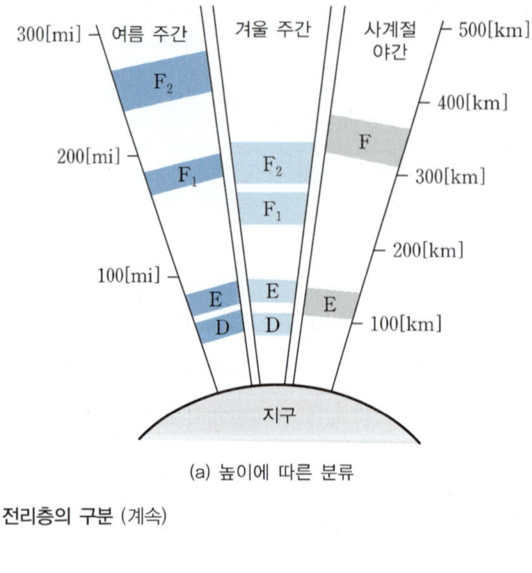

(a) 높이에 따른 분류

[그림 1-9] **전리층의 구분** (계속)

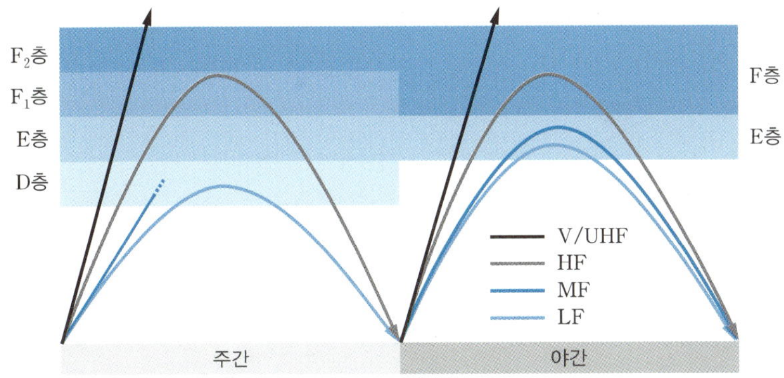

(b) 전리층에서의 전파

[그림 1-9] 전리층의 구분

전리층을 이용한 통신으로는 유성이 지구 대기로 들어올 때 남긴 이온화된 꼬리 흔적을 사용하여 최대 2250[km] 떨어진 라디오 방송국과의 통신경로를 설정하는 [그림 1-10(a)]와 같은 **유성 산란 통신** meteor scatter communications 또는 meteor burst communication이 있다. 주파수는 유성이 남긴 흔적의 이온화 강도에 의해 결정되는데, 종종 입자 초기 크기의 함수로 주어지 일반적으로 30 ~ 50[MHz] 범위이다. **적도 횡단 전파** TEP : transequatorial propagation는 전파가 적도를 넘어서 남북 양반구 간에 전해지는 현상이다. 적도 횡단 전파는 남북 방향에서 최대 20° 각도로 알려져 있지만 남북 방향에 가까울수록 나타난다. VLF대 전파에서 VHF대 전파에 이르기까지 여러 주파수대에서 적도 횡단 전파가 발생하지만, 적도 지역 전리층의 복잡한 구조에서 보통의 상태에서는 전파되지 않는 VHF대 전파가 봄, 가을의 늦은 오후나 이른 저녁에 적도를 넘어 2500 ~ 5000[km]까지 전파된다. 전파된 신호는 다중 경로 효과로 약간의 왜곡이 나타나기도 하지만, 단측파대 single side band 통신을 사용할 수 있다(10장 참조). [그림 1-10(c)]에 나타낸 **NVIS** near vertical incidence skywave는 0 ~ 6501[km] 범위에서 사용할 수 있는 신호를 제공하는 상공파의 전파를 의미한다. NVIS 전파는 거의 수직으로 위쪽 전리층으로 송신되어 다시 굴절되고, 송신기에서 최대 650[km] 떨어진 원형영역까지 수신될 수 있다. NVIS는 국방통신, 열대지방에서의 방송 가시영역을 우회하는 무선 아마추어통신 등에 사용된다. 주파수가 전리층 F층의 임계 주파수 이상으로 너무 높으면 굴절이 발생하지 않으며, 너무 낮으면 전리층 D층에서 흡수되어 신호강도가 감소한다. 기존 상공파와의 차이는 NVIS가 수직으로 향하는 안테나의 방사 패턴을 갖는 반면, 장거리 통신을 위한 상공파의 경우 수평으로 향하는 안테나 방사 패턴을 갖는다. 이 밖에도 정상적인 전리층 전파를 방해할 수 있는 태양 활동에 의한 북극광(오로라) aurora과 남극광(오로라 오스트랄리스) aurora australis을 VHF 대역에서 이용하는 **오로라 후방산란** auroral backscatter communication, 달을 거대한 반사 위성으로 사용하여 144[MHz] 이상의 VHF 및 UHF 대역 주파수에서 아마추어 무선통신을 하는 **월면 반사 통신** monbounce 또는 EME : Earth-Moon-Earth 등이 있다.

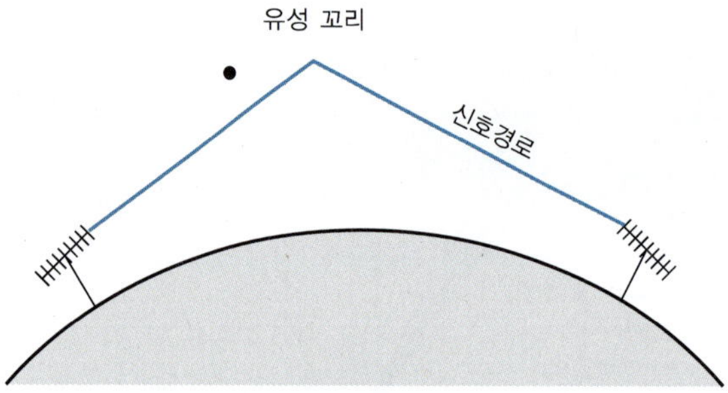

(a) 유성 산란 통신

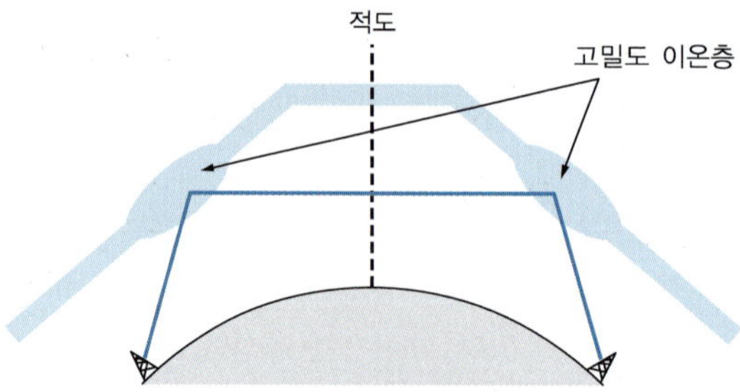

(b) 적도 횡단 전파

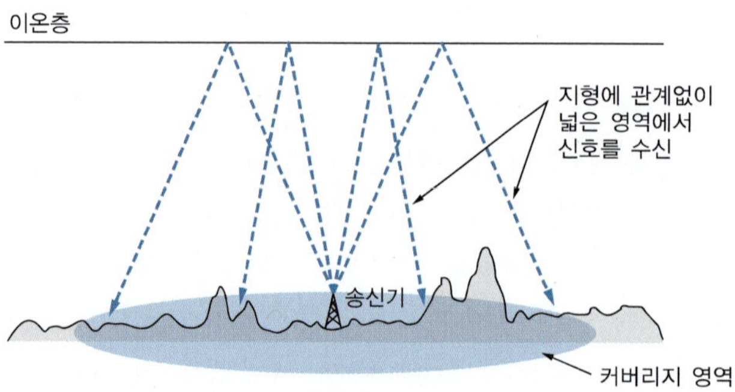

(c) NVIS

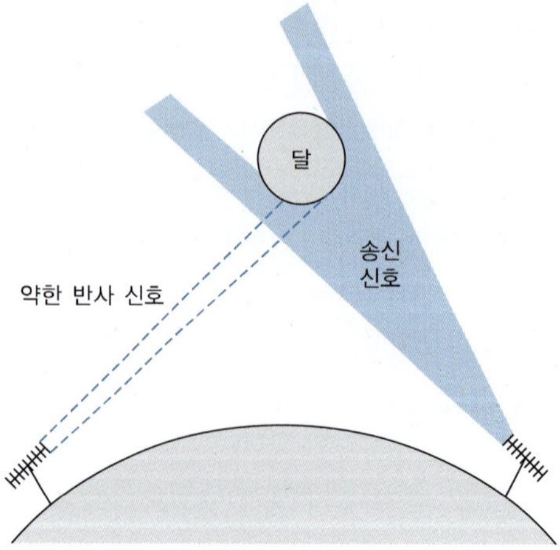

(d) 월면 반사 통신

[그림 1-10] **전리층을 이용한 기타 전파**

전리층 전파를 나타내는 특성으로는 임계 주파수critical frequency, 최대 사용 가능 주파수MUF : Maximum Usable Frequency, 최저 사용 가능 주파수LUF : Lowest Usable Frequency와 최적 동작 주파수optimum working frequency가 있다.

❶ **임계 주파수** : 전리층 내 특정 층 또는 영역에 수직으로 입사하는 전파가 다시 지표면으로 반사되는 가장 높은 주파수를 의미한다. 임계 주파수보다 높은 주파수는 수직 입사하여 해당 층을 통과한다.

❷ **MUF** : 일정 시간 동안 전리층에서 발생하는 반사를 통해 두 지점 사이에서 신호전송에 사용할 수 있는 가장 높은 주파수를 의미하며, 전리층 손실은 MUF 근처에서 최소가 된다. MUF는 현지 시간, 계절, 위도, 11년 흑점주기 동안 각 층에 따라 달라지며, 전파가 MUF 근처에서 전송되지 않으면 다중 경로로 인한 페이딩 문제가 발생한다.

❸ **LUF** : 수신된 전계 세기가 특정 시간에 필요한 신호 대 잡음비를 제공하기 위해 필요한 최저 주파수를 나타낸다.

❹ **최적 동작 주파수** : 해당 월의 90% 기간 동안 지정된 경로 및 시간에 사용할 수 있는 가장 높은 유효 주파수이다.

■ 대류권 전파

지구 표면과 성층권 사이 약 10 ~ 20[km] 범위를 대류권이라고 한다. 특히 지상으로부터 약 12[km] 이하의 대류현상이 있는 대류권을 따라 전파하는 전파를 대류권 전파라고 한다([그림 1-11] 참고). 무선 신호는 LOS에서 예상되는 거리보다 훨씬 먼 500[km] 혹은 1000[km] 이상의 거리에서 감지되기도 하는데, 이는 **라디오 덕트**radio duct라고 하는 대기층 내의 전파 때문이다. 일반적으로 유전율은 높이에 따라 감소하지만, 어떤 대기 상태에서는 유전율이 역전되어 VHF 이상의 전파를 강하게 굴절시키고 층 외부로 빠져나가지 못하게 한다. 주로 VHF 이상의 LOS 밖에서 일어나는 통신에 사용되며, 대류권의 수분과 공기에 따른 산란이 굴절에 영향을 준다.

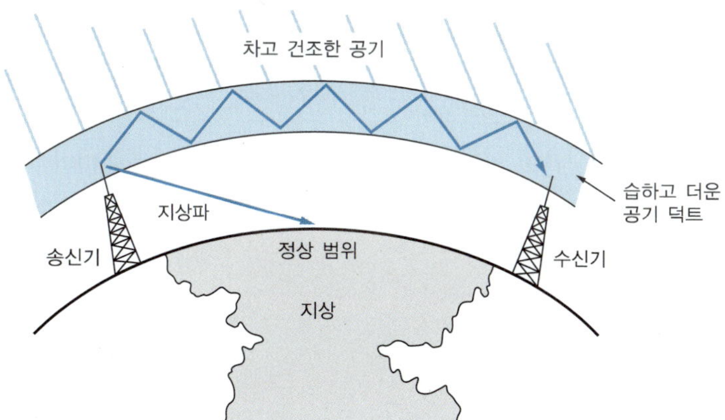

[그림 1-11] 대류권 전파

1.4 마이크로파 공학은 왜 배워야 할까?

주파수가 높아질수록 파장이 짧아지기 때문에 마이크로파 같은 고주파수에서는 저주파수에서 나타나지 않았던 현상들을 고려해야 한다. 이는 마이크로파 공학을 공부함으로써 해결방법을 찾을 수 있다.

■ 전기적 길이의 증가

앞서 설명했듯이, 주파수가 높아질수록 파장은 짧아진다. 예를 들어, 1[GHz] 주파수에서의 파장은 30[cm], 10[GHz] 주파수에서의 파장은 3[cm]가 된다. 일반적인 PCB 회로에 사용되는 부품 중 저항을 예로 들어보자. [그림 1-12(a)]와 같이 낮은 주파수의 신호가 저항에 인가될 때 저항의 입력과 출력지점에서 크기와 위상은 큰 차이가 없지만, [그림 1-12(b)]와 같이 높은 주파수 신호가 입력될 때는 부품의 크기가 신호 파장에 비해 상대적으로 크기 때문에 회로의 특성이 다르게 나타난다.

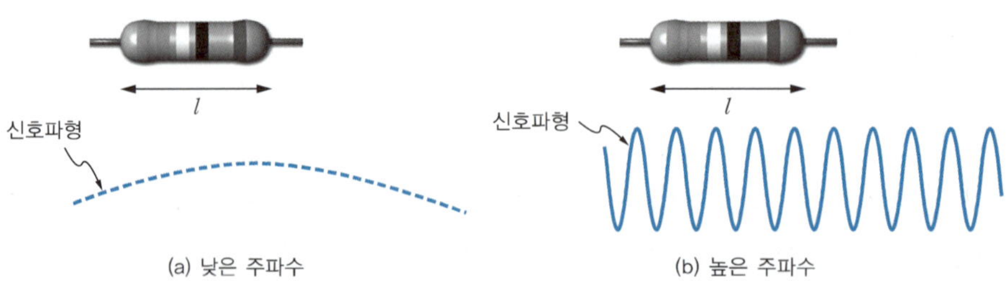

[그림 1-12] **주파수에 따른 저항과 파장**

부품의 물리적 길이를 파장으로 나눈 값 $\frac{\text{물리적 길이}}{\text{파장}}$을 **전기적 길이** electrical length 라고 정의하고, 전기적 길이를 각도로 나타낸 값 $\frac{360° \times \text{물리적 길이}}{\text{파장}}$를 **위상지연** phase delay 이라고 한다. 부품의 물리적 길이가 1[cm]일 때 10[kHz] 주파수에서의 파장은 $\lambda = 3000$[m]이고, 전기적 길이는 $3.3 \times 10^{-6}\lambda$이며, 위상지연은 0.0012°로 주어진다. 즉, 물리적 길이가 1[cm]인 부품은 10[kHz] 주파수에서 위상지연이 거의 발생하지 않는다. 그러나 10[GHz]의 주파수에서는 전기적 길이가 0.33λ이며, 위상지연이 118.8°가 된다. 따라서 물리적 길이가 같은 부품이라도 주파수에 따라 전기적 길이가 달라진다. 즉, 높은 주파수에서는 부품의 위치에 따라 전압이나 전류가 미세하게 달라지기 때문에, 기존의 회로망 이론을 적용하는 데 한계가 있다.

예제 1-1 주파수 안정도

비유전율이 $\varepsilon_r = 2.25$인 폴리에틸렌polyethylene으로 채워진 0.15[m]의 동축케이블이 1[GHz]에서 동작하는 회로에 연결되었을 때, 위상지연 θ를 구하라.

풀이

위상지연은 $\theta = 360° \times \dfrac{\text{물리적 길이}}{\text{파장}}$로 주어진다. 물리적 길이는 문제에서 0.15[m]로 주어졌으므로, 파장은 식 (1.1)로부터 다음과 같이 구할 수 있다.

$$\lambda = \frac{\lambda_0}{\sqrt{\varepsilon_r}} = \frac{c}{f\sqrt{\varepsilon_r}} = \frac{3 \times 10^8}{1 \times 10^9 \times \sqrt{2.25}} = 0.2\,[\mathrm{m}]$$

따라서 위상지연은 $\theta = 270°$가 된다.

[그림 1-13]과 같은 인쇄회로기판PCB : Printed Circuit Board에 구현된 선로를 보자. 저주파수에서는 A점과 B점 사이에 전압이나 전류 크기 차이 혹은 위상차가 없어 전파지연을 무시할 수 있다. 하지만 선로에 고주파수 신호가 흐르면 A점과 B점 사이에 전기적 길이가 짧기 때문에 A점과 B점에서의 전압과 전류의 크기 차이 혹은 위상차가 발생한다. 따라서 고주파수에서는 전송선로에서 전압이나 전류를 정의하기가 어렵기 때문에 전송선로를 따라 전달되는 전력으로 회로의 특성을 계산해야 한다.

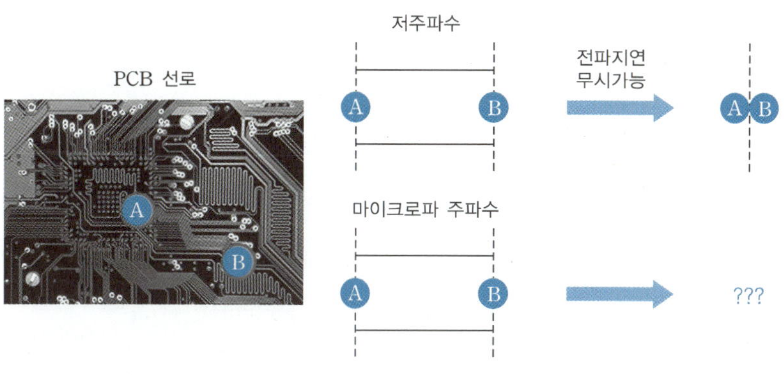

[그림 1-13] 주파수에 따른 PCB 선로의 전기적 길이

■ 기생성분의 증가

저주파수 회로를 설계하는 엔지니어 입장에서 저항은 단순한 저항값을 갖는 부품이지만, 마이크로파 회로를 설계하는 엔지니어 입장에서 저항은 리드선에서 기인한 직렬 인덕턴스와 저항외관 케이스에서 기인한 병렬 커패시턴스를 갖는 임피던스로 나타나므로 단순한 저항값으로 나타낼 수 없다. 따라서 불필요한 기생parastic 성분인 리액턴스 값을 줄이기 위한 설계를 해야 한다. 이에 대한 자세한 설명은 5장을 참고하기 바란다.

■ 표피효과의 고려

마이크로파 엔지니어가 고려해야 할 또 한 가지는 **표피효과** skin effect 또는 **표피깊이** skin depth 이다. 전자기파가 도체에 침투할 수 있는 깊이를 주파수 함수로 정의한 것으로, 주파수가 증가할수록 표피깊이는 줄어든다. 예를 들어, 1 [GHz] 에서 구리에 대한 표피깊이는 수 [μm] 이다. 이는 마이크로파 주파수에서 신호가 도체의 표피로만 흐르고 저항효과가 급격하게 증가한다는 것을 의미한다. 그러므로 마이크로파 주파수에서는 회로의 손실을 줄여주는 기술이 요구된다. 표피효과와 관련한 자세한 설명은 2장을 참고하기 바란다.

■ 전압과 전류 측정의 어려움

마이크로파 회로 엔지니어가 주의해야 할 사항은 측정기술이다. 저주파수에서 동작하는 회로나 시스템에서는 계측기를 이용하여 전압과 전류를 측정하여 값을 정의할 수 있지만, 마이크로파 주파수를 이용하는 회로에서의 전압과 전류는 쉽게 정의할 수 없는 값이다. 물론 마이크로파 주파수에서 전압을 측정할 수는 있지만, 잡음으로 인해 정확하게 측정되지 않는다. 따라서 대부분의 마이크로파 측정은 전압이나 전류보다는 임피던스와 전력을 측정한 값을 사용한다.

1.5 마이크로파와 RF 주파수 응용

마이크로파 및 RF는 현대인의 생활에서 매우 중요한 역할을 하고 있다. 텔레비전 신호는 마이크로파를 사용하는 위성에 의해 지구 전역으로 전송되고 있으며, 비행기는 마이크로파 레이다와 항법시스템에 따라 이륙부터 착륙까지 유도되고 있다. 또한 전화와 데이터신호는 마이크로파 중계기를 사용하여 전송되고 있으며, 국방 분야에서는 탱크, 전함, 그리고 전투기 등의 식별, 감시, 항행, 유도 그리고 제어, 통신을 위해 마이크로파를 사용하고 있다. 개인이동통신으로써 셀룰러 전화기는 전 지구인이 사용하고 있다고 볼 수 있다. RF와 마이크로파 무선기술들은 상업적 및 군사적 응용 서비스에 두루 사용된다. 주요 응용 영역으로는 무선통신, 레이다, 항법, 원격탐사, RFID, 방송, 차량, 도로교통, 센서, 감시, 의료, 천문, 우주탐험 등이다. [표 1-2]에 이들 서비스를 상세하게 정리했다.

[표 1-2] 마이크로파 및 RF 주파수의 응용 분야와 서비스

응용 분야	서비스
무선통신	우주, 장거리, 무선전화, 셀룰러, 이동통신, LAN, 항공, 항해, CB 라디오, 위성 등
레이다	항공수송, 해상, 운송, 충돌 회피, 기상, 영상, 공중 방어, 교통 제어, 경찰, 도난 방지, 무기 유도, 감시시스템 등
항법	마이크로파 착륙시스템, GPS, 무선 표지, 지형 회피, 영상 레이다, 충돌 회피, 자동항법, 항공, 항해, 운송시스템 등
원격탐사와 탐지	지구환경 모니터링, 기상학, 오염 모니터링, 산림, 토양수분, 식물, 농업, 어업, 광업, 수자원, 사막, 대양, 지표면, 구름, 강우량, 풍향, 홍수, 강설, 빙하, 항공과 항해 교통량, 감시 등
RFID	보안, 도난 방지, 접근 제어, 생산 추적, 재고 관리, 동물 추적, 요금 징수, 자동 체크아웃, 자산관리 등
방송	AM/FM 라디오, TV, DMB 등 * 보통 라디오와 TV 방송은 마이크로파 주파수 대역보다 낮은 RF 주파수를 사용하지만, 디지털 고해상도 방송과 같은 고품질 방송 서비스가 확대됨에 따라 마이크로파 대역으로 방송시스템이 옮겨가고 있다. 예를 들어 12[GHz] 주파수 대역이 위성 TV 방송을 위해 사용되고 있다.
차량과 교통	충돌 경고와 회피, GPS, 사각 레이다, 적응형 순항 제어, 자동항법, 도로-차량 간 통신, 자동차 통신, 근접 장애물 감지, 레이다 속도 센서, 차량 RFID, 지능형 차량 및 교통 시스템(IVHS), 자동화 도로, 자동 고속도로 통행료 징수시스템, 교통량 제어, 지면투과 레이다, 구조검사, 길 안내, 속도 감지, 차량 감지 등
전자기 센서	습도센서, 온도센서, 로봇공학, 지하매설물 감지, 교통량 모니터링, 도난 방지, 침입 감지, 산업용 센서 등
감시와 전자전	스파이 위성, 신호 또는 방사능 모니터링, 병력 이동, 전파 방해, 전파 방해 방지, 경찰레이다 감지, 침입 감지 등
의료	자기공명 영상, 마이크로파 영상, 환자 모니터링 등
전파천문과 우주탐험	전파망원경, 심우주 탐사, 우주 모니터링 등
무선전력전송	우주-우주 간, 우주-지상 간, 지상-우주 간, 지상-지상 간 전력전송

마이크로파와 RF 응용 분야를 크게 통신, 레이다, 산업, 의료분야로 나누어 [그림 1-14]에 나타냈다. 이 중 레이다, 산업, 의료 분야에 대해 자세히 살펴보자. (자세한 설명은 10장을 참고하기 바란다.)

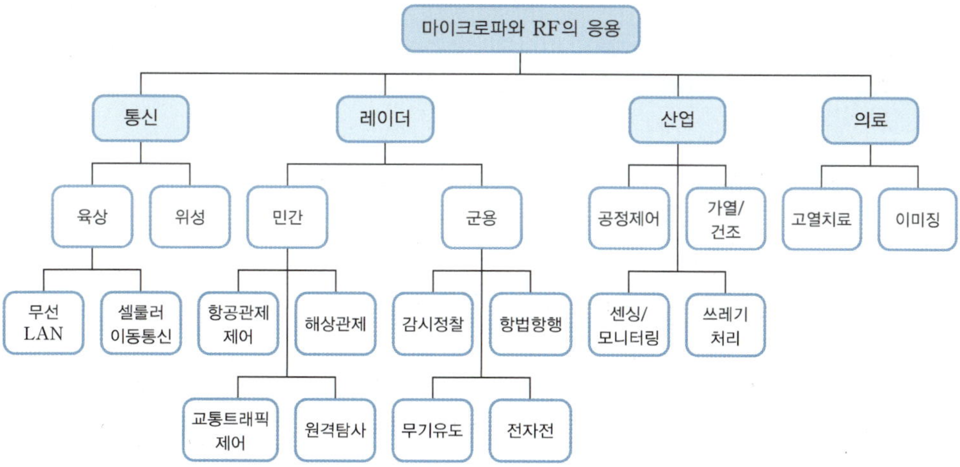

[그림 1-14] 마이크로파와 RF의 응용 분야

■ 레이다

❶ 군용 레이다

제2차 세계대전 중 비행 물체를 탐지하여 위치 정보를 습득하고 추적하기 위한 레이다가 연구되었다. 오늘날 현대의 레이다들은 마이크로파 주파수 영역에서 동작하며, 군사적인 응용에 광범위하게 사용된다. 초기 경보 탐지 레이다는 일반적으로 L과 S 대역에서 동작하고, 추적, 화재 경보 레이다 등은 X 대역에서 동작한다. 레이다들은 지상, 해상, 항공기에서 사용할 수 있다. 군사용 레이다에는 조기경보 및 감시 레이다, 적군, 탱크, 전투기와 전함의 방향 탐지에 사용되는 고해상도 레이다, 미사일 추적/유도 레이다, 사격통제 레이다, 기상 감지 레이다, 미사일 유도 레이다, 군사적 동작을 위해 사용되는 항공교통관제 레이다 등이 있다.

❷ 민간용 레이다

군사용뿐만 아니라 민간용 레이다의 종류도 다양하다. 상용 분야의 레이다는 민간 항공기들의 항공교통관제, 항공착륙유도시스템, 방향 탐지, 움직임 탐지, 차량 충돌 회피, 거리 측정, 공항 감시, 해상항법, 무선천문, 위성통신링크 등에 사용된다. 속도위반 차량과 거리교통량 관제 등에도 사용되며, 스포츠에서는 공의 속도를 측정하는 데 사용되기도 한다. [그림 1-15]에 차량에 사용되는 레이다들을 나타냈다.

또한 레이다는 기상 관측, 대기권의 원격탐사, 해양응용, 의료 진단과 치료 등에도 사용된다. 기상 관측 레이다는 태풍이나 허리케인의 위치를 감지하고 탐사하기 위해 광/레이저 레이다, 즉, 라이다 lidar 등과 결합하여 사용된다. 습도 조건 및 온도 프로파일 등을 연구하기 위해서는 마이크로파 무선 측정기를 사용하게 되는데, 이때 자연자원의 원격탐사를 위해 레이다를 많이 사용한다. 또한 조류의 이동을 추적하거나 빙하들의 움직임 등을 파악하여 선박의 항해를 도와주기도 한다.

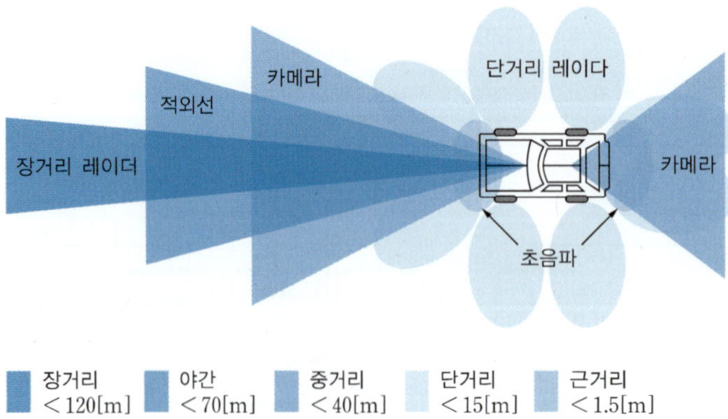

[그림 1-15] 차량에 사용되는 레이다

■ 의학 응용

의학 분야에서도 마이크로파를 사용하여 많은 연구가 진행되고 있다. 가장 활발한 분야는 암환자를 위한 열치료법 hyperthermia 이다. 1990년 MIT의 A. J. Fenn 박사는 마이크로파 안테나를 사용하여 종양에 열을 가해 세포를 죽이는 치료법을 개발했다. 이때 종양의 크기에 따라 안테나 수가 결정되는데, 배열 안테나로부터 만들어진 날카로운 빔에 집중된 에너지가 암세포막을 파괴하는 방식이다.

생체에서의 마이크로파의 전파와 방사는 주파수, 전력, 안테나의 방사 패턴뿐만 아니라, 생체조직의 특성과 유전율에 따라서 정해진다. 예를 들어, 주파수가 2.45[GHz]일 때, 혈액, 근육, 지방 등에 대한 평면파의 침투깊이는 각각 19[mm], 17[mm], 79[mm]로 주어진다. 이와 같은 마이크로파의 성질을 이용하여 관상동맥 질환, 심장 절제 등의 치료에 동축케이블 안테나의 일종인 마이크로파 카테터 catheter 를 사용한다([그림 1-16] 참고).

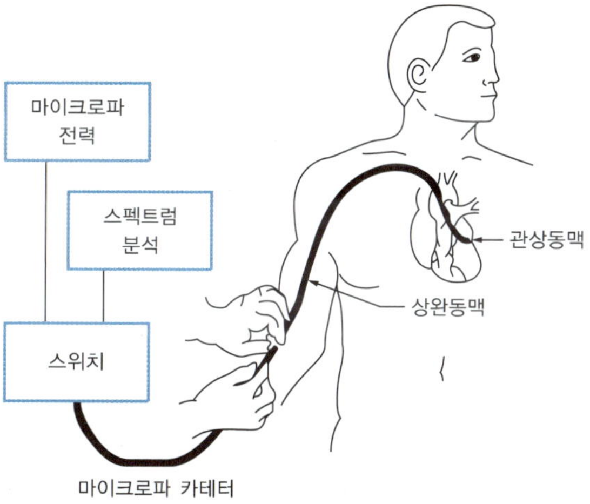

[그림 1-16] **마이크로파 카테터**

■ 산업 및 과학 응용

최근 수십 년 동안 마이크로파 주파수를 이용한 가열에 대해 많은 연구가 이루어졌는데, 가장 성공적인 결과물은 바로 [그림 1-17]에 나타낸 마이크로파 오븐이다. 마이크로파 오븐은 음식물을 요리하거나 균일하게 가열하기 위해 사용된다. 마이크로파는 음식물에 침투하여 물과 지방 분자들을 여기 excitation 시켜서 균일하게 가열한다. 마이크로파 오븐에 가장 널리 사용되는 주파수는 2.45[GHz]이다. 마이크로파는 이 주파수에서 물, 지방과 설탕에 의해 흡수되고, 흡수된 마이크로파는 열로 변환된다. 마이크로파는 플라스틱, 유리, 그리고 세라믹 등에는 흡수되지 않는다. 또한 금속면에서 반사되기 때문에 금속재질은 마이크로파 오븐에 넣으면 안 된다.

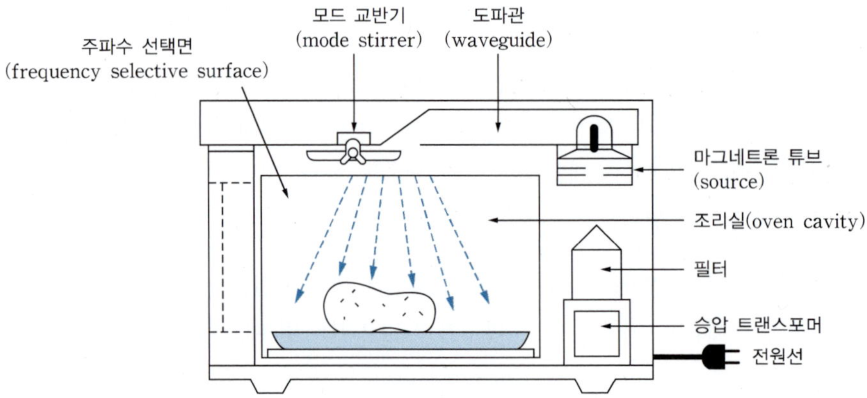

[그림 1-17] 마이크로파 오븐의 구조

건조는 마이크로파를 이용한 증발을 통해 습도 성분들을 제거하는 과정이다. 농산물을 오래 보관하기 위해 건조 및 탈수를 많이 이용한다. 기계공학 분야에서는 잔여 슬러지sludge를 건조시킬 때 사용된다. 과학 분야에서는 다양한 분자와 원자 공진의 운동을 연구하기 위해 물리학과 원자력에 응용된다. 마이크로파가 분자에 흡수되거나 방출되는 파장을 측정하여 분자와 결정 등의 화학적 결합과 관련한 정보를 얻을 수 있다.

■ 통신

마이크로파 주파수가 가장 많이 사용되는 분야는 바로 통신 분야이다. 특히 최근 이동통신의 급격한 발전에 따라 스마트폰을 비롯한 휴대폰 및 이동통신 기지국들은 800[MHz], 1800[MHz], 2100[MHz] 등 다양한 주파수 대역을 지원하는 LTE, 2.4[GHz] 대역의 블루투스와 WLAN, 1.5[GHz] 대역의 GPS 등 다양한 무선통신 방식을 포함하는 마이크로파 및 RF 회로를 포함하고 있다.

[그림 1-18(a)]에 휴대폰의 무선통신 시스템을 구성하는 마이크로파 회로와 [그림 1-18(b)]에 이동통신 기지국의 무선통신 시스템을 구성하는 마이크로파 회로의 구성도를 나타냈다. [그림 1-18]에 나타낸 것처럼 무선통신 시스템의 마이크로파 회로에는 각각 필요한 기능을 수행하기 위한 능동소자와 수동소자로 구성되어 있다.

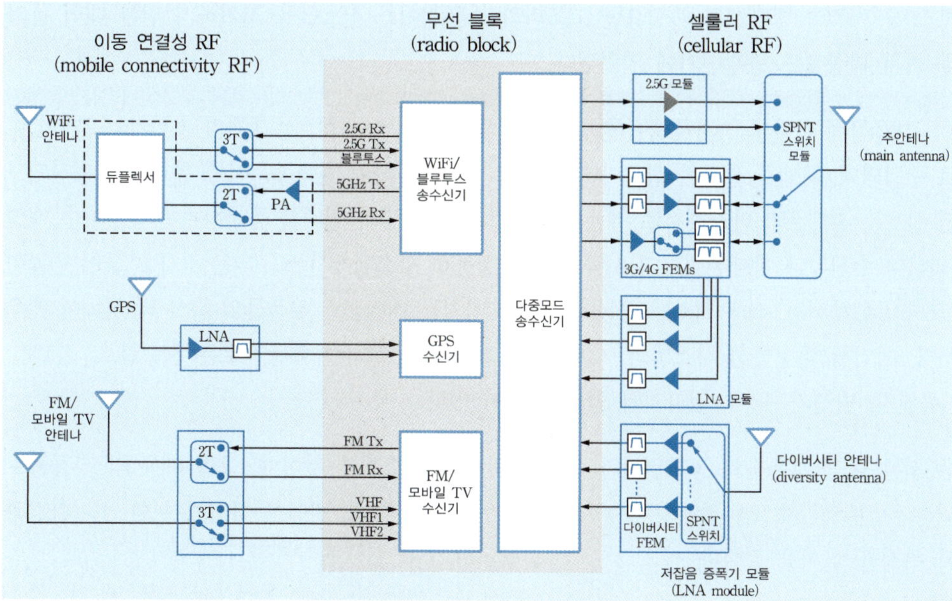

(a) 휴대폰 마이크로파 회로 구성도

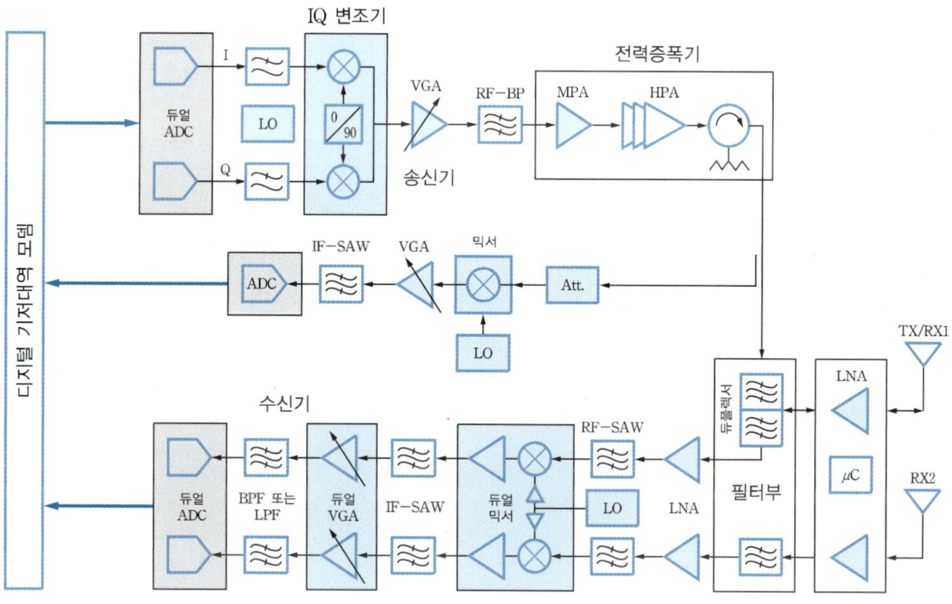

(b) 기지국의 마이크로파 회로 구성도

[그림 1-18] 휴대폰과 기지국 무선통신 시스템의 마이크로파 회로

[그림 1-18(a)]에 나타낸 휴대폰 무선통신 시스템의 마이크로파 회로는 이동통신을 지원하며, WiFi와 블루투스, GPS, FM 및 모바일 TV(국내의 경우 DMB) 등을 지원한다. 이동통신의 경우 주 안테나와 다이버시티 안테나를 사용하고 있다. 송신단에서는 전력증폭기를 통해 고출력 신호를 출력하는데, 채널을 통해 수신된 신호는 매우 작은 크기를 갖기 때문에 수신 신호를 증폭하기 위한 저잡음

증폭기LNA : Low Noise Amplifier와 불필요한 고조파와 스퓨리어스 신호들을 제거하기 위한 대역 통과 필터를 거쳐 다중모드 송수신기에 입력된다.

[그림 1-18(b)]에 나타낸 기지국 무선통신 시스템의 마이크로파 회로는 1개의 송신기와 2개의 수신기로 구성되며, 모뎀을 통과한 신호가 I/Q 변조기를 통과하여 전력증폭기를 통과하여 송신되고 수신된 신호는 휴대폰과 마찬가지로 저잡음 증폭기와 대역 통과 필터를 통과하여 중간주파수 대역을 통과하여 수신된다. 휴대폰이나 기지국 모두 무선통신 시스템에서 요구되는 각 요소들이 원활하게 동작되기 위해서는, 전체 시스템 성능에 영향을 미치는 개별적인 부품들의 특성 및 성능이 매우 중요하다. 여기서 무선통신 시스템의 마이크로파 회로를 구성하는 부품들로는 전송선로, 결합기, 필터, 공진기, 발진기, 믹서, 검파기와 안테나 등이 있다.

이 책에서는 이들 부품들의 동작원리와 설계 파라미터를 소개할 것이다. 그런 다음 각 부품들로 구성되는 무선통신 시스템 전체의 성능 파라미터, 무선통신 시스템이 동작하기 위한 전파환경과 안테나 특성을 살펴볼 것이다.

Chapter 01 기출문제

L1.1 **【2021, 국가직 9급】** 전리층에 대한 설명으로 옳지 않은 것은?

① 장파^{LF}는 전리층에 반사된다.
② 전리층은 높이에 따라 D, E, F층 등으로 구분된다.
③ 전리층은 지상 10,000[km]에 위치한다.
④ 초단파^{VHF}는 전리층을 통과한다.

L1.2 **【2021, 무선설비기사】** 다음 중 제1종 전리층 감쇠에 대한 설명으로 틀린 것은?

① 감쇠량은 주파수에 비례한다.
② 야간보다는 주간에 감쇠가 크다.
③ E층 반사파는 주간에 D층에서 감쇠를 겪는다.
④ 전리층에서 반사된 파가 지상으로 돌아오면서 전리층을 통과할 때 생기는 손실이다.

L1.3 **【2020, 국가직 9급】** 자유공간에서 전파되는 전자파에 대한 설명으로 옳지 않은 것은?

① 전자파가 전파되는 도중 장애물을 만나 반사, 회절, 산란 등에 의해 분산되고, 이 분산된 신호들 중 두 개 이상이 서로 다른 경로를 통하여 수신기에 도달하는 현상을 다중 경로 페이딩$^{multipath\ fading}$이라 한다.
② 이동하는 송수신기의 상대적인 방향에 따라 수신 주파수가 변하는 현상을 도플러 효과라고 한다.
③ 전계가 시간적으로 변화하면, 그 주위에는 자계의 회전이 생긴다.
④ 안테나에서 방사된 전파는 항상 지표면과 수평 방향으로 진행한다.

L1.4 **【2020, 지방직 9급】** 무선통신 대역의 전파 특성에 대한 설명으로 가장 옳은 것은?

① VLF : 안테나끼리 직접 전파되거나, 지구 표면으로 반사되어 오게끔 대류권 상층을 향해 전송되는 방식을 사용
② HF : 지표의 굴곡을 따라 퍼지며 전파거리는 신호의 전력량에 비례
③ SHF : 대기의 굴절을 이용하지 않고 위성에 의한 중계를 이용
④ EHF : 대류권과 전리층의 밀도차를 이용하여 낮은 출력으로 원거리 전파와 무선파의 속도를 높이는 방식을 사용

L1.5 **【2020, 국가직 7급】** 마이크로웨이브^{Microwave} 통신의 특징으로 옳은 것은?

① 전파가 전리층의 영향을 받아 감쇠와 왜곡이 심하다.
② 사용 주파수 범위가 넓어 광대역 전송이 가능하다.
③ 1[GHz] ~ 10[GHz]의 주파수 영역에서는 전자기 잡음레벨이 상대적으로 매우 높다.
④ 동작주파수가 높아 고이득, 고지향성 안테나의 구현이 불가능하다.

L1.6 **【2020, 국가직 7급】** 전파의 성질에 대한 설명으로 옳지 않은 것은?

① 전파는 횡파이며 평면파이다.
② 균일 매질에서 전파하는 전파는 직진한다.
③ 주파수가 높을수록 회절 작용이 심하다.
④ 서로 다른 매질의 경계면에서 굴절과 반사되는 성질이 있다.

L1.7 **【2020, 무선설비기사】** 다음 중 전파의 성질에 관한 설명으로 틀린 것은?

① 전파는 횡파이다.
② 균일 매질 층을 전파하는 전파는 직진한다.
③ 굴절률이 다른 매질의 경계면에서는 빛과 같이 굴절과 반사 작용이 있다.
④ 주파수가 높을수록 회절 작용이 심하다.

L1.8 **【2020, 무선설비기사】** 다음 중 전파에 관한 설명으로 옳은 것은?

① 진행 방향에는 전계와 자계가 없고 직각인 방향에만 전계와 자계 성분이 있는 경우를 구면파라고 한다.
② 매질의 종류에 관계없이 속도는 광속과 같다.
③ 전파는 종파이다.
④ 군속도 × 위상속도 = (광속도)^2

L1.9 **【2020, 무선설비기사】** 전리층의 높이가 지상 약 100[km] 정도이며, 발생지역과 장소가 불규칙한 전리층은?

① D층 ② E_s층 ③ F_1층 ④ F_2층

L1.10 **【2020, 무선설비기사】** 위성통신에 사용되는 주파수 대역 중 12.5[GHz] ~ 18[GHz] 대역을 무엇이라고 하는가?

① C 밴드 ② Ku 밴드 ③ Ka 밴드 ④ X 밴드

L1.11 **【2020, 전파전자통신기사】** 다음 중 주파수 대역에 따른 전리층 전파의 특징으로 틀린 것은?

① 중파의 경우 야간에 E층 반사를 할 수 있다.
② 장파의 경우 주야 구분 없이 D층의 영향을 받는다.
③ 단파의 경우 주간에 높은 주파수, 야간에 낮은 주파수를 사용한다.
④ 장거리 통신에서 장파는 페이딩이 적으나, 단파는 페이딩이 일어나기 쉽다.

L1.12 **【2019, 전파전자통신기사】** 100[m] 높이의 송신 안테나로부터 직접파에 의한 전파 가시 거리가 100[km] 되는 지점에 수신 안테나를 설치하려고 한다. 수신 안테나의 높이는 최소 얼마로 하여야 하는가?

① 113.7[m] ② 205.4[m]
③ 324.4[m] ④ 486.3[m]

L1.13 **【2019, 무선설비기사】** 건물의 뒤편 또는 산 뒤에서와 같이 기지국 안테나로부터 가려진 곳까지 전파가 도달하여 통화가 가능한 것은 전파의 어떤 성질 때문인가?

① 회절 ② 투과
③ 굴절 ④ 산란

L1.14 **【2018, 국가직 9급】** 다음 무선통신에 사용되는 4가지 주파수 대역 중 높은 주파수에서 낮은 주파수 순서대로 바르게 나열한 것은?

① C – Ku – Ka – S ② Ku – Ka – S – C
③ Ka – Ku – C – S ④ S – C – Ka – Ku

L1.15 **【2018, 국가직 7급】** 도전율 σ, 투자율 μ인 도체에 주파수 f인 교류전류가 흐른다. 표피두께표피깊이, skin depth에 대한 설명으로 옳은 것은?

① 표피두께는 도전율이나 투자율과는 무관하다.
② 투자율이 클수록 표피두께가 증가한다.
③ 도전율이 클수록 표피두께가 감소한다.
④ 주파수가 높을수록 표피두께가 증가한다.

L1.16 **【2018, 방송통신기사】** 우리나라에서 시행하는 디지털 멀티미디어 방송인 DMBDigital Multimedia Broadcasting의 사용 주파수 대역은?

① VHF-low, 54 ~ 88[MHz] ② FM, 88 ~ 108[MHz]
③ VHF-high, 174 ~ 216[MHz] ④ UHF, 407 ~ 806[MHz]

L1.17 **【2017, 국가직 9급】** 다음 전파 중 가장 짧은 길이의 안테나를 사용할 수 있는 것은?

① 초단파 ② 단파
③ 중파 ④ 장파

L1.18 **【2017, 국가직 9급】** 다음 위성통신 주파수 대역 중 대기감쇠의 영향이 가장 작은 것은?

① X-밴드　　② C-밴드
③ Ku-밴드　　④ Ka-밴드

L1.19 **【2017, 국가직 9급】** 1.5[GHz]의 마이크로파 신호가 자유공간에서 10[cm] 진행하였을 때 발생하는 위상변화[rad]는? (단, 전파의 속도는 3×10^8[m/s]이다.)

① $\frac{\pi}{4}$　　② $\frac{\pi}{2}$
③ $\frac{3\pi}{4}$　　④ π

L1.20 **【2016, 국가직 9급】** 주파수 대역과 무선통신 또는 방송 기술이 바르게 짝지어진 것은? (순서대로 주파수 대역, 무선통신/방송 기술)

① 30[kHz], AM 라디오 방송　　② 200[MHz], 위성 DMB
③ 1.8[GHz], 잠수함 간 무선통신　　④ 2.4[GHz], 무선 랜

L1.21 **【2016, 국가직 9급】** 자유공간에서 진행하는 신호 $s(t)=\cos(2\pi\times10^5 t+10)$[m/s]가 한 주기 동안 진행하는 거리[km]는? (단, 전파의 속도는 3×10^8[m/s]이다.)

① 1.5　　② 3　　③ 4.5　　④ 6

L1.22 **【2015, 국가직 9급】** 전파에 대한 설명으로 옳지 않은 것은?

① 주파수가 높을수록 전리층 통과가 어려워진다.
② 주파수 대역폭이 넓어지면 전송속도를 증가시킬 수 있다.
③ 주파수가 높을수록 안테나의 길이가 짧아진다.
④ 주파수가 높을수록 장애물에서 회절 능력이 감소한다.

L1.23 **【2014, 국가직 9급】** 위성통신에서 사용 가능한 주파수 대역과 그 명칭이 바르게 연결되지 않은 것은?

① 1.5[GHz] 대역-L 밴드　　② 6[GHz] 대역-C 밴드
③ 14[GHz] 대역-K 밴드　　④ 30[GHz] 대역-Ka 밴드

L1.24 **【2014, 국가직 9급】** 전파의 특성에 대한 설명으로 옳지 않은 것은?

① 가시경로가 없는 산 뒤쪽에서도 전파가 수신되는 것은 굴절^{Refraction} 때문이다.
② 주파수가 높을수록 직진성이 강해진다.
③ 주파수가 낮을수록 회절^{Diffraction}이 강해진다.
④ 전자파가 물체의 표면에 부딪혀 에너지가 사방으로 분산되는 현상을 산란^{Scattering}이라 한다.

L1.25 **【2013, 국가직 9급】** 마이크로파^{Microwave}를 이용한 통신 시스템의 특징으로 옳지 않은 것은?

① 전리층의 반사를 이용한 통신이 가능하다.
② 우수한 지향성, 직진성, 반사성을 갖는다.
③ TV 중계, 위성 중계, 레이더 및 고속 데이터 통신에 사용된다.
④ 300[MHz] ~ 30[GHz]의 UHF와 SHF대의 전파가 마이크로파에 포함된다.

기출문제 답

L1.1 ③	L1.2 ①	L1.3 ④	L1.4 ③	L1.5 ②	L1.6 ③	L1.7 ④	L1.8 ④
L1.9 ②	L1.10 ②	L1.11 ②	L1.12 ②	L1.13 ①	L1.14 ③	L1.15 ③	L1.16 ③
L1.17 ①	L1.18 ②	L1.19 ④	L1.20 ④	L1.21 ②	L1.22 ①	L1.23 ③	L1.24 ①
L1.25 ①							

m.e.m.o

Chapter 02

전자기학 기초

Basic of Electromagnetics

학습목표

- RF 및 마이크로파 공학을 이해하기 위한 선수과목인 전자기학의 주요 내용을 복습한다.
- 전기장과 자기장의 개념, 맥스웰 방정식을 학습하여 전파의 기초 개념을 이해한다.
- 유전체와 자성체 등 전파가 전파되는 매질의 개념을 이해하고, 이와 연관된 맥스웰 방정식의 변위 전류 개념을 이해한다.
- RF 및 마이크로파 공학 엔지니어가 주로 사용하는 단위인 데시벨 정의를 이해한다.

전자기학은 전기, 전자 또는 전파공학의 기초 학문으로, 대부분의 전기적인 현상들을 설명할 수 있을 뿐만 아니라 전자회로를 설계하고 해석하기 위해 필요한 학문적 이론을 제공한다. 따라서 RF 및 마이크로파 회로를 설계하고 동작을 이해하기 위해서는 전자기학을 이해하는 것이 무엇보다 중요하다. 이 장에서는 선수과목으로 배웠던 전자기학의 핵심 내용을 다시 한번 살펴볼 것이다.

2.1 전자기학 이해를 위한 수학

2.1.1 벡터의 연산

벡터 vector 는 크기와 방향을 가진 물리량이며, **스칼라** scalar 는 크기만 갖는 물리량이다([그림 2-1] 참고). 전자기학의 필드 개념을 나타낼 때 스칼라는 A로, 벡터는 $\vec{A}$로 표시한다. 3차원 공간 좌표 (A_x, A_y, A_z)에 크기 $f(\cdot)$를 가지는 스칼라 A는 $A = f(A_x, A_y, A_z)$로, 벡터 $\vec{F}(\cdot)$를 갖는 벡터 $\vec{A}$는 $\vec{A} = \vec{F}(A_x, A_y, A_z)$로 나타낼 수 있다.

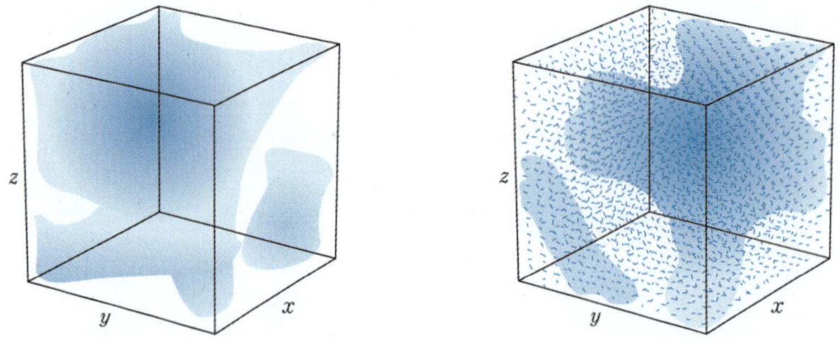

(a) 스칼라 (b) 벡터

[그림 2-1] 스칼라와 벡터[1]

3차원 직각좌표계 cartesian coordinate 에서 정의된 $\vec{A}$는 다음과 같이 나타낼 수 있다.

$$\vec{A} = (A_x,\ A_y,\ A_z) = A_x\,\vec{a_x} + A_y\,\vec{a_y} + A_z\,\vec{a_z} \tag{2.1}$$

이때 $\vec{a_x}$, $\vec{a_y}$, $\vec{a_z}$는 직각 rectangular 좌표계에서 x, y, z 각각의 방향으로 크기가 1인 단위 unit 벡터를 의미한다. 마찬가지로 ρ, ϕ, z 방향으로 정의되는 원통 cylindrical 좌표계와 r, θ, ϕ 방향으로 정의되는 구 spherical 좌표계도 $\vec{A} = (A_\rho,\ A_\phi,\ A_z)$ 또는 $(A_r,\ A_\theta,\ A_\phi)$로 나타낼 수 있다. 직각좌표계에서는 벡터의 덧셈과 뺄셈을 다음과 같이 정의한다.

$$\vec{A} \pm \vec{B} = (A_x \pm B_x,\ A_y \pm B_y,\ A_z \pm B_z) \tag{2.2}$$

두 벡터의 곱셈 방법으로는 두 벡터의 방향을 일치시켜 곱하는 내적 inner product 과 두 벡터로 만들어지는 평행사변형의 크기와 수직인 방향을 갖는 외적 outer product 이 있다. 벡터 $\vec{A}$와 $\vec{B}$의 내적은 식 (2.3)과 같이 $\vec{B}$의 크기인 $|\vec{B}|$와, $\vec{B}$와 같은 방향을 갖는 $\vec{A}$의 크기인 $|\vec{A}|\cos\theta$의 곱으로 정의한다. 이때 θ는 두 벡터 사이의 각도이다([그림 2-2(a)] 참고).

$$\vec{A} \cdot \vec{B} = |\vec{A}|\,|\vec{B}|\cos\theta = A_xB_x + A_yB_y + A_zB_z \tag{2.3}$$

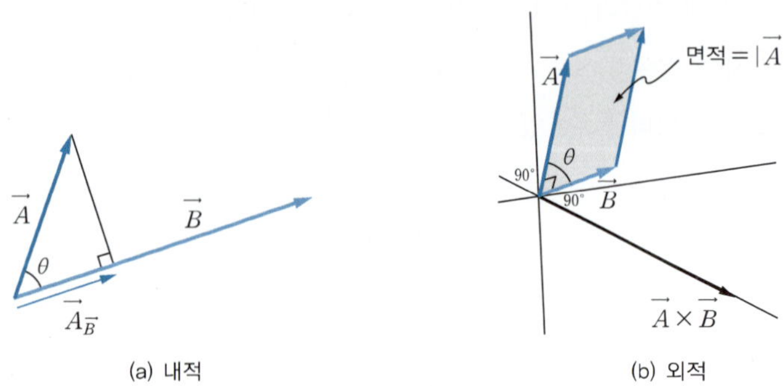

(a) 내적 (b) 외적

[그림 2-2] 벡터의 내적과 외적

1 2.1절의 그림들은 University of Texas at El Paso의 Rumpf 교수의 허락을 받아 사용하였음을 밝힌다.

식 (2.3)에서 알 수 있듯이, 두 벡터의 내적은 스칼라양(따라서 내적을 스칼라곱 scalar product 또는 dot product 이라고도 한다)으로 주어지며, 만약 두 벡터의 방향이 서로 수직($\theta = 90°$)이면 값은 0이 되고, 직각좌표계의 서로 다른 단위벡터 $\overrightarrow{a_x}$, $\overrightarrow{a_y}$, $\overrightarrow{a_z}$ 의 내적은 0이 되며, 방향이 같은 단위벡터의 내적은 1이 된다. 벡터의 내적을 이용하면 두 벡터 사이의 각도를 쉽게 얻을 수 있다.

$$\theta = \cos^{-1}\left(\frac{\overrightarrow{A} \cdot \overrightarrow{B}}{|\overrightarrow{A}||\overrightarrow{B}|}\right) \tag{2.4}$$

두 벡터 $\overrightarrow{A}$ 와 $\overrightarrow{B}$의 외적 cross product 은 벡터곱 vector product 이라고도 하며, $\overrightarrow{A} \times \overrightarrow{B}$로 나타낸다. 이는 [그림 2-2(b)]에 보이듯, 두 벡터로 만들어지는 평행사변형 면적($|\overrightarrow{A}||\overrightarrow{B}|\sin\theta$)을 크기($|\overrightarrow{A} \times \overrightarrow{B}|$)로 갖고, 평면에 수직인 단위벡터 $\overrightarrow{a_N}$을 방향으로 갖는다. 이는 식 (2.5)와 같이 정의할 수 있으며, 내적과 마찬가지로 θ는 두 벡터 사이의 각도를 나타낸다.

$$\overrightarrow{A} \times \overrightarrow{B} = |\overrightarrow{A}||\overrightarrow{B}|\sin\theta\,\overrightarrow{a_N} \tag{2.5}$$

벡터의 외적은 두 벡터가 만드는 사각형의 면적이 0인 경우, 즉 방향이 같은 경우에 0이 된다. 반면, 두 벡터가 직각을 이룰 때는 사각형의 면적이 가장 커지므로 가장 큰 값을 갖는다. 따라서 직각좌표계에서 서로 같은 방향을 가진 단위벡터 $\overrightarrow{a_x}$, $\overrightarrow{a_y}$, $\overrightarrow{a_z}$의 외적은 0이 되며, 다른 방향 단위벡터 외적의 경우 $\overrightarrow{a_x} \times \overrightarrow{a_y} = \overrightarrow{a_z}$, $\overrightarrow{a_y} \times \overrightarrow{a_z} = \overrightarrow{a_x}$, $\overrightarrow{a_z} \times \overrightarrow{a_x} = \overrightarrow{a_y}$가 된다. 단위벡터의 방향이 반대가 되면, 즉 $\overrightarrow{a_y} \times \overrightarrow{a_x} = -\overrightarrow{a_z}$가 된다.

2.1.2 벡터와 스칼라의 미분연산

전기자기학에서 유용하게 사용되는 벡터와 스칼라의 미분연산에는 **기울기** gradient, **발산** divergence, **회전** curl 이 있다. 이때 각 연산들을 수학적으로 유도하고 이해하는 것도 중요하지만, 물리적인 의미를 이해하는 것 또한 매우 중요하기 때문에 이 절에서는 이미지를 기반으로 물리적 의미를 설명하고자 한다.

벡터와 스칼라 미분연산의 개념을 쉽게 이해하기 위해 앞서 [그림 2-1]에 나타낸 3차원 공간의 벡터와 스칼라를 2차원 평면에 나타내면 [그림 2-3(a)]와 같이 나타낼 수 있는데, 화살표가 의미하는 것은 각 점 (x, y)에서의 크기와 방향인 벡터 $\overrightarrow{f}(x, y)$를 나타내고, 배경색 채도의 변화는 크기인 스칼라 $f(x, y)$를 나타낸다. 기울기 gradient 는 스칼라 함수(크기)의 미분, 즉 크기의 변화율 또는 기울기로 [그림 2-3(a)]에서 크기를 나타내는 배경색을 동일한 크기를 갖도록 [그림 2-3(b)]와 같이 등고선 isocontour line 으로 표현했을 때 등고선의 변화율이라고 볼 수 있다. 경사가 급할수록, 즉 변화율이 클수록 큰 값을 가지며, 변화가 일어나는 방향을 벡터로 갖는다. 3차원의 경우 식 (2.6)과 같이 정의한다.

$$\nabla f = \left(\frac{\partial f}{\partial x}\right)\overrightarrow{a_x} + \left(\frac{\partial f}{\partial y}\right)\overrightarrow{a_y} + \left(\frac{\partial f}{\partial z}\right)\overrightarrow{a_z} \tag{2.6}$$

여기서 ∇은 델 연산자 del operator 라고 하며, $\nabla \equiv \frac{\partial}{\partial x}\overrightarrow{a_x} + \frac{\partial}{\partial y}\overrightarrow{a_y} + \frac{\partial}{\partial z}\overrightarrow{a_z}$로 정의된다. 전자기장에서는 전기장 $\overrightarrow{E}$를 전압 V의 변화로 정의하여 $\overrightarrow{E} = \nabla V$로 정의된다.

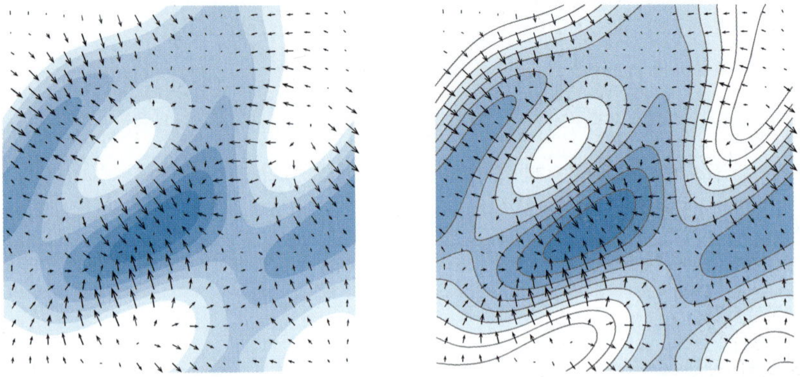

(a) 벡터와 스칼라 표시 (b) 기울기 표시

[그림 2-3] 기울기의 개념

[그림 2-4(a)]를 보자. 벡터 $\overrightarrow{f}(x, y)$를 갖는 2차원 평면의 점 Ⓐ 주변에서는 벡터가 바깥 방향으로 나오고, 점 Ⓑ 주변으로 벡터가 들어가는 것을 볼 수 있다. 이처럼 벡터가 특정한 점을 향해 들어가거나 나오는 양의 크기를 벡터 $\overrightarrow{f}$의 **발산** divergence 이라고 한다. 벡터의 발산은 $\nabla \cdot \overrightarrow{f}$로 나타내며, 3차원 벡터 $\overrightarrow{f} = f_x\overrightarrow{a_x} + f_y\overrightarrow{a_y} + f_z\overrightarrow{a_z}$로 주어질 때, 식 (2.7)과 같이 정의한다.

$$\nabla \cdot \overrightarrow{f} = \frac{\partial f_x}{\partial x} + \frac{\partial f_y}{\partial y} + \frac{\partial f_z}{\partial z} \tag{2.7}$$

따라서 [그림 2-4(a)]의 점 Ⓒ와 같이 벡터가 평행한 성분만 갖거나 폐곡선을 따라 존재해서 들어오거나 나가는 성분이 없을 때는 발산 값이 0이 된다. 전기장 $\overrightarrow{E}$는 전하에 의해 발생하므로 공간에 전하가 존재하면 주변에 전하로부터 나오는 전계벡터가 존재하므로 발산이 존재한다고 할 수 있다. 따라서 유전율이 ε_0인 자유공간의 한 점에 위치한 전하밀도를 ρ_v라고 할 때, 전기장 $\overrightarrow{E}$와 $\nabla \cdot \overrightarrow{E} = \frac{\rho_v}{\varepsilon_0}$의 관계를 갖는다.

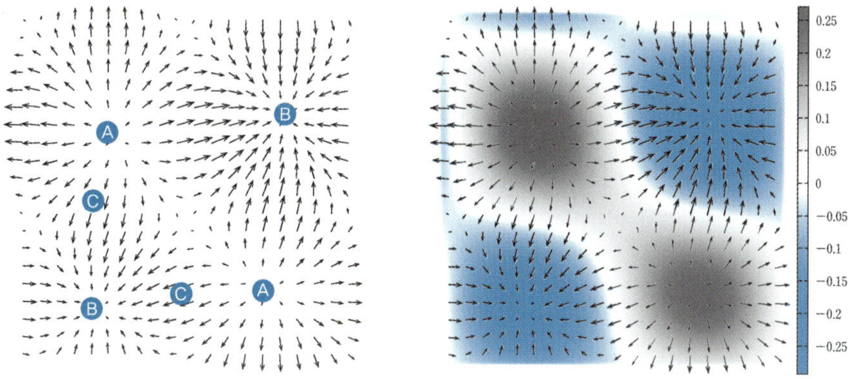

(a) 벡터　　　　(b) 벡터의 발산

[그림 2-4] 2차원 평면에서 벡터의 발산

[그림 2-5(a)]를 보자. 벡터 $\vec{f}(x, y)$를 나타낸 2차원 평면의 점 Ⓐ 주변에서는 벡터가 Ⓐ를 중심으로 시계방향으로 회전하고, 점 Ⓑ 주변에서는 반시계방향으로 회전하는 것을 볼 수 있다. 이 경우 회전하는 벡터의 양을 벡터의 회전curl 이라고 한다. 점 Ⓒ와 같이 벡터가 회전하는 성분이 없을 때는 벡터의 회전이 0이 된다. 벡터의 회전은 $\nabla \times \vec{f}$로 나타내며, 3차원 벡터 $\vec{f} = f_x\vec{a_x} + f_y\vec{a_y} + f_z\vec{a_z}$로 주어질 때, 식 (2.8)과 같이 정의한다.

$$\nabla \times \vec{f} = \begin{vmatrix} \vec{a_x} & \vec{a_y} & \vec{a_z} \\ \dfrac{\partial}{\partial x} & \dfrac{\partial}{\partial y} & \dfrac{\partial}{\partial z} \\ f_x & f_y & f_z \end{vmatrix} = \left(\frac{\partial f_z}{\partial y} - \frac{\partial f_y}{\partial z}\right)\vec{a_x} + \left(\frac{\partial f_x}{\partial z} - \frac{\partial f_z}{\partial x}\right)\vec{a_y} + \left(\frac{\partial f_y}{\partial x} - \frac{\partial f_x}{\partial y}\right)\vec{a_z} \quad (2.8)$$

예를 들어, 암페어 법칙Ampere's law은 도선에 흐르는 전류밀도 $\vec{J}$ 주변에 회전하는 자기장 $\vec{H}$가 발생한다는 것이다. 즉, 도선에 흐르는 전류밀도 $\vec{J}$는 자기장 벡터의 회전 $\nabla \times \vec{H}$와 같이 $\nabla \times \vec{H} = \vec{J}$의 관계를 갖는다.

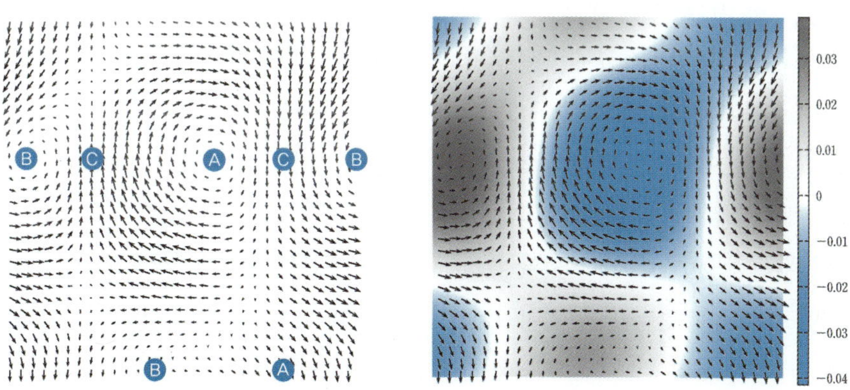

(a) 벡터　　　　(b) 벡터의 회전

[그림 2-5] 2차원 평면에서 벡터의 회전

이러한 스칼라 함수 f 및 벡터함수 $\vec{f}$의 기울기, 발산, 회전은 1차 미분이며, 2차 미분을 다음과 같이 다시 정의할 수 있다. 스칼라 함수 f의 경우 미분연산은 ∇f(벡터)이며, 벡터값은 ① $\nabla \times (\nabla f)$(벡터) 또는 ② $\nabla \cdot (\nabla f)$(스칼라)로 미분연산이 가능하다. 벡터함수 $\vec{f}$의 경우 미분연산으로 $\nabla \cdot \vec{f}$와 $\nabla \times \vec{f}$가 정의되며, 2차 미분에서는 ③ $\nabla(\nabla \cdot \vec{f})$(벡터), ④ $\nabla \cdot (\nabla \times \vec{f})$(스칼라), ⑤ $\nabla \times (\nabla \times \vec{f})$(벡터)의 5가지 2차 미분을 얻을 수 있다. 이 중 ②는 $\nabla^2 f$로 라플라시안 Laplacian 으로 정의하며, ①과 ④는 항상 0이 된다. ⑤는 ③－②, 즉 $\nabla \times (\nabla \times \vec{f}) = \nabla(\nabla \cdot \vec{f}) - \nabla^2 \vec{f}$로 나타낼 수 있다.

2.1.3 신호와 푸리에 스펙트럼

전파공학에서 다루는 신호는 시간 영역과 주파수 영역에서 나타낼 수 있다. 이때 주파수 영역에서 신호를 나타내려면 주파수 frequency 와 주기 period 의 개념을 잘 이해해야 한다. 특히 삼각함수 중 정현파 sine 나 여현파 cosine 는 교류 AC : Alternating Current 의 기본파형으로서 전파신호의 가장 기본신호로서 이해가 필요하다. 먼저 [그림 2-6]과 같이 $x-y$ 평면 위에 놓여 있는 중심이 원점이고, 반지름이 1인 원 $x^2+y^2=1$을 생각해보자.

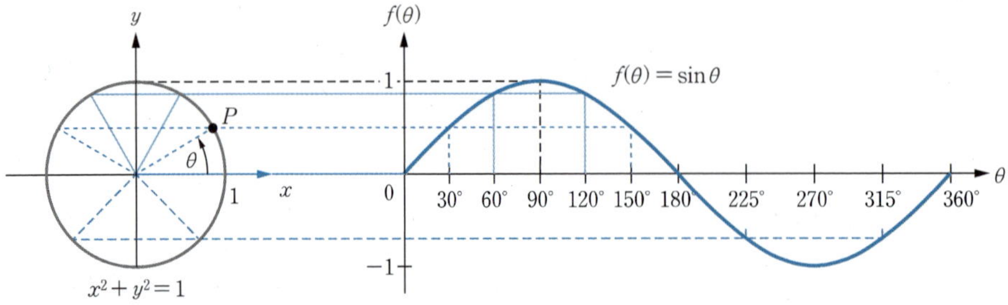

[그림 2-6] 원운동을 이용한 $f(\theta)=\sin\theta$의 유도

$x-y$ 평면 위에 있는 한 점 P가 원 위를 움직이고 원 위의 점 P까지의 각도를 θ라고 할 때, 점 P의 좌표는 $(x, y)=(\cos\theta, \sin\theta)$로 쓸 수 있다. 반지름이 r인 원주(원의 둘레)의 길이는 $2\pi r$이고, 각도가 θ일 때 호의 길이는 $2\pi r \times \frac{\theta}{360°}$로 나타낼 수 있다. 따라서 [그림 2-6]과 같이 반지름이 1인 원의 둘레는 2π, 호의 길이는 $2\pi \times \frac{\theta}{360°}$가 된다. 각도 θ의 변화(x축)에 따른 y값의 변화를 좌표축에 나타내 보면 [그림 2-6]의 오른쪽과 같은 곡선 모양이 나오는데, 이 곡선이 함수 $f(\theta)=\sin\theta$의 그래프이다. 이때 x축의 좌표를 각도 θ 대신 호의 길이 $2\pi \times \frac{\theta}{360°}$로도 나타낼 수 있다. 각도 θ에 대응하는 호의 길이 $2\pi \times \frac{\theta}{360°}$를 라디안 Radian 으로 정의한다. [그림 2-6]에서 신호(점 P)가 1초 동안 원운동을 하는 횟수를 진동수 또는 주파수 f로 정의하며, 주파수의 단위는 [Hz]로 나타낸다. 일반적으로 국내 가정용 전원으로 60[Hz]를 사용하는데, 이는 1초에 60회의 원운동을 하는 것을 의미한다. 이때 원운동을 한 번 하는 데 소요되는 시간을 주기

T 라고 하며, 주기는 주파수의 역수로 $T = \frac{1}{f}$ 의 관계를 갖는다. 따라서 60[Hz]의 신호는 $\frac{1}{60}$ [sec]의 주기를 갖는다. 1초에 일어나는 원운동을 각도 또는 원주의 길이로 나타낸 것(즉, 단위 시간 동안 원 위를 움직인 거리)을 각주파수angular frequency 또는 각속도angular speed ω 로 정의한다. 각속도는 $\omega = 2\pi f = \frac{2\pi}{T}$ 로 [rad · Hz] = [rad/sec]의 단위를 갖는다. 예를 들어 60[Hz] 신호인 경우 1초 동안 60회의 원운동을 하므로, 움직인 거리는 $2\pi \times 60 = 120\pi$ 가 된다. 이 값이 바로 각주파수이다. 초기 각도가 θ 라면 시간 t 동안 움직인 각도 또는 호의 길이를 $\omega t + \theta$ 로 나타낼 수 있다. 만약 [그림 2-6]에서 점 P 가 반지름이 1이 아닌 반지름이 A 인 원 위를 움직인다면, θ 의 변화에 따른 점 P 의 y 축 길이 변화는 $A\sin\theta$ 가 된다. 이때의 A 를 진폭amplitude 이라고 한다. 따라서 임의의 시간 t 에서 진폭 A 를 갖는 신호 $f(t)$ 가 각주파수 ω 를 가지며, $t = 0$ 일 때 초깃값 θ 를 갖는다면 다음과 같이 나타낼 수 있다.

$$f(t) = A\sin(\omega t + \theta) \tag{2.9}$$

1822년 장바티스트 푸리에Jean-Baptiste Fourier 는 실제 세계에 존재하는 모든 파형을 주기와 주파수가 다른 정현파들을 더하여 표현할 수 있다는 푸리에 급수Fourier series 를 발표하였다. 예를 들어, [그림 2-7(a)]에 나타낸 서로 다른 크기와 주파수의 배수가 되는 서로 다른 정현파들을 더하면 식 (2.10)과 같이 $f(t)$ 를 만들어낼 수 있으며, [그림 2-7(b)]처럼 구형파rectangular pulse의 형태를 갖게 된다. 이때 기본 주파수의 배수가 되는 성분들을 하모닉harmonics 또는 고조파라고 한다.

$$f(t) = \frac{4}{\pi}\left[\sin(\pi t) + \frac{1}{3}\sin(3\pi t) + \frac{1}{5}\sin(5\pi t) + \frac{1}{7}\sin(7\pi t) + \cdots\right] \tag{2.10}$$

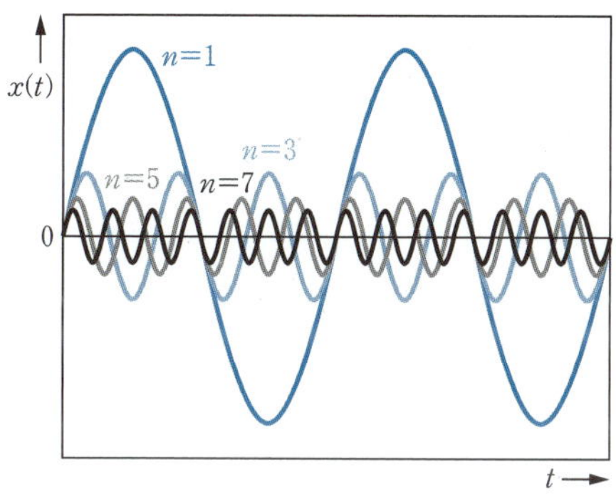

(a) 정현파의 고조파들

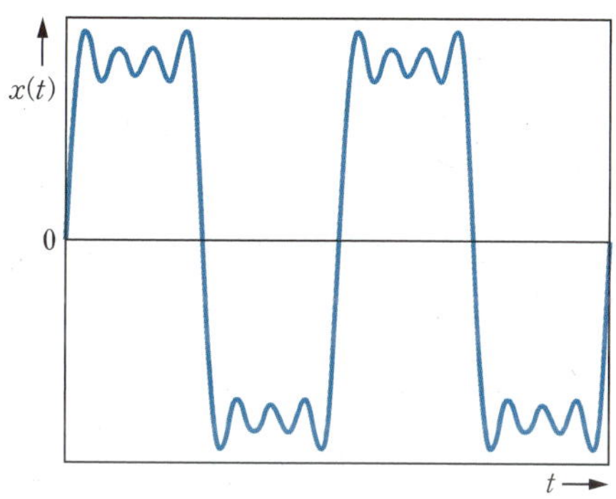

(b) 고조파의 합

[그림 2-7] 푸리에 급수

푸리에 급수는 복잡한 신호를 단순하게 표현할 수 있다는 장점이 있지만, 주기함수에만 국한된다는 단점이 있다. 단점을 극복하기 위하여 비주기함수를 주기가 무한대인 주기함수로 가정하고 푸리에 급수의 확장인 식 (2.11)과 같이 시간(t) 영역과 주파수(ω) 영역의 관계를 나타내는 푸리에 변환 Fourier transform 을 정의할 수 있다.

$$f(t)=\frac{1}{2\pi}\int_{-\infty}^{\infty}F(\omega)e^{j\omega t}d\omega \quad \Leftrightarrow \quad F(\omega)=\int_{-\infty}^{\infty}f(t)e^{-j\omega t}dt \tag{2.11}$$

푸리에 변환은 시간 영역의 함수 $f(t)$와 주파수 영역의 함수 $F(\omega)$의 관계를 나타낸 것으로, 신호처리, 음성, 통신분야에 광범위하게 응용되고 있다. $F(\omega)$를 통해 신호 $f(t)$가 가진 주파수 성분들을 파악할 수 있기 때문에 공학적으로 유용한 정보를 제공한다. 예를 들어 [그림 2-8]과 같이 신호 $f(t)$에 고주파 잡음이나 고조파가 있다면, 시간 영역의 파형에서는 확인하기가 어렵지만, 주파수 영역에서는 신호를 구분하기 쉬우므로 적절한 주파수 특성을 가진 필터 등을 사용해 제거할 수 있다. 시간 영역의 파형 $f(t)$는 오실로스코프 oscilloscope 를 사용하여 관찰할 수 있으며, 주파수 영역의 파형 $F(\omega)$은 스펙트럼 분석기 spectrum analyzer 를 사용하여 관찰할 수 있다.

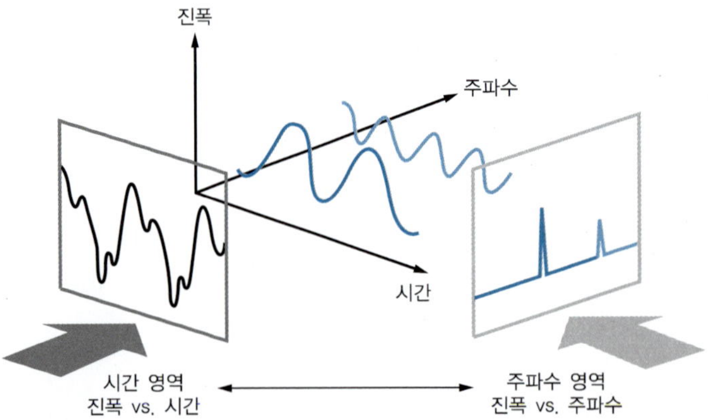

[그림 2-8] 신호 영역과 주파수 영역의 관계

$F(\omega)$의 그래프는 신호 $f(t)$가 가진 주파수들로 나타내는 스펙트럼을 보여준다. 몇 가지 주요한 함수들에 대해 $f(t)$와 $F(\omega)$의 관계를 [그림 2-9]에 나타냈다. 특이한 사항으로는 $F(\omega)$는 음의 주파수 값도 갖는다는 사실이다. 예를 들어 $f(t)=\cos\omega_0 t$의 푸리에 변환인 $F(\omega)=\pi[\delta(\omega-\omega_0)+\delta(\omega+\omega_0)]$로 주어지는데, $\delta(\omega-\omega_0)$는 양의 주파수, $\delta(\omega+\omega_0)$는 음의 주파수 성분을 나타낸다. 정현파 또는 여현파는 앞서 [그림 2-6]의 원운동으로부터 정의되는데, 반시계방향 즉, $+\theta$ 방향의 회전은 양의 주파수, 시계방향인 $-\theta$ 방향의 회전은 음의 주파수를 의미한다. 이것은 또한 오일러 공식 Euler's formula 에 의해 주어지는 $\cos(\omega_0 t)=\frac{1}{2}[e^{j\omega_0 t}+e^{-j\omega_0 t}]$으로부터 $\cos\omega_0 t$가 양과 음의 주파수를 가진다는 사실을 확인할 수 있다.

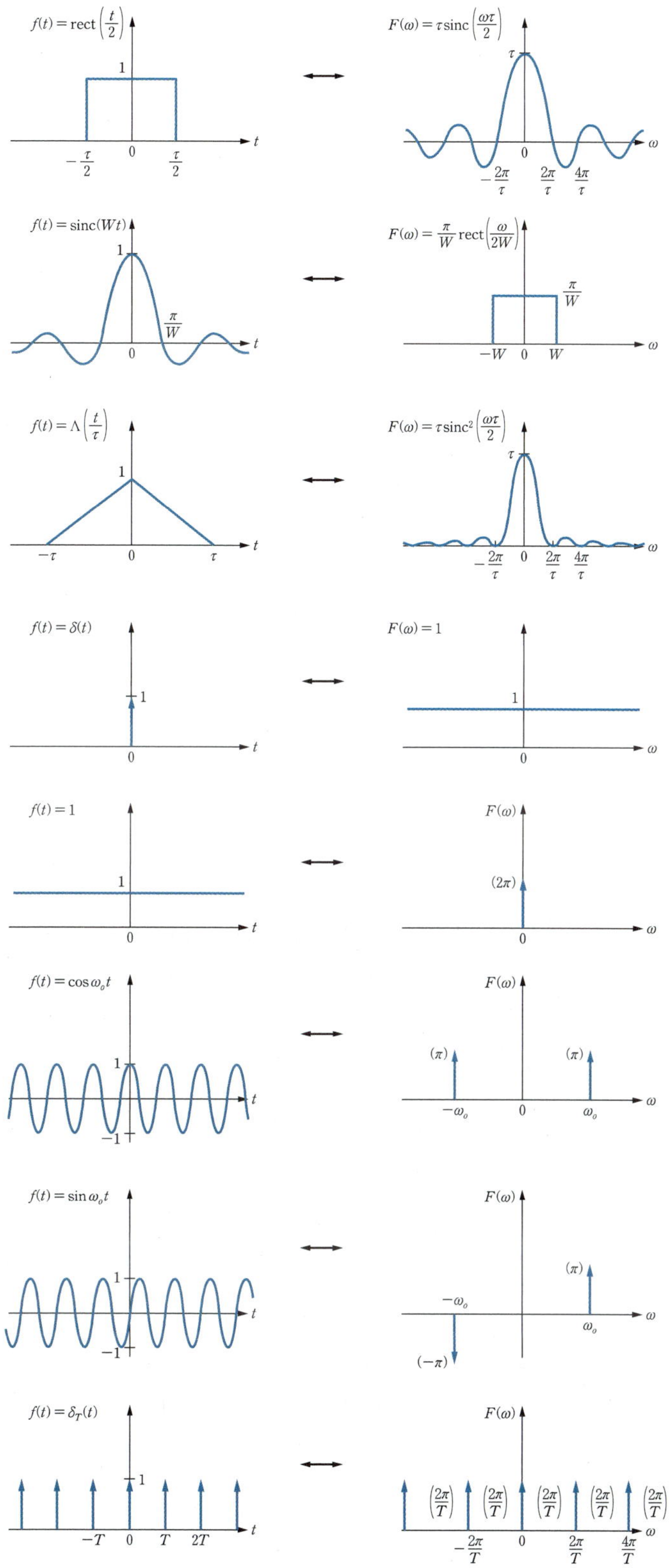

f(t) = rect(t/2)
F(ω) = τsinc(ωτ/2)
f(t) = sinc(Wt)
F(ω) = π/W rect(ω/2W)
f(t) = Λ(t/τ)
F(ω) = τsinc²(ωτ/2)
f(t) = δ(t)
F(ω) = 1
f(t) = 1
F(ω)
(2π)
f(t) = cos ω_o t
(π)
f(t) = sin ω_o t
(−π)
f(t) = δ_T(t)
(2π/T)

[그림 2-9] 푸리에 변환 예

2.2 전기장과 자기장

전자기장 electromagnetic field 은 전기장 electric field 과 자기장 magnetic field 을 합쳐서 일컫는 용어이다. 이 절에서는 전기장과 자기장과 관련된 물리법칙인 쿨롱의 법칙과 암페어 법칙, 전기력과 자기력 등에 대해서 알아보고자 한다.

2.2.1 전기장

거리 r만큼 떨어진 두 전하 q_1, q_2 사이에 작용하는 힘 $\vec{F}$는 식 (2.12)와 같이 두 전하의 크기의 곱에 비례하고, 거리의 제곱에 반비례하는 **쿨롱의 법칙** Coulomb's law 으로 표현된다. 전하의 단위는 [C] Coulomb 이며, 음전하 또는 양전하가 될 수 있다. k는 **쿨롱상수** Coulomb's constant 로, 매질의 유전율 $\varepsilon(=\varepsilon_0\varepsilon_r)$[2]에 따라 정해지는데, 여기서는 $\dfrac{1}{4\pi\varepsilon_0\varepsilon_r}$로 주어진다.[3] $\vec{a_r}$은 q_1에서 q_2로 향하는 단위 벡터를 의미한다. 두 전하의 부호가 같으면 척력, 반대면 인력이 작용한다. 식 (2.13)은 식 (2.12)에 주어진 두 전하 사이에 작용하는 힘에서 다른 한 전하를 단위전하로 가정하면, 단위전하당 작용하는 힘에 의해 전기장 $\vec{E}$를 다음과 같이 정의할 수 있으며, 그 단위는 [V/m]이다. 이는 두 전하 사이에 작용하는 힘에서 다른 한 전하 q_2를 단위전하로 가정하고, 단위전하당 작용하는 힘을 나타낸 것과 같으며, 이를 전기장 $\vec{E}$라고 정의하고 [V/m] 단위를 사용한다.

$$\vec{F} = \frac{kq_1q_2}{r^2}\vec{a_r} \tag{2.12}$$

식 (2.12)는 두 전하 q_1, q_2 사이에 작용하는 힘이다. 이 값은 거리에 따라 변하므로 두 전하 중 어느 하나라도 위치가 바뀌면 힘의 크기가 바뀐다. 즉, q_2에 대해 q_1의 전하량 값의 변화 또는 위치 변화 등이 힘에 영향을 주기 때문에 q_2에 독립적인 새로운 개념이 필요한데 이를 **필드(장)** field 라고 한다. 필드에서는 q_1이 q_2에 직접적으로 힘을 작용하는 대신 q_1이 필드를 만들어내고, 이 필드가 q_2에 힘을 준다고 생각할 수 있다. 즉, q_2가 존재하건 그렇지 않건 간에 필드가 존재하게 되는 것이다. 따라서 q_1에 의해 만들어지는 필드는 다음과 같이 정의된다.

$$\vec{E} = \frac{\vec{F}}{q_2} \tag{2.13}$$

2 ε_0은 자유공간의 유전율, ε_r은 매질의 비유전율 값으로, 2.2절과 2.3절에서 다시 설명한다.

3 자유공간에서는 $k = 8.9875517873681764 \times 10^9\,[\mathrm{Nm^2C^{-2}}]$로 주어진다.

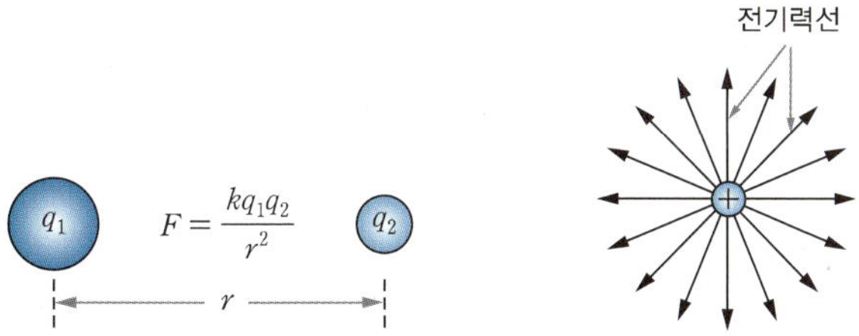

(a) 두 전하 사이에 작용하는 힘 (b) 단위전하에서 발생하는 전기장

[그림 2-10] **전기력과 전기장**

[그림 2-10(b)]에서 단위전하 주변의 **전기력선** electric field line 은 단위전하가 받는 힘의 방향을 나타낸다. 전하 q_1 으로부터 거리 r 만큼 떨어진 위치에서 필드의 크기는 식 (2.12)와 식 (2.13)으로부터 식 (2.14)와 같이 주어진다. ε_r 은 전하 주변 매질의 비유전율로, 자유공간에 대한 비유전율은 1로 주어진다.

$$\overrightarrow{E} = \frac{q_1}{4\pi\,\varepsilon_0\,\varepsilon_r\,r^2}\,\overrightarrow{a_r} \tag{2.14}$$

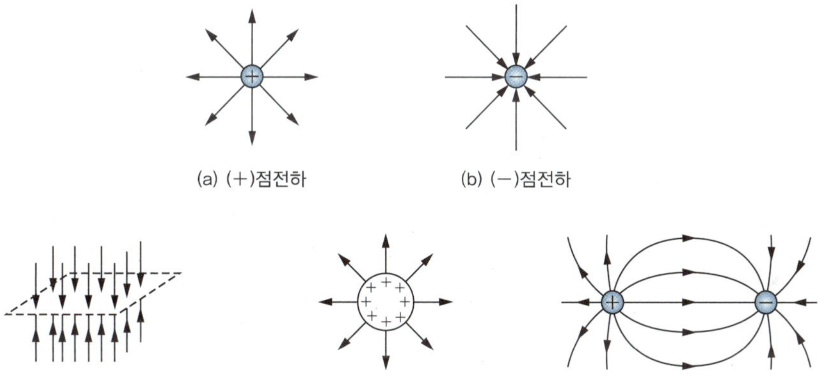

(a) (+)점전하 (b) (−)점전하

(c) 음전하로 대전된 무한평면 (d) 양전하로 대전된 도체구 (e) 전기 다이폴(왼쪽 양전하)

[그림 2-11] **전하 형태에 따른 전기력선**

[그림 2-11]은 전하 형태에 따라 달라지는 전기력선을 보여준다. 전기력선은 양전하에서 시작되어 음전하로 들어가며, 서로 겹치지 않는다는 사실을 알 수 있다. 또한 전기력선의 방향은 항상 도체에 수직으로 주어진다. [표 2-1]에 전하의 종류에 따른 전기장 방정식을 정리했다.

[표 2-1] 전하의 종류에 따른 전기장 방정식(진공중)

전하의 종류	전기장 방정식
점전하(전하량 q)	$\vec{E} = \frac{1}{4\pi\varepsilon_0}\frac{q}{r^2}\vec{a_r}$ (r : 거리)
도체구(전하량 Q)	외부 : $\vec{E} = \frac{1}{4\pi\varepsilon_0}\frac{Q}{r^2}\vec{a_r}$ (r : 중심으로부터 거리) 내부 : $\vec{E} = 0$
균일하게 도전된 절연구 (반지름 r_0, 전하량 Q)	외부 : $\vec{E} = \frac{1}{4\pi\varepsilon_0}\frac{Q}{r^2}\vec{a_r}$ (r : 중심으로부터 거리) 내부 : $\vec{E} = \frac{1}{4\pi\varepsilon_0}\frac{Qr}{r_0^3}\vec{a_r}$ (r : 중심으로부터 거리)
무한 선전하(선전하 밀도 ρ)	$\vec{E} = \frac{1}{2\pi\varepsilon_0}\frac{\rho}{r}\vec{a_r}$ (r : 거리)
무한 평면전하(표면전하 밀도 σ)	$\vec{E} = \frac{\sigma}{2\varepsilon_0}\vec{a_n}$ ($\vec{a_n}$: 평면에 수직인 벡터)

모든 매질은 대전된 전하로 구성되어 있다. 매질 내부에서 양전하와 음전하가 균형을 이루고 있으면 매질은 전기적으로 중성을 띤다. 한편, 외부에서 가해지는 전기장에 의해 매질 내 양전하와 음전하는 약간씩 이동하기도 하며, 이와 같은 전하의 이동은 전기장에 영향을 주게 된다. 이는 단위면적당 전하량의 단위를 갖는 **전속밀도** electric flux density $\vec{D}[\mathrm{C/m^2}]$로 정의된다. 전속밀도는 유전체 내부에서 전기장을 취급할 때 유용한 개념으로, $\vec{E}$에 비례하며 식 (2.15)와 같이 정의된다. 전속밀도는 전기장에 의한 유전체 내 전하의 변위 displacement 현상을 나타내기 때문에 **전기변위장** electric displacement field으로 표현하기도 한다.

$$\vec{D} = \varepsilon_r \varepsilon_0 \vec{E} \tag{2.15}$$

전속밀도와 전하 사이의 관계는 **가우스 법칙** Gauss's Law으로 나타낼 수 있다. 닫힌 표면 S를 통과하는 전속밀도의 알짜 net 유출은 포함된 알짜 전하량 Q_{enc}와 같다는 것을 의미한다.

$$Q_{\mathrm{enc}} = \oint_S \vec{D} \cdot d\vec{S} = \sum_1^m q_n \quad \text{또는} \quad \int_v \rho_v dv \tag{2.16}$$

여기서 ρ_v는 체적 v 내의 체적 전하밀도이다. 예를 들어, 식 (2.14)에 주어진 전기장을 가정하고 닫힌 표면 S를 구 sphere라고 하면, 다음과 같이 가우스 법칙을 적용할 수 있다.

$$\oint_S D \cdot ds = \int_{\theta=0}^{\pi}\int_{\psi=0}^{2\pi} \varepsilon_0 \frac{Q_{\mathrm{enc}}}{4\pi\varepsilon_0 r^2}\vec{a_r} \cdot \vec{a_r}\, r^2 \sin\theta d\psi d\theta = Q_{\mathrm{enc}} \tag{2.17}$$

점 P에서의 전위 V는 양전하를 무한대의 위치로부터 점 P까지 가지고 오는 데 필요한 일로 정의된다. 이 일의 양은 하나 또는 그 이상의 고정된 전하들에 의해 만들어지는 전기장을 극복하기 위해 필요한 양이기 때문에, 식 (2.18)과 같이 정의될 수 있다.

$$V = -\int_{\infty}^{P} \overrightarrow{E} \cdot d\overrightarrow{l} \tag{2.18}$$

예제 2-1 **전속의 계산**

다음의 그림과 같이 원통 내부에 다섯 개의 전하가 있다고 가정하자. 각 전하의 전하량이 다음과 같을 때 S를 통과하는 전체 전속을 구하라.

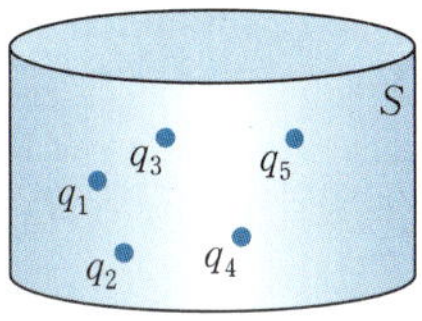

$$q_1 = +3[\text{nC}],\ q_2 = -2[\text{nC}],\ q_3 = +4[\text{nC}],$$
$$q_4 = +2[\text{nC}],\ q_5 = -1[\text{nC}]$$

풀이

가우스 법칙으로부터

$$\Phi_E = \oint_S \overrightarrow{E} \cdot \overrightarrow{a_n}\, ds = \frac{Q_{\text{enc}}}{\varepsilon_0}$$

$$Q_{\text{enc}} = \text{전체 내부전하} = \sum_i q_i = (3-2+4+2-1)\times 10^{-9}[\text{C}] = 6\times 10^{-9}[\text{C}]$$

$$\Phi_E = \frac{Q_{\text{enc}}}{\varepsilon_0} = \frac{6\times 10^{-9}[\text{C}]}{8.85\times 10^{-12}[\text{C/V}\cdot\text{m}]} = 678[\text{V}\cdot\text{m}]$$

예제 2-2 **전기장과 전속밀도**

다음의 그림과 같이 무한한 길이를 가정한 동축케이블이 있다고 하자. 자유공간의 유전율을 ε_0, 중심도체의 반경을 r_a, 선전하 밀도를 ρ라고 할 때

① r_a와 r_b 사이는 공기가

② r_b와 r_c 사이는 비유전율이 ε_r인 유전체가

③ r_c와 r_d 사이는 공기가

④ r_d와 r_e는 접지와 연결된 도체로 구성되어 있다.

케이블 중심에서부터 거리 r에 대한 함수로 전기장 $\overrightarrow{E}$의 세기와 전속밀도 $\overrightarrow{D}$의 세기 변화를 그려라.

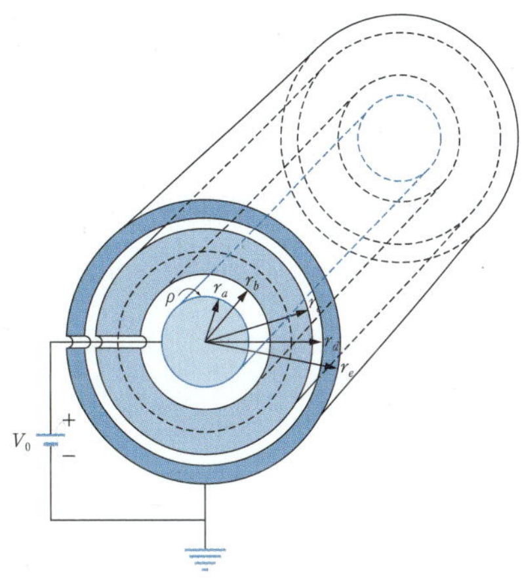

풀이

도체 내부에서의 전기장은 0이므로, 다음과 같다.

$$|\overrightarrow{E}| = 0 \quad (0 \leq r \leq r_a,\ r_d \leq r \leq r_e)$$

[표 2-1]로부터 공기 중에서의 전기장을 구하면 다음과 같다.

$$|\vec{E}| = \frac{\rho}{2\pi\varepsilon_0}\frac{1}{r} \quad (r_a \leqq r \leqq r_b,\ r_c \leqq r \leqq r_d)$$

$r_b \leqq r \leqq r_c$일 때의 전기장 세기는 다음과 같다.

$$|\vec{E}| = \frac{1}{\varepsilon_r}\frac{\rho}{2\pi\varepsilon_0}\frac{1}{r}$$

각 영역에서 구한 전기장의 세기를 거리에 따라 그리면 그림 (a)와 같이 나타낼 수 있다. 전속밀도는 식 (2.15)로 주어지는 $|\vec{D}| = \varepsilon_r\varepsilon_0|\vec{E}|$의 관계식으로부터 계산할 수 있으며, 거리 r에 따라 그림 (b)와 같이 나타낼 수 있다.

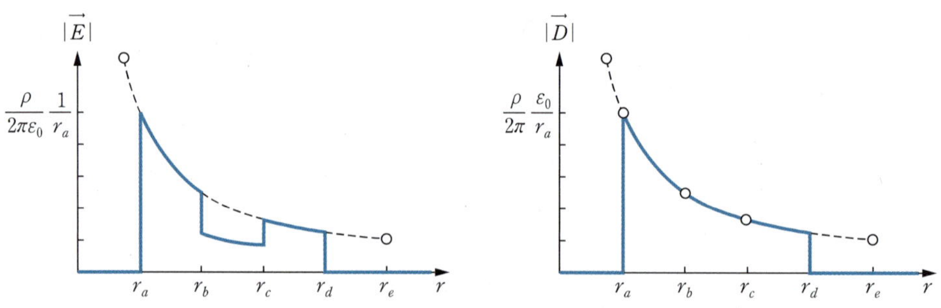

(a) (b)

2.2.2 자기장

앞서 전기장을 $\vec{E}$로 나타냈던 것처럼 **자기장** magnetic field 은 $\vec{H}$로 나타낸다. 자기장 $\vec{H}$의 세기는 단위자극(자하) m_1에 대해 거리 r만큼 떨어진 위치에 놓인 단위 자기북극이 영향을 받는 필드의 크기로 정의되며, 식 (2.19)로 주어진다. 물론 실제로 독립된 자하는 존재하지 않으며, 식의 유도를 위해 가정된 개념이다.

$$\vec{H} = \frac{m_1}{4\pi\mu_r\mu_0 r^2} \tag{2.19}$$

여기서 μ_0는 $4\pi \times 10^{-7}$[T · m/A]로 주어지는 진공중 투자율을 의미하며, μ_r은 주변의 상대유전율을 의미한다. 자유공간에서 비자기 물질에 대해 비유전율 μ_r은 1로 주어진다. **자속밀도** magnetic flux density $\vec{B}$는 자성체 내의 자기력선 밀도를 의미하며, [T] Tesla 또는 [Wb/m^2]로 나타낸다. 자유공간(또는 진공중)의 경우 자속밀도와 자기장은 같은 크기 값을 갖는다. 여기서 주의할 사항은 자기장 $\vec{H}$는 **자기장 세기** magnetic field intensity, **자기장 강도** magnetic field strength 등으로 다르게 표현하기도 하며, 자속밀도 $\vec{B}$는 **자기유도** magnetic induction, **자기장** magnetic field 등으로 표현하기도 한다.

$$\overrightarrow{B} = \mu_r \mu_0 \overrightarrow{H} \quad (2.20)$$

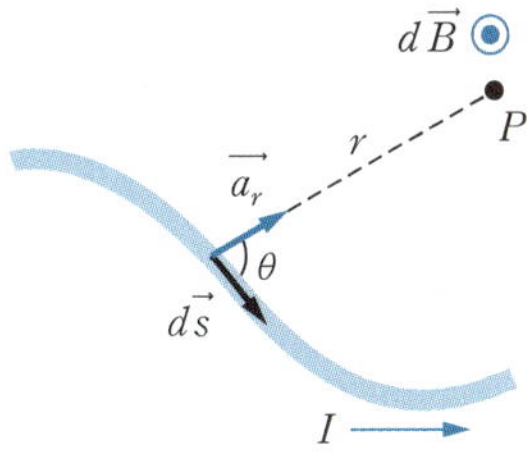

[그림 2-12] **미소 전류소에 의한 자기장**

[그림 2-12]와 같이 전류 I가 흐르는 도선을 가정할 때, 전류 I는 시간에 따른 전하 Q의 변화율, 즉 $I = \dfrac{dQ}{dt}$로 정의한다. 이 전류로부터 자기장이 발생하는데, 도선 위의 미소 전류소 $d\overrightarrow{s}$로부터 거리 r만큼 떨어진 위치에서 미소 자속밀도 $d\overrightarrow{B}$는 식 (2.21)과 같이 주어진다. 식 (2.21)을 전하와 전기장의 관계를 나타내는 쿨롱의 법칙에 대응하는 **비오-사바르 법칙** Biot-Savart law 이라고 한다.

$$d\overrightarrow{B} = \frac{\mu_0}{4\pi} \frac{Id\overrightarrow{s} \times \overrightarrow{a_r}}{r^2} \quad (2.21)$$

여기서 $\overrightarrow{a_r}$은 미소 전류소로부터 점 P를 향하는 거리 r에 대해 평행한 단위벡터를 의미한다. 따라서 식 (2.21)을 이용하면 전류 형태에 따른 자기장을 계산할 수 있다. [그림 2-13]에 다양한 전류 형태에 따른 자기력선을 나타냈으며, [표 2-2]에 다양한 전류소에 대한 자기장 방정식을 나타냈다.

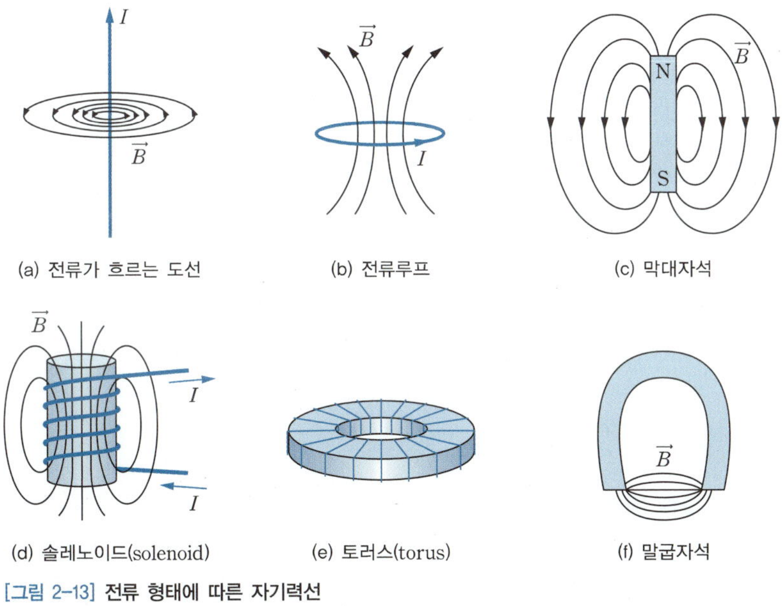

[그림 2-13] **전류 형태에 따른 자기력선**

[표 2-2] **다양한 전류소에 대한 자기장 방정식**

전류소의 종류	자기장 방정식
전류 I가 흐르는 무한 직선 도선	$\overrightarrow{B}=\frac{\mu_0 I}{2\pi r}\overrightarrow{a_\phi}$
전류 I가 흐르는 부분 직선 도선	$d\overrightarrow{B}=\frac{\mu_0}{4\pi}\frac{I\overrightarrow{dl}\times\overrightarrow{a_r}}{r^2}$ (r : 거리)
전류 I가 흐르는 반지름 R의 전류 루프 (루프 x축으로 x만큼, yz 평면 위 위치)	$\overrightarrow{B}=\frac{\mu_0 IR^2}{2(x^2+R^2)^{3/2}}\overrightarrow{a_x}$
전류 I가 흐르는 길이 l, 권수 N인 솔레노이드	$\overrightarrow{B}=\frac{\mu_0 NI}{l}\overrightarrow{a_x}$ (내부)
전류 I가 흐르는 길이 l, 권수 N인 토러스	$\overrightarrow{B}=\frac{\mu_0 NI}{2\pi r}\overrightarrow{a_\phi}$ (내부)

전기장과 마찬가지로 자기장에 대해 다음과 같이 가우스 법칙을 적용할 수 있다.

$$\oint \overrightarrow{B}\cdot d\overrightarrow{S}=0 \tag{2.22}$$

식 (2.22)에서 오른쪽 항이 0이라는 의미는 고립된 자하가 존재하지 않는다는 것을 의미하며, 이는 자속선(또는 자기력선)이 완전한 폐곡선loop을 형성한다는 것을 의미한다.

[그림 2-14]에 나타낸 것처럼 무한히 긴 도선에 전류 I가 흐른다고 가정할 때 도선 주변에는 오른나사(또는 오른손)의 회전방향으로 자기장이 만들어지며, 전선의 중심축으로부터 거리 r만큼 떨어진 위치에서의 자기장은 식 (2.23)과 같다.

$$\overrightarrow{H}=\frac{I}{2\pi r}\overrightarrow{a_\phi} \tag{2.23}$$

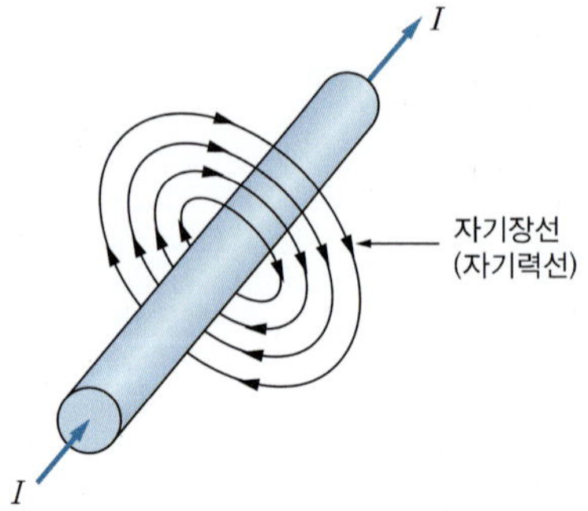

[그림 2-14] **전류가 흐르는 무한히 긴 도선 주변의 자기장**

이런 현상을 **암페어 법칙** Ampere's law이라고 하며, 폐곡선 주변 $\overrightarrow{H}$의 선적분은 폐곡선에 의해 정의되는 면적 S를 통과하는 알짜 전류와 같다는 것을 의미한다.

$$I = \oint \vec{H} \cdot d\vec{l} = \sum_{1}^{m} I_n \quad \text{또는} \quad \int \vec{J} \cdot d\vec{S} \tag{2.24}$$

자속밀도 $\vec{B}$(또는 자기장)가 작용하는 공간에서 속도 $\vec{v}$로 움직이는 전하 q가 받는 힘은 다음과 같이 주어진다.

$$\vec{F} = q(\vec{v} \times \vec{B}) \tag{2.25}$$

식 (2.25)에서 속도 $\vec{v}$와 자속밀도 $\vec{B}$ 사이의 벡터 외적이 갖는 물리적인 의미는, [그림 2-15]에 나타낸 것처럼 전하에 작용하는 힘 $\vec{F}$가 속도와 자기장에 대해 수직방향임을 의미한다. 만약 속도와 자기장의 방향이 서로 일치하게 되면($\theta = 0$) 벡터 외적의 정의에 의해 작용하는 힘이 0이 됨을 알 수 있다.

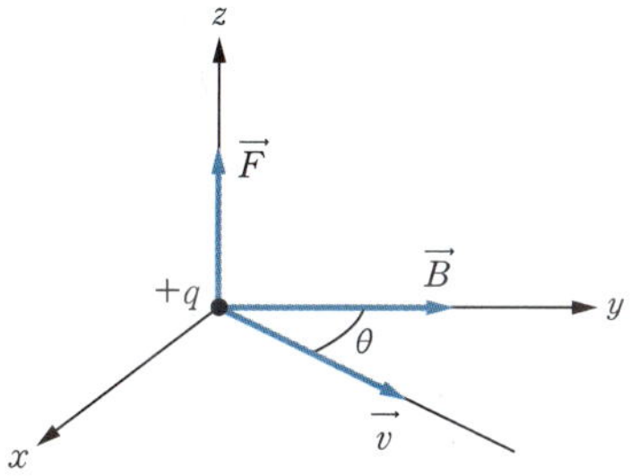

[그림 2-15] 자속밀도 $\vec{B}$ 내에서 속도 $\vec{v}$로 움직이는 전하 q가 받는 힘 $\vec{F}$

예제 2-3 직선도선 주변의 자기장

반지름 $a = 10$[mm]인 무한히 긴 직선도선에 전류 $I = 400$[A]가 흐른다고 할 때, 임의의 위치에서 자기장의 크기를 구하고, 도선의 중심으로부터 떨어진 거리에 대해 자기장의 세기를 그려라.

풀이

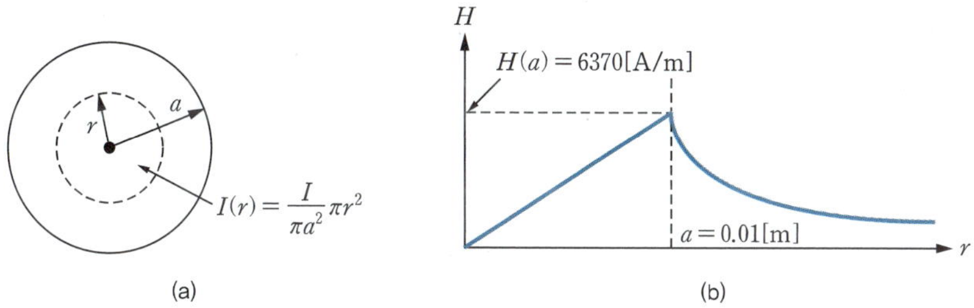

[그림 (a)]로부터, $r > a$일 때의 자기장 세기는 식 (2.23)을 이용하여 구할 수 있다. 즉, 자기장의 세기는 $H = \frac{I}{2\pi r} = \frac{400}{2\pi r} = \frac{63.7}{r}$[A/m]로 주어진다.

도선 내에서의 전류밀도는 전체 전류를 도선의 단면적으로 나눈 값, 즉 $J = \frac{I}{\pi a^2}$[A/m^2]으로 정의된다. 따라서 $r \leq a$일 때 r만큼 떨어진 위치에서 전류 I_r은 $I_r = I\frac{\pi r^2}{\pi a^2} = I\frac{r^2}{a^2}$[A]로 주어지며, 자

기장의 세기 $H = \frac{I_r}{2\pi r} = \frac{Ir}{2\pi a^2} = \frac{400r}{2\pi \times (0.01)^2} = 63.7 \times 10^5 r$ [A/m]를 얻을 수 있다. 이를 바탕으로 거리 r에 따른 자기장의 세기를 [그림 (b)]와 같이 나타낼 수 있다.

2.3 맥스웰 방정식

전자기학에서 가장 중요한 식을 꼽으라면 아마도 대부분 **맥스웰 방정식** Maxwell's equation을 선택할 것이다. 맥스웰 방정식은 전자기파의 전파 propagation 현상을 설명할 수 있는 방정식으로, [표 2-3]과 같이 미분형과 적분형으로 주어진다. 적분형으로 주어지는 맥스웰 방정식은 **스토크스** Stokes **정리**와 **발산** divergence **정리**를 이용하여 미분형으로 나타낼 수 있다.

[표 2-3] 맥스웰 방정식의 미분형과 적분형

	적분형	미분형
패러데이 법칙	$\oint_C \vec{E} \cdot \vec{dl} = -\iint_S \frac{\partial \vec{B}}{\partial t} \cdot \vec{ds}$	$\nabla \times \vec{E} = -\frac{\partial \vec{B}}{\partial t}$
암페어 법칙	$\oint_C \vec{H} \cdot \vec{dl} = \iint_S \left(\vec{J} + \frac{\partial \vec{D}}{\partial t}\right) \cdot \vec{ds}$	$\nabla \times \vec{H} = \frac{\partial \vec{D}}{\partial t} + \sigma \vec{E}$
전기에 대한 가우스 법칙	$\oiint_S \vec{D} \cdot \vec{ds} = \iiint_V \rho_v dv = Q_{free}$	$\nabla \cdot \vec{D} = \rho_v$
자기에 대한 가우스 법칙	$\oiint_S \vec{B} \cdot \vec{ds} = 0$	$\nabla \cdot \vec{B} = 0$

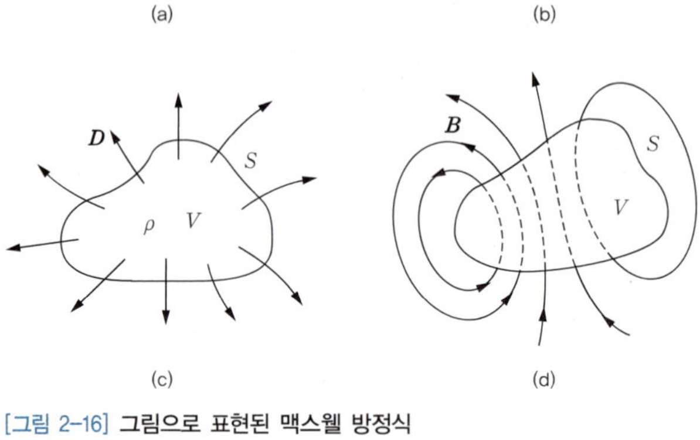

[그림 2-16] 그림으로 표현된 맥스웰 방정식

[표 2-3]의 맥스웰 방정식은 [그림 2-16]과 같이 표현할 수 있으며, 각각의 물리적인 의미를 다음과 같이 생각해볼 수 있다. 닫힌 경로를 따라 전기장을 선적분한 값은 닫힌 경로를 통과하는 자속의 시간미분의 음의 값과 같다(시간에 따라 변하는 자속은 전기장을 만들어낸다). 닫힌 경로를 따라 자기장의 선적분은 전속의 시간미분과 닫힌 경로를 통과하는 전체 전류의 합과 같다[움직이는 전하(전류)와 시간에 따라 변하는 전속은 자기장을 만들어낸다]. 닫힌 표면을 통과하는 전속은 표면으로 둘러싸인 내부의 전체 전하와 같다(전하의 분포는 전기장을 결정한다). 임의의 닫힌 표면을 통과하는 자속은 0이다(자속선은 닫혀 있다. 즉, 자하는 존재하지 않는다). 또한 맥스웰 방정식의 미분형은 [표 2-4]와 같이 시간과 주파수 영역으로 나누어 표현할 수 있다. 이때 $\boldsymbol{E}$, $\boldsymbol{H}$, $\boldsymbol{D}$, $\boldsymbol{B}$, $\boldsymbol{J}$는 주파수 영역에서 정의되는 페이저 성분을 의미한다.

[표 2-4] 시간 영역과 주파수 영역에서의 맥스웰 방정식

시간 영역	주파수 영역
$\nabla \times \vec{E} = -\dfrac{\partial \vec{B}}{\partial t}$	$\nabla \times \boldsymbol{E} = -j\omega \boldsymbol{B}$
$\nabla \times \vec{H} = \dfrac{\partial \vec{D}}{\partial t} + \sigma \vec{E}$	$\nabla \times \boldsymbol{H} = j\omega \boldsymbol{D} + \sigma \boldsymbol{E}$
$\nabla \cdot \vec{D} = \rho_v$	$\nabla \cdot \boldsymbol{D} = \rho_v$
$\nabla \cdot \vec{B} = 0$	$\nabla \cdot \boldsymbol{B} = 0$

2.3.1 공간-시간 영역에서 맥스웰 방정식

맥스웰 방정식의 첫 번째 방정식은 **패러데이의 유도법칙** Faraday's induction law이다. 시간적으로 변하는 자기장이 회전하는 전기장을 만들어낸다는 것으로, 식 (2.26)과 같이 주어진다.

$$\nabla \times \vec{E}(\boldsymbol{r}, t) = -\frac{\partial \vec{B}(\boldsymbol{r}, t)}{\partial t} \tag{2.26}$$

식 (2.26)에서 $\vec{E}(\boldsymbol{r}, t)$는 순시 전기장 instantaneous electric field으로, [V/m] 단위를 사용한다. $\vec{B}(\boldsymbol{r}, t)$는 순시 자속 밀도로 [$\text{Wb/m}^2$] 단위를 사용한다.

두 번째 맥스웰 방정식은 맥스웰이 수정한 **암페어의 회전법칙** Ampere's circuital law이다. 도전 전류 conduction current와 시간적으로 변하는 전기장에 의해 자기장이 만들어질 수 있다는 것으로, 식 (2.27)과 같이 주어진다.

$$\nabla \times \vec{H}(\boldsymbol{r}, t) = \frac{\partial \vec{D}(\boldsymbol{r}, t)}{dt} + \vec{J_c}(\boldsymbol{r}, t) \tag{2.27}$$

식 (2.27)에서 $\vec{H}(\boldsymbol{r}, t)$는 순시 자기장으로 [A/m] 단위를 사용하며, $\vec{D}(\boldsymbol{r}, t)$는 순시 전속밀도로 [C/m^2], $\vec{J_c}(\boldsymbol{r}, t)$는 **순시 도전성 전류밀도**로 [A/m^2] 단위를 사용한다. 세 번째, 네 번째 맥스웰 방정식은 전기장과 자기장에 대한 가우스 법칙Gauss's law으로 식 (2.28)과 식 (2.29)로 나타낼 수 있다. 여기서 $\rho(\boldsymbol{r}, t)$는 체적 전하밀도로 [C/m^3] 단위를 사용한다.

$$\nabla \cdot \vec{D}(\boldsymbol{r}, t) = \rho(\boldsymbol{r}, t) \tag{2.28}$$

$$\nabla \cdot \vec{B}(\boldsymbol{r}, t) = 0 \tag{2.29}$$

식 (2.29)는 **자하**magnetic charge가 존재하지 않는다는 것을 의미한다. 또한 전속밀도 $\vec{D}(\boldsymbol{r}, t)$, 자속밀도 $\vec{B}(\boldsymbol{r}, t)$, 도전성 전류밀도 $\vec{J_c}(\boldsymbol{r}, t)$는 매질 내에 존재하는 전기장 $\vec{E}(\boldsymbol{r}, t)$, 자기장 $\vec{H}(\boldsymbol{r}, t)$와 다음과 같은 구성 관계식constitutive relation을 갖는다.

$$\begin{aligned} \vec{D}(\boldsymbol{r}, t) &= \varepsilon \vec{E}(\boldsymbol{r}, t), \quad \varepsilon = \varepsilon_0 \cdot \varepsilon_r \\ \vec{B}(\boldsymbol{r}, t) &= \mu \vec{H}(\boldsymbol{r}, t), \quad \mu = \mu_0 \cdot \mu_r \\ \vec{J_c}(\boldsymbol{r}, t) &= \sigma \vec{E}(\boldsymbol{r}, t) \end{aligned} \tag{2.30}$$

식 (2.30)에서 ε은 **유전율**permittivity, μ는 **투자율**permeability, σ는 **도전율**conductivity로 매질의 특성을 나타내는 파라미터(또는 물질상수)이다. 이들은 매질에 인가되는 전력레벨뿐만 아니라 매질 내에서의 방향 또는 위치에 따른 함수로 주어진다. 일반적으로 물질상수들은 선형매질에 대해서는 균질homogeneous하고, 등방성isotropic이며, 단순한 스칼라scalar 값, 즉 상수 값으로 주어진다. 매질의 비유전율 ε_r과 비투자율 μ_r은 진공의 유전율 $\varepsilon_0 = 8.854 \times 10^{-12}$ 또는 $\frac{10^{-9}}{36\pi}$[F/m]와 투자율 $\mu_0 = 4\pi \times 10^{-7}$[H/m]에 대한 상대적인 값으로 정의된다. 대부분 회로설계에 사용되는 유전체 기판은 비투자율 $\mu_r = 1$을 갖는 비자성nonmagnetic 선형매질로 가정한다. 그러나 일반적인 매질은 비균질inhomogeneous하고, 비등방성anisotropic(방향에 의존하는 텐서)이며, 필드에 따라서 다른 값을 갖는 비선형 특성을 나타낸다. 예를 들어, 사파이어sapphire 기판의 경우 비등방성 특성을 가지며, 페라이트ferrite 기판의 경우 자성magnetic 특성을 갖기 때문에 이들 기판은 상대 텐서relative tensor로 나타나는 비유전율이나 비투자율을 갖는다. 도전율과 비투자율, 비유전율 등은 주파수에 따라 다른 값을 갖는다. 따라서 좋은 비자성 기판의 경우 높은 주파수에서도 일정한 비유전율 값을 갖고, 좋은 도체의 경우에는 높은 주파수에도 일정한 도전율 값을 갖는다.

2.3.2 변위 전류의 정의

1826년 암페어가 발표한 암페어 법칙의 미분형은 식 (2.31)과 같다.

$$\nabla \times \vec{H}(\boldsymbol{r}, t) = \vec{J_c}(\boldsymbol{r}, t) \tag{2.31}$$

식 (2.31)의 양변에 $\nabla \cdot$ (발산)divergence를 취하면 벡터의 동일성 정리[4]에 의해 0이 된다.

$$\nabla \cdot \nabla \times \vec{H}(\boldsymbol{r}, t) = 0 = \nabla \cdot \vec{J_c}(\boldsymbol{r}, t) \tag{2.32}$$

식 (2.32)에서 $0 = \nabla \cdot \vec{J_c}(\boldsymbol{r}, t)$는 전류의 신호원, 즉 소스가 0이 된다(없다)는 물리적인 의미를 가지므로, 전류가 전하의 움직임 때문에 발생한다는 사실과 모순된다. 수학적으로 전류의 근원은 다음과 같이 연속방정식continuity equation, 즉 시간에 따른 전하의 움직임으로 주어진다.

$$\nabla \cdot \vec{J_c}(\boldsymbol{r}, t) = -\frac{\partial \rho(\boldsymbol{r}, t)}{\partial t} \tag{2.33}$$

식 (2.33)을 식 (2.32)에 대입하면 다음과 같이 다시 쓸 수 있다.

$$\nabla \cdot \nabla \times \vec{H}(\boldsymbol{r}, t) = 0 = \nabla \cdot \vec{J_c}(\boldsymbol{r}, t) + \frac{\partial \rho(\boldsymbol{r}, t)}{\partial t} \tag{2.34}$$

식 (2.34)에 가우스 법칙 $\nabla \cdot \vec{D}(\boldsymbol{r}, t) = \rho(\boldsymbol{r}, t)$를 적용하면 다음과 같이 수정된 맥스웰-암페어 법칙을 나타낼 수 있다.

$$\nabla \times \vec{H}(\boldsymbol{r}, t) = \vec{J_c}(\boldsymbol{r}, t) + \frac{\partial \vec{D}(\boldsymbol{r}, t)}{\partial t} \tag{2.35}$$

식 (2.35)에서 $\vec{J_c}(\boldsymbol{r}, t)$는 도전성 전류밀도, $\frac{\partial \vec{D}(\boldsymbol{r}, t)}{\partial t}$는 **변위 전류밀도**displacement current라고 한다. 식 (2.35)의 변위 전류밀도는 1865년 맥스웰에 의해 추가된 항으로, 정의에 의해 전속밀도(또는 전기장)의 시간에 대한 미분으로 주어진다. 즉, 시간에 대한 전기장의 변화에 따라 변위 전류의 크기가 변한다. 만약 시간에 따른 전기장의 변화가 없다면 $\frac{\partial \vec{D}(\boldsymbol{r}, t)}{\partial t} = 0$이 되어, 즉 변위 전류가 0이 되어 암페어가 처음 발견한 식 (2.31)의 암페어 법칙과 같아진다. 이는 식 (2.31)의 암페어 법칙은 정적 필드static field에 대해서만 유효하다는 것을 의미한다. 변위 전류를 **페이저**phasor[5]로 바꾸면 $j\omega\boldsymbol{D}$로 쓸 수 있으며, 주파수가 높아지면 변위 전류가 커지고, 주파수가 낮아지면 변위 전류가 작아진다는 것을 알 수 있다.

변위 전류의 개념을 쉽게 이해하기 위해 [그림 2-17]과 같이 주파수를 갖는 정현파전원과 직류전원에 커패시터가 연결된 회로를 생각해보자. 이때 직류전원 $V_b(f=0)$에 의해 회로에 흐르는 전류 $I_c(J_c)$

4 벡터의 항등식 정리에 대해서는 '부록 A'를 참고하라.
5 페이저에 대한 자세한 설명은 '부록 B'를 참고하라.

를 도전성 전류라고 하며, 정현파전원 $V_s(f \neq 0)$에 의해 커패시터에 흐르는 전류 $I_d(J_d)$를 변위 전류라고 한다. 회로에 직류전원만 동작할 때는 커패시터가 개방회로로 동작하여 전류가 흐르지 않지만, 정현파전원이 동작하게 되면 커패시터에 변위 전류가 흐르게 되어 전체 회로가 동작하게 된다.

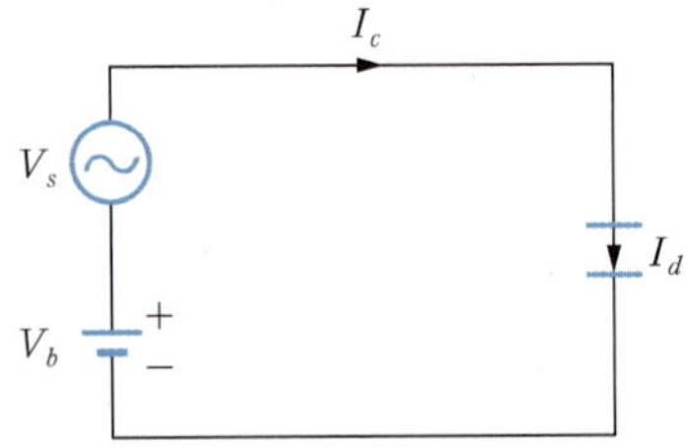

[그림 2-17] 도전성 전류와 변위 전류가 흐르는 회로

2.3.3 경계조건

맥스웰 방정식과 구성 관계식은 임의의 마이크로파 구조에서 전자기장에 대한 일반적인 해를 구할 때 사용할 수 있다. 특정한 구조에 대해 유일한 해를 구하기 위해서는 전기장과 자기장에 관한 **경계조건**이 필요하다. 회로이론에서 회로의 전압과 전류에 대한 유일한 해를 구하기 위해 키르히호프의 전압 또는 전류법칙을 사용하는 것과 비슷하다. 경계조건은 경계에서 전기장 $\vec{E}$, 자기장 $\vec{H}$의 접선성분들과 전속밀도 $\vec{D}$, 자속밀도 $\vec{B}$의 수직성분들 사이의 관계를 나타낸다.

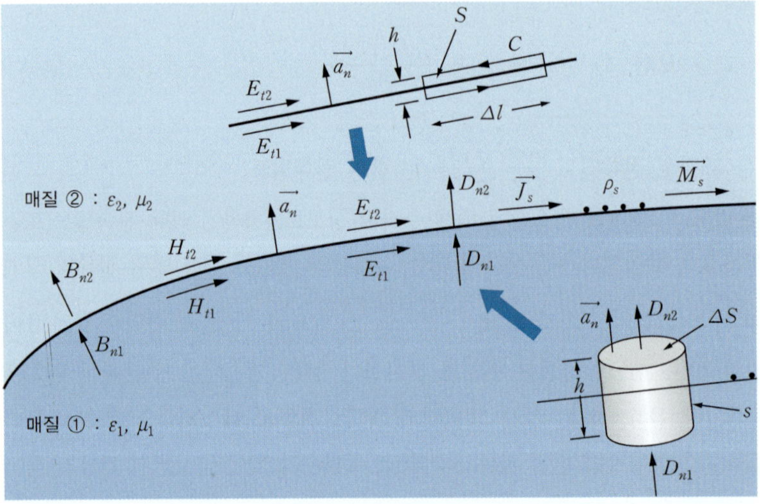

매질 ①	매질 ②
$\vec{E_1} = \vec{E_{1n}} + \vec{E_{1t}}$, $\vec{D_1} = \vec{D_{1n}} + \vec{D_{1t}}$ $\vec{H_1} = \vec{H_{1n}} + \vec{H_{1t}}$, $\vec{B_1} = \vec{B_{1n}} + \vec{B_{1t}}$	$\vec{E_2} = \vec{E_{2n}} + \vec{E_{2t}}$, $\vec{D_2} = \vec{D_{2n}} + \vec{D_{2t}}$ $\vec{H_2} = \vec{H_{2n}} + \vec{H_{2t}}$, $\vec{B_2} = \vec{B_{2n}} + \vec{B_{2t}}$

[그림 2-18] 두 매질 사이의 경계조건

$$\overrightarrow{a_n} \times (\overrightarrow{E_2} - \overrightarrow{E_1}) = 0 \qquad (2.36)$$
$$\overrightarrow{a_n} \times (\overrightarrow{H_2} - \overrightarrow{H_1}) = \overrightarrow{J_s}$$
$$\overrightarrow{a_n} \cdot (\overrightarrow{D_2} - \overrightarrow{D_1}) = \rho_s$$
$$\overrightarrow{a_n} \cdot (\overrightarrow{B_2} - \overrightarrow{B_1}) = 0$$

매질 ①과 매질 ②에서의 전기장 세기, 자기장 세기, 전속밀도와 자속밀도를 각각 $\overrightarrow{E_1}$, $\overrightarrow{H_1}$, $\overrightarrow{D_1}$, $\overrightarrow{B_1}$와 $\overrightarrow{E_2}$, $\overrightarrow{H_2}$, $\overrightarrow{D_2}$, $\overrightarrow{B_2}$라고 하면, [그림 2-18]과 같은 두 매질의 경계면에서 식 (2.36)과 같은 경계조건을 갖는다. 식 (2.36)에서 $\overrightarrow{a_n}$은 경계면으로부터 수직인 방향의 단위수직 벡터를 의미하며, $\overrightarrow{J_s}$는 표면전류, ρ_s는 표면전하밀도를 의미한다. 만약 경계면에 전하가 없거나 전류가 흐르지 않는다면 식 (2.36)으로부터 전기장 $\overrightarrow{E}$, 자기장 $\overrightarrow{H}$의 접선성분들과 전속밀도 $\overrightarrow{D}$, 자속밀도 $\overrightarrow{B}$는 연속된 값을 갖는다는 사실을 알 수 있다. 또한 식 (2.36)으로부터 완전도체의 경우 경계면에 대한 접선성분의 전기장은 항상 0이 된다는 사실을 알 수 있다. [표 2-5]에 매질의 종류에 따른 경계조건을 정리하여 나타냈다.

[표 2-5] **매질에 따른 경계조건(ρ_{es} = 전하, ρ_{ms} = 자하)**

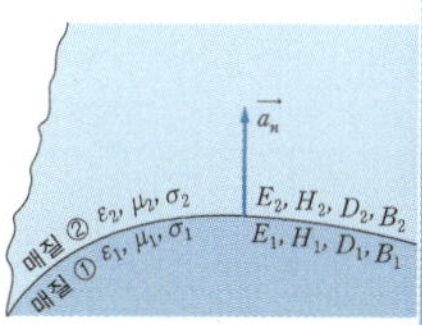	매질 ①: 일반유전체 매질 ②: 일반유전체	매질 ①: 일반유전체 매질 ②: 일반유전체 (유한한 도전율, 매질 내 신호원과 전하가 없음)	매질 ①: 완전도체 매질 ②: 일반유전체	매질 ①: 완전자성체 매질 ②: 일반유전체
		$\sigma_1, \sigma_2 \neq \infty$ $\overrightarrow{J_s} = \overrightarrow{M_s} = 0$ $\rho_{es} = \rho_{ms} = 0$	$\sigma_1 = \infty, \sigma_2 \neq \infty$ $\overrightarrow{M_s} = 0;\ \rho_{ms} = 0$	$\overrightarrow{H_{1t}} = 0$ $\overrightarrow{J_s} = 0;\ \rho_{es} = 0$
전기장의 접선성분	$\overrightarrow{a_n} \times (\overrightarrow{E_2} - \overrightarrow{E_1}) = -\overrightarrow{M_s}$	$\overrightarrow{a_n} \times (\overrightarrow{E_2} - \overrightarrow{E_1}) = 0$	$\overrightarrow{a_n} \times \overrightarrow{E_2} = 0$	$\overrightarrow{a_n} \times \overrightarrow{E_2} = -\overrightarrow{M_s}$
자기장의 접선성분	$\overrightarrow{a_n} \times (\overrightarrow{H_2} - \overrightarrow{H_1}) = \overrightarrow{J_s}$	$\overrightarrow{a_n} \times (\overrightarrow{H_2} - \overrightarrow{H_1}) = 0$	$\overrightarrow{a_n} \times \overrightarrow{H_2} = \overrightarrow{J_s}$	$\overrightarrow{a_n} \times \overrightarrow{H_2} = 0$
전속밀도 수직성분	$\overrightarrow{a_n} \cdot (\overrightarrow{D_2} - \overrightarrow{D_1}) = \rho_{es}$	$\overrightarrow{a_n} \cdot (\overrightarrow{D_2} - \overrightarrow{D_1}) = 0$	$\overrightarrow{a_n} \cdot \overrightarrow{D_2} = \rho_{es}$	$\overrightarrow{a_n} \cdot \overrightarrow{D_2} = 0$
자속밀도 수직성분	$\overrightarrow{a_n} \cdot (\overrightarrow{B_2} - \overrightarrow{B_1}) = \rho_{ms}$	$\overrightarrow{a_n} \cdot (\overrightarrow{B_2} - \overrightarrow{B_1}) = 0$	$\overrightarrow{a_n} \cdot \overrightarrow{B_2} = 0$	$\overrightarrow{a_n} \cdot \overrightarrow{B_2} = \rho_{ms}$

2.3.4 공간-주파수 영역에서 맥스웰 방정식

광대역 주파수에서 동작하는 필드들의 전파특성을 이해하기 위해서는 주파수 영역에서 동작하는 맥스웰 방정식을 고려하는 것이 유용하다. 공간-주파수 영역에서의 맥스웰 방정식은 식 (2.37)로 정의되는 푸리에 변환의 미분성질을 이용하여 유도할 수 있다.

$$\frac{d}{dt}\boldsymbol{F}(t) \Rightarrow j\omega \cdot \boldsymbol{F}(\omega) \tag{2.37}$$

식 (2.37)에서 $\boldsymbol{F}$는 시간 영역의 푸리에 변환 연산자이며, $\boldsymbol{F}(t)$는 임의 시간의존 벡터이고, $\boldsymbol{F}(\omega)$는 푸리에 변환을 나타낸다. 식 (2.26)~(2.29)의 푸리에 변환과 미분성질을 사용하면 $(\boldsymbol{r}, \omega)$ 영역에서의 맥스웰 방정식은 다음과 같이 나타낼 수 있다.

$$\begin{aligned}
&\nabla \times \boldsymbol{E}(\boldsymbol{r}, \omega) = -j\omega \boldsymbol{B}(\boldsymbol{r}, \omega) \\
&\nabla \times \boldsymbol{H}(\boldsymbol{r}, \omega) = j\omega \boldsymbol{D} + \boldsymbol{J}_c(\boldsymbol{r}, \omega) \\
&\nabla \cdot \boldsymbol{B}(\boldsymbol{r}, \omega) = 0 \\
&\nabla \cdot \boldsymbol{D}(\boldsymbol{r}, \omega) = \rho(\boldsymbol{r}, \omega)
\end{aligned} \tag{2.38}$$

동일한 과정을 거쳐 식 (2.30)으로부터 다음과 같은 공간-주파수 영역에서의 구성 관계식을 얻을 수 있다.

$$\begin{aligned}
&\boldsymbol{D}(\boldsymbol{r}, \omega) = \varepsilon \boldsymbol{E}(\boldsymbol{r}, \omega), \quad \varepsilon = \varepsilon_0 \cdot \varepsilon_r, \quad \boldsymbol{D} = \varepsilon_0 \boldsymbol{E} + \boldsymbol{P} \\
&\boldsymbol{B}(\boldsymbol{r}, \omega) = \mu \boldsymbol{H}(\boldsymbol{r}, \omega), \quad \mu = \mu_0 \cdot \mu_r, \quad \boldsymbol{B} = \mu_0 \boldsymbol{H} + \boldsymbol{M} \\
&\boldsymbol{J}_c(\boldsymbol{r}, \omega) = \sigma \boldsymbol{E}(\boldsymbol{r}, \omega)
\end{aligned} \tag{2.39}$$

유전율 ε은 주파수에 따른 함수로 표현되며 매질의 **분산특성** dispersion relation 을 나타낸다. 경계조건도 시간 영역과 마찬가지로 식 (2.40)과 같이 주어진다.

$$\begin{aligned}
&\overrightarrow{a_n} \cdot [\boldsymbol{E}_2(\boldsymbol{r}, \omega) - \boldsymbol{E}_1(\boldsymbol{r}, \omega)] = 0 \\
&\overrightarrow{a_n} \cdot [\boldsymbol{H}_2(\boldsymbol{r}, \omega) - \boldsymbol{H}_1(\boldsymbol{r}, \omega)] = J_s \\
&\overrightarrow{a_n} \cdot (\boldsymbol{B}_2 - \boldsymbol{B}_1) = 0 \\
&\overrightarrow{a_n} \cdot (\boldsymbol{D}_2 - \boldsymbol{D}_1) = \rho_s
\end{aligned} \tag{2.40}$$

2.3.5 전력의 전달

전파가 매질 내를 전파할 때는 전기장, 자기장과 전력을 실어 나르게 된다. 이때 매질 내 임의 위치에서의 전력밀도는 포인팅John Henry Poynting, 1852~1914의 이름을 딴 **포인팅 벡터**Poynting vector로 주어진다.

$$\overrightarrow{S} = \overrightarrow{E}(\boldsymbol{r}, t) \times \overrightarrow{H}(\boldsymbol{r}, t) \tag{2.41}$$

$\overrightarrow{S}$는 단위면적당 와트 $[\mathrm{W/m^2}]$로 나타내는 순시전력을 의미하며, 시간 하모닉time-harmonic 필드에 대해서는 **페이저 포인팅 벡터**phasor Poynting vector로 정의한다.

$$\boldsymbol{S} = \boldsymbol{E}(\boldsymbol{r}, \omega) \times \boldsymbol{H}(\boldsymbol{r}, \omega)^* \tag{2.42}$$

여기서 $\boldsymbol{H}^*$는 $\boldsymbol{H}$의 **복소공액값**complex conjugate이다. 순시전력밀도 $\overrightarrow{S}$의 시간평균 또는 평균전력밀도는 다음과 같이 정의된다.

$$\overrightarrow{S_{av}} = \frac{1}{2}\mathrm{Re}[\boldsymbol{E}(\boldsymbol{r}, \omega) \times \boldsymbol{H}(\boldsymbol{r}, \omega)^*] \tag{2.43}$$

여기서 Re[·]는 복소량의 실수부를 의미한다. 이 전력벡터를 통해 전파하는 전력의 크기뿐만 아니라 방향도 알 수 있다. [그림 2-19]에 나타낸 것처럼 전파하는 전력의 방향(또는 전파의 전파)은 $\boldsymbol{E}$와 $\boldsymbol{H}$ 모두에 대해 수직이며, 벡터외적의 **오른손법칙**으로 찾을 수 있다. 면적 S를 통과하는 전체 평균전력은 식 (2.44)로 나타낸다.

$$\overrightarrow{P_{av}} = \frac{1}{2}\mathrm{Re}\iint_S \boldsymbol{E} \times \boldsymbol{H} \cdot \overrightarrow{ds} \tag{2.44}$$

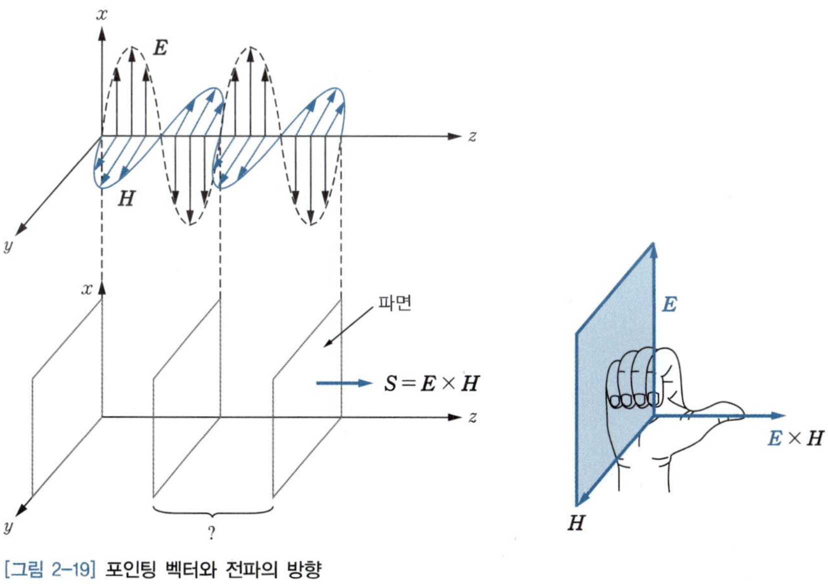

[그림 2-19] 포인팅 벡터와 전파의 방향

예제 2-4 포인팅 벡터와 전파의 방향

전기장의 크기 $E_0 = 1000\,[\mathrm{V/m}]$이고 주파수 $f = 300\,[\mathrm{MHz}]$에서 동작하는 평면파의 전기장 $\vec{E} = -E_0 \cos(\omega t - kz)\,\vec{a_y}\,[\mathrm{V/m}]$로 주어질 때, 자기장의 세기와 전파의 방향을 구하라. (단, 무손실 자유 공간에서의 전파라고 가정한다.)

풀이

식 (2.38)의 주파수 영역 맥스웰 방정식으로부터 전기장 $\boldsymbol{E}$와 자기장 $\boldsymbol{H}$를 다음과 같은 관계식으로 나타낼 수 있다.

$$\left(\frac{\partial E_z}{\partial y} - \frac{\partial E_y}{\partial z}\right)\vec{a_x} + \left(\frac{\partial E_x}{\partial z} - \frac{\partial E_z}{\partial x}\right)\vec{a_y} + \left(\frac{\partial E_y}{\partial x} - \frac{\partial E_x}{\partial y}\right)\vec{a_z} = -j\omega\mu(H_x\vec{a_x} + H_y\vec{a_y} + H_z\vec{a_z}) \quad (1)$$

문제에 주어진 $\vec{E} = -E_0 \cos(\omega t - kz)\,\vec{a_y}\,[\mathrm{V/m}]$를 페이저로 나타내면 $\boldsymbol{E} = -E_0 e^{-jkz}\vec{a_y}$와 같다. 전기장은 z에 대해 변하는 y 성분(E_y)을 갖기 때문에 식 (1)에서는 $\dfrac{\partial E_y}{\partial z}$ 성분만 존재하게 된다. 따라서

$$-\frac{\partial E_y}{\partial z}\vec{a_x} = -j\omega\mu H_x\vec{a_x} \quad (2)$$

가 된다. 식 (2)로부터 $H_x = \dfrac{1}{j\omega\mu_0}\dfrac{\partial E_y}{\partial z} = \dfrac{k}{\omega\mu_0}E_0 e^{-jkz} = \dfrac{1}{\eta_0}E_0 e^{-jkz}$을 얻고,

따라서 $\boldsymbol{H} = \dfrac{1}{\eta_0}E_0 e^{-jkz}\vec{a_x}\,[\mathrm{A/m}]$를 얻을 수 있다.

시간 영역에서의 자기장은 $\vec{H} = \dfrac{1}{\eta_0}E_0\cos(\omega t - kz)\,\vec{a_x}\,[\mathrm{A/m}]$로 얻을 수 있다.

포인팅 벡터는 식 (2.40)으로부터 $\vec{E}\times\vec{H}$로 구할 수 있다.

$$\vec{E}\times\vec{H} = \left[E_0\cos(\omega t - kz)\,\vec{a_y}\right]\times\left[\frac{1}{\eta_0}E_0\cos(\omega t - kz)\,\vec{a_x}\right] = \frac{E_0^2}{\eta_0}\cos^2(\omega t - kz)\,\vec{a_z}$$

즉, $+z$ 방향으로 전파가 진행하는 것을 알 수 있다.

2.3.6 포아송과 라플라스 방정식

전속밀도 $\vec{D}$에 대한 가우스 법칙인 식 (2.28)에 전속밀도와 전기장 관계식인 $\vec{D} = \varepsilon\vec{E}$를 대입하면 다음 식을 얻을 수 있다.

$$\nabla\cdot\vec{E} = \frac{\rho}{\varepsilon} \quad (2.45)$$

정적[static] 환경을 가정하면, 시간에 따라 자기장이 변하지 않기 때문에 패러데이의 유도법칙에 의해 다음 식을 얻는다.

$$\nabla \times \vec{E} = -\frac{\partial \vec{B}}{\partial t} = 0 \tag{2.46}$$

전기장과 전위의 관계식인 $\vec{E} = -\nabla V$로부터, 특정한 위치에서 전하밀도 $\rho(x, y, z)$를 갖는 전압 $V(x, y, z)$는 식 (2.45)~(2.46)을 통해 다음과 같은 관계식을 얻을 수 있는데, 이를 **포아송 방정식** Poisson's equation이라고 한다.

$$\nabla^2 V = -\frac{\rho}{\varepsilon} \tag{2.47}$$

만약 매질 내에 전하가 존재하지 않는다면, 식 (2.47)의 포아송 방정식은

$$\nabla^2 V = 0 \tag{2.48}$$

과 같이 쓸 수 있으며, 이 방정식을 **라플라스 방정식** Laplace's equation이라고 한다. 라플라스 방정식은 전송선로의 정적 static 또는 준정적 quasi-static 특성 임피던스와 유효 유전율을 계산할 때 사용된다. 일반적으로 정적 파라미터들은 저주파수에서만 정확하다는 단점이 있지만, 동적 dynamic, 즉 시변 time-varying 계에서 설계 파라미터를 계산하는 과정보다 쉽기 때문에 RF 및 마이크로파 회로 설계에 많이 사용된다.

예제 2-5 라플라스 방정식을 이용한 전기장 유도

다음의 그림과 같은 동축케이블이 있다고 하자. 내심은 반경 $r = 1\,[\mathrm{mm}]$에서 전위 $V = 0\,[\mathrm{V}]$를 가지며, 외심은 반경 $r = 20\,[\mathrm{mm}]$에서 $V = 150\,[\mathrm{V}]$의 전위를 갖는다고 가정할 때, 전기장 $\boldsymbol{E}$를 구하라. (단, 프린징 효과는 무시하라.)

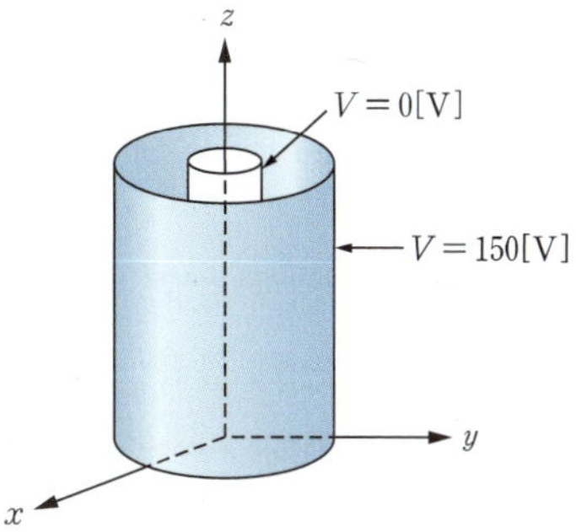

풀이

그림에 주어진 구조에서 전위는 ϕ와 z 방향에 대해서는 일정하다. 따라서 식 (2.47)의 라플라스 방정식을 원통형좌표계로 나타내면 $\frac{1}{r}\frac{d}{dr}\left(r\frac{dV}{dr}\right) = 0$과 같다. 양변을 두 번 적분하면 $V = A\ln r + B$가 된다. A와 B를 구하기 위해 문제에서 주어진 경계조건을 사용하면

$$0 = A\ln 0.001 + B,\ \ 150 = A\ln 0.020 + B$$

로부터 $V = 50.1\ln r + 345.9\,[\mathrm{V}]$를 얻을 수 있으며, 이로부터 전기장을 구할 수 있다.

$$\boldsymbol{E} = \frac{-50.1}{r}\vec{a_r}\ [\mathrm{V/m}]$$

2.3.7 헬름홀쯔 방정식

전자기장은 맥스웰 방정식과 구성 관계식을 사용해 직접 구할 수 있지만, 파동방정식이라고 알려진 특수한 상황에 대한 방정식으로부터도 구할 수 있다. 식 (2.26)~(2.29)로부터 $\vec{H}$, $\vec{B}$와 $\vec{D}$를 제거하면 $\vec{E}(\boldsymbol{r}, t)$에 관련한 식을 얻을 수 있는데, 이 식을 **파동방정식** wave equation 이라고 한다. 같은 방법으로 주파수 영역인 $(\boldsymbol{r}, \omega)$에서 얻어지는 방정식을 **헬름홀쯔 방정식** Helmholtz equation 이라고 한다. 식을 간단히 표현하기 위해 매질이 선형, 등방성, 그리고 전하가 없다고 가정하면 전자기장은 시간 하모닉 time-harmonic 성분으로 나타낼 수 있으며, 식 (2.38)을 다음과 같이 다시 쓸 수 있다.

$$\nabla \times \boldsymbol{E}(\boldsymbol{r}, \omega) = -j\omega\mu \boldsymbol{H}(\boldsymbol{r}, \omega) \tag{2.49}$$

$$\nabla \times \boldsymbol{H}(\boldsymbol{r}, \omega) = (\sigma + j\omega\varepsilon)\boldsymbol{E}(\boldsymbol{r}, \omega) \tag{2.50}$$

$$\nabla \cdot \boldsymbol{D}(\boldsymbol{r}, \omega) = 0 \tag{2.51}$$

$$\nabla \cdot \boldsymbol{B}(\boldsymbol{r}, \omega) = 0 \tag{2.52}$$

식 (2.49)에 $\nabla \times$(curl)을 취하면 다음과 같이 쓸 수 있다.

$$\nabla \times \nabla \times \boldsymbol{E}(\boldsymbol{r}, \omega) = -j\omega \nabla \times \mu \boldsymbol{H}(\boldsymbol{r}, \omega) \tag{2.53}$$

벡터의 동일성 identity 성질 중 하나인 $\nabla \times \nabla \times \boldsymbol{E}(\boldsymbol{r}, \omega) = \nabla(\nabla \boldsymbol{E}(\boldsymbol{r}, \omega)) - \nabla^2 \boldsymbol{E}(\boldsymbol{r}, \omega)$로부터, 전하가 없는 매질이므로 $\nabla \boldsymbol{E}(\boldsymbol{r}, \omega) = 0$임을 이용하면, 다음과 같은 헬름홀쯔 방정식을 얻을 수 있다.

$$\nabla^2 \boldsymbol{E}(\boldsymbol{r}, \omega) + k^2 \boldsymbol{E}(\boldsymbol{r}, \omega) = 0 \tag{2.54}$$

$$k^2(\omega) = \omega^2 \mu\varepsilon(\omega) - j\omega\mu\sigma(\omega) \tag{2.55}$$

식 (2.54)에서 ∇^2는 $\nabla^2 E = \nabla^2 E_x \cdot \vec{a_x} + \nabla^2 E_y \cdot \vec{a_y} + \nabla^2 E_z \cdot \vec{a_z}$로 주어지는 라플라스 연산자이고, 식 (2.55)에 나타낸 파수 $k(\omega)$는 매질의 분산특성을 나타내는 항이다. 식 (2.54)의 벡터 식을 각 방향에 대해 스칼라 식으로 분리하여 다시 쓰면 다음과 같이 쓸 수 있다.

$$\begin{aligned} &\nabla^2 E_x(r, \omega) + k_x^2 E_x^2(r, \omega) = 0 \\ &\nabla^2 E_y(r, \omega) + k_y^2 E_y^2(r, \omega) = 0 \\ &\nabla^2 E_z(r, \omega) + k_z^2 E_z^2(r, \omega) = 0 \end{aligned} \tag{2.56}$$

변수분리법 separation of variables 을 이용하여 식 (2.56)을 풀면 다음과 같은 평면파 해를 얻을 수 있다. 이때 k는 **파수** wave number 로 정의되며, 파의 **감쇄상수** attenuation constant 를 $\alpha(\mathrm{Re}[jk])$, **위상상수** phase constant 를 $\beta(\mathrm{Im}[jk])$라고 하면, $jk = \alpha + j\beta$의 관계식을 갖는다.

$$\begin{aligned} &E(\boldsymbol{r}, \omega) = A \cdot e^{i\boldsymbol{k} \cdot \boldsymbol{r}} \\ &k^2 = k_x^2 + k_y^2 + k_z^2 = \omega^2 \mu\varepsilon - j\mu\varepsilon\omega\sigma \end{aligned} \tag{2.57}$$

식 (2.57)로부터 무손실 매질인 경우, 즉 $\alpha = 0$인 경우 $k = \omega\sqrt{\varepsilon\mu} = \omega\sqrt{\varepsilon_0\mu_0} \cdot \sqrt{\varepsilon_r\mu_r}$로 주어지는 것을 알 수 있다. 전파가 $+z$ 방향으로 전파한다고 가정하면, 헬름홀쯔 방정식은

$$\frac{\partial^2 E_x}{\partial z^2} + k^2 E_x = 0 \tag{2.58}$$

으로 쓸 수 있으며, 이때 식 (2.58)을 만족하는 해는 식 (2.59)와 같이 주어진다. 여기서 E^+와 E^-는 각각 $+z$ 방향과 $-z$ 방향으로 진행하는 전파의 크기를 나타내는 상수이며, 신호원과 경계조건에 의해 결정되는 값이다.

$$E_x(z) = E^+ e^{-jkz} + E^- e^{jkz} \tag{2.59}$$

식 (2.59)는 시간 영역에서 다음과 같이 주어진다.

$$E_x(z, t) = E^+ \cos(\omega t - kz) + E^- \cos(\omega t + kz) \tag{2.60}$$

식 (2.60)으로부터 다음과 같이 자기장을 구할 수 있으며, 자기장은 전기장(x 방향)과 전파의 진행방향(z 방향)에 대해 수직인 y 방향성분을 갖는다.

$$H_y = \frac{1}{\eta}(E^+ e^{-jkz} - E^- e^{jkz}) \tag{2.61}$$

전기장과 자기장의 비는 **파동 임피던스**wave impedance 또는 **고유 임피던스**intrinsic impedance 라고 한다. 그 값은 $\eta = \sqrt{\frac{\mu}{\varepsilon}}$ 로 주어지고, 진공중에서는 $\eta_0 = \sqrt{\frac{\mu_0}{\varepsilon_0}} \approx 120\pi\,[\Omega] \approx 377\,[\Omega]$으로 주어진다. 식 (2.60)과 식 (2.61)로부터 [그림 2-20]과 같이 x 방향의 전기장과 y 방향의 자기장에 의해 $+z$ 방향으로 평면파가 주기적으로 반복되며 전파한다.

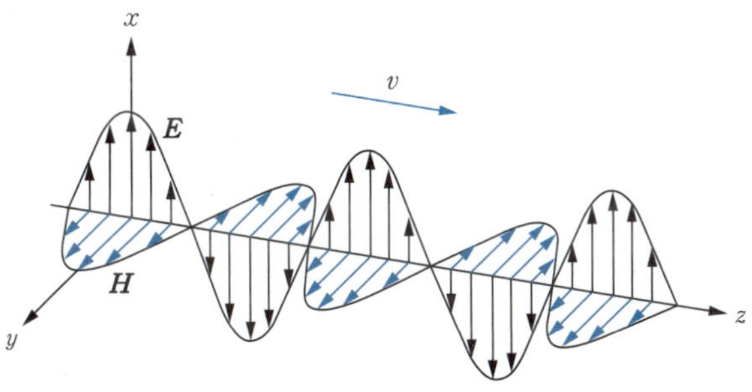

[그림 2-20] $+z$ 방향으로 진행하는 평면파

이때 평면파의 파장은 다음과 같이 주어진다.

$$\lambda = \frac{2\pi}{k} = \frac{2\pi}{\omega\sqrt{\mu\varepsilon}} = \frac{1}{f\sqrt{\mu\varepsilon}} \tag{2.62}$$

전파의 전파속도는 다음과 같다.

$$v = f\lambda = \frac{1}{\sqrt{\mu\varepsilon}} \tag{2.63}$$

진공중에서의 전파속도는 빛의 속도와 같으며 다음과 같이 주어진다.

$$v = c = \frac{1}{\sqrt{\mu_0 \varepsilon_0}} \approx 2.998 \times 10^8 [\mathrm{m/s}] \tag{2.64}$$

예제 2-6 매질 내에서 평면파의 전파

전기장 $\vec{E} = 30\pi e^{j[\omega t - (4/3)y]}\vec{a_z}$ [V/m], 자기장 $\vec{H} = e^{j[\omega t - (4/3)y]}\vec{a_x}$ [A/m]로 주어지는 전파가 $\mu_r = 1$인 균일한 매질을 전파할 때, 비유전율 ε_r과 각주파수 ω를 구하라.

풀이

식 (2.62)에 주어진 평면파의 파장 관계식인 $\frac{\omega}{k} = \frac{1}{\sqrt{\varepsilon\mu}} = \frac{c}{\sqrt{\varepsilon_r \mu_r}}$ 로부터 $\frac{\omega}{(4/3)} = \frac{3 \times 10^8}{\sqrt{\varepsilon_r}}$을 얻을 수 있다. 또한 식 (2.60)과 식 (2.61)로부터 파동 임피던스 η는 다음과 같이 정의할 수 있다.

$$\frac{E}{H} = \sqrt{\frac{\mu}{\varepsilon}} = 120\pi\sqrt{\frac{\mu_r}{\varepsilon_r}}$$

위의 식에 문제에 주어진 값을 대입하면 $30\pi = 120\pi\frac{1}{\sqrt{\varepsilon_r}}$을 얻을 수 있다. 위의 두 관계식으로부터 $\varepsilon_r = 16$, $\omega = 10^8$[rad/s]를 얻는다. 즉, 이 매질에서의 전파의 속도는 진공중 빛의 속도인 3×10^8[m/s]의 $\frac{1}{4}$이 된다.

2.3.8 편파

전자기장은 벡터량이기 때문에 공간에서 크기와 방향을 갖는다. 평면파의 **편파** polarization는 전기장 벡터의 방향과 관련되며, 고정된 방향(선형 편파) 또는 시간에 따라 변하는 방향(원형 또는 타원편파)을 갖는다. 평면파의 전기장은 전기장을 구성하는 두 수직성분에 의해 식 (2.65)와 같이 나타낼 수 있다.

$$\vec{E} = (E_1\vec{a_x} + E_2\vec{a_y})e^{-jkz} \tag{2.65}$$

여기서 $\vec{a_x}$, $\vec{a_y}$는 각각 x와 y 방향의 단위벡터이다. 식 (2.65)에서 E_1과 E_2의 값에 따라서 [그림 2-21]과 같은 편파를 정의할 수 있다. [그림 2-21(a)]와 같은 **타원편파**의 경우 **축비** axial ratio는

E_{max}/E_{min}으로 나타내며, 경사각 tilt angle τ, 그리고 회전방향으로 나타낸다. [그림 2-21(b)]와 같은 **선형편파**와 [그림 2-21(c), (d)]와 같은 원형편파는 모두 타원편파의 특수한 경우이다. 타원편파는 식 (2.65)에서 $E_1 \neq E_2$인 경우로, 두 성분이 서로 다른 위상을 갖는다. 만약 $E_1 \neq 0$이고, $E_2 = 0$이면 x 방향으로 선형편파를 얻을 수 있다. 또한 E_1과 E_2가 0이 아니며, 같은 위상을 갖는 실수라면 $\tan^{-1}(E_2/E_1)$의 경사각을 갖는 선형편파를 얻을 수 있다. 원형편파는 두 성분이 같은 크기를 갖거나 90° 위상차를 갖는 경우, 즉 $E_1 = \pm jE_2 = E_0$일 때이며, 식 (2.65)를 다음과 같이 쓸 수 있다.

$$\overrightarrow{E} = E_0(\overrightarrow{a_x} - j\overrightarrow{a_y})e^{-jkz} \tag{2.66a}$$

$$\overrightarrow{E} = E_0(\overrightarrow{a_x} + j\overrightarrow{a_y})e^{-jkz} \tag{2.66b}$$

식 (2.66a)는 시계방향의 **원형편파(좌원편파)** LHCP : Left-Handed Circular Polarization를 나타내며, 식 (2.66b)는 반시계방향의 원형편파(**우원편파**) RHCP : Right-Handed Circular Polarization를 나타낸다. 시간 영역에서 시계방향과 반시계방향의 원형편파는 각각 다음과 같이 주어진다.

$$\overrightarrow{E}(z, t) = E_0\left[\overrightarrow{a_x}\cos(\omega t - kz) + \overrightarrow{a_y}\cos\left(\omega t - kz - \frac{\pi}{2}\right)\right] \tag{2.67a}$$

$$\overrightarrow{E}(z, t) = E_0\left[\overrightarrow{a_x}\cos(\omega t - kz) - \overrightarrow{a_y}\cos\left(\omega t - kz - \frac{\pi}{2}\right)\right] \tag{2.67b}$$

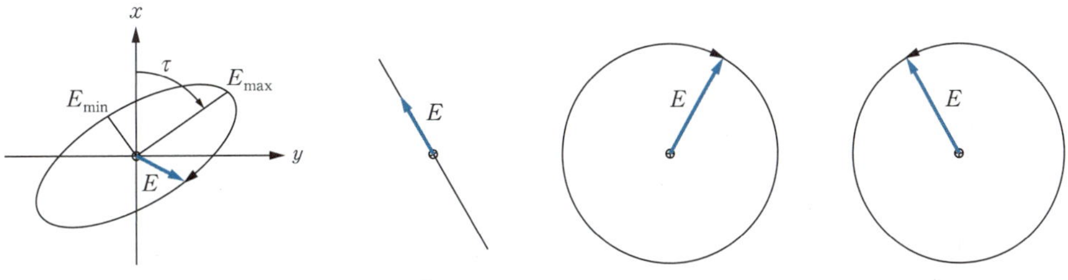

(a) 타원편파 (b) 선형편파 (c) 좌원편파 (d) 우원편파

[그림 2-21] 평면파의 편파

예제 2-7 전기장으로부터 편파유도

매질에서 전기장이 $\vec{E} = (3\vec{a_x} + j4\vec{a_y})e^{-(0.2+j0.5)z}$ [V/m]로 주어질 때, 어떠한 편파를 갖는지 설명하라.

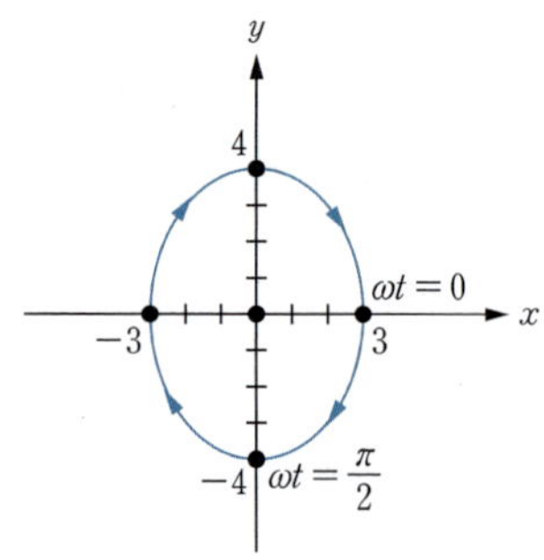

풀이

시간 영역에서 전기장 $\vec{E}$의 x성분 E_x와 y성분 E_y는 다음과 같다.

$$E_x(z, t) = 3e^{-0.2z}\cos(\omega t - 0.5z)$$

$$E_y(z, t) = -4e^{-0.2z}\sin(\omega t - 0.5z)$$

$z = 0$인 평면에서

$$\cos\omega t = \left(\frac{1}{3}\right)E_x(0, t),\ \sin\omega t = -\left(\frac{1}{4}\right)E_y(0, t)$$

로 주어지고, 삼각함수의 공식에 의해

$$\frac{1}{9}E_x^2(0, t) + \frac{1}{16}E_y^2(0, t) = 1$$

의 관계식을 얻을 수 있다. 이 관계식으로부터 전기장을 나타내면 그림과 같은 타원편파가 된다. 타원편파의 방향을 결정하기 위해 $\omega t = 0$일 때와 $\omega t = \frac{\pi}{2}$를 대입해보면 시계방향의 타원편파임을 알 수 있다.

2.4 매질의 특성

맥스웰 방정식과 함께 주어지는 구성 관계식은 매질에 대한 전기장, 자기장, 전속밀도, 자속밀도, 전류밀도 간의 관계를 나타내는 식으로, 유전체와 자성체와 같은 매질의 특성을 나타낼 수 있다. 이 절에서는 매질의 전기적, 자기적 특성을 설명하기 위해 필요한 파라미터들에 대해서 살펴볼 것이다.

2.4.1 손실탄젠트

이상적으로는 완전한 유전체의 도전율은 0이 된다. 그러나 전자회로 등에 사용되는 유전체의 도전율은 0이 되지 않으며, 이로 인해 유전체 손실이라고 하는 손실값을 갖는다. 맥스웰 방정식 중 식 (2.38)의 암페어 법칙을 다시 쓰면 다음과 같다.

$$\nabla \times \boldsymbol{H} = (\sigma + j\omega\varepsilon)\boldsymbol{E} \tag{2.68}$$

$$= j\omega\varepsilon\left(1 - j\frac{\sigma}{\omega\varepsilon}\right)\boldsymbol{E}$$
$$= j\omega\varepsilon(1 - j\tan\delta)\boldsymbol{E}$$

여기서

$$\tan\delta = \frac{\sigma}{\omega\varepsilon} \tag{2.69}$$

를 **손실탄젠트** loss tangent 라고 한다. 손실탄젠트는 매질의 손실특성을 나타내기 위해 사용한다. 매질이 무손실이면 유전율은 $\varepsilon' = \varepsilon = \varepsilon_0\varepsilon_r$ 로 주어지는 실수 성분만으로 나타내며, 손실매질은 **복소 유전율** $\hat{\varepsilon} = \varepsilon' - j\varepsilon''$ 으로 나타낼 수 있다. 따라서 식 (2.68)의 $\varepsilon(1 - j\tan\delta) = \varepsilon' - j\varepsilon''$ 으로부터 다음과 같은 관계식을 얻을 수 있다.

$$\varepsilon'' = \frac{\sigma}{\omega} = \varepsilon\tan\delta \tag{2.70}$$

여기에서 복소 유전율 $\hat{\varepsilon}$의 실수부 ε'은 매질에 저장되는 전기적인 에너지와 관련된 유전성질을 의미한다. 허수부 ε''은 유한한 도전율 값의 함수로 나타내는데, 즉 매질의 손실과 관련된 특성을 나타내는 것을 알 수 있다. 또한 ε', ε''은 모두 주파수의 함수로 나타낸다. 유전체 기판의 손실탄젠트 $\tan\delta$ 나 비유전율 ε_r 은 기판 제조사에서 [표 2-6]과 같이 제공한다. 참고로 전자기파의 매질 내 손실은 유전체 내에서 전자기파의 전력손실인 **유전 손실** dielectric loss 과 불완전 도체 내에서 저항, 표피효과 등에 의해 전자기파가 겪는 전력손실인 **도체 손실** conductor loss 로 나눌 수 있다.

[표 2-6] 마이크로파 대역 유전체 기판의 비유전율과 손실탄젠트

기판 유전체	주파수[GHz]	비유전율 ε_r	손실탄젠트 $\tan\delta$ (25°C)
스티로폼-103.7	3	1.03	0.0001
Rexolite-1422	3	2.54	0.0005
갈륨비소 GaAs	10	12.9	0.006
사파이어 sapphire	10	9.4 ~ 11.5	0.0001
알루미나 alumina (96%)	10	8.9	0.0006
알루미나(99.5%)	10	9.8	0.0003
용융석영 quartz, fused	10	3.78	0.0001
테프론 teflon	10	2.1	0.0004
실리콘 silicon	10	11.9	0.004
RT/Duroid 5880	10	2.2	0.0009
RT/Duroid 6010	10	10.2, 10.5, 10.8	최대 0.0028

2.4.2 표피깊이

매질의 중요한 파라미터 중 하나는 **표피깊이** skin depth 또는 **침투깊이** depth of penetration 이다. [그림 2-22]에 나타낸 것과 같이, 표피깊이는 매질의 표면에서부터 매질로 전파하는 전파의 필드 크기가 $\frac{1}{e}$, 즉 약 37%만큼 줄어드는 두께로 정의된다.

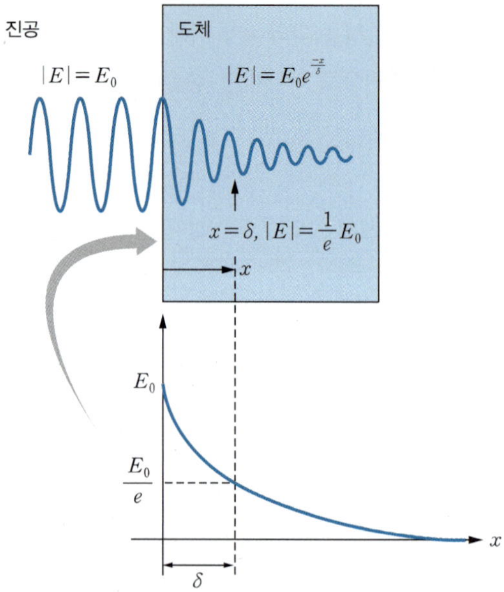

[그림 2-22] 표피깊이의 정의

양도체 good conductor 의 표피깊이 δ는 식 (2.71)과 같이 정의된다.

$$\delta = \sqrt{\frac{2}{\omega\mu\sigma}} = \sqrt{\frac{1}{\pi f \mu\sigma}} \tag{2.71}$$

[그림 2-23]과 같이 도선에 흐르는 교류전류에 대해, 전류밀도는 도선의 중심부에서는 낮고, 표면 근처에서는 크며, 주파수가 높을수록 커진다. 이때 전류밀도가 $1/\sqrt{2}$이 되는 깊이를 표피깊이 δ로 정의하며, 이 면적을 $A_{eff}(=k/\sqrt{f})$로 정의하면 대부분의 전류는 이곳으로 흐르게 된다. 마이크로파 주파수대역에서 A_{eff}는 단면적의 2% 이내로 주어진다. 따라서 도선의 저항은 다음과 같은 식으로 주어진다. 이때 k는 비례상수이다.

$$R = \frac{l}{\sigma A_{eff}} = \frac{l\sqrt{f}}{\sigma k} \tag{2.72}$$

따라서 도선의 저항 R은 주파수가 증가함에 따라 증가하는 저항성 손실 ohmic loss 을 갖는다. 이 손실을 줄이기 위해서는 길이 l이 짧아야 하며, 도전율이 커야 한다. 식 (2.72)로부터 주파수가 높을 때는 양도체의 표피깊이가 매우 작기 때문에 도체의 표면에만 전류가 흐른다. 또한 도체의 단위길이당 저항은 주파수의 제곱근에 비례하므로 주파수가 높을수록 도체손실은 커진다.

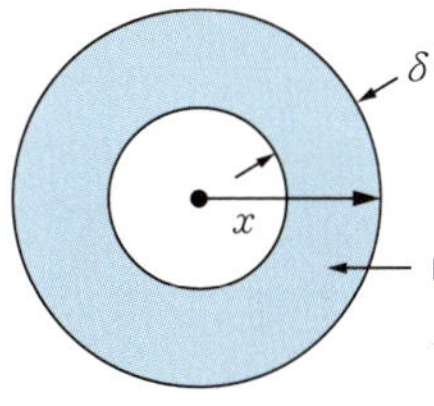

[그림 2-23] **교류전류가 흐르는 도선의 단면**

또한 식 (2.71)에서 표피깊이는 주파수 f의 함수이기 때문에 만약 직류[DC]전류($f = 0$)가 흐르면 [그림 2-24(a)]와 같이 도체 전체에 전류가 흐른다. 그러나 교류[AC]전류($f \neq 0$)가 흐르면 [그림 2-24(b)]와 같이 표면에 가까울수록 전류가 더 많이 흐르게 된다.

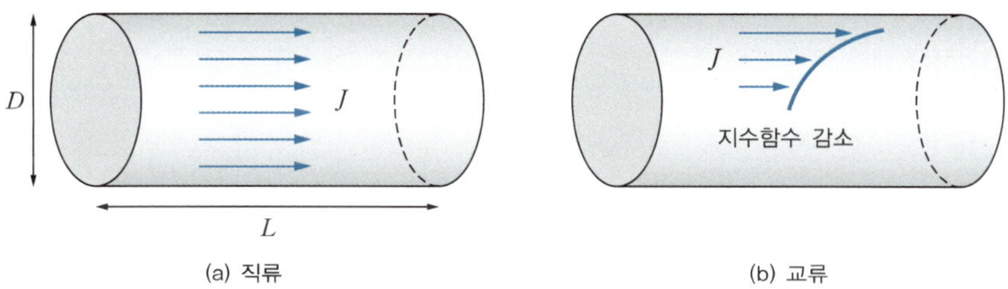

[그림 2-24] **주파수에 따른 표피깊이의 변화**

[표 2-7]에 여러 도체에 대한 표피깊이를 나타냈다. 구리의 경우 60[Hz]에서 표피깊이는 8329.2[μm]이지만 1[GHz]에서는 2.0[μm]로 주파수가 증가함에 따라 줄어드는 것을 확인할 수 있다. 동일한 주파수에서 구리, 강철, 알루미늄 중에는 알루미늄의 표피깊이가 가장 긴데, 투자율과 전도율이 상대적으로 낮기 때문이다. 강철의 표피깊이가 가장 짧기 때문에 동일한 두께라면 60[Hz]의 전자기파를 차단하는 데 가장 효과적이라는 것을 알 수 있다. 두께가 d라고 할 때 $d \gg \delta$이면 전기적으로 두껍다[electrically thick]고 하며 이때는 전자파 차단 중 전자기파의 흡수가 주요한 특성을 갖는다. $d \ll \delta$인 경우는 전기적으로 얇다[electrically thin]고 하고, 전자기파의 반사가 주요한 특성을 갖는다.

[표 2-7] 여러 도체에 대한 표피깊이

매질	주파수 [MHz]	저항 [nΩ]	투자율 [μH/m]	표피깊이 [μH/m]
구리	0.00006	17	1.3	8329.2
강철	0.00006	100	5000	325.7
알루미늄	0.00006	28	1.3	10689.5
구리	1	17	1.3	64.5
구리	100	17	1.3	6.5
구리	1000	17	1.3	2.0
알루미늄	1000	28	1.3	2.6
은	1000	16	1.3	2.0
구리	10000	17	1.3	0.6
철	1000	100	6300	0.1

예제 2-8 표피깊이의 계산

도전율 $\sigma = 5.8 \times 10^7\,[\mathrm{S/m}]$인 구리인 도체로 주파수 $f = 100\,[\mathrm{MHz}]$를 갖는 전기장 $\overrightarrow{E} = e^{-\alpha x} e^{j(\omega t - \beta z)} \overrightarrow{a_x}\,[\mathrm{V/m}]$가 입사될 때, 도체 내부에서의 전파의 표피깊이를 구하라.

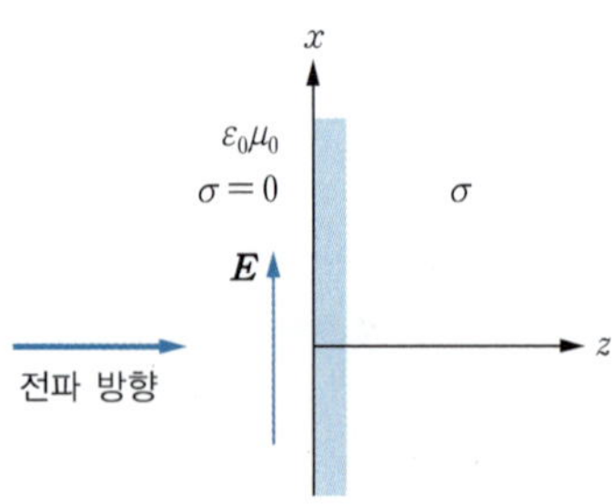

풀이

표피깊이를 구하면 다음과 같다.

$$\delta = \frac{1}{\sqrt{\pi f \mu \sigma}} = 6.61\,[\mu\mathrm{m}]$$

전기장은 도체 표면으로부터 $6.61\,[\mu\mathrm{m}]$ 이후에 36.8%가 감소되며, 5δ인 $33\,[\mu\mathrm{m}]$ 이후에는 초깃값의 0.67%가 되어 거의 0에 가까워진다.

2.4.3 유전체와 자성체

전속밀도 또는 자속밀도는 매질과 전기장 및 자기장 사이의 관계를 나타낼 때 매우 유용하다. 거시적 관점에서 **도전율** σ, **비유전율** ε_r과 **비투자율** μ_r은 매질의 특성을 나타낼 때 사용된다. 만약 매질이 선형이고, 균일하며, 균질한 특성을 갖는다면 이러한 매질 파라미터들은 모두 스칼라 양을 갖는다.

■ 도체에서의 전기장

도체에서 전류밀도 $\vec{J}$는 단위전하(q)당 작용하는 힘 $\dfrac{\vec{F}}{q}$에 비례한다.

$$\vec{J} = \sigma \frac{\vec{F}}{q} \tag{2.73}$$

여기서 σ[℧/m]는 상수 값을 갖는 물체의 도전율이다. 일반적으로 전하에는 화학력, 중력 등이 작용하지만, 여기서는 전류를 만들어내는 전하를 구동하는 전자기력만 작용한다고 가정한다. 그러므로 전류밀도를 나타내는 식 (2.73)은 **로렌쯔 힘** Lorentz force $\vec{F} = q(\vec{E} + \vec{v} \times \vec{B})$에 의해 식 (2.74)로 쓸 수 있다. 로렌쯔 힘은 외부전계 $\vec{E}$와 외부자계 $\vec{B}$가 작용하는 매질 내에서 순간속도 $\vec{v}$를 가진 전하 q에 작용하는 힘을 의미한다.

$$\vec{J} = \sigma(\vec{E} + \vec{v} \times \vec{B}) \tag{2.74}$$

도체에서는 전하의 순간속도 $\vec{v}$가 충분히 작기 때문에 다음과 같이 주어진다.

$$\vec{J} = \sigma \vec{E} \tag{2.75}$$

식 (2.75)는 앞서 설명한 구성 관계식 중 하나로, 전류밀도와 전기장 사이의 관계를 나타내는 식과 같다. 회로이론에서 길이 l, 단면적 A, 도전율 σ인 도선의 저항은 $R = \dfrac{l}{\sigma A}$로 주어진다. 따라서 식 (2.75)는 각 변수들이 나타내는 단위를 비교해보면 회로이론에서 전압, 전류, 저항 간의 관계를 나타낸 **옴의 법칙** Ohm's law ($V = IR$)의 미분형이라고 할 수 있다. 금속과 같은 도체는 도전율 값이 크고, 저항 값이 작다. 반면 유리와 같은 **절연체** insulator 는 도전율 값이 작고, 저항 값이 크다. [표 2-8]에 여러 매질의 도전율을 나타냈다.

[표 2-8] 매질에 따른 도전율

매질	도전율 σ [℧/m]	매질	도전율 σ [℧/m]
은 silver	6.12×10^7	니켈 nickel	1.15×10^7
구리 copper	5.80×10^7	철 iron	1.04×10^7
금 gold	4.10×10^7	청동 bronze	1.00×10^7
알루미늄 aluminum	3.54×10^7	스테인리스 스틸 stainless steel	0.11×10^7
황동 brass	1.50×10^7	니크롬 nichrome	0.09×10^7

■ 유전체에서의 전기장

유전체에서는 전자기파의 전기장이 매질 내의 원자 또는 분자들을 **분극** polarization 시켜 필드에 따라 같은 방향으로 매우 많은 **쌍극자** dipole **모멘트**가 발생한다. 거시적인 관점에서 매질은 분극이 이루어지며, 분극 $\overrightarrow{P}$ 라고 불리는 단위체적당 쌍극자 모멘트로 정량화될 수 있다. 매질의 분극에 따른 영향은 전기변위장(전속밀도) $\overrightarrow{D}$에 대해 다음과 같이 주어진다.

$$\overrightarrow{D} = \varepsilon_0 \overrightarrow{E} + \overrightarrow{P} \tag{2.76}$$

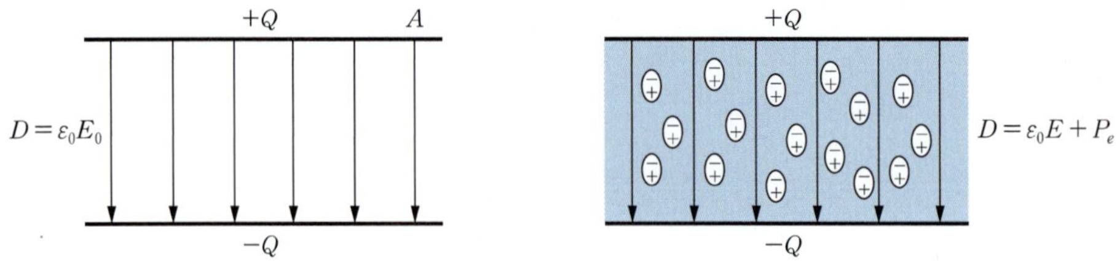

(a) 유전체가 없는 경우 (b) 유전체가 있는 경우

[그림 2-25] **평행판의 전기변위장**

진공중에서는 분극이 이루어질 매질이 없기 때문에 전기변위장 $\overrightarrow{D}$ 는 자유공간의 유전율 ε_0 를 비례상수로 가진 전기장에 선형적으로 비례한다. 분극은 매질 내에 작용하는 전기장 때문에 발생하며, 전기장의 선형 또는 비선형 함수로 주어진다. 또한 분극 $\overrightarrow{P}$ 는 마이크로파와 안테나 응용에 사용되는 대부분 매질에 대해 전기장에 선형적으로 비례한다.

$$\overrightarrow{P} = \varepsilon_0 \chi_e \overrightarrow{E} \tag{2.77}$$

여기서 비례상수 χ_e 는 매질의 **전기감수율**(또는 **전기화율**) electric susceptibility 이라고 정의되며, 단위는 없다. 전기감수율은 매질이 진공으로 치환되었을 때 같은 위치에서 전속밀도 값을 나타내기 위해 사용되는 비례상수 값으로, $\chi_e = \varepsilon_r - 1$ 로 나타낸다. 식 (2.77)을 식 (2.76)에 대입하면 다음과 같이 된다.

$$\overrightarrow{D} = \varepsilon_0 (1 + \chi_e) \overrightarrow{E} = \varepsilon_0 \varepsilon_r \overrightarrow{E} = \varepsilon \overrightarrow{E} \tag{2.78}$$

■ 자성체에서의 자기장

원자구조에서 스스로 회전하거나 원자핵 주변을 선회하는 전자들은 미소전류들로 간주할 수 있다. 거시적인 관점에서, 매질 내에 자기장이 존재하지 않을 때 이 미소전류들은 임의 방향을 갖는 자기 쌍극자 모멘트로 생각할 수 있다. 외부에서 자기장이 인가되면 자기 쌍극자 모멘트는 **자화 필드** magnetization field 또는 **자화밀도** magnetization density $\overrightarrow{M}$ 을 만들기 위해 정렬된다. 이 현상을 **자화** magnetization 라고 한다. 이 자화는 인가된 자기장을 변화시키고, 자기장의 변화는 다시 자화의 변화를 만들어낸다. 이런 반복 과정은 매질 내 자기장이 정상상태가 될 때까지 지속된다. 정상상태에서 자속밀도는 매질에 인가된 자기장 $\overrightarrow{H}$와 자화 필드 $\overrightarrow{M}$의 합에 비례하며 다음과 같이 주어진다.

$$\overrightarrow{B} = \mu_0(\overrightarrow{H} + \overrightarrow{M}) \tag{2.79}$$

유전체와 마찬가지로, 진공중에서는 자화가 되는 매질이 없기 때문에($\overrightarrow{M}=0$) 자속밀도는 자유공간의 투자율인 비례상수 μ_0를 가진 자기장 세기에 선형적으로 비례한다. 선형자성체에서 자화필드 $\overrightarrow{M}$은 식 (2.80)과 같이 자기장 세기 $\overrightarrow{H}$에 비례한다.

$$\overrightarrow{M} = \chi_m \overrightarrow{H} \tag{2.80}$$

여기에서 χ_m은 매질의 **자화율** magnetic susceptibility 또는 자기감수율로 정의한다. 자속밀도를 나타내는 식 (2.78)에 식 (2.79)를 대입하면 다음과 같이 정리된다.

$$\overrightarrow{B} = \mu_0(1+\chi_m)\overrightarrow{H} = \mu_0\mu_r\overrightarrow{H} = \mu\overrightarrow{H} \tag{2.81}$$

이때 μ_r을 **비투자율** relative permeability이라고 하며, $\mu_r < 1$인 경우를 **반자성체** diamagnetic 라고 한다. 반자성체란 매질에 인가된 외부 자기장과 반대 방향으로 자화되는 물질을 말하는데, 납, 구리, 아연 등 금속과 산소를 제외한 대부분의 기체, 물 등이 이에 속한다. $\mu_r = 1$인 경우는 **비자성체** nonmagnetic라고 하며, 외부에서 인가되는 자기장에 영향을 받지 않고 자화가 되지 않는 물질을 말하는데, 진공이 대표적인 예다. $\mu_r > 1$일 경우는 **상자성체** paramagnetic라고 한다. 상자성체란 외부에서 자기장이 인가되면 자화되고 자기장이 제거되면 자화되지 않는 물질을 말하는데, 알루미늄, 주석, 산소, 공기 등이 이에 속한다. $\mu_r \gg 1$인 경우는 **강자성체** ferromagnetic로, 외부에서 자기장이 인가되면 자화되고 자기장을 제거해도 자화된 자석의 성질이 남아 있는 물질을 말한다. 철, 니켈, 코발트 등이 이에 속한다. [표 2-9]에 여러 물질에 대한 자성체 분류와 비투자율을 나타냈다.

[표 2-9] 물질에 따른 자성체의 분류와 비투자율

매질	분류	비투자율	매질	분류	비투자율
비스무트 bismuth	반자성체	0.99983	팔라듐 palladium	강자성체	1.0008
은 silver	반자성체	0.99998	코발트 cobalt	강자성체	250
구리 copper	반자성체	0.999991	니켈 nickel	강자성체	600
납 lead	반자성체	0.999983	철 iron(99.8% 순도)	강자성체	5,000
물 water	반자성체	0.999991	규소철 silicon Iron	강자성체	7,000
진공 vacuum	비자성체	1	뮤합금 mu-metal	강자성체	100,000
공기 air	상자성체	1.0000004	정제철 purified iron(99.95% 순도)	강자성체	200,000
알루미늄 aluminum	상자성체	1.00002	슈퍼멀로이 supermalloy	강자성체	1,000,000

2.4.4 변위 전류에 따른 매질의 분류

주파수 영역에서 주어지는 맥스웰 방정식의 미분형에서 자기장과 전기장의 관계식인 식 (2.50)을 다시 쓰면 도전성 전류밀도 $\boldsymbol{J}_c$와 변위 전류밀도 $\boldsymbol{J}_d$의 합으로 식 (2.82)와 같이 쓸 수 있다. 식 (2.82)의 오른쪽 항에서 도전성 전류밀도 $\boldsymbol{J}_c = \sigma\boldsymbol{E}$는 매질에서의 에너지 손실을 의미하며, 변위 전류밀도 $\boldsymbol{J}_d = j\omega\varepsilon\boldsymbol{E}$는 에너지의 보존을 의미한다.

$$\begin{aligned}\nabla \times \boldsymbol{H} &= \sigma\boldsymbol{E} + j\omega\varepsilon\boldsymbol{E} \\ &= \boldsymbol{J}_c + \boldsymbol{J}_d\end{aligned} \tag{2.82}$$

식 (2.82)로부터 도전성 전류밀도와 변위 전류밀도는 $90°$의 위상차가 있음을 알 수 있다. 도전성 전류밀도와 변위 전류밀도의 크기 비율인 $\dfrac{|\boldsymbol{J}_c|}{|\boldsymbol{J}_d|} = \dfrac{\sigma}{\omega\varepsilon}$는 식 (2.69)에서 정의한 손실탄젠트와 같으며, 매질의 손실특성을 나타낸다. 도전성 전류밀도와 변위 전류밀도의 비에 의해 주어지는 손실탄젠트 정의로부터 매질을 분류할 수 있다. 도전성 전류가 변위 전류보다 매우 큰 경우($\omega\varepsilon \ll \sigma$)를 **도체**, 도전성 전류가 변위 전류와 크기가 비슷한 경우($\omega\varepsilon \approx \sigma$)를 **준도체**, 도전성 전류가 변위 전류보다 매우 작은 경우($\omega\varepsilon \gg \sigma$)를 **유전체**로 분류할 수 있다. 도전율 $\sigma = \infty$인 경우, 즉 도전성 전류밀도 $\boldsymbol{J}_c = \infty$일 때 **완전도체**[perfect conductor]가 되며, $\sigma = 0\,(\boldsymbol{J}_c = 0)$일 때 **완전유전체**[perfect dielectric]로 정의된다. 도전율과 유전율이 일정할 때 도전성 전류밀도와 변위 전류밀도의 비는 주파수에 대한 함수로 나타낼 수 있다. 이는 주파수의 변화에 따라 매질을 분류할 수 있다는 것을 의미한다. [그림 2-26]에 주파수와 손실탄젠트의 관계식으로부터 주파수에 따른 매질의 분류를 나타냈다.

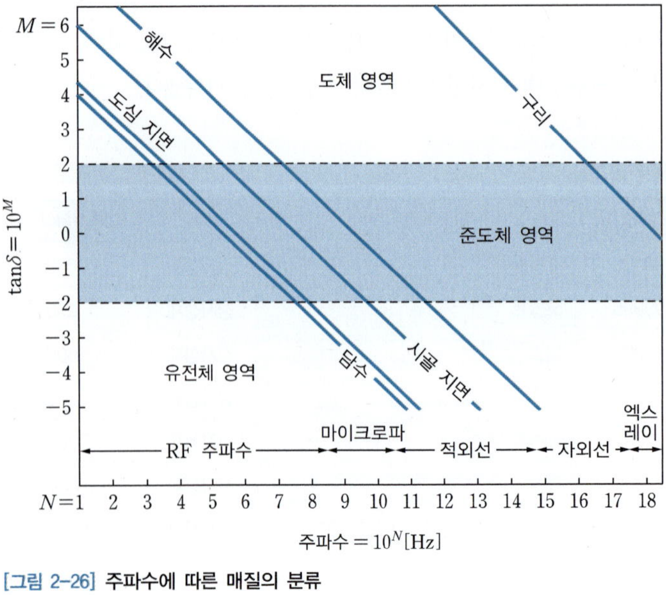

[그림 2-26] 주파수에 따른 매질의 분류

앞서 손실탄젠트를 유도하기 위한 식 (2.68)을 이용하여 복소 유전율에 따라 매질을 분류할 수도 있다. 식 (2.68)을 손실매질의 복소 유전율 $\varepsilon(1-j\tan\delta)=\varepsilon'-j\varepsilon''$을 이용하여 다시 쓰면 다음과 같다.

$$\begin{aligned}\nabla\times\boldsymbol{H} &= (\sigma+j\omega\varepsilon)\boldsymbol{E} \\ &= j\omega\varepsilon\left(1-j\frac{\sigma}{\omega\varepsilon}\right)\boldsymbol{E} \\ &= j\omega\varepsilon(1-j\tan\delta)\boldsymbol{E} \\ &= j\omega(\varepsilon'-j\varepsilon'')\boldsymbol{E}\end{aligned} \tag{2.83}$$

식 (2.83)과 식 (2.82)를 비교해보자. 만약 $\varepsilon''\gg\varepsilon'$이면 $j\omega(\varepsilon'-j\varepsilon'')\boldsymbol{E}\approx\omega\varepsilon''\boldsymbol{E}=\sigma\boldsymbol{E}=\boldsymbol{J}_c$가 되어, 식 (2.82)의 오른쪽 항에서 변위 전류밀도 $\boldsymbol{J}_d$가 제거되고, 도전성 전류밀도 $\boldsymbol{J}_c$만 남게 된다. 즉, 양도체 조건을 만족하게 된다.

반면 $\varepsilon''\ll\varepsilon'$이면, $j\omega(\varepsilon'-j\varepsilon'')\boldsymbol{E}\approx j\omega\varepsilon'\boldsymbol{E}=\boldsymbol{J}_d$가 되어 변위 전류밀도만 존재하는 유전체가 된다. 보통 $\varepsilon''>100\varepsilon'$인 경우 양도체, $100\varepsilon''<\varepsilon'$인 경우 유전체로 가정할 수 있다.

예제 2-9 변위 전류의 계산

반지름이 1.5[mm]인 원통형 도선에 도전성 전류 $i_c=5.5\sin(4\times10^{10}t)\,[\mu\text{A}]$가 흐른다고 하자. 도전율이 $3.5\times10^7\,[\text{S/m}]$이고 비유전율이 $\varepsilon_r=1$일 때, 변위 전류의 크기를 구하라.

풀이

$$\frac{J_c}{J_d}=\frac{\sigma}{\omega\varepsilon}=3.5\times\frac{10^7}{(4\times10^{10})(10^{-9}/36\pi)}=9.9\times10^7$$

따라서 $J_d=7.86\times10^{-3}\,[\mu\text{A/m}^2]$이다.

예제 2-10 도전성 전류밀도와 변위 전류밀도의 관계

도전율이 $\sigma=10\,[\text{S/m}]$이고, 비유전율이 $\varepsilon_r=2$인 매질에서 전기장이 $\overrightarrow{E}=50\sin(\omega t)\,\overrightarrow{a_x}\,[\text{V/m}]$로 주어질 때, 도전성 전류밀도와 변위 전류밀도가 같아지는 주파수([GHz])를 구하라.

풀이

$J_c=J_d$로부터 $\sigma=\omega\varepsilon$의 관계가 주어지므로

$$10=2\times\pi\times f\times\varepsilon_r\times\frac{10^{-9}}{36\pi}$$

이다. 따라서 $f=90\,[\text{GHz}]$이다.

예제 2-11 주파수에 따른 매질의 특성

평면파가 $\varepsilon_r = 80$, $\sigma = 4$인 바닷속을 전파한다고 할 때, 바닷물을 양도체로 가정할 수 있는 주파수는 얼마인가?

풀이

양도체로 가정하기 위해서는 $\varepsilon'' > 100\varepsilon'$ 조건을 만족해야 하며, $\frac{\varepsilon''}{\varepsilon'} > 100$에서 $\varepsilon'' = \frac{\sigma}{\omega}$, $\varepsilon' = \varepsilon_r \varepsilon_0$를 대입하면 $\frac{\sigma}{\omega \varepsilon_r \varepsilon_0} > 100$로 쓸 수 있다.

$$f < \frac{4}{100 \times 2\pi \times 80 \times 8.854 \times 10^{-12}} \approx 8.98\,[\text{MHz}]$$

로, 약 8.98[MHz] 이하에서는 바닷물을 양도체로 가정할 수 있다.

2.5 dB의 개념

RF 또는 마이크로파 공학에서 사용되는 전력, 전압과 전류의 범위는 매우 작거나 큰 값이 많기 때문에 선형영역 범위에서 표현하기가 쉽지 않다. 따라서 **데시벨** dB : decibel로 나타나는 로그범위를 사용한다. 로그를 사용하면 선형범위에서 곱셈이 덧셈으로, 나눗셈이 뺄셈으로 단순해지고, n제곱과 n제곱근의 경우도 n을 곱하거나 나누면 되기 때문에 훨씬 간단하게 계산할 수 있다. 데시벨은 전력, 전압 또는 전류의 크기를 나타내는 것이 아니라 각 값들의 비율을 나타내는 것이다. 데시벨은 RF 및 마이크로파 회로에서 증폭기 이득, 안테나 이득, 케이블 손실, 스위치 손실, 필터 손실 등을 나타내기 위해 사용된다.

[그림 2-27] 데시벨을 정의하기 위한 회로

[그림 2-27]의 회로에서 네트워크의 입력과 출력되는 두 전력을 각각 P_1과 P_2라고 할 때, 전력 사이의 비율은 다음과 같이 정의된다.

$$(\text{이득 또는 손실})\ \text{dB} = 10\log_{10}\frac{P_1}{P_2} \tag{2.84}$$

전력비가 2라면 3[dB]로 주어지며, 전력비가 0.1이라면 -10[dB]로 주어진다. dB 값이 (+)부호면 이득을 의미하고, (-)부호면 손실을 의미한다. 만약 23[dB]의 증폭기와 6[dB]의 감쇄기가 직렬로 연결되었다면 전체 이득은 $23 - 6 = 17$[dB]가 된다. 전력 P_1과 전력 P_2를 각각 전압과 전류를 사용해 $\frac{V_1^2}{R_1}$과 $\frac{V_2^2}{R_2}$로 나타낼 수 있다. 식 (2.84)로부터

$$10\log\frac{V_1^2 R_2}{V_2^2 R_1} = 20\log\frac{V_1}{V_2}\sqrt{\frac{R_2}{R_1}}\ [\text{dB}] \tag{2.85}$$

가 된다. 여기서 R_1과 R_2는 부하의 저항이다. 회로에서 전력은 전압이나 전류의 제곱에 따라 변하기 때문에, 동일한 임피던스($R_1 = R_2$)의 조건에서 전압이나 전류에 사용되는 데시벨은 10 대신 20을 곱하여 사용한다.

$$(\text{이득 또는 손실})\ \text{dB} = 20\log_{10}\frac{V_1}{V_2} \tag{2.86}$$

또한 동일한 부하 임피던스에 대한 자연로그를 취한 전압 비율을 **네퍼**Np : neper로 나타낼 수 있으며, 이는 식 (2.87)로 정의된다.

$$\text{Np} = \ln\frac{V_1}{V_2} \tag{2.87}$$

식 (2.87)의 전압을 전력으로 표현하면 다음과 같다.

$$\text{Np} = \frac{1}{2}\ln\frac{P_1}{P_2} \tag{2.88}$$

네퍼는 전송선로에서 전파되는 신호의 감쇄를 나타내기 위해 사용한다. $1\,[\text{Np}]$는 e^2의 전력비와 관계되기 때문에 $1\,[\text{Np}] = 10\log e^2 = 8.686\,[\text{dB}]$로 주어진다. 또한 RF 회로에서 자주 사용되는 데시벨 단위는 식 (2.84)에서 기준전력을 $P_2 = 1\,[\text{mW}]$로 가정할 때, dBm으로 정의되는 절대전력 P_1을 표현할 수 있다.

$$\text{dBm} = 10\log\frac{P_1}{1\,[\text{mW}]} \tag{2.89}$$

$1\,[\text{mW}]$의 전력은 $0\,[\text{dBm}]$으로 주어지며, $1\,[\text{W}]$의 전력은 $30\,[\text{dBm}]$으로 나타낼 수 있다. [그림 2-28]에 전력에 해당하는 dBm 값을 나타냈다.

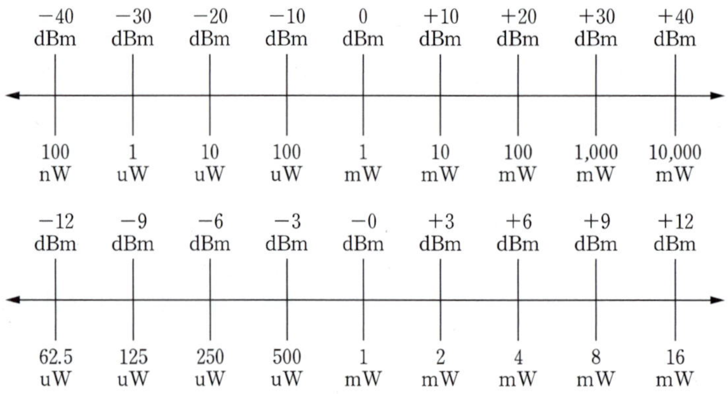

[그림 2-28] **전력과 dBm의 관계**

dBm 외에 전력을 나타내는 단위로, dBW도 자주 사용된다. dBW는 식 (2.90)에 나타낸 것처럼, 기준전력 $P_2 = 1\,[\mathrm{W}]$일 때 절대전력 P_1을 데시벨로 나타낸 것으로, P_1이 $1\,[\mathrm{W}]$이면 $0\,[\mathrm{dBW}]$이다.

$$\mathrm{dBW} = 10\log\frac{P_1}{1\,[\mathrm{W}]} \tag{2.90}$$

$1\,[\mathrm{W}] = 1000\,[\mathrm{mW}]$이므로 $0\,[\mathrm{dBW}] = 30\,[\mathrm{dBm}]$으로 나타낼 수 있으며, $1\,[\mathrm{mW}] = 0\,[\mathrm{dBm}] = -30\,[\mathrm{dBW}]$로 나타낼 수 있다. [표 2-10]에 자주 사용되는 데시벨 단위 정의와 응용에 대해 정리했다.

[표 2-10] **데시벨 단위 정의와 응용**

단위	기준전력	응용
dBW	1 [W]	절대전력
dBm	1 [mW]	절대전력 $P[\mathrm{dBW}] = P[\mathrm{dBm}] - 30$
dBμV	1 [μV]	수신기 입력단자에서 절대전압 dBμV = dBm + 107(50 [Ω] 부하에 대해)
dB	상대 전력비교	회로 네트워크의 이득 또는 손실 (예 증폭기, 급전회로, 감쇄기 등)
dBi	등방성 안테나에 의해 방사되는 전력	안테나 이득
dBd	반파장 다이폴에 의해 방사되는 전력	안테나 이득 0 [dBd] = 2.15 [dBi]

[표 2-10]에 정의된 dBi와 dBd는 안테나 이득을 나타낼 때 사용되는 단위이다. dBi는 **등방성 안테나** isotropic antenna 를 기준으로 측정 안테나의 상대적인 이득을 나타낼 때 사용된다. dBd는 다이폴 안테나dipole antenna의 이득을 기준으로 측정 안테나의 상대적인 이득을 나타낼 때 사용되며, $0\,[\mathrm{dBi}] = 2.14\,[\mathrm{dBd}]$ 값을 갖는다. 자세한 정의는 8장에서 살펴보기로 하자.

[표 2-10]에 정의된 데시벨 단위 외에도 dBsm와 dBc 등이 사용된다. dBsm은 1 $[m^2]$의 기준 면적당 전력을 데시벨로 나타낸 단위로, 레이더 단면적RCS : Radar Cross Section을 나타낼 때 사용된다. dBc는 [그림 2-29]에 나타낸 것과 같이 반송파carrier 전력에 대한 스퓨리어스spurious 신호 전력 또는 위상잡음phase noise 전력 P_1의 상대적인 크기를 나타낼 때 사용된다. 자세한 내용은 6장에서 살펴보기로 한다.

$$dBc = 10\log_{10}\left(\frac{P_1}{\text{반송파 전력}}\right) \tag{2.91}$$

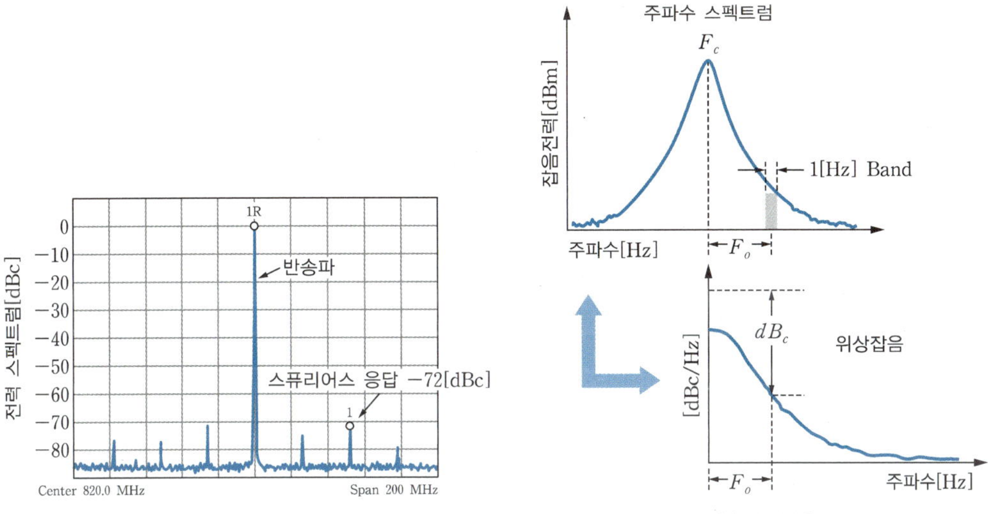

[그림 2-29] dBc 예시

데시벨은 무선통신 시스템 전체의 이득 또는 손실을 계산할 때 매우 유용하게 사용된다. [표 2-11]에 나타낸 것과 같이 데시벨은 두 전력의 비교, 직렬로 연결된 시스템의 전력 증폭, 전력 감쇄를 쉽게 계산할 수 있다. 단, dBm + dBm의 경우는 정의되지 않는다는 사실에 주의해야 한다.

[표 2-11] 데시벨 연산의 정의

연산	결과	의미
dB + dB	dB	두 수의 곱셈
dB − dB	dB	두 수의 나눗셈
dBm + dBm	X (연산이 성립하지 않음)	두 전력의 곱
dBm − dBm	dB	두 전력의 비교
dBm ± dB	dBm	전력 증폭/감쇄

예제 2-12 데시벨 연산

다음의 그림과 같이 입출력 특성을 갖는 네트워크가 주어졌을 때 [그림 (a)]의 출력되는 전력과 [그림 (b)]의 입력되는 전력을 구하라.

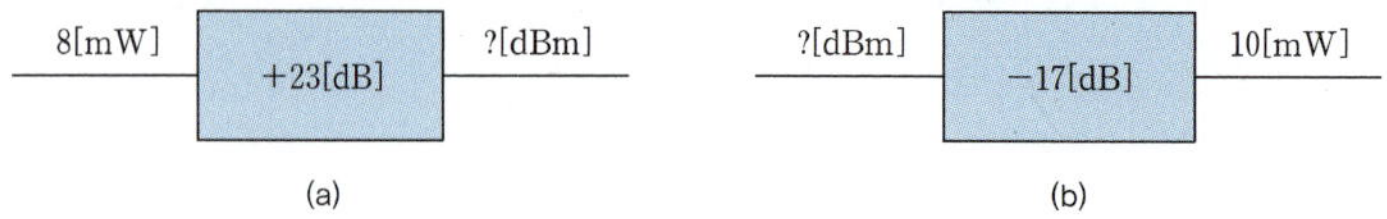

풀이

❶ [그림 (a)]의 경우

출력되는 전력을 구하기 위해 입력전력 $8\,[\mathrm{mW}]$를 데시벨로 바꿔보자. $2\,[\mathrm{mW}] = 3\,[\mathrm{dBm}]$, $4\,[\mathrm{mW}] = 6\,[\mathrm{dBm}]$으로부터 $8\,[\mathrm{mW}] = 9\,[\mathrm{dBm}]$임을 알 수 있다. 물론 $10\log\left(\dfrac{8\,[\mathrm{mW}]}{1\,[\mathrm{mW}]}\right)$부터로도 구할 수 있다. 따라서 출력전력은 $+9\,[\mathrm{dBm}] + 23\,[\mathrm{dB}] = 32\,[\mathrm{dBm}]$이 된다.

❷ [그림 (b)]의 경우

출력전력이 $10\,[\mathrm{mW}]$이므로, 이를 dBm으로 환산하면 $+10\,[\mathrm{dBm}]$이다. 따라서 입력전력은 $+27\,[\mathrm{dBm}]$이 된다.

예제 2-13 데시벨을 이용한 시스템 이득/손실 계산

다음과 같은 무선통신 시스템의 수신기를 나타내는 블록도가 있다고 하자. 수신기의 입력전력이 $6\,[\mathrm{dBm}]$일 때 출력전력을 구하라.

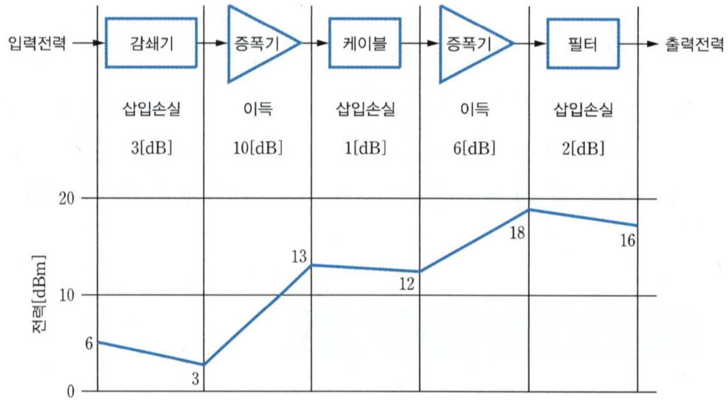

풀이

시스템을 구성하는 각 부품들의 데시벨 이득은 (+), 데시벨 손실은 (−)로 계산하여 전체 시스템 출력을 계산할 수 있다. 위의 시스템에서 감쇄기[attenuator]의 삽입손실, 케이블의 삽입손실, 필터의 삽입손실은 모두 손실을 나타내는 (−) 값이며, 증폭기들의 이득은 (+) 값이기 때문에 출력전력은 다음과 같이 계산할 수 있다.

$$\text{출력전력} = \text{입력전력} - 3\,[\mathrm{dB}] + 10\,[\mathrm{dB}] - 1\,[\mathrm{dB}] + 6\,[\mathrm{dB}] - 2\,[\mathrm{dB}] = 16\,[\mathrm{dB}]$$

Chapter 02 연습문제

2.1 **【전하와 전기장】** 자유공간의 원점에 점전하 $1[\mu C]$이 놓여 있을 때, 직각좌표계로 나타내는 위치 $(3, 0, 4)$에서 전기장 $\vec{E}$를 구하라.

2.2 **【전하와 전위】** 자유공간에 점전하 $Q_1 = 4\times10^{-9}[C]$, $Q_2 = -2\times10^{-9}[C]$이 각각 직각좌표계의 좌표 $(2, 0, 0)$과 $(6, 0, 0)$에 놓여 있다. 점 $(4, 2, 0)$에서의 전위를 구하라.

2.3 **【전기장과 전속밀도, 분극벡터】** 물속에서 크기가 $2[V/m]$인 전기장이 균일하게 가해졌을 때, 전속밀도 $\vec{D}$와 전기장 분극 벡터 $\vec{P}$를 구하라. (단, 물의 비유전율은 81이다.)

2.4 **【경계조건】** 유전율이 ε_0인 자유공간(매질 ②)에 $2[m]$ 직경을 가진 유전체 구(매질 ①)가 놓여 있다. 각 매질에서 전기장 $\vec{E_1}$, $\vec{E_2}$가 다음과 같이 주어질 때, 유전체 구의 유전율 ε_1을 구하라. (단, $\vec{a_r}$, $\vec{a_\theta}$는 구좌표계에서 각각 r, θ 방향의 단위벡터이다.)

$$\begin{cases} \vec{E_1} = E_{01}\left(\vec{a_r}\cos\theta - \vec{a_\theta}\sin\theta\right) & (r \leqq 2[m]) \\ \vec{E_2} = E_{02}\left(\vec{a_r}\left\{1+\dfrac{8}{r^3}\right\}\cos\theta - \vec{a_\theta}\left\{1-\dfrac{4}{r^3}\right\}\sin\theta\right) & (r \geqq 2[m]) \end{cases}$$

2.5 **【경계조건】** 다음 그림과 같이 $x>0$ 영역의 매질 ①은 비유전율이 3인 완전유전체이며, 매질 ②는 자유공간이다. 매질 ①의 전속밀도가 $\vec{D_1} = \vec{a_x} + 2\vec{a_y}\ [C/m^2]$일 때 매질 ②에서의 전속밀도 $\vec{D_2}$와 매질 ①과 ②에서의 전기장 $\vec{E_1}$, $\vec{E_2}$를 각각 구하라.

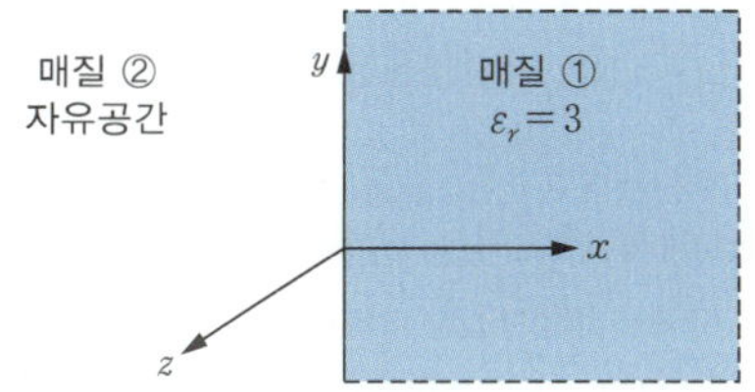

[그림 2-30]

2.6 **【평면파】** 비자성체 매질을 전파하는 균일한 평면파의 전기장이 다음과 같이 주어질 때 (a)~(d)를 구하라.

$$\vec{E}(z, t) = \vec{a_y}10\cos(10^9t - 5z)\ [mV/m]$$

(a) 평면파의 전파방향

(b) 전파의 위상속도

(c) 파장

(d) 자기장

2.7 **【평면파】** 신호원이 없는 자유공간 영역에서 전기장 $\overrightarrow{E}=\overrightarrow{a_z}4e^{-j(x-3y)}$ [V/m]로 주어질 때 신호주파수를 구하라.

2.8 **【자기장과 유도 기전력】** 시간 영역 자속밀도 $\overrightarrow{B}(\vec{r},t)=\overrightarrow{a_z}5\cos\left[\left(\frac{\pi y}{2}\right)-250\pi t\right]$ [mT]가 작용하는 공간에 다음의 그림과 같이 $(1, y, 0)$, $(3, y, 0)$, $(3, y+2, 0)$, $(1, y+2, 0)$의 꼭짓점을 갖는 사각루프가 xy 평면 위에 놓여 있다.

(a) 사각루프가 고정되어 있을 때 유도 기전력을 구하라.

(b) 사각루프가 속도 $\vec{v}=\overrightarrow{a_y}500$ [m/s]로 움직일 때 유도 기전력이 어떻게 변화되는지 구하라.

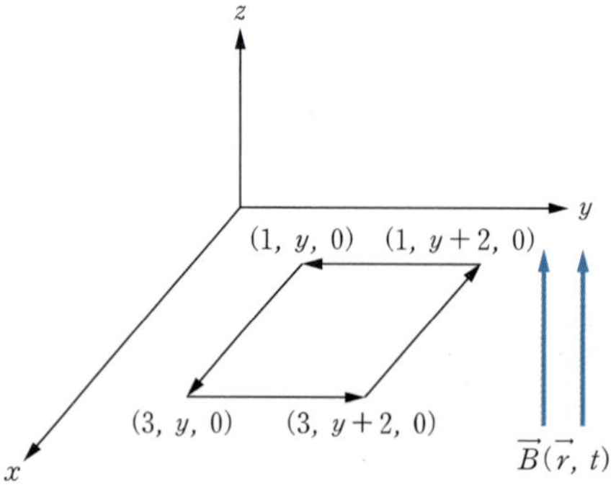

[그림 2-31]

2.9 **【전기장과 편파】** $\overrightarrow{E}(x,t)=E_{x_0}^{+}\cos(\omega t-\beta z+\phi_x)\overrightarrow{a_x}+E_{y_0}^{+}\cos(\omega t-\beta z+\phi_y)\overrightarrow{a_y}$의 전기장이 주어질 때, $E_{x_0}^{+}=0$이라면 편파특성은 어떻게 되는가? (단, $\overrightarrow{a_x}$, $\overrightarrow{a_y}$는 각각 x, y 방향의 단위벡터이다.)

2.10 **【평면파】** 주파수 100[MHz]에서 방송되는 상용 FM 라디오 전파의 전기장이 자유공간에서 크기 10[μV/m]를 갖고 $+z$ 방향으로 전파한다. 이 전파가 x 방향 편파특성을 갖는 평면파라고 할 때, 페이저 영역과 시간 영역에서의 전기장을 구하라. (단, 전파와 관련된 위상은 0이라고 가정한다.)

2.11 **【평면파의 특성】** 어떤 매질을 전파하는 균일한 평면파의 시간 영역에서의 전기장과 자기장은 다음과 같다. 전파의 위상속도가 10^8[m/s]일 때 주어진 문제를 풀라.

$$\vec{E}(\vec{r}, t) = 100\cos(10^9 t - \beta z)\vec{a_x}\ [\text{V/m}]$$

$$\vec{H}(\vec{r}, t) = \frac{1}{5}\cos(10^9 t - \beta z)\vec{a_y}\ [\text{A/m}]$$

(a) 파장 λ
(b) 고유 임피던스 η
(c) 매질의 비투자율 μ_r
(d) 매질의 비유전율 ε_r

2.12 **【전파의 전력전달과 편파】** 900[MHz]의 전파가 $\mu_r = 1$, $\varepsilon_r = 3$, $\sigma = 0.01$인 매질 내에서 $+z$ 방향으로 선형편파 특성을 갖고 전파하고 있다. 전기장의 크기가 $z = 0$에서 2[V/m]일 때 다음을 구하라.

(a) 파동 임피던스
(b) 자기장의 크기
(c) $z = 0$에서 전파방향으로 수직인 1[m^2]의 면적에 대한 평균전력

2.13 **【전파와 매질】** 다음 그림과 같이 바다 위 선박과 해수면 아래 잠수함이 주파수 1[MHz]를 이용하여 통신하고자 한다. 바닷물의 비유전율은 81이고, 비투자율은 1, 도전율은 4[S/m]이다. 선박에서 송신하는 신호의 자기장 세기가 10,000[A/m]이며, 통신을 위한 잠수함 수신기의 최소 수신 자기장 세기는 1[μA/m]이다.

(a) 통신시스템의 최대 거리는 얼마인가?
(b) 송신 주파수가 100[Hz]일 때 최대 통신거리는 얼마인가?

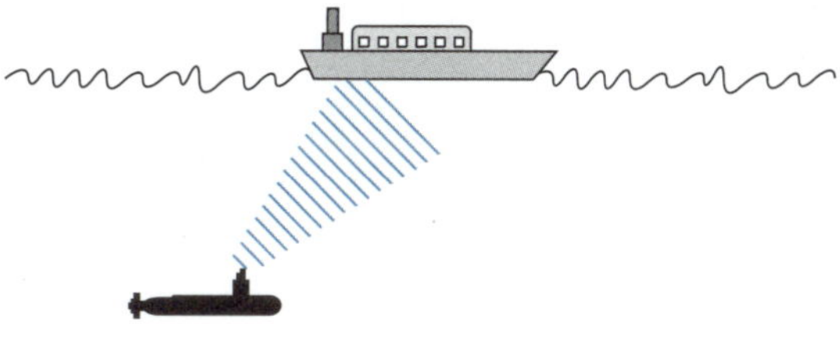

[그림 2-32]

2.14 **【파동방정식】** 무한하고 등방성을 갖고, 균질한 매질 내에서의 파동방정식을 유도하라.

2.15 **【전파의 전반사】** 매질 ①$(\sigma=0,\ \varepsilon_1,\ \mu_1)$로부터 매질 ②$(\sigma=0,\ \varepsilon_2,\ \mu_2)$로 선형편파인 전파가 입사된다. 전파가 전반사될 때 입사각이 $\theta_i \geq \frac{\sqrt{\mu_2\varepsilon_2}}{\sqrt{\mu_1\varepsilon_1}}=\frac{v_1}{v_2}$으로 주어짐을 증명하라. (이때 v_1과 v_2는 각각 매질 ①과 매질 ②에서의 전파 속도이다.)

2.16 **【전파상수】** 전파상수 $\gamma=\alpha+j\beta$에 대해 $\gamma^2=j\omega\mu(\sigma+j\omega\varepsilon)$으로 주어질 때, α와 β를 구하라.

2.17 **【dB의 개념】** 다음 그림과 같은 무선통신 시스템의 구성도가 있다고 하자. 필터의 삽입손실, 증폭기 이득, 케이블 손실이 다음의 표와 같이 주어졌을 때, 전체 삽입손실과 출력전력을 구하라.

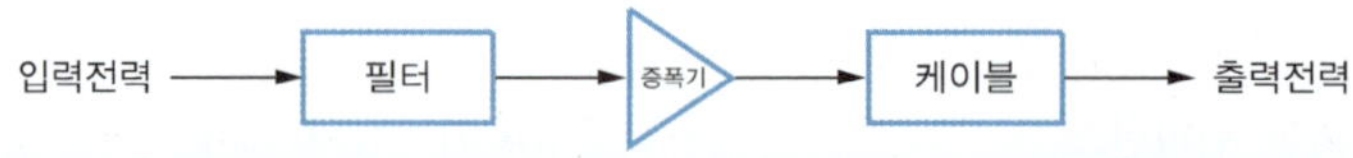

입력전력	필터의 삽입손실(dB)	증폭기 이득 (dB)	케이블의 삽입손실(dB)	전체 삽입손실	출력전력
20[W]	6	10	1.5		
1[mW]	3	15	1		
23[dBm]	10	18	2		

[그림 2-33]

2.18 **【dB의 연산】**

(a) 증폭기 출력이 −30[dBm]일 때 출력전력을 3[dB] 증가시키면, 증폭기의 출력전력은 얼마나 증가하는가?

(b) 증폭기 출력이 40[dBm]일 때 출력전력을 3[dB] 증가시키면 출력전력은 얼마나 증가하는가?

Chapter 02 기출문제

L2.1 **【2020, 국가직 9급】** 신호 $x(t)=10\cos\left(200\pi t+\frac{\pi}{2}\right)$의 순시 주파수[Hz]는?

① 100　② 200　③ 100π　④ 200π

L2.2 **【2020, 무선설비기사】** 어떤 전자파의 전계의 세기는 $E=10\cos(10^9 t+30z)$와 같다. 이 전자파의 위상속도는 얼마인가?

① $\frac{1}{9}\times 10^8$[m/sec]　② $\frac{1}{3}\times 10^8$[m/sec]

③ 3×10^8[m/sec]　④ 9×10^8[m/sec]

L2.3 **【2020, 국가직 7급】** 전계 $\overrightarrow{E}=2(x^2+y^2)\overrightarrow{a_x}$[V/m]인 자유공간에서 점 (3, 2, 1)[m]에서의 전하밀도 ρ_v[C/m^3]는? (단, 자유공간의 유전율은 ε_0이다.)

① $12\varepsilon_0$　② $24\varepsilon_0$　③ $36\varepsilon_0$　④ $48\varepsilon_0$

L2.4 **【2020, 국가직 7급】** 라디오방송 신호가 주파수 800[kHz]인 균일 평면파라고 할 때, 이 평면파가 비유전율 $\varepsilon_r=6$, 비투자율 $\mu_r=1.5$인 선형, 균질, 무손실 매질 내를 전파할 때의 속도[m/s]는? (단, 공기 중에서의 전파속도는 3×10^8[m/s]이다.)

① 0.5×10^8　② 1.0×10^8　③ 2.0×10^8　④ 3.0×10^8

L2.5 **【2020, 국가직 7급】** $z<0$에서 매질 1($\mu_1=4\mu_0$)과 $z\geq 0$에서 매질 2($\mu_2=2\mu_0$)가 xy평면을 경계로 접해 있다. 매질 1에 자계 $\overrightarrow{H_1}=3\overrightarrow{a_x}+4\overrightarrow{a_y}+6\overrightarrow{a_z}$[A/m]가 존재할 때, 매질 2에서 자계 $\overrightarrow{H_2}$[A/m]는? (단, 자유공간의 투자율은 μ_0이다.)

① $3\overrightarrow{a_x}+4\overrightarrow{a_y}+6\overrightarrow{a_z}$　② $3\overrightarrow{a_x}+4\overrightarrow{a_y}+12\overrightarrow{a_z}$

③ $6\overrightarrow{a_x}+4\overrightarrow{a_y}+6\overrightarrow{a_z}$　④ $6\overrightarrow{a_x}+8\overrightarrow{a_y}+12\overrightarrow{a_z}$

L2.6 **【2020, 국가직 7급】** 무손실 매질에서 전파하는 균일 평면파의 전계 $\overrightarrow{E}=10\cos(10^8 t+3z)\overrightarrow{a_y}$[V/m]로 주어질 때, 이에 대한 설명으로 옳은 것은?

① 평면파의 진행방향은 $+\overrightarrow{a_y}$이다.

② 평면파의 포인팅 벡터의 방향은 $+\overrightarrow{a_y}$이다.

③ 평면파의 주파수는 100[MHz]이다.

④ 이 평면파는 자유공간이 아닌 매질에서 전파하고 있다.

L2.7 **【2020, 국가직 7급】** 유전체의 성질에 대한 설명으로 옳지 않은 것은? (단, 유전체는 선형, 균질, 완전유전체이고, 자유공간의 유전율은 ε_0, 유전체의 비유전율은 ε_r이다.)

① 유전체의 유전율은 자유공간의 유전율과 유전체 비유전율의 곱이다.
② 절연강도란 유전체가 절연파괴 없이 견디어 낼 수 있는 최대 전계의 세기이다.
③ 공기 중에서 전계를 유전체($\varepsilon_r \neq 1$)에 가하더라도 유전체 내부의 총 전계는 변하지 않는다.
④ 등방성 유전체에서 전속밀도의 방향과 전계 방향은 일치한다.

L2.8 **【2020, 국가직 7급】** 특정 순간에 전계 $\overrightarrow{E}=0\,[\mathrm{V/m}]$, 균일한 자속밀도 $\overrightarrow{B}=4\overrightarrow{a_z}\,[\mathrm{Wb/m^2}]$가 있는 공간에 전하량 $1\,[\mu\mathrm{C}]$, 질량 $1\,[\mathrm{g}]$인 전하입자가 $10\overrightarrow{a_y}\,[\mathrm{m/s}]$의 속도로 들어갈 때, 자계에 의해 전하입자가 갖는 가속도 $[\mathrm{m/s^2}]$는?

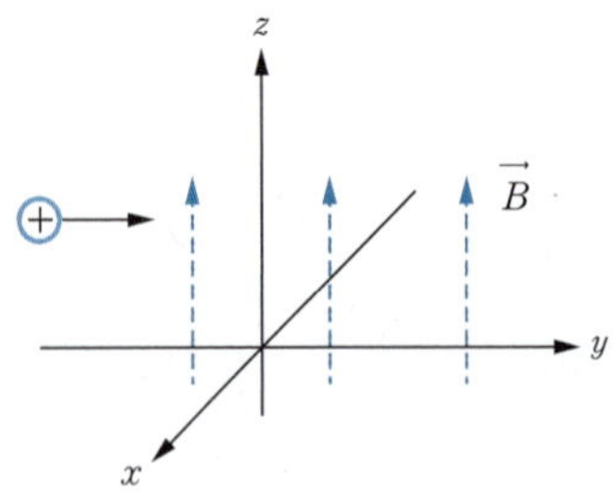

[그림 2-34]

① $-0.04\overrightarrow{a_x}$ ② $-0.04\overrightarrow{a_y}$
③ $0.04\overrightarrow{a_x}$ ④ $0.04\overrightarrow{a_y}$

L2.9 **【2019, 국가직 9급】** 다음 그림에서 입력전력(P_{in})이 $1\,[\mathrm{W}]$일 때, 전력이득($P_{\mathrm{out}}/P_{\mathrm{in}}$)과 출력전력($P_{\mathrm{out}}$) $[\mathrm{dBm}]$은? (단, $\log_{10}2=0.3$이다.)

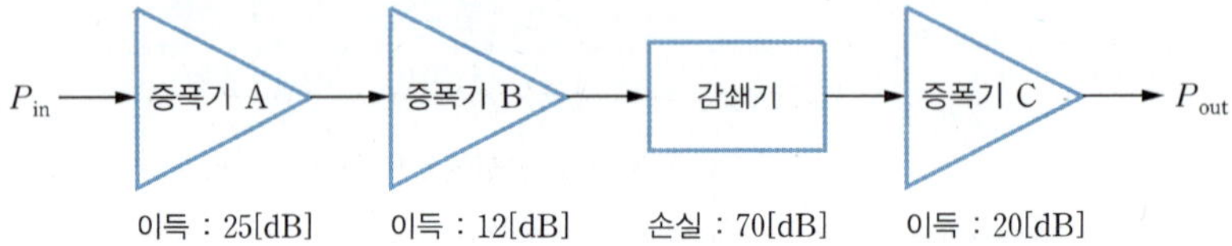

[그림 2-35]

① 0.05, −13 ② 0.05, 17
③ 0.1, −13 ④ 0.1, 17

L2.10 **【2019, 지방직 9급】** [dBm]은 $\left(10\log_{10}\frac{P}{1[\mathrm{mW}]}\right)$로 정의되며, 1[mW] 기준 전력 대비 수신 신호의 전력 P를 [dB] 스케일로 나타낸 값이다. 수신 신호 전력이 기지국과 측정 장비 사이 거리의 제곱에 반비례한다고 가정하자. 만약 기지국에서 1미터 떨어진 지점에서 측정한 수신 신호의 전력이 30[dBm]이라면, 동일한 기지국에서 100미터 떨어진 지점에서 동일한 장비로 측정한 수신 전력은?

① 10[mW] ② 1[mW] ③ 0.1[mW] ④ 0.01[mW]

L2.11 **【2019, 국가직 7급】** 무손실 매질에서 전파하는 전자기파의 전계와 자계가 각각 $\overrightarrow{E}=120\pi\cos(6\pi\times10^8t-4\pi z)\overrightarrow{a_x}$ [V/m], $\overrightarrow{H}=\cos(6\pi\times10^8t-4\pi z)\overrightarrow{a_y}$ [A/m]로 주어질 때, 이에 대한 설명으로 옳지 않은 것은? (단, 자유공간의 전파속도 $c=3\times10^8$[m/s]이고, 자유공간의 고유임피던스는 $\eta_0=120\pi[\Omega]$이다.)

① 이 전자기파의 동작 주파수는 300[MHz]이다.
② 매질에서 전자기파의 전파속도는 1.5×10^8[m/s]이다.
③ 매질에서 전자기파의 평균전력밀도는 60[W/m^2]이다.
④ 매질의 비투자율은 1이다.

L2.12 **【2019, 국가직 7급】** 전계 $\overrightarrow{E}=\overrightarrow{a_x}$ [V/m]와 자속밀도 $\overrightarrow{B}=2\,\overrightarrow{a_y}$ [Wb/m^2]인 자유공간에서 단위 양전하가 속도 $\vec{v}$ [m/s]로 움직일 때, 단위 양전하가 받는 힘이 0이 되기 위한 속도 $\vec{v}$ [m/s]는?

① $-\frac{1}{2}\overrightarrow{a_z}$ ② $\frac{1}{2}\overrightarrow{a_z}$ ③ $-2\overrightarrow{a_z}$ ④ $2\overrightarrow{a_z}$

L2.13 **【2019, 국가직 7급】** 정자계에서의 암페어 법칙 $\nabla\times\overrightarrow{H}=\overrightarrow{J}$는 맥스웰J. C. Maxwell에 의해 시변전자계에서 $\nabla\times\overrightarrow{H}=\overrightarrow{J}+\frac{\partial\overrightarrow{D}}{\partial t}$라는 관계식으로 수정되었다. 다음 맥스웰의 수정 과정에서 ㉠~㉢에 들어갈 내용을 바르게 연결한 것은?

> 맥스웰의 수정 과정은 전하량 보존 법칙으로부터 시작된다. 전하량 보존 법칙을 수학적으로 표현하면 연속방정식 (㉠)이다. 정자계에서의 관계식 $\nabla\times\overrightarrow{H}=\overrightarrow{J}$의 양변에 발산 연산Divergence operation을 취하면, $\nabla\cdot(\nabla\times\overrightarrow{H})=\nabla\cdot\overrightarrow{J}$가 된다. 벡터 항등식으로부터 이 식의 좌변은 항상 0이 되기 때문에 우변도 0이 되어야만 하므로 연속방정식에 위배된다. 이러한 모순을 해소하기 위하여 우변에 (㉡)를 더하면

$\nabla \cdot (\nabla \times \vec{H}) = \nabla \cdot \vec{J} +$ ㉡가 된다. 이 식의 우변을 발산 연산자로 묶으면 $\nabla \cdot \left(\vec{J} + \frac{\partial \vec{D}}{\partial t}\right)$가 된다. 따라서 $\nabla \cdot (\nabla \times \vec{H}) = \nabla \cdot \left(\vec{J} + \frac{\partial \vec{D}}{\partial t}\right)$이 되고 $\nabla \times \vec{H} = \vec{J} + \frac{\partial \vec{D}}{\partial t}$로 수정된다. 이 식에서 $\frac{\partial \vec{D}}{\partial t}$항은 (㉢)를 의미한다.

	㉠	㉡	㉢
①	$\nabla \cdot \vec{J} = -\frac{\partial \rho}{\partial t}$	$\frac{\partial \rho}{\partial t}$	변위 전류밀도
②	$\nabla \cdot \vec{J} = -\frac{\partial \rho}{\partial t}$	$-\frac{\partial \rho}{\partial t}$	변위 전류밀도
③	$\nabla \cdot \vec{J} = \frac{\partial \rho}{\partial t}$	$\frac{\partial \rho}{\partial t}$	전도 전류밀도
④	$\nabla \cdot \vec{J} = \frac{\partial \rho}{\partial t}$	$-\frac{\partial \rho}{\partial t}$	전도 전류밀도

L2.14 **【2019, 국가직 7급】** 균일한 전계 $\vec{E}$와 자계 $\vec{H}$가 함께 존재하는 자유공간에서 양전하가 속도 $\vec{v}$로 움직일 때, 이에 대한 설명으로 옳지 않은 것은?

① 이 전하가 받는 전기력은 전하의 속도에 무관하다.
② $\vec{v} = 0$일 경우, 이 전하는 전기력은 받지만 자기력은 받지 않는다.
③ 전하가 받는 전기력은 전계의 방향과 일치하고, 자기력은 자계의 방향과 일치한다.
④ 전기력은 전하의 운동에너지를 변화시키지만, 자기력은 전하의 운동에너지를 변화시키지 않는다.

L2.15 **【2019, 국가직 7급】** 자계 $\vec{H} = 0.1\sin(10^3 t + 10^2 y)\vec{a_z}$ [A/m]인 자유공간의 원점에서 시간 $t = 0$일 때, 변위 전류밀도[A/m^2]는?

① $10\vec{a_x}$ ② $10\vec{a_y}$
③ $10\vec{a_z}$ ④ 0

L2.16 **【2017, 국가직 9급】** 시스템에서 30[dBm]의 출력전력은 몇 와트[W]인가?

① 0.01 ② 0.1
③ 1 ④ 10

L2.17 **【2018, 국가직 7급】** 선형, 균질성, 등방성linear, homogeneous, isotropic 완전 유전체에서 변위 전류가 발생하는 원인으로 옳은 것은?

① 분극 전하밀도의 공간적 변화 ② 유전율의 공간적 변화
③ 전속밀도의 시간적 변화 ④ 투자율의 공간적 변화

L2.18 **【2018, 국가직 7급】** 평면파인 1[MHz]의 전자기파가 자유공간에서 호수 표면으로 수직 입사하고 있다. 호수의 유전율과 투자율은 각각 $\varepsilon = 81\varepsilon_0$, $\mu = \mu_0$이다. 호수의 물속에서 전자기파의 손실을 무시할 때 입사파의 반사계수와 투과계수의 크기는? (단, ε_0와 μ_0는 각각 자유공간의 유전율과 투자율을 의미한다.)

	반사계수	투과계수		반사계수	투과계수
①	0.8	0.2	②	0.8	0.4
③	0.2	0.8	④	0.4	0.8

L2.19 **【2017, 국가직 7급】** 완전도체에 대한 설명으로 옳지 않은 것은?

① 완전도체는 도전율이 무한대인 이상적인 도체이다.
② 외부 전계에 의해 대전된 완전도체의 표면은 등전위가 된다.
③ 완전도체의 내부에서 전계의 크기는 0이다.
④ 완전도체와 자유공간의 경계면에서 전계의 법선 성분은 0이다.

L2.20 **【2017, 국가직 7급】** 전자기파에 대한 설명으로 옳지 않은 것은? (단, ε은 유전율, μ는 투자율이다.)

① 일반적인 전자기파의 물리적인 현상을 맥스웰 방정식으로 설명할 수 있다.
② 균일하고 등방성의 일반 매질에서 전자기파의 전파속도 v는 $\sqrt{\varepsilon\mu}$ 이다.
③ 균일하고 등방성의 일반 매질에서 고유 임피던스 η는 $\sqrt{\frac{\mu}{\varepsilon}}$ 이다.
④ 균일 평면파는 전계와 자계의 진동방향에 대하여 수직인 방향으로 진행한다.

L2.21 **【2017, 국가직 7급】** 자유공간에서 시변전계와 시변자계에 대한 설명으로 옳은 것은?

① 전속밀도의 시간 변화율 $\frac{\partial \vec{D}}{\partial t}$ 의 단위는 $[\mathrm{A/m^3}]$이다.
② 시변전계와 시변자계는 독립적으로 서로 무관하다.
③ 자계가 시간에 따라 변화가 있을 때 $\vec{\nabla} \cdot \vec{H} = 0$이다.
④ 전계가 시간에 따라 변화가 있을 때 $\oint \vec{E} \cdot \vec{dl} = 0$이 된다.

L2.22 **【2017, 국가직 7급】** 선형, 등방성과 균질성 linear, homogeneous, isotropic 물질에서 도전율이 $5\,[\mathrm{S/m}]$이고 비유전율이 ε_r이다. 주파수 $1\,[\mathrm{GHz}]$에서 이 물질에 대해 전도 전류밀도 conduction current density의 크기와 변위 전류밀도 displacement current density의 크기가 같다. 이 물질의 비유전율은? (단, $\varepsilon_0 = \dfrac{1}{36\pi} \times 10^{-9}\,[\mathrm{F/m}]$이다.)

① 1　　② 18　　③ 30　　④ 90

L2.23 **【2017, 국가직 7급】** 균일 평면파가 매우 큰 도전율을 갖는 양도체 good conductor 에 입사되었을 때의 설명으로 옳지 않은 것은?

① 양도체에 큰 전도 전류가 흘러 저항성 손실이 발생한다.
② 양도체에서 감쇠상수 attenuation constant 와 위상상수 phase constant 는 같은 값을 갖는다.
③ 양도체의 표피두께 skin depth 는 주파수의 제곱근에 반비례한다.
④ 전계의 최대점과 자계의 최대점은 90° 위상차가 난다.

L2.24 **【2017, 국가직 7급】** 선형, 등방성과 균질성 linear, homogeneous, isotropic 자성체에 대한 설명으로 옳지 않은 것은? (단, χ_m은 자화율, μ_0는 자유공간의 투자율, μ_r은 비투자율, $\overrightarrow{M}$은 자화, $\overrightarrow{B}$는 자속밀도, $\overrightarrow{J_b}$는 속박전하에 의한 체적 전류밀도, $\overrightarrow{J_f}$는 자유전하에 의한 체적 전류밀도이다.)

① 자화율과 비투자율이 상수이다.　　② $\overrightarrow{\nabla} \cdot \overrightarrow{M} = 0$

③ $\overrightarrow{J_b} = \mu_r \overrightarrow{J_f}$　　④ $\overrightarrow{M} = \dfrac{\chi_m}{(1+\chi_m)\mu_0}\overrightarrow{B}$

L2.25 **【2015, 국가직 9급】** 이동통신 시스템의 입력 전력이 $1\,[\mathrm{mW}]$, 첫째 단의 이득이 $-25\,[\mathrm{dB}]$, 둘째 단의 이득이 $50\,[\mathrm{dB}]$, 그리고 셋째 단의 이득이 $15\,[\mathrm{dB}]$일 때의 출력전력[W]은?

① 0.4　　② 1　　③ 4　　④ 10

L2.26 **【2013, 국가직 9급】** 전력이 $100\,[\mathrm{W}]$인 신호가 어떤 회로를 통과하여 전력이 $36\,[\mathrm{dBm}]$이 되었다고 할 때, 입력 신호와 출력 신호의 전력비는? (단, $\log 2 = 0.3$, $\log 3 = 0.48$로 한다.)

① 4 : 1　　② 9 : 1　　③ 16 : 1　　④ 25 : 1

L2.27 **【2016, 국가직 7급】** 서로 다른 매질 1과 매질 2의 경계면에서, 정전계 및 정자계에 대한 다음의 네 가지 경계조건 중 옳지 않은 것은? (단, ρ_s는 표면 전하밀도, J_s는 표면 전류밀도, μ_0는 자유공간의 투자율, 아래첨자 t는 경계면의 접선성분, 아래첨자 n은 경계면의 법선성분이다.)

① $E_{1t} = E_{2t}$ ② $D_{1n} - D_{2n} = \rho_s$

③ $H_{1t} - H_{2t} = J_s$ ④ $B_{1n} - B_{2n} = \mu_0$

L2.28 **【2016, 국가직 7급】** 평면 전자기파와 관련된 설명으로 옳지 않은 것은?

① 매질의 비유전율이 1000, 비투자율이 1인 경우, 전계벡터의 크기는 자계벡터의 크기보다 작다.
② 포인팅 벡터의 방향은 전계벡터의 방향과 수직을 이룬다.
③ 매질의 비유전율이 커지면 위상속도는 줄어든다.
④ 전파전력 0.1[mW]은 −10[dBm]에 해당한다.

L2.29 **【2016, 국가직 7급】** 매질 내에서 전도 전류밀도 크기가 변위 전류밀도 크기의 10배일 때 전자기파의 주파수[Hz]는? (단, 매질의 투자율 $\mu = \mu_0$[H/m], 유전율 $\varepsilon = 5\varepsilon_0$[F/m], 도전율 $\sigma = 10$[S/m]이다.)

① $\dfrac{1}{\pi\varepsilon_0\mu_0}$ ② $\dfrac{1}{\pi\varepsilon_0}$ ③ $\dfrac{1}{10\pi\varepsilon_0\mu_0}$ ④ $\dfrac{1}{10\pi\varepsilon_0}$

L2.30 **【2015, 국가직 7급】** 자유공간에서 전계는 $\overrightarrow{E} = [\overrightarrow{a_x}\cos(\omega t - kz) + \overrightarrow{a_y}\sin(\omega t - kz)]$[V/m]이고, 자계는 $\overrightarrow{H} = \dfrac{1}{\eta}[\overrightarrow{a_y}\cos(\omega t - kz) - \overrightarrow{a_x}\sin(\omega t - kz)]$ [A/m]일 때, 포인팅 벡터Poynting vector $\overrightarrow{P}$ [W/m^2]는? (단, ω는 각주파수, η는 고유 임피던스, k는 파수를 나타낸다.)

① $\dfrac{1}{\eta}\overrightarrow{a_z}$ ② 0 ③ $\eta\overrightarrow{a_z}$ ④ $\overrightarrow{a_z}$

L2.31 **【2015, 국가직 7급】** 50[Hz]에서 1[A]의 전도 전류conduction current가 흐르는 금속 도선이 있다. 유전율, 투자율, 도전율이 각각 $\varepsilon = 2\varepsilon_0$[F/m], $\mu = 2\mu_0$[H/m], $\sigma = \sigma_c$[S/m^2]일 때, 변위 전류displacement current [A] 크기는? (단, ε_0와 μ_0는 자유공간의 유전율과 투자율이다.)

① $100\pi\dfrac{\mu_0}{\sigma_c}$ ② $200\pi\dfrac{\mu_0}{\sigma_c}$ ③ $100\pi\dfrac{\varepsilon_0}{\sigma_c}$ ④ $200\pi\dfrac{\varepsilon_0}{\sigma_c}$

L2.32 **【2015, 국가직 7급】** $y<0$인 영역Ⅰ에는 비유전율이 4인 유전체가, $y>0$인 영역Ⅱ에는 비유전율이 2인 유전체가 있다. 두 유전체의 경계면에서 영역Ⅰ의 전계가 $\overrightarrow{E_1} = -30\overrightarrow{a_x} + 50\overrightarrow{a_y} + 70\overrightarrow{a_z}$ [V/m]일 때, 영역Ⅱ에서의 전계 $\overrightarrow{E_2}$ [V/m]는? (단, 두 유전체의 경계면에 자유전하는 없다.)

① $-30\overrightarrow{a_x} + 100\overrightarrow{a_y} + 70\overrightarrow{a_z}$
② $-60\overrightarrow{a_x} + 50\overrightarrow{a_y} + 70\overrightarrow{a_z}$
③ $-30\overrightarrow{a_x} + 100\overrightarrow{a_y} + 140\overrightarrow{a_z}$
④ $-60\overrightarrow{a_x} + 50\overrightarrow{a_y} + 140\overrightarrow{a_z}$

기출문제 답

L2.1 ①	L2.2 ②	L2.3 ①	L2.4 ②	L2.5 ②	L2.6 ④	L2.7 ③	L2.8 ③
L2.9 ②	L2.10 ③	L2.11 ④	L2.12 ②	L2.13 ①	L2.14 ③	L2.15 ①	L2.16 ③
L2.17 ③	L2.18 ①	L2.19 ④	L2.20 ②	L2.21 ③	L2.22 ④	L2.23 ④	L2.24 ③
L2.25 ④	L2.26 ④	L2.27 ④	L2.28 ①	L2.29 ④	L2.30 ①	L2.31 ④	L2.32 ①

Chapter 03

전송선로

Transmission Lines

학습목표

- 전자기 에너지를 전달하기 위한 전송선로의 개념을 이해한다.
- 전송선로 방정식을 유도하여 전자파 전압, 전류, 임피던스의 관계를 이해한다.
- 특성 임피던스, 위상속도, 반사계수, 전압정재파비 등 전파의 특성을 나타내는 파라미터를 이해한다.
- 전송선로에서 전력전달의 개념을 이해한다.

3.1 전송선로란?

전송선로transmission line 는 에너지를 전달하기 위한 물리적인 매질 또는 구조로 정의할 수 있으며, 이때 전달되는 에너지는 전기적인 신호, 음파 또는 전자기파가 될 수 있다. 좁은 의미로는 [그림 3-1(a)]와 같이 신호원source 과 부하를 연결하기 위한 물리적인 도체선 또는 도체 구조로 정의할 수 있다. 이때 에너지는 전송선로를 따라 유도되기 때문에 **유도파 전송선로**guided wave transmission line 라고 한다. 넓은 의미로는 [그림 3-1(b)]와 같이 무선 송수신기 사이에 신호를 전송하기 위한 매질(채널의 의미를 가진)로 정의할 수 있는데, 특정한 유도선로가 아닌 공기 중과 같은 매질을 따라 파의 에너지가 전달되기 때문에 **비유도파 전송선로**unguided wave transmission line 라고 한다.

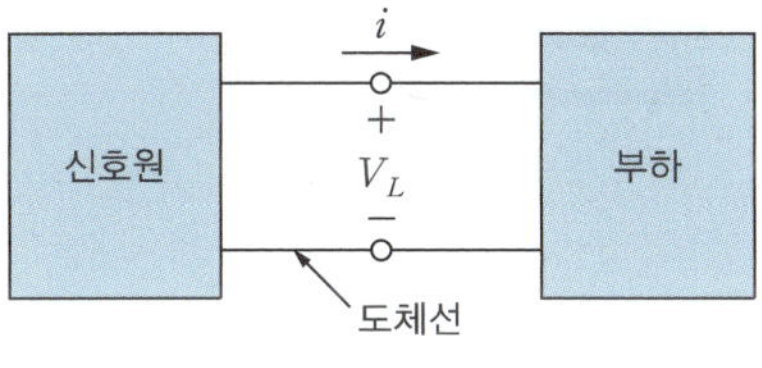

(a) 유도파 전송선로

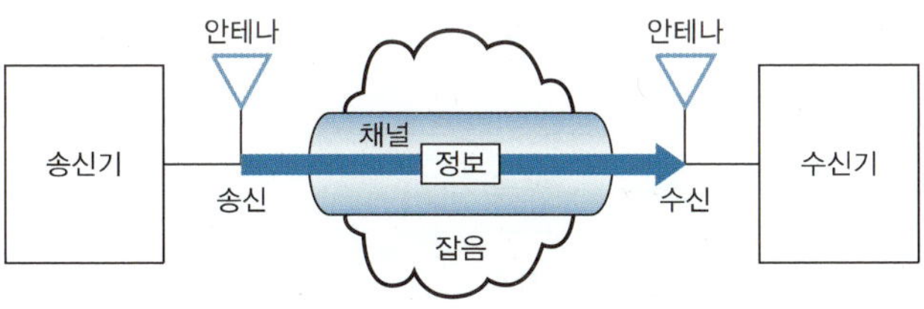

(b) 비유도파 전송선로

[그림 3-1] 전송선로의 개념

통신공학이나 마이크로파 공학에서는 교류AC : alternating current나 RF radio frequency 또는 마이크로파 신호를 전달하기 위한 선로를 전송선로라고 한다. [그림 3-2]에 보이는 무선 송신기와 안테나 사이의 연결선, 케이블 TV 신호전송선(동축케이블), 컴퓨터 네트워크 연결선, 인쇄회로기판PCB : Printed Circuit Board의 고속 데이터 전송선, 위성지구국 내의 신호전송을 위한 선로 등도 전송선로로 정의할 수 있다.

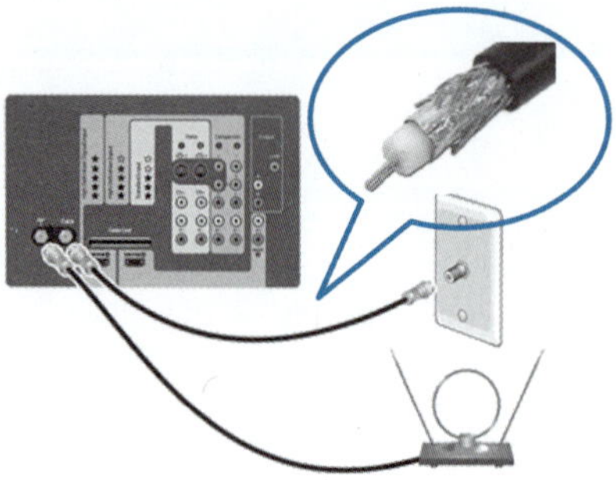

(a) 케이블 TV 신호전송선(동축케이블)

(b) PCB의 고속 데이터 전송선

(c) 네트워크 연결선(UTP 케이블)

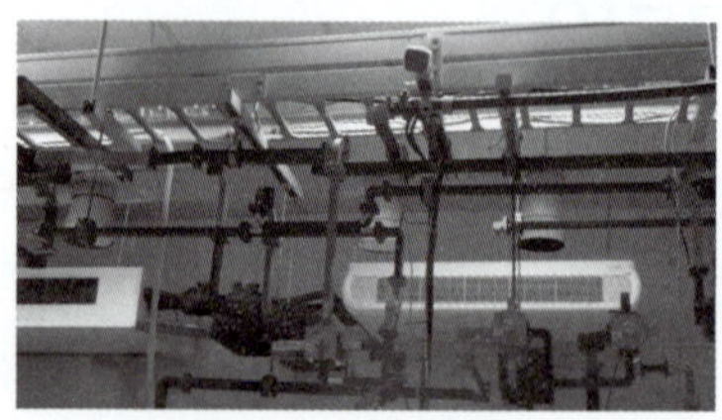

(d) 도파관

[그림 3-2] **전송선로의 예**

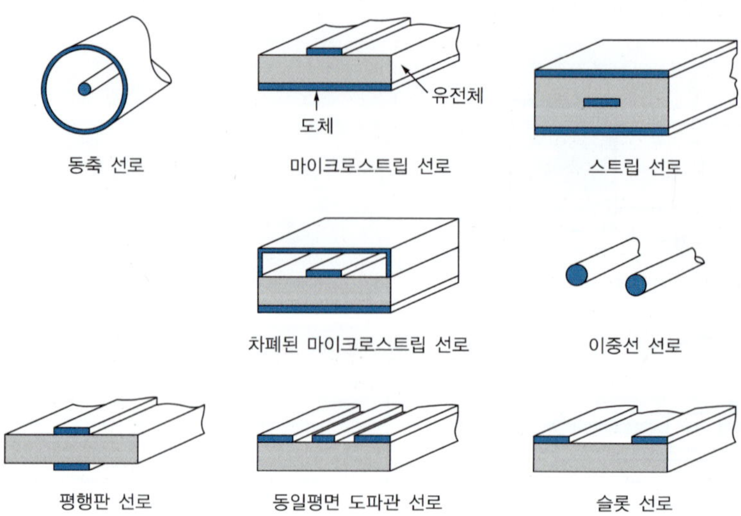

(a) 두 개의 도체로 구성된 전송선로

[그림 3-3] **전송선로의 종류** (계속)

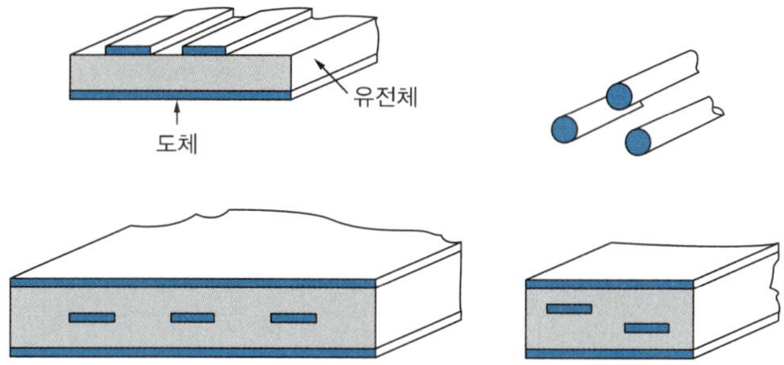

(b) 두 개 이상의 도체로 구성된 전송선로

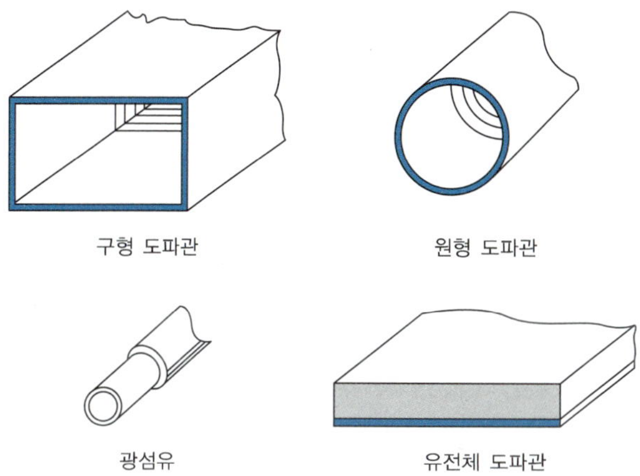

(c) 하나의 도체 또는 유전체로 구성된 전송선로(도파관과 광섬유)

[그림 3-3] **전송선로의 종류**

일반적으로 전송선로는 두 개 이상의 도체로 구성되지만, 하나의 도체로만 구성되거나 도체가 존재하지 않는 경우도 있다. [그림 3-3(a)]의 전송선로는 신호를 전송하기 위한 도체와 귀환전류를 위한 접지도체로 구성되는데, 이중선 two-wire line, 동축케이블 coaxial cable, 마이크로스트립 선로 microstrip line 또는 동일평면 도파관 선로 coplanar waveguide line 등이 이에 속한다. [그림 3-3(b)]에 나타낸 다중도체 전송선로는 여러 개의 신호를 전송하기 위한 도체들과 접지 도체로 구성된다. [그림 3-3(c)]는 전송선로 구조를 따라 전자기 에너지를 전송하는 선로로, 하나의 도체 또는 유전체로만 구성된다. 고출력 전자기파 전달을 위한 도파관 waveguide, 광파를 전송하기 위한 광섬유 또는 유전체 도파관이 이에 속한다.

회로망에서의 전송선로는 [그림 3-4]와 같이 신호원과 부하를 연결하는 선로로 나타낼 수 있다. 이들은 주파수를 가진 교류전원 또는 RF 전원인 V_S와 내부 임피던스 Z_S를 가진 신호원, Z_L의 임피던스를 가지는 부하, 임피던스 Z_0를 가지는 전송선로로 정의된다.

엔지니어는 효율이 우수한 시스템을 설계하는 것을 최상의 목표로 삼는다. 시스템을 회로의 관점에서 보면 이는 신호원의 전력을 최대로 부하에 전달한다는 것을 뜻한다. 신호원과 부하의 임피던스를 알고 있을 경우, 신호원의 전력을 최대로 부하에 전달하기 위해서는 **최대 전력전달의 법칙**

maximum power transfer에 따라 신호원과 부하를 연결하는 전송선로의 임피던스를 정확하게 알아야 한다. 즉, [그림 3-4]와 같이 전송선로의 길이 l 에 따른 전송선로의 임피던스 Z_0 를 구해야 하는데, 임피던스를 구하는 문제는 옴의 법칙에 의해 전기장(V/m) 및 자기장(A/m) 또는 전압(V) 및 전류(I)를 어떻게 구할 것인가라는 문제로 귀결된다.

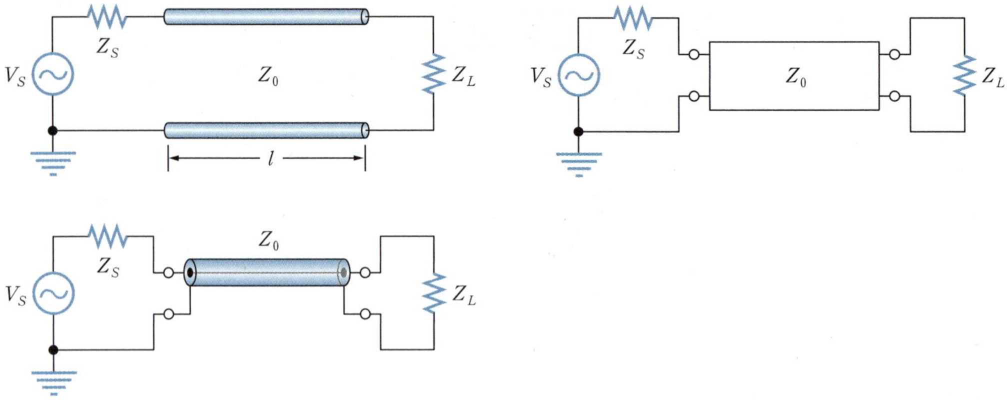

[그림 3-4] 전송선로의 회로 표현

예를 들어, [그림 3-4]의 신호원으로 정현파가 사용된다고 가정해보자. 이때 [그림 3-5]와 같이 전송선로를 이루는 두 도체에는 시간과 공간에 대한 정현파로 표현되는 전기장 E와 자기장 H가 (어느 순간 단면을 관찰했을 때) 전자파를 이루며 전파된다. [그림 3-6]에는 [그림 3-3]에 나타낸 전송선로 중 이중선, 동축케이블, 마이크로스트립 선로, 구형/원형도파관의 단면에서 관찰한 전기장과 자기장의 분포를 나타냈다.

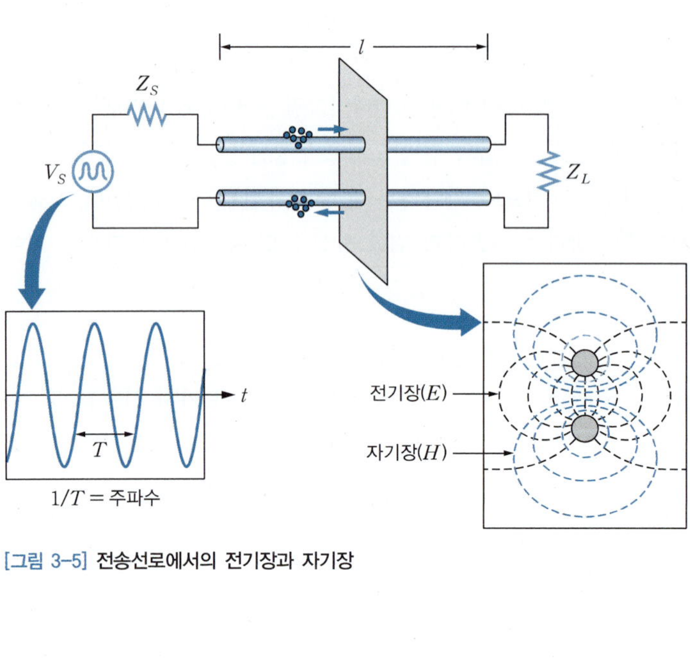

[그림 3-5] 전송선로에서의 전기장과 자기장

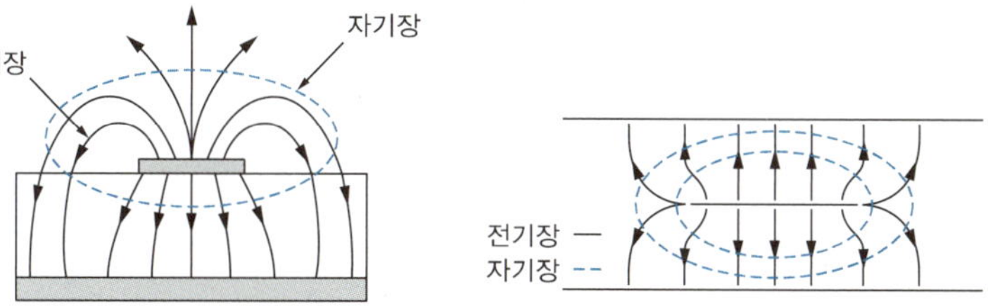

(a) 마이크로스트립과 스트립 전송선로

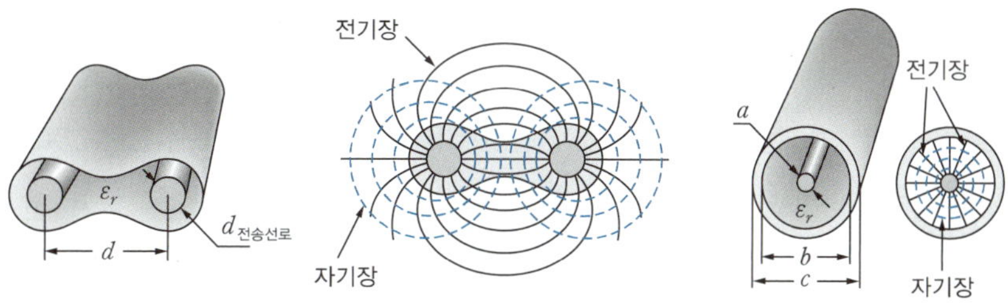

(b) 이중선 및 동축케이블

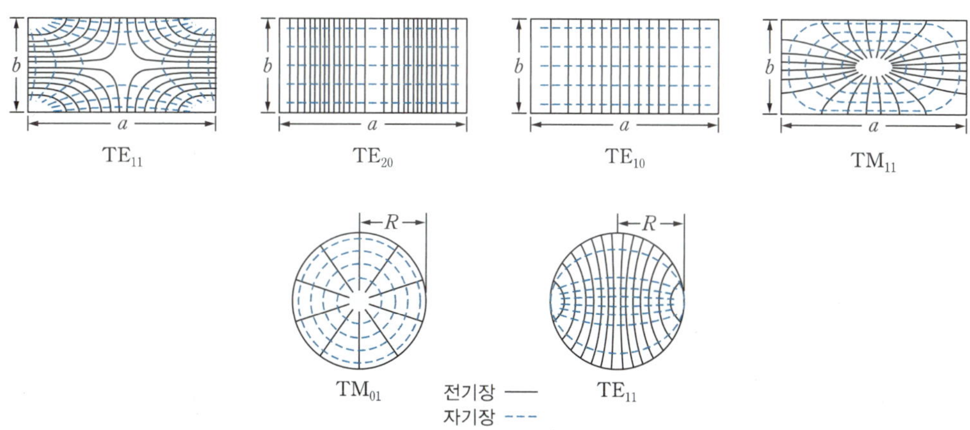

(c) 구형도파관($a = 2b$)과 원형도파관

[그림 3-6] **여러 가지 전송선로에서의 전기장과 자기장 분포**

3.2 전송선로 방정식

앞서 설명한 바와 같이, 신호원과 부하를 연결해주는 전송선로를 설계하기 위해서는 정확한 임피던스 Z_0 값을 구해야 한다. 이는 전송선로를 따라 전파하는 전기장 및 자기장 또는 전압 및 전류로부터 얻을 수 있다. 전송선로에서의 전기장과 자기장은 맥스웰 방정식과 경계조건을 이용한 해석적인 방법으로 라플라스 방정식 또는 헬름홀쯔 방정식으로부터 구할 수 있다. 그러나 신호원을 정현파로 가정하고, 주파수가 아주 높지 않아 불연속적인 기생효과 등을 무시할 수 있다면, 직관적인 등가회로 모델링을 통해 전송선로의 임피던스를 구할 수 있다. 케이블을 전송선로로 모델링하기 위해서는 디지털 신호에서는 $t_r < 2t_{pd}$, RF 신호에서는 $l > \lambda/8$을 만족해야 한다. 이때 t_r은 디지털 신호의 상승시간 rising time, t_{pd}는 전파지연 propagation delay으로 케이블의 길이가 l이고 신호의 전송속도가 v라고 할 때 주어지는 l/v이다. λ는 신호의 파장이다.

[그림 3-7(a)]에 전송선로를 등가회로로 모델링하는 과정을 나타냈다. 두 도체로 이루어진 균일하고 평행한 두 도선을 전송선로로 가정할 때, 전송선로는 매우 작은 길이 Δz를 갖는 작은 미소선로들의 합으로 볼 수 있다. 이 미소선로 Δz를 [그림 3-7(b)]와 같이 단위길이당 저항 $R[\Omega/\text{m}]$, 단위길이당 인덕턴스 $L[\text{H/m}]$, 단위길이당 컨덕턴스[1] $G[\text{S/m}]$, 단위길이당 커패시턴스 $C[\text{F/m}]$를 이용하여 등가회로로 나타낼 수 있다. 전송선로의 등가회로를 R, L, G, C로 모델링하는 것은 맥스웰 방정식의 구성관계식 constitutive relation에서 매질의 고유한 특성을 도전율 $\sigma(R,\ G)$, 유전율 $\varepsilon(C)$, 투자율 $\mu(L)$로 나타내는 것과 관련이 있다. 즉, 전송선로 방정식을 이용하여 구한 전송선로의 임피던스 Z_0는 균일한 평면파의 파동 임피던스 η와 같은 개념을 가지며, 매질의 고유한 특성을 나타낸다. 등가회로 파라미터 R, L, G, C는 전송선로의 형태에 따라 다르게 주어지며, 전송선로의 기하학적 파라미터들(설계변수)의 관계식으로 나타낸다. 대표적인 전송선로인 동축케이블, 이중선, 평면 평행선로에 대한 R, L, G, C 값을 [표 3-1]에 나타냈다. 이때 전송선로의 길이 Δz는 파장에 비해 매우 작은 값으로 가정한다. 예를 들어 저전력 RF 신호 전송에 사용되는 RG58 동축케이블은 특성 임피던스가 $50[\Omega]$, 단위길이당 커패시턴스 C가 $100[\text{pF/m}]$, 단위길이당 인덕턴스 L이 $250[\mu\text{H/m}]$, 단위길이당 저항 R이 $90[\text{m}\Omega/\text{m}]$이며, $1[\text{MHz}]$에서 $7.8[\text{dB/km}]$의 감쇄특성을 갖는다.

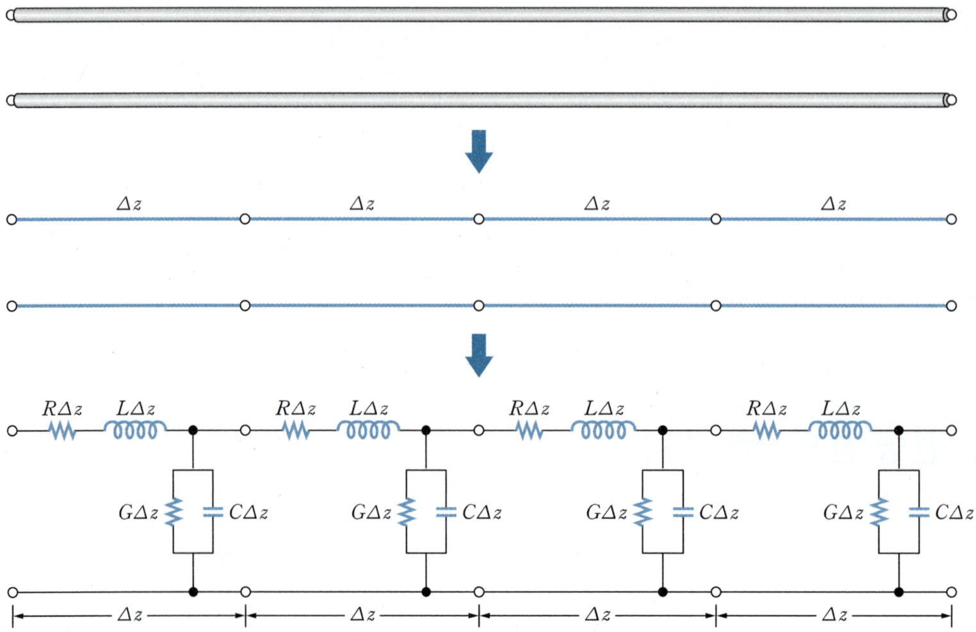

(a) 전송선로의 등가회로 모델링

[그림 3-7] 전송선로의 등가회로 모델링 (계속)

1 컨덕턴스 conductance : 임피던스의 역수인 어드미턴스 admittance로, $Y = G - jB$의 실수부를 의미한다.

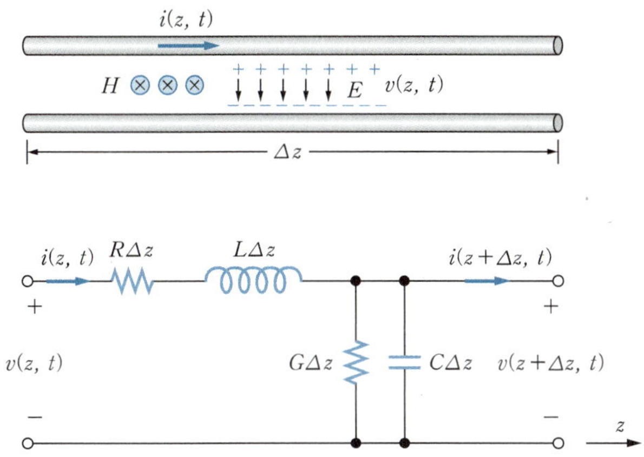

(b) 길이 Δz를 갖는 단위전송선로의 등가회로

[그림 3-7] 전송선로의 등가회로 모델링

[표 3-1] 전송선로의 등가회로 파라미터 : R, L, G, C

전송선로 / 파라미터	동축케이블	이중선	평면 평행선로
	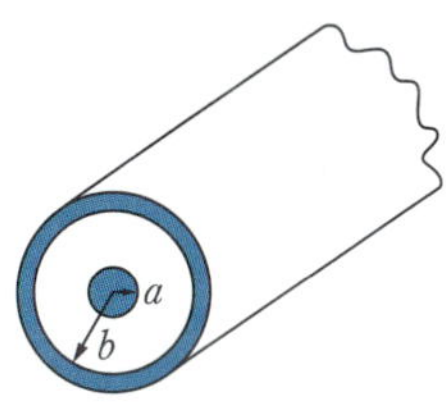	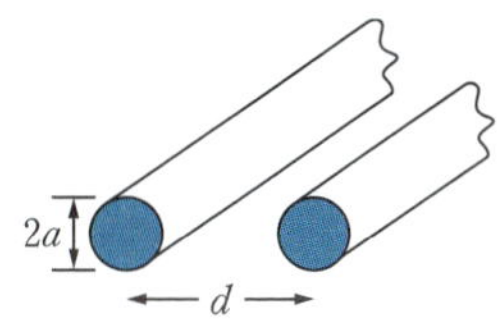	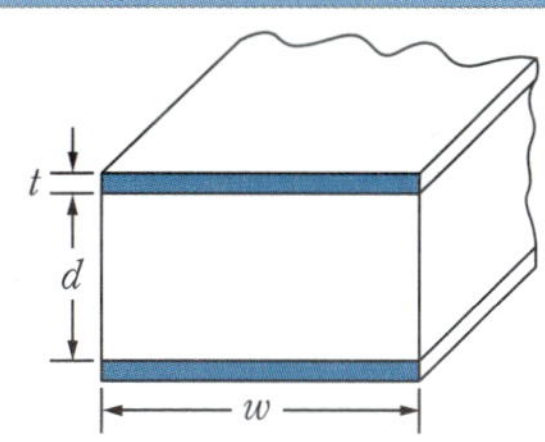
$R[\Omega/\text{m}]$	$\frac{1}{2\pi\delta\sigma_c}\left[\frac{1}{a}+\frac{1}{b}\right]$ $(\delta \ll a,\ c-b)$	$\frac{1}{\pi a\delta\sigma_c}$ $(\delta \ll a)$	$\frac{2}{w\delta\sigma_c}$ $(\delta \ll t)$
$L[\text{H/m}]$	$\frac{\mu}{2\pi}\ln\frac{b}{a}$	$\frac{\mu}{\pi}\cosh^{-1}\frac{d}{2a}$	$\frac{\mu d}{w}$
$G[\text{S/m}]$	$\frac{2\pi\sigma}{\ln\frac{b}{a}}$	$\frac{\pi\sigma}{\cosh^{-1}\frac{d}{2a}}$	$\frac{\sigma w}{d}$
$C[\text{F/m}]$	$\frac{2\pi\varepsilon}{\ln\frac{b}{a}}$	$\frac{\pi\varepsilon}{\cosh^{-1}\frac{d}{2a}}$	$\frac{\varepsilon w}{d}$ $(w \gg d)$

* σ_c : 도체의 도전율, $\delta = \frac{1}{\sqrt{\pi f\mu\sigma_c}}$: 컨덕터의 표피깊이, $\cosh^{-1}\frac{d}{2a} \simeq \ln\frac{d}{a}$ $\left(\left[\frac{d}{2a}\right]^2 \gg 1\right)$, σ : 유효도전율

[그림 3-7(b)]의 입력포트에서의 전압과 전류를 각각 $v(z,\ t)$, $i(z,\ t)$라 하고, Δz 이후 출력포트에서의 전압과 전류를 각각 $v(z+\Delta z)$, $i(z+\Delta z)$라고 하면 키르히호프의 전압과 전류법칙에 의해 다음과 같은 연립방정식을 얻을 수 있다.

$$
\begin{aligned}
v(z,t) &= v(z+\Delta z,t) + i(z,t)R\Delta z + L\Delta z\frac{\partial i(z,t)}{\partial t} \\
i(z,t) &= i(z+\Delta z,t) + v(z+\Delta z,t)G\Delta z + C\Delta z\frac{\partial v(z+\Delta z,t)}{\partial t}
\end{aligned} \tag{3.1}
$$

식 (3.1)을 Δz로 나누면 식 (3.2)와 같이 쓸 수 있다. 이때 전송선로 등가회로 모델링의 초기 가정에서 전송선로의 길이 Δz가 매우 작다고 가정했으므로, 식 (3.2)에 $\Delta z \to 0$을 취하면 v와 i에 대한 연립미분방정식을 얻을 수 있다.

$$
\begin{aligned}
\frac{v(z+\Delta z,t)-v(z,t)}{\Delta z} &= -Ri(z,t) - L\frac{\partial i(z,t)}{\partial t} \\
\frac{i(z+\Delta z,t)-i(z,t)}{\Delta z} &= -Gv(z+\Delta z,t) - C\frac{\partial v(z+\Delta z,t)}{\partial t}
\end{aligned} \tag{3.2}
$$

$$
\begin{aligned}
\frac{\partial v(z,t)}{\partial z} &= -Ri(z,t) - L\frac{\partial i(z,t)}{\partial t} \\
\frac{\partial i(z,t)}{\partial z} &= -Gv(z,t) - C\frac{\partial v(z,t)}{\partial t}
\end{aligned} \tag{3.3}
$$

식 (3.3)의 연립미분방정식은 1880년대 올리버 헤비사이드Oliver Heaviside의 전송선로 모델에서 처음 제안되었으며, 시간 영역 전송선로 방정식 또는 **전신 방정식**telegrapher's equation이라고 부른다. 전송선로의 신호원이 정상상태에서 일정한 주파수를 가진 정현파 신호sinusoidal steady state, 즉 시간 하모닉time harmonic 신호라고 가정한다면, 이 식을 식 (3.4)와 같이 페이저phasor 형태로 표현할 수 있으며, 이후 $e^{j\omega t}$ 항을 분리하여 공간(z)에만 의존하는 함수 $V(z)$, $I(z)$로 표현할 수 있다.

$$
\begin{aligned}
v(z,t) &= \mathrm{Re}\{V(z)e^{j\omega t}\} \\
i(z,t) &= \mathrm{Re}\{I(z)e^{j\omega t}\}
\end{aligned} \tag{3.4}
$$

식 (3.3)을 식 (3.4)의 페이저의 정의와 $\frac{\partial}{\partial t} \to j\omega$로 변환되는 페이저의 미분 성질을 이용하면, 다음과 같은 주파수(페이저) 영역에서의 전송선로 방정식을 얻을 수 있다.

$$
\begin{aligned}
\frac{dV(z)}{dz} &= -[R+j\omega L]I(z) \\
\frac{dI(z)}{dz} &= -[G+j\omega C]V(z)
\end{aligned} \tag{3.5}
$$

식 (3.3)과 식 (3.5)를 비교해보자. 식 (3.5)의 양변을 z에 대해 미분하면

$$
\begin{aligned}
\frac{d^2V(z)}{dz^2} &= -[R+j\omega L]\frac{dI(z)}{dz} \\
\frac{d^2I(z)}{dz^2} &= -[G+j\omega C]\frac{dV(z)}{dz}
\end{aligned} \tag{3.6}
$$

을 얻을 수 있다. 식 (3.6)에 식 (3.5)를 대입하면 다음과 같은 전송선로의 전압과 전류에 관련된 2차미분방정식을 얻을 수 있다.

$$\frac{d^2V(z)}{dz^2} = [R+j\omega L][G+j\omega C]V(z) = \gamma^2 V(z)$$
$$\frac{d^2I(z)}{dz^2} = [G+j\omega C][R+j\omega L]I(z) = \gamma^2 I(z) \tag{3.7}$$

식 (3.7)의 2차미분방정식을 전송선로의 전압과 전류에 관한 파동방정식이라고 한다. 이때 γ는 **복소전파상수** complex propagation constant로, 전송선로의 등가회로인 R, L, G, C와 신호원 각주파수 ω의 함수로 나타낸다. γ는 복소수로서, 실수부 α는 **감쇄상수** attenuation constant로, 허수부 β는 **위상상수** phase constant로 정의되며, 식 (3.8)과 같이 주어진다.

$$\gamma = \sqrt{(R+j\omega L)(G+j\omega C)} = \alpha + j\beta$$
$$\alpha = \frac{1}{\sqrt{2}}\sqrt{RG-\omega^2LC+[(R^2+\omega^2L^2)(G^2+\omega^2C^2)]^{1/2}} \tag{3.8}$$
$$\beta = \frac{1}{\sqrt{2}}\sqrt{-RG-\omega^2LC+[(R^2+\omega^2L^2)(G^2+\omega^2C^2)]^{1/2}}$$

식 (3.9)의 방정식은 2장에서 언급했던 무손실 매질에서 존재하는 균일한 평면파의 파동방정식인 식 (2.58)과 매우 유사하다.

$$\frac{d^2V(z)}{dz^2} - \gamma^2 V(z) = 0$$
$$\frac{d^2I(z)}{dz^2} - \gamma^2 I(z) = 0 \tag{3.9}$$
$$\frac{\partial^2 E_x}{\partial z^2} + k^2E_x = 0 \tag{2.58}$$

2차미분방정식 식 (3.9)의 해인 전압 $V(z)$와 전류 $I(z)$는 다음과 같이 주어진다.

$$V(z) = V_0^+e^{-\gamma z} + V_0^-e^{\gamma z}$$
$$I(z) = I_0^+e^{-\gamma z} + I_0^-e^{\gamma z} \tag{3.10}$$

$e^{-\gamma z}$는 $+z$ 방향, 즉 전자기파의 진행방향을 나타내는 항이다([그림 3-8(b)]). $e^{+\gamma z}$는 $-z$ 방향, 즉 전자기파의 진행방향과 반대방향을 나타내는데([그림 3-8(a)]), 전송선로와 부하 임피던스의 부정합 등으로 발생하는 반사전파를 나타낸다. 각각의 방향으로 진행하는 전파를 더하면 [그림 3-8(c)]가 된다. 식 (3.10)에서 V_0^+, V_0^-, I_0^+, I_0^-는 복소값으로 주어지는 상수로서, 식 (3.11)과 같은 크기와 위상을 갖는다. 이 값은 전송선로의 양 끝단에 주어진 경계조건을 이용하여 구할 수 있다.

$$V_0^+ = |V_0^+| e^{j\Phi_{v+}} \qquad V_0^- = |V_0^-| e^{j\Phi_{v-}}$$
$$I_0^+ = |I_0^+| e^{j\Phi_{i+}} \qquad I_0^- = |I_0^-| e^{j\Phi_{i-}} \tag{3.11}$$

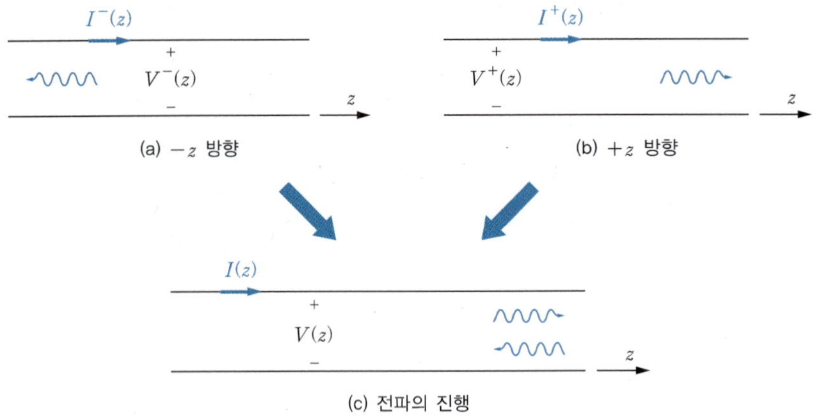

[그림 3-8] 전송선로에서 전자파의 방향

예제 3-1 전송선로에서 시간 영역 전압

식 (3.10)에서 구한 전송선로에서의 페이저 전압 $V(z) = V_0^+ e^{-\gamma z} + V_0^- e^{\gamma z}$ 으로부터 시간 영역에서 주어지는 전압 $v(z, t)$를 구하라.

풀이

식 (3.4)의 페이저 정의에 식 (3.11)을 대입하면, 시간 영역에서의 전송선로 전압을 구할 수 있다.

$$\begin{aligned} v(z,t) &= \mathrm{Re}[V(z)e^{j\omega t}] \\ &= \mathrm{Re}[V_0^+ e^{-\gamma z} e^{j\omega t} + V_0^- e^{\gamma z} e^{j\omega t}] \\ &= \mathrm{Re}[|V_0^+| e^{j\Phi_{v+}} e^{j\omega t} e^{-(\alpha + j\beta)z} + |V_0^-| e^{j\Phi_{v-}} e^{j\omega t} e^{(\alpha + j\beta)z}] \\ &= |V_0^+| e^{-\alpha z} \cos(\omega t - \beta z + \Phi_{v+}) + |V_0^-| e^{\alpha z} \cos(\omega t + \beta z + \Phi_{v-}) \end{aligned}$$

3.3 전송선로 파라미터

3.3.1 특성 임피던스

식 (3.10)의 양변을 z에 대해 미분하고 식 (3.5)와 비교하면 식 (3.12)와 식 (3.13)의 관계로부터 전송선로에서의 임피던스 Z_0를 얻을 수 있다. 이때 임피던스 Z_0를 전송선로의 **특성 임피던스** characteristic impedance 라고 한다. 전송선로의 특성 임피던스는 전송선로의 모델링 값인 R, L, G, C

와 각주파수 ω의 함수로 주어지며, 균질한 매질을 전파하는 균일한 평면파에서 얻은 고유 임피던스intrinsic impedance 또는 파동 임피던스wave impedance와 유사하다.

$$\begin{aligned} \frac{V_0^+}{I_0^+} &= \frac{R+j\omega L}{\gamma} = \frac{\gamma}{G+j\omega C} = \sqrt{\frac{R+j\omega L}{G+j\omega C}} = Z_0 \\ \frac{V_0^-}{I_0^-} &= \frac{R+j\omega L}{-\gamma} = \frac{-\gamma}{G+j\omega C} = -\sqrt{\frac{R+j\omega L}{G+j\omega C}} = -Z_0 \end{aligned} \tag{3.12}$$

$$I_0^+ = \frac{V_0^+}{Z_0} \qquad I_0^- = -\frac{V_0^-}{Z_0} \tag{3.13}$$

식 (3.10)을 특성 임피던스를 이용하여 다음과 같이 다시 쓸 수 있다.

$$\begin{aligned} V(z) &= V_0^+ e^{-\gamma z} + V_0^- e^{\gamma z} \\ I(z) &= \frac{1}{Z_0}[V_0^+ e^{-\gamma z} - V_0^- e^{\gamma z}] \end{aligned} \tag{3.14}$$

전송선로에서 임피던스는 특성 임피던스 Z_0 외에 **선로 임피던스**line impedance가 다음과 같이 정의된다.

$$Z(z) = \frac{V(z)}{I(z)} \tag{3.15}$$

특성 임피던스는 각 방향에 대한 전압과 전류의 비로 나타내지만, 선로 임피던스는 전송선로의 특정 위치에서 주어지는 전압과 전류의 비로 나타낸다는 차이가 있다. 식 (3.14)를 식 (3.16)과 같이 다시 쓰고, 식 (3.15)의 선로 임피던스 정의를 사용하면 식 (3.17)과 같이 유도할 수 있다. 식 (3.17)로부터 선로 임피던스가 특성 임피던스와 다르게 주어진다는 것을 알 수 있다.

$$\begin{aligned} V(z) &= V^+(z) + V^-(z) \\ I(z) &= \frac{V^+(z) - V^-(z)}{Z_0} \end{aligned} \tag{3.16}$$

$$Z(z) = \frac{V(z)}{I(z)} = Z_0\left(\frac{V^+(z)+V^-(z)}{V^+(z)-V^-(z)}\right) \neq Z_0 \tag{3.17}$$

식 (3.17)로부터 만약 $V^-(z) = 0$, 즉 전자기파가 전송선로에서 단지 $+z$ 방향으로만 진행한다고 가정하면 선로 임피던스와 특성 임피던스는 같은 값을 갖는다. 선로 임피던스와 특성 임피던스의 관계는 다음과 같이 나타낼 수 있다.

$$Z(z) = Z_0\left(\frac{V_0^+ e^{-\gamma z} + V_0^- e^{+\gamma z}}{V_0^+ e^{-\gamma z} - V_0^- e^{+\gamma z}}\right) \tag{3.18}$$

예제 3-2 전송선로에서 특성 임피던스의 응용

무손실 전송선로가 개방회로open circuit로 종단되었을 때, 선로의 종단에서 진행방향 전파(입사파)의 전압과 반사되는 방향 전파의 전압의 관계를 구하라.

풀이

개방회로로 종단된 전송선로에서 흐르는 전체 전류는 0이므로 식 (3.10)으로부터 $I^+ + I^- = 0$ ($z=0$인 위치)이 되고, $I^- = -I^+$로 나타낼 수 있다. 진행방향 전파의 전압과 전류의 관계로부터 전송선로의 특성 임피던스 $Z_0 = \dfrac{V^+}{I^+}$를 얻고, 반사되는 방향 전파의 전압과 전류의 관계로부터 전송선로의 특성 임피던스 $Z_0 = \dfrac{-V^-}{I^-}$를 얻을 수 있다. 따라서 이를 정리하면 다음과 같다.

$$V^+ = Z_0 I^+ = \frac{-V^- \times I^+}{I^-} = \frac{-V^- \times I^+}{-I^+} = V^-$$

따라서 전송선로의 종단($z=0$)에서 입사파와 반사파의 전압은 다음의 그림과 같이 같으며, 전체 전압은 $V^+ + V^- = 2V^+$로 주어진다. 이로부터 전송선로의 종단이 개방된 회로의 경우 전체 전압이 입력되는 전압의 2배가 된다는 것을 알 수 있다.

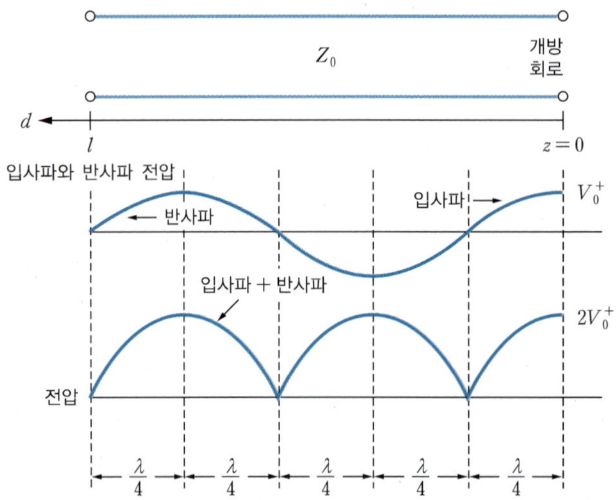

3.3.2 위상속도

식 (3.10)에서 구한 전압과 전류는 페이저 영역에서 얻은 값이다. 페이저의 정의를 이용하여 이를 시간과 공간에 대한 함수로 나타내 보자([예제 3-1] 참고).

$$\begin{aligned} v(z,t) &= \mathrm{Re}[V(z)e^{j\omega t}] \\ &= \mathrm{Re}[|V_0^+|e^{j\Phi_{v+}}e^{-\alpha z}e^{-j\beta z}e^{j\omega t} + |V_0^-|e^{j\Phi_{v-}}e^{\alpha z}e^{j\beta z}e^{j\omega t}] \end{aligned}$$

$$= |V_0^+|e^{-\alpha z}\cos(\omega t - \beta z + \Phi_{v+}) + |V_0^-|e^{\alpha z}\cos(\omega t + \beta z + \Phi_{v-})$$

$$i(z, t) = \text{Re}[I(z)e^{j\omega t}]$$

$$= \text{Re}[|I_0^+|e^{j\Phi_{i+}}e^{-\alpha z}e^{-j\beta z}e^{j\omega t} + |I_0^-|e^{j\Phi_{i-}}e^{\alpha z}e^{j\beta z}e^{j\omega t}]$$

$$= |I_0^+|e^{-\alpha z}\cos(\omega t - \beta z + \Phi_{i+}) + |I_0^-|e^{\alpha z}\cos(\omega t + \beta z + \Phi_{i-}) \quad (3.19)$$

식 (3.19)에서 $+z$ 방향으로 진행하는 전압식인 식 (3.20)을 보자. $t=0$인 순간에 대해 그림을 그리면 [그림 3-9]와 같다. 이 경우 $\beta\lambda_g = 2\pi$마다 파동이 반복되는데, 식 (3.21)로 주어지는 λ_g를 **유도파장** guided wavelength 또는 **관내 파장**이라고 한다.

$$v^+(z, t) = \text{Re}\left\{\left(V_0^+ e^{-\alpha z}e^{-j\beta z}\right)e^{j\omega t}\right\} \quad (3.20)$$

$$= \text{Re}\left\{\left(|V_0^+|e^{j\Phi_{v+}}e^{-\alpha z}e^{-j\beta z}\right)e^{j\omega t}\right\}$$

$$= |V_0^+|e^{-\alpha z}\cos(\omega t - \beta z + \Phi_{v+})$$

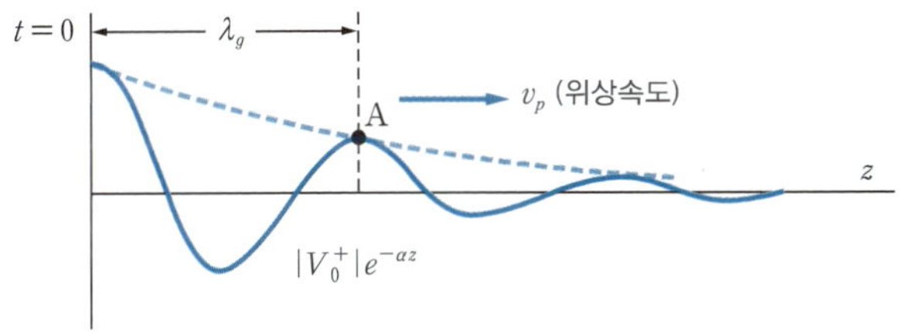

[그림 3-9] $t=0$일 때 $+z$ 방향으로 진행하는 전압 $v^+(z, t)$의 크기와 위상속도

[그림 3-9]에서 진행하는 방향의 파에 대해 일정한 위상값을 갖는 위치, 즉 A 점이 움직이는 속도를 **위상속도** phase velocity라고 한다. 따라서 식 (3.20)의 $\cos(\omega t - \beta z + \Phi_{v+}) = \cos(*)$에서 위상 성분인 * 값은 식 (3.21)과 같이 일정한 상수 값 조건을 만족해야 한다.

$$\omega t - \beta z = \text{상수}$$

$$\omega - \beta\frac{dz}{dt} = 0 \quad (3.21)$$

$$\frac{dz}{dt} = \frac{\omega}{\beta} = f\lambda_g$$

이렇게 얻은 속도를 위상속도 v_p라고 정의한다.

$$v_p = \frac{dz}{dt} = \frac{\omega}{\beta} = f\lambda_g \qquad \left(\lambda = \frac{2\pi}{\beta}\right) \quad (3.22)$$

예제 3-3 평면파의 위상속도

폴리에틸렌polyethylene의 비투자율은 $\mu_r = 1$, 비유전율은 $\varepsilon_r = 2.3$, 도전율이 $\sigma = 2.56 \times 10^{-4}$[℧/m]일 때, 폴리에틸렌 내부에서 10[GHz]에서 동작하는 평면파의 위상속도를 구하라.

풀이

위상속도를 구하는 식은 $v_p = \dfrac{\omega}{\beta} = \dfrac{1}{\sqrt{\mu\varepsilon}} = \dfrac{1}{\sqrt{\mu_r \mu_0 \varepsilon_r \varepsilon_0}}$ 이다. 여기에 주어진 값을 대입하면 $v_p \approx 1.977 \times 10^8$[m/s]가 된다.

예제 3-4 전송선로에서 위상속도의 응용

내부저항이 50[Ω]이고, 개방회로 전압이 $v(t) = 3\cos(2\pi \times 10^8 t)$[V]로 주어지는 신호원이 특성 임피던스 75[Ω]이고 길이가 4[m]인 무손실 전송선로에 연결되어 있다. 전송선로와 부하가 정합되어 있다고 가정할 때, 선로 위에서 신호의 전파속도가 2.5×10^8[m/s]라면 전송선로 위 임의의 위치에서 시간 영역 전압과 전류를 구하라.

풀이

신호원 $v(t)$의 각주파수 $\omega = 2\pi \times 10^8$[rad/s]이며, 신호원의 전압을 페이저로 변환하면 $3\angle 0°$로 나타낼 수 있다. 신호원 위치에서 입력전압과 입력전류를 구하면 다음과 같다.

$$V_{\text{in}} = \frac{75}{50+75} 3\angle 0° = 1.8\angle 0° \text{[V]}$$

$$I_{\text{in}} = \frac{3\angle 0°}{50+75} = 0.024\angle 0° \text{[A]}$$

전송선로에서의 위상상수는 식 (3.22)로부터

$$\beta = \frac{\omega}{v_p} = \frac{2\pi \times 10^8}{2.5 \times 10^8} = 0.8\pi \text{ [rad/m]}$$

이며, 부하와 정합되어 있으므로 전송선로에서 부하로부터 반사되는 전압이 없어 식 (3.20)과 같이 $+z$ 방향의 전압과 전류만 존재하게 된다. 따라서 전송선로 위에서의 전압과 전류를 구하면 다음과 같다.

$$V(z) = 1.8 e^{-j0.8\pi z} \text{ [V]}$$

$$I(z) = 0.024 e^{-j0.8\pi z} \text{ [A]}$$

이를 시간 영역으로 변환하면 다음과 같다.

$$v(z,t) = 1.8\cos(2\pi \times 10^8 t - 0.8\pi z) \text{ [V]}$$

$$i(z,t) = 0.024\cos(2\pi \times 10^8 t - 0.8\pi z) \text{ [A]}$$

3.4 전송선로 특성

3.4.1 무손실 전송선로

전송선로를 구성하는 도체가 완전도체, 즉 도전율이 $\sigma_c \approx \infty$ 이고, 두 도체 사이 매질인 유전체의 도전율이 $\sigma \approx 0$ 이면, [그림 3-7]의 전송선로의 등가회로 모델에서 R(도체의 도전율 σ_c에 반비례)과 G(유전체의 도전율 σ에 비례)를 0으로 가정할 수 있다. 이러한 전송선로를 **무손실 전송선로** lossless transmission line라고 한다. 이때 식 (3.8)에서 정의된 전파상수 γ는

$$\begin{aligned}\gamma &= \alpha + j\beta \\ &= \sqrt{[(R+j\omega L)(G+j\omega C)]} \\ &= j\omega\sqrt{LC}\end{aligned} \tag{3.23}$$

로 나타낼 수 있다. 따라서 감쇄상수 α와 위상상수 β는 다음과 같다.

$$\begin{aligned}\alpha &= 0 \\ \beta &= \omega\sqrt{LC}\end{aligned} \tag{3.24}$$

특성 임피던스 Z_0는

$$Z_0 = \sqrt{\left(\frac{R+j\omega L}{G+j\omega C}\right)} = \sqrt{\frac{L}{C}} \tag{3.25}$$

이 되어 주파수와 무관한 값을 갖게 된다. 위상속도는 다음과 같이 정의된다.

$$v_p = \frac{1}{\sqrt{LC}} \tag{3.26}$$

만약 전송선로를 구성하는 두 도체 사이가 균일하고 균질한 매질(유전율 $=\varepsilon$, 투자율 $=\mu$)로 채워져 있다면 식 (3.27)의 관계가 성립한다.

$$LC = \mu\varepsilon \tag{3.27}$$

이 식은 [표 3-1]에 주어진 전송선로의 등가회로 파라미터 관계로부터 유도할 수 있다. 식 (3.27)에서, 만약 $\varepsilon = \varepsilon_0$, $\mu = \mu_0$ 인 자유공간을 가정한다면 위상속도는 빛의 속도 c_0 와 같아진다. 두 도체 사이 매질이 자유공간인 무손실 전송선로를 따라 전파하는 전자기파의 위상속도 v_p 는 무손실 자유공간을 전파하는 빛의 속도와 같다는 뜻이다. 식 (3.27)로부터 매질 내에서의 전파의 속도 c_d 를 구할 수 있다.

$$v_p = \frac{1}{\sqrt{LC}} = c_d = \frac{1}{\sqrt{\mu\varepsilon}} = \frac{c_0}{\sqrt{\varepsilon_r \mu_r}} \tag{3.28}$$

예제 3-5 매질에 따른 위상속도

10 [GHz]의 주파수를 갖는 전자기파가 매질 ①에서 매질 ②로 전파한다. 매질 ①은 무손실 자유공간이고, 매질 ②는 비유전율이 81인 무손실 증류수이다. 매질 ①과 매질 ②의 경계면에서 발생하는 기생효과는 무시한다고 할 때, 매질 ①과 매질 ②에서의 위상속도, 파장, 파수wavenumber를 각각 구하라. (두 매질의 비투자율은 $\mu_r = 1$이다.)

풀이

자유공간의 유전율과 투자율은 각각 ε_0와 μ_0이므로 식 (3.28)로부터 매질 ①에서의 위상속도를 구하면 다음과 같다.

$$v_{p1} = \frac{1}{\sqrt{\varepsilon_0 \mu_0}} = 3 \times 10^8 \,[\mathrm{m/s}]$$

파장 λ_1과 파수 k_1을 구하면 각각 다음과 같다.

$$\lambda_1 = \frac{v_{p1}}{f} = \frac{3 \times 10^8}{10 \times 10^9} = 0.03 \,[\mathrm{m}]$$

$$k_1 = \frac{2\pi}{\lambda} = \frac{2\pi}{0.03} = 209.44 \,[\mathrm{rad/m}]$$

매질 ②에서의 위상속도 v_{p2}와 파장 λ_2, 파수 k_2를 구하면 각각 다음과 같다.

$$v_{p2} = \frac{1}{\sqrt{\varepsilon \mu}} = \frac{1}{\sqrt{\varepsilon_r \varepsilon_0 \mu_0}} = \frac{3 \times 10^8}{9} \approx 3.33 \times 10^7 \,[\mathrm{m/s}]$$

$$\lambda_2 = \frac{v_{p2}}{f} = \frac{3.33 \times 10^7}{10 \times 10^9} = 0.00333 \,[\mathrm{m}]$$

$$k_2 = \frac{2\pi}{\lambda} = \frac{2\pi}{0.0033} = 1886.44 \,[\mathrm{rad/m}]$$

3.4.2 무왜곡 전송선로

대부분의 무선통신에서는 단일 주파수가 아닌 대역폭bandwidth을 가진 신호를 사용한다. 손실이 있다고 가정하는 일반적인 전송선로에서 감쇄상수 α와 위상속도 v_p는 주파수의 함수이기 때문에, 전송선로에 전파하는 신호들은 주파수에 따라 서로 다른 크기와 위상속도를 갖는다. 이처럼 신호를 구성하는 각 주파수 성분들이 서로 다른 위상속도로 전송선로를 전파하여 왜곡distortion된 파형이 전달되는 현상을 **신호의 분산**dispersion이라고 한다. [그림 3-10(a)]에 나타낸 것처럼 고속의 디지털 데이터가 전송선로를 따라 전파할 때, 분산이 없다면 [그림 3-10(b)]와 같이 시간지연만 발생하게 되지만, 분산이 있다면 [그림 3-10(c)]와 같이 시간지연뿐만 아니라 신호 왜곡도 발생하게 된다.

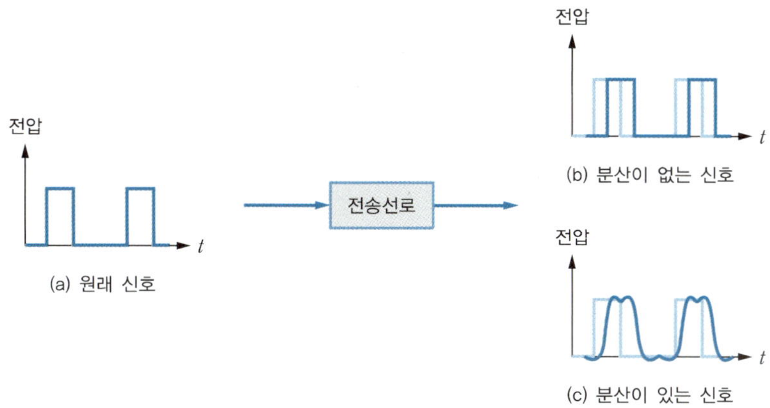

[그림 3-10] 신호의 분산

만약 전송선로에서 감쇄상수 α가 주파수에 따라 다르지 않고(주파수가 변해도 크기가 일정하고), 단지 위상상수 β만 주파수에 따라 다른 값을 갖고 있다면, 이 전송선로를 분산이 없는 **무왜곡 전송선로** distortionless transmission line 라고 한다. 무왜곡 전송선로가 되기 위한 조건은 19세기 올리버 헤비사이드 O. Heaviside 가 발견했으며, 식 (3.29)와 같다.

$$\frac{R}{L} = \frac{G}{C} \tag{3.29}$$

따라서 무왜곡 전송선로의 전파상수는 식 (3.30), 감쇄상수와 위상상수는 식 (3.31)로 나타낸다.

$$\begin{aligned} \gamma &= \sqrt{LC(R/L + j\omega)(G/C + j\omega)} \\ &= \sqrt{LC(R/L + j\omega)(R/L + j\omega)} \\ &= (R/L + j\omega)\sqrt{LC} \\ &= R\sqrt{\frac{C}{L}} + j\omega\sqrt{LC} \\ &= \sqrt{RG} + j\omega\sqrt{LC} \end{aligned} \tag{3.30}$$

$$\alpha = \text{Re}\{\gamma\} = \sqrt{RG}\,,\ \ \beta = \text{Im}\{\gamma\} = \omega\sqrt{LC} \tag{3.31}$$

식 (3.31)에서 감쇄상수 α는 주파수와 무관한 값을 가지며, 위상상수 β는 주파수에 따라 선형적으로 변하는 값을 갖는다. 감쇄상수 $\alpha = 0$으로 주어지는 무손실 전송선로와는 달리 무왜곡 전송선로는 $\alpha \neq 0$일 수도 있다. 이는 무왜곡 전송선로를 따라 전파하는 전자기파가 분산은 없더라도 손실 특성 때문에 신호의 크기는 줄어들 수 있다는 뜻이다. 무손실 전송선로는 무왜곡 전송선로가 될 수 있지만, 그 반대는 성립하지 않는다. 또한 특성 임피던스 Z_0를 구하면 식 (3.32)와 같이 실수부만 있고, 허수부는 없다. 즉, 리액턴스 reactance 값이 0이다.

$$Z_0 = \sqrt{\frac{R(1 + j\omega L/R)}{G(1 + j\omega C/G)}} = \sqrt{\frac{R}{G}} = \sqrt{\frac{L}{C}} = R_0 + jX_0 \tag{3.32}$$

$$R_0 = \sqrt{\frac{R}{G}} = \sqrt{\frac{L}{C}}, \quad X_0 = 0$$

무왜곡 전송선로의 위상속도 v_p는 다음과 같이 주어지며, 무손실 전송선로의 위상속도와 동일하게 주파수와 관계없음을 알 수 있다.

$$v_p = \frac{\omega}{\beta} = \frac{1}{\sqrt{LC}} \tag{3.33}$$

대부분 무선통신 시스템에서 다루는 신호는 비교적 대역폭이 넓은 광대역 신호이기 때문에, 감쇄상수와 위상상수가 모두 주파수에 관한 함수로 나타난다. 실제 전송선로에서는 $RC > GL$의 특성으로 주어지며, 무왜곡 전송선로($RC = GL$)를 구현하기 위해서는 전송선로에 직렬로 코일을 추가하여 L 값을 증가시킴으로써 무왜곡 특성을 구현할 수 있다. 우리가 지금까지 다룬 일반(손실 있는), 무손실, 무왜곡 전송선로의 전파상수와 특성 임피던스를 [표 3-2]에 나타냈다.[2]

[표 3-2] **전송선로의 특성(일반, 무손실, 무왜곡)**

종류	전파상수 $\gamma = \alpha + j\beta$	특성 임피던스 $Z_0 = R_0 + jX_0$
일반	$\sqrt{(R+j\omega L)(G+j\omega C)}$	$\sqrt{\frac{R+j\omega L}{G+j\omega C}}$
무손실	$0 + j\omega\sqrt{LC}$	$\sqrt{\frac{L}{C}} + j0$
무왜곡	$\sqrt{RG} + j\omega\sqrt{LC}$	$\sqrt{\frac{L}{C}} + j0$

예제 3-6 무왜곡 전송선로의 특성

50[Ω]의 특성 임피던스를 갖는 무왜곡 전송선로에서 신호가 1[m]당 0.01[dB]의 감쇄비율로 전파하고 있다. 전송선로가 단위길이(1[m])당 100[pF]의 등가 커패시턴스 C를 가질 때 단위길이당 R, L, G 값과 위상속도 v_p를 구하라.

풀이

식 (3.32)로부터 무왜곡 전송선로의 경우 특성 임피던스 Z_0를 구하면 다음과 같다.

$$Z_0 = \sqrt{\frac{L}{C}} = 50\,[\Omega]$$

여기에 $C = 100\,[\text{pF}]$을 대입하면 L을 구할 수 있다.

$$L = CZ_0^2 = 100 \times 10^{-12} \times 50^2 = 0.25\,[\mu\text{H/m}]$$

2 특별한 언급이 없는 한, 이후부터 전송선로 이론을 다룰 때는 손실이 없는 전송선로라고 가정하고 설명하기로 한다.

문제에 주어진 조건으로부터 감쇄상수 α를 구할 수 있다.

$$\alpha = 0.01\,[\text{dB/m}] \simeq 1.15 \times 10^{-3}\,[\text{Np/m}]$$

이 값을 식 (3.32)에 대입하여 R, G를 구한다.

$$R = \alpha\sqrt{\frac{L}{C}} = 1.15 \times 10^{-3} \times 50 = 0.057\,[\Omega/\text{m}]$$

$$G = \frac{RC}{L} = \frac{R}{Z_0^2} = \frac{0.057}{2500} = 22.8\,[\mu\text{S/m}]$$

위상속도는 다음과 같이 구한다.

$$v_p = \frac{1}{\sqrt{LC}} = 2 \times 10^8\,[\text{m/s}]$$

예제 3-7 무왜곡 전송선로의 조건

전송선로의 등가회로 파라미터가 $R = 15\,[\Omega]$, $C = 15\,[\mu\text{F}]$, $L = 1\,[\text{mH}]$, $G = 1\,[\mu\mho]$로 주어질 때, 이 전송선로가 무왜곡 전송선로가 되기 위해 추가되어야 하는 인덕턴스 값을 구하라.

풀이

무왜곡 전송선로가 되기 위해서는 $RC = LG$의 조건을 만족해야 한다.

$$L = \frac{RC}{G} = \frac{15 \times 15 \times 10^{-6}}{1 \times 10^{-6}} = 225\,[\text{H}]$$

현재 전송선로의 인덕턴스는 $L = 1\,[\text{mH}]$이므로, 추가되어야 하는 인덕턴스는 다음과 같다.

$$225 - 0.001 = 224.999\,[\text{H}]$$

예제 3-8 저손실 전송선로의 전파특성

균일한 유전체로 채워진 동축케이블이 1 [GHz]에서 다음과 같은 전송선로 등가 파라미터를 갖는다고 할 때, 각각의 물음에 답하라.

$$R = 1.6\,[\Omega/\text{m}],\ L = 250\,[\text{nH/m}],\ G = 600\,[\mu\text{S/m}],\ C = 95\,[\text{pF/m}]$$

(a) 전송선로를 저손실 전송선로low-loss transmission line로 가정할 수 있음을 보여라.
(b) 1 [GHz]에서 특성 임피던스와 감쇄상수, 위상상수를 구하라.
(c) 위상상수를 통해 전송선로에서 전파하는 파의 파장 및 균일한 유전체의 비유전율을 구하라.

풀이

(a) 전송선로의 등가회로 파라미터들인 R, L, G, C가 $R \ll \omega L$, $G \ll \omega C$인 관계를 만족할 때 저손실 전송선로로 가정한다. 각주파수 $\omega(=2\pi f)$에서 동작하는 $R \ll \omega L$, $G \ll \omega C$를 만족하는지 확인해보자.

$$R : \omega L = 1.6 : (2\pi \times 10^9) \times (250 \times 10^{-9}) = 1 : 982$$
$$G : \omega C = 6 \times 10^{-4} : (2\pi \times 10^9) \times (95 \times 10^{-12}) = 1 : 995$$

$R \ll \omega L$, $G \ll \omega C$를 만족하므로 문제에 주어진 전송선로는 저손실 전송선로라고 볼 수 있다.

(b) 저손실 전송선로의 경우, 식 (3.8)로부터 전파상수 γ를 다음과 같이 나타낼 수 있다.

$$\begin{aligned}\gamma &= \sqrt{(R+j\omega L)(G+j\omega C)} = (j\omega)\sqrt{\left(\frac{R}{j\omega}+L\right)\left(\frac{G}{j\omega}+C\right)} \\ &= (j\omega\sqrt{LC})\sqrt{\left(\frac{R}{j\omega L}+1\right)\left(\frac{G}{j\omega C}+1\right)} \\ &\approx (j\omega\sqrt{LC})\left(1-j\left(\frac{R}{2\omega L}+\frac{G}{2\omega C}\right)\right)\end{aligned}$$

따라서 감쇄상수 α와 위상상수 β는 각각 다음과 같다.

$$\alpha \approx \omega\sqrt{LC}\left(\frac{R}{2\omega L}+\frac{G}{2\omega C}\right) = \frac{1}{2}\left(\frac{R}{Z_0}+GZ_0\right)$$
$$\beta \approx \omega\sqrt{LC}$$

또한 전파상수 γ를 구한 방법으로 특성 임피던스 Z_0를 구할 수 있다.

$$Z_0 \approx \sqrt{\frac{L}{C}}\left(1-j\left(\frac{R}{2\omega L}-\frac{G}{2\omega C}\right)\right) \approx \sqrt{\frac{L}{C}}$$

따라서 특성 임피던스를 구하면 다음과 같다.

$$Z_0 = \sqrt{\frac{L}{C}} = \sqrt{\frac{250 \times 10^{-9}}{95 \times 10^{-12}}} = 51.3\,[\Omega]$$
$$\alpha = \frac{1}{2}\left(\frac{1.6}{51.3} + 6 \times 10^{-4} \times 51.3\right) = 0.031\,[\mathrm{Np/m}]$$
$$\beta = 2\pi \times 10^9 \sqrt{(250 \times 10^{-9})(95 \times 10^{-12})} = 30.62\,[\mathrm{rad/m}]$$

(c) $\lambda' = \frac{2\pi}{\beta} = \frac{2\pi}{30.62} = 0.205\,[\mathrm{m}]$로 주어진다. 유전체가 아닌 자유공간에서 $1\,[\mathrm{GHz}]$의 파장 λ는 $0.3\,[\mathrm{m}]$이므로, 비유전율은 $\varepsilon_r = \left(\frac{\lambda}{\lambda'}\right)^2 = 2.14$가 된다.

3.4.3 Z_L 임피던스로 종단된 전송선로

지금까지 전송선로의 특성을 살펴보았다. 실제 전송선로는 신호원으로부터 부하로 에너지를 전달하기 위해 사용되기 때문에 부하의 특성(특히, 임피던스)을 고려한 설계가 필요하다. [그림 3-4]에 나타낸 전송선로의 회로적 표현을 전송선로의 위치에 따른 임피던스 관점에서 다시 나타내면 [그림 3-11]과 같이 나타낼 수 있다. 여기에서는 앞에서 구한 전송선로의 특성을 이용하여 전송선로 입력단에 임피던스 Z_g를 갖는 신호원, 전송선로 종단에 임피던스 Z_L인 부하가 연결되어 있을 때 전송선로의 각 위치별 임피던스와 전압과 전류의 값을 구해보고자 한다. [그림 3-11]에서 $z=0$의 위치에서 임피던스는 부하 임피던스 Z_L과 같으며, 전송선로의 특성 임피던스는 Z_0, $z=-l$에서는 입력 임피던스 Z_{in}을 갖는다고 가정한다.

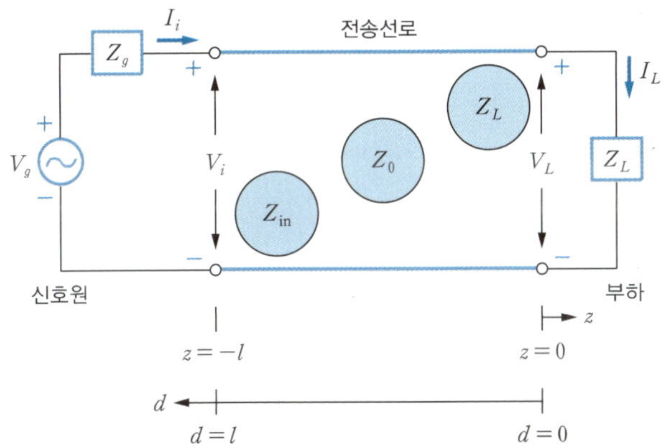

[그림 3-11] 부하가 연결된 전송선로 회로

[그림 3-12]와 같이 특성 임피던스 Z_0와 위상상수 β를 가진 무손실($\alpha=0$) 전송선로에 Z_L의 임피던스를 갖는 부하가 종단에 연결되었다고 가정하자. 일반적으로 전송선로의 특성을 쉽게 이해하기 위해서는 부하로 종단된 위치의 좌표를 $z=0$으로 가정하는 것이 편리하다. 따라서 전송선로의 입력단의 위치는 $z=-l$이 된다. 전송선로 위의 임의의 위치에서 부하 방향으로 전파하는 입사파에 대해, 신호원 방향으로 반사되는 전파의 전압비를 **반사계수** reflection coefficient $\Gamma(z)$라고 하고, 식 (3.14)로부터 다음과 같이 정의된다.

$$\Gamma(z)=\frac{V_0^- e^{+j\beta z}}{V_0^+ e^{-j\beta z}}=\frac{V_0^-}{V_0^+}e^{+j2\beta z} \tag{3.34}$$

식 (3.34)에서 $e^{j2\beta z}$의 크기는 z 값, 즉 위치에 관계없이 항상 1이다. V_0^-와 V_0^+는 전자기파의 복소상수로서 일정한 값이기 때문에 반사계수의 크기는 전송선로에서 변하지 않음을 알 수 있다. 즉, 전송선로에서 반사계수의 크기는 변하지 않고 항상 같은 값을 가지며, 오직 위상만 전송선로의 위치에 따라 변한다.

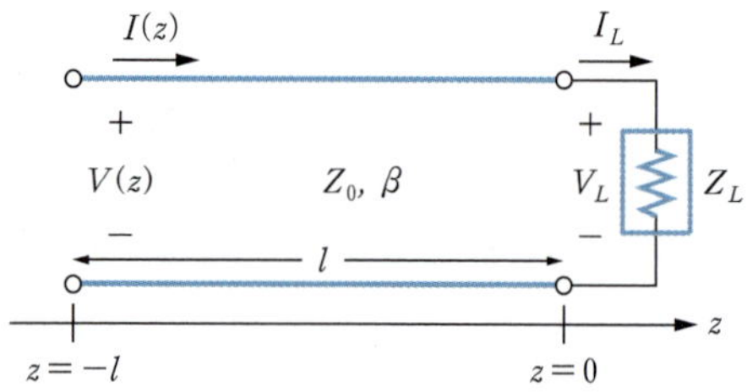

[그림 3-12] 부하가 연결된 전송선로 모델링

$z=0$인 위치에서 전압과 전류는 식 (3.14)에 의해 각각 식 (3.35)와 (3.36)으로 주어진다.

$$V(z=0)=V^{+}(z=0)+V^{-}(z=0) \tag{3.35}$$
$$=V_0^{+}e^{-j\beta(0)}+V_0^{-}e^{+j\beta(0)}$$
$$=V_0^{+}+V_0^{-}$$

$$I(z=0)=\frac{V_0^{+}(z=0)}{Z_0}-\frac{V_0^{-}(z=0)}{Z_0} \tag{3.36}$$
$$=\frac{V_0^{+}}{Z_0}e^{-j\beta(0)}-\frac{V_0^{-}}{Z_0}e^{+j\beta(0)}$$
$$=\frac{V_0^{+}-V_0^{-}}{Z_0}$$

식 (3.35)에서 V_0^{+}는 $z=0$에서 진행하는 방향의 전압을 나타내며, V_0^{-}는 $z=0$에서 부하로부터 반사되는 전압을 의미한다. 따라서 반사계수의 정의에 의해 $z=0$에서의 반사계수 Γ_L은 $\frac{V_0^{-}}{V_0^{+}}$로 주어진다. 부하에서의 반사계수 Γ_L을 이용하면, $z=-l$에서의(전송선로 입력단) 전압 $V(-l)$은 식 (3.14)로부터 다음과 같이 주어진다.

$$V(-l)=V_0^{+}e^{j\beta l}+V_0^{-}e^{-j\beta l}=V_0^{+}e^{j\beta l}\left(1+\frac{V_0^{-}}{V_0^{+}}e^{-2j\beta l}\right) \tag{3.37}$$
$$=V_0^{+}e^{j\beta l}\left(1+\Gamma_L e^{-2j\beta l}\right)$$

마찬가지로, 부하에서의 반사계수를 이용하여 $z=-l$에서의 전류 $I(-l)$을 나타낼 수 있다.

$$I(-l)=\frac{V_0^{+}}{Z_0}e^{j\beta l}(1-\Gamma_L e^{-2j\beta l}) \tag{3.38}$$

식 (3.37)과 식 (3.38)로부터 $z=-l$에서 부하 방향으로 들여다본 입력 임피던스 $Z(-l)$을 구할 수 있다.

$$Z(-l)=\frac{V(-l)}{I(-l)}=Z_0\left(\frac{1+\Gamma_L e^{-2j\beta l}}{1-\Gamma_L e^{-2j\beta l}}\right) \tag{3.39}$$

한편, $z=0$에서의 임피던스 $Z(0)$는 부하에서의 임피던스 Z_L과 같으며, 식 (3.39)로부터

$$Z(0) = Z_0\left(\frac{1+\Gamma_L}{1-\Gamma_L}\right) = Z_L \tag{3.40}$$

과 같이 주어진다. 전송선로의 특성 임피던스 Z_0와 부하 임피던스 Z_L을 이용하여 부하에서의 반사계수 Γ_L을 정의할 수 있다.

$$\Gamma_L = \frac{Z_L - Z_0}{Z_L + Z_0} \tag{3.41}$$

예제 3-9 부하가 연결된 전송선로에서 반사계수 계산

다음의 그림과 같이 100[Ω]의 무손실 전송선로가 50[Ω] 저항과 10[pF] 커패시터가 직렬로 구성된 부하에 연결되었을 때 부하에서 100[MHz]에 대한 반사계수를 구하라.

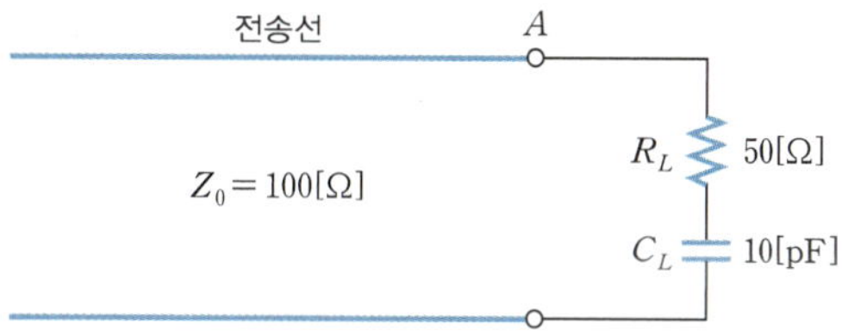

풀이

부하 임피던스를 구하면 다음과 같다.

$$Z_L = R_L + \frac{1}{j\omega C_L} = 50 + \frac{1}{j2\pi(100\times10^6)\times(10\times10^{-12})} = (50 - j159.15)\,[\Omega]$$

식 (3.41)을 이용해 부하에서의 반사계수를 구하면 다음과 같다.

$$\Gamma_L = \frac{Z_L - Z_0}{Z_L + Z_0} = \frac{50 - j159.15 - 100}{50 - j159.15 + 100} = 0.3728 - j0.6655$$

전송선로의 입력단 $z = -l$에서 구한 임피던스 $Z(-l)$을 나타내는 식 (3.39)에 식 (3.41)에서 정의된 부하에서의 반사계수를 대입하면 전송선로에서의 입력 임피던스 Z_{in}을 구할 수 있다. 입력 임피던스는 전송선로가 시작되는 지점에서 부하 방향으로 들여다 본 선로 임피던스로, [그림 3-13]에 나타낸 것과 같이 전송선로와 부하를 고려한 등가부하의 임피던스라고 생각할 수 있다.

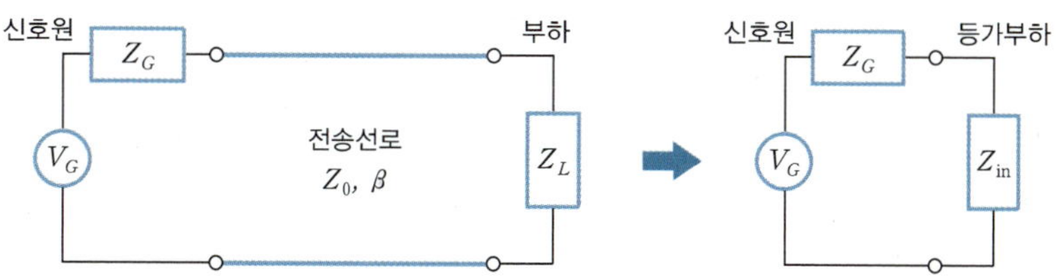

[그림 3-13] 입력 임피던스의 개념

입력 임피던스는 식 (3.42)와 같이 유도할 수 있으며, 전송선로의 특성 임피던스 Z_0, 부하의 임피던스 Z_L, 전송선로의 길이 l, 전송선로의 위상상수 β로 나타낸다.

$$Z_{\text{in}} = Z(-l) = Z_0\left(\frac{1+\left(\frac{Z_L - Z_0}{Z_L + Z_0}\right)e^{-2j\beta l}}{1-\left(\frac{Z_L - Z_0}{Z_L + Z_0}\right)e^{-2j\beta l}}\right) \tag{3.42}$$

식 (3.42)를 정리하면 $z = -l$에서 들여다 본 전송선로의 입력 임피던스 Z_{in}을 다음과 같이 구할 수 있다.

$$Z_{\text{in}} = Z_0\left(\frac{Z_L\cos\beta l + jZ_0\sin\beta l}{Z_0\cos\beta l + jZ_L\sin\beta l}\right) = Z_0\left(\frac{Z_L + jZ_0\tan\beta l}{Z_0 + jZ_L\tan\beta l}\right) \tag{3.43}$$

식 (3.43)을 살펴보면 무손실 전송선로의 입력 임피던스 Z_{in}은 전송선로의 길이 l, 위상상수 β, 특성 임피던스 Z_0와 전송선로의 종단에 연결된 부하의 임피던스 Z_L의 값으로 정의된다. 이때 탄젠트함수tan는 주기가 π인 삼각함수로서, Z_{in} 값이 π의 주기로 반복된다는 것을 의미한다. 또한 위상상수 β의 정의식을 사용하면 전송선로의 길이가 관내파장의 반의 배수가 될 때마다 입력 임피던스 값이 반복된다는 것을 알 수 있다.

$$\beta l = \frac{2\pi}{\lambda_g}l = \pi \quad \Rightarrow \quad l = \frac{\lambda_g}{2} \tag{3.44}$$

전송선로의 입력 임피던스는 식 (3.43)에서 전송선로의 특성 파라미터인 특성 임피던스 Z_0와 위상상수 β가 일정하다고 할 때, 전송선로의 길이 l과 부하 임피던스 Z_L 값의 변화에 따라 몇 가지 특수한 상황을 가정할 수 있다. 먼저 부하 임피던스 Z_L 값이 Z_0, 0(단락), ∞(개방), $R+jX$인 경우를 살펴보자. 그런 다음 전송선로의 길이가 $l = \frac{\lambda}{2}$, $l = \frac{\lambda}{4}$, $l \ll \lambda$인 경우를 살펴보자.

■ 부하 임피던스가 변하는 경우

❶ 정합부하($Z_L = Z_0$)인 경우

만약 부하 임피던스 Z_L이 전송선로의 특성 임피던스 Z_0와 같다면, 입력 임피던스는 식 (3.45)와 같이 전송선로의 특성 임피던스와 같은 값을 갖는다. 또한 식 (3.45)와 같이 반사계수는 0이 되는데, 이는 반사되는 전자기파가 없다는 것을 의미한다. 이렇게 반사계수가 0이 되도록 부하의 임피던스를 전송선로의 특성 임피던스와 같게 하는 것을 **정합**matching이라고 하며, 정합이 이루어진 부하를 **정합부하**matched load라고 한다. 식 (3.45)~(3.46)으로부터, 전송선로의 길이는 정합에 영향을 주지 않음을 알 수 있다.

$$Z_{\text{in}} = Z_0\left(\frac{Z_L + jZ_0\tan\beta l}{Z_0 + jZ_L\tan\beta l}\right) \tag{3.45}$$
$$= Z_0\left(\frac{Z_0 + jZ_0\tan\beta l}{Z_0 + jZ_0\tan\beta l}\right)$$
$$= Z_0$$

$$\Gamma_L = \frac{Z_L - Z_0}{Z_L + Z_0} = \frac{Z_0 - Z_0}{Z_0 + Z_0} = 0 \tag{3.46}$$

정합부하일 때 전송선로 입력단($z = -l$)에서 전압과 전류를 구하면 반사계수가 0, 즉 신호원 방향으로 반사되는 전자기파가 없으므로 식 (3.47)과 같이 부하방향으로 진행하는 전자기파만 존재한다. 또한 선로 임피던스는 식 (3.47)과 같이 입력 임피던스와 동일하게 특성 임피던스로 주어지는 것을 확인할 수 있다.

$$V(-l) = V_0^+ e^{+j\beta l},\ \ I(-l) = \frac{V_0^+}{Z_0} e^{+j\beta l} \tag{3.47}$$
$$\Rightarrow\ Z(-l) = Z_0$$

❷ 부하가 단락($Z_L = 0$)인 경우

부하가 단락[short]된 경우, 즉 $Z_L = 0$인 경우는 부하에서 반사계수 $\Gamma_L = -1$을 가지며, 전송선로에서의 전압이나 전류, 입력 임피던스는 식 (3.48)과 같다. 이때 부하의 위치인 $z = 0$에서는 $V_L = 0$이지만 $I(0) \neq 0$이라는 것에 주의해야 한다. 또한 전압의 경우도 진행방향과 반사되는 방향의 전압의 크기가 같고 부호는 반대, 즉 $V_0^- = -V_0^+$로 주어진다.

$$V(z) = V_0^+(e^{-j\beta z} - e^{+j\beta z}) = -j2V_0^+\sin\beta z$$
$$I(z) = \frac{V_0^+}{Z_0}(e^{-j\beta z} + e^{+j\beta z}) = \frac{2V_0^+}{Z_0}\cos\beta z \tag{3.48}$$
$$Z_{\text{in}} = jZ_0\tan\beta l$$

식 (3.48)에서 입력 임피던스는 순허수 성분으로 주어지는데, 이는 전송선로에서 전압과 전류가 90° 위상차를 갖는다는 것을 의미한다. [그림 3-14(a)]에 전송선로 내에서의 위치에 따라 달라지는 임피던스 변화를 나타냈다. $z = 0$에서 단락이므로 임피던스 값이 0이 되는 것을 알 수 있으며, 신호원 방향으로 $\frac{1}{4}$ 파장의 거리가 지난 지점에서는 입력 임피던스가 개방[open], 즉 ∞가 되는 것을 확인할 수 있다. 다시 $\frac{1}{4}$ 파장의 거리가 지나면 입력 임피던스는 다시 단락 상태가 되어 부하의 임피던스와 같아진다.

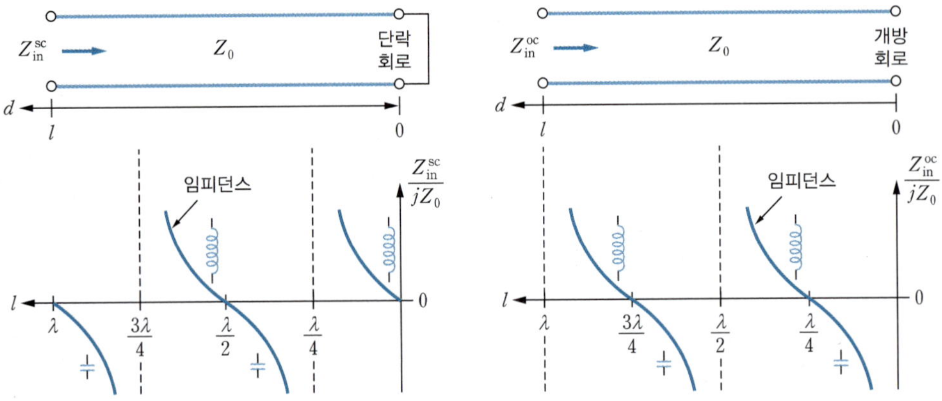

(a) $Z_L = 0$인 경우 (a) $Z_L = \infty$인 경우

[그림 3-14] 전송선로에서 전송선로 위치에 따른 입력 임피던스의 변화

❸ 부하가 개방($Z_L = \infty$)인 경우

부하가 개방open된 경우, 즉 $Z_L = \infty$ 인 경우는 부하에서 반사계수 $\Gamma_L = 1$을 가지며, 전송선로에서의 전압이나 전류는 식 (3.49)와 같다. 이때 부하의 위치인 $z = 0$에서 $V(0) \neq 0$이지만 $I(0) = 0$이라는 것에 주의해야 한다. 또한 전압의 경우도 진행방향과 반사되는 방향의 전압의 크기와 부호가 같게, 즉 $V_0^- = V_0^+$로 주어진다.

$$V(z) = V_0^+(e^{-j\beta z} + e^{+j\beta z}) = 2V_0^+ \cos\beta z$$

$$I(z) = \frac{V_0^+}{Z_0}(e^{-j\beta z} - e^{+j\beta z}) = -j\frac{2V_0^+}{Z_0}\sin\beta z \tag{3.49}$$

$$Z_{\text{in}} = -jZ_0 \cot\beta l$$

식 (3.49)에서 입력 임피던스는 순허수 성분으로 주어지는데, 이는 $Z_L = 0$일 때와 마찬가지로 전송선로에서 전압과 전류가 90° 위상차를 갖는다는 것을 의미한다. [그림 3-14(b)]에 전송선로 내에서의 위치에 따라 달라지는 입력 임피던스 변화를 나타냈다. $z = 0$에서 개방이므로 임피던스 값이 ∞가 되는 것을 알 수 있으며, 신호원 방향으로 $\frac{1}{4}$파장의 거리가 지난 지점에서는 입력 임피던스가 단락, 즉 0이 되는 것을 확인할 수 있다. 다시 $\frac{1}{4}$파장의 거리가 지나면 입력 임피던스는 다시 개방 상태가 되어 부하의 임피던스와 같게 된다.

❹ 부하가 복소 임피던스($Z_L = R_L + jX_L$)인 경우

부하가 저항 성분과 리액턴스 성분을 모두 가진 복소 임피던스 $R + jX$인 경우, 반사계수는 식 (3.50)과 같다. 만약 저항 성분이 없고 복소 성분만 갖는다면 반사계수의 절댓값 크기는 항상 1이 된다. R_L과 Z_0가 모두 양수일 때 식 (3.51)로부터 반사계수 크기를 구하면 분모가 분자보다 항상 크기 때문에 반사계수의 크기는 항상 1보다 작다. 또한 반사되는 방향의 전압 크기는 진행하는 방향의 전압 크기에 비해 항상 작다는 사실도 알 수 있다.

$$\Gamma_L = \frac{Z_L - Z_0}{Z_L + Z_0} = \frac{(R_L + jX_L) - Z_0}{(R_L + jX_L) + Z_0} = \frac{(R_L - Z_0) + jX_L}{(R_L + Z_0) + jX_L} \tag{3.50}$$

$$|\Gamma_L| = \left| \frac{(R_L - Z_0) + jX_L}{(R_L + Z_0) + jX_L} \right| = \sqrt{\frac{(R_L^2 + Z_0^2 + X_L^2) - 2R_L Z_0}{(R_L^2 + Z_0^2 + X_L^2) + 2R_L Z_0}} \tag{3.51}$$

[표 3-3]에 부하의 임피던스에 따른 반사계수 값을 나타냈다.

[표 3-3] 부하의 임피던스 변화에 따른 반사계수 값

반사계수 $\Gamma = \lvert\Gamma\rvert e^{j\theta_r}$			
부하		$\lvert\Gamma\rvert$	θ_r
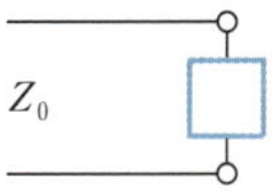 Z_0	$Z_L = (r + jx)Z_0$	$\left[\frac{(r-1)^2 + x^2}{(r+1)^2 + x^2}\right]^{1/2}$	$\tan^{-1}\left(\frac{x}{r-1}\right) - \tan^{-1}\left(\frac{x}{r+1}\right)$
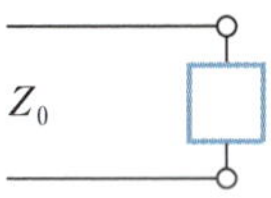 Z_0	Z_0	0(무반사)	없음
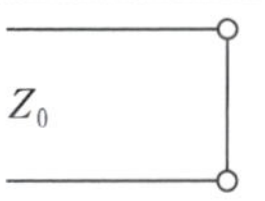 Z_0	단락	1	±180°(반대위상)
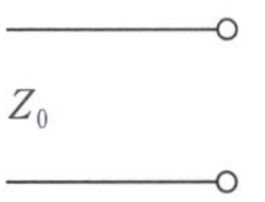 Z_0	개방	1	0°(동위상)
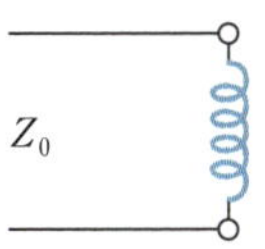 Z_0	$jX = j\omega L$	1	$\pm 180° - 2\tan^{-1} x$
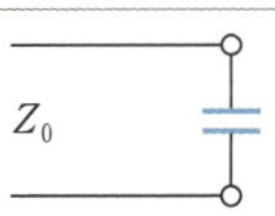 Z_0	$jX = \frac{-j}{\omega C}$	1	$\pm 180° + 2\tan^{-1} x$
정규화된 부하 임피던스 $z_L = \frac{Z_L}{Z_0} = \frac{(R + jX)}{Z_0} = r + jx$			

예제 3-10 전송선로의 특성 임피던스를 실험적으로 알아내기

특성 임피던스를 알지 못하는 무손실 전송선로가 있다고 가정하자. 부하를 단락($Z_L = 0$)시킨 후 전송선로 위의 특정 위치에서 임피던스를 측정하여 $j75\,[\Omega]$을 얻었고, 다시 부하를 개방($Z_L = \infty$)한 후 동일한 위치에서 임피던스를 측정하여 $-j50\,[\Omega]$을 얻었다. 이때 전송선로의 특성 임피던스는 얼마인가?

풀이

무손실 전송선로의 특성 임피던스를 Z_0, 위상상수를 β라고 하자. 부하가 단락되었을 때 부하로부터 l만큼 떨어진 지점에서의 입력 임피던스는 식 (3.48)을 통해 구할 수 있다. 또한 같은 조건에서 부하가 개방되었을 때 입력 임피던스는 식 (3.49)를 통해 구할 수 있다.

$$Z_e(\text{단락}) = jZ_0 \tan \beta l$$
$$Z_{\text{in}}(\text{개방}) = -jZ_0 \cot \beta l$$

이 두 값을 곱하면 $(jZ_0 \tan \beta l) \times (-jZ_0 \cot \beta l) = Z_0^2$이 되는 것을 알 수 있다. 따라서 특성 임피던스를 구하면 $Z_0 = \sqrt{(j75)(-j50)} = 61.24\,[\Omega]$이 된다. 이는 전송선로의 특성 임피던스를 모를 때 특성 임피던스를 알아낼 수 있는 유용한 방법이다.

전송선로의 길이가 변하는 경우

❶ $l = \frac{\lambda}{2}$인 경우

전송선로의 길이 l이 신호원 파장의 $\frac{1}{2}$, 즉 반파장 길이라면 전송선로의 입력 임피던스 Z_{in}는 부하의 임피던스 Z_L과 같아진다. 즉, 전송선로의 길이가 반파장 혹은 반파장의 배수를 갖는 길이라면, 입력 임피던스는 전송선로의 특성 임피던스나 위상상수와 관계없이 항상 부하의 임피던스와 같다는 것을 뜻한다.

$$\beta l = \frac{2\pi}{\lambda}\frac{\lambda}{2} = \pi \tag{3.52}$$

$$\begin{aligned} Z_{\text{in}} &= Z_0\left(\frac{Z_L \cos \beta l + jZ_0 \sin \beta l}{Z_0 \cos \beta l + jZ_L \sin \beta l}\right) \\ &= Z_0\left(\frac{Z_L(-1) + jZ_L(0)}{Z_0(-1) + jZ_L(0)}\right) \\ &= Z_L \end{aligned} \tag{3.53}$$

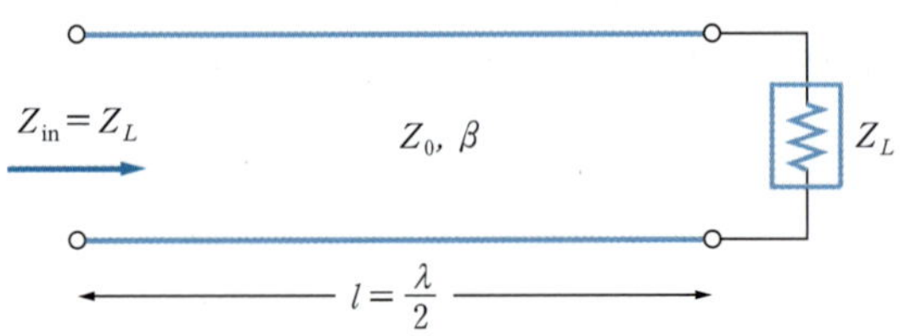

[그림 3-15] $l = \frac{\lambda}{2}$일 경우의 입력 임피던스

❷ $l = \dfrac{\lambda}{4}$ 인 경우

전송선로의 길이가 $\dfrac{1}{4}$ 파장 길이라면, $\beta l = \left(\dfrac{2\pi}{\lambda}\right)\left(\dfrac{\lambda}{4}\right) = \dfrac{\pi}{2}$ 로부터 식 (3.54)와 같이 입력 임피던스가 부하의 임피던스에 반비례하는 값을 갖는다. 식 (3.54)로부터 여러 가지 경우를 생각해 볼 수 있다. 예를 들어, [그림 3-16]과 같이 부하의 임피던스 $Z_L = 0$, 즉 회로적으로 단락된다면 입력 임피던스는 $Z_{\text{in}} = \infty$ 로 회로적으로 개방된다. 이때 반대의 경우도 성립한다. 전송선로의 길이가 $\dfrac{1}{4}$ 파장인 경우는 개방-단락을 바꿀 수 있는 구조이기 때문에 **$\dfrac{1}{4}$ 파장 트랜스포머** quarter-wave transformer 또는 **임피던스 변환기**라고도 한다.

$$Z_{\text{in}} = Z_0\left(\frac{Z_L\cos\beta l + jZ_0\sin\beta l}{Z_0\cos\beta l + jZ_L\sin\beta l}\right) \qquad (3.54)$$

$$= Z_0\left(\frac{Z_L(0) + jZ_L(1)}{Z_0(0) + jZ_L(1)}\right)$$

$$= \frac{(Z_0)^2}{Z_L}$$

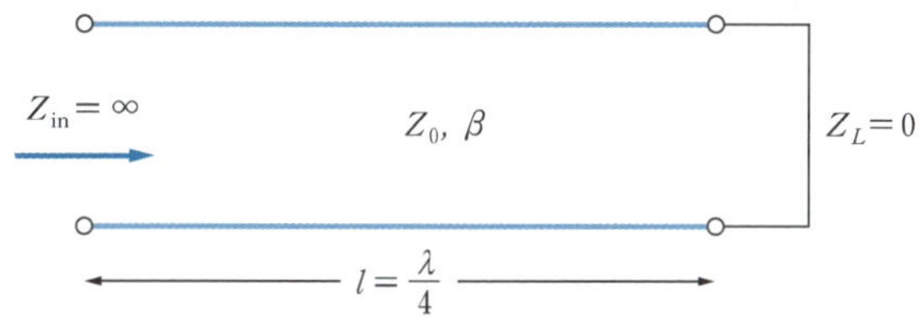

[그림 3-16] 부하가 단락일 때 전송선로 길이 $l = \dfrac{\lambda}{4}$ 에서의 입력 임피던스

[그림 3-17]과 같이 만약 Z_0의 특성 임피던스를 가진 전송선로에 Z_L의 임피던스를 가진 부하를 연결한다고 가정하자. $Z_0 \neq Z_L$이라면 부정합mismatch이 되어 신호원에서 전달하고자 하는 전력을 부하에 모두 전달할 수 없다. 따라서 정합($Z_0 = Z_L$)시키기 위해서는 전송선로와 부하 사이에 $\dfrac{1}{4}$ 파장 길이($\lambda_g/4$)의 전송선로, 즉 $\dfrac{1}{4}$ 파장 변환기를 삽입하여 구현할 수 있다. [그림 3-17]과 같이 $\dfrac{1}{4}$ 파장 변환기를 전송선로와 부하 사이에 삽입해보자. 이때 $Z_{\text{in}} = Z_0$가 성립하면 $\dfrac{1}{4}$ 파장 변환기 입력단에서 반사계수 $\Gamma_{\text{in}} = 0$이 되어 전송선로의 전력을 부하에 모두 전달하여 정합이 이루어진다. 식 (3.54)로부터 $\dfrac{1}{4}$ 파장 변환기의 임피던스 Z_{0T}를 구할 수 있다.

$$Z_{0T} = \sqrt{Z_0 Z_L} \qquad (3.55)$$

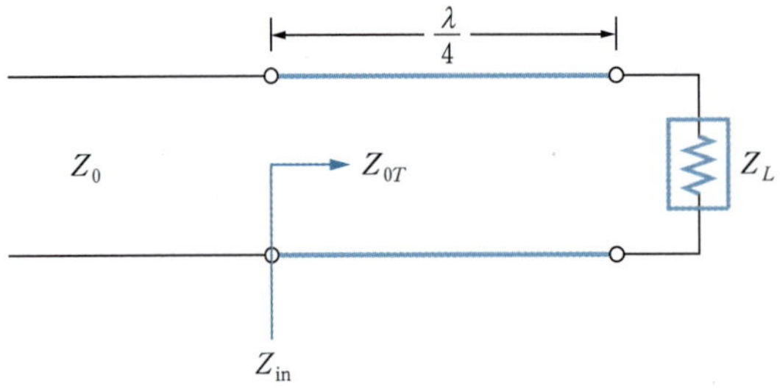

[그림 3-17] $\frac{1}{4}$파장 변환기

❸ $l \ll \lambda$인 경우

전송선로의 길이가 파장에 비해 매우 작다는 것은 신호의 파장이 전송선로의 길이에 비해 매우 길다는 말로, 신호원의 주파수가 매우 낮다는 것을 뜻한다. 1장에서 정의한 것처럼 파장에 대한 전송선로의 길이는 전기적 길이로 표현할 수 있는데, 파장에 비해 전송선로의 길이가 매우 작다면, 즉 $l \ll \lambda$이라면 전기적 길이가 아주 작다고 할 수 있다. 이때 βl은 식 (3.56)과 같이 쓸 수 있다.

$$\beta l = \frac{2\pi}{\lambda} l = 2\pi \frac{l}{\lambda} \approx 0 \tag{3.56}$$

$$\begin{aligned} Z_{\text{in}} &= Z_0 \left(\frac{Z_L \cos \beta l + jZ_0 \sin \beta l}{Z_0 \cos \beta l + jZ_L \sin \beta l} \right) \\ &= Z_0 \left(\frac{Z_L(1) + jZ_L(0)}{Z_0(1) + jZ_L(0)} \right) \\ &= Z_L \end{aligned} \tag{3.57}$$

입력 임피던스 Z_{in}은 식 (3.57)과 같이 부하의 임피던스 Z_L과 같기 때문에 전송선로가 입력 임피던스에 영향을 주지 않는다. 전송선로의 입력단($z = -l$)과 부하가 연결된 종단($z = 0$)에서의 전압과 전류는 식 (3.58)과 같은 관계를 갖는다. 즉, 신호원과 부하 사이의 연결선(또는 전송선로)의 임피던스를 고려하지 않는 회로망의 가정들이 성립한다.

$$V(z = -l) \approx V(z = 0) \text{ 그리고 } I(z = -l) \approx I(z = 0) \quad (l \ll \lambda\text{일 경우}) \tag{3.58}$$

[그림 3-18]에서는 부하 Z_L에 길이가 0, $\frac{\lambda}{8}$, $\frac{\lambda}{4}$, $\frac{\lambda}{2}$인 무손실 전송선로가 연결되었을 경우 입력 임피던스를 구하는 과정을 도식적으로 나타냈다.

예제 3-11 $\frac{\lambda}{8}$ 길이를 갖는 전송선로의 입력 임피던스

50[Ω]의 특성 임피던스를 갖는 $\frac{\lambda}{8}$ 길이의 전송선로가 100[Ω]의 부하 임피던스로 종단되었을 때, 입력 임피던스를 구하라.

풀이

$\frac{\lambda}{8}$ 길이의 전송선로에 대해 $\beta l = \frac{2\pi}{\lambda} \times \frac{\lambda}{8} = \frac{\pi}{4}$ 이므로, $\cos(\beta l) = \sin(\beta l)$을 만족한다. 식 (3.43)으로부터 다음과 같이 입력 임피던스를 구할 수 있다.

$$Z_{\text{in}} = Z_0\left(\frac{Z_L + jZ_0}{Z_0 + jZ_L}\right) = 50 \times \left(\frac{100 + j50}{50 + j100}\right) = (40 - j30)\,[\Omega]$$

이때 [그림 3-18]에 나타낸 것처럼 $|Z_{\text{in}}| = Z_0$가 되는 것을 알 수 있다.

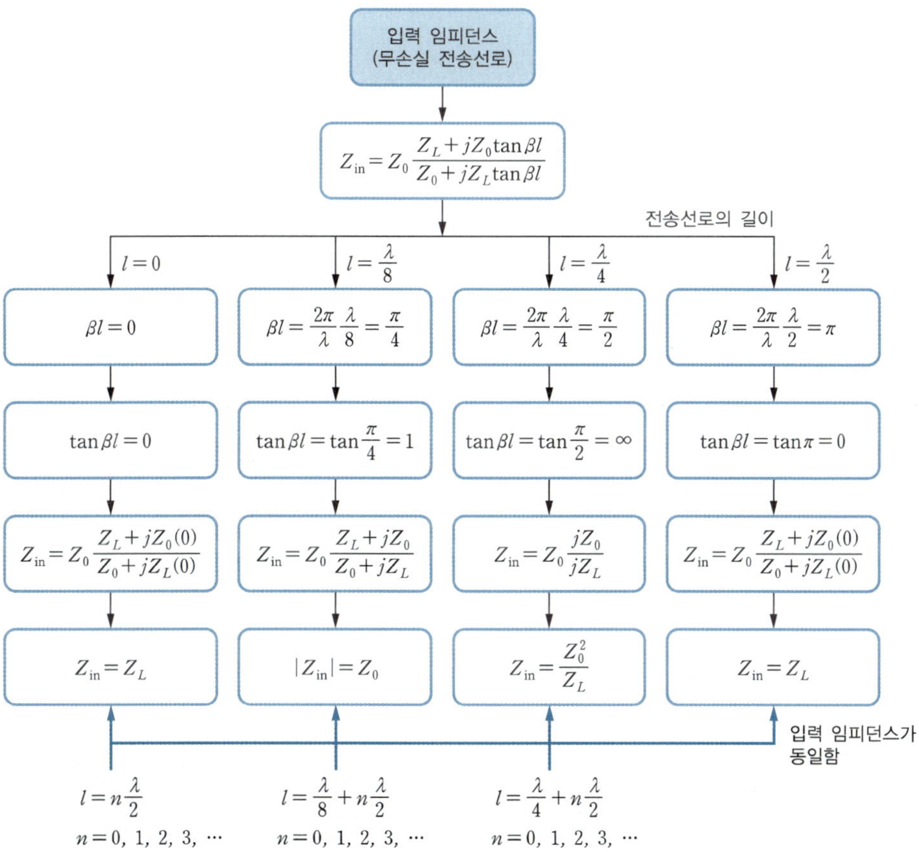

[그림 3-18] **전송선로의 길이에 따른 입력 임피던스**[3]

---

3 Dr. Dinesh Bharadia의 허락을 받고 'RF and Microwave Engineering' 과목에 사용되는 강의노트 자료를 인용하였다.

예제 3-12 $\frac{1}{4}$ 파장 변환기의 특성 임피던스

50[Ω]의 무손실 전송선로에 $\frac{1}{4}$ 파장 변환기를 사용하여 100[Ω]의 부하를 정합했다. $\frac{1}{4}$ 파장 변환기의 특성 임피던스를 구하라.

풀이

식 (3.50)에서 $Z_L = 100[\Omega]$, $Z_0 = 50[\Omega]$이므로, $\frac{1}{4}$ 파장 변환기의 특성 임피던스 Z_{0T}는 다음과 같이 구할 수 있다.

$$Z_{0T} = \sqrt{Z_0 Z_L} = \sqrt{100 \times 50} = 70.71[\Omega]$$

예제 3-13 $\frac{1}{4}$ 파장 변환기 설계

자유공간에서 동작주파수가 200[MHz]인 회로에서 200[Ω]의 부하를 500[Ω]의 신호원 저항에 정합하기 위해 필요한 $\frac{1}{4}$ 파장 변환기의 임피던스와 길이를 구하라.

풀이

$Z_L = 200[\Omega]$, $Z_0 = 500[\Omega]$이므로 $\frac{1}{4}$ 파장 변환기의 특성 임피던스 Z_{0T}를 구하면 다음과 같다.

$$Z_{0T} = \sqrt{Z_0 Z_L} = \sqrt{200 \times 500} = 316.22[\Omega]$$

또한 동작주파수가 200[MHz]이므로 파장은 $\lambda = \frac{c}{f} = \frac{3 \times 10^8}{200 \times 10^6} = 1.5[\mathrm{m}]$가 되며, 따라서 $\frac{1}{4}$ 파장 변환기의 길이는 다음과 같이 설계된다.

$$\frac{\lambda}{4} = \frac{1.5}{4} = 0.375[\mathrm{m}]$$

3.5 전송선로에서의 전력특성

앞서 설명했듯이, 전송선로는 신호원에서 부하로 전자기 에너지를 전달하는 역할을 한다. 바로 앞 3.4절에서 부하 임피던스와 전송선로 특성 임피던스에 따른 전압 반사계수 Γ_L을 정의했다. 이 절에서는 전압 반사계수로부터, 전송선로로부터 부하에 전달되는 입사전력, 반사전력, 흡수전력을 계산한다. 또한 전압반사계수로부터 전송선로와 부하 간 전력 정합특성을 나타내는 반사손실 및 전압 정재파비를 구하고, 최대 전력전달 특성을 이용하여 전송선로에 대한 최적의 부하 임피던스 값을 설계하고자 한다.

3.5.1 전력특성-반사계수 이용

이상적인 무손실 전송선로를 따라 전자기파가 진행한다고 가정하자. 복소 임피던스 Z_L을 가진 부하에 흡수되는 시간-평균 전력time-averaged power은 식 (3.59)와 같다.

$$P_{\mathrm{av}} = \frac{1}{2}\mathrm{Re}\{V_L I_L^*\} \tag{3.59}$$

부하($z=0$)에서의 전압과 전류를 식 (3.59)에 대입하면 다음과 같이 전력을 얻을 수 있다.

$$\begin{aligned} P_{\mathrm{av}} &= \frac{1}{2}\mathrm{Re}\{V_L I_L^*\} \\ &= \frac{1}{2}\mathrm{Re}\{V(z=0)\,I(z=0)^*\} \\ &= \frac{1}{2Z_0}\mathrm{Re}\left\{(V_0^+[e^{-j\beta\times 0}+\Gamma_0 e^{+j\beta\times 0}])(V_0^+[e^{-j\beta\times 0}-\Gamma_0 e^{+j\beta\times 0}])^*\right\} \\ &= \frac{|V_0^+|^2}{2Z_0}\mathrm{Re}\left\{1-(\Gamma_0^*-\Gamma_0)-|\Gamma_0|^2\right\} \\ &= \frac{|V_0^+|^2}{2Z_0}(1-|\Gamma_0|^2) \\ &= \frac{|V_0^+|^2}{2Z_0}(=P_+)-\frac{|V_0^-|^2}{2Z_0}(=P_-) \end{aligned} \tag{3.60}$$

식 (3.60)에서 두 항 P_+, P_-이 갖는 물리적 의미를 살펴보자. 첫 번째 항 P_+는 전송선로에서 부하의 방향으로 전달되는 전자기파의 시간-평균 전력을 의미하며, 이를 부하에 대한 **입사전력** incident power P_{inc}이라고 한다.

$$P_{\mathrm{inc}} = P_+ = \frac{|V_0^+|^2}{2Z_0} \tag{3.61}$$

두 번째 항 P_-는 부하로부터 멀어지는 방향의 전력을 의미하며, 이를 부하로부터 반사되는 **반사전력** reflected power P_{ref}라고 한다.

$$P_{\mathrm{ref}} = P_- = \frac{|V_0^-|^2}{2Z_0} = \frac{|\Gamma_L V_0^+|^2}{2Z_0} = |\Gamma_L|^2\frac{|V_0^+|^2}{2Z_0} = |\Gamma_L|^2 P_{\mathrm{inc}} \tag{3.62}$$

따라서 부하에 흡수하는 전력, 즉 부하에 전달되는 전력을 나타내는 식 (3.60)은 식 (3.63)과 같이 입사전력과 반사전력의 차이로 다시 나타낼 수 있다.

$$P_{\text{abs}}(=P_{\text{av}}) = \frac{|V_0^+|^2}{2Z_0} - \frac{|V_0^-|^2}{2Z_0} = \frac{|V_0^+|^2}{2Z_0}(1-|\Gamma_L|^2) = P_{\text{inc}} - P_{\text{ref}} \tag{3.63}$$

식 (3.63)은 전송선로를 통해 부하에 전달되는 전력(P_{inc}), 부하로부터 반사되는 전력(P_{ref}), 부하에 의해 흡수되는 전력(P_{abs})의 관계식을 통해 에너지 보존법칙을 설명한다. 반사전력과 입사전력, 그리고 흡수전력은 부하에서의 반사계수에 의해 결정되며, 반사계수의 크기에 따라 크게 다음과 같은 세 가지 형태로 나뉜다.

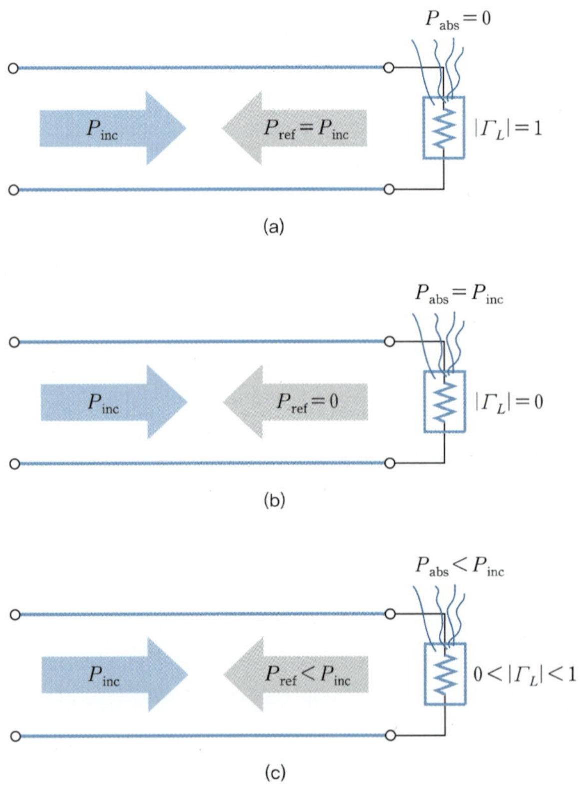

[그림 3-19] **반사계수의 크기에 따른 전력의 전달특성**

❶ $|\Gamma_L|=1$인 경우

부하가 단락, 개방 또는 리액턴스만 연결된 경우 반사계수 $|\Gamma_L|=1$을 갖는다. 식 (3.64)와 같이 반사되는 전력이 입사전력과 같게 되어 부하에 흡수되는 전력은 0이 되며, 모든 입사전력은 반사된다. 식 (3.65)에 의해 에너지 보존($P_{\text{inc}}=P_{\text{ref}}+P_{\text{abs}}$)이 성립한다.

$$P_{\text{abs}} = P_{\text{inc}}(1 - |\Gamma_L|^2) = P_{\text{inc}}(1-1) = 0 \tag{3.64}$$

$$P_{\text{ref}} = |\Gamma_L|^2 P_{\text{inc}} = (1) P_{\text{inc}} = P_{\text{inc}} \tag{3.65}$$

❷ $|\Gamma_L| = 0$인 경우

부하의 임피던스 Z_L과 전송선로의 특성 임피던스 Z_0가 같아 정합이 이루어진 경우이다. 이때 반사되는 전력은 식 (3.66)과 같이 0이 된다. 즉, 반사되는 전력이 없다. 이때 부하에 흡수되는 전력은 입사전력과 같다.

$$P_{\text{ref}} = |\Gamma_L|^2 P_{\text{inc}} = (0) P_{\text{inc}} = 0 \tag{3.66}$$

$$P_{\text{abs}} = P_{\text{inc}}(1 - |\Gamma_L|^2) = P_{\text{inc}}(1-0) = P_{\text{inc}} \tag{3.67}$$

❸ $0 < |\Gamma_L| < 1$인 경우

반사되는 반사전력이 0보다는 크고 입사전력보다 작은 경우이다. 이때 부하에 흡수되는 전력은 0보다 크고 입사전력보다 작다.

$$0 < P_{\text{ref}} = |\Gamma_L|^2 P_{\text{inc}} < P_{\text{inc}} \tag{3.68}$$

$$0 < P_{\text{abs}} = P_{\text{inc}}(1 - |\Gamma_L|^2) < P_{\text{inc}} \tag{3.69}$$

3.5.2 전력특성–반사손실 및 전압정재파비

부하에서 입사전력에 대한 반사전력의 비를 **반사손실**RL : Return Loss이라고 하며, 다음과 같이 데시벨dB로 정의할 수 있다. 반사손실을 보면 부하에 의해 반사되는 입사전력이 얼마나 되는지를 알 수 있다.

$$\text{RL} = -10\log_{10}\left[\frac{P_{\text{ref}}}{P_{\text{inc}}}\right] = -10\log_{10}|\Gamma_L|^2 \tag{3.70}$$

예를 들어, 반사손실이 10 [dB]이라면 입사전력의 10%가 부하에서 반사되고, 90%가 부하에 의해 흡수된다는 뜻이다. 또한 반사손실이 20 [dB]이라면 입사전력의 1%가 부하에서 반사되고, 99%가 부하에 의해 흡수된다는 뜻이다. 이때 반사손실이 클수록 전력손실은 적고, (이상적으로) 반사계수가 $|\Gamma_L| = 0$이면 반사손실은 ∞ [dB]이 된다. 반대로 반사계수가 $|\Gamma_L| = 1$이면 반사손실은 0 [dB]이 된다.

부하의 정합 여부를 판단할 수 있는 또 다른 중요한 파라미터는 전압정재파비이다. 부하 Z_L로 종단되어 부하에서의 반사계수가 Γ_L인 무손실 전송선로에서 전압을 위치 z의 함수로 나타낸 식을 보자.

$$V(z) = V_0^+\left[e^{-j\beta z} + \Gamma_L e^{+j\beta z}\right] \tag{3.71}$$

식 (3.71)에서 전압의 크기를 구해보자.

$$|V(z)| = |V_0^+||e^{-j\beta z} + \Gamma_L e^{+j\beta z}| \tag{3.72}$$
$$= |V_0^+||e^{-j\beta z}||1 + \Gamma_L e^{+j2\beta z}|$$
$$= |V_0^+||1 + \Gamma_L e^{+j2\beta z}|$$

$|1+\Gamma_L e^{+j2\beta z}|$에서 항상 $|e^{+2j\beta z}| = 1$이므로 전압의 크기가 최대일 때는 $|\Gamma_L|$일 때이며, 최소일 때는 $-|\Gamma_L|$일 때이다. 이때 전압 $|V(z)|$의 최댓값과 최솟값은 각각 식 (3.73)과 식 (3.74)로 주어진다.

$$|V(z)|_{max} = |V_0^+|(1+|\Gamma_L|) \tag{3.73}$$

$$|V(z)|_{min} = |V_0^+|(1-|\Gamma_L|) \tag{3.74}$$

$|V(z)|_{min}$에 대한 $|V(z)|_{max}$의 비를 **전압정재파비**VSWR : voltage standing wave ratio라고 하며, 이는 식 (3.75)와 같이 정의된다.

$$\text{VSWR} = \frac{|V(z)|_{max}}{|V(z)|_{min}} = \frac{1+|\Gamma_L|}{1-|\Gamma_L|} \quad (1 \le \text{VSWR} \le \infty) \tag{3.75}$$

식 (3.75)로부터 만약 $|\Gamma_L| = 0$, 즉, 전송선로와 부하가 정합이 이루어져 $Z_L = Z_0$가 성립되면 VSWR $= 1$이 된다. 즉, 전송선로의 위치 z에 무관하게 항상 일정한 값 1을 갖게 되는데, 이 값이 VSWR이 가질 수 있는 최솟값이다. $|\Gamma_L| = 1$이면 VSWR $= \infty$가 되는데, 이때는 $|V(z)|_{min} = 0$, $|V(z)|_{max} = 2|V_0^+|$가 된다. [그림 3-20]은 종단된 전송선로 위에서의 전압크기 변화를 보여준다. 최댓값 또는 최솟값이 $\frac{\lambda}{2}$마다 주기적으로 반복되는 것을 알 수 있다.

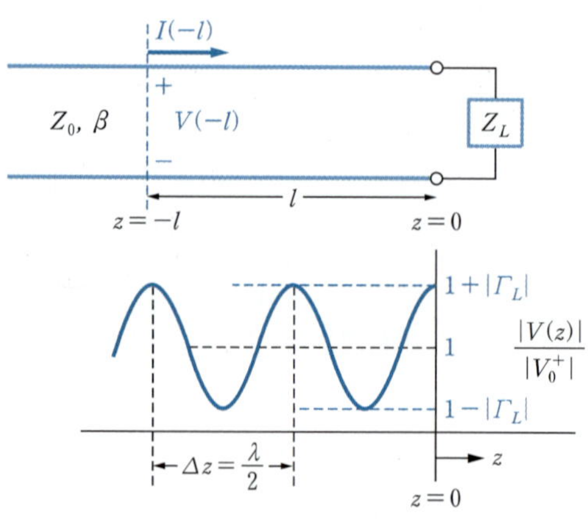

[그림 3-20] Z_L로 종단된 전송선로 위에서의 전압 변화

예를 들어, [그림 3-21(a)]와 같이 주파수 100 [MHz]에서 $100\angle 0°$의 크기와 위상을 갖는 정현파 신호원에 50 [Ω]의 특성 임피던스를 갖는 전송선로가 임피던스 Z_L인 부하에 연결된 경우, Z_L

값에 따른 전압의 크기 변화는 [그림 3-21(b)]와 같이 나타난다. $Z_L = Z_0$, 즉, 정합된 회로에서는 VSWR = 1 이므로 전송선로의 위치와 무관하게 z축에 평행한 직선으로 나타난다. 또한 Z_L이 0(단락) 또는 ∞(개방)일 경우 $V_{\min}$은 0이고, $V_{\max}$는 100이 되는 것을 알 수 있다.

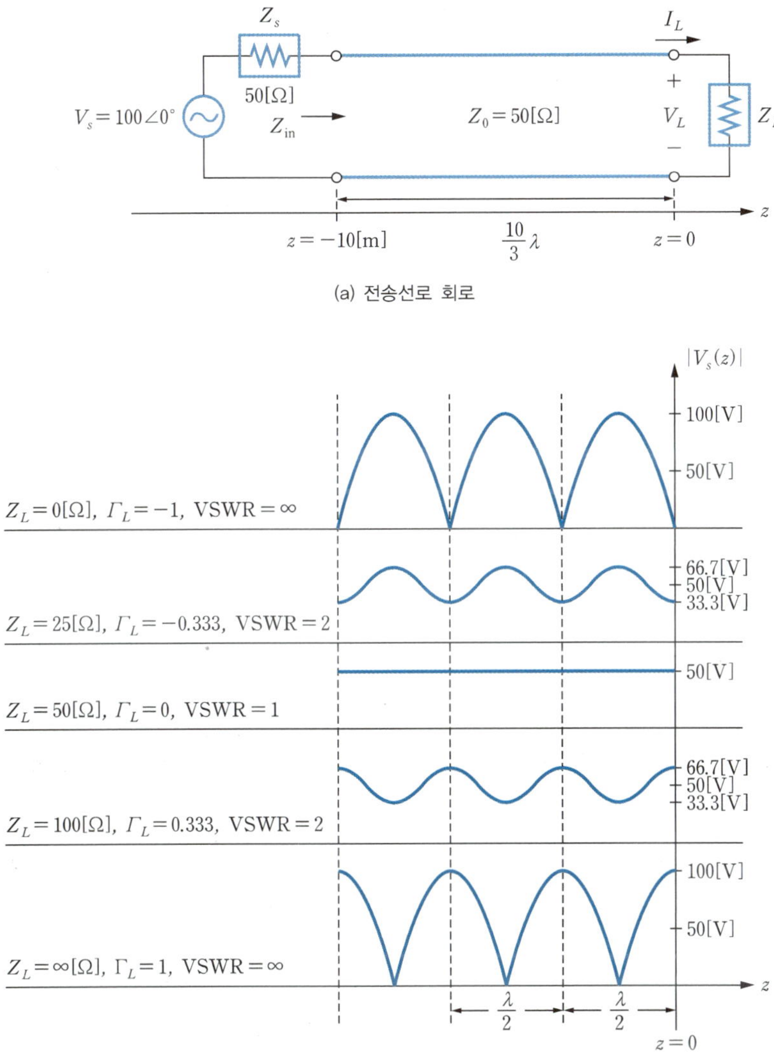

[그림 3-21] Z_L 값의 변화에 따른 VSWR의 변화

반사손실과 전압정재파비는 부하의 정합 정도를 측정하여 얻을 수 있는 값으로, 안테나를 비롯한 대부분의 RF 부품의 성능을 나타내는 파라미터로 사용된다. [표 3-4]와 같이 반사손실, 전압정재파비, 반사계수를 유도하여 어느 하나를 알게 되면 나머지 값을 계산해낼 수 있고, 입사되는 전력의 양과 반사되는 전력의 양을 쉽게 알 수 있다.

[표 3-4] 반사손실과 전압정재파비의 변환표

반사손실 (dB)	SWR	Γ	부정합 손실 (dB)	입사전력 (%)	반사전력 (%)	반사손실 (dB)	SWR	Γ	부정합 손실 (dB)	입사전력 (%)	반사전력 (%)
1	17.39	0.891	6.868	0.206	0.794	21	1.20	0.089	0.035	0.992	0.008
2	8.72	0.794	4.329	0.369	0.631	22	1.17	0.079	0.027	0.994	0.006
3	5.85	0.708	3.021	0.499	0.501	23	1.15	0.071	0.022	0.995	0.005
4	4.42	0.631	2.205	0.602	0.398	24	1.13	0.063	0.017	0.996	0.004
5	3.57	0.562	1.651	0.684	0.316	25	1.12	0.056	0.014	0.997	0.003
6	3.01	0.501	1.256	0.749	0.251	26	1.11	0.050	0.011	0.997	0.003
7	2.61	0.447	0.967	0.800	0.200	27	1.09	0.045	0.009	0.998	0.002
8	2.32	0.398	0.749	0.842	0.158	28	1.08	0.040	0.007	0.998	0.002
9	2.10	0.355	0.584	0.874	0.126	29	1.07	0.035	0.005	0.999	0.001
10	1.92	0.316	0.458	0.900	0.100	30	1.07	0.032	0.004	0.999	0.001
11	1.78	0.282	0.359	0.921	0.079	31	1.06	0.028	0.003	0.999	0.001
12	1.67	0.251	0.283	0.937	0.063	32	1.05	0.025	0.003	0.999	0.001
13	1.58	0.224	0.223	0.950	0.050	33	1.05	0.022	0.002	0.999	0.001
14	1.50	0.200	0.176	0.960	0.040	34	1.04	0.020	0.002	1.000	0.000
15	1.43	0.178	0.140	0.968	0.032	35	1.04	0.018	0.001	1.000	0.000
16	1.38	0.158	0.110	0.975	0.025	36	1.03	0.016	0.001	1.000	0.000
17	1.33	0.141	0.088	0.980	0.020	37	1.03	0.014	0.001	1.000	0.000
18	1.29	0.126	0.069	0.984	0.016	38	1.03	0.013	0.001	1.000	0.000
19	1.25	0.112	0.055	0.987	0.013	39	1.02	0.011	0.001	1.000	0.000
20	1.22	0.100	0.044	0.990	0.010	40	1.02	0.010	0.000	1.000	0.000

[그림 3-22]는 900[MHz] 대역과 1900[MHz] 대역의 이중대역에서 동작하는 상용 안테나의 반사손실과 전압정재파비를 측정한 것이다. 이때 앞서 설명과 다르게 실제로 측정되는 반사손실은 반사손실의 양으로 정의된 값에 부호를 바꿔서 사용한다. 즉, (-) 값을 사용한다.

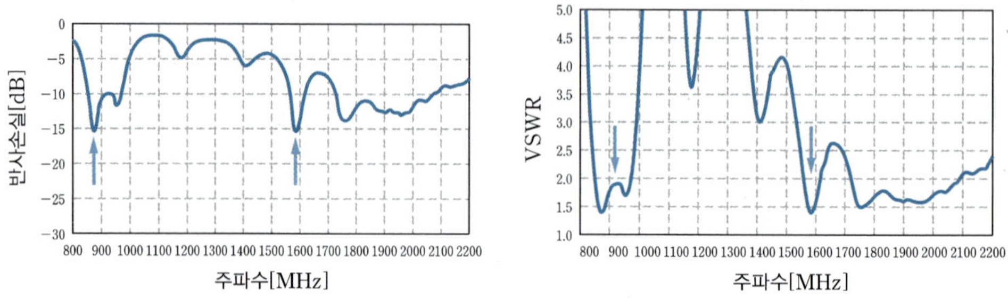

(a) 반사손실 특성

(b) VSWR 특성

[그림 3-22] 상용 안테나의 주파수에 따른 반사손실과 VSWR 측정값

예제 3-14 전송선로의 반사계수와 VSWR

$(50+j0.01)[\Omega]$의 특성 임피던스를 갖는 전송선로에 $(73-j42.5)[\Omega]$의 부하가 연결되었을 때, 반사계수와 VSWR을 구하라.

풀이

식 (3.41)로부터 반사계수를 구하면 다음과 같다.

$$\Gamma_L = \frac{Z_L - Z_0}{Z_L + Z_0} = \frac{(73-j42.5)-(50+j0.01)}{(73-j42.5)+(50+j0.01)} = \frac{23-j42.51}{123-j42.49} = 0.3714\angle -42.53°$$

$|\Gamma_L| = 0.3714$이므로 VSWR을 구하면 다음과 같다.

$$\text{VSWR} = \frac{1+|\Gamma_L|}{1-|\Gamma_L|} = 2.1817$$

예제 3-15 VSWR과 전력의 관계

$100[\Omega]$의 특성 임피던스를 갖는 무손실 전송선로에 $50[\Omega]$의 저항성 부하가 연결되었다. 전송선로가 충분히 길고, 부하에서 측정된 전압이 $50[\text{V}]$일 때, 각각의 물음에 답하라. (단, 신호원의 파장은 λ로 가정한다.)

(a) 전송선로에서 측정되는 전압크기의 최댓값과 최솟값을 구하라.

(b) 전송선로에서 측정된 전압이 최대와 최소가 되는 위치 중 부하로부터 가장 가까운 위치를 구하라.

(c) 부하에 전달되는 전력을 구하라.

풀이

(a) 식 (3.41)로부터 부하에서의 반사계수를 구하면 다음과 같다.

$$\Gamma_L = \frac{Z_L - Z_0}{Z_L + Z_0} = \frac{50-100}{50+100} = -\frac{1}{3} \Rightarrow \frac{1}{3}\angle -\pi$$

이때 전압정재파비는 다음과 같이 주어진다.

$$\text{VSWR} = \frac{1+|\Gamma_L|}{1-|\Gamma_L|} = \frac{3+1}{3-1} = 2$$

식 (3.71)로부터 부하에서의 전압을 구하면 $V_L = V_0^+(1+\Gamma_L)$이 되며, $V_L = 50[\text{V}]$이므로 다음과 같이 V_0^+의 값을 계산할 수 있다.

$$V_0^+ = \frac{V_L}{1+\Gamma_L} = \frac{50}{1-1/3} = 75[\text{V}]$$

식 (3.73)과 식 (3.74)로부터 전송선로에서 측정되는 전압크기의 최댓값과 최솟값을 구할 수 있다.

$$|V(z)|_{\max} = |V_0^+|(1+|\Gamma_L|) = 75 \times \frac{4}{3} = 100\,[\mathrm{V}]$$

$$|V(z)|_{\min} = |V_0^+|(1-|\Gamma_L|) = 75 \times \frac{2}{3} = 50\,[\mathrm{V}]$$

(b) $V_L = |V(z)|_{\min}$ 이므로 전압이 최소가 되는 위치는 $z=0,\ -\frac{1}{2}\lambda,\ -\lambda,\ \cdots$ 이며, 최대가 되는 위치는 $z=-\frac{1}{4}\lambda,\ -\frac{3}{4}\lambda,\ -\frac{5}{4}\lambda,\ \cdots$ 가 된다. 따라서 부하에 가장 가까운 위치 중 전압이 최소가 되는 위치는 $z=0$ 이며, 최대가 되는 위치는 $z=-\frac{1}{4}\lambda$ 이다.

(c) 식 (3.63)으로부터 부하에 전달되는 전력을 구하면 다음과 같다.

$$P_L = \frac{|V_0^+|^2}{2Z_0}\left(1-|\Gamma_L|^2\right) = \frac{75^2}{200}\left(1-\left(\frac{1}{3}\right)^2\right) = 25\,[\mathrm{W}]$$

3.5.3 전력전달을 고려한 전송선로의 특성 임피던스

대부분 RF 측정장비들이나 부품들의 입출력단자, 동축케이블의 특성 임피던스는 $50\,[\Omega]$ 또는 $75\,[\Omega]$의 표준 임피던스 값을 갖는다. 표준 임피던스 값을 $50\,[\Omega]$ 또는 $75\,[\Omega]$으로 정하게 된 배경에는 전송선로의 최대 전력전달 또는 감쇄와 관계가 있다.

예를 들어, 반지름이 a인 중심도체와 반지름이 b인 바깥도체로 이루어진 동축케이블이 있다고 가정하자. 두 도체 사이의 전계와 전압을 각각 $E_{\max}$와 V라고 할 때 식 (3.76)과 같은 관계가 성립한다. 동축케이블 내부의 비유전율이 ε_r이라고 할 때 특성 임피던스는 식 (3.77)로 주어진다.

$$E_{\max} = \frac{V}{a\ln(b/a)} \tag{3.76}$$

$$Z_0 = \sqrt{\frac{\mu}{\varepsilon}} \cdot \frac{\ln(b/a)}{2\pi} \approx \frac{60}{\sqrt{\varepsilon_r}} \cdot \ln\left(\frac{b}{a}\right) \tag{3.77}$$

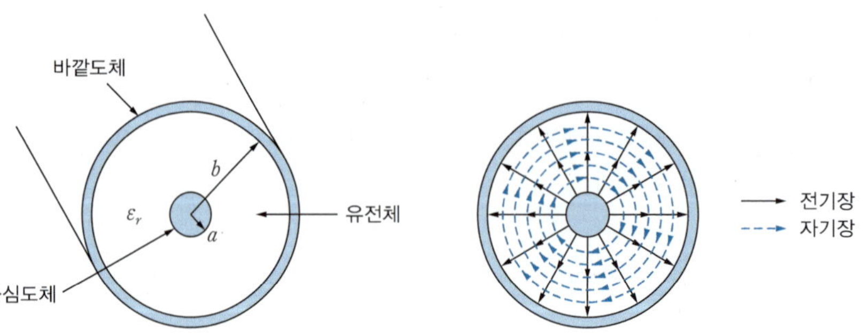

[그림 3-23] 동축케이블의 구조와 전자계 분포

부하에 전달되는 최대 전력은 $\dfrac{V^2}{Z_0}$에 비례하며, 다음과 같은 식으로 나타낼 수 있다.

$$P \propto \frac{V^2}{Z_0} = \frac{\left[E_{\max} \cdot a^2 \ln(b/a)^2\right]}{(60/\sqrt{\varepsilon_r}) \cdot \ln(b/a)} = \frac{\sqrt{\varepsilon_r}\left[E_{\max} \cdot a^2 \ln(b/a)\right]}{60} \tag{3.78}$$

식 (3.78)을 a에 대해 미분하면 식 (3.79)를 얻는다. 이때 $b/a = \sqrt{e}$ 일 때 전력의 최댓값을 얻는다.

$$\frac{dP}{da} = \frac{d}{da}\left[a^2 \ln\left(\frac{b}{a}\right)\right] = 0 \Rightarrow \frac{b}{a} = \sqrt{e} \tag{3.79}$$

식 (3.79)의 값을 식 (3.77)에 대입하면 특성 임피던스는 30[Ω]이 된다. 한편 전송선로에서 전력의 감쇄는 유전체와 도체로 인한 손실 때문에 발생하며, 유전체 손실^dielectric loss^ 때문에 발생하는 단위길이당 감쇄는 도체의 치수와는 무관하다. 저항성 손실^resistive loss^에서 기인하는 동축케이블 감쇄는 식 (3.80)과 같이 주어진다. 여기서 R은 단위길이당 직렬저항이며 식 (3.81)로 정의되고, 동축케이블의 설계 파라미터인 a, b와 도체의 표피깊이 δ와 도전율 σ로 나타낸다.

$$\alpha \approx \frac{R}{2Z_0} \tag{3.80}$$

$$R = \frac{1}{2\pi\delta\sigma}\left[\frac{1}{a} + \frac{1}{b}\right] \tag{3.81}$$

식 (3.81)과 식 (3.77)을 식 (3.80)에 대입하면 식 (3.82)와 같이 감쇄특성을 얻을 수 있으며, 식 (3.82)를 a에 대해 미분하여, 감쇄가 최소가 될 때의 동축케이블의 중심도체 직경을 얻을 수 있다.

$$\alpha = \frac{R}{2Z_0} \approx \frac{\dfrac{1}{2\pi\delta\sigma}\left[\dfrac{1}{a} + \dfrac{1}{b}\right]\sqrt{\varepsilon_r}}{2\left[60 \ln\left(\dfrac{b}{a}\right)\right]} \tag{3.82}$$

$$\frac{d\alpha}{da} = 0 \Rightarrow \frac{d}{da}\frac{\left[\dfrac{1}{a} + \dfrac{1}{b}\right]}{\ln\left(\dfrac{b}{a}\right)} = 0 \Rightarrow \ln\left(\frac{b}{a}\right) = 1 + \frac{a}{b} \tag{3.83}$$

식 (3.83)에서 $\dfrac{b}{a} = 3.6$일 때 감쇄량 α는 최소가 된다. 이 값을 식 (3.77)에 대입하면 77[Ω]을 얻는다. [그림 3-24]에 전송선로의 특성 임피던스 Z_0의 변화에 따른 전력전달값과 감쇄량 특성을 나타냈다. 예를 들어, 케이블 TV의 경우에는 전력전달량보다 감쇄량이 더 중요한 값이다. 따라서 감쇄량이 최소가 되는 77[Ω]에서 가장 가까운 어림수인 75[Ω]을 표준 임피던스로 사용한다. 일반적으로 사용하는 50[Ω]은 전력을 최대로 전달하기 위한 특성 임피던스 30[Ω]과 최소의 감쇄량을 갖는 특성 임피던스 77[Ω]의 평균값을 어림수로 구한 것이다.

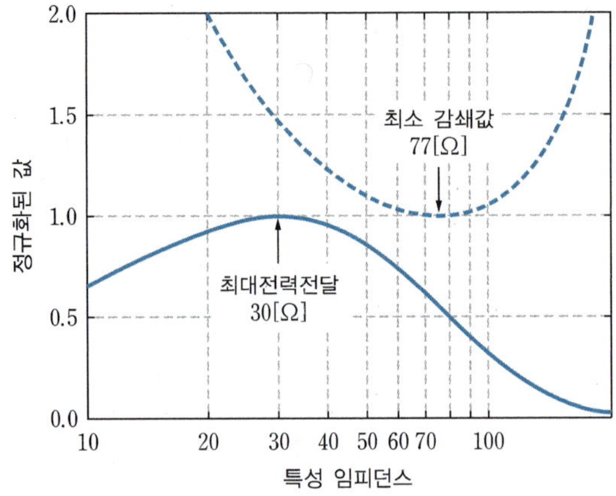

[그림 3-24] 동축케이블의 특성 임피던스 변화에 따른 전력전달 값과 감쇄량 값 특성

3.6 전송선로의 종류와 설계

지금까지 전송선로의 일반적인 특성을 살펴보았다. 이 절에서는 [그림 3-3]에 나타낸 전송선로 중 실제 무선통신 회로에 널리 사용되는 동축케이블 coaxial cable, 마이크로스트립 microstrip 선로, 도파관 waveguide 선로의 특성 임피던스와 같은 설계 파라미터를 구하는 과정을 설명하고자 한다.

3.6.1 설계 파라미터 구하기

앞 절에서 설명했듯이 전송선로는 전자기파를 전달하기 위해 사용되며, 전송선로의 설계 파라미터를 계산하기 위해서는 전자기파의 전파모드를 이해해야 한다. 전송선로에서 전자기파의 전파는 전자기장의 형태에 따라 모드로 표현할 수 있다. 각 모드는 일정간격마다 반복되는 전기장 또는 자기장의 분포의 형태를 나타내는데, 전송선로의 형태에 따라 여러 가지 모드를 갖는다. 각 모드는 전송선로의 단면 transverse 에 대한 전기장과 자기장의 패턴에 따라서 구별된다. 전송선로에서 전파방향이 z 방향과 평행일 때, 전자기파의 전파는 다음의 네 가지 모드로 나뉜다.

❶ **TE** transverse electric **모드**($E_z = 0$일 때)

❷ **TM** transverse magnetic **모드**($H_z = 0$일 때)

❸ **TEM** transverse electromagnetic **모드**($E_z = H_z = 0$) 또는

준 TEM quasi TEM **모드**($E_z \approx 0$, $H_z \approx 0$)

❹ **혼합(또는 하이브리드) 모드**($E_z \neq 0$, $H_z \neq 0$)

[그림 3-25]에 전송선로 중 이중선에 대해 모드에 따른 전기장 E와 자기장 H 성분을 나타냈다. 보통 TE 모드와 TM 모드는 고주파수에서 더 많이 발생한다. 특히 저주파에서는 TEM 모드에 가까운 준 TEM 모드가 발생한다. 혼합모드는 진행방향으로 전기장과 자기장이 모두 값을 갖는 모드로

TE 모드와 TM 모드의 조합으로 나타난다. 전송선로 중 스트립 선로나 동축케이블과 같이 균질한 매질 내에 있는 전송선로에서는 TEM 모드로 전자기파가 전송된다. 그러나 [그림 3-6]에 나타낸 것과 같이, 전기장과 자기장이 전파방향의 단면(수직면)에만 있고 진행방향으로 전기장과 자기장 성분이 매우 작으며, 서로 다른 두 유전체로 구현되는 마이크로스트립 선로에서는 전자기파가 준 TEM 모드로 전파된다. TEM 모드나 준 TEM 모드 전파는 전송선로가 가진 **주모드** dominant mode 또는 기본모드로 **차단주파수** cutoff frequency를 갖지 않는다는 장점이 있다. 즉, 전송선로의 동작주파수 대역폭이 넓다.

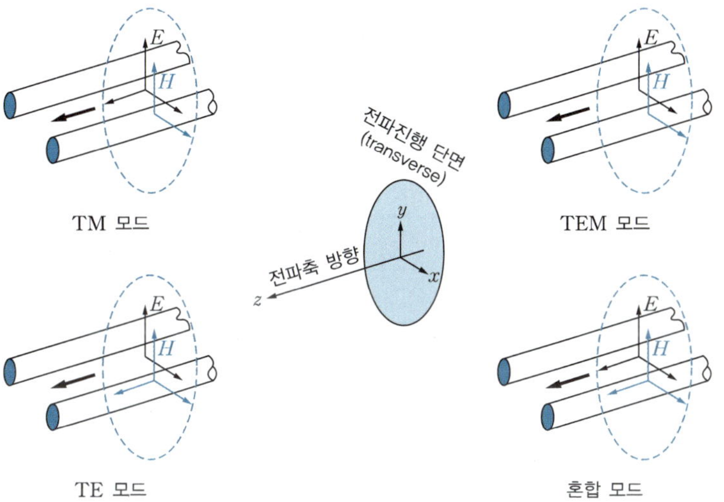

[그림 3-25] 이중선 전송선로에서 모드에 따른 전기장 E와 자기장 H

전송선로의 설계 파라미터를 구하는 방법은 크게 두 가지로 나눌 수 있다.

❶ 정적 static 또는 준정적 quasi-static 해석방법
❷ 동적 dynamic 또는 전파 full-wave 해석방법

❶은 주파수가 0일 때를 가정하며, TEM 모드의 전송선로 파라미터를 구하는 방법이다. ❷는 TEM 모드뿐만 아니라 전송선로 파라미터가 주파수 함수로 나타나는 하이브리드 모드를 해석하는 방법이다. 회로의 동작주파수가 높지 않을 때는 TEM 모드 해석으로 전송선로를 해석한다.

전송선로를 이용하여 회로를 설계하기 위해서는 [그림 3-26]에서 제시한 과정을 따라야 한다. 우선 전송선로의 물리적인 크기(설계 치수)를 결정한 후 동작주파수에서 TEM 모드에 대한 전기장과 자기장을 구한다. 전기장과 자기장으로부터 전송선로의 등가회로 파라미터인 R, L, G, C를 구한 후 특성 임피던스 Z_0와 감쇄상수 α, 위상상수 β와 같은 설계 파라미터들을 계산한다.

3.6.2 동축케이블 선로의 설계

높은 주파수 신호를 전송하기 위해 개방된 선로는 방사로 인한 손실이 크기 때문에 동축 선로와 같이 차폐된 구조를 가진 선로를 사용한다. 동축 선로는 케이블 TV와 비디오 전송 케이블에 주로 사용되며, 장비 간 연결, 신호전송, 측정 등에도 사용된다. 또한 다른 전송선로와 다르게 유연성 flexibility을 갖도록 제작할 수 있다는 장점이 있다.

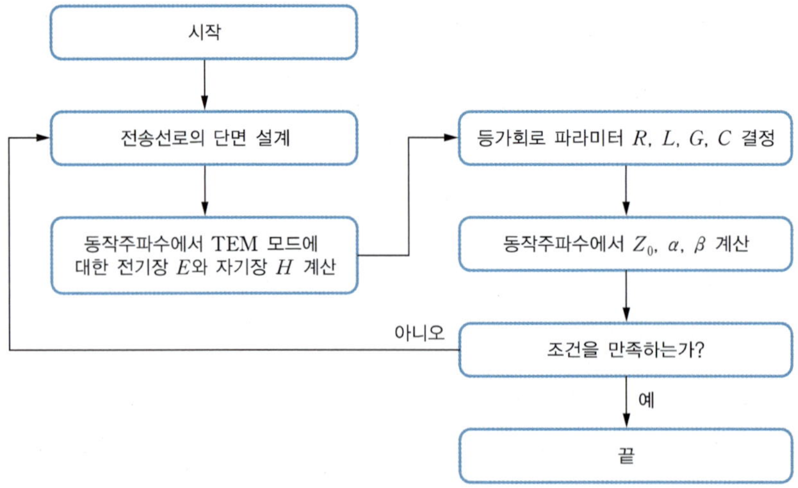

[그림 3-26] 전송선로의 설계 파라미터를 구하는 과정

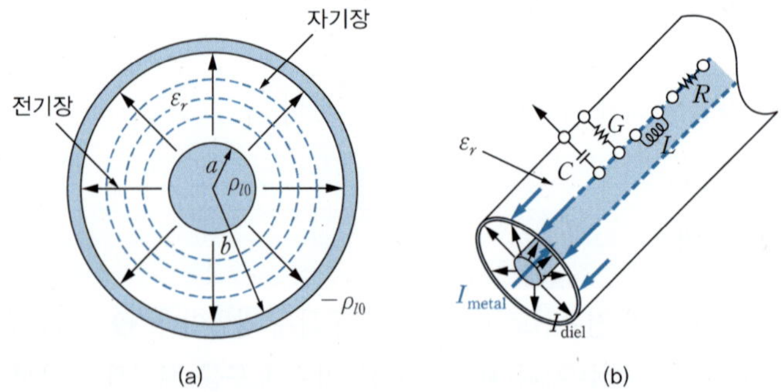

[그림 3-27] 동축케이블 선로 단면의 전기장/자기장 분포와 등가회로

동축케이블 선로는 [그림 3-27]과 같이 TEM 모드에서 동작한다. 즉, 전파가 진행하는 방향으로 전기장과 자기장 성분이 없다. 또한 차단주파수가 없기 때문에 DC부터 마이크로파/밀리미터파까지 사용될 수 있다. 현재 사용되는 동축케이블 선로와 커넥터는 50[GHz]까지 동작한다. 동축케이블 선로의 상한주파수는 동작주파수가 높아질수록 발생하는 고차모드 higher mode 손실에 의해 정해지며, 동축케이블 선로를 작게 만드는 기술이 발전하면서 사용할 수 있는 동작주파수는 점점 높아지고 있다.

[그림 3-27(b)]와 같은 동축케이블 선로 등가 파라미터 K, L, G, C와 특성 임피던스 Z_0를 구해보자. 우선 단위길이당 커패시턴스 C를 구하기 위해 가우스 법칙으로부터 전기장 E와 전압 V를 구한다.

$$\overrightarrow{E} = \overrightarrow{a_\rho}\left(\frac{\rho_{l0}}{2\pi\varepsilon\rho}\right) = \overrightarrow{a_\rho}\left(\frac{\rho_{l0}}{2\pi\varepsilon_0\varepsilon_r\rho}\right) \tag{3.84}$$

$$V = V_{ab} = \int_a^b \overrightarrow{E}\cdot\overrightarrow{dr} = \int_a^b E_\rho\, d\rho = \frac{\rho_{l0}}{2\pi\varepsilon_0\varepsilon_r}\ln\left(\frac{b}{a}\right) \tag{3.85}$$

단위길이당 커패시턴스 C는 정의에 의해 다음과 같이 주어진다.

$$C = \frac{Q}{V} = \frac{\rho_{l0}\times 1}{\left(\frac{\rho_{l0}}{2\pi\varepsilon_0\varepsilon_r}\right)\ln\left(\frac{b}{a}\right)} = \frac{2\pi\varepsilon_0\varepsilon_r}{\ln\left(\frac{b}{a}\right)}\,[\mathrm{F/m}] \tag{3.86}$$

동축케이블 선로 내 매질의 비투자율을 μ_r, 중심도체에 흐르는 전류를 I라고 할 때 자기장은 암페어 법칙을 통해 구할 수 있다.

$$\overrightarrow{H} = \overrightarrow{a_\phi}\left(\frac{I}{2\pi\rho}\right) \tag{3.87}$$

$$\overrightarrow{B} = \overrightarrow{a_\phi}\left(\frac{I}{2\pi\rho}\right)\mu_0\mu_r \tag{3.88}$$

동축케이블의 내부 인덕턴스는 무시하고, 두 도체 사이의 자기장만 고려해보자.

$$\psi = (1)\int_a^b B_\phi\, d\rho \tag{3.89}$$

$$\begin{aligned}\psi &= (1)\mu_0\mu_r\int_a^b H_\phi\, d\rho \\ &= \mu_0\mu_r\int_a^b \frac{I}{2\pi\rho}d\rho \\ &= \mu_0\mu_r\frac{I}{2\pi}\ln\left(\frac{b}{a}\right)\end{aligned}$$

여기서 동축케이블 선로의 단위길이당 인덕턴스 L은 다음과 같다.

$$L = \frac{\psi}{I} = \frac{\mu_0\mu_r}{2\pi}\ln\left(\frac{b}{a}\right)[\mathrm{H/m}] \tag{3.90}$$

동축케이블 선로가 무손실 전송선로라고 가정하면, 전송선로 특성 임피던스 Z_0는 정의에 의해 식 (3.91)과 같이 쓸 수 있으며, 식 (3.86)에서 얻은 단위길이당 커패시턴스 C와 식 (3.90)에 나타낸 단위길이당 인덕턴스 L을 대입하면 동축케이블 전송선로의 특성 임피던스를 식 (3.91)과 같이 얻을 수 있다.

$$\begin{aligned} Z_0 &= \sqrt{\frac{L}{C}} \\ &= \eta_0 \sqrt{\frac{\mu_r}{\varepsilon_r}} \frac{1}{2\pi} \ln\left(\frac{b}{a}\right) [\Omega] \end{aligned} \tag{3.91}$$

여기에서 η_0는 자유공간의 고유 임피던스로 $\eta_0 = \sqrt{\frac{\mu_0}{\varepsilon_0}} = 376.7303\,[\Omega]$이다. 일반적으로 사용되는 동축케이블 선로는 $50\,[\Omega]$의 특성 임피던스를 가지며, 저주파수 용도로 사용되는 동축케이블 선로의 경우에는 $75\,[\Omega]$의 특성 임피던스를 갖는다. 식 (3.91)로부터 내경 a와 외경 b가 특성 임피던스 Z_0를 결정하는 것을 알 수 있다. 동축케이블의 반지름은 케이블의 무게와 전력처리power handling 능력을 결정한다. 동축케이블의 무게를 줄이기 위해서 케이블의 중심도체 직경과 바깥도체 직경을 최대한 줄여야 하는데, 이때 동축케이블 내 전기장이 증가하게 된다. 전기장이 증가하면 선로의 감쇄가 커져서 유전체 파손현상dielectric breakdown이 발생하여 유전체가 도체처럼 동작하게 된다. 따라서 저손실 또는 고전력 신호를 전송할 때는 직경이 큰 동축케이블을 사용해야 한다. RF 장비 및 안테나 등의 광대역 신호 전송에는 RGradio guide 동축케이블이 주로 사용된다. [표 3-5]에 RG 동축케이블의 종류와 직경, 감쇄특성, 전력특성, 커패시턴스를 나타냈다.

[표 3-5] RG 동축케이블의 종류와 전파특성

종류	$Z_0\,[\Omega]$	유전체	직경 [mm]	감쇄 [dB/100m@1GHz]	평균전력 [W@1GHz]	커패시턴스 [pF/m]
RG-11	75	폴리에틸렌	10.3	29.5	300	67
RG-58C	50	폴리에틸렌	4.95	58	120	95.1
RG-174	50	폴리에틸렌	2.79	95	40	100
RG-178	50	PTFE*	1.8	170.6	55	105
RG-179	75	PTFE	2.54	100.7	110	75.4
RG-188	50	PTFE	2.54	100	140	96.8
RG-316	50	PTFE	2.49	100	140	105
RG-400	50	PTFE	4.95	50	400	105

* PTFE : polytetrafluoroethylene의 약자로, 테프론이 대표적이다.

예제 3-16 특성 임피던스를 이용한 동축케이블의 설계

폴리에틸렌($\varepsilon_r = 2.25$, $\mu_r = 1$)으로 채워진 동축케이블 선로가 50[Ω] 특성 임피던스를 가지며, 중심도체의 반경이 1[mm]일 때, 바깥도체의 반경을 구하고, 1[GHz]에서 파장을 구하라.

풀이

식 (3.91)로부터 특성 임피던스를 구해보자.

$$Z_0 = \eta_0 \sqrt{\frac{\mu_r}{\varepsilon_r}} \frac{1}{2\pi} \ln\left(\frac{b}{a}\right) = \sqrt{\frac{\mu_0 \mu_r}{\varepsilon_0 \varepsilon_r}} \frac{1}{2\pi} \ln\left(\frac{b}{a}\right) [\Omega]$$

$$50 = \sqrt{\frac{\mu_0 \times 1}{\varepsilon_0 \times 2.25}} \frac{1}{2\pi} \ln\left(\frac{b}{a}\right)$$

따라서 $\ln\left(\frac{b}{a}\right) = 50 \times 2\pi \times \sqrt{2.25} \times \sqrt{\frac{\varepsilon_0}{\mu_0}}$ 로부터 바깥도체의 반경 $b = 1.75$[mm]를 구할 수 있다. 위상속도는 $v_p = \frac{c}{\sqrt{2.25}} = 0.2 \times 10^9$[m/s]로 주어지며, 1[GHz]에서의 파장을 구하면 $\lambda = \frac{v_p}{f} = 0.2$[m]가 된다.

예제 3-17 동축케이블을 이용한 $\frac{1}{4}$ 파장 임피던스 변환기 설계

50[Ω]의 특성 임피던스를 갖는 공기로 채워진 동축케이블이 있다. 이때 바깥도체의 직경이 10[mm]일 때 중심도체의 직경을 구하라. 이 동축케이블에서 바깥도체 직경은 동일하며, 내부도체 직경을 바꾸고, $\frac{1}{4}$ 파장 임피던스 변환기를 설계하여 1[GHz]에서 75[Ω]의 부하에 정합하려고 한다. 이때 다시 설계한 중심도체의 직경과 임피던스 변환기의 길이를 구하라.

풀이

❶ $\ln\left(\frac{b}{a}\right) = 50 \times 2\pi \times \sqrt{\frac{\varepsilon_0}{\mu_0}} = 0.834$ 로부터 중심도체의 직경은 4.34[mm]가 된다.

❷ $\frac{1}{4}$ 파장 임피던스 변환기의 특성 임피던스는 $Z_0 = \sqrt{50 \times 75} = 61.2$[Ω]이므로, $\ln\left(\frac{b}{a}\right) = 0.834 \times \frac{61.2}{50} = 1.021$ 로부터 중심도체의 직경은 3.6[mm]가 된다. 자유공간에서 1[GHz]의 파장은 300[mm]이므로, $\frac{1}{4}$ 파장 임피던스 변환기의 길이는 75[mm]가 된다.

3.6.3 마이크로스트립 선로의 설계

동축케이블 전송선로는 손실특성이 우수하고 TEM 모드의 전자기파를 전송하기 때문에 차단주파수가 높다는 장점이 있지만, 제작비용이 높고 최근 이동 및 무선통신에서 사용되는 PCB에 집적하여 사용하기 어렵다는 단점이 있다. 따라서 RF 및 무선통신 회로에서는 PCB에 집적할 수 있고 제작하기 쉬우며 제작비용도 적게 드는 평면전송 선로planar transmission line가 사용된다.

평면전송 선로는 일반적으로 접지면과 전송선로가 동일평면에 근접하게 배치되는 구조를 갖는다. [그림 3-28]은 PCB에서 구현되는 대표적인 평면 전송선로로 마이크로스트립microstrip 선로, 스트립strip 선로, 동일평면 도파관CPW : coplanar waveguide 선로를 나타냈다.

❶ 마이크로스트립 선로

준 TEM 모드의 전자기파가 전송되는 구조로, 양면으로 구현되는 PCB 또는 안테나의 급전을 위한 전송선로, 마이크로스트립 필터 등 수동소자의 전송선로로 널리 사용된다.

❷ 스트립 선로

다층구조 PCB에서 내층으로 구현되는 전송선로로, 접지면이 전송선로 위아래 대칭적으로 위치하기 때문에 TEM 모드 전자기파 전송이 이루어진다.

❸ 동일평면 도파관 선로

중심도체는 전송선로로, 양쪽도체는 접지면으로 동일평면에 위치한다. 마이크로스트립 선로와 마찬가지로 준 TEM 모드 전자기파 전송이 이루어진다. 동일평면 도파관 선로는 단일 평면에서 구현하기 때문에 제작공정이 간단하고 회로 집적이 용이하다. 또한 전송선로의 특성 임피던스가 중심도체폭 a 와 접지도체와의 간격 b의 비인 $\frac{a}{b}$에 따라 결정되기 때문에 동일한 특성 임피던스에 대해 크기를 줄일 수 있다는 장점이 있다.

이 절에서는 평면전송 선로로 가장 널리 사용되는 마이크로스트립 선로의 설계 파라미터인 특성 임피던스를 구하는 방법을 설명하고자 한다.

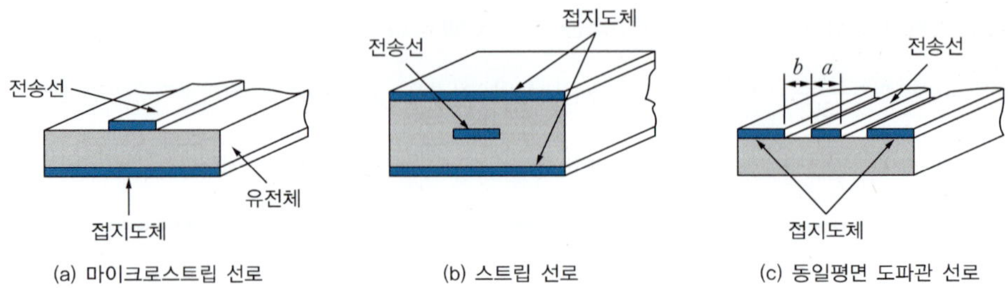

(a) 마이크로스트립 선로 (b) 스트립 선로 (c) 동일평면 도파관 선로

[그림 3-28] 평면전송 선로의 예

■ 특징

마이크로스트립 선로는 PCB 평면상에 구현되기 때문에 마이크로파 집적회로MIC : Microwave Integrated Circuit의 전송선로로 가장 널리 사용된다. 이 전송선로는 가격이 저렴하고, 회로를 작게 구현할 수 있으며, 차단주파수가 없다. 또한 능동소자의 집적이 쉽고, 현상etching 방법을 이용하여 회로를 생산함으로써 재현성과 생산성이 우수하며, 대량생산이 쉽고, 단일 집적회로와 쉽게 호환성을 갖는다는 장점이 있다.

단일 마이크로파 집적회로MMIC : Monolithic Microwave Integrated Circuit는 능동소자와 수동소자가 모두 실리콘 기판 또는 GaAs 기판 위에 제작되어 단일 칩으로 구현되는 마이크로파 회로이다. 그러나 마이크로스트립 선로는 도파관 및 동축케이블과 비교했을 때 상대적으로 높은 손실, 대용량 전력처리의 어려움, 온도에 대한 불안정성과 같은 단점이 있다. 그러나 오랫동안 마이크로스트립 회로를 설계하기 위한 설계식과 해석방법을 꾸준히 연구한 결과, 다양한 불연속 구조에 대한 설계 모델들이 적용된 상용 프로그램들이 개발되어, 엔지니어들이 좀 더 쉽게 회로를 설계하고 최적화할 수 있게 되었다.

[그림 3-29]에 마이크로스트립 전송선로의 단면을 나타냈다. 폭이 W인 도체 스트립이 높이 d인 기판substrate 위에 놓여 있다. 기판은 보통 연성기판 혹은 경성기판, 두 종류가 사용된다. 연성기판의 경우에는 휘게 만들 수도 있고, 가격이 저렴하며, 제작이 쉽다는 장점이 있지만, 열팽창계수가 높다는 단점이 있다. 상용화되어 있는 연성기판의 예로는 RT-duroid 5870($\varepsilon_r = 2.3$), RT-duroid 5880 ($\varepsilon_r = 2.2$), RT-duroid 6010.5($\varepsilon_r = 10.5$)가 있다. 경성기판의 경우 신뢰성이 뛰어나고, 열팽창계수가 작다는 장점이 있지만, 가격이 비싸고 유연성이 떨어진다는 단점이 있다. 경성기판의 예로는 쿼츠quartz 기판($\varepsilon_r = 3.8$), 알루미나alumina($\varepsilon_r = 9.7$), 사파이어sapphire($\varepsilon_r = 11.7$), 갈륨비소GaAs($\varepsilon_r = 12.3$) 등이 있다.

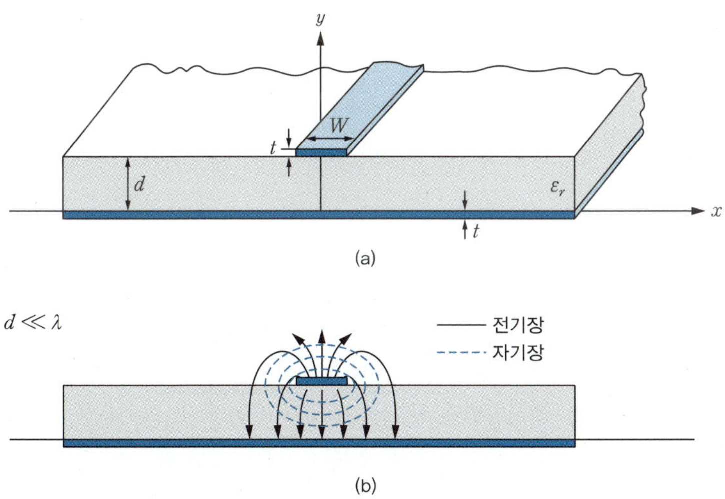

[그림 3-29] 마이크로스트립 전송선로의 구조와 전자기장 분포

상용기판을 선택하기 위해서는 기판을 구성하는 유전체의 유전율, 유전체의 손실특성, 유전체의 두께, 도체의 두께 등을 고려해야 한다. [표 3-6]에 상용기판 재질에 대한 주요 설계 데이터를 나타냈다. PCB를 구성하는 도체로는 주로 구리이며, 도체 두께는 단위면적[1 square foot]당 구리의 무게로 표시하며, [oz][ounces]로 나타내고, 보통 0.5, 1.0, 2.0[oz]를 많이 사용한다. PCB에서 사용하는 두께는 일반적으로 [mil] 단위를 많이 사용하는데, 단위를 환산해보면 다음과 같다.

$$1\,[\mathrm{mil}] = \frac{1}{1000}\,[\mathrm{inch}] = 0.0254\,[\mathrm{mm}]$$

따라서 0.5, 1.0, 2.0[oz]의 도체 두께는 대략적으로 각각 0.018[mm], 0.035[mm], 0.07[mm] 정도의 두께라고 볼 수 있다.

[표 3-6] 상용기판의 설계 데이터

기판 재질	손실탄젠트 $\tan\delta(\times 10^{-4})$ (10[GHz]에서)	비유전율 ε_r
공기(건조한)	0	1
알루미나[alumina](99.5%)	1 ~ 2	10.1
사파이어[sapphire]	0.4 ~ 0.7	9.4, 11.6
유리[glass]	20	5
폴리이미드[polyimide]	50	3.2
용융수정[quartz, fused]	1	3.8
FR4	100	4.3 ~ 4.5
RT-duroid 5880	5 ~ 15	2.16 ~ 2.24
RT-duroid 6010	10 ~ 60	10.2 ~ 10.7
AT-1000	20	10.0 ~ 13.0
실리콘(고저항)	10 ~ 100	11.9
갈륨비소[GaAS]	6	12.85
인듐인[InP]	10	12.4
이산화규소[SiO2](칩)	–	4.0 ~ 4.2
저온 동시 소성 세라믹[LTCC]	15	7.8

■ 해석 방법

지금까지 마이크로스트립 전송선로의 일반적인 특성에 대해서 살펴보았고, 이제부터 마이크로스트립 전송선로의 설계 파라미터를 얻기 위한 해석방법에 대해서 설명하고자 한다. 마이크로스트립 선로는 균일한 매질에서 구현되는 구조가 아니기 때문에 동축 선로나 스트립 선로와 같이 대칭구조인 경우에서 전자기파가 TEM 모드로 전파하는 것과 달리, 준 TEM 모드로 전송된다. 따라서 특성 임피던스와 유효 유전율effective dielectric constrant ε_{eff}[4]와 같은 설계 파라미터를 해석적으로 정확하게 구할 수 없어 수치적인 해석방법을 이용하여 근사적인 값을 구한다.

마이크로스트립 전송선로의 전파특성을 결정하는 파라미터는 [그림 3-29]에 나타낸 것처럼 도체 폭 W, 기판의 비유전율 ε_r과 높이 h이며, 도체 두께 t와 도전율 σ의 영향은 상대적으로 작다. 마이크로스트립 전송선로의 해석은 두 가지 접근 방법으로 나눌 수 있다.

첫째, 정적 또는 준 TEM 해석으로 주파수가 0이라고 가정하고 라플라스 방정식($\nabla^2\Phi=0$)을 푸는 방법이다. 이 경우 특성 임피던스는 주파수의 함수로 나타나지 않기 때문에 주로 낮은 주파수 영역에서만 정확도를 갖는다. 둘째, 전파 해석으로 헬름홀쯔 방정식($\nabla^2\Phi+k^2\Phi=0$)을 푸는 방법이다. 이 경우 임피던스와 기판의 유전율은 주파수에 따른 함수로 나타내는데, 밀리미터파 주파수까지 정확도를 갖는 해석방법이다.

준정적 해석에서 마이크로스트립 전송선로의 특성 임피던스는 접지면과 전송선 사이에 유전체 기판이 있는 경우 단위길이당 커패시턴스 C와 유전체 기판이 없는 경우에 대한 단위길이당 커패시턴스 C_a로부터 라플라스 방정식을 풀어서 얻을 수 있다. 경계조건을 만족하는 라플라스 방정식을 풀기 위해서는 등각사상법conformal mapping method, 유한차분법finite-difference method 그리고 변분법variational method 등을 사용할 수 있는데, 보통 컴퓨터 프로그램을 사용하여 계산한다. 전송선로 방정식으로부터 C와 C_a를 얻으면 특성 임피던스 Z_0, 위상속도 v_p, 유효 유전율 ε_{eff}와 관내파장 λ_g는 다음과 같이 주어진다.

$$Z_0=\frac{1}{c_0}\frac{1}{\sqrt{CC_a}} \tag{3.92}$$

$$v_p=c_0\sqrt{\frac{C_a}{C}}=\frac{c_0}{\sqrt{\varepsilon_{eff}}} \tag{3.93}$$

$$\varepsilon_{eff}=\frac{C}{C_a}=\left(\frac{\lambda_0}{\lambda_g}\right)^2 \tag{3.94}$$

$$\lambda_g=\frac{\lambda_0}{\sqrt{\varepsilon_{eff}}} \tag{3.95}$$

이때 c_0는 빛의 속도이고, λ_0는 자유공간에서의 파장이다. 그러나 앞서 설명한 바와 같이 마이크로스트립 전송선로 방정식을 해석적으로 풀어 C와 C_a를 구하기가 쉽지 않다. 따라서 빠른 계산과 설계를 위해서는 측정 또는 해석결과의 커브 피팅curve fitting으로부터 얻은 경험식closed-form을 사용하는 것이 편하다. 식 (3.96)과 식 (3.97)은 기판의 정보 $\frac{W}{h}$와 ε_r이 주어졌을 때 마이크로스트립 선로의 특성 임피던스 Z_0와 유효 유전율 ε_{eff}를 구하는 경험식 중 한 예이다. $\frac{W}{h}\le 1$에 대해

4 주파수에 따라 변화되는 유전율 값을 의미한다.

다음이 성립한다.

$$\varepsilon_{eff} = \frac{\varepsilon_r + 1}{2} + \frac{\varepsilon_r - 1}{2}\left[\left(1 + \frac{12h}{W}\right)^{-1/2} + 0.04\left(1 - \frac{W}{h}\right)^2\right] \tag{3.96}$$

$$Z_0 = 60(\varepsilon_{eff})^{-1/2}\ln\left(\frac{8h}{W} + \frac{0.25W}{h}\right)[\Omega] \tag{3.97}$$

그리고 $\frac{W}{h} > 1$에 대해 다음과 같이 성립한다.

$$\varepsilon_{eff} = \frac{\varepsilon_r + 1}{2} + \frac{\varepsilon_r - 1}{2}\left(1 + \frac{12h}{W}\right)^{-1/2} \tag{3.98}$$

$$Z_0 = \frac{\left[120\pi(\varepsilon_{eff})^{-1/2}\right]}{(W/h) + 1.393 + 0.667\ln(1.444 + W/h)}[\Omega] \tag{3.99}$$

반대로 마이크로스트립 전송선로의 특성 임피던스 Z_0 와 기판의 비유전율 ε_r 을 알고 있다면 기판의 설계 파라미터인 $\frac{W}{h}$와 유효 유전율 ε_{eff} 를 찾기 위한 설계공식도 유도할 수 있다. 폭이 좁은 스트립에 대해(즉, $Z_0 > 44 - 2\varepsilon_r[\Omega]$일 때)

$$\frac{W}{h} = \left(\frac{\exp H'}{8} - \frac{1}{4\exp H'}\right)^{-1} \tag{3.100}$$

이며, 여기서 H'을 구하면 다음과 같다.

$$H' = \frac{Z_0\sqrt{2(\varepsilon_r + 1)}}{119.9} + \frac{1}{2}\left(\frac{\varepsilon_r - 1}{\varepsilon_r + 1}\right)\left(\ln\frac{\pi}{2} + \frac{1}{\varepsilon_r}\ln\frac{4}{\pi}\right) \tag{3.101}$$

$\frac{W}{h} < 1.3$(즉, $Z_0 > 63 - 2\varepsilon_r[\Omega]$)에 대해서는 다음과 같이 변환된 값을 갖는 공식을 사용한다.

$$\varepsilon_{eff} = \frac{\varepsilon_r + 1}{2}\left[1 - \frac{1}{2H'}\left(\frac{\varepsilon_r - 1}{\varepsilon_r + 1}\right)\left(\ln\frac{\pi}{2} + \frac{1}{\varepsilon_r}\ln\frac{4}{\pi}\right)\right]^{-2} \tag{3.102}$$

여기서 H'은 식 (3.101)에서 주어진 값을 사용하거나 식 (3.100)으로부터 $\frac{W}{h}$의 함수로 얻어진 다음과 같은 식을 사용한다.

$$H' = \ln\left[4\frac{h}{W} + \sqrt{16\left(\frac{h}{W}\right)^2 + 2}\right] \tag{3.103}$$

폭이 넓은 스트립에 대해(즉, $Z_0 < 44 - 2\varepsilon_r[\Omega]$인 경우) 다음이 성립한다.

$$\frac{W}{h} = \frac{2}{\pi}\left[(d_\varepsilon - 1) - \ln(2d_\varepsilon - 1)\right] + \frac{\varepsilon_r - 1}{\pi\varepsilon_r}\left[\ln(d_\varepsilon - 1) + 0.293 - \frac{0.517}{\varepsilon_r}\right] \tag{3.104}$$

$$d_\varepsilon = \frac{59.95\pi^2}{Z_0\sqrt{\varepsilon_r}} \tag{3.105}$$

$$\varepsilon_{eff} = \frac{\varepsilon_r+1}{2} + \frac{\varepsilon_r-1}{2}\left(1+10\frac{h}{W}\right)^{-0.555} \tag{3.106}$$

만약 처음 주어진 값이 전송선로의 특성 임피던스 Z_0라면 다음 식을 사용할 수도 있다.

$$\varepsilon_{eff} = \frac{\varepsilon_r}{0.96+\varepsilon_r(0.109-0.004\varepsilon_r)[\log(10+Z_0)-1]} \tag{3.107}$$

비유전율 $\varepsilon_r = 10$인 알루미나 기판에 구현된 마이크로스트립 선로의 경우, 이 계산식은 $8 \le Z_0 \le 45[\Omega]$의 임피던스 영역에 대해 2% 정도의 정확도를 갖는다.

유효 유전율 ε_{eff}와 특성 임피던스 Z_0 값을 계산하기 위한 방법으로 [그림 3-30]과 같은 그래프를 사용하기도 한다. [그림 3-30]은 마이크로스트립 선로의 구조 파라미터 $\frac{W}{h}$의 변화에 대해 특성 임피던스 Z_0와 유효 유전율 ε_{eff}의 관계를 준정적 혹은 전파해석 방법을 사용하여 계산된 결과를 나타낸 것이다. 이때 $\frac{W}{h}$를 알고 있다면 Z_0와 ε_{eff}를 구할 수 있고 거꾸로 Z_0와 ε_{eff}를 알고 $\frac{W}{h}$를 얻을 수 있다. 예를 들어, 비유전율 $\varepsilon_r = 2.3$인 RT-Duroid 5870 기판의 두께가 $h = 1.5[\text{mm}]$일 때 $50[\Omega]$ 마이크로스트립 선로를 설계하기 위한 도체 폭 W를 구할 수 있다. [그림 3-30]으로부터 $50[\Omega]$ 특성 임피던스를 갖는 마이크로스트립 선로는 $\frac{W}{h} = 3$일 때 얻어지므로, 도체 폭 $W = 0.47[\text{mm}]$로 설계해야 한다.

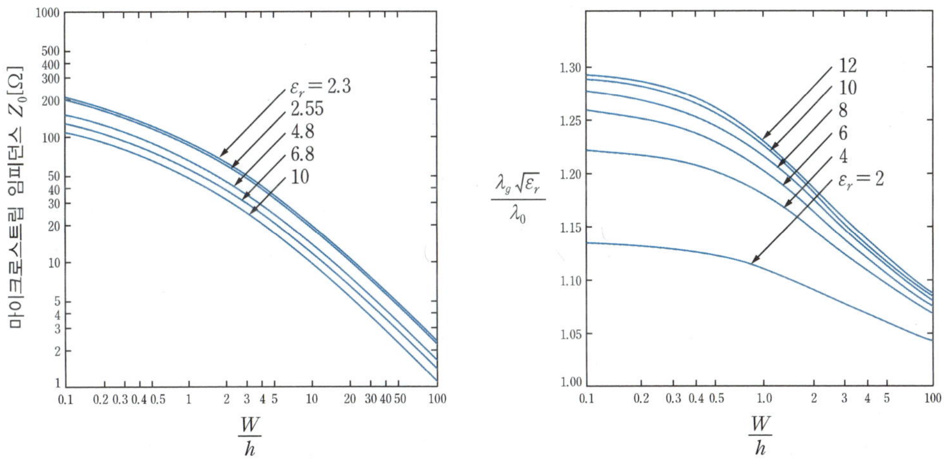

[그림 3-30] $\frac{W}{h}$와 ε_r의 함수로 나타낸 마이크로스트립 특성 임피던스와 관내 파장

예제 3-18 마이크로스트립 전송선로의 특성 임피던스로부터 전력특성 계산

1[mm]의 두께(h)를 갖고 비유전율(ε_r)이 6.8인 기판에 도체 폭(W)이 3[mm]인 마이크로스트립 선로를 제작했다. 이 선로를 3[GHz]의 주파수에서 동작하며, 100[Ω]의 입력 임피던스를 갖는 안테나에 연결했다. [그림 3-30]을 활용하여 다음의 물음에 답하라.

(a) VSWR

(b) 안테나에 입력되는 전력 중 반사되는 비율

(c) 반사손실(데시벨)

풀이

설계한 마이크로스트립 선로는 $\frac{W}{h}=3$으로부터 [그림 3-30]을 이용하면 $Z_0=30[\Omega]$임을 알 수 있다. 따라서 반사계수를 구하면 다음과 같다.

$$\Gamma_L=\frac{Z_L-Z_0}{Z_L+Z_0}=\frac{100-30}{100+30}=\frac{70}{130}\approx 0.54$$

(a) $\text{VSWR}=\frac{1+\Gamma_L}{1-\Gamma_L}=\frac{1+7/13}{1-7/13}=\frac{20}{6}\approx 3.33$

(b) 반사되는 입력전력 $P_r=|\Gamma_L|^2 P_{\text{in}}=0.29\,P_{\text{in}}$이므로, 입력전력의 29%가 반사된다.

(c) 반사손실 $\text{RL}=-10\log\frac{P_r}{P_{\text{in}}}=10\log\frac{1}{|\Gamma_L|^2}=5.38[\text{dB}]$로 주어진다.

3.6.4 도파관 전송선로

도파관은 전자기파의 전파를 전송할 때 사용하는 속이 빈 금속 파이프로, 일반적으로 구형(사각형)과 원통형의 모양을 띤다. 구형도파관은 [그림 3-31]과 같이 사각 단면구조를 가지고 있으며, 고출력, 고주파수 특성이 요구되는 위성통신 등에 주로 사용된다. 도파관의 경우 크기가 크고, 고가이며, 무겁고, 낮은 주파수에서는 집적이 어렵기 때문에, 고출력이나 고주파수 용도가 아니라면 마이크로스트립 선로나 동축케이블 선로를 사용한다.

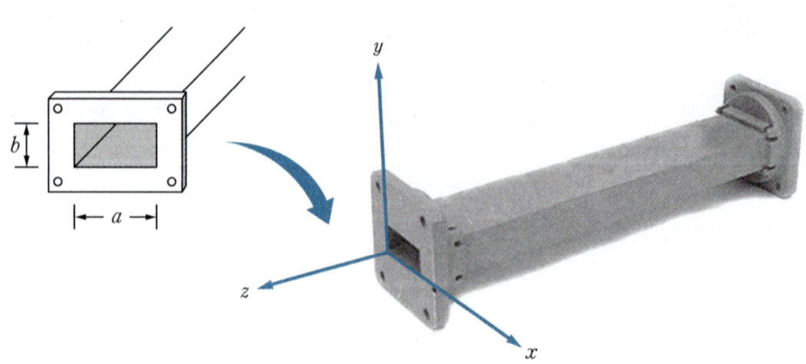

[그림 3-31] 구형도파관

구형도파관은 320[MHz] ~ 325[GHz] 범위의 여러 주파수 대역에서 사용할 수 있는데, [표 3-7]과 같이 도파관 단면의 치수에 따라 사용 주파수 대역이 결정된다. 예를 들어, WR-90의 경우 X 대역인 8.2 ~ 12.4[GHz]의 주파수 대역 특성을 가지며, 크기는 10.16×22.86[mm] 정도이다.

[표 3-7] **구형도파관의 종류**

도파관 약어	a[mm]	b[mm]	차단주파수 fc[GHz]	주파수 영역[GHz]
WR-90	22.86	10.16	6.56	8.2-12.4
WR-75	19.05	9.53	7.87	10-15
WR-62	15.80	7.90	9.49	12.4-18
WR-51	12.95	6.48	11.6	15-22
WR-42	10.67	4.32	14.1	18-26.5
WR-34	8.64	4.32	17.4	22-33
WR-28	7.11	3.56	21.1	26.5-40
WR-22	5.69	2.84	26.3	33-50
WR-19	4.78	2.39	31.4	40-60
WR-15	3.76	1.88	39.9	50-75
WR-12	3.10	1.55	48.4	60-90
WR-10	2.54	1.27	59.0	75-110
WR-8	2.03	1.02	73.8	90-140

텅 빈 도파관의 경우, 전류의 흐름을 유도하는 중심도체가 없기 때문에 TEM 모드($E_z = H_z = 0$)가 지원되지 않고, $E_z = 0$이고 $H_z \neq 0$인 TE 모드나, $H_z = 0$이고 $E_z \neq 0$인 TM 모드의 고차모드 전파만 이루어진다. TE 모드나 TM 모드는 대역폭이 제한되어 있으며, 실제로 차단주파수cutoff frequency로 알려진 최소 주파수보다 높은 경우만 전파가 이루어진다. 즉, 차단주파수는 도파관에서 신호가 감쇄되지 않고 전달될 수 있는 전자기파의 최소 주파수를 의미한다.

도파관의 차단주파수와 특성 임피던스를 계산하기 위해서는 신호원이 없는 영역에 대한 맥스웰 방정식을 풀어 도파관 내부 전기장과 자기장을 구해야 한다. 여기서는 자세한 유도과정을 생략하고, 계산결과만 다루기로 한다. 도파관에서 경계조건을 만족하는 TE 모드와 TM 모드가 모두 방정식의 해가 될 수 있으며, 이로부터 고차모드에 대한 전파상수 γ_{mn}과 차단주파수 $f_{c,mn}$을 다음과 같이 얻을 수 있다.

$$\begin{aligned}\gamma_{mn} &= \alpha_{mn} + j\beta_{mn} \\ &= \sqrt{\left(\frac{m\pi}{a}\right)^2 + \left(\frac{n\pi}{b}\right)^2 - \omega^2\mu\varepsilon}\end{aligned} \tag{3.108}$$

$$f_{c,mn} = \frac{1}{2\pi\sqrt{\mu\varepsilon}}\sqrt{\left(\frac{m\pi}{a}\right)^2 + \left(\frac{n\pi}{b}\right)^2} \tag{3.109}$$

$$= \frac{c}{2\pi\sqrt{\mu_r\varepsilon_r}}\sqrt{\left(\frac{m\pi}{a}\right)^2 + \left(\frac{n\pi}{b}\right)^2}$$

여기서 c는 진공중에서 빛의 속도이고, $\mu = \mu_r\mu_0$, $\varepsilon = \varepsilon_r\varepsilon_0$로 도파관 내부 매질의 투자율과 유전율을 나타낸다. TM_{mn} 모드에 대해서는 $n = 1, 2, 3 \cdots$이고, $m = 1, 2, 3 \cdots$이며, TE_{mn} 모드에 대해서는 $n = 1, 2 \cdots$이고, $m = 1, 2 \cdots$이다. 단 $n \neq m = 0$, 즉 동시에 0이 되지 않는다.

식 (3.108)은 $h_{mn} = \sqrt{\left(\frac{m\pi}{a}\right)^2 + \left(\frac{n\pi}{b}\right)^2}$, $k^2 = \omega^2\mu\varepsilon$이라고 할 때 $\gamma_{mn} = \sqrt{h_{mn}^2 - k^2}$으로 다시 쓸 수 있다. 전파상수 γ_{mn}은 제곱근 안의 부호에 따라서 세 가지 경우로 나눌 수 있다.

❶ $h_{mn} = k$인 경우

$\gamma_{mn} = 0(\alpha_{mn} = 0,\ \beta_{mn} = 0)$이 되어 전파가 이루어지지 않는 경우이다. 이때 $h_{mn} = k$를 만족하는 주파수가 차단주파수 $f_{c,mn}$이 된다.

❷ $h_{mn} > k$인 경우

전파상수가 $\gamma_{mn}(=\alpha_{mn})$이 실수로, 감쇄상수만 존재하므로 감쇄현상이 발생하는 영역임을 뜻한다. 즉, 차단주파수 $f_{c,mn}$ 아래에서는 감쇄현상이 발생하는 것을 알 수 있으며, 이를 **소멸모드** evanescent mode라고 한다.

❸ $h_{mn} < k$인 경우

전파상수 $\gamma_{mn}(=j\beta_{mn})$이 허수성분만 갖기 때문에 감쇄되지 않고 전파가 이루어진다. 동작주파수가 차단주파수 $f_{c,mn}$보다 클 때이며, 이를 **전파모드** propagating mode라고 한다. 만약 주파수가 $f_{c,mn}$보다 크면 mn번째 모드가 도파관을 전파할 것이다.

구형도파관은 일반적으로 기본 모드 dominant mode라고 하는 TE_{10} 모드에서 동작한다. $a = 22.86$ [mm], $b = 10.16$ [mm]를 가진 X 대역(8.2 ~ 12.4 [GHz])의 구형도파관에 대한 차단주파수는 $f_{c,10} = 6.56$ [GHz]이다. 첫 번째 고차모드는 차단주파수 $f_{c,20} = 13.1$ [GHz]를 갖는 TE_{20} 모드이다. 따라서 8.2 ~ 12.4 [GHz] 범위에서 동작할 때, 단지 하나의 모드(TE_{10} 모드)만 존재하게 된다. [그림 3-32]에 구형도파관의 각 모드에 따른 차단주파수의 순서를 나타냈다. 구형도파관의 차단주파수는 도파관의 크기에 따라 다르게 나타나는 것을 알 수 있다. 이때 TE_{11} 모드와 TM_{11} 모드의 경우 차단주파수가 동일한데, 이렇게 동일한 차단주파수를 갖는 모드들을 **축퇴모드** degenerate mode라고 한다.

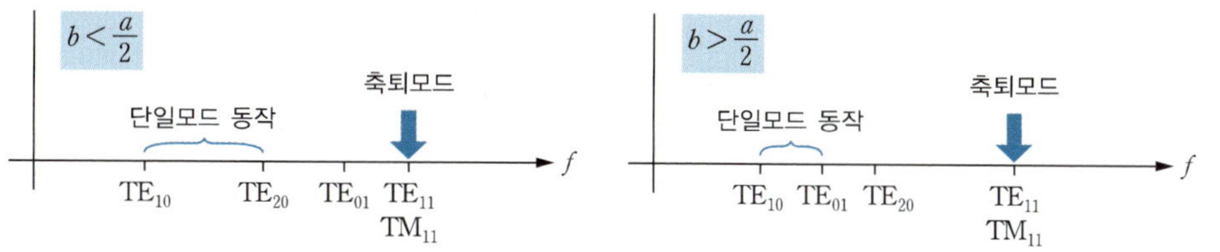

[그림 3-32] **구형도파관에서 모드에 따른 차단주파수**

도파관의 임피던스는 TEM 모드 전송선로에서 정의되는 특성 임피던스와 같이 전기장과 자기장의 비로 정의된다. 따라서 도파관에서의 임피던스는 TE 모드와 TM 모드에 대해서 식 (3.110)과 같이 모드에 따라 서로 다르게 정의된다.

$$\eta_{\mathrm{TE}_{mn}} = \frac{E_{xs}}{H_{ys}} = -\frac{E_{ys}}{H_{xs}} = \frac{\omega\mu}{\beta_{mn}} = \frac{\omega\mu}{k\sqrt{1-(f_{c,mn}/f)^2}}$$
$$\eta_{\mathrm{TM}_{mn}} = \frac{E_{xs}}{H_{ys}} = -\frac{E_{ys}}{H_{xs}} = \frac{\beta_{mn}}{\omega\varepsilon} = \frac{k}{\omega\varepsilon}\sqrt{1-(f_{c,mn}/f)^2} \quad (3.110)$$

예제 3-19 도파관의 차단주파수 및 특성 임피던스 계산

표준 도파관인 WR-75의 크기는 $a = 19.05\,[\mathrm{mm}]$, $b = 9.53\,[\mathrm{mm}]$이며, 18[GHz]에서 동작하고, 내부는 공기로 채워져 있다고 한다. 다음 물음에 답하라.

(a) 전자기파가 전파하기 위한 최소 TM 모드와 차단주파수를 계산하라.

(b) (a)에서 계산한 모드에 대해 관내 파장과 관내 위상속도, TM 전파에 대한 파동 임피던스를 구하라.

풀이

(a) 자유공간에서 TM 모드에 대한 차단주파수는 식 (3.109)로부터 다음과 같이 주어진다.

$$f_{c,mn} = \frac{1}{2\sqrt{\varepsilon_0\mu_0}}\sqrt{\left(\frac{m}{a}\right)^2 + \left(\frac{n}{b}\right)^2}$$

여기에 $a = 19.05\,[\mathrm{mm}]$와 $b = 9.53\,[\mathrm{mm}]$를 대입하여 18[GHz] 이하에서 얻을 수 있는 차단주파수를 구하면 다음과 같다.

$$f_{c,10} = 7.874\,[\mathrm{GHz}],\quad f_{c,01} = 15.74\,[\mathrm{GHz}],\quad f_{c,11} = 17.60\,[\mathrm{GHz}],\quad f_{c,20} = 15.75\,[\mathrm{GHz}]$$

TM 모드의 경우 m 또는 n이 0이 아니므로, 주어진 차단주파수 중 $f_{c,11} = 17.60\,[\mathrm{GHz}]$가 가능한 TM 모드이며, TM_{11} 모드의 차단주파수가 된다.

(b) 전파모드에서 관내 위상상수 β_{mn}은 식 (3.108)로부터 다음과 같이 계산된다.

$$\beta_g = \beta_{11} = \beta\sqrt{1-\frac{f_{c,mn}^2}{f^2}} = \omega\sqrt{\varepsilon_0\mu_0}\sqrt{1-\frac{f_{c,mn}^2}{f^2}} = 79\,[\mathrm{rad/m}]$$

관내 위상속도는 다음과 같이 계산된다.

$$v_g = \frac{\omega}{\beta_g} = 1.43\times 10^9\,[\mathrm{m/s}]$$

관내 전자기파 파장은 $\lambda_g = \frac{2\pi}{\beta_g} = 0.0795\,[\mathrm{m}]$이다. 전파모드가 TM 모드이므로 파동 임피던스는 식 (3.110)에 의해 $\eta_{\mathrm{TM}} = \frac{\beta_g}{\omega\varepsilon_0} = 78.89\,[\Omega]$으로 계산할 수 있다.

지금까지 무선통신에서 전송선로로 가장 많이 사용되는 동축케이블, 마이크로스트립 선로, 도파관 선로에 대해 특성 임피던스와 같은 전송선로 설계 파라미터를 구했다. 회로에서 어떤 전송선로를 사용하는가는 동작주파수, 전력요구사항, 집적도, 제작의 용이성, 사용목적 등에 따라 결정된다. [표 3-8]에 동축케이블, 마이크로스트립 선로, 도파관 선로에 대한 전기적 특성을 비교하여 나타냈다.

[표 3-8] **전송선로의 전기적 특성 비교**

특성	동축케이블	마이크로스트립 선로	도파관
주 동작모드	TEM	준 TEM	TE_{10}
기타모드	TM, TE	TM, TE	TM, TE
분산	없음	낮음	보통
손실	보통	큼	작음
대역폭	큼	큼	작음
전력처리 용량	보통	낮음	높음
물리적 크기	큼	작음	매우 큼
제작의 용이성	보통	매우 쉬움	보통
부품 집적	어려움	쉬움	어려움

Chapter 03 연습문제

3.1 **【전송선로 파라미터】** 구리로 만들어진 전송선로의 등가회로 파라미터가 $R = 650\,[\Omega/\text{km}]$, $L = 2.3\,[\text{H/km}]$, $C = 0.0052\,[\mu\text{F/km}]$, $G = 0.5\,[\mu\text{S/km}]$로 주어졌다. 이때 전송선로의 감쇄상수, 위상상수, 위상속도를 각각 구하라. (단, 전송선로를 따라 전파하는 신호의 주파수는 $1\,[\text{kHz}]$이다.)

3.2 **【전송선로의 특성 임피던스】** RG-58U 동축케이블의 내경은 $2a = 0.09\,[\text{cm}]$, 외경은 $2b = 0.295\,[\text{cm}]$로 주어진다. 동축케이블의 중심도체와 바깥도체는 도전율 $\sigma_c = 5.87 \times 10^7\,[\text{S/m}]$인 구리로 만들어졌다. 도체 사이의 유전체는 폴리에틸렌으로 $2.5\,[\text{GHz}]$에서 비유전율 $\varepsilon_r = 2.25 - j7 \times 10^{-4}$을 갖는다. 이때 동축케이블의 등가회로 파라미터인 R, L, G, C와 특성 임피던스 Z_0를 구하라.

3.3 **【전송선로의 특성 임피던스】** 동작주파수가 $120\,[\text{MHz}]$인 다이폴 안테나에 신호를 급전하기 위해 특성 임피던스 $Z_0 = 450\,[\Omega]$을 갖는 이중선 전송선로를 이용하고자 한다. 전송선로의 VSWR 값은 4이며, 최소전압이 측정되는 위치는 안테나 급전점으로부터 가장 가까운 지점이 $2.8\,[\text{m}]$ 떨어져 있다. 이때 안테나의 임피던스는 얼마인가?

3.4 **【전송선로의 입력 임피던스】** $50\,[\Omega]$ 특성 임피던스를 가지며, 비투자율 $\mu_r = 1$, 비유전율 $\varepsilon_r = 2.25$의 유전체로 채워진 동축케이블 전송선로가 있다. $200\,[\text{MHz}]$ 신호를 전달하기 위해 길이가 $3.4\,[\text{m}]$인 이 동축케이블 전송선로를 $100\,[\Omega]$ 부하로 종단했을 때, 입력 임피던스를 구하라.

3.5 **【무왜곡 전송선로】** $50\,[\Omega]$ 특성 임피던스를 갖는 무왜곡 전송선로에서 신호는 단위길이($1\,[\text{m}]$)를 전파할 때마다 $0.02\,[\text{dB}]$만큼 감쇄된다. 전송선로의 단위길이당 커패시턴스가 $80\,[\text{pF}]$일 때 다음을 구하라.

(a) 단위길이당 저항 R
(b) 단위길이당 인덕턴스 L
(c) 단위길이당 컨덕턴스 G
(d) 위상속도 v_p

3.6 **【전송선로 특성】** A와 B 안테나가 특성 임피던스를 모르는 $\frac{1}{4}$ 파장길이의 무손실 전송선로에 다음의 그림과 같이 연결되어 있다. 두 안테나는 50[Ω] 선로를 통해 급전되며, A 안테나는 $80+j35$[Ω]의 임피던스를 가지며, B 안테나는 $56+j28$[Ω]의 임피던스를 갖는다. 이 안테나에 흐르는 전류의 첨두값이 각각 $1.5\angle 0°$[A], $1.5\angle 90°$[A]일 때 두 안테나에 연결된 선로의 특성 임피던스를 구하고, B 안테나와 직렬로 연결된 리액턴스 값을 구하라.

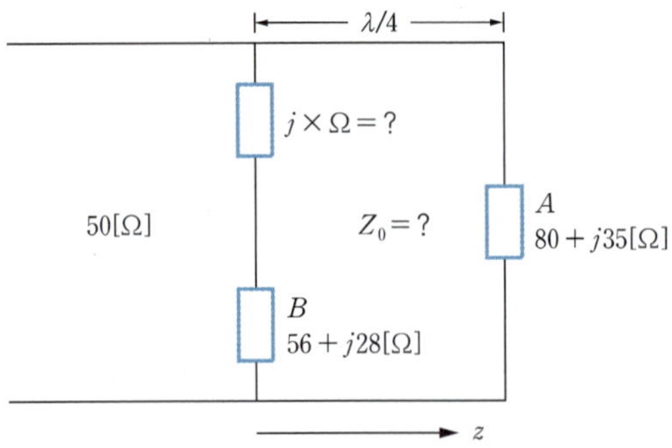

[그림 3-33]

3.7 **【전송선로 특성】** 다음의 그림과 같이 리액티브 소자들로 종단된 전송선로에서 부하에 대한 반사계수, 반사손실, VSWR를 구하라. 전송선로의 특성 임피던스는 50[Ω]이고, 동작주파수는 4[GHz]로 가정한다.

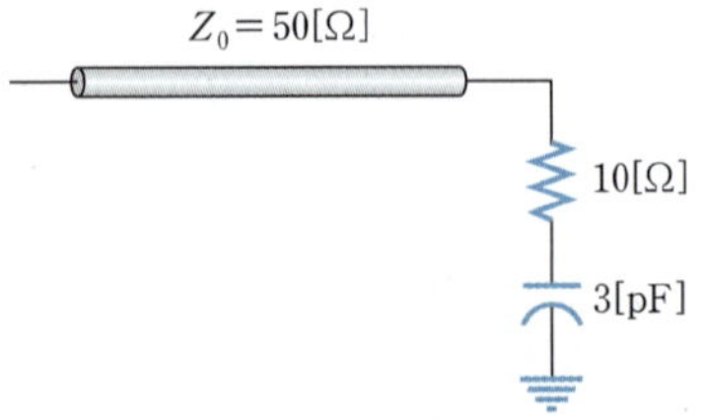

[그림 3-34]

3.8 **【전송선로 특성】** 내부저항이 50[Ω]이고, 전압이 $v(t)=3\cos(2\pi\times 10^8 t)$인 신호발생기가 4[m] 길이의 75[Ω] 무손실 전송선로를 통해 정합부하로 연결되어 있다. 만약 선로를 따라 전파하는 신호 속도가 2.5×10^8[m/s]라면 선로의 임의 위치에서 순시 전압과 전류를 구하라.

3.9 **【전송선로 특성】** 특성 임피던스 50[Ω]을 갖는 전송선로 케이블에 내부 임피던스 15[Ω]과 $V_S=0$[V]$(t\leq 0)$, $V_S=1$[V]$(t>0)$인 계단함수 전압을 갖는 신호원이 연결되어 있고, 125[Ω] 임피던스를 갖는 부하가 연결되어 있다. 전파가 전송선로의 한쪽 끝단에서 다른 쪽 끝단까지 전파하는 데 걸리는 시간이 τ라고 할 때 $t=0.3\tau$, 1.3τ, 2.3τ의 경우, 케이블 길이에 따른 전압을 그려라.

3.10 **【전송선로의 전력전달】** 75[Ω] 특성 임피던스를 갖는 전송선로가 부하 임피던스 $68-j12$[Ω]을 갖는 부하로 종단했다. 이때 다음을 구하라.

(a) 부하에서 전압반사계수

(b) 선로에서 VSWR

(c) 부하로부터 전압이 최소가 되는 첫 번째 위치

3.11 **【전송선로의 전력전달】** 안테나를 급전하기 위해 특성 임피던스 100[Ω]을 갖는 전송선로를 사용했다. 안테나의 임피던스 Z_L을 알기 위해 슬롯선로slotted line를 이용한 측정을 통해 다음과 같은 결과를 얻었다. 전송선로에서 측정된 VSWR은 2.4이며, 최소 정재파전압은 100[cm] 간격으로 반복 측정되었으며, 그중 한 점(A)은 275[cm]이다. 전송선로에 연결된 안테나 대신 단락회로를 연결했을 때, 정재파전압이 최소가 되는 지점(A)은 신호원으로부터 멀어져서 235[cm]에서 측정되었다. 신호의 파장과 안테나 임피던스를 구하라.

3.12 **【전송선로의 전력전달】** 전송선로에 연결된 부하에서 반사되는 전력이 입사파보다 6[dB] 낮다고 할 때, 다음을 구하라.

(a) 부하에서의 VSWR

(b) 부하로 전달되는 전력이 입사전력의 몇 %인가?

3.13 **【전송선로의 전력전달】** 다음의 그림과 같은 회로에서 신호원의 전압크기 $E=5$[V], 신호원 임피던스가 $Z_1=40$[Ω]일 때, $Z_{01}=40$[Ω]의 전송선로로 $\frac{1}{4}$파장 임피던스 변환기를 설계하여 $Z_{02}=100$[Ω] 특성 임피던스를 갖는 무손실 전송선로에 연결하였다. 기준면 ①로 전달되는 전력 P_{T1}과 기준면 ②로 전달되는 전력 P_{T2}를 구하라.

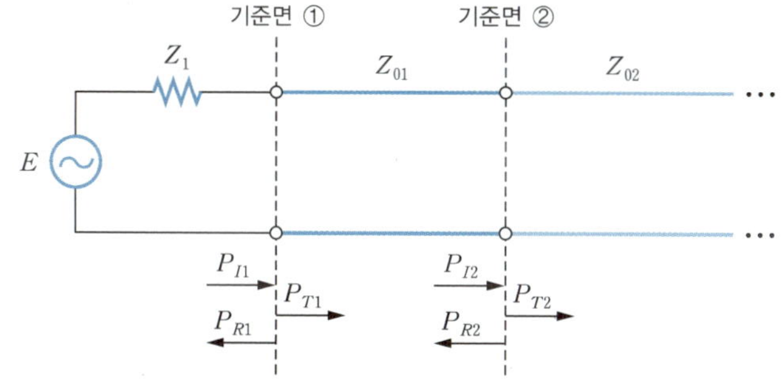

[그림 3-36]

3.14 **【전송선로의 전력전달】** 평면파가 공기 중으로부터 호수 표면으로 수직으로 입사된다고 할 때, 입사전력 중 전달되는 전력과 호수 표면으로부터 반사되는 전력의 비율을 구하라. (단, 호수는 비유전율 81, 비투자율 1인 유전체로 가정한다.)

3.15 **【전송선로의 전력전달】** 50[Ω] 전송선로에 마이크로파 부품을 연결하였을 때, 최대 VSWR은 1.07로 주어진다. 부품에 입사되는 전력에 대해 반사되는 전력의 비율을 구하라.

3.16 **【전송선로의 전력전달】** 동일한 두 신호원이 다음의 그림과 같이 $\frac{1}{4}$파장 길이의 무손실 50[Ω]으로 연결되었다. 각 신호원의 전압은 모두 12[V]∠0°이며, 내부 임피던스는 50[Ω]이다. 또다른 $\frac{1}{4}$파장 길이의 동일한 전송선로로 10[Ω] 부하를 연결했을 때 부하에서 소모되는 전력을 구하라.

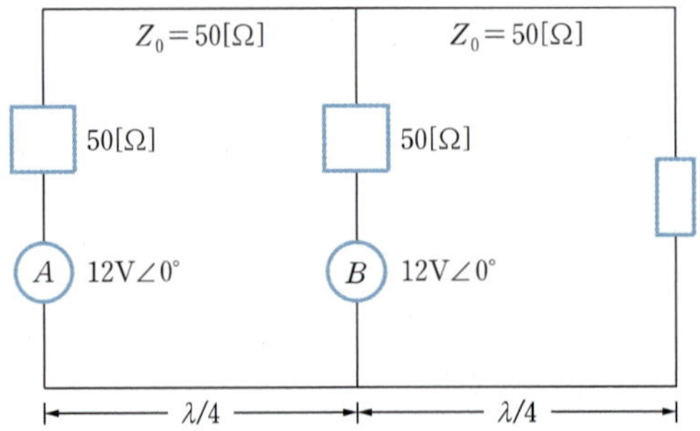

[그림 3-37]

3.17 **【동축케이블 전송선로】** 200[MHz]에서 45° 위상이동을 얻기 위한 표준 RG-8/U 동축케이블의 길이를 구하라.

3.18 **【동축케이블 전송선로】** 다음의 그림과 같은 동축케이블 선로에서 중심축으로부터의 직경을 ρ라고 할 때, 유전체 ①($1\,[\mathrm{cm}] \leq \rho \leq 3\,[\mathrm{cm}]$)은 비유전율 $\varepsilon_{r1} = 2$, 유전체 ②($3\,[\mathrm{cm}] \leq \rho \leq 5\,[\mathrm{cm}]$)는 비유전율 $\varepsilon_{r1} = 1$인 매질로 채워져 있다. $\rho \leq 1\,[\mathrm{cm}]$, $\rho = 5\,[\mathrm{cm}]$는 완전도체로 구성되어 있다. 동축케이블의 길이는 $L = 5\,[\mathrm{cm}]$라고 할 때, 전체 커패시턴스는 얼마인가?

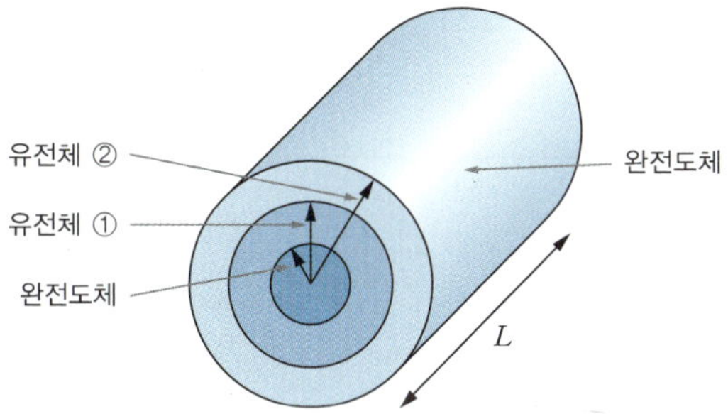

[그림 3-38]

3.19 **【마이크로스트립 전송선로】** 비유전율 2.3, 두께 $1\,[\mathrm{mm}]$인 유전체 기판 위에 폭이 $3\,[\mathrm{mm}]$인 마이크로스트립 전송선로를 제작했다. 동작주파수는 $3\,[\mathrm{GHz}]$이며, $100\,[\Omega]$의 입력 임피던스를 갖는 안테나에 마이크로스트립 전송선로를 연결했을 때 다음을 구하라.

(a) VSWR (b) 반사되는 입력전력의 비율 (c) 반사손실

3.20 **【도파관의 기본모드】** $2\,[\mathrm{cm}] \times 4\,[\mathrm{cm}]$의 단면을 가진 공기-유전체 도파관에서 TE_{10} 모드에 대한 차단주파수를 구하고, 기본 모드만 전파하는 주파수 범위를 구하라.

3.21 **【도파관 전송선로】** 도파관이 기본 모드에 대해 $10\,[\mathrm{GHz}]$의 차단주파수를 갖는다. 각각 $12\,[\mathrm{GHz}]$와 $17\,[\mathrm{GHz}]$의 주파수를 갖는 두 신호가 $5\,[\mathrm{m}]$ 길이의 도파관을 따라 전송될 때, 두 신호에 대해 각각의 군속도group velocity를 구하고, 두 신호의 도착시간 차이를 구하라.

3.22 **【도파관 전송선로의 특성】** 구리로 만들어진 원형도파관의 TE_{01} 전파모드에 대해 도파관의 반지름이 각각 $3.5\,[\mathrm{mm}]$, $10\,[\mathrm{mm}]$일 때, $60\,[\mathrm{GHz}]$에서 각각의 전도성 손실conductor loss을 계산하라.

Chapter 03 기출문제

L3.1 【2020, 국가직 7급】 100[MHz]에서 동작하는 전송선로 ㉠과 ㉡의 임피던스가 각각 49[Ω]과 100[Ω]일 때, $\frac{1}{4}\lambda_g$ 길이를 갖는 전송선로 ㉢을 이용하여 다음의 그림과 같이 임피던스 정합을 하고자 한다. ㉢의 단위길이당 인덕턴스 L = 196[μH/m]으로 주어질 때, 전송선로 ㉢의 길이 l[m]은? (단, 전송선로는 무손실이고, λ_g는 전송선로에서 전파하는 신호의 한 파장 길이를 의미한다.)

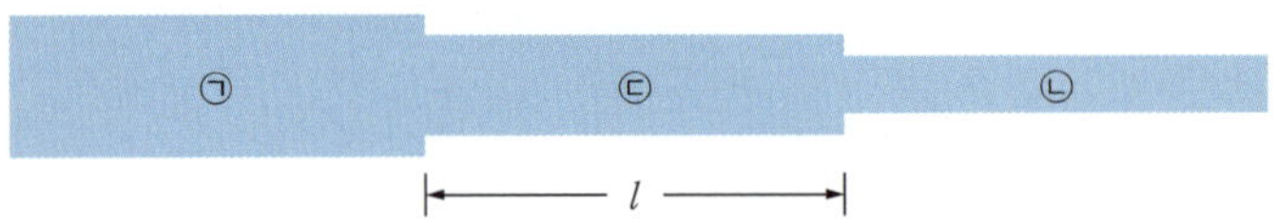

[그림 3-39]

① $\frac{1}{4\sqrt{784}}$　② $\frac{1}{4\sqrt{392}}$　③ $\frac{1}{4\sqrt{196}}$　④ $\frac{1}{4\sqrt{98}}$

L3.2 【2020, 무선설비기사】 특성 임피던스가 Z_0인 선로에 부하 임피던스 Z_L이 연결되었을 때 부하단에서 $\frac{1}{4}$ 파장이 떨어진 선로상의 점에서 부하를 바라본 임피던스는?

① Z_L/Z_0　② Z_0/Z_L　③ Z_0^2/Z_L　④ Z_L^2/Z_0

L3.3 【2020, 무선설비기사】 무손실 전송선로의 특성 임피던스(Z_0)는?

① $Z_0 = \sqrt{\frac{L}{C}}$　② $Z_0 = \frac{L}{C}$　③ $Z_0 = \frac{C}{L}$　④ $Z_0 = \sqrt{\frac{C}{L}}$

L3.4 【2020, 무선설비기사】 다음 중 정재파에 대한 설명으로 틀린 것은?

① 진행파와 반사파가 합성된 파를 말한다.
② 전압 분포상태가 $\frac{\lambda}{2}$거리마다 최대치가 있다.
③ 전압·전류의 위상은 선로상의 각 점에 따라 서로 다르다.
④ 진행파와 비교할 때 전송손실이 크다.

L3.5 【2020, 무선설비기사】 손실을 가진 전송선로의 전파정수 $r = 1 + j3$이고, 각속도 $w = 1$[Mrad/s]이다. 선로의 특성 임피던스가 $Z_0 = 30 + j0$[Ω]이었을 때, 저항 R과 인덕턴스 L의 값을 계산하면?

① $R = 20$[Ω/m], $L = 80$[μH/m]　② $R = 20$[Ω/m], $L = 90$[μH/m]
③ $R = 30$[Ω/m], $L = 80$[μH/m]　④ $R = 30$[Ω/m], $L = 90$[μH/m]

L3.6 **【2019, 국가직 9급】** 다음 그림과 같이 A단과 B단이 연결되어 있을 경우, 전송선 ab 지점에서 A단과 B단 사이에 최대 전력이 전달되는 조건은? (단, Z_a는 ab지점에서 바라본 A단의 출력 임피던스, Z_b는 ab지점에서 바라본 B단의 입력 임피던스, $j=\sqrt{-1}$ 이다.)

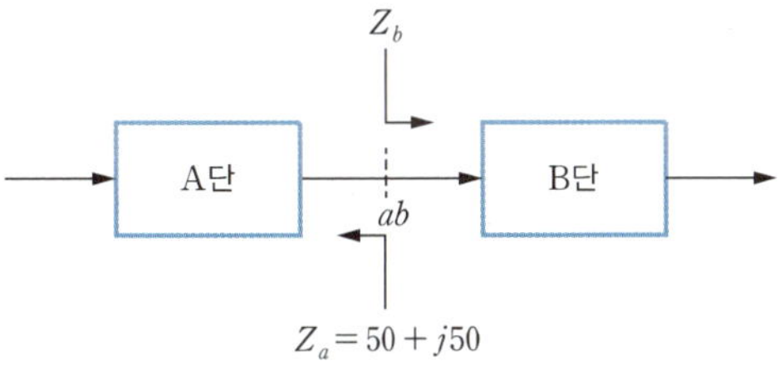

[그림 3-40]

① $Z_b = 50 + j50$ ② $Z_b = 50 - j50$ ③ $Z_b = j50$ ④ $Z_b = -j50$

L3.7 **【2019, 국가직 7급】** 다음의 그림과 같이 주파수 100[MHz]에서 동작하는 신호원에 길이 l인 무손실 전송선로와 부하가 연결되어 있다. 신호원의 임피던스는 50[Ω]이고, 전송선로의 특성 임피던스와 부하의 임피던스는 각각 50[Ω]과 150[Ω]이다. 전송선로의 입력단에서 부하를 바라본 입력 임피던스 $Z_{\text{in}}(=R+jX)$에 대한 설명으로 옳은 것은? (단, λ_g는 전송선로에서 전파하는 신호의 한 파장 길이를 의미한다.)

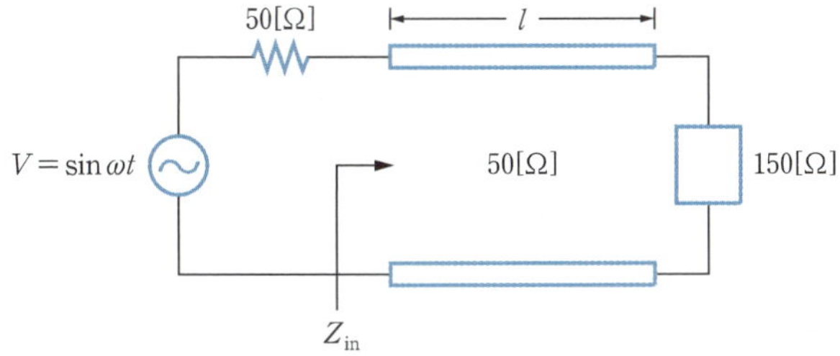

[그림 3-41]

① $0 < l < 0.25\lambda_g$이면 X는 양수이다.

② $0 < l < 0.25\lambda_g$이면 $0 < R < 150[\Omega]$이다.

③ $0.25\lambda_g < l < 0.5\lambda$이면 $R > 150[\Omega]$이다.

④ $l = 0.25\lambda_g$이면 $R = \dfrac{1}{150}[\Omega]$이다.

L3.8 **【2019, 전파전자통신기사】** 동축급전선을 개방하고 임피던스를 측정하였을 때 100[Ω]이고, 단락했을 때의 임피던스가 25[Ω]이라면 이 급전선의 특성 임피던스는 얼마인가?

① 100[Ω] ② 75[Ω] ③ 50[Ω] ④ 25[Ω]

L3.9 **【2019, 전파전자통신기사】** 극초단파 이상의 전송선로로 도파관이 쓰이는 가장 큰 이유는?

① 동축케이블보다 감쇠가 적기 때문에
② 관내 파장이 자유공간 파장보다 길기 때문에
③ 차단 주파수 이하의 신호는 통과시키지 않기 때문에
④ 부정합 상태에서 정재파가 생기지 않기 때문에

L3.10 **【2018, 국가직 9급】** 특성 임피던스가 50[Ω]인 무손실 전송선로에 100[Ω]의 부하 저항을 연결하였을 때, 부하점에서 신호의 반사계수와 전압정재파비의 크기는?

① $\frac{1}{2}$, 2　② $\frac{1}{2}$, 3　③ $\frac{1}{3}$, 2　④ $\frac{1}{3}$, 3

L3.11 **【2018, 국가직 9급】** 다음의 그림과 같이 특성 임피던스(Z_0)가 50[Ω]인 전송선로와 200[Ω]의 부하저항(R_L)을 임피던스 정합하기 위하여, 중간에 임피던스가 Z_T이고 길이가 $\frac{1}{4}$ 파장(λ)인 전송선로를 삽입하였다. 삽입된 전송선로의 임피던스 Z_T [Ω]는?

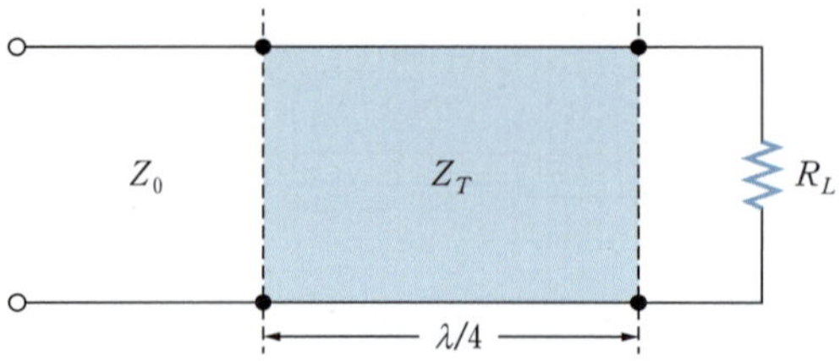

[그림 3-42]

① 75　② 100　③ 125　④ 150

L3.12 **【2018, 국가직 7급】** 비유전율 4, 비투자율 1인 유전체로 채워진 특성 임피던스가 50[Ω]이고 길이 3/160[m]인 동축 선로가 있다. 무손실 동축 선로는 1[GHz]에서 동작하고 선로 종단에는 부하 임피던스 $Z_L = 50 + j50$[Ω]이 연결되어 있다. 이 동축 선로의 입력 임피던스[Ω]는?

① $50 - j50$　② $100 - j50$　③ $50 + j50$　④ $100 + j50$

L3.13 **【2018, 국가직 7급】** 1[pF] 커패시터와 0.1[mH] 인덕터로 이루어진 LC 공진회로에 의해 생성된 신호가 자유공간으로 전파된다고 할 때, 이 전자파의 파장[m]은?

① 5π　② 6π　③ 7π　④ 8π

L3.14 **【2018, 방송통신기사】** 임피던스가 25[Ω]인 반파장 안테나와 특성 임피던스가 100[Ω]인 선로를 정합하기 위한 임피던스 값은?

① 150[Ω] ② 250[Ω] ③ 25[Ω] ④ 50[Ω]

L3.15 **【2018, 방송통신기사】** CATV 동축케이블 내의 전자파 속도는? (단, $\varepsilon_r = 2.3$(비투자율), $\mu_r = 1$(비유전율), $\varepsilon_r \fallingdotseq 8.855 \times 10^{-12}$[F/m], $\mu_0 = 4\pi \times 10^{-7}$[H/m])

① 약 1.5×10^8[m/s] ② 약 2.0×10^8[m/s]

③ 약 2.5×10^8[m/s] ④ 약 3.0×10^8[m/s]

L3.16 **【2017, 국가직 9급】** 급전선과 안테나 사이에 임피던스 정합이 되었을 때 나타나는 현상으로 옳지 않은 것은?

① 정재파비가 무한대이다. ② 반사되는 전력이 없다.

③ 최대로 전력이 전달된다. ④ 시스템의 신호 대 잡음비가 향상된다.

L3.17 **【2016, 국가직 7급】** 전송선로에서 $\frac{R}{L} = \frac{G}{C}$가 만족될 때 감쇠상수($\alpha$) 및 위상상수($\beta$), 위상속도($v_p$)는? (단, R, L, G, C는 전송선로의 단위길이당 저항, 인덕턴스, 컨덕턴스, 커패시턴스이다.)

	α	β	v_p		α	β	v_p
①	$R\sqrt{\frac{C}{L}}$	$\omega\frac{1}{\sqrt{LC}}$	$\sqrt{LC}$	②	$R\sqrt{\frac{L}{C}}$	$\omega\frac{1}{\sqrt{LC}}$	$\sqrt{LC}$
③	$R\sqrt{\frac{C}{L}}$	$\omega\sqrt{LC}$	$\frac{1}{\sqrt{LC}}$	④	$R\sqrt{\frac{L}{C}}$	$\omega\sqrt{LC}$	$\frac{1}{\sqrt{LC}}$

L3.18 **【2016, 국가직 7급】** 다음의 그림과 같이 특성 임피던스가 Z_o[Ω], 위상상수 β[rad/m]인 무손실 전송선로의 끝이 개방되어 있다. 개방된 지점으로부터 길이 L[m]만큼 떨어진 지점에 커패시터를 직렬 연결할 경우, 입력 임피던스의 허수 부분이 0이 될 조건은? (단, ω는 각속도이고, 커패시터의 길이는 무시한다.)

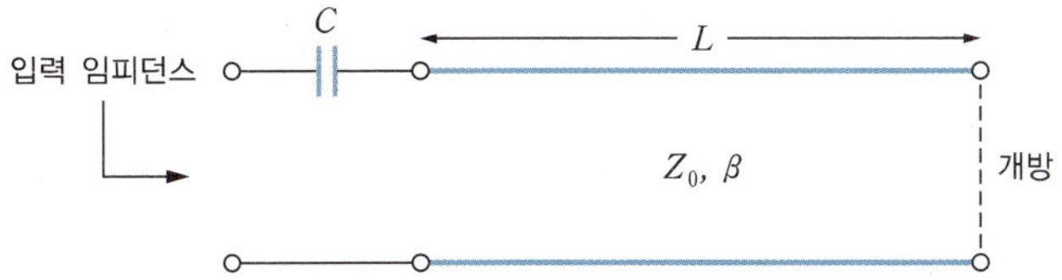

[그림 3-43]

① $C=-\frac{1}{\omega Z_o \tan\beta L}$ ② $C=-\frac{1}{\omega Z_o \cot\beta L}$

③ $C=-\frac{\sin\beta L}{\omega Z_o}$ ④ $C=-\frac{\cos\beta L}{\omega Z_o}$

L3.19 **【2015, 국가직 9급】** 전송선로에 대한 설명으로 옳지 않은 것은?

① 반사계수가 0.5일 때 전압정재파비는 3이다.
② 이상적인 급전선에서 반사계수는 0이 되어 전압정재파비는 1이다.
③ 단락회로의 반사계수는 1이다.
④ 개방회로의 전압정재파비는 무한대이다.

L3.20 **【2015, 국가직 7급】** 무손실 전송선로의 단위길이당 커패시턴스와 인덕턴스가 각각 $C'=200[\mathrm{pF/m}]$과 $L'=500[\mathrm{nH/m}]$일 때, 전송선로상의 전자파의 속도 $v_p[\mathrm{m/s}]$와 특성 임피던스 $Z_0[\Omega]$는?

① 10^7, 100 ② 10^7, 50 ③ 10^8, 100 ④ 10^8, 50

L3.21 **【2015, 국가직 7급】** 특성 임피던스가 $50[\Omega]$인 무손실 전송선로를 이용하여 부하 임피던스를 측정하려 한다. 부하가 있는 위치에서 측정한 반사계수의 크기는 0.5, 위상은 90° 였다. 이때 부하 임피던스$[\Omega]$는?

① $20+j30$ ② $30+j40$ ③ $40+j50$ ④ $60+j70$

L3.22 **【2014, 국가직 9급】** 안테나의 급전점에서 측정된 입사파 전압이 $10[\mathrm{V}]$이고, 반사파 전압이 $5[\mathrm{V}]$일 때 전압정재파비 Voltage Standing Wave Ratio 는?

① 1.5 ② 2 ③ 3 ④ 4

기출문제 답

L3.1 ① L3.2 ③ L3.3 ① L3.4 ③ L3.5 ④ L3.6 ② L3.7 ② L3.8 ③
L3.9 ① L3.10 ③ L3.11 ② L3.12 ② L3.13 ② L3.14 ④ L3.15 ② L3.16 ①
L3.17 ③ L3.18 ① L3.19 ③ L3.20 ④ L3.21 ② L3.22 ③

Chapter 04

스미스차트와 산란 행렬

Smith Chart and Scattering Matrix

학습목표

- 전송선로 반사계수와 임피던스의 관계로부터 스미스차트를 유도한다.
- 스미스차트의 특성을 이해하고, 스미스차트를 읽는 법을 배운다.
- 스미스차트를 사용한 임피던스 정합방법을 이해한다.
- 회로망 네트워크 해석을 위해 사용하는 행렬들의 특성과 사용법을 이해한다.
- 마이크로파 회로망 해석을 위한 산란 행렬의 정의 및 특성을 이해한다.
- 전송선로와 임피던스 정합 개념을 이용한 전자파 차폐 및 흡수구조 설계방법을 이해한다.

4.1 스미스차트

스미스차트Smith chart는 전송선로에서의 반사계수와 임피던스의 관계를 도표로 나타낸 것으로, 1939년 스미스P. H. Smith, 1905~1987가 고안했다. 전송선로의 파라미터들을 직관적으로 이해할 수 있다는 장점 때문에 무선통신 회로를 설계하는 RF radio frequency 엔지니어들이 유용하게 사용한다. 이 절에서는 스미스차트를 정의하고, 스미스차트를 이용하여 전송선로 문제를 해결하는 방법, 그리고 스미스차트를 이용하여 임피던스를 정합하는 방법 등을 알아볼 것이다.

4.1.1 스미스차트의 정의

스미스차트는 반사계수와 임피던스 간의 관계식으로부터, 반사계수를 나타낸 복소평면에 임피던스 값을 표시한 것이다.

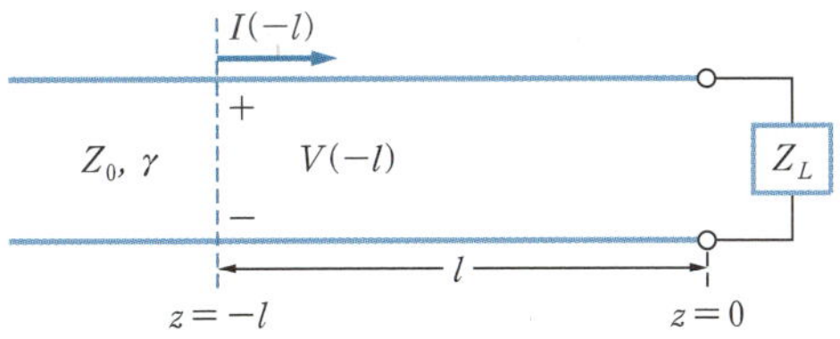

[그림 4-1] 스미스차트 유도를 위한 전송선로 모델링

[그림 4-1]과 같이 임피던스가 Z_L인 부하가 연결된 무손실($\alpha=0$) 전송선로가 있을 때, $z=-l$에서의 반사계수는 식 (4.1)과 같이 주어진다.

$$\Gamma(-l)=\Gamma_L e^{-2j\beta l}=|\Gamma_L|\, e^{j\phi_L} e^{-2j\beta l}=\Gamma_r(-l)+j\Gamma_i(-l) \tag{4.1}$$

식 (4.1)은 [그림 4-2]와 같이 복소평면에 크기가 $|\Gamma_L|$인 원으로 나타낼 수 있다. 앞서 부하의 위치를 $z=0$이라고 가정했기 때문에, 신호원의 방향은 z가 음수인 방향, 즉 복소평면에서 시계방향으로 나타난다. 또한 반사계수 평면에서 360° 원주의 길이는 $\frac{\lambda}{2}$이다. 이는 반사계수 평면 위의 점 $(1, 0)$에서 시계방향으로 한 바퀴 회전하면 신호원방향으로 $\frac{\lambda}{2}$의 전송선로 길이만큼 연장된 것을 의미한다.

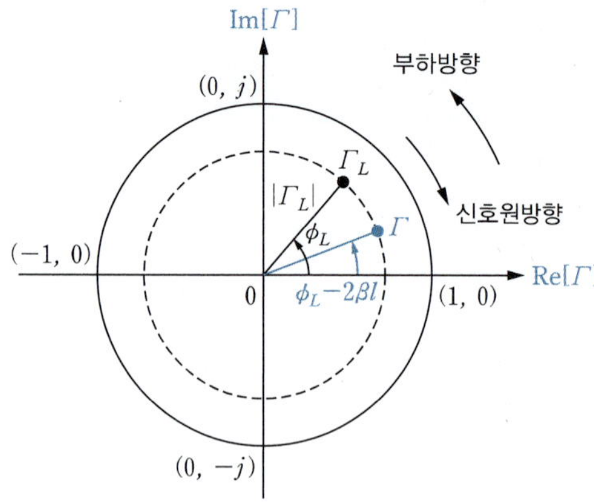

[그림 4-2] 복소평면 위의 반사계수 표현

3장의 식 (3.41)과 같이 부하에서의 반사계수 Γ_L은 전송선로의 특성 임피던스 Z_0와 부하 임피던스 Z_L에 의해 정해진다. 여기서 주목할 점은 부하 임피던스가 복소수 $Z_L=R_L+jX_L$이기 때문에 반사계수 또한 복소수 $\Gamma_L=\Gamma_r+j\Gamma_i$로 주어진다는 것이다. 부하의 임피던스 Z_L을 전송선로의 특성 임피던스 Z_0로 나눈 값, 즉 $z_L=\frac{Z_L}{Z_0}=r_L+jx_L$을 **정규화된 임피던스**normalized impedance로 정의한다.

스미스차트는 식 (3.41)을 이용하여 [그림 4-3]과 같이 임피던스 평면을 반사계수 평면으로 변환하여 나타낸 것으로, 식 (4.2)와 같이 정규화된 임피던스로 다시 쓸 수 있다.

$$\Gamma_L=\frac{Z_L-Z_0}{Z_L+Z_0}=\frac{z_L-1}{z_L+1} \tag{4.2}$$

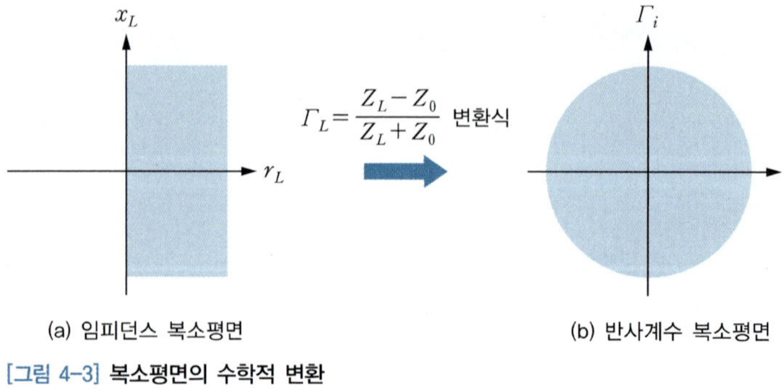

[그림 4-3] 복소평면의 수학적 변환

식 (3.41)에 $z_L = \dfrac{Z_L}{Z_0} = r_L + jx_L$, $\Gamma_L = \Gamma_r + j\Gamma_i$를 대입하여 정리하면, 임피던스와 반사계수의 관계식인 식 (4.3)과 식 (4.4)를 구할 수 있다.

$$\left(\Gamma_r - \frac{r_L}{1+r_L}\right)^2 + \Gamma_i^2 = \left(\frac{1}{1+r_L}\right)^2 \tag{4.3}$$

$$(\Gamma_r - 1)^2 + \left(\Gamma_i - \frac{1}{x_L}\right)^2 = \left(\frac{1}{x_L}\right)^2 \tag{4.4}$$

예제 4-1 스미스차트를 그리기 위한 원의 방정식 유도

식 (3.41)로부터 식 (4.3)과 식 (4.4)를 유도하라.

풀이

유도 과정을 정리하면 다음과 같은 흐름으로 나타낼 수 있다.[1]

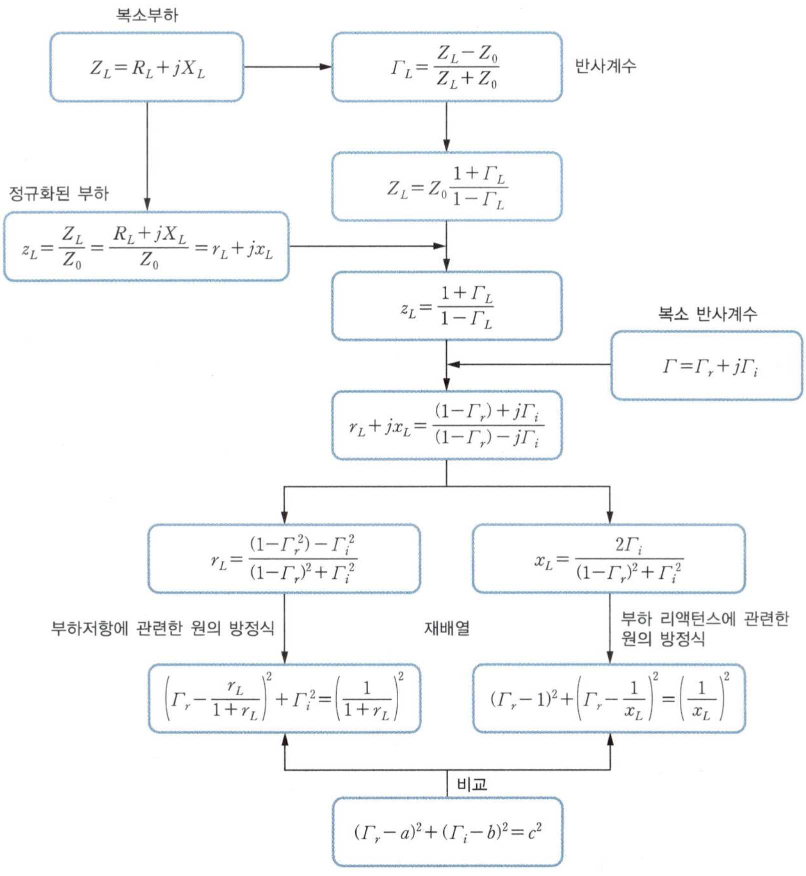

1 Dr. Dinesh Bharadia의 허락을 받고 'RF and Microwave Engineering' 과목에 사용되는 강의노트 자료를 인용하였다.

식 (4.3)과 식 (4.4)는 각각 반사계수의 복소평면에서 중심이 $\left(\frac{r_L}{1+r_L}, 0\right)$, $\left(1, \frac{1}{x_L}\right)$이고, 반지름이 $\frac{1}{1+r_L}$, $\frac{1}{x_L}$인 원의 방정식이다. [그림 4-4]에 두 식으로 그려지는 원을 나타냈다.

[그림 4-4(a)]의 원들은 식 (4.3)에서 정규화된 부하의 임피던스의 실수성분, 즉 저항에 따라 그려진다. 실수성분 r_L의 값이 커질수록 원의 반지름은 줄어들며, 원의 중심은 $(1, 0)$에 가까워진다. [그림 4-4(b)]의 원들은 식 (4.4)에 의해 정규화된 부하의 임피던스의 허수성분에 따라 그려진다. 마찬가지로 허수성분 x_L의 값이 커질수록 원의 반지름이 줄어들며, 원의 중심은 $(1, 0)$에 가까워진다.

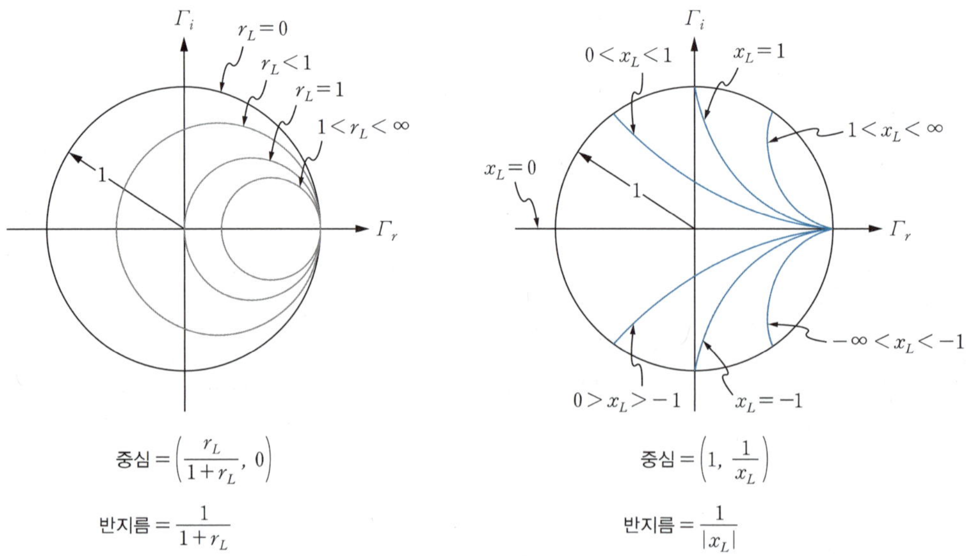

(a) 저항 r_L에 따른 원 (b) 리액턴스 x_L에 따른 원

[그림 4-4] 식 (4.3)~(4.4)의 반사계수 복소평면 그래프

[그림 4-4(b)]에서 반사계수 복소평면의 실수축 Γ_r을 기준으로, 허수부 x_L이 양수이면 인덕턴스 성분을 의미하며, 허수부 x_L이 음수이면 커패시턴스 성분을 나타낸다. $r_L \to \infty$, $x_L \to \infty$일 때 반사계수는 반사계수 복소평면의 한 점 $(1, 0)$, 즉 $\Gamma_L = 1$인 점이 된다. 이로부터 반사계수 복소평면 위의 점 $(1, 0)$은 부하가 개방open인 회로적 의미를 갖는다는 것을 알 수 있다. 또 다른 반사계수 복소평면 위의 점 $(-1, 0)$은 임피던스 값이 $r_L = 0$, $x_L = 0$으로, $\Gamma_L = -1$ 값을 갖는다. 이 점은 부하가 단락short인 회로적 의미를 갖는다. 반사계수 복소평면의 실수부와 허수부가 교차하는 원점 $(0, 0)$은 임피던스가 $r_L = 1$, $x_L = 0$이 되는 곳이다. 이는 전송선로의 특성 임피던스 $Z_0 = 50\,[\Omega]$이라면 $Z_L = 50\,[\Omega]$이 되어 **임피던스 정합** impedance matching이 이루어지는 위치이다. 이렇게 r_L과 x_L의 변화에 따른 궤적을 반사계수 평면에 그린 것을 **임피던스 스미스차트** impedance smith chart라고 한다. 또한 식 (4.1)로부터 반사계수 평면 위에서 원점으로부터 떨어져 있는 거리를

통해 반사계수의 크기를 알 수 있다. 3장에서 설명한 것처럼, 반사계수의 크기를 알면 VSWR과 반사손실을 구할 수 있다.

[그림 4-5]에 임피던스 스미스차트를 나타냈다. 오른편에 확대한 것은 스미스차트의 바깥쪽 원의 모양이다. 여기에는 반사계수 $\Gamma = |\Gamma| e^{j\theta_\Gamma}$의 각도 θ_Γ를 읽을 수 있도록 각도 표시가 되어 있으며, 전송선로의 길이를 읽을 수 있는 값이 표시되어 있다. 시계방향으로는 신호원방향으로 움직이는 전송선로의 파장에 대한 상대적 길이를 나타내고, 반시계방향으로는 부하방향으로 움직이는 전송선로의 파장에 대한 상대적 길이를 나타낸다.

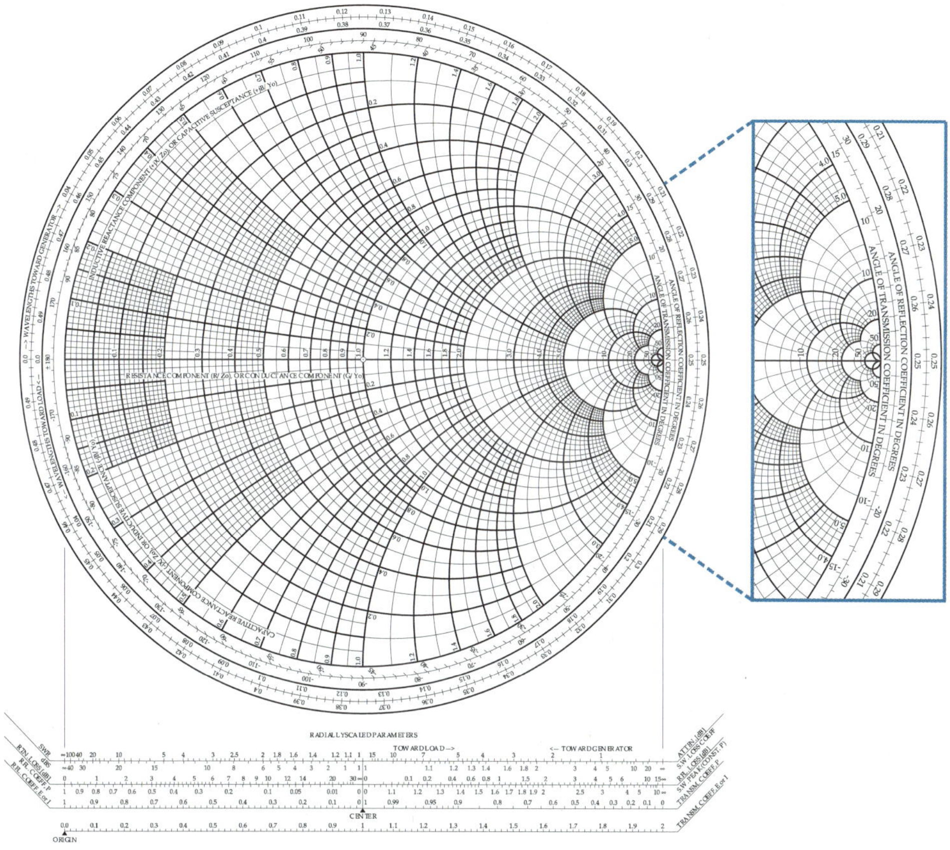

[그림 4-5] **임피던스 스미스차트**

또한 임피던스와 어드미턴스의 관계인 $z_L = \dfrac{1}{y_L}$을 이용하여 $y_L = g_L + jb_L$인 어드미턴스와 반사계수가 연관된 원의 방정식을 얻을 수 있다. 임피던스 스미스차트와 동일한 방법으로 **어드미턴스 스미스차트** admittance Smith chart를 그릴 수 있다. 이 스미스차트는 임피던스 스미스차트와는 역의 관계, 즉 개방은 단락, 단락은 개방의 관계를 나타낸다([그림 4-6의 파란색 선]). 대부분의 경우 임피던스와 어드미턴스 스미스차트가 결합된 임피던스-어드미턴스 스미스차트를 사용한다.

전송선로 위 $z=-l$에서 주어지는 임피던스 $Z(-l)$과 어드미턴스 $Y(-l)$의 관계를 나타내면 식 (4.5)와 같이 쓸 수 있다. 여기서 $\Gamma'=-\Gamma$로 바꾸면 임피던스와 반사계수의 식과 동일한 형태를 갖는데, 이는 임피던스 스미스차트를 어드미턴스 스미스차트로도 사용할 수 있음을 의미한다.

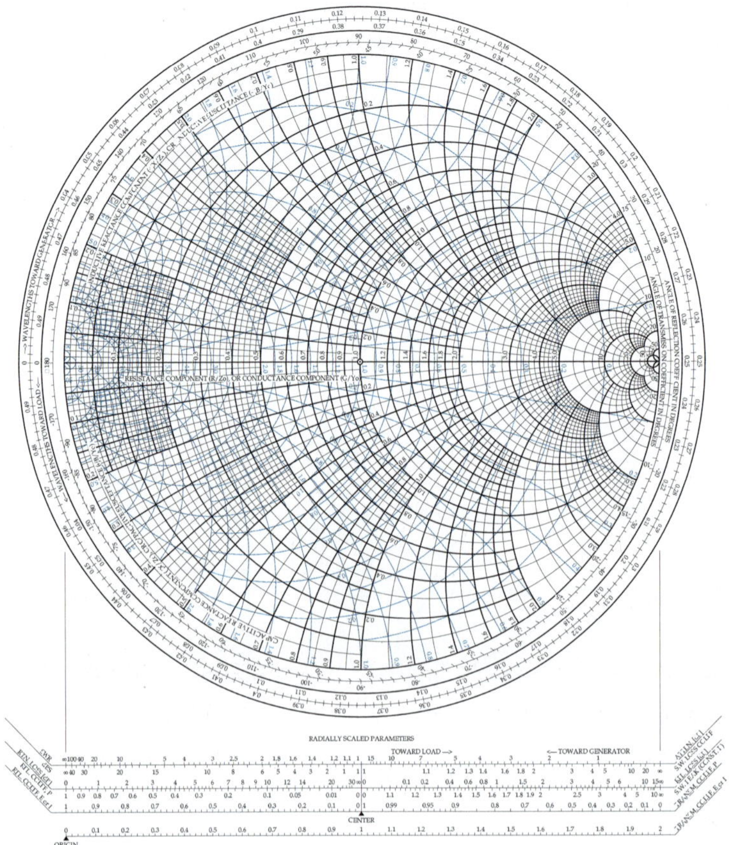

[그림 4-6] 임피던스-어드미턴스 스미스차트

$$Y(-l)=\frac{1}{Z(-l)}=\frac{1}{Z_0}\left(\frac{1-\Gamma(-l)}{1+\Gamma(-l)}\right)=Y_0\left(\frac{1+(-\Gamma(-l))}{1-(-\Gamma(-l))}\right) \tag{4.5}$$

$$\Rightarrow y_L(-l)=\frac{Y(-l)}{Y_0}=\left(\frac{1+(-\Gamma(-l))}{1-(-\Gamma(-l))}\right)=g_L(-l)+jb_L(-l)$$

$$y_L(-l)=\left(\frac{1+\Gamma'}{1-\Gamma'}\right),\quad z_L(-l)=\left(\frac{1+\Gamma}{1-\Gamma}\right) \tag{4.6}$$

스미스차트가 반사계수 평면 위에 표현되는 것을 상기해본다면, $\Gamma'=-\Gamma$는 임피던스와 어드미턴스 값이 반사계수 평면의 원점에 대해 대칭을 이룬다는 수학적 사실을 알 수 있다. 즉, 임피던스의 값이 위치하는 점을 원점에 대해 대칭이동하면 어드미턴스 값을 구할 수 있다. 어드미턴스도 임피던스와 마찬가지로 원의 방정식을 얻을 수 있다.

$$\left(U+\frac{g_L}{1+g_L}\right)^2+V^2=\frac{1}{(1+g_L)^2} \tag{4.7}$$

$$(U+1)^2+\left(V+\frac{1}{b_L}\right)^2=\frac{1}{b_L^2}$$

4.1.2 스미스차트를 응용한 문제 해결

스미스차트는 무손실 전송선로와 관련된 RF 및 초고주파 회로를 해석하거나, 다양한 전송선로 문제를 해결하는 데 유용하게 쓰인다. 특히 다음과 같은 전송선로 문제가 발생했을 때, 제시된 단계대로 진행하면 문제를 쉽게 해결할 수 있다.

■ 임피던스 $Z(d)$가 주어졌을 때 반사계수 $\Gamma(d)$를 찾는 문제(반대의 경우도 성립)

❶ **1단계** : 임피던스 $Z(d)$를 정규화한다.

❷ **2단계** : 스미스차트에 점 P로 표시한다.

❸ **3단계** : 원점에서부터 점 P까지 선을 긋고 각도와 거리를 읽는다.
⇒ 반사계수의 각도와 크기

[그림 4-7]은 50[Ω] 특성 임피던스를 갖는 무손실 전송선로에 $Z_L=(25+j100)[\Omega]$의 부하 임피던스가 연결되어 있을 때, 스미스차트를 이용하여 부하에서의 반사계수 Γ_L의 크기와 각도를 구하는 과정을 보여준다.

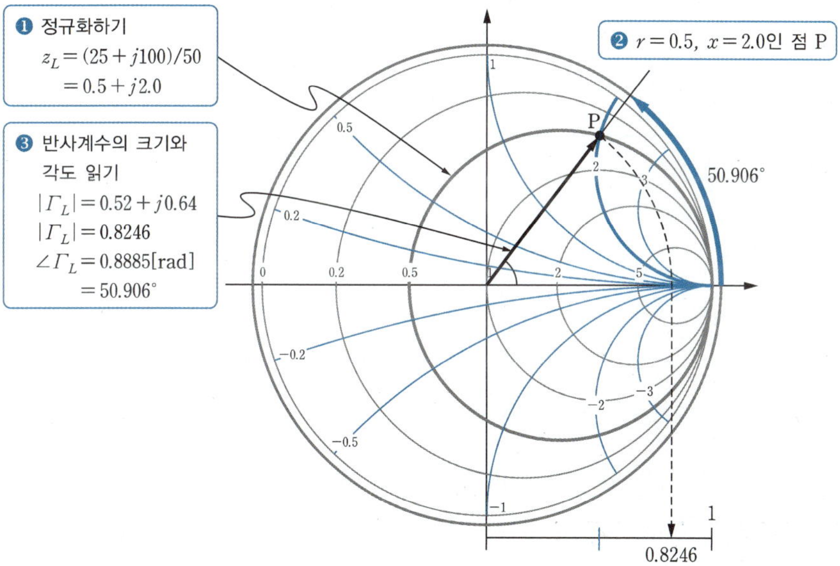

[그림 4-7] 스미스차트를 이용한 문제 해결 ①

■ 부하의 임피던스 Z_L에 Z_0인 전송선로가 연결되었을 때, 입력 임피던스 Z_{in}을 찾는 문제

❶ **1단계** : 부하 임피던스의 정규화된 임피던스 값을 스미스차트에 점 P로 표시한다.

❷ **2단계** : 신호원의 방향으로 전송선로의 길이만큼 회전하여 점 P′을 표시한다.

❸ **3단계** : 점 P′의 임피던스 값을 읽고, Z_0를 곱하여 Z_{in}을 얻는다.

[그림 4-8]은 50[Ω] 특성 임피던스를 갖는 무손실 전송선로에 $Z_L = (25 + j100)[\Omega]$의 부하 임피던스가 연결되어 있을 때, 신호원의 방향으로 $d = 0.18\lambda$만큼 이동한 지점에서의 입력 임피던스 Z_{in}을 구하는 과정을 보여준다.

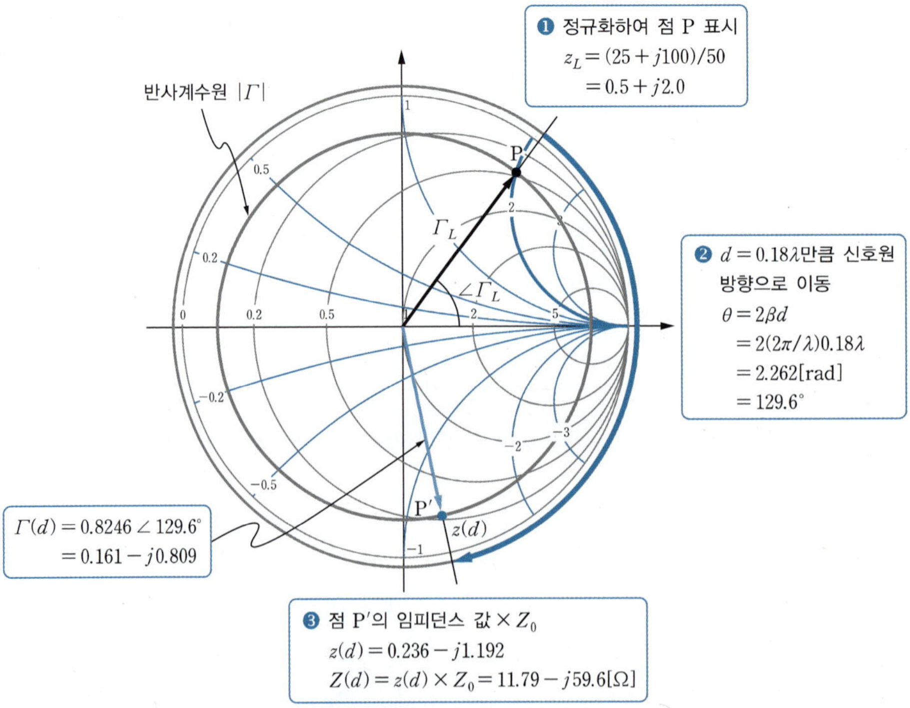

[그림 4-8] **스미스차트를 이용한 문제 해결 ②**

■ VSWR 값을 찾는 문제

❶ **1단계** : 정규화된 임피던스 값을 스미스차트에 점 P로 표시한다.

❷ **2단계** : 원점에서부터 점 P까지의 거리를 읽는다.

⇒ 반사계수의 크기에 해당하는 VSWR

[그림 4-9]는 50[Ω] 특성 임피던스를 갖는 무손실 전송선로에 $Z_L = (25 + j100)[\Omega]$의 부하 임피던스가 연결되어 있을 때, 스미스차트를 이용하여 VSWR 값을 찾는 과정을 보여준다. VSWR은 스미스차트에서 부하 임피던스로 만들어지는 반사계수 원이 반사계수의 실수축과 만나는 지점의 정규화된 저항값으로 주어진다.

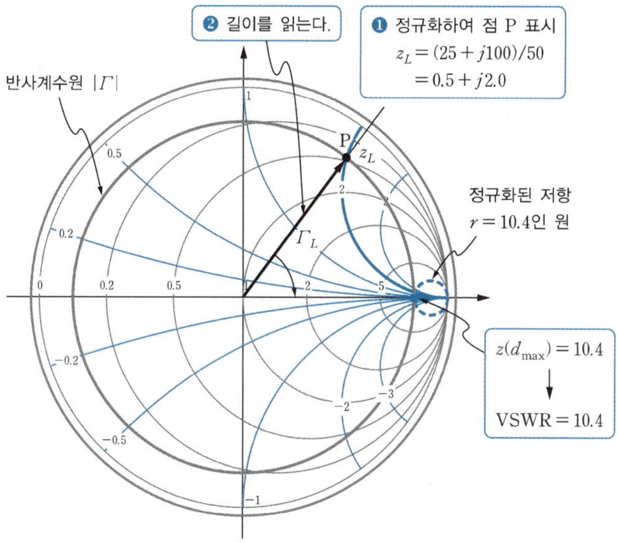

[그림 4-9] 스미스차트를 이용한 문제 해결 ③

■ 임피던스 $Z(d)$가 주어졌을 때 어드미턴스 $Y(d)$를 구하는 문제(반대의 경우도 성립)

❶ **1단계** : 정규화된 임피던스 $z(d)$ 값을 스미스차트에 점 P로 표시한다.

❷ **2단계** : 점 P를 원점에 대해 대칭시킨 P′을 스미스차트에 표시하고, 값을 읽는다.

[그림 4-10]은 50[Ω] 특성 임피던스를 갖는 무손실 전송선로 위에 $Z(d) = 25 + j100\,[\Omega]$의 입력 임피던스가 주어졌을 때, 스미스차트를 이용하여 어드미턴스 $Y(d)$를 구하는 과정을 보여준다.

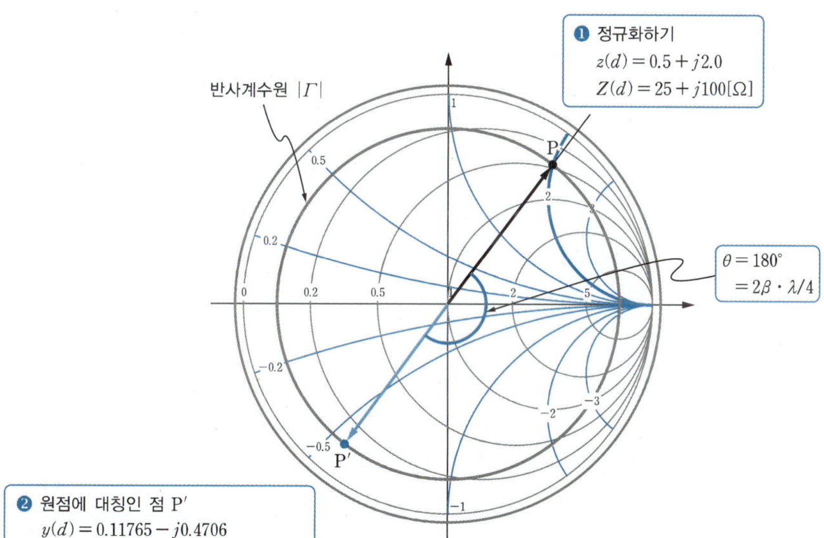

[그림 4-10] 스미스차트를 이용한 문제 해결 ④

예제 4-2 스미스차트를 이용한 입력 임피던스 계산

다음 그림과 같이 50[Ω] 특성 임피던스를 갖는 전송선로 위에 $Z_L = 100 + j50[\Omega]$의 부하 임피던스가 주어졌을 때, $\frac{d}{\lambda_g} = \frac{1}{4}, \frac{3}{8}, \frac{1}{2}$에서의 입력 임피던스 $Z(-d)$를 구하라.

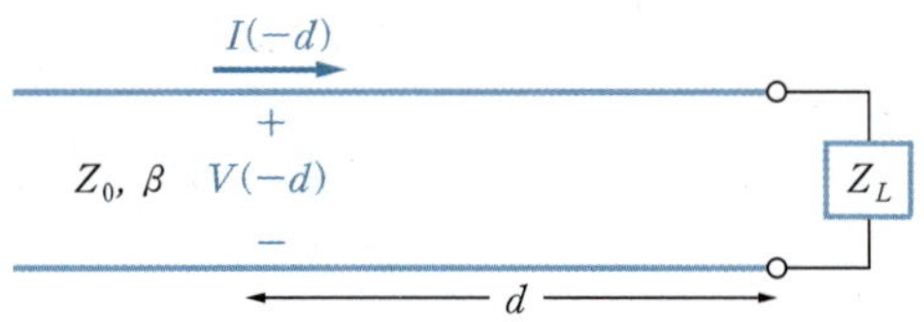

풀이

❶ 입력 임피던스 정의를 이용한 해법

$$Z_{\text{in}} = Z_0\left(\frac{Z_L\cos\beta l + jZ_0\sin\beta l}{Z_0\cos\beta l + jZ_L\sin\beta l}\right) = Z_0\left(\frac{Z_L + jZ_0\tan\beta l}{Z_0 + jZ_L\tan\beta l}\right) \text{로부터}$$

- $d = \frac{1}{4}\lambda_g$일 때 : $\beta d = \left(\frac{2\pi}{\lambda_g}\right)\left(\frac{1}{4}\lambda_g\right) = \frac{\pi}{2}$ 이므로, $\cos(\beta d) = 0$, $\sin(\beta d) = 1$이다.

  따라서 $Z(-d) = 20 - j10$ 이다.

- $d = \frac{3}{8}\lambda_g$일 때 : $\beta d = \left(\frac{2\pi}{\lambda_g}\right)\left(\frac{3}{8}\lambda_g\right) = \frac{3\pi}{4}$ 이므로, $\tan(\beta d) = -1$이다.

  따라서 $Z(-d) = 25 + j25$이다.

- $d = \frac{1}{2}\lambda_g$일 때 : $\beta d = \left(\frac{2\pi}{\lambda_g}\right)\left(\frac{1}{2}\lambda_g\right) = \pi$ 이므로, $\cos(\beta d) = -1$, $\sin(\beta d) = 0$이고,

  따라서 $Z(-d) = 100 + j50$이다.

❷ 스미스차트를 이용한 해법

부하 임피던스 Z_L의 위치는 점 C로 표시되며, 정규화된 임피던스 값은 $z_L = 2 + j$로 주어진다. $d = \frac{\lambda_g}{4}$ 만큼 떨어진 위치에서 $z_n \approx 0.4 - j0.2$로 주어지므로 $Z\left(-\frac{\lambda_g}{4}\right) \approx 20 - j10[\Omega]$을 얻을 수 있다. 마찬가지로 $d = \frac{3\lambda_g}{8}$, $d = \frac{\lambda_g}{2}$ 길이를 가진 전송선로에서의 입력 임피던스를 스미스차트를 이용해 구할 수 있다.

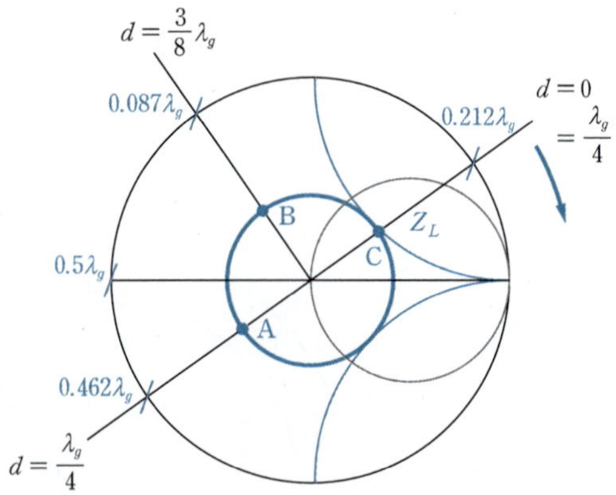

$$z_n \approx 0.5 + j0.5 \Rightarrow Z\left(\frac{-3\lambda_g}{8}\right) \approx 25 + j25[\Omega]$$

$$z_n \approx 2 + j1 \Rightarrow Z\left(\frac{-\lambda_g}{2}\right) \approx 100 + j50[\Omega]$$

예제 4-3 스미스차트를 이용한 입력 임피던스 계산

다음 그림과 같이 50[Ω] 특성 임피던스를 갖는 전송선로 위에 $Z_L = 30 - j70$[Ω]의 부하 임피던스가 주어졌을 때, $l = 0.307\lambda$에서의 입력 임피던스 Z_{in}을 구하라.

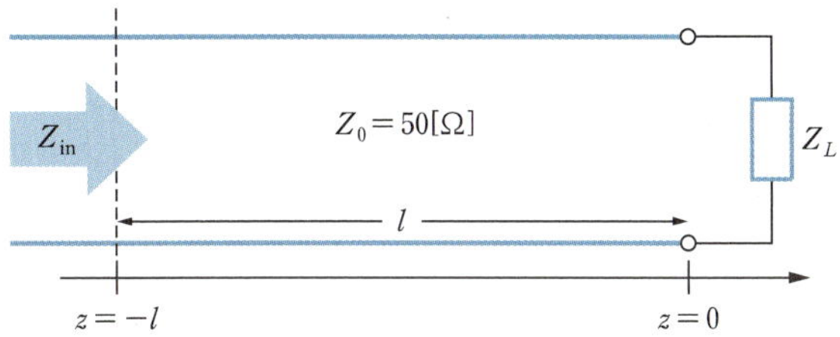

풀이

먼저 부하의 정규화된 임피던스는 $z_L = 0.6 - j1.4$로, [1단계]의 점 A로 표시된다. 신호원방향으로 길이 l만큼 전송선로가 연결되었으므로, 스미스차트에서는 시계방향으로 0.307λ만큼 회전하여 [2단계]의 점 B로 이동한다. 점 B에서의 임피던스 값은 $0.5 + j1.2$로, 특성 임피던스를 곱하면 입력 임피던스 $Z_{\text{in}} = 25 + j60$[Ω]을 얻을 수 있다.

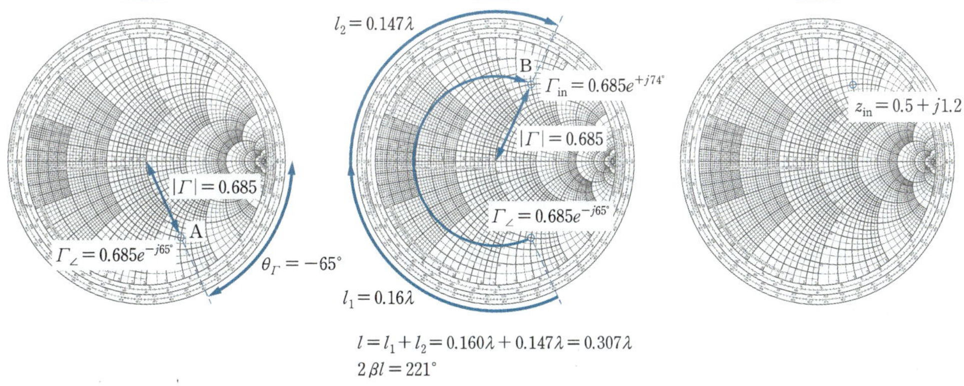

예제 4-4 스미스차트를 이용한 부하 임피던스 계산

다음 그림과 같이 50[Ω] 특성 임피던스를 갖는 전송선로에 $50 + j70$[Ω]의 입력 임피던스가 주어졌을 때, $l = 0.134\lambda$에서의 부하 임피던스를 구하라.

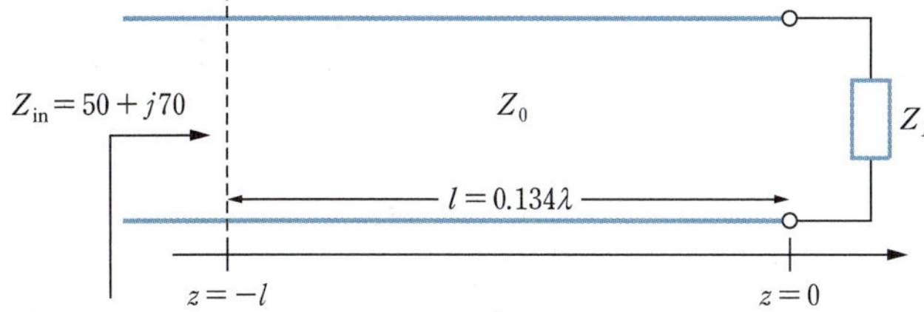

풀이

정규화된 입력 임피던스의 값 $z_{in} = 1 + j1.4$를 스미스차트 위에 점 A로 표시한다. 부하 임피던스를 구하기 위해서는 부하방향, 즉 반시계방향으로 $l = 0.134\lambda$만큼 회전한 후 점 B를 표시한다. 점 B의 값은 $z_L = 0.29 + j0.24$이므로 부하 임피던스 Z_L 값은 $14.5 + j12[\Omega]$이 된다.

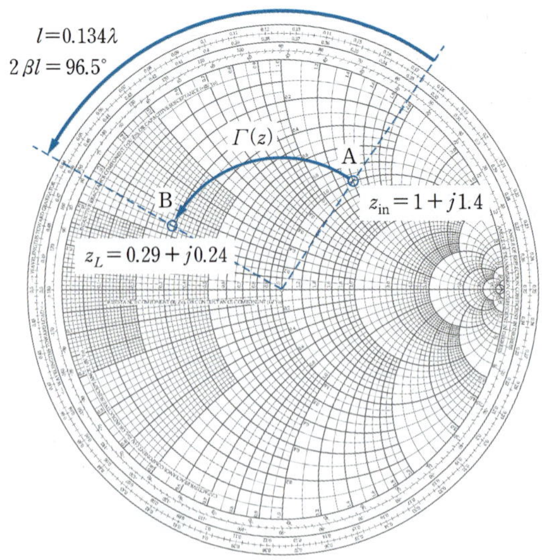

4.2 임피던스 정합회로 설계

앞 절에서 설명했듯이, 스미스차트는 전송선로의 임피던스와 반사계수 특성을 이해하는 데 도움이 되는 편리한 도구로, 마이크로파 회로의 임피던스 정합회로 설계에 유용하게 사용된다. 이 절에서는 스미스차트를 이용하여 임피던스 정합회로를 설계하는 방법에 대해 설명하고자 한다.

4.2.1 임피던스 정합의 종류

신호원과 부하가 연결된 회로가 있을 때, 신호원의 전력을 부하로 최대로 전달하기 위해서는 부하의 임피던스를 조정할 수 있는 **임피던스 정합회로** matching network 가 필요하다. 이는 실제 마이크로파 회로를 설계할 때 매우 중요한 부분이다. 실제 회로에서는 두 가지 경우가 존재한다.

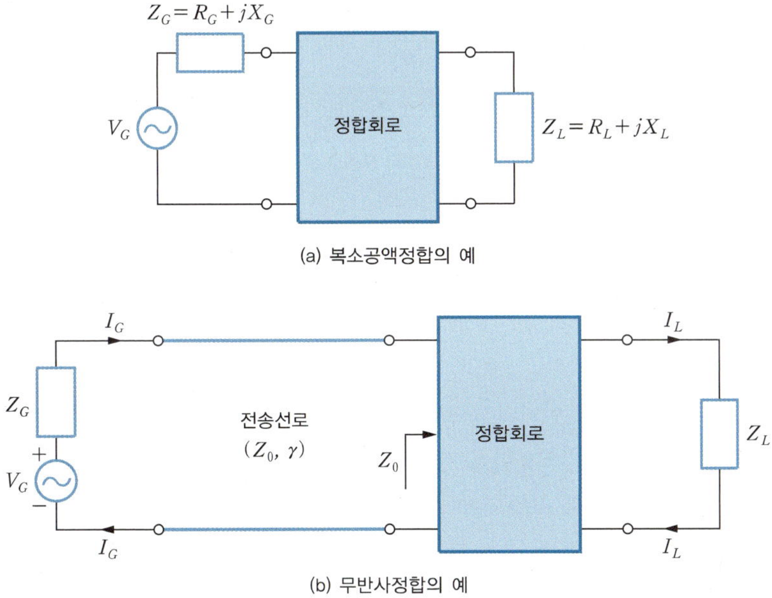

[그림 4-11] **임피던스 정합의 예**

■ 복소공액정합

부하의 임피던스를 구성하는 저항과 리액턴스가 서로 독립적으로 변하는 경우, 즉 부하 임피던스의 크기와 각도성분이 서로 독립적으로 변화하는 경우에 사용되는 정합이다. 이를 **복소공액정합** complex conjugate matching 이라고 하며, [그림 4-11(a)]와 같은 정합회로를 사용한다.

복소공액정합은 주로 신호원의 정합에 사용되는데, 부하에 전달되는 전력을 최대가 되도록 신호원의 임피던스 Z_G와 부하의 임피던스 Z_L이 $Z_G = Z_L^*$의 관계가 성립하도록 한다.[2] 이때 부하에 전달되는 전력은 식 (4.8)과 같다.

$$P = \frac{|V_G|^2}{4|Z_G|}\frac{1}{\cos\theta_G} \tag{4.8}$$

■ 무반사정합

부하 임피던스의 각도는 고정되고 크기만 변하는 경우에 사용되는 정합이다. 실제 회로에서는 [그림 4-11(b)]와 같이 신호원과 부하, 정합회로가 전송선로를 통해 연결되는 경우로, 전송선로의 종단에서 반사를 최소화하기 위해 사용되는 정합이기 때문에 **무반사정합** reflectionless matching 이라고 한다.

이때 전달되는 전력은 식 (4.9)로 주어지며, 최대전력이 전달되기 위해서는 $|Z_G| = |Z_L|$ 조건이 성립해야 한다. 여기서 θ_L, θ_G는 각각 부하와 신호원 임피던스의 각도를 의미한다.

---

2 이에 대한 증명은 '회로이론' 강의에서 다뤄지므로, 이 책에서는 결과만 사용하기로 한다.

$$P = \frac{|V_G|^2}{4|Z_G|}\frac{\cos\theta_L}{\cos^2\left(\frac{\theta_G-\theta_L}{2}\right)} \tag{4.9}$$

$$= \frac{|V_G|^2}{4|Z_G|}\cos\theta_G \quad (\theta_G = \theta_L)$$

식 (4.8)과 식 (4.9)를 비교해보면 식 (4.9)에 의해 전달되는 전력값은 복소공액정합에 비해 항상 작으며, $\theta_L = \theta_G = 0$인 경우, 즉 신호원과 부하 임피던스가 순수한 저항성분으로 주어질 때만 같은 값을 갖는다는 사실을 알 수 있다.

증폭기와 같은 능동회로에서는 출력단에서 임피던스 정합이 이루어지지 않으면, 출력되는 큰 전력이 반사되어 증폭기에 손상을 줄 수도 있다. 임피던스 정합회로를 설계할 때 고려해야 하는 몇 가지 사항이 있다. 첫째, 가능하면 간단한 회로로 구현되어야 한다. 즉, 부품의 개수나 구성이 용이해야 한다. 둘째, 임피던스 정합회로의 주파수 특성이다. 고정된 단일 주파수에 대한 임피던스 정합은 간단하지만, 광대역 주파수에 대한 임피던스 정합은 쉽지 않기 때문에 동작주파수 범위에 따라 적절한 임피던스 정합회로를 설계해야 한다. 셋째, 임피던스 정합회로의 안정성으로, 정합특성이 부하의 회로 특성 변화에 영향을 덜 받도록 설계해야 한다.

4.2.2 임피던스 정합회로의 종류

임피던스 정합을 위해 사용되는 여러 가지 정합회로가 있지만, 여기에서는 L자형 회로, 단일 스터브 정합, $\frac{1}{4}$파장 정합회로에 대해서 살펴보기로 하자.

■ L자형 임피던스 정합회로

회로이론에서 다루었듯이, 회로는 크게 분산회로distributed circuit와 집중회로lumped circuit로 나뉜다. 집중회로는 주파수가 낮을 때, 즉 파장이 부품의 크기에 비하여 매우 클 때 사용하는 회로로 [그림 4-12(a)]와 같이 우리가 일반적으로 사용하는 저항, 커패시터, 인덕터 등으로 구성되는 회로를 의미한다. 분산회로는 주파수가 높고 파장이 매우 작을 때 사용하는 회로로, [그림 4-12(b)]와 같이 저항, 인덕터, 커패시터 등이 따로 형태를 갖지 않고 전송선로를 이용하여 구현된 회로를 의미한다.

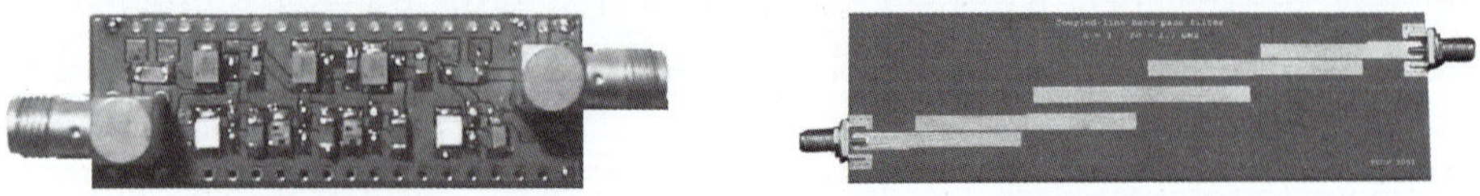

(a) 집중회로[3]　　　(b) 분산회로[4]

[그림 4-12] 집중회로와 분산회로로 구현된 대역 통과 필터

[그림 4-13]과 같이 정합을 위해 L자 형태를 가진 직렬소자와 병렬소자로 구성된 집중회로를 **L자형 임피던스 정합회로**라고 한다. 부하의 임피던스가 $Z_L = R_L + jX_L$이라고 할 때, R_L 값의 크기에 따라 [그림 4-14]와 같이 모두 8가지의 경우가 존재한다.

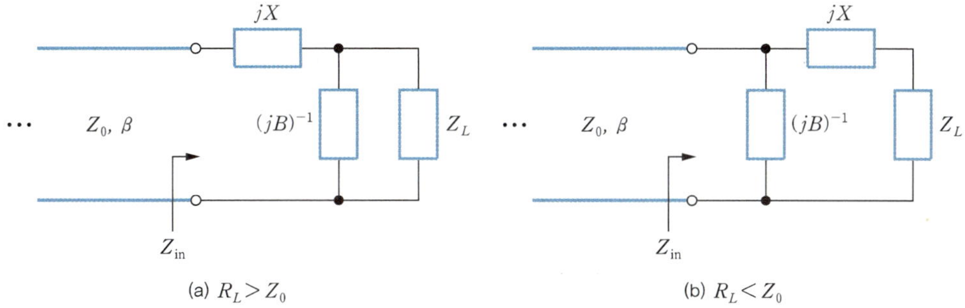

[그림 4-13] L자형 임피던스 정합회로

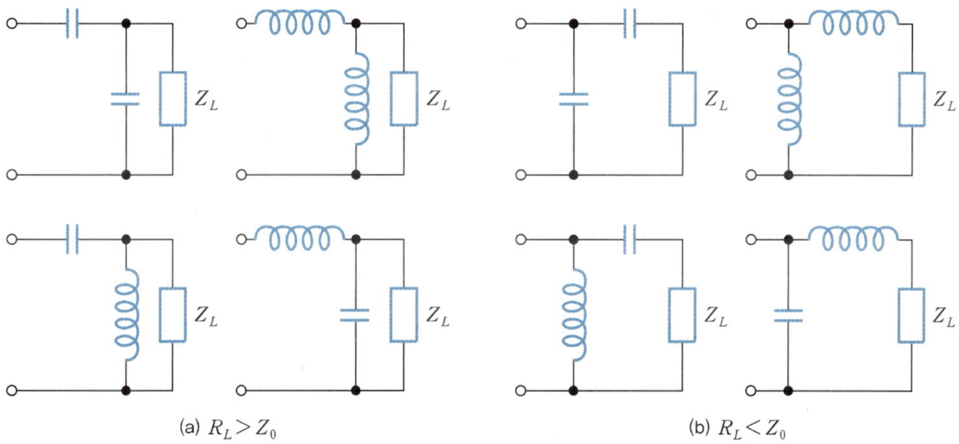

[그림 4-14] R_L 값에 따라 구분되는 임피던스 정합회로의 종류

만약 $R_L > Z_0$라면 [그림 4-13(a)]의 회로를 해석하여 다음을 얻는다.

$$Z_{\text{in}} = jX + \left(jB + \frac{1}{R_L + jX_L}\right)^{-1} \tag{4.10}$$

식 (4.10)에서 $Z_{\text{in}} = Z_0$가 되는 조건을 찾으면 다음과 같다.

$$B = \frac{X_L \pm \sqrt{R_L / Z_0}\sqrt{R_L(R_L - Z_0) + X_L^2}}{R_L^2 + X_L^2}$$

$$X = \frac{1}{B} + \frac{X_L Z_0}{R_L} - \frac{Z_0}{BR_L} \tag{4.11}$$

3 이 사진은 Dynatron S. A. S.의 허락을 받고 인용하였다.
4 이 사진은 Henrique Miranda의 허락을 받고 인용하였다.

만약 $R_L < Z_0$라면 [그림 4-13(b)]의 회로를 해석하여 다음을 얻는다.

$$Z_{\text{in}} = Z_0 = \left(jB + \frac{1}{Z_L + jX_L}\right)^{-1} \tag{4.12}$$

마찬가지로 식 (4.12)에서 $Z_{\text{in}} = Z_0$가 되는 조건을 찾으면 다음과 같다.

$$B = \pm \frac{1}{Z_0}\sqrt{\frac{Z_0 - R_L}{R_L}}$$
$$X = \pm \sqrt{R_L(Z_0 - R_L)} - X_L \tag{4.13}$$

L자형 임피던스 정합회로의 구성에 따라 스미스차트를 이용하면 임피던스 정합회로를 쉽게 구현할 수 있다. 1 ~ 2[GHz] 대역을 사용하는 휴대폰이나 1[GHz] 이하인 무전기와 같은 집중회로로 구현되는 RF 회로에서는 다음의 임피던스 정합 기법을 매우 유용하게 사용할 수 있다. 회로의 스미스차트를 볼 수 있는 계측 장비인 네트워크 분석기network analyzer를 활용하면 임피던스 정합회로를 비교적 쉽게 구현할 수 있다.

L자형 임피던스 정합회로를 설계하기 위해서는 먼저 [그림 4-15]에 나타낸 L자형 임피던스 정합회로와 스미스차트 궤적의 관계를 이해해야 한다.

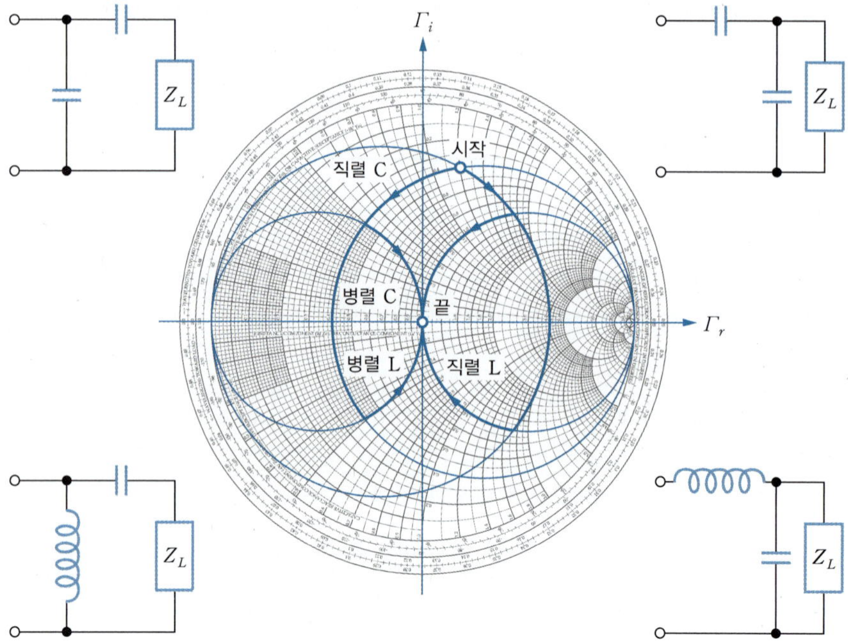

[그림 4-15] **스미스차트를 이용한 L자형 임피던스 정합회로**

스미스차트에서 위쪽 영역은 인덕턴스 영역이며, 아래쪽 영역은 커패시턴스 영역이다. 임피던스 스미스차트의 궤적을 따라 위에서 아래로 움직이면 임피던스의 허수성분이 줄어드는 것으로, 직렬 커패시터를 연결한 것과 같다. 반대로 아래에서 위쪽으로 움직이면 직렬 인덕터를 연결한 것과 같다. 병렬 커패시터를 연결하면 어드미턴스 차트를 따라 위에서 아래로 움직이며, 병렬 인덕터를 연결하면 아래에서 위로 움직인다. 따라서 [그림 4-15]의 시작점에 위치한 정규화된 부하 임피던스를 L자형 임피던스 정합회로를 이용하여 정합하고자 할 때는 총 4가지 회로 형태가 가능하다.

여기서 주의할 점은, 동일한 임피던스 정합을 위해 [그림 4-16]과 같이 두 가지 다른 형태의 정합회로가 존재할 수 있다는 것이다. 실제로 어느 회로를 선택할 것인가는 정합하고자 하는 회로의 종류를 보고 결정해야 한다. 예를 들어, 직렬 L과 병렬 C로 구성되는 L자형 임피던스 정합회로는 저역 통과 필터특성을 갖기 때문에 RF 회로에서 발생하는 고조파 성분을 억제하거나 제거할 때 사용된다. 반대로 직렬 C와 병렬 L로 구성되는 L자형 임피던스 정합회로는 고역 통과 필터특성을 갖는다. 따라서 신호원에서 전달하고자 하는 회로의 주파수 대역에 따라 적절한 회로를 선택해야 한다.

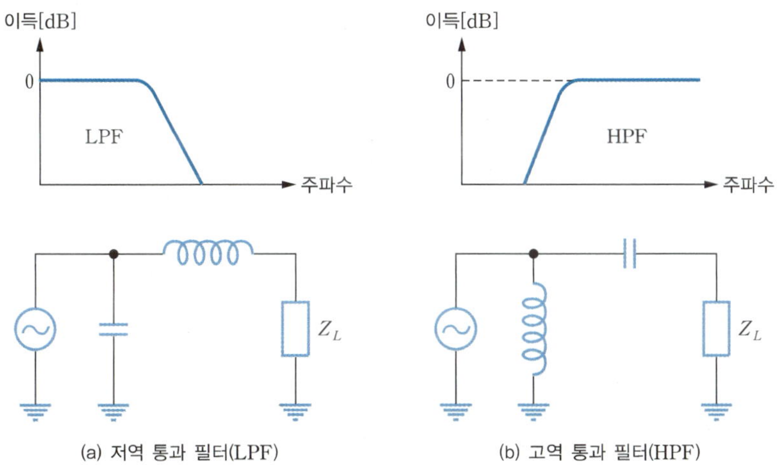

[그림 4-16] L자형 임피던스 정합회로의 주파수 특성

예제 4-5 스미스차트를 이용한 L자형 임피던스 정합회로 설계

특성 임피던스가 $Z_0 = 50[\Omega]$인 전송선로를 임피던스 $Z_L = 25 + j30[\Omega]$인 부하에 연결하기 위한 L자형 임피던스 정합회로를 스미스차트를 이용하여 설계하라. (단, 회로의 동작주파수는 1[GHz]이다.)

풀이

임피던스 정합이 이루어지면 Z_{in}이 스미스차트의 원점에 위치하도록 이동하게 된다. 우선 $R_L < Z_0$이므로 [그림 4-13(b)]의 구조를 선택한다.

❶ 정규화된 임피던스 $z_L = 0.5 + j0.6[\Omega]$을 스미스차트에 표시한다.

❷ z_L을 지나는 VSWR 원을 그린 후 [그림 4-13(b)]처럼 직렬로 jx로 연결하면 임피던스 스미스차트를 따라 z_L이 위에서 아래로, 즉 $z_L = 0.5 + j0.5[\Omega]$으로 움직인다([그림 4-15]의 설명 참고). $-j0.1$만큼 움직였으므로 직렬 커패시터를 연결한 것과 같다.

$$jX = jxZ_0 = -j0.1 \times 50 = -j5.0\,[\Omega]$$

$$jX = \frac{-j}{\omega C_2} = -j5.0\,[\Omega]$$

$$C_2 = \frac{1}{5 \times 2\pi f} = 31.8\,[\text{pF}]$$

❸ 이제 병렬소자를 연결하기 위해 어드미턴스 스미스차트를 활용해보자. $z_L = 0.5 + j0.5\,[\Omega]$ 점의 어드미턴스 값은 $y_L = 0.02 - j0.02$으로, 허수부를 0으로 만들기 위해서는 병렬로 $j0.02$를 연결하면 된다.

$$jB = j\omega C_1 = j0.02\,S$$

$$C_1 = \frac{0.02}{2\pi f} = 3.18\,[\text{pF}]$$

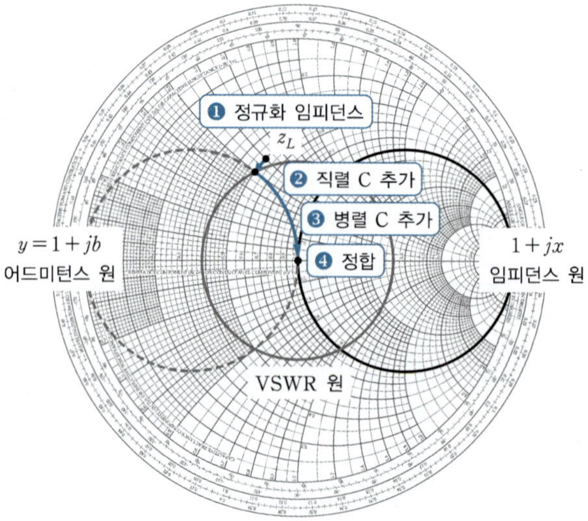

이렇게 하여 완성된 L자형 임피던스 정합회로는 다음과 같다.

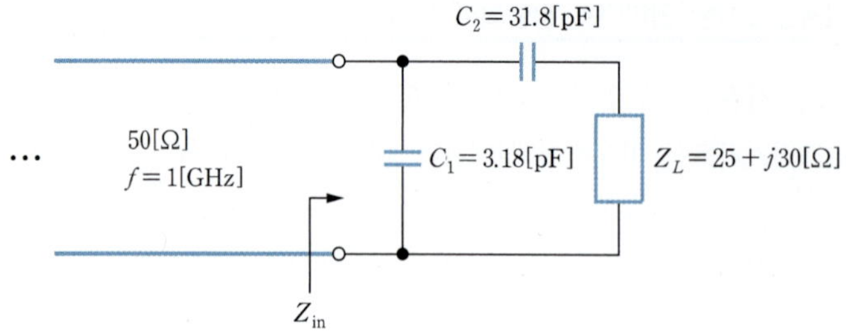

L자 임피던스 정합회로는 2개의 집중소자만으로 정합회로를 구현할 수 있다는 장점이 있다. 그러나 단일 주파수에 대해서만 동작하는 협대역 특성을 가지며, 실제 설계한 값과 일치하는 상용 인덕터나 커패시터가 없을 수도 있다는 단점을 갖는다. 따라서 설계된 회로의 대역폭 특성, 신호원이나 부하의 저항값을 고려하여 정합회로를 결정해야 한다. 대역폭 특성과 관련된 파라미터로 **양호도**

quality factor를 파악해야 한다. 안테나와 수신단을 정합하는 경우에는 협대역 특성이 필요하지만, 변조된 송신신호를 전달하기 위한 정합회로에서는 광대역 특성이 필요하다. 즉, 용도에 따라 대역폭 특성을 조절해야 한다. 대역폭을 증가시키기 위해서는 [그림 4-17]과 같이 3소자 또는 4소자를 이용한 L자형 임피던스 정합회로를 사용한다.

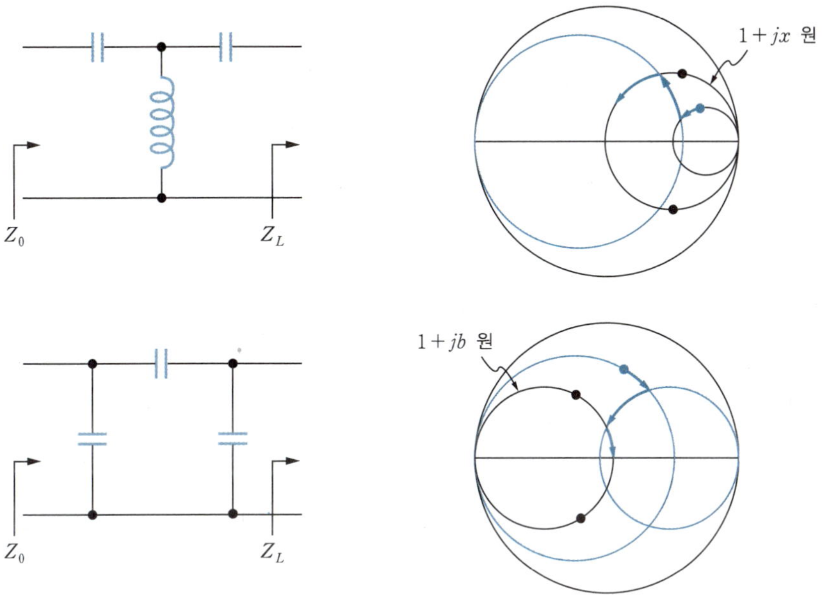

(a) 3소자를 이용한 임피던스 정합회로

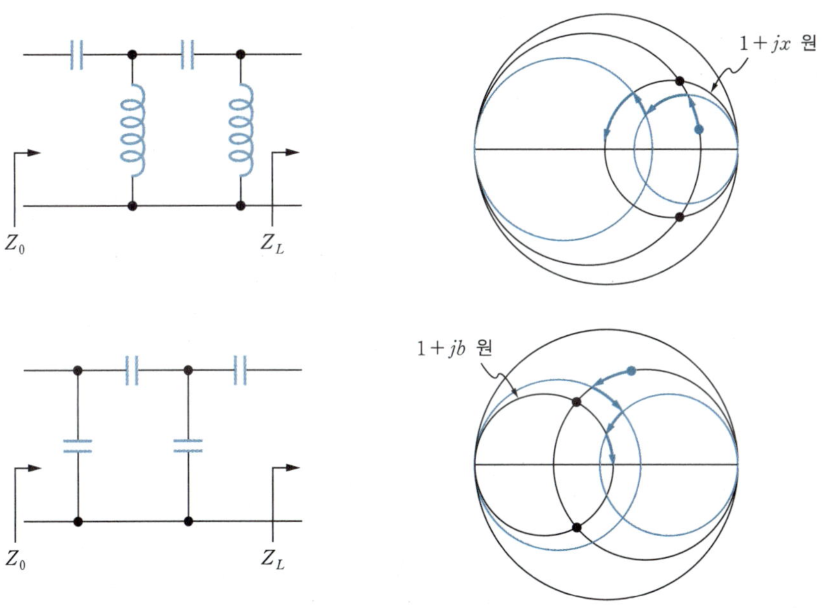

(b) 4소자를 이용한 임피던스 정합회로

[그림 4-17] 여러 소자를 이용한 L자형 임피던스 정합회로

■ 단일 스터브를 이용한 정합회로

설계하는 회로의 동작주파수가 높을 때는 임피던스 정합을 위해 앞서 설명한 집중회로 소자인 인덕터나 커패시터를 사용한 L자형 임피던스 정합회로를 사용할 수 없다. 이때는 분산회로, 즉 전송선로를 사용한 L자형 임피던스 정합회로를 사용해야 하는데, 이를 **단일 스터브** single stub **정합회로**라고 한다. 단일 스터브 정합회로는 [그림 4-18]과 같이 병렬 스터브 정합회로와 직렬 스터브 정합회로로 나눌 수 있으며, 단락 또는 개방 형태로 구현될 수 있다. 병렬 스터브 정합회로는 [그림 4-18(a)]와 같이 어드미턴스 부하의 정합회로에 사용되며, 직렬 스터브 정합회로는 [그림 4-18(b)]와 같이 임피던스 부하의 정합회로에 사용된다. 단락 스터브는 전자기 방사에 덜 민감하다는 장점이 있지만, 마이크로스트립 회로의 경우 단락을 구현하기 위해서는 비아홀via hole을 이용하여 접지면과 연결해야 하기 때문에 PCB의 추가 공정이 필요하다는 단점이 있다. 개방 스터브는 마이크로스트립 회로와 같은 실제 회로를 구현하기 쉽다는 장점이 있다.

무손실 전송선로라고 가정했을 때, [그림 4-18]의 단일 스터브 정합회로에서 설계변수는 길이 l과 d이다. (a)의 병렬 스터브 정합회로에서 입력 어드미턴스 Y_{in}''은 다음과 같다.

$$Y_{in}'' = Y_0\left(\frac{Y_L + jY_0 \tan\beta d}{Y_0 + jY_L \tan\beta d}\right) \tag{4.14}$$

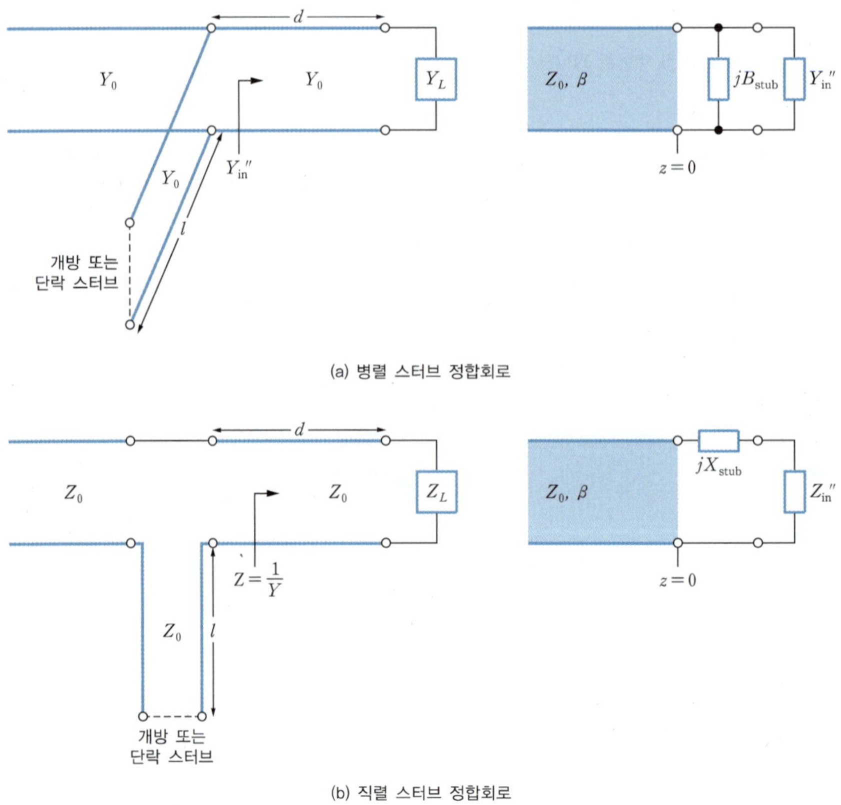

[그림 4-18] 단일 스터브 정합회로와 등가회로

(a)의 오른쪽 등가회로에서 길이 l을 가진 전송선로 등가 리액턴스 jB_{stub}는 전송선로의 형태에 따라 다음과 같이 주어진다.

$$jB_{\text{stub}} = \begin{cases} jY_0 \tan \beta l & : \text{개방 스터브} \\ -jY_0 \cot \beta l & : \text{단락 스터브} \end{cases} \tag{4.15}$$

정합을 위해서는 다음의 조건을 만족해야 한다.

$$jB_{\text{stub}} + Y_{\text{in}}'' = Y_0 \tag{4.16}$$

이로부터 전송선로의 특성 어드미턴스 Y_0는 다음과 같은 관계가 성립된다.

$$\begin{aligned} &\text{Re}\{Y_{\text{in}}''\} = Y_0 \\ &\text{Im}\{jB_{\text{stub}} + Y_{\text{in}}''\} = 0 \Rightarrow B_{\text{stub}} = -\text{Im}[Y_{\text{in}}''] \end{aligned} \tag{4.17}$$

Y_{in}''은 전송선로 길이 d의 함수로 주어지기 때문에 다음과 같은 설계과정을 통해 병렬 스터브 정합회로를 구성할 수 있다.

❶ $\text{Re}\{Y_{\text{in}}''\} = Y_0$가 되도록 d를 정한다.

❷ $B_{\text{stub}} = -\text{Im}[Y_{\text{in}}'']$이 되도록 l을 정한다.

또한 다음과 같이 스미스차트를 이용하여 길이를 결정할 수 있다.

❶ 스미스차트에 Y_L을 시계방향으로 회전시켜 $g=1$인 원과 만나는 교점을 구한다. 교점은 2개가 얻어지며, 이 길이가 d가 된다.

❷ $B_{\text{stub}} = -\text{Im}[Y_{\text{in}}'']$이 되도록 $g=0$인 원 주위의 단락 및 개방점으로부터 시계방향으로 회전시킨다. 이 길이가 l이 된다.

예제 4-6 단일 병렬 단락 스터브 정합회로 설계

1[GHz]에서 동작하는 휴대전화기 안테나의 임피던스가 $Z_L = 25 - j50[\Omega]$으로 주어질 때, $Z_0 = 50[\Omega]$의 특성 임피던스를 가진 전송선로를 정합하기 위한 단일 병렬 단락 스터브 정합회로를 설계하라.

풀이

먼저 다음의 [그림 (a)]와 같이 스미스차트를 사용하여 정규화된 부하 임피던스 z_L(A점)로부터 y_L(B점)을 구한다. y_L로부터 $g=1$과 만나는 원과의 각 교점 y_1, y_2까지의 길이는 $d=0.063\lambda$(B점~C점) 또는 0.206λ(B점~D점)가 된다. 또한 단락의 위치로부터 각 교점까지의 거리 l은 각각 0.09λ(E점~F점)와 0.41λ(E점~G점)가 된다. 따라서 [그림 (b)]와 같이 두 가지 경우의 정합회로를 구할 수 있다.

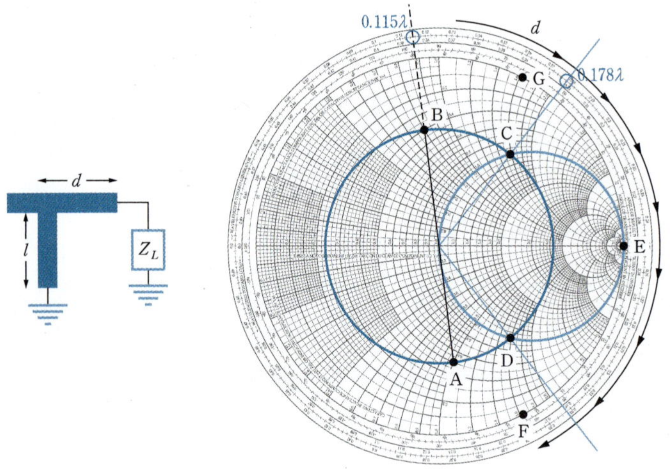

(a)

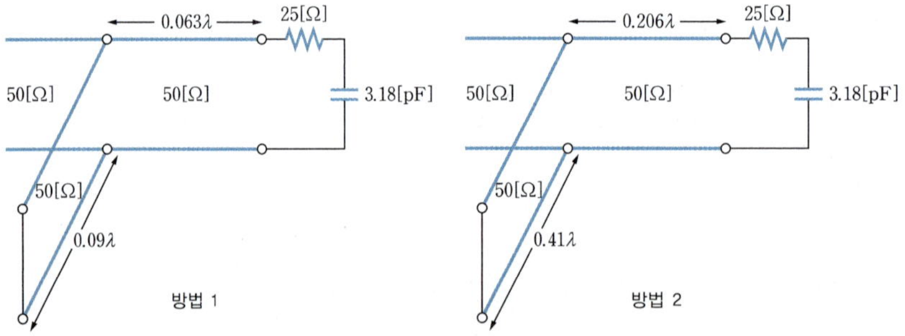

(b)

두 정합회로 중 하나를 선택할 때는 비용과 대역폭을 고려해야 한다. 정합에 사용되는 전송선로는 짧을수록 비용과 면적에서 우수하고, 광대역 정합회로를 사용하는 것이 좋다. 두 정합회로의 주파수에 따른 반사계수 특성이 [그림 (c)]와 같이 주어지므로 첫 번째 정합회로를 선택한다.

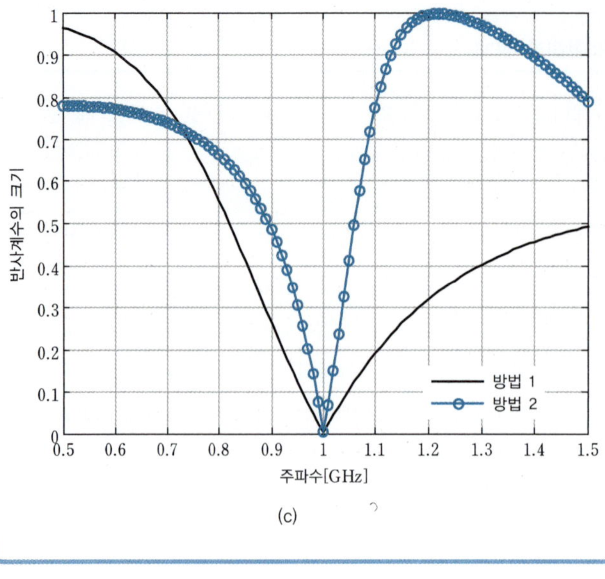

(c)

한편, [그림 4-18(b)]와 같은 직렬 스터브 정합회로에서 등가회로의 입력 임피던스 Z_{in}''는 다음과 같이 주어진다.

$$Z_{\text{in}}'' = Z_0\left(\frac{Z_L + jZ_0\tan\beta d}{Z_0 + jZ_L\tan\beta d}\right) \tag{4.18}$$

등가회로에서 직렬 스터브의 등가 리액턴스 jX_{stub}는 단락과 개방 스터브에 따라 다음과 같이 주어진다.

$$jX_{\text{stub}} = \begin{cases} -jZ_0\cot\beta l & : \text{개방 스터브} \\ jZ_0\tan\beta l & : \text{단락 스터브} \end{cases} \tag{4.19}$$

정합을 위해서는 다음의 조건을 만족해야 한다.

$$jX_{\text{stub}} + Z_{\text{in}}'' = Z_0 \tag{4.20}$$

이로부터 전송선로의 특성 임피던스 Z_0는 다음과 같은 관계가 성립된다.

$$\begin{aligned} &\text{Re}\{Z_{\text{in}}''\} = Z_0 \\ &\text{Im}\{jX_{\text{stub}} + Z_{\text{in}}''\} = 0 \Rightarrow X_{\text{stub}} = -\text{Im}[Z_{\text{in}}''] \end{aligned} \tag{4.21}$$

병렬 스터브 정합회로와 마찬가지로 직렬 스터브 정합회로에서도 설계변수는 길이 l과 d이며, 다음과 같은 설계과정을 통해 직렬 스터브 정합회로를 구성할 수 있다.

❶ $\text{Re}\{Z_{\text{in}}''\} = Z_0$이 되도록 d를 정한다.

❷ $X_{\text{stub}} = -\text{Im}[Z_{\text{in}}'']$이 되도록 l을 정한다.

또한 다음과 같이 스미스차트를 이용하여 길이를 결정할 수 있다.

❶ 스미스차트에 z_L을 시계방향으로 회전하여 $r=1$인 원과 만나는 교점을 구한다. 교점은 2개가 얻어지며, 이 길이가 d가 된다.

❷ $X_{\text{stub}} = -\text{Im}[Z_{\text{in}}]$가 되도록 $r=0$인 원 주위의 단락 및 개방점으로부터 시계방향으로 회전시킨다. 이 길이가 l이 된다.

예제 4-7 단일 직렬 개방 스터브 정합회로의 설계

1[GHz]에서 동작하며 75[Ω]의 특성 임피던스를 가진 무손실 전송선로에 $Z_L = 150 + j120$[Ω]인 부하를 연결한다고 하자. 임피던스 정합을 위한 단일 직렬 개방 스터브 정합회로를 설계하라.

풀이

먼저 다음의 [그림 (a)]와 같이 스미스차트를 사용해보자. 정규화된 부하 임피던스 z_L(A점)로부터 $r=1$과 만나는 원과의 각 교점 z_1, z_2(B점, C점)까지의 길이는 $d=0.120\lambda$ 또는 0.464λ가

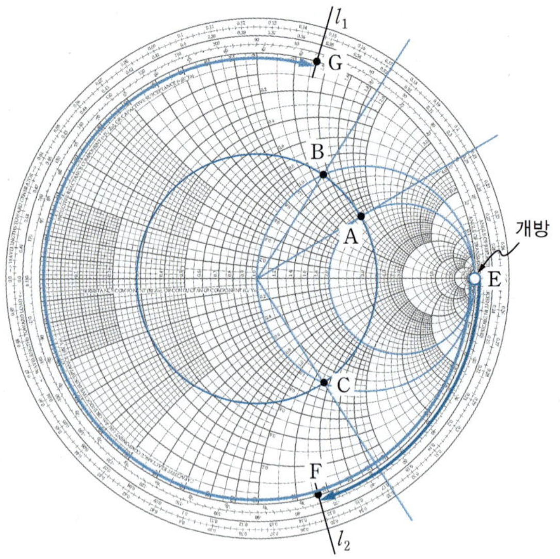

(a)

된다. 또한 개방의 위치(E점)로부터 각 교점(G점, F점)까지의 거리 l은 각각 0.397λ, 0.102λ가 된다. 따라서 [그림 (b)]와 같이 두 가지 경우의 정합회로를 구할 수 있다. 두 정합회로 중 하나를 선택할 때는 병렬 정합회로와 마찬가지로 비용과 대역폭을 고려해야 한다. [그림 (b)]의 두 정합회로를 비교해보면 전송선로의 길이가 비슷하고, 대역폭 특성에서도 큰 차이가 없기 때문에 어느 정합회로를 사용해도 상관이 없다.

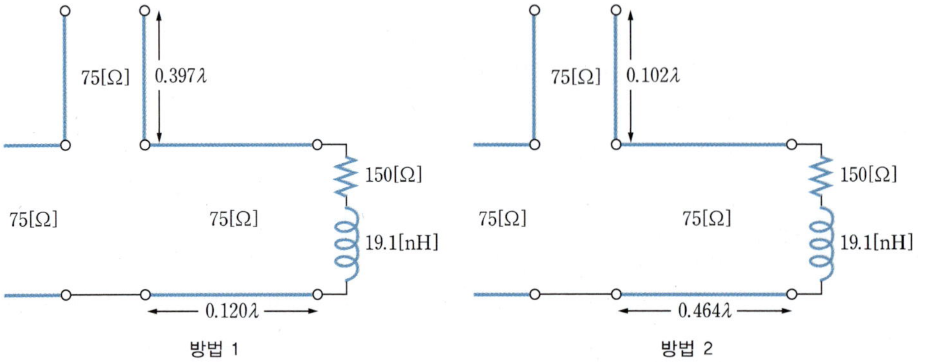

(b)

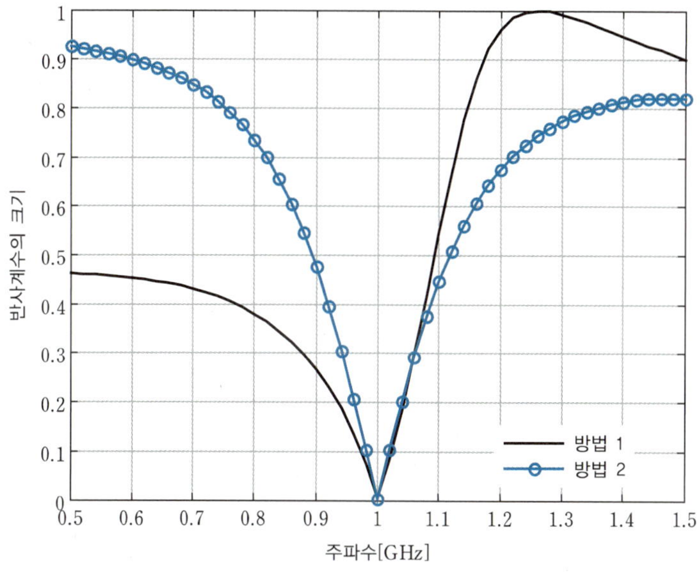

(c)

단일 스터브 임피던스 정합회로의 가장 큰 단점은 부하의 임피던스가 바뀌면 스터브의 위치도 바뀌어야 한다는 것이다. 이를 극복하기 위한 방법으로 [그림 4-19]와 같은 이중 스터브 정합회로를 사용한다. 이중 스터브 정합회로는 π자 형태로 구성되는데, 두 스터브 사이의 거리 d는 고정되어 있고, 각 스터브의 길이 l_1, l_2를 조절하여 회로를 만든다.

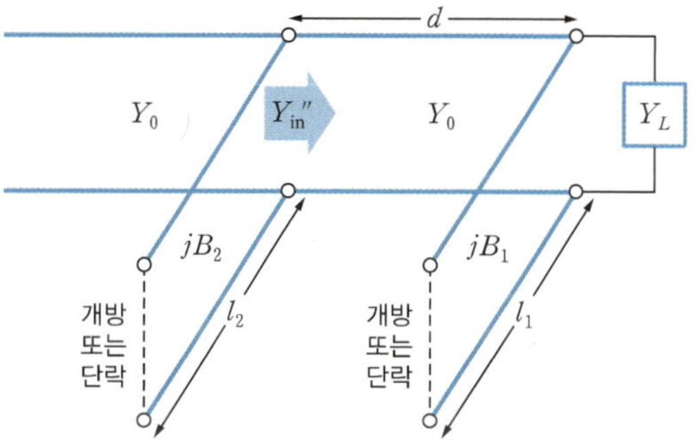

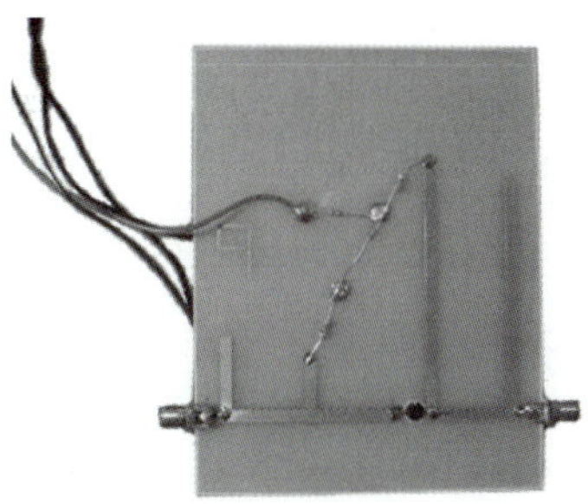

[그림 4-19] 이중 스터브 정합회로와 실제 증폭기에 구현된 이중 스터브 정합회로[5]

5 출처 : http://individual.utoronto.ca/georgas/amplifier_microstrip.JPG

■ $\frac{1}{4}$ 파장 임피던스 정합회로

$\frac{1}{4}$ **파장 변환기** quarter-wave transformer 를 사용하여 임피던스 정합을 구현하는 방법을 살펴보자. 예를 들어, Z_0 의 특성 임피던스를 가진 전송선로에 Z_L 의 임피던스를 가진 부하를 바로 연결하면 $Z_0 \neq Z_L$ 이므로 임피던스 부정합 mismatch 이 된다. 따라서 신호원에서 부하로 전달하고자 하는 전력을 모두 전달할 수 없다. $Z_0 = Z_L$, 즉 정합을 시키기 위해서는 전송선로와 부하 사이에 $\frac{1}{4}$ 파장 길이의 전송선로, 즉 $\frac{1}{4}$ 파장 변환기를 삽입해야 한다. [그림 4-20]과 같이 $\frac{1}{4}$ 파장 변환기를 전송선로와 부하 사이에 삽입했을 때 $Z_{\text{in}} = Z_0$ 가 성립하면 $\frac{1}{4}$ 파장 변환기의 입력단에서 반사계수 Γ_{in} 은 0 이 된다. 이는 전송선로의 전력이 부하에 모두 전달되어 정합되었다는 뜻이다. 식 (4.22)로부터 $\frac{1}{4}$ 파장 변환기의 임피던스 Z_T 를 계산할 수 있다.

$$Z_T = \sqrt{Z_0 Z_L} \tag{4.22}$$

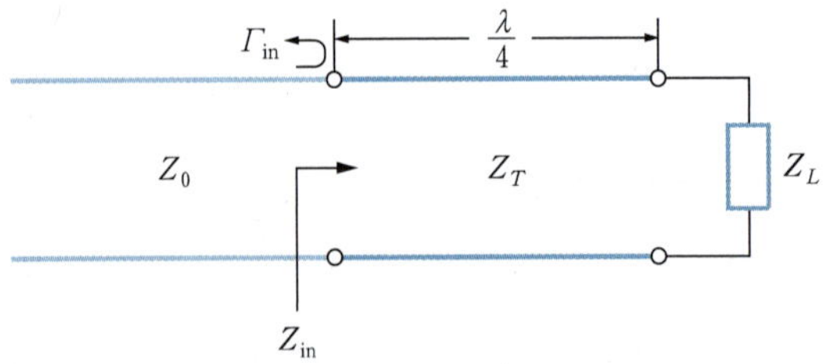

[그림 4-20] $\frac{1}{4}$ **파장 변환기**

$\frac{1}{4}$ 파장 변환기는 앞서의 임피던스 정합회로에 비해 간단하지만, 몇 가지 단점이 있다. 첫째, $\frac{1}{4}$ 파장 변환기를 적용하기 위해서는 부하 임피던스가 실수 성분으로만 이루어져야 한다. 둘째, 주파수에 따른 특정 임피던스와 길이를 갖는 전송선로를 사용하기 때문에 매우 협소한 주파수 대역, 이론적으로는 단일 주파수인 경우에만 정합특성을 갖는다. 이 경우 $\frac{1}{4}$ 파장 임피던스 정합회로의 광대역 특성을 구현하기 위해서는 두 가지 방법을 사용한다.

첫 번째는 여러 주파수 특성을 갖는 $\frac{1}{4}$ 파장 변환기를 직렬로 연결하여 광대역 특성을 구현하는 방법이다. 이를 **다단 $\frac{1}{4}$ 파장 변환기** multisection quarter-wave transformer 라고 하며, [그림 4-21(b)]와 같이 구현한다. 실제 PCB 위에서는 계단형 패턴으로 구현할 수 있다. [그림 4-21(b)]의 주파수 특성에서 알 수 있듯이 동작주파수 대역에서 반사계수가 모두 0, 즉 임피던스 정합이 이루어지는 것은 불가능하다. 하지만 $|\Gamma|_{\max}$ 를 기준으로 삼고 설계할 수 있다.

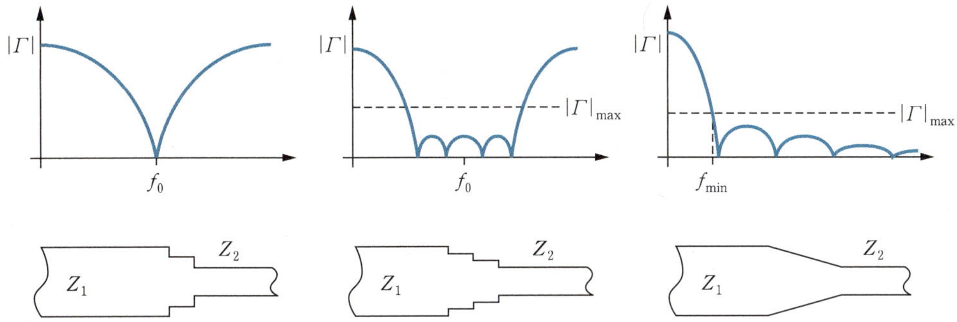

(a) 단일 $\frac{1}{4}$ 파장 변환기 (b) 다단 $\frac{1}{4}$ 파장 변환기 (c) 테이퍼링 $\frac{1}{4}$ 파장 변환기

[그림 4-21] $\frac{1}{4}$ 파장 변환기의 응용

[그림 4-22(a)]와 같이 다단 $\frac{1}{4}$ 파장 변환기를 구성하는 임피던스 값 Z_1, Z_2, Z_3는 체비셰프 계수 Chebyshev polynomial 또는 이항계수binomial를 이용하여 얻을 수 있다. [그림 4-22(b)]와 [그림 4-22(c)]에서 처럼 각각에 대해 서로 다른 주파수응답 특성을 나타낸다. 체비셰프 계수를 사용하는 경우, 동작주파수 대역폭은 이항계수를 사용하는 것보다 더 넓지만, 반사특성은 이항계수가 더 우수하다는 것을 알 수 있다. 따라서 대역폭과 반사특성의 요구사항에 따라 설계방법을 선택해야 한다.

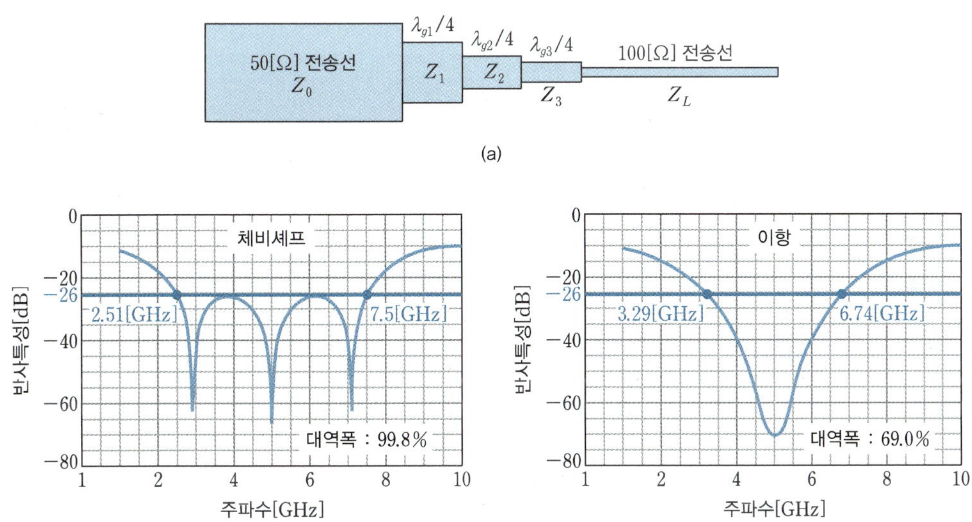

(b) $Z_1 = 57.5[\Omega]$, $Z_2 = 70.8[\Omega]$, $Z_3 = 87.2[\Omega]$ (c) $Z_1 = 54.5[\Omega]$, $Z_2 = 70.7[\Omega]$, $Z_3 = 91.7[\Omega]$

[그림 4-22] 다단 $\frac{1}{4}$ 파장 변환기와 주파수응답 특성

두 번째 방법은 [그림 4-21(c)]와 같이 임피던스 변환기가 연속적으로 직렬 연결된 **테이퍼링 임피던스 정합** tapering impedance matching 을 이용한 테이퍼링 $\frac{1}{4}$ 파장 변환기를 사용하는 것이다. [그림 4-23]은 테이퍼링 $\frac{1}{4}$ 파장 변환기의 테이퍼링 종류를 나타낸 것으로, $Z_0 = 100[\Omega]$, $Z_L = 50[\Omega]$

이라고 가정했을 때, 테이퍼링의 종류에 따라 임피던스 값 $Z(z)$가 달라지는 것을 보여준다. 테이퍼링 $\frac{1}{4}$ 파장 변환기는 앞의 단일, 다단 $\frac{1}{4}$ 파장 변환기에 비해 우수한 광대역 특성을 갖는다.

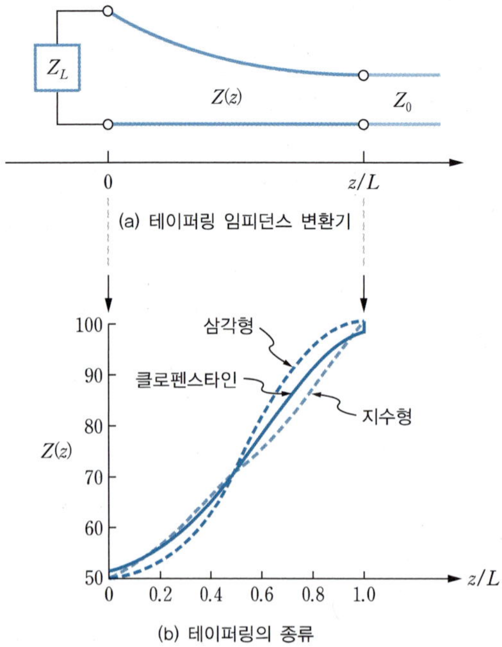

[그림 4-23] 테이퍼링 $\frac{1}{4}$ 파장 변환기를 위한 테이퍼링 종류

예제 4-8 $\frac{1}{4}$ 파장 임피던스 변환기(정합회로) 설계

다음 그림과 같이 임피던스가 $Z_L = R_R + jX_R$ (R_R, X_R은 모두 실수)인 부하에 Z_0의 특성 임피던스를 가진 전송선로를 정합시키기 위해 필요한 정합회로의 임피던스 Z_T와 길이 L을 구하라.

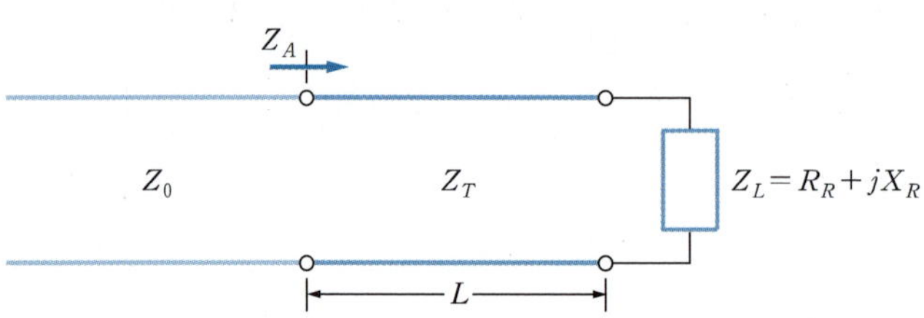

풀이

임피던스 정합을 위해서는 다음을 만족해야 한다.

$$Z_0 = Z_A = Z_T \frac{R_R + jX_R + jZ_T \tan(\beta L)}{Z_T + j(R_R + jX_R)\tan(\beta L)}$$

위 식으로부터 다음의 관계식을 얻을 수 있다.

$$Z_T(Z_0 - R_R) = Z_0 X_R \tan(\beta L), \quad \tan(\beta L) = \frac{Z_T X_R}{Z_0 R_R - Z_T^2}$$

이로부터 다음과 같이 정합회로의 임피던스 Z_T와 길이 L을 얻을 수 있다.

$$Z_T = \frac{\sqrt{Z_0 R_R - R_R^2 - X_R^2}}{\sqrt{1 - R_R/Z_0}}, \quad \tan(\beta L) = \frac{\sqrt{(1 - R_R/Z_0)(Z_0 R_R - R_R^2 - X_R^2)}}{X_R}$$

예제 4-9 2단 체비셰프 임피던스 변환기 설계

50[Ω] 특성 임피던스를 갖는 전송선로와 100[Ω] 특성 임피던스를 갖는 전송선로를 정합하고자 한다. 이때 40% 비대역폭fractional bandwidth을 갖는 2단 체비셰프 임피던스 변환기를 설계하라.

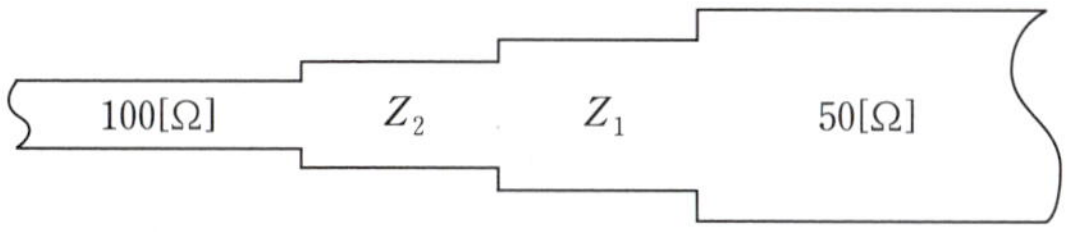

풀이

2단 체비셰프 임피던스 변환기는 다음과 같이 설계할 수 있다. ① 주어진 조건을 만족하는 변환기의 차수 N을 결정하고(예제에서는 $N=2$로 이미 고정함), ② 임피던스 변환기의 비대역폭과 저항비에 따라 각 단을 구성하는 선로의 임피던스를 결정한다.

비대역폭을 B, 저항비 $R = \dfrac{R_L}{R_0}$이라고 할 때 2단을 구성하는 전송선로의 임피던스 Z_1과 Z_2는 다음과 같은 관계식에 의해 구할 수 있다.

$$Z_1 = Z_0 V_1, \quad Z_2 = \frac{Z_0 R}{V_1}$$

이때 V_1은 다음 식으로 주어진다.

$$V_1^2 = (D^2 + R)^{1/2} + D$$

여기서 D, k는 각각 다음과 같이 주어진다.

$$D = \frac{(R-1)k^2}{2(2-k^2)}, \quad k = \sin\left(\frac{\pi}{4}B\right)$$

따라서, 문제에 주어진 조건인 $R = \dfrac{100}{50} = 2$, $B = 40\% = 0.4$로부터 $k = 0.31$, $D = 0.0252$, $V_1 = 1.2$를 얻을 수 있고, 이를 통해 $Z_1 = 60.0[\Omega]$, $Z_2 = 83.3[\Omega]$을 얻을 수 있다.

이 예제에서는 2단 체비셰프 임피던스 변환기를 간단하게 설계할 수 있는 방법을 설명했다. 일반적으로 2단 이상의 다단 체비셰프 임피던스 변환기의 경우에는 체비셰프 다항식으로 나타내는 반사계수식으로부터 각 단의 임피던스를 계산하여 설계한다.

4.3 회로망 해석에 필요한 행렬

RF 및 마이크로파 회로를 설계하기 위해서는 회로망 네트워크의 전기적인 특성을 알아야 한다. 회로망 네트워크를 나타내는 방법은 회로이론에서 다뤄진 임피던스 행렬(또는 파라미터), 어드미턴스 행렬, ABCD 행렬 등이 있다. 그러나 높은 주파수 대역에서는 전압과 전류를 정의하기 어려워 전력의 입력, 반사, 전달 특성에 기반한 **산란 행렬** scattering matrix 이라고 하는 새로운 파라미터를 도입하게 되었다. 이 절에서는 무선통신 회로를 포함한 회로망 네트워크를 해석할 때 사용되는 여러 가지 행렬에 대해서 살펴보고자 한다.

4.3.1 임피던스 행렬과 어드미턴스 행렬

[그림 4-24(a)]와 같은 블랙박스로 이루어진 회로를 생각해보자. 이 블랙박스의 회로는 저항이 될 수도 있고, 전송선로 또는 집적회로가 될 수도 있다. 블랙박스의 내부가 무엇이 되었든 외부적으로 전기적인 특성을 표현하고, 다른 회로 네트워크와 결합하는 경우를 생각해보자. [그림 4-24(b)]와 같이 블랙박스에 포트를 연결하여 일반적으로 사용되는 필터, 정합회로, 증폭기 등과 같은 2포트 회로망 네트워크를 모델링할 수 있다.

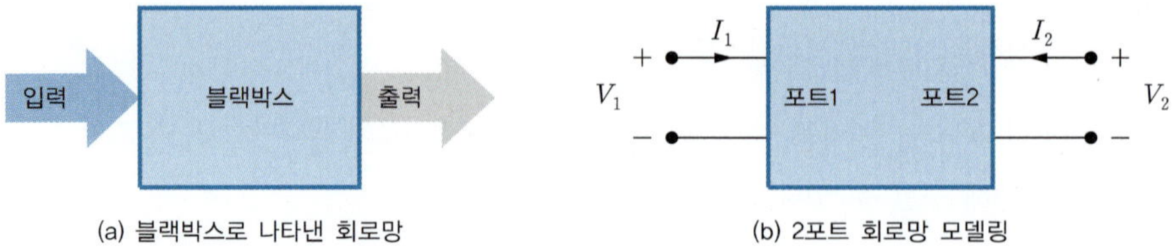

[그림 4-24] 2포트 회로망 네트워크

2포트 네트워크는 입력전압과 전류, 출력전압과 전류를 이용하여 수학적으로 표현할 수 있다. 입력전압과 전류, 출력전압과 전류를 각각 V_1, I_1, V_2, I_2라고 할 때, 2포트 회로망 네트워크를 식 (4.23)과 같이 **임피던스 행렬** impedance matrix 로 나타낼 수 있다. 이때 임피던스 행렬을 구성하는 각 원소를 **임피던스 계수** impedance parameter 또는 **Z-파라미터** Z-parameter 라고 한다.

$$\begin{aligned} &V_1 = Z_{11} I_1 + Z_{12} I_2 \\ &V_2 = Z_{21} I_1 + Z_{22} I_2 \\ &\Rightarrow \begin{bmatrix} V_1 \\ V_2 \end{bmatrix} = \begin{bmatrix} Z_{11} & Z_{12} \\ Z_{21} & Z_{22} \end{bmatrix} \begin{bmatrix} I_1 \\ I_2 \end{bmatrix} \Rightarrow [V] = [Z][I] \end{aligned} \tag{4.23}$$

여기에서 Z_{11}은 $I_2 = 0$, 즉, 출력이 단락일 때 입력전압과 입력전류의 비(V_1/I_1)로 정의된다.

$$Z_{11} = \left.\frac{V_1}{I_1}\right|_{I_2=0} \qquad Z_{12} = \left.\frac{V_1}{I_2}\right|_{I_1=0}$$
$$Z_{21} = \left.\frac{V_2}{I_1}\right|_{I_2=0} \qquad Z_{22} = \left.\frac{V_2}{I_2}\right|_{I_1=0} \tag{4.24}$$

Z-파라미터는 네트워크의 특성을 임피던스로 표현하기 때문에 [그림 4-25]와 같이 두 네트워크가 직렬series로 연결되었을 때 편리하게 사용할 수 있다. 네트워크 A와 네트워크 B가 직렬로 연결된 경우의 임피던스 행렬은 각 네트워크의 임피던스 행렬을 더한 것과 같아진다.

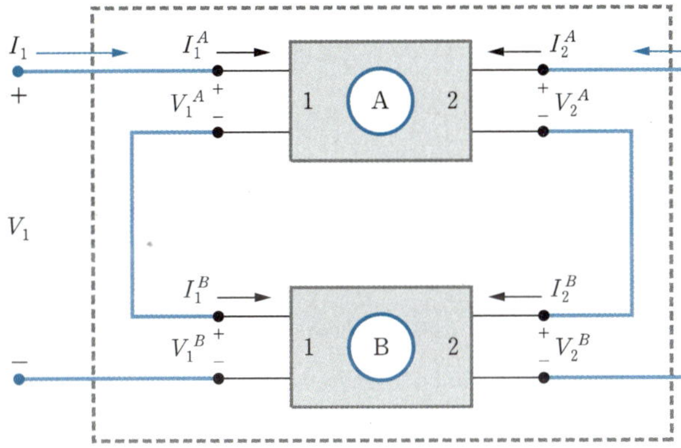

[그림 4-25] 두 네트워크의 직렬 연결

$$\begin{aligned}\begin{bmatrix} V_1 \\ V_2 \end{bmatrix} &= \begin{bmatrix} V_1^A \\ V_2^A \end{bmatrix} + \begin{bmatrix} V_1^B \\ V_2^B \end{bmatrix} \\ &= [Z^A][I^A] + [Z^B][I^B] \\ &= ([Z^A] + [Z^B])\begin{bmatrix} I_1 \\ I_2 \end{bmatrix} \\ &= [Z^A + Z^B]\begin{bmatrix} I_1 \\ I_2 \end{bmatrix}\end{aligned} \tag{4.25}$$

$$\begin{bmatrix} V_1 \\ V_2 \end{bmatrix} = \begin{bmatrix} Z_{11}^A + Z_{11}^B & Z_{12}^A + Z_{12}^B \\ Z_{21}^A + Z_{21}^B & Z_{22}^A + Z_{22}^B \end{bmatrix}\begin{bmatrix} I_1 \\ I_2 \end{bmatrix} \tag{4.26}$$

어드미턴스 행렬admittance matrix은 임피던스 행렬과는 반대로, 네트워크 특성을 전압에 대한 전류로 나타낸다. 만약 임피던스 행렬을 알고 있다면 $[Y] = [Z]^{-1}$ 관계를 통해 어드미턴스 행렬을 구할 수 있다.

$$\begin{aligned} I_1 &= Y_{11}V_1 + Y_{12}V_2 \\ I_2 &= Y_{21}V_1 + Y_{22}V_2 \end{aligned} \tag{4.27}$$

$$\Rightarrow \begin{bmatrix} I_1 \\ I_2 \end{bmatrix} = \begin{bmatrix} Y_{11} & Y_{12} \\ Y_{21} & Y_{22} \end{bmatrix} \begin{bmatrix} V_1 \\ V_2 \end{bmatrix} \Rightarrow [I] = [Y][V]$$

$$Y_{ij} = \left. \frac{I_i}{V_j} \right|_{V_k = 0 \ k \neq j} \quad (4.28)$$

어드미턴스 행렬에서 Y_{11}은 $V_2 = 0$, 즉 출력포트가 단락일 때 입력전압에 대한 입력전류 $\frac{I_1}{V_1}$으로 나타낸다. 같은 방법으로 나머지 어드미턴스 계수admittance parameter 또는 **Y-파라미터**Y-parameter를 구할 수 있다.

어드미턴스 행렬은 [그림 4-26]과 같이 두 네트워크가 병렬로 연결되어 있을 때 편리하게 사용할 수 있다. 네트워크 A와 네트워크 B의 어드미턴스 행렬이 각각 Y^A, Y^B라고 하면, 병렬로 연결된 전체 네트워크의 어드미턴스 행렬은 식 (4.29)와 같이 $Y^A + Y^B$로 나타낼 수 있다.

$$\begin{bmatrix} I_1 \\ I_2 \end{bmatrix} = \begin{bmatrix} I_1^A \\ I_2^A \end{bmatrix} + \begin{bmatrix} I_1^B \\ I_2^B \end{bmatrix} = \begin{bmatrix} Y_{11}^A + Y_{11}^B & Y_{12}^A + Y_{12}^B \\ Y_{21}^A + Y_{21}^B & Y_{22}^A + Y_{22}^B \end{bmatrix} \begin{bmatrix} V_1 \\ V_2 \end{bmatrix} \quad (4.29)$$

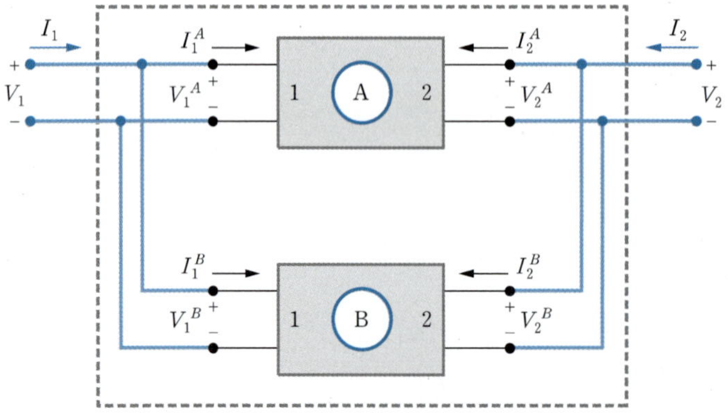

[그림 4-26] 두 네트워크의 병렬 연결

임피던스 행렬과 어드미턴스 행렬을 이용한 대표적인 예를 살펴보자. [그림 4-27]은 저항 3개로 구현된 π-네트워크 감쇄기attenuator와 T-네트워크 감쇄기를 보여준다. [표 4-1]의 저항값을 바탕으로 개발자가 원하는 수준의 저항성 네트워크를 만들 수 있어서 실제 무선통신 회로를 설계할 때 많이 활용된다.

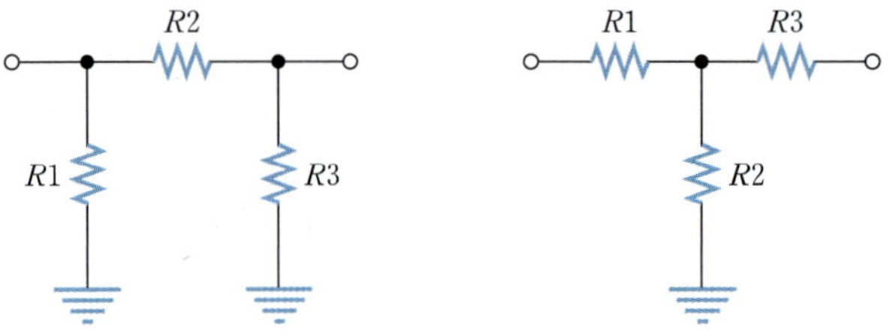

(a) π-네트워크 감쇄기 (b) T-네트워크 감쇄기

[그림 4-27] π-네트워크와 T-네트워크 감쇄기

예를 들어, 3[dB]의 손실을 갖는 회로를 구성해보자. 이 경우에는 π-네트워크 감쇄기에서는 $R1 = R3 = 292.4[\Omega]$, $R2 = 17.61[\Omega]$을 사용하면 된다. 이것을 3[dB] **패드**pad라고 한다. [그림 4-28]과 같이 8[dB] 손실특성과 같은, 임의 손실값을 갖는 회로를 1[dB], 4[dB]의 π-네트워크 감쇄기와 3[dB] T-네트워크 감쇄기를 결합하여 구현할 수 있다. 물론 계산으로 얻은 저항값과 실제로 사용되는 저항값에는 차이가 있으므로 가장 가까운 값을 사용한다. 정확한 전력 손실값은 임피던스 행렬을 사용하여 구할 수 있다.

[표 4-1] 손실에 따른 π-네트워크 감쇄기와 T-네트워크 감쇄기 저항값

손실	T-네트워크 저항		π-네트워크 저항		전력소모량		
	(입출력 임피던스 $Z_0 = 50[\Omega]$)						
A_{dB}[dB]	$R1, R3[\Omega]$	$R2[\Omega]$	$R1, R3[\Omega]$	$R2[\Omega]$	$R1$	$R2$	$R3$
1	2.88	433.34	869.55	5.77	5.8%	10.2%	4.6%
2	5.73	215.24	436.21	11.61	11.5%	18.2%	7.2%
3	8.55	141.93	292.4	17.61	17.1%	24.2%	8.6%
4	11.31	104.83	220.97	23.85	22.6%	28.6%	9%
5	14.01	82.24	178.49	30.4	28%	31.5%	8.9%
6	16.61	66.93	150.48	37.35	33.2%	33.3%	8.3%
7	19.12	55.8	130.73	44.8	38.2%	34.2%	7.6%
8	21.53	47.31	116.14	52.84	43.1%	34.3%	6.8%
9	23.81	40.59	104.99	61.59	47.6%	33.8%	6%
10	25.97	35.14	96.25	71.15	51.9%	32.9%	5.2%
11	28.01	30.62	89.24	81.66	56%	31.6%	4.5%
12	29.92	26.81	83.54	93.25	59.8%	30.1%	3.8%
13	31.71	23.57	78.84	106.07	63.4%	28.4%	3.2%
14	33.37	20.78	74.93	120.31	66.7%	26.6%	2.7%
15	34.9	18.36	71.63	136.14	69.8%	24.8%	2.2%
16	36.32	16.26	68.83	153.78	72.6%	23%	1.8%
17	37.62	14.41	66.45	173.46	75.2%	21.9%	1.5%
18	38.82	12.79	64.4	195.43	77.6%	19.5%	1.2%
19	39.91	11.36	62.64	220.01	79.8%	17.9%	1%
20	40.91	10.1	61.11	247.5	81.8%	16.4%	0.8%

- T-네트워크 감쇄기 : $R1 = R3 = Z_0\left[\dfrac{10^{\frac{A_{dB}}{20}} - 1}{10^{\frac{A_{dB}}{20}} + 1}\right]$ $\quad R2 = 2Z_0\left[\dfrac{10^{\frac{A_{dB}}{20}}}{10^{\frac{A_{dB}}{10}} - 1}\right]$
- π-네트워크 감쇄기 : $R1 = R3 = Z_0\left[\dfrac{10^{\frac{A_{dB}}{20}} + 1}{10^{\frac{A_{dB}}{20}} - 1}\right]$ $\quad R2 = \dfrac{Z_0}{2}\left[\dfrac{10^{\frac{A_{dB}}{10}} - 1}{10^{\frac{A_{dB}}{20}}}\right]$

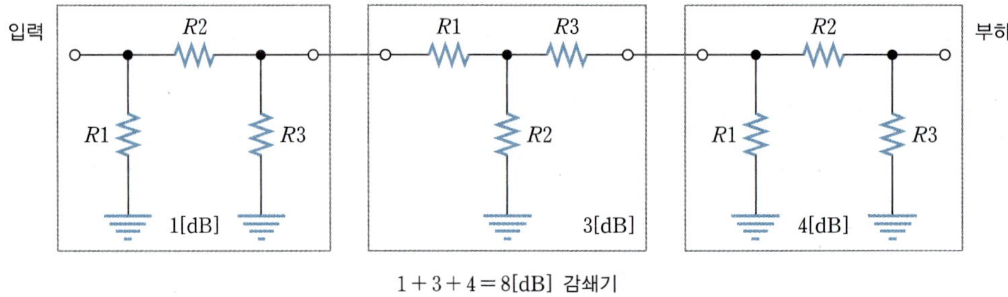

[그림 4-28] π-네트워크 감쇄기와 T-네트워크 감쇄기를 이용한 임의 손실 구현

π-네트워크 감쇄기를 사용하는 또 다른 예로, [그림 4-29]와 같은 2단 구동증폭기 driver amplifier 가 있다. 2단 구동증폭기는 두 개의 증폭기가 직렬로 연결된 형태로, 증폭 이득을 충분히 얻고자 할 때 많이 사용하는 방법이다. 증폭기 두 개를 연결할 때는 증폭기 간 임피던스 부정합에 의해 출력에서 리플 ripple 이 발생하게 된다. 리플은 신호에 발생하는 유동을 뜻하는데, 증폭기 사이에 감쇄기를 삽입하면 리플을 줄이는 효과를 얻을 수 있다.

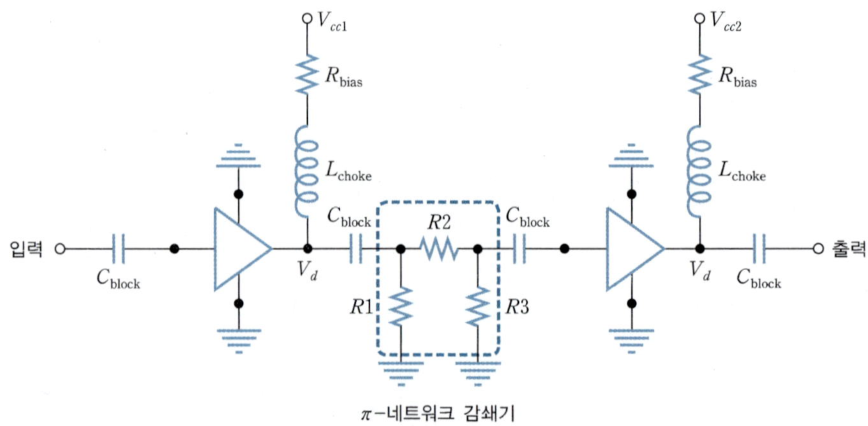

[그림 4-29] π-네트워크 감쇄기를 이용한 2단 증폭기

예제 4-10 π-네트워크의 임피던스 행렬과 어드미턴스 행렬

다음과 같이 임피던스로 구성된 π-네트워크의 Z-파라미터(Z_π)와 어드미턴스로 구성된 π-네트워크의 Y-파라미터(Y_π)를 구하라.

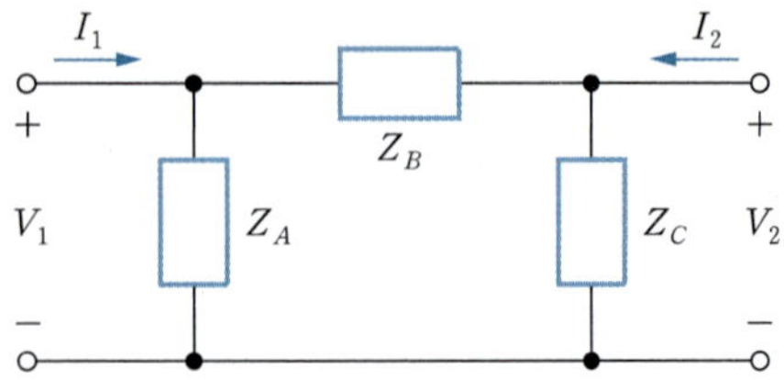

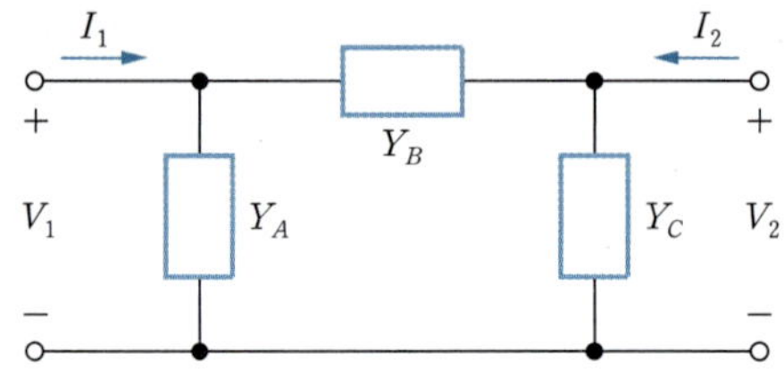

풀이

❶ 임피던스 행렬의 정의로부터 다음과 같이 Z-파라미터를 구할 수 있다.

$$Z_{11} = \left.\frac{V_1}{I_1}\right|_{I_2=0} = Z_A \parallel (Z_B + Z_C) = \frac{Z_A(Z_B+Z_C)}{Z_A+Z_B+Z_C}$$

$$Z_{22} = \left.\frac{V_2}{I_2}\right|_{I_1=0} = Z_C \parallel (Z_A + Z_B) = \frac{Z_C(Z_A+Z_B)}{Z_A+Z_B+Z_C}$$

$$Z_{12} = \left.\frac{V_1}{I_2}\right|_{I_1=0} = \left.\frac{\frac{Z_A}{Z_A+Z_B}V_2}{I_2}\right|_{I_1=0} = \frac{Z_A}{Z_A+Z_B} Z_C \parallel (Z_A+Z_B) = \frac{Z_A+Z_C}{Z_A+Z_B+Z_C}$$

$$Z_{21} = \left.\frac{V_2}{I_1}\right|_{I_2=0} = \frac{Z_C}{Z_B+Z_C} Z_A \parallel (Z_A+Z_C) = \frac{Z_A Z_C}{Z_A+Z_B+Z_C}$$

$$Z_\pi = \frac{1}{Z_A+Z_B+Z_C}\begin{bmatrix} Z_A(Z_B+Z_C) & Z_A Z_C \\ Z_A Z_C & Z_C(Z_A+Z_B) \end{bmatrix}$$

❷ 어드미턴스 행렬의 정의로부터 다음과 같이 Y-파라미터를 구할 수 있다.

$$Y_{11} = \left.\frac{I_1}{V_1}\right|_{V_2=0} = Y_A + Y_B \qquad Y_{22} = \left.\frac{I_2}{V_2}\right|_{V_1=0} = Y_B + Y_C$$

$$Y_{12} = \left.\frac{I_1}{V_2}\right|_{V_1=0} = -Y_B \qquad Y_{21} = \left.\frac{I_2}{V_1}\right|_{V_2=0} = -Y_B$$

$$Y_\pi = \begin{bmatrix} Y_A+Y_B & -Y_B \\ -Y_B & Y_B+Y_C \end{bmatrix}$$

4.3.2 하이브리드 행렬

[그림 4-24(b)]에 주어진 2포트 회로망 네트워크를 식 (4.30)과 같이 입력전압-출력전류와 출력전압-입력전류의 관계로 나타내는 행렬을 **하이브리드 행렬** hybrid matrix 이라고 한다. 주로 소신호 트랜지스터 증폭기의 특성을 모델링하기 위해 사용된다. 행렬을 구성하는 각 원소들은 식 (4.31)과 같이 임피던스, 어드미턴스, 전압이득 그리고 전류이득으로 서로 다르게 정의되는데, 이를 **하이브리드 파라미터** H-parameter 라고 한다.

$$\begin{bmatrix} V_1 \\ I_2 \end{bmatrix} = \begin{bmatrix} h_{11} & h_{12} \\ h_{21} & h_{22} \end{bmatrix} \begin{bmatrix} I_1 \\ V_2 \end{bmatrix} \tag{4.30}$$

$$h_{11} = \left. \frac{V_1}{I_1} \right|_{V_2=0} \qquad h_{12} = \left. \frac{V_1}{V_2} \right|_{I_1=0}$$
$$h_{21} = \left. \frac{I_2}{I_1} \right|_{V_2=0} \qquad h_{22} = \left. \frac{I_2}{V_2} \right|_{I_1=0} \tag{4.31}$$

예를 들어, [그림 4-30(a)]와 같은 BJT 트랜지스터는 [그림 4-30(b)]와 같이 등가회로로 나타낼 수 있다. 하이브리드 행렬의 정의에 의해 H-파라미터를 구하면 식 (4.32)와 같다. h_{11}은 입력 임피던스 input impedance, h_{12}는 전압 귀환비 voltage feedback ratio, h_{21}은 소신호 전류이득 small signal current gain, h_{22}는 출력 어드미턴스 output admittance 로 정의되며, 트랜지스터의 소신호 특성을 간단하게 나타낼 수 있다. h_{11}은 $[\Omega]$ 단위, h_{22}는 $[\mho]$ 단위 값이고, h_{12}와 h_{21}은 단위가 없는 값이다.

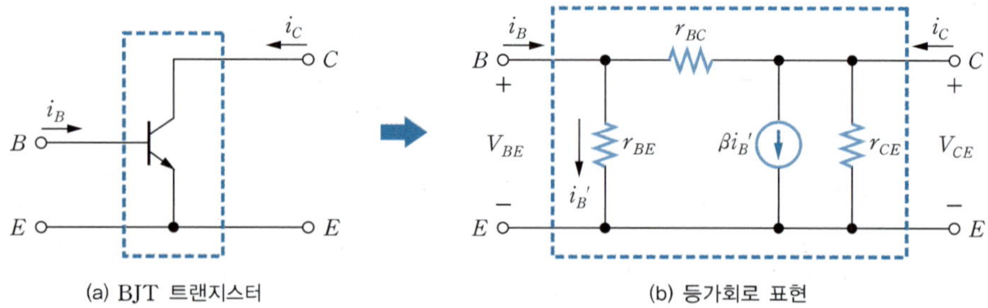

[그림 4-30] 하이브리드 파라미터를 이용한 BJT 모델링

$$h_{11} = \left. \frac{V_{BE}}{i_B} \right|_{V_{CE}=0} = r_{BC} \parallel r_{BE} = \frac{r_{BC}\, r_{BE}}{r_{BC} + r_{BE}} \quad : \text{입력 임피던스}$$
$$h_{12} = \left. \frac{V_{BE}}{V_{CE}} \right|_{i_B=0} = \frac{r_{BE}}{r_{BC} + r_{BE}} \quad : \text{전압 귀환비}$$
$$h_{21} = \left. \frac{i_C}{i_B} \right|_{V_{CE}=0} = \frac{\beta r_{BC} - r_{BE}}{r_{BC} + r_{BE}} \quad : \text{소신호 전류이득} \tag{4.32}$$
$$h_{22} = \left. \frac{i_C}{V_{CE}} \right|_{i_B=0} = \frac{1}{r_{CE}} + \frac{1+\beta}{r_{BC} + r_{BE}} \quad : \text{출력 어드미턴스}$$

4.3.3 전달 행렬(ABCD 행렬)

ABCD **행렬**은 [그림 4-31]과 같이 출력전류의 방향을 반대로 모델링한 것으로, 식 (4.33)과 같이 출력특성(출력전압과 전류)에 대한 입력특성(입력전압과 전류)의 관계를 나타낸 것이다. 임피던스 행렬이나 어드미턴스 행렬과 달리, ABCD 행렬의 좌변과 우변이 입출력으로 구분된다. 즉, 신호의 전달특성을 나타낼 수 있어 **전달 행렬**transmission matrix 이라고도 한다.

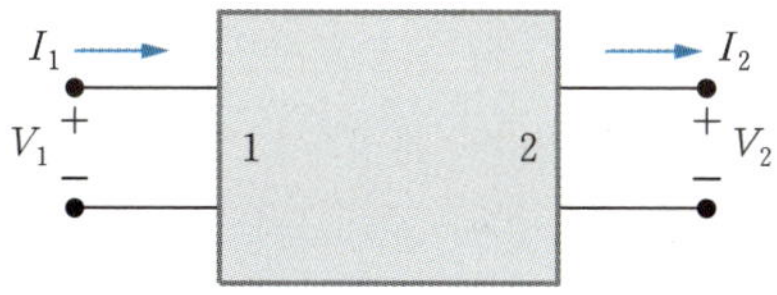

[그림 4-31] ABCD 행렬을 위한 2포트 네트워크 모델링

$$\begin{bmatrix} V_1 \\ I_1 \end{bmatrix} = \begin{bmatrix} A & B \\ C & D \end{bmatrix} \begin{bmatrix} V_2 \\ I_2 \end{bmatrix} \tag{4.33}$$

$$\begin{aligned} A &= \left.\frac{V_1}{V_2}\right|_{I_2=0} \qquad C = \left.\frac{I_1}{V_2}\right|_{I_2=0} \\ B &= \left.\frac{V_1}{I_2}\right|_{V_2=0} \qquad D = \left.\frac{I_1}{I_2}\right|_{V_2=0} \end{aligned} \tag{4.34}$$

[그림 4-32]와 같이 네트워크 A와 네트워크 B가 직렬로 연결되어 있을 때, 전체 네트워크의 ABCD 행렬을 구하려면 식 (4.35)와 같이 각 회로망 네트워크의 ABCD 행렬을 곱하면 된다.

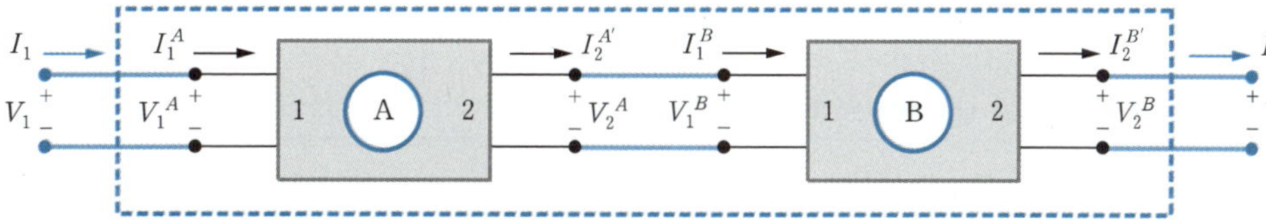

[그림 4-32] ABCD 행렬을 위한 직렬 네트워크 모델링

$$\begin{aligned} \begin{bmatrix} V_1 \\ I_1 \end{bmatrix} &= \begin{bmatrix} V_1^A \\ I_1^A \end{bmatrix} = [ABCD^A] \begin{bmatrix} V_2^A \\ I_1^{A'} \end{bmatrix} \\ &= [ABCD^A] \begin{bmatrix} V_1^B \\ I_1^B \end{bmatrix} \\ &= [ABCD^A][ABCD^B] \begin{bmatrix} V_2^B \\ I_1^{B'} \end{bmatrix} \end{aligned} \tag{4.35}$$

ABCD 행렬은 회로가 구성된 대로 직관적으로 계산할 수 있기 때문에, 전송선로를 포함한 증폭기 회로를 해석할 때도 매우 편리하다. 예를 들어, [그림 4-33(a)]와 같은 전송선로를 이용한 입력 정합회로를 가진 RF 증폭기가 있다고 하자. 이 회로는 [그림 4-33(b)]와 같이 분리하여 나타낼 수 있다. 입력 정합회로와 출력 정합회로를 ABCD 행렬로 나타내고, 병렬로 연결된 트랜지스터 귀환 회로를 어드미턴스 행렬을 이용하여 계산한다. 어드미턴스 행렬을 다시 ABCD 행렬로 변환하면 전체 네트워크는 총 3개의 ABCD 행렬이 직렬로 연결된 형태로 나타난다. 이들 각 행렬들을 곱하면 전체 네트워크를 나타내는 ABCD 행렬을 얻을 수 있다.

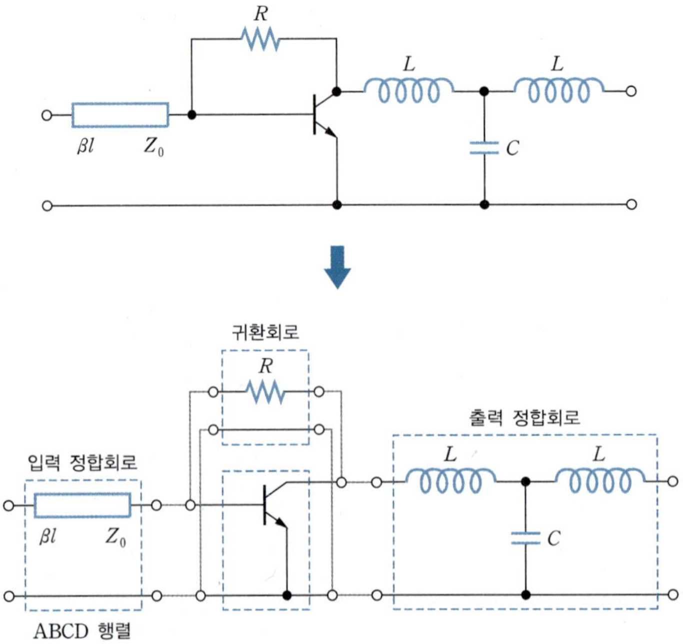

[그림 4-33] ABCD 행렬을 사용한 RF 증폭기 특성 해석

예제 4-11 T자형 회로망 네트워크의 ABCD 행렬

다음의 그림과 같은 임피던스로 이루어진 T자형 회로망 네트워크의 ABCD 행렬을 구하라.

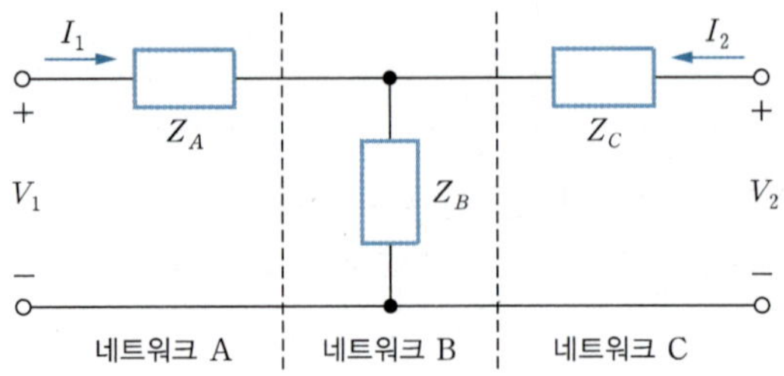

풀이

전체 네트워크를 나타내는 ABCD 행렬은 직렬로 연결된 각 회로망 네트워크의 ABCD 행렬을 곱하면 된다.

$$[ABCD] = \begin{bmatrix} 1 & Z_A \\ 0 & 1 \end{bmatrix} \begin{bmatrix} 1 & 0 \\ \dfrac{1}{Z_B} & 1 \end{bmatrix} \begin{bmatrix} 1 & Z_C \\ 0 & 1 \end{bmatrix}$$

$$= \begin{bmatrix} 1 + \dfrac{Z_A}{Z_B} & Z_A + Z_C + \dfrac{Z_A Z_C}{Z_B} \\ \dfrac{1}{Z_B} & 1 + \dfrac{Z_C}{Z_B} \end{bmatrix}$$

예제 4-12 전송선로의 ABCD 행렬

다음의 그림과 같은 무손실 전송선로가 다음과 같은 ABCD 행렬로 주어지는 것을 유도하라.

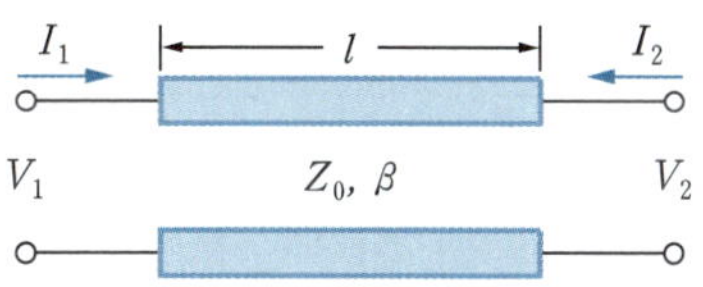

$$\begin{bmatrix} A & B \\ C & D \end{bmatrix} = \begin{bmatrix} \cos(\beta l) & jZ_0 \sin(\beta l) \\ j\dfrac{\sin(\beta l)}{Z_0} & \cos(\beta l) \end{bmatrix}$$

풀이

❶ 먼저 전송선로의 양단을 단락시키면 전송선로 길이 d 만큼 떨어진 곳, 즉 입력단에서의 전압과 전류를 구할 수 있다.

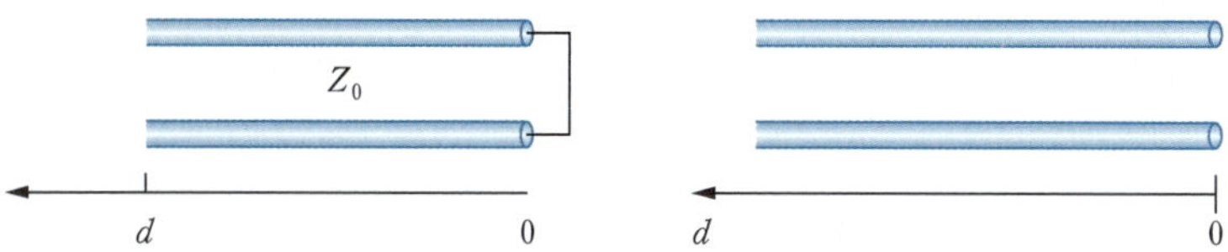

$$V(d) = V^+(0) e^{-j\beta d} + V^-(0) e^{j\beta d}$$

$$I(d) = \frac{V^+(0)}{Z_0} e^{-j\beta d} - \frac{V^-(0)}{Z_0} e^{j\beta d}$$

$d = 0$일 때 $V(0) = 0 \Rightarrow V^-(0) = -V^+(0) \quad (\Gamma(0) = -1)$

$$\Rightarrow V(d) = 2jV^+(0)\sin(\beta d),\ I(d) = \frac{2V^+(0)}{Z_0}\cos(\beta d)$$

❷ 그런 다음, 전송선로의 출력단, 즉 $d = 0$에서 개방회로를 만들면 다음과 같이 전압과 전류를 얻을 수 있다. ABCD 행렬의 각 원소는 다음과 같다.

$$I(0) = 0 \Rightarrow V^-(0) = V^+(0) \quad (\Gamma(0) = 1)$$

$$\Rightarrow V(d) = 2V^+(0)\cos(\beta l),\ I(d) = \frac{2jV^+(0)}{Z_0}\sin(\beta d)$$

$$A = \frac{V_1}{V_2}\bigg|_{I_2=0} = \frac{2V^+(0)\cos(\beta l)}{2V^+(0)} = \cos(\beta l)$$

$$B = \frac{V_1}{-I_2}\bigg|_{V_2=0} = \frac{2jV^+(0)\sin(\beta l)}{2V^+(0)/Z_0} = jZ_0\sin(\beta l)$$

$$C = \frac{I_1}{V_2}\bigg|_{I_2=0} = \frac{\frac{2jV^+(0)}{Z_0}\cos(\beta l)}{2V^+(0)} = jY_0\sin(\beta l)$$

$$D = \frac{I_1}{-I_2}\bigg|_{V_2=0} = \frac{\frac{2V^+(0)\cos(\beta l)}{Z_0}}{\frac{2V^+(0)}{Z_0}} = \cos(\beta l)$$

4.3.4 산란 행렬

저주파수에서는 선형소자 또는 선형 네트워크의 입출력 단자에서 전압 또는 전류를 정확하게 측정할 수 있기 때문에 임피던스 행렬 또는 어드미턴스 행렬 등으로 나타낼 수 있다. 하지만 주파수가 높은 RF 또는 마이크로파 회로에서는 전송선로의 위치에 따라 전압이나 전류가 달라지므로(3장의 전송선로에서 설명했듯이), 네트워크 특성 행렬을 구성하기 위한 전압, 전류의 개방 또는 단락조건을 구현하기가 매우 어렵다. 이때는 각 단자에서의 입사파와 반사파의 관계를 행렬로 나타낸 **산란 행렬** scattering matrix 을 사용한다. 산란 행렬을 구성하는 각 원소들을 **산란계수** scattering parameter 또는 **S-파라미터** S-parameter 라고 한다.

[그림 4-34] 산란 행렬을 정의하기 위한 2포트 네트워크

산란 행렬은 주어진 주파수, 주어진 선로의 임피던스에서 선형 다중포트 소자의 특성을 나타낼 수 있다. [그림 4-34]에서 진행하는 방향의 파와 반사되는 방향의 파의 전력파를 각각 a, b라고 하면

$$\begin{aligned} a(z) &= a(0)e^{-jkz} \\ b(z) &= b(0)e^{+jkz} \end{aligned} \tag{4.36}$$

으로 주어지며, [그림 4-34]와 2포트 네트워크를 식 (4.37)로 나타낼 수 있다.

$$
\begin{aligned}
b_1 &= S_{11}a_1 + S_{12}a_2 \\
b_2 &= S_{21}a_1 + S_{22}a_2 \\
&\Rightarrow [b] = [S][a]
\end{aligned}
\tag{4.37}
$$

여기에서 $[S]$를 2×2 복소행렬의 산란 행렬이라고 하며, N포트의 네트워크에서는 $N\times N$ 행렬로 주어진다. 산란 행렬을 구성하는 각 원소는 식 (4.38)과 같이 정의된다.

$$
S_{ij} = \left.\frac{b_i}{a_j}\right|_{a_k=0,\ k\neq j} \tag{4.38}
$$

식 (4.38)에서 포트 k에서 $a_k=0$인 조건은 부하의 임피던스가 Z_k와 같은, 즉 정합이 이루어져서 네트워크로 입력되는 방향의 전력은 0이고, 반사되는 방향의 전력만 존재한다는 의미이다. 또한 산란 행렬 $[S]$의 대각선 성분$(i=j)$은 각 포트 i에서의 **반사계수** reflection coefficient 를 의미한다. 이외의 성분 S_{ij}는 포트 i에 대한 포트 j의 **투과(또는 전달)계수** transmission coefficient 라고 한다. 따라서 2×2 산란 행렬의 각 원소는 다음과 같이 정의된다.

$$
\begin{aligned}
S_{11} &= \left.\frac{b_1(0)}{a_1(0)}\right|_{a_2=0} \qquad & S_{12} &= \left.\frac{b_1(0)}{a_2(0)}\right|_{a_1=0} \\
S_{21} &= \left.\frac{b_2(0)}{a_1(0)}\right|_{a_2=0} \qquad & S_{22} &= \left.\frac{b_2(0)}{a_2(0)}\right|_{a_1=0}
\end{aligned}
\tag{4.39}
$$

여기서 $a_1=0$, $a_2=0$은 각각 입력과 출력이 정합되었다는 것을 의미한다. 따라서 S_{11}은 출력이 정합되었을 때의 입력 반사계수, S_{12}는 입력이 정합되었을 때의 역방향 전달계수, S_{21}은 출력이 정합되었을 때의 전방향 전달계수, 그리고 S_{22}는 입력이 정합되었을 때의 출력 반사계수를 의미한다.

[표 4-2]에 이상적인 무손실 네트워크인 이상적인 단락, 종단 등 1포트 네트워크와 전송선로, 증폭기 등 2포트 네트워크에 대한 산란 행렬을 나타냈다. 1포트 네트워크의 경우는 S_{11}, 즉 반사계수만 가지며, 2포트 네트워크는 2×2의 크기를 갖는 산란 행렬 $[S]$를 갖는다. 무손실 네트워크$(\alpha=0)$이기 때문에 2포트 네트워크의 산란 행렬에서 입출력 반사계수인 S_{11}과 S_{22} 값은 모두 0이 된다.

[표 4-2] 이상적인 무손실 네트워크에 따른 산란 행렬의 특성

	네트워크의 종류	산란 행렬
1포트 네트워크	이상적인 단락 ideal short	$S_{11} = -1$
	이상적인 종단 ideal termination	$S_{11} = 0$
	능동회로 종단(반사 증폭기) reflection amplifier	$\lvert S_{11} \rvert > 1$
2포트 네트워크	길이 l의 전송선로	$S = \begin{bmatrix} 0 & e^{-\gamma l} \\ e^{-\gamma l} & 0 \end{bmatrix}$
	이상적인 위상천이기 ideal phase shifter	$S = \begin{bmatrix} 0 & e^{-j\phi_{12}} \\ e^{-j\phi_{21}} & 0 \end{bmatrix}$
	이상적인 감쇄기 ideal attenuator	$S = \begin{bmatrix} 0 & e^{-\alpha} \\ e^{-\alpha} & 0 \end{bmatrix}$
	이상적인 아이솔레이터 ideal isolator	$S = \begin{bmatrix} 0 & 0 \\ 1 & 0 \end{bmatrix}$
	이상적인 증폭기 ideal amplifier	$S = \begin{bmatrix} 0 & 0 \\ G & 0 \end{bmatrix}$

■ 산란 행렬의 특징

❶ 일반적으로 N포트 네트워크의 경우 N^2개의 산란계수를 갖는다.

❷ i와 j에 대해 $S_{ij} = S_{ji}$가 성립할 때, N포트 네트워크는 가역성 reciprocity을 갖는다고 한다. 대부분의 수동소자(저항, 커패시터, 트랜스포머)들은 가역성을 띠지만, 증폭기와 같은 능동소자들은 비가역성을 띤다.

❸ 2포트 네트워크에서 입력과 출력의 반사계수가 서로 같고($S_{22} = S_{11}$) 가역성이 성립할 때 ($S_{21} = S_{12}$), 이를 **대칭** symmetry이라고 표현한다.

❹ 산란 행렬이 유니터리 unitary 행렬이면, 즉 $S^{\dagger}S = 1$[6]을 만족하면 N포트 네트워크는 **수동**이며, **무손실** passive and lossless 이라고 한다.

$$(S^*)^T S = \begin{pmatrix} S_{11}^* & S_{12}^* \\ S_{12}^* & S_{22}^* \end{pmatrix} \begin{pmatrix} S_{11} & S_{12} \\ S_{21} & S_{22} \end{pmatrix} = \begin{pmatrix} 1 & 0 \\ 0 & 1 \end{pmatrix} \tag{4.40a}$$

$$\lvert S_{11} \rvert = \lvert S_{22} \rvert, \quad \lvert S_{12} \rvert = \lvert S_{21} \rvert \tag{4.40b}$$

$$\lvert S_{11} \rvert = \sqrt{1 - \lvert S_{12} \rvert^2}$$

❺ 산란 행렬은 일반적으로 복소수 값을 갖는데, 이 값은 동작주파수, 신호원 임피던스, 부하 임피던스, 네트워크에 따라 달라진다.

6 $X^{\dagger} = (X^*)^T$로 공액복소수의 전치 transpose 행렬이다.

예제 4-13 2포트 네트워크의 산란 행렬 계산

특성 임피던스가 $Z_0 = 50[\Omega]$일 때, 다음 그림과 같은 2포트 네트워크에 대해 산란 행렬을 구하라.

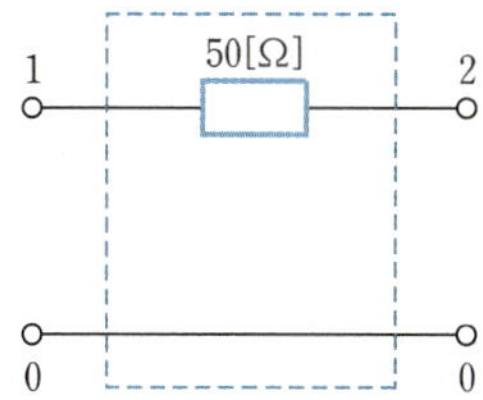

풀이

[그림 (a)]와 같이 출력을 정합하면 S_{11}을 구할 수 있다. 또한 [그림 (b)]와 같이 입력을 정합하면 S_{22}를 얻을 수 있다.

$$S_{11} = \frac{Z_1 - Z_0}{Z_1 + Z_0} = \frac{1}{3}, \quad S_{22} = \frac{Z_2 - Z_0}{Z_2 + Z_0} = \frac{1}{3}$$

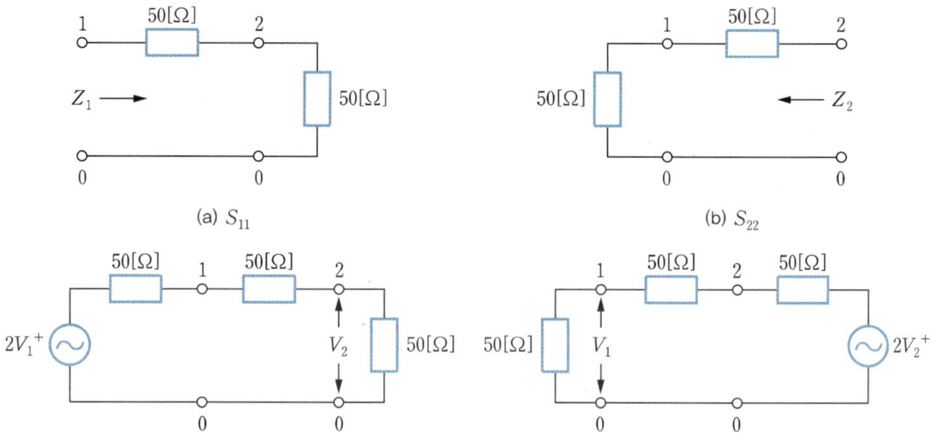

(a) S_{11} (b) S_{22} (c) S_{21} (d) S_{12}

[그림 (c)]로부터 S_{21}를 구할 수 있다. 이때 신호원 전압으로 V_1^+가 아닌 $2V_1^+$을 사용하는데, 그 이유는 정합된 부하에 입사되는 전압이 V_1^+이 되어야 하기 때문이다. 또한 [그림 (d)]로부터 S_{12}를 구할 수 있다.

$$S_{21} = \frac{V_2}{V_1^+} = \frac{2}{3}\left(\because V_2 = \frac{2}{3}V_1^+\right), \quad S_{12} = \frac{V_1}{V_2^+} = \frac{2}{3}\left(\because V_1 = \frac{2}{3}V_2^+\right)$$

따라서 문제로 주어진 회로의 산란 행렬은 $[S] = \begin{bmatrix} \frac{1}{3} & \frac{2}{3} \\ \frac{2}{3} & \frac{1}{3} \end{bmatrix}$이다.

예제 4-14 커넥터의 산란 행렬

무손실 커넥터의 등가회로가 다음 그림과 같을 때, 산란 행렬을 구하라.

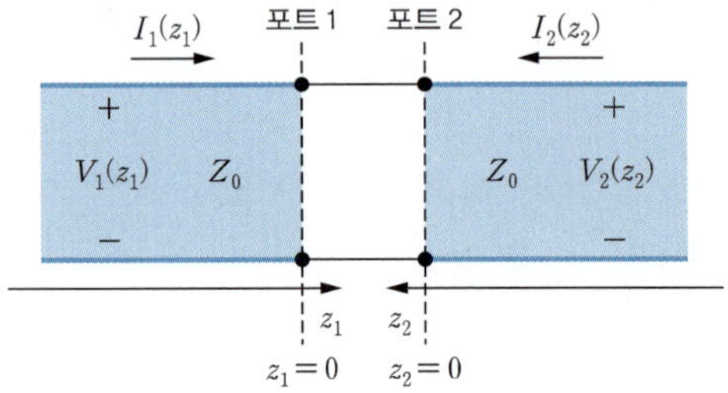

풀이

커넥터가 무손실이고 이상적인 특성을 갖는다고 가정할 때, 전송선로의 등가회로에는 직렬 인덕턴스나 병렬 커패시턴스가 없다고 할 수 있다. 따라서 키르히호프 전압법칙과 전류법칙으로부터 다음과 같은 관계식을 얻을 수 있다.

$$V_1(z_1=0)=V_2(z_2=0), \quad I_1(z_1=0)=-I_2(z_2=0)$$

입력포트(포트 1)에서의 입사전압과 반사전압을 각각 $V_1^+(z)=V_{01}^+e^{-j\beta z}$, $V_1^-(z)=V_{01}^-e^{j\beta z}$이라고 하고, 출력포트(포트 2)에서의 입사전압과 반사전압을 각각 $V_2^+(z)=V_{02}^+e^{-j\beta z}$, $V_2^-(z)=V_{02}^-e^{j\beta z}$이라고 할 때, 포트 2를 정합시키면 다음과 같이 쓸 수 있다.

$$V_{01}^-=0, \quad V_{02}^-=V_{01}^+$$

$$S_{11}=\frac{V_{01}^-}{V_{01}^+}=\frac{0}{V_{01}^+}=0, \quad S_{21}=\frac{V_{02}^-}{V_{01}^+}=\frac{V_{01}^+}{V_{01}^+}=1$$

따라서 문제에 주어진 회로의 산란 행렬은 $S=\begin{bmatrix}0 & 1\\ 1 & 0\end{bmatrix}$이다.

예제 4-15 전송선로의 산란 행렬

다음 그림과 같은 전송선로 네트워크의 산란 행렬을 구하라.

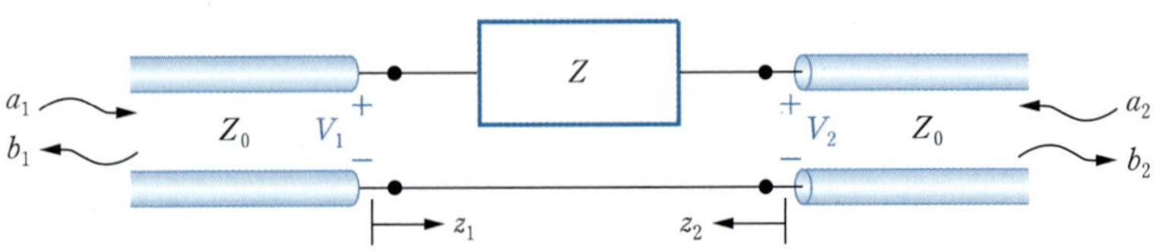

풀이

입력단에서 본 입력 임피던스를 Z_{in}이라고 하자. S_{11}을 구하기 위해 출력단을 단락시키면

$Z_{in} = Z + Z_0$가 되므로 S_{11}은 다음과 같이 주어진다.

$$S_{11} = \left.\frac{b_1(0)}{a_1(0)}\right|_{a_2=0} = \frac{V_1^-(0)}{V_1^+(0)} = \left.\frac{Z_{in} - Z_0}{Z_{in} + Z_0}\right|_{a_2=0} = \frac{(Z+Z_0) - Z_0}{(Z+Z_0) + Z_0}$$

$$S_{11} = \frac{Z}{Z + 2Z_0}$$

문제에 주어진 네트워크는 입출력이 서로 대칭관계이므로 $S_{22} = S_{11}$로 나타낼 수 있다. S_{21}은 다음과 같이 구할 수 있다.

$$S_{21} = \left.\frac{b_2(0)}{a_1(0)}\right|_{a_2=0} = \left.\frac{V_2^-(0)}{V_1^+(0)}\right|_{a_2=0}$$

$a_2 = 0$으로부터 $V_2^-(0) = V_2(0)$을 만족한다. 따라서 다음과 같이 계산할 수 있다.

$$V_2(0) = V_1(0)\left(\frac{Z_0}{Z+Z_0}\right)$$

$$V_1(0) = a_1(0)\sqrt{Z_0}(1+S_{11})$$

$$\Rightarrow V_2^-(0) = V_2(0) = a_1(0)\sqrt{Z_0}(1+S_{11})\left(\frac{Z_0}{Z+Z_0}\right)$$

$$S_{21} = \frac{a_1(0)\sqrt{Z_0}(1+S_{11})\left(\frac{Z_0}{Z+Z_0}\right)}{a_1(0)\sqrt{Z_0}}$$

$$= (1+S_{11})\left(\frac{Z_0}{Z+Z_0}\right) = \left(1 + \frac{Z}{Z+2Z_0}\right)\left(\frac{Z_0}{Z+Z_0}\right) = \left(\frac{2Z+2Z_0}{Z+2Z_0}\right)\left(\frac{Z_0}{Z+Z_0}\right)$$

$S_{21} = \dfrac{2Z_0}{Z+2Z_0}$로 주어지고, 마찬가지로 대칭성에 의해 $S_{12} = S_{21}$으로 주어진다. 따라서 문제에 주어진 전송선로의 산란 행렬은 다음과 같다.

$$S = \begin{bmatrix} \dfrac{Z}{2Z_0+Z} & \dfrac{2Z_0}{2Z_0+Z} \\ \dfrac{2Z_0}{2Z_0+Z} & \dfrac{Z}{2Z_0+Z} \end{bmatrix}$$

지금까지 다룬 임피던스 행렬, 어드미턴스 행렬, 하이브리드 행렬, ABCD 행렬, 그리고 산란 행렬은 회로망 네트워크의 입출력 특성을 표현할 수 있는 방법으로 서로 변환이 가능하다. [표 4-3]에 2포트 네트워크에 대해 각 행렬들의 변환관계를 나타냈다. 앞서 설명했듯이 임피던스 행렬, 어드미턴스 행렬, ABCD 행렬은 모두 전압과 전류인 입출력에 대해 정의되므로 변환관계를 쉽게 유도할 수 있다. 그러나 산란 행렬의 경우에는 네트워크와 연결된 전송선로에서의 순간적인 입력전압과 반사전압 특성으로 나타내기 때문에, 다른 행렬과의 변환을 위해서는 신호원 임피던스와 부하 임피던스가 모두 선로의 특성 임피던스 Z_0로 정합되었다는 가정이 필요하다.

예제 4-16 임피던스 행렬을 산란 행렬로 변환

다음의 그림과 같은 회로에서 $Z_b = 50 + j100[\Omega]$, $R_0 = 50[\Omega]$일 때의 임피던스 행렬을 구하라. 그리고 [표 4-3]에 주어진 임피던스 행렬과 산란 행렬의 변환관계를 이용하여 산란 행렬을 구하라.

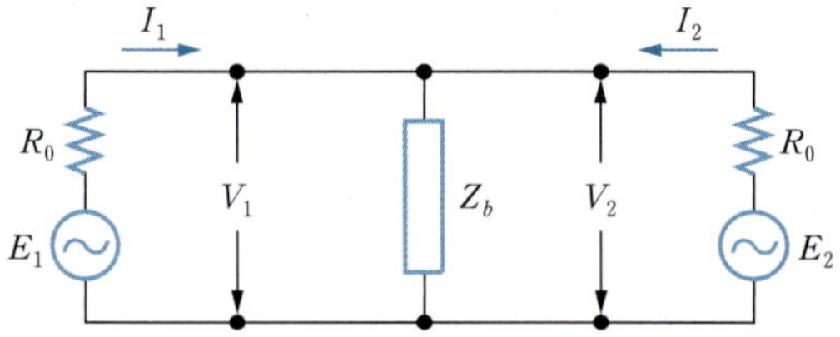

풀이

❶ 임피던스 행렬의 정의로부터 Z-파라미터를 구한다.

$$Z_{11} = \left.\frac{I_1}{V_1}\right|_{I_2=0} = Z_b, \quad Z_{12} = \left.\frac{I_2}{V_1}\right|_{I_1=0} = Z_b$$

$$Z_{21} = \left.\frac{I_1}{V_2}\right|_{I_2=0} = Z_b, \quad Z_{22} = \left.\frac{I_2}{V_2}\right|_{I_1=0} = Z_b$$

따라서 임피던스 행렬은 $[Z] = \begin{bmatrix} Z_b & Z_b \\ Z_b & Z_b \end{bmatrix}$이다.

❷ [표 4-3]으로부터 S-파라미터를 구한다.

$$S_{11} = \frac{(Z_{11}-Z_0)(Z_{22}+Z_0)-Z_{12}Z_{21}}{(Z_{11}+Z_0)(Z_{22}+Z_0)-Z_{12}Z_{21}} = \frac{(-j100)(100+j100)-(50+j100)^2}{(100+j100)^2-(50+j100)^2} = -0.12+j0.16$$

$$S_{12} = \frac{2Z_{12}Z_0}{(Z_{11}+Z_0)(Z_{22}+Z_0)-Z_{12}Z_{21}} = \frac{2(50+j100)50}{(100+j100)^2-(50+j100)^2} = 0.88+j0.16$$

$$S_{21} = \frac{2Z_{21}Z_0}{(Z_{11}+Z_0)(Z_{22}+Z_0)-Z_{12}Z_{21}} = 0.88+j0.16$$

$$S_{22} = \frac{(Z_{11}+Z_0)(Z_{22}-Z_0)-Z_{12}Z_{21}}{(Z_{11}+Z_0)(Z_{22}+Z_0)-Z_{12}Z_{21}} = -0.12+j0.16$$

❸ 따라서 산란 행렬 $[S]$는 다음과 같다.

$$[S] = \begin{bmatrix} -0.12+j0.16 & 0.88+j0.16 \\ 0.88+j0.16 & -0.12+j0.16 \end{bmatrix}$$

[표 4-3] 2포트 네트워크 행렬 사이의 변환관계

	$[S]$ 행렬	$[Z]$ 행렬	$[Y]$ 행렬	$ABCD$ 행렬
S_{11}	S_{11}	$\frac{(Z_{11}-Z_0)(Z_{22}+Z_0)-Z_{12}Z_{21}}{(Z_{11}+Z_0)(Z_{22}+Z_0)-Z_{12}Z_{21}}$	$\frac{(1-Y_{11}Z_0)(1+Y_{22}Z_0)+Y_{12}Y_{21}Z_0^2}{(1+Y_{11}Z_0)(1+Y_{22}Z_0)-Y_{12}Y_{21}Z_0^2}$	$\frac{AZ_0+B-CZ_0^2-DZ_0}{AZ_0+B+CZ_0^2+DZ_0}$
S_{12}	S_{12}	$\frac{2Z_{12}Z_0}{(Z_{11}+Z_0)(Z_{22}+Z_0)-Z_{12}Z_{21}}$	$\frac{-2Y_{12}Z_0}{(1+Y_{11}Z_0)(1+Y_{22}Z_0)-Y_{12}Y_{21}Z_0^2}$	$\frac{2(AD-BC)Z_0}{AZ_0+B+CZ_0^2+DZ_0}$
S_{21}	S_{21}	$\frac{2Z_{21}Z_0}{(Z_{11}+Z_0)(Z_{22}+Z_0)-Z_{12}Z_{21}}$	$\frac{-2Y_{21}Z_0}{(1+Y_{11}Z_0)(1+Y_{22}Z_0)-Y_{12}Y_{21}Z_0^2}$	$\frac{2Z_0}{AZ_0+B+CZ_0^2+DZ_0}$
S_{22}	S_{22}	$\frac{(Z_{11}+Z_0)(Z_{22}-Z_0)-Z_{12}Z_{21}}{(Z_{11}+Z_0)(Z_{22}+Z_0)-Z_{12}Z_{21}}$	$\frac{(1+Y_{11}Z_0)(1-Y_{22}Z_0)+Y_{12}Y_{21}Z_0^2}{(1+Y_{11}Z_0)(1+Y_{22}Z_0)-Y_{12}Y_{21}Z_0^2}$	$\frac{-AZ_0+B-CZ_0^2+DZ_0}{AZ_0+B+CZ_0^2+DZ_0}$
Z_{11}	$Z_0\frac{(1+S_{11})(1-S_{22})+S_{12}S_{21}}{(1-S_{11})(1-S_{22})-S_{12}S_{21}}$	Z_{11}	$\frac{Y_{22}}{Y_{11}Y_{22}-Y_{12}Y_{21}}$	$\frac{A}{C}$
Z_{12}	$Z_0\frac{2S_{12}}{(1-S_{11})(1-S_{22})-S_{12}S_{21}}$	Z_{12}	$\frac{-Y_{12}}{Y_{11}Y_{22}-Y_{12}Y_{21}}$	$\frac{AD-BC}{C}$
Z_{21}	$Z_0\frac{2S_{21}}{(1-S_{11})(1-S_{22})-S_{12}S_{21}}$	Z_{21}	$\frac{-Y_{21}}{Y_{11}Y_{22}-Y_{12}Y_{21}}$	$\frac{1}{C}$
Z_{22}	$Z_0\frac{(1-S_{11})(1+S_{22})+S_{12}S_{21}}{(1-S_{11})(1-S_{22})-S_{12}S_{21}}$	Z_{22}	$\frac{Y_{11}}{Y_{11}Y_{22}-Y_{12}Y_{21}}$	$\frac{D}{C}$
Y_{11}	$\frac{1}{Z_0}\frac{(1-S_{11})(1+S_{22})+S_{12}S_{21}}{(1+S_{11})(1+S_{22})-S_{12}S_{21}}$	$\frac{Z_{22}}{Z_{11}Z_{22}-Z_{12}Z_{21}}$	Y_{11}	$\frac{D}{B}$
Y_{12}	$\frac{1}{Z_0}\frac{-2S_{12}}{(1+S_{11})(1+S_{22})-S_{12}S_{21}}$	$\frac{-Z_{12}}{Z_{11}Z_{22}-Z_{12}Z_{21}}$	Y_{12}	$-\frac{AD-BC}{B}$
Y_{21}	$\frac{1}{Z_0}\frac{-2S_{21}}{(1+S_{11})(1+S_{22})-S_{12}S_{21}}$	$\frac{-Z_{21}}{Z_{11}Z_{22}-Z_{12}Z_{21}}$	Y_{21}	$-\frac{1}{B}$
Y_{22}	$\frac{1}{Z_0}\frac{(1+S_{11})(1-S_{22})+S_{12}S_{21}}{(1+S_{11})(1+S_{22})-S_{12}S_{21}}$	$\frac{Z_{11}}{Z_{11}Z_{22}-Z_{12}Z_{21}}$	Y_{22}	$\frac{A}{B}$
A	$\frac{(1+S_{11})(1-S_{22})+S_{12}S_{21}}{2S_{21}}$	$\frac{Z_{11}}{Z_{21}}$	$\frac{-Y_{22}}{Y_{21}}$	A
B	$Z_0\frac{(1+S_{11})(1+S_{22})-S_{12}S_{21}}{2S_{21}}$	$\frac{Z_{11}Z_{22}-Z_{12}Z_{21}}{Z_{21}}$	$\frac{-1}{Y_{21}}$	B
C	$\frac{1}{Z_0}\frac{(1-S_{11})(1-S_{22})-S_{12}S_{21}}{2S_{21}}$	$\frac{1}{Z_{21}}$	$\frac{Y_{11}Y_{22}-Y_{12}Y_{21}}{Y_{21}}$	C
D	$\frac{(1-S_{11})(1+S_{22})+S_{12}S_{21}}{2S_{21}}$	$\frac{Z_{22}}{Z_{21}}$	$\frac{-Y_{11}}{Y_{21}}$	D

4.4 전자파 적합성

전자파 적합성 EMC : electromagnetic compatibility 또는 전자파 양립성은 2장의 전자기파 및 매질의 특성, 3장 전송선로, 4장 임피던스 정합 등의 이론이 결합된 대표적인 응용 분야이다. 이 절에서는 전자파 차폐 및 흡수 구조의 설계 이론에 대해 살펴보기로 한다.

전자파 적합성은 ① 부품, 시스템, 또는 계측장비들이 외부 필드에 의해 영향을 받지 않을 뿐만 아니라, ② 같은 환경에서 주변의 시스템에 전자기 방해가 될 간섭을 일으키지 않는다. 즉, 전자기 환경에 대한 공해의 신호원이 되지 않는다고 가정할 때 전자기 환경 내에서 문제 없이 동작하기 위한 부품 또는 시스템의 능력을 말한다. 여기서 부품, 장비, 또는 시스템이 문제 없이 동작한다는 것은 전자기 환경하에서 정상적으로 동작하여 기능상으로 문제가 없고, 어떤 간섭 레벨에도 영향을 받지 않는 것을 의미한다. 따라서 EMC는 [그림 4-36]에 보이듯 **전자파 방출** EME : electromagnetic emission 과 **전자파 내성** EMS : electromagnetic susceptibility(또는 전자파 감응성)이라는 두 가지 측면을 갖는다. 전자파 방출과 관련하여 부품이나 시스템의 설계 단계에서 구성부품들이 잠재적 **전자파 간섭** EMI : electromagnetic interference(또는 전자파 방해) 신호원이 되지 않아야 하며, 정상적으로 동작해 다른 시스템에 간섭을 주지 않아야 한다.

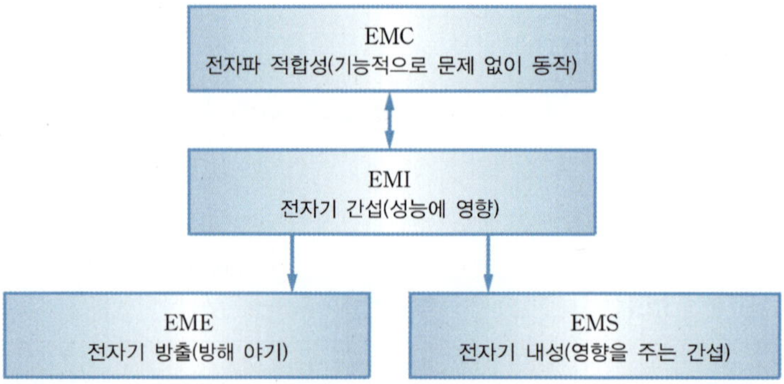

[그림 4-35] **전자파 적합성의 분류**

EMC는 [그림 4-36]과 같이 모델링할 수 있다. 방출기 emitter 라고도 하는 소스 source 또는 송신기는 전자파 신호를 방출하며, 전달 transfer 또는 결합 coupling 경로를 통해 방출 에너지를 수신기 receiver 또는 receptor에 전달한다. 만약 수신된 에너지가 수신기가 원하는 않는 방식으로 동작하게 된다면 간섭이 발생한다. 전자기 에너지는 주로 원하지 않는 결합모드를 통해 전달되지만, 의도하지 않은 에너지 전달은 수신된 에너지가 충분히 크기만 해도 간섭을 일으킨다. 전자기파 에너지의 전달 방식은 다시 **방사성 방출** radiated emission, **방사성 내성** radiated susceptibility, **전도성 방출** conducted emission 그리고 **전도성 내성** conducted susceptibility으로 나눌 수 있다. [그림 4-36]으로부터 간섭을 방지하기 위해 다음과 같은 세 가지 방법이 있다는 것을 알 수 있다.

❶ 소스에서 방출되는 전자기파를 억제한다.

❷ 가능한 결합경로의 효과를 없앤다.

❸ 수신기를 방출에 덜 민감하도록 설계한다.

소스에서 방출되는 전자기파를 억제하기 위한 대책으로는 **접지방식** grounding, **차폐** shielding, **필터링** filtering, **배선** wiring 등이 있으며, 전달경로에 따른 불요한 전자기 효과를 줄이기 위해서는 차폐 케이블, 케이블 간 간격확보 등의 대책이 필요하다. 수신기 쪽에서의 전자파 간섭에 대한 내성을 확보하기 위해서는 소스에서처럼 접지방식, 차폐, 필터링 등의 대책을 세울 수 있다.

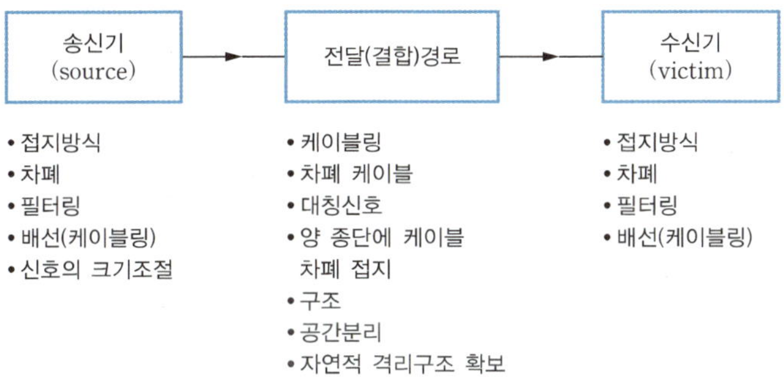

[그림 4-36] **전자파 적합성 모델 및 대책**

EMC 대책 중 가장 널리 사용되는 것이 **전자파 차폐** shielding 와 **전자파 흡수** absorption 이며, 이 절에서는 전자파 차폐와 흡수의 설계 이론에 대해 살펴보기로 하자. 전자파 차폐와 전자파 흡수는 자주 혼용되기 때문에 이를 구분할 필요가 있다. [그림 4-37]과 같이 전자파 차폐는 내부의 전자파가 외부로 통과하지 못하도록 주로 전도체를 이용하며, 전자파 흡수는 내부의 전자파가 외부로 통과하지 못하는 것은 같지만, 유전체, 자성체 등을 이용하여 반사를 최소화하고 대부분의 에너지를 흡수시키는 것이다.

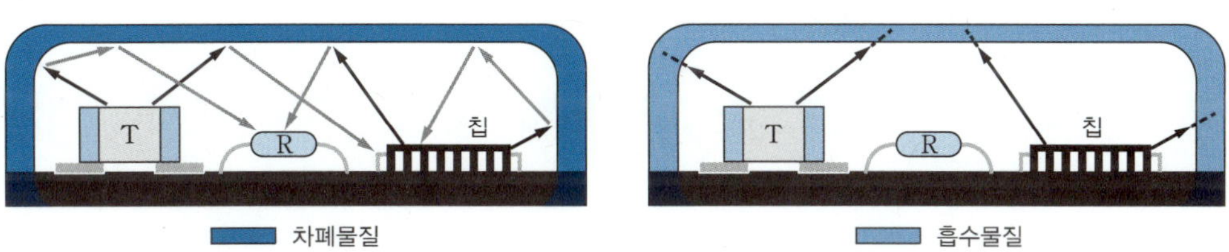

(a) 전자파 차폐

(b) 전자파 흡수

[그림 4-37] **전자파 차폐와 흡수**

4.4.1 전자파 차폐

전자파 차폐shielding는 외부 환경으로부터 불요한 전자기 에너지가 유입되어 전자부품으로 결합되는 것을 막거나, 전자부품에 의해 발생된 원하지 않는 전자파 방출 신호가 외부 환경으로 나가는 것을 막거나 줄이는 데 사용된다. 일반적으로 전자파 차폐는 차폐하고자 하는 공간영역 사이에 금속 스크린이나 금속벽을 사용하여 구현할 수 있다. 필드의 전파는 전도성 또는 방사성 신호에 의해 발생할 수 있다. 실제로 전자부품 케이스에는 많은 불연속들이 존재하기 때문에 완벽하게 차폐를 구현하는 것은 불가능하다. [그림 4-38]과 같이 자유공간에 두께 t를 갖는 무한한 평면의 도체벽conducting wall 또는 차폐벽shielding wall을 가정해보자. TEM 평면파가 영역 ❶로부터 입사된다고 가정하면 $z \le 0$인 영역에는 반사파가 생성되며, $z \ge t$에는 투과파가 존재하게 된다.

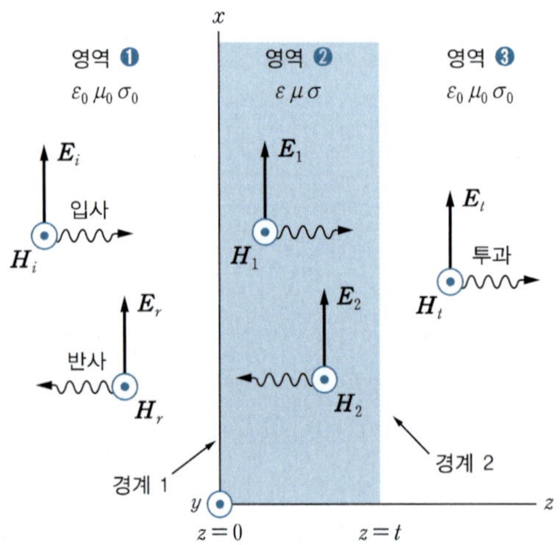

[그림 4-38] 자유공간에 놓인 차폐벽

두 경계면 사이 영역 $0 < z < t$에서는 다중반사가 일어나게 되며 식 (4.41)과 같이 **차폐효과**SE : Shielding Effectiveness SE를 정의한다.

$$\mathrm{SE} = 20\log_{10}\left|\frac{\boldsymbol{E}^i}{\boldsymbol{E}^t}\right| [\mathrm{dB}] \tag{4.41a}$$

$$\mathrm{SE} = 20\log_{10}\left|\frac{\boldsymbol{H}^i}{\boldsymbol{H}^t}\right| [\mathrm{dB}] \tag{4.41b}$$

영역 ❶과 영역 ❸의 매질이 동일하고 입사파가 평면파라면 식 (4.41a)와 식 (4.41b)는 동일한 값을 가지며 보통 전기장과 관련된 식 (4.41a)를 SE로 사용한다. 만약 두 매질이 다르다면 SE 결과가 다르게 나타날 수도 있다. 평면파 입사를 가정하고 차폐벽의 고유 임피던스를 알고 있다고 하면 각 영역에서의 필드를 다음과 같이 나타낼 수 있다.

$$\boldsymbol{E}^i = \overrightarrow{a_x} E^i e^{-j\beta_0 z}, \quad \boldsymbol{E}^r = \overrightarrow{a_x} E^r e^{+j\beta_0 z}$$
$$\boldsymbol{H}^i = \overrightarrow{a_y} \frac{E^i}{\eta_0} e^{-j\beta_0 z}, \quad \boldsymbol{H}^r = -\overrightarrow{a_y} \frac{E^r}{\eta_0} e^{+j\beta_0 z} \qquad (z \le 0) \qquad (4.42a)$$

$$\boldsymbol{E}_1 = \overrightarrow{a_x} E_1 e^{-\gamma z}, \quad \boldsymbol{E}_2 = \overrightarrow{a_x} E_2 e^{\gamma z}$$
$$\boldsymbol{H}_1 = \overrightarrow{a_y} \frac{E_1}{\eta} e^{-\gamma z}, \quad \boldsymbol{H}_2 = -\overrightarrow{a_y} \frac{E_2}{\eta} e^{\gamma z} \qquad (0 \le z \le t) \qquad (4.42b)$$

$$\boldsymbol{E}^t = \overrightarrow{a_x} E^t e^{-j\beta_0 z}$$
$$\boldsymbol{H}^t = \overrightarrow{a_y} \frac{E^t}{\eta_0} e^{-j\beta_0 z} \qquad (z \ge t) \qquad (4.42c)$$

여기서 각주파수 $\omega = 2\pi f$, 자유공간의 위상상수 $\beta_0 = \omega\sqrt{\mu_0 \varepsilon_0}$, 자유공간의 고유 임피던스 $\eta_0 = \sqrt{\mu_0/\varepsilon_0}$, 차폐벽 내에서의 전파상수 $\gamma = \alpha + j\beta = \sqrt{j\omega\mu(\sigma + j\omega\varepsilon)}$, 차폐벽의 고유 임피던스 $\eta = \sqrt{j\omega\mu/(\sigma + j\omega\varepsilon)}$ 로 주어진다. 식 (4.41a)의 SE를 구하기 위해서는 식 (4.42a)~(4.42c)로부터 영역 ❶과 영역 ❷의 경계인 $z = 0$과 영역 ❷와 영역 ❸의 경계인 $z = t$에서 각각 전기장과 자기장의 접선성분이 연속이라는 조건을 적용하여 식 (4.43)과 같이 4개의 미지수를 갖는 4개의 방정식을 얻을 수 있다.

$$E^i + E^r = E_1 + E_2 \qquad (4.43a)$$

$$E_1 e^{-\gamma t} + E_2 e^{-\gamma t} = E^t e^{-j\beta_0 t} \qquad (4.43b)$$

$$\frac{E^i}{\eta_0} - \frac{E^r}{\eta_0} = \frac{E_1}{\eta} - \frac{E_2}{\eta} \qquad (4.43c)$$

$$\frac{E_1}{\eta} e^{-\gamma t} - \frac{E_2}{\eta} e^{-\gamma t} = \frac{E^t}{\eta_0} e^{-j\beta_0 t} \qquad (4.43d)$$

이 방정식들로부터 입사전계 E^i와 투과전계 E^t에 대한 식 (4.44)를 얻을 수 있다.

$$\frac{E^i}{E^t} = \frac{(\eta_0 + \eta)^2}{4\eta_0 \eta}\left[1 - \left(\frac{\eta_0 - \eta}{\eta_0 + \eta}\right)^2 e^{-2\gamma t}\right] e^{\gamma t} e^{-j\beta_0 t} \qquad (4.44)$$

표피깊이가 $\delta = \sqrt{2/\omega\mu\sigma}$ 로 주어질 때, 도체벽 내 전파상수는 $\gamma = \alpha + j\beta \simeq \dfrac{1+j}{\delta}$ 로 근사화할 수 있다. $\eta_0 \gg \eta$를 가정할 때, 식 (4.44)는 다시 식 (4.45)로 쓸 수 있다.

$$\left|\frac{E^i}{E^t}\right| \simeq \left|\frac{\eta_0}{4\eta}\right| e^{t/\delta} \left|1 - e^{-2t/\delta} e^{-j2t/\delta}\right| \qquad (4.45)$$

따라서 식 (4.41a)의 SE는 식 (4.46)과 같이 얻을 수 있다. 식 (4.46)에서 R_{dB}는 영역 ❶과 영역 ❷의 경계 $z=0$에 의한 반사손실을 의미하며, A_{dB}는 도체벽을 통과하면서 전파가 감쇄되어 발생한 손실, M_{dB}는 도체벽 양쪽의 두 경계면에서 발생하는 다중반사에 의한 부가적 손실을 나타낸다. [그림 4-39]에 SE의 정의를 나타내었다.

$$\begin{aligned} \mathrm{SE}_{dB} &= 20\log_{10}\left|\frac{\eta_0}{4\eta}\right| + 20\log_{10}(e^{t/\delta}) + 20\log_{10}\left|1-e^{-2t/\delta}e^{-j2t/\delta}\right| \\ &= R_{dB} + A_{dB} + M_{dB} \end{aligned} \tag{4.46}$$

식 (4.46)에서 만약 도체의 두께 t가 충분히 두껍다면, M_{dB}를 무시할 수 있으며, $\mathrm{SE}_{dB} = R_{dB} + A_{dB}$로 근사화할 수 있다.

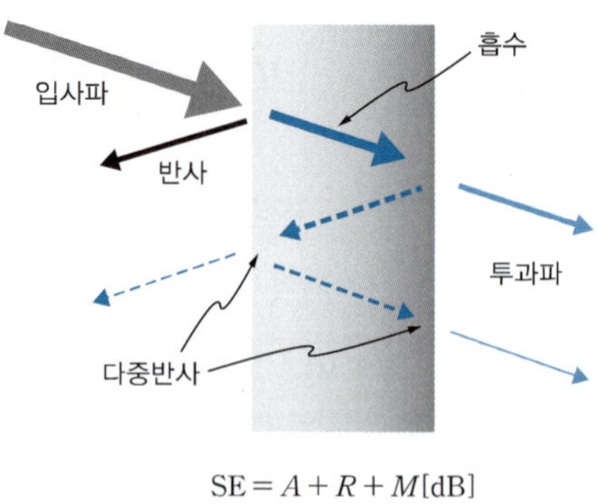

$\mathrm{SE} = A + R + M[\mathrm{dB}]$

[그림 4-39] SE의 정의

만약 구리판으로 만들어진 차폐벽에 대한 전체 차폐효과는 다중 반사손실을 무시할 때 $\mathrm{SE} = R_{dB} + A_{dB}$로 구할 수 있다. 반사손실은 주파수가 증가할수록 줄어들고 흡수손실은 주파수가 증가할수록 늘어난다. 따라서 최소 차폐효과는 [그림 4-40]과 같이 10[kHz] 이하에서 발생한다. 즉, 높은 주파수에서는 흡수손실에 의한 SE 효과가 더 큰 반면, 낮은 주파수에서는 반사손실이 대부분의 감쇄효과를 갖는다.

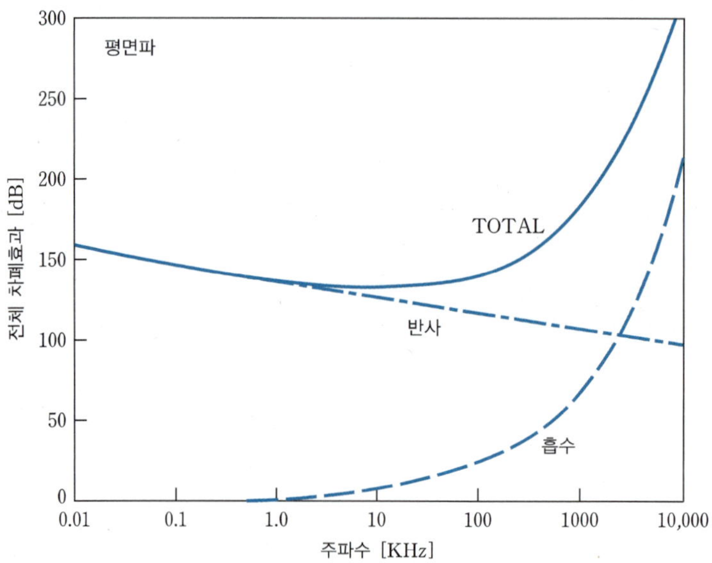

[그림 4-40] 구리 차폐벽에 의한 SE 효과

만약 차폐벽에 평면파가 입사할 만큼의 거리가 아닌, 소스가 있는 근접장 영역 내에 차폐벽이 위치한다면 차폐성능은 소스의 특성에 따라 다르게 나타난다. 아주 작은 전류소 current element 로 구성된 전기 다이폴 Hertzian dipole 또는 electric dipole 또는 아주 작은 전류루프 current loop 로 구성된 자기 다이폴 magnetic dipole 을 가정하자. 자유공간에서 전기 다이폴에 의해 원거리장에서 만들어지는 전기장과 자기장은 식 (4.47)과 같다.

$$\boldsymbol{E} = \overrightarrow{a_\theta}\, E_\theta$$
$$\boldsymbol{H} = \overrightarrow{a_\phi}\, H_\phi = \overrightarrow{a_\phi}\, \frac{E_\theta}{\eta_0} \tag{4.47}$$

이때 η_0 는 자유공간의 고유 임피던스이며, 원거리장의 파동 임피던스는 다음과 같이 주어진다.

$$Z^{e_w} = \frac{E_\theta}{H_\phi} = \eta_0 \tag{4.48}$$

마찬가지로 자기 다이폴에 의해 원거리장에서 만들어지는 전기장, 자기장은 식 (4.49)로 나타내며, 이때 파동 임피던스는 식 (4.50)으로 나타낸다.

$$\boldsymbol{E} = \overrightarrow{a_\phi}\, E_\phi$$
$$\boldsymbol{H} = -\overrightarrow{a_\theta}\, H_\theta = -\overrightarrow{a_\theta}\, \frac{E_\phi}{\eta_0} \tag{4.49}$$

$$Z^{m_w} = -\frac{E_\phi}{H_\theta} = \eta_0 \tag{4.50}$$

식 (4.48)과 식 (4.50)으로부터 원거리장의 경우 전기장과 자기장 다이폴에 의한 파동 임피던스는 동일하다. 그러나 근접장 영역에서 각각의 다이폴에 의한 파동 임피던스는 $\beta_0 r \ll 1$일 때, 식 (4.51)~(4.52)와 같이 다르게 나타나며, 소스로부터 얼마나 떨어졌느냐에 따라 [그림 4-41]과 같이 다른 값을 갖는다. 즉, 파동 임피던스 wave impedance 는 근거리장에서는 소스의 특성에 따라 결정되며, 원거리장에서는 매질의 특성에 따라 결정된다.

$$Z_w^e \simeq -j\frac{\eta_0}{\beta_0 r} = \frac{-j}{\omega\varepsilon_0 r} = \frac{1}{j2\pi f\varepsilon_0 r} \gg \eta_0,\ \left|Z_w^e\right| = \frac{\eta_0}{\beta_0 r} \tag{4.51}$$

$$Z_w^m \simeq j\eta_0\beta_0 r = j\omega\mu_0 r = j2\pi f\mu_0 r \ll \eta_0,\quad \left|Z_w^m\right| = \eta_0\beta_0 r \tag{4.52}$$

식 (4.51)~(4.52)로부터 식 (4.46)의 원거리장 $\mathrm{SE_{dB}}$에서 흡수손실 A_{dB}는 변화 없이 임피던스에 의한 반사손실 R_{dB}가 식 (4.53)과 같이 바뀌는 것을 알 수 있다. 이때 R_{dB}^e 은 전기장에 의한 반사손실이며, R_{dB}^m 은 자기장에 의한 반사손실이다.

$$R_{\mathrm{dB}}^{e} = 322 + 10\log_{10}\left(\frac{\sigma_r}{\mu_r f^3 r^2}\right), \quad R_{\mathrm{dB}}^{m} = 14.57 + 10\log_{10}\left(\frac{f r^2 \sigma_r}{\mu_r}\right) \tag{4.53}$$

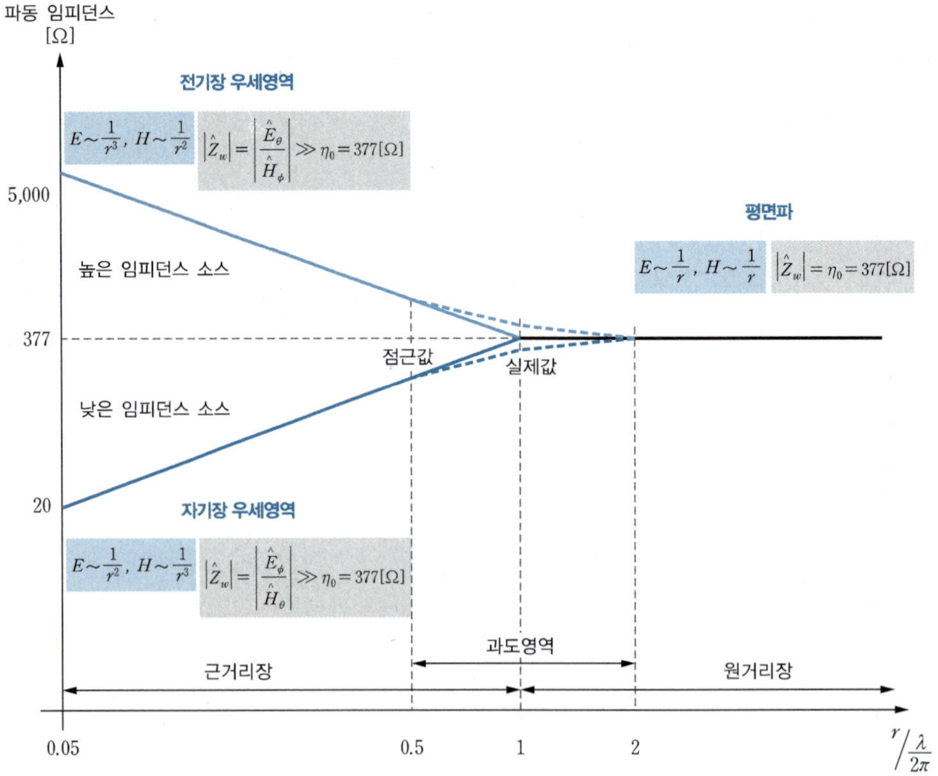

[그림 4-41] **전기장과 자기장 다이폴에 의한 근접장에서 임피던스**

4.4.2 전자파 흡수

앞서 2장에서 우리는 매질의 특성을 나타내는 파라미터인 도전율 σ, 유전율 ε, 투자율 μ를 살펴보았다. 보통 유전체에서는 도전율이 매우 낮기 때문에 전기장과 관련된 유전율과 자기장과 관련된 투자율에 의해 전자파 흡수 absorption 성능이 결정된다. 이상적인 전파 흡수체는 입사파의 방향, 편파 및 주파수에 관계없이 모든 입사 전자기파를 흡수하고, 반사파가 없어야 한다. 따라서 전자파 흡수 특성의 성능은 일반적으로 반사계수로 정의하며, $-20\,[\mathrm{dB}]$인 경우 99%의 에너지를 흡수하고, $-30\,[\mathrm{dB}]$의 경우 99.9%의 에너지를 흡수하게 된다. 국방분야의 경우에는 $-80 \sim -100\,[\mathrm{dB}]$의 성능을 요구하기도 한다. 전파 흡수체는 구조, 재료, 주파수 대역 등을 기준으로 다양하게 구분할 수 있다.

❶ **구조에 따른 구분** : 적층 정도에 따라 단층 single layer 및 다층 multilayer 전파 흡수체로 구분하며, 적층 형태에 따라 평판형, 피라미드형 등으로 구분할 수 있다.

❷ **재료에 따른 구분** : 전도성 흡수체, 유전체 흡수체, 자성체 흡수체, 메타물질 흡수체, 복합소재 흡수체 등으로 구분한다.

❸ **주파수 대역에 따른 구분** : 협대역, 광대역 및 초광대역 전파 흡수체로 구분한다.

[그림 4-42]는 여러 가지 전파 흡수체를 보여준다.

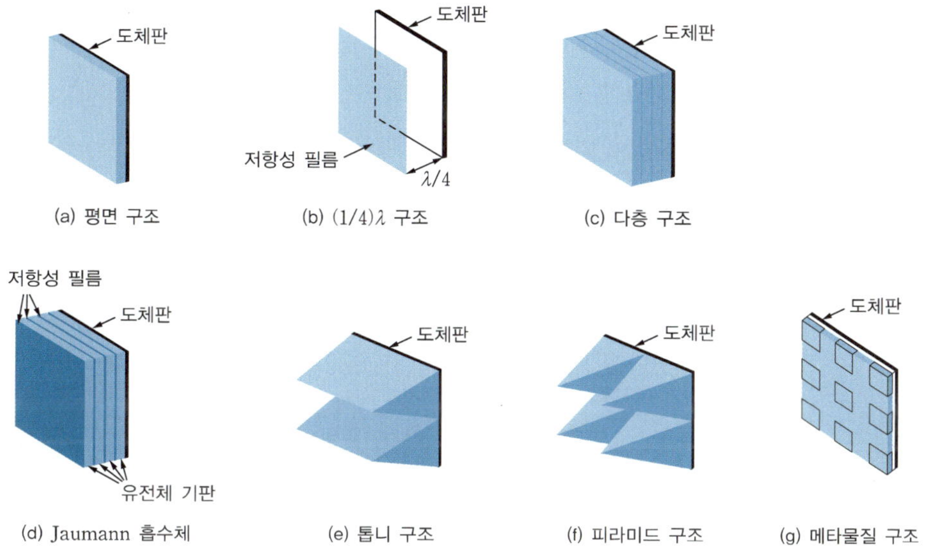

[그림 4-42] **전자파 흡수체의 종류**

가장 간단한 형태의 전자파 흡수체는 [그림 4-43]과 같이 도체판을 가진 유전체로 구성된다. 평면에 수직으로 입사하는 전파는 매질 I에서 매질 II로 전파하고, 매질 II로 전달된 전파는 도체판에 의해 반사된다. 간단하게 계산하기 위해 x방향과 y방향의 필드성분만 고려하면 매질 I과 매질 II에서의 필드를 다음과 같이 나타낼 수 있다.

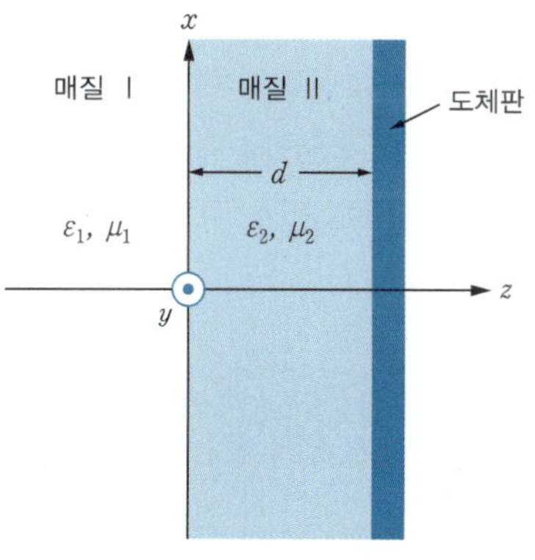

[그림 4-43] **단일층 전자파 흡수체 구조**

매질 I

$$E_{y1}(z) = Ae^{-j\gamma_1 z} + Be^{j\gamma_1 z} \tag{4.54}$$

$$H_{x1}(z) = -\frac{1}{Z_{c1}}(Ae^{-j\gamma_1 z} - Be^{j\gamma_1 z}) \tag{4.55}$$

매질 II

$$E_{y2}(z) = Ce^{-j\gamma_2 z} + De^{j\gamma_2 z} \tag{4.56}$$

$$H_{x2}(z) = -\frac{1}{Z_{c2}}(Ce^{-j\gamma_2 z} - De^{j\gamma_2 z}) \tag{4.57}$$

여기서 Z_{c1}, Z_{c2}는 각각 매질 I과 매질 II에서의 특성 임피던스이며, 전파상수 $\gamma_1 = \omega\sqrt{\varepsilon_1\mu_1}$, $\gamma_2 = \omega\sqrt{\varepsilon_2\mu_2}$로 주어진다. 경계조건에 의해 매체 I과 II 사이의 경계 $z=0$에서 전기장과 자기장의 접선성분은 같고($E_{y1}|_{z=0} = E_{y2}|_{z=0}$, $H_{x1}|_{z=0} = H_{x2}|_{z=0}$), $z=d$의 도체 표면에 있는 전기장의 접선 성분은 0이어야 한다($E_{y2}|_{z=d} = 0$). 이 경계조건들을 이용하여 식 (4.54)~(4.57)을 풀면 각각의 계수 A, B, C, D를 얻을 수 있다. 따라서 매질 I과 매질 II 사이의 전압반사계수 Γ는 식 (4.58)과 같으며, 이는 평면에 대해 수직입사인 경우에 대한 반사계수이다.

$$\Gamma = \frac{B}{A} = \frac{\sqrt{\dfrac{\mu_{r2}}{\varepsilon_{r2}}}\tan h\left(j\dfrac{2\pi d}{\lambda}\sqrt{\varepsilon_{r2}\mu_{r2}}\right) - 1}{\sqrt{\dfrac{\mu_{r2}}{\varepsilon_{r2}}}\tan h\left(j\dfrac{2\pi d}{\lambda}\sqrt{\varepsilon_{r2}\mu_{r2}}\right) + 1} \tag{4.58}$$

입사각이 θ_i라면 마찬가지 방법으로 반사계수도 식 (4.59)를 얻을 수 있다.

$$\Gamma = \frac{\dfrac{\mu_{r2}\cos\theta_i}{\sqrt{\mu_{r2}\varepsilon_{r2} - \sin^2\theta_i}}\tan h\left(\dfrac{j2\pi d}{\lambda}\sqrt{\varepsilon_{r2}\mu_{r2} - \sin^2\theta_i}\right) - 1}{\dfrac{\mu_{r2}\cos\theta_i}{\sqrt{\mu_{r2}\varepsilon_{r2} - \sin^2\theta_i}}\tan h\left(\dfrac{j2\pi d}{\lambda}\sqrt{\varepsilon_{r2}\mu_{r2} - \sin^2\theta_i}\right) + 1} \tag{4.59}$$

식 (4.59)의 입사각이 0이면($\theta_i = 0$) 식 (4.58)과 같다는 것을 알 수 있다. 따라서 전자파 흡수체는 식 (4.58)~(4.59)로부터 반사계수가 0이 되도록 유전율, 투자율 그리고 유전체 두께 d를 정하는 것임을 알 수 있다. [그림 4-44]와 같은 단층 전자파 흡수체의 구조는 전송선로의 관점에서 설계할 수 있다. 단층 전자파 흡수체의 등가회로로부터 입력 임피던스 Z_{in}을 다음과 같이 나타낼 수 있다.

$$Z_{\text{in}} = Z_C\frac{Z_L + Z_C\tan h\,\gamma_c d}{Z_C + Z_L\tan h\,\gamma_c d} \tag{4.60}$$

식 (4.60)에서 금속면의 $Z_L = 0$이므로 전자파 흡수체가 무손실 매질이고, 투자율 $\mu_r = 1$이라고 가정하면 입력 임피던스는 식 (4.61)과 같이 쓸 수 있다.

$$Z_{\text{in}} = Z_0\frac{1}{\sqrt{\varepsilon_r}}\tan h\left(\frac{j2\pi d}{\lambda}\sqrt{\varepsilon_r}\right) \tag{4.61}$$

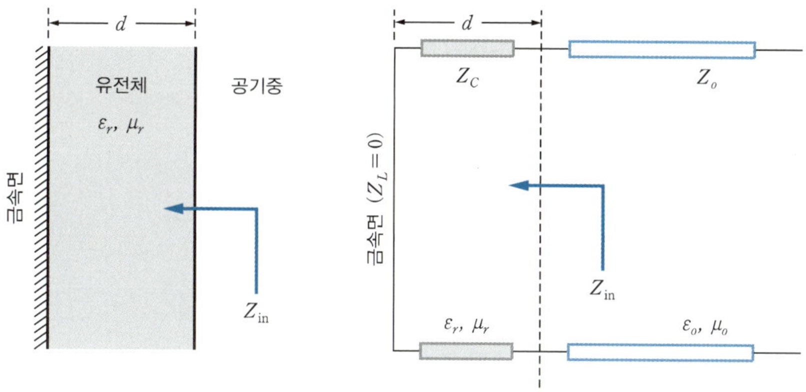

[그림 4-44] 단층 전자파 흡수체의 구조 및 등가회로

[그림 4-44]의 매질의 두께가 $d = 1/4\lambda$ 인 경우, 이를 **Dallenbach 전자파 흡수체**라고 한다. [그림 4-45(a)]에 보여주는 Dallenbach 흡수체는 협대역 특성을 갖는 대표적인 흡수체로 페라이트, 실리콘 고무시트, 카본블랙 등의 매질이 사용된다.

만약 $Z_{\text{in}} = Z_0$가 되면 완전 흡수체 조건을 만족한다. [그림 4-45(b)]와 같이 Dallenbach 흡수체에 추가로 표면저항을 공기 중의 특성 임피던스인 377[Ω]에 가깝도록 갖는 저항성 시트를 추가하여 흡수성능을 향상시킨 구조를 **Salisbury Screen 흡수체**라고 한다. 이때 입력 임피던스는 식 (4.62)와 같이 주어진다.

$$Z_{\text{in}} = \frac{jZ_S\, Z_C \tan h\left(\dfrac{2\pi d}{\lambda}\sqrt{\varepsilon_r}\right)}{Z_S + jZ_C \tan h\left(\dfrac{2\pi d}{\lambda}\sqrt{\varepsilon_r}\right)} \tag{4.62}$$

단층 전자파 흡수체의 경우, 협대역 특성이라는 근본적인 단점을 해결하기 어렵다. 이때 [그림 4-45(a)]와 같이 다층으로 구성하게 되면 무게 및 두께가 증가하는 단점은 있지만, 광대역 특성을 갖는 흡수체를 구현할 수 있다. 이러한 흡수체를 **Jaumann 흡수체**라고 한다([그림 4-45(c)] 참고).

[그림 4-45(d)]는 Jaumann 흡수체의 단점을 보완하기 위해 유전체 위에 새로운 유전체 대신 파장보다 매우 작은 주기 구조들을 배열한 주파수 선택구조$^{\text{FSS : Frequency Selective Surface}}$를 추가한 것이다. 이를 **Circuit Analog**$^{\text{C/A}}$ **흡수체**라고 하며, 이는 비교적 얇은 두께로 광대역 특성 구현이 가능하다는 장점이 있다.

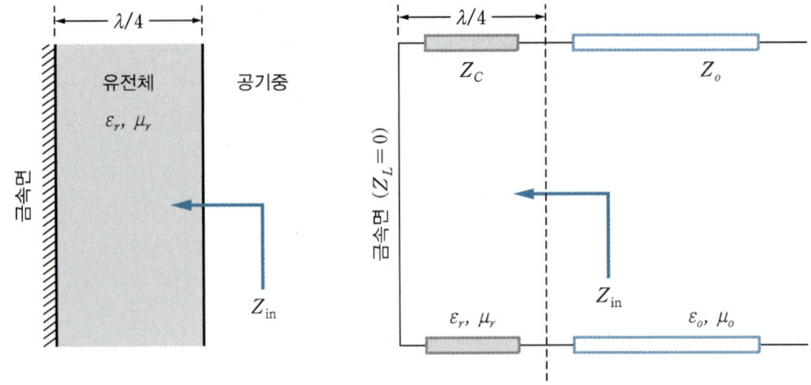

(a) Dallenbach 흡수체

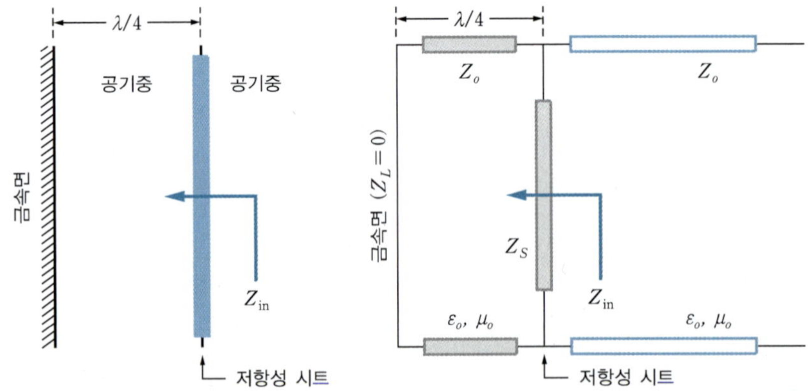

(b) Salisbury Screen 흡수체

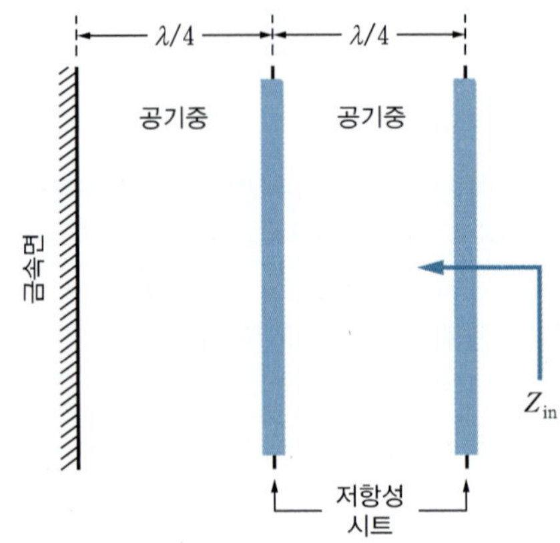

(c) Jaumann 흡수체

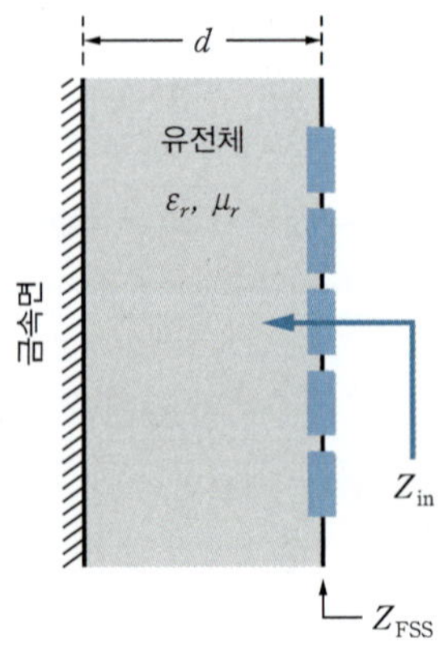

(d) Circuit Analog 흡수체

[그림 4-45] 전파 흡수체의 종류

Chapter 04 연습문제

4.1 **【임피던스 행렬】** 다음 그림과 같이 길이 l, 특성 임피던스 Z_0, 전파상수 γ로 주어지는 전송선로의 임피던스 행렬을 구하라.

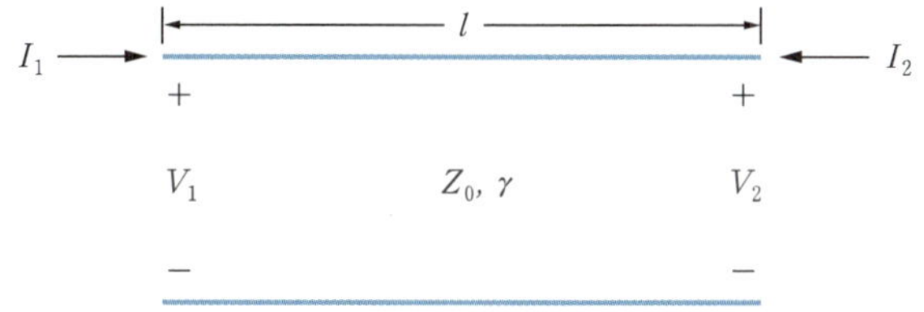

[그림 4-46]

4.2 **【어드미턴스 파라미터】** 다음과 같은 2포트 네트워크의 어드미턴스 파라미터를 구하라.

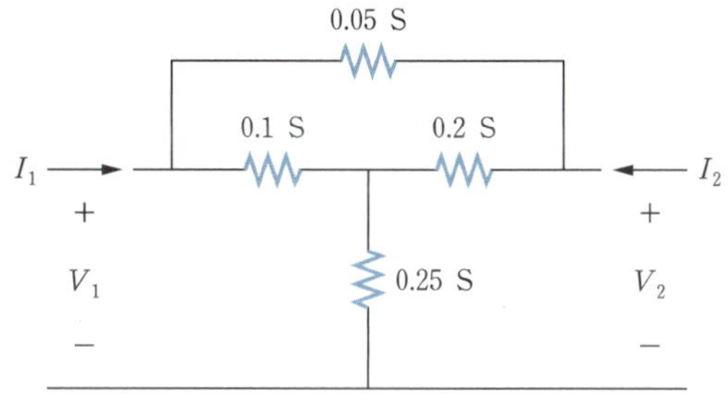

[그림 4-47]

4.3 **【ABCD 행렬】** 다음의 그림과 같이 직렬 임피던스와 병렬 어드미턴스가 연결된 회로에 대해 ABCD 행렬을 구하라.

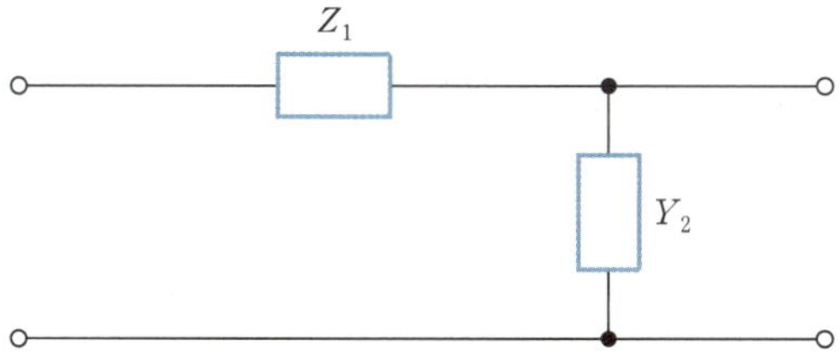

[그림 4-48]

4.4 **【ABCD 행렬과 임피던스 행렬의 관계】** [표 4-3]에 주어진 ABCD 행렬과 임피던스 행렬의 관계를 유도하라.

4.5 **【하이브리드 행렬】** 다음의 그림과 같은 2포트 네트워크 회로에 대해 임피던스 행렬과 하이브리드 행렬을 각각 구하라.

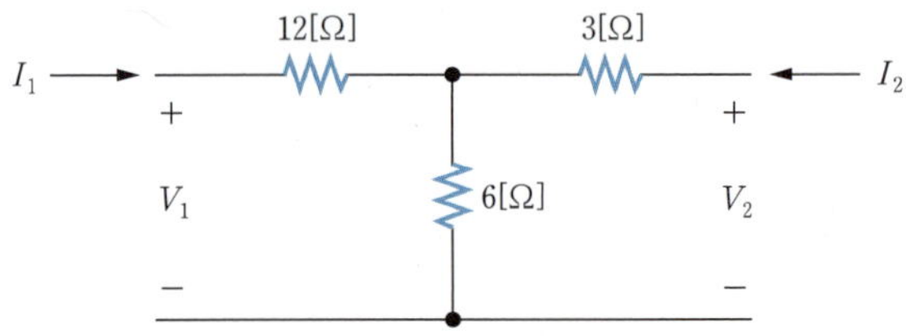

[그림 4-49]

4.6 **【산란 행렬】** 다음 그림과 같이 커패시턴스 C를 갖는 커패시터로 종단된 회로에서 S_{11}을 구하라.

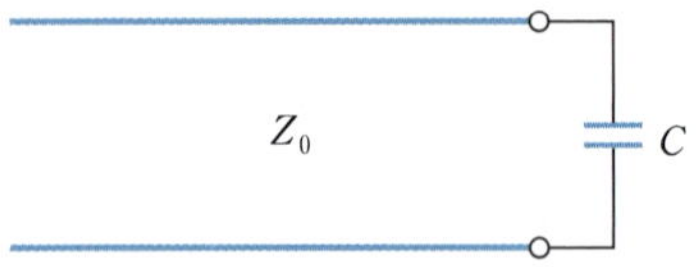

[그림 4-50]

4.7 **【산란 행렬】** 다음 2포트 네트워크 회로의 산란 행렬을 구하라.

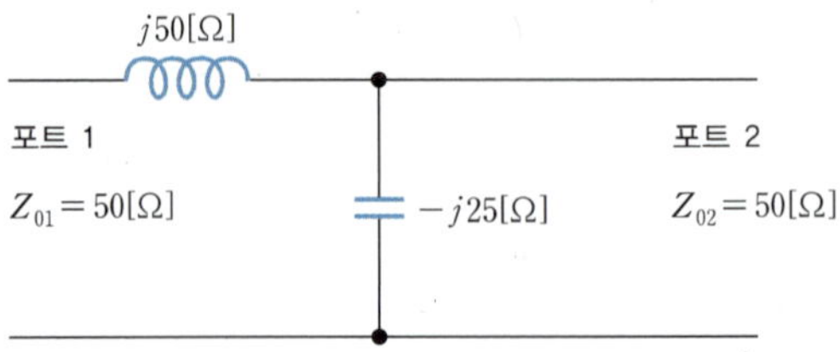

[그림 4-51]

4.8 **【임피던스 정합회로】** 출력 임피던스 특성으로 $Z_{\text{out}}=100-j100[\Omega]$을 갖는 소자를 $50[\Omega]$ 부하에 정합하기 위한 회로를 설계하라.

4.9 **【임피던스 정합회로】** 동작주파수 $100[\text{MHz}]$에서 임피던스 $Z_L=20-j30[\Omega]$인 부하에 $50[\Omega]$ 전송선로를 정합하기 위한 정합 네트워크 회로를 설계하라. 단, 부하는 직렬 인덕터와 먼저 연결되어야 한다.

4.10 **【임피던스 정합회로】** 다음의 그림과 같이 길이 d, 특성 임피던스 Z_0를 갖는 전송선로를 이용하여 $150[\Omega]$ 부하와 $300[\Omega]$ 전송선로를 정합했다. 신호의 파장이 $1[\text{m}]$일 때 다음을 구하라.

(a) d (b) Z_0 (c) 부하에서의 반사계수

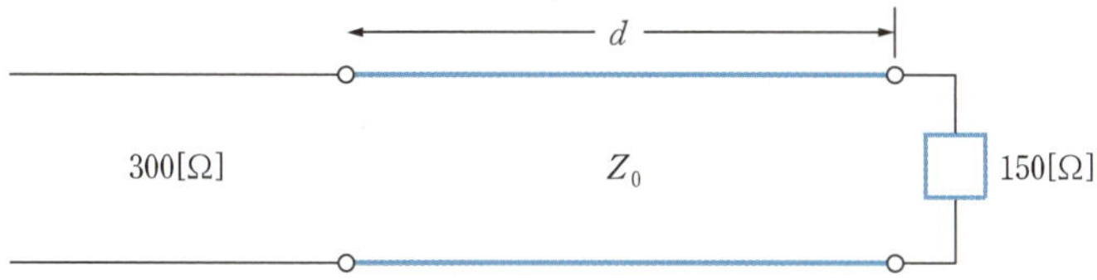

[그림 4-52]

4.11 **【T-네트워크】** 75[Ω] 시스템에서 20[dB] 감쇄특성을 갖는 T자형 저항 네트워크 회로를 설계하라.

4.12 **【1/4 파장 변환기】** 400[MHz] 동작주파수에서 임피던스 Z_0를 갖는 $\frac{1}{4}$파장 임피던스 변환기를 π-네트워크 회로를 이용하여 설계하라.

4.13 **【1/4 파장 변환기】** 50[Ω] 전송선로에 연결된 부하의 임피던스 $Z_L = 15 + j25$[Ω]일 때, 부하를 정합하기 위한 $\frac{1}{4}$파장 임피던스 변환기의 특성 임피던스와 전송선로위 위치를 계산하라.

4.14 **【1/4 파장 변환기】** 동작주파수 4[GHz]에서 50[Ω] 전송선로에 20[Ω] 부하를 정합하기 위한 단일 $\frac{1}{4}$파장 변환기를 설계하라. VSWR ≦ 2를 만족하는 비율 대역폭percentage bandwidth 또는 fractional bandwidth은 얼마인가? (힌트 : 부하의 임피던스가 R_L, 길이 l의 전송선로의 특성 임피던스가 Z_0인 단일 $\frac{1}{4}$파장 임피던스 변환기를 가진 전송선로에서 비율 대역폭fractional \ bandwidth은 다음과 같이 주어진다. ρ_M은 최대 허용가능한 입력 반사계수이며, f_0는 전송선로의 동작주파수이다.

4.15 **【1/4 파장 변환기】** 900[MHz]에서 동작하는 공기로 채워진 50[Ω] 동축케이블에 100[Ω]의 부하를 $\frac{1}{4}$파장 임피던스 변환기를 이용하여 정합했다. 반사계수가 0.05 이하를 만족하는 주파수 범위를 구하라.

$$\frac{\Delta f}{f_0} = 2 - \frac{4}{\pi}\cos^{-1}\left|\frac{2\gamma_M\sqrt{Z_o R_L}}{(R_L - Z_o)\sqrt{1-\gamma_M^2}}\right|$$

Chapter 04 기출문제

L4.1 **【2021, 무선설비기사】** 전압정재파비(VSWR)와 반사계수에 대한 설명으로 옳은 것은?

① 임피던스 정합의 정도를 알 수 있다.
② 동조 급전방식에서 동조점을 찾는 데 꼭 필요하다.
③ 반사계수는 ∞에 가까울수록 양호한 것이다.
④ 전압정재파비가 1에 가까울수록 반사손실이 크다.

L4.2 **【2021, 2020, 무선설비기사】** 다음 중 전자파장해(EMI)에 대한 설명으로 가장 적합한 것은?

① 전자파 양립성이라고도 한다.
② 전자파내성(EMS) 분야와 전자파적합(EMC) 분야로 구분할 수 있다.
③ 전기·전자기기가 외부로부터 전자파 간섭을 받을 때 영향받는 정도를 나타낸다.
④ 발생 원인으로는 자연적인 발생 원인(대기잡음, 우주잡음, 대양방사 등)과 인공적인 발생원인(의도적인 잡음, 비의도적인 잡음)으로 크게 구분한다.

L4.3 **【2020, 무선설비기사】** 다음 중 전자파장해(EMI)에 대한 설명으로 틀린 것은?

① 전자파장해 또는 전자파간섭이라고 하며 전자기기로부터 부수적으로 발생되는 불필요한 전자파가 공간으로 방사된다.
② 전원선을 통해 전도되어 해당기기 자체나 통신망 및 다른 전기 전자기기에 전자기적 장해를 유발시킨다.
③ 전자파를 발생시키는 기기가 다른 기기의 성능에 영향을 주지 않도록 전자파가 방사 또는 전도되는 것을 제한한다.
④ 전자파보호, 전자파내성 또는 전자파 민감성이라 하며 전자파 방해가 존재하는 환경에서 기기, 장치 또는 시스템이 성능의 저하 없이 동작할 수 있다.

L4.4 **【2020, 무선설비기사】** 다음 중 EMC ElectroMagnetic Compatibility 용어에 대한 설명으로 가장 적합한 것은?

① 인체, 기자재, 무선설비 등을 둘러싸고 있는 전파의 세기, 잡음 등 전자파의 총체적인 분포 상황이다.
② 어떤 기기에 대해 전자파 방사 또는 전자파 전도에 의한 영향으로부터 정상적으로 동작할 수 있는 능력으로 전자파로부터의 보호라고도 한다.
③ 전자파장해를 일으키는 기자재나 전자파로부터 영향을 받는 기자재나 전자파장해 방지기준 및 보호기준에 적합한 것으로 전자파를 주는 측과 받는 측의 양쪽에 적용하여 성능을 확보할 수 있는 기기의 능력이다.
④ 전자파를 발생시키는 기자재로부터 전자파가 방사(放射 : 전자파 에너지가 공간으로 퍼져나가는 것을 말한다.) 또는 전도(전도 : 전자파에너지가 전원선(電源線)을 통하여 흐르는 것을 말한다.)되어 다른 기자재의 성능에 장해를 주는 것이다.

L4.5 **【2020, 무선설비기사】** 다음 중 전자파내성(EMS)에 대한 설명으로 옳은 것은?

① 전자파 양립성이라고도 한다.
② 전자파장해(EMI) 분야의 전자파적합(EMC) 분야로 구분할 수 있다.
③ 전기·전자기기가 외부로부터 전자파 간섭을 받을 때 영향받는 정도를 나타낸다.
④ 발생 원인으로는 자연적인 발생 원인(대기잡음, 우주잡음, 대양방사 등)과 인공적인 발생원인(의도적인 잡음, 비의도적인 잡음)으로 크게 구분한다.

L4.6 **【2020, 무선설비기사】** 특성 임피던스 $Z_n = 50[\Omega]$인 무한장 선로에 부하 $Z_L = 40 + j80[\Omega]$을 접속하였을 때 부하의 정규화 임피던스는 얼마인가?

① $0.4 + j0.8[\Omega]$　　② $0.8 + j1.2[\Omega]$
③ $0.8 + j1.6[\Omega]$　　④ $0.2 + j0.4[\Omega]$

L4.7 **【2020, 전파전자통신기사】** 평면파 Plane Wave 에 대한 설명으로 틀린 것은?

① 균일 평면파는 TEM Transverse Electromagnetic Wave 모드에 해당된다.
② TEM 모드는 진행방향에 직각으로 전계와 자계 성분이 모두 존재하는 모드이다.
③ TEM 모드는 진행방향에 자계성분만이 존재하는 모드이다.
④ TEM 모드는 진행방향에 전계와 자계 성분이 존재하지 않는 모드이다.

L4.8 **【2019, 무선설비기사】** 다음 그림과 같이 부하 임피던스가 Z_L인 선로에 소자를 연결하였더니 임피던스가 점 A에서 점 B로 이동하였다. 이 소자의 연결을 올바르게 나타낸 것은?

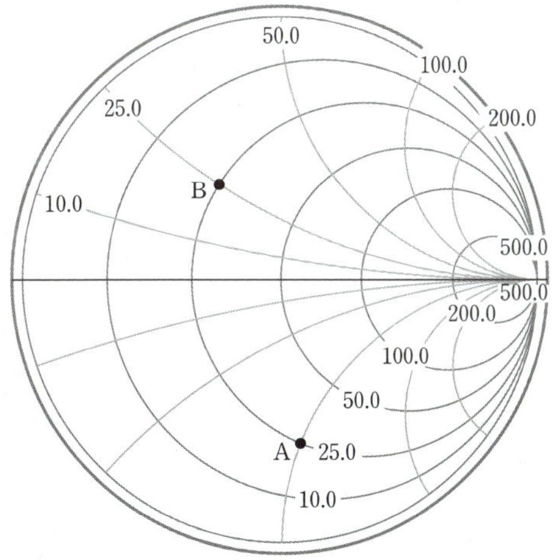

[그림 4-53]

① 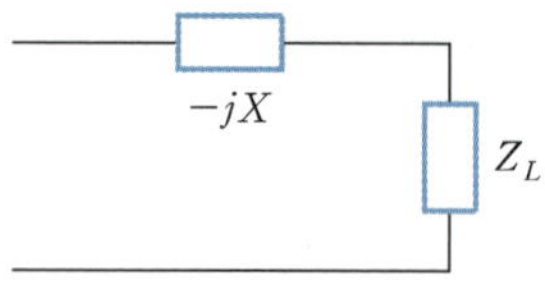

② 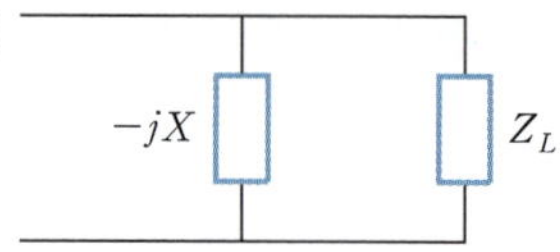

③ 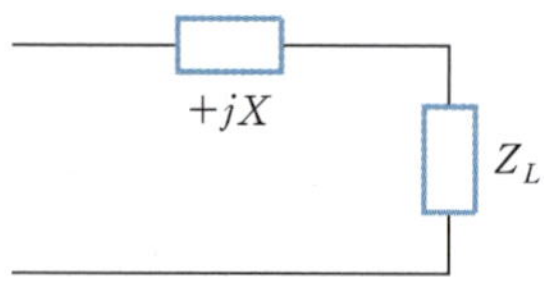

④ 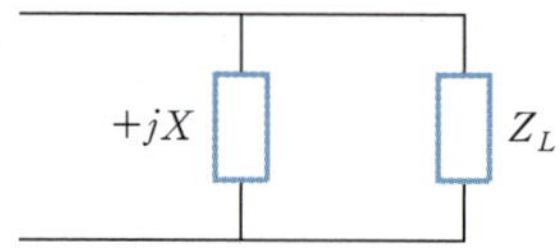

L4.9 **【2019, 무선설비기사】** 다음 설명에서 정의하는 전자파 장해는?

> 전자파장해를 일으키는 기자재나 전자파로부터 영향을 받는 기자재가 전자파장해 방지기준 및 보호기준에 적합한 것으로 전자파를 주는 측과 받는 측의 양쪽에 적용하여 성능을 확보할 수 있는 기기의 능력

① 전자파적합(EMC)　　② 전자파장해(EMI)
③ 전자파내성(EMS)　　④ 전자파 흡수율(SAR)

L4.10 **【2019, 전파전자통신기사】** 특성 임피던스 300[Ω]인 전송선로와 부하 임피던스 500[Ω]인 전송선로를 직접 접속하면 전압 반사계수는 얼마인가?

① 0.60　　② 0.25
③ 1.67　　④ 4.00

L4.11 **【2019, 전파전자통신기사】** 특성 임피던스가 50[Ω]인 급전선에 복사 임피던스가 75+j30[Ω]인 안테나를 연결하였다. 급전선상의 전압정재파비의 크기는 얼마인가? (단, 계산값은 소수점 둘째자리에서 반올림한다.)

① 1.2　　② 1.5
③ 1.9　　④ 2.1

L4.12 **【2019, 전파전자통신기사】** 부정합이 있는 전송선로에서 정재파의 최대전압이 45[V], 최소전압이 9[V]이면 정재파비의 값은 얼마인가?

① 0.2　　② 5
③ 9　　④ 45

L4.13 **【2018, 국가직 9급】** 그림과 같은 산란계수S-parameter의 정의 중에서 입력에서 출력으로의 전송이득 또는 삽입손실의 특성을 나타낼 때 사용하는 것은?

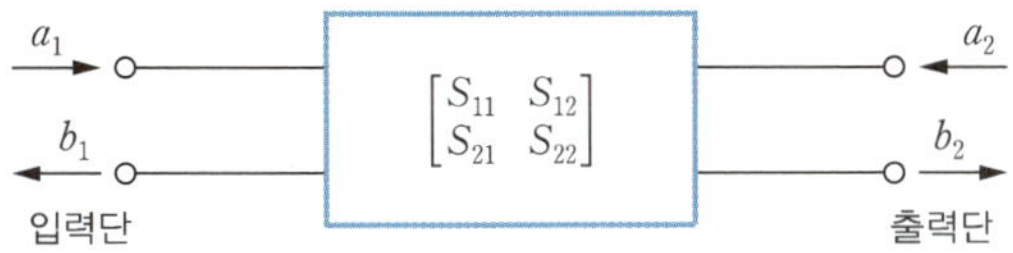

$$\begin{bmatrix} b_1 \\ b_2 \end{bmatrix} = \begin{bmatrix} S_{11} & S_{12} \\ S_{21} & S_{22} \end{bmatrix} \begin{bmatrix} a_1 \\ a_2 \end{bmatrix}$$

[그림 4-54]

① S_{11} ② S_{12} ③ S_{21} ④ S_{22}

L4.14 **【2016, 국가직 7급】** 자유공간인 사무실에서 2.5[GHz] 신호를 이용하여 무선 네트워크를 구성하였다. 비유전율 $\varepsilon_r = 4.0$으로 만들어진 나무판을 이용하여 칸막이를 구성하려고 한다. 칸막이가 신호세기에 미치는 영향을 최소화하기 위한 나무판의 두께[cm]는? (단, 자유공간에서 전자파의 속도는 3×10^8[m/s]이고, 전자파는 칸막이에 수직으로 입사한다고 가정한다.)

① 10 ② 7.5 ③ 5 ④ 3

기출문제 답

L4.1 ① L4.2 ④ L4.3 ④ L4.4 ③ L4.5 ③ L4.6 ③ L4.7 ③ L4.8 ①
L4.9 ① L4.10 ② L4.11 ③ L4.12 ② L4.13 ③ L4.14 ④

m.e.m.o

Chapter 05

마이크로파 수동소자

Passive Microwave Components

학습목표

- 무선통신 회로를 구현하기 위한 마이크로파 소자 중 마이크로파 수동소자에 대해 알아본다.
- 마이크로파 수동소자를 구현하기 위한 단위부품으로 R, L, C의 고주파 특성과 마이크로스트립 선로를 이용한 구현 방법을 익힌다.
- RF 또는 마이크로파 신호전력을 분배하고 결합하는 전력분배기와 결합기의 원리, 종류, 특성에 대해 알아본다.
- 주파수에 따라 신호를 통과 또는 차단할 수 있는 대표적인 마이크로파 수동소자인 필터의 특성, 설계 방법에 대해 익힌다.
- 기타 마이크로파 수동소자로 공진기, 아이솔레이터, 서큘레이터의 동작원리 및 특성에 대해 익힌다.

5장과 6장에서는 RF radio frequency 및 마이크로파 무선통신 시스템을 구성하는 마이크로파 수동소자와 마이크로파 능동소자에 대해 각각 다룰 것이다.[1] [그림 5-1]은 무선통신 시스템 송수신기로, 송수신기를 구성하는 마이크로파 소자들 중 마이크로파 수동소자로 구현되는 부품들을 보여준다. 5.1절에서는 송수신기의 안테나 정합회로 또는 전압제어 발진기의 튜닝회로를 구현하기 위해 사용하는 R, L, C 부품의 특성을 살펴보고, 5.2절에서는 마이크로스트립 선로로 구현한 R, L, C 부품의 특성을 살펴보기로 한다.

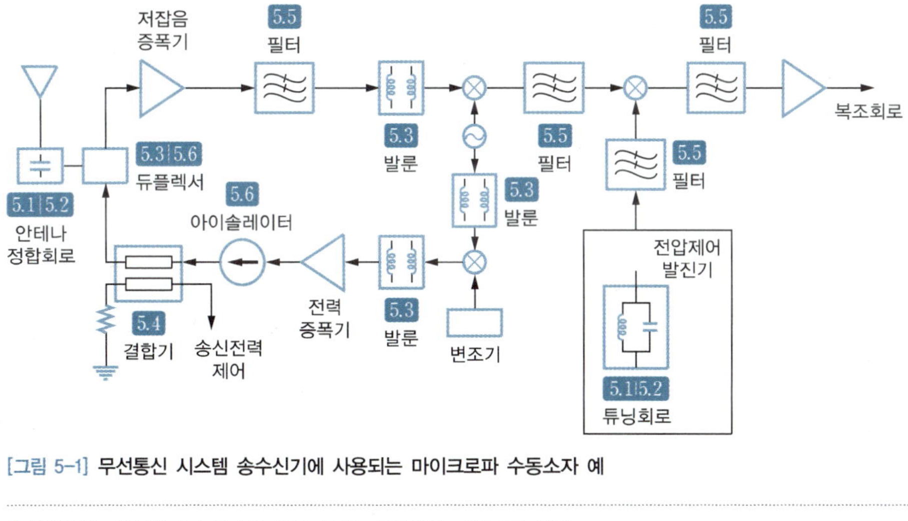

[그림 5-1] 무선통신 시스템 송수신기에 사용되는 마이크로파 수동소자 예

1 무선통신 시스템 송수신기의 세부 구조는 7장에서 다루기로 한다.

5.3절과 5.4절에서는 [그림 5-1]의 송수신기 구조에서 발룬, 아이솔레이터 다음 단의 결합기 등에 사용되는 전력분배기와 전력결합기에 대해 설명한다. 5.5절에서는 무선통신 송수신기 구조에서 가장 많이 사용되는 부품으로, 스퓨리어스 신호를 억제하며, 선택적으로 RF 채널 신호를 통과 또는 IF(중간주파수) 신호의 대역 통과에 사용되는 필터를 다룬다. 마지막 5.6절에서는 기타 마이크로파 수동소자로 공진기, 아이솔레이터, 서큘레이터 등에 대해 기술했다.

5.1 RF / 마이크로파 주파수에서의 *RLC* 소자

마이크로파 주파수 대역에서 집중lumped 소자는 동작주파수에 따른 파장에 비해 그 크기가 훨씬 작아 소자의 입력단자와 출력단자 간에 위상차이가 거의 없는 수동소자이다. 일반적으로 소자의 크기는 $\frac{\lambda}{20}$ 정도이다. 마이크로파 대역에서 사용되는 집중소자는 도선wire, 저항resistor, 커패시터capacitor, 인덕터inductor로 구성되며, 결합기, 필터, 전력결합기/분배기, 임피던스 변환기, 발룬, 증폭기, 믹서 등 마이크로파 집적회로MIC : Microwave Integrated Circuit 및 마이크로파 단일 집적회로MMIC : Monolithic Microwave Integrated Circuit 등 다양한 회로설계에 사용된다.

[표 5-1]에서는 도선, 저항, 인덕터, 커패시터의 주파수에 따라 달라지는 등가회로와 임피던스 변화 특성을 보여준다. RF 및 마이크로파 같은 고주파수에서는 원하지 않는 기생 저항, 커패시턴스, 인덕턴스 등이 존재하기 때문에 저항, 커패시터, 인덕터 등이 더 이상 저주파수의 회로이론에서 사용되는 것과 같은 순수한 소자로 동작하지 않는다. 따라서 마이크로파 회로를 설계하고 시뮬레이션할 때는 이를 반드시 고려해야 한다.

[표 5-1] 주파수에 따라 달라지는 집중소자의 특성

부품	저주파수 등가회로	고주파수 등가회로	주파수 응답
 도선		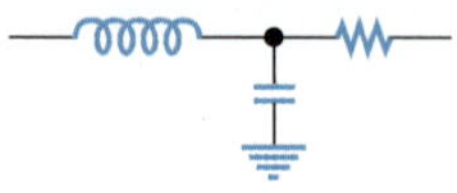	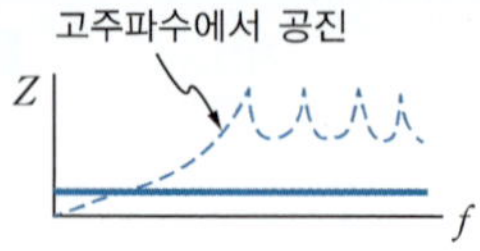
 저항		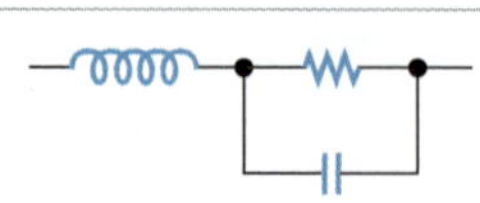	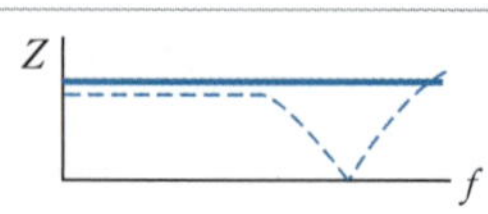
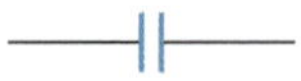 커패시터	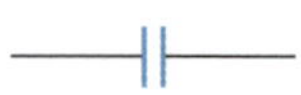		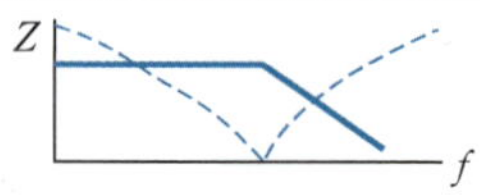
 인덕터		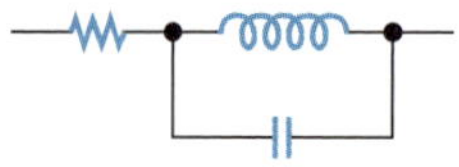	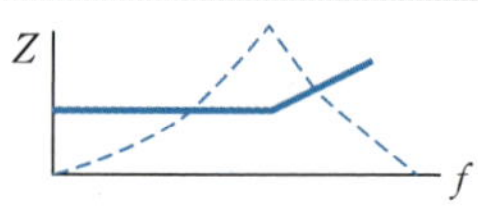

— 저주파수 응답 ---- 고주파수 응답

고주파수에서 등가회로가 달라지는 이유는 무엇일까? [그림 5-2]와 같은 저항을 예로 들어 살펴보자. 고주파수에서 저항에 연결된 도선(리드선)lead은 리드선 주변에 발생하는 자기장 때문에 직렬 인덕터 성분 L_{lead}를 갖는다. 그리고 동작주파수 파장에 비해 저항의 크기가 크기 때문에 부품의 입력과 출력 리드선 사이에 전기장이 발생하고, 이로 인한 기생 커패시턴스 C_{lead}가 존재하게 된다.

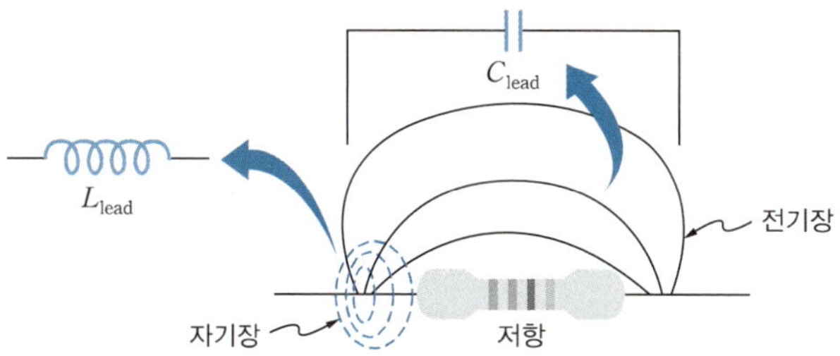

[그림 5-2] 고주파수에서 저항의 리드선의 기생성분

저주파수 대역에서는 전기적 성능에 영향을 미치지 않기 때문에 고려할 필요가 없지만, 고주파수 대역인 RF 및 마이크로파 주파수 대역에서는 부품의 리드선에서 발생하는 인덕턴스와 커패시턴스를 줄이기 위해 [그림 5-3(a)]에 나타낸 것과 같이 리드선 길이를 최소화한 표면실장부품SMD : Surface Mount Devices 형태의 부품을 사용한다. SMD 부품은 인쇄회로기판PCB의 선로와 바로 연결할 수 있는 구조를 갖고 있는데, 보통 $50[\Omega]$을 갖는 마이크로스트립 전송선로와 바로 연결된다. SMD 부품은 [그림 5-3(b)]와 같이 동작주파수, 용도 및 요구되는 제품의 PCB 크기에 따라 여러 종류의 규격이 존재한다.

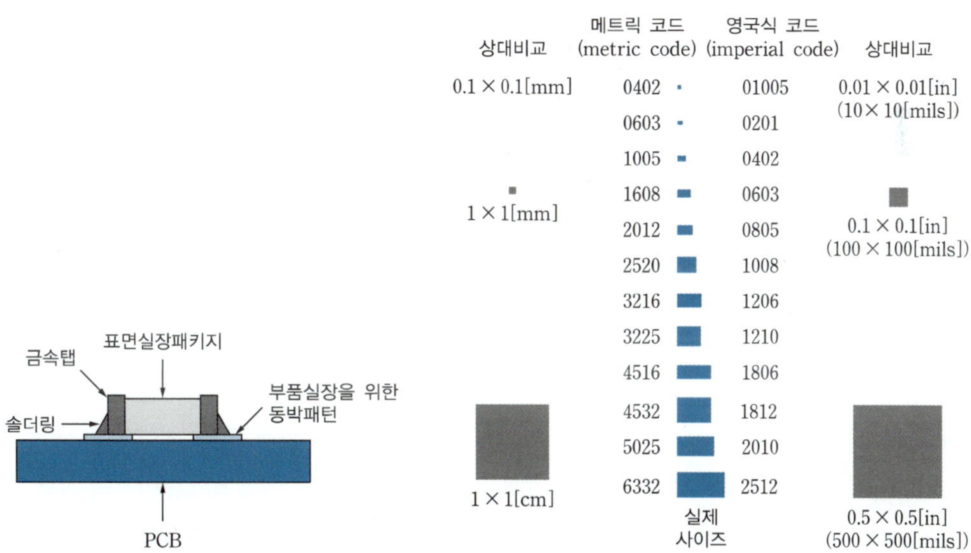

(a) SMD 부품 단면 (b) SMD 부품 규격

[그림 5-3] SMD 부품의 단면과 규격[2]

2 http://en.wikipedia.org/wiki/Surface-mount_technology의 자료를 참고하였다.

■ 고주파수에서 저항의 특성

저항은 주파수에 따라 직류저항(R_{dc})과 교류저항(R_{ac})의 합으로 표현된다. 교류저항은 실제로 [표 5-1]에 나타낸 것처럼 고주파수에서 나타나는 저항과 병렬로 주어지는 기생 커패시턴스와 직렬 인덕턴스에 의해 주어지는 임피던스를 의미한다. 따라서 저항의 실제 값은 동작주파수가 증가함에 따라 저항과 병렬로 존재하는 커패시턴스의 영향 때문에 감소한다.

[그림 5-4]는 주파수에 따른 탄소피막 저항의 전체 저항 중 직류저항(R_{dc})의 비율을 보여준다. [그림 5-4]로부터 주파수가 증가할 때 직류저항의 비율이 감소하는 것을 알 수 있으며, 저항값이 증가하는 경우에도 직류저항의 비율이 감소하여, 고주파수와 높은 저항 값에서 나타나는 기생 커패시턴스의 영향이 커지는 것을 확인할 수 있다. 만약 고주파수 회로에서 사용하는 저항이 고주파수용이고 박막 필름 형태가 아니라면, 높은 값의 저항은 비교적 낮은 마이크로파 주파수 대역에서도 커패시터 효과 때문에 표시된 저항값과 다른 값을 갖는다. 반면 표면실장패키지 저항인 경우에는 리드선에 따른 직렬 인덕턴스가 매우 낮기 때문에, 부수적인 리액턴스 효과도 무시할 정도로 낮아진다.

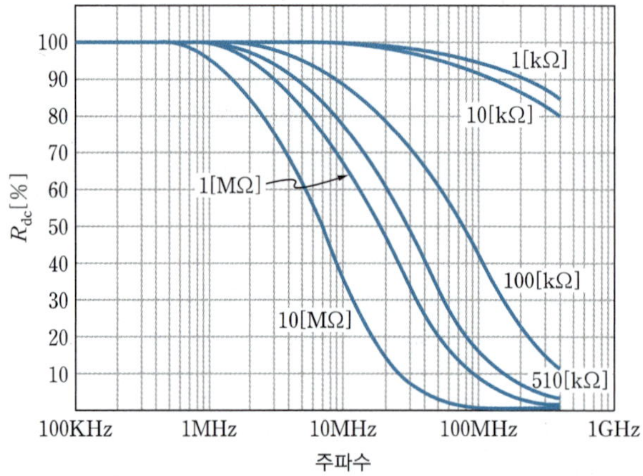

[그림 5-4] 주파수에 따른 직류(R_{dc}) 저항의 비율 변화

■ 고주파수에서 커패시터의 특성

RF 및 마이크로파 주파수 대역에서 사용할 커패시터는 온도에 대한 안정성뿐만 아니라 고주파수에서 적절하게 동작하는지 여부, 그리고 비용을 고려하여 선택해야 한다. [표 5-1]에 보이듯, 고주파수에서의 커패시터는 직렬로 연결된 인덕턴스 성분을 갖기 때문에 주파수가 증가함에 따라 커패시터 특성이 변한다. 그중 가장 중요한 사실은 커패시터의 고주파수 등가모델에서 주어지는 직렬 인덕턴스와 물리적인 커패시터의 커패시턴스 사이에서 발생하는 직렬공진 때문에 전체 리액턴스가 0에 가까워지게 되는 것이다. 커패시터는 이 직렬 공진주파수에서 인덕터처럼 동작하기 때문에, 회로를 설계할 때는 동작주파수를 커패시터의 직렬 공진주파수보다 낮게 정해야 한다. [표 5-2]에 마이크로파 회로에 사용되는 커패시터의 종류와 특징을 정리했다.

[표 5-2] 커패시터의 종류와 특징

종류	형태	커패시턴스 범위	등가직렬저항 (ESR)	누설	정격 전압	특징
세라믹		1.5[pF] ~ 0.0047[μF]	낮음	보통	높음	• RF 회로 등 다용도 • 저가 • RF와 마이크로파 영역에서는 세라믹 칩 커패시터 사용
마이카mica		2 ~ 1500[pF]	낮음 0.01 ~ 0.1[Ω]	낮음	높음	• 고가 • 낮은 ESR과 안정된 온도특성
플라스틱 필름		10[pF] ~ 10[μF]	보통	보통	높음	• 저주파수 결합용 • 저가
탄탈륨tantalum (극성보유)		0.047 ~ 330[μF]	높음 0.5 ~ 5.0[Ω]	낮음	매우 낮음	• 고가 • 비선형
알루미늄 전해 커패시터 (극성보유)		22,000 ~ 1[μF]	높음 0.05 ~ 2.0[Ω]	보통	낮음	• 중간주파수 결합 또는 디커플링용 • 저가 • 단위체적당 고용량 커패시턴스 구현 가능 • 유전체로 DC 누설

■ 고주파수에서 인덕터의 특성

인덕터에서 나타나는 고주파수 효과는 [표 5-1]에 나타낸 것과 같이 인덕터의 고주파수 등가회로에서 인덕터와 병렬로 주어지는 불필요한 커패시터로 인한 커패시턴스 때문에 나타난다. 병렬공진에 의해 발생하는 임피던스는 인덕터의 등가회로에서 구현된 직렬저항이 없다면 이론적으로 무한대 값을 갖게 된다. 이렇게 병렬 인덕턴스와 커패시턴스로부터 나타나는 공진점을 인덕터의 **자기공진주파수**SRF : Self Resonant Frequency라고 하며, 식 (5.1)과 같이 주어진다. 따라서 고주파수에서 인덕터를 사용할 때 인덕터의 자기공진주파수는 회로의 동작주파수보다 높게 설정되어야 하며, 이를 위해 크기가 작은 부품을 사용하여 인덕터에서 발생하는 커패시턴스 효과를 최소화해야 한다.

마이크로파 회로에서 인덕터를 선택할 때 고려해야 할 사항으로는 실장방법mounting, 인덕턴스 값, 전류특성, DC 저항DCR : DC resistance, 자기공진주파수SRF, Q 인자, 온도특성 등이 있다. 인덕턴스 값과 전류 특성은 주로 크기와 관계된다.

$$\mathrm{SRF} = f_0 = \frac{1}{2\pi\sqrt{LC}} \tag{5.1}$$

증폭기와 같은 마이크로파 회로는 외부의 직류전원에 의해 바이어스 회로가 구성된다. 이때 마이크로파 회로에서 사용되는 고주파수 신호가 바이어스 회로로 유입되면, 직류신호에 고주파수 노이즈로 나타나 회로 내에 불필요한 잡음을 발생시킨다. 이때 고주파수 신호가 유입되는 것을 방지하기 위해 바이어스 회로에 추가하는 인덕터를 **쵸크**choke라고 한다. 만약 인덕터를 고주파수 저지를 위한 쵸크로 사용하려면 인덕터는 차단하고자 하는 노이즈 주파수와 같은 자기공진주파수를 선택해야 한다. 고차필터를 만들기 위한 인덕턴스 값은 필터의 차단주파수나 대역폭을 근거로 계산해야 하는데, 보통 상용 RF 회로해석 및 설계 시뮬레이터를 사용하여 값을 구한다. 동조회로 tuning circuit 나 임피던스 정합을 위해서는 인덕턴스 값의 오차가 작은 부품을 사용해야 한다. [표 5-3]에 나타낸 것처럼 권선형 wire wound 인덕터가 적층형 multilayer 인덕터나 필름형 film 인덕터보다 인덕턴스 오차특성이 더 우수하다.

[표 5-3] 인덕터의 종류와 특징

인덕터 종류	내부 구조	특징	용도
권선형 	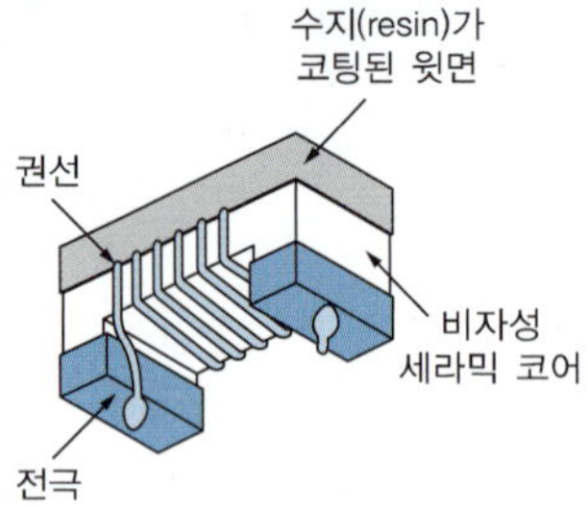	• 매우 높은 Q • 낮은 직렬저항 예 인덕턴스 허용오차 2% Q 값 : 75@1.8[GHz] 정격전류 1500[mA]	• RF/안테나 정합회로 • 쵸크회로
필름형 	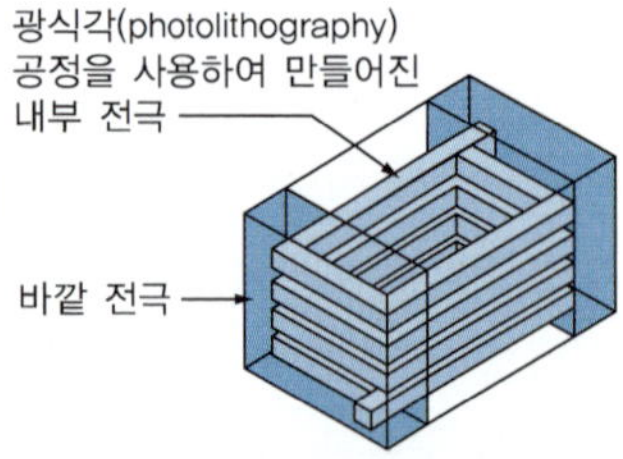	• 소형 • 높은 Q 값	• 전력증폭기의 정합회로 • RF 정합회로를 위한 소형부품
적층형 	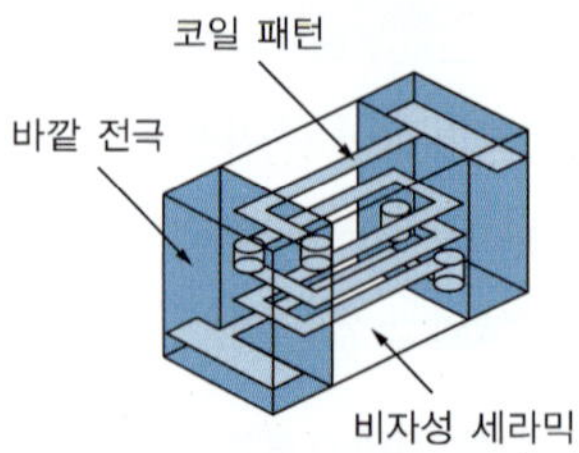	• 넓은 범위의 값 예 인덕턴스 허용오차 11% Q 값 : 31@1.8[GHz] 정격전류 : 500[mA]	RF의 정합회로 쵸크회로

[그림 5-5(a)]로부터 인덕터의 자기공진주파수 SRF 에서 임피던스와 인덕턴스가 급격하게 증가함을 알 수 있다. 앞서 설명한 바와 같이 이 인덕터를 쵸크로 사용하기 위해서는 인덕터의 SRF가 감쇄시키고자 하는 주파수 근처의 값을 선택해야 한다. 대체로 SRF는 동작주파수보다 적어도 10배 정도 높은 값을 갖는다. 만약 LC 탱크회로(공진회로) 또는 협대역 응용에 사용하려면 협대역 특성을 갖는 높은 Q 값의 인덕터가 필요하다.

[그림 5-5(b)]에 높은 Q 값과 낮은 Q 값에 대해 주파수에 따른 손실특성을 각각 나타냈다. Q 값이 높으면 삽입손실이 낮아지고, 전력소모가 최소화된다. 인덕터의 임피던스를 Z라고 할 때 인덕터의 Q 값은 식 (5.2)로 정의된다. [표 5-3]에 나타냈듯이 일반적으로 권선형 인덕터가 적층형 인덕터보다 더 높은 Q 값을 갖는다.

$$Q = \frac{\mathrm{Im}[Z]}{\mathrm{Re}[Z]} \tag{5.2}$$

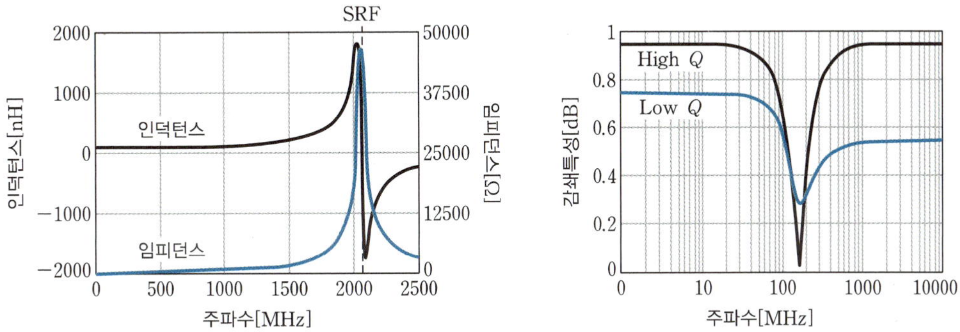

(a) 100[nH] 권선형 인덕터에 대한 인덕턴스와 임피던스

(b) 협대역과 낮은 삽입손실을 갖는 높은 Q 값의 인덕터 특성

[그림 5-5] **인덕터의 특성 예**

예제 5-1 인덕터의 등가회로 모델링

고주파수에서 인덕터를 다음 그림과 같이 등가적으로 모델링할 수 있다고 하자. 동작주파수가 ω 일 때 인덕터의 등가 실효저항 R_{eff} 와 등가 인덕턴스(실효 인덕턴스) L_{eff} 를 구하라.

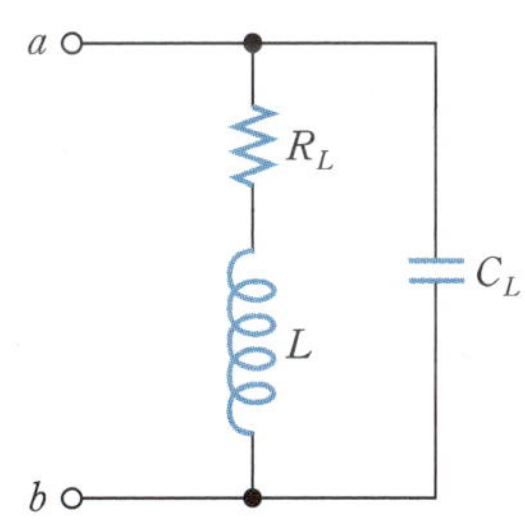

풀이

회로의 전체 어드미턴스 Y_L 을 구하면 다음과 같다.

$$\begin{aligned} Y_L &= \frac{1}{R_L + j\omega L} + j\omega C_L \approx \frac{R_L}{(\omega L)^2} + j\left(\omega C_L - \frac{1}{\omega L}\right) \\ &= \frac{R_L}{(\omega L)^2} - j\left(\frac{1-\omega^2 L C_L}{\omega L}\right) = R_{\mathrm{eff}} + j\omega L_{\mathrm{eff}} \end{aligned}$$

이로부터 R_{eff} 와 L_{eff} 를 구할 수 있다.

$$R_{\mathrm{eff}} = \frac{R_L}{(\omega L)^2}, \quad L_{\mathrm{eff}} = \left(\frac{L}{1-\omega^2 L C_L}\right)$$

예제 5-2 인덕터의 등가회로 모델링

[예제 5-1]에서 $L=1[\mu\text{H}]$, $C_L=5[\text{pF}]$일 때의 SRF를 구하고, $f=25[\text{MHz}]$일 때 실효 인덕턴스 L_{eff}를 구하라.

풀이

식 (5.1)의 자기공진주파수 정의에 의해 SRF(f_0)를 구하면 다음과 같다.

$$f_0=\frac{1}{2\pi\sqrt{1[\mu\text{H}]\times 5[\text{pF}]}}\simeq 71.2[\text{MHz}]$$

[예제 5-1]로부터 L_{eff}는 다음과 같이 구한다.

$$L_{\text{eff}}=\frac{L}{1-\omega^2LC_L}=\frac{L}{1-\left(\dfrac{f}{f_0}\right)^2}=\frac{1[\mu\text{H}]}{1-\left(\dfrac{25[\text{MHz}]}{71.2[\text{MHz}]}\right)^2}\simeq 1.14[\mu\text{H}]$$

5.2 마이크로스트립 선로로 구현하는 *RLC*

보통 저주파수에서 구현되는 집중소자와 달리, 마이크로파 주파수 대역에서는 동작주파수의 파장에 비해 집중소자의 크기가 무시할 수 없을 정도로 크다. 따라서 3장에서 다룬 전송선로와 같은 분산distributed소자를 이용하여 저항, 인덕터, 커패시터 등을 구현해야 한다.

이 절에서는 보통 PCB상에서 구현되는 마이크로스트립 전송선로를 사용한 인덕터와 커패시터에 대해 알아볼 것이다. 병렬 커패시터는 [그림 5-6]과 같은 폭이 넓은 전송선로(스터브)를 이용하여 구현되며, 직렬 또는 병렬 인덕터는 보통 [그림 5-7]과 같이 폭이 매우 좁은 전송선로를 이용하여 구현된다. 또한 변환기transformer는 4장의 임피던스 변환기에서 설명한 바와 같이 마이크로스트립의 선로폭을 변화시켜서 구현할 수 있다.

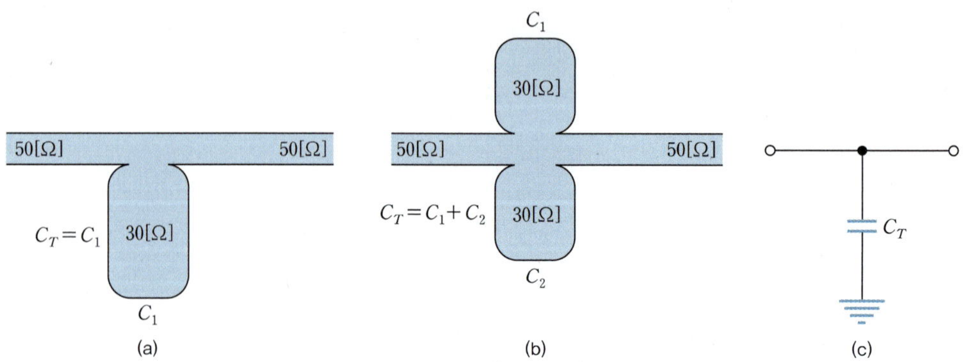

[그림 5-6] 마이크로스트립 전송선로를 이용한 병렬 커패시터의 구현

분산소자를 집중소자와 함께 사용할 때는 설계하는 회로의 주파수의 파장변화가 30° 이상 되지 않도록 해야 한다. 즉, 전체 파장 길이를 360°라고 가정할 때 $\frac{30°}{360°}$ 길이 이상이 되지 않도록 해야 하는데, 이때 주의할 점은 구현하는 PCB의 유전율에 따라 동작하는 주파수 파장의 길이가 달라진다는 점이다. 즉, PCB 기판의 유효 유전율을 고려해야 한다.

우선 커패시턴스를 마이크로스트립 선로로 구현하기 위해서는 설계하고자 하는 주파수에서의 커패시턴스를 구한다($X_c = \frac{1}{2\pi fC}$ 이용). 만약 30 [Ω]의 마이크로스트립 전송선로를 이용하여 구현한다면 상용 소프트웨어 등을 통해 선로폭을 계산하고, 다음 식을 통해 선로의 길이 l을 구한다.

$$l = \frac{\tan^{-1}(30/X_c)}{360} \times \lambda \tag{5.3}$$

[그림 5-6(a)]에 나타낸 것처럼 분산 커패시터의 경우에는 선로종단을 개방시켜서 값을 계산하며, [그림 5-6(b)]와 같이 양단으로 나누어 구현할 수도 있다. 직렬 인덕터의 경우도 커패시터와 마찬가지 방법으로 구현할 수 있다. 만약 100 [Ω]을 갖는 전송선로를 이용하여 X_L의 인덕턴스를 갖는 선로를 구현한다면, 식 (5.4)를 이용하여 [그림 5-7(a)]와 같이 길이 l을 갖도록 만들 수 있다.

$$l = \frac{\tan^{-1}(X_L/100)}{360} \times \lambda \tag{5.4}$$

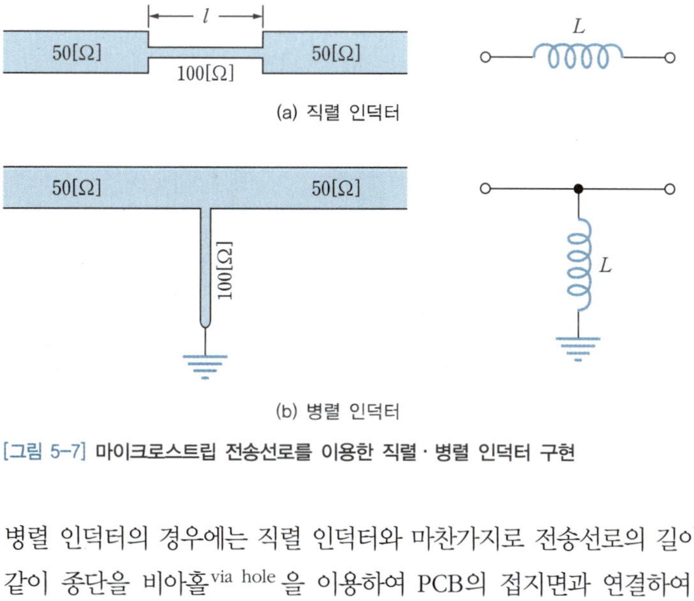

[그림 5-7] 마이크로스트립 전송선로를 이용한 직렬 · 병렬 인덕터 구현

병렬 인덕터의 경우에는 직렬 인덕터와 마찬가지로 전송선로의 길이를 계산하고, [그림 5-7(b)]와 같이 종단을 비아홀via hole을 이용하여 PCB의 접지면과 연결하여 구현한다.

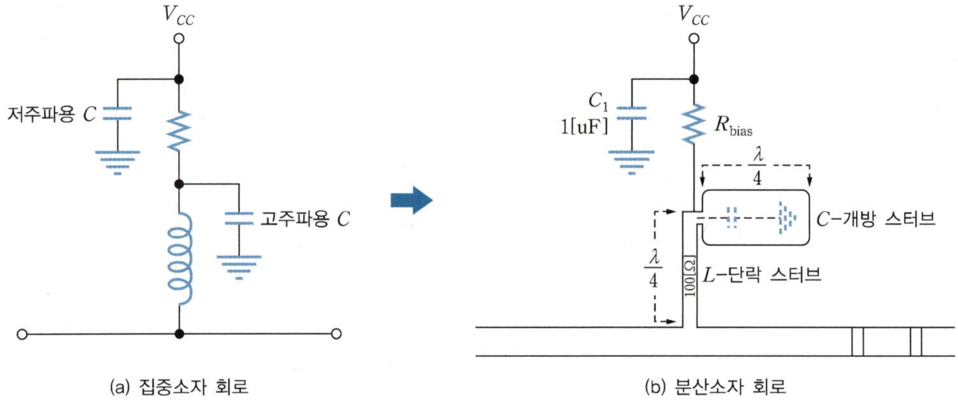

[그림 5-8] **분산소자를 이용한 DC 바이어스 회로 구현**

[그림 5-8(a)]와 같은 DC 바이어스 회로를 분산소자를 이용하여 구현하면 [그림 5-8(b)]와 같이 된다. [그림 5-8(a)]의 바이어스 회로에서 고주파수 잡음을 제거하기 위한 커패시터와 인덕터를 구현하기 위해 마이크로스트립 전송선로를 사용했다. 이 회로에서 C_1과 R_{bias}는 저주파수의 디커플링 decoupling 기능을 위한 것으로, 동작주파수가 낮기 때문에 집중소자로 구현할 수 있다. 커패시터의 경우 고주파수에 대해 단락회로로 동작해야 하므로 동작하는 주파수의 $\frac{1}{4}$ 파장 길이로 설계한다. 이 스터브의 경우 [그림 5-9(a)]와 같이 반경과 각도를 설계변수로 갖는 **방사형 스터브** radial stub도 자주 사용된다. 방사형 스터브의 경우 넓은 대역폭 특성, 낮은 입력 임피던스라는 장점을 가지며, 이 경우 가상의 접지기준으로 사용되어 RF 개방회로 또는 DC 단락회로로 동작시키며, 높은 임피던스 때문에 RF 신호가 바이어스로 흘러가는 것을 막는 RF 쵸크로 사용된다.

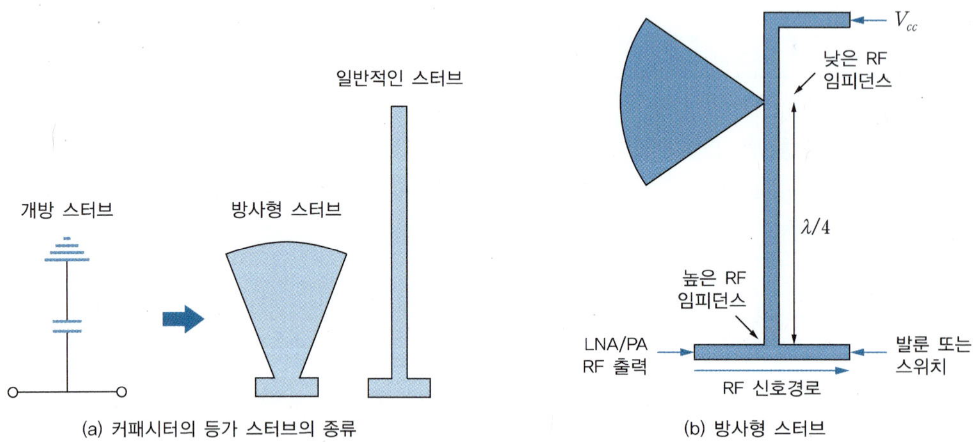

[그림 5-9] **스터브의 응용**

또한 [그림 5-10(a)]에 나타낸 집중소자 회로는 저역 통과 필터회로 LPF이다. 앞서 설명한 인덕터와 커패시터의 전송선로 구현을 이용하면 [그림 5-10(b)]와 같이 분산소자로 구성된 저역 통과 필터회로를 설계할 수 있다.

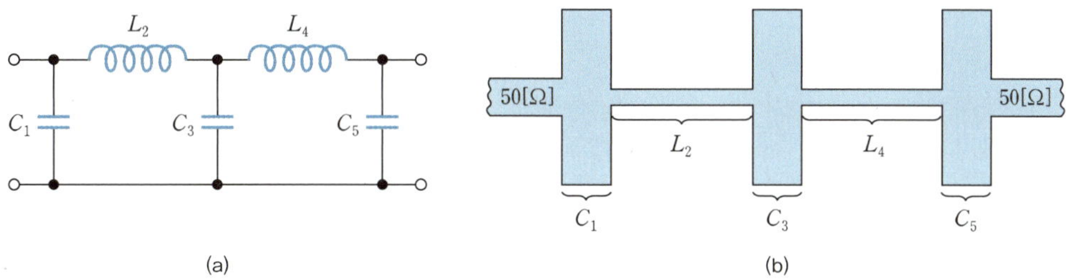

[그림 5-10] 마이크로스트립 전송선로를 이용한 저역 통과 필터의 구현

5.3 전력분배기

마이크로파 공학의 가장 기본적인 문제 중 하나는 신호전력을 어떻게 효율적으로 분배할 수 있는가에 대한 것이다. [그림 5-11]과 같이 신호전력을 분배하기 위해 사용되는 회로를 **결합기** combiner 또는 **전력분배기** power divider 라고 한다.

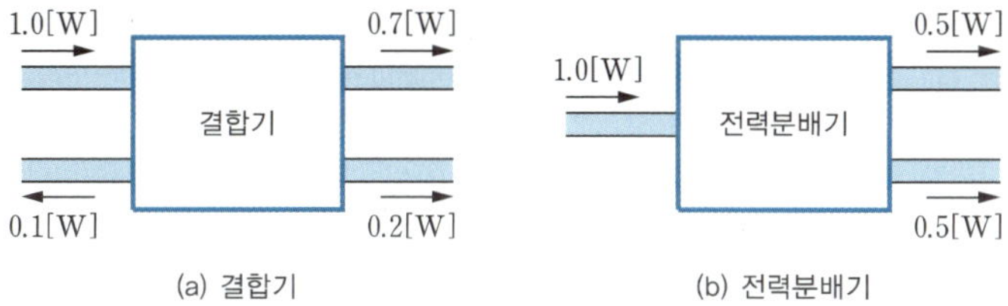

[그림 5-11] 결합기와 전력분배기의 개념

[그림 5-11]에 보이는 것처럼 결합기와 전력분배기는 혼용될 수 있다. 전력분배기는 일반적으로 동일한 크기와 동일한 위상의 전력을 분배하지만, 결합기는 결합되는 전력의 크기와 위상이 다를 수 있다. 이상적으로, 결합기는 각 포트들이 임피던스 정합되어 있으며, 무손실 특성을 가지며 가역성 reciprocity 이 성립한다. 특히 [그림 5-11(a)]와 같이 4개의 포트로 구성되는 결합기를 **방향성 결합기** directional coupler 라고 한다. 결합기가 무손실 특성을 갖고 정합된 3개의 포트를 갖는다고 가정하면, 다음과 같은 산란 행렬로 나타낼 수 있다.

$$S = \begin{bmatrix} S_{11} & S_{12} & S_{13} \\ S_{21} & S_{22} & S_{23} \\ S_{31} & S_{32} & S_{33} \end{bmatrix} \tag{5.5}$$

결합기가 가역성이 성립한다고 가정하면 대칭성에 의해 다음 조건을 만족한다.

$$S_{21} = S_{12} \qquad S_{31} = S_{13} \qquad S_{23} = S_{32} \tag{5.6}$$

따라서 무손실 정합가정으로부터

$$S_{11} = S_{22} = S_{33} = 0 \tag{5.7}$$

이 되어, 식 (5.8)과 같이 주어지는 것을 알 수 있다. 즉, 3포트 결합기를 나타내는 산란 행렬의 미지항은 단지 세 항뿐이다.

$$S = \begin{bmatrix} 0 & S_{21} & S_{31} \\ S_{21} & 0 & S_{32} \\ S_{31} & S_{32} & 0 \end{bmatrix} \tag{5.8}$$

$$\begin{aligned} |S_{21}|^2 + |S_{31}|^2 &= 1 \qquad & S_{31}^* S_{32} &= 0 \\ |S_{21}|^2 + |S_{32}|^2 &= 1 \qquad & S_{21}^* S_{32} &= 0 \\ |S_{31}|^2 + |S_{32}|^2 &= 1 \qquad & S_{21}^* S_{31} &= 0 \end{aligned} \tag{5.9}$$

만약 결합기가 무손실이라면 산란 행렬은 유니터리unitary 행렬 특성을 갖게 되며, 식 (5.9)로부터 S_{31}, S_{32}, S_{21} 중 적어도 두 항은 0이 되어야 한다. 이는 식 (5.8)에 정의된 산란 행렬과 비교하여 실제 가능하지 않은 행렬이 된다. 즉, 무손실 가역성을 갖는 3포트 결합기를 만들거나 정합된 가역성을 갖는 3포트 결합기, 가역성이 없는 정합된 무손실 3포트 결합기를 만드는 것은 가능하지만, 세 가지 조건을 모두 만족하는 3포트 결합기를 만드는 것은 불가능하다는 의미이다.

만약 가역성은 성립하지 않지만 모든 포트가 무손실이고 정합이 되어 있다고 가정하면, 3포트 결합기의 산란 행렬은 식 (5.9)로부터 식 (5.10)에 주어진 두 조건 중 하나를 만족하게 된다. 첫 번째 조건을 만족하는 경우의 산란 행렬은 식 (5.11)의 왼쪽 행렬과 같고, 두 번째 조건을 만족하는 경우의 산란 행렬은 식 (5.11)의 오른쪽 행렬과 같다. 이 행렬은 [그림 5-12]와 같은 서큘레이터circulator 특성을 나타낸다. 서큘레이터의 자세한 내용은 5.6절에서 다루기로 한다.

$$\begin{aligned} S_{12} = S_{23} = S_{31} = 0 \qquad & S_{21} = S_{32} = S_{13} = 0 \\ |S_{21}| = |S_{32}| = |S_{13}| = 1 \qquad & |S_{12}| = |S_{23}| = |S_{31}| = 1 \end{aligned} \tag{5.10}$$

$$[S] = \begin{pmatrix} 0 & 0 & 1 \\ 1 & 0 & 0 \\ 0 & 1 & 0 \end{pmatrix} \qquad [S] = \begin{pmatrix} 0 & 1 & 0 \\ 0 & 0 & 1 \\ 1 & 0 & 0 \end{pmatrix} \tag{5.11}$$

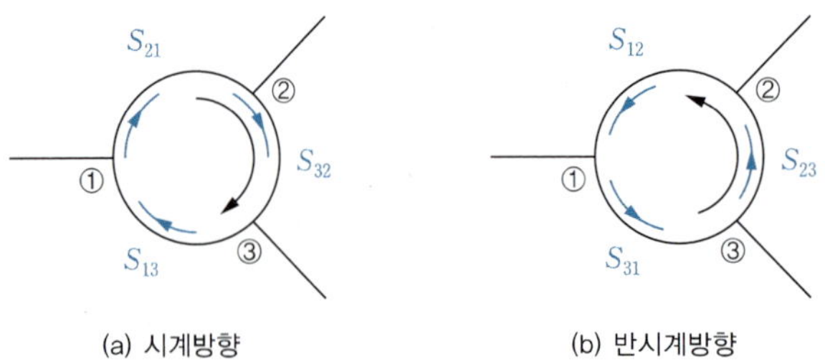

[그림 5-12] 서큘레이터

5.3.1 T-junction 전력분배기(무손실 전력분배기)

전력분배기는 신호전력을 동일한 크기와 위상을 분배하기 위해 사용한다. 입력신호를 두 개의 출력신호로 동일하게 나누는 형태가 가장 일반적이며, 이는 T자형 구조를 갖는다. 앞서 유도한 바와 같이 무손실, 정합, 가역성을 갖춘 완벽한 3포트 결합기 또는 분배기를 설계하는 것은 물리적으로 불가능하다.

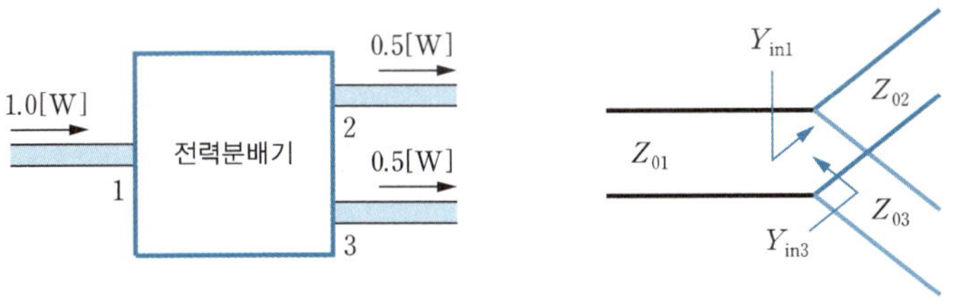

(a) 전력분배기　　　(b) 전송선로로 구현된 전력분배기

[그림 5-13] T-junction 전력분배기

[그림 5-13]과 같이 T자형 전송선로를 사용하여 3[dB] 전력을 분배하는 전력분배기를 T-junction **전력분배기**라고 한다. 이때 입력포트 1은 입사전력에 대해 정합이 이루어져 다음 식을 만족해야 한다.

$$S_{11} = 0 \tag{5.12}$$

포트 1에서 입사된 전력이 출력포트 2와 출력포트 3으로 균등하게 분배되기 위해서는 식 (5.5)에 주어진 산란 행렬의 첫 번째 열이 다음 관계식을 만족해야 한다.

$$|S_{11}|^2 + |S_{21}|^2 + |S_{31}|^2 = 1 \tag{5.13}$$

식 (5.13)에 식 (5.12)를 대입하면 다음과 같은 관계식을 얻을 수 있다.

$$|S_{21}|^2 + |S_{31}|^2 = 1 \tag{5.14}$$

이는 출력포트 2와 출력포트 3으로 균등하게 전력을 배분하므로, $S_{21} = S_{31}$로부터

$$|S_{21}| = |S_{31}| = \frac{1}{\sqrt{2}} \tag{5.15}$$

을 얻을 수 있다. 따라서 출력포트 2와 출력포트 3의 출력전력은 다음과 같이 주어진다.

$$P_2^- = |S_{21}|^2 P_1^+ = 0.5P_1^+ \qquad P_3^- = |S_{31}|^2 P_1^+ = 0.5P_1^+ \tag{5.16}$$

이상적으로 출력포트 2와 출력포트 3은 출력에 정합되어야 하고, 출력포트 2와 출력포트 3은 상호 격리 특성을 가져야 하므로, $S_{22} = S_{33} = 0$, $S_{23} = S_{32} = 0$을 만족해야 한다. 따라서 다음과 같은 산란 행렬을 갖는다.

$$S = \begin{bmatrix} 0 & \frac{1}{\sqrt{2}} & \frac{1}{\sqrt{2}} \\ \frac{1}{\sqrt{2}} & 0 & 0 \\ \frac{1}{\sqrt{2}} & 0 & 0 \end{bmatrix} \tag{5.17}$$

예제 5-3 T-junction 전력분배기 설계

입력선로의 특성 임피던스가 50[Ω]일 때 출력의 전력비가 1 : 2인 무손실 T-junction 전력분배기를 설계하라.

풀이

[그림 5-13(b)]에서 분배되는 전력비가 1 : 2라면, 입력되는 전력의 $\frac{1}{3}$이 포트 2로, 입력되는 전력의 $\frac{2}{3}$가 포트 3으로 출력되는 것을 의미한다. 따라서 [그림 5-13(b)]로부터 다음을 만족해야 한다.

$$Y_{\text{in1}} = \frac{1}{Z_{02}} + \frac{1}{Z_{03}} = \frac{1}{Z_{01}}$$

전력의 분배위치에서 전압을 V_0 라고 하면, 각 출력포트들은 모두 정합되어 있으므로 다음과 같이 주어진다.

$$P_2 = \frac{1}{2}\frac{|V_0|^2}{Z_{02}}, \quad P_3 = \frac{1}{2}\frac{|V_0|^2}{Z_{03}}$$

입력전력을 P_{in} 이라고 할 때

$$\frac{P_2}{P_{\text{in}}} = \frac{1/Z_{02}}{1/Z_{01}} = \frac{Z_{01}}{Z_{02}}, \quad \frac{P_3}{P_{\text{in}}} = \frac{1/Z_{03}}{1/Z_{01}} = \frac{Z_{01}}{Z_{03}}$$

이 성립하게 되며, 손실이 없다고 가정하면 $\frac{P_2}{P_{\text{in}}} + \frac{P_3}{P_{\text{in}}} = 1$로부터 $\frac{1}{Z_{02}} + \frac{1}{Z_{03}} = \frac{1}{Z_{01}}$이 성립한다. 따라서 다음과 같은 결과를 얻을 수 있다.

$$Z_{02} = \frac{Z_{01}}{P_2/P_{\text{in}}} = \frac{50}{1/3} = 150\,[\Omega]$$

$$Z_{03} = \frac{Z_{01}}{P_3/P_{\text{in}}} = \frac{50}{2/3} = 75\,[\Omega]$$

5.3.2 저항성 전력분배기

저항성 전력분배기 resistive power divider 는 명칭에서 드러나듯이, 전력분배기가 저항성, 즉 전력 손실을 갖지만, 입출력이 모두 정합되어 있으며 가역성을 갖고 있다는 뜻이다.

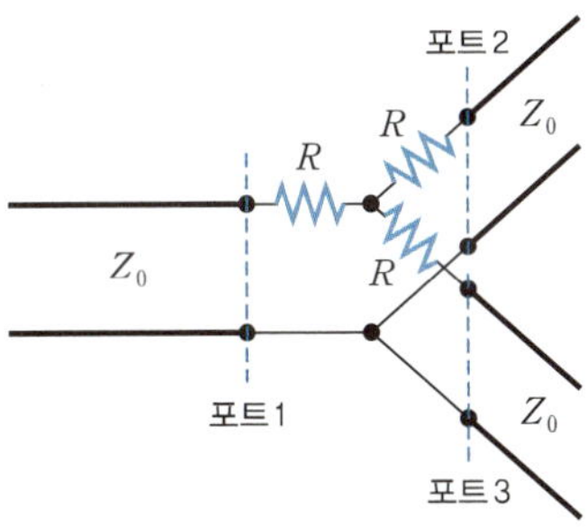

[그림 5-14] 저항성 전력분배기

[그림 5-14]로부터 입력포트가 정합되기 위해서는 식 (5.18)을 만족해야 한다. 식 (5.18)로부터 식 (5.19)의 조건을 만족할 때 입력포트가 정합된다는 것을 알 수 있다.

$$\begin{aligned} Z_0 &= R + (R + Z_0) \| (R + Z_0) \\ &= R + \frac{R + Z_0}{2} = 1.5R + \frac{Z_0}{2} \end{aligned} \tag{5.18}$$

$$R = \frac{Z_0}{3} \tag{5.19}$$

회로의 대칭성 때문에 다른 포트들도 모두 정합될 수 있으며(즉, $S_{11} = S_{22} = S_{33} = 0$), 이때 산란 행렬은 다음과 같이 주어진다.

$$S = \begin{bmatrix} 0 & \frac{1}{2} & \frac{1}{2} \\ \frac{1}{2} & 0 & \frac{1}{2} \\ \frac{1}{2} & \frac{1}{2} & 0 \end{bmatrix} \tag{5.20}$$

식 (5.20)에서 각 행의 크기를 구해보면 $|S_{21}|^2 + |S_{31}|^2 = \frac{1}{2} < 1$이므로, 저항성 전력분배기가 손실특성을 갖는다는 것을 확인할 수 있다. 즉, 각 포트에서 출력되는 전력은 입력되는 전력의 $\frac{1}{4}$이 되며, 입력전력의 $\frac{1}{2}$은 분배기에서 흡수, 즉 저항에서 소모된다.

5.3.3 윌킨슨 전력분배기

윌킨슨 전력분배기 Wilkinson power divider 는 가장 널리 사용되는 전력분배기로, 3[dB] 무손실 전력분배기($S_{21}=S_{31}=-3$[dB])에 출력포트의 정합을 위한 저항을 추가하여 구성한다. 윌킨슨 전력분배기를 해석하기 위해서는 대칭회로 해석에 사용되는 우모드 even mode 와 기모드 odd mode 개념을 이해해야 한다. 우모드와 기모드의 기본 개념은 '부록 C'를 참고하기 바란다.

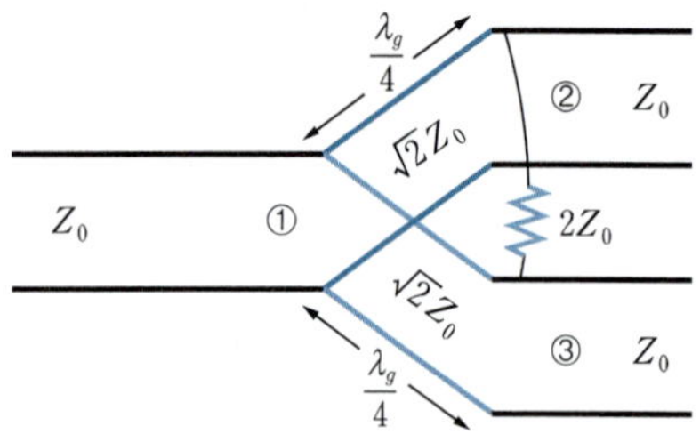

[그림 5-15] 윌킨슨 전력분배기

[그림 5-15]에 윌킨슨 전력분배기를 나타냈다. 모든 입출력포트들은 정합되어 있고($S_{11}=S_{22}=S_{33}=0$), 출력포트들은 서로 격리되어 있다($S_{23}=S_{32}=0$). 입력포트 1로부터 출력포트 2와 3으로 전력이 균등하게 분배되기 때문에 $|S_{21}|^2=|S_{31}|^2=\frac{1}{2}$로 주어진다. [그림 5-15]를 우모드와 기모드 회로로 다시 그리면 [그림 5-16]과 같다.

[그림 5-16(a)]의 윌킨슨 전력분배기는 대칭면을 기준으로 우모드와 기모드로 나누어 해석할 수 있다. 마이크로스트립 선로에서의 전압은 [그림 5-16]의 (b), (c)와 같이 선로가 반으로 나뉘어도 동일한 값을 갖는 반면, 전류는 반으로 나뉜다. 반으로 나뉜 전송선로의 임피던스는 $Z_0^h=\frac{V}{I/2}=2Z_0$로 주어진다.

윌킨슨 전력분배기의 산란 행렬에서 S_{22}와 S_{32}를 구하기 위해서는 포트 2에서 인가될 때 우모드와 기모드 해석을 해야 하며, S_{11}과 S_{21}을 결정하기 위해서는 포트 1에서 인가될 때 우모드 해석을 해야 한다. 우모드에 대해서는 $V_3^e=V_2^e$로 주어지며, 포트 2와 포트 3은 같은 위상을 갖는다. 기모드에 대해서는 $V_1^o=0$, $V_3^o=-V_2^o$로 180° 위상차를 갖도록 주어진다.

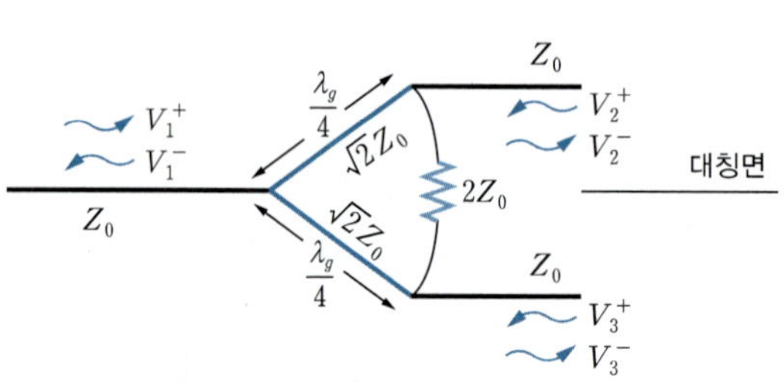

(a) 모드 해석을 위한 윌킨슨 전력분배기

[그림 5-16] 윌킨슨 전력분배기의 우모드와 기모드 해석 (계속)

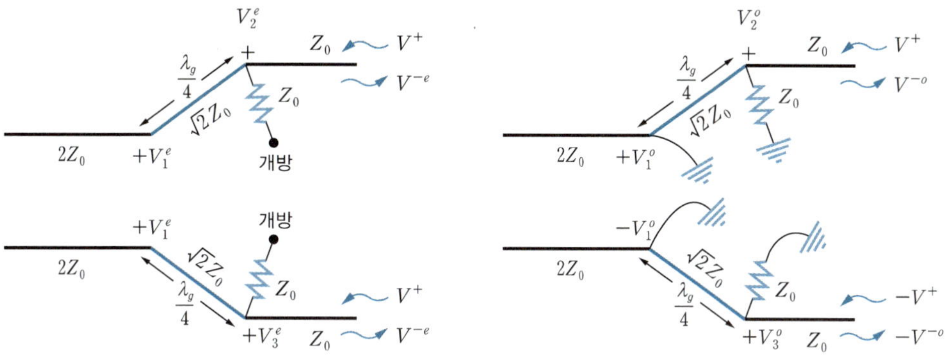

(b) 우모드 해석 (c) 기모드 해석

[그림 5-16] 윌킨슨 전력분배기의 우모드와 기모드 해석

윌킨슨 전력분배기의 산란 행렬은 식 (5.21)과 같다. 이 산란 행렬은 특정한 동작주파수 f_0에 대해 만족하는 값이며, 이는 윌킨슨 전력분배기가 협대역 특성을 갖는다는 것을 의미한다. 보통 대역폭을 증가시키기 위해 다단 형태의 전력분배기를 구성한다. $S_{ij}=S_{ji}$이므로 가역성을 만족하며, $S_{ii}=0$이므로 모든 포트에 대해 정합이 이루어졌음을 알 수 있다. 포트 1로 입사되는 전파의 경우에는 전력의 절반이 각 출력포트로 전달된다. 그리고 포트 2나 포트 3으로부터 입사되는 전파의 경우에는 전력의 절반은 포트 1로 전달되고 나머지 절반은 저항에 의해 흡수된다.

$$S=\begin{bmatrix} 0 & -\frac{j}{\sqrt{2}} & -\frac{j}{\sqrt{2}} \\ -\frac{j}{\sqrt{2}} & 0 & 0 \\ -\frac{j}{\sqrt{2}} & 0 & 0 \end{bmatrix} \tag{5.21}$$

[그림 5-17]에 마이크로스트립 전송선로로 구현한 T-junction 전력분배기와 윌킨슨 전력분배기를 각각 나타냈다.

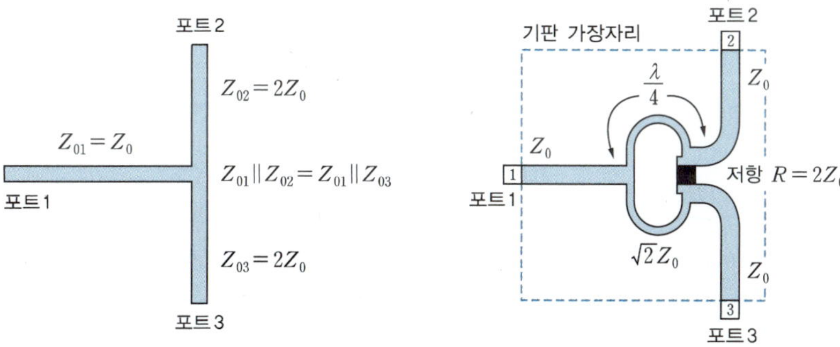

(a) T-junction 전력분배기 (b) 윌킨슨 전력분배기

[그림 5-17] 마이크로스트립 전송선로로 구현된 전력분배기

예제 5-4 비대칭 윌킨슨 전력분배기의 설계

다음의 그림과 같은 비대칭 윌킨슨 전력분배기가 있다. 출력포트 2와 출력포트 3의 분배전력의 비가 K^2으로 주어질 때, Z_{02}, Z_{03}, R 값을 구하라.

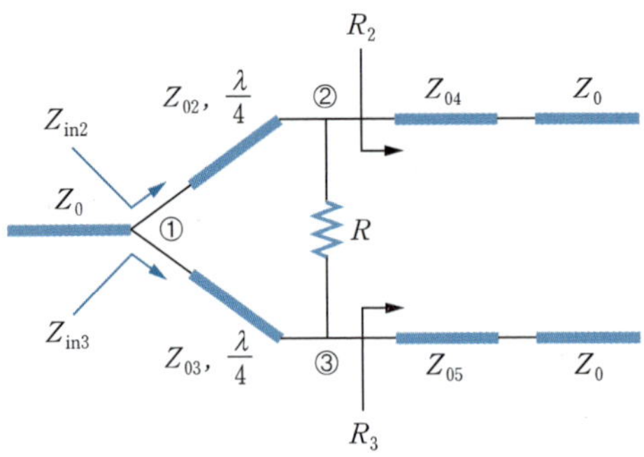

풀이

문제에 다음 3가지 조건이 주어져 있다.

① $Z_0 = Z_{in2} // Z_{in3}$: 입력포트 1은 정합되어야 한다.

② $\dfrac{P_3}{P_2} = K^2$: 비대칭 전력의 비율이 K^2일 때 $\dfrac{V_3^2}{Z_{in3}} = K^2 \dfrac{V_2^2}{Z_{in2}}$

③ $V_2 = V_3$: $Z_{in2} = K^2 Z_{in3}$

①, ③으로부터 $Z_{in2} = (1+K^2)Z_0$, $Z_{in3} = \dfrac{1+K^2}{K^2} Z_0$의 관계를 얻을 수 있다. $R_2 = K^2 R_3$와 $R_2 = KZ_0$의 관계로부터 $R_3 = \dfrac{Z_0}{K}$가 되고, $Z_{04} = \sqrt{R_2 Z_0} = \sqrt{K} Z_0$, $Z_{05} = \sqrt{R_3 Z_0} = \dfrac{Z_0}{\sqrt{K}}$를 얻는다. 또한 $\dfrac{\lambda}{4}$ 임피던스 변환기의 관계식으로부터 Z_{02}, Z_{03}를 구하면 다음과 같다.

$$Z_{02} = \sqrt{Z_{in2} R_2} = \sqrt{K(1+K^2)} Z_0, \quad Z_{03} = \sqrt{Z_{in3} R_3} = \sqrt{\frac{1+K^2}{K^3}} Z_0$$

Z_{02}, Z_{03}를 이용해 R을 구하면 다음과 같다.

$$R = \frac{Z_{02} Z_{03}}{Z_0} = \frac{1+K^2}{K} Z_0$$

예제 5-5 비대칭 윌킨슨 전력분배기의 설계

[예제 5-4]의 결과를 이용하여 출력전력이 3[dB] 차이만큼 다르게 분배되고, 입력선로의 특성 임피던스가 50[Ω]인 윌킨슨 전력분배기를 설계하라.

풀이

비대칭 전력이 분배되는 윌킨슨 전력분배기는 [그림 (a)]와 같이 구성된다. 출력전력이 3[dB]만큼 차이가 난다는 것은 $\frac{P_3}{P_2} = 0.5\ (=3[\text{dB}])$ 라는 의미이다. 이로부터 $K^2 = \frac{P_3}{P_2} = 0.5$가 되며, $K = 0.707$이 된다.

각 출력전송선로의 특성 임피던스 $Z_{03} = Z_0\sqrt{1+K^2/K^3} = 103.0[\Omega]$으로 주어지고, $Z_{02} = K^2 Z_{03} = 51.5[\Omega]$으로 주어진다. 이때 저항 $R = Z_0(K+1/K) = 106.1[\Omega]$이 되고, $R_2 = Z_0 K = 35.35[\Omega]$, $R_3 = \frac{Z_0}{K} = 70.72[\Omega]$으로 주어진다. 설계된 윌킨슨 전력분배기는 [그림 (b)]와 같다.

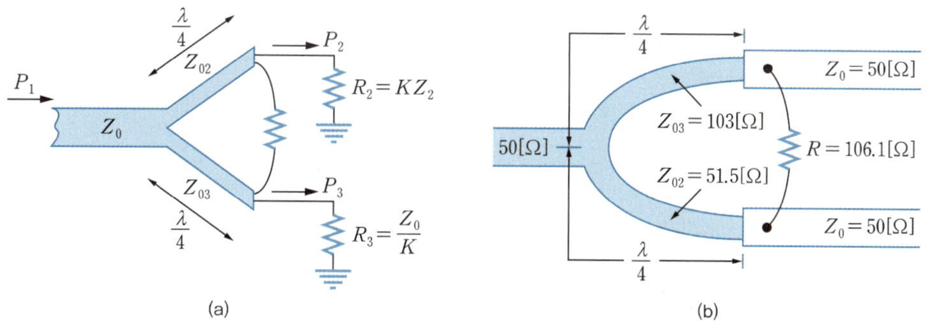

5.3.4 발룬

발룬 balun 은 [그림 5-18]과 같이 단일 종단 single-ended 회로와 차동 differential 회로를 연결하기 위해 또는 그 반대방향으로 연결하기 위해 사용되는 소자이다. 차동 신호를 의미하는 평형 balanced 신호를 단일 종단 신호를 의미하는 불평형 unbalanced 신호로 변환한다는 것을 나타내기 위해 두 용어를 합쳐 발룬(Bal+Un)이라고 한다. 발룬은 정합된 하나의 입력 matched input 과 두 차동출력 differential output 을 가진 3포트 소자로, 3포트를 가진 윌킨슨 전력분배기 또는 전력분배기 등과 유사한 구조를 갖는다. [그림 5-18(a)]에 나타낸 것처럼 출력으로 얻는 각 포트에서의 차동출력은 두 출력이 크기는 갖고 위상이 서로 반대, 즉 180° 위상차를 갖는다는 의미이다. 따라서 발룬은 다음과 같은 산란행렬 특성을 갖는다.

$$S_{12} = -S_{13} = S_{21} = -S_{31}, \quad S_{11} = -\infty \tag{5.22}$$

발룬은 아이솔레이터나 서큘레이터와 같은 다른 3포트 소자와 달리 [그림 5-18(b)]와 같이 가역성이 성립한다. 따라서 출력을 입력으로, 입력을 출력으로 바꾸어 사용할 수도 있다. [그림 5-18(a)]의 경우 발룬은 전력분배기 power divider 처럼 동작하며, [그림 5-18(b)]의 경우 전력결합기 power combiner 처럼 동작한다.

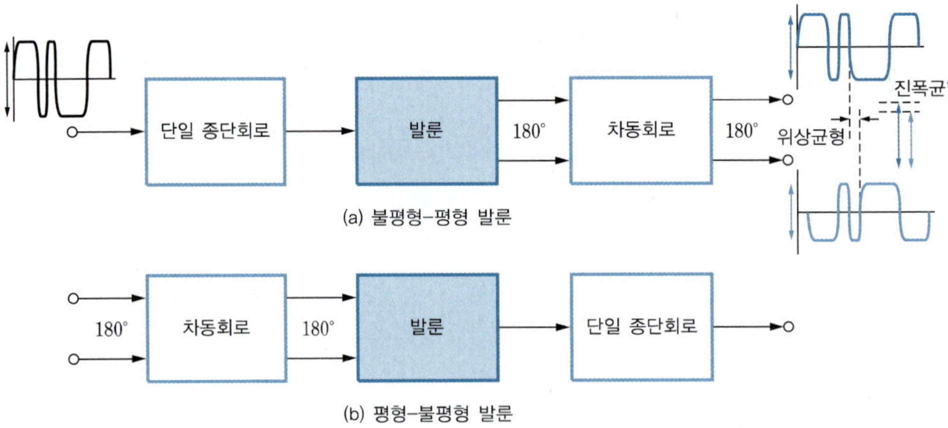

[그림 5-18] **발룬의 동작**

발룬의 성능을 나타내는 파라미터는 동작주파수 영역과 대역폭, 위상 균형phase balance, 진폭 균형amplitude balance, 공통모드 제거비common mode rejection ratio, 임피던스 비impedance ratio, 삽입손실 및 반사손실, 평형포트 간 격리도balanced port isolation 등이 있다. 위상균형과 진폭균형은 평형포트로 출력되는 두 신호 사이의 위상차와 진폭차를 나타낸다. 이상적인 경우 180°의 위상차와 동일한 진폭을 가져야 하므로, 180°를 기준으로 했을 때 나타나는 위상차와 진폭차를 표시한다. 대개의 경우 ±10° 이하의 위상균형값과 ±1[dB] 이하의 진폭균형값을 갖는다. 동일한 위상과 크기를 갖는 두 신호가 평형포트로 입력되면 신호의 흡수 또는 반사가 발생하여 출력되는 신호의 감쇄가 발생한다. 이러한 평형포트로부터 불평형포트로 전달되는 신호의 감쇄량을 **공통모드 제거비**라고 한다. 감쇄량을 나타내는 값이기 때문에 공통모드 제거비는 클수록 우수한 성능을 나타내며, 일반적인 발룬의 경우 최소 15 ~ 20[dB] 이상의 값을 갖는다. 보통 발룬의 불평형포트는 입력 전송선로에 정합이 되지만 평형포트의 경우 다른 값을 가질 수 있다. 평형포트 임피던스($Z_{balanced}$)에 대한 불평형포트 임피던스($Z_{unbalanced}$)의 비를 **임피던스 비** 또는 **턴비**turn ratio라고 하며, $1:n$으로 나타낸다.

발룬은 구현방법에 따라 여러 종류로 나뉜다. [그림 5-19]에 제시한 트랜스포머, 인덕터와 커패시터, 마이크로스트립 선로를 이용하여 구현한 것이 대표적인 예이다. [그림 5-19]에 나타낸 발룬 외에도 마이크로스트립 선로와 칩 커패시터를 결합하는 하이브리드 형태의 발룬, 마이크로스트립 선로(불평형 신호)와 스트립 선로(평형신호)의 연결transition을 위한 발룬 등이 있다.

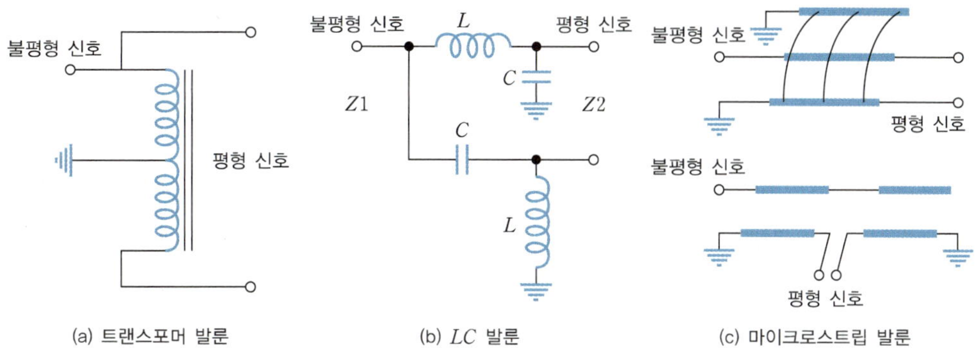

[그림 5-19] **발룬의 종류**

발룬은 다이폴 안테나와 같은 차동입력을 가진 안테나에 동축케이블과 같은 단일 종단 전송선로로 급전할 때 또는 푸시풀 증폭기[push-pull amplifier], 평형믹서[balanced mixer], 위상천이기[phase shifter], 평형변조기[balanced modulator] 등을 구동하기 위해 불평형 신호를 차동신호로 변환할 때 사용한다. 차동신호의 경우 잡음이나 누화[crosstalk]에 강하기 때문에 RS-422, PCI Express, HDMI 등 장거리 또는 고속신호 전송에 사용된다. [그림 5-20]에 발룬을 적용한 예를 나타냈다.

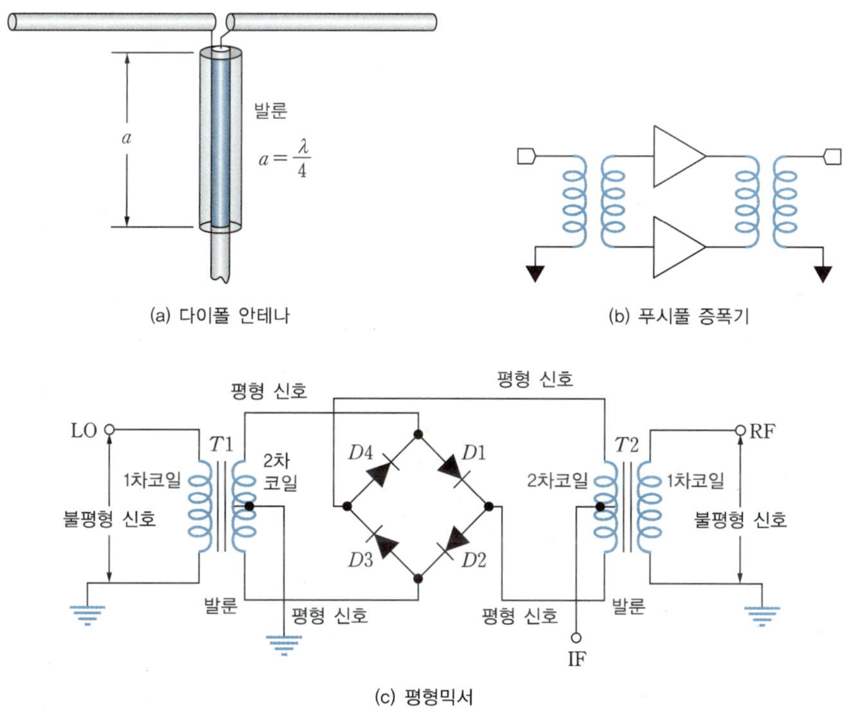

[그림 5-20] **발룬의 응용**

5.4 결합기

마이크로파 회로에서는 두 개의 입력포트 또는 그 이상의 입력포트 신호들을 결합하여 출력하기 위해 결합기를 사용한다. 앞서 설명한 바와 같이, 결합기가 전력분배기와 확연하게 다른 점은 출력 신호들 간에 위상차가 발생한다는 것이다. 결합기는 방향성 결합기 directional coupler와 하이브리드 hybrid로 나눌 수 있다. 방향성 결합기는 입력신호를 서로 다른 크기의 신호로 나누어 출력으로 내보내고, 하이브리드는 입력신호를 같은 크기의 신호로 나누어 출력으로 내보낸다는 차이가 있다. 물론 서로 다른 크기의 신호로 출력을 내보내는 하이브리드 설계도 가능하다.

5.4.1 방향성 결합기

방향성 결합기는 입력되는 신호의 일부만 출력으로 전달하고자 할 때 사용한다. 정합된 포트를 갖고, 가역성을 갖는 4포트 네트워크의 산란 행렬은 식 (5.23a)와 같이 주어진다. 식 (5.23b) 행렬과 같이 $S_{14} = S_{23} = 0$일 때, 이를 **방향성 결합기** directional coupler 라고 한다.

$$[S] = \begin{bmatrix} 0 & S_{12} & S_{13} & S_{14} \\ S_{12} & 0 & S_{23} & S_{24} \\ S_{13} & S_{23} & 0 & S_{34} \\ S_{14} & S_{24} & S_{34} & 0 \end{bmatrix} \tag{5.23a}$$

$$[S] = \begin{bmatrix} 0 & S_{12} & S_{13} & 0 \\ S_{12} & 0 & 0 & S_{24} \\ S_{13} & 0 & 0 & S_{34} \\ 0 & S_{24} & S_{34} & 0 \end{bmatrix} \tag{5.23b}$$

방향성 결합기의 모든 포트들은 정합되어 있다. $S_{14} = 0$은 입력포트 1~4로는 전력이 누설되지 않는다는 것을 의미한다. 이때 포트 4는 격리되어 있다고 하는데, 포트 2와 포트 3도 격리되어 있다. 즉, 포트 2에 입사된 전력은 포트 3으로 전달되지 않으며, 반대의 경우도 성립한다.

식 (5.23b)의 행렬로부터 두 가지 형태의 결합기가 존재하는 것을 알 수 있다. 90° Quadrature Hybrid 결합기 같은 대칭 결합기라면 식 (5.24a)와 같이 나타낼 수 있으며, 180° Rat-race Hybrid 결합기 같은 비대칭 결합기라면 식 (5.24b)와 같이 나타낼 수 있다.

$$[S] = \begin{bmatrix} 0 & \alpha & j\beta & 0 \\ \alpha & 0 & 0 & j\beta \\ j\beta & 0 & 0 & \alpha \\ 0 & j\beta & \alpha & 0 \end{bmatrix} \tag{5.24a}$$

$$[S] = \begin{bmatrix} 0 & \alpha & \beta & 0 \\ \alpha & 0 & 0 & -\beta \\ \beta & 0 & 0 & \alpha \\ 0 & -\beta & \alpha & 0 \end{bmatrix} \tag{5.24b}$$

이상적인 결합기는 **결합계수** coupling coefficient c로 결합특성을 표현하는데, 결합계수를 사용하여 식 (5.24a)를 다음과 같이 나타낼 수 있다. ($\beta = c$, $\alpha = \sqrt{1-\beta^2} = \sqrt{1-c^2}$)

$$s = \begin{bmatrix} 0 & \sqrt{1-c^2} & jc & 0 \\ \sqrt{1-c^2} & 0 & 0 & jc \\ jc & 0 & 0 & \sqrt{1-c^2} \\ 0 & jc & \sqrt{1-c^2} & 0 \end{bmatrix} \tag{5.25}$$

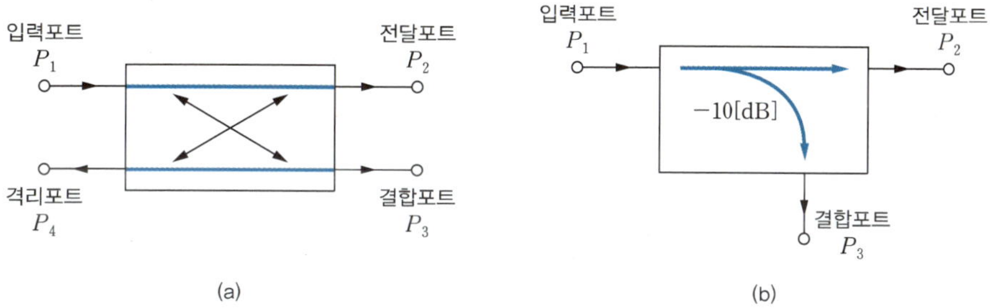

[그림 5-21] 방향성 결합기의 기호와 실제 구현된 회로(−10[dB] 결합기)

[그림 5-21(a)]에 주어진 방향성 결합기에서 모든 포트들이 정합되었다면, 각 포트에서의 전력은 식 (5.26)과 같이 주어진다.

$$\begin{aligned} P_1^- &= |S_{11}|^2 P_1^+ = 0 \\ P_2^- &= |S_{21}|^2 P_1^+ = (1-c^2)P_1^+ \\ P_3^- &= |S_{31}|^2 P_1^+ = c^2 P_1^+ \\ P_4^- &= |S_{41}|^2 P_1^+ = 0 \end{aligned} \tag{5.26}$$

[그림 5-21(a)]로부터 포트 1은 입력포트 input port, 포트 2는 전달포트 through port, 포트 3은 결합포트 coupled port, 포트 4는 격리포트 isolation port라고 한다. 이들 포트는 [그림 5-22]와 같이 식 (5.26)을 이용하여 나타낼 수 있다.

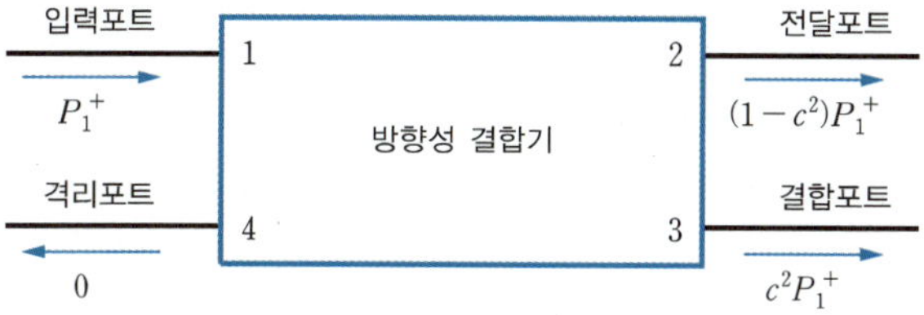

[그림 5-22] 결합계수로 나타낸 방향성 결합기

[그림 5-22]로부터 방향성 결합기의 특성을 나타내는 파라미터들을 다음과 같이 정의할 수 있다.

❶ 결합도 coupling C

방향성 결합기의 주요 특성으로, 식 (5.27a)와 같이 정의된다. 만약 입력된 전력이 포트 2와 포트 3으로 균등하게 분배된다면 결합도는 3[dB]가 된다.

❷ 방향성 directivity D

결합되는 포트에 대해 격리포트로 출력되는 전력비로, 식 (5.27b)와 같이 정의된다. 이 파라미터는 방향성 결합기에서 결합된 에너지가 얼마나 원하는 포트로 향하고 있는가를 나타내는 값으로, 방향성이 높을수록 성능이 더 우수하다.

❸ 격리도 isolation I

입력포트로 입력되는 전력에 대해 격리포트로 출력되는 전력의 비로, 식 (5.27c)와 같이 정의된다. 격리포트가 실제로 얼마나 격리되어 있는지를 나타내며, 격리도가 높을수록 더 우수한 특성을 갖는다.

❹ 반사손실 reflection loss RL

입력포트로 입력되는 전력에 대해 반사되는 전력의 비로, 식 (5.27c)와 같이 정의된다. 반사손실값이 클수록 성능이 더 우수하다.

$$C^{\text{dB}} = 10\log\left(\frac{P_1^+}{P_3^-}\right) = 20\log\left|\frac{1}{S_{31}}\right| = -20\log|\beta| \tag{5.27a}$$

$$D^{\text{dB}} = 10\log\left(\frac{P_3^-}{P_4^-}\right) = 20\log\left|\frac{S_{31}}{S_{41}}\right| = 20\log\left|\frac{\beta}{S_{41}}\right| \tag{5.27b}$$

$$I^{\text{dB}} = 10\log\left(\frac{P_1^+}{P_4^-}\right) = 20\log\left|\frac{1}{S_{41}}\right| \tag{5.27c}$$

$$RL^{\text{dB}} = -10\log\left(\frac{P_1^-}{P_1^+}\right) = -20\log|S_{11}| \tag{5.27d}$$

결합도, 방향성, 격리도는 서로 독립적인 값이 아니며, $I^{\text{dB}} = D^{\text{dB}} + C^{\text{dB}}$의 관계가 성립한다.

5.4.2 결합선로 결합기

방향성 결합기는 일반적으로 [그림 5-23]과 같은 결합선로 결합기coupled line coupler를 이용하여 구성된다.

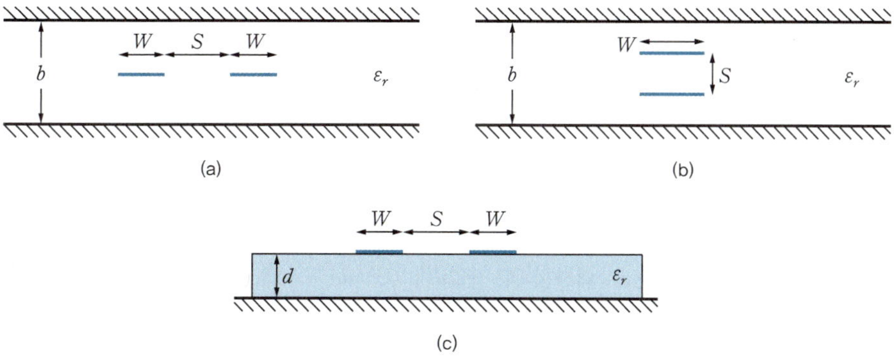

[그림 5-23] 결합선로의 종류

서로 평행하거나 근접한 선로들 사이에서는 근접효과proximity effect라고 하는 전자기적 결합현상이 발생한다. 이 현상은 전송선로를 따라 전달되는 전기장과 자기장을 변화시킴으로써 전송선로의 특성 임피던스를 변하게 한다. 이론적으로는 두 전송선로가 마치 커패시터처럼 동작한다 하여 **커패시터 결합**capacitive coupling이라고 한다. 이러한 현상을 이용하여 입력신호와 결합되는 출력신호를 내보내는 결합선로 결합기를 설계할 수 있다.

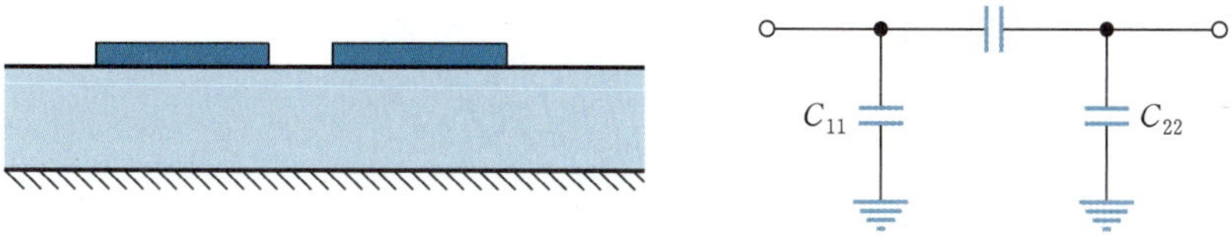

(a) PCB 위의 결합선로 (b) 등가회로

[그림 5-24] PCB 위의 결합선로와 등가회로

[그림 5-24(a)]와 같이 PCB 위에 마이크로스트립 선로가 결합되어 있을 때 [그림 5-24(b)]와 같은 등가회로로 나타낼 수 있다. 만약 두 전송선로의 폭이 동일하다면 $C_{11} = C_{22}$가 된다. 또한 두 전송선로가 동일할 때 결합선로의 단면 중심축에 대해 대칭이므로 우모드와 기모드를 이용하여 해석할 수 있다. 우모드와 기모드의 특성 임피던스를 각각 Z_0^o, Z_0^e라고 할 때 결합계수 c는 식 (5.28)과 같이 주어진다. 또한 결합을 최대로 얻기 위한 전송선로의 길이는 $l = \frac{\lambda}{4}$로 주어진다.

$$c = \frac{Z_0^e - Z_0^o}{Z_0^e + Z_0^o} \tag{5.28}$$

만약 두 전송선로에서 결합이 발생하지 않는다면 $Z_0^e = Z_0^o = Z_0$로 주어지고, 결합이 발생한다면 $Z_0^e Z_0^o = Z_0^2$으로 주어진다. 식 (5.28)과 조건을 바탕으로 각 모드에 따른 임피던스를 식 (5.29)와 같이 계산할 수 있다.

$$Z_0^e = Z_0\sqrt{\frac{1+c}{1-c}}, \quad Z_0^o = Z_0\sqrt{\frac{1-c}{1+c}} \tag{5.29}$$

따라서 Z_0와 c가 주어졌을 때 이상적인 결합선로 결합기를 설계하기 위한 Z_0^e, Z_0^o를 결정할 수 있다. 실제로 결합선로에서 우모드와 기모드에 대한 특성 임피던스를 구하기 위해서는 마이크로스트립 전송선로의 물리적인 파라미터(유전율, 유전체 두께, 선로 폭)를 이용하여 전자기 수치해석을 하거나 이미 계산된 그래프를 활용해 계산해야 한다([예제 5-6] 참조). 보통은 마이크로파 회로 설계 소프트웨어를 이용하여 근사적으로 계산할 수 있다.

[그림 5-25]에 결합선로의 물리적 설계 파라미터에 따라 주어지는 우모드와 기모드 임피던스를 나타냈다. 결합선로 결합기는 $\frac{1}{4}$ 파장 길이의 전송선로를 사용하기 때문에 협대역 특성이라는 제한이 있으며, 넓은 대역폭을 구현하기 위해서는 다중 전송선로를 사용해야 한다.

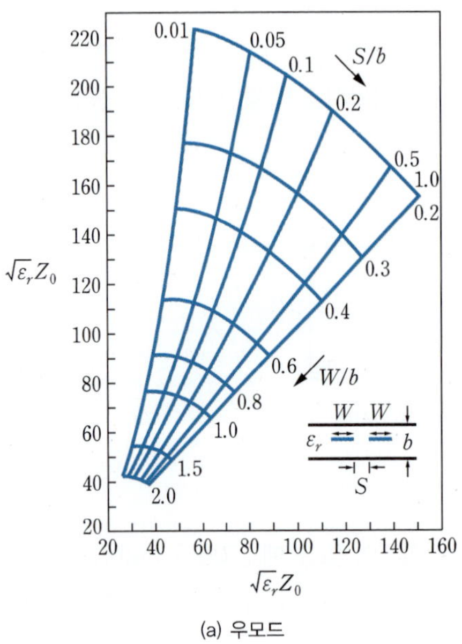

(a) 우모드

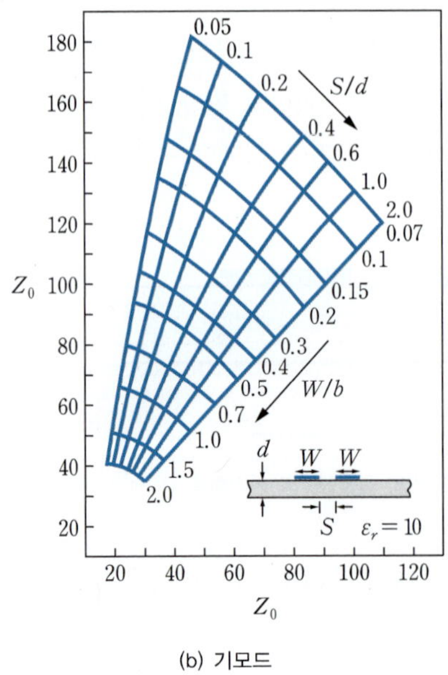

(b) 기모드

[그림 5-25] 결합선로에서 물리적 파라미터에 따라 주어지는 우모드와 기모드 임피던스

[그림 5-26]은 PCB에 구현된 중심주파수 1.83 [GHz]에서 동작하는 15 [dB] 결합특성을 갖는 마이크로스트립 결합선로 결합기의 사진이다.

[그림 5-26] 실제 제작된 마이크로스트립 결합선로 결합기[3]

예제 5-6 스트립 선로 결합기 설계

다음 그림과 같이 폭 W와 간격 S를 갖는 스트립 선로가 비유전율 2.8, 유전체 두께 0.5[cm]인 유전체 내에 위치한다고 가정해보자. 우모드 임피던스가 $Z_0^e = 100[\Omega]$, 기모드 임피던스가 $Z_0^o = 50[\Omega]$인 특성 임피던스를 가질 때 스트립 선로 결합기를 설계하기 위해 필요한 스트립 전송 선로의 폭 W와 간격 S를 [그림 5-25]를 이용해서 구하라.

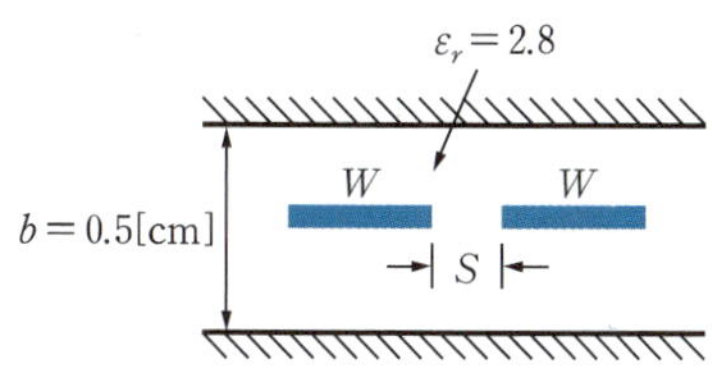

풀이

[그림 5-25]를 이용하면 $b = 0.50[\text{cm}]$, $\varepsilon_r = 2.8$, $Z_0^e = 100[\Omega]$, $Z_0^o = 50[\Omega]$의 조건으로부터

$$\underbrace{\sqrt{\varepsilon_r}\, Z_0^e = 167.3}_{\text{우모드}}, \quad \underbrace{\sqrt{\varepsilon_r}\, Z_0^o = 83.66}_{\text{기모드}}$$

을 얻고, 그래프에서 $\frac{s}{b} \approx 0.095$, $\frac{W}{b} \approx 0.32$가 됨을 알 수 있다. 이로부터 결합선로 결합기를 설계하기 위한 치수를 얻을 수 있다.

$$S = 0.95b = 0.095 \times 0.5 = 0.0425[\text{cm}], \quad W = 0.32b = 0.32 \times 0.5 = 0.16[\text{cm}]$$

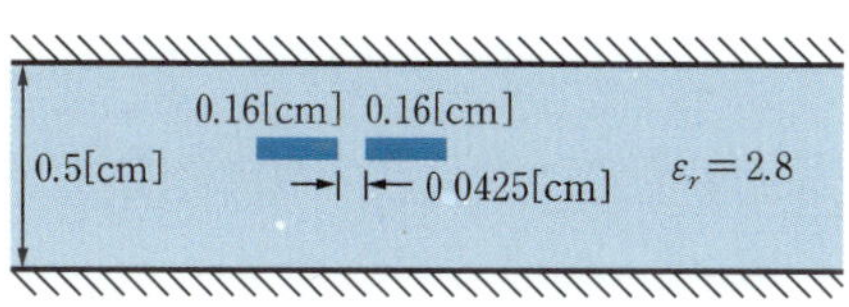

3 이 사진은 포르투 대학의 Mr. Henrique Miranda의 허락을 받고 인용하였다.

예제 5-7 스트립 선로를 이용한 단일 결합선로 결합기 설계

유전율이 2.2인 기판 내부에 접지면과 0.165[cm] 간격을 갖는 스트립 선로를 이용하여 동작주파수가 3[GHz]이며, 입출력포트 특성 임피던스가 50[Ω]인 20[dB] 단일 결합선로 결합기를 설계하라.

풀이

전압 결합계수 $c = 10^{-20/20} = 0.1$로 주어지며, 우모드 임피던스와 기모드 임피던스는 각각 다음과 같다.

$$Z_0^e = 50\sqrt{\frac{1.1}{0.9}} = 55.28\,[\Omega], \quad Z_0^o = 50\sqrt{\frac{0.9}{1.1}} = 45.23\,[\Omega]$$

$\sqrt{\varepsilon_r}\,Z_0^e = 81.99$, $\sqrt{\varepsilon_r}\,Z_0^o = 67.09$ 값을 이용하면 [그림 5-25]로부터 $\frac{W}{h} = 0.82$, $\frac{s}{h} = 0.42$가 주어지는 것을 알 수 있다. 즉, 결합 스트립 선로의 폭과 간격은 각각 $W = 0.135\,[\mathrm{cm}]$, $s = 0.069\,[\mathrm{cm}]$가 된다.

5.4.3 하이브리드 결합기

■ 90° 하이브리드 결합기

90° 하이브리드 결합기는 식 (5.24a)와 같이 대칭형 산란 행렬을 가지며, 중심주파수 f_0에서 식 (5.30a)로 주어진다. 포트 1에서 입력된 전력이 포트 2와 포트 3으로 3[dB]씩 균일하게 출력된다. 90°의 위상을 갖기 때문에 원형편파를 얻기 위해 사용되는데, 전력분배기, 평형 믹서, 위상천이기, 전력결합기 등에 사용된다.

[그림 5-27]에 마이크로스트립으로 구현된 90° 하이브리드 결합기인 브랜치선로[branchline] 결합기를 나타냈다. 90° 하이브리드 결합기는 [그림 5-27(a)]와 같은 기호로 나타내며, 브랜치선로 결합기는 [그림 5-27(b)]와 같이 $\frac{Z_0}{\sqrt{2}}$의 임피던스를 갖는 $\frac{\lambda}{4}$ 길이의 두 직렬선로와 Z_0의 임피던스로 병렬로 연결된 두 선로로 구성된다. 설계된 브랜치선로 결합기는 [그림 5-27(c)]와 같이 PCB 기판으로 제작한다. [그림 5-27(d)]에 나타낸 주파수 특성과 같이 중심주파수 f_0에서 S_{11}, S_{44}의 값이 매우 작으며, $S_{21} = S_{31} = -3\,[\mathrm{dB}]$를 만족한다. 90° 하이브리드 결합기는 제작하기 쉽다는 장점이 있는 반면, 동작 대역폭이 협대역이라는 단점이 있다. 그래서 대역폭을 늘리기 위해 병렬선로 3개를 사용, 즉 두 개의 네모박스를 갖는 브랜치선로 결합기가 사용된다.

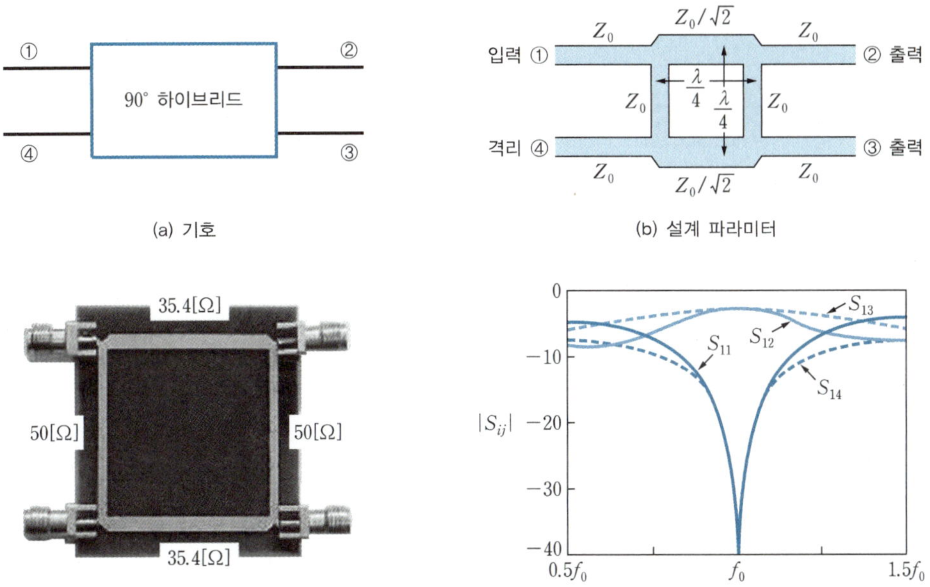

(a) 기호 (b) 설계 파라미터 (c) 제작 예 (d) 주파수 특성

[그림 5-27] 90° 하이브리드 결합기

$$S = -\frac{1}{\sqrt{2}}\begin{bmatrix} 0 & j & 1 & 0 \\ j & 0 & 0 & 1 \\ 1 & 0 & 0 & j \\ 0 & 1 & j & 0 \end{bmatrix} \tag{5.30a}$$

$$S = -\frac{j}{\sqrt{2}}\begin{bmatrix} 0 & 1 & 1 & 0 \\ 1 & 0 & 0 & -1 \\ 1 & 0 & 0 & 1 \\ 0 & -1 & 1 & 0 \end{bmatrix} \tag{5.30b}$$

■ 180° 링 하이브리드 결합기

180° 링 하이브리드 ring hybrid **결합기**[4]는 무손실이다. 또한 포트들이 정합되어 있는 4포트 소자로, 식 (5.24b)와 같이 비대칭 행렬을 갖는다. 90° 하이브리드 결합기와 같이 세 포트 중 두 포트에 균일하게 전력을 분배하지만, 위상 차이가 없는 동위상 특성을 갖는다. 원형으로 배열된 $\frac{\lambda}{4}$와 $\frac{3\lambda}{4}$ 길이의 전송선로는 모두 $\sqrt{2}\,Z_0$의 특성 임피던스를 갖는다.

포트 1로 입력된 신호는 시계방향과 반시계방향으로 나눠는데, 포트 4에서 $\frac{\lambda}{2}$만큼 차이가 나기 때문에 상쇄되어 없어진다. 만약 입력이 포트 1 또는 포트 3이면 두 신호들은 동위상이고, 입력이 포트 2나 포트 4이면 180°의 위상차를 갖는다. 90° 하이브리드 결합기와 마찬가지로 전송선로의 길이를 이용하여 설계하지만, 각 선로의 특성 임피던스는 동일하다. 그러나 전송선로의 길이가 설계 파라미터로 사용되기 때문에 180° 링 하이브리드 결합기는 협대역 특성을 갖는다.

4 간혹 원형, Rat-race, Magic-T 하이브리드라고도 부른다.

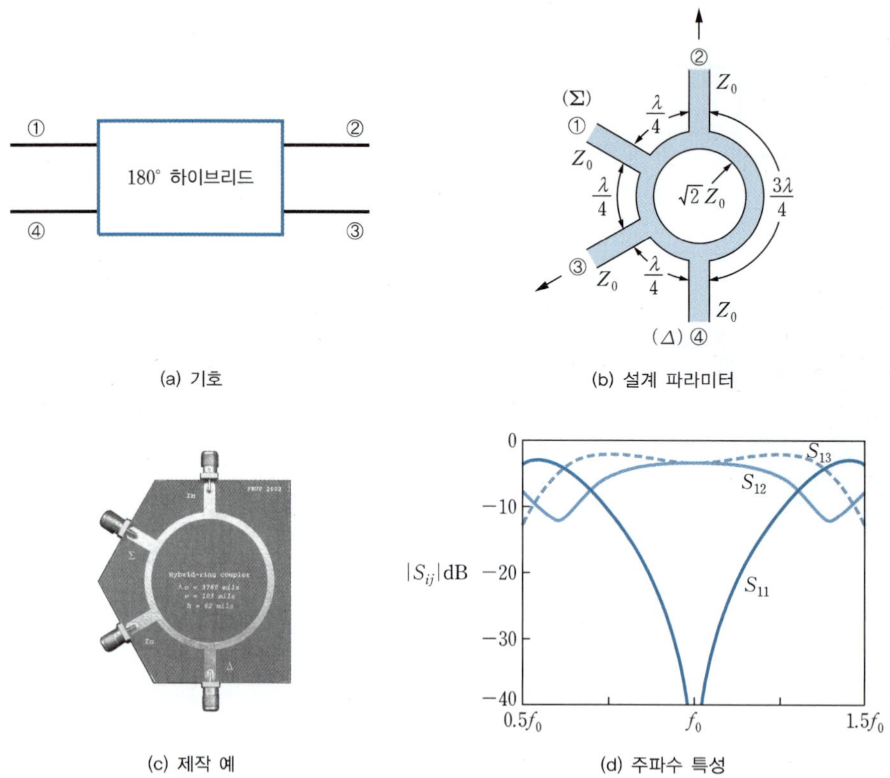

[그림 5-28] 180° 링 하이브리드 결합기[5]

지금까지 전력분배기와 결합기를 살펴보았다. [표 5-4]에 전력분배기와 결합기의 동작주파수 범위, 결합도, 격리도, 방향성, 위상특성 등을 비교하여 정리했다.

[표 5-4] 전력분배기와 결합기의 비교 (계속)

	저항성 전력분배기	윌킨슨 전력분배기	방향성 결합기	90° 하이브리드
모양	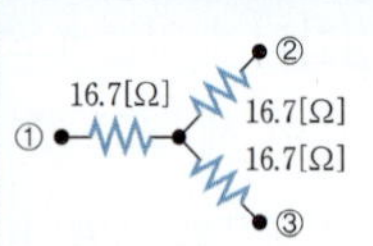	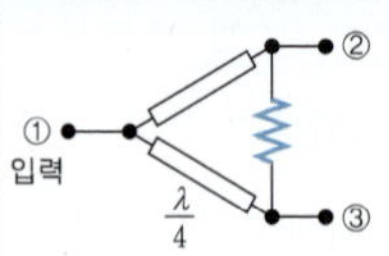	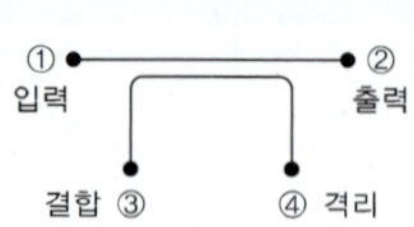	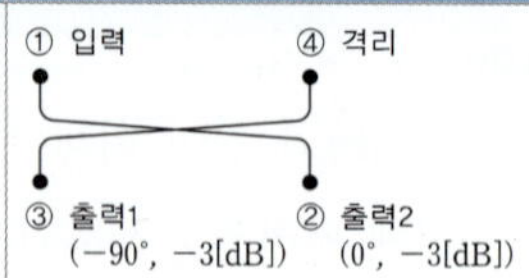
동작원리	저항성 전압분배 회로	$\frac{1}{4}$ 파장 변환기가 기모드/우모드 신호를 격리저항으로 분리	$\frac{1}{4}$ 파장 전송선로로 약한 결합	$\frac{1}{4}$ 파장 전송선로로 강한 결합
저주파수 범위	DC	수백 [MHz]	수백 [MHz]	수백 [MHz]
고주파수 범위	수십 [GHz]	수십 [GHz]	수십 [GHz]	수십 [GHz]

5 이 그림은 포르투 대학의 Mr. Henrique Miranda의 허락을 받고 인용하였다.

[표 5-4] 전력분배기와 결합기의 비교

	저항성 전력분배기	윌킨슨 전력분배기	방향성 결합기	90° 하이브리드
최대 실제 대역폭비	DC	65:1	65:1	13:1
삽입손실	6[dB]	$10\log(N)$ (N : 출력 수)	$10\log\left(\frac{1}{1-10^{(C/10)}}\right)$	3[dB]
결합도 C	균등 전력분배(6[dB])	균등 전력분배(3[dB])	6 ~ 30[dB]	균등 전력분배(3[dB])
격리도 I	6[dB]	20[dB](일반적)	30 ~ 40[dB]	20[dB](일반적)
방향성 D	해당 사항 없음	해당 사항 없음	20[dB](일반적)	해당 사항 없음
출력에서 위상이동	0° (동위상)	0° (동위상)	90° (보통 특정하지 않음)	0°

예제 5-8 브랜치선로 방향성 결합기 설계

주어진 그림에서 1[GHz]에서 6[dB]의 결합도를 갖는 브랜치선로 방향성 결합기가 되도록 Z_{01}, Z_{02}, $\frac{\lambda}{4}$를 각각 구하라. 단, 방향성 결합기는 비유전율이 2.2, 0.158[cm] 두께를 갖는 마이크로스트립 선로를 이용하여 구현하며, 입력 전송선로의 특성 임피던스는 50[Ω]으로 주어진다.

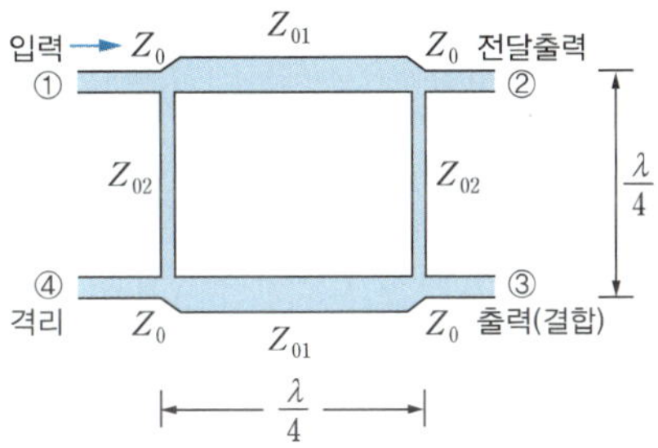

풀이

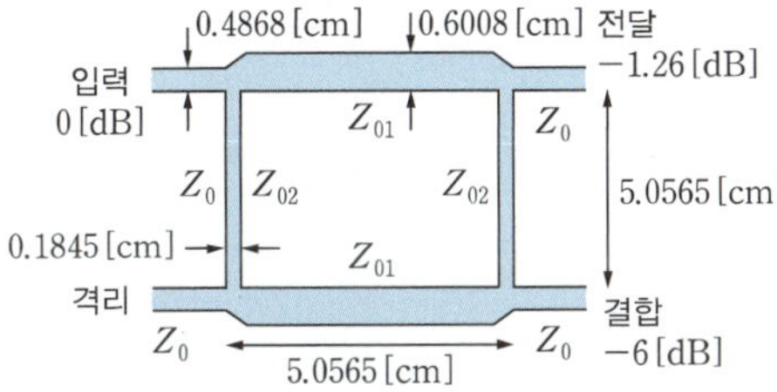

위의 일반적인 브랜치선로 방향성 결합기에서 입력포트 1이 정합되고, 포트 4로 전력이 누설되지 않기 위해서는 다음의 조건이 성립되어야 한다.

$$\frac{Z_{02}}{Z_0} = \frac{Z_{01}/Z_0}{\sqrt{1-(Z_{01}/Z_0)^2}}$$

이상적으로 방향성이 무한대이므로, 결합도 C는 다음과 같이 주어진다.

$$C = 10\log\left[\frac{1}{1-(Z_{01}/Z_0)^2}\right][\text{dB}]$$

이것은 스트립 선로나 마이크로스트립 선로의 경우 스트립의 폭을 조절하거나, 동축케이블의 경우

내경과 외경도체의 비율 등을 조절하면 결합도의 양을 조절할 수 있다는 것을 의미한다.

❶ $C = 10\log\left[\frac{1}{1-(Z_{01}/Z_0)^2}\right] = 6\,[\mathrm{dB}]$로부터 $\frac{Z_{01}}{Z_0} = 0.8653$이고 $Z_{01} = 43.27\,[\Omega]$이 된다.

❷ $\frac{Z_{02}}{Z_0} = \frac{Z_{01}/Z_0}{\sqrt{1-(Z_{01}/Z_0)^2}} = 1.7263$으로부터 $Z_{02} = 86.31\,[\Omega]$으로 계산할 수 있다.

❸ 동작주파수 1[GHz]에서 유효파장 $\lambda_{\mathrm{eff}} = \frac{\lambda_0}{\sqrt{\varepsilon_r}} = 20.226\,[\mathrm{cm}]$이며, $l = \frac{\lambda}{4} = 5.0565\,[\mathrm{cm}]$로 주어진다. 마이크로스트립 전송선로의 식으로부터 50[Ω] 임피던스를 갖는 전송선로의 폭은 0.487[cm]이며, $Z_{01} = 43.27\,[\Omega]$에 대한 전송선로의 폭은 0.601[cm], $Z_{02} = 86.31\,[\Omega]$의 전송선로 폭은 0.185[cm]로 주어진다.

5.5 마이크로파 필터

이상적인 필터는 선형성을 갖는 2포트 네트워크로 특정한 통과대역passband 주파수에 대해서는 신호를 모두 전송하고, 저지대역stopband 주파수에 대해서는 무한대로 감소시키며 통과대역에서 신호 왜곡을 줄이기 위해 선형 위상응답을 갖는다. [그림 5-1]에 나타낸 것과 같이 무선통신 시스템을 구성하는 송수신기에서 필터는 RF 채널신호의 분리, 대역 외 잡음 제거, 영상신호image signal의 제거, IF 대역 통과 등 다양한 용도로 사용되는 대표적인 마이크로파 수동소자이다. 이 절에서는 필터의 종류, 구조, 설계 방법 등에 대해 설명한다.

5.5.1 필터의 종류와 특성

필터는 주파수의 특성에 따라 저역 통과 필터LPF : Low-Pass Filter, 고역 통과 필터HPF : High-Pass Filter, 대역 통과 필터BPF : Band-Pass Filter, 대역 저지 필터BSP : Band-Stop Filter 등으로 나눌 수 있다. 또한 각 필터들은 필터를 구성하는 부품에 따라 능동필터와 수동필터로 나눌 수 있다. 능동필터는 통과대역에서 신호전력이 증폭되며 트랜지스터, FET 또는 OP-amp로 구성된다. 수동필터는 통과대역에서 신호전력의 손실이 발생하는 구조이다. 필터는 저항, 인덕터, 커패시터, 전송선로 그리고 공진회로 같은 부품들로 구성된다. 예를 들어, 압전 크리스탈piezoelectric crystal, SAWSurface Acoustic Wave 소자 그리고 기계적 공진기 등이 있다. 필터의 특성을 나타내는 방법은 주파수응답 특성이 가장 일반적이다. 주파수응답 특성은 전달함수 $H(\omega)$, 감쇄함수attenuation factor $A(\omega)$, 산란계수 $s_{21}(\omega)$ 등으로 나타낸다.

마이크로파 필터는 일반적으로 수동회로로 구현되며, [그림 5-29(a)]와 같이 가역성을 갖는 2포트 선형 네트워크로 표현할 수 있다. 저역 통과 필터와 대역 통과 필터는 각각 [그림 5-29(b), (c)]와 같은 주파수응답 특성으로 표현된다. [그림 5-29(a)]에 나타낸 필터의 산란 행렬 중 투과계수가

S_{21}로 주어졌을 때, 필터의 출력포트가 정합된 부하로 종단되었다면, 입력전력 P_{inc}와 출력전력 P_{out} 사이에는 식 (5.31)의 관계가 성립한다.

$$P_{out} = |S_{21}|^2 P_{inc} \tag{5.31}$$

식 (5.31)로부터 전력전달계수 power transmission coefficient T와 전력반사계수 power reflection coefficient Γ를 식 (5.32)와 같이 정의할 수 있다. 필터를 수동회로라고 가정했으므로 전력전달계수의 범위는 $0 \leqq T \leqq 1$이 된다.

$$T = \frac{P_{out}}{P_{inc}} = |S_{21}|^2, \quad \Gamma = \frac{P_r}{P_{inc}} = |S_{11}|^2 \tag{5.32}$$

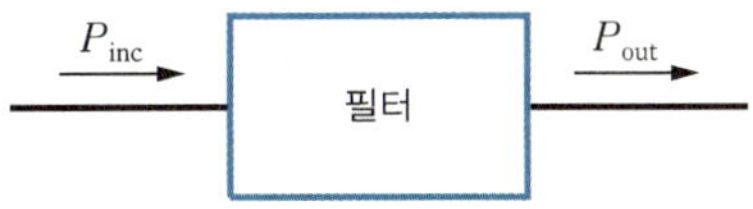

(a) 필터의 입출력

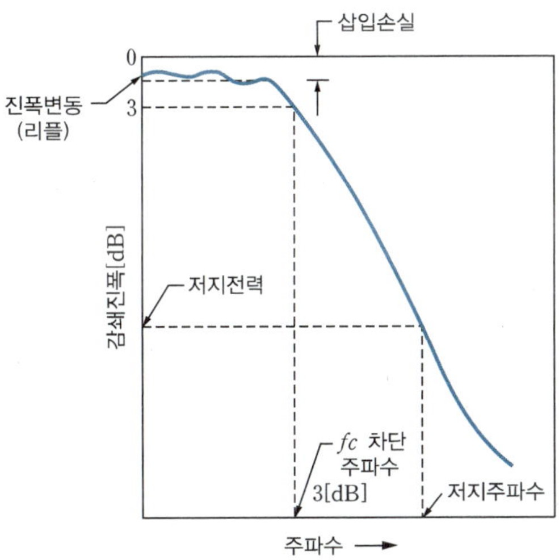

(b) 저역 통과 필터 특성

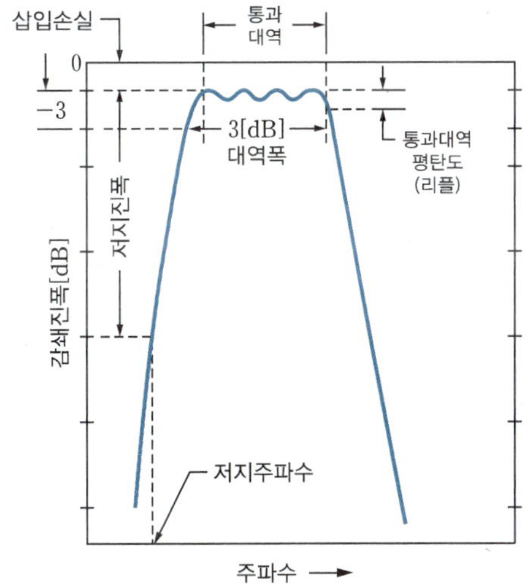

(c) 대역 통과 필터 특성

[그림 5-29] 마이크로파 필터의 주파수응답 특성

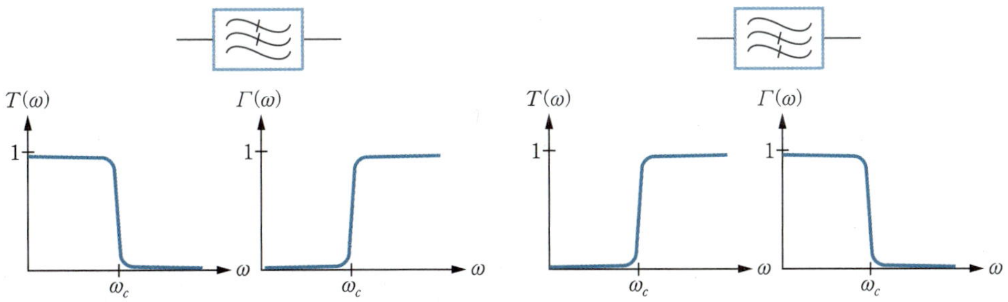

(a) 저역 통과 필터 (b) 고역 통과 필터

[그림 5-30] 필터별 주파수응답 특성 (계속)

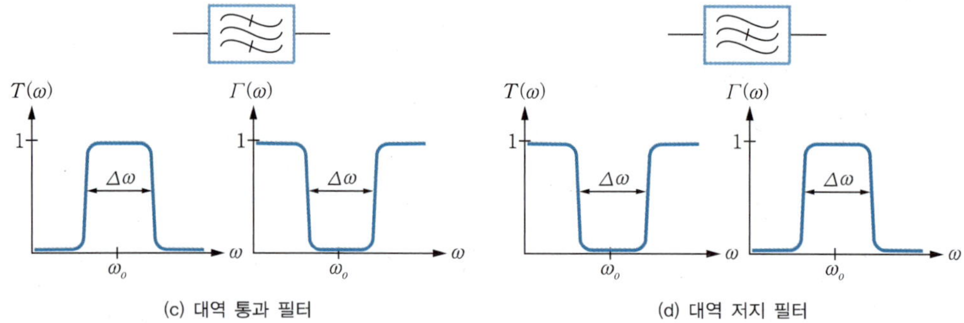

[그림 5-30] 필터별 주파수응답 특성

식 (5.32)로 주어지는 전력전달계수 T와 전력반사계수 Γ는 모두 주파수의 함수로 $\Gamma(\omega)$와 $T(\omega)$로 나타낼 수 있다. 신호주파수가 ω_s라고 할 때 이상적으로는 필터의 통과대역에서는 $\Gamma(\omega = \omega_s) = 0$, $T(\omega = \omega_s) = 1$의 특성을 가지며, 저지대역에서는 $\Gamma(\omega = \omega_s) = 1$, $T(\omega = \omega_s) = 0$의 특성을 갖는다. 필터는 $T(\omega)$와 $\Gamma(\omega)$의 값에 따라 [그림 5-30]과 같이 모두 네 개의 형태로 나뉜다. 필터의 전력전달계수 $T(\omega)$는 전달함수 $H(\omega)$로 나타내기도 한다. 또한 필터의 통과대역에서 발생하는 왜곡을 줄이기 위해서는 전달함수의 위상특성이 선형이어야 한다. 이는 각주파수 ω에 대한 위상 $\angle S_{21}(\omega)$의 변화량, 즉 식 (5.33)의 미분 형태로 주어지는데, 이를 **그룹지연** group delay 또는 **군지연**이라고 한다. 선형특성을 위해서는 그룹지연이 상수 값을 가져야 한다.

$$t_{\text{gr}} = \frac{d(\angle S_{21}(\omega))}{d\omega} \tag{5.33}$$

[그림 5-30]의 저역 통과 필터와 고역 통과 필터에서 ω_c를 **차단주파수** cutoff frequency 라고 하며, 필터의 통과대역과 저지대역이 변하는 경계주파수라고 정의할 수 있다. 대역 통과 필터와 대역 저지 필터에서 ω_0는 **중심주파수** center frequency 라고 하며, $\Delta\omega$는 필터의 대역폭(대역 통과 필터의 경우 통과 대역폭, 대역 저지 필터의 경우 저지 대역폭)으로 정의한다.

5.5.2 삽입손실방법을 이용한 필터 설계

필터를 설계할 때는 **삽입손실방법** ILM : Insertion Loss Method 을 가장 많이 사용한다. 이는 전달함수 $H(\omega)$, 감쇄함수 $A(\omega)$ 또는 $S_{21}(\omega)$ 등을 사용하여 설계하는 방법으로, 설계할 때 위상 정보는 무시된다. 이 절에서는 삽입손실방법을 이용한 필터 설계과정을 살펴보기로 한다.

■ 삽입손실방법

필터의 전달함수 $H(\omega)$는 입력전력에 대한 출력전력을 나타낸 것으로, 식 (5.34)와 같이 유한한 다항함수식으로 나타낼 수 있다. 이때 a_0, a_1, $\cdots$, b_0, b_1, $\cdots$, b_N은 계수이며, 분모항의 N을 **필터의 차수** order라고 한다.

$$H(\omega) = \frac{a_0 + a_1\omega + a_2\omega^2 + \cdots}{b_0 + b_1\omega + b_2\omega^2 + \cdots + b_N\omega^{2N}} \tag{5.34}$$

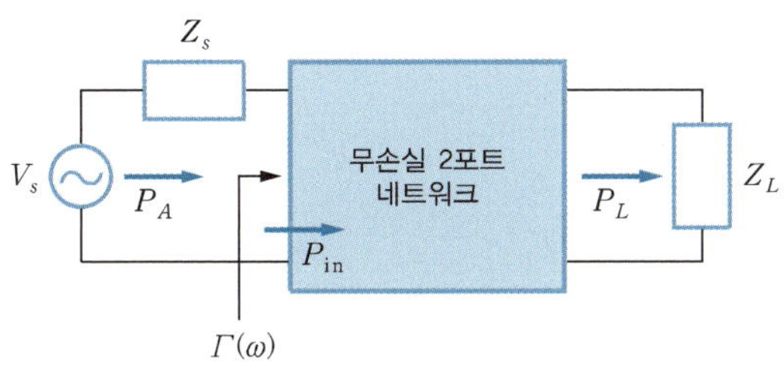

(a) 필터의 전력특성 회로

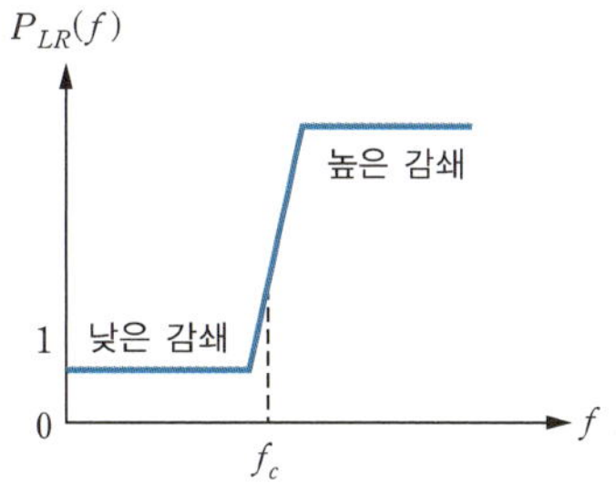

(b) 저역 통과 필터의 전력손실비 특성

[그림 5-31] **필터의 전력전달 특성**

필터를 [그림 5-31(a)]와 같은 무손실 2포트 네트워크로 정의해보자. 이때 신호원 전력이 P_A이고 필터의 입력반사계수가 $\Gamma(\omega)$일 때 실제 입력되는 전력은 P_{in}, 출력되는 전력은 P_L로 나타낼 수 있다. 삽입손실방법에서는 식 (5.34)에서 정의한 전력전달비 대신 [그림 5-31(b)]에 정의된 전력손실비 power loss ratio P_{LR}을 식 (5.35)와 같이 정의하여 사용한다.

$$\begin{aligned} P_{\text{LR}} &= \frac{\text{신호원으로부터 전달되는 전력}}{\text{부하에 전달되는 전력}} \\ &= \frac{P_{\text{inc}}}{P_{\text{Load}}} = \frac{P_A}{P_A\left[1 - |\Gamma(\omega)|^2\right]} = \frac{1}{1 - |\Gamma(\omega)|^2} \end{aligned} \tag{5.35}$$

[그림 5-31(b)]는 저역 통과 필터의 전력손실비 특성을 나타낸다. 차단주파수를 f_c라고 할 때 통과대역에서는 반사전력이 0이다. 식 (5.35)의 정의로부터 $P_{\text{LR}} = 1$이며, 저지대역에서는 $\Gamma(\omega) = 1$에 가까워지기 때문에 $P_{\text{LR}} = \infty$에 가까워진다. 식 (5.35)에서 $|\Gamma(\omega)|^2$은 주파수 ω에 대한 우함수이므로

$$|\Gamma(\omega)|^2 = \frac{M(\omega^2)}{M(\omega^2) + N(\omega^2)} \tag{5.36}$$

으로 나타낼 수 있으며, 식 (5.35)는 식 (5.37)과 같이 나타낼 수 있다.

$$P_{\rm LR} = \frac{1}{1-|\Gamma(\omega)|^2} = \frac{1}{1-\dfrac{M(\omega^2)}{M(\omega^2)+N(\omega^2)}} = 1+\frac{M(\omega^2)}{N(\omega^2)} \tag{5.37}$$

식 (5.37)에서 $[P(\omega)]^2 = \dfrac{M(\omega^2)}{N(\omega^2)}$ 으로 정의하면 $P_{\rm LR} = 1+[P(\omega)]^2$ 으로 나타낼 수 있다. $P(\omega)$는 우함수 또는 기함수가 될 수 있으며, ① 최대평탄 maximally flat 함수 또는 버터워스 Butterworth 함수, ② 균일 리플 equal ripple 또는 체비셰프 Chebyshev 함수, ③ 베셀 Bessel 함수, ④ 타원 elliptic 함수 등으로 나타낼 수 있다. [그림 5-31(b)]의 저역 통과 필터에 대해 $[P(\omega)]^2$은 차단주파수보다 작을 때($\omega < \omega_c$)는 0에 가까우며, 차단주파수보다 클 때($\omega \gg \omega_c$)는 $[P(\omega)]^2 \gg 1$이 된다.

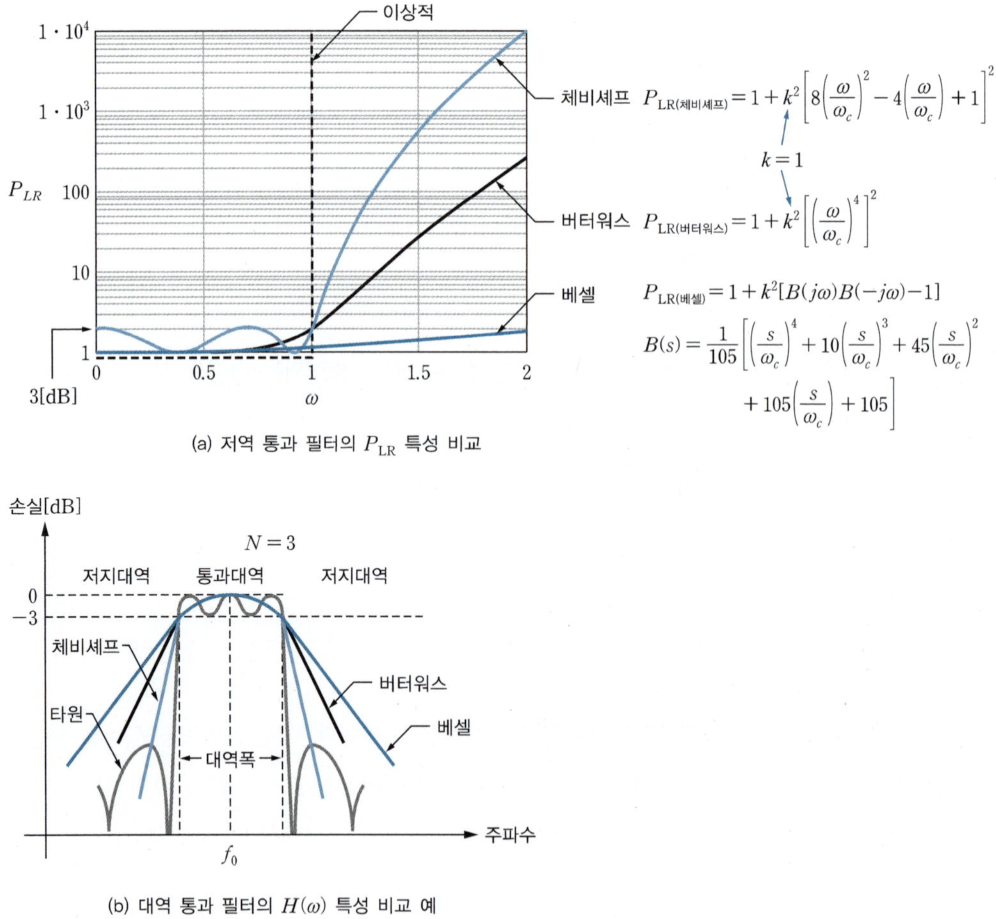

[그림 5-32] $P_{\rm LR}$ 다항식에 따른 필터의 응답 특성($\omega_c = 1$로 정규화, $k=1$)

[그림 5-32]는 P_{LR}에서 $P(\omega)$가 서로 다른 다항식으로 주어졌을 때, 필터의 차수가 $N=4$인 저역 통과 필터와 $N=3$인 대역 통과 필터의 응답 특성을 나타냈다. 같은 차수에 대해 버터워스는 통과대역에 대해 평탄한 특성을 갖는 대신 필터의 차단특성 기울기가 완만해진다는 것을 알 수 있다. 통과대역에서 평탄한 특성 때문에 **최대 평탄특성 필터** maximum flat filter 라고도 한다. 반면 체비셰프 함수를 사용하는 필터는 통과대역 내에서 진폭 변동인 리플이 발생하지만, 차단특성 기울기가 급격하게 변하는 장점이 있다. 차단특성 기울기가 급격하게 변한다는 것은 송수신 격리도를 높이고, 인접채널 간 간섭을 줄여 통신시스템의 성능을 향상시킬 수 있다는 뜻이다. 베셀 함수를 사용하는 필터는 통과대역 내 특성이 평탄하고 기울기도 매우 완만하여 선택도 selectivity 는 나쁘지만, 위상 응답 특성이 선형으로 나타나 그룹지연 특성이 우수하다는 장점이 있다. [그림 5-32(b)]에 나타낸 타원 함수를 사용하는 필터는 통과대역과 저지대역에서 매우 급격한 기울기를 갖는다. 이 경우에는 통과대역뿐만 아니라 저지대역에도 리플 특성이 나타난다.

[그림 5-33]에는 필터의 차수에 따른 저역 통과 필터의 P_{LR} 특성을 나타냈다. [그림 5-33(a)]에는 버터워스 다항식을 이용한 필터에 대해, [그림 5-34(b)]에는 체비셰프 다항식을 이용한 필터에 대해 차수에 따른 감쇄특성을 나타냈다. 필터의 차수가 높아질수록 저지대역에서의 감쇄특성이 우수하다는 것을 확인할 수 있으며, 결론적으로 필터 설계에 쓰이는 다항식과 필터의 차수가 저지대역 감쇄특성을 결정한다는 사실을 알 수 있다.

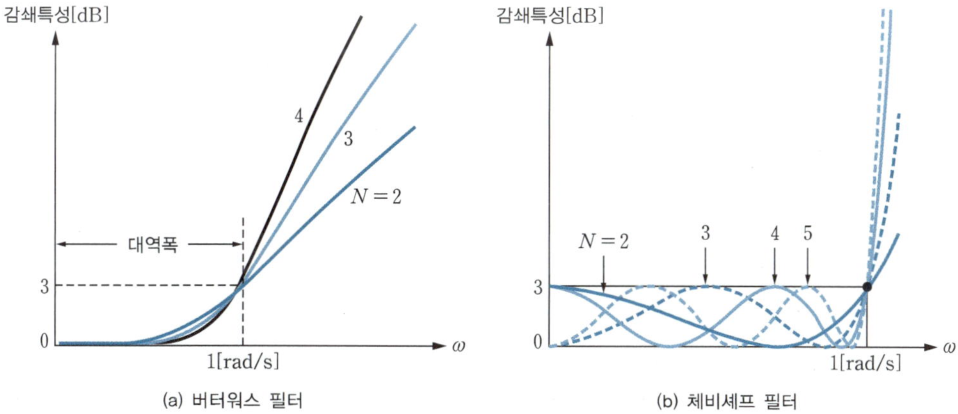

[그림 5-33] 저역 통과 필터의 차수에 따른 P_{LR} 특성

■ 설계 과정

삽입손실방법을 이용하여 마이크로파 필터를 실계하는 과정은 [그림 5-34]와 같다. 각 단계를 간단히 살펴보자.[6]

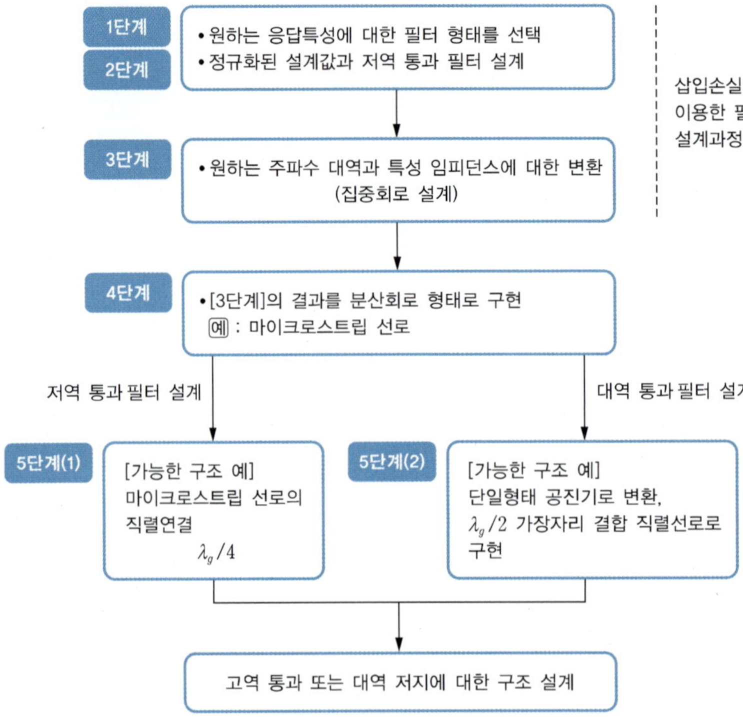

[그림 5-34] 삽입손실방법을 이용한 필터 설계과정

❶ **1단계** : 주어진 조건(통과대역의 삽입손실, 저지대역의 감쇄특성, 리플의 범위 등)을 충족하는 필터의 차수와 형태를 결정한다.

❷ **2단계** : 저역 통과 필터의 일반적인 회로망인 [그림 5-35]와 LC 네트워크로 표현된 임피던스 값을 나타내는 [표 5-5]~[표 5-7]로부터 LC 네트워크로 구성된 정규화된 저역 통과 필터를 설계한다.

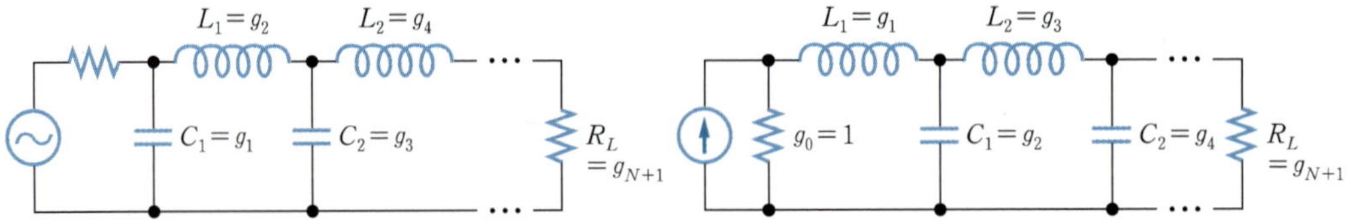

[그림 5-35] 저역 통과 필터의 정규화된 LC 회로

6 전자기 시뮬레이터를 사용하여 무선 LAN 주파수 대역인 2.4[GHz]의 대역 통과 필터를 설계하는 예제를 '부록 D'에 수록했으니 학습에 참고하기 바란다.

[표 5-5] 버터워스 저역 통과 필터 설계를 위한 정규화된 임피던스 테이블

N	g_1	g_2	g_3	g_4	g_5	g_6	g_7	g_8	g_9
1	2.0000	1.0000							
2	1.4142	1.4142	1.0000						
3	1.0000	2.0000	1.0000	1.0000					
4	0.7654	1.8478	1.8478	0.7654	1.0000				
5	0.6180	1.6180	2.0000	1.6180	0.6180	1.0000			
6	0.5176	1.4142	1.9318	1.9318	1.4142	0.5176	1.0000		
7	0.4450	1.2470	1.8019	2.0000	1.8019	1.2470	0.4450	1.0000	
8	0.3902	1.1111	1.6629	1.9615	1.9615	1.6629	1.1111	0.3902	1.0000

[표 5-6] 체비셰프 저역 통과 필터 설계를 위한 정규화된 임피던스 테이블(리플 = 0.5[dB])

N	g_1	g_2	g_3	g_4	g_5	g_6	g_7
1	0.6986	1.0000					
2	1.4029	0.7071	1.9841				
3	1.5963	1.0967	1.5963	1.0000			
4	1.6703	1.1926	2.3661	0.8419	1.9841		
5	1.7058	1.2296	2.5408	1.2296	1.7058	1.0000	
6	1.7254	1.2479	2.6064	1.3137	2.4578	0.8696	1.9841

[표 5-7] 체비셰프 저역 통과 필터 설계를 위한 정규화된 임피던스 테이블(리플 = 3.0[dB])

N	g_1	g_2	g_3	g_4	g_5	g_6	g_7
1	1.9953	1.0000					
2	3.1013	0.5339	5.8095				
3	3.3487	0.7117	3.3487	1.0000			
4	3.4389	0.7483	4.3471	0.5920	5.8095		
5	3.4817	0.7618	4.5381	0.7618	3.4817	1.0000	
6	3.5045	0.7685	4.6061	0.7929	4.4641	0.6033	5.8095

❸ **3단계** : 설계된 저역 통과 필터를 원하는 주파수, 임피던스, 필터의 형태에 맞게 주파수 스케일링 frequency scaling 및 임피던스 역정규화 impedance denormalization 하여 변환한다.

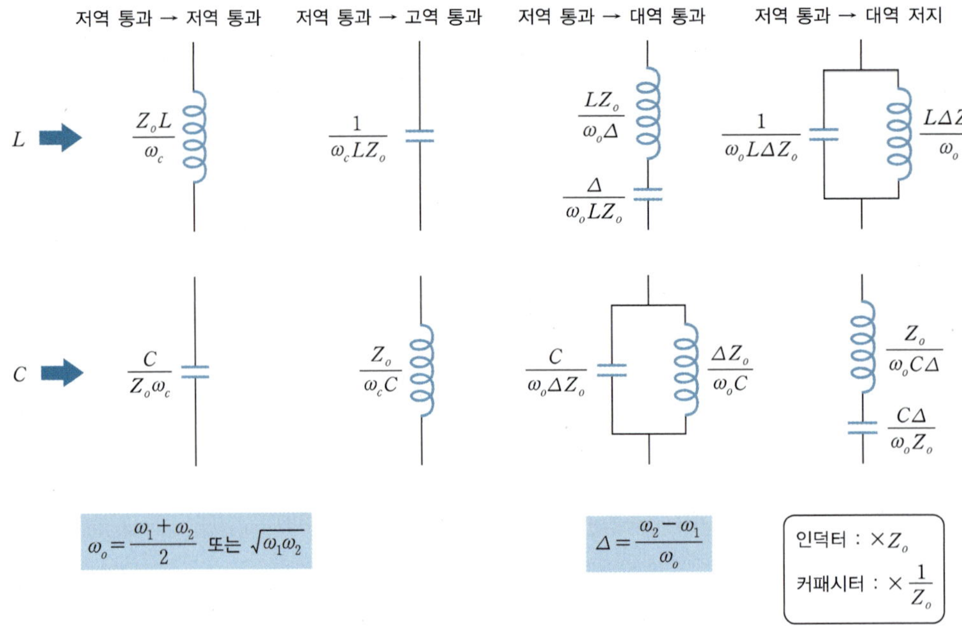

[그림 5-36] 정규화된 LC 회로를 이용한 저역 통과 필터의 필터변환회로

❹ **4단계** : 설계된 회로망 소자값의 필터를 마이크로스트립 등의 형태로 구현한다.

예제 5-9 버터워스 저역 통과 필터와 체비셰프 저역 통과 필터 설계

차단주파수 $f_c = 1.5[\text{GHz}]$, $Z_s = Z_L = 50[\Omega]$을 갖는 4차($N=4$) 버터워스 저역 통과 필터와 0.5[dB] 리플 특성을 갖는 4차($N=4$) 체비셰프 저역 통과 필터를 LC 네트워크 회로를 이용하여 설계하고 주파수응답 특성을 그려라.

풀이

❶ **1~2단계** : [그림 5-35]의 저역 통과 필터의 정규화된 LC 네트워크 회로와 [표 5-5]~[표 5-7]로부터 다음과 같은 저역 통과 필터회로를 구성할 수 있다. 문제에 주어진 설계조건인 $\omega_c = 2\pi(1.5[\text{GHz}]) = 9.4248\times10^9[\text{rad/s}]$, $Z_o = 50[\Omega]$으로부터 다음 그림과 같은 LC 네트워크 회로를 구현할 수 있다.

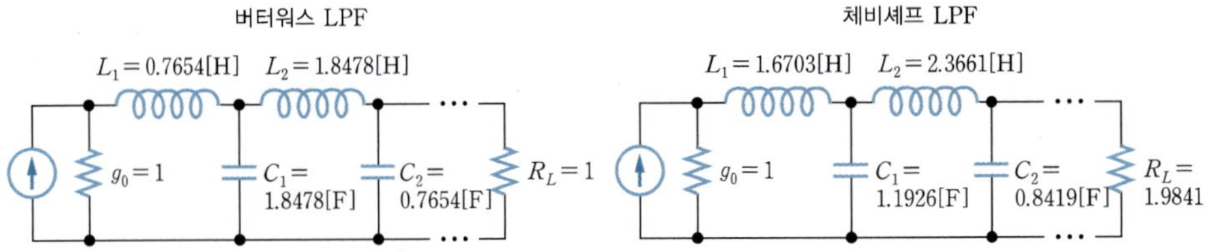

❷ **3단계** : [그림 5-36]의 필터변환회로를 이용하면 다음과 같이 LC 네트워크 회로로 구현된 필터회로를 설계할 수 있다.

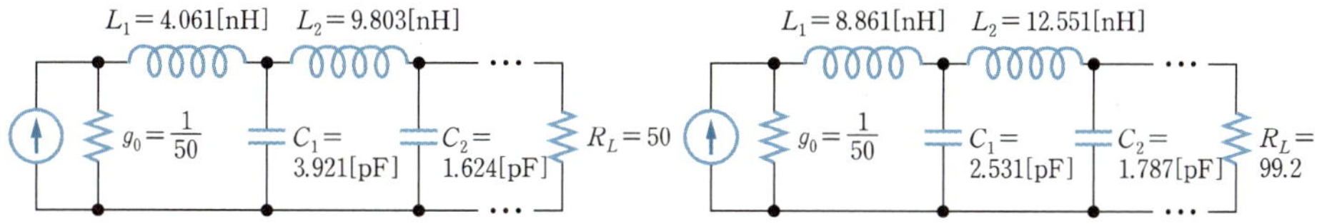

❸ 설계한 버터워스 저역 통과 필터와 체비셰프 저역 통과 필터의 주파수응답 특성은 다음과 같다. (주파수응답 특성은 회로설계 시뮬레이터를 이용하여 얻을 수 있다.)

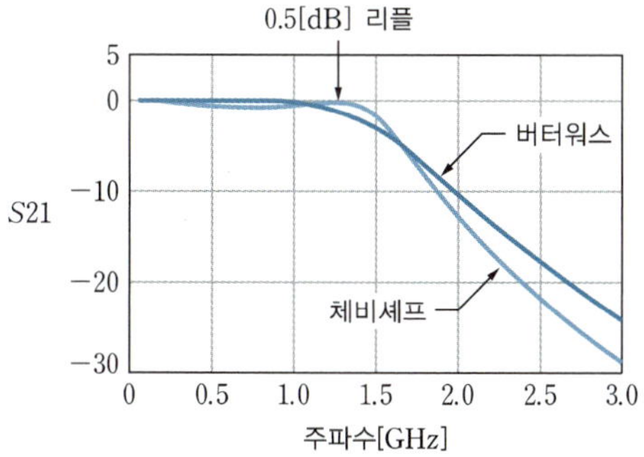

예제 5-10 버터워스 대역 통과 필터 설계

중심주파수 $Z_0 = 50[\Omega]$, $f_0 = 1.5$[GHz]를 가지며, 3[dB] 대역폭이 200[MHz], 3차($N=3$)인 버터워스 특성을 갖는 LC 네트워크 대역 통과 필터회로를 설계하라.

풀이

❶ **1~2단계** : [그림 5-35]와 [표 5-5]로부터 우선 3차 버터워스의 정규화된 저역 통과 필터를 설계하면 다음 그림과 같다. 저역 통과 필터의 차단주파수 f_c는 다음과 같이 주어진다.

$$\omega_c = 2\pi f_c = 1 \Rightarrow f_c = \frac{1}{2\pi} = 0.1592\,[\text{Hz}]$$

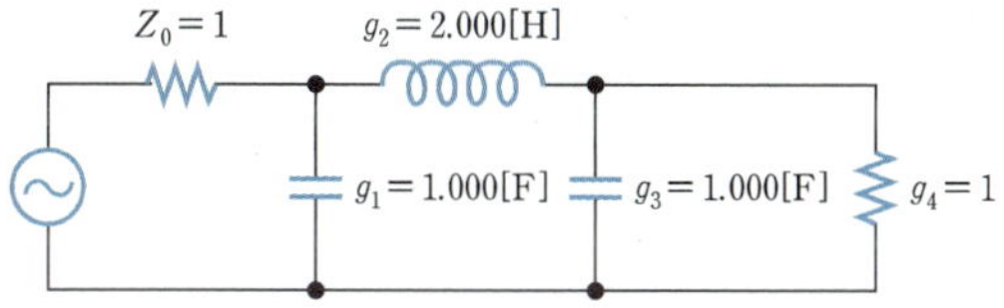

❷ **3단계** : 문제에 주어진 설계조건으로부터 ω_1, ω_2, f_0, Δ를 구하고, [그림 5-36]의 필터변환회로를 사용하면 대역 통과 필터회로를 구할 수 있다.

$$\omega_1 = 2\pi\,(1.4\,[\text{GHz}])$$

$$\omega_2 = 2\pi\,(1.6\,[\text{GHz}])$$

$$f_0 = \sqrt{f_1 f_2} = 1.497\,[\text{GHz}]$$

$$\Delta = \frac{\omega_2 - \omega_1}{\omega_o} = 0.133$$

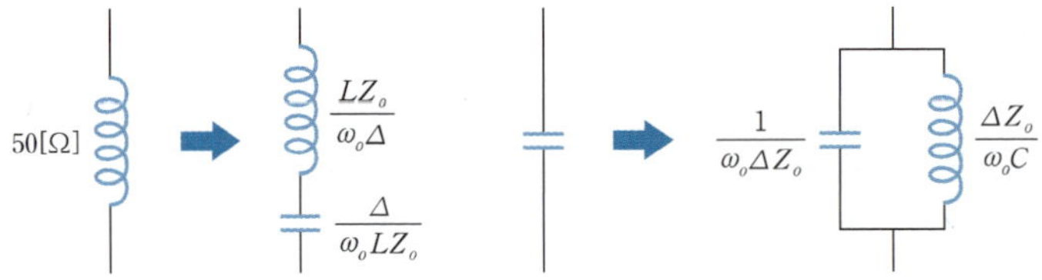

❸ 설계한 LC 네트워크 버터워스 대역 통과 필터회로는 다음과 같다.

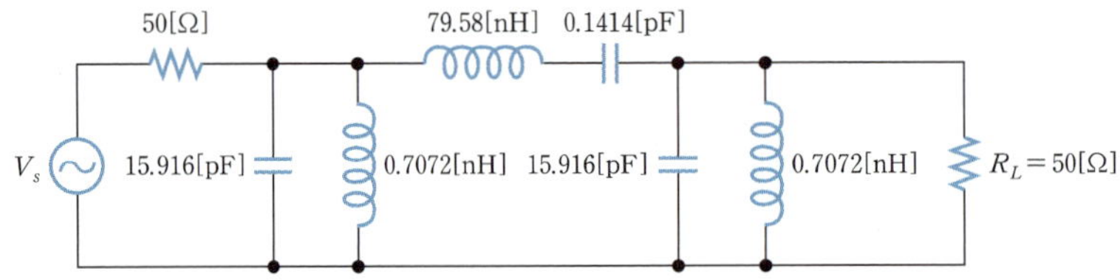

5.5.3 전송선로를 이용한 마이크로파 필터 설계

[예제 5-9]와 [예제 5-10]을 이용하여 설계된 필터회로들은 모두 R, L, C 집중소자를 이용하여 LC 네트워크 회로로 설계되었다. 동작주파수가 3[GHz] 이하인(UHF 대역) 비교적 낮은 주파수에서는 PCB 위에 집중소자인 SMD 부품들을 실장하여 구현할 수 있다. 그러나 UHF 대역보다 높은 고주파수에서는 5.2절에서 설명한 바와 같이 실제로 인덕터와 커패시터의 정확한 임피던스를 구현하기가 어려우므로 마이크로스트립 선로와 같은 전송선로를 이용한 분산소자로 필터를 구현해야 한다. 집중소자를 전송선로로 변환하기 위해서는 **리차드 변환** Richard's transformation 을 사용하고, 물리적으로 분리된 필터성분들을 전송선로로 연결하기 위해서는 **구로다 공식** Kuroda's identity 을 사용한다. 자세한 내용은 참고문헌을 참조하기 바란다. [그림 5-37]은 마이크로스트립 전송선로를 사용해 구현한 다양한 형태의 필터들이다.

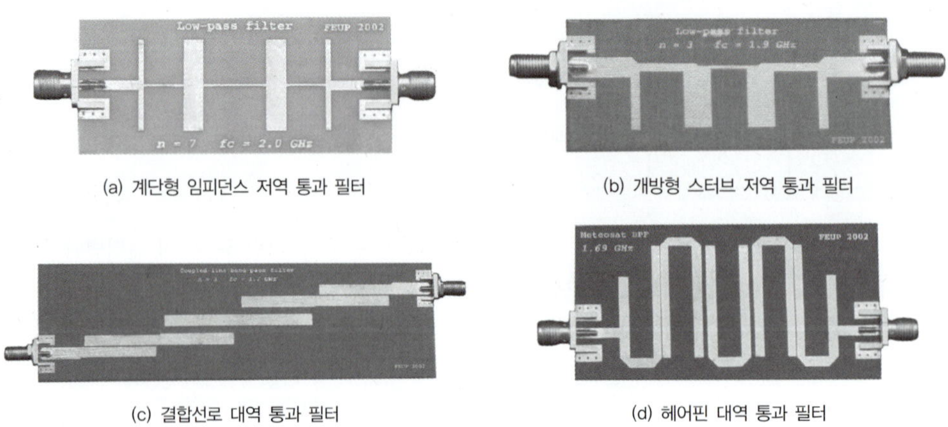

(a) 계단형 임피던스 저역 통과 필터

(b) 개방형 스터브 저역 통과 필터

(c) 결합선로 대역 통과 필터

(d) 헤어핀 대역 통과 필터

[그림 5-37] **제작된 마이크로스트립 필터**[7]

7 이 사진은 포르투 대학의 Mr. Henrique Miranda의 허락을 받고 인용하였다.

[예제 5-9]에서 설계한 버터워스 저역 통과 필터를 예로 들어보자. 유전율 $\varepsilon_r = 4.2$, 기판두께 $d = 1.5\,[\mathrm{mm}]$인 유전체 기판 위에 마이크로스트립 전송선로를 사용하여 [그림 5-37(a)]와 같은 계단형 임피던스 저역 통과 필터로 변환하는 과정을 살펴보자.

먼저 [그림 5-38(a)]와 같은 전송선로를 등가화하기 위해 LC 네트워크로 구현된 T자형 등가회로를 가정해보자.

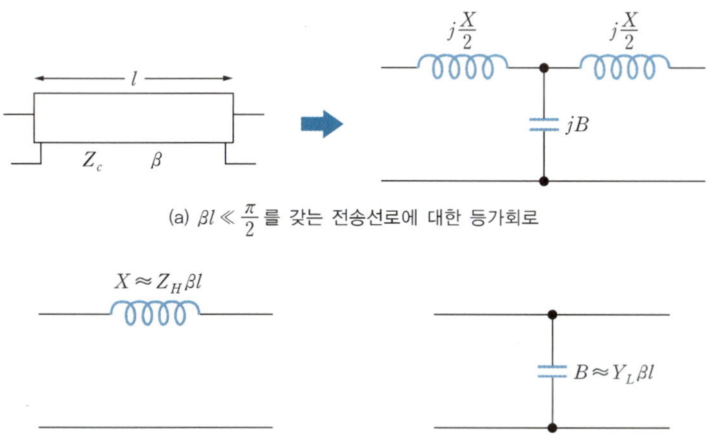

(a) $\beta l \ll \frac{\pi}{2}$를 갖는 전송선로에 대한 등가회로

(b) $\beta l < \frac{\pi}{4}$, $Z_0 \gg 1$에 대한 등가회로

(c) $\beta l < \frac{\pi}{4}$, $Z_0 \ll 1$에 대한 등가회로

[그림 5-38] 전송선로의 등가회로 모델링

[그림 5-38(a)]의 등가회로로부터 다음과 같은 관계식을 얻을 수 있다.

$$\frac{X}{2} = Z_0 \tan\left(\frac{\beta l}{2}\right) \qquad (5.38)$$

$$B = \frac{1}{Z_0}\sin(\beta l)$$

$\beta l < \frac{\pi}{4}$인 경우 식 (5.38)로부터 $X \simeq Z_0 \beta l$, $B \simeq 0$으로 직렬 인덕터로 나타낼 수 있다. 특성 임피던스 값이 매우 작다면 [그림 5-38(c)]와 같이 $X \simeq 0$, $B \simeq Y_0 \beta l$의 병렬 커패시터를 등가회로로 갖는다. 따라서 저역 통과 필터의 직렬 인덕터는 큰 임피던스 값을 갖는, 폭이 좁은 마이크로스트립 선로로 구현된다($Z_0 = Z_h$). 그리고 병렬 커패시터는 낮은 임피던스 값을 갖는, 폭이 넓은 마이크로스트립 선로로 구현된다($Z_0 = Z_l$). Z_h는 대략 $100 \sim 150\,[\Omega]$, Z_l은 대략 $10 \sim 15\,[\Omega]$ 값을 갖는다. $\frac{Z_h}{Z_l}$는 가능하면 크게 설정해야 한다. [그림 5-36]의 저역 통과 필터에 대한 주파수 변환식으로부터 식 (5.39)와 같이 전송선로의 전기적 길이와 관련한 식을 얻을 수 있다.

$$\beta l = \frac{L Z_0}{Z_h} \quad : \text{인덕터} \qquad (5.39)$$

$$\beta l = \frac{C Z_l}{Z_0} \quad : \text{커패시터}$$

식 (5.39)를 이용하면 [예제 5-9]의 LC 네트워크 회로를 [표 5-8]에 주어진 마이크로스트립 선로 설계 파라미터로 변환할 수 있다. 기판의 유전체 두께 d가 주어졌으므로 임피던스 Z_h, Z_l에 해당하는 마이크로스트립 전송선로의 폭 W를 구할 수 있다. 길이 l은 식 (5.39)를 이용하여 계산할 수 있다.

[표 5-8]에 설계된 계단형 임피던스 저역 통과 필터를 PCB 위에 마이크로스트립 전송선로를 이용하여 구현하면 [그림 5-39]와 같이 최종 설계된 계단형 임피던스 저역 통과 필터를 얻을 수 있다. 대역 통과 필터를 설계할 때도 마찬가지 방법을 사용한다.

[표 5-8] 계단형 임피던스 저역 통과 필터 설계 파라미터

영역	L, C	Z_h, Z_l	W[mm]	l[mm]
1	$L(0.7654)$	110	0.6	6.5
2	$C(1.8478)$	15	15	9.2
3	$L(1.8478)$	110	0.6	15.0
4	$C(0.7654)$	15	15	3.8

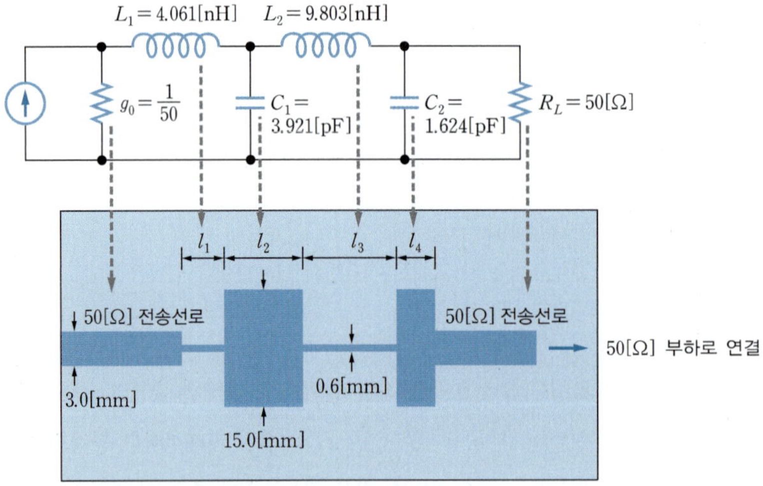

[그림 5-39] 설계된 계단형 임피던스 저역 통과 필터

5.6 기타 수동소자

이 절에서는 지금까지 설명한 전력분배기, 결합기, 필터 외의 마이크로파 수동소자들을 소개할 것이다. 이들 소자는 [그림 5-1]의 무선통신 시스템 송수신기 구조에서 송수신기의 반송파 신호를 만들어 내는 전압제어 발진기의 핵심 수동소자이다. 필터를 구성하는 단위소자인 공진기와 송신기의 고출력 반사를 차단하기 위한 아이솔레이터, 시분할 송수신기 구조에서 송수신 분리를 위해 사용되는 서큘레이터에 대해 살펴보기로 하자.

5.6.1 공진기

공진기 resonator는 필터를 구성하는 단위소자이다. 공진기는 주파수 측정장치, 안테나 또는 측정시스템에서 사용되는데, 발진기에서 주파수를 조절하거나 안정화하는 회로로 쓰이거나 탱크회로로 쓰인다. 공진회로는 [그림 5-40]과 같이 인덕터 L과 커패시터 C의 직렬 또는 병렬회로로 구현된다. [그림 5-40]의 (a), (b)의 경우 공진점에서 각각 $Z=0$, $Y=0$이 되면 등가적으로 단락회로가 된다. (c), (d)의 경우 각각 $Y'=0$, $Z'=0$이 되면 등가적으로 개방회로가 되어 공진이 발생하는데, 이를 **공진조건**이라고 한다. 이때 **공진주파수** resonant frequency f_r은 다음과 같이 정의된다.

$$\omega_0^2 = \frac{1}{LC}, \; f_r = \frac{1}{2\pi\sqrt{LC}} \tag{5.40}$$

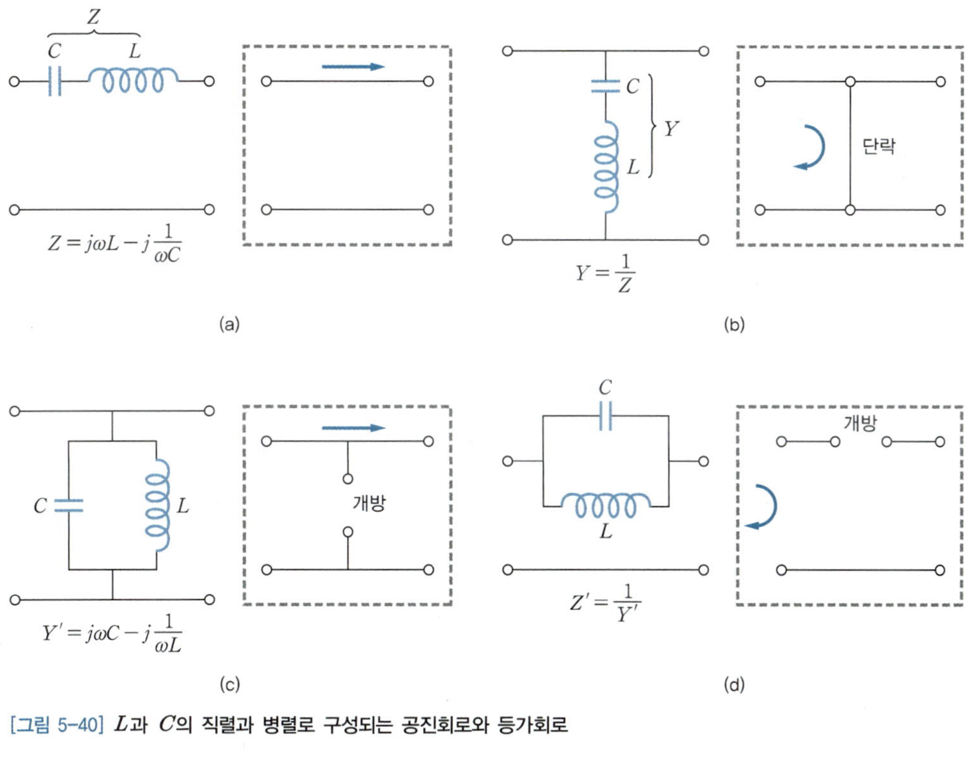

[그림 5-40] L과 C의 직렬과 병렬로 구성되는 공진회로와 등가회로

실제로 공진기는 [그림 5-41]과 같이 R 또는 G와 같은 손실을 갖고 있는데, 이는 공진회로에서 에너지 손실이 존재한다는 뜻이다. 이러한 에너지 손실을 정량적으로 표현하기 위해 **양호도**quality factor Q를 정의하여 사용한다.

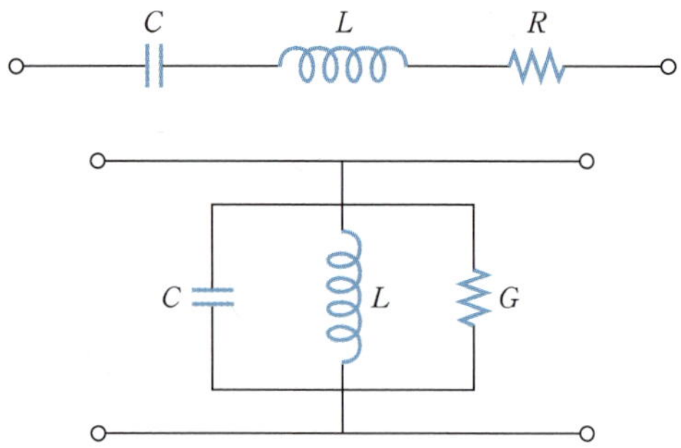

[그림 5-41] 실제 공진기의 등가회로

식 (5.41)에 정의된 Q는 **무부하**unloaded Q이다. 병렬 공진기에 대해서는 식 (5.42a)로 정의되고, 직렬 공진기에 대해서는 식 (5.42b)로 정의된다.

$$Q = \frac{\omega_0 \times \text{저장된 시평균 전력}}{\text{초당 에너지 손실}} \tag{5.41}$$

$$Q = \frac{\omega_0 (1/2) VV^* C}{(1/2) GVV^*} = \frac{\omega_0 C}{G} = \frac{R}{\omega_0 L} \tag{5.42a}$$

$$Q = \frac{\omega_0 (1/2) II^* L}{(1/2) RII^*} = \frac{\omega_0 L}{R} = \frac{1}{\omega_0 CR} \tag{5.42b}$$

실제 회로에 응용할 경우, 공진기는 항상 외부의 부하회로에 연결되기 때문에 부하로 인한 효과 Q_{ext}가 Q에 고려되어야 한다. 따라서 부하 $Q_L$loaded Q를 다음과 같이 정의한다.

$$\frac{1}{Q_L} = \frac{1}{Q} + \frac{1}{Q_{ext}} \tag{5.43}$$

f_0가 공진주파수이고, $f_2 - f_1$이 3[dB] 대역폭이라고 할 때, 부하 Q_L은 식 (5.44)와 같이 주파수에 대해서도 정리할 수 있다. 따라서 Q_L은 에너지 손실뿐만 아니라 [그림 5-42]와 같이 주파수 선택도와 관련된 특성을 보여준다. Q_L 값이 클수록 공진기의 공진대역폭은 협대역 특성을 갖는데, 이는 공진회로의 에너지 손실이 적다는 것을 의미한다.

마이크로파 주파수에서는 인덕터와 커패시터로 큰 Q 값을 갖는 공진기를 구현하기 어려우므로 [그림 5-43]과 같이 전송선로를 이용하여 공진기를 구현한다. 일반적으로 마이크로스트립 선로로 구현된 공진기의 Q는 200보다 작다. 도파관으로 만들어진 공진기는 수천의 값을 갖고, 유전체로 만들어진 공진기는 대략 1000 근방의 값을 갖고, 크리스탈 공진기는 5000 이상의 값을 갖는다.

$$Q_L = \frac{f_r}{f_2 - f_1} = \frac{\text{공진주파수}}{3[\text{dB}]\ \text{대역폭}} \tag{5.44}$$

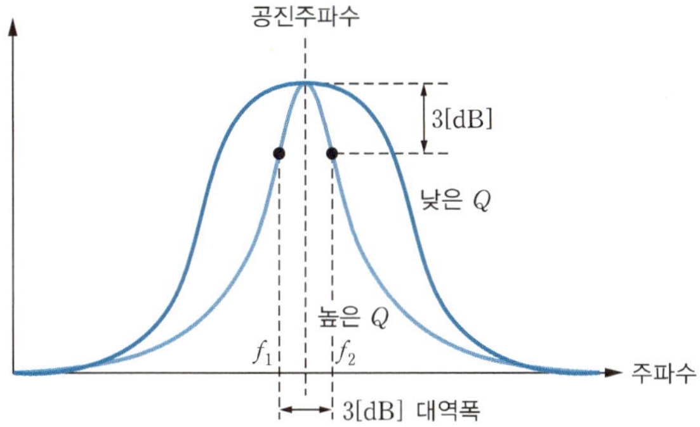

[그림 5-42] 부하 Q_L의 정의와 특성

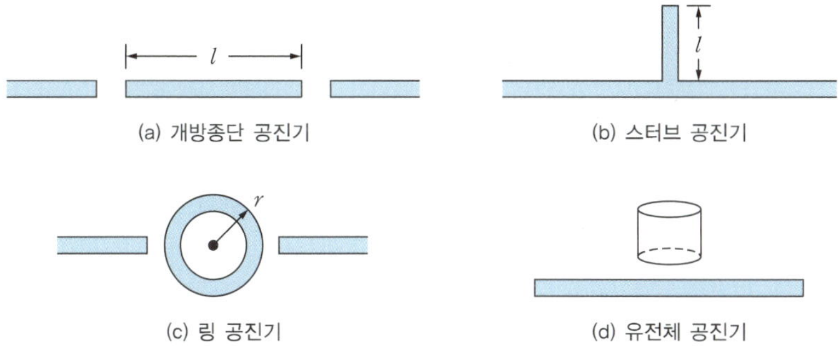

[그림 5-43] 마이크로스트립으로 구현된 공진기

예제 5-11 공진기의 공진조건

다음의 그림은 $\frac{\lambda}{2}$ 파장 개방회로 간극결합 gap-coupled 마이크로스트립 공진기와 이 공진기를 전송선로를 이용하여 등가적으로 나타낸 것이다. 이때 공진이 되기 위한 조건을 구하라.

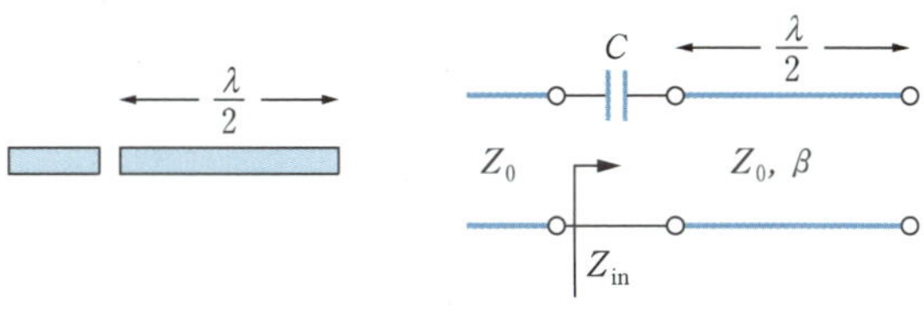

풀이

공진주파수를 ω_r이라고 가정해보자. 정규화된 입력 임피던스가

$$z_{\text{in}} = \frac{Z_{\text{in}}}{Z_0}\bigg|_{\omega=\omega_r} = \frac{1}{Z_0}\left(\frac{1}{j\omega C} + \frac{Z_0}{j\tan\beta l}\right)\bigg|_{\omega=\omega_r} = -j\,\frac{\tan\beta l + b_c}{b_c \tan\beta l}\bigg|_{\omega=\omega_r} = 0$$

일 때 공진이 발생한다($b_c = Z_0 \omega C$). $z_{\text{in}} = 0$이 되기 위해서는 분자가 0이 되어야 하므로 다음을 만족해야 한다.

$$\tan \beta l = \tan \frac{\omega_r l}{v_p} = -b_c \quad (= -Z_0 \omega C)$$

5.6.2 아이솔레이터와 서큘레이터

아이솔레이터isolator와 서큘레이터circulator는 한쪽 방향으로만 전력을 전달하는 소자로, 비가역성을 가지며, 보통 페라이트ferrite로 만들어진다. 아이솔레이터는 2포트 소자로, 3포트를 가진 서큘레이터의 세 포트 중 하나를 특성 임피던스로 정합한 소자라고 볼 수 있다. 전기적으로 비가역성을 갖기 때문에 소자의 산란계수들은 다른 방향의 전파에 대해 같은 특성을 갖지 않는다.

[그림 5-44]에 보이듯이, 아이솔레이터를 거치면 포트 1에서 포트 2로 신호가 거의 감쇄되지 않고 전달된다. 그러나 포트 2에서 포트 1의 방향으로는 신호가 많이 감쇄된다. 아이솔레이터는 마이크로파 신호원(발진기)을 외부 부하에 결합할 때 또는 송신기의 전력증폭기 다음에 사용되는데, 가능한 한 많은 전력을 부하에 전달하고 부하로부터의 반사가 신호원으로 되돌아가는 것을 막는 역할을 한다. 결과적으로 신호원은 항상 정합된 부하를 갖게 되고, 신호원에 대한 부하의 영향, 즉 주파수 풀링pulling 또는 출력전력 변화는 최소화된다. 주파수에 따라서 다르긴 하지만, 실제 아이솔레이터는 포트 1에서 포트 2로 전달되는 전력에 대해 삽입손실(예 0.5[dB])을 가지며, 포트 2에서 포트 1로 전달되는 전력에 대해서는 유한한 격리도 값(예 20[dB])을 갖는다. 큰 값의 격리도를 구현하기 위해 두 아이솔레이터를 직렬로 연결할 수 있지만, 그런 경우에는 삽입손실도 증가하게 된다.

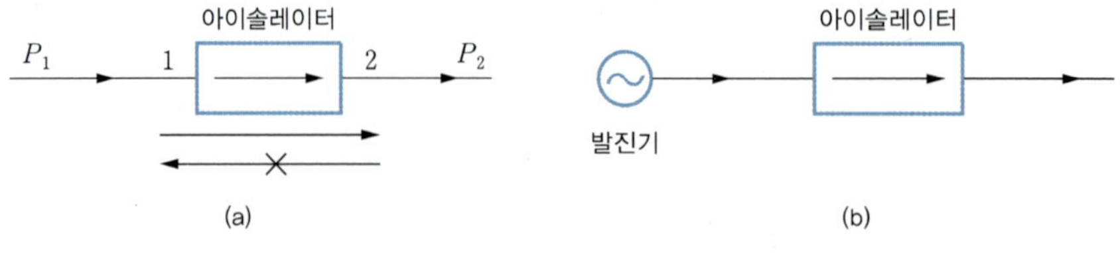

[그림 5-44] 아이솔레이터의 동작

[그림 5-45]는 서큘레이터를 나타내는데, 신호를 라우팅routing하거나 분리할 때 유용하게 사용하는 소자이다. 서큘레이터의 포트 1에 입사된 신호는 포트 2에만 결합되고 포트 3으로 출력되지 않는다. 그리고 포트 2에 입사된 신호는 포트 3에만 결합되고 포트 1로 출력되지 않는다. 또한 포트 3에 입사된 신호는 포트 1에만 결합되며 포트 2로 출력되지 않는다. 따라서 포트 1에 입사된 신호가 포트 3으로 출력되는 누설전력 정도를 서큘레이터의 격리도로 나타낸다.

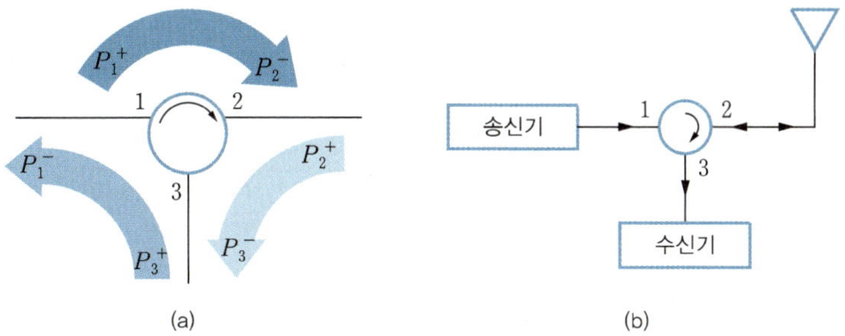

[그림 5-45] **서큘레이터와 송수신기 응용**

이러한 서큘레이터의 전력전달의 단방향성을 이용하면 [그림 5-45(b)]와 같이 송수신기에서 송신신호와 수신신호를 분리해주는 듀플렉서로 사용할 수 있다. 즉, 송신기의 출력은 서큘레이터 포트 1로 입력되어 포트 2로만 결합되며, 수신기가 연결된 포트 3으로 출력되지 않는다. 또한 외부의 전파가 안테나로 입력되어 포트 2로 전달되면 수신기인 포트 3으로만 결합되고, 송신기가 연결된 포트 1로 출력되는 신호가 없다.

서큘레이터는 송수신으로 동일한 주파수를 사용하는 릴레이 구조를 가진 레이더와 전이중방식 full-duplex 송수신기를 구현할 때 사용된다.

Chapter 05 연습문제

5.1 **【전력분배기의 특성】** 2[W] 입력전력을 갖는 4방향 윌킨슨 전력분배기를 설계했다. 각 분배기가 같은 전력과 같은 위상특성을 가지며, −0.3[dB] 손실을 가질 때 다음을 구하라.

(a) 각 분배기의 출력전력

(b) 분배효율 dividing efficiency

5.2 **【전력분배기의 특성】** 입력전력을 2:1로 비대칭 분배하는 무손실 T자형 전력분배기를 설계하고자 한다. 입력포트는 50[Ω]으로 정합했을 때, 각 출력포트의 특성 임피던스를 구하라.

5.3 **【전력분배기의 특성】** 0.5[dB] 삽입손실을 갖는 3방향 전력분배기가 있다. 입력전력이 0[dBm]이라면 출력전력은 얼마인가?

5.4 **【방향성 결합기의 특성】** 무손실 방향성 결합기가 결합도 $C=20$[dB], 전달계수 0.8, 방향성이 20[dB]인 특성을 갖고 있다. 이때 격리도는 얼마인가?

5.5 **【방향성 결합기의 특성】** 비유전율 12, 유전체 두께 600[μm]인 기판 위에 결합 마이크로스트립 선로를 사용하여 10[GHz]에서 동작하는 15[dB] 방향성 결합기를 제작하고자 한다. 결합선로의 우모드 및 기모드 임피던스를 각각 구하라. (단, 전체 시스템 임피던스는 50[Ω]으로 가정한다.)

5.6 **【필터의 특성】** 다음과 같은 특성을 가진 대역 통과 필터가 있다. 주어진 특성을 이용하여 주파수에 따른 필터의 감쇄특성을 로그 스케일([dB])로 그려라.

- 통과대역 : 9.5 ~ 10.5[GHz]
- 삽입손실 : 최대 1[dB]
- 대역외 차단특성 off-band rejection : 30dB@8.5[GHz], 25dB@9.0[GHz], 18dB@11.0[GHz], 25dB@11.5[GHz]

5.7 **【아이솔레이터의 특성】** 아이솔레이터의 입력전력이 다음과 같이 주어졌을 때, 다음 표를 완성하라.

입력전력 [dBm]	순방향 송신전력 [dBm]	역방향 송신전력 [dBm]	순방향 삽입손실 [dB]	격리도 [dB]
−10			1	20
0			1	20
10	9	−13		
25	24	5		

5.8 **【서큘레이터의 특성】** 서큘레이터의 입력전력이 다음과 같이 주어졌을 때, 다음 표를 완성하라.

입력전력 [dBm]	포트 2의 출력전력 [dBm]	포트 3의 출력전력 [dBm]	삽입손실 [dB]	방향성 [dB]
0	−1	−20		
10	9	−13		
15			1	25

m.e.m.o

Chapter 06

마이크로파 능동소자

Active Microwave Components

학습목표

- 마이크로파 능동회로를 구성하는 다이오드와 트랜지스터의 종류 및 전기적 동작 특성을 이해한다.
- 무선 신호를 증폭하거나 발생시키는 증폭기와 발진기의 동작원리 및 설계 파라미터를 익힌다.
- 신호를 검파하는 검파기와 두 신호를 혼합해주는 믹서의 동작원리 및 설계 파라미터를 익힌다.
- 스위치와 위상천이기의 동작원리를 이해한다.

[그림 6-1]은 일반적으로 사용되는 **슈퍼헤테로다인** superheterodyne **수신기**의 예이다. (자세한 내용은 7장에서 배우자.) 수신기는 수동소자인 안테나와 필터 외에 여러 가지 마이크로파 능동소자들로 구성되어 있다. 마이크로파 수동소자에 대해서는 앞서 5장에서 살펴보았다. 이 장에서는 마이크로파 능동소자에 대해 살펴볼 것이다. 먼저 마이크로파 능동회로를 구성하는 기본 단위부품으로, 반도체 소자인 다이오드와 트랜지스터의 동작원리를 살펴본다. 그런 다음 증폭기와 발진기, 검파기와 믹서, 마지막으로 스위치와 위상천이기에 대해서 배울 것이다.

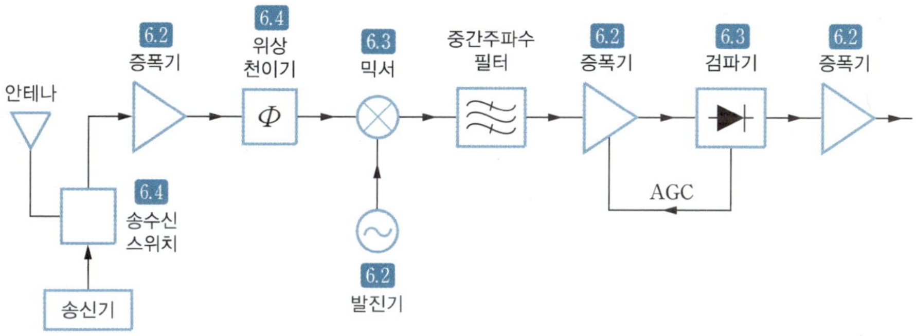

[그림 6-1] 슈퍼헤테로다인 수신기 예

6.1 다이오드와 트랜지스터

마이크로파 능동소자를 구현할 때 가장 많이 사용되는 반도체 소자는 다이오드와 트랜지스터이다. 이들 소자는 외부로부터 인가되는 전압에 따라 동작 특성이 달라진다. 이 절에서는 RF radio frequency 및 마이크로파 회로에서 주로 사용되는 다이오드와 트랜지스터의 종류를 알아보고, 각각의 동작 특성을 살펴보기로 한다.

6.1.1 다이오드

다이오드 diode 는 저주파수에서는 정류회로에 주로 쓰이고, 고주파수에서는 스위치, 믹서, 검파기 등에 사용된다. RF 및 마이크로파 회로에 사용되는 다이오드로는 쇼트키 다이오드, PIN 다이오드, 터널 다이오드, 건 다이오드, 바랙터 다이오드 등이 있다.

■ 쇼트키 다이오드

쇼트키 Schottky **다이오드**는 고주파수에서 주로 사용되는 소자로, 저가이며 사용하기도 쉽기 때문에 믹서 mixer 나 검파기 detector 와 같은 마이크로파 회로에 널리 사용된다. [그림 6-2(a)]에 쇼트키 다이오드의 등가회로를 나타냈다. 쇼트키 다이오드의 등가회로는 다이오드의 전체 저항인 직렬저항(R_s), 실제 다이오드 칩과 연결되는 본딩 와이어의 직렬 인덕턴스(L_s), 반도체와 금속 사이의 실제 접합에서 존재하는 접합 커패시턴스(C_j), 쇼트키 접합에서 발생하는 접합저항(R_j), 쇼트키 접합으로부터 금속접점까지에서 얻어지는 오버레이 overlay 커패시턴스(C_o)로 구성된다.

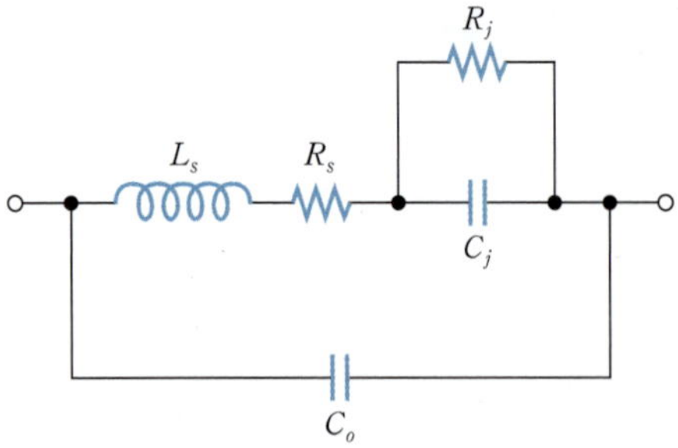

(a) 쇼트키 다이오드

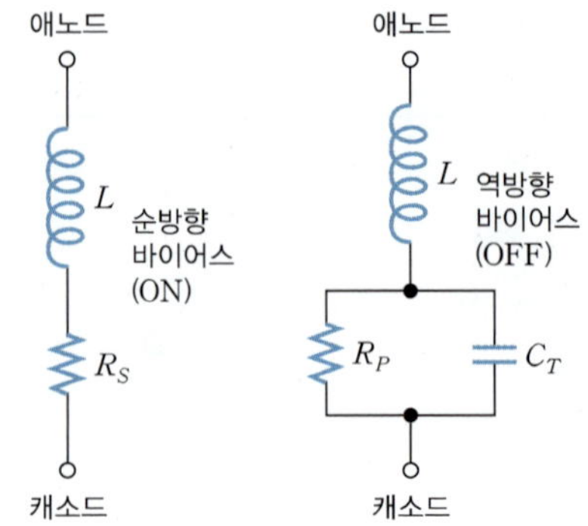

(b) PIN 다이오드

[그림 6-2] 쇼트키 다이오드와 PIN 다이오드(On/Off) 등가회로

■ PIN 다이오드

PIN 다이오드는 감쇄기 attenuator 를 구성하거나 스위치 또는 회로의 On/Off 재구성 reconfigurability 기능을 구현할 때 사용된다. PIN 다이오드의 On/Off 등가회로를 [그림 6-2(b)]에 나타냈다. PIN 다이오드는 일반 다이오드의 P층과 N층 접합부분에 고유층(I층) intrinsic 이라는 작은 층을 추가하여 만든다.

PIN 다이오드는 100 [MHz] 이하의 주파수에서는 다른 PN 접합소자와 동일하게 사용할 수 있으며, 입력신호를 정류하는 데 사용된다. 그러나 주파수가 더 높아지면 마이크로파 가변저항처럼 사용될 수 있다. 즉, PIN 다이오드의 동작주파수가 높을 때 다이오드에 인가되는 바이어스 bias 가 변하면 소자의 저항이 [그림 6-3(a)]와 같이 변한다. PIN 다이오드는 고주파수에서 가변저항처럼 동작하므로 RF나 마이크로파 회로에서 가변 감쇄기 variable attenuator 로 사용할 수 있다. 또한 바이어스에 따라 매우 낮은 저항과 높은 저항 값을 번갈아가며 갖기 때문에 스위칭 회로에도 사용할 수 있다.

PIN 다이오드를 나타내는 전기적 특성은 I층을 파손시켜 일반적인 PN 접합 다이오드처럼 동작하게 하는 RF 입력전압 레벨인 **파손전압** break down voltage, 입력전압에 따라 정해지는 접합 커패시턴스, 다이오드의 전체 저항성분인 직렬저항, 회로의 응답시간과 PN 접합 다이오드로 동작하기 위한 저주파수 한계를 정하는 시간인 반송자 수명 carrier lifetime 등이 있다.

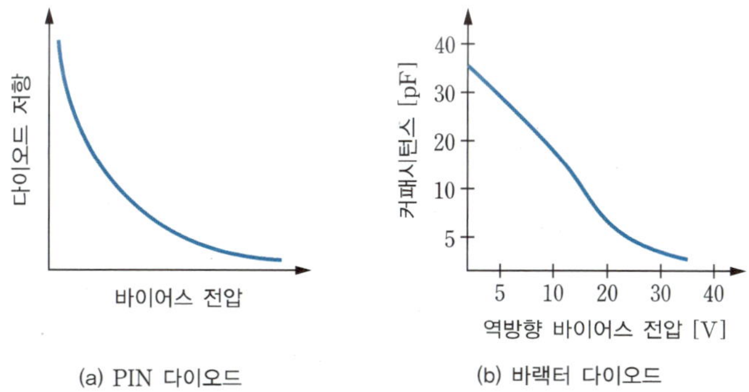

[그림 6-3] PIN 다이오드와 바랙터 다이오드의 바이어스 전압 특성

■ 바랙터 다이오드

바랙터 varactor **다이오드**는 역방향 바이어스에서 동작하는 다이오드로, 커패시터에서 유전체의 폭이 증가하면 커패시턴스가 감소하게 되는 특성을 이용한다. 즉, 바랙터에 역방향 바이어스를 증가시키면 유전체 역할을 하는 다이오드 공핍층 depletion 의 두께가 증가해서 다이오드의 커패시턴스가 감소한다. [그림 6-3(b)]에 나타낸 것처럼 바랙터 다이오드의 역방향 바이어스 전압이 증가함에 따라 커패시턴스가 감소한다. 바랙터 다이오드는 가변 공진 필터나 전압제어 발진기 voltage controlled oscillator 등에 사용되며, 최근에는 PIN 다이오드와 마찬가지로 재구성 안테나를 비롯한 재구성 RF 또는 마이크로파 회로 등 전압가변 커패시턴스가 요구되는 회로에 주로 사용된다.

예제 6-1 바랙터 다이오드의 등가회로

무손실 패키지로 만들어진 바랙터 다이오드의 등가회로가 [그림 (a)]와 같이 주어졌다. 전체 다이오드 커패시턴스는 1[MHz]에서 역방향 바이어스 전압의 함수로 [그림 (b)]와 같이 주어진다. 만약 다이오드에 -20[V]가 인가되고, 공진주파수가 10[GHz]로 주어질 때 등가 인덕턴스를 구하라.

참고 다이오드는 계단접합 abrupt junction 을 갖고 있다. 접합 커패시턴스는

$$C_j(V) = \frac{C_{j0}}{\left(1 - \dfrac{V}{\phi_0}\right)^{\gamma}}$$

로 구한다. 계단접합일 때 $\gamma = 0.5$, V는 바이어스 전압, ϕ_0는 내부확산전위 built-in potential 로, 이 문제에서는 0.6[V]로 주어진다. C_{j0}는 바이어스 전압이 0일 때의 커패시턴스를 뜻한다.

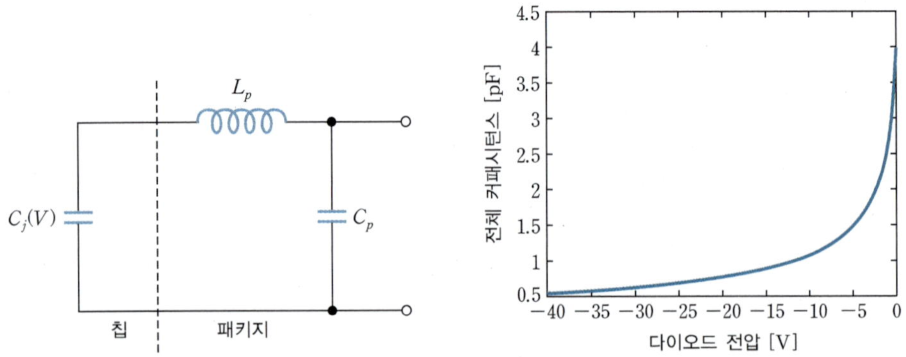

(a) (b)

풀이

[그림 (a), (b)]로부터 바이어스 전압이 $V = -20, -30$[V]일 때, 전체 커패시턴스 $C_T(V)$는 다음과 같이 계산할 수 있다.

$$C_T(-20) = C_j(-20) + C_p = 0.98\,[\text{pF}]$$
$$C_T(-30) = C_j(-30) + C_p = 0.84\,[\text{pF}]$$

여기에서 $C_j(-20) - C_j(-30) = 0.14$[pF]으로 주어진다. [그림 (b)]로부터 $C_{j0} = 4.5$[pF]을 얻을 수 있으며, [참고]에서 제시한 접합 커패시턴스를 구하는 식으로부터 $C_j(-20)$을 구할 수 있다.

$$C_j(-20) = \frac{4.5}{\left(1 + \dfrac{20}{0.6}\right)^{1/2}} = 0.767\,[\text{pF}]$$

그러므로 $C_p = 0.98 - 0.767 = 0.213$[pF]이다. 10[GHz]에서 공진이 발생하므로 $f = \dfrac{1}{2\pi\sqrt{L_p C_T}}$을 이용하면 다음을 얻을 수 있다.

$$L_p = \frac{1}{C_T(-20)(2\pi f)^2} = 0.258\,[\text{nH}]$$

6.1.2 트랜지스터

1950년대 이전까지는 진공관이 사용되었지만, 브래튼W. H. Brattain과 바딘J. Bardeen이 트랜지스터를 발명한 1948년 이후부터 RF와 마이크로파 회로 설계에 트랜지스터를 비롯한 반도체 소자와 집적 회로 기술이 사용되었다.

트랜지스터 transistor는 저잡음 증폭기, 고출력 증폭기, 스위치, 감쇄기, 믹서, 공진기 등 RF 및 마이크로파 회로에 광범위하게 사용되는 3포트 소자로, 회로의 이득을 구현하기 위해 반드시 필요한 소자이다. 대부분 트랜지스터는 실리콘, GaAs gallium-arsenide, InP indium phosphide, GaN gallium-nitride에 기반한 화합물 반도체를 사용하여 제작된다. 1[GHz]보다 낮은 주파수에서는 MOSFET Metal Oxide Semiconductor field effect transistor를 사용하며, 1[GHz] 이상에서는 실리콘으로 구현되는 BJT와 GaAs로 만들어지는 MESFET를 사용한다. BJT는 저가라는 장점이 있으며, GaAs FET는 잡음이 적고 속도가 빠르다는 장점이 있다. 10[GHz] 이상의 높은 주파수에서는 HEMT High Electron Mobility Transistor 또는 PHEMT Pseudomorphic HEMT가 사용된다. [그림 6-4]에서 마이크로파 회로 설계에 사용되는 반도체 소자의 역사를 살펴볼 수 있다.

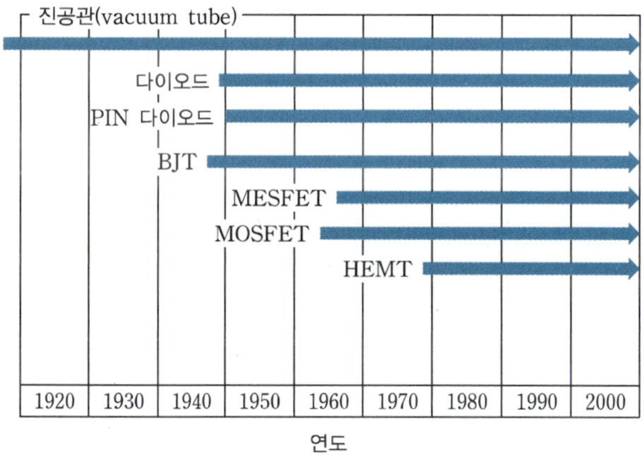

[그림 6-4] **다이오드와 트랜지스터의 역사**

[그림 6-5]는 BJT를 사용한 일반적인 형태의 마이크로파 증폭기 회로를 보여준다. 트랜지스터가 적절하게 동작하기 위해서는 직류 바이어스 회로가 필요하다. R_1과 R_2는 전압분배를 위한 저항들이며, C_{in}과 C_{out}은 결합 커패시터coupling capacitor이다.

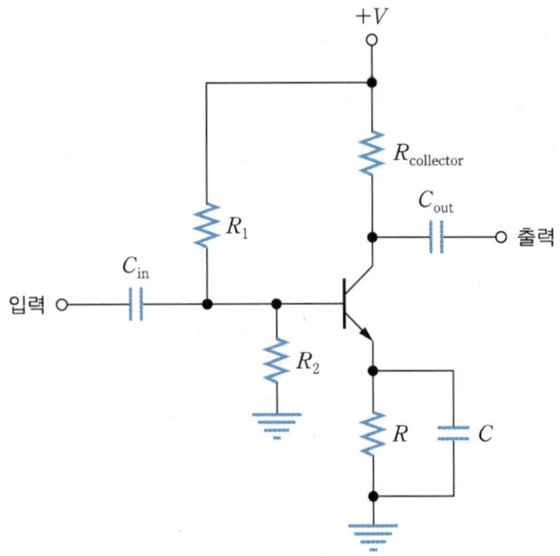

[그림 6-5] BJT를 이용한 마이크로파 증폭기 회로

[그림 6-6]에 소스 공통형 common-source 구조에 사용된 MOSFET의 고주파수 소신호 small-signal 등가회로 모델을 나타냈다. 여기에서 g_m, r_o는 각각 트랜스 컨덕턴스 transconductance, 출력저항 output resistance 과 같은 소신호 파라미터를 나타내며, C_{gs}, C_{gd}는 기생성분을 나타내는 등가 커패시턴스이다. 소신호 모델에 대한 산란계수는 네트워크 분석기를 이용하여 측정하거나 소신호 회로를 해석함으로써 얻을 수 있다. 일반적으로 $|S_{11}|$과 $|S_{22}|$는 0.5 ~ 1.0 정도의 상대적으로 큰 값을 가지며, $|S_{12}|$는 0.1 이하의 비교적 작은 값을 갖고, $|S_{21}|$은 이득을 나타내기 때문에 1보다 훨씬 큰 값을 갖는다. 측정 또는 해석을 통해 얻어진 산란 행렬은 마이크로파 능동회로 설계 및 해석에 사용된다.

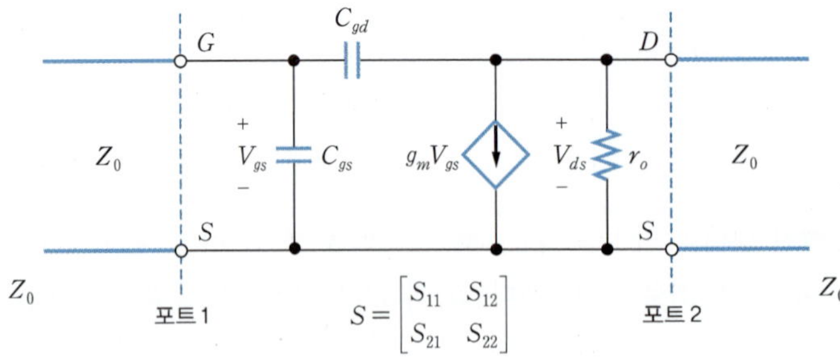

[그림 6-6] MOSFET의 고주파수 소신호 등가회로 모델

6.2 증폭기와 발진기

무선통신에서 크기가 작은 기저대역 신호를 멀리 보내기 위해서는 고주파수의 반송파 carrier 로 변조 modulation 하여 송신기에서 고출력으로 신호를 증폭(전력증폭기)해야 하며, 수신기에서는 수신된 미약한 신호를 다시 증폭시켜야 한다. [그림 6-1]을 참고하면, 슈퍼헤테로다인 수신기의 경우, 고주파수의 반송파를 발생시키기 위해서는 국부 발진기 local oscillator 가 필요하고, 수신기의 안테나 다음(저잡음 증폭기), 믹서를 통과한 후(중간주파수 증폭기) 등 신호를 증폭시켜주는 증폭기 amplifier 가 필요하다. 증폭기와 발진기는 무선통신 시스템에서 가장 핵심적인 소자라고 할 수 있다.

6.2.1 증폭기

증폭기는 입력신호에 대해 전력이득을 제공하여 증폭된 신호를 출력하는 소자로, 마이크로파 트랜지스터를 이용한 증폭기의 구조는 [그림 6-7]과 같다. 트랜지스터를 동작시키기 위한 직류 바이어스 DC biasing 회로, 능동 반도체 소자인 트랜지스터의 입출력을 정합하기 위한 입력정합 네트워크와 출력정합 네트워크로 구성된다. 또한 바이어스 회로인 DC 신호원과 RF 및 마이크로파 회로 사이에 저역 통과 필터를 삽입하여 직류신호가 증폭기 회로로 유입되는 것을 방지한다. 보통 저역 통과 필터는 RFC RF choke 와 같은 인덕터 또는 페라이트 비드 ferrite bead 를 사용한다.

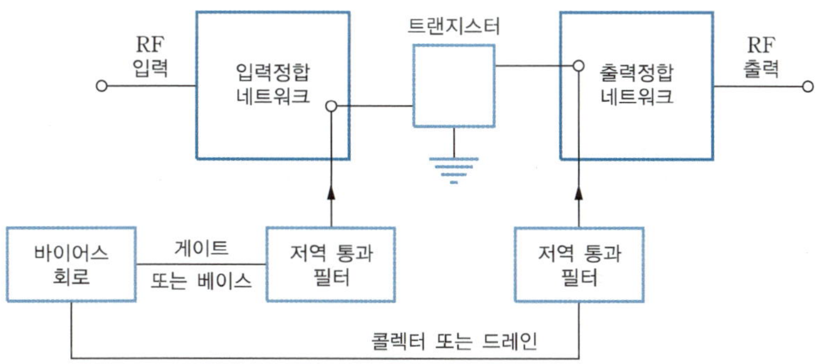

[그림 6-7] 마이크로파 및 RF 증폭기의 구성도

증폭기는 사용 목적에 따라 다음과 같이 분류할 수 있다.

- **전력 증폭기** PA : Ppower Amplifier : 송신기의 최종단(안테나 입력 전단)에서 사용되며, 신호의 원거리 전송을 위해 높은 출력전력이 요구된다.
- **저잡음 증폭기** LNA : Low Noise Amplifier : 수신기에서 사용되며, 잡음과 합쳐진 낮은 전력레벨 신호를 증폭시켜야 하므로 낮은 잡음지수 NF : Noise Figure 가 요구된다.
- **구동 증폭기** Driver Amplifier : 수신기의 RF 믹서를 통과한 후 또는 송신기의 RF 믹서를 통과하기 전에 위치하는 증폭기이다.

증폭기를 설계할 때 고려해야 할 파라미터들은 이득, 잡음, 대역폭, 안정도, 선형성 그리고 바이어스 등이다. 증폭기는 동작 대역에서 발진하지 않도록 설계해야 한다. 증폭기의 안정도는 발진에 대한 저항성을 의미하는 것으로, 증폭기의 발진 여부를 판단하기 위해 사용된다. 이 절에서는 가장 대표적인 증폭기 설계 파라미터인 이득과 안정도, 비선형 특성을 설명한 후 실제 구현된 증폭기를 살펴보기로 한다.

■ 증폭기의 이득

증폭기의 입력전력이 P_{in} 이고 출력전력이 P_{out} 일 때, 전력이득은 다음과 같이 정의된다.

$$G[\text{dB}] = 10\log\frac{P_{\text{out}}}{P_{\text{in}}} \tag{6.1}$$

실제로 무선시스템에서 사용되는 증폭기는 이득을 높이기 위해 단일 증폭기를 캐스케이드cascade로 연결하여 사용한다. 예를 들어, [그림 6-8]과 같이 이득 G_1과 G_2를 가진 두 증폭기를 캐스케이드로 연결하면 전체 이득은 G_1G_2가 된다.

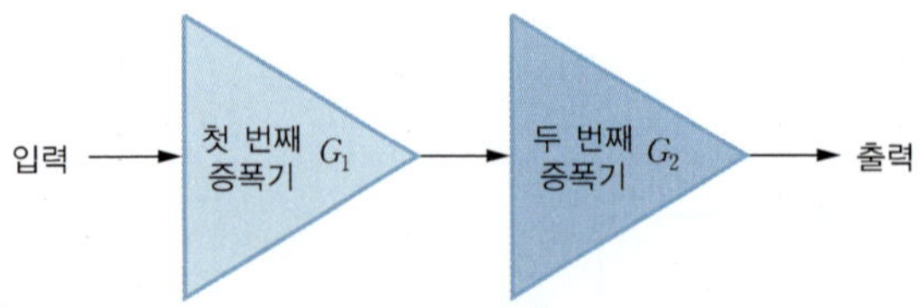

[그림 6-8] **캐스케이드로 연결된 2단 증폭기의 이득**

식 (6.1)에는 증폭기 이득을 입력전력과 출력전력으로 간단하게 정의했으나, 실제 증폭기를 구현할 때는 입출력정합 네트워크의 전력전달 및 반사 특성을 고려하여 이득을 계산해야 한다([그림 6-7] 참고). 이를 위해 증폭기를 [그림 6-9(a)]와 같이 신호원 임피던스 Z_S와 부하 임피던스 Z_L을 갖는 2포트 네트워크로 나타낼 수 있다. 2포트 네트워크는 다시 [그림 6-9(b)]와 같이 입력정합 회로와 출력정합 회로를 갖는 트랜지스터 증폭기로 구성할 수 있다.

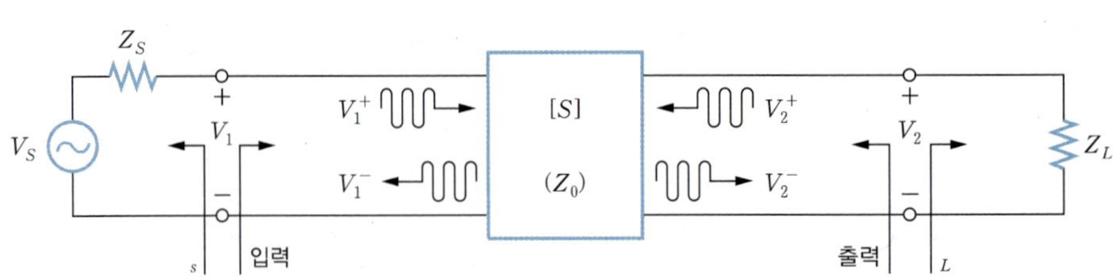

(a) 신호원과 부하 임피던스를 갖는 2포트 네트워크

[그림 6-9] **단일 증폭기 회로 모델링** (계속)

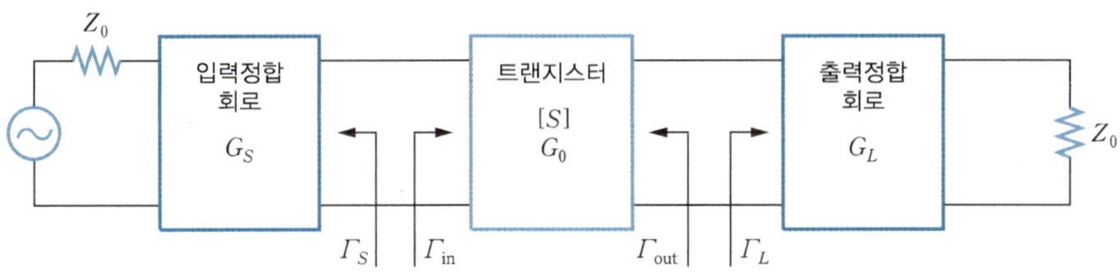

(b) 입출력 임피던스 정합회로를 갖는 2포트 네트워크 모델링

[그림 6-9] 단일 증폭기 회로 모델링

[그림 6-9]에서 트랜지스터의 입력 반사계수 Γ_{in}과 출력 반사계수 Γ_{out}은 각각 식 (6.2)와 식 (6.3)으로 유도할 수 있다. 신호원 반사계수 Γ_S와 부하 반사계수 Γ_L은 3장에서 정의한 식 (3.41)을 사용한다.

$$\Gamma_{in} = \left[S_{11} + \frac{S_{12} S_{21} \Gamma_L}{1 - S_{22} \Gamma_L} \right] \tag{6.2}$$

$$\Gamma_{out} = \left[S_{22} + \frac{S_{12} S_{21} \Gamma_S}{1 - S_{11} \Gamma_S} \right] \tag{6.3}$$

따라서 입력과 출력정합 회로가 포함된 증폭기의 이득은 다음의 방법으로 정의할 수 있다.

❶ **전력이득**power gain G_P이다. 2포트 네트워크의 입력으로 전달되는 전력을 P_{in}이라 하고, 부하에 전달되는 전력을 P_L이라고 할 때, 다음과 같이 정의된다. 이때 정의되는 전력이득은 신호원의 임피던스 Z_S와 무관한 값을 갖는다.

$$G_P = \frac{P_L}{P_{in}} = \frac{1}{1 - |\Gamma_{in}|^2} |S_{21}|^2 \frac{1 - |\Gamma_L|^2}{|1 - S_{22} \Gamma_L|^2} \tag{6.4}$$

❷ **가용이득**available gain 또는 **가용전력이득**available power gain G_A이다. 신호원으로부터 가용한 전력을 P_{avs}라고 하고, 출력포트로부터 가용한 전력을 P_{avo}라고 할 때, 다음과 같이 정의된다.

$$G_A = \frac{P_{avo}}{P_{avs}} = \frac{1 - |\Gamma_S|^2}{|1 - S_{11} \Gamma_S|^2} |S_{21}|^2 \frac{1}{1 - |\Gamma_{out}|^2} \tag{6.5}$$

이때의 가용이득은 신호원과 부하의 복소공액정합을 가정하고, 신호원 임피던스 Z_S에 따라 변하지만, 부하 임피던스 Z_L과는 무관한 값을 갖는다.

❸ **트랜스듀서 이득**transducer gain 또는 **트랜스듀서 전력이득**transducer power gain G_T이다. 신호원으로부터 가용한 전력이 P_{avs}이고, 2포트 네트워크로부터 가용한 전력이 P_L일 때 식 (6.6)과 같이 정의되며, 신호원 임피던스 Z_S와 부하 임피던스 Z_L에 의존하는 값을 갖는다. 식 (6.6)으로부터 신호원의 반사계수와 부하의 반사계수가 모두 0, 즉 $\Gamma_S = \Gamma_L = 0$이라면 트랜스듀서 이득 $G_T = |S_{21}|^2$이 된다.

$$G_T = \frac{P_L}{P_{\text{avs}}} = \frac{1-|\Gamma_S|^2}{|1-\Gamma_S\Gamma_{\text{in}}|^2}|S_{21}|^2\frac{1-|\Gamma_L|^2}{|1-S_{22}\Gamma_L|^2} \tag{6.6}$$

식 (6.4)~(6.6)에 주어진 증폭기의 이득과 관련된 정의는 모두 입력정합 회로의 이득 G_S, 트랜지스터의 이득 G_0, 출력정합 회로의 이득 G_L의 곱인 $G_S G_0 G_L$로 나타낼 수 있다. 따라서 식 (6.4)에 정의된 전력이득 G_P는 신호원의 반사계수 Γ_S와 무관(G_S가 Γ_S와 무관)하며, 식 (6.5)에 정의된 가용전력이득 G_A는 부하 반사계수 Γ_L과 무관(G_L이 Γ_L과 무관)하며, 식 (6.6)으로 정의된 트랜스듀서 이득 G_T는 신호원과 부하의 반사계수에 모두 영향을 받는다(G_S, G_L이 각각 Γ_S와 Γ_L의 함수로 표현된다)는 것을 알 수 있다.

앞선 내용과 같이 입출력정합 회로를 고려한 증폭기 이득의 정의를 이용하면, 최대이득 설계, 광대역 특성 설계 또는 특정 잡음지수를 갖는 저잡음 증폭기 설계 등 설계 목적에 따라 요구되는 임피던스 조건들을 구할 수 있다. 예를 들어, 최대이득을 얻도록 증폭기를 설계하기 위해서는 입출력 임피던스가 복소공액정합 조건인 $\Gamma_S = \Gamma_{\text{in}}^* = S_{11}^*$, $\Gamma_L = \Gamma_{\text{out}}^* = S_{22}^*$를 만족해야 한다. 이 경우, 신호원과 부하가 모두 2포트 네트워크의 입력과 출력에 정합되었다면 $G_P = G_A = G_T$가 성립한다.

■ 증폭기의 안정성

증폭기는 설계에 따라 불안정한 특성을 갖고 발진할 수도 있는데, 이때 안정도 k를 통해 설계된 증폭기의 발진 여부를 판단할 수 있다. 무조건 안정[unconditional stable] 증폭기는 임의의 수동소자를 가진 신호원 입력이나 출력을 임의의 수동소자로 종단시켜도 발진하지 않는다. 무조건 안정 특성을 가지려면 식 (6.7a)와 식 (6.7b)에 정의된 $k > 1$, $|\Delta| < 1$을 만족해야 한다. 잠재적 안정[potentially stable] 특성을 가지려면 $k < 1$, $|\Delta| < 1$을 만족해야 한다. 안정도를 판단하기 위해 사용하는 $k-\Delta$ 특성은 상대적 안정도 특성을 나타내지 않는다. 그래서 최근에는 식 (6.7c)와 같이 상대적 안정도를 나타낼 수 있는 **μ-안정도 조건**을 사용한다. $\mu > 1$이면 무조건 안정 특성을 갖는다. 만약 $k < 1$로 불안정한 특성을 갖게 되면, 트랜지스터의 바이어스 회로를 다시 설계하여 동작점을 이동시키거나, 다른 종류의 트랜지스터를 선택해야 한다.

$$k = \left(\frac{1-|S_{11}|^2-|S_{22}|^2+|\Delta|^2}{2|S_{12}||S_{21}|}\right) \tag{6.7a}$$

$$\Delta = S_{11}S_{22} - S_{12}S_{21} \tag{6.7b}$$

$$\mu = \frac{1-|S_{11}|^2}{|S_{22}-S_{11}^*\Delta|+|S_{21}S_{12}|} \tag{6.7c}$$

■ 증폭기의 비선형 특성

증폭기에 사용되는 트랜지스터는 비선형 특성을 갖는다. 증폭기의 비선형성을 나타내는 파라미터로 [그림 6-10]에 나타낸 **1[dB] 이득 억압점**[P1dB : compression point] 및 **3차 교차점**[IP3 : 3rd order intercept point 등을 사용한다. 증폭기의 P1dB는 증폭기에 단일 주파수 성분을 갖는 신호원을 입력하고, 입력 전력에 대해 출력전력 곡선을 그려서 출력전력이 포화되지 않는다고 가정했을 때, 실제 출력과 1[dB] 차이가 날 때 입력레벨로 정의한다. 즉, 증폭기의 입출력 특성을 선형적인 영역을 나타내는 파라미터라고 볼 수 있다. 또한 3차 교차점은 서로 다른 주파수를 갖는 두 개의 주파수 신호를 입력한 후 3차 고조파 성분이 나타나기 시작하는 입력 전력레벨로 정의한다.

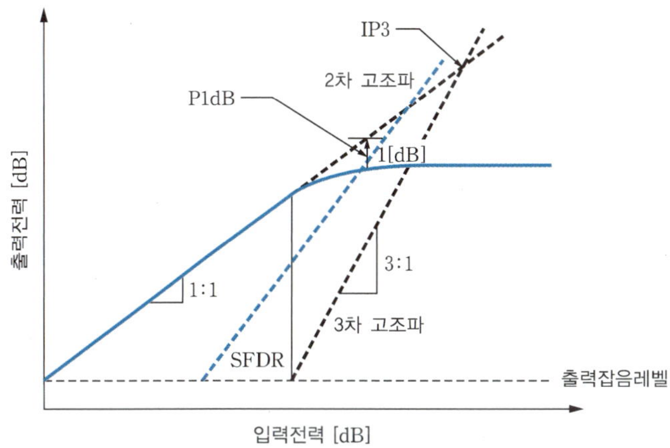

[그림 6-10] 증폭기의 비선형 파라미터를 정의하기 위한 입출력 특성

[그림 6-11]과 같이 입력과 출력의 크기 특성과 위상 특성에 따라 증폭기의 비선형 특성을 나타낼 수도 있다. [그림 6-11(a)]와 같이 입력전력의 크기에 대해 출력전력의 크기를 나타낸 것을 **AM-AM** Amplitude-Amplitude **특성**이라고 하는데, 이상적인 경우에는 선형적(직선)으로 나타난다. [그림 6-11(b)]와 같이 입력전력의 크기에 대해 출력전력의 위상 특성을 나타낸 것을 **AM-PM** Amplitude-Phase **특성**이라고 한다. 마찬가지로, 이상적인 경우에는 입력전력의 크기에 대해 출력위상이 변화 없이 일정한 특성(수평선)을 나타내야 하지만, 입력전력의 크기가 커지면 증폭기의 비선형성으로 인해 위상 특성이 왜곡된다.

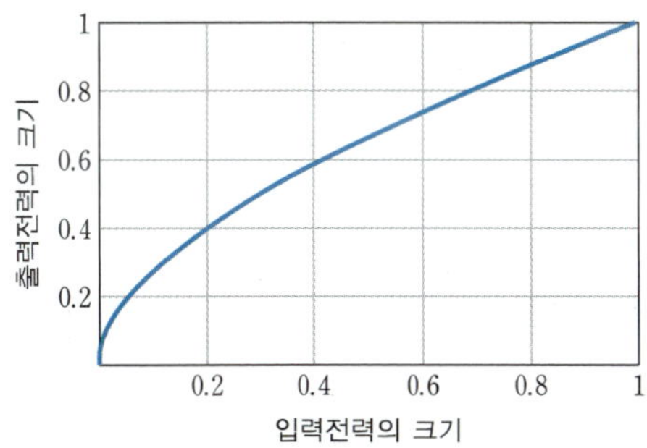

(a) AM-AM 특성

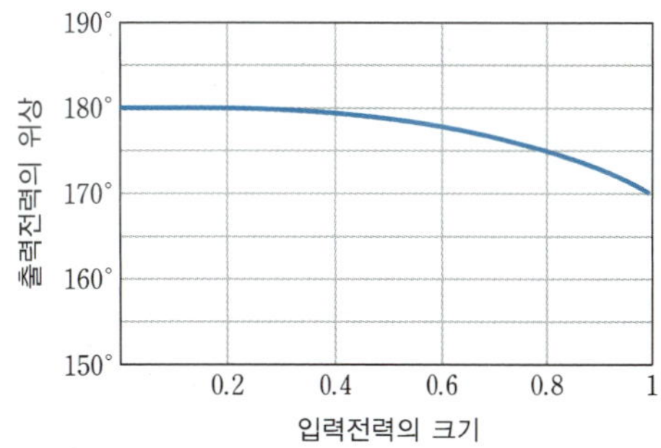

(b) AM-PM 특성

[그림 6-11] 증폭기의 비선형 특성

■ 증폭기의 효율

배터리로 동작하는 시스템에서는 높은 **전력효율** PAE : Power Added Efficiency 또한 중요하다. PAE는 다음과 같이 정의된다.

$$\mathrm{PAE} = \frac{P_{\text{out}} - P_{\text{in}}}{P_{DC}} \times 100\% \tag{6.8}$$

여기서 P_{DC}는 DC 바이어스 전력이다. 트랜지스터로 구현된 증폭기에서는 보통 50% 이상의 전력효율을 얻을 수 있다.

이 밖에도 전력증폭기의 경우에는 시스템 파라미터로 고출력 전력, 높은 P1dB, 높은 IP3, 넓은 범위를 갖는 다이나믹 영역 dynamic range, 낮은 상호변조 intermodulation 그리고 우수한 선형성 등을 고려해야 한다. 이들 파라미터들은 증폭기뿐만 아니라 송수신 시스템과도 관련이 있기 때문에 7장에서 좀 더 자세히 살펴보기로 한다.

■ 증폭기 설계과정

증폭기를 설계하는 이론과 제작 방법은 증폭기의 사용 목적과 요구 성능에 따라 매우 광범위하고 다양하다. 따라서 이 절에서는 증폭기 설계과정을 개략적으로 살펴본 후 실제 설계된 예를 살펴보기로 하자. [그림 6-12]에 마이크로파 증폭기를 설계하는 과정을 나타냈다. 우선 요구되는 시스템의 주파수, 이득 및 잡음성능 등에 따라 트랜지스터를 선택한 후, 트랜지스터의 산란 행렬을 이용하여 안정도를 계산하고, 안정도를 고려하여 동작주파수에서 입출력정합 네트워크를 설계한다. 다음으로 DC 바이어스 회로를 설계한 후 전체 회로를 구성하고 제작한다.

앞서 설명한 바와 같이 무선통신에 많이 사용되는 증폭기는 전력증폭기와 저잡음 증폭기이다. 저잡음 증폭기는 수신단의 안테나 다음에 위치하며, 미약한 수신신호를 증폭시키기 위해 일정한 이득이 요구된다. 수신기의 전체 잡음성능은 제일 앞단에 있는 부품인 증폭기의 잡음지수에 의해 좌우되므로 수신기의 잡음성능을 확보하기 위해서는 저잡음 특성이 요구된다(7장 참고). 보통 저잡음 증폭기의 공급전류가 증가하면 이득이 증가하면서 잡음지수도 증가하게 된다. 전력증폭기는 송신단의 안테나 바로 뒤에서 높은 출력으로 신호를 송신하는 역할을 하며, 비선형 특성을 갖는 대표적인 증폭기이다. 전력증폭기의 중요 파라미터는 이득, 소모전류와 방열 특성 heat dissipation 이다. 고이득 high gain 을 구현하려면 큰 값의 소모전류가 필요하다. 그러나 소모전류는 열을 발생시키므로 열이 많이 발생하는 소자를 사용하여 설계할 때는 방열을 위한 고려가 필요하다.

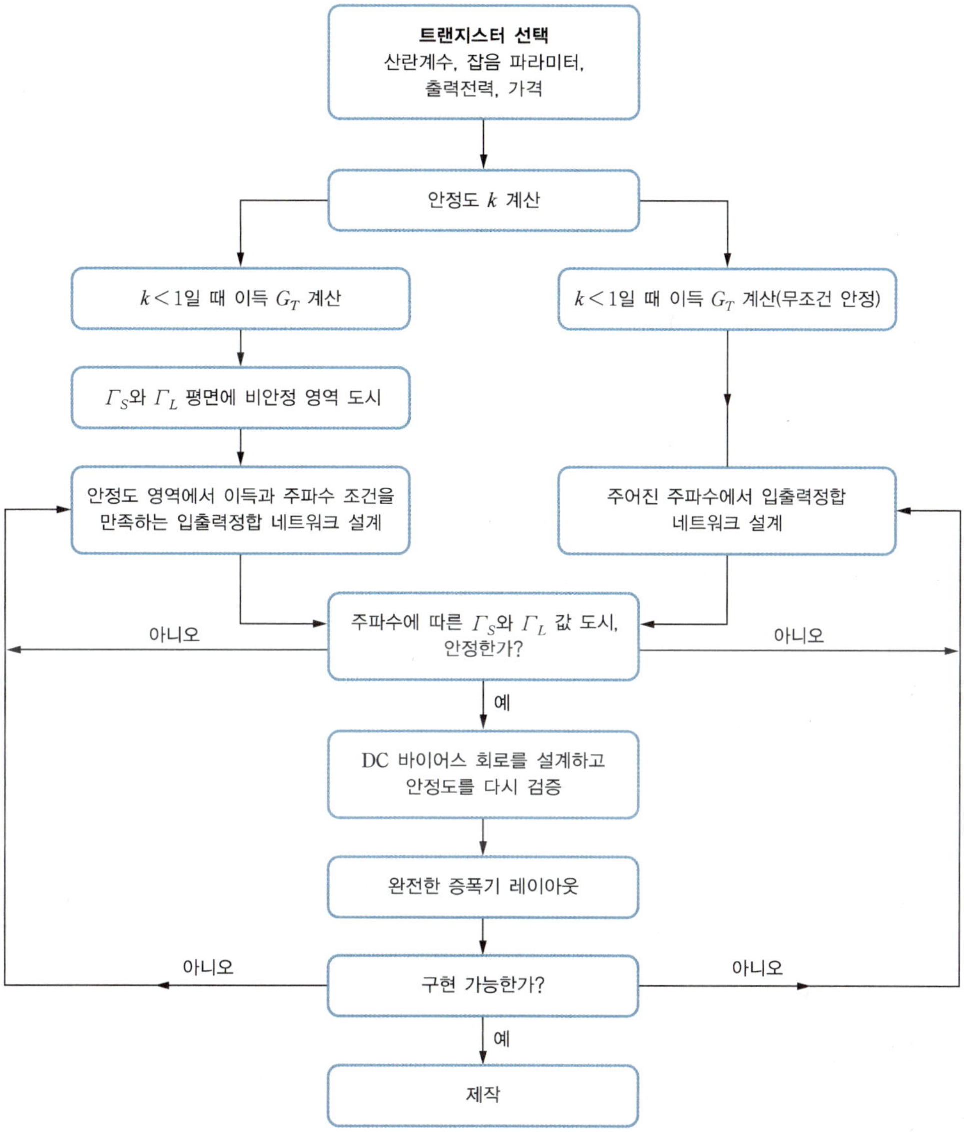

[그림 6-12] **마이크로파 증폭기 설계 과정**

■ 설계된 증폭기 예

트랜지스터를 사용하여 설계한 증폭기를 살펴보자. 상용 GaAs FET를 사용한 저잡음 증폭기와 상용 BJT를 사용한 저잡음 증폭기 설계 예를 각각 [그림 6-13]과 [그림 6-14]에 나타냈다.

[그림 6-13]은 NEC Electronics 사의 NE70083 GaAs FET를 사용한, 이단 저잡음 증폭기 회로의 보드 레이아웃이다. 설계된 증폭기는 마이크로파 주파수인 6[GHz]에서 동작하며 전송선로를 사용하여 입출력정합 회로를 설계했다. 회로구성을 살펴보면 다음과 같다.

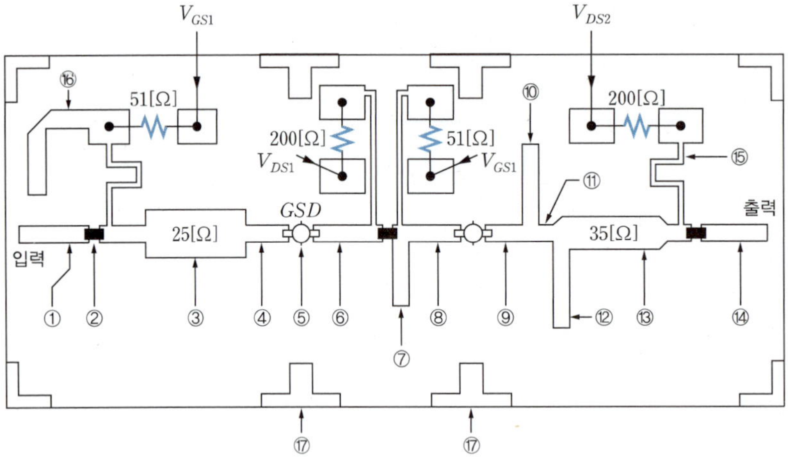

[그림 6-13] NE70083 GaAs FET를 사용하여 설계한 6[GHz] 저잡음 증폭기 PCB 레이아웃[1]

- ①, ⑭ : 동축케이블 또는 마이크로스트립 선로를 연결하기 위한 50[Ω] 입출력 선로이다.
- ⑤ : 증폭기에 사용한 FET를 나타낸다.
- ③, ⑬ : 입출력정합 회로를 위한 $\frac{1}{4}$ 파장 임피던스 변환선로이다.
- ② : 외부에 연결된 마이크로파 회로와 직류 바이어스 전원을 격리시켜 DC 신호가 신호원 입력 및 출력부하 회로로 유입되는 것을 막는다. 이러한 커패시터를 커플링 커패시터라고 한다.
- 첫 번째 증폭기의 입력정합 회로는 ③과 ④의 전송선로로 구성했으며, 저잡음 특성을 최소화하도록 설계했다.
- ⑥ ~ ⑧ : 첫 번째 증폭기의 출력과 두 번째 증폭기의 입력 임피던스 정합회로로, 첫 번째 증폭기의 출력단 잡음을 줄이고, 두 번째 단의 증폭기 입력을 구동하기 위해 설계했다.
- ⑨ ~ ⑬ : 전력이득을 최적화하기 위한 출력정합 회로이다. 두 트랜지스터의 게이트와 드레인 단자에 각각 바이어스 전원을 제공하기 위해 V_{GS1}, V_{GS2}, V_{DS1}, V_{DS2}로 분리된 바이어스 전압을 사용했다. 바이어스 공급 연결부에 사용한 51[Ω], 200[Ω]의 직렬저항은 바이어스 전류를 모니터링하기 위해 사용했다.
- ⑮ : 약 $\frac{1}{4}$ 파장 길이를 갖는 높은 임피던스(120[Ω]) 선로에 의해 바이어스 회로가 마이크로파 회로와 격리되었다.
- ⑯ : 각 선로에 연결된 패치와 직류 바이어스 전압이 연결된 점들은 접지에 대해 낮은 임피던스를 갖도록 설계했다. 첫 번째 증폭기 입력에서 스퓨리어스 신호를 억제하는 것이 중요하기 때문에, 전원이 낮은 임피던스 패드로 연결되었더라도 $\frac{1}{4}$ 파장 길이의 낮은 임피던스를 갖는 ⑯과 같은 개방선로를 이용하여 스퓨리어스를 줄일 수 있다.
- ⑰ : 접지면과 연결되어 회로 내에서 발생하는 불필요한 피드백 신호들을 최소화하는 차폐역할을 한다.

1 Microwave Journal의 허락을 받고 'Fulton, R., "6GHz low noise amplifier using NE70083 GaAs FET", vol. 27, No. 11, Nov. 1984'에서 인용하였다.

[그림 6-14]는 상용부품인 Infineon 사의 BFP420 실리콘 BJT 트랜지스터를 이용한, 저잡음 증폭기 설계회로와 보드 레이아웃이다. BFP420은 이동통신 대역에서 사용할 수 있는 고주파 트랜지스터로, 1.8[GHz]에서 1.1[dB]의 잡음지수를 가지며, 21[dB]의 이득 특성을 갖는다. 설계된 증폭기는 900[MHz] 대역에서 동작하며, 높은 선형성과 낮은 잡음지수, 큰 반사손실 특성을 갖도록 설계되었다. 앞의 예와 마찬가지로 마이크로스트립 선로를 이용하여 정합회로를 구성했다. [표 6-1]에 보드에 사용된 각 부품들의 값과 용도를 정리했다.

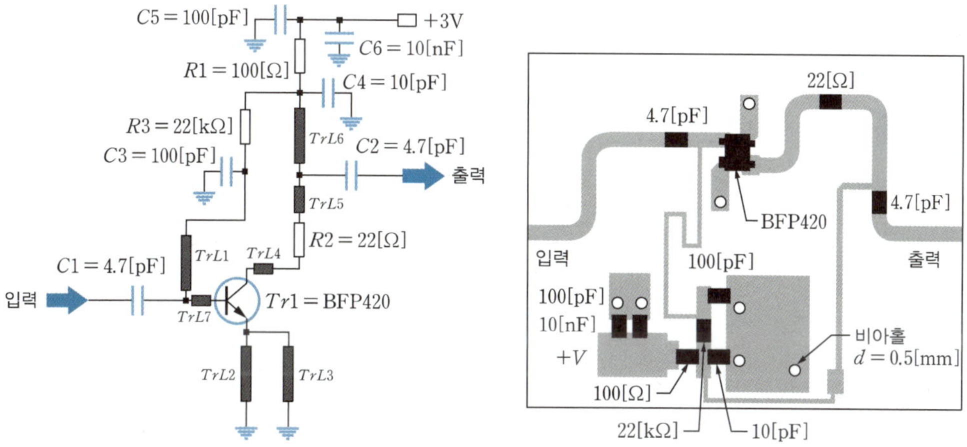

(a) 저잡음 증폭기 회로도 (b) 저잡음 증폭기 레이아웃

[그림 6-14] BFP420을 이용한 900[MHz] 대역 저잡음 증폭기 설계 예[2]

[표 6-1] [그림 6-14]에 사용된 각 부품들의 실제 값과 용도 (계속)

부품	값	단위	크기	비고
R1	100	Ω	0603	바이어스/컬렉터 저항 $V_{R1} \cong 0.5$[V]
R2	22	Ω	0603	안정도와 출력 반사손실 특성을 향상시킴
R3	22	kΩ	0603	바이어스/베이스-저항
C1	4.7	pF	0603	입력정합
C2	4.7	pF	0603	출력정합
C3	100	pF	0603	RF-단락
C4	10	pF	0603	출력정합
C5	100	pF	0603	RF-단락
C6	10	nF	0603	RF-단락
Tr1			SOT343	SIEGET®BFP420 (RF 트랜지스터)
TrL1				입력정합과 바이어스 $w = 0.3$[mm]
TrL2				에미터-마이크로스트립 선로 $w = 0.95$[mm]

2 Infineon Technologies의 허락을 받고 'Application Note No. 018 "A Low-Noise-Amplifier at 900MHz using SIEGET BFP420"'에서 인용하였다.

[표 6-1] [그림 6-14]에 사용된 각 부품들의 실제 값과 용도

부품	값	단위	크기	비고
TrL3				에미터-마이크로스트립 선로 $w=0.95\,[\mathrm{mm}]$
TrL4				출력정합 $w=0.95\,[\mathrm{mm}]$
TrL5				출력정합 $w=0.95\,[\mathrm{mm}]$
TrL6				출력정합과 DC 바이어스 $w=0.95\,[\mathrm{mm}]$
TrL7				입력정합 $w=0.95\,[\mathrm{mm}]$
유전체 기판	FR4			$h=0.5\,[\mathrm{mm}]$, $\varepsilon_r=4.5$

예제 6-2 증폭기의 가용이득

GaAs MESFET가 다음과 같은 S 파라미터 값을 갖는다고 할 때, (a) 가용이득과 (b) 최대 가용이득을 구하라.

$$S_{11}=0.64\angle-154°,\ \ S_{12}=0.02\angle 40°,\ \ S_{21}=2.04\angle 185°,\ \ S_{22}=0.55\angle-30°$$
$$\Gamma_s=0.38\angle 25°$$

풀이

(a) 가용이득은 식 (6.5)에서 주어지며, 식에 주어진 값을 대입하면 다음과 같이 계산된다. 가용이득은 부하 임피던스 Z_L에 무관하기 때문에 $\Gamma_{\text{out}}=S_{22}$로 쓸 수 있다.

$$\begin{aligned}G_A=\frac{P_{\text{avo}}}{P_{\text{avs}}}&=\frac{1-|\Gamma_s|^2}{|1-S_{11}\Gamma_s|^2}|S_{21}|^2\frac{1}{1-|\Gamma_{\text{out}}|^2}\\&=\frac{1-|0.38|^2}{|1-(0.64\angle-154°)\times(0.38\angle 25°)|^2}|2.04|^2\frac{1}{1-|0.55|^2}\\&=4.95\ (=6.94\,[\mathrm{dB}])\end{aligned}$$

(b) 최대 가용이득은 MAG 또는 $G_{A,\max}$로 표현되는 값으로, 2포트의 입출력이 각각 신호원 임피던스와 부하 임피던스에 복소공액 정합이 이루어졌을 때 주어지는 G_A 또는 G_T를 의미한다. 안정도를 k라고 할 때 다음과 같이 주어진다.

$$G_{A,\max}=\frac{|S_{21}|}{|S_{12}|}\left(k-\sqrt{k^2-1}\right)$$

문제에서 주어진 값을 대입하면 다음과 같이 계산된다.

$$G_{A,\max}=\frac{|2.04|}{|0.02|}\left|4.75-\sqrt{(4.75)^2-1}\right|=11.22\ (=10.5\,[\mathrm{dB}])$$

예제 6-3 증폭기의 트랜스듀서 이득 계산

다음과 같은 S 파라미터를 갖는 증폭기 집적회로가 있다. 신호원 반사계수 $\Gamma_S = 0.463\angle -164°$이고, 부하 반사계수 $\Gamma_L = 0.486\angle 38°$일 때, 증폭기의 트랜스듀서 이득 G_T를 구하라.

$$S_{11} = 0.3\angle 140°,\ S_{12} = 0.03\angle 65°,\ S_{21} = 2.1\angle 62°,\ S_{22} = 0.40\angle -38°$$

풀이

트랜스듀서 이득은 식 (6.6)을 사용하여 구한다. 식에 주어진 값을 대입하면 다음과 같이 계산된다. 만약 $S_{12} \approx 0$이면, $\Gamma_{\text{in}} = S_{11}$로 가정할 수 있기 때문에 다음과 같이 트랜스듀서 이득을 계산할 수 있다.

$$\begin{aligned} G_T &= \frac{P_L}{P_{\text{avs}}} = \frac{1-|\Gamma_s|^2}{|1-\Gamma_s\Gamma_{\text{in}}|^2}|S_{21}|^2\frac{1-|\Gamma_L|^2}{|1-S_{22}\Gamma_L|^2} \\ &= \frac{1-|\Gamma_s|^2}{|1-\Gamma_s S_{11}|^2}|S_{21}|^2\frac{1-|\Gamma_L|^2}{|1-S_{22}\Gamma_L|^2} \\ &= 5.708\ (= 7.6\,[\text{dB}]) \end{aligned}$$

6.2.2 발진기

발진기 oscillator 는 직류전원 에너지를 교류전원 에너지로 변환하는 회로이다. 발진기는 위상잡음 특성이 나타나지만 안정된 단일주파수의 정현파 신호를 만들어내기 때문에, [그림 6-1]에 나타낸 것과 같이 무선통신 시스템에서 믹서로 입력되는 국부발진기 설계에 사용된다. 발진기는 1포트 발진기와 2포트 발진기로 구분된다. 1포트 발진기는 포트에 부성저항을 가진 공진기나 부하를 연결하며, 2포트 발진기는 [그림 6-15]와 같이 증폭기에 **귀환 네트워크** feedback network 를 결합하여 구성한다.

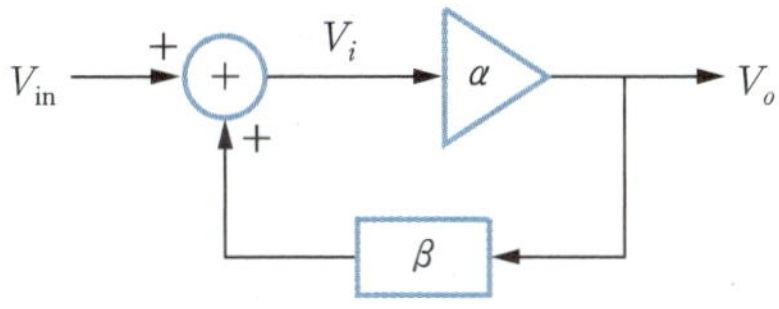

[그림 6-15] **정귀환을 가진 2포트 발진회로**

[그림 6-15]에서 증폭기의 출력 V_o는 다음과 같다.

$$V_o = \alpha V_{\text{in}} + \alpha\beta V_o \tag{6.9}$$

여기서 α는 증폭기의 전압이득(V_o / V_{in})을 나타내며, β는 귀환되는 출력전압의 일부를 나타낸다. **폐루프 전압이득** closed-loop gain A는 다음과 같다.

$$A = \frac{V_o}{V_{\text{in}}} = \frac{\alpha}{1-\alpha\beta} \tag{6.10}$$

식 (6.10)의 분모가 0에 가까워지면 $A \to \infty$ 가 되므로 발진이 일어나며, 이때 발진이 되는 조건은 피드백 네트워크에 의해 결정된다. 발진이 일어나는 $\alpha\beta = 1$을 발진에 대한 **버크하우젠 판별기준** Barkhausen criterion이라고 하며, 크기와 위상을 분리하여 식 (6.11)과 같은 조건식으로 쓸 수 있다. $\alpha\beta = 1$은 발진을 위한 최소 조건이며, $\alpha\beta > 1$을 만족하면 발진이 더욱 쉽게 일어난다. 그러나 증폭기의 비선형성 때문에 $\alpha\beta$는 다시 1로 돌아온다. 여기에서 주의할 것은, 이 조건은 2포트 피드백 발진회로에서는 필요조건이지만 충분조건은 아니라는 점이다. 발진을 위해 필요한 또 다른 조건은 증폭기에서 안정도 k가 1보다 작아야 한다는 것이다.

$$|\alpha\beta| = 1 \text{이면서 } \angle\alpha\beta = n \times 360° \tag{6.11}$$

[그림 6-16]에 수동소자로 구성된 피드백 회로와 능동소자로 구성된 증폭기가 결합된 2포트 발진기를 나타냈다. 수동소자 피드백 회로는 π 또는 T자형 네트워크로 구성할 수 있다.

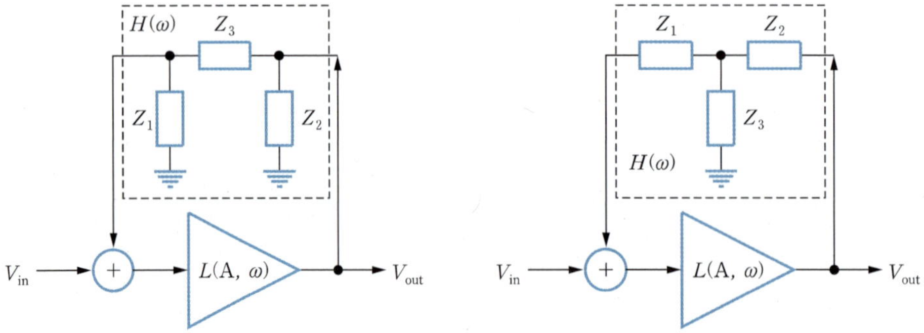

(a) π형 피드백 네트워크 발진기 (a) T자형 피드백 네트워크 발진기

[그림 6-16] π와 T자형 피드백 네트워크를 이용한 발진기

[그림 6-16(a)]의 π형 네트워크의 피드백 회로는 회로 구성에 따라 [그림 6-17]과 같이 하틀리 Hartley, 콜핏츠 Colpitts, 클랩 Clapp 등으로 구분할 수 있다. 이 밖에도 암스트롱 Amrstrong, 바카 Vackar 등의 형태도 존재한다.

[그림 6-17(a)]의 **하틀리 발진기**는 두 개의 인덕터 또는 탭인덕터 tapped inductor를 사용하여 구성하며, 고주파 대역 필터 특성을 갖는다. 하틀리 발진기는 하모닉 특성이 나쁘지만 출력진폭이 광대역에 대해 일정하다는 장점이 있다. [그림 6-17(b)]의 콜핏츠 네트워크는 커패시터 두 개를 사용하여 구성하며, 저주파 대역 필터 특성을 갖는다. **콜핏츠 발진기**에서 커패시터는 RF 주파수 대역에서 높은 Q 값을 갖고, 하틀리 발진기에 비해 안정된 스퓨리어스 특성을 갖고 있으며, 저가로 구현할 수 있다는 장점이 있어 국부발진기 local oscillator로 자주 사용된다. 또한 인덕터 대신 크리스탈 crystal을 사용할 수 있다. [그림 6-17(c)]의 **클랩 네트워크**는 콜핏츠 네트워크의 변형된 형태로 대역 통과 특성을 갖는다.

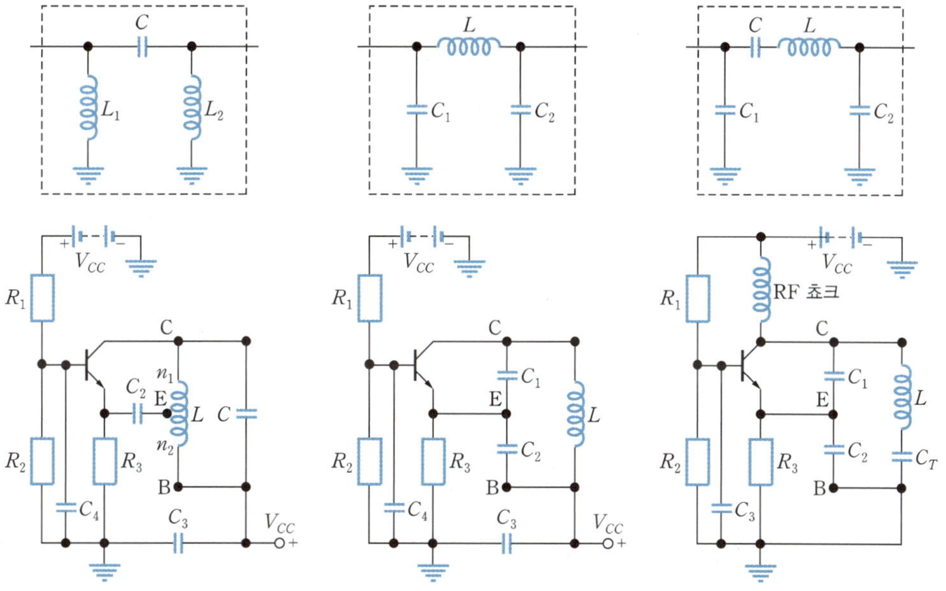

(a) 하틀리　　(b) 콜핏츠　　(c) 클랩

[그림 6-17] π형 피드백 네트워크의 종류에 따른 발진기 회로

[그림 6-17]의 발진기 회로에서 $X_L = X_C$일 때 발진이 발생하며, 각 발진기의 발진 주파수는 식 (6.12)와 같이 정의된다.

$$\omega^2 = \frac{1}{LC} \quad : \text{하틀리 발진기} \tag{6.12a}$$

$$\omega^2 = \frac{1}{L}\left(\frac{1}{C_1} + \frac{1}{C_2}\right) \quad : \text{콜핏츠 발진기} \tag{6.12b}$$

$$\omega^2 = \frac{1}{LC_T},\ \left(\frac{C_T}{C_1} + \frac{C_T}{C_2}\right) \ll 1 \quad : \text{클랩 발진기} \tag{6.12c}$$

발진기는 송신기에서 신호원으로 사용되고, 상향믹서와 하향믹서에서는 국부발진기로 사용된다. 이상적인 발진기에서 출력되는 신호는 [그림 6-18(a)]와 같은 단일주파수의 정현파 파형이지만, 실제 파형은 [그림 6-18(b)]와 같이 대역폭을 가진 신호로 나타난다. [그림 6-18(b)]와 같이 시간 영역에서의 **지터** jitter에 의해 파형이 흔들리면 주파수 영역에서는 잡음으로 나타난다. 이를 발진기의 **위상잡음** phase noise이라고 하고, 반송파 주파수의 전력레벨에 대한 상대적인 크기로 정의하며, [dBc/Hz] 단위로 나타낸다.

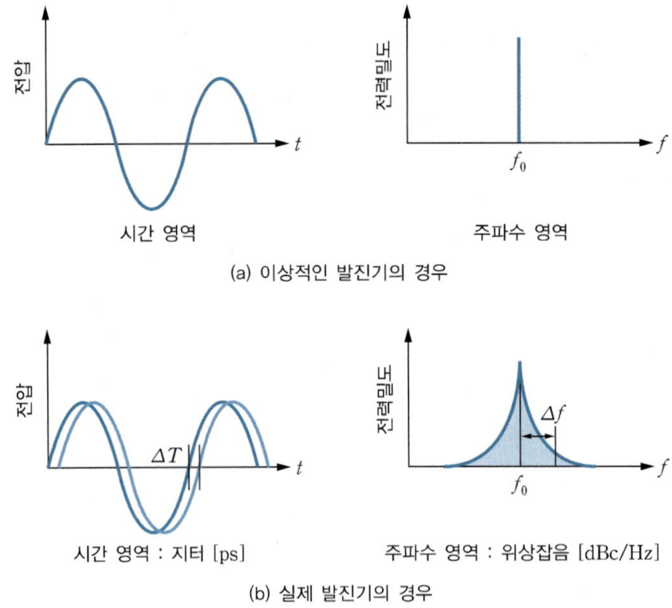

[그림 6-18] 이상적인 발진기와 실제 발진기의 시간 및 주파수 특성 비교

위상잡음 외에 발진기의 성능 파라미터로 출력전력, DC-to-RF 효율, 잡음, 안정도, 주파수 튜닝영역, 스퓨리어스 신호, 주파수 풀링 pulling, 그리고 주파수 푸싱 pushing 등을 들 수 있다. 이들 파라미터에 대해서는 7장에서 자세히 살펴보기로 한다.

예제 6-4 콜핏츠 발진기의 발진조건

[그림 6-17(b)]에서 콜핏츠 발진기가 발진하기 위한 증폭기의 이득(α)조건을 구하라.

풀이

[그림 6-17(b)]에 주어진 콜핏츠 발진기는 공통 베이스 common-base 구조로 콜핏츠 네트워크를 구성하는 커패시터 C_1과 C_2는 각각 트랜지스터의 컬렉터 collector와 베이스 base 간 전압 분배역할을 한다. 따라서 에미터 emitter와 베이스 간 전압 V_{EB}를 입력전압 v_i로, 컬렉터와 베이스 간 전압 V_{CB}를 출력전압 V_o로 정의할 수 있다. 따라서 회로로부터 다음과 같이 입력전압 V_i와 출력전압 V_o의 관계식을 얻을 수 있다.

$$V_i = \frac{X_{C_2}}{X_{C_1} + X_{C_2}} V_o$$

이때 X_{C_1}, X_{C_2}는 각각 커패시터 C_1과 C_2의 리액턴스 reactance 값을 의미한다. 정의에 의해 발진기의 $\beta = \frac{V_i}{V_o} = \frac{X_{C_2}}{X_{C_1} + X_{C_2}}$로 주어지며, $\alpha = \frac{V_o}{V_i} = \frac{X_{C_1} + X_{C_2}}{X_{C_2}}$를 얻을 수 있다. $\alpha\beta = 1$이 되므로 식 (6.11)로부터 주어진 회로가 발진하기 위한 최소 조건을 갖고 있는 것을 알 수 있다.

발진을 위한 조건은 $\alpha\beta > 1$이므로, $\alpha = \frac{X_{C_1} + X_{C_2}}{X_{C_2}} = 1 + \frac{C_2}{C_1}$를 이용하면 $\alpha \geq 1 + \frac{C_2}{C_1}$가 발진이 되기 위한 조건이라고 볼 수 있다. 같은 방법을 이용했을 때, 하틀리 발진기의 경우는 $\alpha \geq 1 + \frac{n_1}{n_2}$, 클랩 발진기의 경우는 $\alpha \geq 1 + \frac{C_2}{C_1}$로 발진 조건을 얻을 수 있다.

6.3 검파기와 믹서

[그림 6-1]의 슈퍼헤테로다인 수신기에서는 수신된 RF 신호를 중간주파수인 IF Intermdiate Frequency 신호로 변환하여 처리해야 하며, 송신기의 경우에는 반대의 과정이 필요하다. 이때 주파수를 변환시키는 마이크로파 소자를 **믹서** mixer 라고 한다. 또한 변환된 IF 또는 기저대역 신호 baseband signal 를 복조하거나 신호를 처리하기 위해 직류DC신호로 변환시키는 소자를 **검파기** detector 라고 한다. 이 절에서는 검파기와 믹서의 동작원리 및 비선형 특성에 대해서 살펴보기로 하자.

6.3.1 검파기

검파기는 RF 또는 마이크로파 신호를 DC 전압신호로 변환시키거나 변조된 고주파수 신호를 변조된 저주파수 정보신호로 복조하는 소자이다. 검파기에서 이루어지는 RF(또는 교류) 신호에 대한 직류신호 검파는 다이오드의 PN 접합 또는 쇼트키 장벽 Schottky-barrier 접합(금속-반도체 접합)에서 나타나는 [그림 6-19]와 같은 다이오드 입력전압-출력전류 간 비선형 특성을 이용하여 구현할 수 있다.

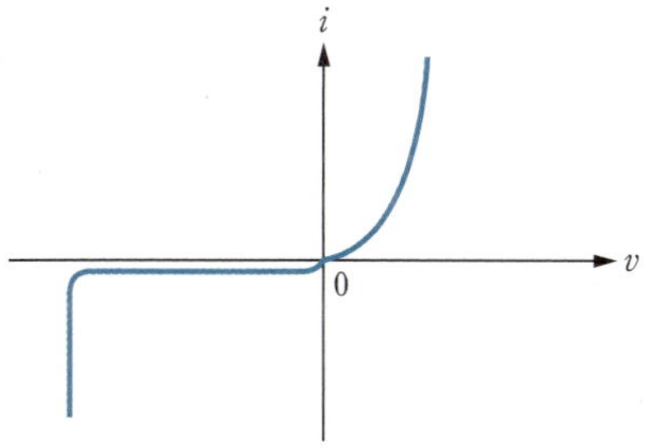

[그림 6-19] 다이오드의 비선형 입출력 특성

[그림 6-19]에서 출력전류 i의 비선형 특성은 식 (6.13)과 같이 입력전압 v에 대한 고차 다항식으로 표현할 수 있다.

$$i = a_1 v + a_2 v^2 + a_3 v^3 + \cdots \tag{6.13}$$

만약 입력되는 전압이 ω_{RF}의 단일 주파수를 갖는 정현파 신호인 $v = A\cos\omega_{RF}t$ 또는 $v = A\sin\omega_{RF}t$라고 가정하고, 식 (6.13)에서 앞의 두 항만 고려하면 출력전류는 다음과 같이 다시 쓸 수 있다.

$$\begin{aligned} i &= a_1 A\cos\omega_{RF}t + a_2 A^2\cos^2\omega_{RF}t \\ &= a_1 A\cos\omega_{RF}t + \frac{1}{2}a_2 A^2 + \frac{1}{2}a_2 A^2\cos 2\omega_{RF}t \end{aligned} \tag{6.14}$$

따라서 식 (6.14)의 출력전류 신호를 저역 통과 필터에 통과시키면 직류신호 전류 $\frac{1}{2}a_2 A^2$을 검파할 수 있다. [그림 6-20]은 일반적인 **반파정류** half-wave rectification 를 위한 검파기 회로를 보여준다.

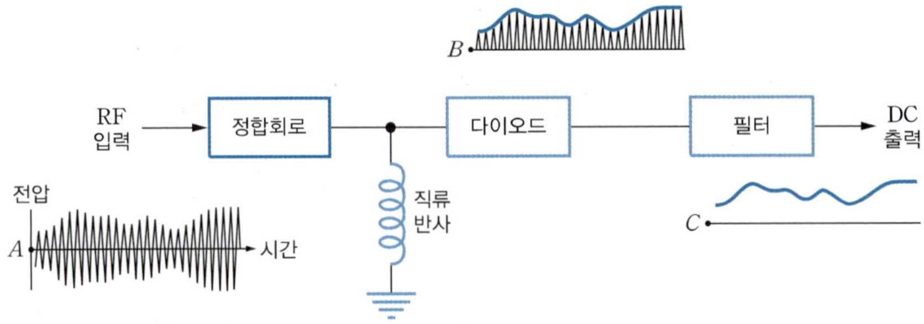

[그림 6-20] 반파정류를 위한 검파기 회로 예

[그림 6-20]의 검파기에서 제일 앞 단에 위치하는 정합회로는 다이오드의 입력단과 전송선로 간 임피던스 정합을 위한 회로로, 입력되는 전력의 반사손실을 줄이는 역할을 한다. 다이오드 입력단과 접지 사이에 연결된 직류반사 DC return 회로는 보통 PCB에서 $\frac{1}{4}$파장 길이의 높은 임피던스 값을 갖는 전송선로로 구현한다. 직류반사회로는 출력으로부터 반사되는 직류신호 성분을 접지로 흘려보내 RF 입력으로 직류유입을 방지하는 소자로 동작한다. 즉, 직류신호 입장에서는 접지와 단락된 것처럼 동작하고, RF 신호 입장에서는 개방된 것처럼 동작해 RF 신호성분만 다이오드를 통과하게 된다. 다이오드 다음 단에 위치한 필터는 식 (6.14)에서 설명한 것과 같이 저주파 대역 필터로서, 다이오드를 통과한 신호들에서 RF 신호를 제거한다.

검파기의 성능은 높은 감도 sensitivity, 우수한 VSWR, 넓은 동작범위 dynamic range, 낮은 손실 그리고 넓은 동작 대역폭에 의해 정해진다. 검파기의 전압감도 β_v는 입사되는 RF 전력 P_{in}에 대한 검파기 출력 DC 전압(V_{DC})의 비로, 식 (6.15)와 같이 정의되며, 보통 [mV/mW] 단위로 표시된다. 그러나 출력되는 전압은 검파기에 연결된 부하의 영향을 받기 때문에 부하저항도 고려해야 한다.

$$\beta_v = \frac{V_{DC}}{P_{in}} \tag{6.15}$$

또한 **접선 신호감도** TSS : Tangential Signal Sensitivity 도 사용되는데, 출력되는 전압이 잡음신호보다 큰 값을 가지기 시작할 때 입력되는 최소 입력전력으로 정의한다. 즉, 검파기가 동작하는 최소한의 입력전력이라고 할 수 있으며, 대략 $-50 \sim -60$[dBm] 값을 갖는다.

기저대역 변조신호는 대개 1[MHz]보다 작은 주파수를 포함하기 때문에, 검파기에서는 저주파수 대역에서 주로 발생하는 $\frac{1}{f}$ 플리커flicker 잡음이 문제가 된다. $\frac{1}{f}$ 잡음은 RF/마이크로파 수신기의 감도성능을 열화시켜 무선통신 시스템의 수신성능을 저하시킨다. 따라서 무선통신에서는 헤테로다인heterodyne 원리를 이용하여 $\frac{1}{f}$ 잡음을 피하고 수신성능을 향상시킨다. 헤테로다인 원리는 기저대역의 저주파수 신호를 중간주파수 등을 이용하여 고주파수인 반송파 주파수로 변환하고, 수신기에서는 반대 과정을 거치는 것을 말한다. 최근에는 중간주파수를 하나 이상 사용하는 슈퍼헤테로다인 방식을 주로 사용한다.

6.3.2 믹서

믹서mixer는 입력된 주파수들의 합과 차를 만들어내는 3포트 소자이다. 두 개의 포트는 입력포트이고, 다른 한 개 포트는 출력포트인데, 기본적으로 비선형 특성을 갖는 마이크로파 소자이다. 믹서는 트랜지스터와 같은 능동소자로 구성되는 **능동믹서**active mixer와 고속 스위칭 다이오드로 구성되는 **수동믹서**passive mixer로 나뉜다.

[그림 6-21(a)]와 같은 **하향믹서**down conversion mixer[3]에서는 수신된 고주파수 신호RF가 국부발진기LO에 혼합되어 중간주파수 신호IF로 출력된다. IF 신호는 이후 구동증폭기에 의해 증폭되고 검파 또는 복조가 이루어진다. 만약 두 개의 중간주파수를 사용하는 수신기라면 검파나 복조 전에 더 낮은 주파수의 IF 신호로 변환될 수 있다.

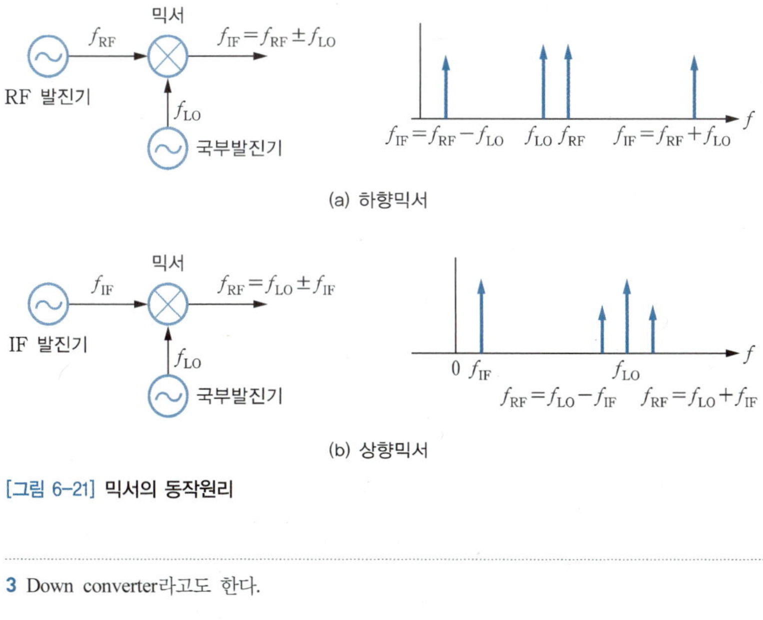

[그림 6-21] 믹서의 동작원리

3 Down converter라고도 한다.

[그림 6-21(b)]와 같은 **상향믹서** up conversion mixer[4]에서는 저주파수의 IF 신호로부터 송신을 위해 고주파수 RF 신호를 출력할 때 사용된다. 상향믹서는 송신기에 사용되고 하향믹서는 수신기에 사용된다.

하향믹서에 대한 입력전압은 다음과 같이 주어진다.

$$v = A\sin\omega_{\text{RF}}t + B\sin\omega_{\text{LO}}t \tag{6.16}$$

이를 식 (6.13)의 다이오드 비선형 입출력 특성에 대입하면 다음과 같다. 트랜지스터로 구현된 믹서도 트랜지스터의 비선형 입출력 특성을 이용하기 때문에 식 (6.13)을 동일하게 사용할 수 있다.

$$\begin{aligned} i = & a_1(A\sin\omega_{\text{RF}}t + B\sin\omega_{\text{LO}}t) \\ & + a_2(A^2\sin^2\omega_{\text{RF}}t + 2AB\sin\omega_{\text{RF}}t\sin\omega_{\text{LO}}t + B^2\sin^2\omega_{\text{LO}}t) \\ & + a_3(A^3\sin^3\omega_{\text{RF}}t + 3A^2B\sin^2\omega_{\text{RF}}t\sin\omega_{\text{LO}}t \\ & + 3AB^2\sin\omega_{\text{RF}}t\sin^2\omega_{\text{LO}}t + B^3\sin^3\omega_{\text{LO}}t) + \cdots \end{aligned} \tag{6.17}$$

식 (6.17)에서 $2AB$를 계수로 갖는 $2AB\sin\omega_{\text{RF}}t\sin\omega_{\text{LO}}t(=f(t)g(t))$는 두 입력신호 ω_{RF} $(=f(t))$와 $\omega_{\text{LO}}(=g(t))$의 곱이므로, 믹서를 이상적으로 표현하면 두 신호에 대한 곱셈기가 된다.

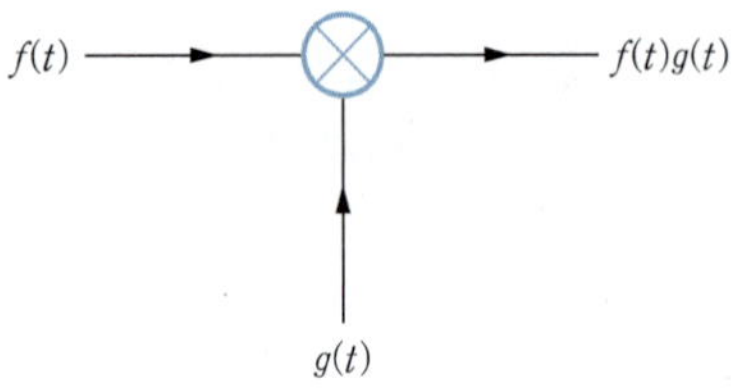

[그림 6-22] 믹서에 의한 두 입력신호의 곱

삼각함수 공식을 사용하면 식 (6.13)을 다음과 같은 주파수 성분으로 나타낼 수 있다.

$$\begin{aligned} & a_1v \rightarrow \omega_{\text{RF}},\ \omega_{\text{LO}} \\ & a_2v^2 \rightarrow 2\omega_{\text{RF}},\ \omega_{\text{RF}} \pm \omega_{\text{LO}},\ 2\omega_{\text{LO}} \\ & a_3v^3 \rightarrow 3\omega_{\text{RF}},\ 2\omega_{\text{RF}} \pm \omega_{\text{LO}},\ 2\omega_{\text{LO}} \pm \omega_{\text{RF}},\ 3\omega_{\text{LO}},\ \omega_{\text{RF}},\ \omega_{\text{LO}} \\ & \quad\vdots \end{aligned} \tag{6.18}$$

믹서에서 발생하는 신호의 주파수 스펙트럼을 [그림 6-23(a)]에 나타냈다. 수신기에서 하향믹서에 대해 IF 신호($\omega_{\text{RF}}-\omega_{\text{LO}}$ 또는 $\omega_{\text{LO}}-\omega_{\text{RF}}$)를 추출하기 위해 저역 통과 필터 또는 대역 통과 필터를 믹서의 다음 단에 사용한다. IF에서 수신되는 신호 ω_{IF}는 발진기의 ω_{LO}를 혼합하여 얻는다. 따라서 수신되는 RF 대역 주파수는 $\omega_{\text{RF}}(=\omega_{\text{LO}}+\omega_{\text{IF}})$, $\omega_{\text{IM}}(=\omega_{\text{LO}}-\omega_{\text{IF}})$가 될 수 있다. 이때 ω_{IM}은 수신

4 Up converter라고도 한다.

신호인 ω_{RF}와 구별이 되지 않는, 즉 동일한 ω_{IF}를 만드는 신호가 되는데, 이를 **영상주파수** image frequency 라고 한다. 따라서 ω_{IF}와 ω_{LO}는 신중하게 선택해야 한다. 영상신호의 성능은 **영상제거비** image rejection ratio로 나타내며, 원하는 IF 신호의 전력 $P_{\mathrm{IF\,d}}$와 영상 IF 신호에 의한 전력 $P_{\mathrm{IF\,i}}$의 비로 정의한다.

수신기에서 영상주파수를 제거하려면 하향믹서 전단에 RF 신호인 ω_{RF}만 통과시키는 대역 통과 필터를 사용해야 한다. 이와 같은 수신기 프론트 엔드 front-end 구조를 [그림 6-23(b)]에 나타냈다. 수신기에서 첫 번째로 사용된 대역 통과 필터 BPF1은 RF 신호를 수신하기 위한 대역 선택 band select 필터이며, 하향변환 믹서 앞단에 사용된 대역 통과 필터 BPF2는 영상신호를 제거하기 위한 **영상제거** image rejection **필터**이다. 믹서를 통과한 후 사용된 대역 통과 필터 BPF3는 하향변환된 후 기저대역 신호의 채널을 선택 channel select 하기 위한 필터이다. 예를 들어, FM 방송의 경우 RF 대역 주파수 f_{RF}는 $88 \sim 108\,[\mathrm{MHz}]$이며, 표준 IF 주파수 f_{IF}는 $10.7\,[\mathrm{MHz}]$이다. 이때 발생하는 영상주파수는 $f_{\fallingdotseq} = f_{\mathrm{RF}} + 2f_{\mathrm{IF}} = 109.4\,[\mathrm{MHz}]$로, RF 대역 주파수와 근접하기 때문에 문제가 될 수 있다. 따라서 영상신호를 제거하기 위해 대역 통과 필터를 사용한다. AM 방송의 경우 RF 대역 주파수 f_{RF}는 $530 \sim 1700\,[\mathrm{kHz}]$이며, 표준 IF 주파수 f_{IF}는 $455\,[\mathrm{kHz}]$이다. 이때 발생하는 영상주파수는 $f_{\fallingdotseq} = f_{\mathrm{RF}} + 2f_{\mathrm{IF}} = 1440\,[\mathrm{kHz}]$로, RF 대역 내에 영상주파수가 존재하기 때문에 문제가 될 수 있다. 이 경우에는 영상신호를 제거할 수 있도록 믹서 전단에 있는 대역 통과 필터(BPF2)의 감도가 매우 우수해야 하며, 대역을 조절할 수 있어야 한다.

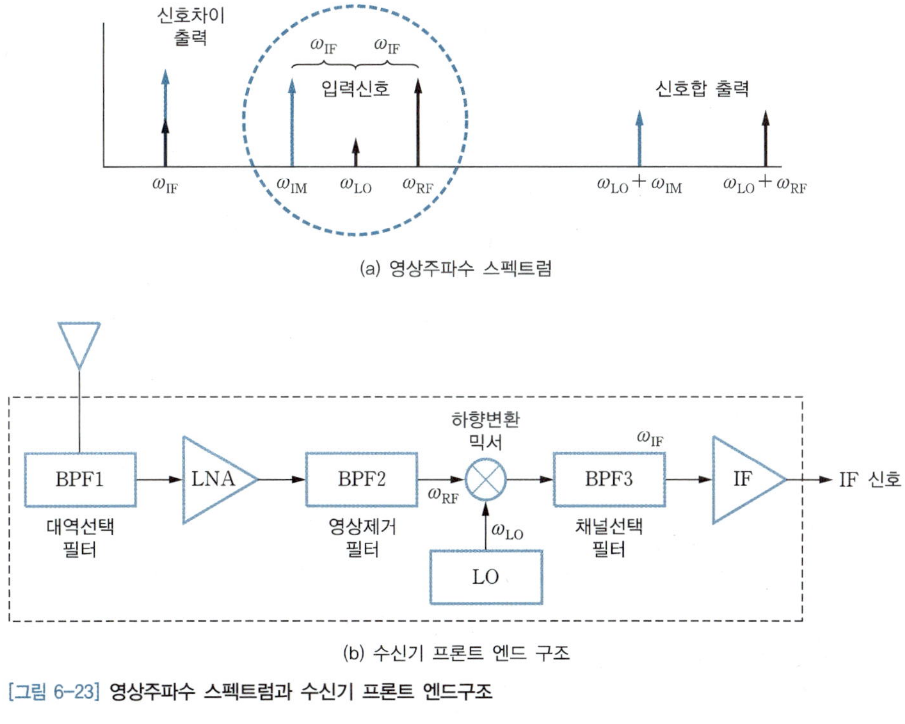

(a) 영상주파수 스펙트럼

(b) 수신기 프론트 엔드 구조

[그림 6-23] 영상주파수 스펙트럼과 수신기 프론트 엔드구조

믹서는 RF 포트, IF 포트, LO 포트로 이루어지는 3포트 소자로, 3×3 산란 행렬로 나타낸다. [그림 6-24]에 나타낸 하향믹서에서 S_{11}은 RF 입력포트의 입력정합 특성을 나타내고, S_{22}는 IF 출력포트의 출력정합 특성을 나타낸다. S_{13}과 S_{23}은 각각 LO에서 RF로 누설되는 leakage 양, LO에서 IF로 누설되는 양을 나타낸다. 또한 하향믹서에 대한 변환손실 conversion loss 은 S_{21}로 정의되며, 다음과 같이 L_c로 나타낸다.

$$L_c\,[\mathrm{dB}] = 10\log\frac{P_{\mathrm{RF}}}{P_{\mathrm{IF}}} \tag{6.19}$$

여기서 P_{RF}는 믹서에 대한 입력 RF 신호의 전력이고, P_{IF}는 출력 IF 신호의 전력이다. 성능이 우수한 믹서는 RF, IF와 LO 포트에 대해 낮은 변환손실, 낮은 잡음지수 noise figure, 낮은 VSWR을 갖는다. 또한 RF, IF와 LO 포트 중 임의의 2포트 간 우수한 격리도 특성, 넓은 동작 영역, 높은 IP3 3rd order intercept point, 낮은 상호변조 특성을 갖는다. 동작 영역, IP3, 1[dB] 이득 억압점 1dB compression point, 상호변조 intermodulation 에 대해서는 7장에서 자세히 살펴보기로 하자.

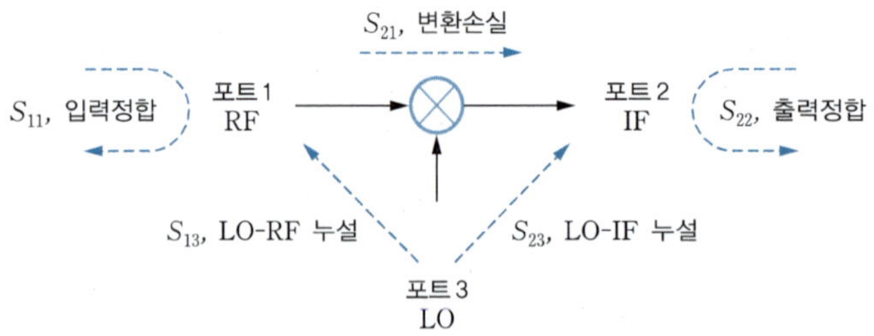

[그림 6-24] 믹서의 특성 파라미터

예제 6-5 믹서의 누설전력 계산

하향믹서의 변환손실이 3[dB]이고, RF 포트와 LO 포트의 격리도는 25[dB]이다. 만약 RF 입력전력이 0[dBm]일 때 IF 출력전력과 LO 포트로 누설되는 RF 전력은 얼마인가?

풀이

IF 출력전력을 P_{IF}라고 하면, 식 (6.19)로부터 다음과 같이 계산할 수 있다.

$$P_{\mathrm{IF}} = P_{\mathrm{RF}} - L_c = 0\,[\mathrm{dBm}] - 3\,[\mathrm{dB}] = -3\,[\mathrm{dBm}]$$

LO 포트로 누설되는 RF 전력 P_{Leak}은 RF-LO 간 격리도로부터 다음과 같이 계산된다.

$$P_{\mathrm{Leak}} = P_{\mathrm{RF}} - 20\,[\mathrm{dB}] = -20\,[\mathrm{dBm}]$$

6.4 스위치와 위상천이기

스위치와 위상천이기는 RF 및 마이크로파 신호의 크기와 위상을 전기적으로 제어할 수 있는 부품이다. 이 절에서는 스위치의 동작원리와 스위치를 이용한 위상천이기 구현 방법에 대해 살펴볼 것이다.

6.4.1 스위치

스위치 switch 는 페라이트를 사용한 스위치, 전자기 유도현상을 이용한 전기기계 electromechanical 스위치, 반도체 소자를 이용하여 제작하는 전기적 스위치로 나눌 수 있다. 최근에는 저손실, 저전력 소모, 고격리 특성을 갖는 MEMS Micro-Electro Mechanical Systems 스위치가 사용된다.

❶ **페라이트 스위치** : 페라이트를 이용하여 구현하는 위상천이기와 스위칭 switching 은 보통 자기 투자율 magnetic permeability 을 변화시켜 얻는다. 페라이트 스위치는 무겁고, 스위칭 속도가 느리며, 고가인 반면, 고출력 처리가 가능하고, 손실률이 낮다는 장점이 있다.

❷ **전기기계 스위치** : 낮은 삽입손실, 고격리도, 고출력 처리 특성 등의 장점을 갖고 있지만, 고주파수 영역에서는 사용하기 어렵고 동작수명이 짧다는 단점이 있다.

❸ **반도체 스위치** : PIN 다이오드 또는 FET를 사용하거나, 두 소자를 결합한 하이브리드 형태로 구현한다. 반도체 스위치는 부품 크기가 작고 스위칭 속도가 빠르며 저가라는 장점이 있다. 스위칭 제어 소자로 FET 또는 트랜지스터를 사용하면 손실 대신 이득을 얻을 수 있다.

[표 6-2]에 반도체 스위치와 전기기계 스위치에 대해 동작주파수, 삽입손실, 스위칭 속도, 전력소모 등 성능 파라미터를 비교하여 나타냈다. FET를 사용한 반도체 스위치가 가장 넓은 범위의 동작주파수를 갖는다. 또한 스위칭 속도는 PIN 다이오드를 사용한 반도체 스위치가 가장 빠르며, 전력소모는 FET를 사용한 반도체 스위치가 가장 적음을 알 수 있다.

[표 6-2] 스위치의 종류와 특징

	반도체 스위치			전기기계 스위치
	PIN 다이오드	FET	하이브리드	
동작주파수	MHz ~	DC ~	kHz ~	DC ~
삽입손실	보통	높음	높음	낮음
격리도	높은 주파수에서 우수	낮은 주파수에서 우수	높은 주파수에서 우수	광대역 영역에서 우수
재현성	매우 우수	매우 우수	매우 우수	우수
스위칭 속도	고속	보통	보통	저속
전력 용량	낮음	낮음	낮음	높음
동작 수명	높음	높음	높음	보통
전력 소모	높음	낮음	보통	-
비고	RF 전력, 온도에 민감	RF 전력, 온도에 민감	RF 전력, 온도에 민감	진동에 민감

다이오드를 사용한 스위치는 외부전원이 인가되지 않기 때문에 **수동 스위치** passive switch 라고 한다. BJT/IGBT Insulated Gate Bipolar Transistor 그리고 MOSFET는 **능동 스위치** active switch 라고 한다. 반도체 소자의 스위칭 특성은 소자의 입출력 전압-전류 특성에 의해 구현되는데, [그림 6-25]에 이들의 특성을 나타냈다.

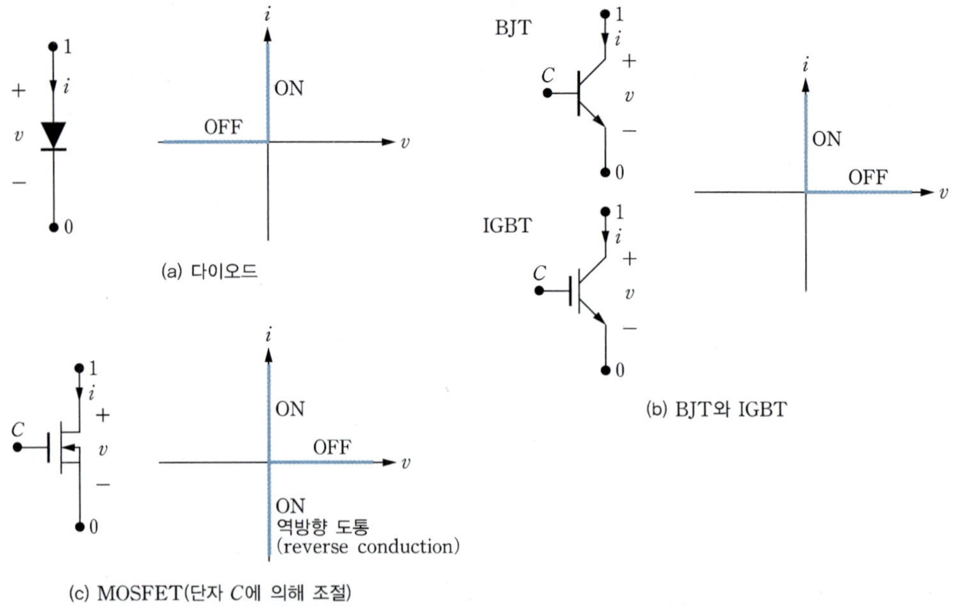

[그림 6-25] **반도체 소자의 스위칭 특성**

또한 스위치는 [그림 6-26]과 같이 기능에 따라 SPST Single Pole Single Throw, SPDT Single Pole Double Throw, DPST Double Pole Single Throw, DPDT Double Pole Double Throw 등으로 구분된다.[5]

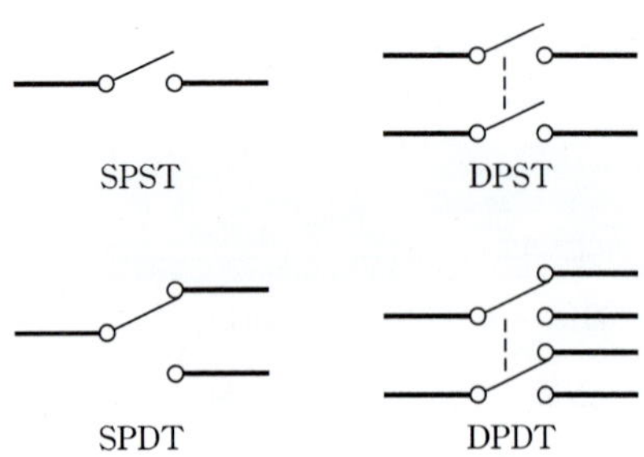

[그림 6-26] **스위치의 기능에 따른 분류와 기호**

스위치는 기능에 따라 2포트, 3포트, 4포트 그리고 다중포트를 가진 마이크로파 소자로 나타낼 수 있다. 스위치의 전기적 성능을 나타내는 파라미터에는 삽입손실 IL : Insertion Loss, 격리도 Isolation, 반사손실 RL : Reflection Loss 이 있으며, 이는 산란 행렬로 정의된다. [그림 6-27]과 같은 이상적인 SPDT

5 이때 pole은 스위치의 접점 개수를 의미한다. Throw는 스위치가 도전되는 도체 수로, 보통 1 또는 2가 된다.

스위치는 입력 2개, 출력 1개인 3포트 소자로 모델링할 수 있으며, 식 (6.20)과 같은 3×3 산란 행렬이 주어진다.

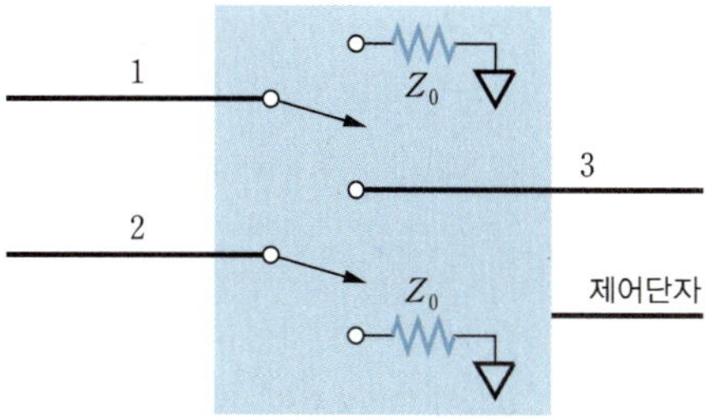

[그림 6-27] 이상적인 SPDT 스위치

S_{SW13}은 포트 1이 포트 3에 연결되었을 때 정의되는 산란 행렬로, S_{13}, S_{31} 성분만 갖는다.[6] 이상적인 스위치를 가정했기 때문에 연결되지 않은 포트들의 산란 행렬 계수는 0이 된다. S_{SW23}는 포트 2가 포트 3으로 스위칭된 경우로, S_{23}, S_{32} 성분만 갖는 산란 행렬로 나타낸다.

$$S_{SW13} = \begin{bmatrix} 0 & 0 & 1 \\ 0 & 0 & 0 \\ 1 & 0 & 0 \end{bmatrix}, \quad S_{SW23} = \begin{bmatrix} 0 & 0 & 0 \\ 0 & 0 & 1 \\ 0 & 1 & 0 \end{bmatrix} \tag{6.20}$$

RF 영역에서 스위치의 동작은 흡수absorptive 또는 반사reflective로 나타낼 수 있다. 흡수란 스위치가 ON일 때, 스위치로 입사되는 전력이 모두 출력으로 전달되거나 열로 소멸되는 것을 의미한다. [그림 6-27]에 나타낸 스위치는 포트 1 또는 포트 2가 포트 3과 연결되어 있지 않아도 정합 특성을 갖는다. 따라서 **정합 스위치**matched switch 또는 **흡수 스위치**absorptive switch라고도 한다.

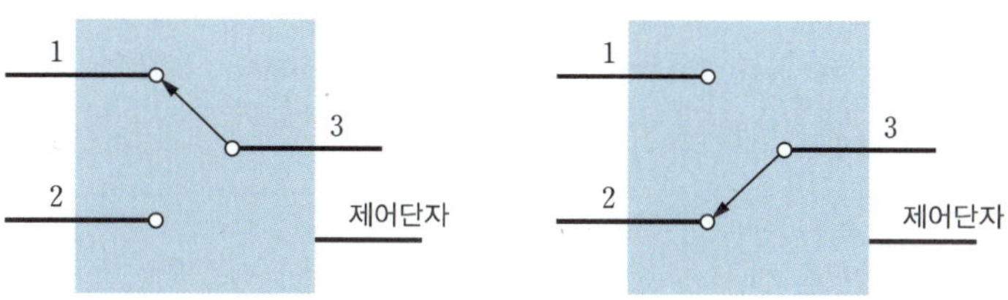

[그림 6-28] 반사구조를 갖는 SPDT 스위치

반면, [그림 6-28]의 경우처럼 ON일 때 모든 신호전력이 아무런 감쇄 없이 통과하고, OFF일 때 모든 전력이 반사되어 통과하지 못하는 스위치를 가리켜, **반사 스위치**reflective switch라고 한다. 반사 스위치에서 신호경로와 직렬로 연결된 개방회로나 신호경로와 병렬로 연결된 단락회로에서 이상적인 반사 특성을 얻을 수 있으며, 이때 신호경로로 전달되는 전력은 모두 전반사된다. 이때 산란 행렬은 식 (6.21)과 같이 주어진다.

6 스위치는 가역성을 갖는 소자이므로 $S_{ij} = S_{ji}$가 성립한다.

$$S_{\mathrm{SW13}} = \begin{bmatrix} 0 & 0 & 1 \\ 0 & e^{j\phi} & 0 \\ 1 & 0 & 0 \end{bmatrix}, \quad S_{\mathrm{SW23}} = \begin{bmatrix} e^{j\phi} & 0 & 0 \\ 0 & 0 & 1 \\ 0 & 1 & 0 \end{bmatrix} \tag{6.21}$$

실제로 스위치는 이상적인 특성을 갖지 않으므로, 식 (6.20)에 나타낸 S_{SW13}은 식 (6.22)와 같이 나타낼 수 있다.

$$S_{\mathrm{SW13}} = \begin{bmatrix} S_{11} & S_{21} & S_{31} \\ S_{21} & S_{22} & S_{32} \\ S_{31} & S_{32} & S_{33} \end{bmatrix} \tag{6.22}$$

실제로 스위치가 ON인 경우에도 얼마간의 삽입손실이 존재하며, 스위치가 OFF인 경우에도 얼마간의 누설량이 존재한다. [그림 6-28]의 스위치에서 삽입손실과 격리도는 각각 식 (6.23)과 식 (6.24)로 정의된다. 스위치에서 삽입손실은 신호가 스위치를 통과할 때 발생하는 손실로 정의된다. PIN 다이오드로 구현된 스위치가 FET 스위치나 하이브리드 스위치보다 우수한 삽입손실 성능, 즉 더 작은 삽입손실값을 갖는다. 이상적인 스위치의 경우에는 0[dB]가 되고, 이상적이지 않은 스위치의 경우의 삽입손실값은 다음과 같이 주어진다.

$$\text{삽입손실(IL)} = -10\log_{10}|S_{31}|^2 \tag{6.23}$$

격리도는 연결되지 않은 스위치로 얼마만큼의 누설이 발생하는지를 나타내는 값으로, 식 (6.24)와 같이 정의된다. 격리도는 30 ~ 50[dB] 정도의 매우 큰 값을 갖는다. 저주파수에서는 FET 스위치가 PIN 다이오드 스위치보다 우수한 격리 특성을 갖는 반면, 고주파수에서는 그 반대의 특성을 갖는다.

$$\text{격리도} = -10\log_{10}|S_{32}|^2 \tag{6.24}$$

또한 스위치에서의 반사손실은 식 (6.25)와 같이 정의된다. 전송선로의 반사손실과 마찬가지로 입력포트가 정합되었다면 반사손실은 매우 큰 값을 갖는다. 그러나 반사 스위치에서 연결되지 않은 포트에 대해서는 거의 0[dB]에 가까운 값을 갖는다.

$$\text{반사손실(RL)} = -10\log_{10}|S_{11}|^2 \tag{6.25}$$

우수한 스위치는 낮은 삽입손실과 높은 격리도를 가져야 한다. 또한 응용 영역에 따라 빠른 스위칭 속도, 낮은 스위칭 전류, 고출력 처리능력, 작은 사이즈 그리고 저비용 등이 요구된다.

스위치는 시분할 다중화 시스템time division multiplex system, 시간분할 다중접속 시스템time division multiple access system, 펄스변조 회로pulse modulation, 채널 수신기channel receiver에서 채널 스위치, 송수신기를 위한 송/수신T/R 스위치 등 통신시스템에서 널리 사용된다.

일례로 [그림 6-29]에 SPDT 스위치를 이용하여 7×1 멀티플렉서와 8×1 멀티플렉서를 나타냈다. 입력이 모두 7개이고 출력이 1개인 시스템이 있다고 가정할 때, [그림 6-29(a)]에 나타낸 7×1

멀티플렉서나 [그림 6-29(b)]에 나타낸 8×1 멀티플렉서를 모두 사용할 수 있다. 그러나 (a)의 경우에는 사용하는 스위치 개수는 적지만, 입력-출력까지 최대 4개의 스위치를 통과하게 되어 삽입손실이 (b)에 비해 크며, 각 입력신호들 간에 지연시간이 발생할 수 있다는 문제가 있다.

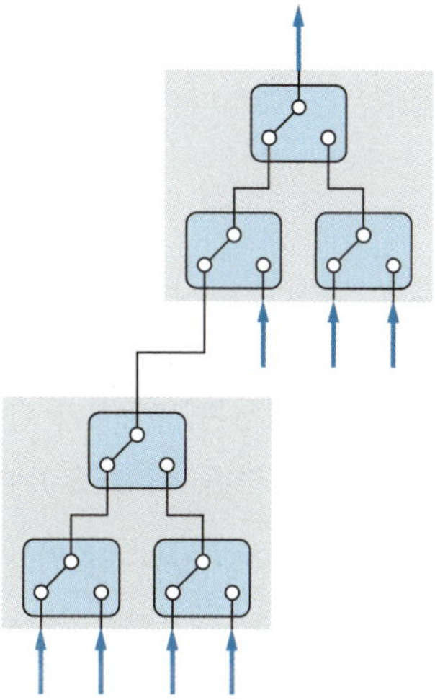

(a) 7×1 멀티플렉서

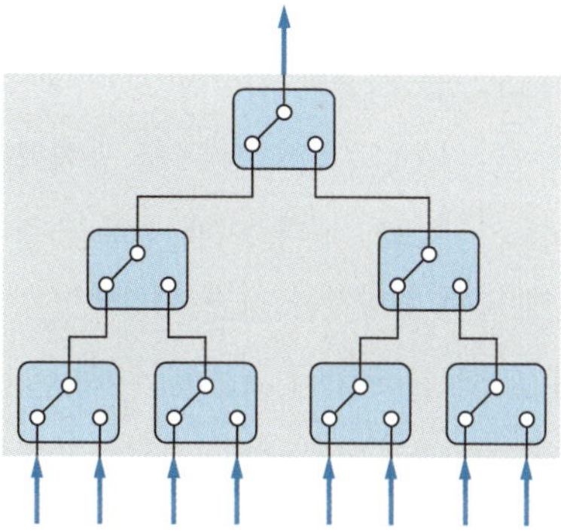

(b) 8×1 멀티플렉서

[그림 6-29] 스위치로 구현한 멀티플렉서

예제 6-6 스위치의 출력전력

SPST 스위치의 삽입손실이 0.4[dB], 격리도가 25[dB], 입력전력이 1[mW]라고 하자. 스위치가 ON일 때와 OFF일 때, 각각의 출력전력을 구하라.

풀이

입력전력 $P_{\text{in}} = 1\,[\text{mW}]\ (=0\,[\text{dBm}])$이고 스위치가 ON일 때의 출력전력은 다음과 같다.

$$0\,[\text{dBm}] - 0.4\,[\text{dB}] = -0.4\,[\text{dBm}]\ (=0.912\,[\text{mW}])$$

스위치가 OFF일 때의 출력전력은 다음과 같다.

$$0\,[\text{dBm}] - 25\,[\text{dB}] = -25\,[\text{dBm}]\ (=0.00316\,[\text{mW}])$$

6.4.2 위상천이기

스위치의 주된 응용 중 하나는 위상천이기이다. [그림 6-30]에 SPDT 스위치와 PIN 다이오드를 사용한 스위치 선로 위상천이기[switched line phase shifter]를 나타냈다.

[그림 6-30(a)]는 SPDT 스위치를 사용한 스위치 선로 위상천이기이다. 입력과 출력에 위치한 스위치의 ON/OFF 동작에 따라서 길이 L_1 또는 길이 L_2로 신호가 연결되는데, 서로 다른 전송선로 길이 때문에 두 경로에 대해 위상차가 발생한다.

[그림 6-30(b)]는 PIN 다이오드를 사용한 위상천이기이다. 바이어스 전압인 V_1과 V_2에 따라서 길이 L_1을 갖는 위쪽 선로, 즉 기준선로[reference line]를 통해 신호가 흐르거나 길이 L_2를 갖는 아래쪽 선로[delay line]를 통해 신호가 흐르게 된다. 이때 선로의 길이 차이만큼에 해당하는 위상차가 발생한다. 두 바이어스 상태에 따른 위상차는 차동 이상[differential phase shift]이라고 하며, 식 (6.26)과 같이 정의된다. 만약 L_1과 L_2의 길이 차이 ΔL이 $\frac{\lambda_g}{4}$라면 위상차는 90°가 되며, $\frac{\lambda_g}{2}$라면 위상차는 180°가 된다. 이때 λ_g는 관내 파장이며, β는 위상상수를 나타낸다.

$$\Delta\phi = 2\pi \times \left(\frac{\Delta L}{\lambda_g}\right) = \beta \Delta L \tag{6.26}$$

[그림 6-30]의 위상천이기는 두 개의 위상 상태를 제공하기 때문에 1bit 위상천이기라고 한다. 두 개 또는 그 이상의 1bit 위상천이기를 연결하면 더 많은 위상 상태를 구현할 수 있다. 예를 들어, [그림 6-31]과 같이 서로 다른 위상차를 갖는 1bit 위상천이기를 직렬로 연결하면 2bit 위상천이기를 만들 수 있다. 4개의 SPDT 스위치의 스위칭 동작에 따라 출력 위상으로 0°(기준), 22.5°, 45° 그리고 67.5° 값을 갖는 4개의 차동 위상 상태를 얻을 수 있다.

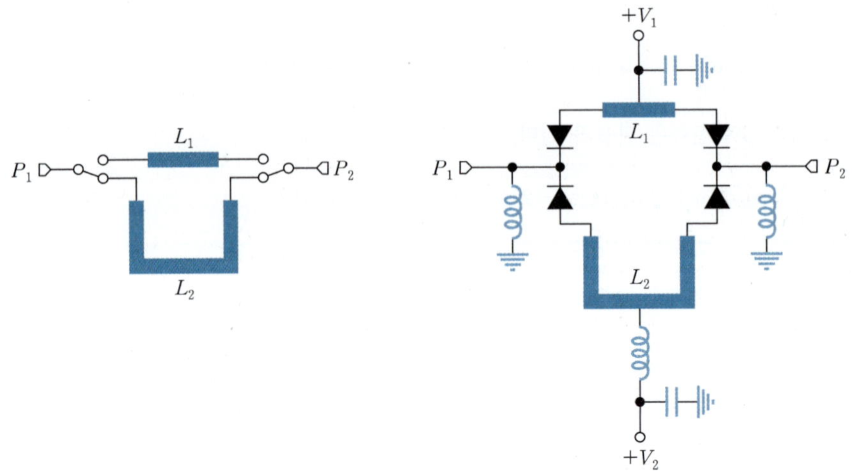

(a) SPDT 스위치를 사용한 위상천이기 (b) PIN 다이오드를 사용한 위상천이기

[그림 6-30] 스위치 선로 위상천이기

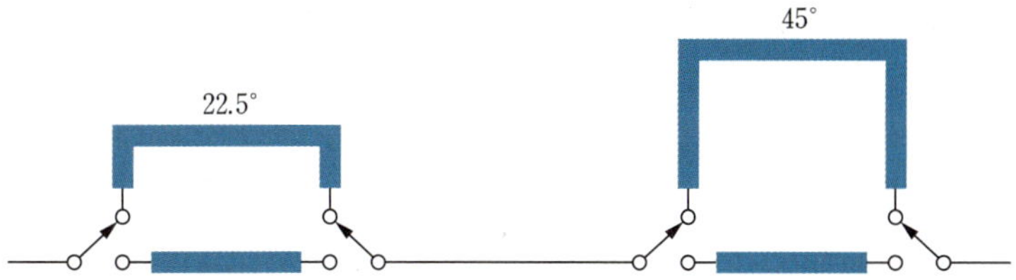

[그림 6-31] 2bit 위상천이기

예제 6-7 스위치 선로 위상천이기의 설계

비유전율이 9.9인 유전체 기판 위에 주파수 4[GHz]에서 22.5°의 위상천이를 갖는, [그림 6-30(a)]와 같은 스위치 선로 위상천이기를 설계하라.

풀이

동작주파수 4[GHz]에서 자유공간의 파장은 $\lambda_{air} = \frac{c}{f} = 0.075\,[\mathrm{m}]$와 같다. 비유전율이 9.9인 유전체 기판에서 파장은 $\lambda_g = \frac{\lambda_{air}}{\sqrt{\varepsilon_{eff}}} = 0.0238\,[\mathrm{m}]$와 같다.

식 (6.26)에 주어진 $\Delta L = \frac{\Delta\phi}{\beta}$로부터 ΔL을 구하면 다음과 같다.

$$\Delta L = \frac{\Delta\phi}{\beta} = \frac{\lambda_g \Delta\phi}{2\pi} = \frac{(0.0238\,[\mathrm{m}]) \times (0.392\,[\mathrm{rad}])}{2\pi} = 1.485\,[\mathrm{mm}]$$

따라서 $L_2 = L_1 + 1.485\,[\mathrm{mm}]$로 설계할 수 있다.

Chapter 06 연습문제

6.1 **【증폭기의 특성】** 다음 그림은 동작주파수 2[GHz]에서 BJT의 입력전력에 대한 출력전력(10[V], 100[mA] 바이어스 조건)을 보여준다. 다음을 구하라.

(a) 입력전력 −30[dBm]에서 출력전력, 이득, 효율

(b) 포화지점에서 출력전력, 이득, 효율,

(c) 1[dB] 억압점에서 출력전력, 이득, 효율

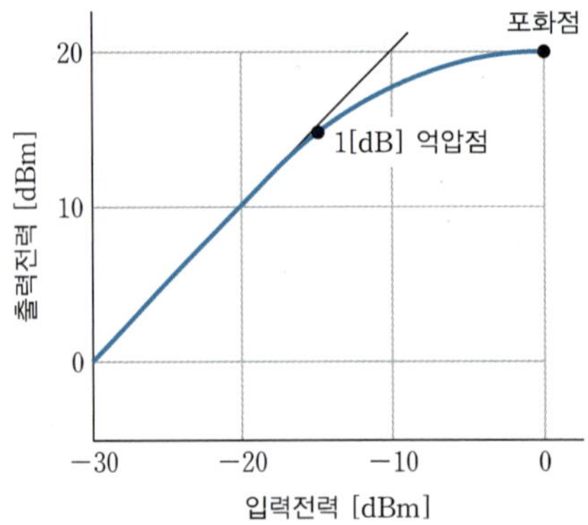

[그림 6-32]

6.2 **【증폭기의 특성】** 다음 그림은 증폭기에 3[GHz] 신호를 입력했을 때 스펙트럼 분석기에서 측정된 출력 스펙트럼을 보여준다. 기본 신호(A), 2차 고조파(B), 스퓨리어스(C), 3차 고조파(D)에 대한 주파수와 전력을 구하라.

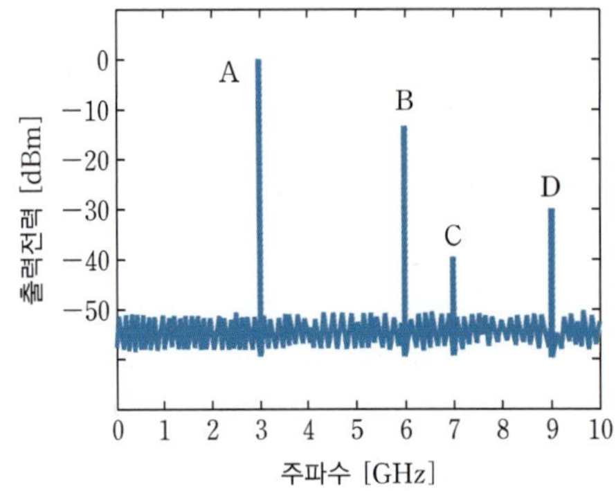

[그림 6-33]

6.3 **【증폭기의 전력이득】** 50[Ω] 기준에 대해 GaAs MESFET가 $V_{ds}=5$[V], $I_{ds}=40$[mA](@9[GHz])인 바이어스 조건에서 다음과 같은 산란 행렬을 갖는다. 이를 활용하여 (a)~(e)를 구하라.

$$S_{11}=0.65\angle-154° \quad S_{12}=0.02\angle 40°$$
$$S_{21}=2.04\angle 185° \quad S_{22}=0.55\angle-30°$$
$$\Gamma_S=0.38\angle 25°$$

(a) Δ
(b) 안정도 K
(c) 출력 반사계수 Γ_{out}
(d) 가용전력이득
(e) 최대 가용전력이득

6.4 **【증폭기의 전력이득】** 주파수 f_0에서 $S_{11}=0.3\angle-70°$, $S_{21}=3.5\angle 85°$, $S_{12}=0.2\angle-10°$, $S_{22}=0.4\angle-45°$의 산란 행렬 특성을 갖는 증폭기로 다음 그림과 같은 시스템을 구성했다. 산란 행렬을 측정하기 위해 $Z_0=50$[Ω]을 사용했을 때 이득 G_T, G_A, G_P를 각각 계산하라.

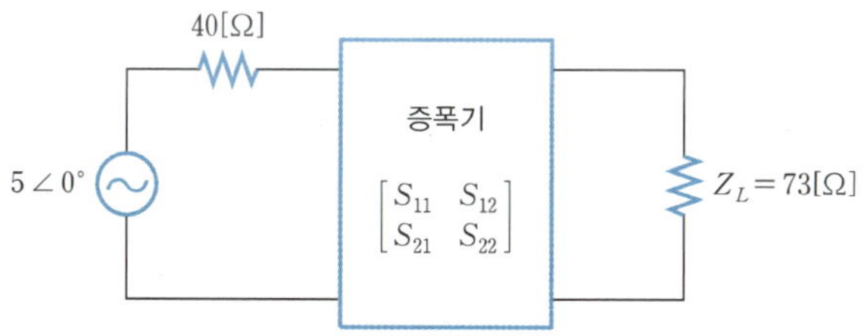

[그림 6-34]

6.5 **【증폭기의 3차 혼변조 특성】** 다음 그림과 같은 전력증폭기에 두 신호 $f_1=1.810$[GHz]와 $f_2=1.8$[GHz]가 +10[dBm]의 전력레벨로 입력된다. 상호변조[IM] 레벨이 −50[dBm]으로 주어진다. 증폭기가 10 dB의 이득과 25[dBm]의 1 dB 억압점을 갖는다. 3차 혼변조[IM3]에 대한 주파수 f_{IM1}과 f_{IM2}를 구하고, f_1과 f_2의 입력전력이 +20[dBm]으로 증가할 때 각각의 주파수에서 전력레벨을 구하라.

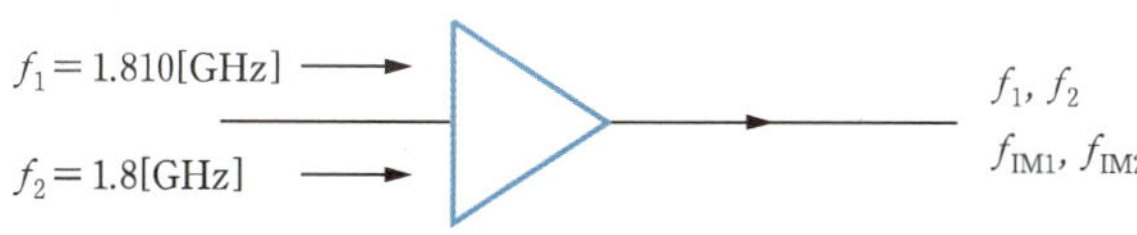

[그림 6-35]

6.6 **【저잡음 증폭기】** 실온에서 저잡음 증폭기에 대한 다음 표를 완성하라.

B [MHz]	S_{in} [dBm]	N_{in} [dBm]	$(S/N)_{in}$ [dB]	G [dB]	NF [dB]	S_{out} [dBm]	N_{out} [dBm]	$(S/N)_{out}$ [dB]
3	−80			30	4			
20	−84			10	2			
10	−90			25				11
1	−90					−30		20
4	−80				3	−40		

6.7 **【발진기의 안정도】** 발진기를 설계하기 위해 선택한 GaAs MESFET가 8[GHz]에서 50[Ω] 입출력에 대해 다음과 같은 산란 행렬을 가질 때 (a) Δ, (b) 안정도 K를 구하라.

$$S_{11} = 0.44\angle -56° \qquad S_{12} = 0.09\angle 75°$$
$$S_{21} = 2.45\angle 65° \qquad S_{22} = 0.55\angle -30°$$

6.8 **【믹서의 특성】** 하향변환 믹서가 4.5[dB]의 변환손실을 갖고, RF와 LO 사이에 15[dB] 격리도 특성을 갖는다. RF 입력전력이 0[dBm]이면, IF 출력전력과 LO 포트에 누설되는 RF 전력은 얼마인가?

6.9 **【믹서의 특성】** 하향변환 믹서의 RF 포트에 82[MHz]에서 −40[dBm]의 신호가 입력되고, LO 포트에 325[MHz]에서 +7[dBm]의 신호가 입력된다. 하향변환 믹서의 변환손실이 8[dB]이고, RF와 IF 격리도는 30[dB], LO와 IF 격리도는 45[dB], LO와 RF 격리도는 25[dB]로 주어졌다. IF 포트에서 407[MHz], 243[MHz], 82[MHz], 325[MHz]에서 신호의 크기와 RF 포트에서 325[MHz] 주파수에서 나타나는 신호의 크기를 구하라.

6.10 **【믹서의 특성】** 믹서와 관련된 다음 물음에 답하라.

(a) 상업용 FM 방송국의 주파수인 106.9[MHz]를 10.7[MHz]의 중간주파수[IF]로 변환하기 위해 사용가능한 LO 주파수를 구하라.
(b) 935[MHz]의 LO 주파수를 사용하여 70[MHz]의 IF로 변경 가능한 RF 신호의 중심주파수를 구하라.
(c) 215.75[MHz]가 중심주파수인 RF 신호가 256.25[MHz]의 국부발진기[LO] 신호와 혼합될 때 얻어지는 신호의 중심주파수를 구하라.

6.11 【스위치의 특성】 다음 그림과 같은 송수신 시스템에서 송신할 때 스위치는 ①로 연결되고, 수신할 때 스위치는 ②로 연결된다. 스위치의 삽입손실은 1.5[dB]이고, 안테나에서 수신되는 수신전력은 $P_r = 0.001$[W]일 때 (a) 송신전력 P_t, (b) 수신되는 전력 P_{out}을 구하라.

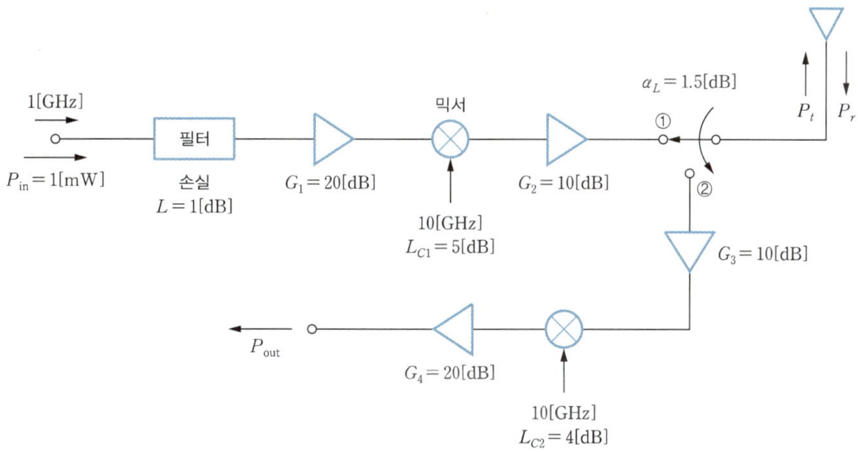

[그림 6-36]

6.12 【스위치의 특성】 스위치가 0.5[dB] 삽입손실을 갖고 25[dB] 격리 특성을 갖는다. 입력전력이 1[mW]일 때 스위치의 상태(ON/OFF)에 따른 출력전력은 각각 얼마인가?

6.13 【스위치의 응용】 다음 그림과 같이 100[W]의 송신기를 1[dB] 삽입손실, 20[dB] 격리 특성을 갖는 스위치를 이용하여, 케이블을 통해 안테나에 연결했다. 케이블은 2[dB]의 손실 특성을 가지며, 안테나의 입력 VSWR은 2로 주어지며, 90% 방사효율을 갖는다. 스위치의 상태(ON/OFF)에 따라 방사되는 전력을 계산하라.

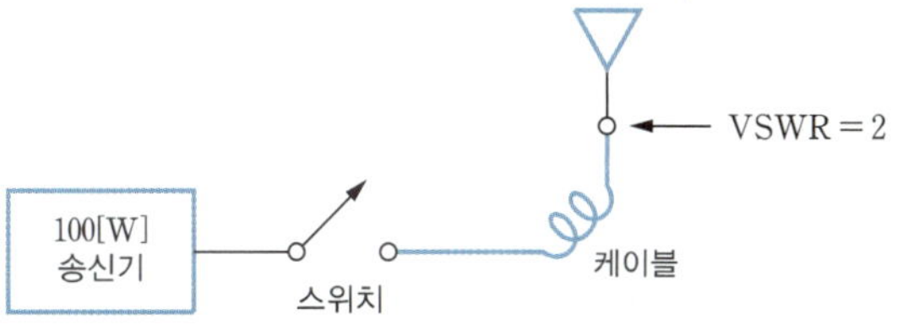

[그림 6-37]

Chapter 06 기출문제

L6.1 **【2021, 국가직 9급】** 통신 시스템의 잡음에 대한 설명으로 옳지 않은 것은?

① 잡음지수noise figure는 부품이나 시스템에 의하여 잡음이 얼마나 증가되는가를 나타내는 지수로 클수록 좋은 값이다.
② 랜덤 잡음은 예측 가능하도록 결정된 신호가 아닌 무작위 신호이다.
③ 가우시안 잡음은 진폭이 가우시안 확률밀도함수를 갖는다.
④ 백색 가우시안 잡음은 모든 주파수 대역에서 균일한 전력밀도를 갖는다.

L6.2 **【2021, 무선설비기사】** 무선 수신기에 수신되는 신호 중 원하는 신호를 골라내는 능력에 해당하는 것은?

① 선택도　② 이득　③ 잡음　④ 감도

L6.3 **【2020, 무선설비기사】** 다음 중 증폭기에 대한 설명으로 옳은 것은?

① 입력신호의 에너지를 증가시켜 출력 측에 큰 에너지의 변화로 출력하는 회로이다.
② 출력 내에 포함되어 있는 리플성분을 제거시켜 일정한 크기의 전압을 유지시키는 회로이다.
③ 교류전압을 사용하기 적당한 직류전압으로 변환하여 주는 회로이다.
④ 출력부하전류 및 온도에 상관없이 일정한 직류 출력전압을 제공하는 회로이다.

L6.4 **【2020, 무선설비기사】** 다음 중 발진회로의 주파수 변동 요인이 아닌 것은?

① 전원 전압의 변동　② 부하의 변도
③ 온도의 변화　④ Q값 변화

L6.5 **【2020, 전파전자통신기사】** 입력 측의 신호 대 잡음비가 50, 출력 측의 신호 대 잡음비가 1이다. 이 증폭기의 잡음지수 NF는 약 얼마인가?

① 10[dB]　② 12[dB]　③ 15[dB]　④ 17[dB]

L6.6 **【2019, 전파전자통신기사】** 다음 중 송신기에서 필요한 전력을 안테나에 공급하기 위하여 최종적으로 고주파 전력을 증폭하는 기능으로 적합한 것은?

① 저주파 증폭기　② 여진 전력 증폭부
③ 종단 전력 증폭부　④ 주파수 체배부

L6.7 **【2018, 지방직 9급】** 수신기 전치증폭기의 잡음지수가 F_1, 이득이 G_1이고, 주증폭기의 잡음지수가 F_2, 이득이 G_2일 때, 이 수신기의 잡음지수는?

① $F = F_1 + (F_2 - 1)/G_1$ ② $F = F_1 + F_2/G_2$

③ $F = F_1 + F_2/G_1$ ④ $F = F_1 + (F_2 - 1)/G_2$

L6.8 **【2014, 국가직 9급】** 복조기 입력단에서 측정된 잡음전력이 −123[dBm]일 때, SNR이 10[dB] 이상이 되기 위한 최소 신호전력[dBm]은?

① −100 ② −110 ③ −120 ④ −130

기출문제 답

L6.1 ① L6.2 ① L6.3 ① L6.4 ④ L6.5 ④ L6.6 ③ L6.7 ① L6.8 ②

m.e.m.o

Chapter 07

무선통신 시스템 송수신기

Transceiver for Wireless Communication System

학습목표

- 무선통신 시스템을 구현하는 대표적인 송수신기 구조(슈퍼헤테로다인, 직접변환, 저 중간주파수)의 특징 및 장단점을 이해한다.
- 무선통신 수신기의 성능을 평가하기 위한 파라미터들의 정의와 개념을 익힌다.
- 무선통신 송신기의 성능을 나타내는 파라미터들의 정의와 개념을 익힌다.

이 장에서는 정보를 무선으로 전달하기 위한 무선통신 시스템을 구성하는 무선[1] 송수신기의 구조 및 성능 파라미터를 다루고자 한다. 일반적으로 RF radio frequency 수신기 receiver는 수신 안테나로부터 아날로그-디지털 변환기 ADC 까지 연결된 부분으로 정의하며, RF 송신기 transmitter는 디지털-아날로그 변환기 DAC로부터 송신 안테나까지 연결된 부분으로 정의한다. 이때 RF 송신기는 보통 RF 수신기와 함께 사용되어 송수신기 transceiver를 구성한다. 이때 정의하는 RF 송수신기는 보통 RF 회로나 부품뿐만 아니라 중간주파수 IF : Intermediate Frequency와 기저대역 baseband 회로까지 포함하며, ADC나 DAC가 주로 RF 송수신기를 구분하는 지점이 된다. 그러나 최근 ADC나 DAC가 고속의 샘플링 sampling 을 하게 되면서 디지털 신호 처리장치가 중간주파수 또는 심지어 RF 부분까지 포괄하기도 한다.

[그림 7-1]은 무선통신 시스템 중 무선 디지털 통신시스템의 송수신기 구조를 보여준다. 디지털 통신시스템은 디지털 음성, 영상정보 등을 변조 modulation 하고 상향변환 up-conversion 하는 과정으로 이루어진 송신기, 신호를 전달하는 채널 channel, 채널을 통해 들어온 신호를 다시 복원하는 수신기로 이루어져 있다. 송신기를 구성하는 기저대역 변조 과정과 상향변환 과정은 다시 DAC로 구분되는 디지털부와 아날로그부로 나눌 수 있는데, 이때의 아날로그부가 RF 송신기가 된다. 이 장에서 다루려는 송신기와 수신기는 RF 및 마이크로파 주파수 영역에서 동작하는 부분으로, 상향변환부, 채널, 하향변환부를 말한다([그림 7-2(a)]). 이들의 세부 구성을 살펴보면 [그림 7-2(b)]와 같이 나타낼 수 있다.

1 RF 또는 마이크로파 주파수를 의미하며, 이후 설명부터는 RF를 무선의 의미로 사용하기로 한다.

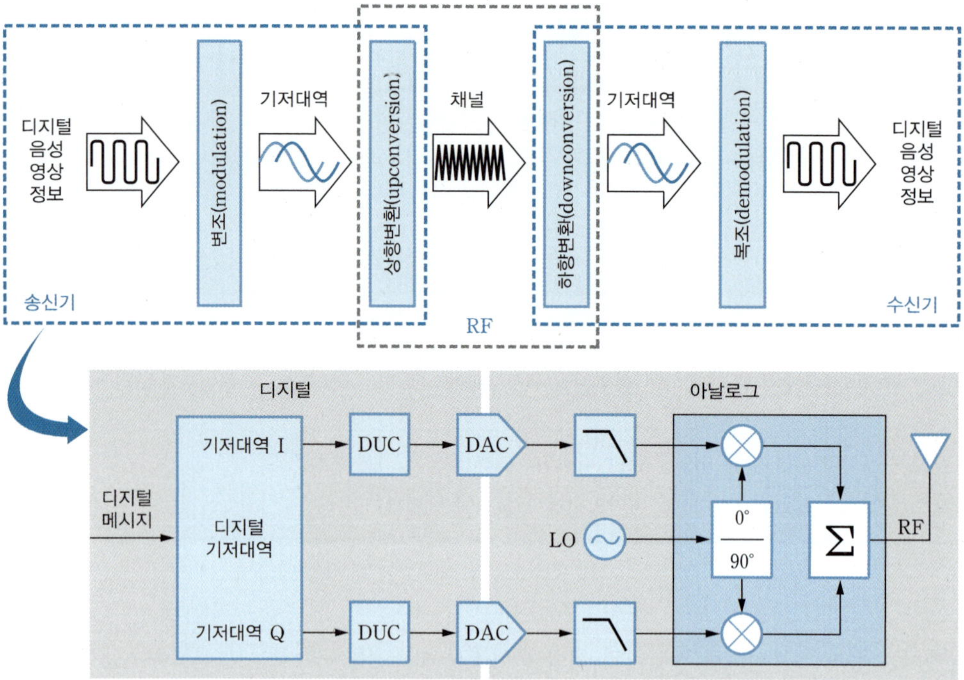

[그림 7-1] **무선 디지털 통신시스템의 기본 블록 다이어그램과 송신기**

RF 송수신기는 [그림 7-2(a)]에 나타낸 것과 같이 크게 송신기, 송신 안테나, 채널(전파전파) radio propagation, 수신 안테나, 수신기로 구성된다. 이 중 안테나와 채널은 8장에서 다루기로 하고, 이 장에서는 송신기와 수신기에 대해 살펴볼 것이다. [그림 7-2(b)]에 나타낸 RF 송수신기는 기능적으로 5장에서 다룬 수동소자인 필터, 아이솔레이터 등과 증폭기, 주파수 변환기 frequency converter 또는 믹서 mixer, 발진기 oscillator 등 6장에서 다룬 마이크로파 능동소자로 구성된다. 휴대폰, GPS, 레이더 시스템 등 무선통신 송수신 시스템을 설계하고 개발하기 위해서는 성능, 비용, 전력소모, 구현방법 등을 고려하여 RF 송수신기 구조를 선택해야 한다.

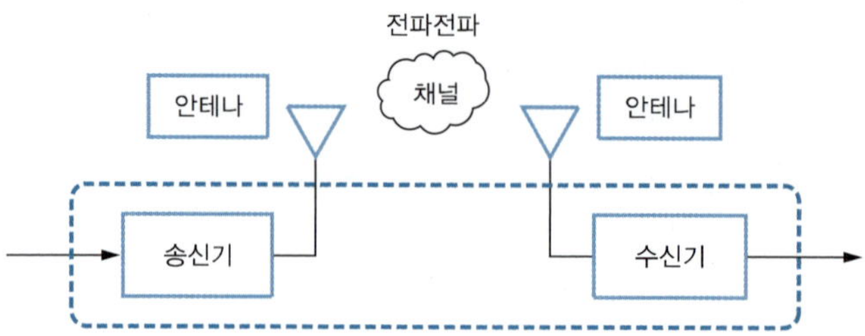

(a) 무선통신 송수신 시스템

[그림 7-2] **무선통신 시스템과 송수신기의 일반적 구조** (계속)

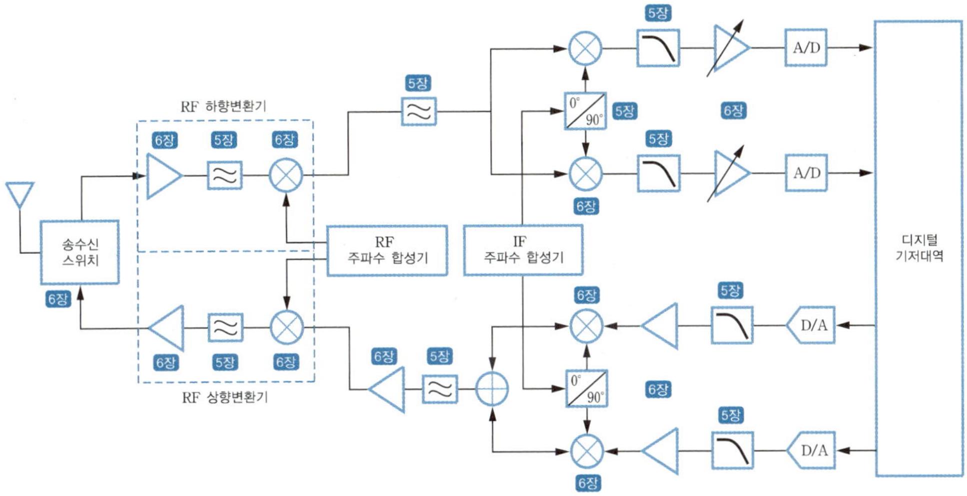

(b) 무선통신 송수신기의 일반적 구조

[그림 7-2] 무선통신 시스템과 송수신기의 일반적 구조

7.1 송수신기 구조

이 절에서는 무선통신 시스템을 구성하는 대표적인 RF 송수신기 구조인 슈퍼헤테로다인, 직접변환, 저 중간주파수 송수신기에 대해 알아보자.

무선통신 시스템에서 가장 널리 사용되는 RF 송수신기는 1918년 발명된 슈퍼헤테로다인 구조superheterodyne architecture이다. 다른 송수신기 구조와 비교했을 때 성능이 우수하다고 알려져 있다. 최근에는 비용이 적게 들면서 별도의 부품들을 추가하지 않고도 다중모드 동작이 가능한 직접변환 구조direct conversion 또는 호모다인homodyne이 많이 사용되고 있다. 또한 직접변환 구조의 DC 오프셋과 같은 몇 가지 단점들을 개선하기 위해 저 중간주파수 송수신기 구조Low IF도 사용되고 있다.

7.1.1 슈퍼헤테로다인 송수신기

슈퍼헤테로다인superheterodyne은 무선통신 송수신기에 가장 많이 사용되는 구조로, 기저대역BB : baseband의 신호를 중간주파수 대역IF : Intermediate Frequency을 거쳐 RF 주파수 대역으로 송신하거나, 반대의 과정으로 수신하는 구조를 말한다. IF 대역은 RF 주파수 범위에 따라 하나 이상 사용할 수 있다.

[그림 7-3]은 전형적인 슈퍼헤테로다인 송수신기 구조를 보여준다. 안테나 다음에 위치하는 듀플렉서duplexer는 송신과 수신 주파수 대역을 갖는 두 대역 통과 필터가 결합된 형태로서, 하나의 입력과 두 개의 출력을 가진 소자이며, 공동 안테나를 사용하는 송수신기에 쓰인다. 듀플렉서와 같은 역할을 하는 스위치, 서큘레이터circulator 또는 다이플렉서diplexer를 사용할 수도 있다. 듀플렉서의

수신기 필터는 수신기의 수신 주파수 대역에 대한 **사전 선택 필터** preselection filter 로 사용되며, 송신기로부터 누설되는 전력을 억제한다. 송신기 필터는 수신대역으로 누설되는 전력을 억제하고, 송신대역 잡음과 **스퓨리어스 방출** spurious emission 등을 억제한다.

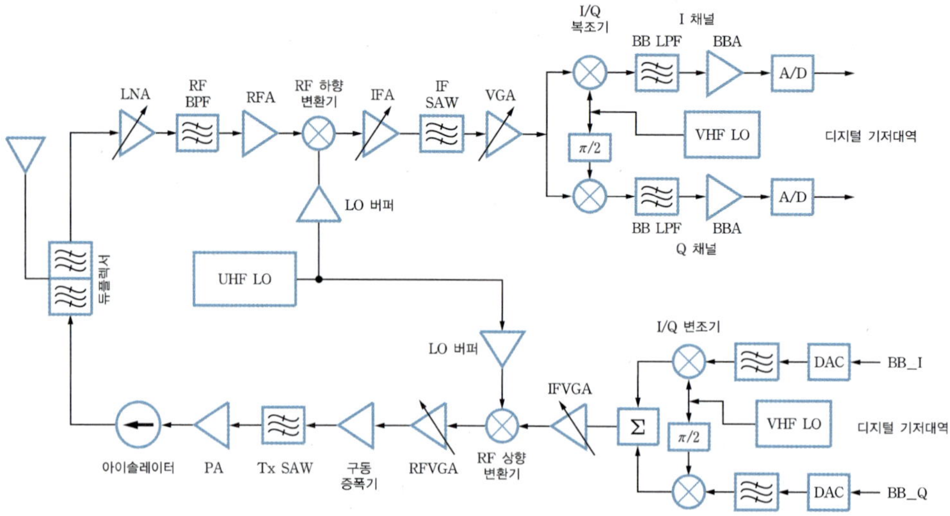

[그림 7-3] 슈퍼헤테로다인 방식 송수신기 구조

■ 슈퍼헤테로다인 수신기 구조

저잡음 증폭기LNA는 수신되는 신호의 크기에 따라 스위치 등을 이용하여 단계step이득으로 제어되며, 수신기 전체의 잡음지수를 결정하기 때문에 수신기 감도를 달성하는 데 중요한 역할을 한다. RF 대역 통과 필터BPF는 주로 SAW 필터를 사용하며, 이 필터는 송신기로부터 누설되는 송신신호, 수신신호의 영상신호 억제 등을 위해 사용된다. RF 증폭기RFA는 믹서의 사전 증폭기로서 수신단 전체에 충분한 이득을 제공하거나 믹서가 수동형이라 이득이 충분하지 않을 때 사용된다. 믹서, 주파수 혼합기frequency mixer 또는 주파수 변환기frequency converter는 수신기에서 중간주파수를 만들기 위해 비선형 소자인 국부발진기LO : Local Oscillator의 신호와 수신된 RF 신호를 혼합하고 송신기에서는 IF 부분으로부터 RF 신호를 만들어내는 헤테로다인heterodyne 과정을 수행한다.

믹서 다음 단에 사용되는 IF 증폭기IFA와 IF 대역 통과 필터BPF는 채널 선택 필터로서 불필요한 믹서 출력성분들을 억제하기 위해 사용된다. 채널 필터링을 위해서는 높은 선택도를 갖는 IF SAW 필터나 크리스탈 필터 등이 사용된다. IF 단의 가변이득증폭기VGA : Variable Gain Amplifier는 여러 개의 증폭기 단을 연결하여 구성되며, IF 단의 주된 이득부분이 된다. IF 다음에 연결된 I/Q 변조기는 두 번째 주파수 변환기로, IF 대역의 주파수를 기저대역으로 변환시키는 역할을 하며, 90°의 위상차를 갖는 I 채널과 Q 채널의 신호로 분리된다.

■ 슈퍼헤테로다인 송신기 구조

수신기의 구조와는 상반되는 구조로, RF 부에서는 믹서를 통과한 후 전력증폭기PA : Power Amplifier를 구동하기 위해 신호를 충분한 전력레벨로 증폭시켜주는 구동증폭기driver가 있다. 또한 RF 상향변환기에 의해 생성된 불필요한 신호들을 억제하고 원하는 RF 신호만 선택하여 송신하기 위한 RF BPF가 있다. 전력증폭기는 송신하고자 하는 RF 신호를 매우 큰 출력으로 증폭시키는 소자로, 비선형 특성을 갖는다. 아이솔레이터는 전력증폭기와 안테나 사이에 위치하며, 안테나의 입력 임피던스 변화에 따른 영향을 줄이고자 할 때 사용한다.

슈퍼헤테로다인 송수신기에서 주파수 변환과정은 한 번 이상 이루어질 수 있으며, 다중 중간주파수를 가질 수도 있다. 같은 IF가 LO 주파수보다 높거나 낮은 주파수를 가진 신호에 의해 만들어질 수 있다. 즉, $f_{IF} = (f_{RF} \pm f_{LO})$로 가능한 두 주파수 중에서 원하지 않는 신호를 6장 '믹서의 동작'에서 설명한 영상주파수image frequency라고 하는데, 이 주파수를 가진 신호를 영상image신호라고 한다. 원하는 신호와 영상신호의 주파수 차이는 $2f_{IF}$가 된다.

[그림 7-4(a)]에 영상신호의 발생 원리를 나타냈다. 슈퍼헤테로다인 송수신기에서 영상신호를 억제하기 위해서는 [그림 7-4(b)]와 같이 혼합기의 전단과 후단에 각각 원하지 않는 신호를 제거하는 대역 통과 필터와 영상신호를 억제하는 대역 통과 필터를 연결해야 한다. 전단에 위치하는 대역 통과 필터는 전체 수신 대역을 포함하게 되며, 믹서 후단에 위치하는 대역 통과 필터는 채널 대역폭 성능을 갖도록 한다. 슈퍼헤테로다인 송수신기에서 원하는 신호이득의 대부분은 IF 부분에서 얻어지며, 고정된 중간주파수를 사용하면 안정되고 높은 이득을 얻을 수 있다. 또한 IF 대역에서 고이득을 구현하는 것이 RF 대역에서 이득을 구현하는 것에 비해 전력소모가 훨씬 적다는 장점이 있다.

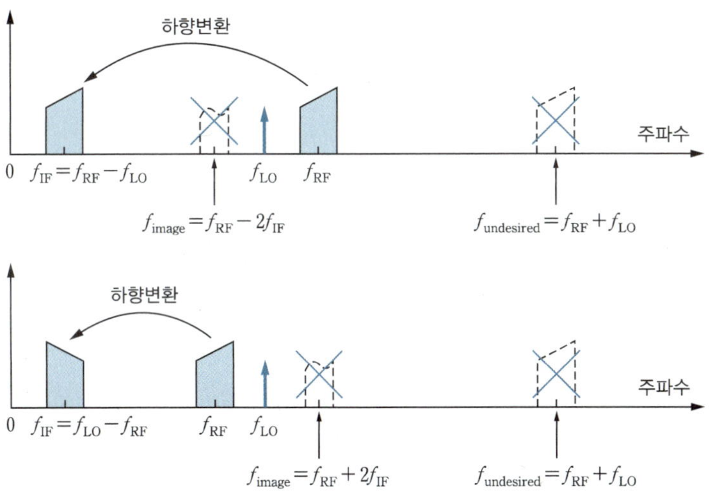

(a) 영상신호의 발생 원리

[그림 7-4] 슈퍼헤테로다인 송수신기에서 영상신호의 발생과 제거 (계속)

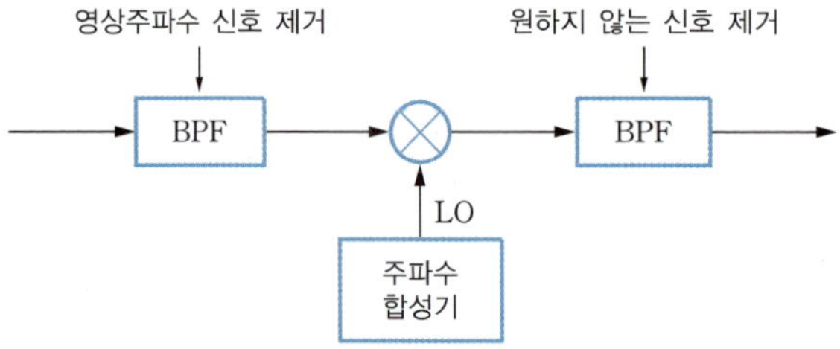

(b) 영상신호를 억제하는 방법

[그림 7-4] **슈퍼헤테로다인 송수신기에서 영상신호의 발생과 제거**

■ 대표적인 슈퍼헤테로다인 송수신기 예

슈퍼헤테로다인 송수신기 구조는 무선통신 시스템에 널리 사용되지만, 여러 중간주파수를 사용하는 경우에는 스퓨리어스 응답 문제가 발생한다. 따라서 특정 주파수 대역에서 우수한 통신 성능을 확보하기 위해서는 주파수 계획을 세우는 일이 매우 중요하다. 대표적인 슈퍼헤테로다인 송수신기의 예로 900[MHz] 대역 WLAN 수신기, 2.4[GHz] 대역 WLAN 수신기, 1.57542[GHz] 대역 GPS 수신기를 [그림 7-5]에 각각 나타냈다.

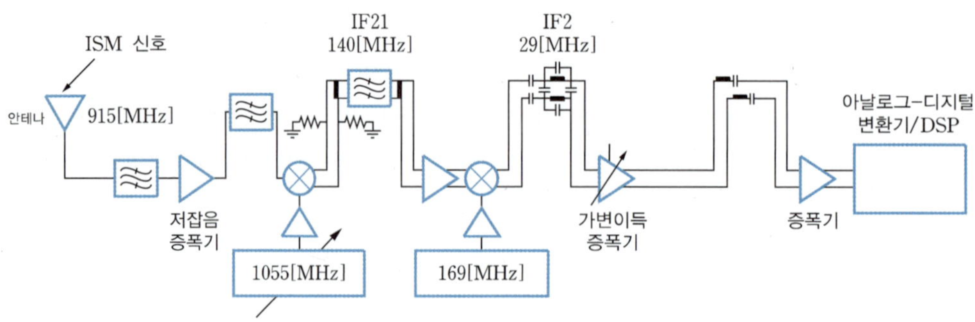

(a) 900[MHz] 대역 WLAN 수신기

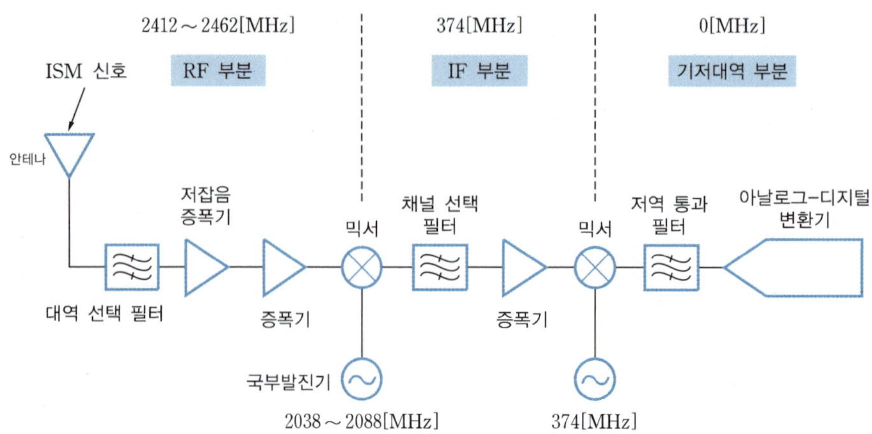

(b) 2.4[GHz] 대역 WLAN 수신기

[그림 7-5] **슈퍼헤테로다인 송수신기 구조 예** (계속)

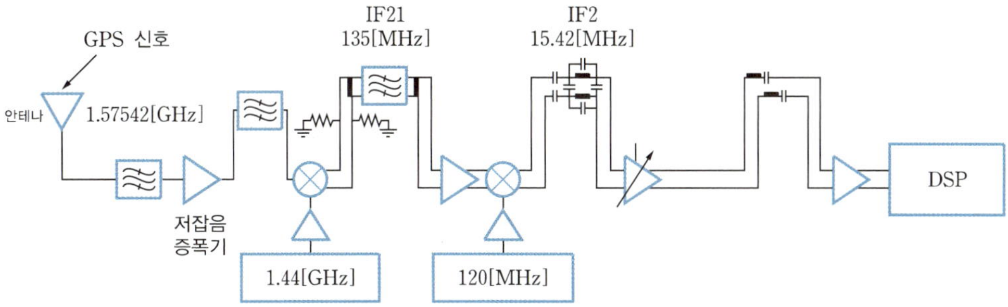

(c) 1.57542[GHz] 대역 GPS 수신기

[그림 7-5] 슈퍼헤테로다인 송수신기 구조 예

예제 7-1 슈퍼헤테로다인 수신기의 영상주파수

슈퍼헤테로다인 수신기에서 AM 입력신호가 1425[kHz]의 중심주파수와 10[kHz]의 대역폭을 갖고 있다고 하자. 입력신호가 455[kHz]로 하향변환되는 경우의 영상주파수를 구하라.

풀이

AM 신호의 대역폭은 10[kHz]이므로 신호의 주파수는 $f_{\text{RF}} = 1425 \pm 5$[kHz]이며, $f_{\text{IF}} = 455$[kHz]가 된다. 영상주파수는 [그림 7-4]에 의해 다음과 같이 주어진다.

$$\begin{aligned} f_{\text{image}} &= f_{\text{RF}} + 2f_{\text{IF}} \\ &= 1425 \pm 5 + 2 \times 455\,[\text{kHz}] \\ &= 2335 \pm 5\,[\text{kHz}] \\ &= 2330 \sim 2340\,[\text{kHz}] \end{aligned}$$

예제 7-2 슈퍼헤테로다인 수신기의 영상주파수 제거비

영상주파수 제거비IFRR : Image Frequency Rejection Ratio는 수신기에서 영상주파수를 억제할 수 있는 정도를 나타내는 파라미터로서, 다음과 같이 정의한다.

$$\text{IFRR} = 10\log_{10}\left|\frac{H_{\text{RF}}(f_c)}{H_{\text{RF}}(f_c')}\right|^2 = 20\log_{10}\sqrt{1+x^2Q^2}$$

이때 f_c, f_c'은 각각 수신기의 원하는 반송파 주파수와 관련된 영상주파수, 즉 $f_c' = f_c + 2f_{\text{IF}}$를 의미한다. $H_{\text{RF}}(f)$는 RF 증폭기의 전달함수를 의미한다. $x = \left(\frac{f_c'}{f_c} - \frac{f_c}{f_c'}\right)$로 주어지며, Q는 반송파 주파수에서의 동조회로tuned circuit의 양호도를 나타낸다.

(a) 슈퍼헤테로다인 수신기가 555[kHz]에 맞춰져 있고, 국부발진기의 LO 주파수가 1010[kHz]일 때의 영상주파수를 구하라.

(b) 수신기 안테나에 부하 $Q = 40$인 동조회로가 연결되었을 때의 영상주파수 제거비를 구하라.

풀이

(a) 영상주파수 $f_c' = f_c + 2f_{\mathrm{IF}}$이고 국부발진기의 LO 주파수의 식은 다음과 같다.

$$f_{\mathrm{LO}} = f_c + f_{\mathrm{IF}} = 1010\,[\mathrm{kHz}] = 555\,[\mathrm{kHz}] + f_{\mathrm{IF}}$$

$f_{\mathrm{IF}} = 455\,[\mathrm{kHz}]$가 되며, 이를 대입해 영상주파수를 구하면 다음과 같다.

$$f_c' = 555 + 2 \times 455 = 1465\,[\mathrm{kHz}]$$

(b) 먼저 x와 Q를 구해보자.

$$x = \left(\frac{f_c'}{f_c} - \frac{f_c}{f_c'}\right) = \left(\frac{1465}{555} - \frac{555}{1465}\right) = 2.2608,\quad Q = 40$$

문제에 주어진 IFRR 식에 값을 대입하면 영상주파수 제거비를 구할 수 있다.

$$\mathrm{IFRR} = 20\log_{10}\sqrt{1 + (2.2608)^2 \times (40)^2} = 39.132\,[\mathrm{dB}]$$

7.1.2 직접변환 송수신기

직접변환 direct conversion 은 RF 신호가 중간주파수 변환 없이 바로 기저대역으로 변환되는 것을 의미한다. IF 대역이 없기 때문에 Zero IF 구조라고도 한다. 직접변환 송수신기는 수신신호의 반송파와

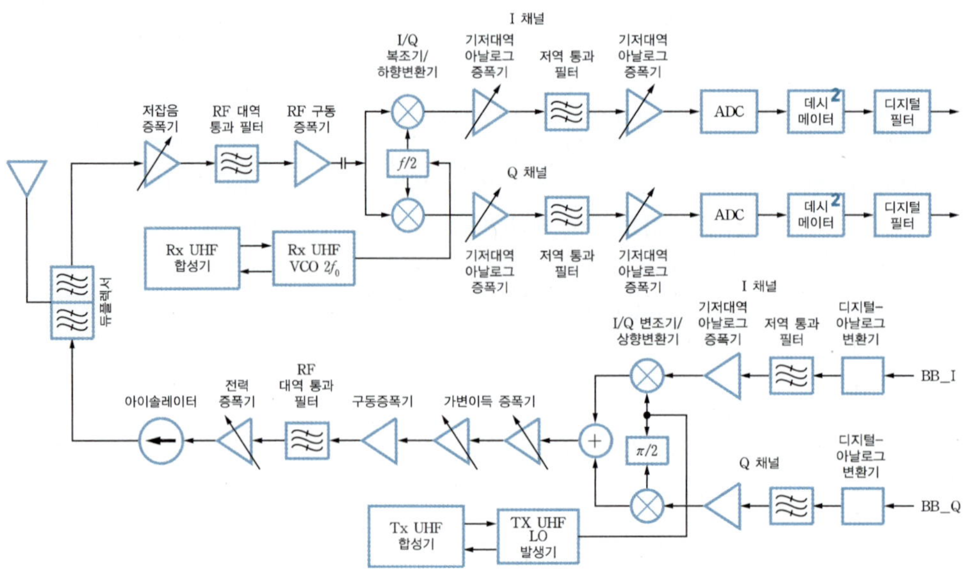

[그림 7-6] 직접변환 송수신기

2 신호의 표본화율 sampling rate 을 낮추는 것으로, 다운샘플링 down sampling 이라고도 한다.

LO 신호가 위상고정phase locked되어 있기 때문에 **호모다인**homodyne **송수신기**라고도 한다. 직접변환 구조에는 IF가 없기 때문에 IF 대역에서 사용되는 SAW 필터 역시 필요 없어져서 가격과 크기 면에서 장점을 갖는다. 또한 IF가 없기 때문에 주파수 계획이 필요 없고, 영상신호도 존재하지 않는다. 직접변환 수신기의 채널 필터링은 아날로그 기저대역에서 대역폭을 조절할 수 있는 능동 저역 통과 필터로 구현된다. 직접변환 송수신기의 RF 부분은 [그림 7-6]과 같이 슈퍼헤테로다인 방식과 유사한데, 송수신 주파수 대역이 다르기 때문에 서로 다른 LO를 사용한다는 차이가 있다.

■ 기술적 한계와 해결 방법

직접변환 송신기의 경우 슈퍼헤테로다인 송신기보다 스퓨리어스 신호들이 훨씬 적고, IF 대역의 채널 필터를 사용할 필요가 없다는 장점이 있다. 그러나 직접변환 송수신기는 슈퍼헤테로다인 송수신기 구조보다 간단해 보이지만, 실제로 구현하기 위해서는 DC 오프셋, I/Q 부정합, 2차 왜곡 잡음, $\frac{1}{f}$ 잡음, LO 누설LO leakage 등 기술적 문제점이 존재한다. 각각의 문제점과 해결방법에 대해 살펴보자.

❶ DC 오프셋

DC 오프셋offset 은 직접변환 송수신기에서 믹서의 LO 입력과 RF 입력 포트 사이의 유한한 값을 갖는 격리도 때문에 발생한다. 이는 [그림 7-7(a)]와 같이 믹서에 입력되는 LO 신호와 RF 단의 LNA와 RF 필터 등에서 임피던스 부정합으로 인해 반사되는 LO 신호가 믹서를 통과할 때 발생하는 **자기혼합**self-mixing으로 인해 DC 성분이 나타나는 것을 의미한다.

또한 DC 오프셋은 [그림 7-7(b)]와 같이 송신기의 전력증폭기에서 듀플렉서와 LNA를 통해 누설되는 신호와 전력증폭기의 출력이 직접적으로 LO 신호에 영향을 주는 신호 사이에서 발생하는 송신 누설 자기혼합transmission leakage self-mixing 때문에도 발생한다.

DC 오프셋을 제거하려면 [그림 7-7(c)]와 같이 기저대역에 나타난 DC 오프셋 신호를 DAC를 통해 아날로그로 변환한 후, 다시 믹서 출력단에 입력하여 서로 상쇄시킨다. 또한 DC 오프셋의 평균값을 구한 후 일정 지연시간 후 상쇄하는 방법으로 DC 오프셋을 제거할 수 있다.

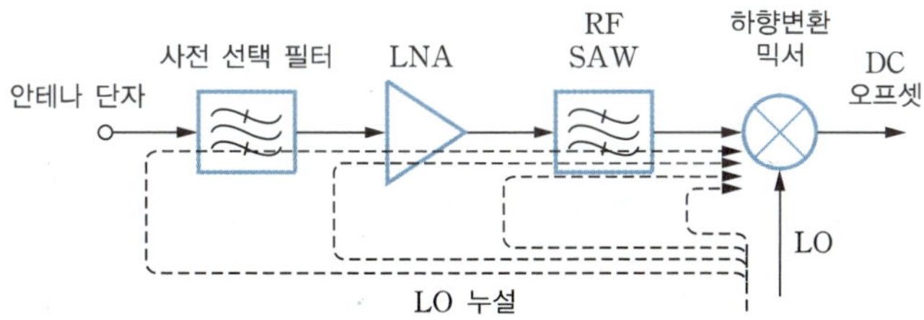

(a) LO 자기혼합에 따른 DC 오프셋

[그림 7-7] DC 오프셋의 발생 원인과 제거 과정 (계속)

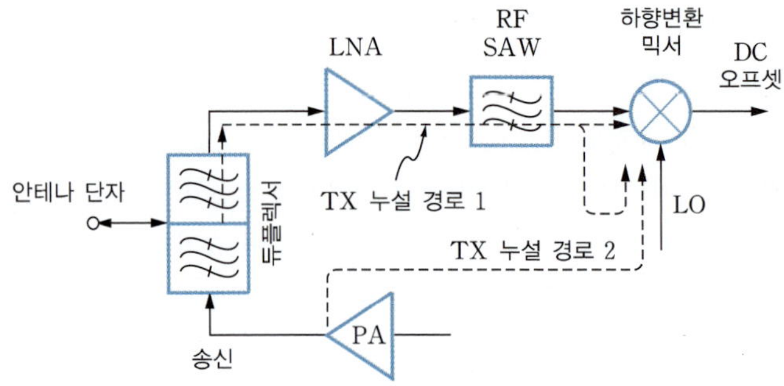

(b) 송신신호 누설에 따른 DC 오프셋

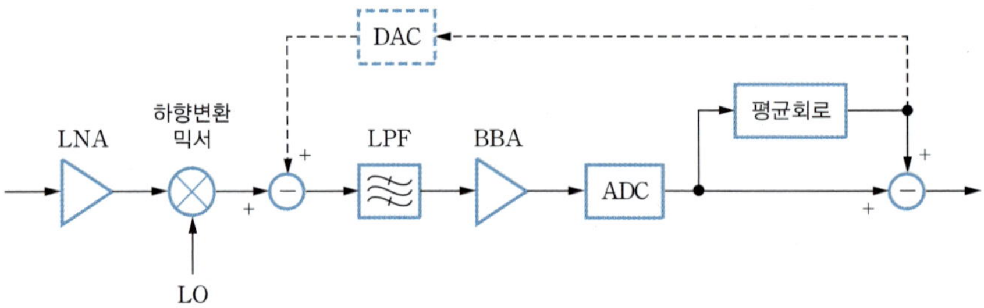

(c) DC 오프셋의 제거

[그림 7-7] DC 오프셋의 발생 원인과 제거 과정

❷ I/Q 부정합

직교 하향변환기 quadrature down-converter에 있는 90° 위상천이기와 혼합기, 필터와 증폭기의 조합은 하향변환된 신호의 I와 Q 경로에서 크기의 위상 불균형을 일으킨다. 이와 같은 진폭과 위상 오차들은 두 경로의 출력에서 신호 성상도 eye diagram의 왜곡을 일으키고, 시스템의 비트 에러율 BER : Bit Error Rate을 증가시킨다. 통신시스템에서 I, Q 신호의 크기와 위상에 대한 불균형 정도를 나타내는 요구사항은 통신 변조방식과 시스템 프로토콜에 달려 있다. I/Q 불균형을 줄이기 위해서는 기저대역에서 이득을 제어하는 기법이 필요하다.

❸ 2차 왜곡 잡음

세 번째 문제는 부품들의 2차 비선형성 때문에 발생하는 2차 왜곡 2nd order 또는 even-order distortion이다. 진폭변조를 갖는 간섭신호들이 2차 왜곡에 의해 DC 성분을 포함하는 저주파의 대역 내 간섭으로 나타난다. 대역 내 간섭신호들은 그대로 기저대역으로 전달되어 수신기의 성능을 열화시킨다. 2차 왜곡은 LNA나 믹서에 의해 혹은 둘 다에 의해 만들어진다. 이와 같은 비선형성은 **2차 교차점** IP2 : 2nd order intercept point으로 정의되고, IP2를 줄이기 위한 설계기술이 필요하게 된다.

❹ $\frac{1}{f}$ 잡음

주파수 f에 반비례하기 때문에 $\frac{1}{f}$ 잡음이라고 하는데, **플리커 잡음** flicker noise이라고도 부른다. 능동소자의 스위칭 동작에서 발생한다. $\frac{1}{f}$ 잡음은 소자에 따라 차이가 있지만, 수 [kHz] ~

1 [MHz] 영역에서 존재하게 되며, 저주파수 잡음이기 때문에 직접변환 수신기를 통과하면 원하는 신호대역에서 잡음으로 나타난다. $\frac{1}{f}$ 잡음을 줄이기 위해서는 소자들을 대면적으로 설계하여 소자들의 바이어스 전류를 줄임으로써, 스위칭 시간을 줄여야 한다. 신호가 협대역인 경우 $\frac{1}{f}$ 잡음에 의한 영향을 더 많이 받으며, 협대역에서 높은 수신감도를 요구하는 시스템에서 문제가 된다. SiGe나 BiCMOS 기술로 구현된 집적회로에서는 $\frac{1}{f}$ 잡음 특성이 우수하다.

예제 7-3 직접변환 수신기의 DC 오프셋

직접변환 수신기에서 LO 신호출력이 1 [GHz]에서 3 [dBm]이라고 가정할 때 LO의 신호가 LNA를 통해 RF 필터를 통과하고 수신기 안테나로 재방사^re-radiation^ 될 수 있다. LO-RF 격리도가 20 [dB]이고, LNA의 역방향 격리도 S_{12}가 20 [dB], 안테나 이득은 0 [dBi]라고 가정한다. 이때 안테나로 재방사되는 LO 신호가 -37 [dBm]이며, 근거리에 위치한 외부 장애물과 안테나 사이의 경로손실이 32.4 [dB]라고 할 때, DC 오프셋 전압을 구하라.

풀이

수신기 안테나 입력단에서 수신신호가 P_{dBm}이라고 할 때, 50 [Ω] 입력부하에서 얻어지는 DC 오프셋 전압은 다음과 같다.

$$V_{\mathrm{rms}} = 10^{0.05 P_{\mathrm{dBm}} + 5.35}\ [\mu\mathrm{V}]$$

수신단의 재방사 전력이 -37 [dBm]이고, 장애물과의 경로손실이 32.4 [dB]이므로 수신되는 전력은 신호의 왕복을 고려하면 $P_{\mathrm{dBm}} = -37 - 32.4 \times 2 = -101.8$ [dBm]으로 주어진다. 위 식에 대입하면 DC 오프셋 전압 1.82 [μV]를 얻을 수 있다.

7.1.3 저 중간주파수 송수신기

저 중간주파수 송수신기^low IF transceiver^의 구조는 직접변환 송수신기의 구조와 유사하다. 즉, RF 신호들을 저 중간주파수로 변환하고, 다시 디지털 영역의 기저대역 신호로 변환한다.

저 중간주파수 구조는 헤테로다인 구조와 호모다인(직접변환) 구조의 장점을 모두 갖고 있다. 특히 직접변환 송수신기에서 발생하는 DC 오프셋 문제가 없다는 점을 장점으로 갖는다. 또한 저 중간주파수 구조는 수신기 성능에 영향을 주는 DC 근처의 플리커 잡음을 줄일 수 있다. 그러나 저 중간주파수 송수신기 구조는 슈퍼헤테로다인 송수신기 구조와 마찬가지로 영상신호 문제가 발생하며, 원하는 신호에 영상신호가 매우 근접하기 때문에 분리하기가 매우 어렵다는 단점이 있다. 또한 광대역 변조기에 적절하지 않다는 단점을 갖고 있다. [그림 7-8]에 저 중간주파수에서의 수신기 구조를 나타냈다.

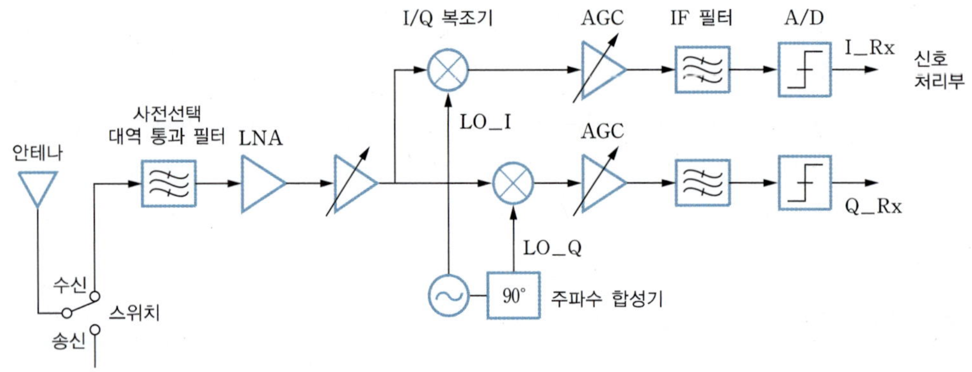

[그림 7-8] **저 중간주파수 송수신기**

[그림 7-8]에 나타낸 것과 같이 사전선택 대역 통과 필터와 LNA 다음의 모든 RF 채널은 I/Q로 나뉘어 원하는 신호와 원하지 않는 신호 모두 저 중간주파수로 하향변환된다. 이때 중간주파수는 DC 오프셋 문제를 극복할 수 있도록 DC로부터 하나 또는 두 채널 대역폭만큼 떨어진 대역을 설정한다. 신호는 I/Q 복조기를 통과한 다음 ADC에 의한 샘플링이 되기 전에 증폭되고 다시 필터링된다. ADC 샘플링은 원하는 신호와 원하지 않는 신호 모두에 대해 이루어지기 때문에, 더 높은 ADC의 동작 영역(또는 다이나믹 영역)이 요구된다. 따라서 ADC에서 출력된 신호는 DC 오프셋 보상회로의 필요성이 없어지며, 샘플링된 디지털 데이터는 디지털 영역에서 구현된, 영상 제거 믹서로 구성된 신호처리부에 입력된다.

7.2 수신기 성능 파라미터

무선통신 시스템에서 수신기는 송신기가 채널을 통해 보낸 정보를 수신하여 에러를 최소화하여 복원하는 역할을 한다. 수신기의 수신 성능은 외부 또는 내부로부터의 잡음과 시스템의 비선형성이 영향을 준다. 이때 잡음과 비선형성을 나타내기 위해 다양한 파라미터를 정의하여 사용한다. 이 절에서는 수신 성능을 나타내는 파라미터인 잡음지수, 수신감도와 선택도, 상호변조와 3차 교차점, 스퓨리어스 응답, 다이나믹 영역에 대해 살펴볼 것이다.

7.2.1 잡음지수

부품이나 시스템에 의해 더해지는 잡음을 정량적으로 나타낸 것을 **잡음인자** noise factor F라고 한다. 2포트 네트워크의 잡음인자 F는 식 (7.1)과 같이 정의된다.

$$F = \frac{\text{입력에서의 SNR}}{\text{출력에서의 SNR}} = \frac{S_i/N_i}{S_o/N_o} \tag{7.1}$$

즉, 잡음인자는 네트워크의 입력에서의 SNR에 대한 출력에서의 SNR의 비로 정의되는데, 이 값을 데시벨로 나타낸 N_F(또는 NF) $= 10\log(F)$를 **잡음지수** noise figure 라고 한다. 시스템의 잡음지수는 회로, 반도체 소자들에서의 손실, 인가된 바이어스와 증폭과 같은 다양한 인자들에 따라 변한다.

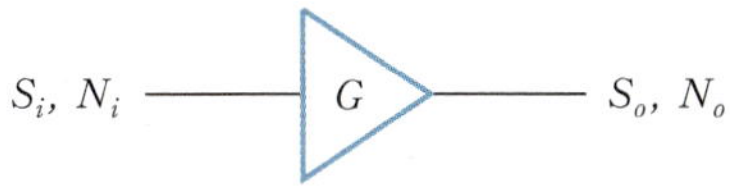

[그림 7-9] 이득 G를 가진 2포트 네트워크(증폭기)

이득(또는 손실) G를 가진 2포트 네트워크가 [그림 7-9]와 같이 주어졌을 때, 출력신호는 입력신호에 네트워크의 이득만큼 더해져서 식 (7.2)로 출력된다. 하지만 출력잡음은 네트워크의 이득뿐만 아니라 네트워크가 가진 잡음까지 더해져서 출력되기 때문에 $N_o \neq GN_i$가 성립한다.

$$S_o = GS_i \tag{7.2}$$

출력잡음 N_o는 GN_i와 네트워크에 의해 생성된 잡음 N_n을 더하여 구할 수 있다. 따라서 네트워크에 의해 부가된 잡음은 다음과 같다.

$$N_n = N_o - GN_i\,[\mathrm{W}] \tag{7.3}$$

식 (7.2)를 (7.1)에 대입하면 다음과 같다.

$$F = \frac{S_i/N_i}{GS_i/N_o} = \frac{N_o}{GN_i} \tag{7.4}$$

따라서 출력되는 잡음 N_o는 다음과 같이 주어진다.

$$N_o = FGN_i\,[\mathrm{W}] \tag{7.5}$$

식 (7.5)는 출력잡음 N_o가 (입력잡음 N_i)+(잡음지수 F)+(이득 G)에 의해 주어진다는 것을 의미한다. 부품의 잡음지수는 입력잡음에 대해 독립적이다. 실온에서 주어지는 표준 입력잡음원 N_i는 식 (7.6)과 같이 주어진다.

$$N_i = kT_0B\,[\mathrm{W}] \tag{7.6}$$

여기서 볼츠만 상수 $k = 1.38 \times 10^{-20}\,[\mathrm{mW \cdot sec/K}]$이고, 실온은 $T_0 = 290\,[\mathrm{K}]$, B는 신호의 대역폭을 의미한다.

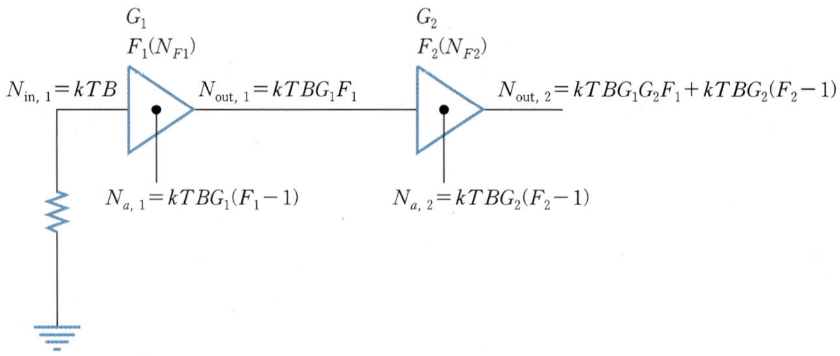

[그림 7-10] 2단으로 연결된 부품의 잡음지수

[그림 7-10]과 같이 잡음인자 F_1(잡음지수 N_{F1}), $F_2(N_{F2})$, 이득이 G_1, G_2인 각 부품이 직렬로 연결되었을 때, 전체 출력잡음을 구하는 식은 식 (7.7)과 같다.

$$\begin{aligned} N_{\text{out},2} &= kTBG_1G_2F_1 + kTBG_2(F_2-1) \\ &= KTB\overbrace{G_1G_2}^{\text{이득}}\underbrace{\left(F_1+\frac{F_2-1}{G_1}\right)}_{\text{잡음인자}} \end{aligned} \tag{7.7}$$

따라서 [그림 7-10]에 주어진 2단 연결된 부품의 전체 이득 G_{12}는 식 (7.8)과 같이 각각의 이득의 곱으로 주어지고, 전체 잡음인자 F_{12}는 식 (7.9)로 주어진다.

$$G_{12} = G_1G_2 \tag{7.8}$$

$$F_{12}(N_{F12}) = \left(F_1 + \frac{F_2-1}{G_1}\right) \tag{7.9}$$

같은 방법으로 [그림 7-11]처럼 N개의 부품이 캐스케이드로 연결된 회로에 대해, 전체 잡음인자는 개별 부품들의 이득과 잡음인자로부터 식 (7.10)과 같이 얻을 수 있다.

$$F_{12\cdots N} = F_1 + \frac{F_2-1}{G_1} + \frac{F_3-1}{G_1G_2} + \cdots + \frac{F_N-1}{G_1G_2\cdots G_{N-1}} \tag{7.10}$$

식 (7.10)을 이용하면 부품들이 캐스케이드로 연결된 시스템의 잡음지수를 계산할 수 있다. 식 (7.10)으로부터 첫 번째 단의 이득과 잡음지수가 전체 잡음지수를 낮추는 중요한 역할을 한다는 것을 알 수 있다. 따라서 첫 번째 단에서 낮은 잡음지수와 높은 이득을 갖는 게 매우 중요하다.

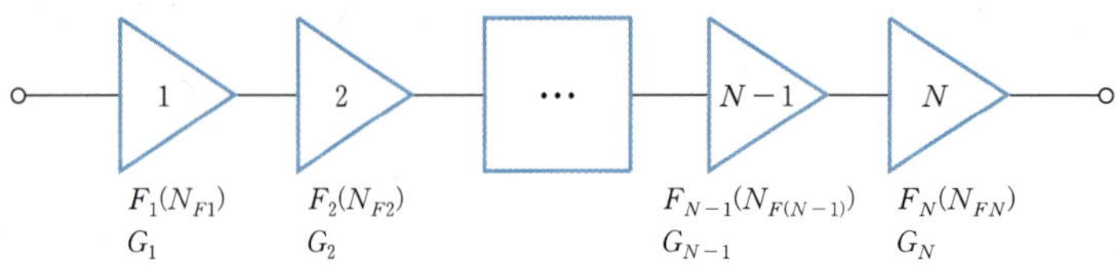

[그림 7-11] N개 네트워크를 가진 캐스케이드 회로

예제 7-4 잡음지수의 계산

다음 그림에 주어진 수신기는 10^{-3} BER에 대해 7[dB]의 SNR이 요구되며, 시스템의 대역폭은 200[kHz], 실온은 290[K]로 주어진다. 이때 수신 시스템의 전체 잡음지수를 구하라. (단, 필터삽입손실은 3[dB]이고, 필터와 LNA 간 케이블 손실은 1[dB]라고 하자.)

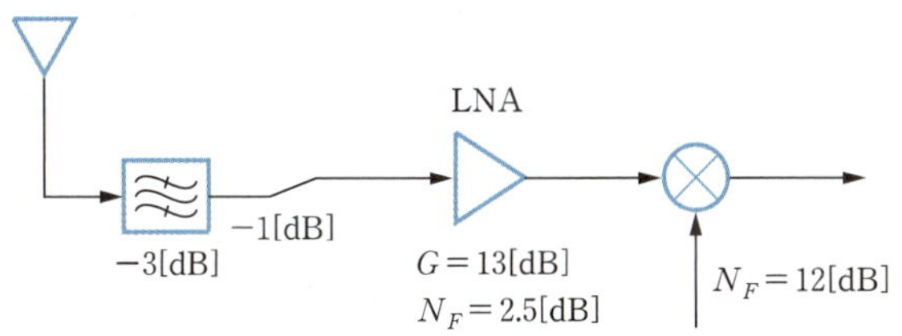

풀이

시스템의 대역폭이 200[kHz]이므로 시스템의 잡음레벨 N_i는 식 (7.6)의 $N_i = kT_0B$[W]로 구한다. $\log_{10}(kT_0) = -174$[dBm]을 이용하면 다음과 같이 시스템의 잡음레벨을 구할 수 있다.

$$\text{잡음레벨} = -174\,[\text{dBm}] + 10\log_{10}(200{,}000) = -121\,[\text{dBm}]$$

LNA의 $N_F = 2.5$[dB]이므로 잡음인자 F는 1.78로 주어지며, 혼합기의 잡음인자는 LNA의 이득 13[dB](20)와 혼합기의 $N_F = 12$[dB]로부터 15.84로 얻을 수 있다. 따라서 시스템의 전체 잡음지수 N_{FT}는 식 (7.10)으로부터 다음과 같이 주어진다.

$$N_{FT} = 3\,[\text{dB}] + 1\,[\text{dB}] + 10\log_{10}\left[1.78 + \frac{15.84 - 1}{20}\right] \approx 8\,[\text{dB}]$$

예제 7-5 잡음지수와 이득

실온을 290[K]라고 가정할 때 다음 시스템에 대해 전체 잡음지수와 이득을 구하라.

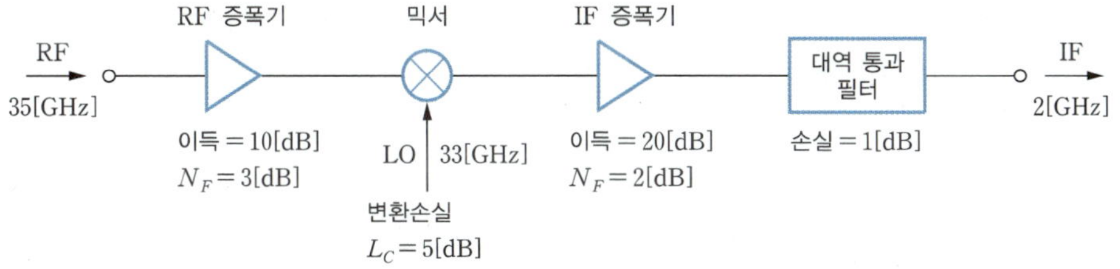

풀이

시스템의 전체 이득은 시스템을 구성하는 각 부품들의 이득 및 손실을 더한 것과 같다. 따라서 전체 이득은 다음과 같다.

$$G = 10 - 5 + 20 - 1 = 24\,[\text{dB}]$$

시스템 전체의 잡음지수 N_F를 계산하면 다음과 같다.

$$F(N_F) = F_1 + \frac{F_2 - 1}{G_1} + \frac{F_3 - 1}{G_1 G_2} + \frac{F_4 - 1}{G_1 G_2 G_3}$$

$$= 2 + \frac{3.16 - 1}{10} + \frac{1.58 - 1}{10 \times 0.316} + \frac{1.26 - 1}{10 \times 0.316 \times 100} = 2.3998\ (N_F = 3.8\,[\text{dB}])$$

7.2.2 수신감도와 선택도

■ 수신감도

수신기의 출력에서, 신호로 의미를 갖고 사용할 수 있는 미약신호를 수신할 수 있는 수신 범위의 하한값을 **수신감도** receiver sensitivity 라고 한다. 수신감도는 무선통신 시스템의 출력에 나타나는 불필요한 신호인 잡음과 간섭 정도에 따라서 정해진다.

수신기는 유무선 채널을 통해 입력되는 신호를 최소한의 왜곡을 가진 유용한 정보로 처리하는 장치이다. 수신기의 성능은 시스템 설계, 회로 설계, 동작 환경에 따라 좌우되는데, 수신기가 응용되는 시스템에 따라 허용되는 왜곡 또는 잡음레벨 noise floor 의 기준이 변한다. 아날로그 수신기에서는 **신호 대 잡음비** SNR : Signal to Noise Ratio 또는 **SINAD** signal to noise ration and distortion, 디지털 수신기에 대해서는 **비트 에러율** BER 또는 **프레임 에러율** FER : Frame Error Rate 로 정해진다. 보통 SNR은 변조된 후 기저대역에서 정의되며, RF 영역에서는 **반송파 대 잡음비** CNR : Carrier to Noise Ratio 로 정의된다. 출력신호로부터 정보를 복원하기 위해서는 신호의 전력이 잡음전력보다 시스템에서 요구하는 최소 SNR 값보다 더 커야 한다. 수신기의 수신전력 $S_{\min}$은 식 (7.11)과 같이 열잡음전력 kTB, 잡음지수, 최소 SNR(또는 CNR)의 합으로 주어진다.

$$S_{\min} = 10\log(P_{s,\min}) = -174 + 10\log(BW) + NF_{Rx} + CNR_{\min} \qquad (7.11)$$

여기서 볼츠만 상수 $k = 1.38 \times 10^{-20}\,[\text{mW} \cdot \text{sec/K}]$이고, 실온은 $T_0 = 290\,[\text{K}]$라고 할 때, $10\log(kT_0) = -174\,[\text{dBm/Hz}]$로 주어진다. 그리고 수신기의 대역폭 BW, 잡음지수 NF_{Rx}, 신호를 구별하기 위해 최소로 요구되는 반송파 대 잡음비 $CNR_{\min}$의 합으로 수신감도를 나타낸다.

무선통신 시스템에서 수신감도를 향상시키기 위해서는 몇 가지 고려할 사항이 있다.

- 대역폭이 작을수록 수신감도는 향상된다. 그러나 대부분의 경우 대역폭은 통신표준에 의해 정해지기 때문에 임의로 바꾸기는 어렵다.
- 수신기의 제일 앞단에 위치하는 사전 선택 필터(또는 대역 통과 필터)나 스위치의 손실을 줄여야 한다.
- 수신기의 LNA 잡음지수 특성을 향상시켜야 한다.

- LNA의 이득을 향상시키는 것도 도움이 되지만, 전체 시스템 잡음지수 측면에서 믹서에 대한 영향을 최소화해야 한다.
- 믹서의 잡음지수가 낮으면 전체 시스템의 잡음지수를 줄일 수 있다.
- 전체 시스템에서 요구되는 비트 에러율[BER]에 대해 SNR 또는 CNR 값이 작아야 한다.

예를 들어, TV 시스템에 대해서는 최소 SNR이 40[dB], 레이더 시스템에 대해서는 SNR이 13[dB], FM 수신기에 대해서는 12[dB] SINAD, WCDMA의 BER은 0.1%로 통신시스템에 따라 다른 값을 갖는다. CDMA 모바일 수신기의 경우, CNR은 0.5% FER에 대해 −1[dB]로 주어진다. 또한 WCDMA 모바일 수신기의 경우, CNR은 0.1% BER에 대해 −7.5[dB]로 주어진다. 예를 들어, 1.25[MHz] 대역폭을 갖는 CDMA 모바일 휴대폰이 10[dB]의 잡음지수를 갖는다면, $S_{\min}$은 식 (7.11)에 의해 $-174+60.9+10-1=-104.1$[dBm]을 갖는다. 실제로 국제표준에 정의된 CDMA 모바일 수신기의 수신감도는 −104[dBm]이다. 디지털 변조와 아날로그 변조 수신기 각각의 수신감도를 측정하기 위한 시스템을 [그림 7-12]에 나타냈다.

(a) 디지털 변조 수신기의 수신감도 (b) 아날로그 변조 수신기의 수신감도

[그림 7-12] RF 수신감도의 측정

SNR이 아날로그 수신기의 성능을 나타내는 전력신호[power signal]에 의한 값인 데 반해, 디지털 통신 시스템에서는 에너지 신호[energy signal]의 관점에서 $\boldsymbol{E_b/N_0}$를 사용한다. (에너지 신호는 신호에너지가 유한하나 평균전력이 0인 펄스와 같은 신호를 의미하며, 전력신호는 평균전력은 유한하나 에너지가 무한한 주기신호 같은 신호를 의미한다.) 여기서 E_b는 비트에너지로 비트시간 T_b 또는 비트비율 $1/R_b$와 신호전력 S의 곱으로 주어지며, N_0는 잡음전력 스펙트럼 밀도로 잡음전력 N을 대역폭 W로 나눈 값이다. 따라서 E_b/N_0는 아날로그 통신 시스템의 주요 성능평가 특성인 S/N 비를 정규화한 것이라고 볼 수 있으며, E_b/N_0가 작을수록 검출과정 등이 더 효율적이라고 할 수 있다.

$$\frac{E_b}{N_0}=\frac{ST_b}{(N/W)}=\frac{(S/R_b)}{(N/W)}=\frac{S}{N}\left(\frac{W}{R_b}\right) \tag{7.12}$$

■ 선택도

선택도[selectivity]란 인접채널 주파수에 대한 불필요한 신호[unwanted signal]를 받아들이지 않는 정도를 말한다. [그림 7-13]에 나타낸 것과 같이 무선통신 시스템은 송수신 주파수 대역을 채널로 나누어

통신을 하고 있다. 제한된 스펙트럼 때문에 채널을 재사용하여 통신을 하고 있으므로 동일 채널들이 시공간 간격을 두고 재사용된다. 이로 인해 인접채널에 수신되는 신호전력에 간섭원으로 작용할 수 있다. 대부분의 시스템에서는 같은 케이블 시스템 또는 같은 지역에서 동작 중인 인접채널을 동시에 허용하지 않는다.

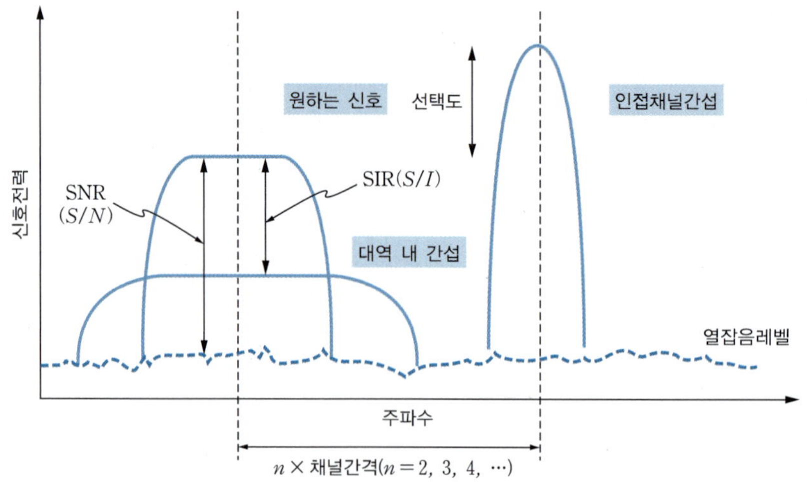

[그림 7-13] 선택도의 개념

수신되는 신호전력을 $S_{\min}$ 라고 하고 인접한 채널 전력을 S_{adj} 라고 할 때, 선택도는 식 (7.13)과 같이 주어진다.

$$\text{선택도} = 10\log\left(\frac{S_{\text{adj}}}{S_{\min}}\right) \tag{7.13}$$

만약 인접한 채널이 바로 옆 채널인 경우에는 **인접채널 억제비** ACRR : Adjacent Channel Rejection Ratio 또는 **인접채널 선택도** ACSR : Adjacent Channel Selectivity Ratio 로 정의한다.[3]

예제 7-6 수신감도

수신감도가 -30[dBm]인 신호가 5[dB] 잡음지수와 30[kHz] 잡음 대역폭을 가진 수신기에 입력될 때 최소 SNR을 구하라. (단, 실온은 290[K]라고 가정한다.)

풀이

문제로부터 신호의 입력 $S_{\min} = -30$[dBm]이며, 수신기의 입력잡음 전력은 $S_{\min} = (S/N)_{\min} k T_0 BF$를 이용하여 구할 수 있다.

3 이동통신의 AMPS 시스템에서는 ACP, CDMA 시스템에서는 ACPR, WCDMA 시스템에서는 ACLR로 정의된다(7.3절 참고).

$$
\begin{aligned}
N_{\text{in}} &= N_F[\text{dB}] - 174[\text{dBm/Hz}] + 10\log(\text{B}) \\
&= 5 - 174 + 10\log(30{,}000) \\
&= -124[\text{dBm}]
\end{aligned}
$$

따라서 최소 SNR은 다음과 같다.

$$(S/N)_{\min} = S_{\min} - N_{\text{in}} = -30 - (-124) = 94[\text{dB}]$$

7.2.3 상호변조와 3차 교차점

증폭기, 믹서 등과 같은 비선형소자에 주파수 f_1과 f_2를 갖는 두 신호가 인가될 때 $mf_1 \pm nf_2$ $(m,\ n = 0,\ 1,\ 2,\ \cdots)$에 따라 [그림 7-14]와 같은 **상호변조** IM : intermodulation 신호들이 생성된다. 이 상호변조 신호들은 $f_1 \pm f_2$와 같은 2차 신호가 될 수도 있고, $2f_1 \pm f_2$, $2f_2 \pm f_1$의 3차 신호 IM3 : 3rd order IM 가 될 수도 있다. 상호변조 신호는 수신기를 설계할 때 가장 중요하게 고려해야 할 문제 중 하나인데, 만약 두 입력신호 주파수 f_1과 f_2의 차이가 작다면 3차의 상호변조 신호의 주파수는 헤테로다인 수신기의 첫 번째 중간주파수 단의 통과대역 내에 위치한다. 따라서 대역 통과 필터를 사용하더라도 이를 제거하기가 어려워 무선통신 시스템의 수신 성능을 떨어뜨린다.

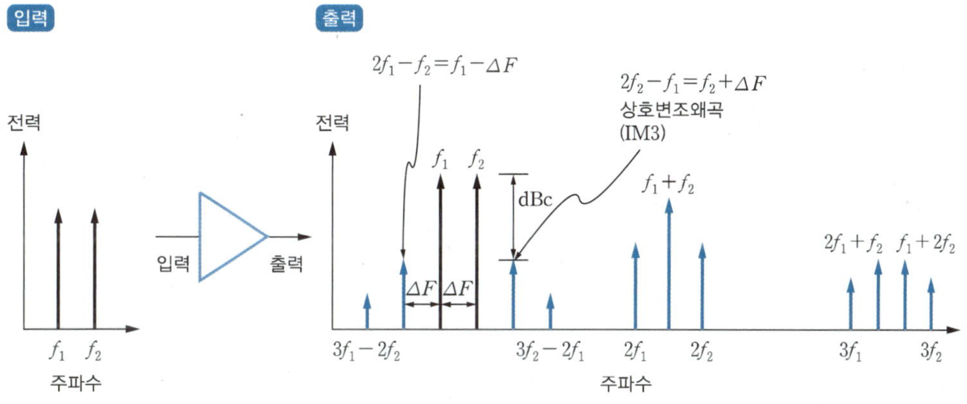

[그림 7-14] 두 RF 신호로부터 생성되는 신호들

교차점 intercept point 은 상호변조 신호를 억제하는 정도를 나타내는 기준 값이며, [dBm]으로 나타낸다. **3차 교차점** IP3 : 3rd order intercept point 또는 **TOI** third order intercept 는 선형출력으로 나타나는 원하는 신호와 3차의 왜곡신호가 같은 크기를 갖게 되는 이론적인 값이다. 이는 [그림 7-15]에 나타낸 것과 같이 정의되며, 시스템의 선형성을 판단하는 중요한 척도가 된다. 높은 교차점은 불필요한 상호변조 신호를 크게 억제할 수 있다는 것을 의미한다. 선형 영역에서 입력전력 P_{in}이 1[dB] 증가한다면 IF 신호에 대한 출력전력도 1[dB] 증가한다. 반면 IM3 신호는 입력전력 P_{in}이 1[dB] 증가하면 3[dB] 증가한다. 즉, IM3에 대한 기울기는 3 : 1로 주어진다.

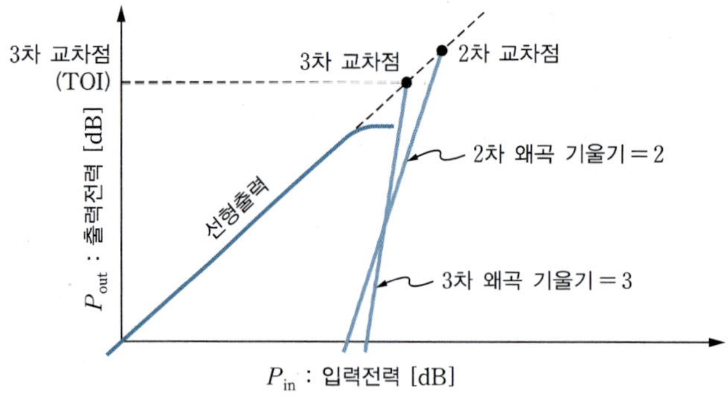

[그림 7-15] **교차점을 나타내기 위한 입출력 특성**

상호변조 신호와 3차 교차점은 [그림 7-16]과 같이 송수신 주파수 대역 내의 신호발생기를 이용하여 발생시킨 두 주파수 신호를 결합기로 결합한 후 수신기에 입력하고, 스펙트럼 분석기를 통해 3차 신호의 전력레벨을 측정하여 얻을 수 있다.

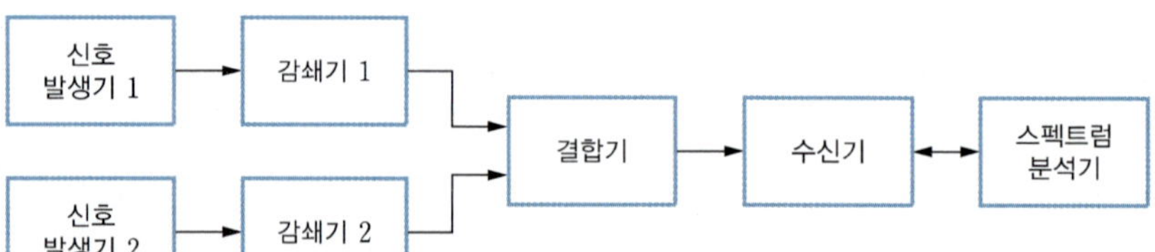

[그림 7-16] **3차 교차점과 상호변조의 측정**

실제 무선시스템인 무선 LAN에서 3차 상호변조가 발생하는 시나리오를 [그림 7-17]에 예시했다. [그림 7-17(a)]와 같이 무선 LAN 시스템에서 수신기는 채널 1(주파수 2.412[GHz])을 사용하는 −80[dBm]의 전력레벨을 갖는 수신신호를 무선 AP access point 로부터 수신하고자 한다. 그러나 이웃하는 더 가까운 공간에 각각 채널 6(f_1, 주파수 2.437[GHz])과 채널 11(f_2, 주파수 2.462[GHz])을 송신하는 간섭원들인 무선 AP가 존재하며, 수신기에서는 전력이 −45[dBm]으로 수신되고 있다. [그림 7-17(b)]와 같이 f_1과 f_2에 의해 3차 상호변조 성분인 $2f_1 - f_2 = 2.412$[GHz], 즉, 채널 1과 동일한 신호가 수신된다. 이 신호는 수신기 입장에서는 채널 1과 동일한 주파수 대역에서 수신되므로 간섭원으로 동작하며 수신감도를 떨어뜨린다.

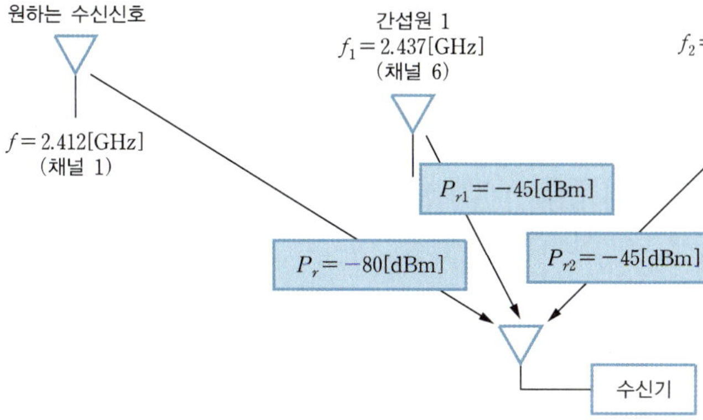

(a) 3차 상호변조 시나리오

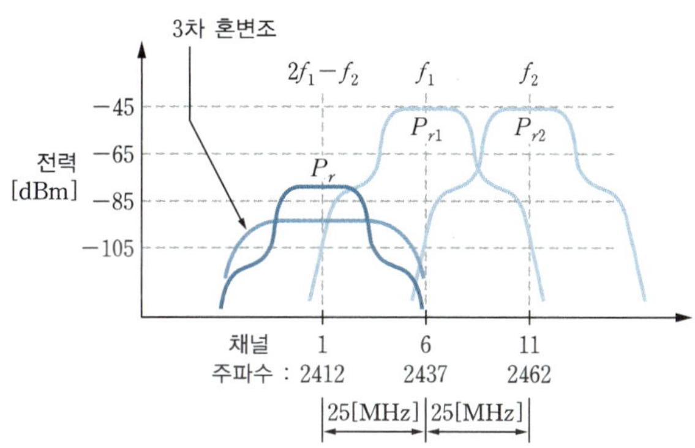

(b) 3차 상호변조 스펙트럼

[그림 7-17] **무선 LAN 시스템에서 발생하는 3차 상호변조 예**

예제 7-7 3차 교차점

상용 RF 증폭기가 16[dB]의 전력이득을 갖고 12[dBm]의 출력 3차 교차점$^{\text{OTOI : output TOI}}$과 -30[dBm]의 입력 전력레벨을 가질 때, 다음을 구하라.

(a) 증폭기의 입력 3차 교차점$^{\text{ITOI : input TOI}}$

(b) 동작주파수 대역 내 신호 f_1과 f_2의 전력레벨과 $2f_2-f_1$과 $2f_1-f_2$에서의 전력레벨

풀이

(a) 입력 3차 교차점에 이득을 더하면 출력 3차 교차점이 된다.

$$\text{ITOI}_{\text{dBm}} = \text{OTOI}_{\text{dBm}} - G_{\text{dB}} = 12 - 16 = -4\,[\text{dBm}]$$

(b) f_1과 f_2 신호의 출력은 $P_{\text{out}} = P_{\text{in}} + G = -30 + 16 = -14\,[\text{dBm}]$이 된다. $2f_2-f_1$과 $2f_1-f_2$에서의 전력레벨을 P_{IP3}라고 하자. [그림 7-15]를 이용하면 기본 입출력에 대해서는 $P_{\text{out}} - \text{OTOI} = P_{\text{in}} - \text{ITOI}$ 관계가 주어지고, 3차 입출력 특성에서는 $P_{\text{IP3}} - \text{OTOI} = 3P_{\text{in}} - 3\text{ITOI}$의 관계식을 얻을 수 있다. 이로부터 기본출력과 3차 상호변조 출력의 차이를 Δ라고 할 때, 다음의 관계식을 얻을 수 있다.

$$
\begin{aligned}
\Delta &= P_{\text{out}} - P_{\text{IP3}} \\
&= P_{\text{in}} - \text{ITOI} + \text{OTOI} - (\text{OTOI} + 3P_{\text{in}} - 3\text{ITOI}) \\
&= 2(\text{ITOI} - P_{\text{in}})
\end{aligned}
$$

따라서 $\Delta = 2[-4-(-30)] = 52\,[\text{dB}]$를 얻을 수 있으며, 3차 상호변조 신호의 전력레벨은 $P_{\text{IP3}} = -14-52 = -66\,[\text{dBm}]$으로 주어진다.

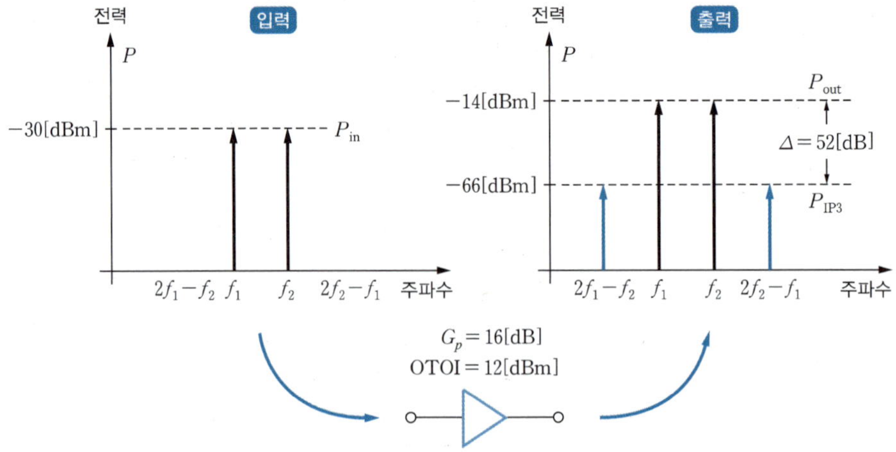

7.2.4 스퓨리어스 응답

수신기의 **스퓨리어스 응답** spurious response 은 수신 주파수와 다르게 나타나는 변조된 주파수 응답들을 나타낸다. 충분히 큰 값을 갖는 스퓨리어스 신호가 수신기에 입력되면 수신기에서 복조된 출력들이 발생하는데, 이는 광대역 수신기에서 특히 문제가 된다. 스퓨리어스 신호에는 고조파 harmonic 신호, 상호변조 신호, 그리고 간섭 신호 등이 포함된다.

실제로 대부분의 수신기 스퓨리어스 응답은 믹서에서 발생한다. 수신기에 사용되는 믹서는 비선형 소자로, 입력되는 RF 신호와 LO 신호에 의해 상호변조 신호 $\pm m f_{\text{RF}} \pm n f_{\text{LO}}\ (m,\ n = 0,\ 1,\ 2,\ \cdots)$가 발생한다. IF의 출력단에 대역 통과 필터를 사용하여 f_{IF} 신호만 통과시킨다 해도 출력에서는 낮은 레벨의 여러 신호가 나타난다. 이러한 임의의 불요 신호들을 **스퓨리어스 신호** 또는 **스퍼** spur 라고 한다. $f_{\text{IF}} = \pm m f_{\text{RF}} \pm n f_{\text{LO}}$에서 f_{RF}에 대해 풀면 각 $(m,\ n)$ 값에 따라 식 (7.14)와 같은 두 RF 주파수를 갖는 스퓨리어스 응답주파수가 생성된다.

$$
\begin{aligned}
f_{\text{RF1}} &= \frac{n f_{\text{LO}} - f_{\text{IF}}}{m} \\
f_{\text{RF2}} &= \frac{n f_{\text{LO}} + f_{\text{IF}}}{m}
\end{aligned}
\qquad (7.14)
$$

즉, f_{RF1}과 f_{RF2}의 RF 주파수는 스퓨리어스 응답을 생성한다. 식 (7.14)가 만들어내는 여러 종류의 스퓨리어스 응답 중 m과 n의 크기가 1일 때 $f_{RF}(f_d) = f_{LO} - f_{IF}$(낮은 쪽 주입low side injection), $f_{RF}(f_u) = f_{LO} + f_{IF}$(높은 쪽 주입high side injection)인 영상주파수 신호가 존재하게 되며 믹서 앞단에 영상신호 제거 필터를 추가해야 한다. 반 중간주파수half-IF 스퓨리어스는 m과 n의 크기가 2일 때 갖는 4차 응답신호로, [그림 7-18]과 같이 원하는 RF 신호와 LO 신호 사이 중간에 $f_u = f_{LO} + \dfrac{f_{IF}}{2}$의 간섭신호가 존재한다. 이때 f_u의 2차 하모닉과 LO의 2차 하모닉의 변조에 의해 $2LO - 2f_u$가 생성되며, 이 신호는 IF 신호에 근접하게 되어 간섭을 일으킨다.

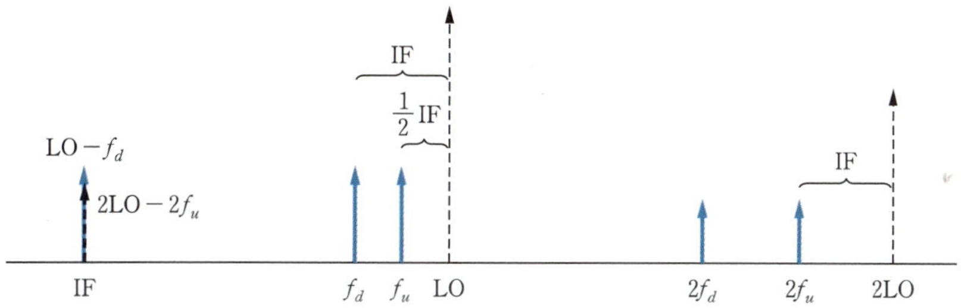

[그림 7-18] 반 중간주파수 스퓨리어스

만약 $m = 0$이라면 [그림 7-19]와 같이 LO의 고조파 또는 nf_{LO} 스퓨리어스 신호가 생성된다. 이 LO의 고조파는 믹서의 RF 포트에서 입력되는 RF 신호 및 간섭신호와 변조되어 IF에 간섭신호로 나타나게 된다. LO 스퓨리어스를 막기 위해서는 LO와 RF에 각각 필터를 추가해야 하며, IF 주파수를 선택할 때 고려해야 한다.

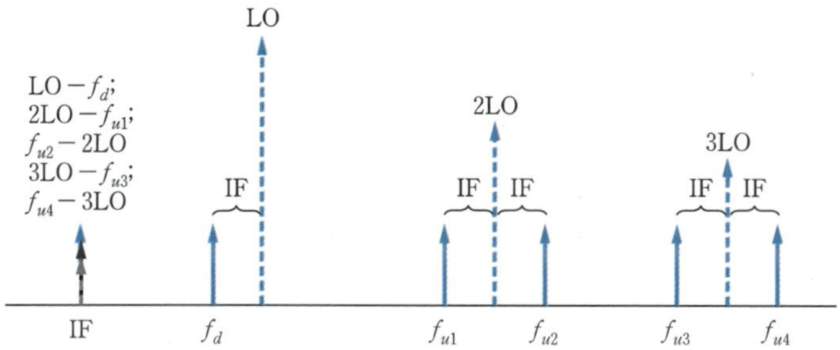

[그림 7-19] LO 스퓨리어스

스퓨리어스 응답으로부터 **셀프 콰이어팅**self quieting이 발생할 수 있다. 셀프 콰이어팅은 수신기에서 수신된 미약한 신호가 수신기 내부에서 생성된 동일한 주파수를 갖는 간섭신호에 의해 상쇄되어 수신되지 않는 현상을 의미한다. 예를 들어, LO 신호로 $LO_1 = 146.16\,[\text{MHz}]$, $LO_2 = 20.945\,[\text{MHz}]$를, 중간주파수로 $IF_1 = 21.4\,[\text{MHz}]$, $IF_2 = 455\,[\text{kHz}]$를 사용하는 슈퍼헤테로다인 수신기에 수신된 신호의 주파수 f_{RF}가 $167.56\,[\text{MHz}]$라고 할 때 $8 \times LO_2 = 167.56\,[\text{MHz}]$가 되어 LO_2의 8차 고조파가 수신되는 RF 신호보다 크게 되면 수신되지 않을 수 있다. 따라서 송수신기를 설계할 때는 클록 주파수, IF 주파수와 RF 주파수들에 의해 발생할 수 있는 스퓨리어스 주파수들을 미리 고려한 주파수 계획frequency planning을 세워야 한다.

예제 7-8 스퓨리어스 응답

다음 표는 $\pm mf_{RF} \pm nf_{LO}\,(m, n = 0, 1, 2, \cdots)$에 대해 m과 n 값에 따라 주어지는 전력레벨을 나타낸 것이다. $f_{RF} = 500\,[\mathrm{MHz}]$이고, $f_{LO} = 470\,[\mathrm{MHz}]$일 때 혼합기의 IF($f_{RF} - f_{LO}$)가 30[MHz], 전력레벨은 $-11\,[\mathrm{dBm}]$으로 주어질 때, 주어진 표를 사용하여 각 신호의 전력레벨을 구하라.

(a) $3f_{LO} - 4f_{RF} = 590\,[\mathrm{MHz}]$

(b) $2f_{LO} - 2f_{RF} = 60\,[\mathrm{MHz}]$

(c) $6f_{LO} + 7f_{RF} = 680\,[\mathrm{MHz}]$

		RF 고조파(n)									
		0	1	2	3	4	5	6	7	8	9	10
LO 고조파(m)	0		17	43	44	76	66	69	72	>85	>85	84
	1	32	0	60	34	68	75	76	71	>85	83	84
	2	23	39	45	49	56	67	83	73	81	84	83
	3	36	17	56	35	72	53	84	74	>85	83	85
	4	43	33	51	49	56	57	70	73	85	84	84
	5	35	37	60	36	61	48	71	67	>85	>85	83
	6	44	38	65	45	57	58	64	64	83	83	84
	7	36	39	52	50	65	47	75	63	76	77	84
	8	61	39	58	52	76	71	64	63	73	71	83
	9	46	47	41	57	75	70	78	61	76	71	81
	10	63	51	69	50	66	67	79	71	71	71	81

풀이

주어진 표는 $\pm mf_{RF} \pm nf_{LO}\,(m, n = 0, 1, 2, \cdots)$에 대해서 m과 n의 값에 따라 주어지는 전력레벨을 나타내는 표로 주파수와 전력레벨에 따라 다르게 주어지는 값이다. 문제의 표를 이용하여 풀면 다음과 같다.

(a) $3f_{LO} - 4f_{RF} \Rightarrow -11 - 72 = -83\,[\mathrm{dBm}]$

(b) $2f_{LO} - 2f_{RF} \Rightarrow -11 - 45 = -56\,[\mathrm{dBm}]$

(c) $6f_{LO} + 7f_{RF} \Rightarrow -11 - 64 = -75\,[\mathrm{dBm}]$

7.2.5 다이나믹 영역

RF 송수신기를 구성하는 믹서, 증폭기 또는 수신기는 출력전력이 입력전력에 비례하는 영역에서 동작하는데, 이때 비례상수를 변환손실 또는 이득이라고 한다. 이 비례하는 입력전력의 영역 범위를 **다이나믹 영역** DR : Dynamic Range 또는 동작 영역이라고 한다. 만약 입력전력이 이 영역 밖의 위쪽에 있다면 출력전력이 포화 saturation (P_{sat})되기 시작한다는 것을 의미하고, 입력전력이 이 영역 아래에 있다면 출력신호는 수신기가 신호로 감지 sensitivity (P_{sens})할 수 없는 잡음이 된다는 것을 의미한다. 이를 식으로 나타내면 식 (7.15)와 같이 쓸 수 있다.

$$\text{다이나믹 영역}(DR) = 10\log\left(\frac{P_{sat}}{P_{sens}}\right)[\text{dB}] \tag{7.15}$$

무선통신 시스템이 넓은 입력전력 범위에서 동작하기 위해서는 믹서, 증폭기 그리고 수신기 등이 큰 값의 다이나믹 영역을 가져야 한다.

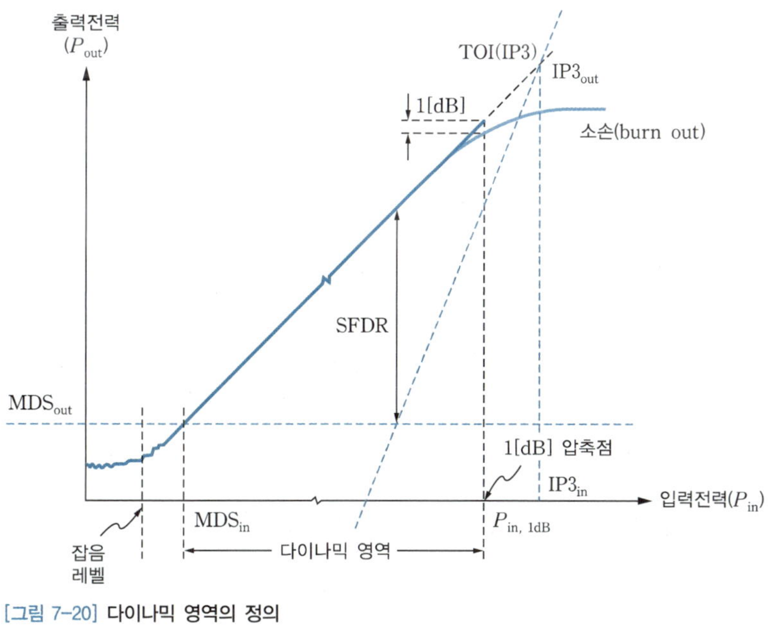

[그림 7-20] 다이나믹 영역의 정의

다이나믹 영역을 정의하기 위해 **최저 감지신호** MDS : Minimum Detectable Signal 와 1[dB] 이득 억압점 gain compression point P1dB를 사용하기도 한다. MDS는 잡음레벨에 잡음지수를 더한 값으로 정의된다. 예를 들어, 실온 290[K]에서 1[MHz] 대역폭을 갖는 무선통신 시스템이 3[dB]의 잡음지수를 갖는다고 가정하면 식 (7.16)과 같이 MDS를 계산할 수 있다. MDS는 실온에서 1[MHz] 대역폭에 대해 -111[dBm] 또는 7.94×10^{-12}[mW]를 갖는다.

$$N_i = 10\log kTB = 10\log(4\times 10^{-12}[\mathrm{mW}])$$
$$= -114[\mathrm{dBm}]$$
$$\mathrm{MDS} = -114[\mathrm{dBm}] + 3[\mathrm{dB}]$$
$$= -111[\mathrm{dBm}] \tag{7.16}$$

입력전력이 다이나믹 영역의 아래쪽 끝에서부터 시작될 경우, 수신기로 입력되는 RF 전력은 잡음과 구별할 수 없을 정도로 미약하여 출력도 잡음 형태를 띤다. 이때 RF 입력전력을 증가시키면 수신기를 통과하는 출력전력(믹서의 경우는 IF 출력전력)도 입력전력이 증가한 비율만큼 선형적으로 증가한다. 그러나 선형성 영역을 지나면 RF 입력전력이 증가해도 출력전력이 그만큼 비례하여 증가하지 않는 지점, 즉 변환손실이 증가되는 지점에 도달하게 된다. 일반적으로 다이나믹 영역의 위쪽에서 변환손실이 1[dB] 증가하는 지점에서의 입력 전력레벨을 1[dB] 억압점이라고 한다. 다이나믹 영역을 벗어나면 변환손실은 더 커지게 되어 입력 RF 전력이 원하는 출력전력으로 변환되지 않고 열이나 고차성분의 상호변조 신호로 변환된다.

증폭기, 믹서 또는 수신기에 대해 선형 영역은 다음과 같이 주어진다. 여기서 G는 수신기 또는 증폭기의 이득이며, 변환손실 L_c를 갖는 손실 믹서에 대해 $G = -L_c$로 주어진다.

입력전력 P_{in}, 출력전력 P_{out}, 증폭기 또는 수신기의 이득을 G라고 할 때 다음과 같이 입력전력을 얻을 수 있다.

$$P_{\mathrm{in}} = P_{\mathrm{out}} - G \tag{7.17}$$

$P_{\mathrm{in,\,1dB}}$는 [그림 7-20]의 RF 전력 입출력 곡선에서 예상출력보다 1[dB] 작은 값을 갖게 되는 경우인 1[dB] 억압점에서 입력신호전력([dBm])이라고 할 때, 식 (7.17)로부터 이득 G를 가진 증폭기 또는 수신기에 대해 다음과 같이 주어진다.

$$P_{\mathrm{in,\,1dB}} = P_{\mathrm{out,\,1dB}} - G + 1[\mathrm{dB}] \tag{7.18}$$

식 (7.18)은 음의 값을 갖는 이득, 즉 손실에 대해서도 계산할 수 있다. 변환손실을 가진 믹서에 대해 다음과 같은 관계가 성립한다.

$$P_{\mathrm{in,\,1dB}} = P_{\mathrm{out,\,1dB}} + L_c + 1[\mathrm{dB}] \tag{7.19}$$

$P_{\mathrm{in,\,1dB}}$와 $P_{\mathrm{out,\,1dB}}$는 [dBm]으로 주어지고, 이득 G와 L_c는 [dB]로 주어진다. 여기서 $P_{\mathrm{out,\,1dB}}$는 1[dB] 억압점에서의 출력전력이고, $P_{\mathrm{in,\,1dB}}$는 1[dB] 억압점에서의 입력전력이다. 1[dB] 억압점, 이득, 대역폭과 잡음지수로부터 믹서, 증폭기 또는 수신기의 다이나믹 영역을 계산할 수 있는데, 다이나믹 영역은 잡음레벨 이상에서 감지할 수 있는 최소 입력신호 레벨과 출력에서 1[dB] 압축이득에 해당하는 입력신호 레벨 사이의 차이로 식 (7.20)과 같이 추가로 정의할 수 있다.

$$\text{다이나믹 영역(DR)} = P_{\mathrm{in,\,1dB}} - \mathrm{MDS} \tag{7.20}$$

$P_{in,1dB}$와 MDS는 [dBm]으로 주어지고, DR은 [dB]로 주어진다. 다이나믹 영역을 정의하기 위해 보통 1[dB] 억압점이 흔히 사용되지만, 시스템에 따라서 3[dB] 억압점과 10[dB] 억압점을 사용하기도 한다.

다이나믹 영역 중 수신기에 하나 이상의 신호가 입력으로 인가될 때 나타내는 스퓨리어스가 없는 spurious free 영역을 **스퓨리어스가 없는 다이나믹 영역** SFDR: Spurious Free Dynamic Range 또는 DR_{sf}로 사용할 수 있다. 같은 전력레벨을 갖는 입력신호에 대해 SFDR은 다음과 같이 주어진다.

$$\text{SFDR} = \frac{2}{3}(\text{IP3}_{in} - \text{MDS}) \tag{7.21}$$

여기서 IP3_{in}은 두 입력신호에 대한 3차 교차점이 발생하는 입력 전력레벨이다. 또한 [그림 7-20]으로부터 IP3_{in}과 IP3_{out}은 시스템의 이득(또는 손실)만큼 차이가 나고, 동일하게 MDS_{in}과 MDS_{out}도 시스템의 이득(또는 손실)만큼 차이가 난다는 것을 알 수 있다.

예제 7-9 MDS와 최소 입력신호전력 계산

상온(290[K])에서 12[MHz] 대역폭을 갖는 위성신호가 1.5[dB] 잡음지수를 갖는 수신기로 입력된다고 하자.

(a) 최저 감지신호는 얼마인가?

(b) 신호를 복조하기 위해 20[dB]의 SNR이 필요하다고 할 때, 수신기로 입력할 수 있는 최소 입력신호전력은 얼마인가?

풀이

(a) 식 (7.16)으로부터 MDS는 잡음레벨에 잡음지수를 더한 값으로 정의된다. 따라서 수신기의 잡음지수가 F_{sys}일 때 최저감지신호는 $\text{MDS} = F_{sys} k T_0 B$로 나타낼 수 있으며, 데시벨로 표현하면 다음과 같이 쓸 수 있다.

$$\text{MDS}[\text{dBm}] = F_{sys}[\text{dB}] - 174[\text{dBm/Hz}] + 10\log(B)$$

문제에 주어진 값을 대입하면, 다음과 같이 MDS를 구할 수 있다.

$$\begin{aligned}\text{MDS} &= 1.5 - 174 + 10\log(12 \times 10^6) \\ &= -101.7[\text{dBm}]\end{aligned}$$

(b) 문제로 주어진 시스템이 20[dB] SNR을 요구하므로, 최소 입력신호전력 S_{min}은 다음과 같이 주어진다.

$$S_{min} = \text{MDS} + \text{SNR} = -101.7 + 20 = -81.7[\text{dBm}]$$

예제 7-10 수신기의 다이나믹 영역

[예제 7-4]에 주어진 수신기의 전체 잡음지수가 8[dB]로 주어질 때, 만약 200[kHz]의 대역폭 대신 80[MHz]의 대역폭을 사용한다면 수신기의 다이나믹 영역은 얼마인가? (단, LNA의 IIP3는 −5[dBm], 믹서의 이득과 IIP3는 각각 10[dB]와 0[dBm]이다.)

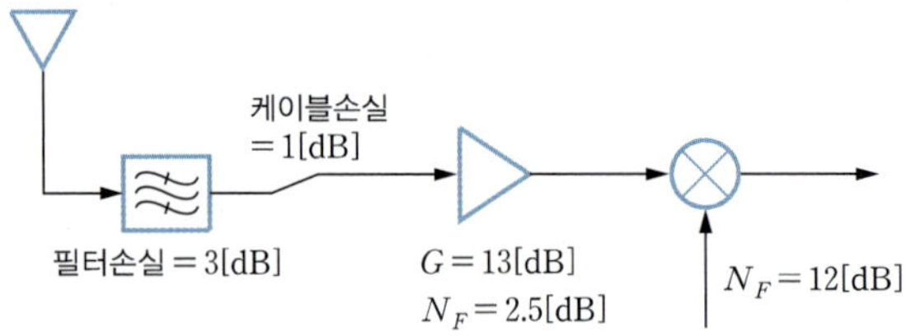

풀이

수신기의 다이나믹 영역은 식 (7.20)으로 정의되므로 먼저 P1dB와 MDS를 알아야 한다. 우선 P1dB를 구하는 과정을 살펴보자. 단일 신호입력에 대해 P1dB는 수신기의 입력 IP3, 즉 IIP3(또는 $IP3_{in}$)보다 약 9.66[dB], 두 신호 입력에 대해서는 약 14.4[dB]가 낮다고 알려져 있다. 따라서 P1dB를 구하기 위해서는 수신기의 IIP3(또는 $IP3_{in}$)를 알아야 한다.

❶ 수신기의 IIP3로부터 P1dB 계산

수신기의 각 부품들이 직렬로 연결되었을 때, 입력 3차 교차점과 이득 사이에는 다음과 같은 관계식이 성립한다.

$$\frac{1}{\mathrm{IIP3}} = \frac{1}{\mathrm{IIP3}_1} + \frac{G_1}{\mathrm{IIP3}_2} + \frac{G_1 G_2}{\mathrm{IIP3}_3} + \cdots$$

문제에 주어진 수신기로부터 $\mathrm{IIP3}_1 = -5$[dBm], $G_1 = 13$[dB], $\mathrm{IIP3}_2 = 0$[dBm]이므로, 위 식에 대입하여 풀면 다음을 구할 수 있다.

$$\frac{1}{\mathrm{IIP3}} = \frac{1}{316.2[\mu\mathrm{W}]} + \frac{20}{1[\mathrm{mW}]} = 2.316 \times 10^4$$

$$\mathrm{IIP3} = 43.2[\mu\mathrm{W}] \Rightarrow -13.6[\mathrm{dBm}]$$

수신기의 LNA에 입력되는 IIP3 신호는 $-13.6+4=-9.6$[dBm]이 되고, 따라서 문제에 주어진 시스템의 경우 LNA에 대한 P1dB는 −19.26[dBm]이 된다.

❷ MDS 계산

[예제 7-4]와 같은 온도조건을 사용한다고 가정하면 $N_i = kT_0B$[W]로부터 $\log_{10}(kT_0) = -174$[dBm], 시스템의 대역폭이 80[MHz]이므로 시스템의 잡음레벨은 $-174[\mathrm{dBm}] + 10\log_{10}(80 \times 10^6) = -95$[dBm]으로 주어진다. LNA의 잡음지수는 2.5[dB]이므로 잡음인자는 1.78로 주어지며, 혼합기의 잡음인자는 LNA의 이득 13[dB](20)와 혼합기의 잡음지수 12[dB]로부터 15.84를 얻을 수 있다. 따라서 시스템의 전체 잡음지수 N_{FT}는 다음과 같이 주어진다.

$$N_{FT} = 3[\mathrm{dB}] + 1[\mathrm{dB}] + 10\log_{10}\left[1.78 + \frac{15.84-1}{20}\right] \approx 8[\mathrm{dB}]$$

시스템이 요구하는 SNR이 7[dB]일 때, 시스템의 전체 수신감도는 다음과 같다.

$$-95[\text{dBm}]+7[\text{dB}]+8[\text{dB}]=-80[\text{dBm}]$$

이렇게 구한 P1dB와 MDS로부터 수신기의 다이나믹 영역을 구하면 다음과 같다.

$$\text{P1dB}-\text{MDS}=19.26+80=60.74[\text{dB}]$$

7.3 송신기 성능 파라미터

무선통신 시스템에서 송신기의 성능은 응용 시스템에 따라 결정된다. 예를 들어, 장거리 전송을 위한 무선통신 시스템인 경우 고출력과 저잡음 특성이 중요하고, 이동통신 시스템의 경우에는 저잡음 특성과 안정성이 요구된다. 송신기의 성능 파라미터를 이해하기 위해서는 송신기의 구조를 다시 살펴볼 필요가 있다.

송신기는 [그림 7-21]과 같이 일반적으로 발진기 oscillator, 변조기 modulator, 상향변환기 upconverter, 필터 filter, 그리고 전력증폭기 power amplifier로 구성된다. 간단한 송신기의 경우 단지 발진기로만 구성될 수도 있지만, 복잡한 송신기의 경우 앞서 설명한 부품들 외에도 위상고정루프 발진기 phase locked loop와 주파수 합성기 frequency synthesizer를 포함한다. 송신기의 성능을 결정하는 가장 중요한 부품은 전력증폭기와 발진기로, 비선형성과 잡음 성능이 매우 중요하다.

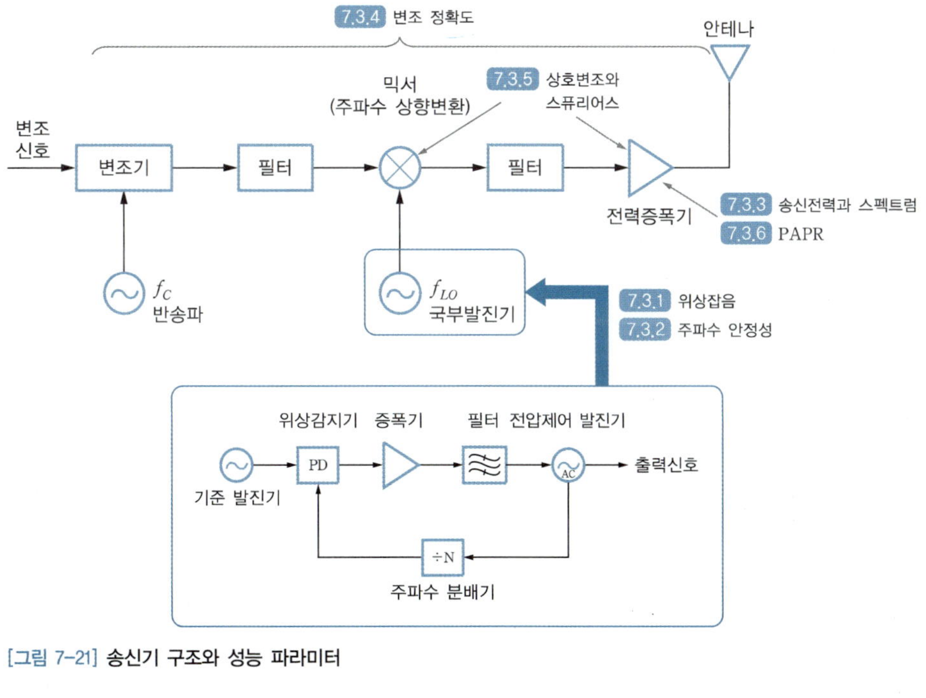

[그림 7-21] 송신기 구조와 성능 파라미터

이 절에서는 송신기의 성능 파라미터로 위상잡음, 주파수 안정성, 송신전력과 스펙트럼, 변조 정확도, 상호변조와 스퓨리어스, 피크전력에 대한 평균전력비PAPR 등을 다룰 것이다. 이 중 위상잡음, 주파수 안정성은 발진기와 관련되어 있으며, 송신전력과 스펙트럼 및 PAPR은 전력증폭기, 상호변조와 스퓨리어스는 상향변화기(믹서)와 관계된다. 또한 송신기 전체 성능과 관련된 변조 정확도를 정의할 수 있다.

7.3.1 위상잡음

송신기를 구성하는 부품 중 발진기는 대표적인 비선형 소자이기 때문에 발진기에서 생성되는 잡음 전압과 전류가 발진기에서 출력되는 신호의 변조를 일으킨다. (6장의 [그림 6-18]에 나타낸 이상적인 신호와 잡음에 의해 변조된 실제 발진기 출력신호를 참조하라.) 잡음은 **진폭변조**AM : Amplitude Modulation **잡음, 주파수 변조**FM : Frequency Modulation **잡음** 그리고 **위상잡음**phase noise으로 구분되는데, 반송파와 가까운 위치에서 발생하는 대부분의 발진기 잡음을 위상잡음 또는 **FM 잡음**이라고 한다. 잡음은 위상 지터jitter 또는 발진기의 단기 안정도short-term stability를 나타내는 것으로, 발진기 전력은 단일 주파수에 집중되지 않고 그 주변에 분포한다. 진폭 변조된 잡음은 출력신호의 진폭 변화를 일으키지만, 주파수 변조된 잡음 또는 위상잡음은 주파수 스펙트럼이 확산되어 나타날 수 있다. 반송파 전력에 대한 1[Hz] 대역폭에서 정규화된 단측파 대역single sideband 잡음전력의 비율을 다음과 같이 위상잡음의 정의로 사용한다.

$$L(f_m) = \frac{\text{반송파로부터 } \Delta f \text{만큼 떨어진 위치에서 } 1\,[\text{Hz}] \text{ 대역폭 잡음전력}}{\text{반송파 신호전력}} \tag{7.22}$$

[그림 7-22]에 나타낸 것과 같이 위상잡음 $L(f_m)$은 f_0에서의 반송파와 $f_0 + \Delta f$에서의 잡음 간 전력차로 주어진다. 전력은 데시벨 단위로 나타내고, 위상잡음의 단위는 헤르츠당 반송파 전력에 대한 데시벨이며 [dBc/Hz]로 나타낸다.

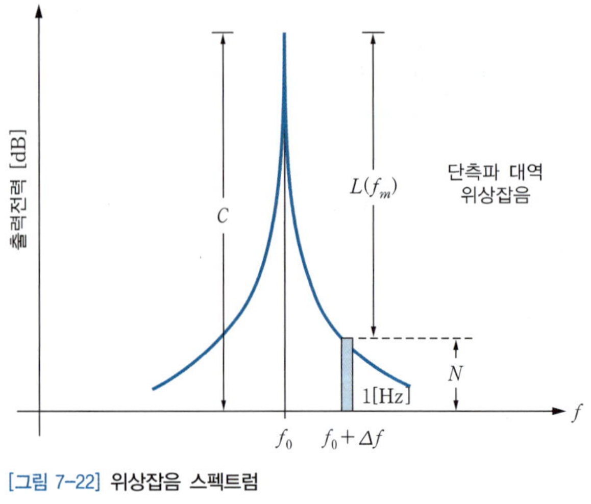

[그림 7-22] 위상잡음 스펙트럼

발진기에서 위상잡음을 최소화하기 위해서는 높은 Q 값을 갖는 공진회로, 저잡음 능동소자, 위상고정루프를 사용하거나 포화 영역에서 동작하지 않도록 설계하는 방법이 있다. 위상잡음을 측정하기 위해 [그림 7-23]과 같은 스펙트럼 분석기 spectrum analyzer, 신호 분석기 signal analyzer 또는 위상잡음 분석기 phase noise analyzer 측정을 이용한 직접 방법 direct method, 지연선로 방법 delay line method, 상호상관 방법 cross correlation method 등 여러 가지 방법이 사용된다. 직접 방법은 위상잡음 특성이 우수한 스펙트럼 분석기, 신호 분석기 또는 위상잡음 분석기를 이용하여 직접적으로 위상잡음을 측정하는 방법이다. 지연선로 방법은 기준신호를 구현하여 믹서를 통과시킴으로써 반송파신호를 제거한 후 위상잡음만 측정하는 방법이다. 마지막으로 상호상관 방법은 기준 신호원과 위상잡음이 포함된 신호를 믹서와 저역 통과 필터를 통과시켜 위상잡음만 걸러내어 측정하는 방법이다. 이는 직접 측정 방법보다 좀 더 정확하게 위상잡음을 측정할 수 있다.

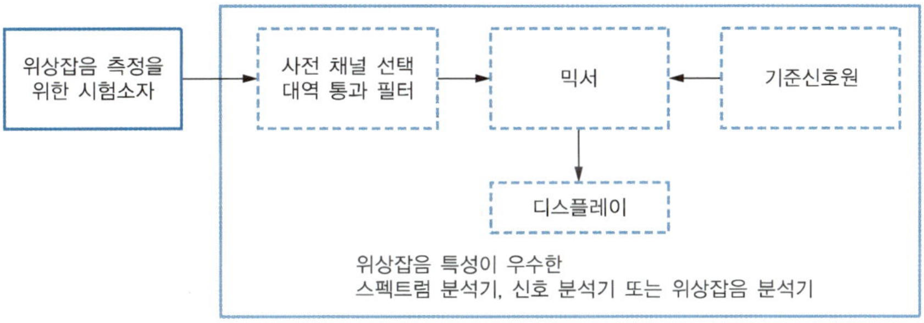

(a) 직접 방법

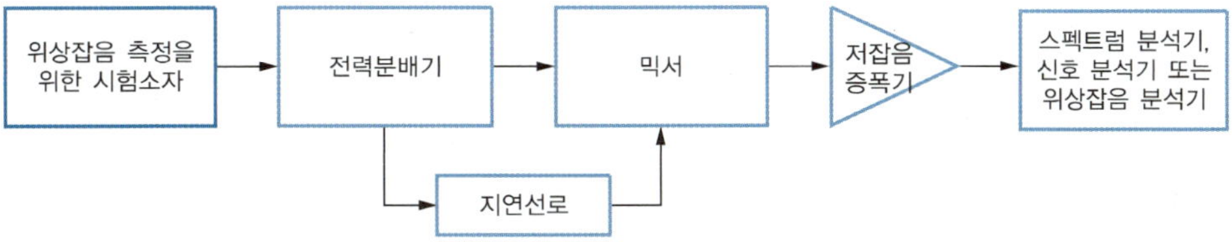

(b) 지연선로 방법

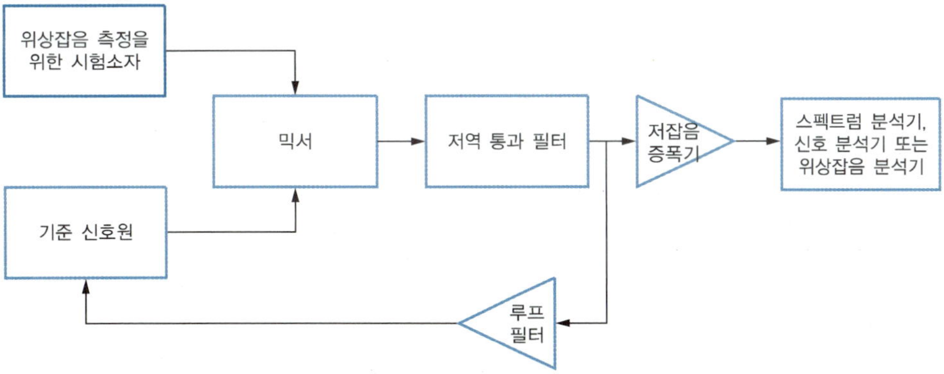

(c) 상호상관 방법

[그림 7-23] **위상잡음을 측정하는 방법**

예제 7-11 위상잡음

$f_m = 100\,[\text{Hz}]$에서 발진기의 위상잡음이 $L(f_m) = -80\,[\text{dBc}]$로 측정되었다. 다음의 그림과 같이 발진기의 출력에 100배 곱셈기를 곱할 때 $f_m = 100\,[\text{Hz}]$에서의 최종 출력 위상잡음 $L(f_m)$을 구하라.

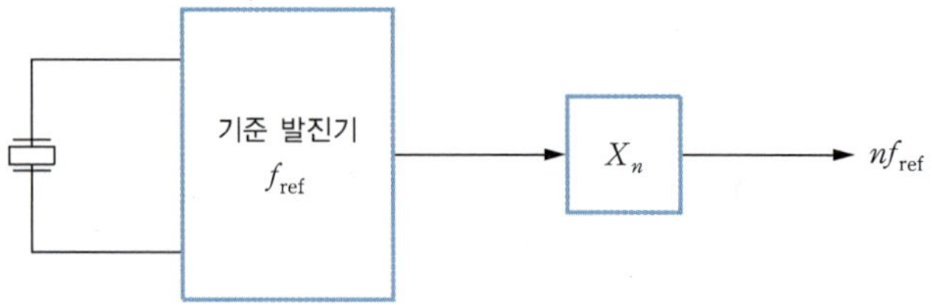

풀이

문제에 주어진 그림과 같이 n배 곱셈기가 발진기에 연결되었을 때의 위상잡음을 $L_{\text{REF,mult}}(f_m)$, 발진기의 위상잡음을 $L_{\text{REF}}(f_m)$이라고 할 때, 다음 식이 주어진다. (단, 위상변동 궤적을 나타내는 β 값이 매우 작다고 가정한다. 이 부분은 책의 범위를 벗어나므로 자세한 설명은 생략하기로 한다.)

$$\frac{L_{\text{REF, }\mu\text{lt}}(f_m)}{L_{\text{REF}}(f_m)} = n^2 = 20\log(n)\,[\text{dB}]$$

따라서 위상잡음은 $20\log(n) = 20\log(100) = 40\,[\text{dB}]$이며, 최종 출력 위상잡음은 다음과 같다.

$$-80 + 40 = -40\,[\text{dBc}]$$

7.3.2 주파수 안정성

송수신기에서 전기적, 열 또는 기계적 변화는 발진기의 동작주파수를 변화시킬 수 있다. 이러한 변화 때문에 소자의 임피던스가 변할 수 있고, 주파수 오차가 발생하여 송수신이 이루어지지 않을 수 있기 때문에 주파수 안정도를 확보하는 것은 매우 중요하다. 안정도는 발진기가 정상상태의 동작점으로 귀환하는 정도를 나타내는 척도이다. 온도 안정도는 세 가지 다른 방법으로 나타낼 수 있다. 예를 들어, $10\,[\text{GHz}]$에서 발진기 또는 송신기는 온도 안정도와 관련되어 다음과 같이 동일한 규격에 대해 세 가지 방법으로 나타낼 수 있다.

❶ $\pm 10\,[\text{kHz}/°\text{C}]$

❷ $-30 \sim +50°\text{C}$에 대한 $\pm 800\,[\text{kHz}]$

❸ $\pm 1\,[\text{ppm}/°\text{C}]$

여기서 ppm은 $1/1{,}000{,}000$을 나타낸다. 예를 들어, LTE 이동통신에서 사용되는 발진기의 경우 $\pm 10\,[\text{ppm}/°\text{C@2.5GHz}]$의 성능을 요구하고 있으며, $\pm 25\,[\text{kHz}/°\text{C}]$의 주파수 안정도를 가져야 한다. 또한 LTE 기지국의 경우에는 광역 기지국, 지역 기지국, 가정 기지국의 경우에 대해 각각

±0.05[ppm], ±0.1[ppm], ±0.25[ppm]의 주파수 허용오차를 최소기준으로 갖는다. 주파수 변화는 소자의 비선형 특성에 기인하는 발진기 임피던스의 불연속적 변화, 위상변화에 대한 부하 부정합에 따른 주파수 변화를 나타내는 풀링 pulling, 발진기의 DC 바이어스 전압변화에 따른 주파수 변화를 나타내는 푸싱 pushing 등의 이유로 발생하게 된다.

무선통신 시스템에서 사용하는 송신기는 우수한 주파수 안정도를 가져야 하며 잡음특성이 우수해야 한다. 이때 안정도를 향상시키기 위해 ① 높은 Q 값을 갖는 회로(도파관 캐비티 cavity 공진기, 유전체 공진기 또는 초전도체 공진기 등)를 사용하여 발진기를 구성하고, ② 온도 보상회로, ③ 위상고정 phase-locked 발진기 또는 주파수 합성기 frequency synthesizer 를 사용한다. 일반적으로 크리스탈 발진기의 온도 특성은 [그림 7-24]와 같이 주어지며, 온도에 따른 주파수 안정특성을 개선하기 위해 온도보상 회로를 갖는 온도보상 크리스탈 발진기 TCXO 또는 전압제어 온도보상 크리스탈 발진기 VCTCXO 를 구성하여 사용한다.

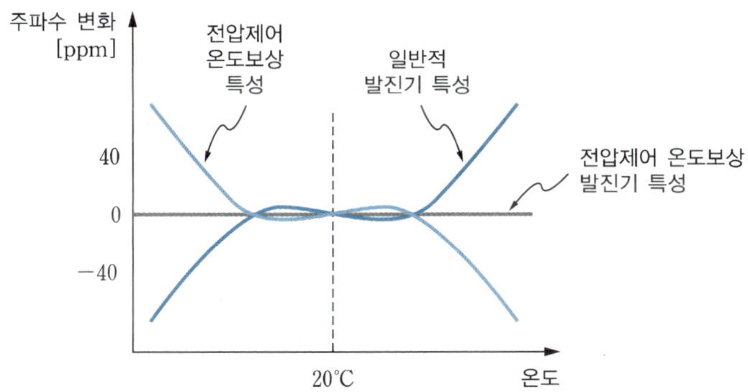

[그림 7-24] 크리스탈 발진기의 온도 특성

예제 7-12 주파수 안정도

CDMA 단말기에는 ±2[ppm]의 주파수 안정성을 가진 19.2[MHz]의 전압제어 온도보상 크리스탈 발진기 VCTCXO 를 사용한다. 회로에서 발진기의 주파수 변동 범위는 ±12[ppm]이며, 5년 동안 사용 후 주파수 안정성이 ±4[ppm]을 가질 때, 각각에 대해 주파수 변화량을 구하라.

풀이

주파수 $f_c = 19.2$[MHz]에 대해 ±2[ppm]의 주파수 변동범위를 주파수로 나타내면 다음과 같다.

$$f = f_c \pm f_c \times \frac{2}{10^6} = 19.2[\text{MHz}] \pm 38.4[\text{Hz}]$$

같은 방법으로 ±12[ppm]과 ±4[ppm]에 대해서는 다음과 같이 주어진다.

$$\pm 12[\text{ppm}] \Rightarrow f = f_c \pm f_c \times \frac{2}{10^6} = 19.2[\text{MHz}] \pm 230.4[\text{Hz}]$$

$$\pm 4[\text{ppm}] \Rightarrow f = f_c \pm f_c \times \frac{2}{10^6} = 19.2[\text{MHz}] \pm 76.8[\text{Hz}]$$

7.3.3 송신전력과 스펙트럼

송신기의 중요한 파라미터 중 하나는 **송신 출력전력** 또는 **송신전력** TPO : Transmitter Power Output 으로, 통신시스템에 따라 최대 출력전력 maximum output power 이 정해진다. 이 값은 전체 송수신기의 소모전력, 수신기의 감도와 같은 수신 성능뿐만 아니라, 송수신 도달거리, 다른 통신시스템에 대한 간섭 등이 고려되어야 한다. 보통 송신전력은 송신기의 안테나 출력단에서 전력레벨로 정의되며, 안테나 이득을 포함하는 **유효 방사전력** ERP : Effective Radiated Power 또는 **유효 등방성 방사전력** EIRP : Effective Isotropic Radiated Power 이 사용되기도 한다. 유효 등방성 방사전력은 안테나 포트 출력단에서의 전력 P_t와 안테나 이득 G_{ant}의 곱으로, 식 (7.23a)로 나타낼 수 있다. 안테나에서의 유효 방사전력은 등방성 안테나에 대한 기준전력인 [dBi]에 대한 반파장 다이폴 안테나 이득으로 식 (7.23b)로 주어진다.

$$\mathrm{EIRP} = P_t + G_{ant} \tag{7.23a}$$

$$\mathrm{ERP} = P_t + G_{ant} - 2.15 \tag{7.23b}$$

예를 들어, 이동통신 단말기의 송신전력이 23[dBm]의 EIRP로 제한되어 있고, 안테나 포트 단에서 송신전력이 21.5[dBm]이라면, 안테나 이득은 1.5[dBi](또는 1.5[dBi] − 2.15[dB] = −0.65[dBd])를 가져야 한다. LTE 시스템의 경우 사용자 단말기 UE 에 대해 Power Class 3에서 23[dBm] ±2[dB]의 최대 송신출력 전력기준을 갖는다. 또한 Wi-Fi의 경우 미국 FCC는 ISM 대역에서 안테나에 입력되는 최대 송신출력을 30[dBm](1[W]), 안테나 이득을 포함하는 최대 유효 등방성 방사전력 EIRP 을 36[dBm](4[W])으로 기준을 정하고 있다.

송신전력은 [그림 7-25]와 같이 주파수 영역에서 주어진 대역폭에 대한 전력레벨, **전력 스펙트럼 밀도** PSD : Power Spectral Density 로 측정할 수 있으며, [dBm/MHz] 단위로 나타낸다. 송신전력의 측정을 통해 전송 및 변조 단계에서 주파수에 따른 파형을 파악할 수 있고, 통신시스템의 소요대역폭 및 대역효율성 등을 알 수 있으며, 송신전력의 스펙트럼 방출마스크 spectrum emission mask 에 의해 무선통신 출력기준을 정할 수 있다.

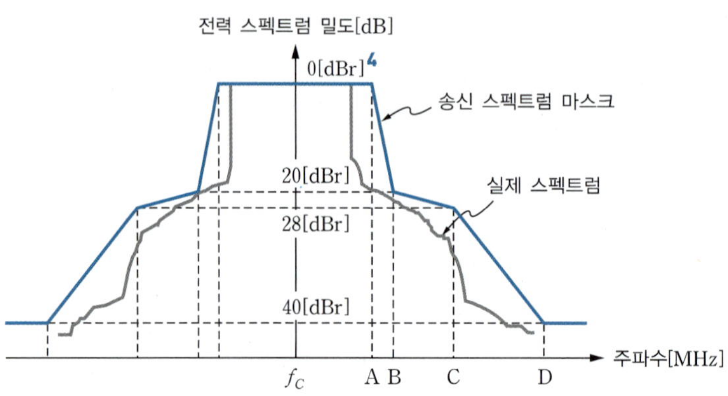

(a) 송신신호의 전력 스펙트럼 파형

[그림 7-25] **송신전력 파형과 스펙트럼 마스크** (계속)

채널 크기	A	B	C	D
20[MHz]	9[MHz]	11[MHz]	20[MHz]	30[MHz]
40[MHz]	19[MHz]	21[MHz]	40[MHz]	60[MHz]
80[MHz]	39[MHz]	41[MHz]	80[MHz]	120[MHz]
160[MHz]	79[MHz]	81[MHz]	160[MHz]	240[MHz]

(b) 채널 크기에 따른 스펙트럼 마스크

[그림 7-25] 송신전력 파형과 스펙트럼 마스크

이때 신호채널이 점유하는 대역폭을 **점유대역폭** occupied bandwidth 이라고 하는데, 이는 할당된 채널에서 평균전력의 99%를 점유하는 대역폭으로 정의한다. 또한 스펙트럼으로부터 전력증폭기와 같은 송신기의 비선형성 때문에 발생하는 상호 혼변조 및 [그림 7-26]과 같은 **스펙트럼 재성장** spectral regrowth 이 발생하는데, 스펙트럼 재성장으로부터 인접채널에 간섭으로 동작하기 때문에 인접채널 간섭비를 정의할 수 있다.

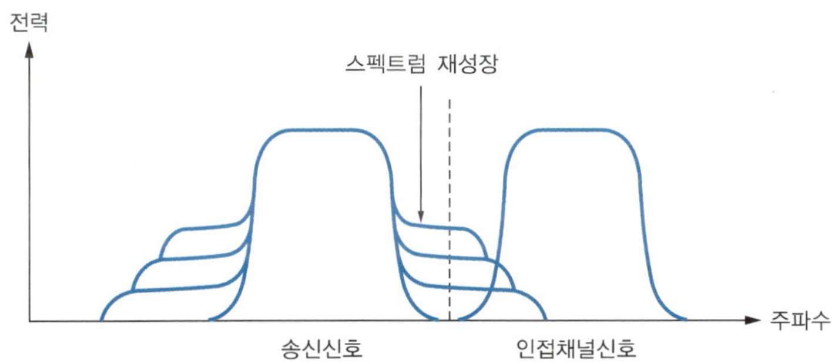

[그림 7-26] 송신출력의 스펙트럼 재성장

인접채널 간섭비 ACLR : Adjacent Channel Leakage Power Ratio 는 [그림 7-27]에 나타낸 바와 같이 다양하게 정의할 수 있다. [그림 7-27(a)]에 채널대역폭 Δf_{ch}를 갖는 정상적인 스펙트럼 파형을 나타냈다. 이때 첫 번째로 정의할 수 있는 **인접채널 전력** ACP : Adjacent Channel Power 은 [그림 7-27(b)]에 나타낸 것과 같이 송신신호의 채널전력과 인접채널 전력비, 즉, $\dfrac{\Delta f_{\text{ch}1}\text{의 전력}}{\Delta f_{\text{ch}2}\text{의 전력}}$ 으로 정의된다. 두 번째로 정의할 수 있는 인접채널 전력비 ACPR : Adjacent Channel Power Ratio 는 인접채널 중 정의된 대역폭에 대한 전력송신 신호의 채널전력의 비, 즉, $\dfrac{\Delta f_{\text{ch}1}\text{의 전력}}{\Delta f_3\text{의 전력}}$ 으로 나타낸다. 따라서 ACPR은 $\Delta f_3 = \Delta f_{\text{ch}2}$, 즉 정의된 대역폭이 채널대역폭이 되는 경우 ACP와 동일한 값을 갖는다. ACLR은 [그림 7-27(d)]에 나타낸 것과 같이 신호채널의 중심 주파수에서 측정된 전력과 이격주파수 Δf_{offset}만큼 떨어진 인접채널의 중심 주파수에서 측정된 전력의 비로 나타낸다.

4 최대 정격 스펙트럼 밀도 크기에 대한 상대적인 dB이다.

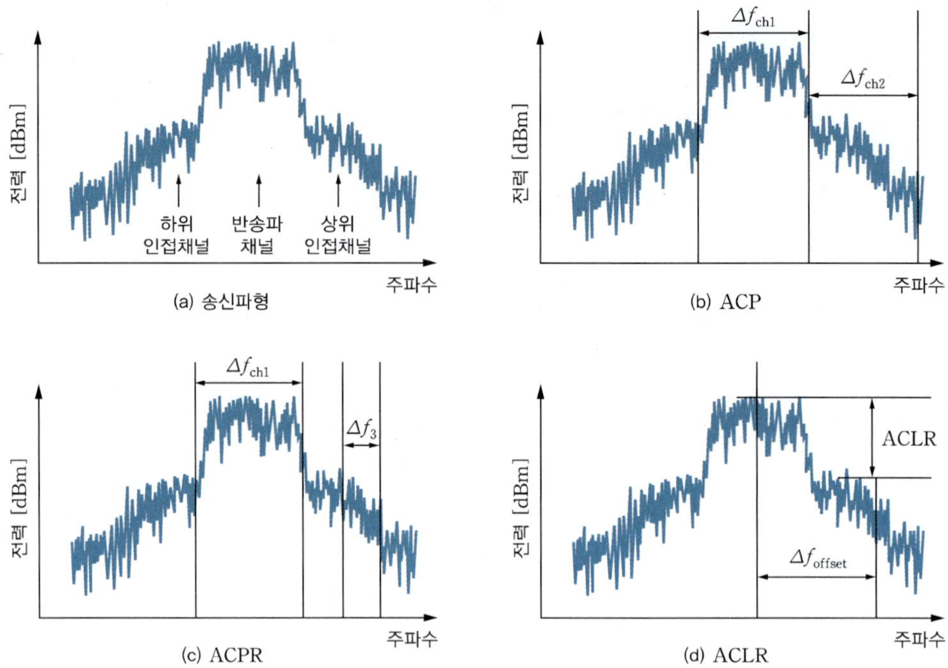

[그림 7-27] 인접채널 간섭비의 정의

예제 7-13 인접채널 전력비의 계산

10[dB]의 SNR을 가진 신호를 수신하는 무선통신 시스템에서 최소감지 신호레벨이 −80[dBm]이고 최대 인접채널 전력이 −40[dBm]일 때, 시스템이 정상적으로 동작하기 위해 최대로 허용할 수 있는 인접채널 전력비 ACPR은 얼마인가?

풀이

−80[dBm]으로 수신되는 최소 수신신호 전력이 10[dB]의 SNR을 가지므로, 최대 간섭전력의 크기는 −90[dBm]으로 주어진다. 인접채널 전력이 −40[dBm]이므로, 신호의 ACPR은 −40[dBm]−(−90[dBm])=50[dBc]로 주어진다.

7.3.4 변조 정확도

변조 정확도modulation accuracy는 무선송신기의 시스템 성능을 판별하는 중요한 파라미터이다. 송신기의 발진기에서 발생하는 위상잡음을 비롯한 잡음들과 DC 오프셋으로 인한 캐리어 누설carrier leakage 및 캐리어 억제carrier rejection, 우수 왜곡even-order distortion, 필터의 제한된 대역폭과 그룹지연, 전력증폭기의 비선형 특성 등 송신기를 구성하는 모든 부품들의 비선형성과 잡음 특성에 의해서 발생한다.

변조 정확도는 [그림 7-28]과 같은 변조의 벡터 성상도에서 이론적인 심볼 V_n의 위치와 실제 심볼 위치 $\widetilde{V_n}$과의 차이로 정의되는 에러벡터로 나타낼 수 있다. 무선통신에서 변조 정확도는 **에러벡터 크기** EVM : Error Vector Magnitude 로 정의하며, 이상적인 신호의 평균전력으로 정규화된 실제 신호와 이상적인 신호 차이의 평균제곱에러로 정의한다.

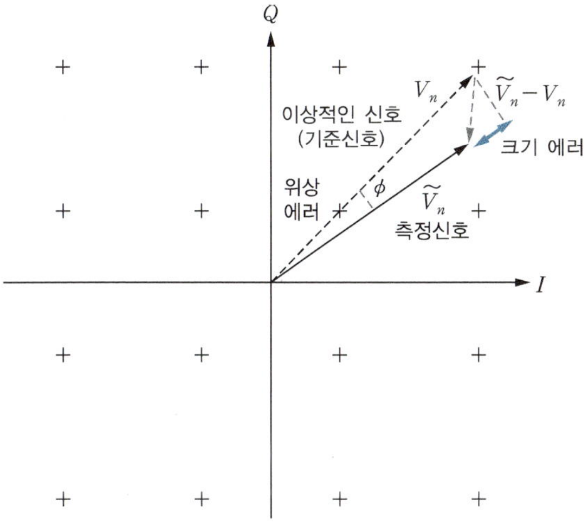

[그림 7-28] 16QAM의 변조 성상도

EVM은 주로 무선통신 시스템의 송신기에서 변조 정확도를 나타내기 위해 사용되며, 수신기에서 사용되는 SNR과 기본적으로 같은 개념이라고 볼 수 있다.

$$\mathrm{EVM} = \frac{\|E\|_2}{\|V\|_2} = \frac{\left(\sum_{n=1}^{N}\left|\widetilde{V_n} - V_n\right|^2\right)^{1/2}}{\left(\sum_{n=1}^{N}\left|V_n\right|^2\right)^{1/2}}$$

$$\mathrm{EVM}([\mathrm{dB}]) = 10\log_{10}\left(\frac{P_{\mathrm{error}}}{P_{\mathrm{reference}}}\right) \tag{7.24}$$

예를 들면, LTE 시스템의 경우 EVM에 대해 QPSK나 BPSK는 17.5%, 16QAM의 경우에는 12.5%의 최소 요구사항을 갖는다. 또한 WLAN 시스템 규격 중 하나인 IEEE802.11b의 경우 첨두 EVM이 1000 샘플에 대하여 0.35%보다 작아야 한다. IEEE 802.11a의 경우는 QPSK(1/2 부호화율 coding rate)에 대해서는 $-10\,[\mathrm{dB}]$, 16QAM(1/2 부호화율)에 대해서는 $-16\,[\mathrm{dB}]$가 최대 허용값이다. 또한 CDMA 시스템에서는 EVM 대신 이상적인 파형과 실제 파형 사이의 상관계수로 정의되는 **파형 품질인자** waveform quality factor ρ를 사용하기도 한다.

예제 7-14 BER 곡선으로부터 EVM의 계산

64개의 부반송파subcarrier로 변조된 16QAM을 사용하는 OFDM 송신기가 있다. 이 송신기가 10^{-3} BER 특성을 만족하기 위해 필요한 송신기의 EVM은 얼마인가? (단, 6[dB]의 마진safety margin을 고려하며, 변조방식에 따른 BER 특성은 다음 그림을 참고한다.)

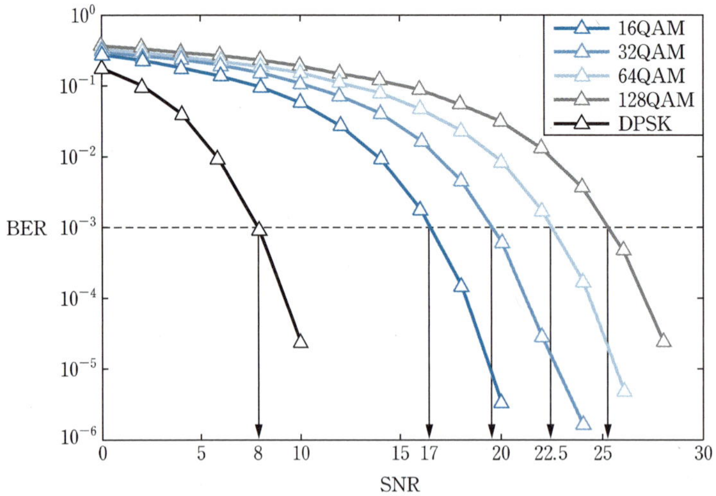

풀이

이 그림으로부터 16QAM 변조에서 10^{-3} BER을 만족하기 위해서는 17[dB]의 SNR이 요구된다. EVM은 SNR의 또 다른 표현 방법으로 볼 수 있기 때문에, 6[dB]의 마진을 고려하면 송신기에서 필요한 EVM은 23[dB] 또는 7%가 된다.

7.3.5 상호변조와 스퓨리어스

7.2.3절에서 살펴본 수신기나 믹서에 대한 상호변조 왜곡과 IP3는 송신기에서 전력증폭기나 상향 믹서에도 적용된다. 과거에는 대부분의 고출력 RF/마이크로파 증폭기가 단일 반송파 통신 채널을 송신하기 위해 사용되었다. 따라서 상호변조 신호가 발생하지 않는 선형 영역인 다이나믹 영역 내에서만 동작하여 채널간섭을 피할 수 있었다. 그러나 현재는 많은 통신시스템이 다중 반송파 채널에서 동작한다. 따라서 스펙트럼의 효율이 높아지고, 채널 용량이 증가하여 동시에 많은 사용자가 접속할 수 있다는 장점이 있다. 그러나 상호변조를 줄이기 위해 인접대역에 방출되는 스펙트럼 양이 최소가 되도록 해야 한다.

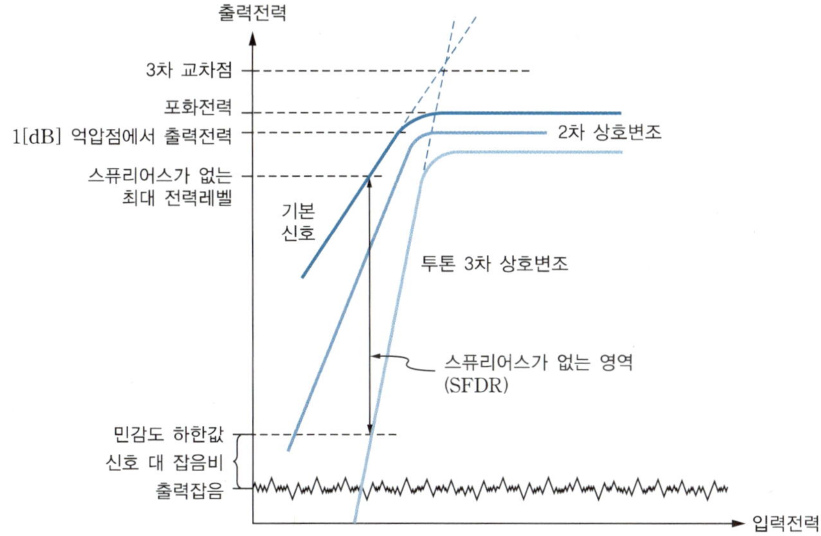

[그림 7-29] **전력증폭기의 입출력 비선형 특성**

출력에서 나타나는 불필요한 주파수 성분들은 주로 비선형 반도체 소자들을 통해 전파하는 다중 반송파가 만드는 **상호변조 왜곡** IMD : Inter-Modulation Distortion 때문에 발생한다. 전력증폭기에 주파수 f_1과 f_2인 두 신호가 입력된다고 가정하면, 두 신호는 전력증폭기를 통해 증폭될 것이고, 출력전력에는 전력증폭기의 비선형 특성 입출력 때문에 두 신호의 3차 혼변조 신호($2f_1-f_2$과 $2f_2-f_1$)가 만들어진다. 이러한 상호변조IM 성분들의 전력레벨은 [그림 7-29]에 나타낸 두 신호의 3차 상호변조IM3 곡선을 통해 얻을 수 있다. 보통 IM3 전력레벨은 f_1과 f_2의 기본 신호보다 낮다. 만약 주파수 차이(Δ)가 매우 작으면 대역 통과 필터를 통해 IM3 신호를 제거하기 어렵다. 따라서 가능한 한 이 레벨을 낮게 유지하는 것이 중요하다. 2차 왜곡 주파수인 $2f_1$, $2f_2$, f_1+f_2, f_1-f_2뿐만 아니라 3차 왜곡 주파수인 $3f_1$, $3f_2$, $2f_1+f_2$, $2f_2-f_1$은 원래 신호인 f_1과 f_2에 인접하지 않으며, 필터를 사용하여 쉽게 제거할 수 있기 때문에 크게 문제되지 않는다.

IM3 레벨을 줄이는 한 방법은 **전치증폭기** feedforward amplifier 개념을 사용하는 것이다. 전치증폭기 구조는 [그림 7-30]에 나타낸 것처럼 신호상쇄 루프 signal cancellation loop와 에러상쇄 루프 error cancellation loop로 구성되어 있다.

신호상쇄 루프는 등가분배 전력분배기, 주 (전력)증폭기, 주 신호샘플링 sampler 결합기, 위상/진폭 제어기, 그리고 전력(신호) 결합기 등 다섯 부분으로 구성되어 있다. 주 증폭기에서 출력된 왜곡된 신호의 루프 샘플 부분이 이전에 조정된 주 신호의 왜곡 없는 샘플과 결합되어 결과적으로 주 신호는 상쇄되고 IM 성분만 남게 된다.

에러상쇄 루프는 위상/진폭 제어기, 선형에러 증폭기, 전력 결합기로 동작하는 에러 결합기로 구성된다. 이 루프는 신호제거 루프로부터 IM 성분들을 받아 위상을 조정하고 진폭을 키운 후, 에러 결합기에서 주 전력증폭기로부터 얻은 신호와 결합하여 3차 신호레벨을 크게 감소시킴으로써 선형성을 확보할 수 있다.

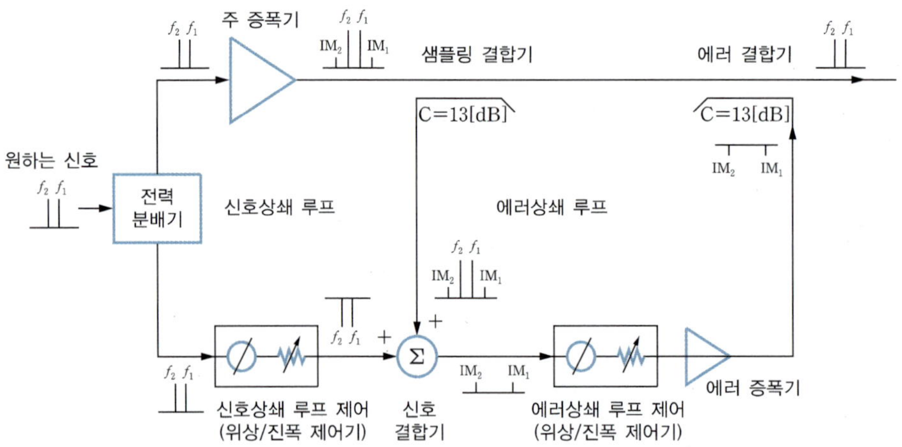

[그림 7-30] **전치증폭기 구조**

발진기에 대해 스퓨리어스 신호는 원하는 발진 신호가 아닌 다른 주파수 대역에서 발생하는 불필요한 신호를 의미하는데, 고조파와 바이어스 발진신호 등을 포함한다. 일반적으로 소자의 비선형성은 두 신호들이 서로 혼합되고 상호변조되어 많은 스퓨리어스 신호 및 고조파 신호를 만든다. 고조파 신호는 발진 주파수의 정수배가 되는 신호를 갖게 되는데, 만약 발진 주파수가 f_0라면, 두 번째 고조파는 $2f_0$이고, 세 번째 고조파는 $3f_0$가 된다. 고조파의 전력레벨은 일반적으로 기본 주파수 전력보다는 낮다. 따라서 고조파 전력에 대한 특성은 반송파에 비해 얼마나 낮은 데시벨 전력을 갖는가[dBc]로 나타낸다. 예를 들어, 두 번째 고조파 출력이 -35[dBc]이고, 세 번째 고조파 출력이 -70[dBc]가 될 수 있다. 상향변환기와 전력증폭기를 갖는 복잡한 송신기의 경우, 부품들의 비선형성으로 인해 서로 다른 스퓨리어스 신호가 출력에 나타난다.

예제 7-15 증폭기의 상호변조

다음의 그림과 같이 증폭기에 $f_1 = 2.05$[GHz]와 $f_2 = 2$[GHz]의 신호가 입력될 때 출력으로 얻어지는 3차 상호변조 신호인 f_{IM1}과 f_{IM2}의 주파수를 구하라.

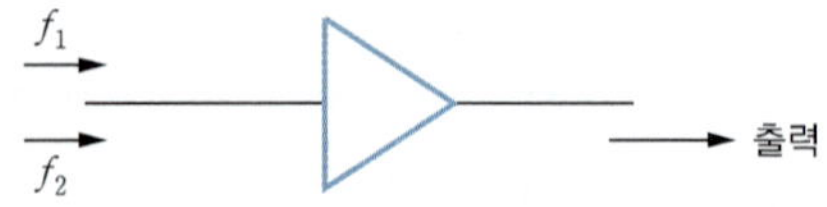

만약 f_1, f_2 신호에 대한 출력레벨이 10[dBm] 증가할 때, f_{IM1}과 f_{IM2}의 전력레벨을 구하라.

풀이

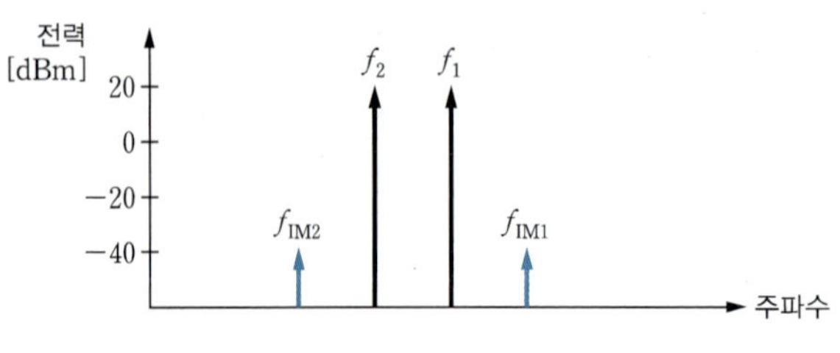

이 그림으로부터

$$f_{IM1} = 2f_1 - f_2 = 2 \times 2.05 - 2 = 2.1\,[\text{GHz}]$$
$$f_{IM2} = 2f_2 - f_1 = 1.95\,[\text{GHz}]$$

3차 상호변조 신호는 기본주파수가 10[dB]가 증가하면, 30[dB]만큼 증가한다. 따라서 3차 상호변조 신호 f_{IM1}과 f_{IM2}의 전력레벨은 -40[dBm]+30[dB]= −10[dBm]이 된다.

7.3.6 피크에 대한 평균전력비

무선통신 시스템에서는 주어진 대역폭의 스펙트럼 효율을 향상시키고 다중경로 지연확산[multipath delay spread]을 해결하기 위한 방법으로 직교주파수 분할접속[OFDM : Orthogonal Frequency Division Multiplex]과 같은 변조방식이 제안되었다. 그러나 이런 변조방식을 가진 송신기에서는 순간적으로 높은 송신 피크전력을 갖는 현상이 발생한다. 송신기에서 순간적으로 가장 높은 송신전력을 P_{peak}라고 하고, 긴 시간 동안 송신되는 평균전력으로 주어지는 값을 P_{avg}라고 한다. 이때 두 전력의 비를 **피크에 대한 평균전력비**[PAPR] 또는 PAR[Peak-to-Average Ratio]로 정의하며, 식 (7.25)로 나타낸다.

$$\text{PAPR} = \frac{P_{peak}}{P_{avg}} \tag{7.25}$$

[그림 7-31]에 OFDM 변조방식의 시간에 따른 전력파형을 나타냈다. 하나의 심볼 주기에 대해 파형을 확대해보면 피크전력과 평균전력에 차이가 있음을 확인할 수 있다.

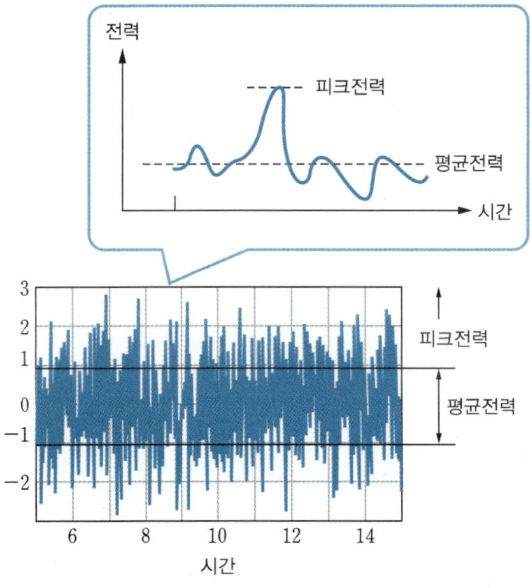

[그림 7-31] 시간 영역에서 정의된 PAPR 파형

예를 들어, OFDM과 QAM Quadrature Amplitude Modulation 변조방식을 결합하여 사용하는 IEEE802.11a의 WLAN 시스템의 경우에는, PAPR이 약 10[dB] 정도로 주어진다. 피크전력은 전력증폭기의 포화레벨에 의해 제한되기 때문에 PAPR이 높을수록, 평균전력이 낮을수록 전송거리가 짧아진다.

그렇다면 PAPR을 줄일 수 있는 방법을 몇 가지 살펴보자. 첫 번째 방법은 하드-클리핑 hard-clipping 방법으로, 미리 정해진 전력레벨 이상이 되는 순간적인 피크값에 대해서는 강제로 제한시키는 방법이다. 피크가 자주 발생하지 않고, 제한하는 방법이 송신신호에 왜곡을 일으키지 않을 때 사용하는 방법이다. 이 방법은 작은 왜곡으로 BER 특성을 열화시키지 않지만, 잘려진 전력이 ACPR의 형태로 알려진 간섭신호로 나타나 인접채널에 영향을 줄 수 있다는 단점이 있다. 두 번째 방법은 $\frac{\pi}{4}$-DQPSK와 같은 차동변조방식을 사용하여 신호의 복소평면에서 영점 교차 zero-crossing 를 피하고 기저대역 신호의 다이나믹 영역을 감소시키는 것이다. 이 외의 방법으로는 기저대역의 미리 정해진 전력레벨 위의 피크에 대해 피크 윈도윙 peak windowing 을 취하는 방법으로, BER 특성을 다소 열화시키기는 하지만 ACPR 현상을 줄일 수 있다.

Chapter 07 연습문제

7.1 **【잡음지수와 SNR의 관계】** 증폭기가 40[dB] 이득과 3[dB] 잡음지수를 갖는다. 입력신호가 −80[dBm], 신호 대역폭이 10[MHz]일 때 입력 SNR과 출력 SNR을 구하라.

7.2 **【수신기의 잡음지수】** 다음의 그림과 같이 저잡음 증폭기, 믹서, IF 증폭기로 이루어진 수신기에서 각각의 잡음지수는 3[dB], 6[dB], 10[dB]이다. 수신기의 전체이득 G_T는 30[dB]이며, IF 증폭기 이득은 10[dB]이다. 주어진 물음에 답하라.

(a) 시스템의 전체 잡음지수가 5[dB]보다 크지 않으려면 저잡음 증폭기의 최소이득은 얼마가 되어야 하는가?

(b) 저잡음 증폭기 이득이 최솟값을 가질 때 IF 증폭기의 잡음지수를 20[dB]로 증가시키면 전체 시스템의 잡음지수 N_{FT}는 얼마가 되는가?

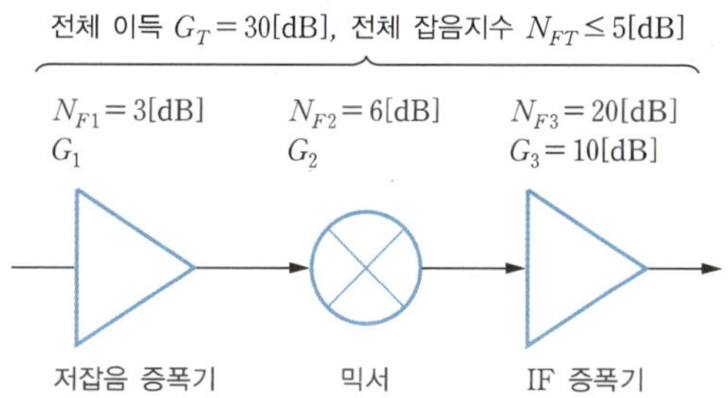

[그림 7-32]

7.3 **【수신기의 잡음지수】** 다음 그림과 같은 수신기에서 저잡음 증폭기는 잡음지수 3[dB], 이득 20[dB], 믹서는 10[dB] 잡음지수, 10[dB] 이득, AD 변환기는 잡음지수 20[dB], 80[dB] 이득을 갖는다. 수신기 전체의 잡음지수를 구하라. 만약 저잡음 증폭기가 10[dB] 이득과 2.5[dB] 잡음지수를 가지면 시스템 전체 잡음지수는 얼마가 되는가?

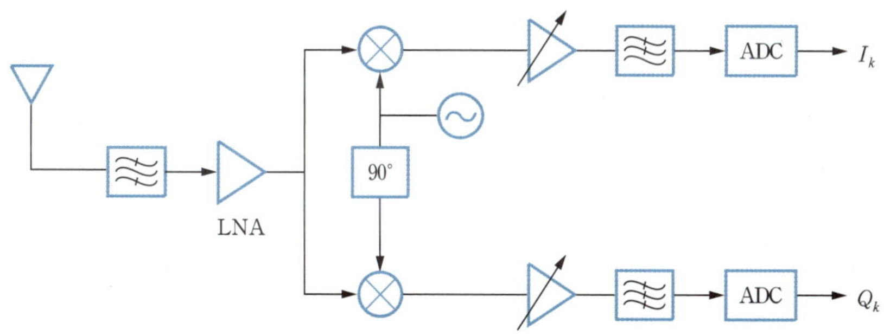

[그림 7-33]

7.4 **【수신기의 잡음지수】** 각각 20[dB] 이득을 가진 두 증폭기 A_1, A_2가 다음의 그림과 같이 직렬로 연결되어 있다. 증폭기 A_1의 잡음지수가 3[dB], 증폭기 A_2의 잡음지수가 5[dB]일 때 전체 이득과 전체 잡음지수를 구하라. 또한 A_1, A_2의 위치를 바꾸었을 때의 전체 잡음지수를 구하라.

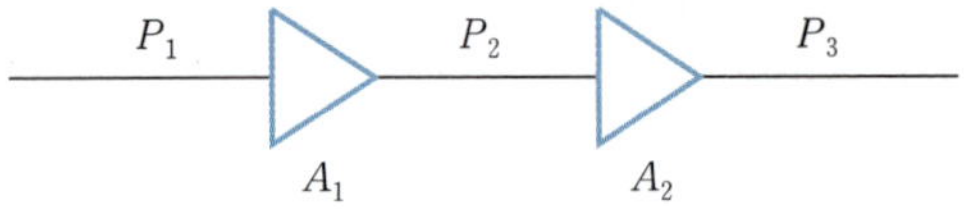

[그림 7-34]

7.5 **【수신기의 다이나믹 영역】** 900[MHz]에서 동작하는 수신기의 대역폭이 500[kHz], 잡음지수가 8[dB]이다. 입력 임피던스가 50[Ω], 3차 상호변조 레벨이 10[dBm]일 때 다이나믹 영역을 구하라.

7.6 **【수신기의 최소 감지신호】** 무선통신 시스템의 수신기의 잡음지수가 실온(290[K])에서 10[dB]이고 신호 대역폭이 1[MHz], 1[GHz], 10[GHz]일 때, 각각의 경우에 대해 최소 감지가 가능한 신호전력[MDS : Minimum Dectable Signal power]을 구하라.

7.7 **【수신기의 최소 감지신호】** 위성신호가 커다란 파라볼라 안테나를 통해 수신되어 12[MHz] 대역폭과 1.5[dB]의 잡음지수를 갖는 수신기에 입력된다. (a) 최소감지신호[MDS]를 구하고, (b) 이 신호를 복조하기 위해 시스템은 20[dB]의 SNR이 필요하다고 가정할 때 수신기에서 처리할 수 있는 최소 신호 전력을 구하라.

7.8 **【잡음전력과 출력전력】** 안테나의 잡음온도가 T_0, 이득이 10[dB], 잡음지수 3[dB], 잡음 대역폭 30[kHz]인 시스템이 있다. 이 시스템에 −110[dBm] 신호가 입력될 때 다음을 구하라.

(a) 안테나에 의해 시스템에 전달되는 잡음전력
(b) 등가입력 잡음전력
(c) 출력잡음전력
(d) 출력신호전력

7.9 **【증폭기의 상호변조】** −20[dBm] 전력레벨을 갖는 두 신호가 증폭기에 입력될 때 3차 혼변조[IM3]의 전력레벨은 −80[dBm]이다. 증폭기 이득이 10[dB]일 때 두 입력신호가 −10[dBm]이라면 IM3 출력 전력레벨은 얼마인가?

7.10 【발진기의 주파수 안정성】 주어진 물음에 답하라.

(a) 발진기가 특정한 시간과 온도의 조건에서 100[MHz]±2.5[ppm]의 특성을 갖는다. 이 발진기로부터 얻을 수 있는 출력주파수 범위를 구하라.

(b) 발진기 출력이 25[MHz]±0.006%의 특성을 가질 때 발진기의 출력주파수 범위를 구하라.

7.11 【증폭기의 3차 교차점】 증폭기의 두 신호에 대한 입출력 파형이 다음의 그림과 같이 주어졌을 때 입력 3차 교차점과 출력 3차 교차점을 구하라.

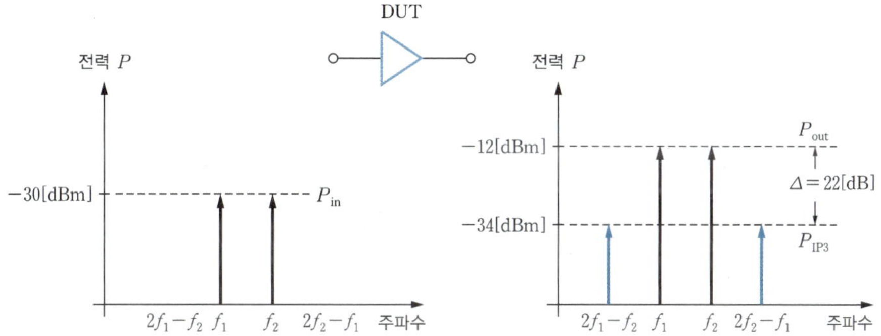

[그림 7-35]

7.12 【증폭기의 IP3와 P1dB】 동작주파수가 2[GHz]이며, 10[dB] 이득을 갖는 증폭기로 동일한 전력레벨을 갖는 두 신호가 입력된다. 한 신호의 주파수는 2.0[GHz]이며, 또 다른 신호의 주파수는 2.01[GHz]이다. 출력에서 1.98[GHz], 2.0[GHz], 2.01[GHz], 2.02[GHz]의 4개의 신호가 각각 −70, −20, −20, −70[dBm]의 전력레벨로 측정되었다. 이 증폭기에 대한 입력 IP3 IIP3와 1[dB] 억압점 P1dB를 구하라.

Chapter 07 기출문제

L7.1 **【2021, 국가직 9급】** 슈퍼헤테로다인 수신기에서 입력신호가 통과하는 순서대로 나열한 것은?

① RF 증폭기 → 혼합기 → 포락선 검파기 → IF 증폭기
② RF 증폭기 → IF 증폭기 → 포락선 검파기 → 혼합기
③ RF 증폭기 → IF 증폭기 → 혼합기 → 포락선 검파기
④ RF 증폭기 → 혼합기 → IF 증폭기 → 포락선 검파기

L7.2 **【2021, 지방직 9급】** 슈퍼헤테로다인superheterodyne 수신기에 대한 설명으로 가장 옳은 것은?

① TRFTuned Radio Frequency 수신기는 슈퍼헤테로다인 수신기의 영상 주파수image frequency에 대한 간섭문제를 해결하기 위해 개발되었다.
② 슈퍼헤테로다인 수신기는 AMAmplitude Modulation 수신에서만 사용된다.
③ 슈퍼헤테로다인 수신기는 중심 주파수가 가변인 대역 통과 필터를 통하여 원하는 채널의 신호를 선택한다.
④ 주파수 변환 과정에서 원하지 않는 채널의 스펙트럼이 IFIntermediate Frequency 대역에 들어오게 되어 간섭을 유발할 수 있다.

L7.3 **【2020, 무선설비기사】** 다음 중 수신기에서 고주파 증폭회로의 역할로 적합하지 않은 것은?

① 수신기의 감도 개선　　② 불필요한 전파발사 억제
③ 근접주파수 선택도 개선　　④ 안테나와의 정합 용이

L7.4 **【2020, 무선설비기사】** 다음 중 슈퍼헤테로다인 수신기의 특징으로 옳은 것은?

① 수신기의 이득이 낮다.
② 회로가 간단하고 조정이 쉽다.
③ 국부 발진기의 안정도가 저주파에서 저하된다.
④ 영상신호의 방해를 받을 수 있다.

L7.5 **【2020, 전파전자통신기사】** 다음 중 대역폭이 6[kHz]이고 중간 주파수가 455[kHz]인 슈퍼헤테로다인 수신기가 650[kHz]를 수신하고 있을 때 영상 혼신 주파수는?

① 1560[kHz]　　② 1755[kHz]
③ 1111[kHz]　　④ 916[kHz]

L7.6 **【2019, 국가직 9급】** 다음 그림은 반송파주파수 950[kHz]로 진폭변조된 신호를 중간주파수 455[kHz]로 변환하는 슈퍼헤테로다인 superheterodyne 수신기이다. 하측 튜닝 low-side tuning 을 사용하는 국부발진기의 주파수[kHz]는?

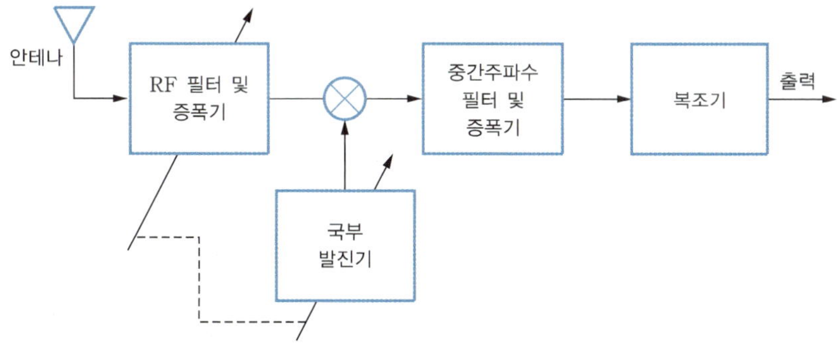

[그림 7-36]

① 40　　② 495　　③ 1405　　④ 1860

L7.7 **【2019, 무선설비기사】** 무선 수신기에 수신되는 신호 중 원하는 신호를 골라내는 능력에 해당하는 것은?

① 선택도　　② 이득　　③ 잡음　　④ 감도

L7.8 **【2019, 무선설비기사】** 다음 중 슈퍼헤테로다인 수신기에서 주파수 변환부의 구성 부분이 아닌 것은?

① 주파수혼합기　　② 국부발진기
③ 검파기　　④ BPF

L7.9 **【2019, 전파전자통신기사】** 일반적인 수신기 구성회로 블록다이어그램에서 수신안테나로부터 가장 멀리 떨어져 있는 회로는?

① 입력정합회로　　② 전치증폭기
③ 대역통과필터　　④ 검파기

L7.10 **【2018, 지방직 9급】** 슈퍼헤테로다인 superheterodyne AM Amplitude Modulation 수신기에서 믹서 mixer의 기능으로 가장 옳은 것은?

① 안테나로부터 수신한 신호를 반송파 주파수로 동조시켜 증폭한다.
② RF Radio Frequency단 출력과 중간주파수 차의 주파수를 발생시킨다.
③ RF단의 주파수를 중간주파수 대역으로 이동시킨다.
④ 중간주파수 대역의 신호만 통과시켜 증폭한다.

L7.11 **【2018, 방송통신기사】** AM 슈퍼헤테로다인 수신기의 구성요소에 대한 설명으로 틀린 것은?

① 고조파 증폭부 – 수신기의 최저 수신가능 전파강도 결정
② 주파수 변환부 – 주파수 혼합회로와 국부발진회로로 구성
③ 중간주파 증폭부 – 수신기 중간에서 다시 한번 변조하는 회로
④ 검파부 – 중간주파의 입력신호에서 가청주파수의 원신호를 분리

L7.12 **【2013, 국가직 9급】** 수신기에서 1[MHz]의 주기적인 신호가 2.7[MHz] 정현파를 출력하는 국부 발진기와 혼합된 후, 600[kHz]의 차단주파수를 갖는 저역통과필터 LPF를 통과한다. 이러한 수신기의 저역통과필터 LPF 출력에 나타나는 신호의 주파수[kHz]는?

① 300 ② 400 ③ 500 ④ 550

기출문제 답

L7.1 ④ L7.2 ④ L7.3 ③ L7.4 ④ L7.5 ① L7.6 ② L7.7 ① L7.8 ③
L7.9 ④ L7.10 ③ L7.11 ③ L7.12 ①

Chapter 08

안테나와 전파

Antennas and Propagation

학습목표

- 안테나의 동작원리와 근거리장/원거리장을 이해한다.
- 안테나 특성을 나타내는 입력 VSWR, 대역폭, 방사 패턴, 지향성, 편파 등 파라미터들을 이해한다.
- 모노폴과 다이폴 안테나, 혼 안테나, 반사판 안테나, 마이크로스트립 패치 안테나, 배열 안테나 등 여러 종류의 안테나의 개념과 특성을 익힌다.
- 자유공간 손실방정식을 유도하여 자유공간에서의 수신전력을 구하고, 무선 전파 모델에 대해 공부한다.
- 송수신 링크방정식과 링크버짓의 개념을 이해한다.

안테나는 RF 및 마이크로파 전력을 수신하고 방사 radiation 하는 송수신기와 무선채널(자유공간)을 연결하는 소자이다. 전자기파 에너지를 전송선로로부터 자유공간으로 전달하기 때문에 일종의 변환기 transducer 라고 볼 수 있으며, 무선통신 시스템의 전체 성능을 좌우하는 매우 중요한 부품이다.

이 장에서는 안테나를 정확하게 설계하기 위해 알아야 하는 기본 지식, 즉 안테나의 기본적인 동작과 안테나의 성능을 나타내는 설계 파라미터에 대해 살펴볼 것이다. 또한 안테나 및 채널과 관련된 자유공간 방정식, 무선 전파(전파전파) radio propagation, 채널을 포함하는 무선통신 시스템을 설계하기 위한 링크버짓 개념을 간단하게 소개하고자 한다.

8.1 안테나의 정의

안테나는 자유공간과 송신기 사이에 위치하여 전송선로에서 출력되는 신호를 자유공간으로 전달하거나 자유공간으로부터 신호를 수신하여 수신기로 입력하는 소자이다. 가역성 reciprocity 을 갖기 때문에 동일한 안테나로 송수신이 가능하다. 이때 송신기처럼 전송선로에서 자유공간으로 전자기파가 전달되는 것을 **방사** radiation 라고 한다. 방사는 회로 내에서 전자기장 또는 전류를 변화시키는 임피던스 불연속 또는 불균형 전류 등으로 인해 발생한다.

전송선로는 방사로 인한 손실이 아주 적어야 하므로 유전율이 높은 기판을 사용한다. 그러나 안테나는 최대로 방사되도록 해야 하므로 유전율이 낮은 기판을 사용한다. 예를 들어, 이동통신 기지국 안테나와 같이 고출력 방사가 이루어지는 경우에는 기판을 사용하지 않고, 도선으로만 안테나를 구성하기도 한다.

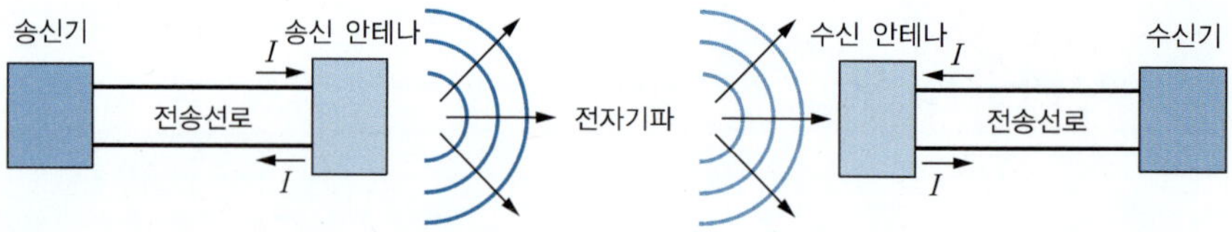

[그림 8-1] 송수신기와 안테나

[그림 8-1]에 송수신기와 안테나의 동작 모습을 보여준다. 안테나를 통해 RF/마이크로파 신호, 즉 전자기파가 자유공간으로 전송된다. 이 신호는 자유공간을 전파하여 아주 일부만이 수신 안테나에 의해 수신된다. 수신된 신호는 신호의 세기가 약하기 때문에 수신기의 저잡음 증폭기를 거쳐 증폭이 이루어지고, 하향변환된 후 수신된 정보를 복원하는 과정을 거친다.

안테나는 송수신기 회로와 자유공간의 인터페이스 역할을 하기 때문에 회로적인 특성과 방사 특성을 모두 갖는다. 안테나를 회로적 관점에서 보면 동작주파수에 대해 임피던스 특성이 주어지는 단일 포트 소자라고 생각할 수 있다. 이 절에서는 등방성 안테나로부터 방사되는 전자기장을 유도하고 구분하는 방법을 설명하고자 한다.

8.1.1 등방성 방사체와 평면파

등방성 방사체 isotropic radiator 는 공간중의 한 점처럼 모든 방향으로 균일하게 에너지를 방사할 수 있는, 실제로는 구현할 수 없는 이론적인 안테나이다. 방사되는 에너지는 구면의 형태에 균일하게 분포되어 공과 같은 형태의 모습을 띨 것이다. 만약 신호원 source 에서 전달하는 전력을 P_t 라고 할 때, 신호원에서 R 만큼 떨어진 곳에서 수신되는 전력밀도 P_d 는 식 (8.1)과 같이 계산되며, 단위면적당 전력 $[\mathrm{W/m^2}]$으로 표시된다. 등방성 안테나는 실제로 구현하기 어려운 이론적인 안테나지만, 다른 안테나들과 비교하는 기준으로 유용하게 사용된다.

$$P_d = \frac{P_t}{4\pi R^2} \tag{8.1}$$

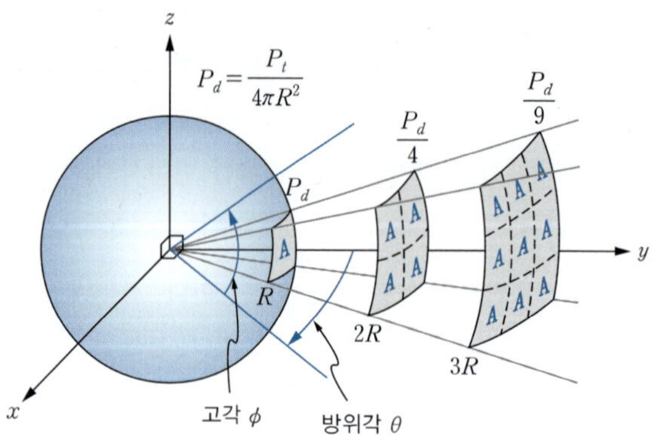

[그림 8-2] 등방성 방사체와 수신전력

[그림 8-2]를 보자. 등방성 안테나로부터 멀리 떨어질수록, 즉 R이 매우 커질수록 구면파 spherical wave 는 균일한 평면파 plane wave 의 형태를 갖는다. 자유공간에서 평면파에 대한 전기장과 자기장은 식 (2.54)에서 살펴본 헬름홀쯔 방정식으로부터 구할 수 있다.

$$\nabla^2 \overrightarrow{E} + k_0^2 \overrightarrow{E} = 0 \tag{8.2}$$

여기서 $k_0 = \dfrac{2\pi}{\lambda_0}$ 로 자유공간의 전파상수이다. 이때 식 (8.2)의 해는 식 (2.57)과 같으며, 다음과 같이 쓸 수 있다.

$$\overrightarrow{E} = \overrightarrow{E_0} e^{-j\overrightarrow{k_0} \cdot \overrightarrow{r}} \tag{8.3}$$

자기장은 맥스웰 방정식을 사용하여 전기장으로부터 얻을 수 있고, 다음과 같이 주어진다.

$$\overrightarrow{H} = -\frac{1}{j\omega\mu_0} \nabla \times \overrightarrow{E} = \sqrt{\frac{\varepsilon_0}{\mu_0}} \hat{n} \times \overrightarrow{E} \tag{8.4}$$

여기서 μ_0는 자유공간의 투자율, ε_0는 자유공간 유전율, ω는 각주파수, 그리고 k_0는 전파상수이다. $\overrightarrow{k_0} = \hat{n} k_0$이고, $\hat{n}$은 전파가 진행하는 방향으로의 단위벡터를 나타낸다. 이때 전기장 $\overrightarrow{E}$와 자기장 $\overrightarrow{H}$는 모두 전파 진행방향에 수직이기 때문에([그림 2-20] 참조), 안테나로부터 멀리 떨어진 거리에서는 TEM 파가 된다는 사실을 알 수 있다.

8.1.2 근거리장 및 원거리장 영역

안테나 주변 전자기장 세기의 분포는 안테나로부터 떨어진 거리 R에 관한 함수로 나타낼 수 있으며, 동작하는 주파수(또는 파장 λ)와 거리 R의 관계에 따라 **리액티브 근거리장** reactive near-field, **방사성 근거리장** radiated near-field, **방사성 원거리장** radiated far-field 영역으로 나눌 수 있다.

안테나에 가까운 영역인 리액티브 근거리장 영역(또는 비방사 근거리장 영역)의 경우, 전자기장 세기는 $R < \dfrac{\lambda}{2\pi}$의 범위가 되며, 리액티브 성분을 포함한 정재파 형태로 존재한다. 이 영역에서는 안테나와 결합이 일어나며, 안테나 패턴이 왜곡된다. 이러한 리액티브 성분은 안테나로부터 멀어지면서 감소하며, 방사성 성분의 크기에 비해 매우 작아진다. 방사성 성분이 주가 되는 영역은 방사성 근거리장 영역(또는 **프레넬** Fresnel **영역**)과 방사성 원거리장 영역(또는 **프라운호퍼** Fraunhofer **영역**)으로 나뉜다.

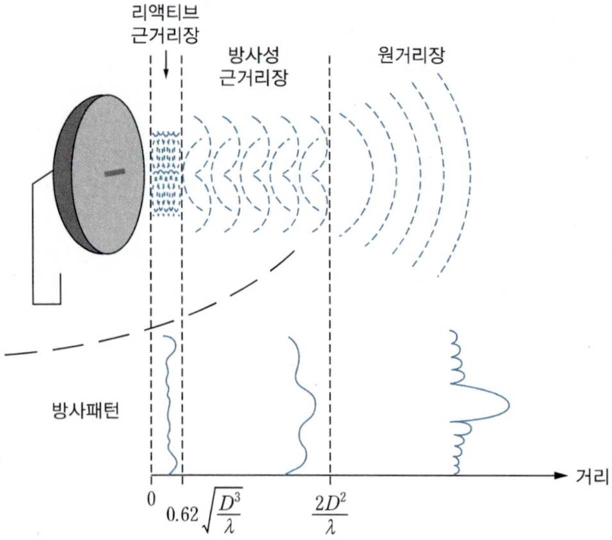

[그림 8-3] 근거리장과 원거리장

방사성 근거리장 영역에서는 안테나 패턴이 형성되기 시작하지만, 파면은 곡면을 띤다. 따라서 전기장과 자기장이 수직을 이루지 않기 때문에 평면파 전파를 가정할 수 없다.

안테나가 원거리장 영역에서 동작한다고 가정해보자. 안테나의 방사 패턴은 [그림 8-3]과 같은 송신 안테나에서 송신되는 파가 등방성 방사소자에서 발생하는 구면파와 같은 형태를 띠므로 원거리장에 대해 평면파가 측정된다. 거리 R에 대한 원거리장 조건을 유도해보자.

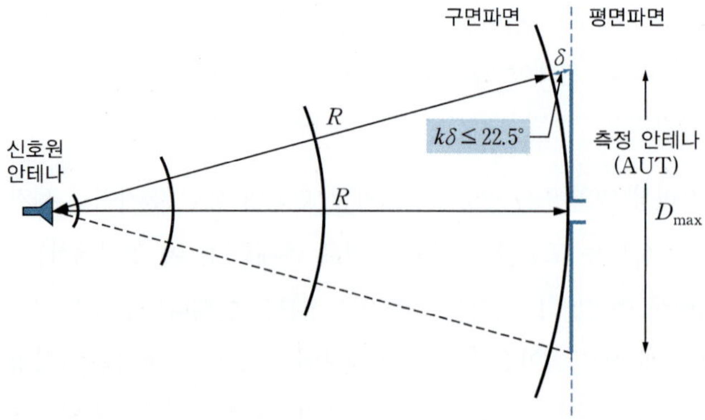

[그림 8-4] 원거리장 계산을 위한 설정

수신 안테나의 최대 크기를 D_{max}라고 가정하면 [그림 8-4]로부터 다음 식을 얻을 수 있다.

$$(R+\delta)^2 = R^2 + \left(\frac{D_{max}}{2}\right)^2 \tag{8.5}$$

식 (8.5)를 δ에 대해 풀면 다음과 같다.

$$\delta = \sqrt{R^2 + \left(\frac{D_{\max}}{2}\right)^2} - R \tag{8.6}$$

이항정리를 이용하여 식 (8.6)을 풀면 다음과 같다.

$$\delta = R\left[\sqrt{1 + \left(\frac{D_{\max}}{2R}\right)^2} - 1\right] \approx R\left[1 + \frac{1}{2}\left(\frac{D_{\max}}{2R}\right)^2 - 1\right] = \frac{D_{\max}^2}{4R} \tag{8.7}$$

대부분의 안테나 관련 도서들에서는 구면파를 평면파로 가정할 수 있는, 허용 최대 위상차를 $k\delta \leqq \frac{\pi}{8} = 22.5°\left(\delta = \frac{\lambda}{16}\right)$로 제시하고 있다. 따라서 식 (8.7)을 다음과 같이 쓸 수 있다.

$$k\frac{D_{\max}^2}{4R} = \frac{2\pi}{\lambda}\frac{D_{\max}^2}{4R} \leqq \frac{\pi}{8} \tag{8.8}$$

따라서 원거리장 영역에 대한 조건을 만족하기 위한 송신 안테나로부터의 최소 거리는 다음 식으로 구할 수 있다.

$$R_{\min} = \frac{2D_{\max}^2}{\lambda} \tag{8.9}$$

식 (8.9)로 주어진 원거리장 영역에 대한 조건은 안테나의 크기가 $D \gg \lambda$일 때, 즉 안테나의 크기가 전기적으로 클 때의 조건이다. 반대로 안테나의 크기가 전기적으로 작을 때, 즉 $D \ll \lambda$일 때는 $R_{\min} > 3\lambda$를 만족하고, $D \approx \lambda$일 때는 $R_{\min} > \frac{2D^2}{\lambda}$을 만족한다. 그러나 이런 기준들은 고정된 것이 아니며, 안테나 크기에 따라 다양하게 정의될 수 있다. 예를 들어, 정확도가 높은 안테나의 경우, 구면파를 평면파로 가정할 수 있는 허용 최대 위상차가 $11.25°\left(= \frac{\lambda}{32}\right)$로 주어진다. 이때 원거리장 영역에 대한 조건은 $\frac{4D^2}{\lambda}$을 만족한다.

8.1.3 안테나 해석

안테나에서 방사되는 전자기장은 전류분포 $(\vec{J}, \vec{M})$로부터 맥스웰 방정식과 경계조건을 직접 풀어서 계산할 수 있다. 하지만 적분 과정이 복잡하기 때문에 [그림 8-5]와 같이 **벡터 포텐셜**vector potential $\vec{A}$, $\vec{F}$를 이용하여 방사되는 필드인 전기장과 자기장 $(\vec{E}, \vec{H})$를 구한다.

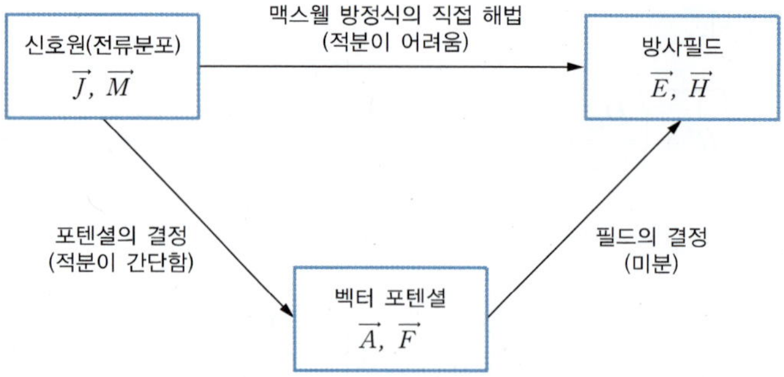

[그림 8-5] **전기장과 자기장의 계산**

예를 들어, 안테나로부터 방사되는 전자기장을 계산하기 위해 [그림 8-6]과 같이 체적 V를 가진 안테나에 전류 $\vec{J}$가 흐른다고 가정하면, 다음과 같은 비제차 inhomogeneous 헬름홀쯔 방정식을 풀어 전기장과 자기장을 얻을 수 있다.

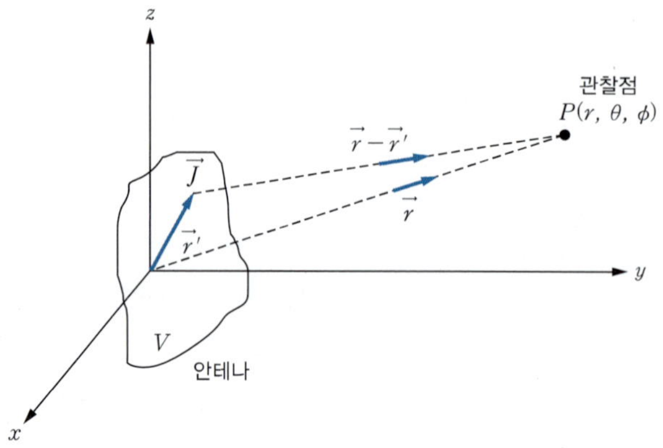

[그림 8-6] **안테나와 관찰점**

$$\nabla^2 \vec{A} + k_0^2 \vec{A} = -\mu \vec{J} \tag{8.10}$$

여기서 $\vec{A}$는 **자기벡터 포텐셜** magnetic vector potential로, 다음과 같이 정의된다.

$$\vec{B} = \nabla \times \vec{A} = \mu_0 \vec{H} \tag{8.11}$$

이때 안테나로 인한 방사는 안테나를 흐르는 전류 $\vec{J}$ 때문에 발생한다. 식 (8.10)을 풀면 이 전류 $\vec{J}$로부터 점 $P(r, \theta, \phi)$에서 자기벡터 포텐셜 $\vec{A}$를 식 (8.12)와 같이 구할 수 있다.

$$G(R) = \frac{e^{-jkR}}{4\pi R} \quad (R = |\vec{r} - \vec{r}'| \text{에서}) \tag{8.12a}$$

$$\vec{A} = \mu \iiint G(R) \vec{J}(\vec{r}')\, dV' \tag{8.12b}$$

여기서 $\vec{r}'$은 전류가 위치하는 신호원 좌표계이고, $\vec{r}$은 전자기장이 측정되는 관찰점 좌표계이다.

식 (8.12)로부터 벡터 포텐셜 $\vec{A}(\vec{r})$은 자유공간의 **그린함수**Green's function $G(R)$에 전류분포 $\vec{J}(\vec{r'})$을 곱한 후 안테나 체적 V에 대해 적분을 수행하여 얻을 수 있다. 따라서 식 (8.12)에서 얻은 벡터 포텐셜 $\vec{A}(\vec{r})$을 식 (8.11)에 대입하면 자기장 $\vec{H}(\vec{r})$과 전기장 $\vec{E}(\vec{r})$을 얻을 수 있다. 그렇지만 대부분의 경우에는 안테나의 전류분포 $\vec{J}$가 주어지지 않기 때문에 모멘트법moment method과 같은 수치해석 방법을 사용하여 전류분포를 계산한다.

8.2 안테나 파라미터

안테나의 성능을 나타내는 파라미터로는 입력 VSWR, 입력 임피던스, 대역폭, 방사 패턴, 이득, 효율, 편파특성 등이 있다. 이 절에서는 이들 각각의 안테나의 성능 파라미터들을 정의하고 개념을 설명하고자 한다.

8.2.1 지향성, 이득 그리고 효율

안테나의 **지향성**directivity D는 등방성 안테나의 전방향 평균 방사세기average radiation intensity U_{av}에 대한 특정 방향의 방사세기 $U(\theta, \phi)$의 비로 정의한다. 평균 방사세기 U_{av}는 전체 방사전력 P_{rad}를 4π로 나눈 값을 의미한다.

$$U_{\text{av}} = \frac{1}{4\pi}\iint U(\theta, \phi)\sin\theta d\theta d\phi = \frac{1}{4\pi}[\Omega_A] \quad (8.13)$$

이때 $\Omega_A = \iint |F(\theta, \phi)|^2 d[\Omega]$은 **빔 입체각**beam solid angle이라 하며, $F(\theta, \phi)$는 필드패턴을 의미한다. 빔 입체각은 최댓값의 전력밀도로 일정하게 전력이 통과해 나가는 입체각으로, [그림 8-7]과 같이 정의된다. [표 8-1]에 일반적으로 우리가 사용하는 평면각plane angle과 입체각의 특징을 비교해 놓았다.

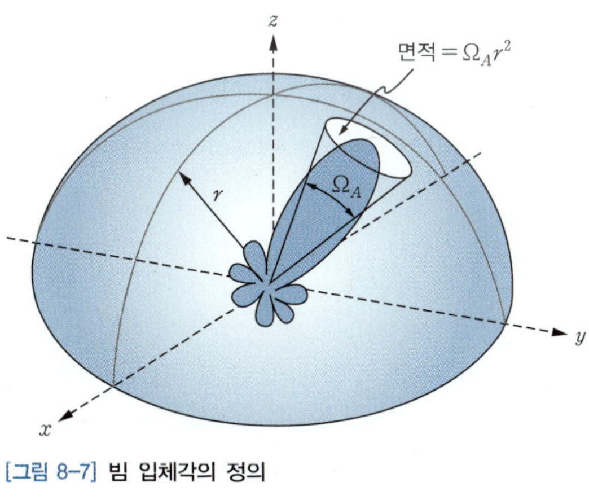

[그림 8-7] 빔 입체각의 정의

[표 8-1] 평면각과 입체각의 비교

평면각	입체각
각도 $= \dfrac{\text{호의 길이}}{\text{원의 반경}}$ $d\theta = \dfrac{dl}{r}$ [rad]	입체각도 $= \dfrac{\text{면적}}{\text{구의 반경}^2}$ $d[\Omega] = \dfrac{ds}{r^2}$ [sr] * 구좌표계에 대해 $dW = \sin\theta d\theta d\phi$

방사세기 $U(\theta, \phi)$는 식 (8.14)와 같이 거리 R에 대해 단위 입체각에 대한 주어진 방향의 포인팅 전력 $\overrightarrow{S_R} = \overrightarrow{E} \times \overrightarrow{H}$로 정의된다.

$$U(\theta, \phi) = \frac{1}{2}\mathrm{Re}\left(\overrightarrow{E} \times \overrightarrow{H^*}\right) \cdot R^2 = S_R \cdot R^2 \,[\mathrm{W/sr}] \tag{8.14}$$

따라서 지향성 $D(\theta, \phi)$는 식 (8.15)로 주어진다. 식 (8.16)은 최대 지향성 D에 대한 식으로, 시간 평균 전체 방사전력 P_{rad}와 최대 방사가 일어나는 방향의 방사세기 $U_{\max}$와의 관계로 나타낸다.

$$D(\theta, \phi) = \frac{U(\theta, \phi)}{U_{\mathrm{av}}} = \frac{S_R(\theta, \phi)}{S_{\mathrm{av}}} = \frac{4\pi |F(\theta, \phi)|^2}{\Omega_A} \tag{8.15}$$

$$D = \frac{U_{\max}}{U_{\mathrm{av}}} = \frac{S_{\max}}{S_{\mathrm{av}}} = \frac{4\pi}{\Omega_A} = \frac{4\pi U_{\max}}{P_{\mathrm{rad}}} \tag{8.16}$$

식 (8.15)에서 S_{av}는 $\overrightarrow{S_{\mathrm{av}}} = \frac{1}{2}\mathrm{Re}\left[\overrightarrow{E} \times \overrightarrow{H^*}\right] = \hat{R} \cdot \overrightarrow{S_R} [\mathrm{W/m^2}]$로 주어지는 평균 방사 전력밀도를 나타낸다. 등방성 안테나의 지향성은 정의에 의해 1과 같으며, 다른 지향성 안테나들은 1보다 큰 값을 갖는다. 지향성은 등방성 안테나에 비해 안테나의 지향성이 어느 정도 되는지를 나타내는 데 사용된다. 지향성 D는 값의 비율을 나타내기 때문에 단위를 사용하지 않으며, 등방성 안테나를 기준으로 [dB]로 표시한다.

안테나의 전력이득 $G(\theta, \phi)$는 지향성 D에 에너지를 방사하기 위한 안테나의 **개구면 효율**efficiency $\zeta = \frac{P_{\mathrm{rad}}}{P_{\mathrm{t}}} = \frac{P_{\mathrm{rad}}}{P_{\mathrm{in}}} = \frac{P_{\mathrm{rad}}}{P_{\mathrm{rad}} + P_{\mathrm{loss}}}$가 곱해진 값으로 정의된다. 여기서 P_{rad}는 실제 방사된 전력이고, P_{t}는 안테나에 전달된 전력, P_{loss}는 안테나에서 손실된 전력이다. 안테나에서의 손실은 저항성 손실, 도체 손실 또는 유전체 손실 등이 될 수 있다. 일반적으로 빔폭이 줄어들면 이득은 증가한다.

$$G(\theta, \phi) = \frac{4\pi U_{\max}}{P_{\mathrm{t}}} = \zeta \frac{4\pi U_{\max}}{P_{\mathrm{rad}}} = \zeta D \tag{8.17}$$

안테나 이득을 나타내는 단위는 등방성 안테나를 표준으로 사용하여 상대이득으로 [dBi]로 표현한다. 이때 안테나가 방사하는 전력을 **유효 등방성 방사전력**EIRP : Effective Isotropic Radiated Power으로 나타낸다. 따라서 P_t가 안테나의 방사전력, G가 등방성 안테나에 대한 안테나의 이득이라고 할 때, 이들의 관계를 $\text{EIRP} = P_t \times G$로 나타낸다. 그러나 등방성 안테나는 실제로 제작하기가 어렵기 때문에 보통 다이폴 안테나를 표준 안테나로 사용한다. 다이폴 안테나 이득에 대한 상대적인 이득으로 [dBd]로 표현한다. 이때 방사하는 전력을 **유효 방사전력** 또는 ERP Effective Radiated Power 라고 하는데, [그림 8-8]과 같이 $\text{ERP} = \text{EIRP} - 2.15\,[\text{dB}]$의 관계를 갖는다. 즉, $0\,[\text{dBd}] = 2.15\,[\text{dBi}]$의 관계가 성립한다.

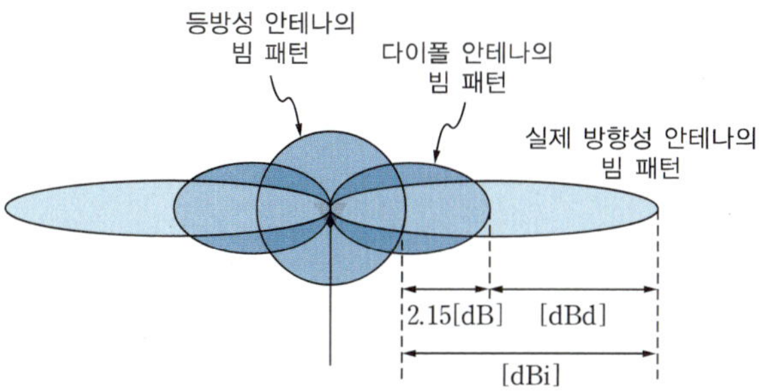

[그림 8-8] EIRP와 ERP의 비교

예제 8-1 방사전력의 계산

안테나의 방사세기가 다음과 같이 주어질 때, 전체 방사전력을 구하라.

$$U(\theta, \phi) = \begin{cases} 2\cos\theta & \left(0 < \theta < \frac{\pi}{2},\ 0 < \phi < 2\pi\right) \\ 0 & \text{그 외의 영역} \end{cases}$$

풀이

전체 방사전력 P_{rad}는 다음과 같이 주어진다.

$$P_{\text{rad}} = \oint U(\theta, \phi) d\Omega = \int_0^{2\pi} \int_0^{\pi/2} 2\cos\theta \sin\theta d\theta d\phi = 2\pi\,[\text{W}]$$

예제 8-2 안테나의 지향성

다음과 같은 전력 패턴을 갖는 안테나의 지향성을 계산하라.

$$P(\theta, \phi) = P_0 \sin\theta \sin^2\phi \quad (0 \leq \theta, \phi \leq \pi)$$

풀이

안테나의 지향성을 구하는 식은 $D = \dfrac{4\pi}{\Omega_A} = \dfrac{4\pi}{\int_0^{\pi}\int_0^{\pi} P_n(\theta, \phi)\sin\theta d\theta d\phi}$이며,

$P_n(\theta, \phi) = \dfrac{P(\theta, \phi)}{P_0}$ 로 주어진다. 문제에 주어진 값을 대입하면 다음을 얻을 수 있다.

$$D = \frac{16}{\pi} = 5.09 \Rightarrow 7.07\,[\text{dB}]$$

예제 8-3 안테나의 지향성

안테나의 방사저항이 $72\,[\Omega]$, 손실저항이 $8\,[\Omega]$일 때, 전력이득이 30이라면 지향성은 얼마인가?

풀이

먼저 안테나의 효율을 구해보자.

$$\zeta = \frac{P_{\text{rad}}}{P_{\text{rad}} + P_{\text{loss}}} = \frac{R_{\text{rad}}}{R_{\text{rad}} + R_{\text{loss}}} = \frac{72}{72+8} = 0.9$$

안테나의 전력이득 $G(\theta, \phi) = \zeta D$로부터 지향성을 구할 수 있다.

$$D = \frac{G(\theta, \phi)}{\zeta} = \frac{30}{0.9} = 33.33 \Rightarrow 15.2283\,[\text{dB}]$$

8.2.2 입력 VSWR과 입력 임피던스

안테나는 신호원 또는 송신기에 연결하기 위해 [그림 8-9]와 같이 임피던스 정합을 위한 정합회로와 함께 사용된다. 신호원 또는 송신기에서 출력되는 전력을 P_{TX} 라고 하고, 안테나에서 출력되는 전력을 P_{rad} 라고 하면 P_{rad} 는 임피던스 정합회로의 특성에 따라서 정해지게 된다.

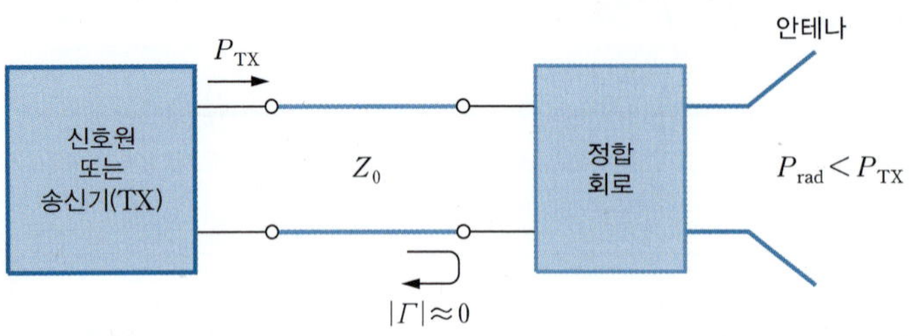

[그림 8-9] 안테나와 정합회로

안테나는 회로적으로 단일 포트 소자이므로 산란행렬로 S_{11} 만 가지며, 임피던스 정합회로의 임피던스 부정합으로 인해 반사되는 신호의 양을 알려주는 산란계수 S_{11} 또는 반사계수 Γ에 의해 안테나 출력전력과 안테나 성능을 나타낼 수 있다. 안테나의 S_{11} 또는 반사계수 Γ에 의해 **입력 VSWR**과 **반사손실**RL : Return Loss 을 다음과 같이 정의한다.

$$\text{VSWR} = \frac{1+|\Gamma|}{1-|\Gamma|} \tag{8.18a}$$

$$\text{RL[dB]} = -20\log|\Gamma| \tag{8.18b}$$

만약 반사계수 $|\Gamma| = 0$이 되거나 입력 VSWR $= 1$이면 [그림 8-9]에서 신호원(또는 송신기)의 모든 전력 P_{TX}가 안테나로 전송되어 반사 없이 모든 전력이 안테나 출력 P_{rad}로 방사된다($P_{\text{TX}} = P_{\text{rad}}$)는 것을 의미한다. 일반적으로 상용 안테나는 VSWR ≤ 2(반사전력 11%)를 적절한 수준의 VSWR 기준값으로 사용한다.

안테나에서 반사되는 전력의 양은 신호원으로부터 전달되는 전력에 $|\Gamma|^2$을 곱한 값으로 주어진다. 따라서 안테나에 결합되는 전력은 신호원에서 가능한 전력에 $(1-|\Gamma|^2)$을 곱한 값이 된다. 만약 안테나의 임피던스가 전송선로와 송신기의 임피던스와 같지 않다면, 송신되는 전력 P_{TX}가 모두 방사되지 않고, 일부 전력이 반사된다.

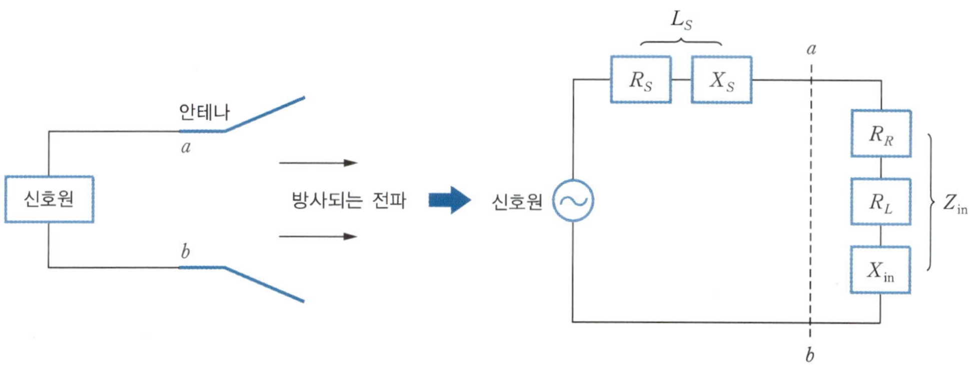

[그림 8-10] 송신 안테나의 등가회로

입력 임피던스는 [그림 8-10]에 나타낸 것처럼 안테나의 급전점(a와 b)에서 바라본 임피던스이다. 안테나와 연결된 송신기 또는 수신기에 대해 안테나에 의해 표현되는 임피던스로, $Z_{\text{in}} = R_{\text{in}} + jX_{\text{in}}$으로 주어진다. 여기서 실수성분 R_{in}은 방사저항 radiation resistance R_R과 손실저항 R_L의 합 $R_{\text{in}} = R_R + R_L$로 이루어진다. 허수성분인 X_{in}은 안테나 공진이 일어날 때 사라진다. 입력 임피던스는 반사계수에 의해 다음과 같이 주어진다.

$$Z_{\text{in}} = Z_0 \frac{1+\Gamma}{1-\Gamma} \tag{8.19}$$

여기서 Z_0는 연결하는 전송선로의 특성 임피던스이다. 완벽한 정합을 위해서는 입력 임피던스가 Z_0와 같아야 한다. 최대 전력전달 정리에 따라서 최대 전력전달은 송신기의 임피던스가 안테나의 임피던스와 공액접합을 할 때, 즉 $Z_{\text{in}} = Z_s^*$일 때 이루어진다.

8.2.3 대역폭

안테나의 **대역폭** bandwidth 은 무선통신 시스템의 기술 기준과 관련되어, 그 성능을 만족시키는 주파수 대역으로 정의된다. 안테나는 주파수의 변화에 따라 여러 특성들이 영향을 받기 때문에 대역폭에 대한 유일한 정의는 존재하지 않는다. 예를 들어, 광대역 안테나는 대역의 가장 높은 주파수 f_H와 가장 낮은 주파수 f_L의 비인 $\frac{f_H}{f_L}$로 대역폭을 정의하는데, 그 값이 2보다 같거나 큰 경우를 말한다. 협대역 안테나는 중심주파수 f_c에 대한 상한 주파수와 하한 주파수의 간격 차이의 백분율로 식 (8.20)과 같이 대역폭을 정의한다.

$$\mathrm{BW}\,[\%] = \left(\frac{f_H - f_L}{f_c}\right) \times 100 \tag{8.20}$$

일반적으로 사용되는 또 다른 대역폭의 정의로는 패턴 대역폭과 임피던스 대역폭이 있다. 안테나의 이득 gain, 빔폭 beamwidth, 부엽레벨 sidelobe level 은 모두 주파수에 따라 변하는 값이며, 각각 최댓값과 최솟값에 따라 동작주파수 영역을 결정할 수 있다. 이 값을 **패턴 대역폭** pattern bandwidth 이라고 한다. 또한 안테나에 입력되는 전력은 주파수에 대한 입력 임피던스의 범위에 의해 결정된다. 입력 임피던스가 특정한 기준을 만족하는 주파수 대역, 예를 들어, [그림 8-11]과 같이 입력전력의 약 11%가 반사가 되는 값인 $\mathrm{VSWR} \le 2$ 또는 $|\Gamma| \le \frac{1}{3}$을 만족하는 대역폭을 **임피던스 대역폭** impedance bandwidth 이라고 한다. 그러나 실제 안테나의 동작 대역폭은 주파수 함수로 나타나는 안테나의 이득 gain, 효율 efficiency, 패턴 pattern 등 다른 파라미터들로 인해 임피던스 대역폭보다 더 작은 값을 갖는다.

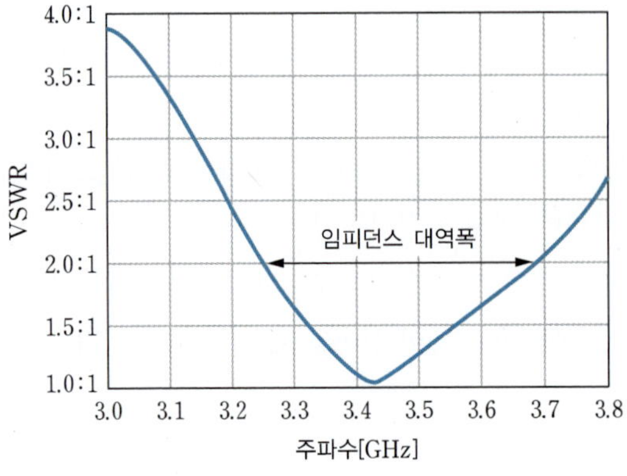

[그림 8-11] 임피던스 대역폭(VSWR = 2)

8.2.4 방사 패턴

안테나에 의해 방사되는(또는 수신되는) 전력은 안테나로부터의 거리 및 각도와 관련한 함수로 나타낸다. 각도의 변화에 따른 전력밀도의 패턴 power pattern $P(\theta, \phi) = |F(\theta, \phi)|^2$를 그리거나 필드 세기의 패턴 field pattern $|F(\theta, \phi)| = \dfrac{E(\theta, \phi)}{E(\theta, \phi)_{max}}$를 그리면 **방사 패턴** radiation pattern 또는 안테나 패턴이 된다. 이때 전기적으로 먼 거리에서의(즉, 원거리장 또는 평면파 영역) 방사 패턴은 거리와 무관하게 나타날 수 있다.

선형 편파 안테나의 경우 방사 패턴은 **주평면 패턴** principal plane pattern 이라고 하며, 동일편파 co-polarization 와 교차편파 cross-polarization 를 갖는 E-면 E-plane 패턴과 H-면 H-plane 패턴을 갖는다(편파에 대한 자세한 설명은 8.2.6절을 참고하기 바란다). E-면 패턴은 전기장 벡터($\overrightarrow{E_\theta}$)와 최댓값을 갖는 방사 방향을 포함하며, $\overrightarrow{E_\phi}$는 교차편파 성분이다. 동일하게 H-면 패턴은 자기장 벡터와 최댓값을 갖는 방사 방향을 포함하는 것으로, 자기장을 측정하는 것이 아니라 H-면의 전기장 E_θ를 측정한다는 뜻이다. E-면 패턴과 H-면 패턴은 안테나 자체의 방향에 따라 결정된다. 또한 임의의 안테나에 대한 3차원 방사 패턴에서 $x-y$ 평면($\theta = \frac{\pi}{2}$)의 패턴을 수평 horizontal 패턴 또는 **방위각** azimuth **패턴**이라고 하며 $x-z$ 평면($\phi = 0$)의 2차원 패턴을 수직 vertical 패턴 또는 **고각** 또는 **앙각** elevation **패턴**이라고 한다.

방사 패턴의 대표적인 예로, 다이폴 안테나의 3차원 방사 패턴과 방위각 패턴, 고각 패턴을 [그림 8-12]에 나타냈다. 안테나의 방사 패턴은 안테나를 둘러싸고 있는 [그림 8-12(a)]와 같은 가상적인 공 위에 그려진 3차원 전기장 또는 자기장을 [그림 8-12(b)]와 같이 나타낸다. 또한 중심 패턴에 대한 단면으로 [그림 8-12(c)]의 방위각 패턴과 [그림 8-12(d)]의 고각 패턴처럼 2차원 평면으로 나타낼 수 있다.

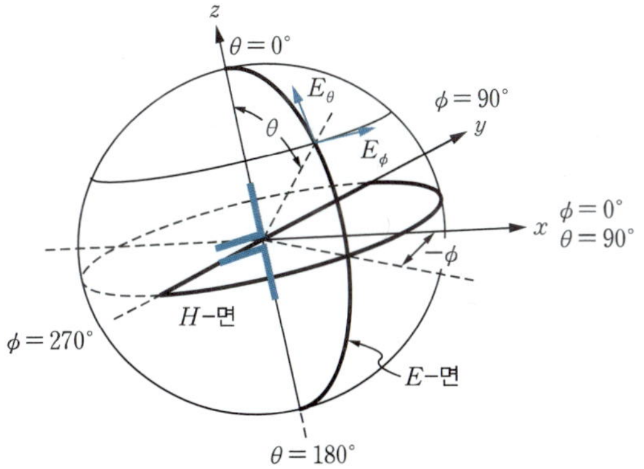

(a) 다이폴 안테나

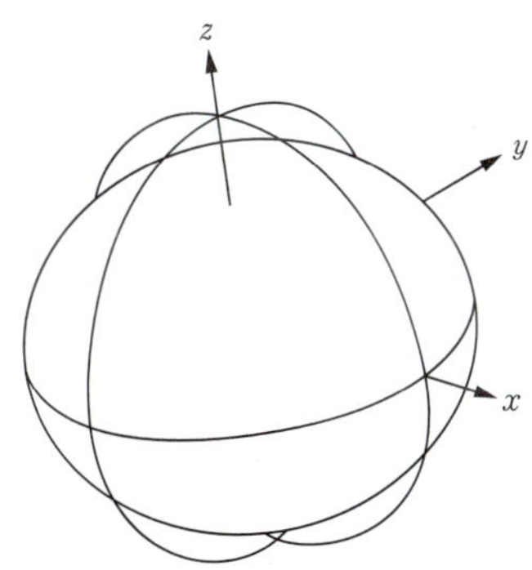

(b) 다이폴 안테나 3차원 방사 패턴

[그림 8-12] 다이폴 안테나의 방사 패턴 (계속)

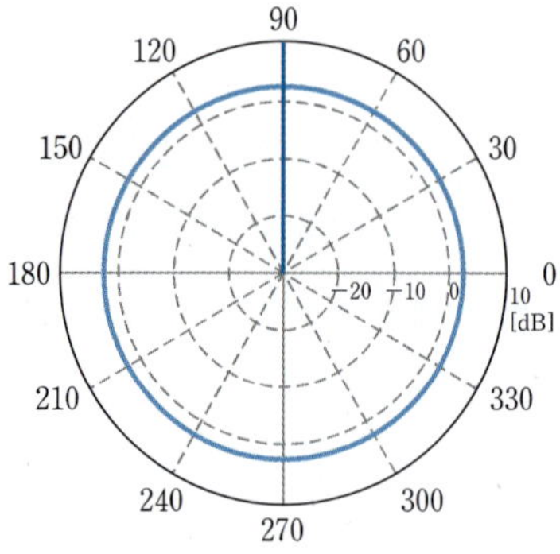

(c) 방위각 패턴

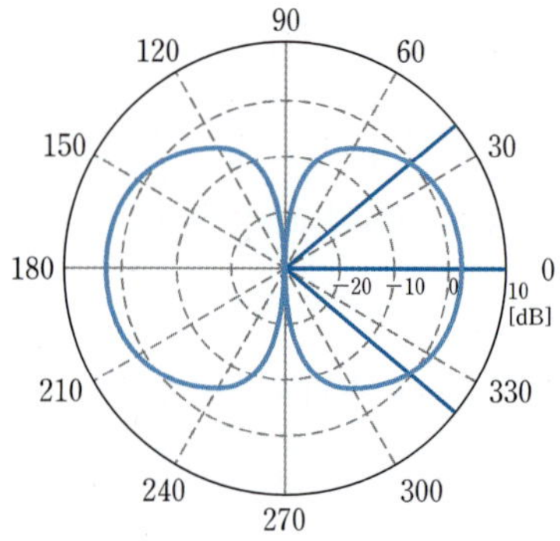

(d) 앙각(고각) 패턴

[그림 8-12] 다이폴 안테나의 방사 패턴

앞서 설명한 이상적인 등방성 안테나의 경우에는 방사 패턴이 구 형태를 띤 전방향 omnidirectional 방사 패턴을 갖는다. 반면, 특정 방향으로 전자기파를 방사하고 수신할 수 있는 지향성 안테나의 경우에는 지향성 directional 방사 패턴을 갖는다. 지향성 방사 패턴은 다시 펜슬 빔 pencil-beam, 팬 빔 fan-beam 그리고 성형 빔 shaped-beam 패턴으로 나눌 수 있다. 펜슬 빔은 안테나의 최대 이득을 얻을 수 있는 지향성이 아주 높은 방사 패턴을 의미하며, 팬 빔은 펜슬 빔과 유사하지만 단면이 원형이 아니라 타원형이라는 점에서 차이가 있다. 성형 빔은 특정 형태의 영역을 커버하기 위해 사용되는 방사 패턴으로, 코시컨트 cosecant 빔 패턴이 대표적이다.

8.2.5 반치전력 빔폭과 부엽레벨

앞서 설명한 안테나의 방사 패턴으로부터 반치전력 빔폭과 부엽레벨, 이득 등을 정의할 수 있다. [그림 8-13]은 안테나 방사 패턴을 3차원과 직교좌표계에서 2차원으로 나타낸 것이다. **반치전력 빔폭** HPBW : Half-Power BeamWidth 은 방사전력의 크기가 주엽 main lobe 또는 major lobe 최댓값의 반이 되는 지점(또는 3[dB] 아래)의 각도 영역으로 정의한다. 부엽레벨 SLL : Side Lobe Level 은 주엽 다음으로 최댓값을 갖는 방사 전력레벨을 의미하며, 데시벨 값으로 나타낸다.

[그림 8-13(b)]에 나타낸 것처럼, 첫 번째 널 null 또는 영점 사이 빔폭을 **첫 번째 널 빔폭** FNBW : first null beamwidth 이라고 한다. 또한 지향성 빔 패턴의 경우, 안테나의 후면방향으로 방사되는 **후면방사** back radiation 가 존재한다. 전방향 이득에 대해 180° 차이가 있는 후면방사 이득의 비로 **전후방 방사비** front-to-back ration 를 정의하며, 데시벨 값으로 나타낸다.

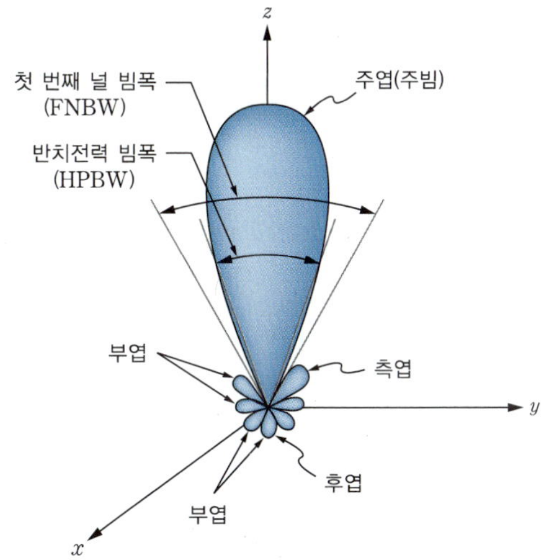

(a) 3차원으로 나타낸 경우

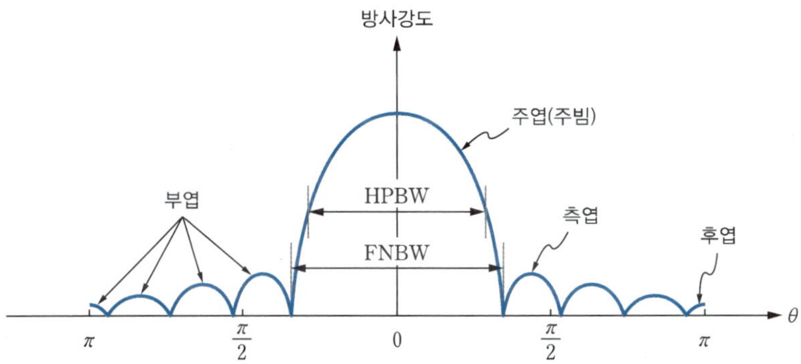

(b) 2차원 직교좌표계로 나타낸 경우

[그림 8-13] **안테나 방사 패턴의 특성**

예제 8-4 안테나의 반치전력 빔폭

$E_n = \cos^3\theta$의 정규화된 빔 패턴을 갖는 안테나의 반치전력 빔폭^{HPBW}을 계산하라. 단, θ는 극좌표계에서 나타나는 편각으로 $-\pi \sim \pi$ 범위로 주어진다.

풀이

$E_n = \cos^3\theta$은 정규화된 빔 패턴이다. 따라서 $\theta = 0°$에서 $|E_n| = 1$로 최댓값을 갖는다. 전력과 전계가 비례하기 때문에 반치전력 빔폭의 정의에 의해 다음의 관계를 얻을 수 있다.

$$E_n = \cos^3\theta = \frac{1}{\sqrt{2}} \quad (\because\ P \propto E)$$

$\theta = \pm\cos^{-1}\left(\frac{1}{\sqrt{2}}\right)^{1/3} = \pm 27°$이므로, 반치전력 빔폭은 $2\theta = 54°$를 얻을 수 있다.

예제 8-5 안테나의 최대방사 방향

안테나의 정규화된 필드 패턴이 다음과 같이 주어질 때, (a) 널null이 발생하는 위치와 (b) 최대 방사가 일어나는 방향을 계산하라.

$$E_n(\theta) = \frac{\sin(8\cos\theta)}{\sin(2\cos\theta)} \quad (0 \leqq \theta \leqq \pi)$$

풀이

(a) 널(영점)을 구하기 위해서 $E_n(\theta) = 0$이 되어야 하므로, $\sin(8\cos\theta) = 0$을 만족해야 한다. 따라서 다음이 성립한다.

$$8\cos\theta = \pm n\pi \quad (n = 1, 2, 3, \cdots)$$

$|\cos\theta| \leqq 1$로부터 $n = 1, 2$일 때만 θ 값이 존재한다. 따라서 $\cos\theta = \pm\frac{\pi}{8}, \pm\frac{\pi}{4}$를 만족하고, $\theta = 38.24°, 66.88°, 113.12°, 141.76°$일 때 영점을 갖는다.

(b) 최대 방사가 일어나는 방향은 $E_n(\theta)$의 분모가 가장 작을 때 만족하는 θ 값이다. $\sin(2\cos\theta) = 0$으로부터 $\theta = \frac{\pi}{2}$, 즉 $90°$가 될 때 최대 방사가 일어난다.

8.2.6 편파와 교차편파 레벨

안테나의 **편파** polarization는 방사되는 전파 중 전계의 편파를 의미한다. 안테나에서 방사되는 파는 **선형편파** LP : linearly polarization, **원형편파** CP : circularly polarization 그리고 **타원편파** EP : elliptical polarization로 구분된다. 선형편파와 원형편파는 타원편파의 특별한 형태라고 볼 수 있다.

전파의 편파는 시간이 흘러가면서 변하는 전기장 벡터의 기울기에 따라 정해진다. 만약 궤적이 직선이라면 전파는 선형편파이며, 궤적이 원이라면 전파는 원형편파가 된다. 이상적으로 선형편파는 전계가 단지 한 방향으로만 진행한다는 의미인데, 이런 경우는 실제로 거의 존재하지 않는다.

편파특성을 나타내는 파라미터로는 **동일편파 레벨** co-polarization level과 **교차편파 레벨** CPL : cross-polarization level이 있다. 교차편파 레벨은 편파의 순수한 정도를 나타내는 양으로, [dB]로 표시된다. 예를 들어, 수직편파를 방사하는 안테나의 경우, 수평방향으로 측정되는 파가 교차편파가 되며, 우수 원형편파RHCP의 경우 좌수 원형편파LHCP가 교차편파가 된다. 또한 [그림 8-14]에 나타낸 것처럼 평면에 투영되는 편파타원의 장축major axis 방향 전계강도와 단축minor axis 방향 전계강도의 비를 축비axial ratio로 정의한다. 원형편파의 경우 축비는 1, 즉 0[dB]가 된다. 축비가 0[dB]에 가까울수록 원형편파에 가까우며, 이상적인 선형편파의 축비는 ∞[dB]가 된다. 수신 안테나의 편파가 입사하는 전파의 편파와 같지 않을 때 편파부정합으로 인한 손실이 발생한다. 선형편파와 원형편파의 송수신에서는 약 3[dB]의 손실이 발생하는데, 이론적으로 서로 직교하는 편파의 경우에는 무한대의 손실이 발생한다.

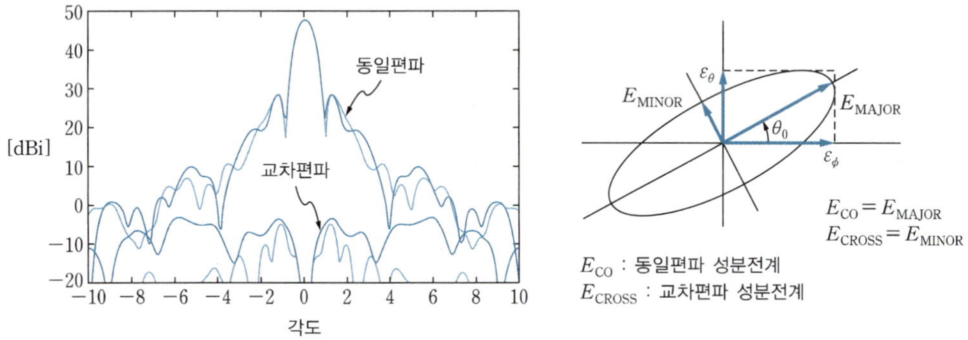

(a) 편파의 빔 패턴　　(b) 편파의 축비

[그림 8-14] **동일편파와 교차편파의 빔 패턴과 축비**

8.2.7 유효면적

안테나에서 정의되는 **유효면적** effective aperture 또는 effective area 은 입사파가 수신 안테나에 의해 흡수되는 유효면적으로 정의된다. 안테나의 실제면적을 A_p, 유효면적을 A_{eff}라고 할 때, 두 면적의 비율을 **개구효율** aperture efficiency $\eta_{ap} = \dfrac{A_{eff}}{A_p}$로 정의할 수 있으며, 이 값은 1보다 작다. 유효면적 A_{eff}는 안테나 이득 G와 동작주파수의 파장 λ와 관계가 있다.

$$A_{eff} = \frac{\lambda^2}{4\pi}G \tag{8.21}$$

예제 8-6 안테나의 최대 유효면적

지향성으로 100을 갖고 2[m]의 파장에서 동작하는 안테나의 최대 유효면적을 계산하라.

풀이

안테나의 유효면적은 식 (8.21)로부터 구한다. 안테나의 이득은 $G(\theta, \phi) = \zeta D$로 주어지므로 $A_{eff} = \dfrac{\lambda^2}{4\pi}\zeta D$로 지향성 D와 관련하여 나타낼 수 있다. 따라서 최대 유효면적은 안테나의 효율이 $\zeta = 1$일 때로, $A_{eff,\,max} = \dfrac{\lambda^2}{4\pi}D$가 된다.

$$A_{eff,\,max} = \frac{\lambda^2}{4\pi}D = \frac{2^2}{4\pi} \times 100 = 31.84\,[\mathrm{m}^2]$$

예제 8-7 안테나의 유효길이

안테나의 방사저항 $R_{\text{rad}} = 73[\Omega]$, 최대 유효면적 $A_{\text{eff, max}} = 0.13\lambda^2$, 자유공간의 임피던스 $\eta = 120\pi$ 라고 할 때, 반파장(0.5λ) 안테나의 유효길이를 계산하라.

풀이

안테나의 유효길이effective length $l_e[\text{m}]$는 개방회로 조건에서, 입사되는 전기장의 세기 $E[\text{V/m}]$에 대한 수신 안테나에 유도되는 전압 $V_{\text{OC}}[\text{V}]$의 비로 정의된다. 또한 최대 유효면적 $A_{\text{eff, max}}$로부터 안테나의 유효길이를 다음과 같이 구할 수 있다.

$$A_{\text{eff, max}} = \frac{\text{최대 수신전력}}{\text{평균 전력밀도}} = \frac{\dfrac{E^2 l_{e^2}}{8R_{\text{rad}}}}{\dfrac{1}{2}\dfrac{E^2}{\eta}} = \frac{l_e^2 \eta}{4R_{\text{rad}}}$$

$$\therefore\ l_e = 2\frac{\sqrt{A_{\text{eff, max}} R_{\text{rad}}}}{\sqrt{\eta}}$$

이때 $A_{\text{eff, max}}$는 안테나의 최대 유효면적, R_{rad}는 안테나의 방사저항, η는 안테나가 입사되는 전기장의 임피던스를 나타낸다. 주어진 조건을 통해 $l_e = 0.3174\lambda$를 얻을 수 있다.

8.3 안테나 종류

안테나의 형태는 매우 다양하다. 기하학적 모양, 이득, 빔의 형태, 대역폭, 편파의 종류, 공진현상, 소자의 개수 등 다양한 기준에 의해 [표 8-2]와 같이 분류될 수 있다. 이 절에서는 무선통신 시스템에 사용되는 대표적인 안테나인 모노폴과 다이폴 안테나, 혼 안테나, 반사판 안테나, 마이크로스트립 패치 안테나, 배열 안테나의 특징과 설계 파라미터에 대해 소개하고, 안테나 측정방법에 대해서 설명할 것이다.

[표 8-2] 안테나의 분류

구분	분류	안테나 종류
기하학적 모양	도선 안테나	다이폴, 루프, 헬릭스
	개구면 안테나	혼, 슬롯
	평면형 안테나	패치, 평면 다이폴, 스파이럴
이득	고이득	접시
	중간이득	혼
	저이득	다이폴, 루프, 슬롯, 패치

구분	분류	안테나 종류
빔의 형태	전방향	다이폴
	펜슬 빔	접시
	팬 빔	배열
대역폭	광대역	로그, 스파이럴, 헬릭스
	협대역	패치, 슬롯

8.3.1 모노폴과 다이폴 안테나

모노폴monopole 과 **다이폴**dipole **안테나**는 전방향성 빔 패턴을 갖기 때문에 무선통신, 방송, 셀룰러 단말기 등에 사용된다. 금속이나 접지면 위에 위치한 모노폴 안테나는 [그림 8-15]와 같이 방위각 패턴은 다이폴 안테나와 유사하고, 길이 l을 가진 다이폴은 금속이나 접지면 위에 놓인 $\frac{1}{2}l$의 길이를 가진 모노폴과 동일한 특성을 갖는다. 대표적인 모노폴 안테나는 이동통신을 위해 차량에 설치되는 $\frac{1}{4}$ 파장 휩whip 안테나로, 차의 지붕인 접지면에 설치된다. 만약 접지면이 매우 크고 완전도체로 만들어졌다면 이 안테나의 방사패턴은 반파장 다이폴의 방사 패턴과 같다. 그러나 입력 임피던스는 반파장 다이폴 입력 임피던스의 $\frac{1}{2}$이 된다.

다이폴 안테나의 길이 l이 동작주파수 파장 λ_0보다 커지면 방사 패턴의 형태가 왜곡되기 때문에 대부분 $l < \lambda_0$가 사용된다. 길이 $l < \lambda_0$를 가진 다이폴에 대해 고각 또는 앙각elevation 방사 패턴은 구멍이 있는 도넛 또는 8자 형태의 모양을 갖는다. 최대 방사는 $\theta = 90°$일 때 발생하고 $\theta = 0°$에서는 방사가 일어나지 않는다. 방위각 패턴은 원형으로, 안테나는 모든 ψ 방향으로 균일하게 방사된다는 것을 의미한다. ψ 방향으로 지향성이 없기 때문에 안테나는 임의의 방향으로부터 오는 신호들을 수신할 수 있고, 이 때문에 방송이나 무선응용 서비스에 유용하게 사용된다.

안테나 형태	방사 패턴	특징
모노폴 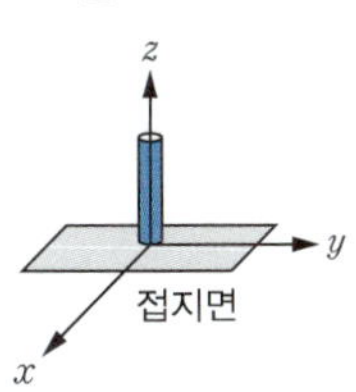	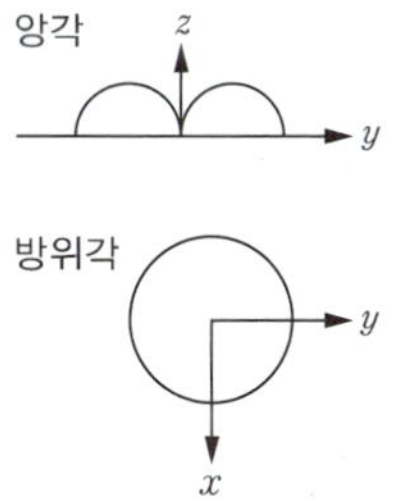	• 편파 : 선형 • HPBW : 45°×360° • 이득 : 2 ~ 6[dB] • 대역폭 : 10% • 주파수 대역 : 제한 없음 • 기타 : 편파는 안테나의 위치에 따라 다름
다이폴 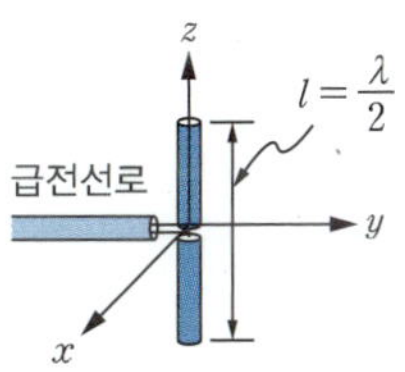	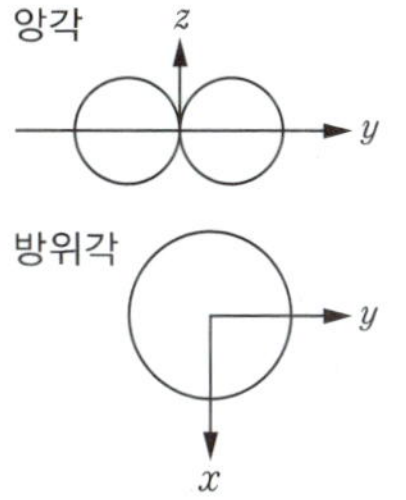	• 편파 : 선형 • HPBW : 80°×360° • 이득 : 2[dB] • 대역폭 : 10% • 주파수 대역 : – 하한 : 없음 – 상한 : 8[GHz] • 기타 : 방사 패턴은 L/f에 따라 변하며, 2[GHz] 이하에서 기준 안테나로 사용됨

[그림 8-15] 모노폴과 다이폴 안테나의 방사 패턴과 특징

[그림 8-16]과 같은 여러 형태의 다이폴이 다양한 무선 응용서비스를 위해 사용되고 있다. 특히 $l = \frac{1}{2}\lambda_0$일 때 반파장 다이폴이라고 한다. 반파장 다이폴(또는 $\frac{1}{4}$ 파장 모노폴) 안테나는 약 73[Ω]의 입력 임피던스를 가지고 1.64의 안테나 이득(= 2.15[dBi])을 갖는다. 다이폴의 길이가 $l \ll \lambda_0$로

매우 짧아지면, 입력 임피던스가 매우 작기 때문에 임피던스 정합이 어렵고 효율은 낮아 대부분의 전력이 안테나에서 소모된다. 짧은 다이폴에 대한 이득은 약 1.5(또는 1.7[dB]) 정도의 값을 갖는다. **폴디드 다이폴** folded dipole **안테나**는 양쪽 끝에 두 개의 원통형 다이폴을 합쳐서 만들며, 폴디드 다이폴 안테나의 급전은 발룬을 사용하여 이루어진다.

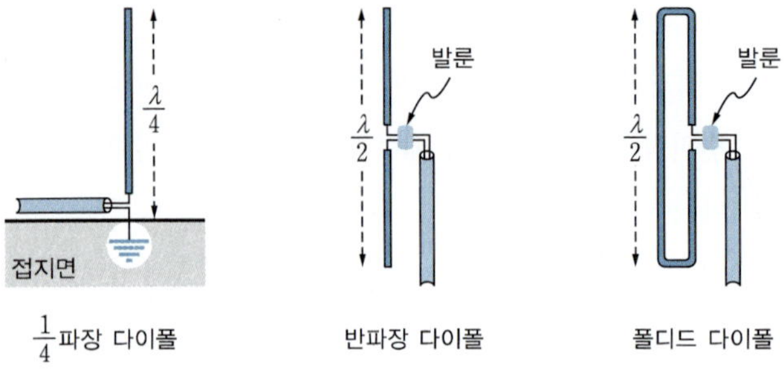

[그림 8-16] **다이폴 안테나의 종류**

모노폴 안테나의 종류를 [그림 8-17]에 나타냈다. [그림 8-17(a)]는 **슬리브 안테나** sleeve antenna 를 보여준다. 동축전송선로 외부는 $\frac{1}{4}$파장 초크처럼 동작하며, 동축케이블의 외부로 전류누설을 막아 방사 패턴 특성을 향상시킨다. 슬리브 안테나는 접지면이 필요하지 않으며 반파장 다이폴 안테나와 동일한 특성을 갖는다. 또한 중앙급전 다이폴 안테나보다 차량탑재에 더 적절하다는 장점이 있다. [그림 8-17(b), (c)]는 변형된 모노폴 안테나인 **역 L형** inverted L 과 **역 F형** inverted F **안테나**를 보여준다. 이 안테나들은 **로우 프로파일** low profile **안테나**들로, 접지면에 설치된 $\frac{1}{4}$파장 모노폴 소자를 굽혀서 L형과 F형으로 만들어 구현한다. 현재 휴대용 단말기에 널리 사용되고 있다. 도선은 광대역 특성을 갖는 평면소자로 대치할 수 있다.

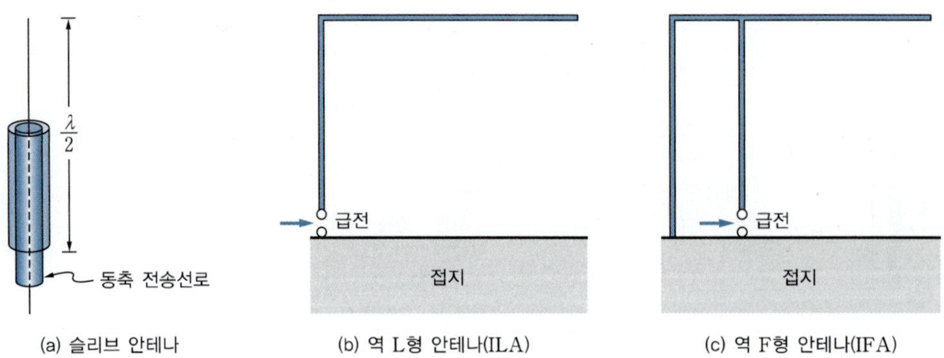

[그림 8-17] **모노폴 안테나의 종류**

예제 8-8 모노폴 안테나

자유공간에서 AM 방송국이 출력 10[kW], 300[kHz] 주파수를 갖는 방송 신호를 모노폴 안테나를 사용하여 송신하고 있다.

(a) 모노폴 안테나가 등가의 반파장 다이폴이라고 할 때, 모노폴 안테나의 길이 l을 구하라.

(b) 반파장 다이폴의 안테나 이득이 1.64라고 가정할 때, 방송국에서 100[km] 떨어진 곳에서 수신되는 최대 전력밀도를 구하라.

풀이

(a) 300[kHz]에서의 파장은 다음과 같이 주어진다.

$$\lambda_0 = \frac{c}{f} = \frac{3\times 10^8\,[\mathrm{m/sec}]}{300\times 10^3\,[\mathrm{Hz}]} = 1\,[\mathrm{km}]$$

이때 모노폴 안테나의 길이는 $l' = \frac{1}{4}\lambda_0 = 250\,[\mathrm{m}]$로 주어진다.

(b) 거리 R에서 등방성 안테나에 대한 전력밀도는 $\frac{P_T}{4\pi R^2}$와 같다. 이득 G를 가진 방향성 안테나에 대해 최대 전력밀도를 구하면 다음과 같다.

$$P_{\mathrm{d,\,max}} = G_T\frac{P_T}{4\pi R^2} = 1.64\times\frac{10\times 10^3\,[\mathrm{W}]}{4\times 3.14\times(100\times 10^3\,[\mathrm{m}])^2} = 0.131\times 10^{-6}\,[\mathrm{W/m^2}]$$

8.3.2 혼 안테나

혼 안테나 horn antenna 는 도파관과 자유공간 사이를 연결하는 중간이득을 갖는 소형 안테나이다. 0.1[dB]의 정확도로 이득을 계산할 수 있기 때문에 안테나 이득 측정을 위한 표준 안테나로 그리고 파라볼라 접시형 안테나 급전으로 사용된다. 구형 도파관 혼 안테나에 연결하기 위해서는 구형 도파관 급전을 사용하며, 원형 도파관 혼 안테나를 위해서는 원형 도파관 급전을 사용한다. [그림 8-18]에 피라미드 pyramidal(구형) 혼 안테나의 형태와 방사 패턴, 그리고 특징을 나타냈다.

안테나 형태	방사 패턴	특징
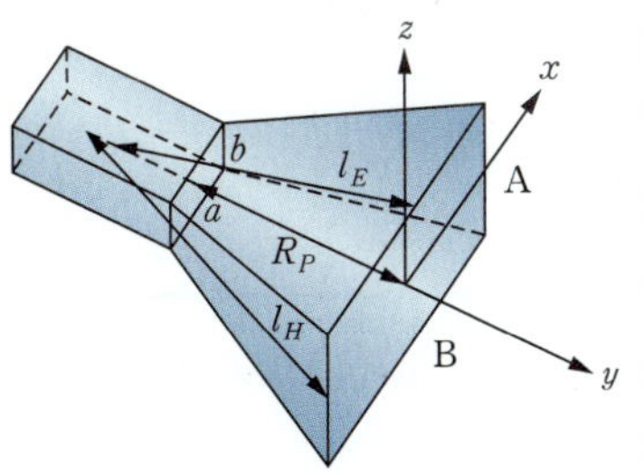	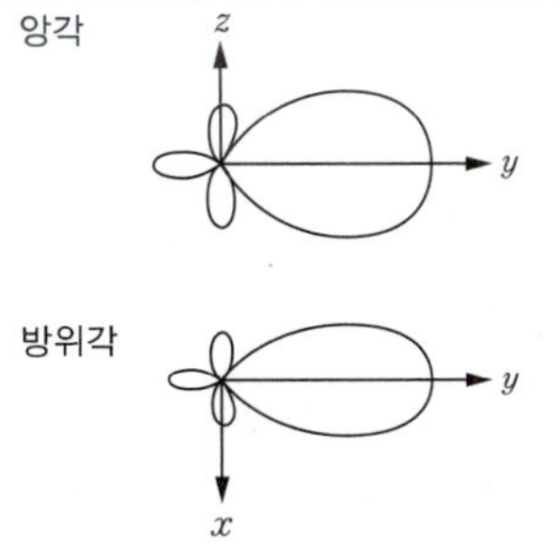	• 편파 : 선형 • HPBW : 40° × 40° • 이득 : 5 ~ 20[dB] • 대역폭 : – 리지드 : 120% – 일반 : 67% • 주파수 대역 : – 하한 : 50[MHz] – 상한 : 40[GHz]

[그림 8-18] 혼 안테나의 방사 패턴과 특징

[그림 8-18]에 나타낸 피라미드 혼 안테나에서 최적 이득을 얻기 위해서는 다음과 같이 크기를 설계한다.

$$A = \sqrt{3\lambda_0 l_H}, \quad B = \sqrt{2\lambda_0 l_E} \tag{8.22}$$

이때 A와 B는 각각 혼 안테나의 크기를, l_E와 l_H는 혼의 경사진 면의 길이를 나타낸다. 피라미드 혼 안테나의 유효면적은 대략 물리적 개구면의 51%로 주어지는데, 이때 이득은 다음 식으로 주어진다.

$$\text{이득}[\text{dB}] = 8.1 + 10\log\frac{AB}{\lambda_0^2} \tag{8.23}$$

혼 안테나의 종류를 [그림 8-19]에 나타냈다. 이때 최적의 이득을 갖는 코니컬conical 혼 안테나의 경우 직경은 다음처럼 주어진다.

$$D = \sqrt{3l_c\lambda_0} \tag{8.24}$$

이때 l_c는 코니컬 혼 안테나의 경사면 길이를 나타낸다. 코니컬 혼 안테나의 최적 이득은 다음과 같이 주어진다.

$$\text{이득}[\text{dB}] = 20\log\frac{\pi D}{\lambda_0} - 2.82 \tag{8.25}$$

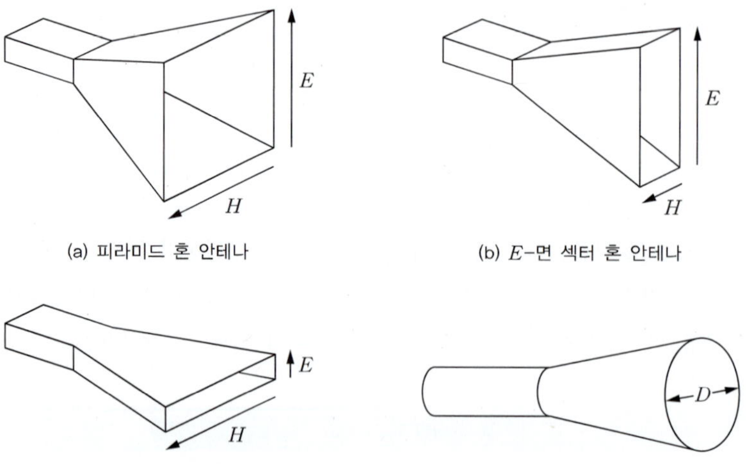

(a) 피라미드 혼 안테나 (b) E-면 섹터 혼 안테나 (c) H-면 섹터 혼 안테나 (d) 코니컬 혼 안테나

[그림 8-19] 혼 안테나의 종류

예제 8-9 피라미드 혼 안테나

자유공간에서 피라미드 혼 안테나가 $A=12$[cm], $B=8$[cm]의 크기를 갖고 12[GHz]에서 동작한다고 할 때, 안테나 이득은 얼마인가?

풀이

동작주파수가 12[GHz]이므로 $\lambda_0 = \dfrac{c}{f} = 2.5\,[\text{cm}]$이다. 식 (8.23)에 대입하면 혼 안테나의 이득을 구할 수 있다.

$$8.1 + 10\log\frac{AB}{\lambda_o^2} = 8.1 + 10\log\frac{12\times 8}{2.5^2} \approx 20\,[\text{dB}]$$

8.3.3 반사판 안테나

반사판 안테나 reflector antennas 또는 **파라볼라 접시 안테나** parabolic dish antennas 는 이득이 20 ~ 30[dB]가 되는 고이득 안테나로서, 점대점 위성 및 무선링크를 위해 사용된다. 포물선 형태의 반사판은 초점에 위치한 신호원에 의해 조사 illumination 되는 구면 spherical wavefront 형태의 전파가 금속 반사판에 의해 평면 planar wavefront 으로 변환된다. 100%의 조사 효율에 대해 유효면적 A_{eff}는 안테나의 물리적 면적 A와 같다.

$$A_{\text{eff}} = \pi\left(\frac{D}{2}\right)^2 = A \tag{8.26}$$

여기서 D는 접시 안테나의 직경이다. 실제 조사효율 η는 급전 과잉, 차단, 손실 때문에 55~75% 사이의 값을 갖는다. 최악의 경우에 55% 효율을 사용하면 유효면적은 다음과 같다.

$$A_{\text{eff}} = \eta A = 0.55\pi\left(\frac{D}{2}\right)^2 \tag{8.27}$$

그리고 안테나의 이득은 $G = \dfrac{4\pi}{\lambda_0^2}A_{\text{eff}}$로부터 다음과 같이 주어진다.

$$G = \frac{4\pi}{\lambda_0^2}A_{\text{eff}} = 0.55\left(\frac{\pi D}{\lambda_0}\right)^2 \tag{8.28}$$

<table>
<tr><th>안테나 형태</th><th>방사 패턴</th><th>특징</th></tr>
<tr>
<td>전면급전
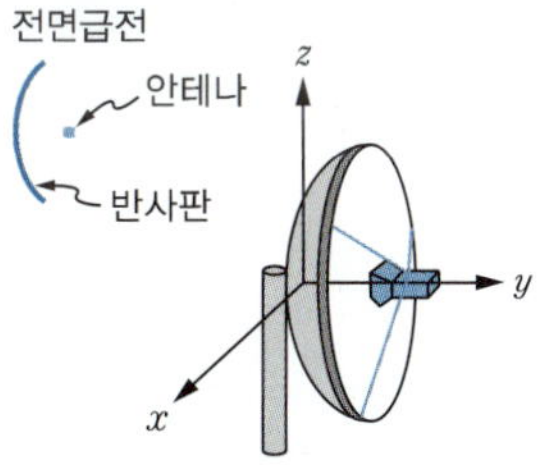
</td>
<td>앙각 & 방위각
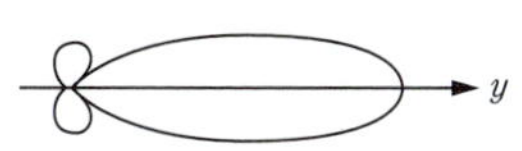
</td>
<td>• 편파 : 급전의 편파
• HPBW : 1° ~ 10°
• 이득 : 10 ~ 60[dB]
• 대역폭 : 33%(급전에 의해 제한)
• 주파수 대역 :
– 하한 : 400[MHz]
– 상한 : 13[GHz]</td>
</tr>
</table>

[그림 8-20] 반사판 안테나의 방사 패턴과 특징 (계속)

안테나 형태	방사 패턴	특징
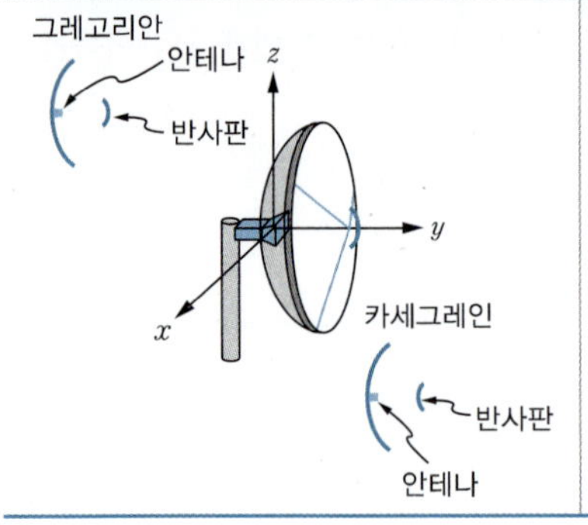	앙각 & 방위각 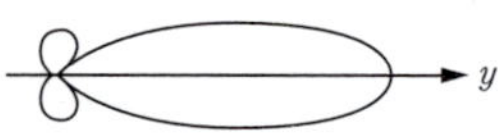	• 편파 : 급전의 편파 • HPBW : 1° ~ 10° • 이득 : 20 ~ 30 [dB] • 대역폭 : 33%(급전에 의해 제한) • 주파수 대역 : – 하한 : 400 [MHz] – 상한 : 13 [GHz]

[그림 8-20] **반사판 안테나의 방사 패턴과 특징**

반치전력 빔폭은 대략 식 (8.29)와 같이 주어진다.

$$\text{HPBW} = 70\frac{\lambda_0}{D}\ [°] \tag{8.29}$$

반사판 안테나는 일반적으로 동축전송선로에 연결된 혼 안테나에 의해 급전된다. [그림 8-21]에 나타낸 바와 같이 **전면급전** front feed, **카세그레인** Cassegrain, **그레고리안** Gregorian, **오프셋급전** offset feed 방법과 같은 4개의 방법으로 나눌 수 있다. 앞서 설명한 바와 같이 반사판 안테나는 고이득과 좁은 빔폭을 갖기 때문에 반사판과 혼 안테나와의 정렬이 매우 중요하다.

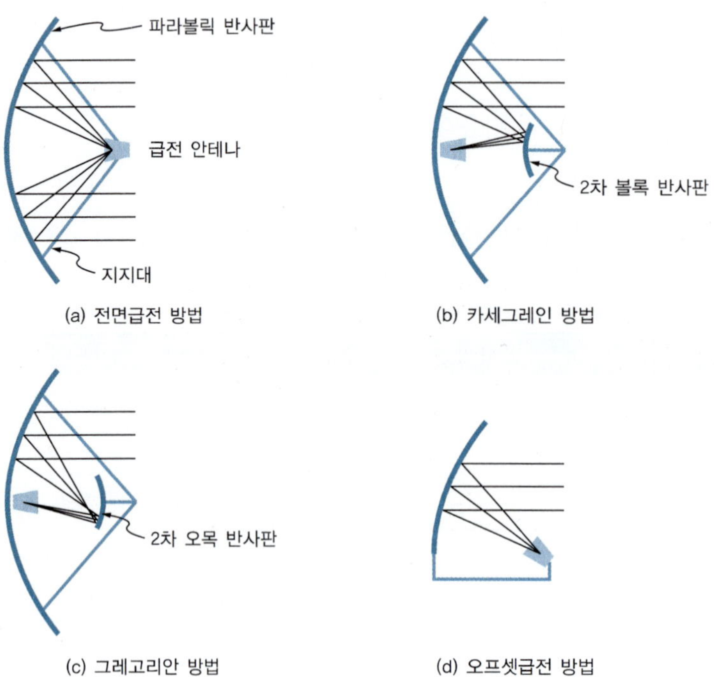

(a) 전면급전 방법 (b) 카세그레인 방법

(c) 그레고리안 방법 (d) 오프셋급전 방법

[그림 8-21] **반사판 안테나의 종류**

❶ **전면급전 방법** : 가장 간단한 급전 방법이다. 조사효율은 55~60% 정도이고, 급전과 급전구조가 개구면을 일부 차단하기 때문에 부엽레벨과 교차편파를 증가시킨다는 단점이 있다.

❷ **카세그레인 방법** : 급전구조가 송수신기와 가까워 연결선의 길이를 줄일 수 있다는 장점이 있다.

❸ **그레고리안 방법** : 카세그레인 급전과 유사하지만, 타원형 반사경을 사용하며 76% 정도의 조사효율을 얻을 수 있다.

❹ **오프셋급전 방법** : 앞의 급전방법들에서 발생하는 급전구조와 부반사판에 의한 개구면 차단을 방지할 수 있다. 부엽레벨이 더 작고, 동일한 이득에 대해 소형으로 구현할 수 있다는 장점이 있다.

반사판 안테나는 크기 때문에 낮은 마이크로파 주파수 대역과 UHF 대역에서는 반사판 안테나의 일부분만 사용하기도 한다. 이를 절단 파라볼라 접시 truncated parabolic dish 라고 하며, 선박에서 주로 사용한다. 또한 접시 안테나를 경량화하고, 강한 바람에 견딜 수 있도록 금속재료로 만들어진 그물 형태 반사판 안테나가 사용되기도 한다.

예제 8-10 파라볼라 접시 안테나의 원거리장

직경이 3[m]인 파라볼라 접시 안테나가 10[GHz]에서 동작할 때, 원거리장이 동작하는 거리를 구하라.

풀이

식 (8.9)로부터 직경 D와 동작신호의 파장 λ_0인 안테나의 원거리장을 구하면 다음과 같다.

$$R > \frac{2D^2}{\lambda_0} = \frac{2 \times 3^2}{0.03} = 600\,[\mathrm{m}]$$

8.3.4 마이크로스트립 패치 안테나

마이크로스트립 패치 안테나 microstrip patch antenna 는 동작 대역폭이 작고, 높은 전력을 다루기가 어렵다는 단점이 있다. 하지만 평면구조라서 간단하고, 집적화가 쉬워 배열 안테나로 구현하기도 쉬우면서 효율성이 높아 널리 사용된다. 패치는 금속재질을 사용해 사각형 또는 원형 등으로 설계된다.

[그림 8-22(a)]에 사각형 패치를 가진 마이크로스트립 패치 안테나를 나타냈다. [그림 8-22(b)]에는 마이크로스트립 패치 안테나에서 가장 많이 사용하는 급전방법을 나타냈다. [그림 8-22(b)]에 나타낸 것과 같은 마이크로스트립 선로 급전과 동축케이블 급전 coaxial probe feed 이 널리 사용되며, 또 다른 급전 방법으로 근접 급전 proximity feed, 개구결합 aperture-coupled 급전이 사용되고 슬롯 선로 급전, 동일평면 도파관 급전 등도 사용된다.

마이크로스트립 패치 안테나는 접지면을 가진 유전율 ε_r 인 유전체 기판 위에 폭 W와 길이 L을 가진 전형적인 사각형 금속 패치와 급전구조를 위한 전송선로로 구성된다. 유전체 내 전파의 관내 파장이 λ_g라고 할 때, 유전체 기판의 두께 h는 $0.002\lambda_g$보다 작거나 같게 설계된다.

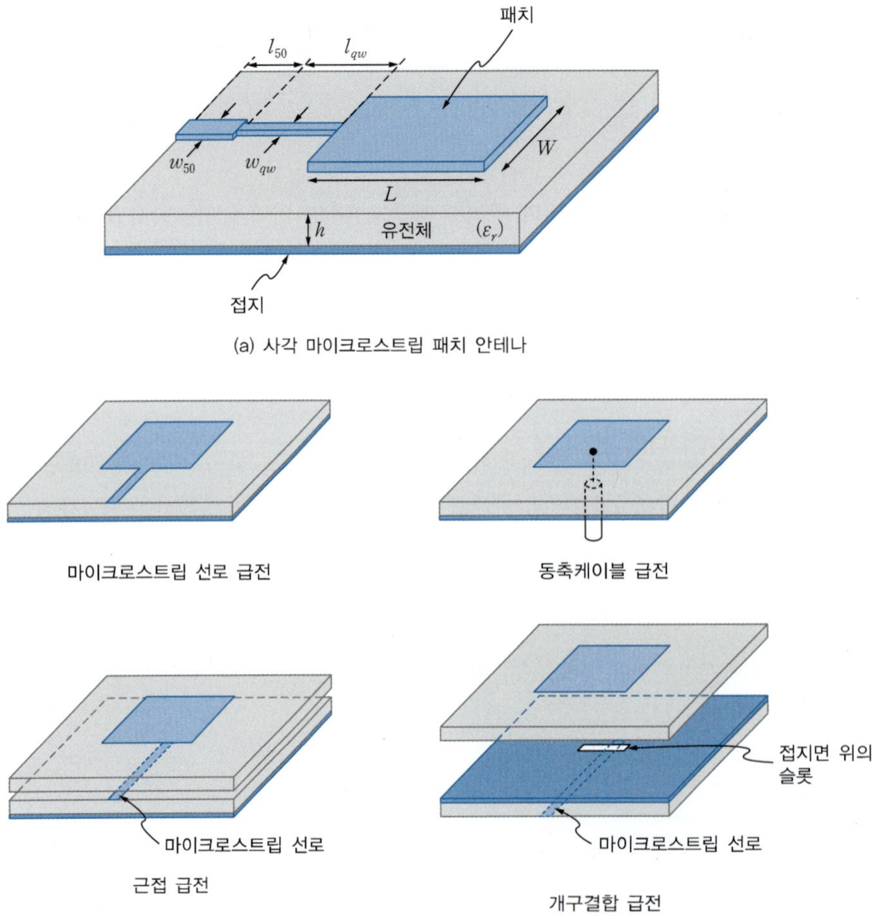

(a) 사각 마이크로스트립 패치 안테나

(b) 급전방법

[그림 8-22] 사각 마이크로스트립 패치 안테나와 급전방법

마이크로스트립 패치 안테나를 해석하고 설계하기 위해서는 몇 가지 이론적 방법이 필요하다. 첫 번째 방법은 공동 모델cavity model로, 사각형 패치를 자계 벽magnetic wall으로 둘러싸인 공동 공진기라고 가정한다. 공동 모델이론은 높은 정확도를 갖고 안테나의 모든 특성을 계산할 수 있지만, 전송선로 모델보다 훨씬 계산이 복잡하고 시간이 오래 걸린다는 단점이 있다. 두 번째는 전송선로 모델 이론을 이용한 방법으로, 사각 패치를 방사 임피던스에 의해 종단된 매우 넓은 전송선로라고 가정한다. 그러나 전송선로 모델은 근사적이고 측정결과로부터 얻어진 경험식이기 때문에 대략적인 성능만을 계산할 수 있다.

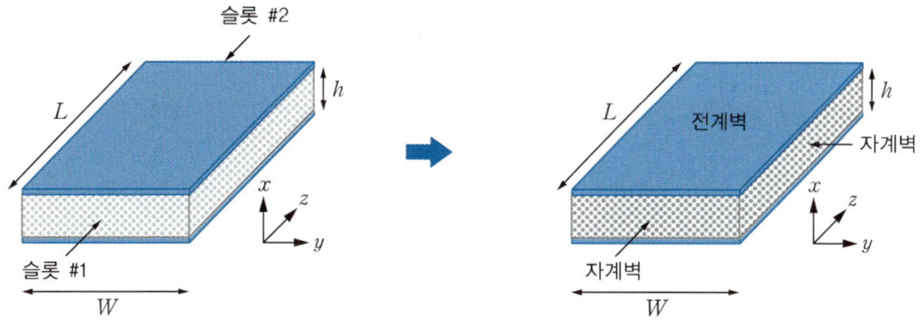

(a) 공동 공진기 모델

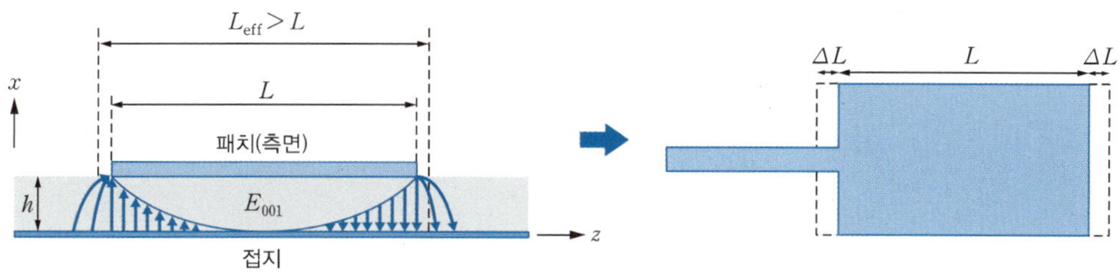

(b) 전송선로 모델

[그림 8-23] **마이크로스트립 패치 안테나의 공동모델과 전송선로 모델**

전송선로 모델에서 마이크로스트립 패치는 길이 L, 폭 W를 갖고 횡 방향으로 공진하는 전송선로라고 가정한다. 이때 전계는 공진 길이를 따라 패치 아래에서 사인함수 형태로 sinusoidally 변하며, 패치의 폭 W를 따라서는 변하지 않는다고 가정한다. 이때 안테나의 방사는 안테나의 **방사 가장자리** radiating edge 또는 폭을 따라 누설되는 필드에서 발생한다. 패치의 방사 가장자리는 마이크로스트립 전송선로로 연결된 **방사 슬롯** radiating slot 이라고 생각할 수 있다. 전송선로 이론을 이용한 마이크로스트립 패치 안테나 설계과정은 다음과 같다.

❶ 패치 안테나의 폭 W를 계산한다.

$$W = \frac{1}{2f_r\sqrt{\mu_0\varepsilon_0}}\sqrt{\frac{2}{\varepsilon_r+1}} = \frac{c}{2f_r}\sqrt{\frac{2}{\varepsilon_r+1}}$$

❷ 유효 상대유전율 $\varepsilon_{r_{\text{eff}}}$를 계산한다.

$$\varepsilon_{r_{\text{eff}}} = \frac{\varepsilon_r+1}{2} + \frac{\varepsilon_r-1}{2}\left(1+\frac{12h}{W}\right)^{-1/2}$$

❸ [그림 8-23(b)]에 나타낸 것과 같이 프린징 효과에 따른 유효 패치길이($L_{eff}=L+\Delta L$)의 증가 성분 ΔL을 계산한다.

$$\Delta L = 0.412h\frac{\left(\varepsilon_{r_{\text{eff}}}+0.3\right)\left(\dfrac{W}{h}+0.264\right)}{\left(\varepsilon_{r_{\text{eff}}}-0.258\right)\left(\dfrac{W}{h}+0.8\right)}$$

❹ 공진을 위한 마이크로스트립 패치 안테나의 실제 물리적 길이를 계산한다.

$$L = \frac{\lambda_0}{2} - 2\Delta L \text{ 또는 } L = \frac{1}{2f_r\sqrt{\varepsilon_{r_{eff}}}\sqrt{\mu_0\varepsilon_0}} - 2\Delta L$$

❺ 마이크로스트립 패치 안테나의 크기에 따른 공진주파수를 결정한다.

$$f_r = \frac{c}{2\sqrt{\varepsilon_{r_{eff}}}(L+2\Delta L)}$$

❻ 슬롯의 방사 컨덕턴스 radiation conductance G와 방사 서셉턴스 radiation susceptance B를 계산한다.

$$G = \begin{cases} \dfrac{W^2}{90\lambda_0^2} & (W < \lambda_0) \\ \dfrac{W}{120\lambda_0} & (W > \lambda_0) \end{cases}$$

$$B = \frac{k_0\Delta L\sqrt{\varepsilon_{r_{\text{eff}}}}}{Z_0} \qquad \left(Z_0 = \frac{120\pi h}{W\sqrt{\varepsilon_{r_{\text{eff}}}}},\ k_0 = \frac{2\pi}{\lambda_0}\right)$$

❼ 폭 W를 가진 마이크로스트립 선로의 특성 임피던스 Z_0, 패치 가장자리에서 공진 입력 임피던스 Z_{in}을 계산한다.

$$Z_{\text{in}} = \frac{1}{Y_{\text{in}}} = \frac{1}{2G_1'} = R_{\text{in}}$$

예제 8-11 마이크로스트립 패치 안테나 설계

3[GHz]에서 동작하는 마이크로스트립 패치 안테나를 설계하라. 기판은 0.76[mm]의 두께를 가지고 유전율이 2.2인 Duroid 5880이다. 다음의 그림과 같이 안테나는 50[Ω] 선로에 의해 급전되고 임피던스 정합을 위해 $\frac{1}{4}$파장 변환기가 사용된다.

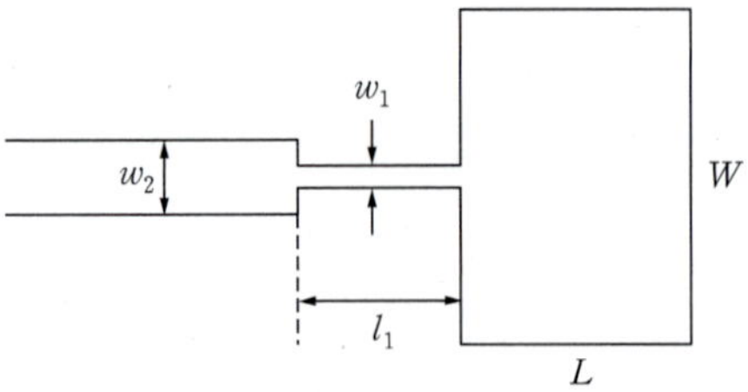

풀이

앞서 마이크로스트립 패치 안테나를 설계하는 과정에서 주어진 식을 사용하자.

❶ 패치안테나의 폭 $W = \frac{c}{2f_r}\left(\frac{\varepsilon_r+1}{2}\right)^{-1/2} = 3.95\,[\text{cm}]$

❷ 유효 상대유전율 $\varepsilon_{r_{eff}} = \frac{\varepsilon_r+1}{2} + \frac{\varepsilon_r-1}{2}\left[1+\frac{12h}{W}\right]^{-1/2} = 2.14$

❸ 유효 패치길이 증분 $\Delta L = 0.412h\left(\frac{\varepsilon_{r_{\text{eff}}}+0.3}{\varepsilon_{r_{\text{eff}}}-0.258}\right)\left(\frac{W/h+0.264}{W/h+0.8}\right) = 0.04\,[\text{cm}]$

❹ 마이크로스트립 패치 안테나의 실제 물리적 길이 $L = \frac{c}{2f_r\sqrt{\varepsilon_{r_{\text{eff}}}}} - 2\Delta L = 3.34\,[\text{cm}]$

❺ 마이크로스트립 패치 안테나의 크기에 따른 공진주파수는 문제로부터 $f_r = 3\,[\text{GHz}]$, $\lambda_0 = \frac{c}{f_r} = 10\,[\text{cm}]$로 구할 수 있다.

❻ $W < \lambda_0$이기 때문에 슬롯의 방사 컨덕턴스는 $G = \frac{W^2}{90\lambda_0^2}$으로 계산할 수 있다.

❼ 폭 W를 가진 마이크로스트립 선로의 특성 임피던스 Z_0, 패치 가장자리에서 공진 입력 임피던스 Z_{in}을 다음과 같이 구할 수 있다.

$$Y_{\text{in}} = 2G = \frac{1}{45}\frac{W^2}{\lambda_0^2} = \frac{1}{R_{\text{in}}}$$

$$R_{\text{in}} = 288\,[\Omega] = \text{입력 임피던스}$$

전송선로의 특성 임피던스와 안테나의 입력 임피던스로부터 $\frac{1}{4}$파장 변환기의 특성 임피던스를 다음과 같이 계산할 수 있다.

$$Z_{0T} = \sqrt{R_{\text{in}} \times 50} = 120\,[\Omega]$$

$$\frac{w_1}{h} \approx 0.58 \text{ 그리고 } \frac{\lambda_{g1}\sqrt{\varepsilon_r}}{\lambda_0} \approx 1.13$$

그러므로 임피던스 변환기는 폭 w_1과 길이 l_1을 가지며 다음과 같이 주어진다.

$$w_1 = 0.0442\,[\text{cm}],\ l_1 = \frac{1}{4}\lambda_{g1} = 1.90\,[\text{cm}]$$

$50\,[\Omega]$ 선로에 대해 w_2를 구하면 $0.228\,[\text{cm}]$가 된다.

또한 마이크로스트립 패치 안테나에 [그림 8-24]에 나타낸 것처럼 90° 하이브리드 결합기를 가진 적절한 급전 네트워크를 사용하거나 패치의 모양을 변화시키면, 원형편파 특성을 갖는 안테나를 구현할 수 있다. 이 안테나는 GPS 안테나로 많이 사용된다.

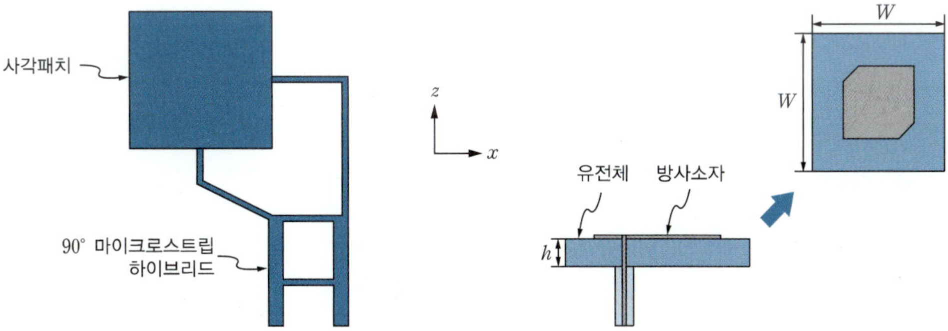

[그림 8-24] 원형편파 마이크로스트립 패치 안테나

8.3.5 배열 안테나

배열 안테나 array antenna 는 반치전력 빔폭이 커서 낮은 이득을 갖는 단일 안테나의 성능을 개선하여 고이득, 고지향성과 좁은 원형 빔을 구현하기 위해 두 개 이상의 안테나를 배열한 안테나를 말한다. 안테나의 빔폭은 안테나 크기에 반비례하기 때문에 하나 이상의 안테나를 사용하게 되면 방사되는 빔을 더욱 좁고 날카롭게 만들 수 있다. 또한 동시에 동작하는 안테나를 배열하면 시스템의 유효한 영역을 증가시켜 특정 방향으로 송신 또는 수신되는 에너지를 집중시킬 수 있다.

배열 안테나는 안테나를 배열하는 방법에 따라 종류가 나뉜다. 안테나가 직선을 따라 배열된 선형 배열 linear array, 원형으로 배열된 원형 배열 circular array, 사각 배열과 같이 평면에 배열된 평면 배열 planar array 그리고 항공기와 같이 곡면에 배열된 컨포멀 배열 conformal array 등으로 나눌 수 있다.

배열 안테나를 설계하기 위한 변수로는 ① 일반적인 배열의 형태(선형, 원형, 평면형 등), ② 안테나 소자의 간격, ③ 안테나 여기 excitation 신호의 진폭, ④ 안테나 여기신호의 위상, ⑤ 안테나 소자들의 패턴 등이 있다. 동일한 안테나 소자들을 배열하여 안테나 여기신호의 전기적 위상을 제어함으로써 빔 패턴을 조절하는 안테나를 **위상배열 안테나**라고 하는데, 기계적 제어 없이 주 빔의 방향을 제어할 수 있다. 또한 각 소자들의 위상을 개별적으로 제어할 수 있다. 전기적 위상배열 안테나는 기계적으로 제어되는 빔에 비해 고속 빔 제어가 가능하다는 장점이 있다.

배열 안테나의 빔 패턴은 배열을 구성하는 각 안테나 소자의 패턴과 안테나 소자들의 여기신호(진폭, 위상)와 배열의 형태에 따라 주어지는 **배열인자** AF 의 곱으로 주어진다. 이를 **패턴곱** pattern multiplication 이라고 한다.

$$\text{배열 안테나의 빔 패턴} = \text{배열 소자 패턴} \times \text{배열인자(AF)} \tag{8.30}$$

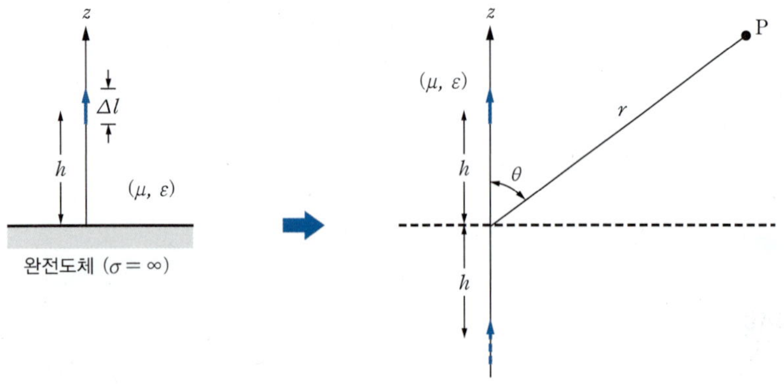

(a) 지표면 위의 미소 다이폴 (b) 영상 미소 다이폴

[그림 8-25] 지표면 위의 미소 다이폴 안테나

예를 들어, [그림 8-25(a)]와 같이 완전도체를 가정하는 지표면 위 미소 다이폴 infinitesimal dipole 안테나에 대해 패턴곱을 사용해 원거리장 패턴(전계크기)을 계산할 수 있다. 완전도체 위의 미소 다이폴은 영상 image 이론에 의해 [그림 8-25(b)]와 같이 두 개의 미소 다이폴로 가정할 수 있기 때문에 식 (8.30)을 응용하여 식 (8.31)과 같이 원거리장 패턴을 계산할 수 있다.

$$E_\theta \approx \underbrace{j\eta k I_0 \Delta l \frac{e^{-\phi k \rho}}{4\pi r} \sin\theta}_{\text{소자 패턴}} \ \underbrace{\left[2\cos\left(kh\cos\theta\right)\right]}_{\text{배열 인자}} \tag{8.31}$$

이 책에서는 배열 안테나 설계 이론을 생략하고, 각 설계 방법에 따른 2차원 배열 안테나의 설계 과정을 [그림 8-26]에 나타냈다.

배열을 급전하는 방법은 [그림 8-27]과 같이 크게 두 가지로 나뉜다. 하나는 **공동 급전방법** corporate feed method 이고, 두 번째는 **직렬 급전방법** series feed method 이다. 직렬 급전방법은 다시 부하가 개방 또는 단락일 때인 **공진배열** resonant array **급전방법**과 급전선이 정합된 부하로 종단되는 **진행파 급전방법** traveling-wave feed method 으로 나뉜다. 공동 급전방법에는 각 소자에 입력전력을 분배하고 전달하기 위해 3[dB] 전력분배기가 사용된다.

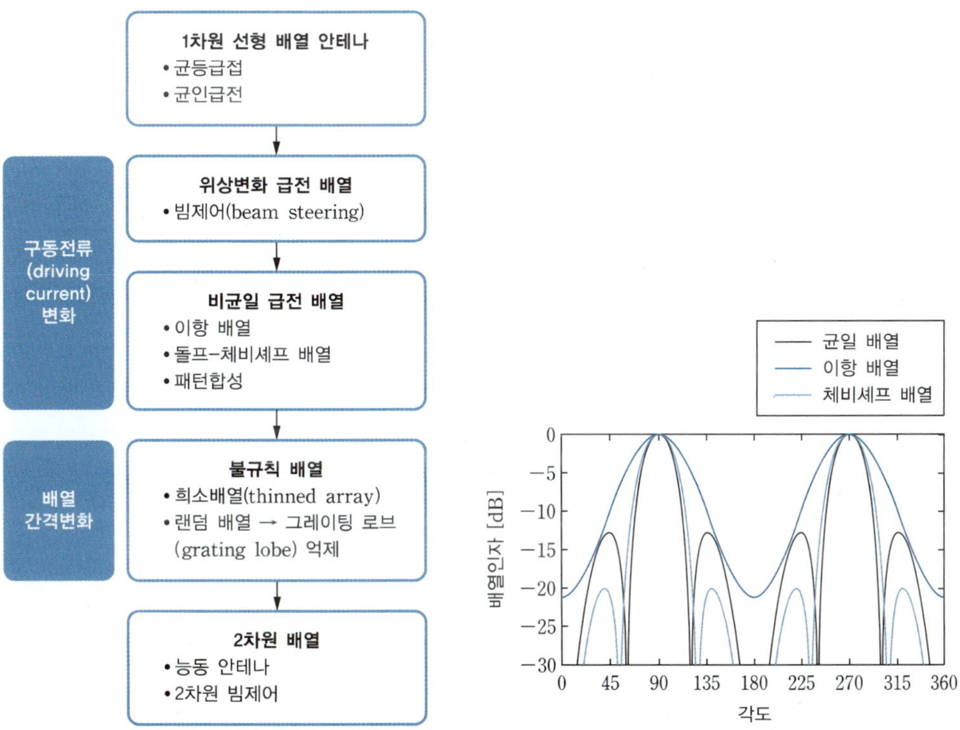

[그림 8-26] 배열 안테나의 설계 방법

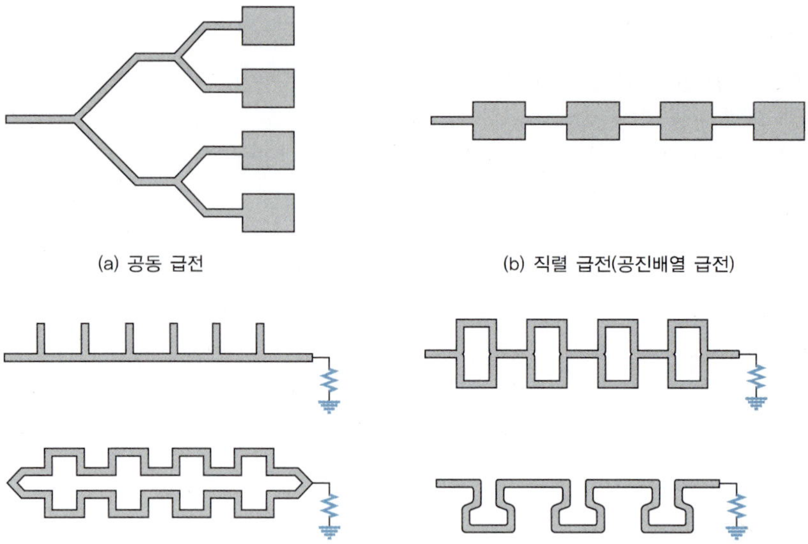

(a) 공동 급전 (b) 직렬 급전(공진배열 급전)

(c) 직렬 급전(진행파 급전)

[그림 8-27] **배열 안테나 급전 방법**

각각의 전력분배기는 일정한 손실을 갖는다. 진행파 급전방법에서 안테나 소자는 전송선로와 결합된다. 각 소자와 결합된 전력은 결합 메커니즘에 의해 조절된다. [그림 8-28]에 4개의 마이크로스트립 패치 안테나 소자를 이용한 배열 안테나를 나타냈다. 4개의 배열소자는 동작주파수의 $\frac{\lambda}{2}$ 만큼 분리되어 있으며, $50[\Omega]$ 마이크로스트립 전송선로와 패치 안테나를 정합하기 위해 $\frac{1}{4}$ 파장 임피던스 변환기를 사용했다.

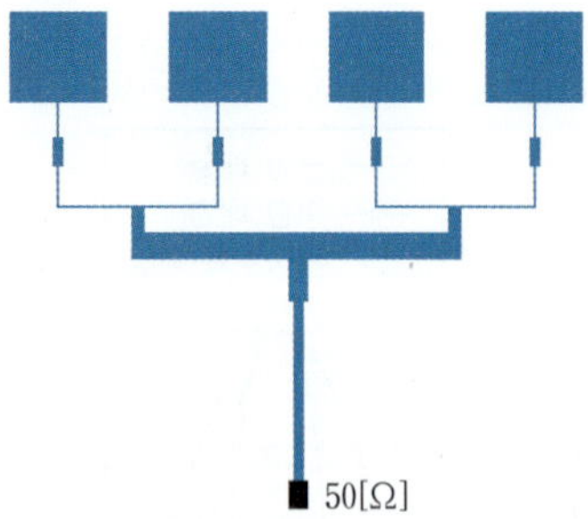

[그림 8-28] **마이크로스트립 패치 배열 안테나**

예제 8-12 배열 안테나의 설계

다음의 그림과 같이 두 등방성 방사소자 배열 안테나의 주 빔과 널(영점)이 같은 축에 있을 때, 두 등방성 방사소자의 배열 파라미터인 간격 d와 입사신호 위상차 δ 그리고 정규화된 방사 패턴을 구하라.

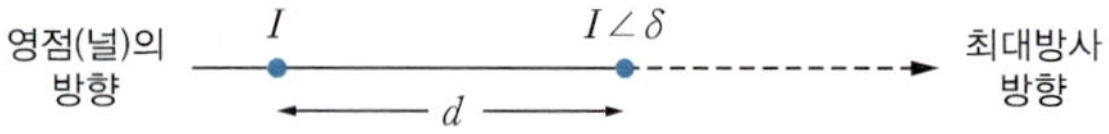

풀이

다음 그림과 같은 등방성 방사소자의 배열을 가정해보자.

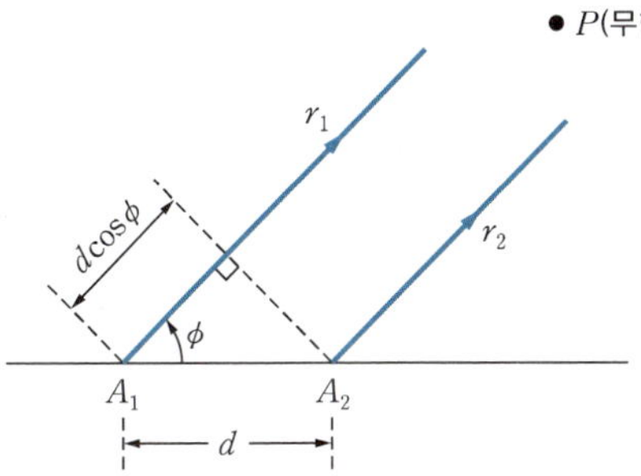

두 방사소자로부터 원거리(무한대) 지점 P까지의 경로차이는 $d\cos\phi$로 나타낼 수 있고, 이를 파장에 대해 나타내면 $\frac{d\cos\phi}{\lambda}$로 표현할 수 있다. 이때 각도 차이는 '$\Psi = 2\pi \times$경로 차이'로 구할 수 있다.

$$\Psi = 2\pi\frac{d\cos\phi}{\lambda} = \beta d\cos\phi$$

두 방사소자로부터 만들어지는 전계는 $E = E_1 + E_1 e^{j\Psi}$로 나타낼 수 있다. 각 등방성 방사소자의 전류는 같은 크기 I를 가지며 위상은 δ만큼 차이가 나므로, $\Psi = \beta d\cos\phi + \delta$로 주어진다.

$$E = E_1 + E_1 e^{j\Psi} = E_1(1 + \cos\Psi + j\sin\Psi)$$

$|E| = E_1\sqrt{2(1+\cos\Psi)} = 2E_1\cos\frac{\Psi}{2} = 2E_1\cos\frac{\beta d\cos\phi + \delta}{2}$ 로부터, 최대 방사를 위해서는 $\phi = 0$, $\frac{\Psi}{2} = 0$을 만족하며, 영점에 대해서는 $\phi = \pi$, $\frac{\Psi}{2} = \pm\frac{\pi}{2}$를 만족해야 한다. 따라서 배열소자의 위상차와 간격은 각각 $\delta = -\frac{\pi}{2}$, $d = \frac{\lambda}{4}$로 주어진다. 또한 정규화된 방사 패턴은 $\frac{E}{2E_1} = E_n = \cos\frac{\pi\cos\phi - \pi}{4}$로 얻을 수 있다.

8.3.6 기타 안테나

앞서 설명한 주요 안테나들 외에도 루프 안테나, 헬릭스 안테나, 야기-우다 안테나, 대수주기 안테나 등 다양한 안테나가 존재한다.

■ 루프 안테나

루프loop **안테나**는 루프를 원형, 사각형, 타원형으로 만든 안테나이다. 루프의 둘레가 전기적으로 작을 때는 방사 패턴이 수평면에서 무지향성으로 나타나다가 루프의 둘레가 파장 길이가 되면 수직면에서 무지향성으로 나타난다. 이처럼 루프의 둘레에 따라 방사 패턴이 변하므로 방사 패턴을 쉽게 조정할 수 있다는 장점이 있다. 그러나 루프 안테나의 저항과 리액턴스 값이 커서 동작주파수 대역 내에서 50[Ω]의 특성 임피던스에 정합하기 어렵다는 단점이 있다.

안테나 형태	방사 패턴	특징
소형 원형루프 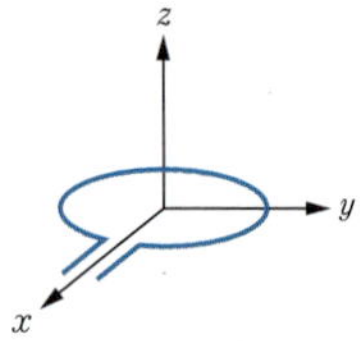	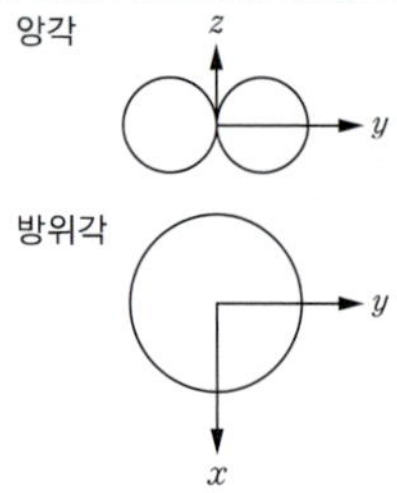	• 편파 : 선형(수평) • HPBW : 80°×360° • 이득 : −2 ~ 2[dB] • 대역폭 : 10% • 주파수 대역 : – 하한 : 50[MHz] – 상한 : 1[GHz]
소형 사각루프 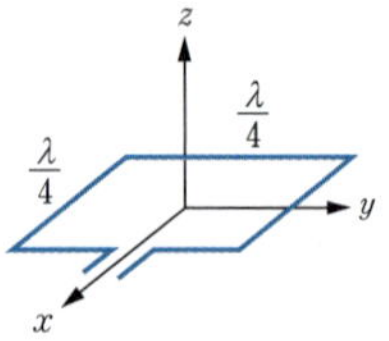	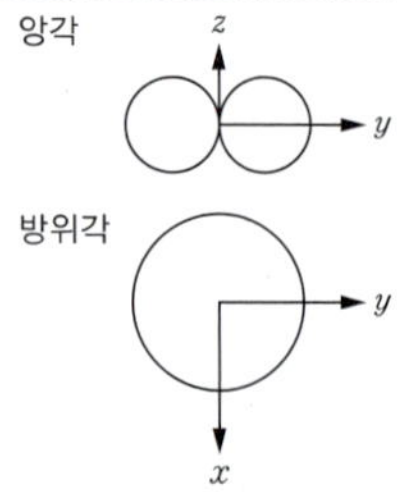	• 편파 : 선형(수평) • HPBW : 100°×360° • 이득 : 1 ~ 3[dB] • 대역폭 : 10% • 주파수 대역 : – 하한 : 50[MHz] – 상한 : 1[GHz]

[그림 8-29] **루프 안테나의 방사 패턴과 특징**

■ 헬릭스 안테나

헬릭스helix **안테나**는 루프 안테나가 변형된 형태로, 도선을 나선 형태로 감아서 만든 안테나이다. 광대역 주파수에 대해 입력저항 특성이 안정적이고, 이득이 높기 때문에 초기 이동통신 단말기 안테나로 많이 사용되었다. 최근에는 PCB에 평면 형태로 구현된 헬릭스 안테나도 사용되고 있다.

안테나 형태	방사 패턴	특징
수평방향 헬릭스 (axial mode) 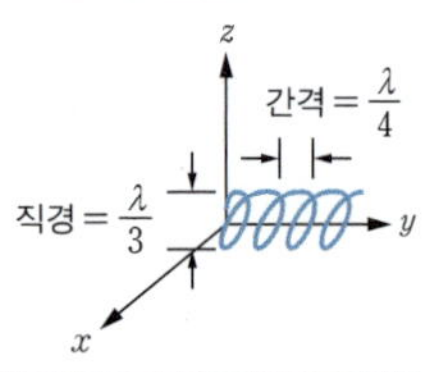	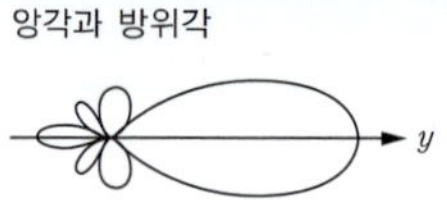	• 편파 : 원형 • HPBW : 50°×50° • 이득 : 10[dB] • 대역폭 : 52% • 주파수 대역 : – 하한 : 100[MHz] – 상한 : 3[GHz] • 기타 : 최소 3번 이상 턴수
수직방향 헬릭스 (normal mode) 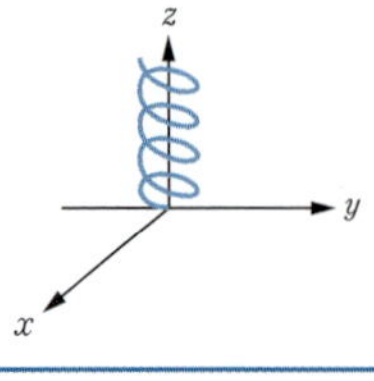	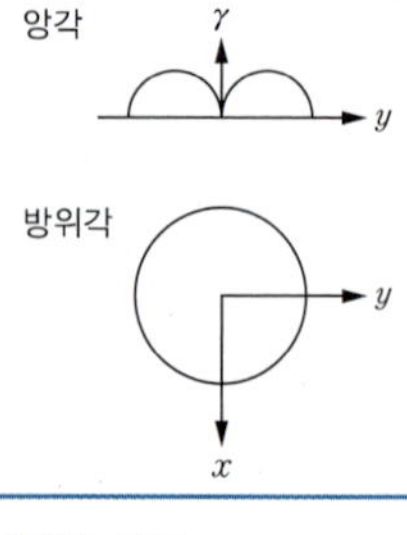	• 편파 : 원형 • HPBW : 60°×360° • 이득 : 0[dB] • 대역폭 : 5% • 주파수 대역 : – 하한 : 100[MHz] – 상한 : 3[GHz]

[그림 8-30] **헬릭스 안테나의 방사 패턴과 특징**

■ 야기-우다 안테나

야기-우다 Yagi-Uda **안테나**는 VHF와 UHF 대역에서 많이 사용되는 고이득 안테나로, 구조가 간단하고 적은 비용으로 제작할 수 있기 때문에 가정용 TV 수신 안테나 등에 널리 사용되고 있다. [그림 8-31(a)]에 야기-우다 안테나의 구조를 나타냈다. 안테나의 중심 주파수와 편파를 결정하는 방사소자, 방사소자 뒤쪽으로 방사되는 전자기파를 반사시켜 앞쪽으로 진행시키는 **반사기** reflector, 방사기 앞에 위치하여 안테나의 지향성과 이득을 높일 수 있는 **도파기** director 로 구성된다.

안테나 형태	방사 패턴	특징
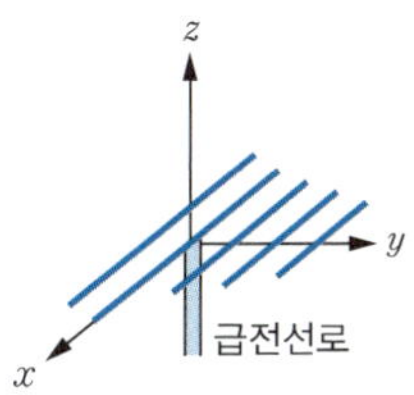	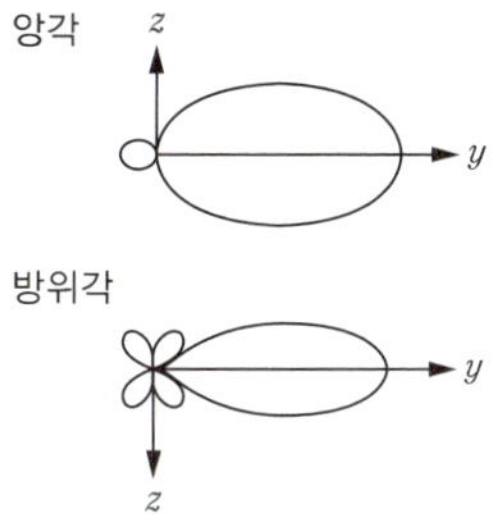	• 편파 : 선형(수평) • HPBW : 50°×50° • 이득 : 5 ~ 15[dB] • 대역폭 : 5% • 주파수 대역 : – 하한 : 50[MHz] – 상한 : 2[GHz]

[그림 8-31] 야기-우다 안테나의 방사 패턴과 특징

■ 대수주기 안테나

대수주기 log periodic **안테나**는 야기-우다 안테나와 비슷한 형태지만, 야기-우다 안테나에 비해 대역폭이 넓고 모든 소자들이 급전 전송선로에 직접 연결된다는 차이가 있다.

안테나 형태	방사 패턴	특징
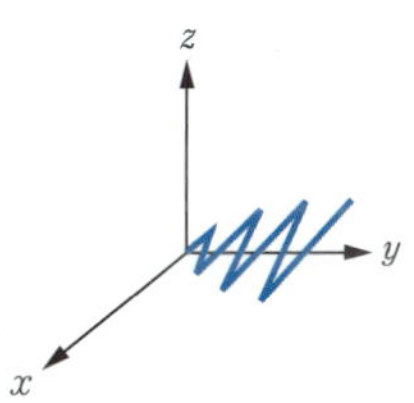	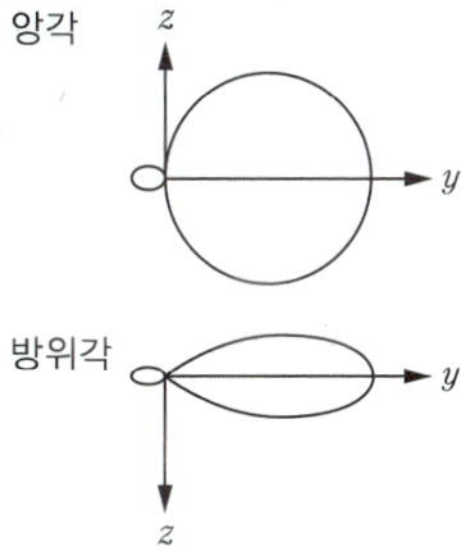	• 편파 : 선형(수평) • HPBW : 60°×80° • 이득 : 6 ~ 8[dB] • 대역폭 : 163% • 주파수 대역 : – 하한 : 3[MHz] – 상한 : 18[GHz] • 기타 : 이 배열은 다이폴을 포함한 형태로 구현될 수 있다.

[그림 8-32] 대수주기 안테나의 방사 패턴과 특징

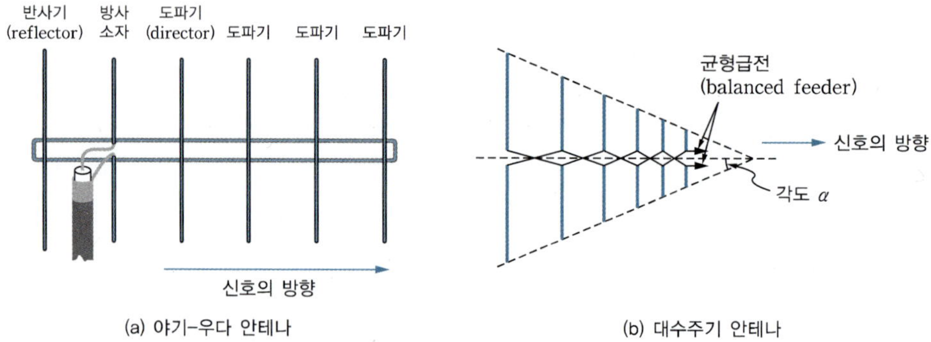

[그림 8-33] 야기-우다 안테나와 대수주기 안테나

이 밖에도 주파수에 따라 입력 임피던스, 방사 패턴 등과 같은 안테나 특성이 변화하지 않는 나선 안테나 spiral, 자기상보 self-complementary 안테나와 같은 주파수 독립 frequency independent 안테나가 있다.

8.4 자유공간 손실방정식

송신기, 수신기, 안테나로 구성된 무선통신 시스템에서는 자유공간에서 송신 안테나로부터 송신된 신호가 수신 안테나로 도달하는 동안에 손실이 발생한다. 이 절에서는 수신기에서 수신되는 수신전력과 자유공간에서 신호가 전파하며 발생하는 손실에 대해 설명하고자 한다.

8.4.1 자유공간 수신전력

전파를 이용하여 정보를 전송하는 무선통신 시스템은 송신기, 송신 안테나, 수신 안테나, 수신기로 구성된다. 출력전력 P_t를 갖는 송신기가 손실이 L_t인 급전선로를 통해 이득 G_t를 갖는 송신 안테나로 출력된다. 전파는 거리 R만큼 떨어진 수신기에서 이득 G_r을 갖는 수신 안테나에 의해 수신되고, 송신기와 마찬가지로 손실 L_r인 급전선로를 통해 수신전력 P_r로 수신기에 입력된다. 전파의 흡수, 반사, 굴절, 회절 등이 없다고 가정한 자유공간에 있는 무선통신 시스템은 [그림 8-34]와 같이 나타낼 수 있다.

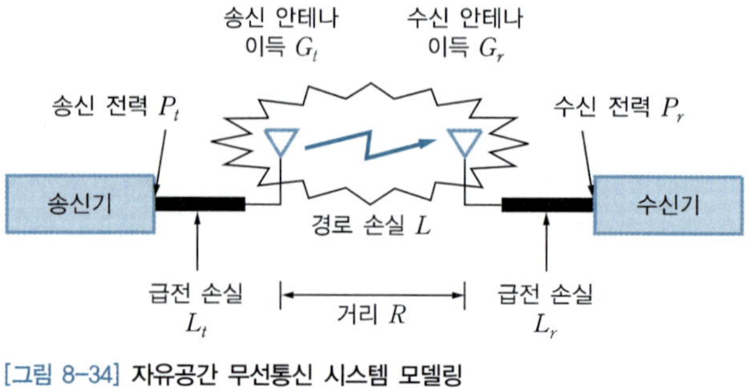

[그림 8-34] 자유공간 무선통신 시스템 모델링

급전선로 손실, 안테나와 급전선로 간 임피던스 부정합, 편파 부정합, 대기 손실, 장애물 손실 등이 없다고 가정하면 식 (8.32)를 통해 수신전력을 얻을 수 있다. 만약 송신 안테나가 등방성이고 송수신기가 충분히 멀리 떨어져 수신기 안테나가 원거리장에서 동작한다고 가정하면, 수신 안테나에서의 전력밀도는 다음과 같이 주어진다.

$$S_I = \frac{P_t}{4\pi R^2}\ [\mathrm{W/m^2}] \tag{8.32}$$

실제 시스템에서는 송신 안테나 이득 G_t를 갖는 지향성 안테나를 사용하기 때문에 식 (8.32)는 다음과 같이 수정할 수 있다.

$$S_D = \frac{P_t}{4\pi R^2} G_t\,[\mathrm{W/m^2}] \tag{8.33}$$

수신전력은 전력밀도에 수신 안테나의 유효면적 A_{eff}를 곱한 것과 같다.

$$P_r = \frac{P_t G_t}{4\pi R^2} A_{\mathrm{eff}}\,[\mathrm{W}] \tag{8.34}$$

식 (8.28)에 의해 유효면적을 수신 안테나의 이득과 파장으로 나타낼 수 있다.

$$G_r = \frac{4\pi}{\lambda_0^2} A_{\mathrm{eff}} \quad \text{또는} \quad A_{\mathrm{eff}} = \frac{G_r \lambda_0^2}{4\pi} \tag{8.35}$$

식 (8.35)를 식 (8.34)에 대입하면 다음과 같은 **프리스 전송방정식** Friis transmission equation 을 구할 수 있다.

$$P_r = P_t \frac{G_t G_r \lambda_0^2}{(4\pi R)^2} \tag{8.36}$$

수신전력은 두 안테나의 이득에 비례하고 전송거리 R^2에 반비례한다는 사실을 알 수 있다. 또한 전송거리를 2배로 만들기 위해서는 출력전력이 4배가 되어야 함을 알 수 있다. 신호원으로부터 전송거리 d에서의 수신전력 P_r을 데시벨로 나타내기 위해 식 (8.36)의 양변에 10log를 취하면 식 (8.37)이 된다.

$$P_r\,[\mathrm{dBW}] = P_t\,[\mathrm{dBW}] + G_r\,[\mathrm{dBi}] + G_t\,[\mathrm{dBi}] - 20\log_{10}\frac{4\pi d}{\lambda} \tag{8.37}$$

만약 시스템에서 필요한 최소 신호 $S_{\mathrm{i,\,min}}$이 P_r과 같으면, 다음과 같이 송수신을 위한 최대 거리 $R_{\max}$를 구할 수 있다.

$$R_{\max} = \left[\frac{P_t G_t G_r \lambda_0^2}{(4\pi)^2 S_{\mathrm{i,\,min}}}\right]^{1/2} \tag{8.38}$$

식 (8.38)은 [그림 8-34]에서 급전선로 손실, 안테나와 급전선로 간 임피던스 부정합, 편파 부정합, 대기 손실, 장애물 손실 등을 고려하지 않았다. 따라서 다양한 손실들의 영향을 고려하기 위해 모든 손실들을 결합하는 인자 L_{sys}를 추가하여 다음과 같이 다시 나타낼 수 있다.

$$R_{\max} = \left[\frac{P_t G_t G_r \lambda_0^2}{(4\pi)^2 S_{\text{i, min}} L_{\text{sys}}} \right]^{1/2} \tag{8.39}$$

예제 8-13 자유공간에서의 수신전력

양방향 무선통신 시스템에서 송신기는 10[GHz]에서 100[W]의 출력전력을 전송한다. 송신 안테나는 36[dB]의 이득을 갖고, 수신 안테나는 30[dB]의 이득을 갖는다. 이때 다음 경우에 대해 40[km] 거리에서 수신되는 전력레벨을 구하라.

(a) 시스템 손실이 없을 때

(b) 시스템 손실이 10[dB]일 때

풀이

$$f = 10\,[\text{GHz}],\ \ \lambda_0 = \frac{c}{f} = 3\,[\text{cm}] = 0.03\,[\text{m}]$$

$$P_t = 100\,[\text{W}],\ \ G_t = 36\,[\text{dB}] = 4000,\ \ G_r = 30\,[\text{dB}] = 1000$$

(a) 식 (8.36)으로부터 수신전력 레벨을 구하면 다음과 같다.

$$\begin{aligned} P_r &= P_t \frac{G_t G_r \lambda_0^2}{(4\pi R)^2} \\ &= 100 \times \frac{4000 \times 1000 \times (0.03)^2}{(4\pi \times 40 \times 10^3)^2} = 1.425 \times 10^{-6}\,[\text{W}] \\ &= 1.425\,[\mu\text{W}] \end{aligned}$$

(b) $L_{\text{sys}} = 10\,[\text{dB}]$이므로 $P_r = P_t \dfrac{G_t G_r \lambda_0^2}{(4\pi R)^2} \dfrac{1}{L_{\text{sys}}}$을 사용하여 수신전력 레벨을 구하면 다음과 같다.

$$P_r = 0.1425\,[\mu\text{W}]$$

8.4.2 자유공간 경로손실

자유공간 경로손실은 전파가 자유공간을 진행하면서 RF 에너지가 확산됨으로써 발생하는 손실을 말한다. 송수신 안테나를 등방성 안테나로 가정할 때, 송수신 안테나 이득은 각각 $G_t = G_r = 1$로 주어지므로 식 (8.36)은 식 (8.40)으로 나타낼 수 있다.

$$P_r = P_t\left(\frac{\lambda_0}{4\pi R}\right)^2 \tag{8.40}$$

식 (8.40)으로부터 거리가 증가함에 따라 등방성 안테나로부터 수신되는 전력밀도 P_r이 $\frac{1}{R^2}$의 비율로 감소한다는 것을 알 수 있다. 따라서 자유공간 경로손실은 다음과 같이 정의된다.

$$\text{자유공간 경로손실} = \frac{P_t}{P_r} = \left(\frac{4\pi R}{\lambda_0}\right)^2 \tag{8.41a}$$

$$\text{자유공간 경로손실[dB]} = 10\log\frac{P_t}{P_r} = 20\log\left(\frac{4\pi R}{\lambda_0}\right) \tag{8.41b}$$

거리에 따른 경로손실의 감소비율은 전파 환경에 따라 다르게 나타나는데, 이를 **경로손실지수**path loss exponent n이라고 한다. 자유공간인 경우에는 식 (8.41a)와 같이 경로손실지수가 2로 주어진다. [표 8-3]에 다양한 전파 환경에서의 경로손실지수를 나타냈다.

[표 8-3] 다양한 전파 환경에 대한 경로손실지수

전파 환경	경로손실지수 n
자유공간	2
도심 지역 셀룰러 라디오	2.7 ~ 3.5
도심 음영 지역 셀룰러 라디오	3 ~ 5
빌딩 내 가시공간line of sight	1.6 ~ 1.8
장애물(빌딩)	4 ~ 6
장애물(공장)	2 ~ 3

[표 8-4] 전파모델의 종류

전파모델	조건	전파모델의 특성
Longley-Rice 모델	• 주파수 : 20[MHz] ~ 20[GHz]	불규칙 지형모델
Okumura 모델	• 주파수 : 150 ~ 1920[MHz] • 이동국 안테나 높이 : 1 ~ 10[m] • 기지국 안테나 높이 : 30 ~ 1000[m] L_{rts} = 지붕회절-산란손실 L_{msd} = 다중회절손실 • 전파거리 : 1 ~ 100[km]	$PL = PL_{free-space} + A_{exc} + H_{cb} + H_{cm}$ • $PL_{free-space}$: 자유공간 경로손실 • A_{exc} : 기지국높이 200[m]와 단말기 높이 3[m]에 대한 경로손실 • H_{cb} : 기지국 높이에 대한 보정인자 • H_{cm} : 이동국 높이에 대한 보정인자
Hata-Okumura 모델	• 주파수 : 150 ~ 1500[MHz] • 이동국 안테나 높이 : 1 ~ 10[m] • 기지국 안테나 높이 : 30 ~ 200[m] • 전파거리 : 1 ~ 10[km]	① 도심 지역 $L_U = 69.55 + 26.16\log_{10} f - 13.82\log_{10} h_b - a(h_m) + [44.9 - 6.55\log_{10} h_b]\log_{10} d$ • $a(h_m)$: 안테나 높이 보정인자(COST-231 모델 참조) ② 교외 지역 $L_{SU} = L_U - 2\left(\log_{10}\frac{f}{28}\right)^2 - 5.4$ ③ 개방 지역 $L_O = L_U - 4.78(\log_{10} f)^2 + 18.33\log_{10} f - 40.94$
COST-231 모델 (COST-Hata 모델)	• 주파수 : 1500 ~ 2000[MHz] • 이동국 안테나 높이 : 1 ~ 10[m] • 기지국 안테나 높이 : 30 ~ 200[m] • 전파거리 : 1 ~ 20[km]	$L = 46.3 + 33.9\log f - 13.82\log h_b - a(h_m) + [44.9 - 6.55\log h_b]\log d + C$ ① 준도심/도심 지역의 $a(h_m)$, C 값 $a(h_m) = (1.1\log f - 0.7)h_m - (1.56\log f - 0.8)$ $C = 0[\text{dB}]$ ② 도심밀집 지역의 $a(h_m)$, C 값 $a(h_m) = 3.2\log(11.75h_m)^2 - 4.97$ $C = 3[\text{dB}]$
Walfisch-Ikegami 모델	• 주파수 : 800 ~ 2000[MHz] • 이동국 안테나 높이 : 1 ~ 3[m] • 기지국 안테나 높이 : 4 ~ 50[m] • 셀 크기 : 0.2 ~ 5[km]	① 가시공간 $d \geq 20[\text{m}]$ $L_{LOS} = 42.6 + 26\log\left(\frac{d}{1}[\text{km}]\right) + 20\log\left(\frac{f}{1}[\text{MHz}]\right)$ ② 비가시공간 $L_{NLOS} = \begin{cases} L_{fs} + L_{rts} + L_{mds} & (L_{rts} + L_{mds} \geq 0) \\ L_{fs} & (L_{rts} + L_{mds} < 0) \end{cases}$ • L_{rts} = 지붕-거리회절과 산란손실 • L_{msd} = 다중회절손실 $L_{rts} = -8.8 + 10\log_{10}(f[\text{MHz}]) + 20\log_{10}(\Delta h_m[\text{m}]) + L_{ori}$ • L_{ori} = 거리방향 함수 • $L_{ori} = \begin{cases} -10 + 0.35\phi & (0 \leq \phi \leq 35°) \\ 2.5 + 0.075(\phi - 35) & (35° \leq \phi < 55°) \\ 4.0 - 0.114(\phi - 55) & (55° \leq \phi < 90°) \end{cases}$ $L_{msd} = L_{bsh} + k_a + k_d\log_{10}(d[\text{km}]) + k_f\log_{10}(f[\text{MHz}]) - 9\log_{10}(b)$ • $L_{bsh} = \begin{cases} -18\log_{10}(1 + \Delta h_b) & (h_b > h_r) \\ 0 & (h_b \leq h_{rf}) \end{cases}$ • $k_a = \begin{cases} 54 & (h_b > h_r) \\ 54 - 0.8\Delta h_b & (h_b \leq h_r,\ d \geq 0.5[\text{km}]) \\ 54 - 0.8\Delta h_b d[\text{km}]/0.5 & (h_b \leq h_r,\ d < 0.5[\text{km}]) \end{cases}$ • $k_d = \begin{cases} 18 & (h_b > h_r) \\ 18 - 15\Delta h_b/h_r & (h_b \leq h_r) \end{cases}$ • $k_f = -4 + \begin{cases} 0.7(f/925 - 1) & \text{중간도시/교외 지역} \\ 1.5(f/925 - 1) & \text{대도시 지역} \end{cases}$

식 (8.41)에서 정의한 자유공간 경로손실은 무선 송수신 시스템이 손실이 없는 전파환경에서 동작한다고 가정한 상태에서 전자파의 경로손실을 나타낸 것이다. 그러나 실제 전파환경에서는 주파수 대역 특성, 인공구조물, 실내, 실외 혹은 도심 지형 여건에 따른 손실 특성을 고려한 이론적 또는 실험적 전파모델propagation model을 사용하여 전파의 신호세기를 예측하고 채널을 설계한다. [표 8-4]에 대표적인 전파모델들의 주파수, 전파거리, 안테나 높이와 같은 모델링 조건과 모델링을 위한 전파모델식을 나타냈다. [표 8-4]에 제시한 모델 외에도 Lee 모델, ITU 지형모델, Young 모델 등 다양한 전파모델이 있다.

[그림 8-35]에는 셀룰러 이동통신 대역(880[MHz])에 대해 거리에 따른 경로손실을 모델별로 비교하여 나타냈다. 이때 이동국의 높이 $h_m = 1.5\,[\mathrm{m}]$, 기지국의 높이 $h_b = 30\,[\mathrm{m}]$로 가정했다. 안테나의 높이, 지형지물의 영향, 도심지형 조건 등을 전혀 고려하지 않은 자유경로손실 모델이 가장 작은 값의 경로손실을 나타내는 것을 확인할 수 있으며, 고려해야 하는 파라미터들이 많을수록 경로손실값이 크게 나타나는 것을 알 수 있다.

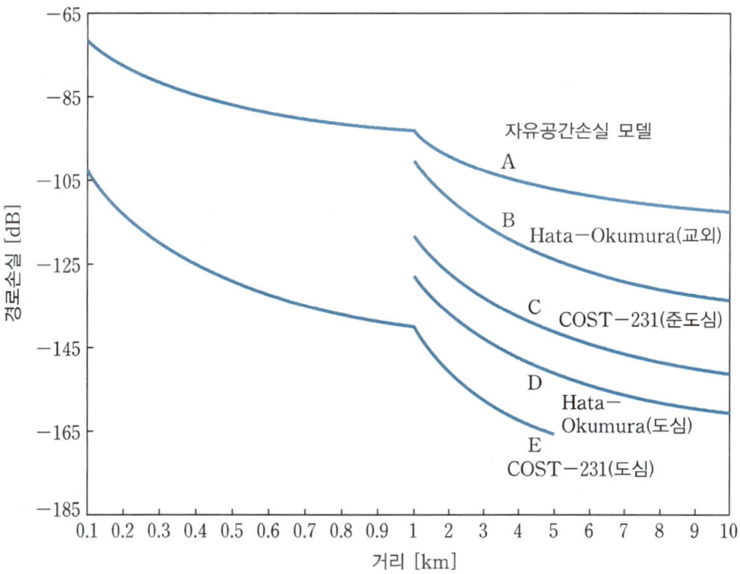

[그림 8-35] 모델별 거리에 따른 경로손실

예제 8-14 자유공간손실

다음 문제를 풀라.

(a) 송신기와 수신기가 10[km] 떨어져 있을 때, 915[MHz]의 주파수로 전송되는 자유공간손실을 계산하라.

(b) 송신기와 수신기가 1[km] 떨어져 있을 때, 900[MHz]의 주파수로 전송되는 자유공간손실을 계산하라.

풀이

식 (8.41b)를 사용해 문제를 풀어보자.

(a) $\lambda_0 = \dfrac{c}{f} = \dfrac{3\times 10^8}{915\times 10^6} = 0.328\,[\mathrm{m}]$

$$\text{자유공간손실} = 20\log\left(\frac{4\pi\times 10{,}000}{0.328}\right) = 111.67\,[\mathrm{dB}]$$

(b) $\lambda_0 = \dfrac{c}{f} = \dfrac{3\times 10^8}{900\times 10^6} = 0.33\,[\mathrm{m}]$

$$\text{자유공간손실} = 20\log\left(\frac{4\pi\times 10{,}000}{0.33}\right) = 91.6\,[\mathrm{dB}]$$

예제 8-15 자유공간의 수신전력

자유공간에서 일정한 거리 R_1만큼 떨어진 송신기와 수신기가 있다고 가정한다. 이때 수신기의 위치를 송신기로부터 거리 $R_2 = 2R_1$으로 바꾸었을 때, 수신신호의 세기([dB])는 어떻게 변하는가? 또한 $R_3 = 10R_1$일 때의 수신신호의 세기 변화를 구하라.

풀이

거리가 R_1일 때 수신신호의 전력 세기를 C_1이라고 하고, 거리가 R_2일 때 수신신호의 전력 세기를 C_2라고 하자. 이때 두 신호의 전력 차이는 다음과 같이 주어진다.

$$\Delta C\,[\mathrm{dB}] = 40\log\left(\frac{R_1}{R_2}\right) = -12\,[\mathrm{dB}]$$

거리가 $R_3 = 10R_1$일 때, 신호전력은 $\Delta C\,[\mathrm{dB}] = 40\log\left(\dfrac{R_1}{R_3}\right) = -40\,[\mathrm{dB}]$만큼 감소한다.

또한 8.2.1절(또는 7.3.3절)에서 정의한 유효 등방성 방사전력[EIRP]을 송수신 전력의 관점에서 다시 살펴볼 수 있다. EIRP는 신호가 한 방향으로 집중되지 않고 전방향으로 균등하게 방사된다고 가정할 때 주어지는 송신전력이다. 안테나로부터 거리 R만큼 떨어진 곳에 수신기가 위치할 때, 전력 P_t'을 송신하는 등방성 안테나와 P_t를 송신하는 지향성 안테나가 있다고 가정하면 등방성 안테나로부터 수신되는 전력은 다음과 같다.

$$P_r' = \frac{P_t'}{4\pi R^2}A_{\mathrm{eff}} = \frac{P_t'}{4\pi R^2}\frac{G_r\lambda_0^2}{4\pi} = P_t' G_r\left(\frac{\lambda_0}{4\pi R}\right)^2 \qquad (8.42)$$

지향성 안테나로부터 수신되는 전력은 식 (8.42)로부터 다음과 같이 된다.

$$P_r = P_t G_t G_r \left(\frac{\lambda_0}{4\pi R} \right)^2 \tag{8.43}$$

여기서

$$P_r' = P_r, \quad P_t' = P_t G_t = \text{EIRP} \tag{8.44}$$

이다.

EIRP는 측정된 수신전력이 주어졌을 때 등방성 방사소자에 의해 송신되는 전력량으로 정의된다. 무선통신 시스템에서 EIRP가 클수록 수신전력이 더 크기 때문에 시스템의 수신 성능은 더 우수하다고 볼 수 있다. 그러므로 다음 식이 성립한다.

$$\text{EIRP} = P_t G_t = \frac{P_r}{G_r} \left(\frac{4\pi R}{\lambda_0} \right)^2 \tag{8.45}$$

예제 8-16 EIRP의 계산

무선통신 시스템에서 송신 안테나가 40[dB]의 이득을 가지며, 송신기는 100[W]의 출력전력레벨을 가질 때, EIRP를 구하라.

풀이

식 (8.45)에 정의된 EIRP의 정의로부터 송신기의 출력 P_t와 송신기 안테나 이득 G_t가 주어지면 EIRP를 계산할 수 있다.

$$P_t = 100\,[\text{W}] = 20\,[\text{dBW}]$$
$$G_t = 40\,[\text{dB}] = 10{,}000$$
$$\text{EIRP} = P_t G_t = 100\,[\text{W}] \times 10{,}000 = 1 \times 10^6\,[\text{W}] \quad \text{또는}$$
$$\text{EIRP} = P_t G_t = 20\,[\text{dBW}] + 40\,[\text{dB}] = 60\,[\text{dBW}]$$

8.5 안테나 측정

안테나 특성을 나타내는 파라미터들의 성능 시험 및 평가는 실내 및 실외(야외)의 안테나 측정 시험장[range]에서 수행한다. 실내시험장의 경우 공간이 제한되기 때문에 벽으로부터의 반사를 제거하기 위해 [그림 8-36]과 같은 전자파 흡수체[absorber]가 부착된 **전자파 무반향실**[anechoic chamber]로 구성된다.

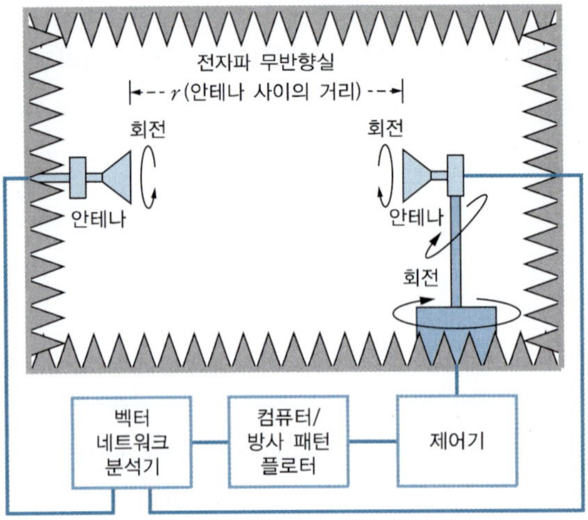

[그림 8-36] **전자파 무반향실**

일반적으로 1[GHz] 이상의 주파수에서는 직사각형 챔버[rectangular chamber]를 사용하는데, 평면파가 형성되어 안테나를 측정할 수 있는 **콰이어트 존**[QZ : Quiet Zone]을 최대로 얻을 수 있고, 자유공간 특성을 모사할 수 있다. 1[GHz] 미만의 주파수에서는 [그림 8-37]과 같이 직접파와 반사파 사이의 위상차가 매우 작은 테이퍼형 챔버[tapered chamber]를 쓰거나 야외시험장을 이용한다.

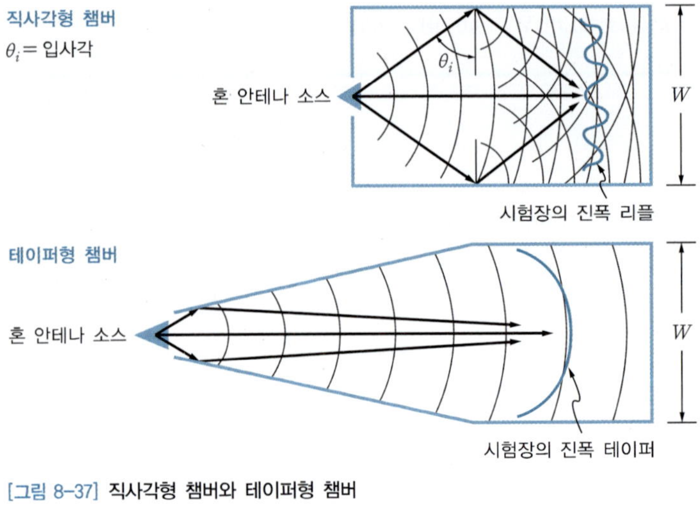

[그림 8-37] **직사각형 챔버와 테이퍼형 챔버**

실외시험장은 **야외시험장** OATS : Open Area Test Site 이라고도 하는데, 외부 전파잡음, 기후 및 주변 물체들의 영향을 받는다는 단점이 있다. 방사 패턴, 지향성, 이득 및 편파 특성과 같은 안테나 파라미터를 측정하기 위해서는 균일한 평면파가 원거리(측정거리 3[m] 또는 10[m])에서 입사될 때 측정한 값(원거리장 측정)과 시험용 안테나 AUT : Antenna Under Test 를 사용하여 근거리(약 3λ 정도)에서 측정한 값(근거리장 측정)을 사용해야 한다.

8.5.1 안테나 파라미터 측정

전기장의 관점에서 안테나의 성능을 나타낼 수 있는 중요한 파라미터로는 방사패턴, 지향성, 이득, 편파 등이 있으며, 이들은 안테나 측정시스템을 이용하여 측정할 수 있다.

■ 방사 패턴 측정

일반적으로 안테나의 패턴은 3차원이지만, 3차원 패턴 측정은 시간이 많이 소요되기 때문에 주로 2차원 패턴을 측정한다. 2차원 패턴을 패턴단면 pattern cut 이라고 한다. 패턴단면은 주파수를 고정하고 고각 elevation 패턴을 변경하거나 고각을 고정하고 방위각 azimuth 패턴을 변경하여 얻을 수 있다. 원하는 패턴단면을 얻으려면 시스템의 마운팅 구조에 다양한 평면에서 회전할 수 있는 기능이 있어야 하며, 이는 EL/AZ Elevation-over-Azimuth 또는 AZ/EL Azimuth-over-Elevation 마운트와 같은 다양한 유형의 포지셔너 positioner 를 사용하여 측정할 수 있다. [그림 8-38]은 방사 패턴 측정 장치의 구성도를 보여준다.

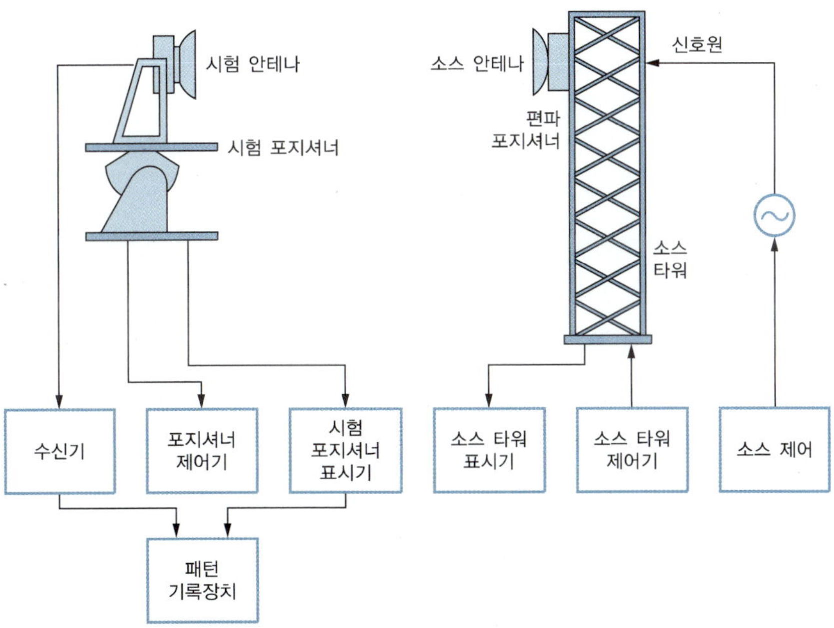

[그림 8-38] **방사 패턴 측정을 위한 장치**

■ 지향성 측정

지향성directivity D는 안테나가 특정한 방향으로 에너지를 지향하는 정도를 나타내는 파라미터로서, 측정된 방사패턴을 사용하여 계산할 수 있다. 지향성은 식 (8.46)의 정의에 따라 안테나의 총 방사전력total radiated power P에 대한 최대 방사강도maximum radiation intensity U_{max}에 구의 입체각solid angle 4π를 곱한 것과 같다.

$$D = \frac{U_{max}}{U_{av}} = \frac{4\pi U_{max}}{P} \tag{8.46}$$

식 (8.46)에서 $U_{av} = P/4\pi$로 모든 방향에 대한 평균 방사강도를 나타내며, 방사전력 P는 전체 공간에 대한 방사강도를 적분하여 수치적으로 식 (8.47)과 같이 표시된다.

$$P = \int_0^{2\pi}\int_0^{\pi} U(\theta, \phi)\sin\theta\, d\theta\, d\phi \tag{8.47}$$

■ 이득 측정

안테나의 이득을 측정하기 위해서는 **절대 이득**absolute gain 또는 이득 비교gain comparison 또는 gain-transfer의 두 가지 방법을 사용한다. 절대 이득을 측정할 때는 송신 또는 수신 안테나 이득에 대한 사전 정보가 필요 없으며, 수신 및 송신 안테나가 동일한 경우 한 번의 측정 및 프리스 전송방정식을 사용하여 이득을 결정할 수 있다. 두 안테나가 다른 경우, AUT의 이득을 결정하기 위해서는 3개의 안테나를 사용해야 하며, 각 안테나에 대한 측정을 통해 3개의 미지수 G_a, G_b, G_c가 있는 식 (8.48)과 같은 3개의 방정식을 얻는다. AUT의 절대 이득은 사전에 보정된 표준 이득 안테나를 사용하여 결정한다. 이때 사용되는 표준 안테나는 이득이 2.1[dB]인 공진형 반파장 다이폴 안테나와 12 ~ 25[dB] 이득을 갖는 피라미드 혼 안테나이다.

$$(G_a)_{dB} + (G_b)_{dB} = 20\log_{10}\left(\frac{4\pi R}{\lambda}\right) + 10\log_{10}\left(\frac{P_{rb}}{P_{ta}}\right) \tag{8.48a}$$

$$(G_a)_{dB} + (G_c)_{dB} = 20\log_{10}\left(\frac{4\pi R}{\lambda}\right) + 10\log_{10}\left(\frac{P_{rc}}{P_{ta}}\right) \tag{8.48b}$$

$$(G_b)_{dB} + (G_c)_{dB} = 20\log_{10}\left(\frac{4\pi R}{\lambda}\right) + 10\log_{10}\left(\frac{P_{rc}}{P_{tb}}\right) \tag{8.48c}$$

■ 편파 패턴 측정

편파 패턴polarization pattern은 [그림 8-39]와 같이 다이폴이나 작은 혼 안테나와 같은 선형 편파 안테나를 입사 필드의 방향에 수직인 방향으로 회전시켜서 얻는 프로브의 출력값을 측정한다.

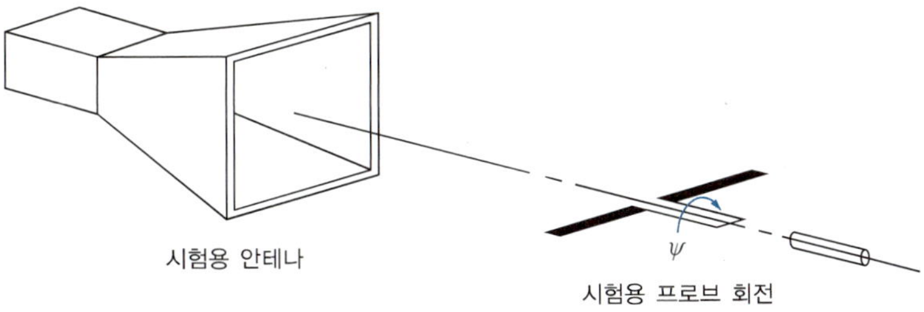

[그림 8-39] 안테나의 편파 패턴 측정

프로브의 출력신호는 시험용 안테나와 프로브 안테나에 대한 **편파손실 인자**PLF : Polarization Loss Factor에 따라 정해진다. 이 PLF는 시험용 안테나의 편파벡터와 프로브의 회전각도 Ψ에 의해 결정된다. [그림 8-40]과 같이 프로브의 회전각도 Ψ에 따라 기록된 신호를 편파 패턴이라고 하며, 주어진 방사 방향으로부터 AUT의 **축비**axial ratio와 기울기 각도tilt angle를 알 수 있다.

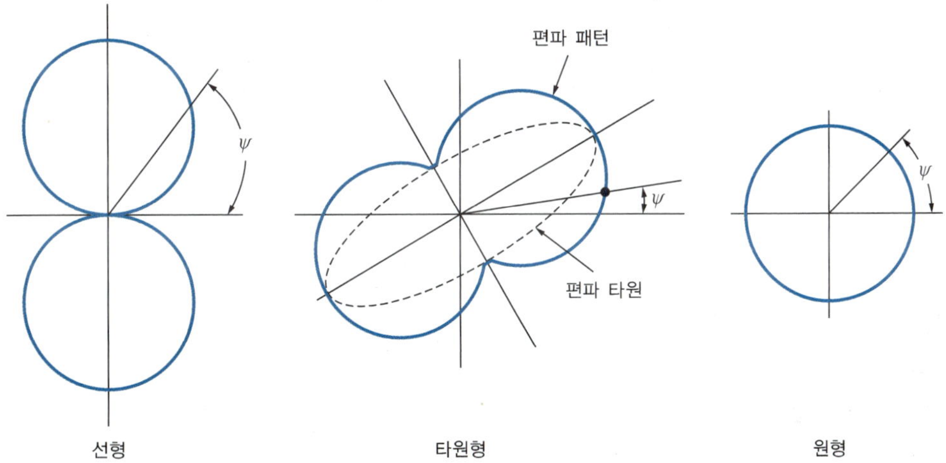

[그림 8-40] 편파 패턴

8.5.2 원거리장 측정

원거리장 측정은 실외 또는 실내에서 수행할 수 있다. 일반적으로 원거리장 안테나 측정방법은 반사 및 자유공간 측정의 두 가지 기본 유형이 있다. 반사 측정방법에서는 AUT 영역에서 송신 안테나로부터 직접파와 지면으로부터의 정반사specular reflection에 의한 반사파 사이에 보강간섭이 생성된다. 자유공간 측정방법에서는 지면 반사가 최소화되며, 고각 측정장elevated range, 경사 측정장slant range 및 컴팩트 안테나 측정장compact antenna test range의 세 가지 유형으로 나뉜다.

■ 고각(자유공간) 측정장

고각 측정은 [그림 8-41]과 같이 일반적으로 대부분 평평한 지형에서 이루어지도록 설계된다. 안테나는 타워 또는 인접한 건물의 지붕에 장착한다. 측정거리 r은 원거리장 기준 $r > 2D^2/\lambda$를 충족하도록 설계하며, 여기서 D는 신호원 또는 AUT의 가장 큰 크기dimension를 나타낸다. AUT의 높이 h_r은 소스(신호원) 안테나와 관련된 두 가지 기준에 의해 결정된다. 균일한 평면파를 위해서는 AUT에 대한 진폭 테이퍼taper가 0.25[dB] 이하가 되도록 소스 안테나를 선택해야 한다. 또한 반사에 대한 영향을 최소화하기 위해 방사 패턴의 첫 번째 널null은 시험 타워의 바닥을 향하도록 하여 측정영역의 표면에는 부엽sidelobe 에너지만 전달되어야 한다. 이 두 가지 기준을 만족하려면 AUT의 높이는 $h_r > 4D$가 되어야 한다. 고각 측정 시 지면의 반사를 최소화하기 위해 회절벽diffraction fence을 사용하기도 한다. 이 경우 회절벽은 소스 안테나의 주빔main beam을 차단해서는 안 되며, 회절벽의 상단 가장자리는 직선형 칼날이 아니라 가장자리 회절이 줄어들도록 톱니 모양이 되어야 한다.

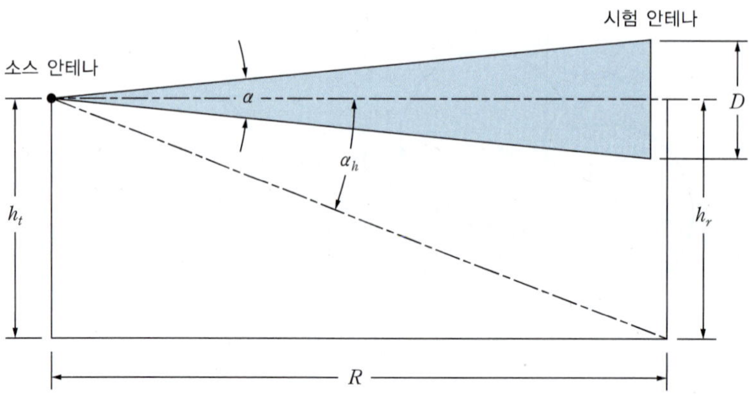

[그림 8-41] 고각 측정장

■ 지면반사 측정장

지면반사 측정에서는 [그림 8-42]와 같이 지면에서 일어난 정반사를 이용하며 수신 안테나 AUT에서 균일한 위상 및 진폭 분포를 얻는다. 따라서 측정영역의 표면이 매끄러워야 한다. 측정거리 R_0는 원거리장 기준 $R_0 > 2D^2/\lambda$를 충족하도록 설계한다. 소스 및 AUT의 높이는 AUT가 직접파 및 정반사파의 첫 번째 간섭 로브의 중심에 오도록 선택한다. 이 기준으로부터 소스 높이 h_t와 AUT 높이 h_r 간의 관계를 $h_t \gg \lambda/4h_r$로 결정한다. AUT에 대한 진폭변화폭이 0.25[dB]를 넘지 않으려면 AUT의 높이는 $h_r > 3.3D$ 기준을 충족해야 한다.

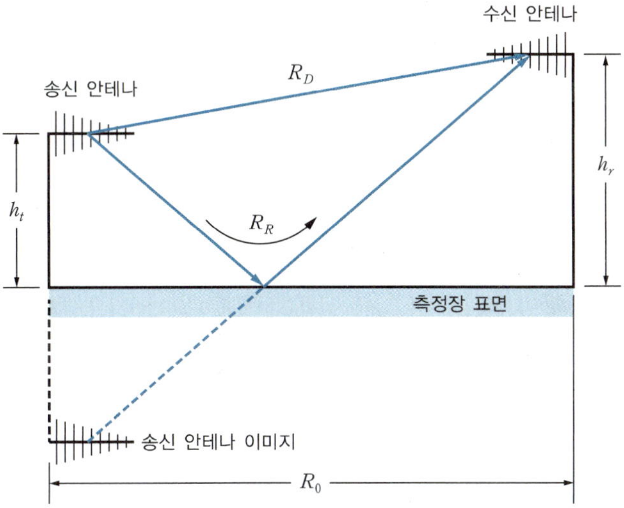

[그림 8-42] **지면반사 측정장**

■ 경사 측정장 slant range

경사 측정은 [그림 8-43]과 같이 소스 안테나는 지상 근처에, AUT는 타워 상단에 장착된다. 이때 소스 안테나는 AUT의 중심을 향하고 첫 번째 널은 타워의 바닥를 향한다. AUT의 타워는 반사를 줄이기 위해 비전도성 재료로 구성한다. 일반적으로 경사 측정장은 고각 측정장보다 공간을 덜 차지한다.

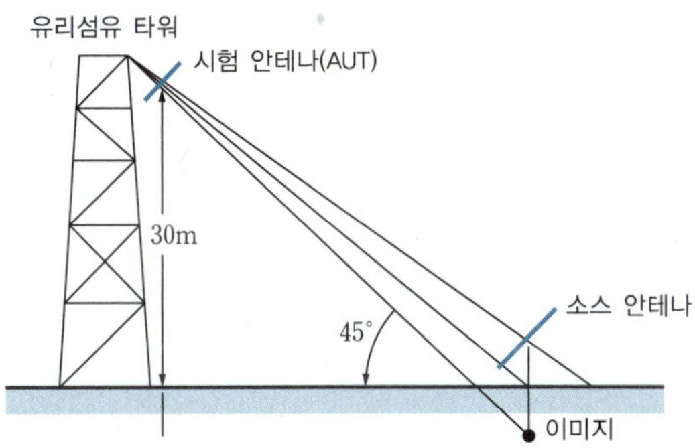

[그림 8-43] **경사 측정장**

■ 컴팩트 안테나 측정장

안테나 측정을 위해서는 AUT에 균일한 평면파가 조사 irradiation 되어야 한다. 따라서 AUT가 충분히 멀리 떨어져야 한다. 일반적으로 균일한 평면파는 원거리장 길이 $R > 2D^2/\lambda$ 범위 안에 있다. 전기적 대형 안테나에 대해서는 원거리장의 거리가 너무 멀기 때문에 무반사실이나 야외시험장에서는 측정할 수 없다. 컴팩트 측정장 CATR : Compact Antenna Test Range 에서는 원거리장보다 훨씬 짧은 거리에서 평면파 필드를 만들어낼 수 있기 때문에 실내에서도 구현할 수 있다. [그림 8-44]와 같은 컴팩트 측정장에서는 커다란 파라볼릭 반사판parabolic reflector에 의해 균일한 평면파가 생성되며, 이 영역을 콰이어트존QZ 이라고 한다. 따라서 균일한 평면파 입사를 가정으로 정의되는 레이다 단면적을 측정하기 위해 사용된다.

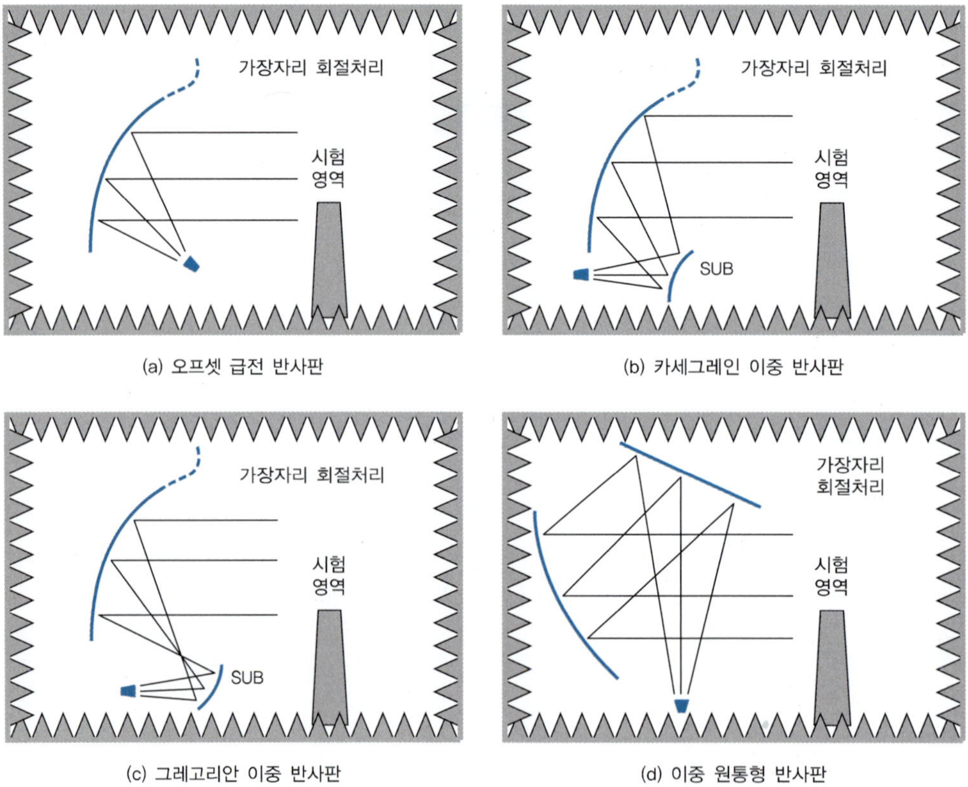

[그림 8-44] **반사판을 이용한 균일한 평면파 생성**

컴팩트 측정장에서 사용하는 성능 파라미터에는 개구면 차단aperture blockage, 표면 정확도surface accuracy, 가장자리 회절edge diffraction, 편파소거 효과depolarization effects, 피드feed와 AUT 사이의 직접 결합direct coupling, 실내반사room reflection 가 있다.

❶ **개구면 차단** : 오프셋 반사판offset reflector 시스템을 사용하여 감소시킬 수 있다.

❷ **표면 정확도** : 반사된 파의 진폭과 위상변화를 줄이기 위해 주반사판main reflector 을 설계할 때 고려해야 한다.

❸ **가장자리 회절** : [그림 8-45]와 같은 톱니모양 가장자리serrated edge 또는 말린 가장자리rolled edge를 사용하여 줄일 수 있다.

❹ **편파소거 효과** : 오프셋 카세그레인 반사판을 사용하거나 반사판의 초점 길이를 늘여서 최소화 시킬 수 있다.

❺ **피드와 AUT 간의 직접결합** : 적절한 형상 및 차폐shielding 를 사용하여 줄일 수 있다.

❻ **실내반사** : 벽에 흡수 재료를 사용하여 최소화할 수 있다.

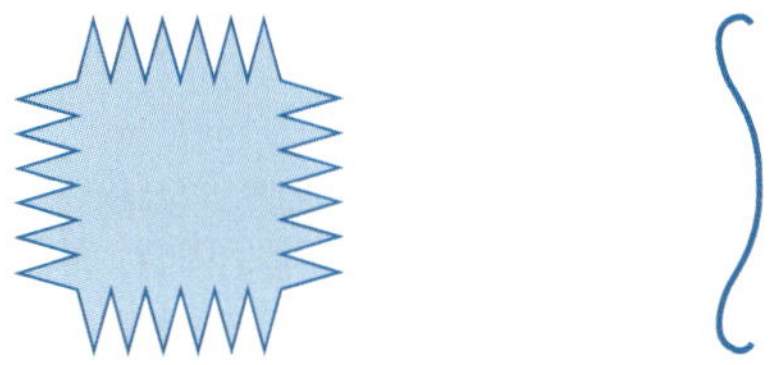

(a) 톱니모양 가장자리 (b) 말린 가장자리

[그림 8-45] CATR 반사판의 형태

8.5.3 근거리장 측정

AUT의 근거리장을 측정한 다음, 근거리장 데이터를 변환하여 원거리장 방사 특성을 계산하면 기존 원거리장 시험 측정장의 크기를 줄일 수 있다. 이 기술은 일반적으로 패턴과 이득을 측정하는 데 사용된다. 근거리장 측정 데이터(진폭 및 위상 분포)는 [그림 8-46]과 같이 프로브를 사용하여 평면, 원통 또는 구 형태로 미리 정한 기하학적 표면 위의 필드를 스캔하여 얻는다. 측정된 데이터는 푸리에 변환 방법과 같은 분석 방법을 사용하여 원거리장으로 변환된다. 즉, 임의의 개구면에 대한 원거리장 방사 패턴은 개구면 필드 분포를 푸리에 변환한 형태가 된다.

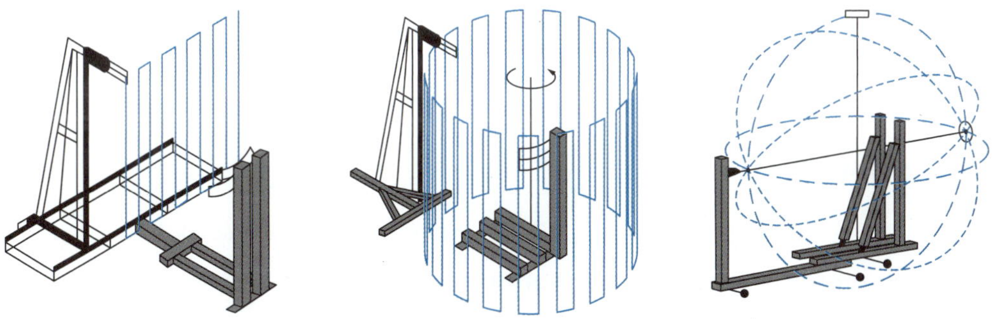

(a) 평면형 (b) 원통형 (c) 구형

[그림 8-46] 근거리장 안테나 측정

8.5.4 잔향 챔버

전자기 잔향 챔버 RVC : Reverberation Chamber 또는 교반 챔버 MSC : Mode-Stirred Chamber 는 챔버 내에 균일한 전자기 에너지 분포를 갖는 측정장으로 1968년 미국 Mendes에 의해 처음으로 제안되어 전자파 장해 및 복사내성 측정을 위한 시험으로 사용된다.

전자파 잔향 챔버는 기본적으로 도전성이 높은 물질로 차폐된 공간으로, 전자기 에너지를 거의 흡수하지 않는 특성으로 인해 적당한 입력 전력으로 매우 높은 전계 강도를 얻을 수 있다. 즉, 양호인자 quality factor Q가 높은 공동 공진기라고 볼 수 있다. 공진기는 다중모드 특성 때문에 전기장 및 자기장 세기의 공간적 분포가 불균일하지만, 내부에 전자기 에너지가 여기되었을 때 형성된 다중모드 전자기 환경을 균일하게 분포시키기 위해 [그림 8-47]과 같이 내부 필드 경계를 이동시키는 금속 반사판과 같은 교반기 stirrer 를 사용한다.

교반기를 사용하면 잔향 챔버 내부에 균일한 필드를 형성할 수 있다. 교반기는 강철, 알루미늄, 아연 도금 시트 또는 철망과 같은 다양한 전도성 재료를 함께 용접하거나 볼트로 연결하여 동작시킬 수 있어서 기존의 대형 스크린 룸 또는 차폐 인클로저를 저비용으로 변환할 수 있다는 장점이 있다. 잔향 챔버의 최저 사용 가능 주파수 LUF : Lowest Usable Frequency 는 챔버의 크기와 교반기의 디자인에 따라 다르며, 소형 챔버의 LUF는 대형 챔버의 LUF보다 더 높다.

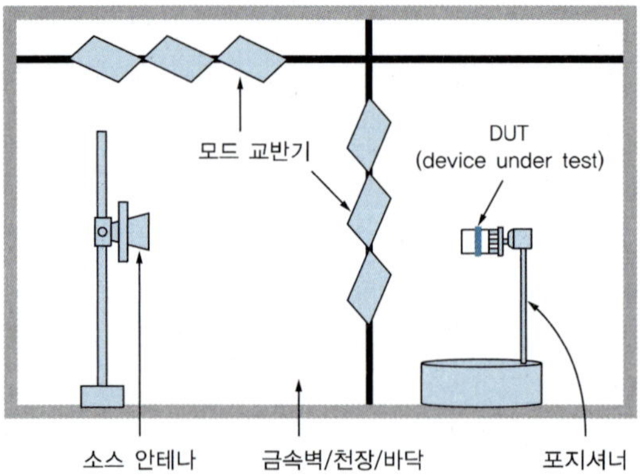

[그림 8-47] **잔향 챔버의 구조**

8.5.5 OTA 측정

OTA over the Air 측정은 미국의 셀룰러 통신사업자 협회 CTIA : Cellular Telecommunications Industry Association 에서 정의한 시험으로, 무반사실 챔버 내에서 자유공간 및 실사용 조건에서 무선 단말의 송신성능으로 **전체 방사전력** TRP : Total Radiated Power 과 수신 성능인 **전체 등방성 감도** TIS : Total Isotropic Sensitivity 등의 안테나 방사성능을 측정한다.

기존 무선기기의 출력 개념이 안테나 공급전력, EIRP인 데 반해, 5G 통신에서 적용되는 Massive MIMO, 빔포밍 다중 안테나 기술은 기존의 안테나 공급전력과 유사한 개념으로 [그림 8-48]과 같은 TRP와 TIS를 사용한다. OTA 측정에는 앞서 설명한 직접 원거리장 DFF : Direct Far-Field, 컴팩트 안테나 측정 CATR : Compact Antenna Test Range 과 같은 간접 원거리장 IFF : Indirect Far-Field 및 근거리장-원거리장 변환 NFTF : Near-field to Far-field Trans Formation 등이 있다.

OTA 측정 시 DUT와 측정 안테나 사이의 거리는 원거리장을 보장할 수 있도록 충분히 떨어져 있어야 하며, 이 거리에 따라 무반사 챔버의 크기가 결정된다. 원거리장을 보장하는 무선기기와 측정 안테나 사이의 최소 거리를 최소 측정거리 minimum measurement distance R이라 한다. R은 측정하고자 하는 주파수와 DUT의 최대 크기 dimension D에 따라 $R=2D^2/\lambda$로 정해지는데, 이를 **프라운호퍼** Fraunhofer **거리**라고도 한다.

무선통신의 성능을 향상시키기 위해 단일 안테나가 아닌 MIMO Multi-Input Multi-Output 과 같은 배열 안테나를 사용하게 되면 안테나의 크기가 커지므로 원거리장에서 안테나의 특성을 측정하기 어렵다. 예를 들어, 2.4[GHz]에서 동작하는 75[cm] 크기의 배열 안테나의 경우 약 9[m]의 원거리장이 필요하며, 43.5[GHz]에서 동작하며 15[cm] 크기의 MIMO 안테나를 갖는 스마트폰의 경우에도 6.5[m]의 원거리장 거리를 갖는다. 또한 밀리미터파 주파수에서는 동작주파수가 높아지고 안테나의 크기가 커질수록 거리가 증가하여 경로손실이 커지기 때문에 정확한 방사특성을 측정하기가 어렵다. 예를 들어, 28[GHz]에서 동작하는 15[cm] 안테나는 4.2[m]의 원거리장 거리와 73[dB]의 경로손실이 발생한다. 따라서 근거리장을 측정하여 원거리장으로 변환하거나 컴팩트 안테나 측정장과 같이 곡면반사판을 이용하여 측정거리를 줄인 콰이어트존을 만들어 측정하는 방법 등이 제시되고 있다. 원거리장 거리 R은 8.1.2절에서 설명한 바와 같이 위상변화가 $\pi/8(=22.5°)$ 이내의 조건에 해당하는 거리지만, 안테나의 첨두 이득, EIRP, **등가 등방성 감도** EIS : Equivalent Isotropic Sensitivity 등은 이보다 짧은 거리인 R_{new}에서도 0.5[dB] 정도의 정확도로도 충분히 측정할 수 있다. 즉, 원거리장 R과 근거리장 거리인 프레넬 Fresnel 거리 $R_{nf}=(D/2)\cdot(D/\lambda)^{1/3}$ 사이에서 거리 R_{new}를 식 (8.49)와 같이 결정할 수 있다. 이 경우, 앞서 예와 같이 43.5[GHz]에서 동작하는 15[cm] 안테나의 원거리장 거리 6.5[m]가 1.74[m]로 줄어들 수 있다.

$$R_{\text{new}}=\lambda\left(\frac{\pi D}{\lambda}\right)^{0.8633}\left[0.1673\left(\frac{\pi D}{\lambda}\right)^{0.8633}+0.1632\right] \tag{8.49}$$

실제 안테나는 항상 지향성 특성을 갖는다. 또한 일부 방향의 이득은 다른 방향보다 크기 때문에 TRP를 계산하려면 식 (8.50)과 같이 DUT를 둘러싼 3차원 구좌표에서 방사되는 각각의 EIRP 값을 모두 더해야 한다.

$$\text{TRP}=\frac{1}{4\pi}\int_0^{2\pi}\int_0^{2\pi}\text{EIRP}(\theta,\,\phi)\sin(\theta)\,d\theta\,d\phi \tag{8.50}$$

EIRP는 이중 편파 프로브 안테나를 사용하여 샘플링된 측정 위치에서 수직 및 수평 구성 요소로 측정되므로 TRP는 식 (8.51)과 같이 근사할 수 있다.

$$\text{TRP}=\frac{\pi}{2NM}\sum_{n=0}^{N-1}\sum_{m=0}^{M-1}\left(\text{EIRP}_\theta(\theta_n,\,\phi_m)+\text{EIRP}_\phi(\theta_n,\,\phi_m)\right)\sin(\theta_n) \tag{8.51}$$

측정 위치$(\theta_n,\,\phi_m)$는 DUT 주변의 구에 있는 격자로 정의한다. 측정지점의 각도 간격은 측정시간과 정확도를 고려하여 결정하는데, 일반적인 무선기기에서 사용되는 낮은 지향성 안테나의 경우 $\theta=15°$, $\phi=15°$이다.

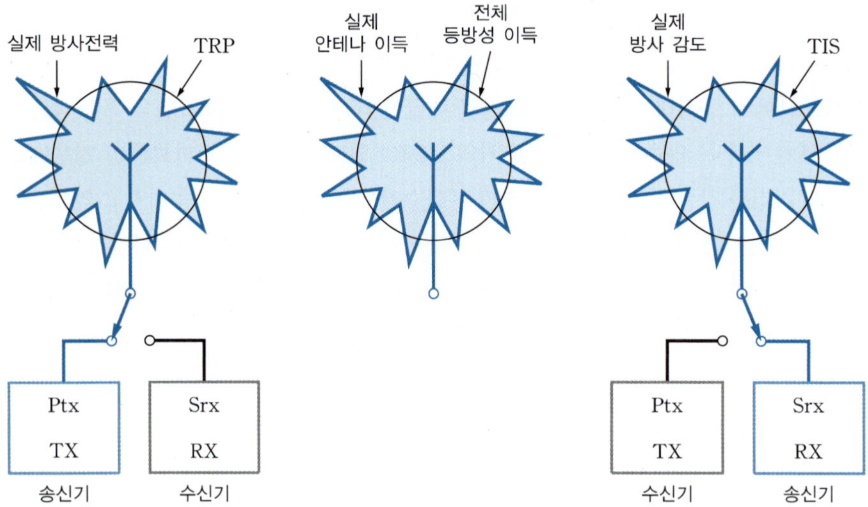

[그림 8-48] TRP와 TIS의 개념

TIS는 DUT의 수신성능을 지표화한 값으로, DUT가 특정 비트 에러율[BER] 또는 FER과 같은 수신성능 기준을 만족하는 DUT의 최소 수신신호 레벨을 의미한다. 신호발생기는 DUT의 수신신호 레벨을 측정하기 위해 충분히 높은 전력으로 데이터를 전송하고, DUT에 도달하는 BER을 계산하게 된다. 만약 DUT에 도달하는 BER이 기준 BER보다 우수할 경우, 송신기는 송신신호 세기를 낮춰가며 BER 측정을 반복한다. 그러다 기준 BER에 도달하면 이때 DUT 수신신호 레벨을 해당 방위각에서의 EIS[Effective Isotropic Sensitivity] 값으로 기록한다. TRP와 같이 TIS 값을 계산하기 위해서는 식 (8.52)와 같이 DUT를 둘러싼 3차원 구좌표 방위각에서 EIS 값을 모두 측정하여 공간에 대한 평균값을 구한다.

$$\mathrm{TIS} = \frac{4\pi}{\displaystyle\int_0^{2\pi}\int_0^{\pi}\left(\frac{1}{\mathrm{EIS}_\theta(\theta,\ \phi)} + \frac{1}{\mathrm{EIS}_\phi(\theta,\ \phi)}\right)\sin(\theta)\,d\theta\,d\phi} \tag{8.52}$$

샘플링된 측정 지점에서 TIS를 결정하기 위해 식 (8.53)과 같이 근사화한다.

$$\mathrm{TIS} = \frac{2NM}{\displaystyle\pi\sum_{i=1}^{N-1}\sum_{j=0}^{M-1}\left(\frac{1}{\mathrm{EIS}_\theta(\theta_i,\ \phi_j)} + \frac{1}{\mathrm{EIS}_\phi(\theta_i,\ \phi_j)}\right)\sin(\theta_i)} \tag{8.53}$$

여기서 $\mathrm{EIS}_\theta(\theta_i,\ \theta_j)$ 및 $\mathrm{EIS}_\phi(\theta_i,\ \theta_j)$는 각각 θ 및 ϕ 방향에서 측정된 EIS이며, TRP에서 정의한 바와 같이 DUT 주변의 구에서 $15°$ 격자로 측정한 값이다.

8.6 링크방정식 및 링크버짓

8.4.1절에서 설명한 프리스 전송방정식은 통신 링크상에서 수신전력을 계산하기 위해 식 (8.54)와 같이 나타낼 수 있는데, 이를 **링크방정식** link equation 이라고 한다.

$$P_r = P_t\, G_t\, G_r \left(\frac{\lambda_0}{4\pi R}\right)^2 \frac{1}{L_{\text{sys}}} \tag{8.54}$$

식 (8.54)를 데시벨 단위로 변환하면 다음과 같다.

$$10\log P_r = 10\log P_t + 10\log G_t + 10\log G_r - 20\log\left(\frac{4\pi R}{\lambda_0}\right) - 10\log L_{\text{sys}} \tag{8.55a}$$

$$P_r = P_t + G_t + G_r - \text{자유손실공간} - L_{\text{sys}}\,[\text{dB}] \tag{8.55b}$$

식 (8.55b)는 송신전력으로부터 자유공간손실을 비롯한 다양한 손실들을 빼고 송신 안테나와 수신 안테나의 이득을 더하면 수신전력을 계산하기 위한 **링크버짓** link budget 을 계산할 수 있음을 나타낸다.

링크버짓의 계산은 무선통신 시스템을 구성하는 기지국과 단말기 사이 링크에서 통신의 성능 확보를 위해 매우 중요하다. 무선통신 시스템에서 링크버짓을 계산하면 링크에서 최대 허용가능한 손실을 얻을 수 있으며, 전파 경로손실 모델로부터 셀 반경을 구할 수 있다. 일반적으로 기지국이 송신하는 전력은 매우 큰 값을 갖지만, 단말기가 송신하는 전력은 제한되어 있다. 따라서 기지국이 송신하는 전력을 수신할 수 있는 단말기는 기지국으로부터 멀리 떨어진 곳에 위치할 수도 있다. 그러나 단말기의 송신전력 제한 때문에 단말기가 송신하는 신호를 기지국이 수신할 수 없게 된다. 이 경우 무선통신을 위해서는 반드시 단말기와 기지국 사이 링크에서 [그림 8-49]와 같은 전력균형 power balance 이 성립되어야 한다.

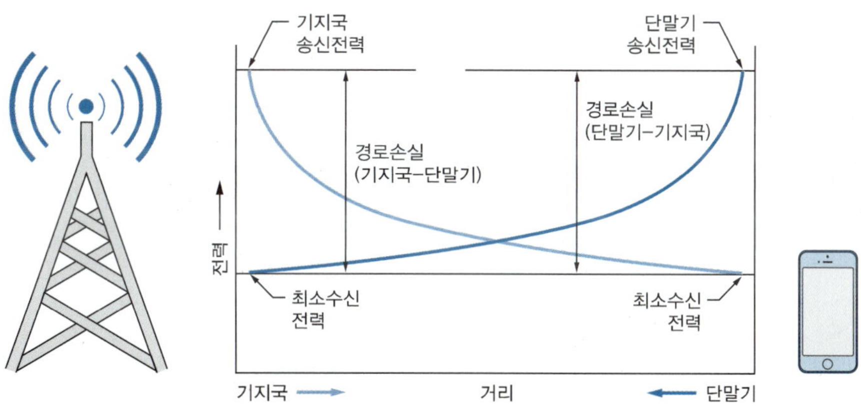

[그림 8-49] 단말기-기지국 간 전력균형

이동통신 시스템의 경우, 링크버짓은 식 (8.48a)로 주어지는 **상향링크 방정식** uplink equation (단말기→기지국)으로부터 상향링크의 최대 허용가능한 경로손실값 L_{Pu}과 식 (8.56b)로 주어지는 **하향링**

크 방정식 downlink equation (기지국→단말기)으로부터 하향링크의 최대 허용가능한 경로손실값 L_{Pd}로 구성되는 **전력균형 방정식** power balance equation 을 계산할 수 있다. 식 (8.56a)에서 P_m, G_m, G_b, G_d, L_d, L_j, S_b는 각각 단말기(이동국)의 송신전력, 단말기의 안테나 이득, 기지국 안테나 이득, 기지국 다이버시티 안테나 이득, 듀플렉서 손실, 결합기(또는 점퍼) 손실, 기지국의 수신감도를 의미한다. 식 (8.56b)에서 P_b, L_d, L_j, L_{tf}, G_b, G_m, S_m은 각각 기지국의 출력, 듀플렉서 손실, 결합기 손실, 기지국 필터손실, 기지국 안테나 이득, 단말기 안테나 이득, 단말기 수신감도를 의미한다. 식 (8.56)에 나타낸 전력균형 방정식은 특정한 예를 나타낸 것으로, 이 밖에도 송수신기 링크를 구성하는 여러 가지 이득 및 손실을 고려하여 계산할 수 있다.

$$L_{\mathrm{Pu}} = P_m + G_m + G_b + G_{di} - L_d - L_j - S_b \tag{8.56a}$$

$$L_{\mathrm{Pd}} = P_b - L_d - L_j - L_{tf} + G_b + G_m - S_m \tag{8.56b}$$

링크버짓은 무선통신에서 전력균형 방정식을 계산하여 송신기와 수신기 사이 링크의 성능을 정량적으로 나타낼 수 있는 방법이다. 또한 실제 수신되는 전력과 통신의 최소품질을 보장하기 위한 최소 수신레벨과의 차이를 **링크마진** link margin 이라고 한다.

8.6.1 링크버짓의 예

[그림 8-50]에 2.4[GHz]에서 동작하는 무선 LAN 시스템의 액세스 포인트 AP : Access Point 에서 단말기로 전달되는 링크버짓을 레벨 다이어그램 level diagram 으로 나타냈다. 무선 LAN 단말기의 경우, 신호를 복원하기 위한 최소 수신감도가 −82[dBm]이다. 그런데 5[km] 떨어진 거리에서 20[dBm] 전력으로 송신하는 경우 수신신호 전력은 −73[dBm]이므로 약 8[dB] 정도의 링크마진을 갖는 것을 확인할 수 있다.

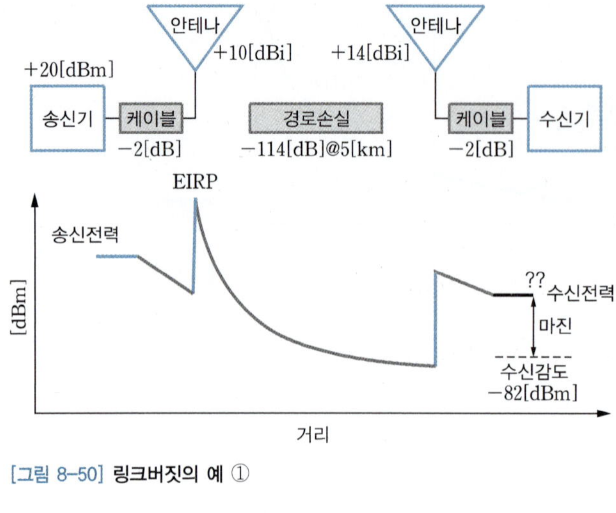

+20[dBm]	송신전력
+10[dBi]	송신 안테나 이득
−2[dB]	송신 케이블 손실
+14[dBi]	수신 안테나 이득
−2[dB]	수신 케이블 손실
40[dB]	전체 이득
−114[dB]	자유공간손실 @5[km]
−73[dBm]	예상되는 수신신호 레벨
−82[dBm]	수신기 감도
+8[dB]	링크마진

[그림 8-50] 링크버짓의 예 ①

[그림 8-51]에서는 무선통신 시스템의 커버리지를 결정하기 위한 링크버짓의 또 다른 예를 레벨 다이어그램으로 나타냈다. 이를 통해 특정 BER을 만족하는 최소 수신감도를 계산할 수 있다. 반대로 특정 BER을 만족하는 최소 수신감도를 얻기 위해 최대로 허용할 수 있는 전파경로손실을 계산할 수 있다는 의미이다.

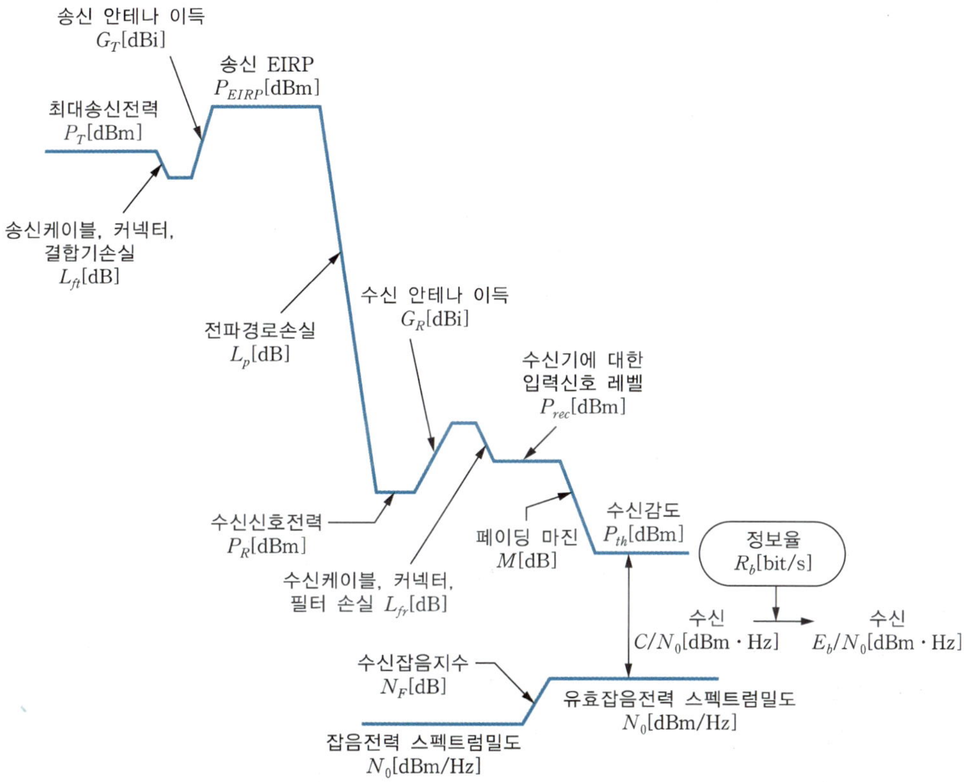

[그림 8-51] **링크버짓의 예** ②

[표 8-5] LTE 시스템의 상향링크 링크버짓과 하향링크 링크버짓 계산 예

상향링크(데이터율 64[kbps])		
송신기(UE)		
a	최대 송신전력([dBm])	24.0
b	송신기 안테나 이득([dBi])	0.0
c	인체손실([dB])	0.0
d	EIRP([dBm])	$24.0 = a + b + c$
수신기(eNode B)		
e	eNode B 잡음지수([dB])	2.0
f	열잡음([dBm])	$-118.4 = k$(볼츠만 상수) $\times T$(290[K]) $\times$ B(360[kHz])
g	수신기 잡음레벨([dBm])	$-116.4 = e + f$
h	SINR([dB])	-7.0
i	수신기 감도([dBm])	$-123.4 = g + h$
j	간섭마진([dB])	2.0
k	케이블 손실([dB])	2.0
l	수신기 안테나 이득([dBi])	18.0
m	MHA[Mast Head Amplifier] 이득([dB])*	2.0
최대 경로손실		$163.4 = d - i - j - k + l - m$

하향링크(데이터율 1[Mbps])		
송신기(eNode B)		
a	고속 하향링크 공유채널(HS-DSCH)** 전력([dBm])	46.0
b	송신기 안테나 이득([dBi])	18.0
c	케이블 손실([dB])	2.0
d	EIRP([dBm])	$62.0 = a + b + c$
수신기(UE)		
e	UE 잡음지수([dB])	7.0
f	열잡음([dBm])	$-104.5 = k$(볼츠만 상수) $\times T$(290[K]) $\times$ B(360[kHz])
g	수신기 잡음레벨([dBm])	$-97.5 = e + f$
h	SINR([dB])	-10.0
i	수신기 감도([dBm])	$-107.5 = g + h$
j	간섭마진([dB])	3.0
k	컨트롤채널 오버헤드[control channel overhead]([dB])	1.0
l	수신기 안테나 이득([dBi])	0.0
m	인체손실([dB])	0.0
최대 경로손실		$165.5 = d - i - j - k + l - m$

*MHA : 기지국 안테나에 설치된 저잡음 증폭기
**HS-DSCH : High-Speed Downlink Shared Channel

[표 8-5]에는 상용 LTE Long Term Evolution 시스템에서 상향링크 uplink (단말기→기지국)와 하향링크 downlink (기지국→단말기)에서 간략화된 링크버짓을 나타냈다. 보통의 경우 기지국이 커버하는 영역이 단말기가 커버하는 영역보다 크기 때문에 상향링크보다 하향링크의 최대 경로손실값이 크게 얻어진다.

링크버짓을 이용하면 상향링크에서의 최대 경로손실값과 하향링크에서의 최대 경로손실값 등의 경로손실과 수신전력을 얻을 수 있다. 또한 8.4절에서 설명한 전파모델과 연관하여 셀룰러 이동통신의 경우 단말기와 기지국 간의 링크성능을 확보하기 위해 유효거리를 이용한 셀 영역의 크기, 통신의 커버리지 한계영역 등을 얻을 수 있다.

[표 8-6]은 지형에 따라 달라지는 링크버짓 계산 결과를 보여준다. 이동통신의 셀 플래닝 cell planning 을 위해 셀 반경을 결정할 때 유용하게 쓰인다.

[표 8-6] 지형에 따른 경로손실 링크버짓

손실 항목	단위	도심		준도심		교외	
		상향링크	하향링크	상향링크	하향링크	상향링크	하향링크
경로손실	[dB]	161.0	166.2	161.0	166.2	161.0	166.2
기지국 안테나 높이	[m]	30	30	45	45	60	60
단위길이당 급전손실	[dB/m]	0.0646	0.0646	0.0646	0.0646	0.0477	0.0477
전체 급전손실	[dB]	1.938	1.938	2.907	2.907	2.862	2.862
페이드 마진	[dB]	5.60	5.60	5.60	5.60	5.60	5.60
인체 손실	[dB]	2	2	2	2	2	2
차량 손실	[dB]	0	0	0	0	6	6
빌딩 손실	[dB]	15	15	12	12	0	0
전체 경로손실	[dB]	136.5	141.7	138.5	143.7	144.5	149.8

Chapter 08 연습문제

8.1 **【안테나의 지향성】** 이상적인 전방향 안테나가 수평면에서 다음과 같은 패턴을 가질 때 지향성을 구하라.

$$F(\theta) = \begin{cases} 1 & (60° \leq \theta \leq 120°) \\ 0 & (0° \leq \theta \leq 60°,\ 120° \leq \theta \leq 180°) \end{cases}$$

8.2 **【안테나의 방사저항】** 송신 안테나가 완전도체 접지면 위에 놓여 있다고 가정할 때, 안테나로부터 2[km] 떨어진 지점에서 전기장 세기는 $E = 60 \times 10^{-2}$[V/m]로 주어진다. 안테나에 입력 전류가 60[mA]일 때 방사전력과 방사저항을 구하라.

8.3 **【안테나의 VSWR】** 50[Ω] 전송선로에 연결된 송신 안테나를 임피던스 $73 - j32$[Ω]으로 정합했다. VSWR을 구하라.

8.4 **【EIRP】** 무선통신 시스템 송신기에서 전력 증폭기 출력이 500[W]이고, 안테나 급전선로에서 20% 감쇠가 발생하며, 송신 안테나 이득이 60[dB]일 때 EIRP를 구하라.

8.5 **【다이폴 안테나】** 안테나의 길이 l이 파장에 비해 매우 짧은($l \ll \lambda$) 미소 선형 다이폴 infinitesimal linear dipole에서 방사전력밀도의 방사방향 성분 radial component이 다음과 같이 주어질 때 다음을 구하라. 여기서 P_m은 전력밀도의 첨두값이다.

$$P_{av} = \frac{P_m \sin^2\theta}{r^2} \ [\mathrm{W/m^2}]$$

(a) 지향성

(b) $\lambda = 1.5$[m]에서 안테나의 유효면적

8.6 **【파라볼라 안테나】** 1[m] 직경을 갖는 파라볼라 안테나의 동작주파수가 10[GHz]이고, 빔 조사효율이 60%일 때 안테나 이득, 빔폭과 유효면적을 각각 구하라.

8.7 **【혼 안테나】** 동일한 두 혼 안테나가 자유공간에서 송수신을 위해 200[m] 떨어져 있다. 안테나의 크기는 12×6[cm^2]이며, 송신방향으로 방향성 이득은 20[dB]이다. 송신전력은 5[W]이며, 신호의 주파수는 1[GHz]이다. 주어진 물음에 답하라.

(a) 수신 안테나가 송신 안테나로부터 원거리장에 위치하는가?

(b) 수신전력은 얼마인가?

(c) 수신 안테나에서의 전기장 세기를 구하라.

8.8 **【배열 안테나】** 세 개의 등방성 점 안테나 소자 isotropic point source 가 $\frac{\lambda}{4}$ 등간격으로 x축 위에 놓여 있다. 가운데 안테나 소자의 입사신호 크기는 2, 바깥쪽 두 안테나 소자들의 입사신호 크기는 1로 주어졌을 때 배열인자 array factor 를 구하라.

8.9 **【자유공간 경로손실】** 49[MHz]에서 동작하는 무선전화의 통화범위가 50[m]이다. 안테나의 이득은 0[dBi]이고 수신감도가 −113[dBm]일 때 필요한 송신전력을 구하라.

8.10 **【자유공간 경로손실】** 325[MHz]의 반송주파수를 갖는 송신기의 출력전력이 150[W]이며, 송신안테나 이득은 12[dBi]이다. 수신기는 10[km] 밖에 떨어져 있고, 수신 안테나의 이득은 5[dBi]일 때 수신기에 전달되는 전력을 계산하라. 송수신기는 자유공간에서 동작하며 시스템에는 손실이나 부정합이 없다고 가정한다.

8.11 **【자유공간 경로손실】** 250[MHz]에서 동작하며 10[W]의 출력전력을 갖는 송신기가 3[dB]/100[m]인 손실특성을 갖는 20[m] 길이의 전송선로를 통해 이득이 6[dBi]인 안테나에 연결되어 있다. 신호는 자유공간의 25[km] 떨어진 지점에 이득이 4[dBi]인 수신 안테나를 통해 수신기에 연결되어 있다. 수신기의 급전선은 50[Ω]의 특성 임피던스를 가지며, 무손실이지만 수신기의 입력은 75[Ω]으로 부정합되어 있다. 수신기에 전달되는 전력을 구하라.

8.12 **【전파경로지수】** 기지국 송신 안테나와 단말기 수신 안테나 사이에 전력 밀도가 $1/d^{3.5}$ 감쇠특성을 갖는 밀집된 도시환경에서 동작하는 통신시스템이 있다. 송신 안테나로부터 10[m] 떨어진 지점에서 전력밀도는 0.3167[W/m^2]이다. 기지국으로부터 1[km] 떨어진 지점에서 수신 안테나에서 전력밀도를 구하라.

8.13 **【경로손실】** 다음의 그림과 같이 출력(P_t)이 10[W]인 기지국 송신기를 손실(L_t) 10[dB]인 급전케이블을 이용하여 기지국 안테나에 연결했다. 이동국 방향으로 기지국 송신 안테나 이득(G_t)이 12[dBd]이며, 같은 방향으로 수신 단말기 안테나 이득(G_r)이 0[dBd], 단말기 안테나의 급전손실(L_r)이 2[dB]로 주어졌다. 단말기의 수신감도(P_r)가 −104[dBm]일 때, 다음을 구하라.

(a) EIRP

(b) 송수신이 가능한 최대 경로손실

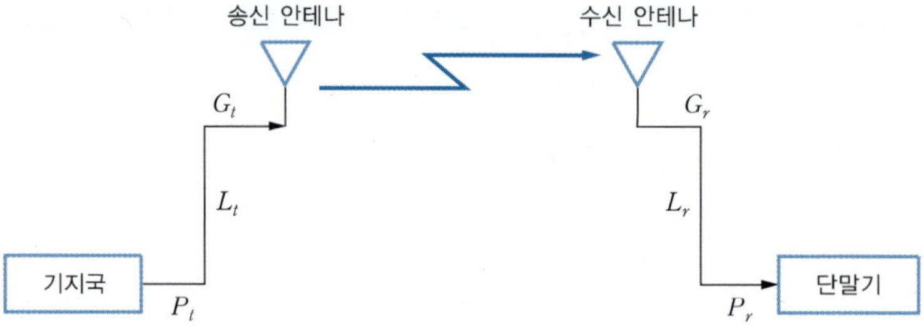

[그림 8-52]

8.14 【경로손실】 반파장 다이폴 안테나를 이용하여 875 [MHz] 신호를 송신하고자 한다. 송신기의 출력이 1 [W]로 송신 안테나에 정합되어 있으며, 수신기가 1 [km] 떨어진 거리에 위치하고 있을 때 수신신호 전력을 구하라.

8.15 【위성통신 경로손실】 지상으로부터 39,000 [km] 떨어진 곳에 있는 정지궤도위성의 출력전력은 20 [W]이며, 22 [dBi]의 안테나 이득을 갖는다. 위성으로부터 지상으로 송신하는 신호의 하향주파수는 11 [GHz]이며, 위성수신기인 VSAT Very Small Aperture Terminal 단말기의 수신 안테나는 2 [m^2] 유효면적을 갖는다. 이때 다음을 구하라.

(a) 수신전력밀도([W/m^2])
(b) VSAT 안테나에서 수신되는 전력([dB])
(c) 경로손실

8.16 【위성통신 링크버짓】 인공위성이 직경 45.7 [cm] 파라볼라 안테나parabola antenna를 가진 20 [GHz] 송신기를 탑재하고 있다. 안테나 이득은 37 [dBi]이며, 방사전력은 2 [W]이다. 지상국ground station은 위성으로부터 36,940 [km] 떨어져 있으며, 수신 안테나 이득은 45.8 [dBi]이다. 이때 지상국에서 수신전력은 얼마인가?

8.17 【레이더 시스템 링크버짓】 안테나 이득이 25 [dBi]이며, 25 [kW] 출력으로 송신하는 레이더 시스템의 동작주파수는 12 [GHz]이다. 레이더로부터 10 [km] 떨어진 위치에 있는 표적이 8 [m^2]의 레이더 단면적을 갖는다. 수신기에 송신기와 동일한 안테나가 사용되었다면 수신전력은 얼마인가?

8.18 【간섭전력과 링크버짓의 관계】 무선통신 시스템의 링크버짓에서 1 [dB] 간섭마진interference margin을 고려한다면 수신기 입력에서 허용할 수 있는 최대 간섭전력은 얼마인가?

Chapter 08 기출문제

L8.1 **【2021, 국가직 9급】** 고이득 특성을 가지고 점대점 위성통신을 위해 사용되는 반사경reflector 안테나로 옳은 것은?

① 다이폴dipole 안테나　　② 파라볼라parabola 안테나
③ 야기-우다Yagi-Uda 안테나　　④ 루프loop 안테나

L8.2 **【2021, 국가직 9급】** 안테나의 최대 지향성이 10[dB]이고 방사효율이 60%일 때 안테나의 이득[dB]은? (단, $\log_{10}2 = 0.3$, $\log_{10}3 = 0.5$이다.)

① 8　　② 6　　③ 4　　④ 10

L8.3 **【2021, 국가직 9급】** 다음과 같은 변수를 갖는 디지털 위성통신에서 요구되는 비트에너지 대 잡음전력밀도$(E_b/N_0)_q$가 10.0[dB]일 때, 수신된 비트에너지 대 잡음전력밀도 $(E_b/N_0)_r$와 $(E_b/N_0)_q$의 차이인 링크마진link margin([dB])은? (단, $\log_{10}2 = 0.3$이고, 주어진 변수 외의 영향은 고려하지 않는다.)

- 송신전력 P_t : 18.0[dBW]
- 송신안테나 이득 G_t : 51.6[dBi]
- 전파 경로 상의 총 손실 L : 214.7[dB]
- 수신안테나 이득 G_r : 35.1[dBi]
- 잡음전력밀도 N_0 : −192.5[dBW/Hz]
- 비트전송률 R : 2[Mbps]

① 9.5　　② 10　　③ 10.5　　④ 11

L8.4 **【2021, 국가직 9급】** 자유공간에서 주파수가 $f_1 = 30$[kHz]인 신호를 변조하지 않고 전송하는 경우와 이를 변조하여 $f_2 = 1$[GHz]로 전송하는 경우, 반파장 다이폴 안테나를 사용할 때 안테나의 길이[m]는 각각 얼마인가? (단, 신호의 전파속도는 3×10^8[m/s]이다.)

	f_1	f_2
①	10,000	0.3
②	5,000	0.15
③	2,500	0.075
④	1,250	0.0375

L8.5 **【2021, 국가직 9급】** 자유공간에서 2.5[km] 떨어진 송수신기가 주파수 1[GHz]인 신호로 통신할 때 경로손실([dB])은? (단, 신호의 전파속도는 3×10^8[m/s]이고, $\pi = 3.0$이다.)

① 20 ② 40 ③ 80 ④ 100

L8.6 **【2021, 무선설비기사】** 다음 중 무선통신 시스템의 수신신호 전력에 대한 설명으로 틀린 것은?

① 송신전력의 크기에 비례한다.
② 안테나 유효 개구면Aperture에 비례한다.
③ 자유공간에서 송신부까지의 거리 제곱에 반비례한다.
④ 신호 파장에 비례한다.

L8.7 **【2021, 무선설비기사】** 송수신점 사이의 거리가 37.62[km]이고 사용주파수가 6[GHz]일 때 두 점 사이에서의 자유공간 손실은 약 얼마인가?

① 125.5[dB] ② 139.5[dB] ③ 200.7[dB] ④ 225.7[dB]

L8.8 **【2021, 무선설비기사】** 다음 중 무선 시스템 링크에서 수신 안테나의 수신전력을 나타내는 Friis의 전달공식에 대한 설명으로 틀린 것은?

① 수신전력을 송신전력, 안테나 이득, 거리, 주파수로 표현한 것으로 모든 무선 시스템 설계를 위한 기본식이다.
② 송신기와 수신기 간의 거리가 멀어질수록 수신전력은 거리의 제곱근으로 비례하여 감소한다.
③ 실제 무선 시스템에서 수신전력을 감소시키는 여러 가지 요소가 있는 것을 고려할 때 최대 수신전력이라 볼 수 있다.
④ 수신전력을 감소시키는 요소는 송수신 안테나 임피던스 부정합, 송수신 안테나 간의 편파 부정합 등이 있다.

L8.9 **【2020, 국가직 9급】** 무선통신 시스템에서 송신전력이 100[W]이고 수신전력이 0.1[mW]이면, 채널에서의 경로손실([dB])은? (단, 시스템에 의한 손실은 무시한다.)

① 40 ② 60 ③ 80 ④ 100

L8.10 **【2020, 국가직 9급】** 안테나에 대한 설명으로 옳지 않은 것은?

① 반전력빔폭HPBW은 전력이 주빔의 최댓값에 비해 절반이 되는 두 지점 사이의 각이다.
② 무손실 등방성 안테나를 상대이득의 기준 안테나로 사용한다.
③ 안테나 이득은 최대 지향성과 방사효율의 곱이다.
④ 실효등방성방사전력EIRP은 송신 안테나의 절대이득과 송신전력의 곱이다.

L8.11 **【2019, 국가직 9급】** 송신안테나의 출력전력이 10[W]이고 안테나이득이 20[dB]인 경우 실효등방성방사전력EIRP([W])는?

① 10　② 100　③ 1,000　④ 10,000

L8.12 **【2019, 국가직 9급】** 신호 $s(t) = 10\cos(4 \times 10^9 \pi t)$를 반파장 다이폴 안테나로 수신할 경우, 안테나의 길이([cm])는? (단, 전파의 속도는 3×10^8[m/s]이다.)

① 5　② 7.5　③ 10　④ 12.5

L8.13 **【2019, 국가직 9급】** 이상적인 두 개의 등방성isotropic 안테나 사이의 거리를 d[m], 전파의 파장을 λ_0[m]라고 할 때, 자유공간경로손실은?

① $\left(\frac{4\pi d}{\lambda_0}\right)^2$　② $\left(\frac{2\pi d}{\lambda_0}\right)^2$　③ $\frac{4\pi d}{\lambda_0}$　④ $\frac{2\pi d}{\lambda_0}$

L8.14 **【2019, 국가직 9급】** 마이크로웨이브 전송시스템에서 송신출력이 30[dBm], 송수신 안테나이득이 각각 20[dB], 자유공간경로손실이 130[dB], 수신기의 최소수신감도가 −75[dBm]일 때, 링크마진link margin([dB])는? (단, 잡음은 무시한다.)

① 5　② 10　③ 15　④ 20

L8.15 **【2019, 전파전자통신기사】** 다음 중 안테나의 편파에 대한 설명으로 잘못된 것은?

① 안테나의 편파는 송신 안테나에서 주어진 방향으로 복사되어 나가는 파의 편파이다.
② 전파의 전기력선의 방향에 따라 수평 편파와 수직 편파로 분류한다.
③ 전기력선의 진동방향과 크기 변화에 따라 직선 편파, 원형 편파, 타원 편파로 분류한다.
④ 원형 편파의 축비는 0이다.

L8.16 **【2018, 국가직 9급】** 송신기가 3[GHz] 반송파 주파수로 신호를 10[W]로 송출하는 경우, 송신 안테나와 수신 안테나의 이득이 각각 20[dB]이며, 시스템 손실이 10[dB]이고 경로 손실이 112[dB]일 때, 수신기에서의 수신 전력([dBm])은?

① −24 ② −28 ③ −42 ④ −72

L8.17 **【2018, 국가직 9급】** 야기−우다 Yagi-Uda 안테나에 대한 설명으로 옳지 않은 것은?

① 이득과 관련한 빔 패턴은 대부분 도파기에 의해 좌우된다.
② 투사기에서 도파기를 향한 예리한 지향 특성이 있다.
③ 도파기의 수를 증가시키면 이득이 증가된다.
④ 반사기의 길이는 도파기의 길이 보다 짧게 한다.

L8.18 **【2017, 국가직 9급】** 자유공간에서 두 안테나 사이의 간격이 5[km]이고 송신 안테나에서 주파수가 1[GHz]인 신호를 4[mW]의 전력으로 송신하고 있다. 안테나 사이의 간격을 10[km], 신호의 주파수를 2[GHz]로 변경할 때, 이전과 동일한 수신 전력을 얻기 위해 필요한 송신 전력([mW])은?

① 16 ② 32 ③ 64 ④ 128

L8.19 **【2017, 국가직 9급】** 다음 그림과 같은 위성통신 전송시스템에서 실효등방성방사전력 EIRP ([dBm])은?

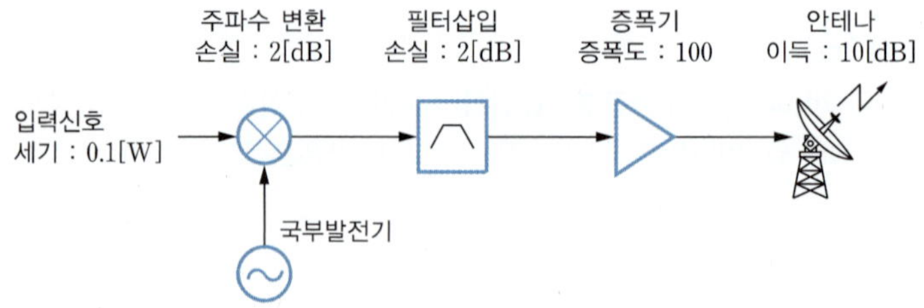

[그림 8-53]

① 36 ② 44 ③ 46 ④ 54

L8.20 **【2016, 국가직 9급】** 지구국 안테나에 급전되는 송신 전력이 30[dBW], 송신 안테나 이득이 50[dB], 위성 수신 안테나 이득이 40[dB], 안테나 지향 오차를 포함한 전파 경로상의 총 손실이 220[dB]일 때, 위성의 수신 전력([dBm])은?

① −70 ② −100 ③ −130 ④ −140

L8.21 **【2016, 국가직 9급】** 자유공간에서 송·수신 안테나 사이에 형성되는 무선 채널의 경로손실에 대한 설명으로 옳지 않은 것은?

① 송신신호의 주파수가 2배로 증가하면 경로손실은 8배로 증가한다.
② 송·수신단 사이의 거리가 3배로 증가하면 경로손실은 9배로 증가한다.
③ 송·수신단 사이의 거리가 4배로 증가하고 송신신호 파장이 2배로 증가하면 경로손실은 4로 증가한다.
④ 송·수신단 사이의 거리가 2배로 증가하고 송신신호 주파수가 2배로 증가하면 경로손실은 16배로 증가한다.

L8.22 **【2015, 국가직 9급】** 안테나 이득이 20[dB]인 송신안테나에서 10[W]의 전력이 방사되었을 때 유효등방성방사전력EIRP([dBW])은?

① 10　　② 20　　③ 30　　④ 40

기출문제 답

L8.1 ②	L8.2 ①	L8.3 ①	L8.4 ②	L8.5 ④	L8.6 ④	L8.7 ②	L8.8 ②
L8.9 ②	L8.10 ②	L8.11 ③	L8.12 ②	L8.13 ①	L8.14 ③	L8.15 ④	L8.16 ③
L8.17 ④	L8.18 ③	L8.19 ③	L8.20 ①	L8.21 ①	L8.22 ③		

m.e.m.o

Chapter 09

레이다

Radar

학습목표

- 레이다의 구조와 동작원리를 이해하고, 동작을 위한 파라미터를 학습한다.
- 레이다 방정식으로부터 레이다 성능에 영향을 주는 변수들을 이해한다.
- 레이다의 종류를 익히고, 용도에 따른 레이다의 장단점을 비교한다.

9.1 레이다 개요

레이다 radar : radio detection and ranging 는 1940년 미국 해군이 무선탐지 radio detection 와 탐지거리 ranging 의 앞글자를 따서 만든 용어로, 전자기파를 방사한 후 표적(또는 목표물)으로부터 반사된 echo returned 신호를 감지하는 전자기 시스템이다. 레이다는 송수신 신호를 비교하여 목표물까지의 거리, 고도, 방향 그리고 속도 등에 대한 정보를 탐지할 수 있다.

레이다는 표적의 세부적인 사항들과 색깔을 구별할 수는 없지만, 시야 확보가 어려운 야간, 안개가 끼거나 비가 많이 오는 궂은 날씨는 물론 장거리 영역에서도 동작할 수 있다는 장점 때문에 다양한 분야에서 활용된다. 예를 들면, 항공교통관제에 사용되는 감시 레이다, 항공기 또는 미사일을 지속적으로 추적하는 추적 레이다, 비 또는 구름 등의 움직임을 보여주는 기상 레이다 등이 있으며, 과속 단속을 위해 교통경찰이 사용하는 속도측정 레이다가 있다. 또한 차량에 설치하여 사고를 방지하는 충돌 방지 레이다, 지표면 아래 또는 시각적으로 불투명한 물체 내에 있는 물체를 탐지하는 데 사용하는 표면 투과 레이다가 있다. 이처럼 레이다는 내비게이션, 원격 감지, 전파 천문학 및 다양한 센서에 적용된다.

9.1.1 레이다의 분류

레이다는 기능과 파형의 특성에 따라 다음과 같이 분류할 수 있다.

■ 모노스태틱 레이다/바이스태틱 레이다

[그림 9-1(a)]의 **모노스태틱** monostatic **레이다**는 송신과 수신을 하나의 안테나만 사용하며, 듀플렉서(또는 T/R 스위치)에 의해 송신 신호와 수신 신호로 분리된다. 반면 [그림 9-1(b)]의 **바이스태틱**

bistatic **레이다**는 송신기와 수신기 사이의 격리도를 향상시키기 위해 송신 안테나와 수신 안테나를 분리하여 사용하므로 T/R 스위치가 필요 없다는 장점이 있다. 대부분의 레이다 시스템은 모노스태틱 형태로 구성되지만, 최근 스텔스 무기를 탐지하기 위한 방법으로서 바이스태틱 또는 멀티스태틱 레이다에 관한 연구도 활발하게 이루어지고 있다.

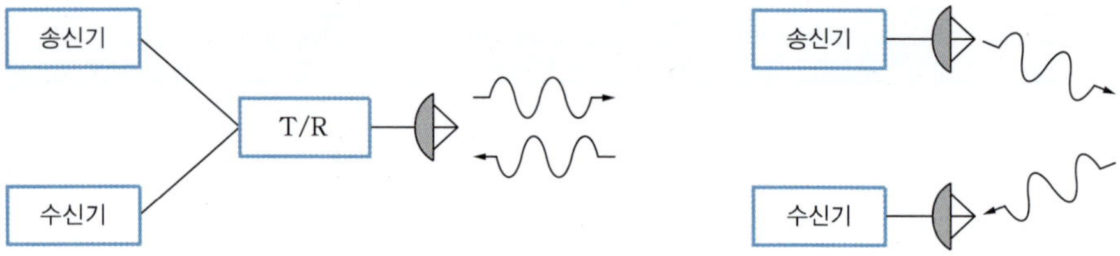

(a) 모노스태틱 레이다 (b) 바이스태틱 레이다

[그림 9-1] **모노스태틱 레이다와 바이스태틱 레이다**

■ 탐색 레이다/추적 레이다

레이다는 사용 목적에 따라 탐색 레이다와 추적 레이다로 나눌 수 있다. **탐색** search **레이다**는 표적을 탐지하거나 피아식별 기능을 하며, **추적** track **레이다**는 특정 표적의 이동을 추적한다. 예를 들어, 항공기 교통 모니터링에 사용되는 탐색 레이다는 [그림 9-2(a)]와 같이 고도는 높지만 방위각이 좁은 빔 패턴을 갖는 회전 안테나를 사용하여 공간을 탐색한다. 항공기에서 반사된 신호(에코)는 안테나가 회전할 때마다 PPI Plan-Position Indicator [1] 화면에 표시된다. [그림 9-2(b)]와 같은 추적 레이다는 서보 모터를 사용하여 일반적으로 빠르게 움직이는 표적을 추적하는데, 최근 위상배열 기술이 발전한 결과, 탐색 레이다가 추적 레이다를 겸하는 경우도 많다.

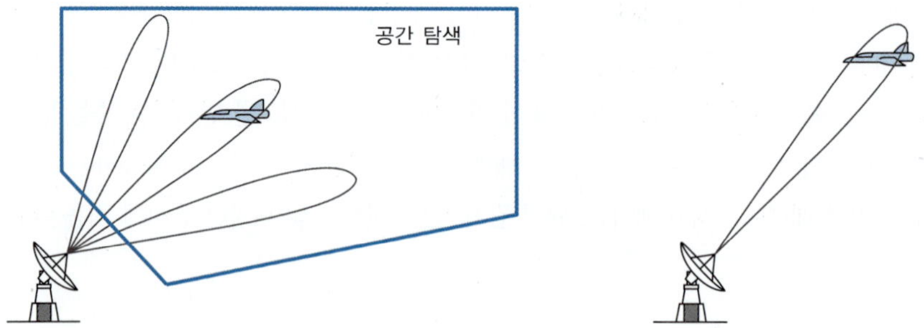

(a) 탐색 레이다 (b) 추적 레이다

[그림 9-2] **탐색 레이다와 추적 레이다**

1 극좌표계에서 방위각과 레이다로부터 떨어진 거리를 축으로 한 평면에 반사 신호 위치와 강도를 표출하는 방식으로 고도각을 일정하게 하고 안테나를 360° 회전하면서 관측하여 나타낸다. 보통 디스플레이라고 통칭한다.

■ 기계식 레이다/전자식 레이다

레이다에서 빔을 구동하는 방식에 따라 기계식 레이다와 전자식 레이다로 구분할 수 있다. 기계식 레이다는 송신기에서 생성된 안테나 빔을 기계적인 방식으로 조향한다. 고이득 배열 안테나 또는 반사판 안테나를 사용하지만, 기계식으로 구동되기 때문에 빔 조향 속도가 느리다. 전자식 레이다는 프로그래밍이 가능한 위상천이기가 연결된 개별 안테나 소자들을 근접한 간격으로 배열한 위상 배열 안테나를 사용한다. 개별 안테나로부터 수신된 신호를 신호 프로세서에서 사용할 수 있게 되면, 프로세서는 여러 개의 독립적인 수신기 빔을 형성할 수 있어 여러 목표물을 동시에 추적하거나 여러 영역을 검색하고, 안테나를 회전시키지 않고도 스캔할 수 있다.

■ 탐지 레이다/이미징 레이다

레이다의 기능에 따라 탐지 레이다와 이미징 레이다로 나눌 수 있다. **탐지** detection **레이다**는 단순히 표적의 위치 또는 속도를 감지하지만, **이미징** imaging **레이다**는 사진과 같은 반사도 맵을 만들 수 있다. 이미징 시스템에는 비행경로에 평행한 지형을 매핑하는 SAR Synthetic Aperture Radar 과 전자파를 발사해서 공간상의 물체가 반사하는 파를 측정하여 이미지화하는 공간물체 인식 이미징 레이다 시스템이 포함된다.

■ 펄스파 레이다/연속파 레이다

레이다가 송신하는 전파의 파형 형태에 따라 펄스파 레이다와 연속파 레이다로 나눌 수 있다. 연속파인 긴 펄스를 사용하는 **연속파** CW : Continous Wave **레이다**는 도플러 이동 Doppler shift 을 사용하여 표적의 이동 속도를 구별할 수 있다. **펄스파** pulse **레이다**에서는 짧은 펄스가 밀접하게 분리된 표적을 구분하여 더 높은 분해능(해상도) resolution 을 제공한다. 또한 연속파 레이다에 비해 작은 에너지로 운용할 수 있고, 단일 안테나로 전자기파 송수신을 할 수 있다.

■ 코히어런트 레이다/논코히어런트 레이다

신호처리 방식에 따라 **코히어런트** coherent **레이다**와 **논코히어런트** non-coherent **레이다**로 나눌 수 있다. 송신기 및 수신기 국부발진기를 위한 안정적인 주파수원을 가진 레이다는 코히어런트[2] 시스템을 통해 잡음에서 신호를 추출할 수 있기 때문에 진폭, 시간지연 및 송수신 위상변화를 모두 탐지할 수 있다. 움직이는 대상의 속도를 측정할 때 도플러 효과를 사용하므로 도플러 레이다 Doppler radar 라고도 한다. **논코히어런트 레이다**는 각 펄스의 전력을 감지하기 위해 랜덤신호처리에 기반한 자기 발진 self-oscillation 을 이용하기 때문에 신호 평균화의 효율성이 떨어지고, 진폭, 지연된 시간만 탐지할 수 있다. 물론 일정 구간 내에서 연속적인 변화를 관찰하여 속도를 추론할 수도 있지만, 목표물의 속도를 직접 감지할 수는 없다.

---

2 통신시스템에서는 동기의 의미를 가지며, 위상이 일치하는 것을 의미한다.

9.1.2 레이다 시스템의 구성

레이다 시스템은 [그림 9-3]과 같이 송신기, 듀플렉서, 안테나, 수신기, 디스플레이부로 구성되어 있다.

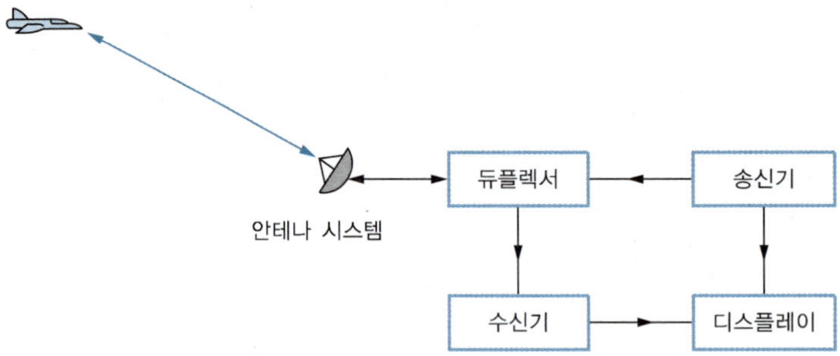

[그림 9-3] **레이다 시스템 구성도**

■ 송신기

송신기는 증폭기 및 변조기와 함께 마이크로파 소스(klystron, TWT 또는 마그네트론)로 구성된다. 듀티 사이클이 1% 미만인 마이크로파의 변조된 펄스가 전송되며, 평균전력은 수백 와트에 불과하지만 전송되는 최대 펄스 전력은 일반적으로 10[kW] ~ 10[MW]이다.

■ 듀플렉서

듀플렉서(서큘레이터 또는 T/R 스위치가 사용되기도 함)는 송신기 또는 수신기에 안테나를 교대로 연결하는 스위치 또는 필터로 동작하면서 송신기의 높은 송신전력으로부터 수신기를 보호한다. 반사된(반향된) 신호가 돌아오면 안테나를 통해 수신기에 연결된다.

■ 안테나

안테나는 레이다 신호를 전송하고 수신한다. 안테나는 표적의 위치를 정확하게 알 수 있도록 초점을 맞춘 작은 각도 빔으로 신호를 보내야 하며, 빔의 해상도를 더 높이려면 안테나의 크기는 수 파장의 길이를 가져야 한다. 또한 안테나는 기계적 혹은 전자적으로 원하는 방위각과 앙각을 조정할 수 있다.

■ 수신기

일반적으로 슈퍼헤테로다인 수신기를 사용하여 에코된 신호를 증폭하고 잡음을 제거하여 높은 신호 대 잡음비를 제공한다.

■ 디스플레이

레이다 디스플레이는 컴퓨터 모니터 화면과 같으며 범위, 고도 각도, 방위각 및 높이와 같은 4개의 매개변수 중 X 및 Y축에 두 개의 매개변수를 표시한다. [그림 9-4]는 PPI 디스플레이로 표적의 실제 위치를 나타낸다. 시계방향으로 6RPM, 즉 1분에 6번 회전하면서 위치를 극좌표계에 표시한다. 이 밖에도 X축을 시간, Y축을 신호의 크기로 나타내어 표적까지의 시간 또는 거리로 나타내는 A-scope와 X축을 각도, Y축을 거리로 나타내는 B-scope, X축을 방위각, Y축을 고각으로 나타내는 C-scope가 있다. 그리고 X축을 거리, Y축을 고각으로 나타내는 E-scope, X축을 거리, Y축을 지표면 고도로 나타내는 RHI [Range Height Indication] 디스플레이 등이 있다.

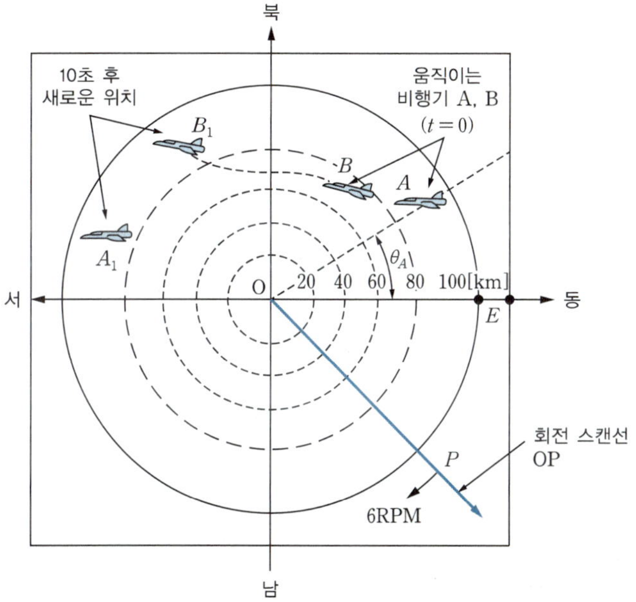

[그림 9-4] 레이다 디스플레이 예시

9.2 레이다 시스템 파라미터

[그림 9-3]에 나타낸 것처럼, 레이다 시스템에서는 송신기를 통해 방사된 신호가 표적에서 반사되어 듀플렉서 및 수신기 증폭기를 통해 디스플레이에 나타난다. 이때 송신기에서 발생된 신호와 수신된 신호를 비교하면 신호의 지연시간 t_d를 얻을 수 있다. 또한 전자기파의 속도를 c라고 할 때, 표적까지의 거리 R은 다음과 같이 구할 수 있다. 이때 $\frac{1}{2}$은 왕복시간 지연을 나타내는 상수이다.

$$R = c \cdot \frac{t_d}{2} \tag{9.1}$$

일반적으로 펄스형 레이다는 [그림 9-5]와 같이 일련의 펄스를 송수신한다. 펄스가 반복되는 주기 또는 구간을 **펄스 반복구간** PRI : Pulse Repetition Interval 또는 **펄스 간 간격** IPP : InterPulse Period T라고 하며, **펄스폭** pulse width 은 τ이다. PRI의 역은 **펄스 반복주파수** PRF : Pulse Repetition Frequency f_r로 표시되며 초당 펄스의 수를 나타낸다. [그림 9-5]에 나타낸 펄스열을 예로 들어보자. 레이다의 동작주파수가 1[GHz]라면 펄스폭 τ가 1[μs]일 때, 펄스 1개에는 모두 1,000개의 파수가 존재하게 된다. 거리가 가까울수록 PRF 값이 크며, 거리가 멀수록 값이 작다.

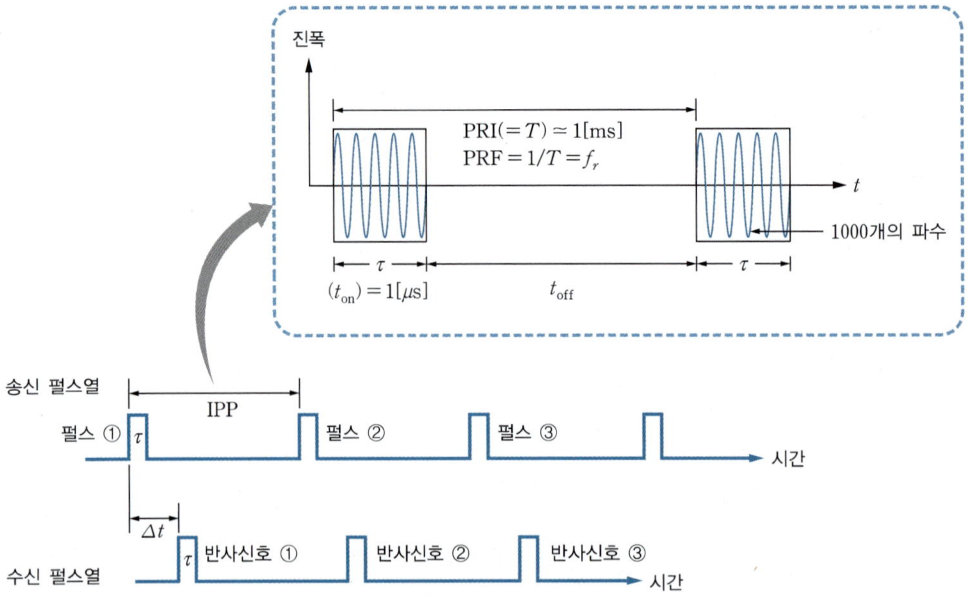

[그림 9-5] **레이다 시스템의 펄스파형**

각 PRI 동안 레이다는 $\tau(t_{on})$ 동안만 에너지를 방출하고, 나머지 PRI(t_{off})에 대해서 표적에서 반환된 신호를 수신한다. 레이다 송신 듀티 사이클 d_t는 $d_t = \tau/T$로 주어지고, 레이다 평균 송신전력은 다음과 같이 주어진다. 이때 P_t는 레이다의 첨두 송신전력이고, 펄스 에너지는 $E_p = P_t\tau = P_{av}T = P_{av}/f_r$로 주어진다.

$$P_{av} = P_t \times d_t \tag{9.2}$$

양방향 시간 지연에 해당하는 범위를 **레이다의 모호하지 않은 거리** radar unambiguous range 또는 **최대 탐지거리** R_{max}라고 한다. [그림 9-6]에서 반사신호 ①은 펄스 ①이 탐지거리 $R_1 = c\Delta t/2$에 있는 표적을 거쳐 귀환되는 레이다 신호를 나타낸다. 반사신호 ②는 펄스 ②가 동일한 표적을 거쳐 귀환되는 레이다 신호를 나타내거나 다시 펄스 ①이 탐지거리 R_2에 있는 먼 거리 표적을 거쳐 귀환되는 신호를 나타낼 수도 있다.

$$R_2 = \frac{c\Delta t}{2} \quad \text{또는} \quad R_2 = \frac{c(T+\Delta t)}{2} \tag{9.3}$$

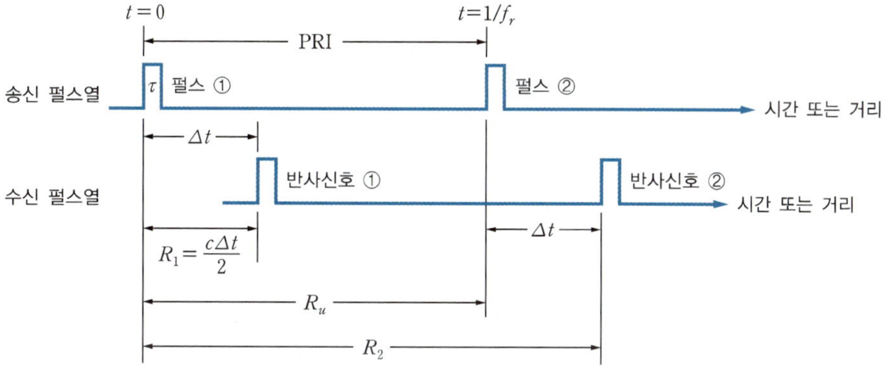

[그림 9-6] **레이다의 송신펄스와 수신펄스 다이어그램**

거리 모호성 range ambiguity 은 반사신호 ②와 관련이 있다. 따라서 펄스가 전송되면 레이다는 다음 펄스가 방출되기 전에 최대 탐지거리의 목표물에서 돌아올 수 있도록 충분한 시간을 기다려야 한다. 최대 탐지거리 R_{max}는 PRI의 절반에 해당한다.

$$R_{max} = c\frac{T}{2} = \frac{c}{2f_r} \tag{9.4}$$

거리 분해능 range resolution ΔR은 서로 가까운 표적을 별개의 물체로 감지하는 기능을 설명하는 레이다 측정 항목이다. 레이다 시스템은 일반적으로 최소 탐지거리 R_{min}과 최대 탐지거리 R_{max} 사이에서 작동하도록 설계한다. 탐지거리 단위(빈) bin, gate 인 ΔR은 R_{min}와 R_{max} 사이의 거리를 M개로 나누어 구한다.

$$\Delta R = \frac{R_{max} - R_{min}}{M} \tag{9.5}$$

[그림 9-7]에서와 같이 ΔR만큼 최소한으로 분리된 표적은 탐지거리 내에서 모두 탐지할 수 있다. 동일한 탐지거리 단위 내에 있는 표적은 신호처리 기술을 사용하여 교차범위(방위각)에서 탐지할 수 있다. 만약 두 개의 표적이 탐지거리 R_1과 R_2에 있고, 각각의 시간지연 t_1과 t_2라고 할 때, 거리 분해능을 다음과 같이 구할 수 있다.

$$\Delta R = R_2 - R_1 = c\frac{(t_2 - t_1)}{2} = c\frac{\delta t}{2} \tag{9.6}$$

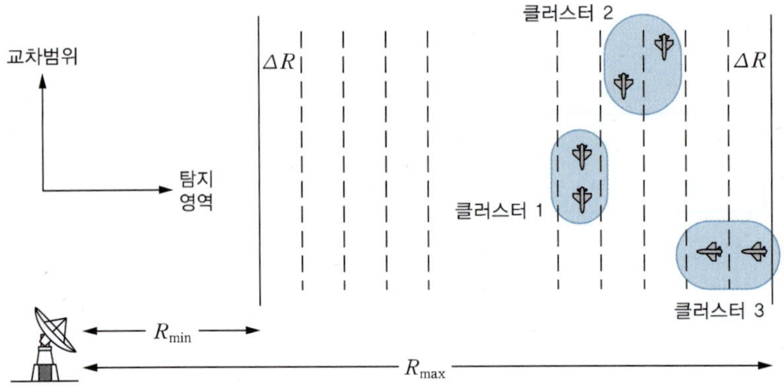

[그림 9-7] 레이다의 목표물 탐지영역

만약 [그림 9-8(a)]와 같이 R_1, R_2에 있는 두 표적이 $\frac{c\tau}{4}$만큼 떨어져 있다면, 펄스 후행 에지 trailing edge가 표적 2에 도달할 때 선행 에지는 $c\tau$만큼 뒤로 이동하며, 귀환된 펄스는 두 표적으로부터 귀환된 신호의 합으로 구성된다. (회색 영역은 두 표적으로부터 귀환된 신호가 겹쳐진 영역이다.) 그러나 [그림 9-8(b)]와 같이 두 표적이 적어도 $\frac{c\tau}{2}$만큼 떨어져 있다면, 펄스 후행 에지가 첫 번째 표적에 부딪힐 때 선행 에지가 표적 2에서 복귀하기 시작하고 [그림 9-8(b)]와 같이 두 개의 별개의 반환된 펄스가 생성된다. 따라서 ΔR은 $\frac{c\tau}{2}$보다 같거나 커야 한다. 레이다의 대역폭 B는 $\frac{1}{\tau}$과 같기 때문에 다음과 같이 주어진다.

$$\Delta R = \frac{c\tau}{2} = \frac{c}{2B} \tag{9.7}$$

레이다의 분해능을 높이기 위해서는 펄스폭을 최소화하는 것이 좋으나, 평균 송신전력이 줄어들고 동작 대역폭이 증가한다는 단점이 있다.

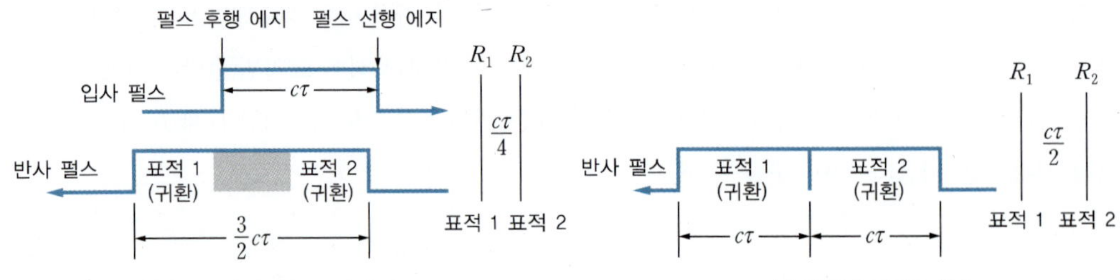

[그림 9-8] 레이다의 거리 분해능을 위한 펄스 신호

예제 9-1 레이다의 평균 송신전력과 최대 탐지거리 도달거리

레이다 시스템에서 첨두 송신전력 $P_t = 200\,[\text{kW}]$, PRF $= 1000\,[\text{pulse/s}]$, 펄스폭이 $1\,[\mu\text{s}]$일 때, 평균 송신전력[dBW]과 최대 탐지거리를 구하라.

풀이

문제에서 주어진 P_t와 PRF로부터 평균전력 $P_{av} = P_t \times \tau \times f_r$을 구할 수 있다.

따라서 $P_{av} = (200 \times 10^3) \times 10^{-6} \times 1000 = 200\,[\text{W}]$이다. 이를 데시벨로 표현하면 다음과 같다.

$$10\log_{10}\left(\frac{200\,[\text{W}]}{1\,[\text{W}]}\right) = 10\log_{10}(2 \times 100) = 3.010 + 20 = 20.3\,[\text{dBW}]$$

최대 탐지거리 R_{max}는 식 (9.4)로부터 다음과 같이 구할 수 있다.

$$R_{max} = \frac{c}{2f_r} = \frac{3 \times 10^8}{2 \times 1000} = 150\,[\text{km}]$$

예제 9-2 레이다의 최대 탐지거리

레이다 시스템에서 요구되는 최대 탐지거리가 $100\,[\text{km}]$, 대역폭이 $0.5\,[\text{MHz}]$일 때 PRF, PRI, 거리 분해능 ΔR, 펄스폭 τ를 구하라.

풀이

PRF [IPP]의 정의와 식 (9.4)로부터 PRF와 PRI를 구하면 다음과 같다.

$$\text{PRF} = \frac{c}{2R_{max}} = \frac{3 \times 10^8}{2 \times 10^5} = 1500\,[\text{Hz}]$$

$$\text{PRI} = \frac{1}{\text{PRF}} = \frac{1}{1500} = 0.6667\,[\text{ms}]$$

식 (9.7)로부터 거리 분해능과 펄스폭을 구하면 다음과 같다.

$$\Delta R = \frac{c}{2B} = \frac{3 \times 10^8}{2 \times 0.5 \times 10^6} = 300\,[\text{m}]$$

$$\tau = \frac{2\Delta R}{c} = \frac{2 \times 300}{3 \times 10^8} = 2\,[\mu\text{s}]$$

9.3 레이다 방정식

레이다 방정식은 레이다 동작을 보여주는 기본 방정식으로 송신기, 수신기, 안테나, 표적, 환경의 특성에 따른 탐지거리를 나타낸다. 이 방정식은 구하고자 하는 변수에 따라 여러 가지 다른 형태로 나타낼 수 있으며, 다음과 같이 유도할 수 있다.

[그림 9-9]와 같이 무지향성 안테나[3]가 있는 레이다 시스템을 고려하면 안테나로부터 출력되는 전력은 구형 방사패턴을 갖는다. 따라서 구의 표면 임의의 지점에서 최대 전력밀도(단위면적당 전력) P_D는 다음과 같이 정의할 수 있다.

$$P_D = \frac{\text{첨두 송신전력}}{\text{구의 표면적}} \, [\mathrm{W/m^2}] \tag{9.8}$$

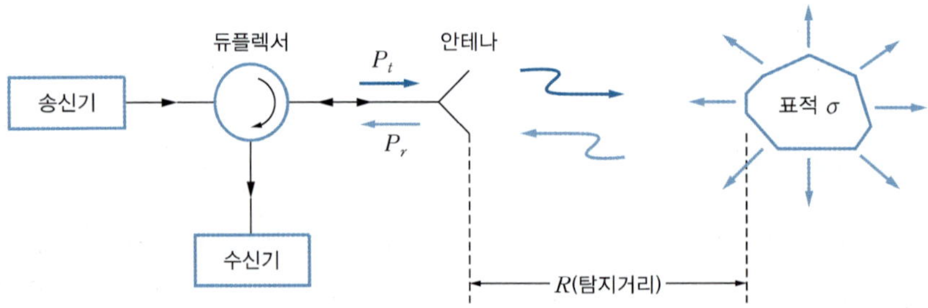

[그림 9-9] **레이다 방정식을 위한 구성도**

레이다에서 송신되는 신호가 무손실매질을 통해 전파된다고 가정할 때 레이다에서 R만큼 떨어진 거리에서의 전력밀도는 다음과 같다.

$$P_D = \frac{P_t}{4\pi R^2} \tag{9.9}$$

여기서 P_t는 첨두 송신전력이고, $4\pi R^2$은 반지름 R을 갖는 구의 표면적이다. 보통 레이다 시스템은 특정 방향으로 전력밀도를 증대시키기 위해 방향성 안테나를 사용한다. 방향성 안테나는 보통 안테나 이득 G와 안테나 유효면적 A_e로 나타낼 수 있다.

$$A_e = \frac{G\lambda^2}{4\pi} \tag{9.10}$$

여기서 λ는 파장이다. 안테나의 유효개구 면적 A_e와 실제 면적 A 사이에는 다음과 같은 관계가 있다.

$$A_e = \rho A \qquad (0 \leq \rho \leq 1) \tag{9.11}$$

3 모든 방향으로 에너지를 동일하게 방사하는 안테나를 말한다.

ρ는 개구효율aperture efficiency로, 우수한 성능의 안테나일수록 1에 가까우며, 일반적으로 $\rho = 0.7$ 값을 사용한다. 지향성 안테나 이득 G를 사용하는 레이다 거리 R에서의 전력밀도는 다음과 같다.

$$P_D = \frac{P_t G}{4\pi R^2} \tag{9.12}$$

레이다에서 방사된 에너지가 표적에 닿을 때 표적에 유도된 표면전류는 전방향으로 전자기 에너지를 방사한다. 방사된 에너지의 양은 표적 크기, 방향, 물리적 형태, 재질에 비례한다. 이때 방사된 모든 에너지를 합친 값을 표적에 특정된 **레이다 단면적**RCS : Radar Cross Section이라고 하며 σ로 나타낸다. 레이다 단면적은 레이다로 다시 반사된 전력과 표적에 입사하는 전력밀도의 비율로 정의된다.

$$\sigma = \frac{P_r}{P_D} [\mathrm{m}^2] \tag{9.13}$$

여기서 P_r은 표적으로부터 반사된 전력이다. 따라서 안테나가 레이다 신호 프로세서에 전달하는 총 전력은 다음과 같다.

$$P_r = \frac{P_t G \sigma}{(4\pi R^2)^2} A_e \tag{9.14}$$

식 (9.10)에서 얻은 A_e를 식 (9.14)에 대입하면 다음과 같다.

$$P_r = \frac{P_t G^2 \lambda^2 \sigma}{(4\pi)^3 R^4} \tag{9.15}$$

$S_{\min}$을 **최소 탐지 신호 전력**이라고 가정하면, **최대 레이다 탐지거리** $R_{\max}$는 다음과 같이 주어진다.

$$R_{\max} = \left(\frac{P_t G^2 \lambda^2 \sigma}{(4\pi)^3 S_{\min}} \right)^{1/4} \tag{9.16}$$

식 (9.16)을 통해 최대 레이다 탐지거리를 2배로 늘리려면 최대 전송 전력을 16배 증가시키거나 안테나의 유효면적을 4배 증가시켜야 한다는 것을 알 수 있다.

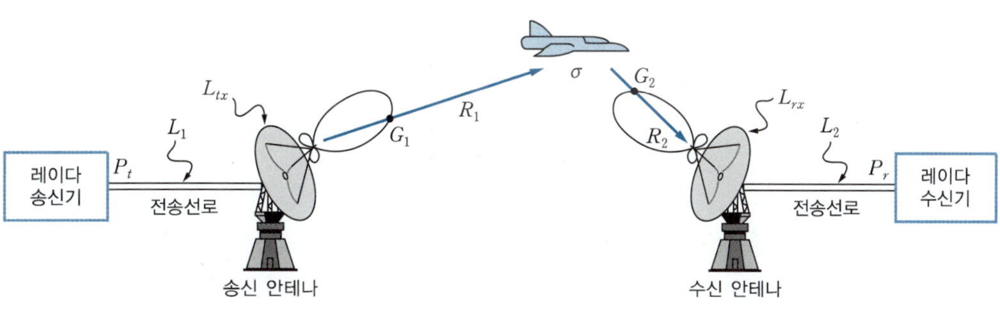

[그림 9-10] 바이스태틱 레이다 방정식 구성도

식 (9.15)~(9.16)은 모노스태틱 레이다에서 얻을 수 있는 레이다 방정식이며, 식 (9.17)은 [그림 9-10]과 같은 바이스태틱 레이다에서 얻을 수 있는 레이다 방정식이다.

$$\frac{P_r}{P_t} = \frac{\lambda^2 \sigma G_1 G_2}{(4\pi)^3 (R_1 R_2)^2 L_{\text{total}}} \tag{9.17}$$

이때 $L_{\text{total}} = L_1 + L_{\text{tx}} + L_{\text{rx}} + L_2$로, 시스템에서의 전체 손실을 의미한다.

실제 상황에서는 잡음 때문에 레이다에 의해 수신된 귀환신호가 손상되어 모든 레이다 주파수에서 원치 않는 신호를 발생시킨다. 잡음은 모든 주파수에서 같은 전력스펙트럼 밀도[PSD : Power Spectral Density]를 가진 랜덤 잡음으로, 잡음전력은 레이다 동작 대역폭의 함수로 $N=$ noise PSD $\times B$와 같이 나타낼 수 있다. 무손실 안테나에 대한 입력 잡음전력은 다음과 같다. 이때 $k = 1.38 \times 10^{-23}$ [J/°K]으로 볼츠만 상수이며, T_e는 켈빈온도로 주어지는 유효 잡음온도이다.

$$N_i = k T_e B \tag{9.18}$$

레이다에서 탐지할 수 있는 최소 신호전력(S_{min})은 잡음전력보다 항상 큰 값을 가져야 한다. 잡음지수[noise figure] F는 레이다 수신기가 수신할 수 있는 정도(충실도)를 나타내며, 다음과 같이 정의한다.

$$F = \frac{(\text{SNR})_i}{(\text{SNR})_o} = \frac{S_i / N_i}{S_o / N_o} \tag{9.19}$$

$(\text{SNR})_i$와 $(\text{SNR})_o$는 각각 수신기의 입력과 출력에서의 신호 대 잡음비[SNR]이다. S_i는 입력 신호 전력, N_i는 입력 잡음전력, S_o와 N_o는 각각 출력신호와 잡음전력이다. 식 (9.18)을 식 (9.19)에 대입하면 다음을 얻는다.

$$S_i = k T_e B (\text{SNR})_o \tag{9.20}$$

여기서 최소 탐지 신호 전력은 다음과 같이 쓸 수 있다.

$$S_{\min} = k T_e B (\text{SNR})_{o_{\min}} \tag{9.21}$$

여기서 $(\text{SNR})_{o_{\min}}$은 레이다가 탐지할 수 있는 한계에서 주어지는 최소 출력 SNR을 의미한다. 식 (9.21)을 식 (9.16)에 대입하면 최대 탐지거리를 나타내는 식으로 나타낼 수 있다.

$$R_{\max} = \left(\frac{P_t G^2 \lambda^2 \sigma}{(4\pi)^3 k T_e B F (\text{SNR})_{o_{\min}}} \right)^{1/4} \tag{9.22}$$

이 식은 다음과 같이 쓸 수도 있다.

$$(\text{SNR})_{o_{\min}} = \frac{P_t G^2 \lambda^2 \sigma}{(4\pi)^3 k T_e B F R_{\max}^4} \tag{9.23}$$

또한 전체 SNR을 감소시키는 편파 부정합, 부정렬, 안테나 급전 또는 급전연결 손실, 안테나 빔형상 손실, 대기손실 등에 기인하는 손실 등 레이다 손실 L_{sys} 를 고려하여 다음과 같이 쓸 수도 있다.

$$(\mathrm{SNR})_{o_{\min}} = \frac{P_t G^2 \lambda^2 \sigma}{(4\pi)^3 k T_e BFL_{sys} R_{\max}^4} \tag{9.24}$$

식 (9.24)는 손실과 잡음을 고려하는 또 다른 형태의 레이다 방정식으로 알려져 있다. 레이다 방정식으로부터 표적에서 반사되는 신호의 크기는 거리의 네 제곱에 반비례($1/R^4$)한다는 것을 알 수 있다. 결과적으로 떨어져 있는 표적에 가까워질수록 반사되는 신호의 크기는 매우 강해진다고 볼 수 있다. 레이다 탐지거리는 레이다가 신호를 탐지할 만큼 충분히 강한 신호범위를 나타낸다. 송신 전력, 안테나의 크기와 이득, 표적의 반사 특성, 전파의 파장, 각 탐색 주사 동안 안테나 빔에 표적이 포함되는 시간, 표적이 나타나는 탐색 주사 개수, 잡음지수, 수신기의 대역폭, 시스템 손실, 잡음과 클러터[4] 크기 등과 같은 많은 인자들에 달려 있다. 탐지거리를 2배로 하기 위해서는 송신 전력을 16배로 키우거나, 안테나의 이득을 4배 증가시키거나, 수신기 잡음지수를 1/16로 감소시켜야 한다.

예제 9-3 레이다 방정식의 변형

사각 형태의 레이다 시스템에서 송신전력이 200[W], 주파수 2.9[GHz], 레이다의 송신 안테나 면적이 9.0[m^2], 개구면 효율이 0.6이며, 최소 감지신호가 1[pW], 표적의 레이다 단면적이 2[m^2]일 때 최대 탐지거리를 구하라.

풀이

문제로부터 $\lambda = \dfrac{3\times 10^8}{2.9\times 10^9} = 0.103\,[\mathrm{m}]$를 얻는다. 또한 식 (9.11)로부터 레이다의 유효면적을 구하면 다음과 같다.

$$A_e = \rho \times A = 0.6 \times 8 = 4.8\,[\mathrm{m}^2]$$

식 (9.16)을 이용하면 최대 탐지거리를 구할 수 있다.

$$R_{\max} = \left(\frac{P_t G^2 \lambda^2 \sigma}{(4\pi)^3 S_{\min}}\right)^{1/4} = \left(\frac{P_t A_e^2 \sigma}{4\pi \lambda^2 S_{\min}}\right)^{1/4}$$

$$R_{\max}^4 = \frac{200 \times (4.8)^2 \times 2}{4 \times \pi \times (0.103)^2 \times (1 \times 10^{-12})} = 169137 \times 10^{12}\,[\mathrm{m}^4]$$

따라서 최대 탐지거리 $R = 16.2 \times 10^3 = 16.2\,[\mathrm{km}]$이다.

4 레이다 표적 이외의 물체에서 반사되어 수신되는 원치 않는 신호를 말한다. 지면, 해면, 빗방울 등이 주요 원인이다.

예제 9-4 레이다 방정식을 이용한 최대 탐지거리 계산

C대역 레이다 시스템에서 첨두전력 $P_t = 1.5\,[\text{MW}]$, 동작주파수 $f_0 = 5.6\,[\text{GHz}]$, 안테나 이득 $G = 45\,[\text{dB}]$, 유효온도 $T_e = 290\,[\text{K}]$, 펄스폭 $\tau = 0.2\,[\mu\text{s}]$, 레이다 기준값threshold $(\text{SNR})_{\min} = 20\,[\text{dB}]$, 표적 단면적 $\sigma = 0.1\,[\text{m}^2]$일 때의 최대 탐지거리를 계산하라.

풀이

먼저 레이다 대역폭과 파장을 구하면 다음과 같다.

$$B = \frac{1}{\tau} = \frac{1}{0.2 \times 10^{-6}} = 5\,[\text{MHz}]$$

$$\lambda = \frac{c}{f_0} = \frac{3 \times 10^8}{5.6 \times 10^9} = 0.054\,[\text{m}]$$

식 (9.22)를 사용하여 최대 탐지거리를 다음과 같이 구할 수 있다.

$$\begin{aligned}(R^4)\,[\text{dB}] &= P_t + G^2 + \lambda^2 + \sigma - (4\pi)^3 - kT_e B - F - (\text{SNR})_{o_{\min}} \\ &= 61.761 + 90 - 25.352 - 10 - 32.976 + 136.987 - 3 - 20 \\ &= 197.420\,[\text{dB}]\end{aligned}$$

따라서 최대 탐지거리 $R = \sqrt[4]{10^{\frac{197.420}{10}}} = \sqrt[4]{55.208 \times 10^{18}} = 86.199\,[\text{km}]$이다.

예제 9-5 레이다 방정식을 이용한 최대 탐지거리

직경 $1\,[\text{cm}]$의 우주 파편을 추적하고 탐지하는 데 사용되는 $35\,[\text{GHz}]$의 펄스파 레이다의 단면적RCS은 $4.45 \times 10^{-5}\,[\text{m}^2]$이다. 다음 파라미터를 사용할 때 최대 탐지거리를 계산하라. 이때 n은 표적을 탐지한 펄스의 수를 의미한다.

$P_t = 2000\,[\text{kW}]$	$T = 290\,[\text{K}]$	$G = 66\,[\text{dB}]$	$(S_o/N_o)_{\min} = 10\,[\text{dB}]$
$B = 250\,[\text{MHz}]$	$L_{sys} = 10\,[\text{dB}]$	$F = 5\,[\text{dB}]$	$n = 10$

풀이

문제에 주어진 값들을 식에 대입하여 최대 탐지거리를 구하면 다음과 같다.

$$\begin{aligned}R_{\max} &= \left[\frac{P_t G^2 \lambda^2 \sigma n}{(4\pi)^3 k T_e B F (\text{SNR})_{o_{\min}} L_{sys}}\right]^{1/4} \\ &= \left[\frac{(2 \times 10^6\,[\text{W}])(3.98 \times 10^6)^2 (0.00857\,[\text{m}])^2 (4.45 \times 10^{-5}\,[\text{m}^2])10}{(4\pi)^3 (1.38 \times 10^{-23}\,[\text{J/K}])(290\,[\text{K}])(2.5 \times 10^8\,[\text{Hz}])(3.16) \times 10 \times 10}\right] \\ &= 3.58 \times 10^4\,[\text{m}] = 35.8\,[\text{km}]\end{aligned}$$

9.4 펄스파 레이다와 연속파 레이다

레이다는 레이다가 송신하는 전자파의 송신형태에 따라, 즉 송신파의 연속성 여부에 따라 펄스파 레이다와 연속파 레이다[CW]로 나눌 수 있다. 펄스파 레이다는 비행물체 감지 같은 비교적 복잡한 회로에 사용되며, 연속파 레이다는 상대적으로 단순하며 탐지거리와 반사신호를 연속적으로 관측하여 표적의 이동속도를 얻고자 할 때 사용된다.

9.4.1 펄스파 레이다

펄스파 레이다는 [그림 9-11]과 같이 펄스폭 τ에 비해 펄스의 반복주기 $T_p = \dfrac{1}{f_p}$이 매우 넓은 신호들로 구성된 펄스열을 송신한다. 여기서 f_p는 펄스의 반복주파수[PRF] 또는 펄스의 반복률이다. 이때 듀티 사이클은 다음과 같이 정의된다.

$$\text{듀티 사이클} = \frac{\tau}{T_p} \times 100\,[\%] \tag{9.25}$$

평균전력 P_{av} 첨두전력과 다음과 같은 관계가 있다. 여기서 P_t는 첨두 송신전력이다.

$$P_{\mathrm{av}} = \frac{P_t\,\tau}{T_p} \tag{9.26}$$

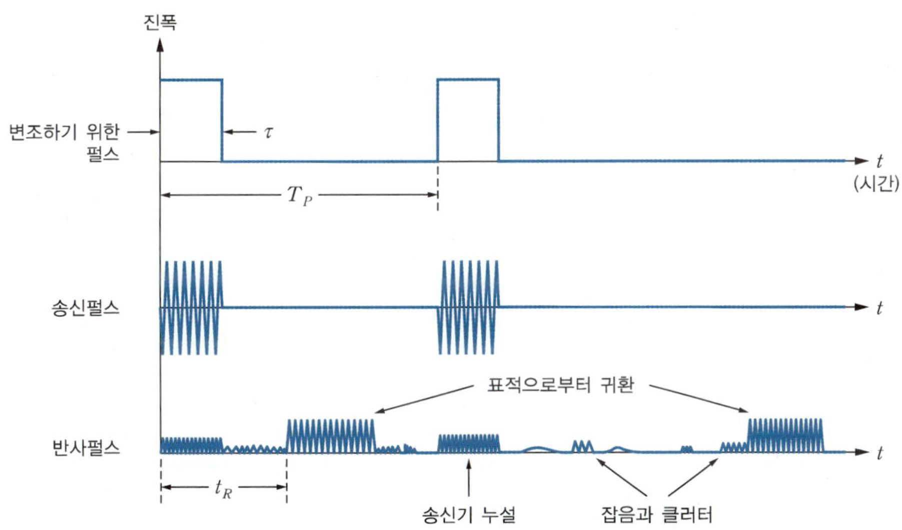

[그림 9-11] 펄스파 레이다의 펄스

레이다에서 송신된 송신 펄스가 표적에 적중한 후 일정한 시간 t_R 후에 레이다로 귀환한다고 하면 표적까지 거리는 $R = \dfrac{1}{2}ct_R$로 주어진다. 여기서 t_R은 펄스 신호의 왕복시간이고, c는 빛의 속도로 자유공간에서 $c = 3 \times 10^8$ [m/s]로 주어진다. 모호하지 않은 거리(명확한 탐지거리)를 얻으려면 t_R이 T_p 보다 작아야 하며, **최대 레이다 탐지거리** $R'_{\max}$는 다음과 같은 조건을 만족해야 한다.

$$R'_{\max} = \frac{cT_p}{2} = \frac{c}{2f_p} \tag{9.27}$$

여기서 $R'_{\max}$는 펄스 반복주기인 T_p를 증가시키거나 그 역수인 펄스 반복주파수인 f_p를 감소시켜 증가시킬 수 있다.

펄스파 레이다에는 평균 잡음전력에 대한 출력 첨두 신호비를 최대화하기 위해 정합필터가 필요하다. 이상적인 정합필터 수신기는 항상 정확하게 구현할 수 없기 때문에 실제 수신회로에서는 근사적으로 설계한다. 최적의 성능을 내기 위한 펄스폭을 τ, 대역폭을 B라고 할 때, 다음 조건을 만족하도록 설계한다.

$$B\tau \approx 1 \tag{9.28}$$

예제 9-6 펄스파 레이다의 설계 파라미터

펄스파 레이다가 $\tau = 10$ [μs], $T_p = 1$ [ms]를 가진 펄스열을 송신한다. 이때 펄스 반복주파수[PRF], 듀티 사이클, 그리고 최적 대역폭을 결정하라.

풀이

펄스 반복주파수를 구하면 다음과 같다.

$$\text{PRF} = \frac{1}{T_p} = 10^3 \text{ [Hz]}$$

듀티 사이클은 펄스주기(T_p)에 대한 펄스폭(τ)의 비율과 같다.

$$\text{듀티 사이클} = \frac{\tau}{T_p} \times 100 \text{ [\%]} = 1 \text{ [\%]}$$

식 (9.28)에 의해 최적 대역폭을 구하면 다음과 같다.

$$B = \frac{1}{\tau} = 0.1 \text{ [MHz]}$$

[그림 9-12]는 펄스파 레이다 시스템에 대한 블록도를 보여준다. 펄스 변조기는 고출력 전력증폭기의 출력전력을 제어하기 위해 사용된다. 변조는 증폭기 출력단 다음에 놓인 외부 p-i-n 또는 페라이트 스위치나 능동소자에 대한 바이어스를 통해 구현할 수 있다. 연속파 발진기 출력의 일부는 믹서에 대한 믹서의 국부발진기로 입력된다. 발진기로부터 출력되는 전력 대부분은 상향 변환기

로 입력되며, IF 신호 f_{IF} 신호가 혼합되어 f_0+f_{IF}의 신호를 만들어 낸다. 이 신호는 다단 전력증폭기에 의해 증폭되고 듀플렉서를 통해 안테나로 전달되어 자유공간으로 전송된다. 듀플렉서로 서큘레이터 또는 T/R 스위치가 사용될 수도 있으며, 서큘레이터는 전력증폭기로부터 안테나까지 신호를 일방적으로 통과시키는 소자이다.

수신신호는 믹서로 직접 입력된다. 만약 1극/2극쌍[SPDT] 스위치를 송수신 스위치로 사용하면, 수신모드에서는 믹서에, 송신모드에서는 전력증폭기와 안테나에 경로가 연결된다. 송신신호는 표적을 적중한 후 표적의 거리에 따라 t_R만큼 지연되고 레이다 안테나로 귀환한다. 만약 레이다와 표적 사이에 상대적인 속도가 존재한다면 귀환신호 주파수는 도플러 주파수 f_d만큼 이동될 것이다. 귀환신호는 $f_{IF}\pm f_d$의 IF 신호를 생성하기 위해 f_0와 혼합된다. 표적의 속도는 f_d로부터 결정할 수 있다. IF 신호는 증폭된 후 검지기를 거쳐 위치와 속도를 얻기 위한 처리과정을 거친다. 탐색 레이다의 화면에서는 안테나 빔이 360° 방위각으로 회전하는 동안 각도에 대한 표적의 극좌표 위치를 보여준다.

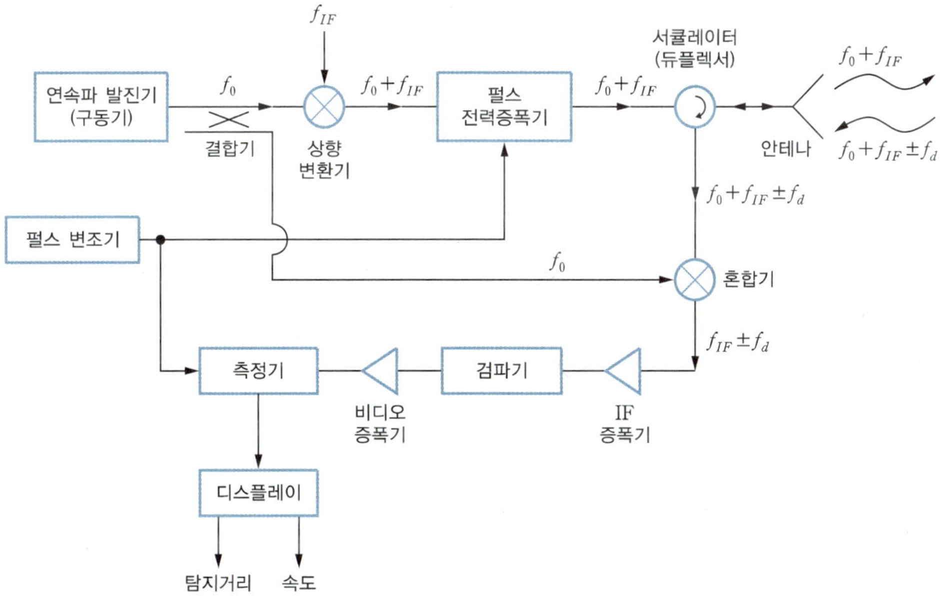

[그림 9-12] 일반적인 펄스파 레이다 블록 다이어그램

송신포트와 수신포트를 분리하기 위해 쓰이는 듀플렉서는 두 포트들 간의 우수한 격리도를 제공한다. 격리도가 크지 않으면 송신기로부터의 누설량이 너무 커서 수신기를 손상시키거나 표적으로부터 귀환되는 신호의 품질을 떨어뜨린다. 수신기를 보호하기 위해 믹서는 송신모드 동안 바이어스를 OFF할 수 있으며, 믹서 앞단에 진폭 제한회로[limiter]를 추가할 수도 있다. 또한 동일한 발진기를 송신기와 수신기에 동시에 사용하여 시스템을 단순화하고 주파수 불안정성과 흔들림 문제를 피할 수 있다. 전력증폭기는 펄스파 레이다의 짧은 펄스 신호 송신을 위해 연속 증폭기보다 상당히 높은

첨두전력을 출력해야 한다. 보통 진공관을 사용하면 수백 [kW] 또는 [MW]의 첨두전력을 출력할 수 있는데, 반도체 소자의 경우에는 수십 [W] ~ [kW]로 전력이 매우 낮다.

9.4.2 연속파 레이다

연속파^{CW} 레이다는 **도플러 레이다**$^{\text{Doppler radar}}$라고도 하며, 간단한 형태의 레이다로 움직이는 표적을 탐지하고 표적의 속도를 계산하기 위해 사용한다. 이때 신호원과 관찰자 사이에 상대적인 움직임이 있다면 주파수 이동 현상이 발생한다. 이 현상을 **도플러 효과**$^{\text{Doppler effect}}$라고 하며, 이때 발생한 주파수 이동을 **도플러 이동**이라고 한다.

주파수 f_0와 표적의 상대속도 v_r을 갖는 레이다 송신기를 생각해보자. 만약 R이 레이다에서 표적까지의 거리라면 표적과 레이다 사이에 포함되는 왕복거리의 전체 파장의 수는 $2R/\lambda_0$이다. 표적으로부터 또는 전자기파에 의해 만들어지는 위상 또는 전체 각도편이는 $\phi = 2\pi\dfrac{2R}{\lambda_0}$이다. 2π의 각도편이는 파장 1개와 관련이 있다. 만약 표적이 레이다에 대해 상대적으로 움직이면 R과 ϕ가 지속적으로 변화한다. ϕ에서의 변화는 시간과 관련하여 주파수 이동 ω_d를 발생시키며, 이 경우 도플러 이동 각주파수 ω_d는 다음과 같이 주어진다.

$$\omega_d = 2\pi f_d = \frac{d\phi}{dt} = \frac{4\pi}{\lambda_0}\frac{dR}{dt} = \frac{4\pi}{\lambda_0}v_r \tag{9.29}$$

그러므로 f_0는 다음과 같다.

$$f_d = \frac{2}{\lambda_0}v_r = \frac{2v_r}{c}f_0 \tag{9.30}$$

여기서 f_0는 송신신호 주파수이고, c는 빛의 속도, v_r은 표적의 상대속도이다. 보통의 경우 v_r은 c보다 훨씬 작기 때문에 f_0가 높은 주파수가 아니라면 f_d는 매우 작다. 수신된 신호 주파수는 $f_0 \pm f_d$인데, +는 접근하는 표적을 의미하고, −는 멀어지는 표적을 의미한다.

[그림 9-13]과 같이 표적이 레이다를 향해 나란히 움직이거나 레이다로부터 같은 방향으로 멀리 움직이지 않는 경우의 상대속도 v_r은 다음과 같이 쓸 수 있다.

$$v_r = v\cos\theta \tag{9.31}$$

여기서 v는 표적속도이고, θ는 표적이 움직이는 방향과 표적과 레이다가 일직선으로 만나는 선로상 사이의 각도이다. 이로부터 다음을 얻는다.

$$v_r = \begin{cases} v & (\theta = 0° \text{일 때}) \\ 0 & (\theta = 90° \text{일 때}) \end{cases} \tag{9.32}$$

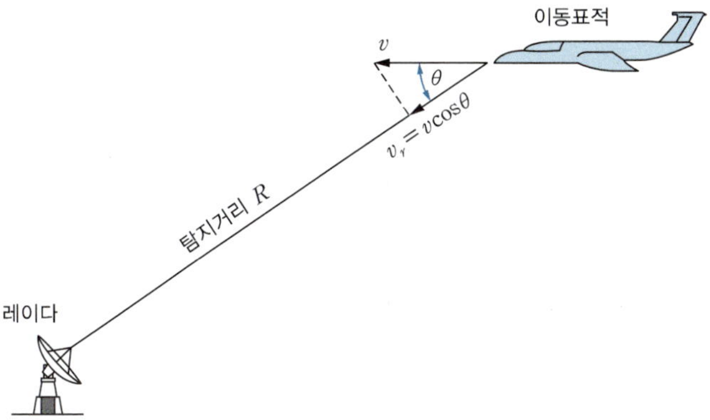

[그림 9-13] 상대속도 계산

그러므로 표적이 움직이는 방향이 가시영역에 있는 레이다에 수직방향이라면 도플러 이동은 0이 된다.

예제 9-7 도플러 이동 주파수

차량의 속도를 추적하는 경찰 레이다가 10.5[GHz]에서 동작하고 있다고 하자. 차량이 100[km/h] 속도로 경찰 레이다에 일직선으로 접근하고 있을 때, 도플러 이동 주파수는 얼마인가?

풀이

문제에 주어진 파라미터는 다음과 같다.

$$f_0 = 10.5\,[\mathrm{GHz}] \qquad \theta = 0°$$
$$v_r = v = 100\,[\mathrm{km/h}] = 27.78\,[\mathrm{m/s}]$$

식 (9.30)을 사용하여 도플러 이동 주파수를 구하면 다음과 같다.

$$f_d = \frac{2v_r}{c} f_0 = \frac{2 \times 27.78\,[\mathrm{m/s}]}{3 \times 10^8\,[\mathrm{m/s}]} \times 10.5 \times 10^9\,[\mathrm{Hz}] = 1944\,[\mathrm{Hz}]$$

연속파 레이다는 펄스 변조가 필요하지 않기 때문에 펄스파 레이다에 비해 시스템 구성이 상대적으로 간단하다. 주파수 f_0를 가진 연속파 신호원/발진기를 송신기로 사용될 수 있다. 펄스파 레이다의 경우와 마찬가지로 연속파 발진기 전력의 일부는 믹서를 위한 LO로 사용되며, 임의로 발생하는 주파수 흔들림은 주파수 혼합 과정을 거치면서 제거된다. 송신신호는 듀플렉서([그림 9-14]에서는 서큘레이터)를 통과하고 안테나를 통해 자유공간으로 송신된다. 표적으로부터 귀환된 신호의 주파수는 $f_0 \pm f_d$이다. 이 귀환신호는 도플러 이동 주파수 f_d의 IF 신호를 생성하기 위해 송신신호 f_0와 혼합된다. 이후 f_d가 증폭되며, 주파수를 식별하는 필터 뱅크를 통해 필터링된다. 필터뱅크는 표적속도의 범위와 f_d의 주파수 범위를 구별하기 위해 사용되는 많은 협대역 필터들로 구성되고,

필터의 협대역 특성은 시스템의 SNR을 향상시킨다.

단일 안테나 시스템을 위한 송신기와 수신기 사이의 격리도는 서큘레이터, 하이브리드 접합, 또는 편파분리를 사용하여 얻을 수 있는데, 만약 더 큰 격리도가 요구된다면 안테나를 송신용과 수신용으로 분리하여 사용해야 한다.

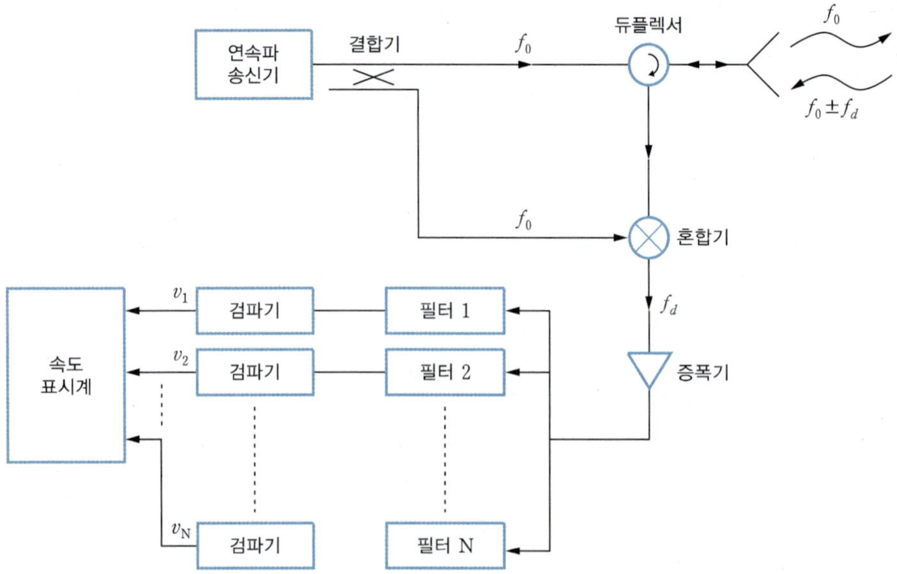

[그림 9-14] **도플러 또는 연속파 레이다 블록 다이어그램**

일반적으로 f_d는 1 [MHz] 보다 작기 때문에 시스템에 플리커 잡음 flicker noise 문제가 발생한다($1/f$ 잡음). 이런 경우, 중간주파수를 갖는 슈퍼헤테로다인 수신시스템을 사용하면 감도를 향상시킬 수 있다.

연속파 레이다는 변조가 불필요하므로 간단하고 저가로 제작할 수 있다. 또한 움직이는 표적을 탐지하고 상대속도를 측정하기 위한 상업적 용도로 다양하게 사용될 수 있다. 예를 들어 경찰에서 활용하는 속도 측정 레이다, 비행기의 고도계, 교통제어, 차량 속도계, 차량 브레이크 센서, 유량계, 선박운행에 사용하는 도킹속도 센서, 그리고 미사일 속도계, 항공기, 스포츠 등에 사용될 수 있다.

연속파 레이다는 송신기와 수신기 사이에 구현되는 격리도에 따라 출력전력이 제한된다. 펄스파 레이다와 달리 연속파 레이다 송신기는 수신기에 귀환신호가 들어올 때 켜지는데, 수신기에 누설되는 송신기의 신호잡음은 수신기 감도와 탐지거리 성능을 제한한다. 이 때문에 연속파 레이다는 짧거나 적당한 탐지거리에서만 사용된다. 이중 안테나 시스템은 송수신 안테나를 개별적으로 사용하기 때문에 송신기-수신기 간 격리도를 향상시킬 수 있지만, 이 경우 시스템은 더욱 복잡해진다.

9.5 주파수 변조 연속파 레이다

연속파[CW] 레이다는 간단하지만 앞서 언급한 탐지거리 정보를 제공하지 않는다는 단점이 있었다. 이를 보완하기 위해 개발된 레이다가 바로 **주파수 변조 연속파**[FMCW : Frequency Modulated Continuous Wave] **레이다**이다. 탐지거리를 측정하려면 귀환시간과 전송시간을 구별해야 하므로 특정한 타이밍 정보 또는 타이밍 표시가 필요하다. 연속파 레이다는 단일 주파수를 전송하므로 매우 협대역인 주파수 스펙트럼을 갖게 되는데, 타이밍 정보를 추가로 표시하려면 진폭, 주파수 또는 위상변조가 필요하므로 훨씬 넓은 스펙트럼이 필요하다.

펄스파 레이다에서는 타이밍 표시를 위해 진폭 변조된 파형을 사용하고, 연속파 레이다에서는 일반적으로 탐지거리 측정을 위해 주파수 변조를 사용한다. 타이밍 표시는 주파수를 바꾸는 방법으로 구현되며, 송신 시간은 송신신호와 귀환신호 사이의 주파수 차이에서 발생하는 시간으로부터 결정된다.

FMCW 레이다의 블록 다이어그램을 [그림 9-15]에 나타냈다. 그림에서는 FM 신호를 생성하기 위해 연속파 전압제어 발진기[CW VCO]를 사용하였으며 또한 송신기-수신기 격리도 향상을 위해 이중 안테나 시스템을 사용하였다. 여기서 귀환신호는 $f_1 \pm f_d$로 나타낼 수 있으며 + 기호는 레이다를 향해 움직이는 표적을 나타낸 것이고, − 기호는 레이다로부터 멀어지는 표적을 나타낸 것이다. 다음과 같이 표적이 정지해 있는 경우와 표적이 움직이는 경우, 두 경우를 가정해보자.

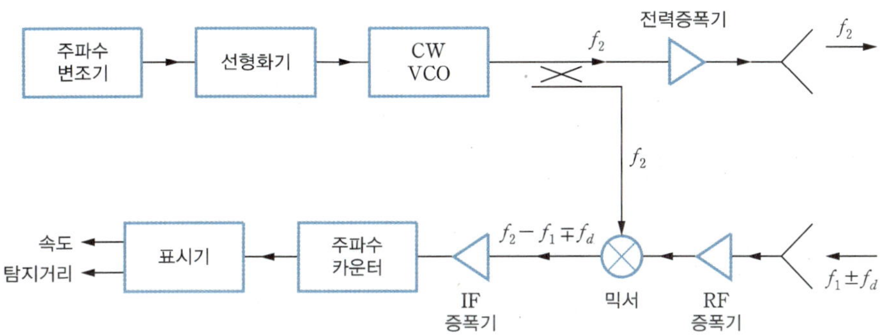

[그림 9-15] FMCW 레이다의 블록 다이어그램

먼저 표적이 정지되어 있는 경우를 고려해보자. 이 경우에는 도플러 주파수 이동(f_d)은 0이고, 송신기 주파수는 잘 알려진 대로 시간에 따른 함수로 변화한다. 여러 다른 형태의 주파수-시간 변화가 있는데, 만약 송신 주파수가 [그림 9-16]에 나타낸 실선처럼 시간에 따라 선형적으로 변화한다면 귀환신호(점선)는 $t_R = 2R/c$일 때 t_R 또는 $t_2 - t_1$ 시간 후에 수신될 것이다. 시간 t_1에서 송신기는 주파수 f_1을 가진 신호를 방사한다. 이 신호는 t_2에 수신되며 그때 송신 주파수는 f_2로 바뀐다. f_2와 f_1이 혼합되는 믹서에 의해 만들어지는 비트[beat]신호는 $f_2 - f_1$의 주파수를 갖는다. 표적이 정지하고 있기 때문에 비트신호(f_b)는 단지 탐지거리와만 관계된다.

$$f_R = f_b = f_2 - f_1 \tag{9.33}$$

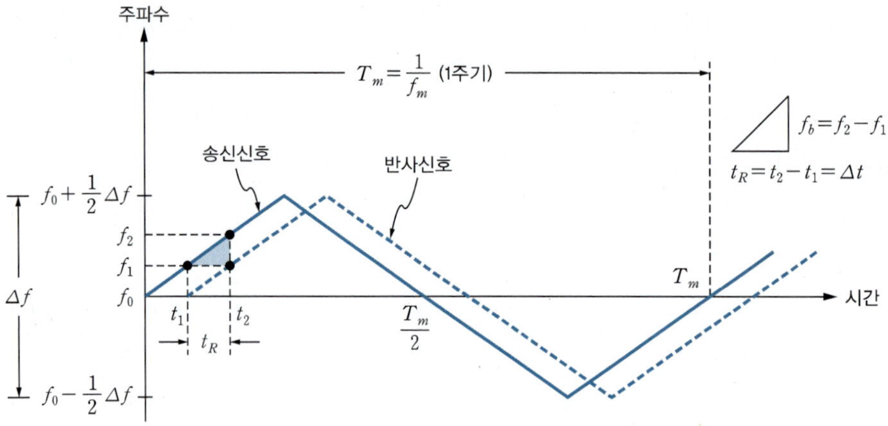

[그림 9-16] FMCW 레이다의 주파수 변조 파형

[그림 9-16]에 나타낸 빗금 친 삼각형 영역의 주파수 변화율은 삼각형의 기울기와 같다.

$$\dot{f} = \frac{\Delta f}{\Delta t} = \frac{f_2 - f_1}{t_2 - t_1} = \frac{f_b}{t_R} \tag{9.34}$$

주파수 변화율 또한 변조율(주파수)로부터 계산할 수 있다. [그림 9-16]에 나타낸 것처럼 주파수는 $2\Delta f$에 의해 T_m의 주기로 변화한다. 여기서 T_m은 $1/f_m$과 같고, f_m은 변조율, T_m은 주기이다.

$$\dot{f} = \frac{2\Delta f}{T_m} \doteq 2f_m \Delta f \tag{9.35}$$

식 (9.34)와 (9.35)를 결합하면 다음과 같다.

$$f_b = f_R = t_R \dot{f} = 2f_m t_R \Delta f \tag{9.36}$$

다시 식 (9.36)에 $t_R = 2R/c$을 대입하면 다음을 얻는다.

$$R = \frac{cf_R}{4f_m \Delta f} \tag{9.37}$$

시간에 따른 주파수 변화는 시스템 설계에 의해 정해진다. 변조율(f_m)과 변조 주파수 범위(Δf)도 알고 있기 때문에 식 (9.37)로부터 레이다 탐지거리는 수신시간(t_2)에서 IF 비트주파수beat frequency [5]인 f_R을 측정하여 결정할 수 있다.

5 비트주파수란 근접한 두 주파수의 차이로 발생하는 주파수를 말한다.

[그림 9-16]처럼 선형파형을 갖는 FMCW 레이다에 대해서는 탐지거리를 계산할 때 완전한 선형곡선이라고 가정한다. 선형곡선으로부터 발생하는 임의의 편차는 탐지거리를 계산할 때 정확도와 해상도에 영향을 주기 때문에 선형화기를 전압제어 발진기와 바이어스 회로 사이에 사용하여 선형특성을 갖는 주파수 조정을 할 수 있다.

표적이 이동을 한다면, 도플러 주파수 이동은 탐지거리 비트신호와 겹쳐지게 되어 도플러 이동과 탐지거리 정보를 분리할 필요가 있다. 이 경우 f_d는 0이 아니며, 믹서의 출력주파수는 [그림 9-15]처럼 $f_2 - f_1 \mp f_d$와 같다. 여기서 $-$ 기호는 레이다를 향해 이동하는 표적, $+$ 기호는 레이다로부터 멀어지는 표적을 나타낸다. 주파수가 증가할 때 주기 동안의 비트주파수는 다음과 같다.

$$f_b(\text{up}) = f_R - f_d \tag{9.38}$$

주파수가 감소할 때 주기 동안의 비트주파수는 다음과 같다.

$$f_b(\text{down}) = f_R + f_d \tag{9.39}$$

탐지거리 정보는 f_R로 나타내며, 다음과 같이 얻어진다.

$$f_R = \frac{1}{2}[f_b(\text{up}) + f_b(\text{down})] \tag{9.40}$$

속도 정보는 다음과 같이 주어진다.

$$f_d = \frac{1}{2}[f_b(\text{down}) - f_b(\text{up})] \tag{9.41}$$

f_R로부터 탐지거리는 다음과 같이 주어진다.

$$R = \frac{cf_R}{4f_m \Delta f} \tag{9.42}$$

f_d로부터 표적의 상대속도를 얻을 수 있다.

$$v_r = \frac{cf_d}{2f_0} \tag{9.43}$$

레이다로부터 멀어지는 표적에 대해서도 $f_b(\text{up})$와 $f_b(\text{down})$를 사용하여 f_R과 f_d를 얻을 수 있다.

예제 9-8 FMCW 레이다의 탐지거리와 도플러 속도

비트주파수 $f_b(\text{up}) = 15\,[\text{kHz}]$, $f_b(\text{down}) = 25\,[\text{kHz}]$이며, 변조주파수가 $1\,[\text{MHz}]$, 변조범위주파수 $\Delta f = 1\,[\text{kHz}]$, 동작주파수 $3\,[\text{GHz}]$인 삼각파 변조 FMCW 레이다를 이용하여 접근하는 표적의 탐지거리와 도플러 속도를 구하라.

풀이

식 (9.40)과 식 (9.41)로부터 탐지거리 정보와 속도 정보를 구한다.

$$f_R = \frac{1}{2}[f_b(\text{up}) + f_b(\text{down})] = \frac{1}{2}(15+25) = 20\,[\text{kHz}]$$

$$f_d = \frac{1}{2}[f_b(\text{down}) - f_b(\text{up})] = \frac{1}{2}[25-15] = 5\,[\text{kHz}]$$

이 값을 식 (9.42)와 식 (9.43)에 대입하여 표적의 탐지거리와 도플러 속도를 구한다.

$$R = \frac{cf_R}{4f_m \Delta f} = \frac{(3\times 10^8)(20\times 10^3)}{4(1\times 10^6)(1\times 10^3)} = 1.5\,[\text{km}]$$

$$v_r = \frac{cf_d}{2f_0} = \frac{(3\times 10^8)(5\times 10^3)}{2(3\times 10^9)} = 250\,[\text{m/s}]$$

예제 9-9 FMCW 레이다의 탐지거리

FMCW 고도계는 [그림 (a)]와 같이 지표면으로부터 반사되는 신호를 이용하여 높이를 측정하여 [그림 (b)]와 같은 측대역 슈퍼헤테로다인 수신기를 사용하여 구성한다. 송신 주파수는 $4.2 \sim 4.4\,[\text{GHz}]$ 범위에서 선형적으로 변조되며, 변조주파수는 $10\,[\text{kHz}]$이다. 만약 $20\,[\text{MHz}]$의 귀환 비트신호가 감지된다면 탐지거리는 몇 $[\text{m}]$인가?

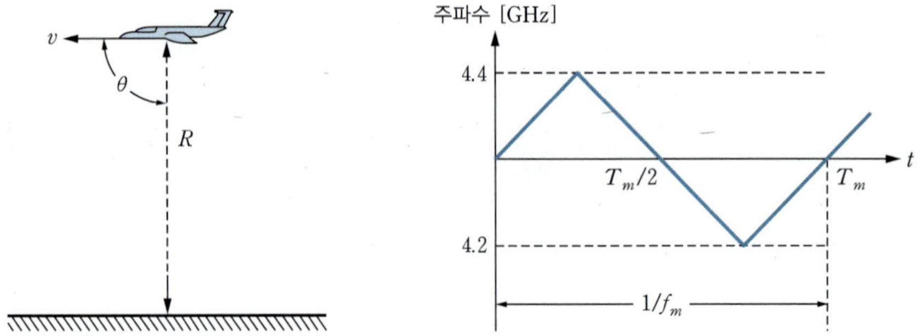

(a) FMCW 레이다 고도계의 파형

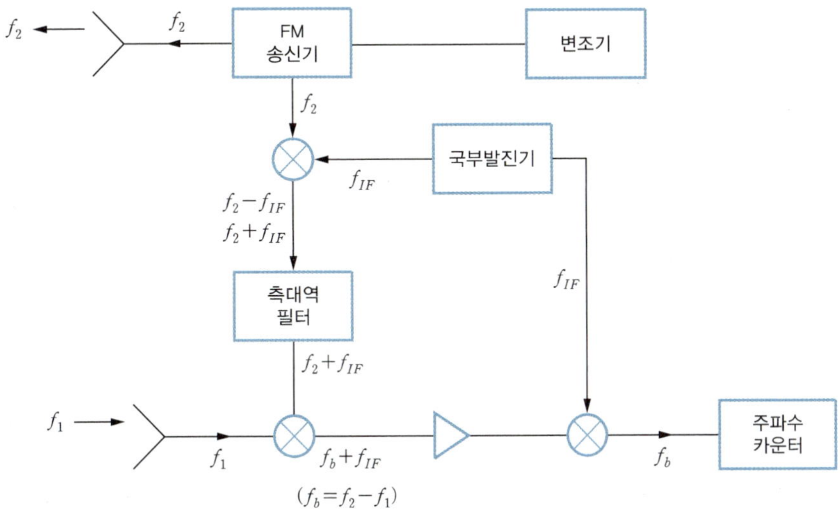

(b) FMCW 레이다 고도계 구조

풀이

레이다가 $\theta=90°$로 지표면을 향하고 있다고 가정하면 $v_r=v\cos\theta=0$이다.

파형으로부터 $f_m=10\,[\text{kHz}]$이고 $\Delta f=200\,[\text{MHz}]$이며, 비트신호는 $f_b=20\,[\text{MHz}]=f_R$이다.

탐지거리는 식 (9.42)로부터 계산할 수 있다.

$$R=\frac{cf_R}{4f_m\Delta f}=\frac{(3\times10^8[\text{m/s}])(20\times10^6[\text{Hz}])}{4(10\times10^3[\text{Hz}])(200\times10^6[\text{Hz}])}=750\,[\text{m}]$$

레이다 안테나가 $\theta\neq90°$로 기울어져 있다면 탐지거리와 도플러 이동 둘 다 존재하지만, $\theta=90°$인 경우에는 탐지거리만 얻을 수 있다.

9.6 방향탐지와 추적

추적 레이다는 표적을 추적하기 전에 먼저 표적을 탐색한다. 탐색은 보통 1차원 또는 2차원 공간에서 광각을 갖는 안테나 빔을 스캐닝하여 구현한다. 빔 스캐닝은 기계적 또는 전기적으로 구현할 수 있고, 두 가지 방법을 함께 사용할 수도 있다. 탐색을 통해 표적을 탐지한 후에는 표적의 좌표를 측정하여 표적을 추적한다. 표적의 다음 위치를 예측하고 경로를 결정하기 위해서는 탐지거리, 속도, 고각, 앙각, 방위각과 같은 데이터들이 필요하다. 특히 앙각과 방위각은 표적의 방향을 알려준다. 레이다는 탐지거리나 각도범위, 도플러 이동 또는 이 세 가지 조합과 관련된 표적을 추적할 수 있지만, 추적 레이다는 보통 각도 추적을 주목적으로 삼는다.

대개 레이다 시스템은 탐색과 추적이라는 두 가지 기능을 최적으로 작동하도록 구현하기 어려우므로 탐색 레이다와 추적 레이다를 분리하여 구성한다. **탐색 레이다**(포착 레이다) acquisition radar 는 표적의 좌표를 제공하고 추적 레이다는 탐색 레이다가 제공한 표적의 좌표 영역 내에서 제한된 탐색을 수행하여 표적을 포착한다.

추적 레이다는 **지속추적 레이다** continuous tracking radar와 **TWS** Track-While-Scan **레이다**의 두 레이다가 널리 사용되는데, 지속추적 레이다는 특정 표적에 대해 지속적인 추적 데이터를 제공하는 반면, TWS 레이다는 하나 또는 그 이상의 표적에 대한 샘플 데이터를 제공한다.

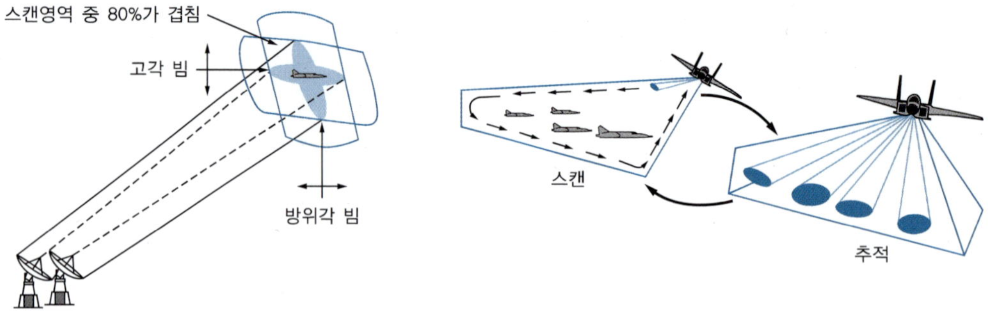

[그림 9-17] **지속추적 레이다와 TWS 레이다의 동작 원리**

표적의 방향을 찾는 레이다의 성능은 레이다에서 사용하는 협대역 빔폭을 갖는 지향성 안테나의 성능에 달려있다. 안테나 빔이 표적과 정확하게 일치하지 않으면 에러신호가 만들어지는데, 이 에러신호는 안테나와 표적을 정렬시키는 서보모터를 제어하는 데 사용된다. 추적을 위한 에러신호를 생성하기 위해 다음과 같은 세 가지 방법이 있다.

❶ 순차적 로빙 sequential lobing

❷ 코니컬 스캔 conical scan

❸ 모노펄스 monopulse

9.6.1 순차적 로빙

순차적 로빙에서 안테나 빔은 [그림 9-18]과 같이 두 지점 사이를 이동한다. 이동 전후 두 지점에서 각각 얻어지는 수신신호의 전압 차이는 그림에 나타낸 것처럼 이동축과 표적의 각도 차이를 나타낸다. 이때 전압 차이의 부호는 안테나가 표적의 방향과 이동축을 정렬시키기 위해 이동해야 하는 방향을 결정한다. 이동 전후 두 지점의 전압이 같을 때 표적은 이동축과 같은 방향으로 추적한다.

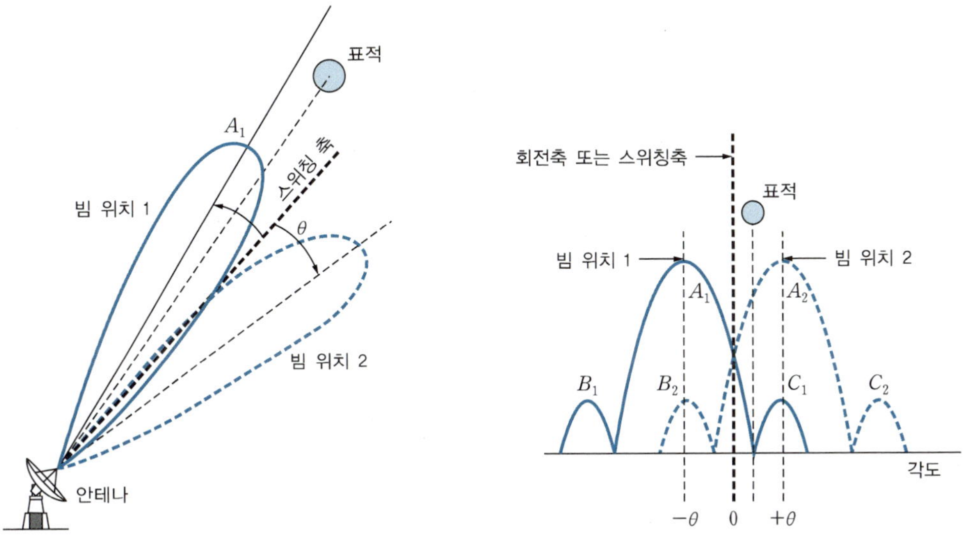

(a) 빔의 위치 이동

(b) 각도에 따른 신호진폭

[그림 9-18] **순차적 로빙**

9.6.2 코니컬 스캔

[그림 9-19]에 나타낸 것처럼 이 방법은 순차적 로빙이 확장된 형태로, 안테나는 떨어진 위치를 스위칭하는 대신에 연속적으로 회전한다. 만약 회전축이 표적과 정렬되지 않는다면, 귀환신호는 빔의 회전주파수와 같은 주파수로 [그림 9-19(c)]와 같이 진폭변조되어 나타난다. 복조된 신호는 안테나 위치를 조정하기 위해 연속적으로 서보제어 시스템에 적용되며, 표적과 회전축이 일직선으로 정렬한다면 진폭변조되는 출력은 없다. (즉, 귀환신호는 회전하는 동안 같은 진폭을 갖는다.)

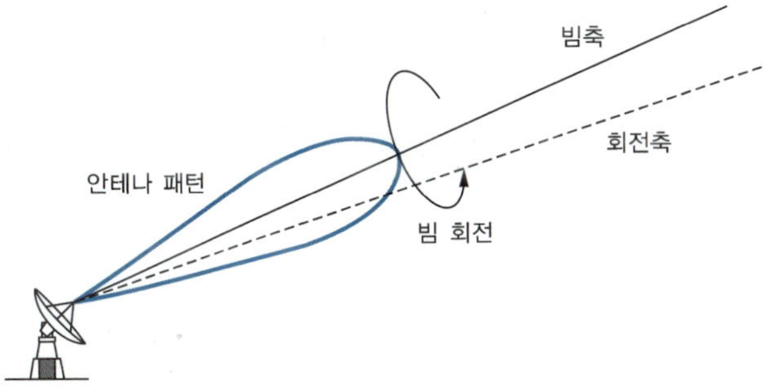

(a) 코니컬 스캔 동작

[그림 9-19] **코니컬 스캔** (계속)

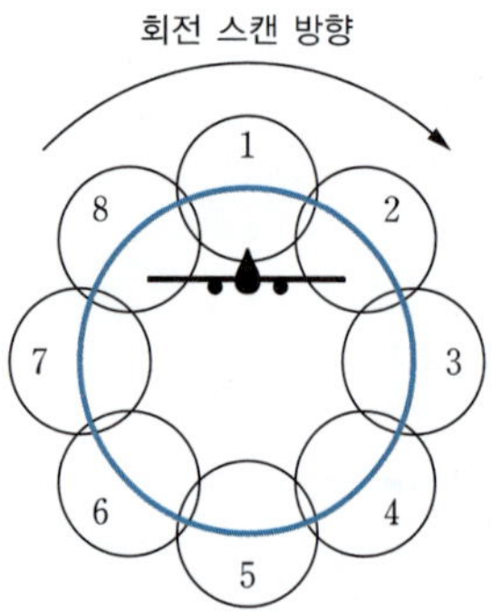

(b) 빔의 회전 스캔

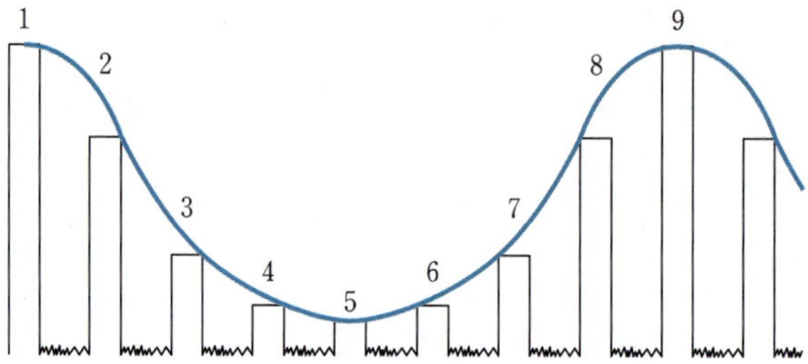

(c) 코니컬 스캔의 출력신호

[그림 9-19] **코니컬 스캔**

9.6.3 모노펄스 추적

앞의 두 가지 방법은 각도 에러신호를 추출하기 위해 여러 개의 펄스를 사용한다. 측정이 이루어지는 시간 동안 귀환되는 펄스들은 스캐닝에 의해 만들어지는 변조 이외에 어떠한 진폭변조 성분도 가지고 있지 않다. 두 방법은 표적의 RCS 값이 변하기 때문에 실제로 응용하기에는 매우 제한적일 수 있다. 모노펄스 추적은 단일펄스를 사용하여 펄스-펄스 간 진폭변동으로 인한 영향을 줄여준다.

간단한 1차원 모노펄스 추적을 고려해보자. 예를 들어 해수면-해수면 또는 선박-선박 추적 레이다 응용 시스템을 고려해보면, 진폭 비교 모노펄스 레이다는 [그림 9-20]처럼 2개 혹은 4개의 급전혼을 이용하여 방위방향 및 고각방향을 추적하며, 한 좌표계에서 방위각 각도 에러를 얻기 위해 두 개의 겹쳐진 안테나 패턴을 사용한다.

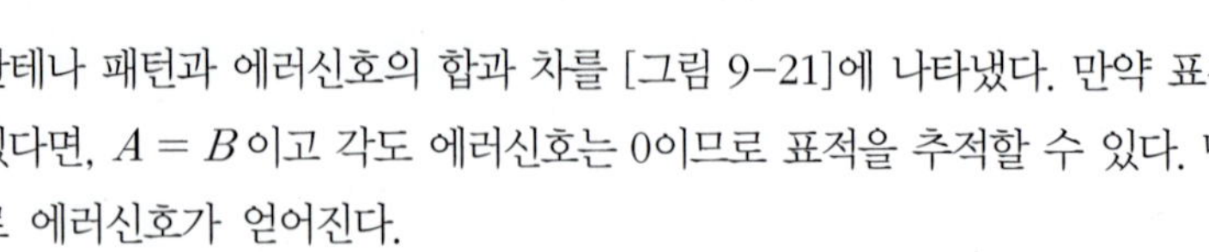

(a) 2 급전혼 1D-방위각 (b) 4 급전혼 2D-방위각과 고각 (c) 안테나 패턴

[그림 9-20] **모노펄스 시스템의 급전 배열**

안테나 패턴과 에러신호의 합과 차를 [그림 9-21]에 나타냈다. 만약 표적이 안테나 축과 정렬되어 있다면, $A = B$ 이고 각도 에러신호는 0이므로 표적을 추적할 수 있다. 만약 $A \neq B$ 라면 결과적으로 에러신호가 얻어진다.

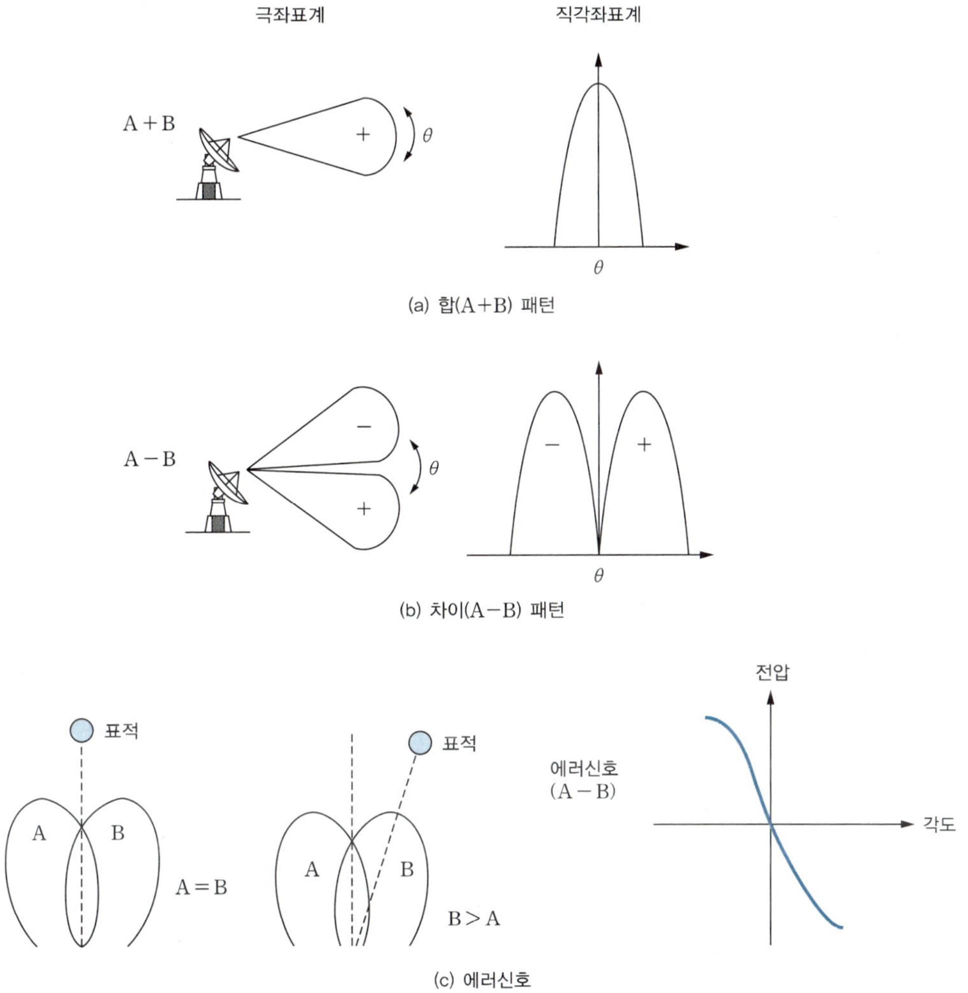

[그림 9-21] **모노펄스 시스템의 안테나 패턴**

1차원 모노펄스 시스템은 송신기, 두 개의 수신기(하나는 합을 계산하기 위한 채널, 다른 하나는 차이를 계산하기 위한 채널), 그리고 모노펄스 비교기, 차례로 나열된 두 안테나 급전회로로 구성된다. [그림 9-22(a)]에 블록 다이어그램을 나타냈다. 비교기는 합과 차이 신호를 만들어 낸다. 마이크로파 하이브리드 결합기, 매직-T, 또는 링 하이브리드 회로ring hybrid 또는 rat-race가 비교기로 사용될 수 있다. [그림 9-22(b)]에 링 하이브리드 회로를 나타냈다. 송신신호는 포트 1에서 동위상으로 포트 2와 포트 3으로 동일하게 분배되고, 두 급전을 통해 방사된다. 포트 2와 포트 3에서 수신된 신호는 동위상으로 포트 1에 도달하고, 두 신호가 더해져서 신호(Σ)가 된다. 포트 4에는 180° 위상차를 갖는 신호가 도달하여 차이를 나타내는 신호(Δ)가 된다. 서로 다른 위상은 [그림 9-22(c)]에 나타낸 것처럼 서로 다른 신호 경로 때문에 발생한다. 안테나 빔은 방향탐지와 추적을 위해 사용되며, 또한 자동유도 및 항법 응용 시스템에도 사용될 수 있다.

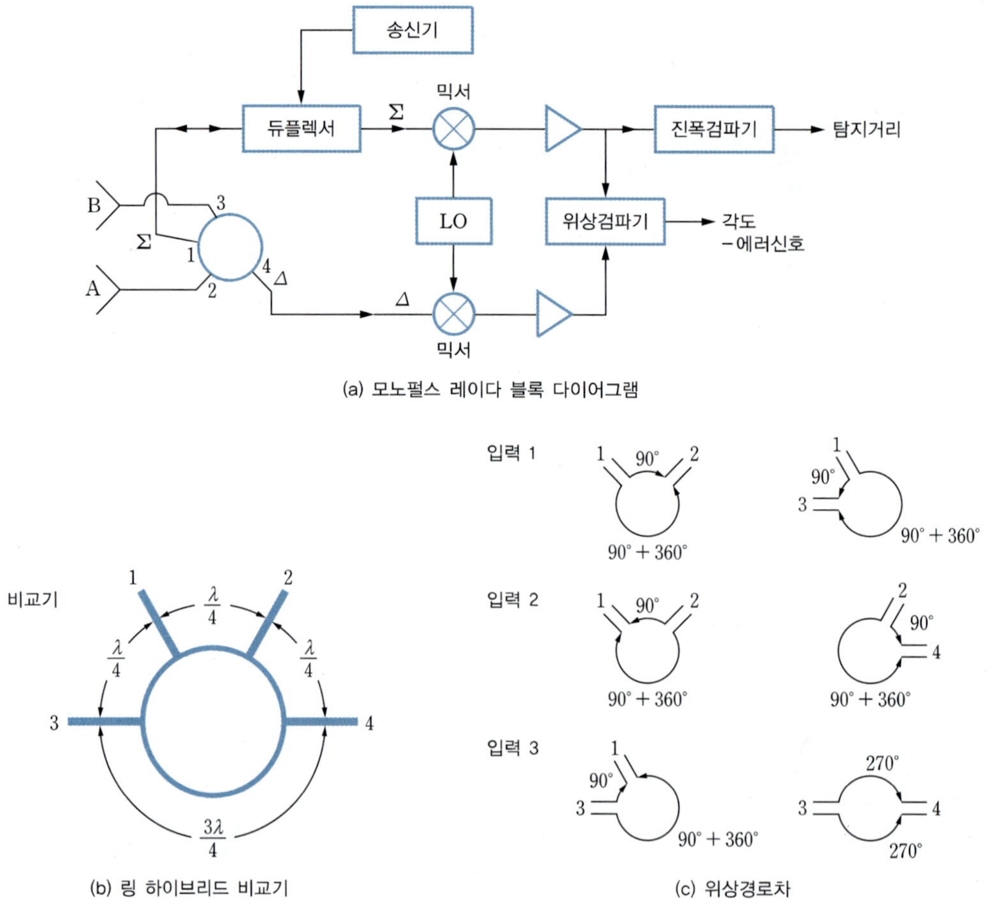

(a) 모노펄스 레이다 블록 다이어그램

(b) 링 하이브리드 비교기

(c) 위상경로차

[그림 9-22] **모노펄스 시스템 구성도 및 동작**

수학적으로 표적이 [그림 9-23(a)]처럼 각도 θ에 위치한다면 $A+B$와 $A-B$를 유도할 수 있다. 두 경로 사이의 위상차는 다음과 같이 주어진다. 여기서 d는 두 안테나 급전부 사이의 거리이고, λ_0는 자유공간 파장이다.

$$\phi = \frac{2\pi}{\lambda_0} d \sin\theta = 2\pi \frac{d \sin\theta}{\lambda_0} \tag{9.44}$$

$A+B$를 구하는 식은 다음과 같으며, $\theta = 0$일 때 표적을 추적할 수 있다. 여기서 $\phi = 0$이고 $|A+B| = 2|V_0|$로 최댓값을 갖는다.

$$\begin{aligned} |A+B| &= |V_0 e^{j\phi} + V_0| = |V_0(1+e^{j\phi})| \\ &= |V_0|\sqrt{(1+\cos\phi)^2 + \sin^2\phi} \\ &= 2|V_0|\cos\left(\frac{1}{2}\phi\right) \end{aligned} \tag{9.45}$$

$A-B$를 구하는 식은 다음과 같으며, $\theta=0$일 때 $\phi=0$이고 $|A-B|=0$을 얻는다.

$$|A-B| = |V_0 - V_0 e^{j\phi}| = |V_0|\sqrt{(1-\cos\phi)^2 + \sin^2\phi} = 2|V_0|\sin\left(\frac{1}{2}\phi\right) \qquad (9.46)$$

$|A+B|$와 $|A-B|$는 ϕ에 대한 그래프로 표현할 수 있다([그림 9-23(b)] 참고).

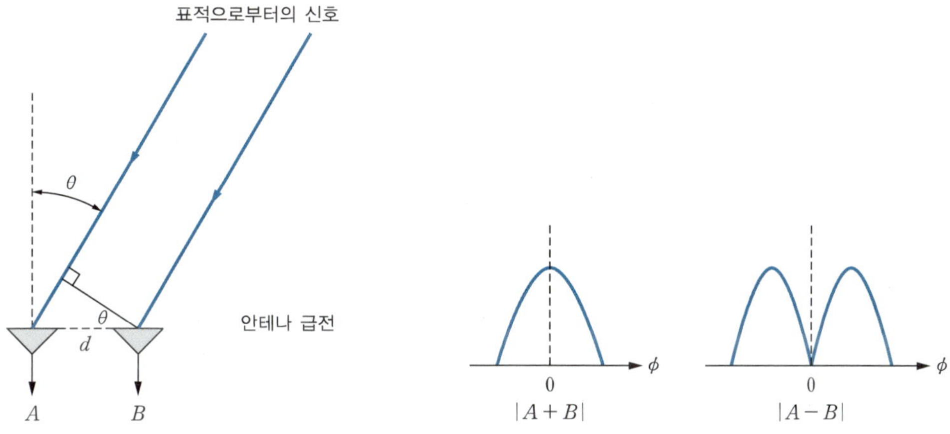

(a) 1차원 모노펄스 시스템의 동작 (b) $|A+B|$와 $|A-B|$에 대한 ϕ 특성

[그림 9-23] 1차원 모노펄스 시스템의 동작

만약 방위각 방향과 앙각 방향을 모두 추적해야 한다면 [그림 9-24]와 같은 2차원 모노펄스 시스템이 필요하다.

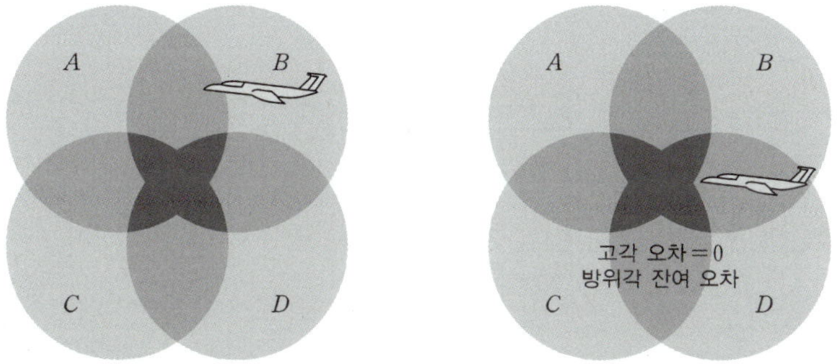

[그림 9-24] 2차원 모노펄스 시스템의 동작

9.7 이동 표적 탐지 레이다와 합성 개구면 레이다

안테나에서 출력된 전자파가 움직이는 표적에 의해 반사되어 돌아오면 주파수가 변화한다. **이동 표적 탐지** MTI : Moving Target Indicator **레이다**는 이러한 현상을 이용하여 고정물체 중에서 이동하는 물체를 식별할 수 있다. 또한 **합성 개구면 레이다** SAR : Synthetic Aperture Radar 는 지상 및 해양에 대해 공중에서 레이다파를 순차적으로 쏜 이후 레이다파가 굴곡면에 반사되어 돌아오는 미세한 시간차를 처리하여 지상지형도를 만들거나 지표를 관측한다. 이 절에서는 이 두 레이다의 구성과 동작 방식을 살펴보자.

9.7.1 이동 표적 탐지 레이다

표적의 상대적 속도를 결정하기 위해 펄스파 레이다는 이동 표적에 의해 만들어지는 귀환 펄스에서 발생하는 도플러 이동을 사용할 수 있다. 이러한 응용은 앞서 설명한 연속파 레이다와 유사하다. 또한 도플러 이동은 정지된 고정 잡음원들(클러터)clutter로부터 이동하는 표적을 분리하기 위해 사용될 수 있다. 이러한 응용기술은 커다란 클러터가 존재할 때 이동하는 작은 표적을 감지할 수 있다. 이러한 펄스파 레이다를 이동 표적 탐지MTI : Moving Target Indicator 또는 펄스 도플러 레이다라고 부른다. 예를 들어, 지상 클러터가 존재할 때 움직이는 작은 차량이나 해상 클러터가 존재할 때 움직이는 선박을 MTI 레이다로 감지할 수 있다.

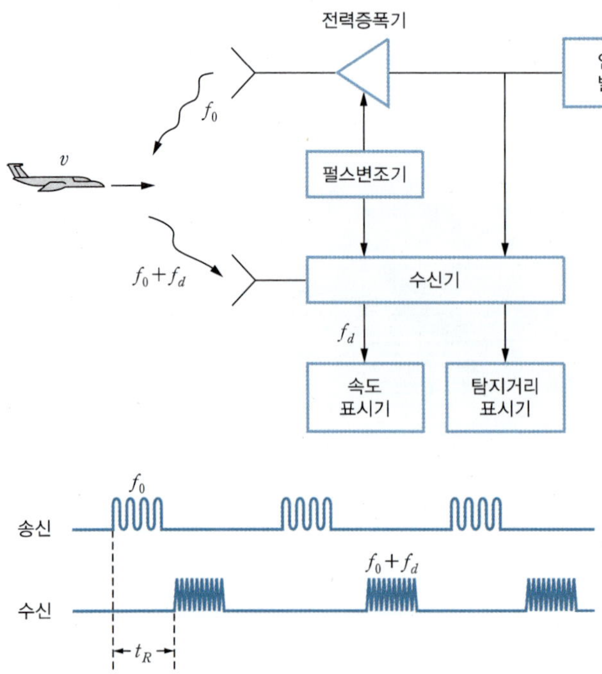

[그림 9-25] 펄스 도플러 레이다

MTI 레이다에 대한 간단한 블록 다이어그램을 [그림 9-25]에 나타냈다. 송신 펄스는 반송주파수 f_0를 갖는다. 귀환 펄스는 $f_0 \pm f_d$의 주파수를 가지며, 신호가 표적을 향해 진행하고 귀환하는 시간인 t_R에 의해 지연된다. 탐지거리와 상대속도는 다음과 같이 얻을 수 있다.

$$R = \frac{1}{2} c t_R \tag{9.47}$$

$$v_r = \frac{c f_d}{2 f_0} \tag{9.48}$$

MTI 레이다에서 도플러 정보는 지연선로 상쇄기 delay line canceler, 탐지거리-게이팅 도플러 필터 range-gated Doppler filter, 디지털 신호처리 DSP : Digital Signal Processing 를 사용하여 추출할 수 있다.

9.7.2 합성 개구면 레이다

합성 개구면 레이다 SAR : Synthetic Aperture Radar 는 레이다를 탑재한 항공기 또는 위성의 움직임을 이용하여 커다란 안테나 개구면을 교차영역에서 합성하고 고해상도 특성을 얻는 레이다이다. SAR을 이용하면 군사적 정찰, 지질과 광물탐사 그리고 원격감지 응용을 위한 고해상도 지도를 만들 수 있다. SAR 시스템 구성도를 [그림 9-26]에 나타냈다. 펄스 생성 장치는 원하는 거리 해상도 range resolution 에 따라 대역폭을 사용하여 펄스를 생성한다. 펄스는 송신기에 의해 증폭되고 서큘레이터를 통해 안테나로 전송된다. 이때 안테나의 크기는 방위 해상도 azimuth resolution 를 결정한다. 수신기는 안테나로부터 반사된 신호를 받아 적절한 크기로 증폭하고 대역 통과 필터를 적용한다. 신호를 복조하거나 A/D 변환을 한 후 SAR 프로세서는 SAR 이미지를 계산한다. 추가 움직임 정보는 움직임 감지 시스템에서 제공하고 레이다 제어 장치는 작업 순서, 특히 시간 일정을 조정한다.

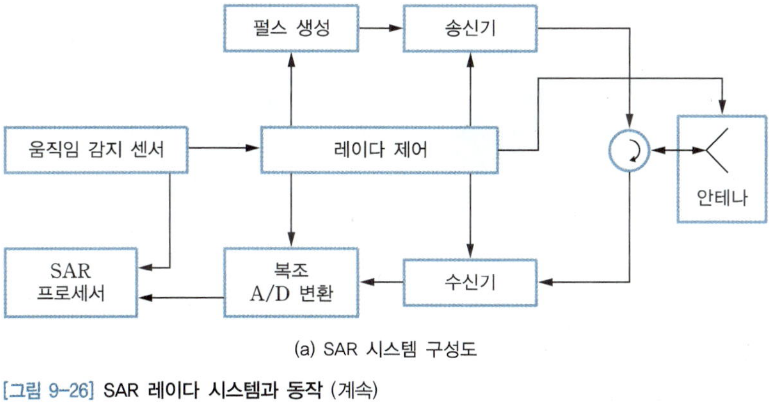

(a) SAR 시스템 구성도

[그림 9-26] SAR 레이다 시스템과 동작 (계속)

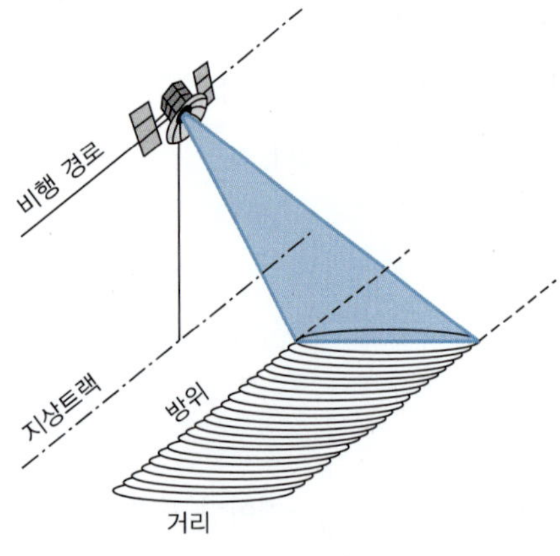

(b) 동작 개념도

[그림 9-26] SAR 레이다 시스템과 동작

SAR 레이다의 동작모드는 레이다 안테나의 스캐닝 동작에 따라 [그림 9-27]과 같이 세 가지로 종류로 나눈다.

❶ **측면 SAR**side-looking SAR 또는 **스트립 맵 SAR**strip-map SAR : 레이다가 이동하는 영역의 전자기 반사신호를 수집하여 비행경로와 평행한 지형의 스트립을 관찰하는 모드이다.

❷ **스포트라이트 SAR**spotlight SAR : 레이다가 고정된 특정 관심 영역에 빔을 추적하고 초점을 맞추는 모드이다.

❸ **스캔 SAR**scan SAR : 레이다가 높은 고도에서 비행하며 넓은 영역을 관측하기 위해 사용하는 모드이다. 관측폭이 넓어질수록 거리 분해능range resolution은 저하된다. 이 모드의 경우 빔영역이 여러 부분영역으로 나뉘며, 레이다 플랫폼이 움직일 때 레이다는 일정시간 동안 한 부분영역을 비춘 다음 다른 부분영역을 비추도록 전환하며 원하는 관측폭을 커버한다.

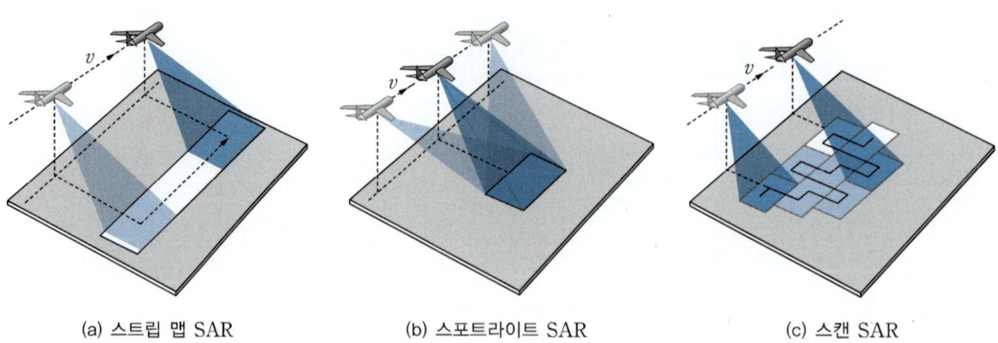

(a) 스트립 맵 SAR　　(b) 스포트라이트 SAR　　(c) 스캔 SAR

[그림 9-27] SAR 레이다의 종류

■ SAR의 방위 해상도

[그림 9-28]은 직선을 따라 일정한 속도 v로 진행하는 항공기를 보여준다. 레이다는 펄스 반복주기(T_p)마다 펄스를 보낸다. 이 시간 동안 비행기는 거리 vT_p만큼 비행한다. 그림에서 X 표시는

펄스가 송신할 때의 레이다 안테나의 위치를 나타낸다. 이는 소자 간격이 vT_p만큼 떨어져 있는 선형으로 합성된 안테나 배열의 특성과 같다.

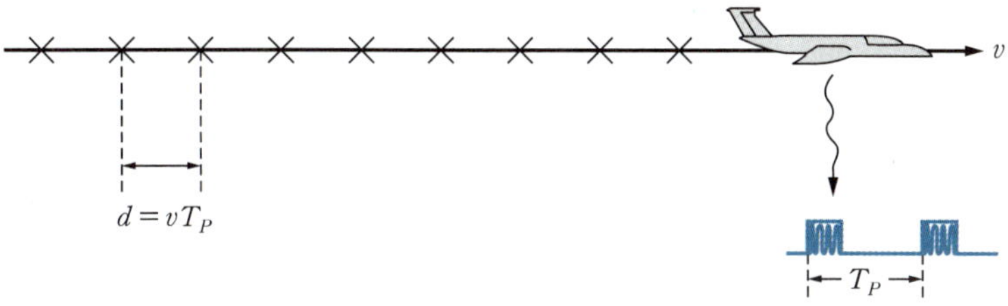

[그림 9-28] 일정한 속도 v로 진행하는 합성 개구면 레이다

교차영역에 대한 일반적인 개구면 안테나의 방위 해상도 azimuth resolution 는 다음과 같이 주어진다.

$$\delta = R\theta_B \tag{9.49}$$

여기서 R은 탐지거리이고, θ_B는 안테나의 반치 전력 빔폭이다. 안테나의 합성 synthetic aperture 에 의한 해상도는 다음과 같다.

$$\delta_s = R\theta_s = \frac{1}{2}D \tag{9.50}$$

여기서 θ_s는 합성 개구면 안테나의 빔폭이고, D는 안테나의 직경이다. 이때 방위 해상도는 δ_s는 탐지거리에 무관하며 안테나의 크기로 주어진다.

예를 들어, 100 km 의 거리에서 $\theta_B = 0.2°$를 갖는(이는 매우 좁은 빔폭이다) 일반적인 안테나가 있다고 하자. 식 (9.49)로부터 $\delta = 350\,[\mathrm{m}]$이고, $3\,[\mathrm{m}]$의 안테나 직경을 갖는 X 대역 SAR에 대한 해상도는 $\delta_s = 1.5\,[\mathrm{m}]$이고, 이는 δ보다 훨씬 우수하다. 즉, 단일 안테나를 가진 레이다로 달성할 수 있는 방위 해상도 δ에 비해 각 안테나의 합성에 의해 달성할 수 있는 해상도 δ_s가 우수하다는 뜻이다.

■ SAR의 거리 해상도

[그림 9-29]에 SAR의 수직방향의 빔을 나타냈다. 지상에 레이다의 빔이 비추는 영역을 W_g라고 하면, 거리 해상도 range resolution 는 송신된 펄스와 수신된 펄스의 시간차에 의해 결정된다. 거리 R에서 송신펄스와 수신펄스 사이의 시간지연을 ΔT라고 하면 다음과 같이 주어진다.

$$\Delta T = \frac{2R}{c} \tag{9.51}$$

τ가 송신펄스의 주기일 때 두 표적이 거리 $\Delta R = c\tau/2$에 의해 분리되어 있다면, 분리된 두 표적으로부터 반사된 신호는 서로 겹치지 않는다. 따라서 지표면의 거리 해상도 d_R은 다음과 같이 주어진다.

$$d_R = \frac{c\tau}{2\cos\theta_0} \tag{9.52}$$

여기서 θ_0는 입사각(또는 부각)depression angle이라고 한다. 신호의 전송대역폭 B가 송신펄스의 폭에 반비례하므로 $B \cong 1/\tau$로 쓸 수 있으며, 따라서 다음과 같이 주어진다.

$$d_R = \frac{c}{2B\cos\theta_0} \tag{9.53}$$

식 (9.53)으로부터 거리 해상도는 펄스신호의 대역폭과 관계되어 대역폭을 증가시킬수록 거리 해상도가 높아진다는 것을 확인할 수 있다.

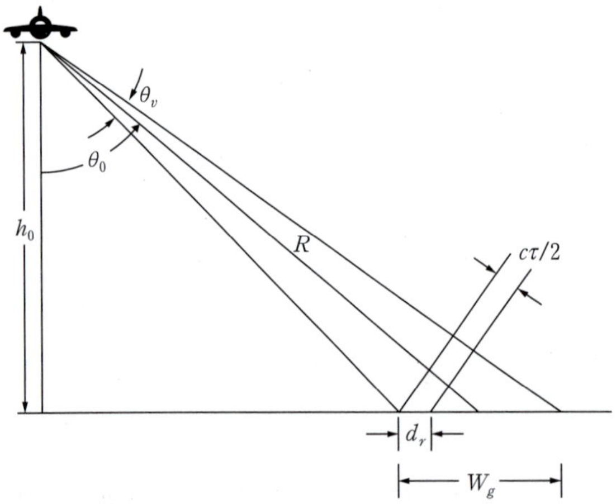

[그림 9-29] SAR 레이다의 수직방향 단면도

예제 9-10 SAR 레이다의 방위각 해상도

10[GHz]에서 동작하는 레이다의 탐지거리가 50[km]일 때, 레이다 신호의 파장을 구하고, 방위 해상도가 0.5[m]일 때 안테나의 크기를 구하라.

풀이

신호의 파장을 구하면 다음과 같다.

$$\lambda = \frac{c}{f} = \frac{3\times10^8}{10\times10^9} = 0.03\,[\mathrm{m}]$$

이 식으로부터 방위해상도는 $\delta = R\theta_B$이며, 안테나의 크기가 D일 때 빔폭은 $\theta_B = \dfrac{\lambda}{D}$로 주어진다. 따라서 $\delta = R\theta_B = R\dfrac{\lambda}{D}$로부터 $D = R\dfrac{\lambda}{\delta} = (50\times10^3)\dfrac{0.03}{0.5} = 3000\,[\mathrm{m}]$로 주어진다. 이 예제로부터 0.5[m] 방위각 해상도를 위해 3[km]의 안테나가 필요하다는 사실을 알 수 있었지만, 이는 비현실적이다. 반면 SAR을 이용하는 경우 $\delta_s = \dfrac{D}{2}$로부터 $D = 1\,[\mathrm{m}]$로 구현할 수 있다.

Chapter 09 연습문제

9.1 【레이다 시스템 파라미터】 레이다의 평균 송신전력이 100[W]이며, 2[μs]의 펄스폭을 갖고 1000[Hz]의 펄스 반복주파수 PRF 로 동작할 때, 첨두 송신전력과 듀티 사이클을 구하라.

9.2 【레이다 시스템 파라미터】 10[MW]의 첨두 송신전력으로 동작하는 공중 펄스파 레이다 airborne pulse radar 가 평균전력 100[W]를 가질 때, 듀티 사이클을 구하라.

9.3 【레이다 시스템 파라미터】 펄스파 레이다가 5[kW]의 첨두 송신전력을 갖고 각각 10[kHz], 20[kHz]로 주어진 펄스 반복주파수 PRF 를 사용한다. 1[kW]의 일정한 평균 송신전력을 만들기 위해 (a) 듀티 사이클, (b) 펄스 반복구간 PRI, (c) 각 펄스의 펄스 반복주파수 PRF 에 대한 펄스폭, (d) 펄스 에너지를 구하라.

9.4 【레이다 시스템 파라미터】 1.0[MHz]의 대역폭을 갖는 레이다의 최대 탐지거리가 200[km]일 때, 필요한 (a) 펄스 반복주파수 PRF, (b) 펄스 반복구간 PRI, (c) 거리 분해능, (d) 펄스폭을 구하라.

9.5 【레이다 시스템 파라미터】 1[MW]의 첨두 송신전력으로 동작하는 펄스파 레이다가 펄스폭이 1.2[μs]이고, 펄스 반복구간 PRI 이 1[ms]일 때 (a) 펄스 반복주파수 PRF, (b) 평균 송신전력, (c) 듀티 사이클, (d) 레이다의 최대 탐지거리를 구하라.

9.6 【레이다 시스템 파라미터】 펄스파 레이다가 2[μs]의 펄스폭과 800[Hz]의 펄스 반복주파수 PRF 에서 동작할 때 (a) 최대 탐지거리, (b) 거리 분해능을 구하라.

9.7 【레이다 시스템 파라미터】 레이다가 500[km]의 최대 탐지거리를 가질 때, 수신신호를 탐지하기 위해 필요한 펄스 반복주파수 PRF 를 구하라.

9.8 【레이다 방정식】 레이다 수신기가 3[MHz]의 IF 대역폭과 9[dB]의 잡음지수를 가지고 있을 때, 최소 탐지신호 전력을 구하라.

9.9 【레이다 방정식】 10[GHz]에서 동작하는 500[kW]의 첨두 송신전력을 갖는 레이다의 최소 탐지신호 수신전력이 0.1[pW]이다. 안테나가 5[m^2]의 포착 영역을 갖고, 표적의 레이다 단면적이 20[m^2]일 때 레이다의 최대 탐지거리를 구하라.

9.10 **【레이다 방정식】** 3[GHz]에서 동작하는 단거리 감시 레이다가 송수신을 위해 직경 1[m]의 파라볼라 안테나를 사용한다. 만약 송신전력이 10[kW]이고 잡음레벨이 -140[dBW]일 때, 항공기의 레이다 단면적이 1[m^2]라면 최대 탐지거리를 구하라. 이 레이다 시스템의 시스템 손실은 15[dB]이며, SNR은 13[dB]이다.

9.11 **【레이다 단면적】** 10[GHz]에서 동작하고 10[kW]의 첨두 송신전력을 송신하는 레이다가 30[dB] 이득을 갖는 파라볼라 안테나를 사용한다. 이 레이다 시스템의 수신기는 25[MHz]의 대역폭과 실온(290K)에서 10[dB]의 잡음지수를 가지며, 전체 시스템 손실은 6[dB]이다. 레이다는 1[km] 거리에서 10[m^2]의 레이다 단면적을 가진 항공기를 탐지하기 위해 사용된다. (a) 귀환신호의 전력은 얼마인가? (b) 수신기 출력에서 SNR(dB)은 얼마인가? (단일 펄스 적분만 가정한다.)

9.12 **【레이다 단면적】** 1[m^2]의 레이다 단면적을 갖는 전투기를 탐지하기 위해 방어 감시망에서 사용하는 레이다는 10[GHz]에서 100[kW]의 첨두 송신전력을 송신하며, 안테나 이득은 50[dB]이다. 레이다 시스템은 10[MHz]의 대역폭을 갖고 실온에서 동작한다고 가정하며, 수신기의 잡음지수는 6[dB]이고, 전체 시스템 손실은 6[dB]이다. 만약 90%의 탐지확률과 0.01%의 오류 경보율을 만족할 때, 레이다의 최대 탐지거리는 얼마인가? (단, 단일 펄스 적분만 가정한다.)

9.13 **【펄스파 레이다】** 공중 방어를 위해 3[GHz]에서 동작하는 펄스파 레이다가 6[m] 직경을 갖는 파라볼라 안테나를 사용한다. 첨두 송신전력은 100[kW], 펄스 반복주파수[PRF]는 1[kHz], 펄스폭은 1[μs], 안테나 빔의 주사율은 3[rpm]이다. (a) 듀티 사이클, (b) 평균 송신전력, (c) 표적이 레이다 안테나의 3[dB] 빔폭 내에 들어오는 시간, (d) 레이다로 귀환되는 펄스들의 수, (e) 최대 탐지거리, (f) 최적 시스템 대역폭을 계산하라.

9.14 **【연속파 레이다】** 다음 그림에 나타낸 것처럼 항공기를 추적하기 위해 연속파 레이다를 사용하고 있다. 레이다의 송신 주파수가 10[GHz]이고 항공기가 800[km/h]의 속도로 비행한다면 귀환 신호의 주파수는 얼마인가?

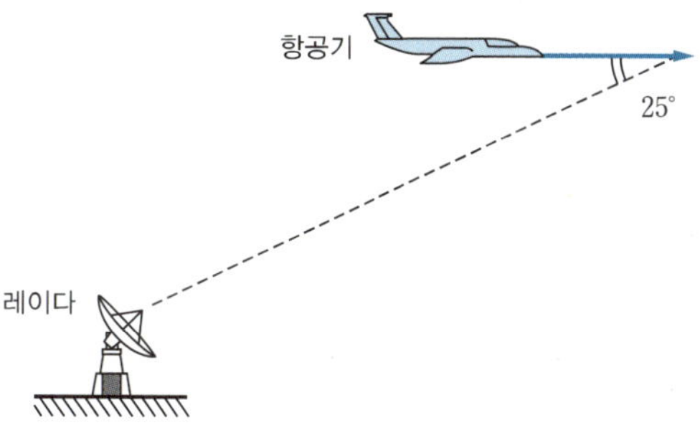

[그림 9-30]

9.15 **【연속파 레이다】** 다음 그림에 나타낸 것처럼 항공기를 추적하기 위해 연속파 레이다를 사용하고 있다. 항공기가 1000[km/h]의 속도로 비행하고 있고, 이때 레이다의 송신주파수가 10[GHz]라면 귀환 신호 주파수는 얼마인가?

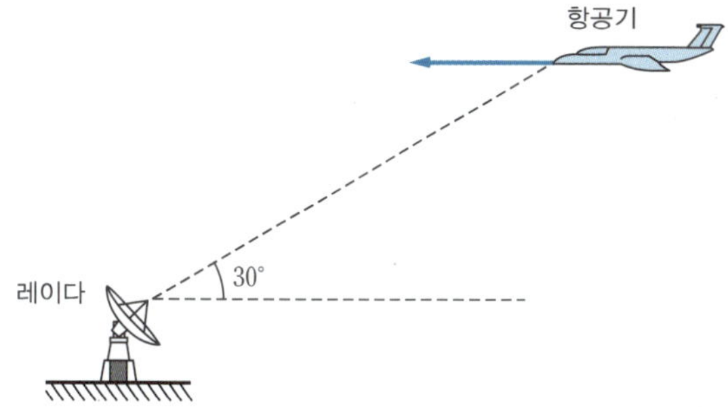

[그림 9-31]

9.16 **【펄스파 레이다】** 3[MHz]에서 동작하는 고주파 HF 레이다와 3[GHz]에서 작동하는 S 대역 레이다의 두 시스템을 이용하여 시선속도 radial speed 5[m/s]로 항해하는 선박이 항구에 진입하는 것을 감시하고 있다. 선박을 육지의 배경반사 background echo 신호들과 구별하기 위해 필요한 두 시스템의 관찰시간을 각각 구하라.

9.17 **【감시 레이다】** 450[km]의 최대 도달거리를 갖는 감시 레이다가 사용할 수 있는 (a) 최대 펄스 반복주파수 PRF, (b) 펄스폭이 3[μs]일 때 송신기의 듀티 사이클 또는 온/오프 비율을 구하라.

9.18 **【감시 레이다】** L 대역 감시 레이다가 200[kW]의 첨두 송신전력과 36[dB]의 안테나 이득을 사용하는 경우 (a) RCS가 10[dBm^2]인 항공기를 탐지할 수 있는 거리, (b) 레이다 탐지거리가 $\frac{1}{3}$로 줄어들 때 필요한 잡음전력을 구하라. (단, 레이다 시스템은 동작주파수가 1.2987[GHz], 펄스폭이 3[μs], 시스템 손실은 7[dB], 수신기의 잡음지수는 3[dB]이고, 실온에서 동작한다고 가정한다.)

Chapter 09 기출문제

L9.1 **【2021, 국가직 9급】** 자유공간에서 동작하는 레이다 시스템의 송신출력이 10[kW]일 때 탐지거리가 2[km]라면, 송신출력을 20[kW]로 증가시킬 경우의 탐지거리[km]는? (단, 레이다 시스템 및 전파 환경은 모두 동일하다.)

① 2　② $2\times\sqrt{2}$　③ $2\times\sqrt[4]{2}$　④ 4

L9.2 **【2021, 무선설비기사】** 무선항행 운용 장비로 사용되는 레이다의 구조 중 스캐너에 대한 설명으로 가장 적합한 것은?

① 펄스 전파를 송신하고 물표의 반사 신호를 수신하는 장비이다.
② 일정한 반복주기를 가진 직류펄스[trigger pulse]를 발생시키는 장치이다.
③ 트리거[trigger] 신호에 의해 짧고 강력한 펄스 형태의 전파를 발생시키는 장치이다.
④ 수신기로부터 온 영상 신호를 브라운관 또는 LCD 창에 영상으로 나타내어 물표의 거리와 방위를 측정하는 장치이다.

L9.3 **【2020, 국가직 9급】** 레이다에 대한 설명으로 옳지 않은 것은?

① 표적까지의 거리는 신호가 표적에 도달하고 귀환하는 데 걸린 시간으로 구할 수 있다.
② 표적의 방향은 귀환신호의 도착 각도로 구할 수 있다.
③ 표적의 방향을 찾기 위해 일반적으로 광대역 지향성 안테나를 사용한다.
④ 표적의 속도는 귀환신호에 발생된 도플러 천이로 구할 수 있다.

L9.4 **【2020, 국가직 9급】** 차량의 속도를 측정하기 위해 10[GHz]에서 동작하는 레이다가 있다. 차량이 108[km/h]의 속도로 레이다에 일직선 방향으로 접근하고 있을 때, 레이다에서 측정된 도플러 천이[Hz]는? (단, 레이다 전파속도는 3×10^8[m/s]이다.)

① 100　② 200　③ 1,000　④ 2,000

L9.5 **【2020, 무선설비기사】** 다음 중 레이다의 기능에 의한 오차에 속하지 않는 것은?

① 해면반사　② 거리오차
③ 방위오차　④ 선박 경사에 의한 오차

L9.6 **【2020, 전파전자통신기사】** 레이다는 전파의 어떤 성질을 이용하여 목표물의 위치를 탐지하는가?

① 회절성, 정속성　② 직진성, 정속
③ 직진성, 변속성　④ 굴절성, 변속성

L9.7 **【2019, 국가직 9급】** 레이다의 성능에 대한 설명으로 옳은 것은?

① 빔의 폭이 좁을수록 방위 분해능이 좋아진다.
② 최대 탐지거리를 2배로 하려면 송신전력을 4배로 해야 한다.
③ 유효 반사면적이 작을수록 탐지거리가 증가한다.
④ 펄스폭이 넓을수록 거리 분해능이 좋아진다.

L9.8 **【2019, 무선설비기사】** 다음 중 레이다의 탐지거리를 결정하는 요인이 아닌 것은?

① 유효 반사 면적이 큰 목표일수록 멀리 탐지된다.
② 레이다 송신기 출력의 2승근에 비례하여 멀리 탐지된다.
③ 출력 및 수신감도를 올리면 탐지거리가 증대된다.
④ 이득이 큰 안테나를 사용하고 짧은 파장을 사용한다.

L9.9 **【2019, 무선설비기사】** 다음 중 레이다 기술에 대한 설명으로 틀린 것은?

① 야간이나 시계가 불량한 경우 레이다를 사용하면 안전한 항해를 할 수 있다.
② 거리와 방위를 구할 수 있으므로 목표물의 위치 및 상대속도 등을 구할 수 있다.
③ 특수 레이다의 경우 열대성 폭풍(태풍)의 위치와 강우의 이동 파악 등 다양한 용도로 사용할 수 있다.
④ 기상조건에 영향을 많이 받으므로 주로 가시거리 내에서 사용된다.

L9.10 **【2019, 전파전자통신기사】** 레이다의 안테나로부터 목표물을 향하여 전파를 발사하여 수신하는 데 0.1[μs]가 걸렸다면 목표물까지의 거리는 얼마인가?

① 5[m] ② 15[m]
③ 25[m] ④ 35[m]

L9.11 **【2018, 국가직 9급】** 레이다의 송신기와 수신기가 동일한 위치에 있는 경우, 송신한 신호가 먼 거리에 있는 목표물로부터 반사되어 수신되는 전력은 송신기와 목표물 사이의 거리(R)의 몇 제곱에 반비례하는가?

① 1 ② 2
③ 3 ④ 4

L9.12 **【2018, 국가직 9급】** 펄스 레이다 시스템에 대한 설명으로 옳지 않은 것은?

① 펄스 반복주파수가 작아질수록 최대 탐지거리가 커진다.
② 듀티 사이클은 펄스 폭이 작을수록 작아진다.
③ 탐지거리의 정확성을 높이기 위해 펄스의 주기는 신호의 왕복시간보다 작아야 한다.
④ 평균 전력과 피크 전력의 관계는 펄스 폭과 펄스 반복 주기에 따라 결정된다.

L9.13 **【2017, 국가직 9급】** 펄스파가 레이다에서 발사된 후부터 목표물에 반사되어 되돌아올 때까지 걸린 시간이 6[μs]인 경우, 목표물까지의 거리[m]는? (단, 레이다 전파속도는 3×10^8[m/s]이다.)

① 450 ② 900 ③ 1,800 ④ 3,600

L9.14 **【2016, 국가직 9급】** 10[GHz] 레이다 신호를 송신하여 10[km] 거리에 있는 목표물에서 반사되어온 신호의 전력이 1[nW]이다. 이와 동일한 조건에서 레이다 신호의 주파수를 5[GHz]로 변경하여 송신한 경우, 5[km] 거리에 있는 목표물에서 반사되어 온 신호의 전력[nW]은?

① 4 ② 16 ③ 32 ④ 64

L9.15 **【2015, 국가직 9급】** 레이다의 송수신 신호가 그림과 같을 때, 표적의 탐지거리[km]와 상대속도[m/s]는? (단, $\tau=200$[μs], $T=500$[μs], $f_0=1.5$[GHz], $f_d=3$[kHz], 전파속도는 3×10^8[m/s]이다.)

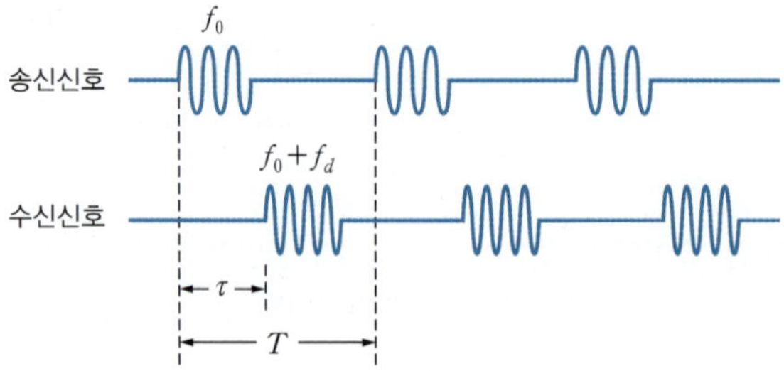

[그림 9-32]

	km	m/s
①	60	600
②	60	300
③	30	600
④	30	300

L9.16 【2015, 국가직 9급】 레이다에 대한 설명으로 옳지 않은 것은?

① 전자기파를 방사하고 표적에서 반사된 신호를 감지하여 방향, 위치, 속도 등 표적에 대한 정보를 파악한다.
② RCS Radar Cross Section 가 클수록 반사된 신호전력의 양이 많다.
③ 레이다에서 보는 각도가 달라도 안테나로부터 동일거리에 동일표적이 있다면 반사된 신호전력의 양은 동일하다.
④ 표적의 상대운동속도는 반사된 신호의 도플러 천이 Doppler shift 로 알 수 있다.

L9.17 【2014, 국가직 9급】 1펄스 레이다 장치로 최대 탐지거리를 증가시키기 위한 방법으로 옳지 않은 것은?

① 펄스폭을 좁게 한다.
② 송신전력을 증가시킨다.
③ 안테나의 개구면을 크게 한다.
④ 안테나의 이득을 증가시킨다.

L9.18 【2013, 국가직 9급】 15[GHz]에서 동작하는 경찰 레이다가 차량의 속도를 추적하는 데 사용되고 있다. 만약 차량이 180[km/h]의 속도로 움직이고 경찰 레이다에 일직선 방향으로 접근하고 있다면, 도플러 이동 주파수[Hz]는? (단, 전파속도는 3×10^8[m/s]이다.)

① 1,500 ② 1,800 ③ 5,000 ④ 8,944

L9.19 【2013, 국가직 9급】 레이다에 대한 설명으로 옳지 않은 것은?

① 표적의 거리는 송신신호가 표적에 도달하고 다시 돌아오는 데 걸린 시간으로 계산할 수 있다.
② 표적의 방향은 귀환신호 returned signal 의 도래각 arrival angle 으로 결정한다.
③ 표적의 상대운동 relative motion 은 귀환신호의 반송파에서 도플러 이동 doppler shift 으로 결정할 수 있다.
④ 레이다는 표적의 거리, 방향, 속도 등을 측정할 수 있지만, 암흑 · 안개 · 우천 시와 같은 악천후 날씨와 장거리 영역에서 동작하지 못한다는 단점이 있다.

기출문제 답

L9.1 ③ L9.2 ① L9.3 ③ L9.4 ④ L9.5 ① L9.6 ② L9.7 ① L9.8 ②
L9.9 ④ L9.10 ② L9.11 ④ L9.12 ③ L9.13 ② L9.14 ④ L9.15 ④ L9.16 ③
L9.17 ① L9.18 ③ L9.19 ④

m.e.m.o

Chapter 10

변조와 복조

Modulation and Demodulation

학습목표

- 변조의 개념을 이해하고, 변조의 종류로서 아날로그 변조와 디지털 변조의 특징을 비교한다.
- 기저대역 신호수집 및 처리를 위한 표본화 개념과 이론을 학습한다.
- 다중접속의 개념과 종류를 이해하고, 각 다중접속기술의 특징을 파악한다.

10.1 변조의 개요

변조 modulation 는 [그림 10-1]과 같이 **기저대역** baseband 신호 $x(t)$에 포함된 아날로그 또는 디지털 정보를 고주파 신호인 **통과대역** bandpass **신호** $x_c(t)$로 변환하는 기술이다. 이때 기저대역 신호를 변조되지 않은 피변조 신호 modulating signal 또는 메시지 신호 message signal 라 하고, 고주파 신호를 주파수 f_c를 갖는 **반송파** carrier 라고 하며, 출력신호는 변조된 신호 modulated signal 라고 한다.

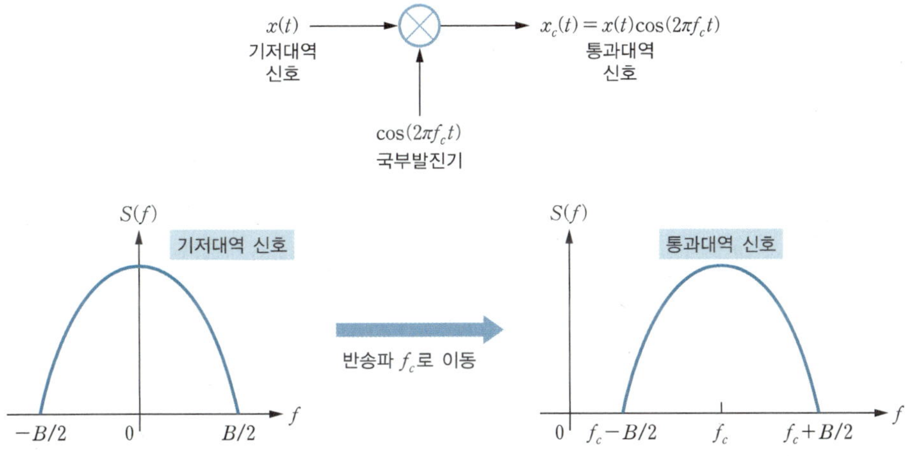

[그림 10-1] 변조의 개념

변조를 통해 많은 기저대역 채널을 다른 반송파 주파수로 간섭 없이 동시에 전송할 수 있는 통신시스템을 구현할 수 있으며, 그로 인해 몇 가지 장점을 얻는다. 예를 들어, 많은 사람이 모인 곳에서도 간섭이나 혼선 없이 휴대폰을 동시에 사용할 수 있으며, 시스템이 고주파에서 동작하므로 안테나를 소형화할 수 있다. 변조기술의 종류로는 AM Amplitude Modulation, FM Frequency Modulation, PM Phase Modulation, ASK Amplitude Shift Keying, FSK Frequency Shift Keying, PSK Phase Shift Keying, BPSK Binary Phase Shift Keying, QPSK Quadrature Phase Shift Keying, MSK Minimum Shift Keying, QAM Quadrature Amplitude Modulation 등이 있다.

이 중 AM과 FM은 아날로그 변조기술이며, 나머지는 디지털 변조기술이다. 디지털 변조방식 중 FSK, PSK 변조는 진폭이 일정하고, ASK, QAM 등은 진폭이 일정하지 않으며, QAM은 아날로그 변조로도 분류하기도 한다. 신호는 변조 후 증폭기를 거쳐 안테나를 통해 자유공간으로 방사된다. 그러면 신호는 임의의 거리만큼 떨어져 있는 수신기 안테나에 수신된 후 증폭된다. 이후 주파수 하향변환 과정을 거쳐 복조화하면 원래의 기저대역 신호로 복원된다.

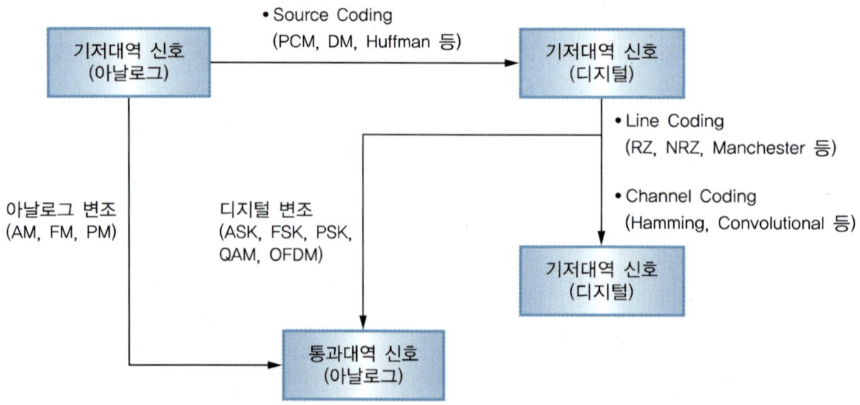

[그림 10-2] **아날로그 변조와 디지털 변조**

통신시스템은 다루는 신호의 형태에 따라 아날로그 통신시스템과 디지털 통신시스템으로 구분할 수 있다.

❶ **아날로그 통신시스템** : 송수신기가 비교적 간단하고 요구 대역폭이 작으며, 주파수 분할접속을 사용할 수 있다는 장점이 있다. 반대로 잡음이 신호품질에 영향을 주며, 잡음과 신호를 쉽게 분리하기 어렵다. 또한 코딩을 할 수 없고, 통신 보안성이 낮다는 단점이 있다.

❷ **디지털 통신시스템** : 송신신호의 디지털 특성으로 인해 잡음에 대한 내성이 우수하고, 채널코딩을 적용하여 에러를 감지하거나 정정할 수 있다는 장점이 있다. 반대로 비트율의 증가로 인해 채널 대역폭도 증가한다는 단점이 있다.

10.2 아날로그 변조

아날로그 변조는 라디오의 발명 이래 수십 년 동안 사용된 고전적인 변조기술로, 진폭과 주파수변조가 대표적이다. 아날로그 변조는 세 가지 변수인 진폭 A_c, 주파수 ω_c, 위상 θ 중 하나를 변화시키기 위해 기저대역 신호를 사용한다. 이때 반송파 신호는 다음과 같이 주어진다.

$$v_c(t) = A_c \sin(\omega_c t + \theta) \tag{10.1}$$

진폭변조는 AM, 주파수변조는 FM, 위상변조는 PM이며, 주파수변조에 위상변조가 포함되므로 위상변조와 FM은 유사하다고 볼 수 있다. 따라서 이 둘을 가리켜 모두 **각변조** angular modulation 라고도 한다. 하지만 PM 변조는 구현하기가 복잡하여 대개 FM 변조를 많이 활용한다.

10.2.1 진폭변조

진폭변조 AM의 경우, 변조된 반송파 신호가 메시지 파형과 같은 형태를 띤다. $300 \sim 3400\,[\mathrm{Hz}]$의 주파수를 갖는 음성 신호와 같은 메시지 신호를 식 (10.2)와 같이 가정한다.

$$v(t) = A_m \sin(\omega_m t) \tag{10.2}$$

이때 변조신호는 다음과 같다.

$$v_c'(t) = (A_c + v(t)) \sin \omega_c t \tag{10.3}$$

여기서 m은 **변조지수** modulation index 로, 식 (10.4)와 같이 메시지 신호의 크기와 반송파 신호의 크기비로 정의된다.

$$m = \frac{A_m}{A_c} \tag{10.4}$$

정보를 왜곡 없이 전송하기 위해 변조지수 m은 1보다 같거나 작아야 한다. m이 1보다 커지면 변조신호의 포락선에 메시지 신호 정보가 완전히 실리지 않아 정보손실이 일어나 왜곡이 발생한다. m의 범위에 따라 [그림 10-3]과 같이 정상변조 undermodulation, 100% 변조, 과변조 overmodulation 로 나눌 수 있다.

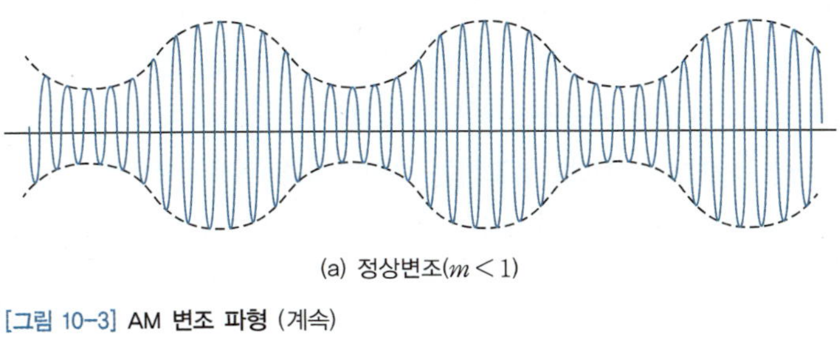

(a) 정상변조($m < 1$)

[그림 10-3] AM 변조 파형 (계속)

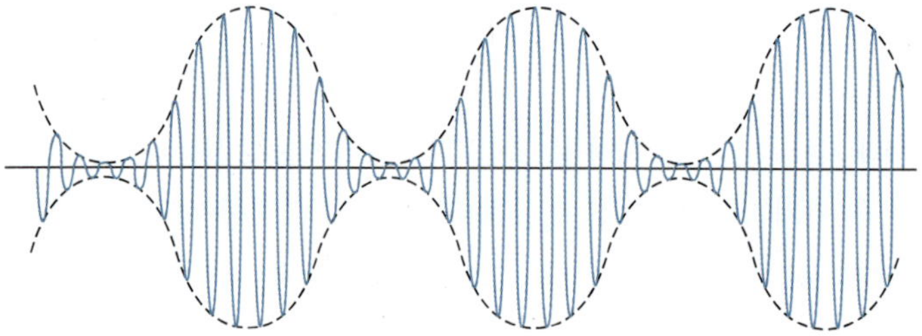

(b) 100% 변조($m=1$)

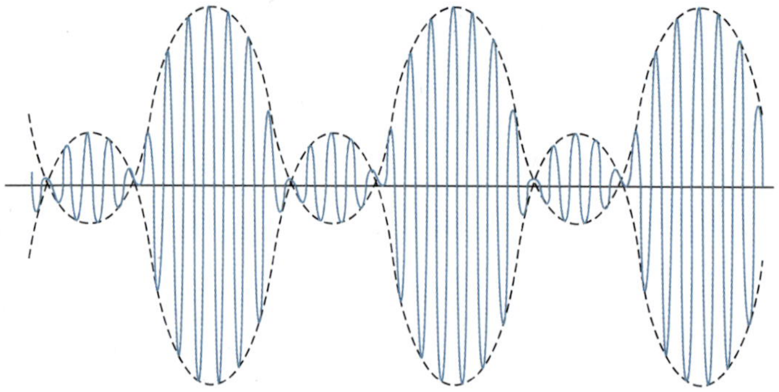

(c) 과변조($m>1$)

[그림 10-3] AM 변조 파형

식 (10.3)은 삼각함수 공식을 이용하여 다음과 같이 쓸 수 있다.

$$v'_c(t) = A_c \sin\omega_c t + \frac{1}{2}(mA_c)\cos(\omega_c - \omega_m)t + \frac{1}{2}(mA_c)\cos(\omega_c + \omega_m)t \tag{10.5}$$

변조된 신호는 5장에서 기술한 믹서의 출력처럼 반송파 신호(ω_c), 상측대역 신호($\omega_c + \omega_m$), 하측대역 신호($\omega_c - \omega_m$)를 포함한다.

■ 변조방식에 따른 AM 분류

진폭변조는 변조방식에 따라 DSB-SC Double Side Band-Supressed Carrier, DSB-LC Double Side Band-Large Carrier, SSB Single Side Band, 단측파대, VSB Vestigial Side Band, 잔류측파대로 구분된다. [그림 10-4]에 각 변조방식에 대한 스펙트럼을 비교하여 나타내었다.

❶ **DSB-SC 변조** : 이 방식의 장점은 변조된 신호의 주파수 스펙트럼에 반송파에 의한 임펄스 신호가 나타나지 않도록, 즉 반송파 전력을 일정한 레벨 이하로 줄여 전력소모를 줄여준다. 단점으로는 지연시간문제를 극복하고 수신기에서 반송파를 복원해야 한다. 위상고정루프 PLL : Phased Locked Loop 등을 이용하여 반송파를 복원하고 신호를 복조하는 수신방식을 동기식 coherent 수신기라고 하며, 반송파 복원 없이 신호를 복원하는 수신방식을 비동기식 noncoherent 수신기라고 한다.

❷ **DSB-LC 변조** : 현재 AM 라디오에서 사용하고 있는 방식으로, 식 (10.4)로 주어지며 DSB-TC Double Side Band-Transmitted Carrier 라고도 한다. DSB-SC나 DSB-LC 변조 모두 상측대역과 하측대역 신호를 가지기 때문에 메시지 신호가 가진 대역폭의 2배가 된다. 반송파를 중심으로 상측대역과 하측대역 신호의 주파수특성은 완벽한 대칭을 이루기 때문에 한쪽 측대역에서 보낸 신호만으로도 원래 신호를 복원할 수 있다.

(a) DSB-LC (b) SSB (c) DSB-SC (b) VSB

[그림 10-4] 여러 AM 변조방식의 스펙트럼

❸ **SSB 변조** : 양측대역의 AM 변조신호 중 대역 통과 여파기 BPF 또는 힐버트 변환을 이용해서 한쪽 대역만 전송하는 방식으로, 아마추어 무선통신 등에 사용된다. DSB-SC 신호의 한쪽 측파대역만 통과시키기 위해 차단주파수 특성이 매우 우수한 필터를 사용해야 하는데, 이는 현실적으로 불가능하다.

❹ **VSB 변조** : SSB와 DSB-LC 방식을 절충한 것으로, 한쪽 측대역과 다른 쪽 측대역의 일부를 전송한다. ATSC HDTV 변조방식으로 사용된다. DSB-LC 방식의 경우, 영상신호를 그대로 전송하려면 약 8[MHz] 이상의 대역이 필요했다. 하지만 VSB를 사용하면 5.5[MHz]만 필요하므로 음성신호를 포함하여 6[MHz] 대역 안에서 전송할 수 있다.

[표 10-1] 진폭변조 방식의 비교

방식	변조신호	변조 스펙트럼	변조대역폭 (신호대역폭 W)
DSB-LC	$A_c[1+k_a v(t)]\cos 2\pi f_c t$ k_a : 진폭감도	$\frac{A_c k_a}{2}[V(f-f_c)+M(f+f_c)]$ $+\frac{A_c}{2}[\delta(f-f_c)+\delta(f+f_c)]$	$2W$
DSB-SC	$A_c v(t)\cos 2\pi f_c t$	$\frac{A_c}{2}[V(f-f_c)+V(f+f_c)]$	$2W$
SSB	$A_c v(t)\cos(2\pi f_c t)\mp A_c\hat{v}(t)\sin(2\pi f_c t)$ (− : 하측대파, + : 상측대파) $\hat{\cdot}$ 는 힐버트 변환을 의미	$\frac{A_c}{2}[V(f-f_c)+V(f+f_c)]$(하측대파) $\frac{A_c}{2j}[\hat{V}(f-f_c)-\hat{V}(f+f_c)]$(상측대파)	W
VSB	$A_c v(t)\cos(2\pi f_c t)$ $+A_c(1-2k)\hat{v}(t)\sin(2\pi f_c t)$ $k=0.5$: DSB-SC $k=0$: 하측대파 $k=1$: 상측대파	$\frac{A_c}{2}[V(f-f_c)+V(f+f_c)]H(f)$ $H(f)$: 잔류성형필터(vestigial shaping filter)	$W+f_v$

진폭변조를 위해서는 비선형 소자를 사용할 수 있으며, [그림 10-5]에 진폭변조 회로의 예를 나타냈다. 앞서 5장에서 설명한 포락선 검파기를 메시지 복원을 위해 복조기로 사용할 수 있다.

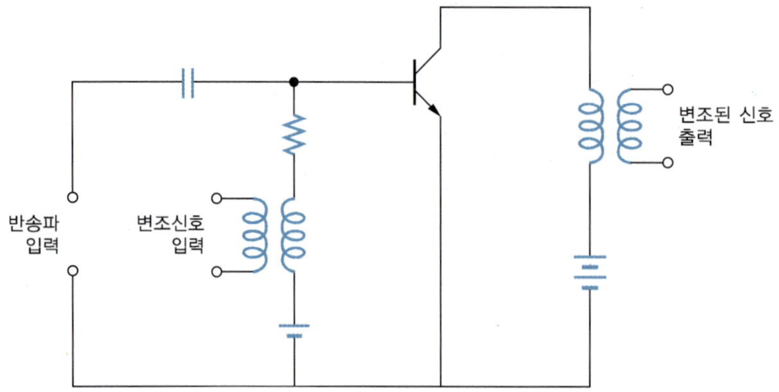

(a) 변조 증폭기

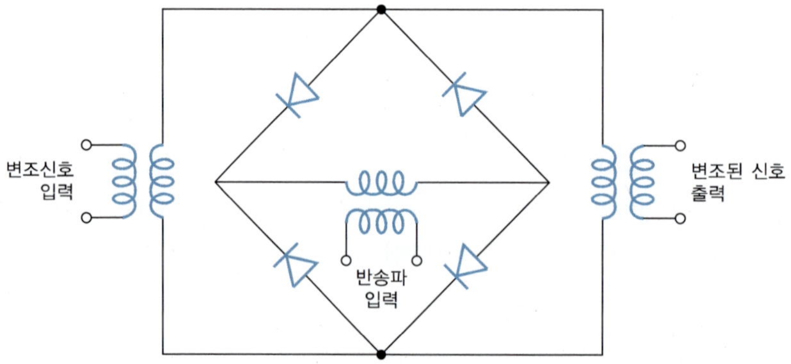

(b) 평형(balanced) 변조기

[그림 10-5] AM 변조 회로

예제 10-1 AM 신호의 변조

2[V] RMS 전압과 1.5[MHz] 주파수를 갖는 반송파로 1[V] RMS의 크기와 500[Hz] 주파수를 갖는 정현파를 AM 변조했을 때, 변조된 신호와 변조지수를 구하라.

풀이

식 (10.2)와 식 (10.3)에 의해 반송파는 다음과 같이 주어진다.

$$\begin{aligned} v_c'(t) &= (A_c + v(t))\sin\omega_c t \\ &= (A_c + A_m \sin\omega_m t)\sin\omega_c t \end{aligned}$$

문제에 주어진 값들을 대입하면 다음과 같다.

$$A_c = \sqrt{2} \times 2 = 2.83\,[\mathrm{V}]$$
$$\omega_c = 2\pi f_c = 2\pi \times 1.5 \times 10^6\,[\mathrm{rad/s}] = 9.42 \times 10^6\,[\mathrm{rad/s}]$$
$$A_m = \sqrt{2} \times 1 = 1.41\,[\mathrm{V}]$$
$$\omega_m = 2\pi f_m = 2\pi \times 500t\,[\mathrm{rad/s}] = 3.14 \times 10^3\,[\mathrm{rad/s}]$$

따라서 변조된 신호는 다음과 같이 나타낸다.

$$v'_c(t) = [2.83 + 1.41\sin(3.14 \times 10^3 t)]\sin(9.42 \times 10^6 t)\,[\mathrm{V}]$$

식 (10.4)를 사용하여 변조지수를 구하면 다음과 같다.

$$m = \frac{2.83}{1.41} = 0.5$$

예제 10-2 AM 신호의 변조지수 계산

10[V] 크기를 갖는 반송파로, 주파수가 서로 다르며 각각의 크기가 1[V], 2[V], 3[V]인 메시지 신호를 변조할 때 변조지수를 구하라.

풀이

각각의 메시지 신호에 대한 변조지수가 m_1, m_2, m_3, $\cdots$ 일 때, 전체 변조지수는 다음과 같이 주어진다.

$$m_T = \sqrt{m_1^2 + m_2^2 + m_3^2 + \cdots}$$

문제로부터 $m_1 = \frac{1}{10} = 0.1$, $m_2 = \frac{2}{10} = 0.2$, $m_3 = \frac{3}{10} = 0.3$를 얻었다. 전체 변조지수를 구하면 다음과 같다.

$$m_T = \sqrt{m_1^2 + m_2^2 + m_3^2} = \sqrt{0.01 + 0.04 + 0.09} = \sqrt{0.14} = 0.374$$

앞서 정의한 변조지수는 단일 주파수를 갖는 정현파 신호일 때를 가정했지만, 실제 AM 시스템에서 변조되는 음성과 같은 메시지 신호는 여러 주파수를 갖는다. 이 경우 변조지수는 각각의 주파수를 갖는 신호의 변조지수를 이용하여 전체 변조지수를 계산한다.

예제 10-3 AM 변조파형으로부터 변조지수 계산하기

다음 그림은 오실로스코프를 이용하여 측정한 AM 변조 파형이다. 이 파형으로부터 변조지수를 구하라.

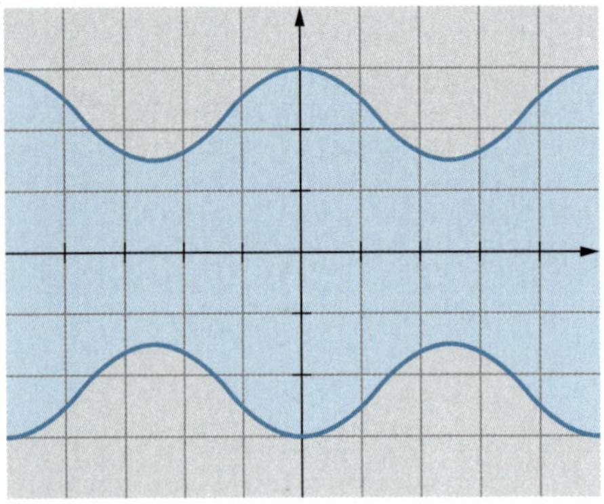

x축 한 칸 : 25[mV]
y축 한 칸 : 200[μs]

풀이

AM 신호의 변조파형은 $v'_c(t) = A_c(1+m\sin\omega_m t)\sin\omega_c t$ 로 주어지며, 변조파형의 식으로부터 다음을 알 수 있다.

$$|v'_c(t)|_{\text{max}} = A_c(1+m),\ \ |v'_c(t)|_{\text{min}} = A_c(1-m)$$

변조지수 m은 다음과 같이 나타낼 수 있다.

$$m = \frac{|v'_c(t)|_{\text{max}} - |v'_c(t)|_{\text{min}}}{|v'_c(t)|_{\text{max}} + |v'_c(t)|_{\text{min}}}$$

그림의 파형으로부터 $2|v'_c(t)|_{\text{max}} = 150\,[\text{mV}]$, $2|v'_c(t)|_{\text{min}} = 75\,[\text{mV}]$이므로 변조지수는 다음과 같다.

$$m = \frac{150-75}{150+75} = \frac{75}{225} = \frac{1}{3}$$

10.2.2 주파수변조

주파수변조FM된 신호는 다음과 같이 주어진다.

$$v'_c(t) = A_c\sin\left[2\pi(f_c + \Delta f\sin 2\pi f_m t)t\right] \tag{10.6}$$

$\sin 2\pi f_m t = \pm 1$일 때 최대 주파수 변이가 발생한다. 여기서 Δf는 **주파수 편차** frequency deviation로 변조된 신호에서 생기는 주파수의 최대 변화이다. 이때 진폭은 동일하게 유지된다. 주파수변조의 변조지수 m_f는 다음과 같이 정의된다.

$$m_f = \frac{\Delta f}{f_m} \tag{10.7}$$

가장 낮은 주파수에서 가장 높은 주파수까지의 전체 주파수 변화를 반송파 변위carrier swing 라고 하며, 이는 $2\Delta f$와 같다. FM 신호를 주파수 영역에서 관찰하면 [그림 10-6]과 같이 반송파 주변에 측대역 신호가 무한히 발생하는데, 반송파 주파수에서 멀어질수록 진폭이 매우 작아져서 무시할 수 있다. 따라서 FM 신호의 통과대역 신호 대역폭은 대부분의 전력이 반송파 주변에 집중된다고 가정하여 식 (10.8)과 같이 주어지며, 이를 **카슨의 법칙** Carson's rule 이라고 한다.

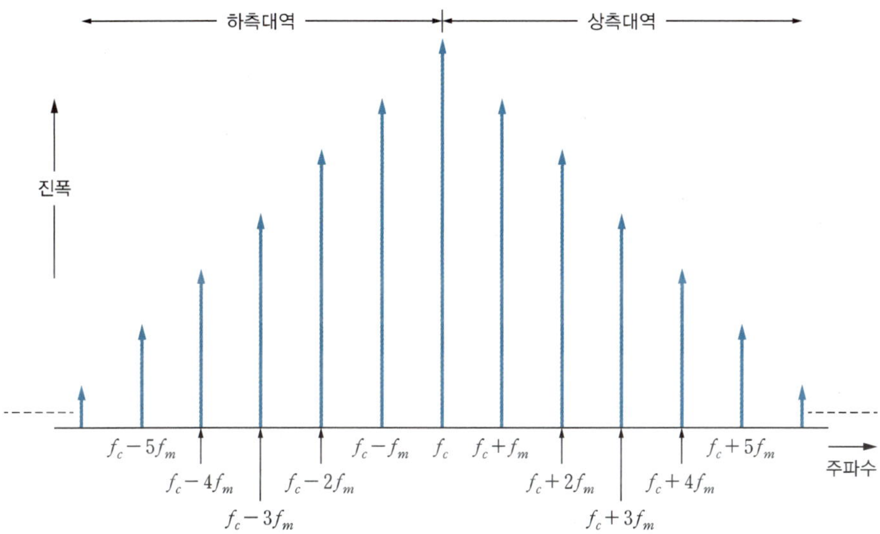

[그림 10-6] FM 신호의 스펙트럼

$$BW_{FM} = 2(\Delta f + f_m) \tag{10.8}$$

FM 송신기에서는 VCO를 이용하여 주파수변조를 구현할 수 있으며, 메시지 또는 피변조 신호가 VCO 출력주파수를 제어한다. 수신기에서는 정보를 복원하기 위해 복조기를 사용한다. 예를 들어 입력주파수에 따라 출력주파수가 달라지는 주파수 분별기discriminator 또는 주파수 검파기detector 를 사용하는 것이다. [그림 10-7]은 평형주파수 분별기를 나타낸 것으로 Foster-Seeley 분별기라고도 한다. 평형주파수 분별기 회로는 주파수-전압변환기와 포락선 검파기로 구성되어 있으며, 주파수-전압변환기는 두 개의 공진회로를 갖는다. 이 두 개의 공진회로 주파수 중 하나는 f_c 위로 설정되고, 다른 하나는 f_c 아래로 설정된다. 이때 주파수 차이로 인해 S 파형 형태의 곡선을 갖는 주파수-전압특성이 만들어지며, f_c 근방에서는 선형적인 특성을 갖기 때문에 직류는 자동적으로 제거되어 DC 차단회로가 필요 없어진다.

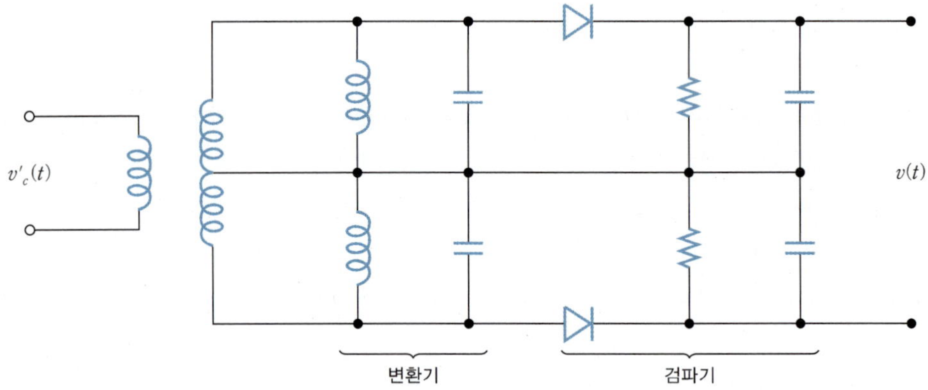

[그림 10-7] FM 복조회로

예제 10-4 FM 신호의 변조지수 구하기

FM 송신기가 12[kHz]의 주파수 편차를 갖는다고 할 때, 2500[Hz]의 음성신호에 대한 FM 변조지수를 구하라.

풀이

$\Delta f = 12[\text{kHz}]$, $f_m = 2500[\text{Hz}]$이므로 식 (10.6)을 사용하여 변조지수를 구하면 다음과 같다.

$$m_f = \frac{12000}{2500} = 4.8$$

예제 10-5 FM 신호의 대역폭 구하기

FM 신호가 3[kHz]의 주파수 편차를 갖는다. 메시지 신호의 주파수는 1[kHz]이며, 반송파 주파수는 160[MHz]일 때 주파수 대역폭을 구하라.

풀이

$\Delta f = 3[\text{kHz}]$, $f_m = 1000[\text{Hz}]$이므로, 식 (10.7)의 카슨의 법칙을 사용하여 대역폭을 구하면 다음과 같다.

$$BW_{FM} = 2(\Delta f + f_m) = 2(3[\text{kHz}] + 1[\text{kHz}]) = 8[\text{kHz}]$$

10.3 디지털 변조

현대 무선시스템에서는 대부분 디지털 변조기술을 사용한다. 디지털 변조는 아날로그 변조에 비해 채널용량이 크고, 잡음과 왜곡이 있는 환경에서도 정확도가 훨씬 우수하고, 구현하기가 쉽다는 등의 많은 장점이 있다. 디지털 통신시스템에서 비트(bit)는 초당 [kbit/s] ~ [Gbit/s]의 비율로 전송된다. 한 번에 N개의 비트를 묶어 하나의 값으로 표현한 것을 **심볼** symbol 이라고 하며, 1초당 전송되는 심볼수를 **심볼률** symbol rate [symbol/s] 또는 보드율 baud rate [bd]이라고도 한다. 예를 들어, 심볼당 비트 수가 3이고, 28개의 심볼이 16[ms]에 전송된다면, 보드율은 $28/(16\times10^{-3})=1750$[bd]가 되며, **비트율** bit rate 은 심볼당 비트 수와 보드율의 곱으로 주어져 5250[bit/s]가 된다.

$$\text{심볼률} = \frac{\text{비트율}}{\text{심볼당 전송되는 비트 수}} \tag{10.9}$$

수신기는 송신기에서 보낸 원래의 심볼을 예측할 수 있다. 수신기가 명확하게 심볼을 서로 구분할 수 있다면 수신된 신호의 모양이나 진폭이 왜곡되었다고 해도 큰 문제가 되지 않는다.

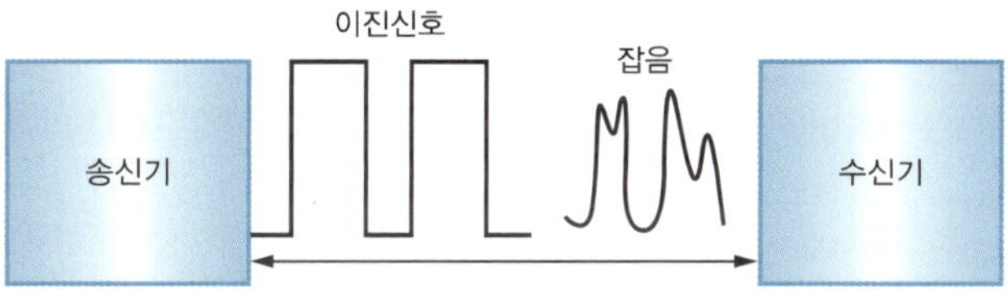

[그림 10-8] 디지털 신호와 잡음

각각의 비트는 0 또는 1이므로 신호에 잡음이나 왜곡이 추가되면 0 또는 1을 결정하기가 더욱 어려워진다. 만약 일정한 한계값 이하에서 왜곡이 발생한다면 수신기가 정확하게 신호를 예측할 수 있으나, 왜곡이 너무 크다면 신호를 잘못 예측하게 된다. 이를 나타내는 성능지수로 비트 에러율 BER : Bit Error Rate 을 사용하는데, 대부분의 무선시스템에서는 10^{-3}(1000개 중 1개) 범위까지 허용한다. 이보다 큰 값은 성능이 저하되므로 잘 사용하지 않는다.

[표 10-2] 정보와 비트 에러율

정보의 종류	요구되는 비트 에러율
음성전화	10^{-3}
웹 정보검색 등	$10^{-4} \sim 10^{-6}$
공학 데이터	$10^{-9} \sim 10^{-12}$
영상 등 비디오	
사업 관련 정보	
은행 데이터 정보	

10.3.1 단일 반송파 변조방식

디지털 변조방식은 반송파의 수에 따라 진폭 편이 변조, 주파수 편이 변조, 최소 편이 변조, BPSK, QPSK와 같은 단일 반송파 변조방식과 OFDM과 같은 다중 반송파 변조방식으로 구분할 수 있다.

■ 진폭 편이 변조

진폭 편이 변조 ASK : Amplitude Shift Keying 는 반송파의 진폭을 변화시켜 심볼신호를 만드는 변조방식이다. 대표적으로 송신된 신호의 진폭 1과 0에 대해 'on'과 'off'를 사용하는 OOSK on-off shift keying가 있으며 광통신인 SONET Synchronous Optical Network 에서 사용된다. OOSK는 0인 비트에 대해 off를 사용하기 때문에 0이 지속된다면 무선시스템의 타이밍 기준을 잃어버릴 수도 있다.

OOSK의 변조기는 발진기의 바이어스 변조에 의해 쉽게 구현할 수 있는데, 즉 발진기는 DC 바이어스에 따라서 on/off 스위치가 된다. 또 다른 방법으로 SPST single-pole single-throw p–i–n 또는 FET 스위치를 변조기로 사용한다.

■ 주파수 편이 변조

주파수 편이 변조 FSK : Frequency Shifting Keying 는 피변조 신호가 1일 때 송신기는 f_1을 갖는 반송파를 송신하고, 피변조 신호가 0일 때 송신기는 f_0를 갖는 반송파를 송신한다. 메시지로 변조된 송신신호를 만들 때는 전압제어발진기 VCO 를 사용한다. 수신기에서는 주파수 분별기를 사용하여 두 주파수를 구분하고 원래의 비트정보로 복원한다. [그림 10–9]에 ASK와 FSK의 디지털 신호에 따른 신호 형태를 나타냈다.

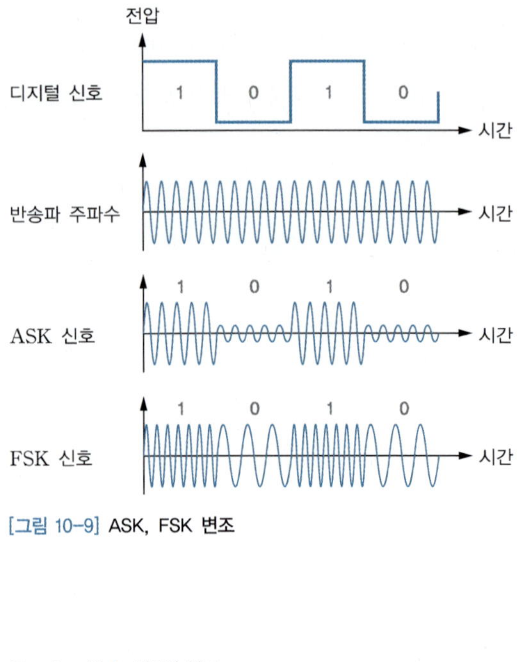

[그림 10–9] ASK, FSK 변조

■ 최소 편이 변조

최소 편이 변조MSK : Minimum Shift Keying는 1비트 구간에서 정확하게 180° 위상편이 차이가 나도록 선택된 두 주파수를 갖는 2진 FSK이다. FSK 변조방식 중 이진정보를 표현하기 위해 사용하는 두 주파수의 간격이 가장 좁기 때문에 최소 편이minimum shift라는 용어를 사용한다. 따라서 MSK는 비트 천이 과정에서 우수한 위상의 연속성을 유지하고 비트 구간의 끝에서 최소위상 차이를 갖는다. MSK는 심볼의 변화에 상관없이 변조된 파형의 위상이 급격하게 변하지 않기 때문에 FSK에 비해 대역 외 방사가 적고, 전송 스펙트럼이 더 좁다는 장점이 있다. 근접채널 간섭을 일으키는 대역 외 방사는 필터를 사용하여 감소시킬 수 있다. 이때 가우시안 필터Gaussian filter를 사용한다면 이러한 변조기술을 가우시안 MSKGMSK라고 한다.

■ BPSK 변조

PSK 시스템에서 반송파 위상은 여러 개의 불연속적이고 등간격인 값에 따라 전환된다. BPSK 시스템에서 선택된 위상각도는 0°와 180°이다. BPSK 변조기로 스위치를 사용할 수 있다. 데이터가 양수이거나 1이면 신호경로는 길이가 l_1인 경로 1을 지나간다. 데이터가 음수이거나 0이면 신호경로는 길이가 l_2인 경로 2를 지나간다. 만약 두 경로의 전기적 위상차가 식 (10.10)과 같이 180°라면 이중위상biphase 스위치 및 변조기가 된다.

$$\Delta\phi = \beta(l_1 - l_2) = \frac{2\pi}{\lambda_g}(l_1 - l_2) = 180° \tag{10.10}$$

[그림 10-10]에 MSK와 BPSK의 디지털 신호에 따른 신호형태를 각각 나타냈다.

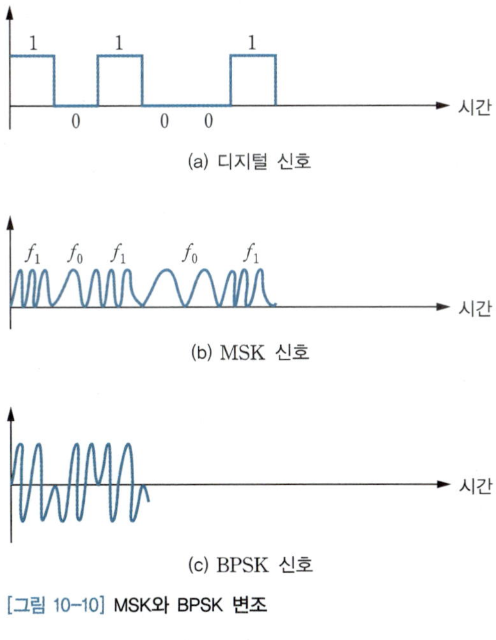

[그림 10-10] MSK와 BPSK 변조

■ QPSK 변조

QPSK 변조기는 가장 많이 사용되는 디지털 변조방식 중 하나로, [그림 10-11]에 나타낸 것처럼 두 개의 BPSK 변조기를 연결하여 구성한다. 전송선로로 만들어진 90° 위상천이기가 두 BPSK 스위치의 출력 사이에서 90° 위상차를 구현하기 위해 사용된다. QPSK는 두 데이터 스트림이 동시에 전송되기 때문에 더 높은 고속 데이터율로 송신할 수 있다. 그러므로 QPSK에 대한 이론적인 대역폭 효율 bandwidth efficiency 은 BPSK의 1[bps/Hz]에 비해 2[bps/Hz]로 두 배가 된다. QPSK는 0°, 90°, 180°, 270°의 4개의 위상을 전송하고, 두 데이터 스트림을 전송할 수 있다. 동위상 in-phase 데이터 스트림(I)은 데이터가 1 또는 0에 따라서 0° 또는 180° 신호를 전송하고, 직교위상 데이터(Q)는 90°와 270° 신호를 전송한다.

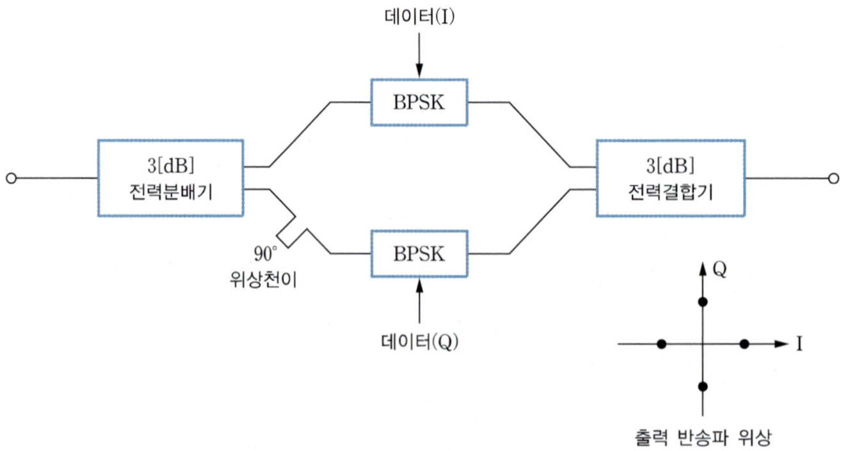

[그림 10-11] QPSK 변조기

[그림 10-12(a)]에 나타낸 I/Q(동위상/직교위상) 변조기는 QPSK 변조를 사용하는 통신시스템에서 광범위하게 사용되며, [그림 10-12(b)]와 같이 두 개의 이중 평형 믹서로 구성된다. 반송파는 3[dB] 90° 하이브리드 결합기를 통해 위상편이되어 LO 단자를 통해 믹서에 입력된다. 반송파 신호는 한 믹서에서는 0°, 다른 믹서에서는 90°의 상대위상을 갖는다. 두 믹서에서 출력된 신호는 이중 3[dB] 동위상 전력분배기 및 결합기를 통해 결합되어 변조된 신호를 출력한다.

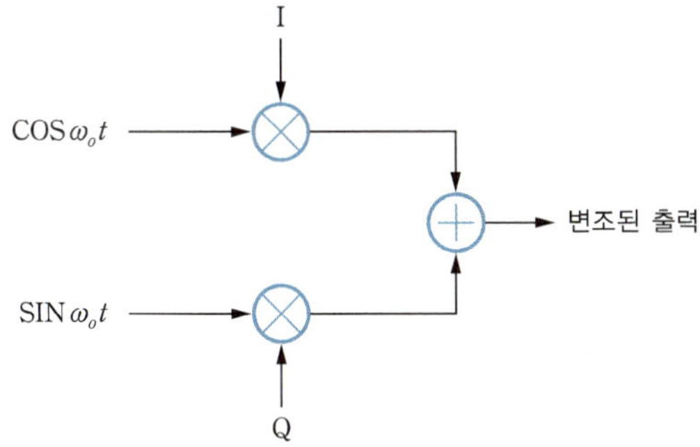

(a) I/Q 변조

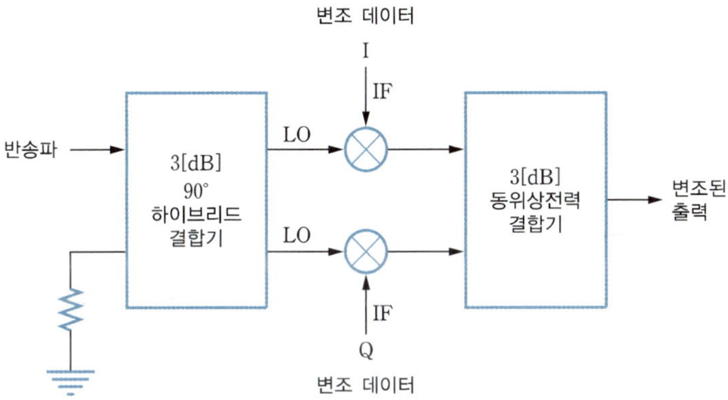

(b) I/Q 변조기 구성도

[그림 10-12] I/Q 변조기

■ QAM 변조

QPSK와 마찬가지로 8-PSK는 여덟 개의 위상상태와 3[bps/Hz]의 이론적 대역폭 효율을 가지며, 16-PSK는 16개의 위상을 송신한다. 하지만 16-PSK 이상의 경우 위상간격이 너무 작아 정확하게 구현하기가 어려워 널리 사용되지 않는다. 예를 들어, 64-PSK의 경우 64개의 서로 다른 위상상태를 갖는데, 각 위상간격은 5.625°로 구별하기가 매우 어렵다. 따라서 PSK와 AM 특성을 동시에 갖는, 즉 반송파의 진폭과 위상을 변화시키는 변조방식인 [그림 10-13]과 같이 구현되는 QAM을 사용한다. 예를 들어, QPSK의 경우 2비트 정보를 네 개의 심볼 $(d/2)(\pm 1 \pm j)$[V]로 각각 매핑하는 것으로 볼 수 있는데, 이를 4-QAM이라고 할 수 있다. [그림 10-14]와 같이 진폭과 위상을 기하학적으로 나타낸 평면을 성상도[constellation]라고 하는데, BPSK, QPSK, 16-QAM을 비교하여 나타내었다. QAM은 16-QAM, 64-QAM 등 다수의 비트로 쉽게 확장할 수 있다는 장점이 있기 때문에 고속데이터 전송에 장점을 갖는다.

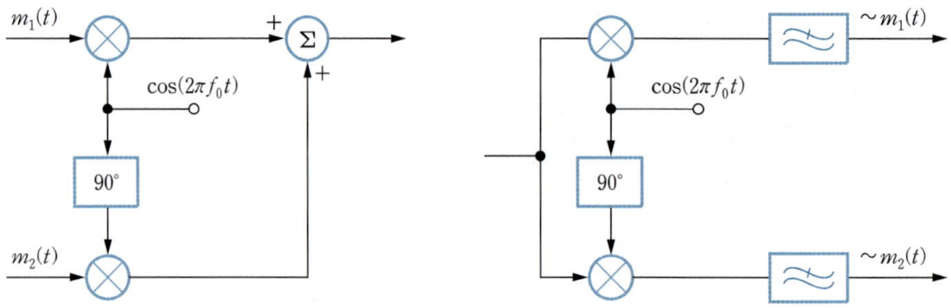

(a) 송신기 (b) 수신기

[그림 10-13] QAM 송신기와 수신기

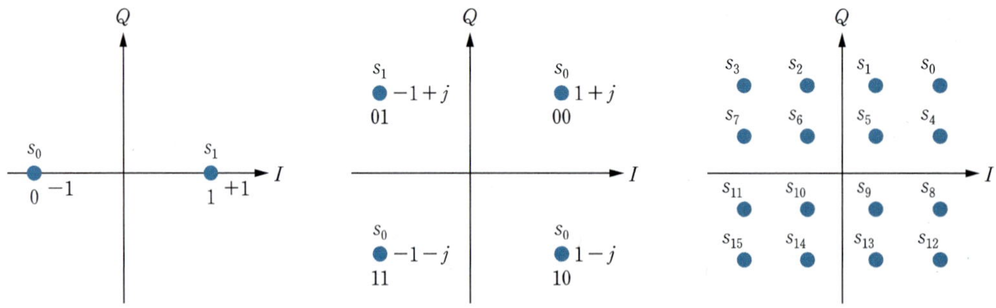

(a) BPSK (a) QPSK (a) 16−QAM

[그림 10-14] BPSK, QPSK, 16-QAM의 성상도

또한 QPSK의 변화된 변조방법으로 변조기 출력신호에서 90° 위상천이를 갖는 오프셋 QPSK OQPSK 또는 교차형 staggered QPSK SQPSK 변조방법을 사용한다. 완전히 포화된 C급 증폭기가 사용되는 비선형 증폭환경에서 일반적인 QPSK 시스템은 순간적으로 발생하는 180° 위상 이동 때문에 무시할 수 없는 스펙트럼 재생 spectral regrowth 이 발생하고, 스펙트럼 효율성이 저하된다. OQPSK의 경우 위상변화 범위가 $\pm 90°$이기 때문에 높은 전력효율과 주파수 효율을 갖는다. 일반적인 QPSK가 갖는 $0°$, $90°$, $180°$의 위상변화 대신 OQPSK는 $0°$와 $90°$의 위상천이를 가지며, $1/4\pi$-DQPSK의 경우 $0°$, $45°$, $135°$의 위상천이를 갖는다. [그림 10-15]에 QPSK, OQPSK, $1/4\pi$-DQPSK의 성상도를 나타냈다.

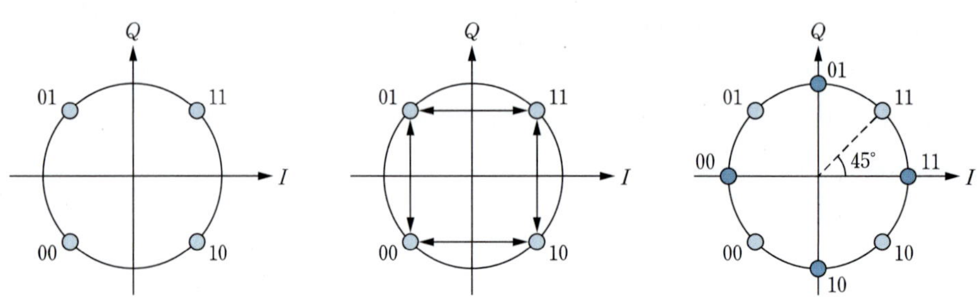

(a) (b) (c)

[그림 10-15] QPSK, OQPSK, $\frac{1}{4}\pi$-DQPSK의 성상도

10.3.2 다중 반송파 변조

앞서의 변조방식은 모두 하나의 반송파를 이용한, 즉 단일 반송파 single carrier 변조방식이다. 최근 다중 반송파 multi carrier 를 이용한 변조방식으로 **직교주파수 분할 다중방식** OFDM : Orthogonal Frequency Division Multiplexing 이 이동통신 등에 광범위하게 사용되고 있다. OFDM 기술은 한 개 채널의 고속 데이터 열을 다중 채널로 동시에 전송한다는 측면에서는 다중화 기술이며, 다중의 반송파로 분할하여 전송한다는 측면에서는 일종의 변조기술로 분류할 수 있다.

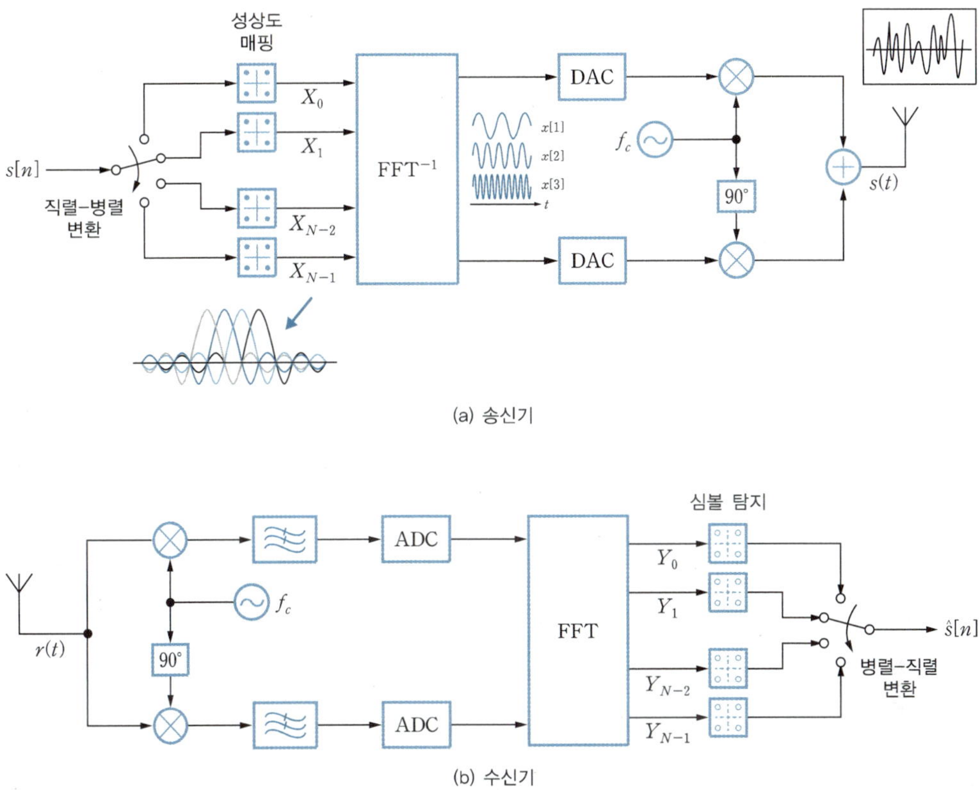

[그림 10-16] OFDM 송신기와 수신기

[그림 10-16]에 OFDM의 송신기와 수신기 블록 다이어그램을 각각 나타냈다. OFDM 송신의 경우 직렬로 입력되는 데이터를 X_0, X_1, $\cdots$, X_{N-2}, X_{N-1}로 병렬 분할한 후 각 부반송파를 곱하여 역FFT Fast Fourier Transform 을 거친다. 그 후에 디지털-아날로그 변환기 DAC 를 통해 출력된 후 반송파에 의해 다시 곱해져 송신된다. OFDM 수신의 경우에는 수신된 신호가 아날로그-디지털 변환기를 통과한 후 송신과는 반대로 FFT가 수행되어 Y_0, Y_1, $\cdots$, Y_{N-2}, Y_{N-1}로 데이터를 얻으며, 이 데이터는 송신과 같은 부반송파가 곱해진 후 얻는 병렬데이터가 직렬로 변환된다. OFDM의 장단점을 정리하면 다음과 같다.

❶ OFDM의 장점

- 복잡한 등화기 equalizer 없이 열악한 채널 환경에서 쉽게 동작한다.
- 협대역 동일채널 간섭에 강하다.
- 다중경로 현상에서 기인하는 심볼 간 간섭 ISI 이나 페이딩 현상에 강하다.
- 주파수 효율성이 높다.
- FFT를 사용하여 효율적으로 구현할 수 있다.
- 시간 동기 오차에 대해 덜 민감하다.
- 단일 주파수 네트워크 SFN : Single Frequency Network 를 구성할 수 있다.

❷ OFDM의 단점

- 도플러 천이 등에 따른 주파수 오프셋과 위상잡음에 민감하다.
- 주파수 동기화 문제에 민감하다.
- 높은 첨두전력 대비 평균전력비 PAPR : Peak-to-Average Power 를 가지며, 낮은 전력효율을 갖는 선형 송신기 특성이 요구된다.
- 주기적 전치부호 cyclic prefix 및 보호간격 guard interval 때문에 효율이 저하된다.

10.4 표본화

아날로그 신호는 시간에 따라 변하기 때문에 신호를 디지털로 전송하기 위해서는 우선 신호들을 표본화해야 한다. 이는 신호를 시간에 따라 나누고, 나뉜 구간의 진폭을 찾는 것이다. 1928년 나이키스트 Nyquist 는 표본화율이 신호 성분의 가장 높은 주파수의 두 배가 넘으면 주기적인 표본으로부터 대역 제한된 band limited 아날로그 신호를 복원할 수 있다는 것을 증명했다. 이때 이상적인 저역통과 필터가 표본화기로 들어가는 가장 높은 주파수를 막는다고 가정한다. 실제 필터는 이상적이지 않기 때문에 표본화율은 전송되는 최대 주파수의 두 배 이상이면 된다. 만약 표본화율이 너무 낮으면 **에일리어싱** aliasing 이라는 파형의 왜곡이 발생한다. [그림 10-17]에 나타낸 것처럼 표본화율이 충분하면 신호가 원래의 파형으로 복원될 수 있지만, 표본화율이 너무 낮으면 원래 신호와 다른 신호가 출력된다.

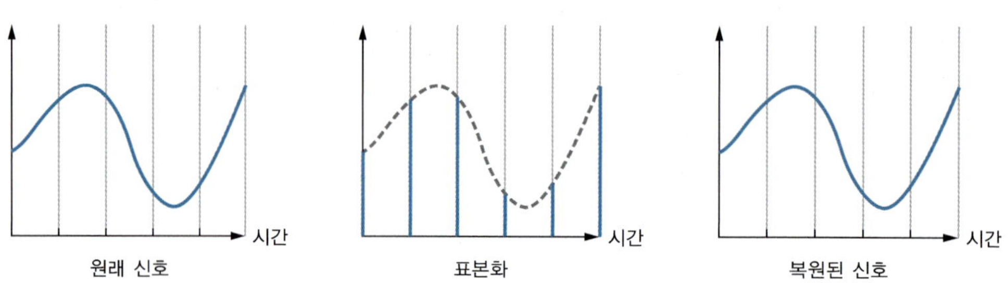

(a) 충분한 표본화율

[그림 10-17] 신호의 표본화 (계속)

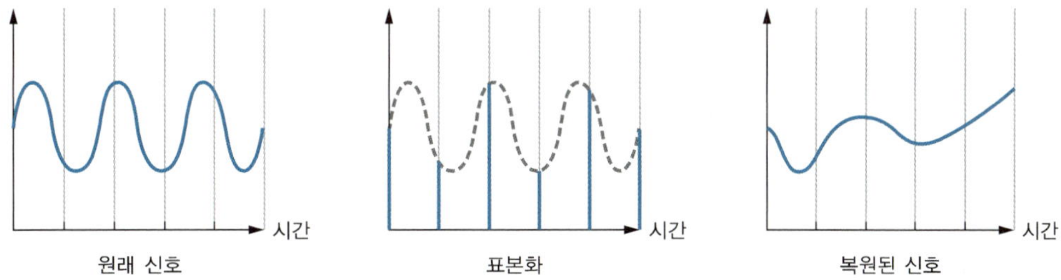

(b) 낮은 표본화율

[그림 10-17] 신호의 표본화

표본화하려는 원래 메시지 신호를 $m(t) = A_m \sin \omega_m t$ 라고 할 때, 이 신호를 크기가 1, 펄스주기가 T, 펄스폭이 τ 인 신호 $e_s(t)$로 표본화하고자 한다. 신호 $e_s(t)$는 푸리에 급수에 의해 다음과 같이 쓸 수 있다. 여기서 ω_s는 펄스의 각주파수이다.

$$\begin{aligned} e_s(t) = \frac{1}{T} &+ \frac{2\sin \pi\tau/T}{\pi\tau}\cos\omega_s t + \frac{2\sin 2\pi\tau/T}{2\pi\tau}\cos 2\omega_s t \\ &+ \frac{2\sin 3\pi\tau/T}{3\pi\tau}\cos 3\omega_s t + \cdots \end{aligned} \tag{10.11}$$

표본화하려는 메시지 신호 $m(t)$와 표본화 신호 $e_s(t)$를 곱한 $m_d(t)$는 다음과 같이 주어진다.

$$\begin{aligned} m_d(t) = \frac{A_m}{T}\sin\omega_m t &+ \frac{2A_m \sin\pi\tau/T}{\pi\tau}\sin\omega_m t\cos\omega_s t \\ &+ \frac{A_m \sin 2\pi\tau/T}{\pi\tau}\sin\omega_m t\cos 2\omega_s t \\ &+ \frac{2A_m \sin 3\pi\tau/T}{3\pi\tau}\sin\omega_m t\cos 3\omega_s t + \cdots \end{aligned} \tag{10.12}$$

표본화된 $m_d(t)$의 첫 번째 항은 원래 메시지 신호에 상수를 곱한 값으로, 만약 이 항만 존재한다면 원래 신호를 쉽게 복원할 수 있다. 두 번째 항의 경우 삼각함수 공식을 이용해서 풀면 다음과 같이 표본화 주파수와 메시지 신호 주파수의 합과 차로 주어지는 항을 갖는다. 저역 통과 필터를 이용하면 합으로 주어지는 항을 제거하고, 차로 주어지는 항만 남는다.

$$\frac{2A_m \sin\pi\tau/T}{\pi\tau}\sin\omega_m t\cos\omega_s t = \frac{A_m \sin\pi\tau/T}{\pi\tau}[\sin(\omega_s+\omega_m)t - \sin(\omega_s-\omega_m)t] \tag{10.13}$$

만약 $\omega_s > 2\omega_m$ 이면 $\omega_s - \omega_m > \omega_m$ 이 되어 저역 통과 필터에 의해 제거되지만, $\omega_s < 2\omega_m$ 이면 두 주파수의 차이가 ω_m 보다 작기 때문에 $f_a = f_s - f_m$인 성분을 갖는 에일리어싱이 발생한다. $m_d(t)$의 세 번째 항 이상은 모두 $\omega_s - \omega_m$ 보다 크기 때문에 저역 통과 필터에 의해 제거된다. 이 사실로부터 메시지 신호의 주파수 f_m보다 표본화 주파수가 두 배 크면 원래의 신호를 왜곡 없

이 복원할 수 있음을 알 수 있다. 이를 **나이키스트 표본화 정리** Nyquist sampling theorem 라고 하고, $2f_m$을 **나이키스트 주파수** Nyquist frequency 라고 한다.

예제 10-6 표본화와 주파수

10000[samples/s]로 표본화하는 디지털 통신시스템이 있다. 수신기가 저역 통과 필터로 5[kHz] 이상의 주파수를 걸러내고, 송신기에 1[kHz]와 6[kHz]의 주파수를 갖는 신호가 각각 입력될 때, 수신기에 나타나는 각각의 주파수를 구하라.

풀이

문제로부터 표본화 주파수가 $f_b = 10\,[\text{kHz}]$로 주어졌다.

❶ $f_m = 1\,[\text{kHz}]$일 때, 식 (10.11)로부터 두 번째 항까지 발생되는 주파수를 구하면 다음과 같다. 저역 통과 필터에 의해 5[kHz] 이하만 통과하므로 수신단에 나타나는 신호의 주파수는 1[kHz]이다.

$$f_m = 1\,[\text{kHz}],\ \ f_b + f_m = 11\,[\text{kHz}],\ \ f_b - f_m = 9\,[\text{kHz}]$$

❷ $f_m = 6\,[\text{kHz}]$일 때, 식 (10.11)로부터 두 번째 항까지 발생되는 주파수를 구하면 다음과 같다. 수신기에 나타나는 신호의 주파수는 4[kHz]이다.

$$f_m = 6\,[\text{kHz}],\ \ f_b + f_m = 16\,[\text{kHz}],\ \ f_b - f_m = 4\,[\text{kHz}]$$

예제 10-7 나이키스트 주파수

신호 $s(t) = 10\cos(2000\pi t + \pi/4) + 5\cos(1000\pi t + \pi/3)$를 표본화하려고 할 때, 나이키스트 주파수를 구하라.

풀이

신호 $s(t)$는 1[kHz]와 500[Hz]의 주파수를 갖고 있으며, 이 중 높은 주파수로 표본화를 해야 하므로 나이키스트 주파수는 $1\,[\text{kHz}] \times 2 = 2\,[\text{kHz}]$이다.

예제 10-8 최대 표본화 주기 및 비트율

어떤 신호의 주파수 대역이 0 ~ 22.05[kHz]로 제한되어 있을 때

(a) 나이키스트 표본화 주파수와 최대 표본화 주기를 구하라.

(b) 이 표본을 8[bit]로 변환하여 전송하고자 할 때 비트율을 구하라.

풀이

(a) 나이키스트 표본화 주파수와 최대 표본화 주기는 각각 다음과 같다.

$$f_s = 2 \times f_m = 2 \times 22.05\,[\text{kHz}] = 44.1\,[\text{kHz}]$$

$$T_s = \frac{1}{f_s} = \frac{1}{44.1 \times 10^3} = 22.6\,[\mu\text{s}]$$

(b) 8 [bit]로 변환하는 경우 비트율은 44.1 [kHz] × 8 [bit] = 352.8 [kbit/s] 이다.

아날로그 신호를 직접 샘플링하여 전송할 수도 있으며, 이를 **펄스진폭변조** PAM : Pulse Amplitude Modulation 라고 한다. PAM 전송은 아날로그 신호를 직접 송신하는 것과 큰 차이가 없기 때문에 잡음에 취약하다. 이를 개선하기 위해 샘플의 진폭에 따라 펄스폭을 변화시키는 PDM Pulse Duration Modulation 또는 PWM Pulse Width Modulation 이 제안되었고, 비슷한 방법으로 샘플의 크기에 따라 타이밍을 변화시킨 펄스를 전송하는 PPM pulse position modulation 도 사용되었다. [그림 10-18]에 펄스변조의 다양한 파형을 나타냈다.

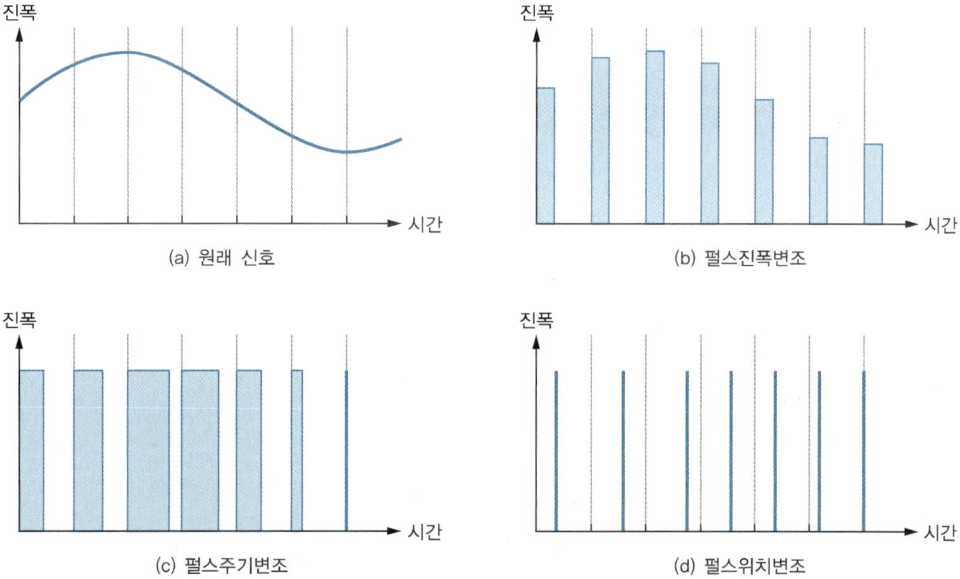

[그림 10-18] **펄스변조**

[그림 10-19]에 보이듯 표본화된 값은 미리 정해진 이산값(양자값) 근처로 반올림된다. 이 과정을 **양자화** quantizing 라고 하며, 이 과정에서 발생하는 에러를 양자화 에러 quantizing errors 또는 양자화 잡음 quantizing noise 이라고 한다. 부호기 encoder 는 양자화된 표본을 적절히 부호화된 그룹으로 변환하고, 디지털 변조를 위한 기저대역 정보를 만들기 위해 관련된 디지털 펄스를 발생시킨다. 이렇게 양자화된 신호를 이진수로 표현하는 것을 **펄스부호변조** PCM : Pulse Code Modulation 라고 하며, [그림 10-20]과 같이 구성된다. PCM은 전화나 음악 CD와 같은 아날로그 신호를 디지털로 저장할 때 사용하는 대표적인 방법이다. 만약 각 표본에서 사용된 펄스의 수가 N 이면 2진 시스템의 양자화 레벨 $q = 2^N$ 으로 주어진다.

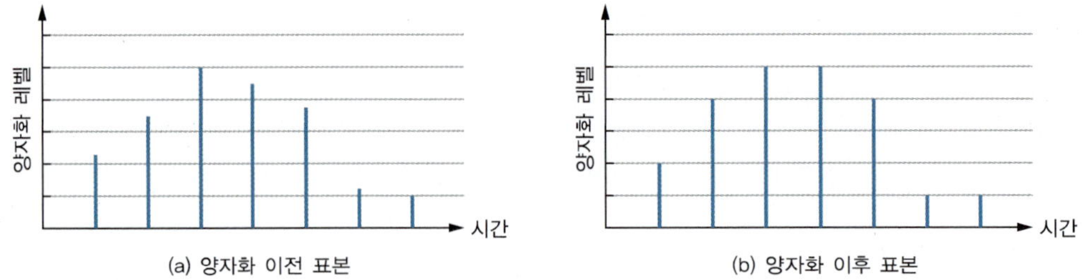

[그림 10-19] 양자화

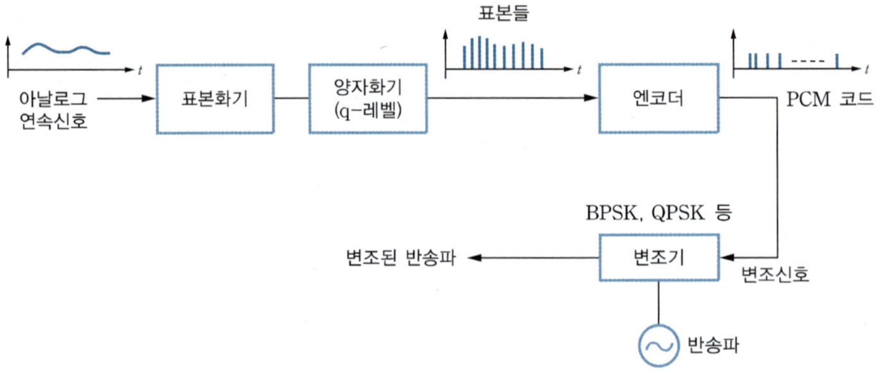

[그림 10-20] PCM 변조

예제 10-9 양자화 레벨 구하기

전화와 음악 CD에 사용되는 샘플당 비트 수가 각각 8과 16일 때, 양자화 레벨의 수를 구하라.

풀이

전화의 경우 샘플당 비트 수가 8[bit]이므로 양자화 레벨의 수는 $N=2^m=2^8=256$이다. CD의 경우 샘플당 비트 수가 16[bit]이므로 양자화 레벨의 수는 $N=2^m=2^{16}=65536$이다.

예제 10-10 최소 비트율 구하기

샘플당 14[bit]와 40[kHz]의 표본화율로 오디오 신호를 전송하기 위해 필요한 최소 비트율을 구하라.

풀이

비트율은 표본화율과 샘플당 전송되는 비트 수를 곱해서 구한다.

$$40\times10^3\times14=560\,[\text{kbps}]$$

10.5 다중접속

무선통신에서는 이용효율을 높이기 위해 여러 사용자들이 동시에 통신채널을 공유하여 사용자 간 간섭 없이 전송하기 위한 방법으로 주파수분할 다중접속 FDMA : Frequency Division Multiple Access, 시간분할 다중접속 TDMA : Time Division Multiple Access, 코드분할 다중접속 CDMA : Code Division Multiple Access 의 세 가지 다중접속 방식이 일반적으로 사용된다. TDMA와 FDMA는 오랜 역사를 가진 기술로 최근까지도 사용되고 있으며, CDMA 기술은 1990년대에 급속도로 발전하여 많은 셀룰러 이동통신 시스템에 사용된다. 최근에는 직교 주파수분할 다중접속 OFDMA 기술의 사용이 증가하고 있으며, 안테나의 편파에 따른 신호의 직교성을 이용한 편파분할 다중접속 PDMA : Polarization Division Multiple Access 에 대한 기술도 연구되고 있다.

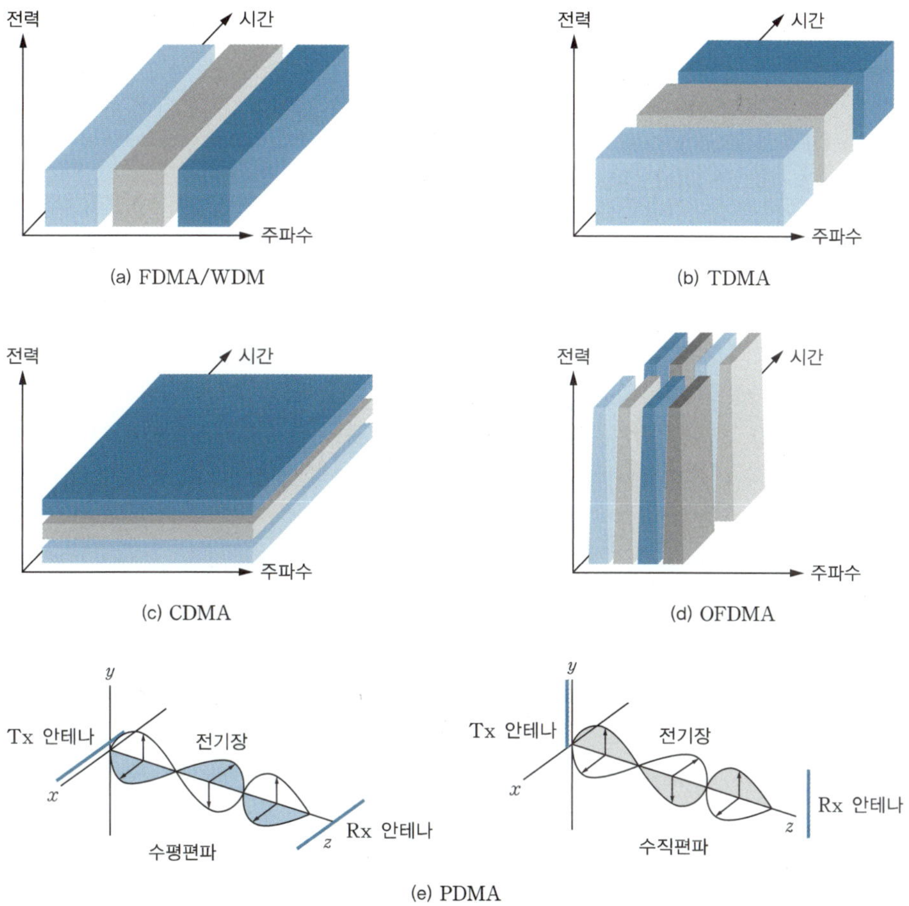

[그림 10-21] **다중접속 기술의 종류**

다중화 multiplexing 는 다중접속 multiple access 과 혼용하여 쓰이곤 한다. 다중화는 [그림 10-22(a)]와 같이 전송선로에서 동시에 최대한 많은 채널을 공유하기 위해 채널을 나누는 방법, 즉 통신네트워크 내 링크에서 자원을 배분하는 방법을 의미한다. 예를 들어, 64 [kbit/s] 의 비트율을 가진 통신채널이 있다고 할 때, 사용자가 좋은 품질의 디지털 음성통신을 위해 8[kbit/s]가 필요하다고 하면 통신채널을 1/8로 나누어 사용할 수 있게 함으로써 최대한 많은 채널을 동시에 공유하게 하는 것이 다중화이다. 다중접속은 [그림 10-22(b)]와 같이 나누어진 채널을 사용하는 채널할당 방법, 즉 네트워크의 접속 부분에 대한 자원을 배분하는 방법이다. 앞의 예에서 통신채널을 사용하려는 사용자가 8명 이상인 경우, 빈 채널을 최대한 효율적으로 사용할 방법을 찾아야 한다는 것을 의미한다.

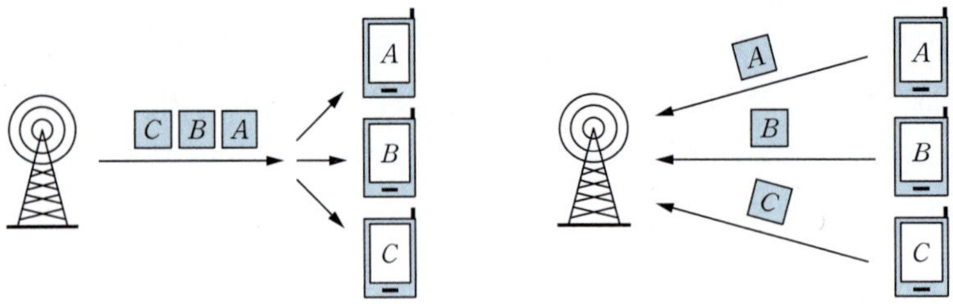

[그림 10-22] 다중화와 다중접속

10.5.1 FDMA와 주파수분할 다중화

FDMA와 **주파수분할 다중화** FDM : Frequency Division Multiplexing 시스템의 주파수 대역은 특정한 수의 채널로 분할되고 각 채널의 대역폭은 전송되는 정보의 형태에 따라 달라진다. 동일한 시스템에서 많은 수의 채널을 전송하기 위해서는 신호 간에 서로 간섭하지 않도록 떨어져야 한다. [그림 10-23]에 10명의 사용자가 10개의 신호를 동시에 전송할 수 있는 FDM 송신시스템의 예를 나타냈다. 각 신호는 신호 간 간섭을 방지하기 위해 두 인접신호 사이에 4[MHz]의 보호대역 guard bandwidth 을 갖는 0 ~ 6[MHz]의 영상정보를 포함하고 있으며, 양측대역 DSB 변조기를 사용한다.

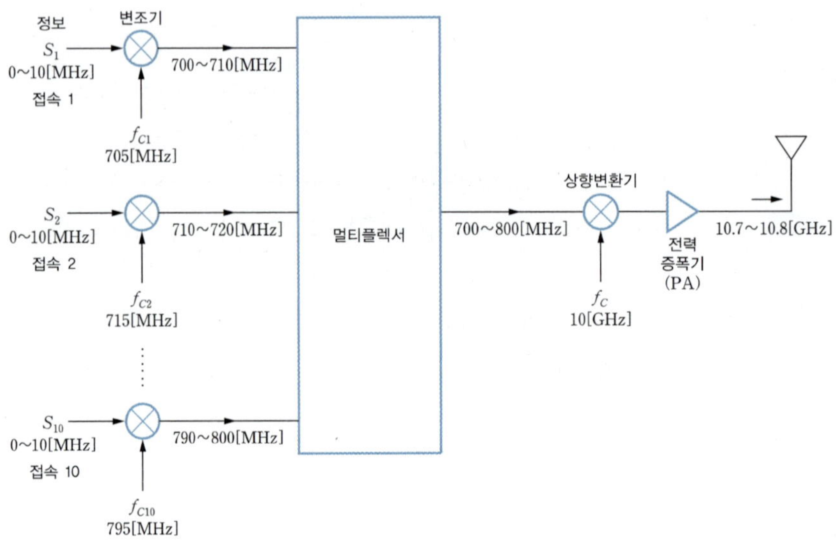

[그림 10-23] 주파수분할 다중화 송신시스템과 주파수 스펙트럼 (계속)

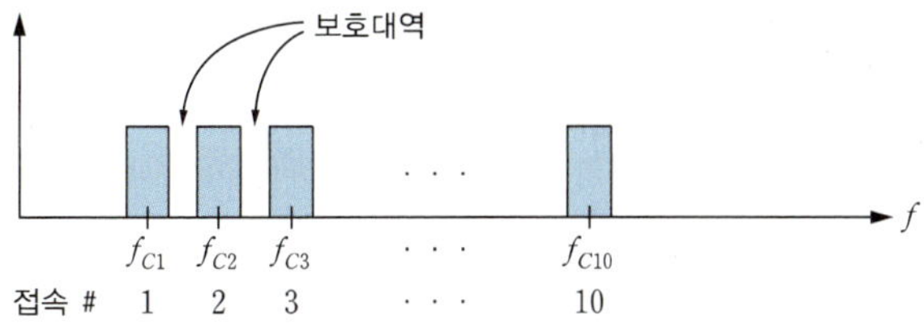

[그림 10-23] **주파수분할 다중화 송신시스템과 주파수 스펙트럼**

멀티플렉서는 신호를 결합하기 위해 사용하는데, 결합된 신호를 상향변환하고 증폭하여 송신한다. 송신된 신호는 수신기에서 많은 필터로 구성되는 멀티플렉서에 의해 분리되며 복조기를 거쳐 송신한 정보가 복원된다. [그림 10-24]에 수신기의 블록 다이어그램을 나타냈다. FDMA의 장점은 심볼 간 간섭^{ISI}에 영향을 적게 받아 등화기^{equalizer}가 필요 없고, 시스템 구현이 용이하며, 네트워크 동기가 불필요하고, 비트 동기나 프레임 동기가 쉽다. 그러나 전력제어, 보호대역에 따른 광대역 특성이 요구되며, 상호변조와 사용자 간 신호가 겹쳐 발생하는 측대역 왜곡으로 간섭이 발생한다는 단점이 있다.

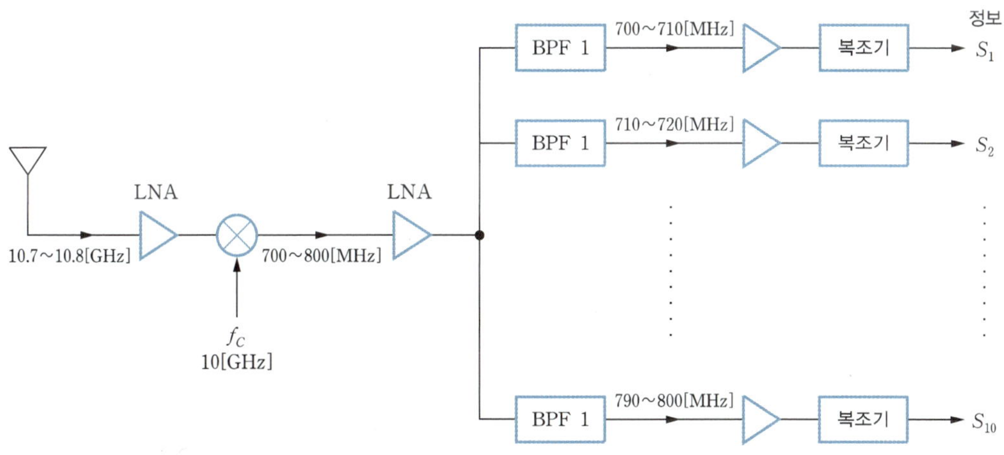

[그림 10-24] **주파수분할 다중화 수신시스템**

예제 10-11 FDMA의 채널 수

이동통신 사업자가 단방향^{simplex} 대역으로 12.5[MHz]를 사용하고 있다. B_{ch}는 채널대역폭으로 30[kHz]이고, B_{guard}는 할당된 스펙트럼의 에지 보호대역으로 10[kHz]라고 할 때, 동시에 접속 가능한 사용자 수를 구하라.

풀이

FDMA/FDD 시스템에서 전체 시스템 대역폭 B라고 하고, B_{ch}가 채널대역폭, B_{guard}는 할당된 스펙트럼의 에지 보호대역, 사용자 수가 N일 때 $N = \dfrac{B - 2B_{guard}}{B_{ch}}$로 주어진다.

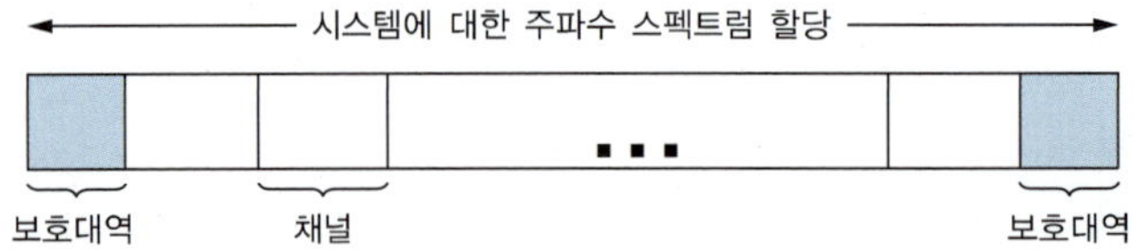

문제에 제시된 값을 대입하여 문제를 풀면 다음과 같다.

$$N = \frac{12.5 \times 10^6 - 2(10 \times 10^3)}{30 \times 10^3} = 416$$

동시에 접속 가능한 사용자 수는 416명이다. 이 시스템은 1980년대부터 2000년대까지 미국을 중심으로 사용된 아날로그 이동통신 시스템인 AMPS Advanced Mobile Phone System 이다.

10.5.2 시간분할 다중접속과 시간분할 다중화

시간분할 다중접속 TDMA 또는 **시간분할 다중화** TDM : Time Division Multiplexing 시스템은 할당된 타임슬롯 time slot 내에서 많은 신호를 동시에 전송하기 위해 단일 주파수 대역을 사용한다. 이러한 서로 다른 채널은 어떠한 간섭도 없이 동일한 주파수 대역을 시간적으로 공유한다. FDMA와 비교했을 때, TDMA는 요구되는 주파수 대역폭이 작고, 전력제어가 불필요하며, 채널 간 혼선과 불완전 채널 필터링 등의 문제가 없다는 장점이 있지만, 반대로 네트워크 타이밍이 필요하다는 단점이 있다. 신호샘플들이 교차배열 interleave 되고, 교차배열된 모든 펄스로 합성신호가 구성된다. 교차배열을 구현하기 위해 보통 정류자 commutator 또는 스위치 회로를 사용한다. [그림 10-25(b)]는 N개의 신호에 대한 데이터 슬롯할당을 나타냈다. 각 데이터의 슬롯은 PCM 코드의 집합으로 구성되며, 모든 샘플은 순차적으로 전송된다. 수신기에서는 합성신호가 $1 \times N$ 스위치 또는 정류자를 이용하여 역다중화가 이루어진다. 두 신호에 대한 TDM의 예는 [그림 10-25(c)]에 나타냈다.

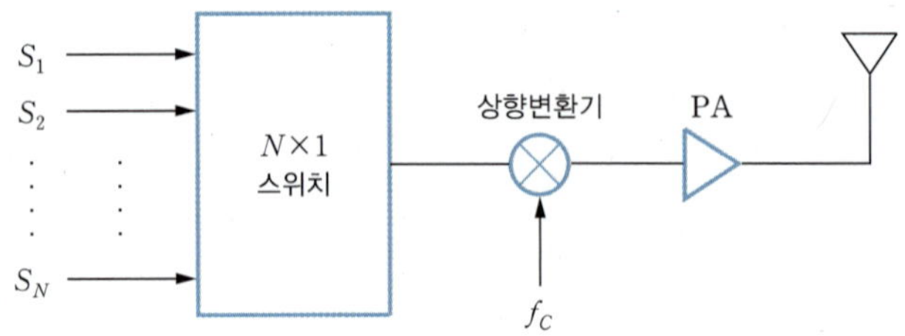

(a) 송신기

[그림 10-25] TDMA 시스템 구성 (계속)

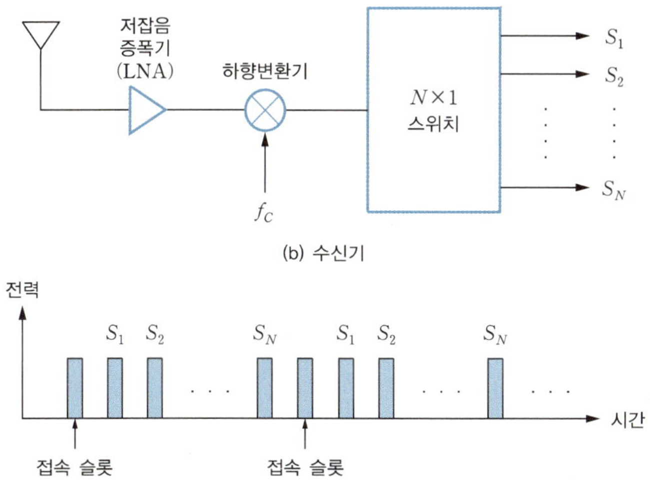

(b) 수신기

(c) 신호파형

[그림 10-25] TDMA 시스템 구성

예제 10-12 TDMA의 채널 수

1990년대 초부터 2010년대 중반까지 유럽의 이동통신으로 주로 사용되었던 GSM Global System Mobile은 TDMA/TDD 시스템으로 순방향 링크로 25[MHz]를 사용했으며, 200[kHz]의 무선채널로 나뉘었다. 만약 무선채널 1개가 음성채널을 8개를 사용하고 보호대역은 없다고 가정할 때, 이 시스템의 접속 가능한 동시 사용자 수를 구하라.

풀이

TDMA/TDD 시스템에서 전체 시스템의 대역폭을 B라고 하고, B_{ch}를 채널대역폭, B_{guard}를 할당된 스펙트럼의 에지 보호대역이라고 하자. 사용자 수(N)를 구하는 식은 다음과 같다.

$$N=\frac{m\times(B-2B_{\text{guard}})}{B_{\text{ch}}}$$

이때 m은 각 무선채널에서 지원하는 음성채널의 수를 의미한다. 즉, $N=\frac{8\times25\,[\text{MHz}]}{200\,[\text{kHz}]}=1000$으로, 동시 접속 가능한 사용자 수는 1000명이다.

10.5.3 코드분할 다중접속

코드분할 다중접속 CDMA : Code Division Multiple Access은 대역 확산 또는 **스펙트럼 확산** spread spectrum 기술에 기반한 다중접속방식이다. 이는 각 사용자가 고유의 대역 확산 코드 spread spectrum code를 할당받아 [그림 10-26]과 같이 정보신호를 확산하여 전송하며, 사용자의 확산 코드를 알고 있는 수신기만 복원할 수 있는 방식이다. 각각의 사용자 신호는 서로 직교성을 갖는 코드가 곱해지므로 다중접속이 가능해진다.

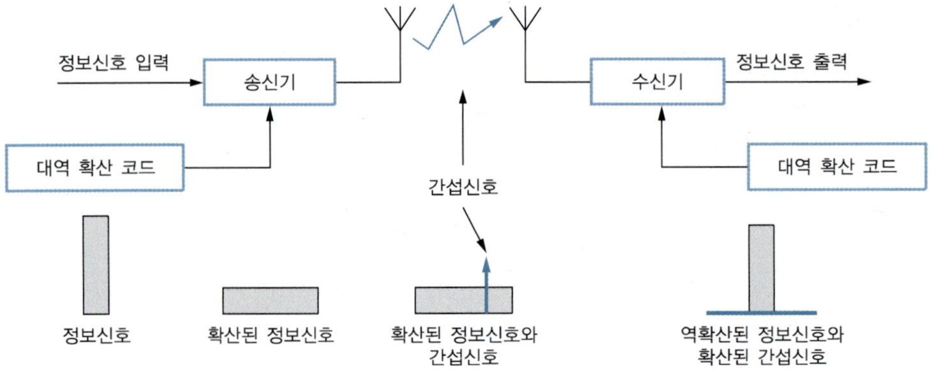

[그림 10-26] **스펙트럼 확산 통신시스템**

스펙트럼 확산은 송신되는 신호 대역폭이 기저대역 정보신호 대역폭보다 훨씬 큰 기술로 정의된다. 이 기술은 탐지확률이 낮아 보안통신이 가능하여 초기에는 군사기술로 개발되었다. 스펙트럼 확산 기술은 간섭억제 성능이 우수하고, 각 사용자가 데이터 스트림에 접속하려면 특정 코드가 필요하므로 보안성이 우수하고, 외부간섭신호와 같은 재밍에 강하고, 스펙트럼 효율성과 채널용량이 크다는 장점이 있다. 스펙트럼 확산방법은 [그림 10-27]에 나타낸 직접 스펙트럼 확산DSSS : Direct Sequence Spread Spectrum, 주파수 도약 스펙트럼 확산FHSS : Frequency Hopping Spread Spectrum과 처프 신호 스펙트럼 확산CSS : Chirp Spread Spectrum, 시간 도약 스펙트럼 확산THSS : Time Hopping Spread Spectrum이 있다.

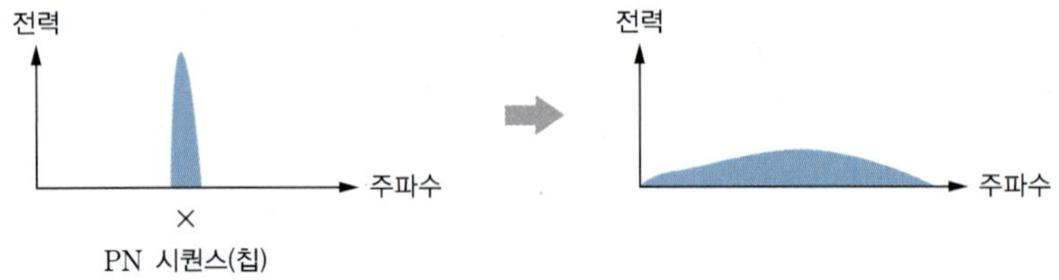

(a) DSSS

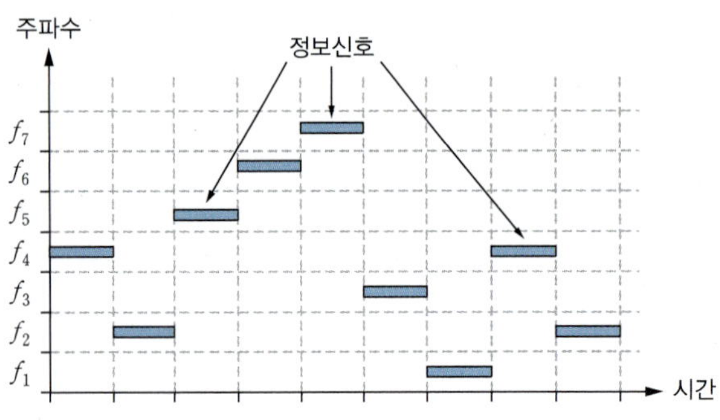

(a) FHSS

[그림 10-27] **DSSS와 FHSS의 개념**

■ 직접 스펙트럼 확산

[그림 10-28]에 **직접 스펙트럼 확산**[DSSS] **시스템**을 위한 송신기를 나타냈다. 우선 IF 반송파를 변조하기 위해 디지털 이진정보가 사용되며 변조된 신호는 $s(t) = A\cos(\omega_{IF}t + \phi)$로 주어진다. 이때 BPSK 변조기에서는 데이터가 1과 0일 때 각각 $\phi = 0°$와 $\phi = 180°$가 된다. 변조된 IF 반송파는 확산 신호함수 $g(t)$를 이용하여 다시 변조된다. 여기서 $g(t)$는 의사잡음[PN : Pseudo Noise] 신호 또는 코드신호가 된다. 각 사용자에게는 특정코드가 지정되어 있으며, 출력신호는 다음과 같다.

$$v(t) = g(t)s(t) = Ag(t)\cos(\omega_{IF}t + \phi) \tag{10.14}$$

이 신호는 주파수 합성기에서 PLL에서 얻은 RF 반송파로 상향변환되어 증폭된 후 안테나를 통해 송신된다. 수신기에서 사용자는 송신기와 같은 PN열을 가지며, 수신된 신호를 역확산하는 동기화된 $g(t)$를 갖는다. 이 신호는 PSK를 사용하여 복조된다.

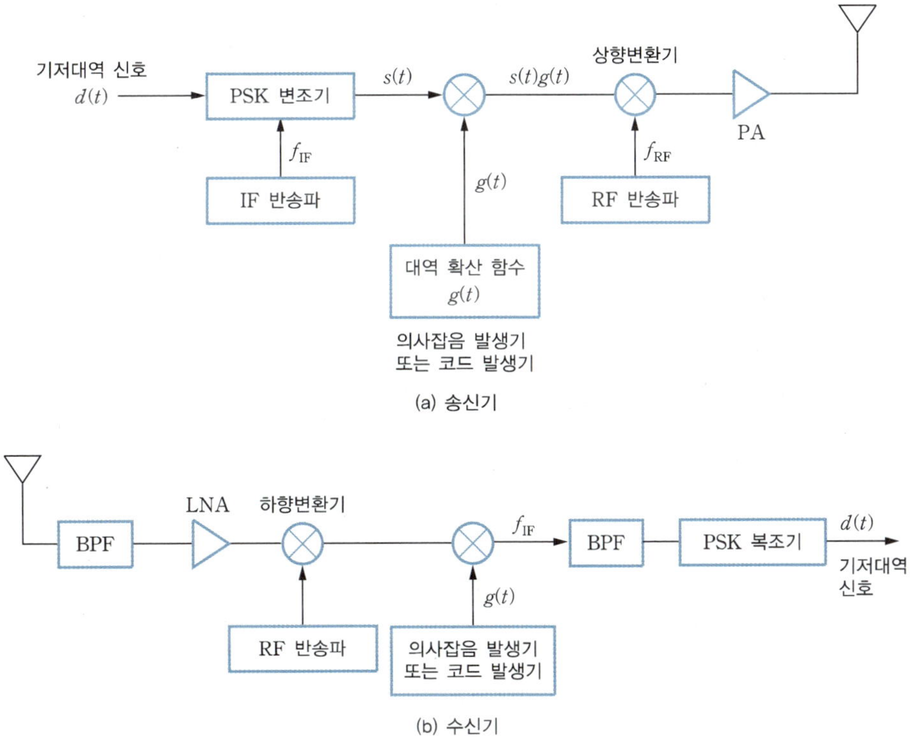

[그림 10-28] DSSS 시스템의 송수신기

예제 10-13 DSSS의 칩속도

DQPSK를 사용하는 디지털 통신시스템에서 16[kb/s]의 비트율을 가진 압축된 PCM 음성신호를 송신한다. 칩속도가 10 : 1일 때, 1초마다 전송되는 심볼의 수를 구하라.

풀이

칩 chip 은 디지털 심볼 symbol 을 주파수 영역상으로 대역확산시키기 위해 사용하는 아주 빠른 신호 파형으로, 확산코드 파형의 개별 펄스를 의미한다. 대역확산 방식은 원래의 신호 정보에 칩을 곱하는 것이다. 칩속도가 10 : 1이므로 칩을 포함하는 전체 비트율은 데이터율보다 10배가 큰 160[kb/s]이다. DQPSK에서 모두 4개의 신호상태가 있으며, 각 신호상태는 두 개의 비트로 표현할 수 있다. 따라서 심볼률은 $\frac{160}{2}=80$[kboud]가 된다.

예제 10-14

신호가 확산되지 않고 전송되는 경우, 200[kHz]의 대역폭과 20[dB]의 신호 대 잡음비를 갖는다. 이 신호를 50 : 1의 칩속도로 확산시킬 때, 대역폭과 신호 대 잡음비를 구하라.

풀이

DSSS 시스템에서 확산이득 spreading gain 또는 processing gain G_p는 다음과 같이 주어진다. 여기서 B_{RF}는 전송되는 RF 대역폭, B_{BB}는 확산되기 전의 기저대역폭이다.

$$G_p = \frac{B_{\mathrm{RF}}}{B_{\mathrm{BB}}}$$

또한 확산이득은 다음과 같이 쓸 수 있다. 여기서 $(S/N)_t$는 확산 전 신호 대 잡음비, $(S/N)_o$는 확산 후 신호 대 잡음비를 의미한다.

$$G_p[\mathrm{dB}] = (S/N)_t[\mathrm{dB}] - (S/N)_o[\mathrm{dB}]$$

문제로부터 대역폭을 구하면 다음과 같다.

$$B_{\mathrm{RF}} = G_p B_{\mathrm{BB}} = 50 \times 200[\mathrm{kHz}] = 10[\mathrm{MHz}]$$

확산이득은 $G_p[\mathrm{dB}] = 10\log G_p = 10\log 50 = 17[\mathrm{dB}]$로 주어진다. 따라서 신호 대 잡음비를 구하면 다음과 같다.

$$(S/N)_o[\mathrm{dB}] = (S/N)_t[\mathrm{dB}] - G_p[\mathrm{dB}] = 3[\mathrm{dB}]$$

■ 주파수 도약 스펙트럼 확산

주파수 도약 스펙트럼 확산 FHSS 방법은 직접 스펙트럼 확산 시스템과 유사한데, PN 시퀀스 생성기가 주파수 합성기를 제어하기 위해 사용하던 여러 주파수 중 하나로 호핑된다는 점이 다르다. [그림 10-29]에 보이듯 합성기에서 출력되는 주파수는 $f_1,\ f_2,\ f_3,\ \cdots,\ f_N$ 범위의 주파수 영역에서 의사랜덤 호핑 pseudorandomly hopping 을 한다. 이러한 출력주파수는 상향변환기와 결합된 RF 반송파 주파수다. 매 T_c마다 주파수가 호핑하고 각 신호시간 길이를 T_s라고 할 때 호핑 비율이 데이터 비트율보다 높으면($T_c < T_s$) 고속 FHSS 시스템이라고 하며, 낮으면($T_c \geq T_s$) 저속 FHSS 시스템이라고 한다. 수신기에서 같은 코드를 갖는 PN 생성기는 동일한 주파수 호핑 부호를 갖기 위해 사용한다. 이러한 주파수는 수신된 신호를 하향변환하기 위해 사용하며 IF 신호는 데이터를 복원하기 위해 복조된다.

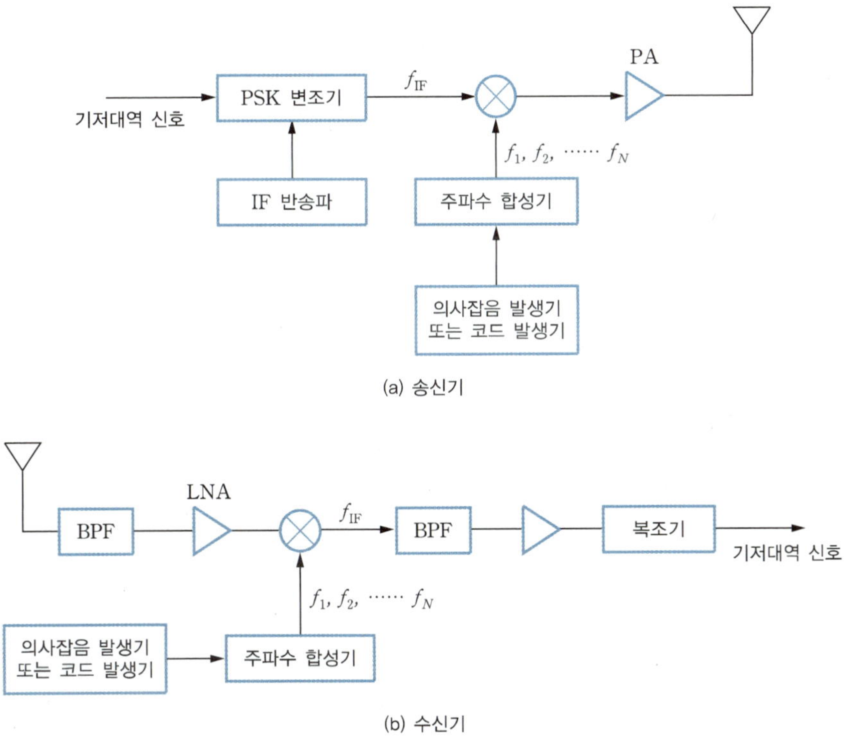

[그림 10-29] FHSS 시스템의 송수신기

예제 10-15 FHSS 시스템의 도약시간

FHSS 시스템은 10초마다 100개의 주파수를 도약한다. 각 주파수에서 소모되는 시간은 얼마인가?

풀이

각 주파수에서 소모되는 시간은 $t = \dfrac{10\,\text{s}}{100\ \text{도약}} = \dfrac{0.1\,\text{s}}{\text{도약}}$ 이다.

■ 처프 신호 스펙트럼 확산

처프 신호 스펙트럼 확산 CSS 방법은 광대역 선형 주파수 변조 처프 chirp 펄스를 사용하여 정보를 인코딩하는 기술이다. 처프는 [그림 10-30(b)]와 같이 시간이 지남에 따라 주파수가 증가하거나 감소하는 정현파 신호이다. 다른 확산 스펙트럼 방법과 마찬가지로 CSS는 할당된 전체 대역폭을 사용하여 신호를 송신하기 때문에 채널 노이즈에 강하며, 처프가 스펙트럼의 넓은 대역을 사용하기 때문에 매우 낮은 전력에서 작동할 때에도 다중경로 페이딩에 강하다. CSS는 채널잡음 속에서 신호를 구별하기 위해 DSSS 또는 FHSS처럼 PN 코드를 추가하지 않고 처프 펄스의 선형특성을 이용한다. 또한 CSS는 도플러 효과에 강해 IEEE 802.15.4와 같은 저속 무선 개인 네트워크 LR-WPAN : Low Rate-Wireless Personal Area Network 통신, 최근에는 LoRa 등에 사용된다.

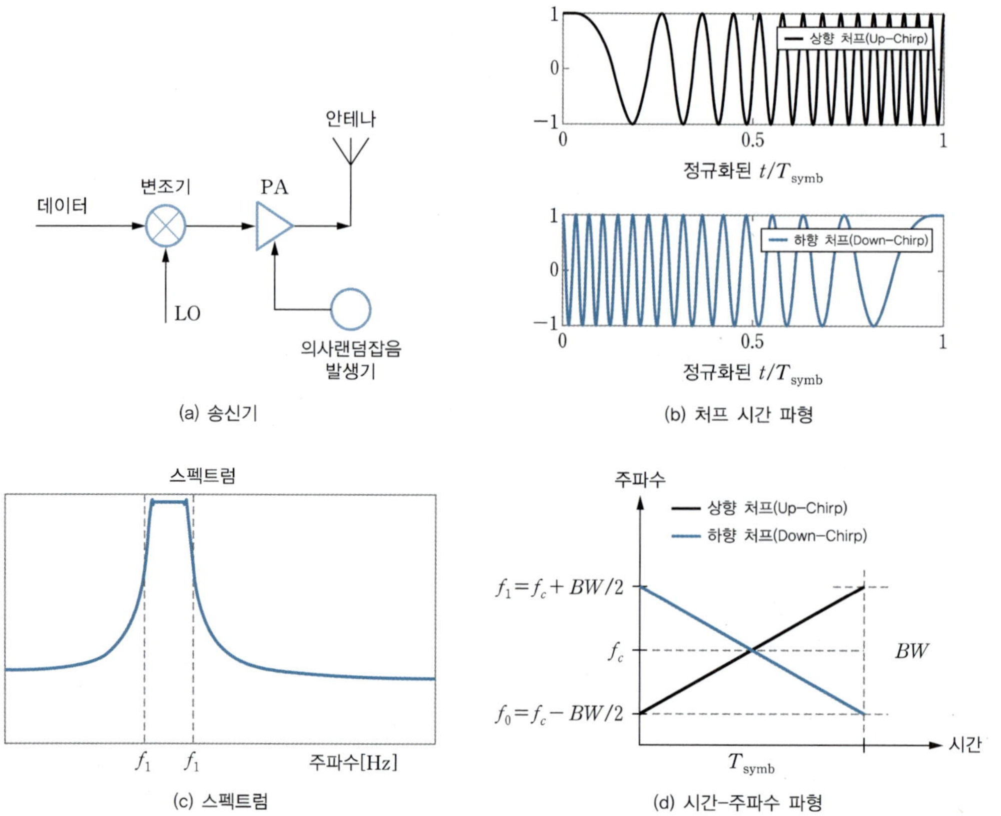

[그림 10-30] **처프 스펙트럼 확산**

■ 시간 도약 스펙트럼 확산

시간 도약 스펙트럼 확산 THSS 방법은 안티 재밍 anti jamming 또는 낮은 인터셉트 확률 LPI : Low Probability of Intercept 을 달성하는 데 사용할 수 있는 통신 신호 기술이다. [그림 10-31(a)]와 같이 각 프레임을 M개의 시간슬롯으로 나누며, 각 프레임 동안 하나의 시간 슬롯만 호환되는 변조 방법을 이용하여 메시지를 변조한다. PN 코드 생성기는 주어진 프레임에 대해 특정 시간 슬롯을 선택한다. T_f가 프레임 구간, k는 한 프레임의 채널 비트 수를 나타내며, 한 번의 타임슬롯 T_f/M 동안 전송된다. [그림 10-31(b)]에는 THSS 수신기 구조를 나타냈다. 수신기는 시간 호핑 신호와 잡음을 수신하고 PN 코드 생성기에 의해 제어되는 게이트를 통해 전환되어 특정 프레임에서 신호를 전달한다. 복조기는 신호를 복조하고 비트 동기화기의 도움을 받아 복조된 데이터를 저장소로 보낸다. 비트 동기화기는 PN 코드 생성기를 제어하여 수신기 신호와의 동기화를 유지한다.

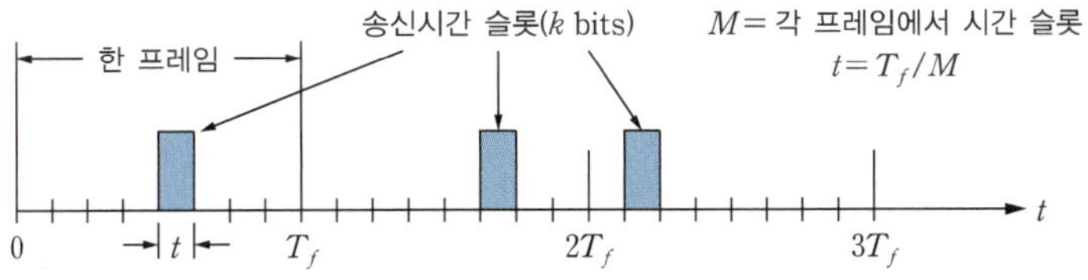

(a) 신호

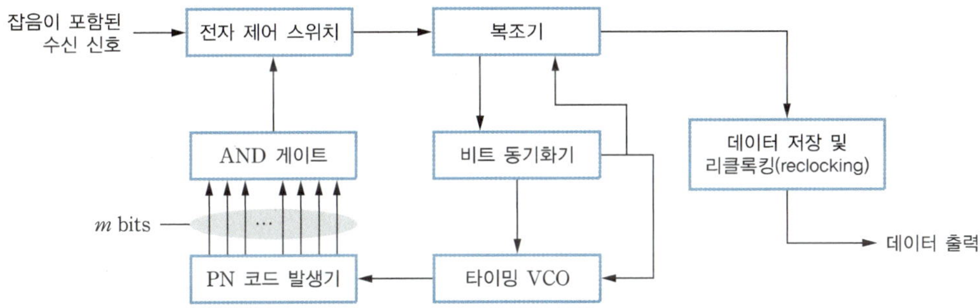

(b) 수신기

[그림 10-31] THSS 신호와 수신기

THSS에서는 저피탐성능 LPI : Low Probability of Intercept 을 달성하기 위해 PN 시퀀스를 사용하여 펄스(반송파)의 주기 및 듀티 사이클을 변경하여 전송 시간을 임의로 변경한다. 그러면 전송된 신호의 시작 및 중지 시간이 간헐적으로 발생한다. THSS는 TH-FHSS 또는 하이브리드 TDMA와 같은 하이브리드 스펙트럼 확산 hybrid spread-spectrum 시스템으로 자주 사용되지만, 스펙트럼 확산기술처럼 주파수 응답이 넓고 듀티 사이클이 낮은 펄스를 사용하지 않는다. 따라서 엄격하게 구분하면 스펙트럼 확산기술에 해당되지 않을 수도 있다.

Chapter 10 연습문제

10.1 **【변조】** 다음 그림에 나타낸 스펙트럼 분석기의 파형으로부터 변조주파수와 변조지수를 구하라.

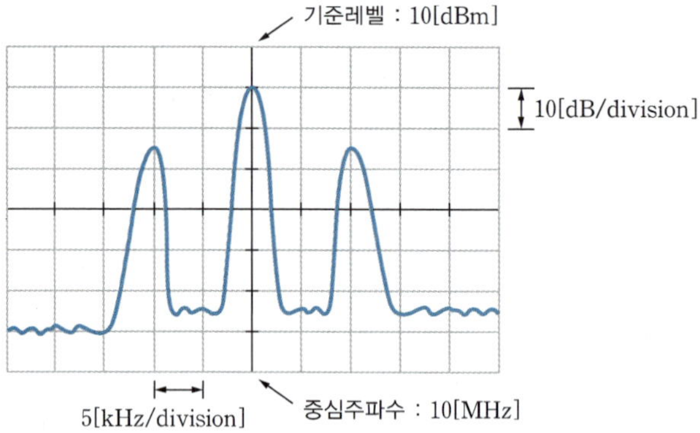

[그림 10-32]

10.2 **【FM 변조】** 3[kHz]의 주파수 변이와 1[kHz]의 변조 주파수를 갖는 FM 신호가 있다. 50[Ω]의 저항성 부하에서 소모되는 전체전력이 5[W]이며, 반송주파수는 160[MHz]이다. (a) RMS 신호전압, (b) 반송주파수에서 RMS 전압과 첫 번째 세 개의 측대역에서의 RMS 전압, (c) 첫 번째 세 개의 측대역 쌍에 대한 각 측대역 주파수, (d) 반송주파수, 첫 번째 세 개의 쌍에 대한 각 측대역에서의 전력을 구하라.

10.3 **【FM 변조】** FM 신호가 5[kHz]의 주파수 편이를 가지며 1[kHz]의 변조 주파수를 갖는다. 수신기 검파기 입력에서 신호 대 잡음비가 20[dB]이다. 검파기 출력에서 신호 대 잡음비는 얼마인가?

10.4 **【데이터율】** 무선 채널이 10[kHz]의 대역폭을 갖고, 15[dB]의 신호 대 잡음비를 갖는다고 하자. 각각의 경우에 대해 송신될 수 있는 최대 데이터율은 얼마인가? (a) 임의의 시스템을 사용할 때, (b) 네 개의 가능한 상태를 가진 코드를 사용할 때.

10.5 **【Eb/No】** 수신 안테나의 출력에서 간섭신호레벨은 1[pW], 배경잡음레벨은 500[fW] 원하는 신호의 레벨은 4[pW]이다. (a) SIR은 얼마인가? (b) 처리이득이 20[dB]이고 16-QAM 변조방식이 사용되었다면 유효 시스템 SIR, 즉 비트의 주기에서 잡음에너지 대 비트에서의 신호에너지 Eb/No Energy per bit to Noise density Ratio 는 얼마인가?

10.6 **【처리이득】** 프린터로 데이터를 전송하기 위한 새로운 통신시스템을 설계하고자 한다. 시스템은 GMSK 변조를 사용하며, 채널 대역폭이 10[MHz]이며 비트율은 1[Mbps]이다. 1[Mbps] 대역폭 스펙트럼 내에 전력이 균일하게 분포된다고 할 때 (a) 처리이득 processing gain을 구하고, (b) 만약 수신된 RF SIR = 6[dB]이라면 디지털 신호처리 후 유효 시스템 SIR은 얼마인가?

10.7 **【스펙트럼 확산 시스템】** 음성 전송시스템이 30[kHz]의 채널을 점유한다. 스펙트럼 확산 시스템이 10[MHz]로 대역폭을 확장하기 위해 사용된다. 만약 신호가 수신기 입력에서 −110[dBm]의 전체 신호전력을 가지며, 시스템의 잡음온도가 300[K]일 때 두 시스템 각각의 신호 대 잡음비를 구하라.

10.8 **【스펙트럼 확산 시스템】** 신호가 200[kHz]의 대역폭을 갖고 20[dB]의 신호 대 잡음비로 대역확산 없이 송신된다. 만약 50 : 1의 칩률 chipping rate을 갖는 확산 시스템을 사용한다면 확산 후의 대역폭과 신호 대 잡음비를 구하라.

Chapter 10 기출문제

L10.1 **【2021, 국가직 9급】** 진폭편이변조 ASK : Amplitude Shift Keying 방식에 대한 설명으로 옳지 않은 것은?

① 전송하고자 하는 정보 데이터에 따라 신호의 세기를 변화시킨다.
② 수신기는 심볼 구간 동안 주파수의 변화를 찾기 때문에 전압 스파크의 영향을 받지 않는다.
③ OOK on-off keying 는 ASK의 일종으로 이진 데이터 중 하나를 0[V] 전압으로 표현한다.
④ 수신기에서는 정합필터를 이용하는 동기식 복조와 포락선 검파를 이용하는 비동기식 복조가 모두 가능하다.

L10.2 **【2021, 국가직 9급】** 대역폭이 200[kHz]인 채널에 대하여 신호대 잡음비 SNR : Signal-to-Noise Ratio 가 11.76[dB]인 경우, 이 채널을 통하여 오류 없이 전송할 수 있는 최대 용량[kbps]은? (단, $10^{1.176}=15.0$이다.)

① 600 ② 800 ③ 1,000 ④ 1,200

L10.3 **【2021, 국가직 9급】** 대역폭이 2[kHz]인 신호를 변조지수 2.5가 되도록 주파수변조를 했다. 카슨 Carson 의 법칙을 적용할 때, 변조된 신호의 대역폭[kHz]과 최대 주파수 편이[kHz]는?

	대역폭	최대 주파수 편이
①	7	5
②	7	10
③	14	5
④	14	10

L10.4 **【2021, 국가직 9급】** 정보신호 $m(t)=5\cos(10\pi t)$를 반송파 $10\cos(100\pi t)$로 반송파 전송 양측파대 변조 DSB-TC 할 때, 변조지수와 상측파대 신호의 주파수[Hz]는?

	변조지수	상측파대 신호의 주파수
①	0.1	55
②	0.1	45
③	0.5	55
④	0.5	45

L10.5 **【2021, 국가직 9급】** OFDM orthogonal frequency division multiplexing에 대한 설명으로 옳지 않은 것은?

① 이동통신에서는 5G 통신부터 적용되고 있다.
② 전송채널의 영향에 의한 심볼 간 간섭을 피하기 위해 시간영역의 보호구간이 필요하다.
③ 다수 부반송파 신호를 변복조하기 위하여 고속 푸리에변환 FFT : fast Fourier transform 알고리즘을 이용한다.
④ 단일반송파 변조방식에 비해 다중경로 페이딩에 강인한 특성이 있다.

L10.6 **【2021, 국가직 9급】** 정보신호 $s(t)$를 반송파 $A\cos(\omega_c t)$로 변조할 때, 변조방식에 따른 신호형식으로 옳지 않은 것은? (단, K_f와 K_p는 양의 상수, A는 반송파 진폭, ω_c는 반송파 각주파수이다.)

① 반송파 전송 양측파대 변조 DSB-TC : $[A+s(t)]\cos(\omega_c t)$
② 반송파 억압 양측파대 변조 DSB-SC : $As(t)\cos(\omega_c t)+\cos(\omega_c t)$
③ 주파수변조 FM : $A\cos\left[\omega_c t+K_f\int_{t_0}^{t} s(\tau)d\tau\right]$
④ 위상변조 PM : $A\cos[\omega_c t+K_p s(t)]$

L10.7 **【2020, 국가직 9급】** 낮은 주파수의 기저대역 신호를 멀리 보내기 위해 반송파의 진폭이나 주파수 또는 위상에 신호를 실어 보내는 기법은?

① 포매팅 ② 소스코딩 ③ 변조 ④ 채널코딩

L10.8 **【2020, 국가직 9급】** FM에서 기저대역 신호의 대역폭이 100[kHz]이고 최대 주파수 편이 frequency deviation가 75[kHz]일 때, 카슨 Carson 법칙에 의한 대역폭[kHz]은?

① 250 ② 300 ③ 350 ④ 400

L10.9 **【2020, 국가직 9급】** 어떤 현악기가 낼 수 있는 소리의 최대 주파수가 5[kHz]이다. 이 악기로 3분 20초 동안 연주된 곡을 에일리어싱 aliasing이 발생하지 않도록 표본화하고, 각 표본을 16비트로 변환하여 저장할 때 필요한 최소 데이터 용량[MByte]은?

① 3 ② 4 ③ 5 ④ 6

L10.10 **【2020, 국가직 9급】** 반송파 전송 양측파대[DSB-TC] 변조방식에 대한 설명으로 옳은 것만을 모두 고르면?

> ㄱ. 반송파 억압 양측파대[DSB-SC] 변조방식보다 전력효율이 낮다.
> ㄴ. 잔류측파대[VSB] 변조방식보다 좁은 채널 대역폭을 사용한다.
> ㄷ. 단측파대[SSB] 변조방식보다 넓은 채널 대역폭을 사용한다.

① ㄱ, ㄴ　　② ㄱ, ㄷ　　③ ㄴ, ㄷ　　④ ㄱ, ㄴ, ㄷ

L10.11 **【2020, 국가직 9급】** 10[ms] 동안 16-PSK 심벌 10개가 전송될 때, 보오율[baud]과 비트율[bps]은?

	보오율	비트율
①	1,000	2,000
②	1,000	4,000
③	2,000	4,000
④	2,000	8,000

L10.12 **【2020, 국가직 9급】** 코사인 함수로 표현되는 메시지 신호의 진폭이 4[V]이고 반송파의 진폭이 2[V]일 때, 상측 단측파대[SSB] 변조된 신호 진폭의 최댓값[V]은?

① 1　　② 2　　③ 3　　④ 4

L10.13 **【2020, 국가직 7급】** 4G LTE[Long-Term Evolution] 및 5G 이동통신시스템의 다중접속 기술로 사용되는 OFDMA[Orthogonal Frequency Division Multiple Access]에 대한 설명으로 옳은 것은?

① CDMA 방식에 비해 인접 셀 간의 간섭 영향이 적어 셀 간 간섭조정[inter-cell interference coordination] 절차가 필요 없다.
② CDMA 방식에 비해 상대적으로 낮은 PAPR[Peak-to-Average Power Ratio]를 가지므로 작은 백오프[back-off]를 갖는 전력 증폭기를 사용할 수 있다.
③ OFDMA 시스템에서는 각 사용자의 채널 품질을 고려하여 주파수 자원을 적응적으로 각 사용자에게 할당함으로써 전체 시스템의 처리율[throughput]을 증대할 수 있다.
④ OFDMA에서는 다수의 사용자가 주파수 자원을 나누어 데이터를 송수신하기 때문에 각 사용자 신호의 구분을 위해 직교 부호[orthogonal code]를 할당하여 사용한다.

L10.14 **【2020, 무선설비기사】** 상업용 FM 방송에서는 기저대역 신호의 대역을 15[kHz]~30[kHz]로 하고, 최대 주파수 편이를 $\Delta f = 75$[kHz]로 제한하고 있다. 전송대역폭을 각 채널당 200[kHz]로 할당하는 경우 FM 방송에서의 신호 대역폭은 얼마인가?

① 150[kHz] ② 160[kHz]
③ 180[kHz] ④ 200[kHz]

L10.15 **【2020, 전파전자통신기사】** 다음 중 대역확산 방법의 종류가 아닌 것은?

① 직접확산 DS-SS : Direct-Sequence Spread Spectrum
② 주파수 호핑 대역확산 FH-SS : Frequency-Hopping Spread Spectrum
③ 시간 호핑 대역확산 THSS : Time-Hopping Spread Spectrum
④ 부호 분할 대역확산 CDSS : Code Division Spread Spectrum

L10.16 **【2019, 국가직 9급】** 직교 주파수 분할 다중화 OFDM 전송방식에 대한 설명으로 옳지 않은 것은?

① PAPR Peak-to-Average Power Ratio 이 높아 송신기의 전력효율이 낮아진다.
② 인접심벌 간 간섭을 제거하기 위해 보호구간 guard interval 을 추가한다.
③ 전송할 직렬 스트림 형태의 입력데이터를 병렬데이터 스트림으로 나누어 각각에 부반송파를 할당한다.
④ 직교성이 유지되기 위해 각 부반송파의 주파수 스펙트럼이 중첩되지 않아야 한다.

L10.17 **【2019, 국가직 7급】** 아날로그 변조의 대표적 방식인 진폭변조에 대한 설명으로 옳지 않은 것은?

① 양측파대 변조의 두 개의 측파대 중에서 하나의 측파대만 전송해도 전송 신호에서 정보의 손실은 발생하지 않는다.
② 양측파대 전송 반송파 변조 Double Side Band Transmitted Carrier 의 경우 포락선 검파에 의한 간단한 복조도 가능하다.
③ 양측파대 중 원하지 않는 측파대를 완전히 제거하여 전송하는 방식을 잔류측파대 변조 Vestigial Side Band 라 한다.
④ 단측파대 변조 Single Side Band 는 양측파대 변조방식에 비해 절반의 대역폭만 사용한다.

L10.18 **【2019, 국가직 7급】** 각각의 그림과 설명이 나타내는 다중접속방식을 바르게 나열한 것은?

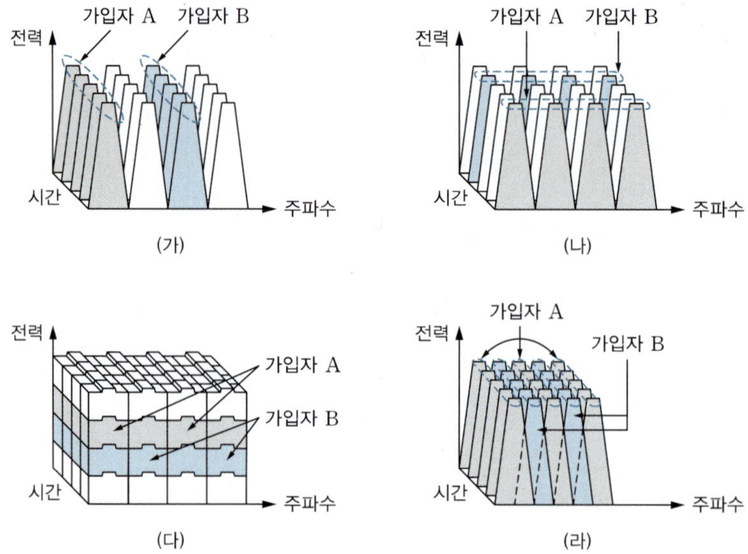

[그림 10-33]

(가) 가입자에게 겹치지 않는 서로 다른 주파수 대역을 배정
(나) 가입자에게 겹치지 않는 서로 다른 시간 슬롯을 배정
(다) 두 가입자가 시간과 주파수를 공유하며, 직교하는 코드를 서로 다른 전력으로 전송
(라) 주파수 대역에서 가입자 간 부채널이 중첩되지만, 직교성을 유지하는 서로 다른 부채널을 하나 이상 배정하며, 동일 시간에 여러 가입자에게 전송

	(가)	(나)	(다)	(라)
①	TDMA	FDMA	CDMA	OFDMA
②	TDMA	FDMA	OFDMA	CDMA
③	FDMA	TDMA	CDMA	OFDMA
④	FDMA	TDMA	OFDMA	CDMA

L10.19 **【2019, 국가직 7급】** 진폭이 작은 신호에 대해 양자화 quantization 잡음을 줄이는 방법으로 옳지 않은 것은?

① 양자화 비트 수를 늘린다.
② 등화 equalization 기법을 적용한다.
③ 압신 companding 기법을 적용한다.
④ 비균일 양자화 기법을 적용한다.

L10.20 【2019, 국가직 7급】 디지털 통신의 비트율과 심볼률에 대한 설명으로 옳지 않은 것은?

① 비트 폭 bit duration 이 20[μs]인 통신시스템의 비트율은 50[kbps]이다.

② 어떤 8-PAM 통신에서 메시지 신호의 대역폭이 3[kHz]일 때, 이 통신시스템의 심볼간 간섭 ISI 이 없도록 하는 최소 비트율은 18[kbps]이다.

③ 한 영문자를 8비트로 표현하여 전송하는 QPSK 통신시스템에서 초당 2,000개의 영문자를 전송할 때, 이 통신시스템의 심볼률은 4000[symbols/s]이다.

④ 초당 14,400개로 표본화한 신호를 256-단계 균일 양자화 uniform quantization 방식으로 부호화하여 전송할 때, 이 통신시스템의 비트율은 115.2[kbps]이다.

L10.21 【2019, 국가직 7급】 코드분할 다중접속 CDMA 시스템의 특징으로 옳지 않은 것은?

① 사용자 간 PN 코드의 비트열이 상이하므로 통신 보안이 제공된다.

② 대역확산 CDMA의 경우 처리 이득 processing gain 을 얻을 수 있다.

③ CDMA 신호는 넓은 주파수 대역으로 신호를 확산시켜 전송하므로 협대역 전파 방해에 강하다.

④ 피크대평균 전력비 peak-to-average power ratio 가 높아 출력신호가 왜곡된다.

L10.22 【2019, 전파전자통신기사】 동기식 CDMA Code Division Multiple Access 방식에서 확산된 대역폭이 확산 신호전 대역폭의 100배일 경우 확산처리이득 Processing Gain 은 약 얼마인가?

① 10[dB] ② 20[dB] ③ 30[dB] ④ 40[dB]

L10.23 【2018, 국가직 9급】 아날로그 변조방식에 대한 설명으로 옳지 않은 것은?

① 광대역 FM 방식의 점유 대역폭이 AM 방식보다 넓다.

② FM 방식이 AM 방식보다 잡음 세기에 대한 영향이 적다.

③ FM 방식에서 변조지수가 증가하면 FM 신호의 평균전력도 증가한다.

④ AM 방식에서 변조지수가 1보다 큰 경우 과변조되었다고 말한다.

L10.24 【2018, 국가직 9급】 펄스변조에 대한 설명으로 옳지 않은 것은?

① 표본화된 신호로부터 원래의 신호를 복원하기 위해서는 저역통과 필터가 필요하다.

② 펄스진폭변조(PAM)를 구현하는 방법으로 sample-and-hold 방식이 있다.

③ 표본화 정리에 따라 나이키스트 표본화 주파수는 메시지 신호의 최대 주파수의 2배이다.

④ 균일 양자화를 사용하는 PCM에서 양자화 비트 수가 1비트 증가하면 신호대양자화 잡음비는 3[dB] 증가한다.

L10.25 **【2018, 국가직 9급】** AWGN 채널에서 채널 대역폭이 15[kHz]이고 신호대 잡음비 S/N비가 31인 경우 이론적으로 구한 채널용량[kbps]은?

① 15 ② 46 ③ 75 ④ 90

L10.26 **【2018, 국가직 9급】** 진폭변조에 대한 설명으로 옳지 않은 것은?

① 반송파 억압 양측파대 DSB-SC 변조방식은 동기 복조기를 사용한다.
② 반송파 전송 양측파대 DSB-TC 변조방식은 반송파 억압 양측파대 DSB-SC 방식에 비해 송신전력 효율이 떨어진다.
③ 잔류측파대 VSB 변조방식에서 신호의 대역폭은, 단측파대 SSB 방식보다 크고 양측파대 DSB 방식보다 작다.
④ 단측파대 SSB 변조방식은 대역폭을 적게 차지하므로 영상신호를 전송하는 데 유리하여 TV 방송에서 주로 사용된다.

L10.27 **【2018, 국가직 9급】** FM 방식에 대한 설명으로 옳은 것은?

① FM 신호의 대역폭은 항상 메시지 신호 대역폭의 2배이다.
② 주파수 편이는 반송파 주파수에 따라 결정된다.
③ FM 변조지수는 메시지 신호의 대역폭과는 무관하다.
④ 광대역 FM 신호를 생성하기 위한 간접 FM 방식은 주파수 체배기를 사용한다.

L10.28 **【2018, 국가직 9급】** 셀룰러 이동통신에 대한 설명으로 옳지 않은 것은?

① 기지국에서 단말기로의 통신 채널을 하향 링크라고 한다.
② 지향성 안테나를 사용하여 셀을 섹터로 분할하면 동일채널 간섭이 감소한다.
③ 주파수 재사용은 거리가 먼 기지국 간에 동일 주파수를 사용하는 기술을 말한다.
④ 단말기 대 단말기 간 직접적인 무선통신을 기반으로 한다.

L10.29 **【2018, 국가직 7급】** 한 개의 정현파 메시지 신호를 FM 변조하여 송신할 때, 복조신호의 S/N signal-to-noise ratio 에 영향을 주지 않는 것은?

① 변조지수
② 메시지 신호의 진폭
③ 메시지 신호의 초기 위상
④ 메시지 신호의 주파수

L10.30 **【2018, 국가직 7급】** 양측파대 억압 반송파DSB-SC 변조에서 메시지 신호가 $m(t)=\cos(2000\pi t)+2\cos(4000\pi t)$이고 반송파 신호가 $c(t)=50\cos(2\pi f_c t)$일 때, 변조된 신호의 상측파대upper sideband 스펙트럼 신호 성분으로 옳은 것은? (단, $f_c=1$[MHz]이다.)

① $25\cos[2\pi(f_c+1000)t]+50\cos[2\pi(f_c+2000)t]$
② $25\cos[2\pi(f_c-1000)t]+50\cos[2\pi(f_c-2000)t]$
③ $50\cos[2\pi(f_c+1000)t]+100\cos[2\pi(f_c-1000)t]$
④ $50\cos[2\pi(f_c-1000)t]+100\cos[2\pi(f_c-2000)t]$

L10.31 **【2018, 국가직 7급】** 300[Hz]와 10[kHz]인 정현파 신호를 각각 변조지수 β_1과 β_2로 FM 변조하였을 때, 변조된 신호의 최대 주파수 편이는 60[kHz]로 모두 같았다. 이때 $(\beta_1-\beta_2)$의 절댓값은?

① 200　　② 198
③ 196　　④ 194

L10.32 **【2018, 국가직 7급】** 다음의 FM 변조된 신호 $s(t)$의 대역폭[Hz]은? (단, 카슨의 법칙Carson's rule을 이용한다.)

$$s(t)=10\cos[4000\pi t+3\sin(200\pi t)-4\cos(200\pi t)]$$

① 600　　② 1,000
③ 1,200　　④ 2,200

L10.33 **【2017, 국가직 9급】** 다음 변조방식 중 가장 좁은 대역폭을 차지하는 것은?

① VSBVestigial Sideband
② SSBSingle Sideband
③ DSB-SCDouble Sideband-Suppressed Carrier
④ DSB-TCDouble Sideband-Transmitted Carrier

L10.34 **【2017, 국가직 9급】** 최대 가청 주파수가 3[kHz]인 오디오 신호를 FM 변조할 경우, 주파수 편이가 5[kHz]일 때 일반화된 칼슨Carson의 법칙에 따른 전송 대역폭[kHz]은?

① 4　　② 8
③ 12　　④ 16

L10.35 **【2017, 국가직 9급】** 펄스변조에 대한 설명으로 옳지 않은 것은?

① PAM에서 유지회로 holding circuit 는 일정한 폭의 펄스를 생성한다.
② PPM은 표본화 순간의 메시지 신호에 따라 펄스의 위치를 변경한다.
③ PWM은 음의 표본값을 갖는 메시지 신호에는 적용이 불가능하다.
④ PAM은 표본화 순간의 메시지 신호에 따라 펄스의 높이를 변경한다.

L10.36 **【2017, 국가직 9급】** 단일 반송파 변조와 비교되는 다중 반송파 변조의 특징으로 옳지 않은 것은?

① 더 긴 심벌시간으로 동일한 전송률을 달성할 수 있다.
② PAPR Peak-to-Average Power Ratio 이 낮다.
③ 주파수 선택적 페이딩을 평탄 flat 페이딩으로 근사화할 수 있다.
④ 다중 경로로 인한 심벌 간 간섭의 영향이 더 작다.

L10.37 **【2017, 국가직 7급】** 대역폭이 3[kHz]로 대역 제한 Band Limited 된 10개의 기저대역 Baseband 음성신호를 1[kHz]의 채널 간 보호대역 Guard Band 을 고려하여 FDM하려고 한다. 변조방식으로 양측파대 DSB : Double Side Band 를 사용할 때, 변조 후 FDM된 신호의 대역폭[kHz]은?

① 30 ② 39 ③ 60 ④ 69

L10.38 **【2015, 국가직 9급】** 그림과 같이 진폭변조된 신호의 변조지수는?

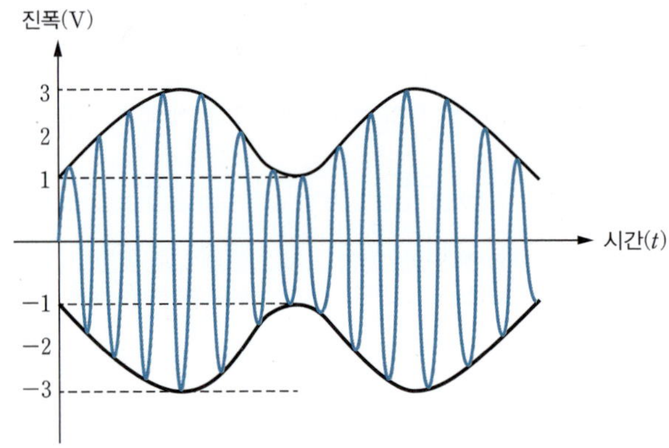

[그림 10-34]

① 0.2 ② 0.5 ③ 0.7 ④ 0.8

L10.39 **【2015, 국가직 9급】** PCM Pulse Code Modulation 에 대한 설명으로 옳지 않은 것은?

① 과표본화 Oversampling 란 최소 표본화 주파수보다 더 높은 주파수를 사용하여 표본화를 수행하는 것이다.

② 표본화 과정의 결과를 PPM Pulse Position Modulation 이라 한다.

③ 양자화 Quantization 레벨 수가 많을수록 근사화오차가 작아지므로 양자화 잡음은 작아진다.

④ 32개의 레벨수로 양자화된 것을 부호화할 때 표본당 할당되는 비트의 수는 5이다.

L10.40 **【2014, 국가직 9급】** 샤논 Shannon 의 채널용량 이론에 대한 설명으로 옳지 않은 것은?

① 채널용량은 SNR과 채널대역폭의 함수이다.

② 채널대역폭이 2배 증가하면 채널용량은 2배 증가한다.

③ SNR이 0[dB]일 때 단위 주파수당 채널용량은 1[bits/sec/Hz]이다.

④ SNR이 2배 증가하면 채널용량은 2배 증가한다.

기출문제 답

L10.1 ②	L10.2 ②	L10.3 ③	L10.4 ③	L10.5 ①	L10.6 ②	L10.7 ③	L10.8 ③
L10.9 ②	L10.10 ②	L10.11 ②	L10.12 ④	L10.13 ④	L10.14 ③	L10.15 ④	L10.16 ④
L10.17 ③	L10.18 ①	L10.19 ①	L10.20 ②	L10.21 ④	L10.22 ②	L10.23 ③	L10.24 ④
L10.25 ③	L10.26 ④	L10.27 ④	L10.28 ④	L10.29 ④	L10.30 ③	L10.31 ④	L10.32 ①
L10.33 ②	L10.34 ④	L10.35 ③	L10.36 ②	L10.37 ②	L10.38 ②	L10.39 ②	L10.40 ④

m.e.m.o

Chapter 11

무선통신 시스템

Wireless Communication Systems

학습목표

- 마이크로파 및 무선을 이용한 다양한 응용서비스로, 방송, 무선링크, 무선 LAN, 이동통신, 무선항법, GPS, 원격탐사, 전파천문, 산업응용 그리고 전자전과 관련한 내용을 살펴본다.
- 각 응용서비스의 개념과 동작원리 등을 이해한다.

앞서 1.4절에서 요약한 바와 같이, 마이크로파 및 RF 등과 같은 무선을 이용한 응용 분야는 매우 다양하다. 그중에서도 무선통신이 가장 중요하다고 할 수 있다. 무선통신은 방송, 위성통신, 무선 LAN, 그리고 이동통신 등을 포함하며, GPS와 레이다를 이용한 무선항법, 센서 응용, 원격탐사, 전파천문 분야에도 활용된다. 전파로 인한 열발생 heating 현상을 이용하여 의료 및 산업 분야에서 센서로 사용되기도 한다.

11.1 방송

방송 broadcasting 은 라디오나 TV로 각종 정보 또는 오락 콘텐츠 등을 대중에게 제공하는 것을 의미한다. 송신국은 지상이나 위성에 위치하며, 방송에 사용되는 주파수 대역은 [표 11-1]과 같다. 아날로그 라디오 송신을 위해서는 MF, HF 대역에서 진폭변조를 하며, VHF 대역에서 주파수 변조를 한다. 아날로그 TV의 경우, 영상신호를 전송하기 위해서는 VSB 변조를 사용하고, 음성신호를 전송하기 위해서는 디지털 QPSK 또는 아날로그 FM을 사용한다. HF 대역 이하에서는 전리층의 반사나 표면파 surface wave 를 이용하여 전파를 먼 거리까지 전달할 수 있다. VHF 대역이나 그보다 높은 주파수에서 전파를 전송하기 위해서는 송신기와 수신기 사이에 LOS Line of Sight 의 조건이 필요하다.

현재의 방송은 아날로그 전송에서 디지털 변조된 전송으로 전송방식이 발전하고 있다. 디지털 전송기술은 전파 스펙트럼을 좀 더 효율적으로 사용할 수 있고, 수신기가 이동하는 중에도 우수한 음질과 고품질의 화질 수신이 가능하며, 신호에 다양한 부가서비스를 추가할 수 있다는 장점이 있다. 국내의 디지털 멀티미디어 방송 DMB : Digital Multimedia Broadcasting 은 디지털 영상 및 오디오 방송을 전송하는 기술로, 휴대전화, MP3, PMP 등의 휴대용 기기에서 텔레비전, 라디오, 데이터방송을 수신

[표 11-1] 대한민국 방송용 주파수

대역	주파수	용도	채널 간격
MF	526.5 ~ 1606.5 [kHz]	AM 라디오	10 [kHz]
HF	5950 ~ 26100 [kHz]	단파방송	10 [kHz]
VHF	88 ~ 108 [MHz]	FM 라디오	200 [kHz]
	54 ~ 72 [MHz]	TV(Ch. 2 ~ 4)	6 [MHz]
	76 ~ 88 [MHz]	TV(Ch. 5 ~ 6)	6 [MHz]
	174 ~ 216 [MHz]	지상파 DMB	6 [MHz]
UHF	470 ~ 698 [MHz]	지상파 디지털TV(ATSC)	6 [MHz] (7, 8 [MHz] 확장 가능)
	698 ~ 710 [MHz] 753 ~ 771 [MHz]	UHDTV 5개 채널	30 [MHz]
SHF	11.7 ~ 12.2 [GHz]	위성방송	방송 중계기(300 [MHz]) 통신용 중계기(200 [MHz])
	21.4 ~ 22.0 [GHz]	HDTV 전송용	

할 수 있는 이동용 멀티미디어 방송의 목적으로 개발되었다. 이 기술은 유럽의 디지털 오디오 방송 DAB : Digital Audio Broadcasting 기술을 대한민국에 적용한 것이다.

DAB는 디지털 라디오 전송을 위한 유럽의 표준으로, 신호 에러를 줄이기 위해 정보가 효과적으로 코딩된 COFDM Coded Orthogonal Frequency Division Multiplex 을 사용한다. 정보비트들은 다수의 직교반송파에 실려 차동 QPSK DQPSK : Differential QPSK 를 사용하여 변조된다. 1536개의 반송파를 가진 신호는 약 1.5 [MHz]의 대역폭을 가지는데, 예를 들어 6개의 스테레오 프로그램 또는 18개의 음성 프로그램을 전송할 수 있다.

디지털 비디오 방송 DVB : Digital Video Broadcasting 은 디지털 TV 방송에 대한 표준이다. 마찬가지로 COFDM을 사용하며, 최대 반송파는 6817개로 QPSK, 16QAM, 64QAM 등을 변조 방법으로 사용한다. 8 [MHz] 대역에 4~5개의 TV 프로그램이 할당된다. COFDM의 경우 반송파가 많기 때문에 각 반송파의 심볼률은 낮고 심볼주기가 길다. 따라서 다중경로에 덜 민감하고 모든 동기화된 송신기들이 같은 주파수를 사용하는 단일 주파수 네트워크 SFN : Single Frequency Network 를 사용할 수 있다.

11.1.1 방송위성

방송을 전송하는 플랫폼으로 위성 satellite 을 사용할 수도 있다. 위성에 탑재된 송신기 하나로 한 국가를 커버할 수도 있다. 방송이나 다른 위성들은 대부분 적도상공 35,800 [km] 높이인 정지위성궤도 GEO : Geosynchronous Earth Orbit 에 위치하며, 지구 자전주기와 동일한 회전주기를 갖는다. 그러면 지구 위 사용자가 보기에는 위성이 고정되어 있는 것처럼 보이므로 지구를 향하는 안테나도 고정된 것으로 본다. 물론 위성의 위치는 중력장에서 생기는 방해로 인해 계속 수정된다.

방송위성서비스BSS : Broadcasting Satellite Service 위성은 유럽에서는 하향링크downlink 11.7 ~ 12.5[GHz]로 송신한다. 고정위성서비스FSS : Fixed Satellite Service는 10.7 ~ 11.7[GHz]와 12.5 ~ 12.75[GHz] 대역으로 라디오와 TV 프로그램을 송신한다. 11.7 ~ 12.5[GHz] 대역은 채널대역폭이 27[MHz]인 40개의 채널을 가지며, 19.18[MHz]의 간격으로 분리되어 있고 서로 직교편파특성을 가진다. BSS 위성은 원형편파인 전파를 송신하고, FSS 위성들은 선형편파인 전파를 송신한다. 아날로그 TV 프로그램들은 주파수 변조되어 있으며, 디지털 변조된 TV 프로그램들은 27[MHz] 대역에 맞춰져 있다. 프로그램들은 상향링크uplink 대역으로 17.3 ~ 18.1[GHz]를 이용해 방송위성으로 송신되며, FSS 위성들은 14.0 ~ 14.5[GHz]를 사용한다. 최근 12[GHz] 대역이 혼잡하기 때문에 20[GHz] 대역의 하향링크와 30[GHz]의 상향링크 주파수 대역도 방송용으로 쓰이고 있다.

방송위성은 안테나와 트랜스폰더transponder로 구성되어 있으며, 트랜스폰더는 저잡음 수신기, 주파수 변환을 위한 믹서와 발진기, 그리고 전력증폭기로 구성된다. 고장에 대비한 신뢰성을 높이기 위해 트랜스폰더는 병렬로 구성되어 어느 하나가 문제가 되었을 때 대체할 수 있다. 송신전력은 보통 100[W] 정도이며, 수신용으로 직경 0.5[m]의 접시 안테나를 사용한다. 위성안테나의 빔은 서비스 영역에 따라 형상이 정해진다.

11.2 무선링크

무선링크는 고정된 지상의 두 지점을 무선으로 연결하는 통신 링크로 무선중계radio-relay, 국간중계, 혹은 M/W microwave 중계 등으로 점 대 점, 점 대 다점, 다점 대 다점multipoint-to- multipoint 통신을 포함한다. [그림 11-1]은 중계기를 이용한 점 대 점 무선링크와 무선중계에 의한 도시 간 무선링크를 나타냈다.

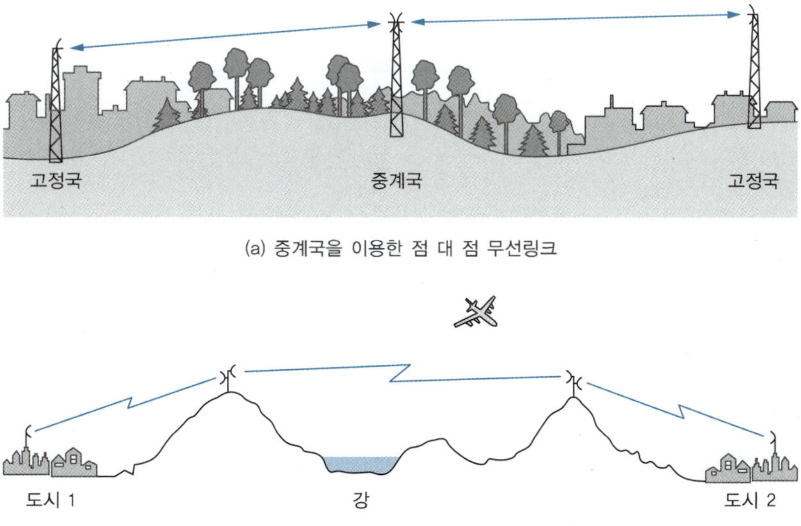

[그림 11-1] 무선링크의 적용

기존의 고정업무 서비스인 자가통신, 방송중계, 통신사업, 국간중계 등의 다양한 용도를 '무선 전송링크'로 통합하여 통신 및 방송 사업자와 국가기관이나 자치단체 등이 지정된 주파수 대역을 활용할 수 있다. 무선전송링크Fixed Wireless System로서 점 대 점 지상 고정 무선링크는 [그림 11-2]와 같은 대역을 사용한다. 2[GHz] 대역 이하는 주로 이동통신mobile communication으로 사용되고, 10[GHz] 이하에서는 지구의 곡률과 마스트mast의 높이(주로 60 ~ 80[m])의 제한 때문에 50[km] 간격으로 중계가 제한된다. 10[GHz] 이상의 주파수 대역에서는 대기감쇠, 특히 강우감쇠 때문에 무선국 간 이격거리가 제한된다. 예를 들어, 23[GHz]에서는 최대 이격거리가 약 10[km] 정도이며, 58[GHz]에서는 약 1[km] 정도이다.

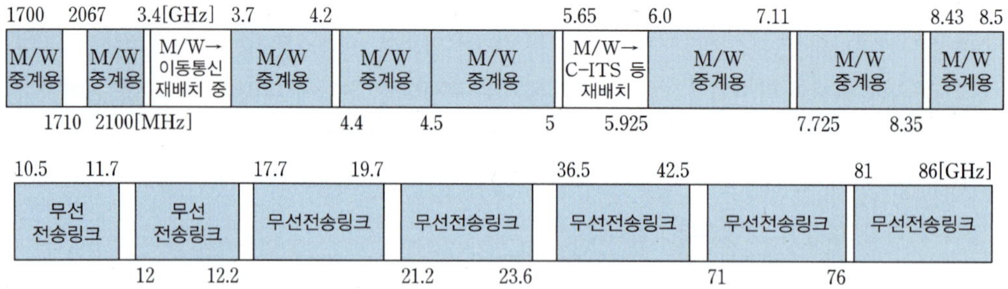

[그림 11-2] **무선링크 주파수 대역**

무선링크의 고정국은 [그림 11-3]에 나타낸 바와 같이 구성된다. 안테나는 마스트 또는 타워에 설치되며, 기저대역baseband과 RF 송수신기를 통해 음성과 데이터를 주고받는다.

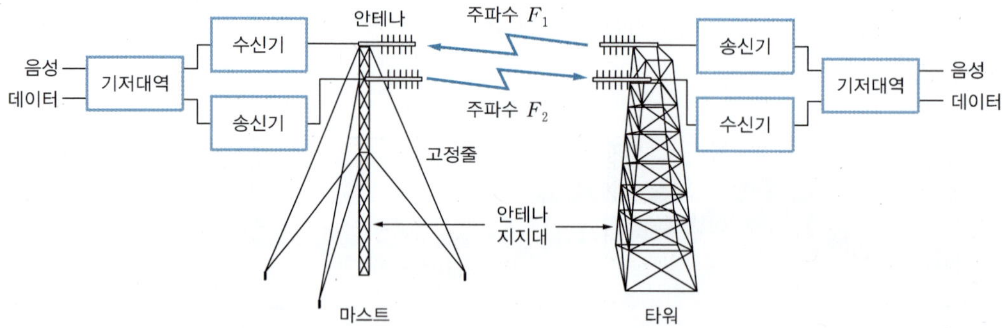

[그림 11-3] **무선링크 시스템 구성**

무선링크 시스템은 전송의 신뢰성이 중요하다. 따라서 과도한 전파손실이 생기지 않도록 무선국 사이의 첫 번째 **프레넬**Fresnel **타원** 내에는 장애물이 없어야 한다. 프레넬 타원은 [그림 11-4]와 같이 LOS 환경에서 직접파와 반사파 등으로 이루어진 전파들이 손실 없이 전달되기 위한 최소 영역이다. 전파하는 신호의 파장이 λ일 때, n번째 프레넬 영역의 반경 r은 다음과 같이 주어진다.

$$r = \sqrt{\frac{n \cdot \lambda \cdot d_1 \cdot d_2}{D}} \tag{11.1}$$

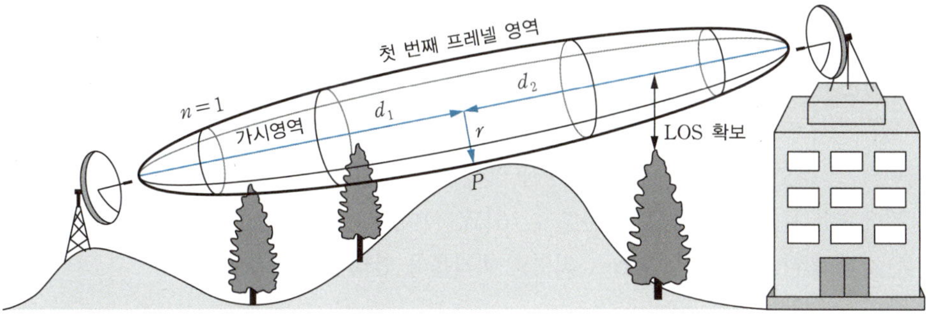

[그림 11-4] 전파의 프레넬 영역

무선국의 안테나 높이는 지구 표면의 곡률, 무선국 간 지형, 전파의 굴절효과 등을 고려해야 하며, 링크버짓을 계산할 때도 강우감쇠나 전파의 굴절효과 등을 반영해야 한다. 다중경로 전파 효과를 줄이기 위해서는 다이버시티 기술을 사용할 수 있다. 무선국 안테나는 보통 파라볼라 반사판을 사용하며, 밀리미터파 영역에서는 높이가 낮은 안테나를 사용할 수도 있다. 반치전력^{HPBW}은 보통 $1 \sim 3°$ 정도이며, 악천후와 같은 기후에도 견딜 수 있도록 레이돔을 사용한다. 중계국은 트랜스폰더를 갖는데, 연속적인 중계에도 서로 간섭을 일으키지 않도록 주파수를 변화시킨다. 무선링크는 아날로그나 디지털전송이 가능한데, 아날로그 무선링크는 FDM을 사용하고, 디지털 무선링크는 TDM을 사용한다. 디지털 무선링크의 표준용량은 2, 8, 34, 140, 155[Mbps]이거나 이 비트율의 배수로 주어진다. 2[Mbps] 신호는 64[kbps]를 갖는 32개 채널로 구성된다. 10[GHz] 이하에서 낮거나 보통의 용량(< 34[Mbps])을 가진 장거리$^{\text{long-haul}}$ 링크는 QPSK 변조를 사용한다. 고용량 링크일 때는 16QAM이나 64AQM과 같은 훨씬 복잡한 변조방법을 사용해야 한다. 10[GHz] 이상의 단거리$^{\text{short-haul}}$ 링크의 변조방법은 4상 편이변조$^{\text{4FSK : 4-state Frquency Shift Keying}}$를 사용한다.

11.2.1 위성 무선링크

위성에 있는 무선국이 정지궤도$^{\text{geostationary orbit}}$에 위치한다면, 3개의 위성으로 극지방을 제외한 지구 전체를 커버할 수 있다. 정지궤도는 인공위성의 주기가 지구의 자전주기와 같아서 지구에서 바라볼 때 항상 정지되어 있는 것처럼 보인다. 정지궤도는 통신위성·방송위성·기상위성 등의 궤도로 많이 이용되고 있다. 다만, 정지궤도 내에 실용위성들이 서로 가까이 있을 때는 전파의 간섭과 같은 기술적인 문제가 생기므로 인공위성 수도 제한된다.

1964년 설립된 국제통신위성위원회$^{\text{INTELSAT : International Telecommunications Satellite Organization}}$는 상업통신위성 서비스 공급자로 2001년 민영화되었으며, 50여 개의 위성을 운용 중이다. INTELSAT의 정지궤도위성은 대서양, 인도양, 태평양 등에 위치하며 음성, 데이터, 인터넷, 영상 트래픽 등을 중계한다. 첫 번째 정지궤도 통신위성인 INTELSAT-1은 1965년에 궤도에 놓였으며, 50[MHz]의 대역폭으로 240개의 음성채널과 1개의 TV 채널 용량을 가졌다. [그림 11-5]에 33,000개의 음성채널과 4개의 TV 채널 용량을 갖는 INTELSAT-6를 나타냈는데, 3.3[GHz]의 대역폭을 갖는 50개의 트랜스폰더를 갖고 있다.

안테나 시스템은 하향링크 4[GHz]와 상향링크 6[GHz]의 반사판 안테나와 위성으로부터 지구를 커버할 수 있는 4 ~ 6[GHz] 대역의 혼안테나를 가지고 있다. 두 개의 조향이 가능한 14/11[GHz] (상향/하향링크) 스폿 안테나들과 두 개의 전방향 안테나가 원격측정 telemetry 과 제어신호를 전송하기 위해 사용된다. 4[GHz] 빔의 송신전력은 5 ~ 15[W]이며, 11[GHz]스폿 빔은 20 ~ 40[W]의 송신전력을 갖고 있다. 지상국은 30[m] 직경의 파라볼라 안테나를 사용한다.

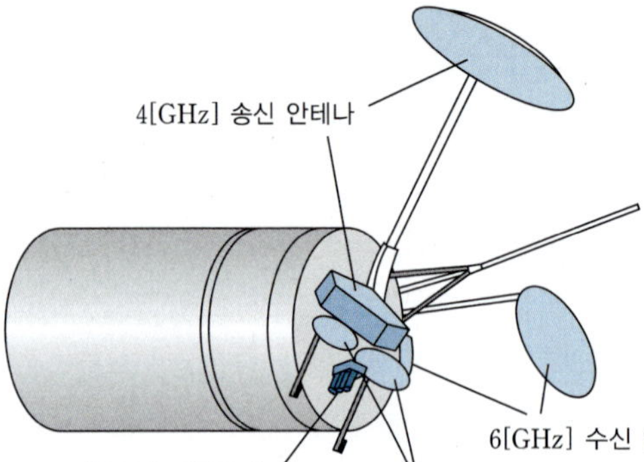

[그림 11-5] INTELSET-6 위성

11.3 무선 LAN 및 이동통신

최근에 다양한 무선 네트워크 기술이 개발되고 있으며 우리 생활 속에서 필수적인 도구로 자리 잡아가고 있다. 그중에서 **무선 LAN** WLAN : Wireless Local Area Network 은 노트북 컴퓨터, 스마트폰 등을 이용하여 100[m] 이내의 근거리에서 인터넷에 접속할 수 있어 각광받으며 위치기반기술과 연계되어 다양한 서비스가 이루어지고 있다. 또한 무선통신의 이동성을 활용하여 음성이나 영상, 데이터 등을 장소에 구애받지 않고 통신할 수 있게 해준 이동통신기술이 최근 30년 동안 비약적으로 발전해왔다.

11.3.1 무선 LAN

무선 LAN WLAN : Wireless Local Area Network 은 유선 LAN을 대체하거나 확장하여 사용되는 데이터통신 시스템이다. 상대적으로 더 넓은 면적을 커버하는 무선네트워크를 무선 광역 통신망 WWAN : Wireless Wide Area Network 또는 무선 도시권 통신망 WMAN : Wireless Metropolitan Area Network 이라고 하며, 더 적은 면적을 커버하는 네트워크를 단거리 무선망 WPAN : Wireless Personal Area Network 이라고 한다. 무선 LAN 은 [표 11-2]와 같이 IEEE 802.11 표준을 기반으로 하며 와이파이 Wi-Fi : wireless fidelity 라고도 한다.

IEEE 802.11은 2.4 ~ 2.4835 [GHz] 주파수 대역에서 동작하면서 최대 2 [Mbps]의 데이터 속도를 제공하고, 직접 시퀀스 확산 스펙트럼DSSS, 주파수 호핑 확산 스펙트럼FHSS 등의 변조방식을 사용한다. IEEE 802.11a 시스템은 6 ~ 54 [Mbps]의 데이터 속도를 제공하는 OFDM을 사용하며, IEEE 802.11b는 초기 802.11b 사양의 1 또는 2 [Mbps]의 데이터 속도를 제공하며, 상보적 코드 변조CCK : Complementary Code Keying를 통해 6.6 [Mbps] 및 11 [Mbps]의 전송속도를 제공한다. IEEE 802.11ah의 경우는 저전력 특성을 가지며 900 [MHz] 대역 사용으로 통신거리가 확장되는 장점을 갖는다. IEEE 802.11b/g/n은 2.4 [GHz] 대역을 사용하며, a/n은 5 [GHz]의 ISMIndustrial, Scientific, and Medical 대역을 사용한다.

[표 11-2] IEEE 802.11의 종류

표준	주파수 대역	대역폭	변조 방식	채널 구조	최대 비트율	동작 범위
802.11	2.4 [GHz]	20 [MHz]	BPSK	DSSS, FHSS	2 [Mbps]	20 [m]
b	2.4 [GHz]	21 [MHz]	BPSK, QPSK, CCK	DSSS	11 [Mbps]	100 [m]
a	5 [GHz]	22 [MHz]	BPSK, QPKS, 16QAM, 64QAM	OFDM	54 [Mbps]	100 [m]
g	2.4 [GHz]	23 [MHz]	BPSK, QPKS, 16QAM, 64QAM	DSSS, OFDM	54 [Mbps]	100 [m]
n	2.4 [GHz] 5 [GHz]	24[MHz] / 40 [MHz]	BPSK, QPKS, 16QAM, 64QAM	OFDM	600 [Mbps]	100 [m]
ah	900 [MHz]	1, 2, 4, 8, 16 [MHz]	~256QAM	SC, OFDM	80 [Mbps]	1 [km]
ax	2.4 [GHz] 5 [GHz]	20, 40, 80, 160 [MHz]	1024-QAM	OFDM OFDMA	9.6 [Gbps]	100 [m]

[그림 11-6]에 무선 LAN 중 IEEE 802.11a의 슈퍼헤테로다인 송신기와 수신기의 예를 나타냈다. [그림 11-6(a)]는 송신기 구조를 보여주는데, DAC를 통해 기저대역 디지털 비트가 전달되면 I 및 Q 아날로그 기저대역 신호가 생성되며, 저역 통과 필터를 통과시켜 DAC로 인한 고주파 엘리어싱을 제거한다. 필터링된 I 및 Q 신호는 1.28 [GHz]에서 LO 신호로 실행되는 직교 상향변환 믹서로 전달된 다음 함께 결합되어 IF(1.28 [GHz])에서 단일측파대 변조신호를 생성한다. 그럼 다음 대역 통과 필터를 거쳐 스퓨리어스 신호를 줄이며, 필터를 통과한 신호는 RF 믹서를 통해 4.9 ~ 5.805 [GHz]의 RF 신호를 생성한다. 그런 다음 전력증폭기를 거쳐 안테나를 통해 신호를 전달한다. [그림 11-6(b)]는 수신기로 신호는 안테나에서 수신된 후 저잡음 증폭기LNA의 감도저하를 방지하기 위해 모든 대역 외 간섭 요인과 이미지 신호를 방지하기 위한 대역 통과 세라믹 필터 또는 SAW 필터로 전달된다. LNA에 의해 증폭된 신호는 이미지 제거 및 대역 통과 필터를 거쳐 RF 믹서로 전달된다. 이 신호는 1280 [MHz]의 IF로 변환된 후 기저대역 신호로 변환된다.

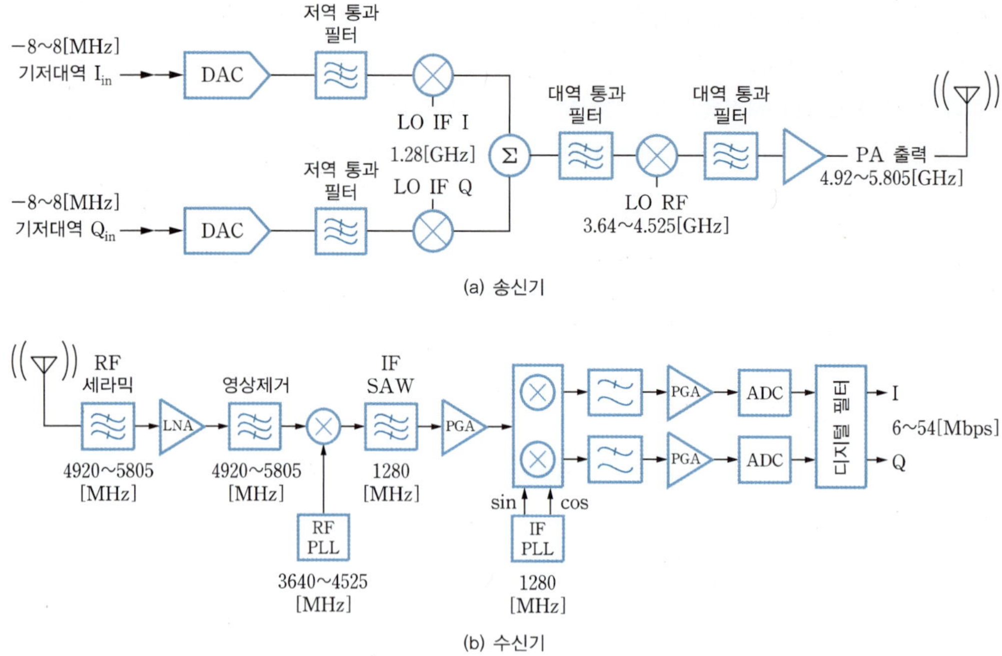

[그림 11-6] 무선 LAN의 송수신기(IEEE 802.11a)

ISM 대역은 약한 전계강도로 산업, 과학, 의료용 기기에 사용하기 위해 지정된 비면허 주파수 대역이다. ITU-R에서는 ISM 대역으로 13.553 ~ 13.567[MHz], 26.975 ~ 27.283[MHz], 40.66 ~ 40.70[MHz], 433.05 ~ 433.79[MHz](1지역, 유럽과 아프리카 등), 902 ~ 928[MHz](2지역, 북미 및 남미지역), 2.4 ~ 2.48[GHz], 5.725 ~ 5.875[GHz], 24 ~ 24.25[GHz], 61 ~ 61.5[GHz], 122 ~ 123[GHz], 244 ~ 246[GHz] 등을 지정하고 있다. 그러나 일부 지역에서는 ITU-R에서 지정한 ISM 대역이 포함되지 않기도 한다. 3지역(아시아, 오세아니아)에 속한 우리나라의 경우 433[MHz]와 902[MHz] 대역은 ISM 대역이 아니다.

따라서 ISM 대역을 통신 주파수 대역으로 사용하여 허가 및 신고가 필요 없는 소출력 무선기기들이 많이 사용되고 있다. 다만, 이 주파수 대역을 사용하는 통신장비는 ISM 기기들과 이 대역을 사용하는 통신장비 간에 간섭을 용인한다는 조건에서 사용할 수 있다. 그러려면 저전력 송신기를 사용해야 하며, 다른 무선기기들과의 간섭을 줄이기 위해 DSSS와 FHSS와 같은 스펙트럼 확산기술이 사용된다(10.5절 참조). 특히 2.4[GHz] 대역은 무선 LAN, IEEE 802.15.1의 블루투스[bluetooth], 전파식별[RFID] 등 다양한 근거리 무선통신에 사용된다. IEEE 802.15는 일반적으로 무선 개인 영역 네트워크 또는 WPAN이라고 하며, [표 11-3]과 같이 802.15.1의 블루투스, 802.15.3a의 UWB, 802.15.4의 지그비[Zigbee] 등이 있다. 무선 LAN의 IEEE 802.11과 802.15는 매우 유사하다고 볼 수 있지만, 전력레벨이나 동작범위에 차이가 있다. 블루투스 4.2 클래스1의 경우 최대 100[mW] 전력소모에서 최대 통신거리가 100[m]까지 지원되며, 2.5[mW]의 전력을 소모하는 클래스2의 경우 40[m]까지 지원된다. 무선 LAN의 경우 AP를 중심으로 동작범위를 벗어나더라도 타 AP에 연결되어 중단 없이 사용할 수 있지만, 블루투스의 경우 마스터-슬레이브의 관계로 네트워크를 구성한다. 지그비는 IEEE 802.15.4를 기반으로 하는 근거리 통신기술로, 블루투스보다 느리지만 전력소모가 적다는 장점이 있다.

[표 11-3] 근거리 무선 기술의 비교

표준	블루투스	UWB	지그비	Wi-Fi
IEEE 표준	802.15.1	802.15.3a	802.15.4	802.11 a/b/g 등
주파수 대역	2.4[GHz]	3.1 ~ 10.6[GHz]	868/915[MHz], 2.4[GHz]	2.4[GHz], 5[GHz]
전송 속도	1[Mb/s]	110[Mb/s]	250[kb/s]	54[Mb/s]
동작 범위	10[m]	10[m]	10 ~ 100[m]	100[m]
송신 출력	0 ~ 10[dBm]	−41.3[dBm/MHz]	(−25) ~ 0[dBm]	15 ~ 20[dBm]
RF 채널 수	79	(1 ~ 15)	1/10;16	14(2.4[GHz])
채널 대역폭	1[MHz]	500[MHz] ~ 7.5[GHz]	0.3/0.6[MHz], 2[MHz]	22[MHz]
변조 형태	GFSK	BPSK, QPSK	BPSK(+ASK), O−QPSK	BPSK, QPSK, COFDM, CCK, M−QAM
확산 형태	FHSS	DS−UWB, MB−OFDM	DSSS	DSSS, CCK, OFDM

11.3.2 이동통신

1983년 AMPS Advanced Mobile Phone System 서비스를 상용화한 이후, 이동통신 시스템은 무선접속 기술, 디지털 신호처리 기술, 집적회로 기술, 배터리 기술 등의 발전과 더불어 무선공학의 그 어떤 응용분야보다 지난 수십 년간 가장 빠르게 변화하고 있다. 그중 대표적인 기술은 **셀룰러 네트워크** cellular network 기술이라고 할 수 있다.

셀룰러 네트워크는 단말기와 네트워크가 무선으로 연결된 통신 네트워크를 의미한다. 셀룰러 네트워크에서는 마치 세포처럼 셀 cell 이라고 하는 영역으로 나뉘어 네트워크가 분산되어 있으며, 기지국에서 이들 셀 영역을 커버한다. 셀은 일반적으로 간섭을 방지하고, 각 셀 내에서 보장된 서비스 품질을 제공하기 위해 인접한 셀과 다른 주파수 집합을 사용한다. 혼잡한 영역에서는 서로 다른 크기를 갖는 셀이 사용되기도 하며, 간섭을 피하기 위해 [그림 11-7]과 같이 근접한 셀들 간에 서로 다른 주파수를 사용한다. 이를 **주파수 재사용** frequency reuse 이라 한다.

셀들에서 같은 주파수를 사용하기 위해서는 서로 멀리 떨어져야 한다. 이렇게 서로 다른 주파수를 사용하는 셀들의 집합을 클러스터 cluster 라고 하며, 이동통신에서는 클러스터의 크기(N)로 $N=4$, 7, 12, 21 등을 사용한다. 셀룰러 방식은 셀의 반경이 줄어들어 이동 단말기와 기지국과의 거리가 가까워지면 적은 전력으로 신호를 전송할 수 있어 배터리 수명을 늘릴 수 있으며, 이를 통해 주파수

자원 부족을 해소하며 사용자 용량을 증대할 수 있다는 장점이 있다. 그러나 통화 중인 호를 계속 유지하며 기지국 간 이동을 원활하게 하려면 **핸드오프** handoff 기능이 필요하다. 동일 기지국, 즉 셀 내에서 이루어지는 핸드오프는 핸드오버 handover 특히 소프터 softer 핸드오버라고 한다.

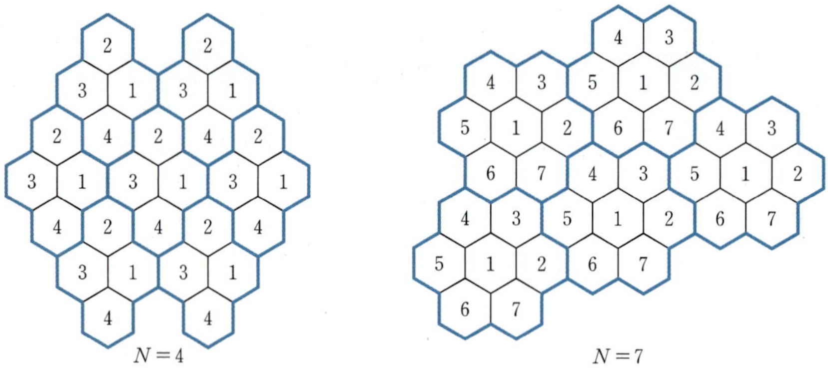

[그림 11-7] **셀의 재사용**

■ 세대별 이동통신 기술

이동통신은 서비스, 무선전송기술, 코어네트워크의 교환 switching 방식 형태에 따라 세대별로 기술발전을 구분할 수 있다. [표 11-4]와 같이 무선전송기술의 관점에서 1세대 FDMA, 2세대 TDMA/CDMA, 3세대 CDMA, 4세대 OFDMA, 5세대 OFDMA/BDMA Beam Division Multiple Access 로 구분한다.

[표 11-4] **이동통신의 세대별 분류**

세대	1G	2G	3G	4G	5G
기술표준	AMPS, NMT, TACS	2G : GSM, D-AMPS, IS-95A 2.5G : GPRS, EDGE, IS-95B	WCDMA, cdma2000	LTE	NR
서비스시작	1980~	1990~	2000~	2010~	2020~
전송속도	14[kbps]	14.4 ~ 384[kbps]	14[Mbps]	75[Mbps]	1[Gbps] 이상
주파수	800 ~ 900[MHz]	850 ~ 1900[MHz]	1.6 ~ 2.5[GHz]	2 ~ 8[GHz]	850[MHz] 이하 2.4 ~ 6[GHz] 24[GHz] 이상
다중화	FDMA	TDMA/CDMA	CDMA	OFDMA	유연한 OFDMA/BDMA

❶ 1세대 방식

1970년 미국 Bell Lab에서 제안한 이후 1983년 상용화된 휴대전화인 AMPS에서는 사용 가능한 오디오 주파수 대역이 300 ~ 3[kHz]이고 최대 주파수 편차가 ±12[kHz]인 협대역 FM을 100% 변조에 사용한다. Carson의 규칙에 따르면 이는 30[kHz]에 해당된다. AMPS는 주파수 영역에서 전송이 분리되는 FDMA를 사용하고 가입자에게는 통화기간 동안 한 쌍의 음성 채널(순방향 및 역방향)이 할당된다.

❷ 2세대 방식

GSM과 CDMA를 기반으로 하는 IS-95 Interim Standard 방식이 사용되었다. GSM은 세계 최초의 디지털 셀룰러 시스템으로 1992년 말에 상용화되었으며, GSM 890 ~ 915 [MHz] (상향링크), 935 ~ 960 [MHz] (하향링크)에서 동작하며, 200 [kHz] 의 채널 대역폭으로 동시에 8명의 음성 통화 채널을 가지고, GMSK를 사용한다. 유럽의 DCS1800은 1710 ~ 1785 [MHz] (상향링크) 및 1805 ~ 1880 [MHz] (하향링크) 대역, 북미지역의 PCS1900은 1850 ~ 1910 [MHz] (상향링크), 1930 ~ 1990 [MHz] (하향링크)에서 동작했다. 이후 무선데이터 서비스를 이용하고 115 ~ 1701 [kbps] 의 전송속도로 개선된 2.5세대의 GPRS를 거쳐 EDGE 시스템으로 진화했다. IS-95는 800 [MHz] 및 1.7 ~ 1.8 [GHz] 대역을 사용하며, 다중접속으로 CDMA 방식과 직접 시퀀스 대역확산 방식을 이용하고, 1.25 [MHz] 의 채널대역폭과 BPSK/QPSK 변조방식을 사용했다. IS-95A는 14.4 [kbps] 속도로 음성 중심의 서비스를, 2.5세대의 IS-95B는 동시에 8개의 통화채널을 사용할 수 있으며, 64 ~ 115.2 [kbps] 로 고속 무선데이터 통신을 지원한다.

❸ 3세대 이동통신

비동기식 광대역 CDMA를 기반으로 5 [MHz] 의 대역폭을 갖고 QPSK를 변조방식으로 사용한다. 주파수 효율 및 전송성능을 향상시킨 3GPP 3rd Generation Partnership Project 의 WCDMA와 IS-95C에서 진화하여 다중 반송파 전송방식을 사용한 고속 패킷데이터 서비스와 모바일 IP 서비스를 지원하며 1.25 [MHz] 대역폭을 갖는 3GPP2의 cdma2000으로 나뉜다.

❹ 4세대 이동통신

3GPP의 WCDMA에서 진화한 방식으로 LTE Long Term Evolution 라고 한다. 기존 이동통신에서는 회선교환 및 패킷교환방식으로 각각 음성과 데이터를 송수신했다면, 4세대에서는 패킷교환방식으로 음성과 데이터를 송수신한다. LTE는 450 [MHz] ~ 3.5 [GHz] 주파수 대역을 사용하며 채널 대역폭은 단일 반송파 이용하여 1.4 [MHz] 부터 3, 5, 10, 15, 20 [MHz] 를 지원한다. CA Carrier Aggregation 를 이용하면 그 이상의 대역폭도 사용할 수 있다. CA는 서로 다른 주파수 대역을 동시에 이용하여 광대역을 만들어 통신하는 것으로, 동일 밴드 band 안에서의 CA 조합 Intra-band CA 과 다른 밴드 간 CA 조합으로 분류한다. 하향링크 전송속도는 최대 300 [Mbps] 로, 최대 채널 대역폭인 20 [MHz] 와 변조방식인 QPSK, 16QAM, 64QAM, 256QAM 등이 공간 다중화 spatial multiplexing 인 4×4 다중 입력 다중 출력 MIMO : Multiple Input Multiple Output 기술이 사용된다.

❺ 5세대 이동통신

2020년대 이후 본격적으로 상용화가 진행 중이며, 6 [GHz] 이하 주파수대역인 FR1과 24 [GHz] 이상 대역의 밀리미터파 대역을 사용하는 FR2로 구분한다. 5G 통신의 세 가지 주요한 기술적 특징은 최대 전송속도 향상 eMBB : Enhanced Mobile Broadband, 초저지연 실시간 서비스 URLLC : Ultra-Reliable and Low Latency Communication, 다수기기 연결 mMTC : Massive Machine Type Communication 로, 전송속

도 향상뿐만 아니라 사물인터넷 등 다수기기 접속 및 자율주행차를 위한 초저지연 연동을 포함하는 개념으로 기술개발이 진행되고 있다.

예제 11-1 주파수 재사용

전이중 duplexer 이동통신 시스템의 전체 스펙트럼이 20[MHz]이며, 각 채널 대역폭이 25[kHz]일 때 다음 문제를 풀라.

(a) 전이중 채널의 수, (b) $N=4$인 주파수 재사용에 대해 셀당 채널의 수

풀이

(a) 전이중 채널은 2개의 단방향 simplex 채널로 구성되므로 50[kHz]의 대역폭을 갖는다. 따라서 전이중 채널의 수는 20[MHz]/50[kHz] = 400개다.

(b) 가용한 전체 무선(전이중) 채널의 수가 S이고, 각 셀의 채널수를 k개, N이 주파수 재사용 계수라면 $S=kN$으로 주어진다. 따라서 400/4로부터 셀당 채널수는 100개로 주어진다.

11.4 무선항법과 GPS

무선항법 radio navigation 은 전파의 특성을 이용하여 이동체가 자신의 위치, 속도, 경로 등을 알게 하는 위치결정 positioning 기술과 이동체의 위치와 속도를 결정하여 현재 위치로부터 목적지까지 경로를 찾는 항법 기술 등을 말한다. 무선항법은 비행기, 선박, 지상 등에서 사용되며 정보를 얻는 방법에 따라 기지국 시스템과 자율 시스템의 두 가지로 구분할 수 있다. 기지국 시스템에서는 지상이나 위성에 있는 무선국의 위치를 이미 알고 있고, 이동체의 위치는 기지국에 대한 방향 또는 거리의 차이, 거리 등을 측정하여 결정할 수 있다. 자율 시스템은 무선국을 이용하지 않는 시스템으로, 도플러 항법 시스템과 같이 안테나 빔을 비행기로부터 지상을 향해 송신하고, 도플러 편이를 측정하여 비행기의 속도를 얻을 수 있다. 비행기의 위치는 비행기의 속도벡터를 적분하여 얻을 수 있다.

오늘날 무선항법은 주로 회전식 항공기인 헬리콥터에서 사용된다. 또한 과거에는 일부 군용기의 보조항법지원 및 상업용 고정익 항공기에도 쓰이다가 글로벌 포지셔닝 시스템 GPS 네비게이션으로 대체되었다. 도플러 항법시스템은 8,800[MHz]에서 약 45°, 전동 및 선로로 아래쪽으로 향하는 4개의 FMCW 레이다 빔을 전송한다. 이 빔은 지상에서 반사되거나 에코 echo 된다. 항공기에 탑재된 도플러 컴퓨터가 이 신호를 읽음으로써 반환신호의 주파수 차이를 측정한다. 이 시스템은 빔의 주파수 변화를 분석하여 항공기가 지상으로 이동한 속도와 방향을 도출하여 항공기의 지상 속도와 위치를 결정한다. 도플러 신호가 손실된 경우, 시스템은 마지막 결정된 바람 벡터에 의해 보정된 측정된 공기 속도를 사용하여 '메모리' 작업이라고도 하는 데드 계산으로 자동으로 전환된다.

11.4.1 무선항법 시스템 종류

무선항법은 전자기파가 송신기에서 수신기로 전파될 때 전자기파의 전파시간을 측정하여 위치를 결정하는 방법으로, [그림 11-8]과 같이 능동형 무선항법과 수동형 무선항법으로 나눌 수 있다.

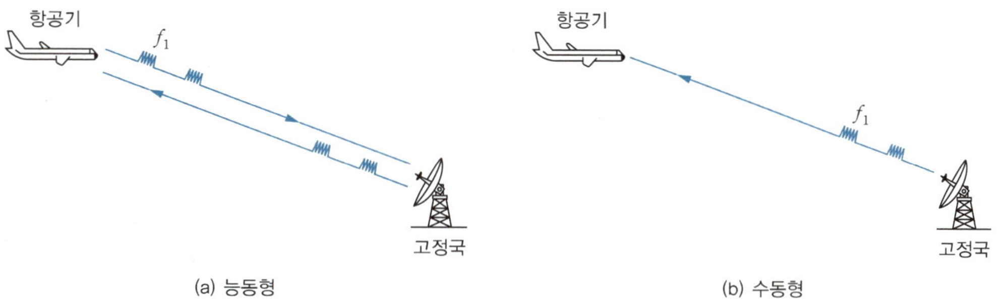

[그림 11-8] 무선항법 시스템의 종류

❶ **능동형 무선항법** : 항공기가 반송파 주파수 f_1을 갖는 규칙적인 시간간격을 가진 펄스timed pulse를 송신한다. 신호를 수신하는 트랜스폰더transponder로 구성되어 있는 고정 무선국은 다른 주파수 f_2로 로그신호를 재전송한다. 송신과 수신펄스를 비교하면 전자기파의 전파시간을 알 수 있으며, 항공기와 고정국 사이의 거리 d는 다음과 같이 주어진다. 여기서 c는 전자기파의 속도이며, t_R은 왕복 전파시간이다.

$$d = c\left(\frac{1}{2}t_R\right) \tag{11.2}$$

❷ **수동형 무선항법 시스템** : 무선국이 연속적으로 정확한 시간에 규칙적인 시간간격을 가진 펄스를 송신한다. 항공기의 수신기는 펄스를 수신하고 전파시간 t_R를 측정하여 다음과 같이 거리를 계산한다.

$$d = ct_R \tag{11.3}$$

식 (11.2)~(11.3)으로부터 무선항법 시스템에서 거리의 불확실성 Δd는 시간측정오차 Δt_R로부터 주어진다는 것을 알 수 있다. 만약 시간측정 오차가 10^{-6}[s]라면 거리 불확실성은 3000[m]를 갖는다. [그림 11-9]와 같이 위성시스템을 이용하여 사용자의 3차원 위치좌표를 얻기 위해서는 위도, 경도, 고도의 세 미지수를 갖는 연립방정식을 풀어야 한다. 위도, 경도, 고도를 각각 x, y, z라고 하고, ε을 수신기 시간오차라고 할 때, 다음과 같은 식을 쓸 수 있다.

$$\begin{aligned}
\sqrt{(x_1-x)^2+(y_1-y)^2+(z_1-z)^2} &= c(\Delta t_1-\varepsilon) = R_1 \\
\sqrt{(x_2-x)^2+(y_2-y)^2+(z_2-z)^2} &= c(\Delta t_2-\varepsilon) = R_2 \\
\sqrt{(x_3-x)^2+(y_3-y)^2+(z_3-z)^2} &= c(\Delta t_3-\varepsilon) = R_3 \\
\sqrt{(x_4-x)^2+(y_4-y)^2+(z_4-z)^2} &= c(\Delta t_4-\varepsilon) = R_4
\end{aligned} \tag{11.4}$$

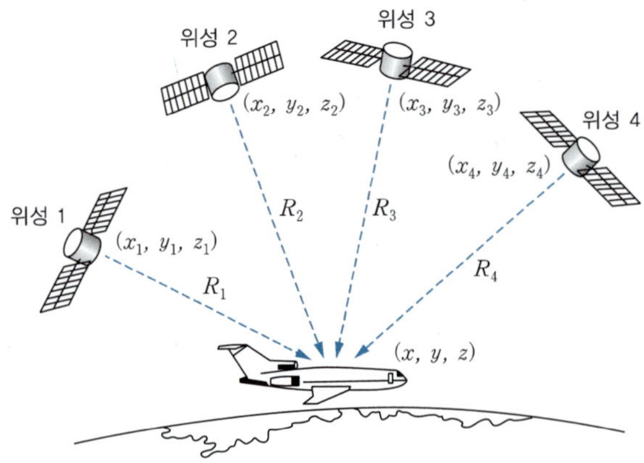

[그림 11-9] 위성항법 시스템에서 3차원 위치좌표 획득

11.4.2 하이퍼볼릭 무선항법 시스템

하이퍼볼릭 hyperbolic **무선항법 시스템**은 기지국에 대한 거리의 차이를 측정하여 위치를 결정한다. [그림 11-10]과 같이 A-B, A-C 각각의 쌍을 이루는 기지국에 대한 거리의 차이는 평면상 쌍곡선으로 표시할 수 있으며 두 쌍곡선이 교차하는 지점이 이동체가 위치하는 지점이다. 이 시스템은 펄스 또는 연속파 신호를 사용할 수 있으며, 두 무선국으로부터 도착하는 펄스들의 시간차이를 Δt, 위상차이를 $\Delta \phi$라고 하면 쌍곡선을 결정할 수 있다. 서로 다른 무선국에서 송신하는 신호는 시간 혹은 위상이 서로 동기화되어 있다. 두 무선국 사이에 놓인 선들에 대해 1[ms]의 시간차는 150[km], 360°의 위상차는 $\lambda/2$와 관련된다. [그림 11-10]에서 각 무선국 A, B, C는 동시에 펄스를 송신한다. 무선국 A에서 송신한 펄스는 무선국 B에서 송신한 펄스보다 2[ms] 더 빨리 도착하고, 무선국 C에서 송신한 펄스보다는 1[ms]만큼 더 빨리 이동체의 수신기에 도착한다.

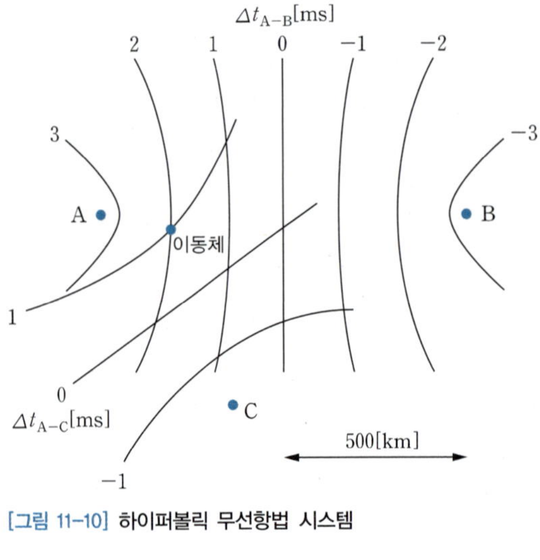

[그림 11-10] 하이퍼볼릭 무선항법 시스템

항행과 항공에서 Decca, Loran^long range navigation^–C, Omega가 하이퍼볼릭 무선항법 시스템으로 사용되었으며, 현재는 Loran–C가 사용되고 있다. Loran–C는 90 ~ 110[kHz]의 LF 대역을 사용하는 고출력 무선항법 시스템이다. 장거리 무선항법으로 사용되는 Loran–C는 기지국들에 의해 송신되는 펄스들의 도착시간 차이로 계산되는 하이퍼볼릭 시스템이다. [그림 11–11]을 보면 하나의 주 송신국과 2~3개의 부 송신국이 하나의 체인^chain^으로 구성되어 있으며, 송신국 간 거리는 1,000[km] 떨어져 위치하고 유럽 14개, 미국 29개, 아시아 23개 등의 무선 송신국이 있다.

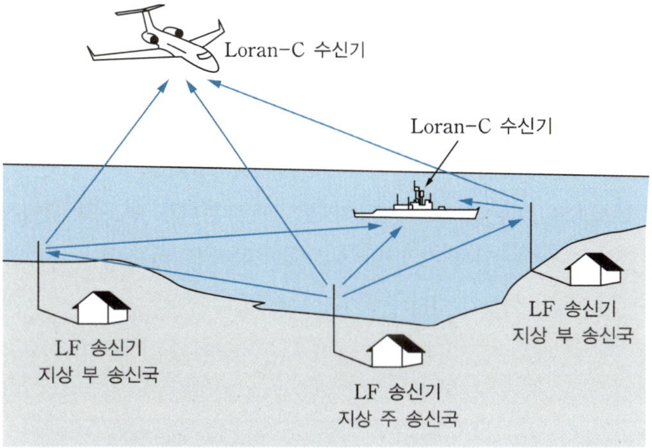

[그림 11–11] Loran–C 무선항법 시스템

Loran–C 펄스들의 반송파 주파수는 100[kHz]이고, 송신 펄스전력은 보통 400[kW]로 고출력이다. 시간차를 결정하기 위해서는 펄스의 포락선과 반송파의 위상정보를 사용한다. 주 송신국으로부터 9개의 펄스로 이루어진 체인을 송신하기 시작하는데, 1~8번째 펄스는 각각 1[ms]만큼 떨어져 있고, 9번째 펄스는 8번째 펄스로부터 2[ms] 떨어져 있다. 지연시간 후, 각 부 송신국들은 8개의 펄스들을 송신한다. 수신기는 지연시간 때문에 위치와 상관없이 송신된 신호들을 같은 순서로 받는다. 펄스 패턴의 길이는 30 ~ 100[ms]이다. 이때 주 송신국과 부 송신국에서 송신되는 펄스파형들의 그룹을 체인^chain^이라고 하며, 그룹 반복 간격^GRI : Group Repetition Interval^마다 반복된다. [그림 11–12]에 주 송신국 1개와 부 송신국 3개로 구성된 체인에서 송신되는 펄스파형을 나타냈다.

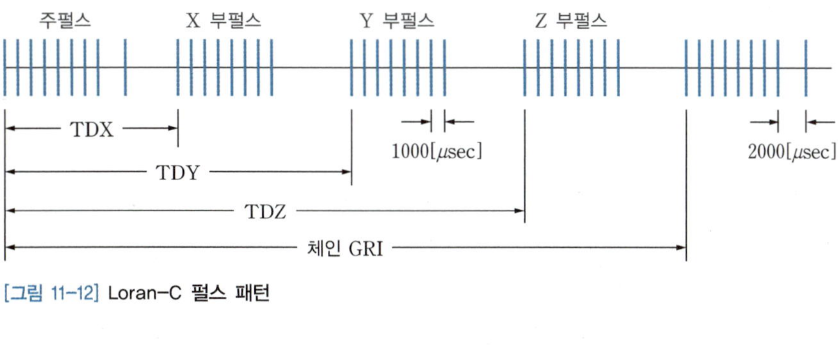

[그림 11–12] Loran–C 펄스 패턴

Loran-C 시스템의 신호들은 표면파로 약 2,000[km]의 거리를 전파하며, 전리층으로부터 반사된 신호들은 표면파보다 적어도 30[μs] 이후에 도달하기 때문에 방해되지 않는다. 1,000[km] 기준으로 약 250[m] 정도의 위치정확도를 갖는다.

11.4.3 위성항법 시스템

위성항법 시스템GNSS : Global Navigation Satellite System 은 [그림 11-9]처럼 위성에 무선국을 설치하여 구축할 수 있다. 위성항법은 몇 개의 위성만으로 넓은 영역을 커버하기 때문에 시스템의 유지 측면에서 경제적이고, 지상 시스템이 사용하는 주파수보다 높은 주파수를 사용하기 때문에 항법의 정확도가 우수하며, 3차원 항법이 가능하다는 장점이 있다. 현재 많은 위성항법 시스템들 운용 중이며, 미국의 GPS Global Positioning System, GPS에 대응하기 위한 러시아 시스템인 GLONASS Global Navigation Satellite System, 유럽의 Galileo, 중국의 BeiDou, 일본의 QZSS Quasi-Zenith Satellite System, 인도의 IRNSS Indian Regional Navigation Satellite System이 있다. [표 11-5]에 각 항법 시스템의 특징을 비교하여 나타내었다.

[표 11-5] 위성항법 시스템 비교

항법 시스템	국가	궤도높이	공전주기	위성수	주파수
GPS	미국	20,180[km]	11.97[h]	32개 (최소 24개)	1.57542[GHz](L1) 1.2276[GHz](L2)
GLONASS	러시아	19,130[km]	11.26[h]	24개	1.602[GHz] 1.246[GHz]
Galileo	유럽	23,222[km]	14.08[h]	22개	1.164 ~ 1.215[GHz](E5) 1.260 ~ 1.300[GHz](E6) 1.559 ~ 1.592[GHz](E2-L1-E11)
BeiDou	중국	21,150[km]	12.63[h]	34개	1.561098[GHz](B1) 1.589742[GHz](B1-2) 1.20714[GHz](B2) 1.26852[GHz](B3)
QZSS	일본	36,000[km]	23[h] 56[m]	4개(최종 7개)	1575.42[MHz](L1) 1227.6[MHz](L2) 1176.45[MHz](L5)
IRNSS	인도	21,150[km]		7개	1164.45 ~ 1188.45[MHz](L5) 2483.5 ~ 2500[MHz]

1995년 미국 국방부에서 운용하기 시작한 GPS는 24개의 위성으로 구성되어 있으며, 각 위성들은 [그림 11-13]과 같이 약 20,000[km] 높이의 6개의 궤도에 위치한다. GPS 위성들은 전리층 특성을 고려하여 L1 = 1,575.42[MHz]와 L2 = 1,227.60[MHz]의 두 반송파 주파수를 사용한다. 대부분의 GNSS는 IEEE에서 정의된 1 ~ 2[GHz]의 L대역을 사용한다. L대역보다 낮은 주파수에서는 지구 대기층에서 지연시간이 크고, 대기층의 비균질성 때문에 수신된 신호 크기에 심한 페이

딩 현상이 발생한다. 또한 L대역보다 더 높은 주파수에서는 송신을 위한 위성전력이 더 필요하고, 강우감쇠 특성이 나빠진다. ITU(국제전기통신연합)에서는 RNSS Radionavigation Satellite Service의 주파수 대역으로 L대역 중에서 1,164 ~ 1,300 [MHz]와 1,559 ~ 1,610 [MHz]를 할당하고 있다.

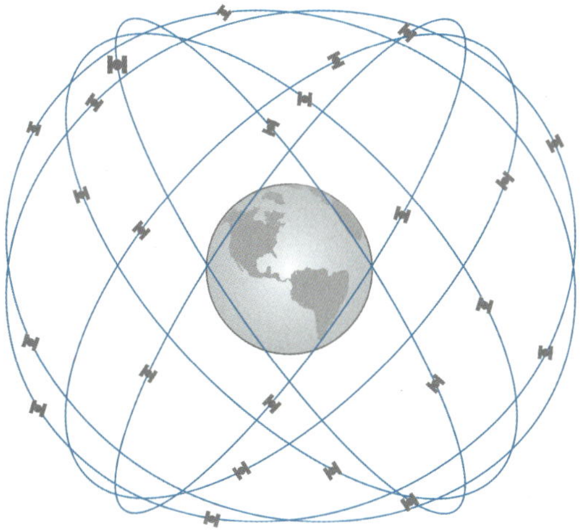

[그림 11-13] GPS 위성들의 궤도

신호는 궤도, 시간보정 등의 정보로 구성되어 있으며, 신호의 타이밍은 정확한 원자시계에 근거하고 있다. GPS는 사용자와 위성 사이의 측정 거리에 근거하고 있는데, 위성과 수신기 사이의 전파시간으로부터 거리를 결정한다. 수신기의 좌표는 위성으로부터의 거리와 위성들의 좌표로부터 계산할 수 있다([그림 11-9] 참고). 수신기의 클록 에러는 4개의 위성들을 사용하여 제거할 수 있다. GPS 신호는 각각 10.23 [Mbps]와 1.023 [Mbps]의 비트율을 갖는 두 의사랜덤 pseudo random 코드인 P precise 코드와 C/A coarse/acquisition 코드로 위상편이방식 PSK으로 변조된다.

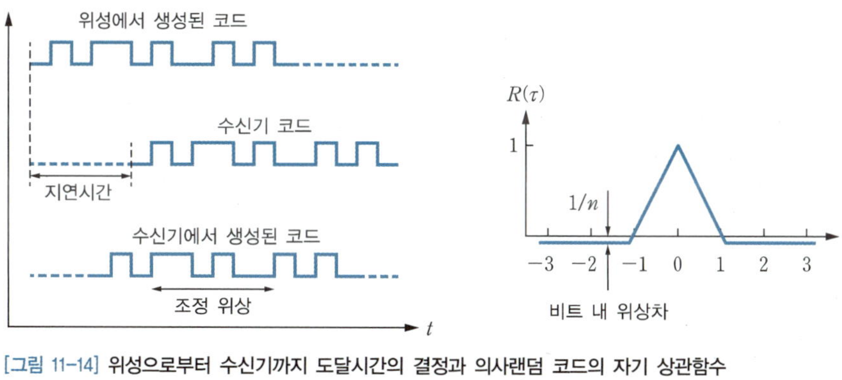

[그림 11-14] 위성으로부터 수신기까지 도달시간의 결정과 의사랜덤 코드의 자기 상관함수

수신된 코드는 [그림 11-14]처럼 수신기에서 만들어진 의사랜덤 코드와 비교한다. 이때 생성된 코드의 지연시간은 상관관계가 최대가 될 때까지 조정된다. 위성에서부터 수신기까지의 전달시간은 지연시간과 코드길이의 배수 합으로 주어진다. 만약 위상차가 1비트 이상이면 상관관계는 거의 0이

다. 자동 상관함수의 피크에서 100개 비트 주기의 에러는 P 코드와 C/A 코드 각각 위성에 대해 30[cm]와 3[cm]의 거리오차를 갖는다.

항법 정확도를 해치는 에러 원인에는 수신기와 위성에서 클록의 불확실성, 궤도 파라미터의 불확실성, 대기와 수신기에서의 전파지연, 다중경로들이 있다. 위치의 절대적 정확도는 보통 수십 [m]가 되지만, 대부분의 에러들이 수신기에서 공통적으로 발생하기 때문에 두 수신기 간의 상대적 정확도는 약 2 ~ 5[m] 정도 된다. 위치를 보정하는 방법으로 RTK GPS, 차동 GPS가 있다.

❶ **RTK GPS** Real-Time-Kinetic GPS : [그림 11-15(a)]와 같이 반송파 위상 carrier phase 을 기반으로 상대적 위치정확도를 개선하는 방법으로, 두 개 이상의 수신기가 같은 위성의 신호를 받아 위치를 보정한다. 수 [cm]의 정확도를 갖고 위치정보를 빠르게 얻을 수 있다.

❷ **차동 GPS** DGPS : Differential GPS : [그림 11-15(b)]와 같이 코드 위상 code phase 을 기반으로 위치정확도를 개선하는 방법으로, 고정된 수신기가 위치를 모니터링하고 근방의 GPS 수신기에서 보정 신호를 보내는 방식으로 위치정보 전송이 RTK GPS보다는 느리며, 수[m]의 정확도를 갖는다.

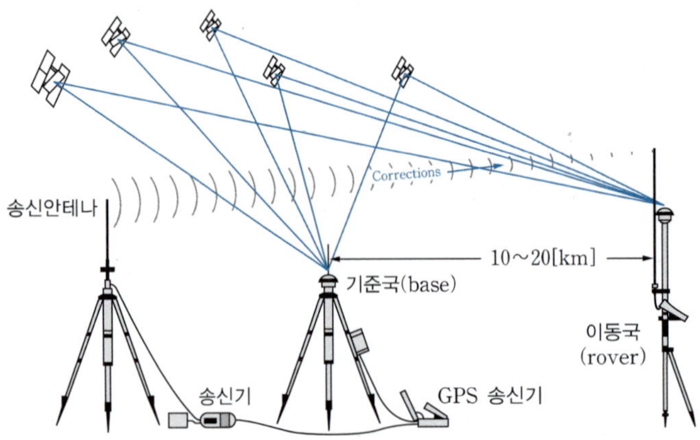

(a) RTK GPS

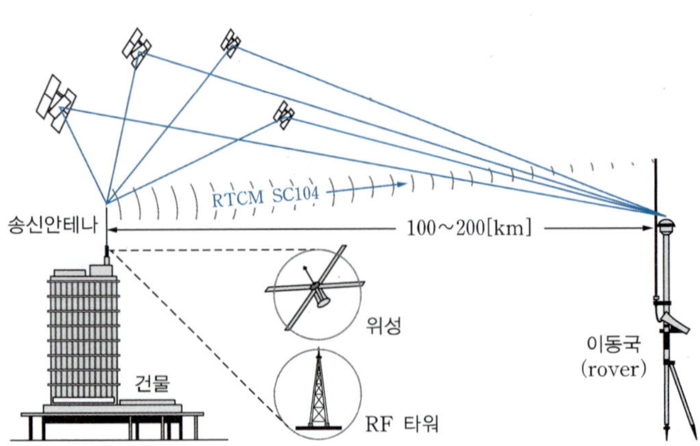

(b) 차동 GPS

[그림 11-15] GPS의 위치 보정 방법

11.4.4 항공의 항법 시스템

항공 분야에서는 앞서 다룬 하이퍼볼릭과 위성항법 시스템 외에도 다양한 무선항법 시스템이 운용된다.

■ VOR 시스템

VOR[VHF Omnidirectional Range] 시스템은 108 ~ 117.95[MHz]의 VHF 대역에서 동작하는 전방향 비콘을 이용한다. 반송파는 30[Hz]로 주파수 또는 진폭변조하며, 변조된 신호의 위상은 방위각에 따라 다르다([그림 11-16] 참고). 반송파로부터 9,960[Hz]만큼 떨어진 부 반송파들은 30[Hz]에서 주파수 변조된 각도에 독립적인 기준 신호들이다. 이 경우 비행기에 탑재된 수신기는 30[Hz] 신호의 위상차를 측정하여 비콘의 방향을 알아내지만 거리는 알 수 없다.

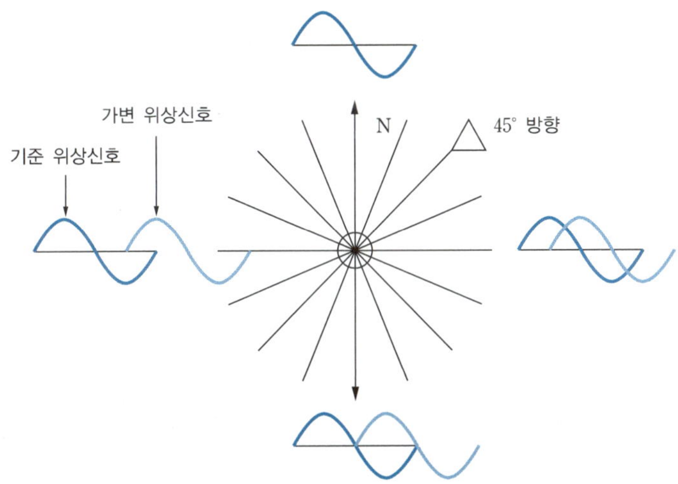

[그림 11-16] VOR의 동작신호

■ DME 시스템

DME[Distance Measuring Equipment] 시스템은 962 ~ 1213[MHz]의 UHF 대역에서 동작하며, 보통 VOR 비콘과 함께 있다. 그 주파수는 VOR 또는 계기착륙시스템[ILS : Instrument Landing System]과 함께 사용하여 거리와 방향을 알 수 있다. 비행기에 설치된 질문기와 지상국의 트랜스폰더 사이의 거리는 [그림 11-17]과 같이 비행기로부터 지상국까지 전파하는 신호의 왕복시간으로부터 얻을 수 있다. DME가 사용하는 채널은 126개이며, 송수신 주파수 간격은 63[MHz]이고, 트랜스폰더는 신호를 수신한 후 50[μs] 이후에 다시 신호를 보낸다.

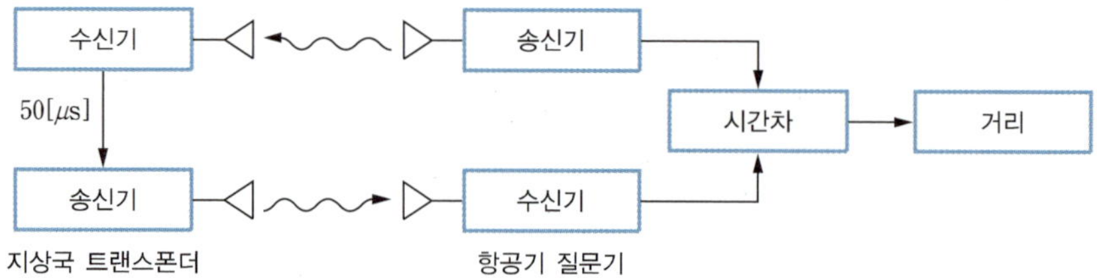

[그림 11-17] DME의 동작 원리

■ ILS와 MLS 시스템

ILS Instrument Landing System와 MLS Microwave Landing System는 항공기가 활주로에 접근할 때 전파를 이용하여 착륙을 유도하는 시스템이다. ILS는 1940년대에 도입되었으며, [그림 11-18]과 같이 계기 착륙용 유도전파 발신기인 로컬라이저localizer, 계기비행 때 무선신호에 의한 활강 진로를 나타내는 글라이드 슬로프glide slope, 특정지점 상공을 알리는 지상 무선장치인 마커 신호marker signal의 3개의 무선시스템으로 구성된다. 로컬라이저 신호(108 ~ 112[MHz])는 측면유도를 제공하는데, 항공기가 접근하면 안테나 패턴의 오른쪽은 150[Hz]로, 왼쪽은 90[Hz]로 변조된다. 정확히 중앙트랙에 위치하면 90[Hz]와 150[Hz] 신호는 같은 강도를 갖는다. 글라이드 슬로프 신호(329 ~ 335[MHz])는 수직 유도를 제공한다. 안테나 패턴의 위쪽은 90[Hz]로, 아래쪽은 150[Hz]로 변조되어 최적의 활주각도인 2.5° ~ 3°일 때 변조된 신호가 같게 된다. 마커 신호는 75[MHz]를 가지며 활주로로부터 거리에 대한 정보를 제공한다.

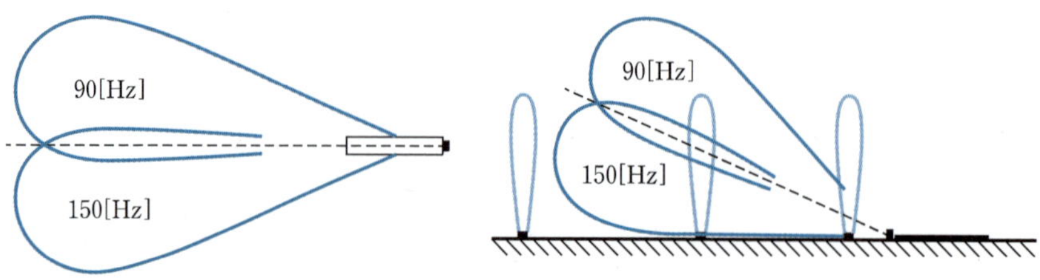

[그림 11-18] ILS 로컬라이저의 동작

MLS는 ILS를 대체하는 정확도가 더 우수한 착륙 시스템이다. MLS는 서로 다른 활주각도와 곡선 접근경로를 허용하여 ILS에 비해 장점이 많다. 항법은 5가지 신호로 구성된다.

❶ ±45° 또는 ±60° 방위각의 스캐닝
❷ 최대 0.9° ~ 30°의 고각 스캐닝
❸ 진입복행missed approach을 위한 후방 방위각 신호
❹ 정밀한 DME 신호DME/P : precision DME
❺ 데이터 신호

DME/P 신호를 제외한 모든 MLS 신호들은 시분할로 동일 주파수에 전송된다. 동작 주파수는 5031 ~ 5091[MHz]로 200개의 채널이 할당된다. [그림 11-20]은 접근하는 항공기의 방위각을

측정하는 방법을 보여준다. 위상배열 안테나에서 생성된 좁은 빔이 고정된 스캔율로 항공기를 스캐닝하면 항공기의 수신기는 각 스캔 사이 시간간격 Δt를 측정한다. 항공기의 위치는 측정된 방위각, 고각, 거리로부터 얻을 수 있다. 그러나 MLS와 같은 지상착륙 시스템은 GPS의 정확도가 향상됨에 따라 DGPS를 활용한 지상기반 증강시스템 GBAS : Ground-Based Augmentation System 으로 대체되고 있다.

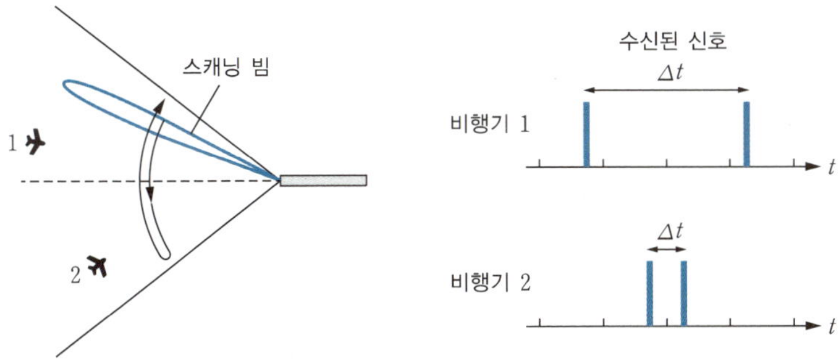

[그림 11-19] MLS의 방위각 신호

■ TCAS 시스템

TCAS traffic-alert and collision-avoidance systems 는 트랜스폰더에 기반하여 잠재적인 공중충돌을 조종사에게 경고하는 시스템이다. 잠재적 위협을 알리는 TCAS I, '상승' 또는 '하강' 같은 단순한 지시를 알려주는 TCAS II, 더 상세한 지침을 주는 TCAS III로 구성된다.

11.5 원격탐사

원격탐사 remote sensing 는 물체와 직접적인 접촉 없이 전자기파를 사용하여 지구의 표면 또는 대기를 관찰하고 측정하는 것을 말한다. 광학 항공사진의 경우, 위성을 이용하면 1[m] 해상도 정도로 촬영할 수 있지만, 무선전파를 이용하면 어둡거나 구름이 있을 때도 측정할 수 있어서 가시광이나 적외선에 비해 장점이 많다. 높은 주파수의 경우는 지표면 바로 아래, 낮은 주파수의 경우에는 더 깊은 층까지 측정하여 정보를 얻을 수 있다. 그러나 전파 영상의 해상도는 광학영상에 비해 훨씬 안 좋다.

원격탐사는 수동과 능동 방식으로 구분한다. 수동 원격탐사는 복사측정 radiometry 이라고 하는데, 지표면 또는 대기로부터의 열복사를 아주 감도가 높은 수신기인 **라디오미터** radiometer 로 측정하는 것이다. 능동 원격탐사는 레이다 기술을 사용하여 지표면 프로파일, 대지의 수분함유량, 눈의 수분함유량, 선박으로 누출된 오일, 바람의 속도와 방향, 대기의 온도와 습도 프로파일, 오존의 양, 대기권 상층의 분자들 등 환경의 많은 특성을 알아낼 수 있다. 원격탐사 측정은 지상, 항공기, 위성 장비로부터 이루어진다. 원격탐지 위성으로는 1978년에 발사된 American Seasat, Nimbus-7(1978)을 비롯해 TOPEX/Poseidon(1992), Canadian Radarsat(1995), European ERS-1(1991), ERS-2(1995), ENVISAT(2002) 등이 있다.

11.5.1 복사측정

모든 물질은 전자기 에너지를 방출한다. 열역학적 평형상태에 있는 물체들은 에너지를 흡수하는 만큼 같은 비율로 에너지를 방출한다. **흑체** blackbody 는 모든 주파수에서 반사계수가 0으로 입사하는 모든 파장의 에너지를 흡수한다. 만약 온도 T에서 안테나가 흑체의 표면을 향할 때, 대역폭 B에서 안테나에 결합된 전력은 $P = kTB$로 주어진다. 대부분 자연에 있는 물체는 '회색gray'이므로 회색체라고 하며, 회색체로부터 안테나에 결합된 전력은 실제 온도 T를 밝기 온도brightness temperature $T_B = eT$로 대체하여 얻을 수 있다. 여기서 e는 **방사율** emissivity 또는 표면의 전력전달계수이다. 방사율은 표면전압(또는 전기장)의 반사계수 ρ를 이용하여 얻을 수 있다.

$$e = 1 - |\rho|^2 \tag{11.5}$$

방사율은 측정각도, 주파수, 편파 그리고 표면의 조도(거칠기)roughness에 대한 물체(ε_r, σ)의 전기적 성질의 함수로 나타난다. 흑체의 방사율은 1이며, 이상적인 도체의 경우는 0, 그리고 다른 물체들은 그 사잇값을 갖는다. 따라서 T_B는 항상 실제 온도보다 같거나 작다. 만약 물체의 온도가 상수가 아니라면 T_B는 수 표피깊이skin depth 내의 온도분포 함수로 주어진다. 복사측정은 서로 다른 물체들이 서로 다른 온도와 방사율을 갖고 있다는 사실에 근거하여 측정된 밝기 온도로부터 물체에 대한 많은 정보를 얻어내는 것이다.

[그림 11-20]은 지표면으로부터 밝기 온도를 측정하는 라디오미터를 보여준다. 이상적인 경우 잡음신호는 대기에 의해 감쇠되지 않으며($L = 0\,[\text{dB}]$), 하늘의 밝기 온도는 $T_i = 0\,[\text{K}]$, 열잡음은 밝기 온도 T_B를 갖는 지표면으로부터 방향과 관계없이 전체 안테나 빔을 채운다. 그때 안테나 잡음온도는 $T_A = T_B$이다. 실제로 대기는 신호를 감쇠시키고 열잡음을 만들며, 지표면은 하늘로부터 잡음을 반사하고($T_i \neq 0\,[\text{K}]$), 일부 안테나 패턴은 표면을 향하지 않는다. 안테나로 들어오는 잡음은 방향에 의존하는 안테나 잡음온도 $T_{AP}(\theta, \phi)$로 나타낼 수 있다. 측정된 안테나 잡음온도는 정규화된 방사패턴 $P_n(\theta, \phi)$에 의해 $T_{AP}(\theta, \phi)$에 가중치를 곱하여 얻을 수 있다.

$$T_A = \frac{\iint_{4\pi} T_{AP}(\theta, \phi)\, P_n(\theta, \phi)\, d\Omega}{\iint_{4\pi} P_n(\theta, \phi)\, d\Omega} \tag{11.6}$$

만약 T_i와 L이 작다면 밝기 온도 T_B는 측정된 T_A로부터 얻을 수 있다. 이러한 현상은 1 ~ 10 [GHz]의 주파수 대역에서 잘 맞는데, 이 주파수 대역에서는 하늘이 매우 '차고cold' 대기의 감쇄가 충분히 작기 때문이다.

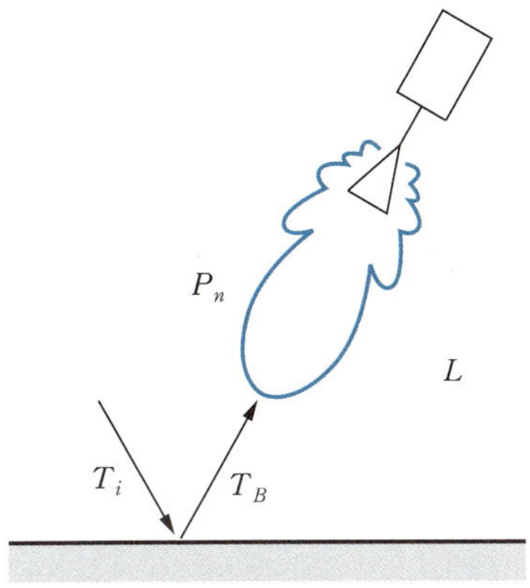

[그림 11-20] 라디오미터로 지표면의 밝기 온도 측정

지형에 대한 마이크로파 영상은 항공기나 위성에 라디오미터를 탑재하고 안테나 빔을 스캐닝해서 얻을 수 있다. 울퉁불퉁한 지표면의 방사율은 거의 1에 가까운 반면, 물의 방사율은 약 0.4로 방사율이 작다. 그러므로 바다 표면의 밝기 온도는 $T_B = e\,T_{\text{water}} + (1-e)\,T_{\text{sky}} = 100 \sim 150\,[\text{K}]$이다. 우주cold sky를 반사하는 금속물체는 쉽게 구별할 수 있다. 방사율은 파장이 길어질수록 토양의 습도성분에 민감하나 표면의 거칠기와 식생vegetation에 대한 영향이 정확도를 감소시킨다. 여러 주파수와 두 편파에서 복사계 측정과 적외선 측정을 결합하면 정확도를 향상시킬 수 있다. 라디오미터는 또한 여러 층의 두께 측정에도 적용할 수 있는데, 예를 들어 바다 표면 위의 얼음층이나 오일층을 감지할 수 있다. 각 층이 공기와 물의 파동 임피던스 사이에 정합 성분으로 동작하기 때문에 층의 두께가 $\dfrac{\lambda}{4}$이 되면 반사계수는 최소가 되고, 밝기 온도는 최대가 된다.

라디오미터는 절대 잡음 전력레벨을 측정하는 매우 민감한 수신기로 밝기 온도를 표시하기 위해 보정된다. [그림 11-21]에 전체 전력 라디오미터TPR : Total Power Radiometer의 수신기 블록 다이어그램을 나타냈는데, 이는 슈퍼헤테로다인 수신기이며 IF 신호가 제곱검파기square-low detector에 입력된다.

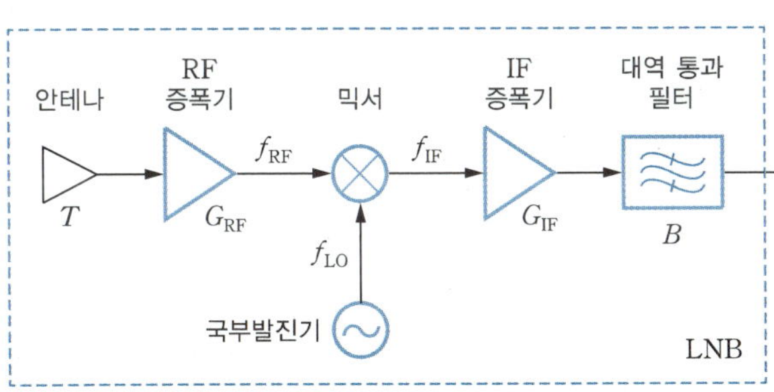

[그림 11-21] TPR 라디오미터 수신기 구조

측정대역폭은 IF단의 잡음대역폭 B_n에 의해 결정된다. 검파된 신호는 [그림 11-22]처럼 잡음 출력 전압을 평균하여 적분한다. 출력전압은 직류와 교류성분을 모두 포함한다.

$$V_{dc} = G_S(T_A + T_R) \tag{11.7}$$

직류성분 V_{dc}는 시스템 잡음온도와 직접적으로 비례하며, 교류성분 V_{ac}는 잡음의 통계적 특성으로부터 발생한다. 직류성분 V_{dc}에 대한 V_{ac}의 rms 값의 비는 $1/\sqrt{B_n\tau}$인데, 여기서 τ는 검파기 출력전압을 적분한 시간이다. 라디오미터의 감도는 검파할 수 있는 안테나 잡음온도의 최소 변화로 정의하며, TPR에 대한 감도는 다음과 같다.

$$\Delta t = \frac{T_A + T_R}{\sqrt{B_n\tau}} \tag{11.8}$$

입력에서 Δt의 변화는 출력에서 V_{ac}의 rms 값에 변화를 준다. 감도는 또한 출력전압의 첨두-첨두값인 V_{pp}와 같은 변화를 만드는 입력에서의 변화로 정의할 수 있다. 첨두-첨두값은 rms 값의 약 6배이다. 시스템 이득 G_S의 변화는 측정의 정확도를 감소시킨다. 증폭기, 믹서, 검파기의 이득은 온도와 공급전압에 달려 있다. 급격한 이득의 출렁임은 TPR의 감도를 열화시킨다.

$$\Delta T = (T_A + T_R)\sqrt{\frac{1}{B_n\tau} + \left(\frac{\Delta G_S}{G_S}\right)^2} \tag{11.9}$$

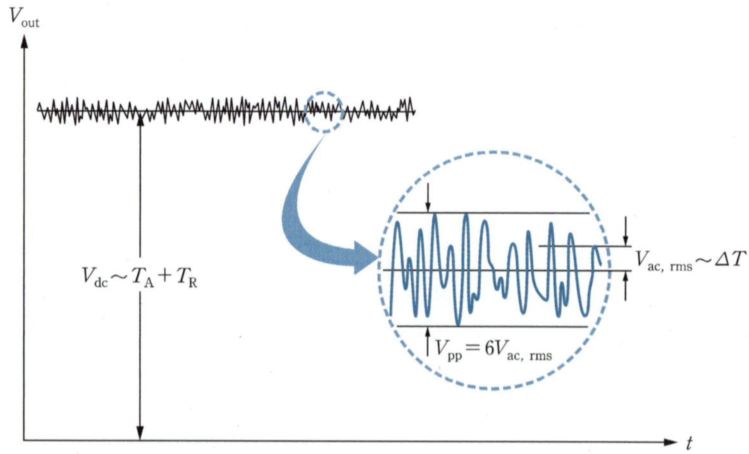

[그림 11-22] TPR의 출력전압

여기서 ΔG_S는 이득 변동에 대한 rms 값이다. 따라서 온도변화를 감소시키기 위해서는 복사계를 구성하는 각 부품들의 온도제어를 통해 구현할 수 있으며, 이러한 복사계를 **디케 복사계**[Dicke radiometer]라고 한다. 디케 복사계의 측정 감도인 ΔT는 TPR의 2배이다.

11.6 전파천문 Radio Astronomy

1932년 미국인 엔지니어인 칼 잰스키 Karl Jansky, 1905~1950 는 천둥이 통신에 미치는 간섭을 연구하던 중 은하수로부터 들어오는 잡음을 관측했다. 1930년대 후반 미국의 아마추어 천문학자 그로트 레버 Grote Reber, 1911~2002 는 파라볼라 반사경을 만들어 처음으로 대략적인 천체의 전파지도 radio sky 를 만들었다. 2차 세계대전 이후 마이크로파 기술은 천문학의 중요한 부분으로 연구되었고, 1953년 1420 [MHz] 에서 성간 중성수소 interstellar neutral hydrogen 가 관측되었다. 대기는 약 10 [MHz] ~ 수십 [GHz] 의 전파관점에서 거의 투명하다. 전리층에서 일어나는 반사는 저주파수라는 한계가 있고 밀리미터파와 준 밀리미터파에서 가스의 감쇄가 심하므로 전파망원경을 위성에 설치하기도 한다.

11.6.1 전파 망원경과 수신기

천문 소스로부터 수신되는 무선신호는 매우 약하다. 따라서 크기가 큰 전파망원경과 감도가 우수한 수신기가 반드시 필요하다. 큰 전파망원경은 큰 면적으로 입사되는 전파들을 모으기 때문에 각도 해상도가 우수하다. 망원경을 밀리미터파 이하의 파장에서 사용할 때는 인위적 잡음이 적고, 건조하며 고도가 높은 곳에 위치해야 한다. 반사경 표면의 정확도는 $\frac{\lambda}{10}$ 보다 우수해야 하므로 높은 주파수에서 동작하는 큰 망원경을 제작하는 것은 매우 어렵다. 표면 에러는 이득을 감소시키며 망원경의 방사패턴을 저하시킨다.

전파망원경은 보통 파라볼라 반사경 안테나이다. [그림 11-23]은 2000년에 동작을 시작한 미국 그린뱅크에 있는 국립전파천문대 NRAO : National Radio Astronomy Observatory 의 조향 steerable 이 가능한 망원경이다. 오프셋 급전 offset-fed 방식의 반사경으로 크기는 100×110 [m] 이며 밀리미터파 대역에서도 사용할 수 있다.

100 [m] 보다 크게 조향할 수 있는 파라볼라 안테나를 만드는 것은 중력 때문에 실용성이 떨어진다. 그렇지만 고정된 망원경도 천체의 많은 부분을 커버할 수 있는데, Arecibo의 305 [m] 의 구형 반사경 전파망원경의 경우 급전 안테나를 이동하여 천정 zenith 으로부터 20° 정도 범위를 측정할 수 있다. 큰 망원경은 또한 틸팅 tilting 이 가능한 평면 반사경으로 만들어서 파라볼라의 고정 부분으로 전파 방향을 향하도록 만들 수 있다.

아무리 큰 전파망원경이라도 파장 측면에서 본다면 광학망원경에 비해 매우 작기 때문에 해상도가 낮다. 각도 해상도는 여러 망원경으로부터 오는 신호를 결합하는 배열이론을 이용하여 향상시킬 수 있다. 뉴멕시코에 NRAO의 VLA Very Large Array 는 직경 25 [m] 를 갖는 27개의 파라볼릭 반사경으로 구성되어 있다. 안테나들은 21 [km] 길이의 Y자 형태의 트랙 위를 움직여 평면을 구성한다. 유사하게 인도에 구축된 GMRT Great Metrewave Radio Telescope 의 구성도를 [그림 11-24]에 나타냈다. 직경 45 [m] 를 갖는 30개의 와이어메쉬 wire mesh 로 구성된 파라볼릭 반사경 안테나는 50 ~ 1,450 [MHz] 사이의 전파신호를 수신한다. 지구의 자전과 8시간의 측정을 결합하면 40 [km] 직경을 갖는 망원경의

(a) 사진

❶ 주 반사경
❷ 반사경 지지대
❸ 고각 휠(elevation wheel)
❹ 2차반사경
(a) 부반사경, (b) 주촛점, (c) 수신기실
❺ 균형추
❻ 능동 제어실
❼ 초점 접근로
❽ 고각 베어링(elevation bearing)
❾ 앨리데이드(alidade)
❿ 엘리베이터
⓫ 장치실
⓬ 방위각 구동부
⓭ 고각 구동부
⓮ 핀틀베어링(pintle bearing)
⓯ 방위각 트랙

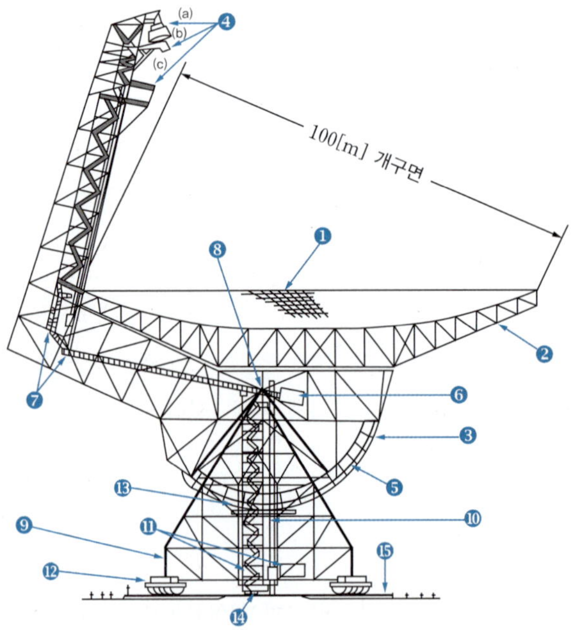

(b) 구조

[그림 11-23] **NRAO의 전파망원경**[1]

해상도와 동일한 각도 해상도를 얻을 수 있다. 대륙이나 심지어 우주공간을 이용한 VLBI Very Long Baseline Interferometry 전파망원경도 사용되고 있다.

1 해당 이미지는 Green Bank Observatory의 허락을 받고 인용하였다.

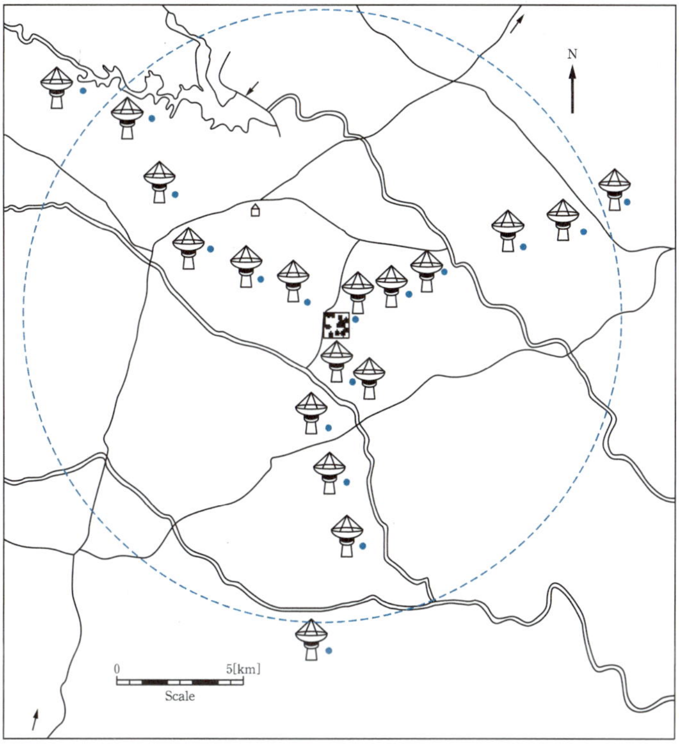

[그림 11-24] GMRT의 VLA 구성도

11.7 산업응용

마이크로파는 여러 산업 분야에서 물질의 전기적 성질을 측정하기 위해 사용된다. 전기적 성질은 습도, 밀도, 구성, 온도와 같은 물리적 성질에 영향을 받는다. 전파가 경계로부터 얼마나 투과되고 반사되는지는 이 물질의 전기적 성질에 따라 결정된다. 마이크로파 센서는 물체에 접촉하지 않고도 사용할 수 있고, 물질을 투과할 수 있다는 장점이 있다.

11.7.1 전송센서

일반적인 전송센서 transmission sensors 는 송신기, 수신기, 두 개의 혼 안테나로 구성된다. 전파는 두 안테나 사이에 놓인 물체를 통과한다. 전파속도의 변화에 따른 위상이동과 물체에서 손실로 인한 감쇄가 측정된다. 전송센서는 간단하고 컨베이어 벨트와 같이 움직이면서 물체를 측정할 수 있어서 곡물, 석탄, 모래 등의 습도를 측정하는 데에도 사용된다.

11.7.2 반사센서

물체의 복소 반사계수는 상대유전율 ε_r과 표면으로부터 수 표피깊이 내 분포의 함수로 나타난다. 만약 물체가 다층구조라면 각층의 두께와 유전율은 반사계수의 주파수 응답으로부터 얻을 수 있다. 동축케이블 또는 도파관의 개방종단open end은 물체의 표면 위에 놓여 간단한 반사센서reflection sensors가 된다. 반사계수는 종단의 커패시턴스와 컨덕턴스에 따라 다르며, ε의 함수가 된다. 지표면의 습도 측정이나 물질의 시험 등에도 사용할 수 있다.

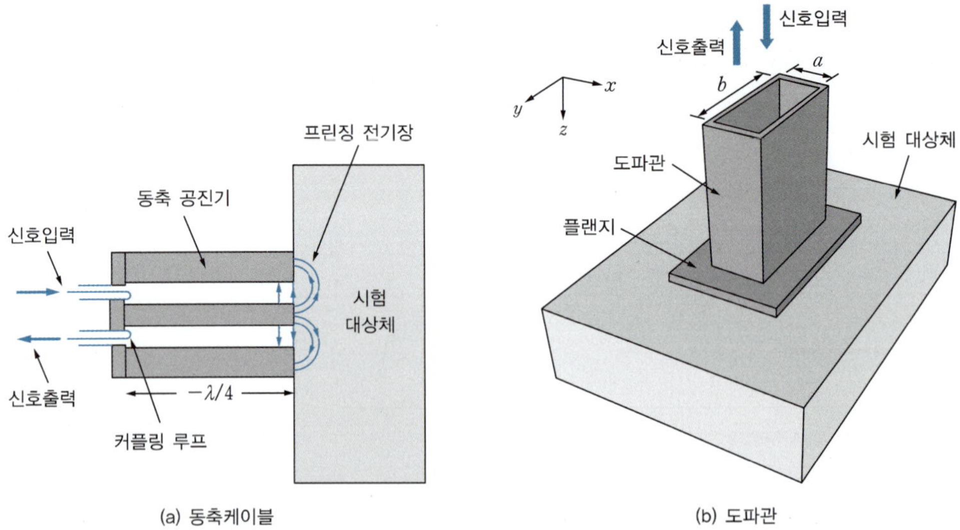

[그림 11-25] 반사센서

11.7.3 레이다 센서

레이다 센서radar sensors는 반사진폭, 전파시간, 도플러 천이를 측정할 수 있다. 레이다 센서는 문 개폐장치, 경비시스템의 움직임 감지, 물통 속 높이 감지, 전력선 진동 측정, 나무에서 썩은 부분 감지, 파이프 감지, 땅속 광산, 늪의 깊이 측정 등 다양하게 사용될 수 있다.

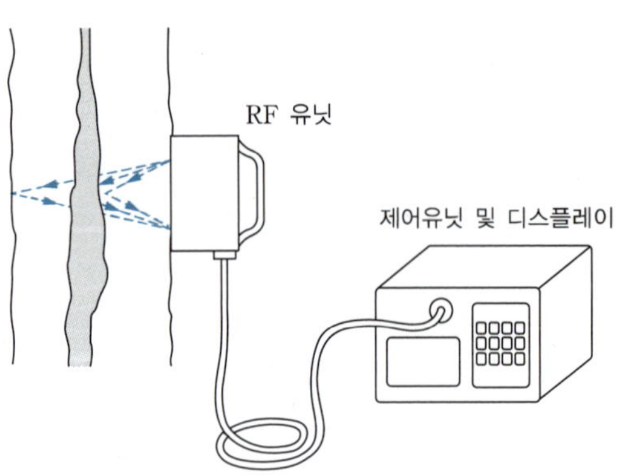

[그림 11-26] 나무의 썩은 부분을 감지하는 임펄스 레이다

11.7.4 이미징 센서

마이크로파 치료에서 진폭과 위상분포의 변화를 측정하면, 유전율의 3차원 분포를 측정할 수 있다. 마이크로파 홀로그래피에서 물체의 형상은 산란파를 이용하여 복원할 수 있다. 이미징 센서imaging sensors는 지표면 아래, 천장 위 또는 보안 검색 등에서 물체를 찾기 위해 사용할 수 있다.

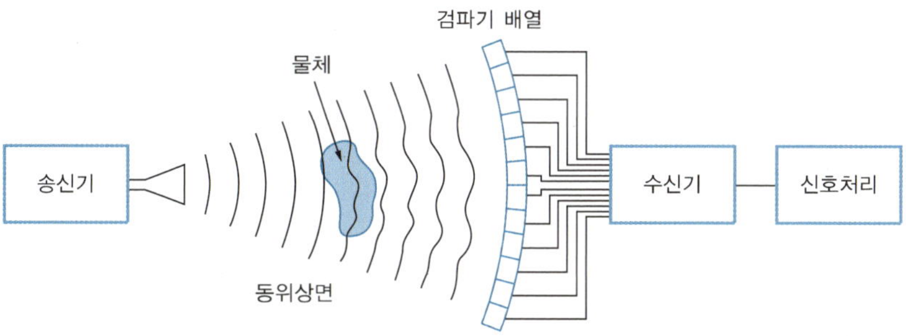

[그림 11-27] 유전율 분포의 측정

손실물질을 가열하는 데 전파를 사용할 수도 있다. 종종 물분자와 같은 극성을 가진 분자들에서 손실이 발생하는데, 전기장을 번갈아가며 극성을 갖게 한다. 많은 유전체 물질에서 $\mu''=0$이고 $\sigma=0$이며, 전력은 흡수된다. 여기서 E는 물질 내의 전기장이다. 2.45[GHz] 주파수 대역에서 사용되는 마이크로파 오븐이 가장 일반적인 전력응용 예다. 산업에서는 전파를 이용하여 재목 건조, 빵굽기, 고무경화, 플라스틱 접합, 콘크리트 건조 등을 할 수 있다.

11.7.5 의료응용

전파는 체열진단thermography, 투열치료diathermy, 온열치료hyperthermia 등 의료에도 응용된다. 투열치료와 온열치료는 전파가 피부에 흡수되는 것을 응용하는 반면, 체열진단에서는 피부에서 방출되는 열을 측정한다.

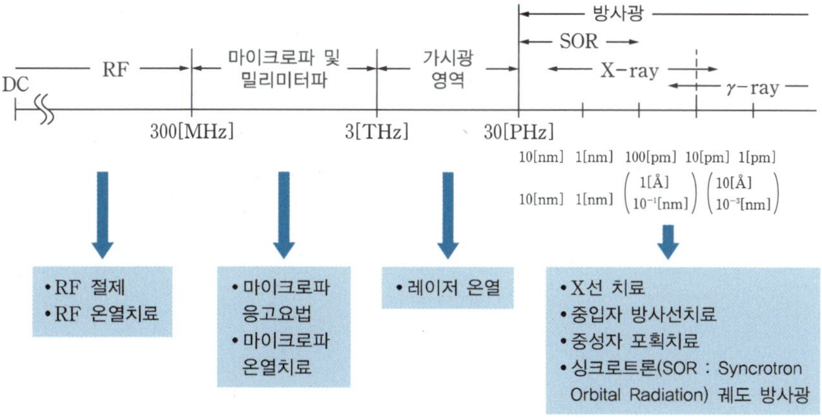

[그림 11-28] 주파수에 따른 전파 응용(의료분야)

■ 체열진단

플랑크의 법칙 Planck's law에 따르면 흑체의 온도가 310 [K], 즉 인체의 온도라면 적외선 파장에서 열방출이 최대강도를 갖는다. 즉, 적외선 파장에서 인체를 쉽게 감지할 수 있다. 그러나 인체는 마이크로파 라디오미터로도 쉽게 감지된다.

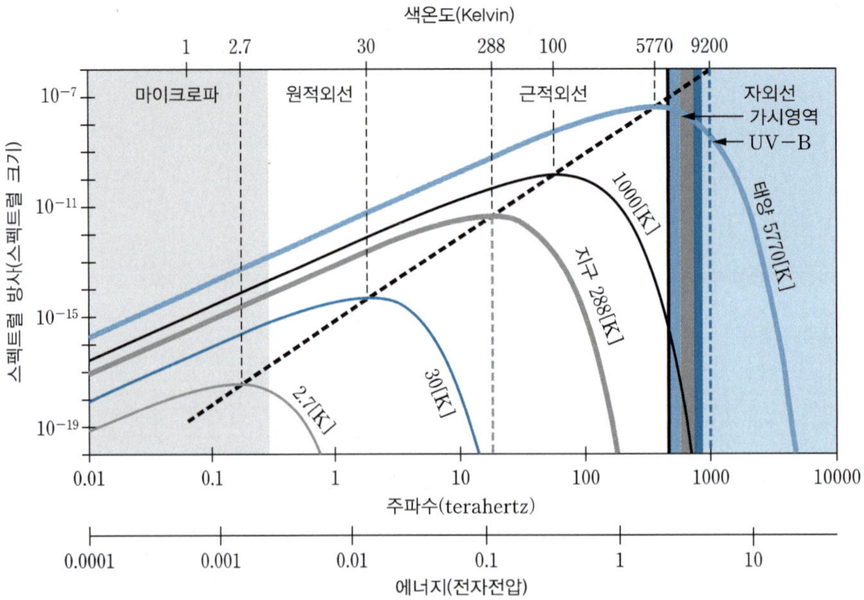

[그림 11-29] 플랑크의 법칙

인체는 마이크로파 대역에서 회색체인데, 3 [GHz] 에서 피부의 방출량은 0.5 이고, 30 [GHz] 에서는 0.9 이상이다. 표피깊이 δ 는 전파가 매질에 얼마나 깊이 침투하는지를 나타내므로, δ 는 피부의 열방사가 감지될 수 있는 깊이를 결정한다. 표피깊이는 매질의 전기적 성질과 주파수의 함수로 나타내며, 인체의 피부, 지방, 근육에 대한 주파수별 유전율을 [표 11-6]에 나타냈다. 뼈와 지방피부의 경우, 수분이 적으면 표피깊이는 크다. 근육과 피부는 수분이 많으면 표피깊이가 작다. **체열진단** thermography 은 암을 쉽게 감지하기 위한 비침투 기술이다. 암 종양은 주변에 비해 온도가 1° ~ 5° 정도 높기 때문에 피부에 가까이 위치해 있다면 마이크로파 라디오미터로 감지할 수도 있다. RF 대역에서는 수 [cm] 깊이에 있는 종양을 감지할 수 있지만, 마이크로파 대역에서는 피부 바로 위/아래에서만 감지할 수 있다. 라디오미터는 피부에 접착하는 안테나 또는 초점을 가진 큰 안테나를 사용할 수 있다.

[표 11-6] 인체의 주파수별 유전율

	915[MHz]		2.45[GHz]		10[GHz]	
	ε'	ε''	ε'	ε''	ε'	ε''
피부	41.5	17	38	11	31	14.5
지방	11.3	2.2	10.9	2	8.8	3.1
근육	55	19	53	12.5	43	19

■ 투열치료

투열치료 diathermy 는 전파에너지를 이용하여 피부 또는 몸의 온도를 올리는 것으로, 27[MHz]와 2.45[GHz]를 사용한다. 이때 피부의 온도는 39° ~ 45°로 올라간다. 온도가 더 높아지면 세포가 괴사하기 때문에 주의해야 한다. 전력밀도는 1100 ~ 1000[mW/cm^2]이며, 전력은 제한된 영역에만 초점이 맞춰져야 하고, 눈과 같이 예민한 부분은 금지된다. 체온을 높이면 많은 긍정적인 효과들이 있는데, 혈관이 확장되어 순환이 빨라지며, 근육이 이완되고, 고통에 대한 한계가 높아진다. 또한 연결된 피부의 신장성이 증가하고, 세포막의 침투력이 증가하고, 신진대사와 효소반응이 빨라진다.

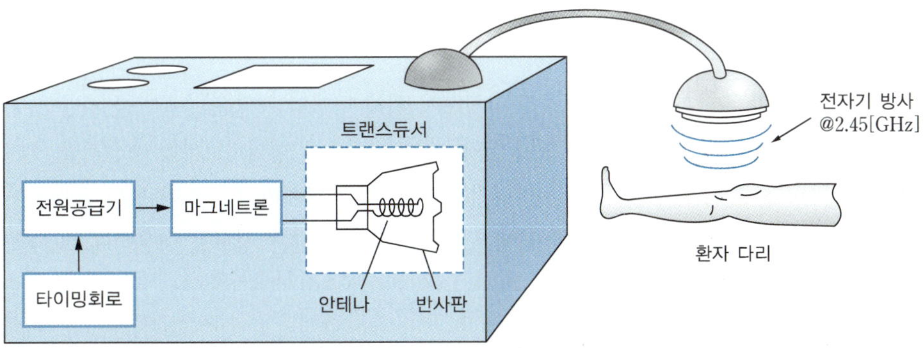

[그림 11-30] 투열치료

■ 온열치료

마이크로파 **온열치료** hyperthermia 는 암을 치료하는 데 사용된다. 종양을 둘러싼 건강한 세포들을 파괴하지 않고 암을 포함한 피부만 치료하는 방법으로, 이는 41° ~ 45°에서 암세포가 정상적인 세포들보다 쉽게 파괴되기 때문이다. 종양에 에너지를 집중하기 위해 마이크로파 주파수를 사용하며, 전력밀도가 높기 때문에(1[W/cm^2]) 피부가 흡수를 잘해서 암이 위치한 곳의 피부에 화상을 입을 수도 있다.

11.8 전자전

전자전EW : Electronic Warfare은 레이다, 통신, 미사일 유도시스템 등 무기체계의 전자적 성능을 무력화하는 과정으로 전자기 간섭, 잡음으로 전파방해, 허위 정보로 대체(허위 전파방해)하거나 다른 전자기 방해장치와 같은 고의적 수단으로 전자기 스펙트럼을 제어하는 전쟁을 말한다. [그림 11-31]과 같이 전자지원ESM : electronic support measure, 전자방해ECM : electronic countermeasure, 전자방해방어ECCM : electronic counter-countermeasure의 3가지로 구분된다.

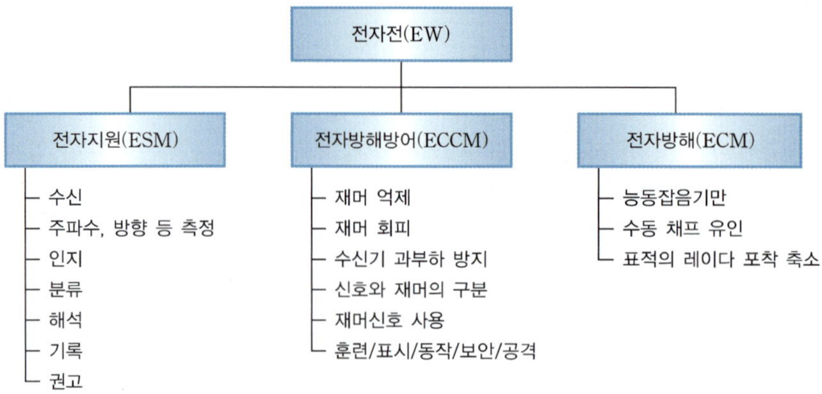

[그림 11-31] **전자전의 구분**

❶ **전자지원**ESM : 적군의 통신과 레이다 신호를 감청하기 위해 광대역 저잡음 수신기를 사용하며, 감청된 신호는 주파수, 파형, 방향을 구별하기 위해 분석된다. 정보 데이터로부터 송신기를 구별하고 인지할 수 있다. 이러한 수신기를 감시 수신기surveillance receiver라고 부르며 평상시에 군사적 활동을 관찰하기 위해 사용된다. 전쟁 시에는 ESM으로부터 얻은 정보를 이용하여 ECM을 활용한다.

❷ **전자방해**ECM : 적군의 레이다 또는 통신시스템을 교란하기 위해 수동형과 능동형 기술을 모두 사용한다. 능동형 ECM 시스템은 적군의 탐지 또는 통신을 불가능하게 하거나 교란하는 광대역 잡음 또는 허위신호를 발생시킨다. 수동형 ECM 방법은 채프chaff 또는 플레어flair 등 유인체decoy와 같은 레이다 탐지 방해 물체들을 사용한다. 이들을 사용하여 넓은 영역에 대해 높은 반사 특성으로 산란을 일으켜, 아군의 항공기나 미사일 등이 커다란 목표물이나 다중 목표물로 보이게 하는 것이다.

❸ **전자방해방어**ECCM : ECM이 적군의 레이다나 통신시스템의 성능을 방해하거나 무력화시키는 것이라면, ECCM은 반대로 전파방해나 감청 등 ESM과 ECM의 공격을 무력화하고 회피할 수 있는 기술이다. ECCM 기능은 보통 적군이 ECM을 동작시킬 때 전자기 스펙트럼을 사용하여 재머jammer를 무력화해야 하기 때문에 FHSS와 같은 스펙트럼 확산기술이 주로 사용된다.

11.8.1 ESM 시스템

[그림 11-32]에 나타낸 ESM 시스템에서 광대역 수신기에 의해 수신되는 전력은 통신시스템과 유사한 프리스 전송방정식 Friis transmission equation 으로 주어진다. 수신 전력은 EIRP, 경로손실, 수신안테나 이득에 의해 다음과 같이 주어진다.

$$P_r = P_t G_t \left(\frac{\lambda_0}{4\pi R} \right)^2 G_r \tag{11.10}$$

여기서 P_t는 레이다 또는 통신시스템의 송신전력, G_t는 송신기 안테나 이득, λ_0는 자유공간에서 전파의 파장, R은 거리, G_r는 수신기 안테나 이득이다. 일반적인 경우 G_t는 송신신호가 수신기로 직접 향하지 않기 때문에 측엽 side lobe 영역의 이득인 G_t^{SL}로 대치할 수 있다.

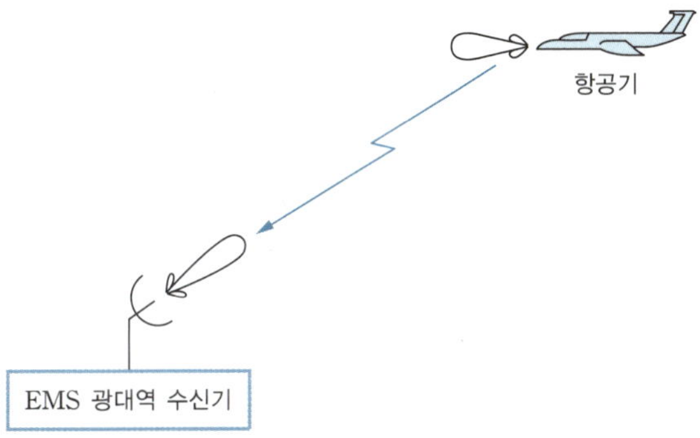

[그림 11-32] ESM 시스템

ESM 감시 시스템에서는 여러 동시 신호의 중요한 신호 매개변수를 측정할 수 있어야 하므로 크리스털 비디오 수신기 CVR : Crystal Video Receiver, 컴프레시브 수신기 CR : Compressive Receiver, 순간 주파수 측정 수신기 IFM : Instantaneous Frequency Measurement Receiver, 성광 수신기 AOR : Acousto-Optic Receiver 또는 브래그셀 수신기 Bragg Cell Receiver, 채널화 수신기 CHR : CHannelized Receiver, 슈퍼헤테로다인 수신기 SHR : SuperHeterodyne Receiver 등 광대역과 고감도 특성을 갖는 수신기가 사용된다. [표 11-7]에 각 수신기의 특징을 비교하여 나타냈다.

[표 11-7] 전자전 수신기의 비교

항목	CVR	CR	IFM	AOR	CHR	SHR
주파수 대역폭	좋음	좋음	매우 좋음	좋음	좋음	매우 나쁨
동시 신호처리 능력	매우 나쁨	좋음	매우 나쁨	좋음	좋음	매우 나쁨
주파수 해상도	매우 나쁨	좋음	좋음	좋음	좋음	매우 좋음
감도	약간 나쁨	좋음	약간 좋음	약간 좋음	좋음	매우 좋음
동작범위	보통	약간 좋음	약간 좋음	보통	좋음	매우 좋음
POI	100%	100%	100%	~ 100%	< 100%	< 100%

❶ **CVR 수신기** : 다른 수신기에 비해 가격이 저렴하고 덜 복잡하다는 장점이 있지만, 주파수 해상도가 낮아 전자전보다는 무기 레이다를 감지하고 조종사에게 경고하는 감도로 충분한 레이다 경고 수신기 RWR : Radar Warning Receiver 에 더 적절하다.

❷ **CR 수신기** : 분산지연선로 dispersive delay line 를 이용하여 높은 듀티 사이클을 가진 펄스신호 및 CW 신호를 포함하여 수신기에 동시에 입력되는 신호들을 다른 반송파 주파수로 신호를 분해하고 처리할 수 있다. CVR 수신기, IFM 수신기 또는 SHR 수신기보다 감도가 10 ~ 20 [dB] 정도 더 우수하고, 채널화 수신기보다 5 ~ 10 [dB] 정도 더 우수하며, 탐지율 POI : Probability of Intercept 혹은 포착률은 지속파 CW, 펄스 및 주파수 가변 신호 frequency agile signal 의 경우 거의 100%이다. CR 수신기는 최대 1 [GHz]의 순간 대역폭을 가지며 마이크로초(μs) 이내에 신호를 감지할 수 있다.

❸ **IFM 수신기** : 대역 통과 또는 대역 저지 필터뱅크로 구현한 광대역 특성과 지연선로와 위상검출기의 조합, 입력신호의 주파수를 측정하기 위해 주파수 분별기 frequency discriminator 를 사용하여 나노 초(ns) 이내의 신호를 측정할 수 있는 고해상도 수신기이다. 그러나 수신기에 입력되는 하나의 신호만 검출할 수 있으므로 동시에 입력된 신호를 감지하지 못한다는 단점이 있다.

❹ **AOR 수신기** : RF 및 광기술이 결합되어 입력되는 신호의 파장에 따라 회절특성을 갖는 브래그 셀을 사용하는 수신기로, 구조가 단순하고, 작은 크기 및 우수한 신호처리 능력으로 여러 무선 신호원을 동시에 식별할 수 있다는 장점이 있다. 반면 동작범위가 100 [dB] 이하로 상대적으로 낮다는 단점이 있다.

❺ **CHR 수신기** : CVR 수신기와 IFM 수신기의 슈퍼헤테로다인 형태로, 필터뱅크 filter bank 를 사용하여 주파수 범위를 원하는 펄스 분해능의 연속채널로 나누어 구현하기 때문에 광대역의 향상된 성능을 얻지만, 가격이 비싸고 복잡하다.

❻ **SHR 수신기** : 수신기의 감도와 선택성을 개선하기 위해 입력 RF 신호를 증폭기와 협대역 필터를 쉽게 사용할 수 있는 중간주파수 IF 로 변환하고 다시 기저대역으로 변환한다. 중간주파수로 변환 증폭하기 때문에 감도와 선택도가 우수한 대신 회로가 복잡해지고, 영상주파수로 인한 스퓨리어스 혼선이라는 단점이 있다. SHR 수신기는 전자전 응용에서 입력신호를 분리하고 미세한 정보를 측정하는 데 사용된다.

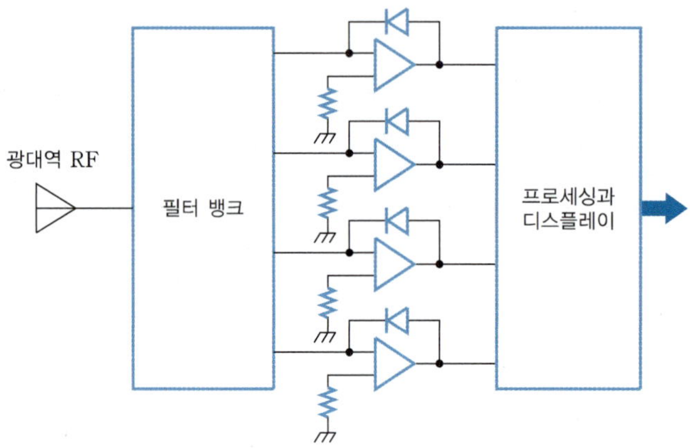

(a) 크리스탈 비디오 수신기

[그림 11-33] 전자전 수신기 (계속)

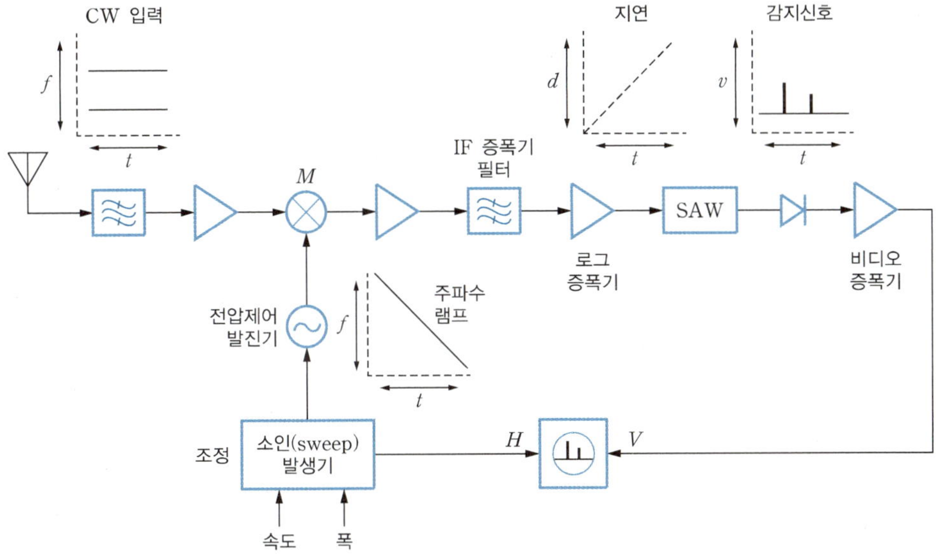

(b) 컴프레시브 수신기

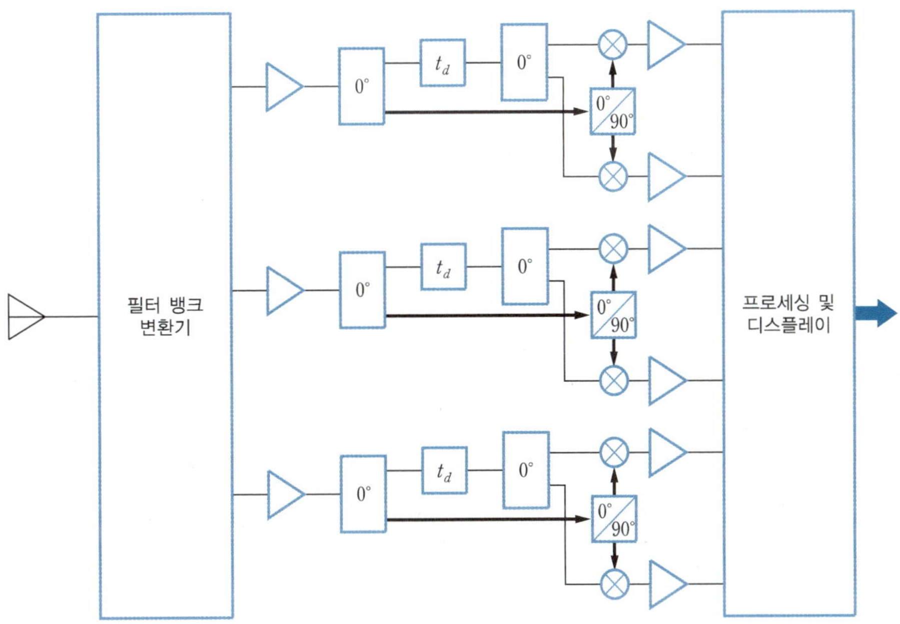

(c) 순간 주파수 측정 수신기

[그림 11-33] **전자전 수신기** (계속)

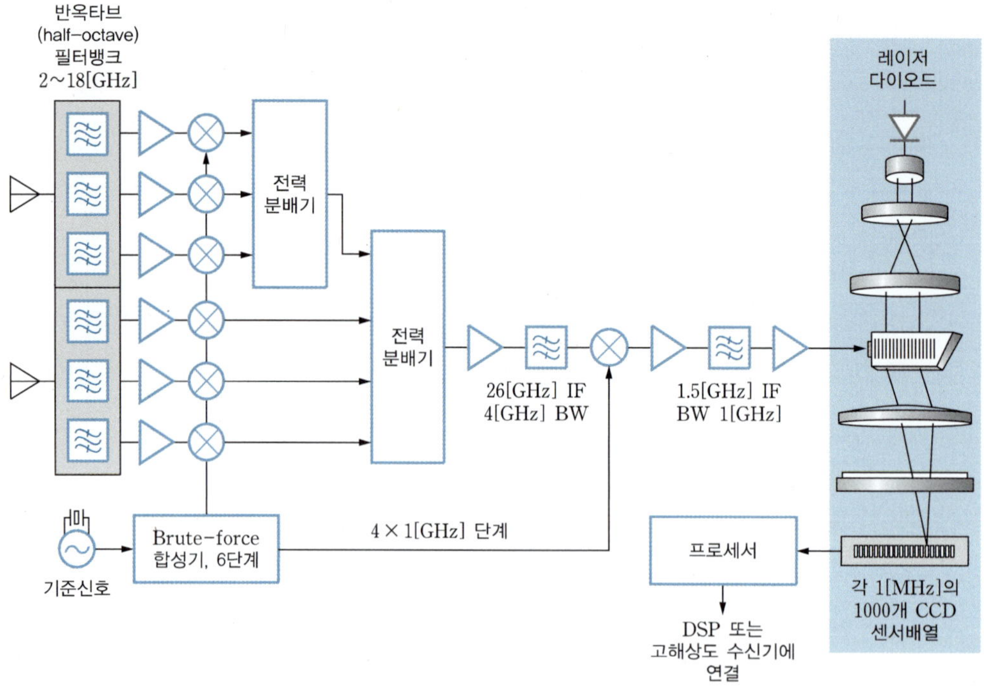

(d) 성광 수신기

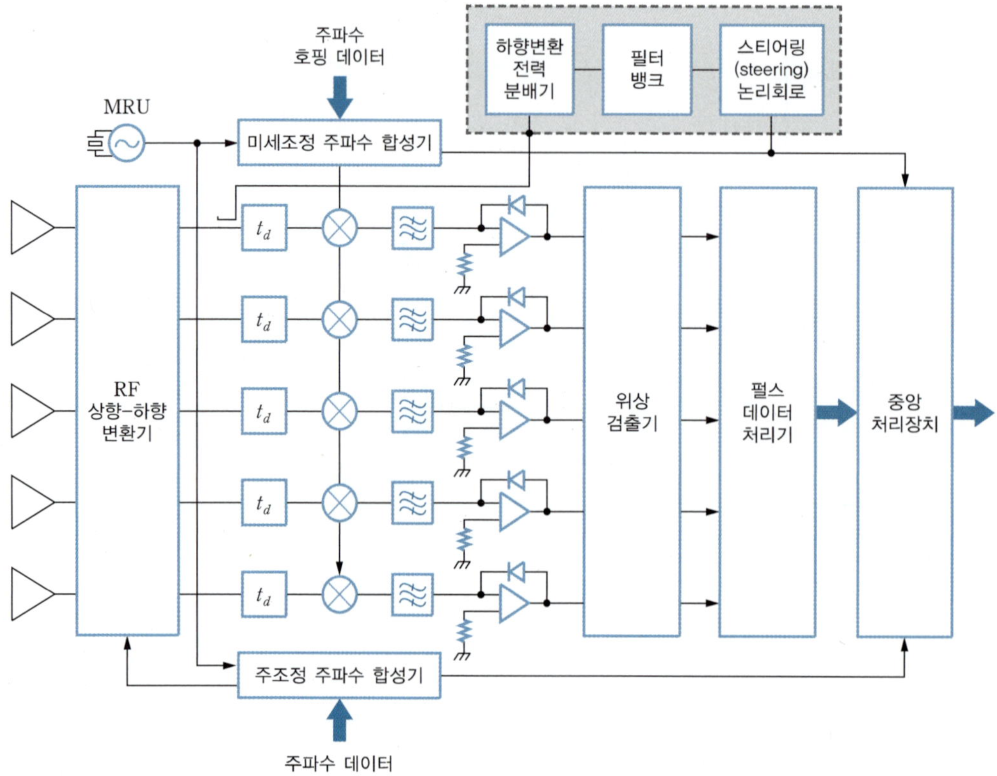

(e) 채널화 수신기

[그림 11-33] 전자전 수신기

11.8.2 ECM 시스템

ECM 시스템에서도 레이다 방정식과 프리스 전송방정식을 전파방해jammer를 설명하기 위해 사용할 수 있다. [그림 11-34]에 나타낸 공격기를 방어하는 자체 방호 전파방해SSJ : Self-Screening Jammer와 지속파 광대역 원격 전파방해CW Barrage Stand-Off Jammer가 대표적인 ECM 시스템이다. SSJ를 고려해 보면 표적으로부터 귀환되는 신호를 억제, 즉 교란시키기 위해 질문기 레이다interrogating radar를 향해 방해전파 전력을 방사한다. 방해전파가 효과적이려면 레이다에 의해 수신되는 방해전파 대 신호비J/S : Jamming to Signal Ratio가 0[dB] 이상이 되어야 한다. 식 (9.15)의 레이다 방정식으로부터 표적으로부터 귀환되는 신호는 다음과 같이 주어진다.

$$S = P_r = \frac{P_t G_r^2 \sigma \lambda_0^2}{(4\pi)^3 R^4} \tag{11.11}$$

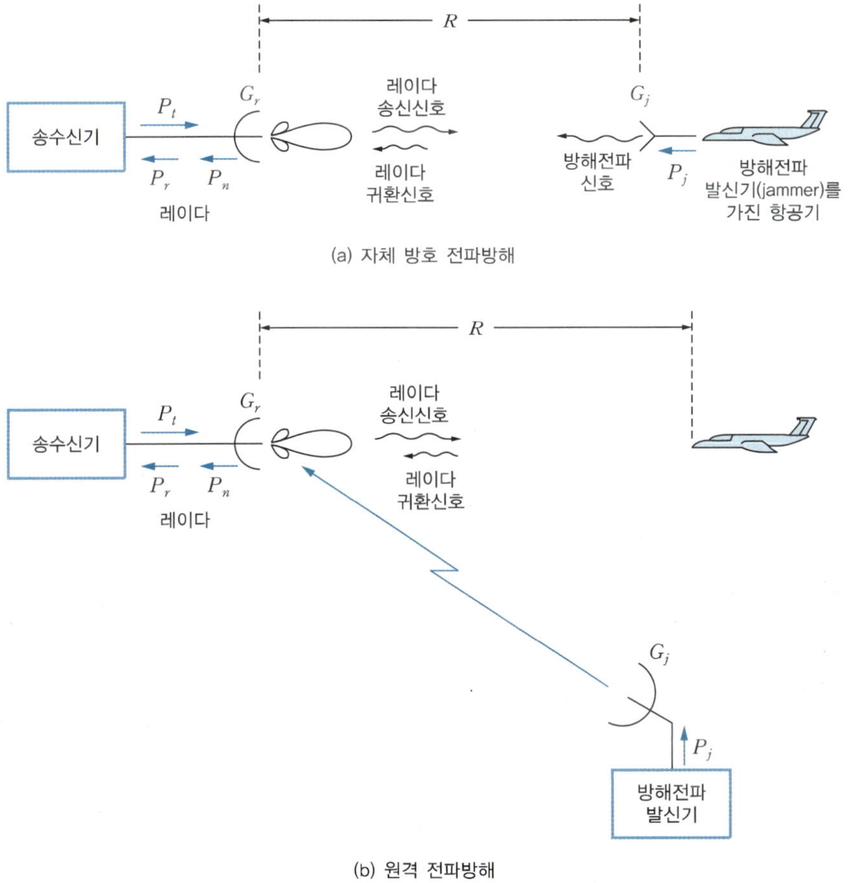

[그림 11-34] ECM 시스템의 예

방해전파 발신기는 이득 G_j를 갖고, 안테나로부터 P_j의 전력레벨로 송신한다. 방해전파 발신기는 단방향 손실을 가지며 레이다에서 수신되는 신호를 계산하기 위해 프리스 전송방정식을 사용한다.

$$J = P_n = P_j G_j G_r \left(\frac{\lambda_0}{4\pi R} \right)^2 \tag{11.12}$$

식 (11.11)과 (11.12)를 이용하여 J/S를 찾을 수 있다.

$$\frac{J}{S} = \frac{P_n}{P_r} = \frac{P_j}{P_t} \frac{4\pi R^2 G_j}{G_r \sigma} \tag{11.13}$$

위 방정식은 방해전파 발신기와 레이다가 같은 대역폭을 가질 때만 유효하다. 실제로 귀환신호를 없애기 위해 방해전파 발신기는 레이다보다 더 넓은 대역폭으로 방사해야 한다. 만약 B_r이 레이다 대역폭이고 B_j가 방해전파 발신기 대역폭이라면, 전력은 B_j의 대역폭으로 확산될 것이다. 식 (11.13)은 대역폭의 영향을 고려하여 다음과 같이 수정한다.

$$\frac{J}{S} = \frac{P_n}{P_r} = \frac{P_j}{P_t} \frac{4\pi R^2 G_j}{G_r \sigma} \left(\frac{B_r}{B_j} \right) \tag{11.14}$$

[그림 11-23(b)]와 같은 원격 방해전파에 대해 방해전파 발신기는 표적이 아닌 다른 곳에 위치한다. 레이다는 표적을 향하며 방해전파 발신기는 레이다의 주빔 밖에 위치한다. 레이다에 의해 수신되는 전파방해 신호는 다음과 같다.

$$J = P_n = P_j G_j G_r^{SL} \left(\frac{\lambda_0}{4\pi R_j} \right)^2 \tag{11.15}$$

여기서 R_j는 방해전파 발신기와 레이다 사이의 거리이고, G_r^{SL}는 레이다 안테나의 측엽 영역에서 이득이다. 식 (11.11)과 식 (11.15)로부터 J/S비를 구하면 다음과 같다.

$$\frac{J}{S} = \frac{P_n}{P_r} = \frac{P_j}{P_t} \frac{(4\pi) R^4 G_j G_r^{SL}}{G_r^2 \sigma R_j^2} \tag{11.16}$$

레이다와 방해전파 발신기의 대역폭이 다르면 식 (11.16)은 다음과 같이 된다.

$$\frac{J}{S} = \frac{P_n}{P_r} = \frac{P_j}{P_t} \frac{(4\pi) R^4 G_j G_r^{SL}}{G_r^2 \sigma R_j^2} \left(\frac{B_r}{B_j} \right) \tag{11.17}$$

Chapter 11 기출문제

L11.1 **【2021, 국가직 9급】** 2.4[GHz] 대역의 주파수를 사용하지 않는 무선랜 표준은?

① IEEE 802.11a ② IEEE 802.11b
③ IEEE 802.11g ④ IEEE 802.11n

L11.2 **【2021, 국가직 9급】** 지그비 Zigbee와 블루투스 Bluetooth의 표준에 대한 설명으로 옳지 않은 것은?

① 지그비는 변조 방식으로 DSSS direct sequence spread spectrum 방식을 사용한다.
② 지그비는 다중접속 방식으로 CSMA-CA carrier sense multiple access-collision avoidance 방식을 사용한다.
③ 블루투스는 변조 방식으로 FHSS frequency hopping spread spectrum 방식을 사용한다.
④ 블루투스는 다중접속 방식으로 CDMA code division multiple access 방식을 사용한다.

L11.3 **【2021, 무선설비기사】** 다음 중 계기 착륙방식인 ILS Instrument Landing System의 구성 요소가 아닌 것은?

① Localizer(방위각 제공 시설)
② Glide Path(활공각 제공 시설)
③ MLS(초고주파 착륙 시설)
④ Marker Beacon(마커 비콘)

L11.4 **【2020, 국가직 9급】** 저궤도 위성을 정지궤도 위성과 비교한 설명으로 옳지 않은 것은?

① 핸드오버 복잡도가 정지궤도 위성에 비해 높다.
② 신호 송수신 지연시간이 정지궤도 위성에 비해 짧다.
③ 예상 수명이 정지궤도 위성에 비해 길다.
④ 서비스를 위한 위성의 수가 정지궤도 위성에 비해 많다.

L11.5 **【2020, 국가직 9급】** 위성통신에서 사용되는 주파수 대역에 대한 설명으로 옳지 않은 것은?

① 상향링크와 하향링크의 대역을 분리해 양방향 통신이 가능하다.
② 전리층에서 반사나 흡수가 문제되지 않는 대역을 사용한다.
③ 정지궤도 위성에서는 도플러 천이 특성이 거의 나타나지 않는다.
④ 일반적으로 지구국보다 위성이 높은 주파수로 신호를 송출한다.

L11.6 **【2020, 국가직 9급】** 위성으로부터 지구국으로 전파된 신호의 수신전력에 대한 설명으로 옳지 않은 것은?

① 수신 안테나의 이득에 비례한다.
② 송신 안테나의 이득에 비례한다.
③ 송수신기 간 거리의 제곱에 비례한다.
④ 신호 파장의 제곱에 비례한다.

L11.7 **【2020, 국가직 9급】** 5G 이동통신시스템에 대한 설명으로 옳지 않은 것은?

① 모바일 환경에서 LTE보다 높은 데이터 전송률을 제공하여 UHD급 콘텐츠와 AR/VR 등의 실감 미디어 서비스가 가능하다.
② 여러 서비스들이 요구하는 상이한 요구사항을 충족하기 위해 각 서비스별로 별도의 네트워크를 물리적으로 구축하여 서비스를 제공한다.
③ 대량의 디바이스가 연결되는 초연결성 제공으로 IoT 인프라 구축이 가능하다.
④ 초저지연 및 초신뢰성 제공으로 자율주행자동차 등의 서비스가 가능하다.

L11.8 **【2020, 무선설비기사】** 다음 중 GPS에 대한 설명으로 틀린 것은?

① 반송파는 1575.72[MHz]를 사용한다.
② 지구 궤도면에 있는 24개 이상의 위성을 이용한다.
③ WGS-84 좌표계를 사용한다.
④ 지상제어국이 분산되어 있다.

L11.9 **【2020, 무선설비기사】** 다음 중 UHF 대역의 주파수를 사용하는 항법장치는?

① DME	② VOR
③ ILS	④ NDB

L11.10 **【2020, 전파전자통신기사】** 제1 프레넬영역$^{\text{Fresnel Zone}}$의 반경에 대한 설명 중 옳은 것은?

① 송신점과 수신점 사이의 거리의 제곱근에 반비례한다.
② 파장에 비례한다.
③ 송신점과 장애물 사이의 거리에 비례한다.
④ 수신점과 장애물 사이의 거리에 비례한다.

L11.11 **【2019, 국가직 9급】** 정지궤도 위성과 극궤도 위성에 대한 설명으로 옳은 것은?

① 극궤도 위성의 공전주기는 지구의 자전주기와 같다.
② 극궤도 위성은 적도 상공에 궤도를 유지하면서 지구 주위를 회전한다.
③ 정지궤도 위성은 남극과 북극을 통과하는 궤도를 따라 지구 주위를 공전한다.
④ 정지궤도 위성의 고도는 극궤도 위성의 고도에 비해 높다.

L11.12 **【2019, 국가직 9급】** 지구국과 위성 사이의 거리가 22,500[km] 떨어져 있을 때, 지구국에서 전파를 발사하여 지구국으로 되돌아올 때까지 걸리는 시간[ms]은? (단, 위성에서의 지연시간은 무시하고, 전파의 속도는 3×10^8[m/s]이다.)

① 100　　② 150
③ 200　　④ 250

L11.13 **【2018, 국가직 9급】** 위성에 대한 설명으로 옳지 않은 것은?

① 저궤도^{LEO} 위성은 지구의 자전속도와 동일한 속도로 공전하며 움직인다.
② 상업용 위성에서 사용되는 주파수 대역은 C, Ku, Ka, L 등이 있다.
③ Ku 대역 위성통신에서 상향링크 주파수가 하향링크 주파수보다 높다.
④ 정지궤도^{GEO} 위성은 지표면에서 약 36,000[km]에 위치한다.

L11.14 **【2018, 국가직 9급】** 무선 근거리 통신망인 무선 랜(WLAN)의 기술을 규정하고 있는 국제 표준은?

① IEEE 802.11　　② IEEE 802.15
③ IEEE 802.16　　④ IEEE 802.21

L11.15 **【2018, 방송통신기사】** 다음은 위성궤도의 종류별 위성고도를 나타낸 것이다. 틀린 것은?

① 저궤도 위성 : 약 300 ~ 1,500[km]
② 중궤도 위성 : 약 1,500 ~ 10,000[km]
③ 타원형 고궤도 위성 : 약 10,000 ~ 40,000[km]
④ 정지궤도 위성 : 약 40,000 ~ 50,000[km]

L11.16 **【2017, 국가직 9급】** GPS에 대한 설명으로 옳지 않은 것은?

① 위성은 정지궤도상에 있다.
② 위도, 경도, 고도 등의 위치와 시간을 측정하는 데 사용된다.
③ 항법, 측량, 측지, 시각동기 등의 군용 및 민간용으로 사용되고 있다.
④ 수신기의 시간오차를 고려해 위치를 측정하기 위해서는 최소 4개의 위성신호가 필요하다.

L11.17 **【2017, 국가직 9급】** 위성통신에 대한 설명으로 옳지 않은 것은?

① 정지궤도 위성은 적도상공에 떠 있으며, 3개의 위성으로 극지방을 제외한 지구 전체에 서비스할 수 있다.
② 정지궤도 위성의 공전주기는 지구의 자전주기와 같아야 하기 때문에 고도 1,000 ~ 2,000 [km]의 상공에서 운용된다.
③ 극궤도 위성은 남극과 북극의 상공을 통과하며, 정지궤도 위성보다 고도가 낮아 전파 지연이 작다.
④ 저궤도 위성 이동통신은 상시 통신을 위해 수십 개의 위성과 핸드오프가 필요하다.

L11.18 **【2014, 국가직 9급】** 정지궤도 위성을 이용하여 두 지구국이 서로 통신할 때 전파의 최소 지연시간[ms]은? (단, 전파의 속도는 300,000 [km/s]이고, 정지궤도 위성의 고도는 36,000 [km]이다.)

① 0.24　　② 2.4　　③ 24　　④ 240

L11.19 **【2014, 국가직 9급】** GPS Global Positioning System 를 이용하여 위치를 계산할 때 오차를 발생시키는 원인으로 적절하지 않은 것은?

① 수신기의 증폭도와 필터의 정밀도에 의한 신호 품질 차이
② 다중경로 Multi-path 에 의한 수신 경로 차이
③ 위성과 수신기 사이의 동기 시간 차이
④ 전리층과 대기층에서의 굴절에 의한 수신 경로 차이

기출문제 답

L11.1 ① L11.2 ④ L11.3 ③ L11.4 ③ L11.5 ④ L11.6 ③ L11.7 ② L11.8 ①
L11.9 ① L11.10 ① L11.11 ④ L11.12 ② L11.13 ① L11.14 ① L11.15 ④ L11.16 ①
L11.17 ② L11.18 ④ L11.19 ①

Appendix

A. 주요 공식

■ 벡터의 항등식 vector identities

$$\vec{A} = \vec{a_x}A_x + \vec{a_y}A_y + \vec{a_z}A_z$$

$$\vec{A} + \vec{B} = \vec{a_x}(A_x + B_x) + \vec{a_y}(A_y + B_y) + \vec{a_z}(A_z + B_z)$$

$$\vec{A} \cdot \vec{B} = A_xB_x + A_yB_y + A_zB_z$$

$$\vec{A} \times \vec{B} = \det\begin{vmatrix} \vec{a_x} & \vec{a_y} & \vec{a_z} \\ A_x & A_y & A_z \\ B_x & B_y & B_z \end{vmatrix}$$

$$= \vec{a_x}(A_yB_z - A_zB_y) + \vec{a_y}(A_zB_x - A_xB_z) + \vec{a_z}(A_xB_y - A_yB_x)$$

$$\vec{A} \cdot (\vec{B} \times \vec{C}) = \vec{B} \cdot (\vec{C} \times \vec{A}) = \vec{C} \cdot (\vec{A} \times \vec{B})$$

$$\vec{A} \times (\vec{B} \times \vec{C}) = (\vec{A} \cdot \vec{C})\vec{B} - (\vec{A} \cdot \vec{B})\vec{C}$$

$$(\vec{A} \times \vec{B}) \cdot (\vec{C} \times \vec{D}) = (\vec{A} \cdot \vec{C})(\vec{B} \cdot \vec{D}) - (\vec{A} \cdot \vec{D})(\vec{B} \cdot \vec{C})$$

$$\nabla \times \nabla\Psi = 0$$

$$\nabla \cdot (\nabla \times \vec{A}) = 0$$

$$\nabla \times (\nabla \times \vec{A}) = \nabla(\nabla \cdot \vec{A}) - \nabla^2\vec{A}$$

$$(\nabla \times \vec{A}) \times \vec{A} = (\vec{A} \cdot \nabla)\vec{A} - \frac{1}{2}\nabla(\vec{A} \cdot \vec{A})$$

$$\nabla(\Psi\Phi) = \Psi\nabla\Phi + \Phi\nabla\Psi$$

$$\nabla \cdot (\Psi\vec{A}) = \vec{A} \cdot \nabla\Psi + \Psi\nabla \cdot \vec{A}$$

$$\nabla \times (\Psi\vec{A}) = \nabla\Psi \times \vec{A} + \Psi\nabla \times \vec{A}$$

$$\nabla(\vec{A} \cdot \vec{B}) = (\vec{A} \cdot \nabla)\vec{B} + (\vec{B} \cdot \nabla)\vec{A} + \vec{A} \times (\nabla \times \vec{B}) + \vec{B} \times (\nabla \times \vec{A})$$

$$\nabla \cdot (\vec{A} \times \vec{B}) = \vec{B} \cdot (\nabla \times \vec{A}) - \vec{A} \cdot (\nabla \times \vec{B})$$

$$\nabla \times (\vec{A} \times \vec{B}) = \vec{A}(\nabla \cdot \vec{B}) - \vec{B}(\nabla \cdot \vec{A}) + (\vec{B} \cdot \nabla)\vec{A} - (\vec{A} \cdot \nabla)\vec{B}$$

가우스의 다이버전스 정리 Gauss's Divergence Theorem

$$\int_V \nabla \cdot \vec{G}\, dv = \oint_A \vec{G} \cdot \vec{a_n}\, da$$

스토크스의 정리 Stokes's Theorem

$$\int_A (\nabla \times \vec{G}) \cdot \vec{a_n}\, da = \oint_C \vec{G} \cdot d\vec{l}$$

각 좌표계에서의 벡터 연산

❶ 직각좌표계(x, y, z)

$$\nabla \Psi = \vec{a_x}\frac{\partial \Psi}{\partial x} + \vec{a_y}\frac{\partial \Psi}{\partial y} + \vec{a_z}\frac{\partial \Psi}{\partial z} \qquad \nabla \cdot \vec{A} = \frac{\partial A_x}{\partial x} + \frac{\partial A_y}{\partial y} + \frac{\partial A_z}{\partial z}$$

$$\nabla \times \vec{A} = \vec{a_x}\left(\frac{\partial A_z}{\partial y} - \frac{\partial A_y}{\partial z}\right) + \vec{a_y}\left(\frac{\partial A_x}{\partial z} - \frac{\partial A_z}{\partial x}\right) + \vec{a_z}\left(\frac{\partial A_y}{\partial x} - \frac{\partial A_x}{\partial y}\right)$$

$$\nabla^2 \Psi = \frac{\partial^2 \Psi}{\partial x^2} + \frac{\partial^2 \Psi}{\partial y^2} + \frac{\partial^2 \Psi}{\partial z^2}$$

❷ 원통형 좌표계(ρ, ϕ, z)

$$\nabla \Psi = \vec{a_\rho}\frac{\partial \Psi}{\partial \rho} + \vec{a_\phi}\frac{1}{\rho}\frac{\partial \Psi}{\partial \phi} + \vec{a_z}\frac{\partial \Psi}{\partial z} \qquad \nabla \cdot \vec{A} = \frac{1}{\rho}\frac{\partial(\rho A_\rho)}{\partial \rho} + \frac{1}{\rho}\frac{\partial A_\phi}{\partial \phi} + \frac{\partial A_z}{\partial z}$$

$$\nabla \times \vec{A} = \vec{a_\rho}\left(\frac{1}{\rho}\frac{\partial A_z}{\partial \phi} - \frac{\partial A_\phi}{\partial z}\right) + \vec{a_\phi}\left(\frac{\partial A_\rho}{\partial z} - \frac{\partial A_z}{\partial \rho}\right) + \vec{a_z}\frac{1}{\rho}\left(\frac{\partial(\rho A_\phi)}{\partial \rho} - \frac{\partial A_\rho}{\partial \phi}\right)$$

$$\nabla^2 \Psi = \frac{1}{\rho}\frac{\partial}{\partial \rho}\left(\rho\frac{\partial \Psi}{\partial \rho}\right) + \frac{1}{\rho^2}\frac{\partial^2 \Psi}{\partial \phi^2} + \frac{\partial^2 \Psi}{\partial z^2}$$

❸ 구좌표계(r, θ, ϕ)

$$\nabla \Psi = \vec{a_r}\frac{\partial \Psi}{\partial r} + \vec{a_\theta}\frac{\partial \Psi}{\partial \theta} + \vec{a_\phi}\frac{1}{r\sin\theta}\frac{\partial \Psi}{\partial \phi}$$

$$\nabla \cdot \vec{A} = \frac{1}{r^2}\frac{\partial(r^2 A_r)}{\partial r} + \frac{1}{r\sin\theta}\frac{\partial(\sin\theta A_\theta)}{\partial \theta} + \frac{1}{r\sin\theta}\frac{\partial A_\phi}{\partial \phi}$$

$$\nabla \times \vec{A} = \vec{a_r}\frac{1}{\sin\theta}\left(\frac{\partial(\sin\theta A_\phi)}{\partial \theta} - \frac{\partial A_\theta}{\partial \phi}\right) + \vec{a_\theta}\left(\frac{1}{r\sin\theta}\frac{\partial A_r}{\partial \phi} - \frac{1}{r}\frac{\partial(rA_\phi)}{\partial r}\right)$$

$$+ \vec{a_\phi}\frac{1}{r}\left(\frac{\partial(rA_\theta)}{\partial r} - \frac{\partial A_r}{\partial \theta}\right)$$

$$\partial^2 \Psi = \frac{1}{r^2}\frac{\partial}{\partial r}\left(r^2\frac{\partial \Psi}{\partial r}\right) + \frac{1}{r^2\sin\theta}\frac{\partial}{\partial \theta}\left(\sin\theta\frac{\partial \Psi}{\partial \theta}\right) + \frac{1}{r^2\sin^2\theta}\frac{\partial^2 \Psi}{\partial \phi^2}$$

Appendix

B. 페이저의 개념과 특징

■ 페이저의 개념

페이저phasor는 시간 영역에서 정의된 함수를 주파수 영역의 함수로 변환하여 곱셈과 나눗셈 계산을 쉽게 할 수 있도록 도입된 개념이다. 페이저는 회로에서 주로 사용되는 시간 영역의 정현파 신호를 간단하게 복소수 형태로 나타낼 수 있다.

시간 변화를 갖는 정현파 신호를 페이저로 표현하는 방법은 다음과 같다. 만약 정현파 신호가 $x(t) = A_0\cos(\omega t + \theta)$라면($A_0$는 신호의 진폭, ω는 각주파수를 의미), 오일러의 공식을 이용하여 신호 $x(t)$를 식 (B.1)과 같이 표현할 수 있다. 하지만 이는 실수부와 허수부로 나뉘어져 있어서 복잡하기 때문에 대부분의 연구자들은 페이저의 실수부real part를 택하여 정의한다. 따라서 식 (B.2)와 같이 페이저의 실수부만 택하여 관계를 정의할 수 있다.

$$A_0\cos(\omega t + \theta) = A_0\frac{e^{j(\omega t+\theta)} + e^{-j(\omega t+\theta)}}{2} \tag{B.1}$$

$$A_0\cos(\omega t + \theta) = \mathrm{Re}\left[A_0 e^{j(\omega t+\theta)}\right] = \mathrm{Re}\left[A_0 e^{j\theta} e^{j\omega t}\right] \tag{B.2}$$

정현파 신호 $x(t)$를 페이저로 표현하면 다음과 같이 표현할 수 있다.

$$x(t) = A_0\cos(\omega t + \theta) \Rightarrow \boldsymbol{X} = \mathrm{Re}\left[A_0 e^{j(\omega t+\theta)}\right] = A_0 e^{j\theta} \tag{B.3}$$

■ 페이저의 특징

페이저는 편리성을 위해 크기와 위상만 표현하고 시간성분인 $e^{j\omega t}$를 생략한다. 이는 페이저 신호들이 동일한 각주파수를 갖고 있을 때에만 페이저 연산이 가능하다는 뜻이다. 페이저는 직교좌표, 지수형좌표 또는 극좌표 등으로 표현할 수 있는데, 그중 지수형좌표와 극좌표를 많이 사용한다. 식 (B.3)은 페이저를 지수형좌표로 표현한 것이며, 이를 극좌표로 표현하면 다음과 같이 나타낼 수 있다.

$$\boldsymbol{X} = A_0 e^{j\theta} \Rightarrow A_0 \angle\theta \tag{B.4}$$

이를 복소평면에 벡터로 표현하면 [그림 B-1]과 같다.

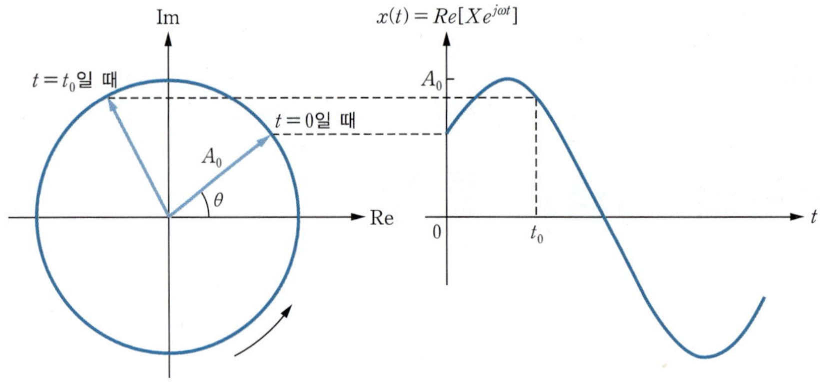

[그림 B-1] 페이저 표현

예를 들어, 각주파수가 $\omega = 3$일 때, $\boldsymbol{V} = 10 \angle -17°$ 페이저를 시간함수로 표현하면 다음과 같다.

$$\boldsymbol{V} = 10 \angle -17° \Rightarrow 10e^{-j17°} \Rightarrow v(t) = 10\cos(3t - 17°)$$

또한 페이저를 이용하면 시간미분이나 적분을 간단히 표현할 수 있다. 우선 시간미분을 페이저로 표현해보자. 정현파 신호가 $x(t) = A_0\cos(\omega t + \theta)$라고 할 때, 이를 시간 t에 대해 미분하면 다음과 같다.

$$\frac{\partial x(t)}{\partial t} = -\omega A_0 \sin(\omega t + \theta) = -\omega A_0 \cos\left(\omega t + \theta - \frac{\pi}{2}\right) \tag{B.5}$$

이제 미분한 정현파 신호를 식 (B.3)을 참고하여 페이저로 표현하면 식 (B.6)과 같이 나타낼 수 있다. 따라서 정현파 신호의 시간미분은 식 (B.7)과 같이 시간미분 대신 $j\omega$만 곱하여 표현할 수 있다. 시간적분도 마찬가지로 정현파 신호 $x(t)$를 적분하여 페이저로 표현하면 식 (B.8)처럼 $j\omega$를 나누어 표현할 수 있다. 즉, 시간 영역에서의 미분과 적분은 페이저를 이용하면 곱셈과 나눗셈으로 간단히 나타낼 수 있다.

$$\frac{\partial \boldsymbol{X}}{\partial t} = -\omega A_0 e^{j\left(\theta - \frac{\pi}{2}\right)} = -\omega A_0 e^{j\theta} e^{-j\frac{\pi}{2}} = j\omega A_0 e^{j\theta}$$

$$\left(\because\ e^{-j\frac{\pi}{2}} = \cos\left(\frac{\pi}{2}\right) - j\sin\left(\frac{\pi}{2}\right) = -j\right) \tag{B.6}$$

$$\frac{\partial x(t)}{\partial t} \Rightarrow j\omega \boldsymbol{X}(= j\omega A_0 e^{j\theta}) \tag{B.7}$$

$$\int x(t)dt \Rightarrow \frac{\boldsymbol{X}}{j\omega}\left(= \frac{A_0 e^{j\theta}}{j\omega}\right) \tag{B.8}$$

위와 같은 페이저의 특징은 교류 정상상태[AC steady state]의 회로를 해석할 때, 페이저 형태의 맥스웰 방정식을 이용하여 파동방정식을 풀이하고 해석할 때 매우 유용하다.

Appendix

C. 우모드와 기모드의 개념

우모드 even mode와 **기모드** odd mode의 개념을 이해하기 위해 다음과 같은 간단한 회로를 해석해보자.

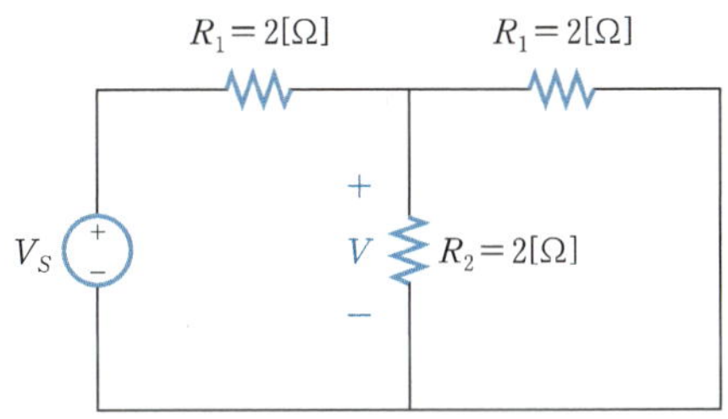

[그림 C-1] 우모드와 기모드 회로 해석을 위한 예

[그림 C-1]에서 저항 R_2에 걸리는 전압 V를 구하면 다음과 같다는 것을 쉽게 알 수 있다.

$$V = V_S\left(\frac{1}{2+1}\right) = \frac{V_S}{3}$$

주어진 회로를 우모드와 기모드 회로로 분리하여 나타내보자. 이때 저항 R에 걸리는 전압 V에 대해, 우모드일 때의 전압을 V_e, 기모드일 때의 전압을 V_o라고 하면 $V = V_e + V_o$로 나타낸다.

먼저 우모드 해석을 위해 [그림 C-1]의 회로를 [그림 C-2]와 같이 대칭으로 나타낼 수 있다. 우모드 해석에서는 대칭면을 개방회로 OC : Open Circuit로 가정한다. 우모드에서 기인하는 전압 V_e는 다음과 같이 구할 수 있다.

$$V_e = \frac{V_S}{2}\left(\frac{4}{2+4}\right) = \frac{V_S}{3}$$

기모드 해석은 우모드 해석과는 반대로, 대칭면을 단락회로 SC : Short Circuit로 가정하여 전압 $V_o = 0$으로 나타낸다. 중첩의 정리에 의해 우모드 전압과 기모드 전압을 더한 전압 $V_e + V_o = \frac{V_S}{3}$로 저항 R에 걸리는 전압 V를 구할 수 있다. 이때 얻은 전압은 처음 전체 회로에서 구한 전압과 동일함을 알 수 있다.

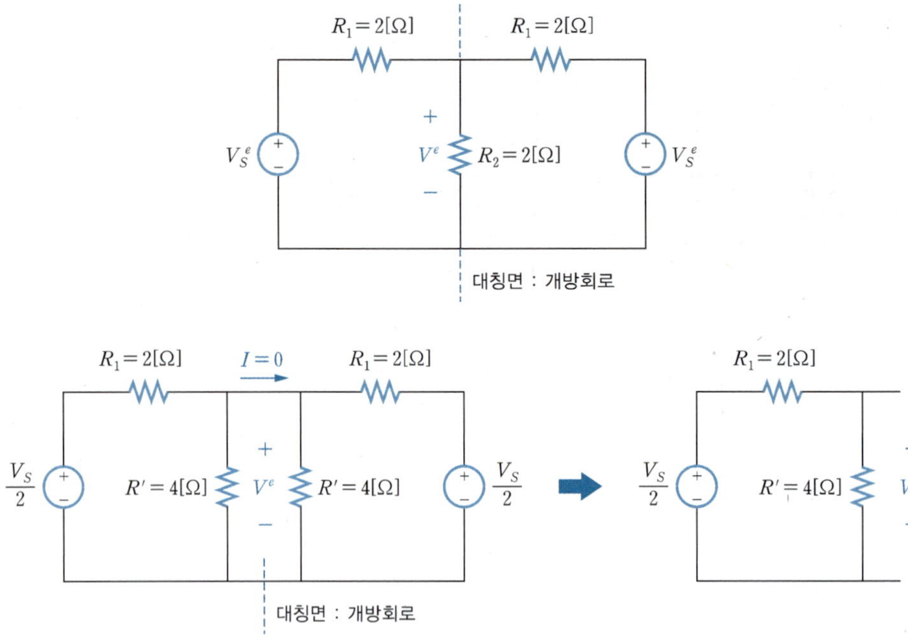

[그림 C-2] **우모드 해석**

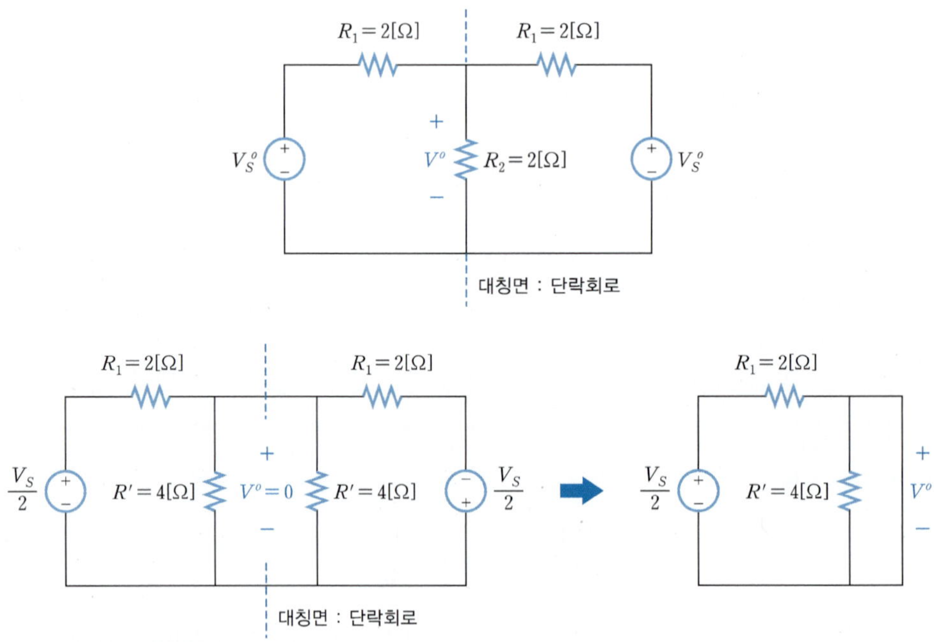

[그림 C-3] **기모드 해석**

우모드와 기모드를 이용한 회로해석 방법은 대칭인 회로 구조를 쉽게 해석할 수 있는 방법으로, 마이크로파 회로를 해석할 때도 적용할 수 있다. 특히 대칭구조를 갖는 전송선로인 결합선로의 전파특성을 쉽게 해석할 수 있는 방법으로 매우 유용하게 쓰인다.

Appendix

D. 마이크로스트립 결합선로 대역 통과 필터 설계

이 장에서는 전자기 해석 소프트웨어인 Ansoft Designer SV를 사용하여 2.5[GHz]에서 동작하는 마이크로스트립 결합선로 대역 통과 필터를 설계하는 과정을 살펴볼 것이다. 먼저 Ansoft Designer 프로그램의 기본 기능을 살펴보자.

D.1 소프트웨어 소개

Ansoft Designer™은 RF 및 마이크로파 대역 및 초고속 통신회로 설계 소프트웨어 수준보다 한 단계 발전된 소프트웨어이다. Ansoft Designer SV는 Ansoft Desiner™의 학생용 버전으로 누구든지 사용할 수 있는 소프트웨어이다. 정식버전에 비해 기능면에서 제한이 많지만, 고주파 선형회로 시뮬레이션을 완벽하게 지원하며 레이아웃, 강력한 디자인 유틸리티, 후처리 post process, 사용이 편리한 인터페이스를 사용자에게 제공한다. 그 외에도 정식버전에서 제공하는 선형분포소자 모델 및 부품회사에서 제공하는 부품 등이 다수 제공되고 있다. 기본적으로 회로 네트워크 파라미터 S-Y-Z parameter, 그룹지연 group delay, 잡음지수 noise figure RF 및 마이크로파 회로의 안정도원 stability circle, 필터와 전송선로 설계 filter & trl synthesis, 스미스차트 도구 Smith tool 를 이용한 편리한 매칭 회로구성 등의 강력한 기능들을 갖추고 있어 관련 분야를 전공하는 학생들에게 많은 도움이 된다.

Ansoft Designer SV 프로그램을 실행하면 [그림 D-1]과 같은 화면이 나타난다. 이는 크게 프로젝트 관리창 Project manager, 메시지 관리창 Message manager, 속성 Properties, 회로 편집기 Schematic editor 로 이루어져 있다.

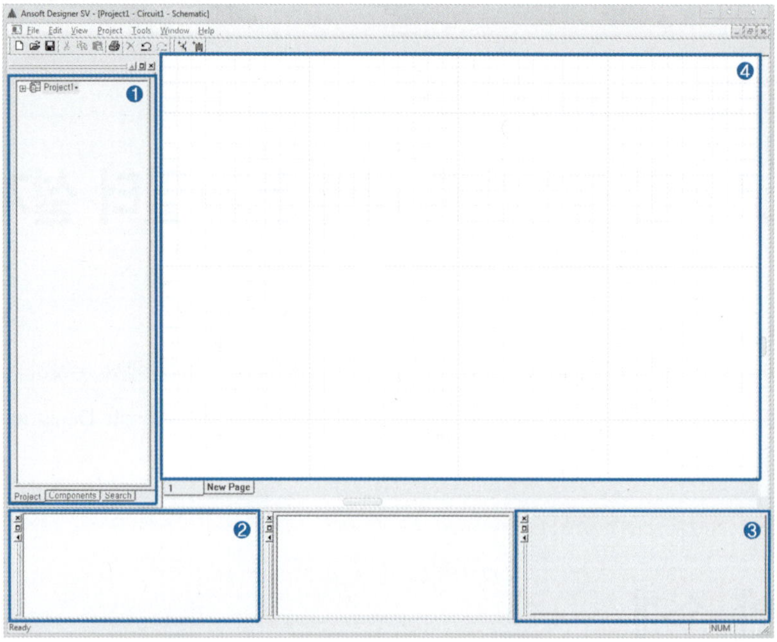

[그림 D-1] Ansoft Designer SV 첫 화면

❶ **프로젝트 관리창** Project manager window : 총 3개의 탭 Project, Components, Search 으로 구성되어 있다. [Project]에서는 Model 데이터 정보, 포트, 해석 주파수 범위 정보, 결과 등의 정보를 포함하고 있으며, [Components]에서는 회로를 구성할 부품들이 들어 있다. [Search]에서는 부품을 검색할 수 있다.

❷ **메시지창** Message window : 회로의 시뮬레이션 상태, 진행결과 및 에러를 보여준다.

❸ **속성창** Property window : 개체의 속성을 보여주고, 수정할 수 있는 창이다. 특히 변수를 사용하여 회로에 공통된 파라미터들을 한번에 조절할 수 있다는 장점이 있다.

❹ **회로 편집창** Schematic editor : 회로를 작성하고 편집하는 창으로, 각각의 부품들을 이용하여 회로를 구성할 수 있다.

D.2 설계 및 시뮬레이션

지금부터 Ansoft Designer SV를 사용하여 2.5[GHz]에서 동작하는 마이크로스트립 결합선로 microstrip coupled line 대역 통과 필터 band pass filter 를 설계하는 방법을 설명한다. 5.5절 [그림 5-34]와 같이 삽입손실방법을 이용하여 필터를 설계하는 과정을 나타냈다. 우선 집중회로 lumped circuit 를 이용하여 필터를 설계한 후, 마이크로스트립 선로와 같은 전송선로를 이용하여 분산회로 distributed circuit 의 형태로 구현된 필터를 설계한다.

D.2.1 집중회로로 구현한 대역 통과 필터 설계

우선 필터 형태 및 특성을 사용 용도와 요구되는 설계조건에 따라 다음과 같이 결정한다.

- 필터 형태 filter type : 체비셰프 Chebyshev
- 중심주파수 center frequency : 2.5[GHz]
- 삽입손실 insertion loss : 0.5[dB] 이하 @2.25 ~ 2.75[GHz]
- 감쇄특성 attenuation : 35[dB] 이상 @3.5[GHz]
- 감쇄특성 attenuation : 30[dB] 이상 @2[GHz]
- 기판의 비유전율 relative permittivity of substrate : 4.2
- 기판 유전체의 두께 thickness of the substrate : 1.0[mm]
- 전송선로 도체의 두께 thickness of the conductor : 1[oz]

필터 형태와 특성을 결정한 다음 차수 N을 결정해야 한다. 2[GHz]에서 감쇄가 30[dB] 이상이어야 하므로 $\left|\frac{w}{w_o}\right|-1$ 값은 다음과 같다.

$$\frac{\omega}{\omega_o}=\frac{1}{\Delta}\left(\frac{\omega}{\omega_o}-\frac{\omega_o}{\omega}\right)=\frac{1}{0.24}\left(\frac{2}{2.5}-\frac{2.5}{2}\right)=-1.875$$

$$\left(\because \Delta=\frac{\omega_2-\omega_1}{\omega_o}=\frac{2.8-2.2}{2.5}=0.24\right)$$

$$\therefore \left|\frac{\omega}{\omega_o}\right|-1=|-1.875|-1=0.875$$

또한 3.5[GHz]에서 감쇄가 35[dB] 이상이어야 하므로 $\left|\frac{w}{w_o}\right|-1$ 값은 다음과 같다.

$$\frac{\omega}{\omega_o}=\frac{1}{\Delta}\left(\frac{\omega}{\omega_o}-\frac{\omega_o}{\omega}\right)=\frac{1}{0.24}\left(\frac{3.5}{2.5}-\frac{2.5}{3.5}\right)=2.857$$

$$\therefore \left|\frac{\omega}{\omega_o}\right|-1=|2.857|-1=1.857$$

2[GHz]일 경우 $\left|\frac{w}{w_o}\right|-1$ 값이 0.875이고 감쇄가 30[dB]이므로 [그림 D-2(a)]처럼 $n=4$와 $n=5$ 사이에 점을 찍을 수 있다. 35[dB]일 경우에도 같은 방식으로 점을 찍으면 $n=3$과 $n=4$ 사이에 점을 찍을 수 있다. 따라서 본 예제에서는 차수를 5차로 결정했다.

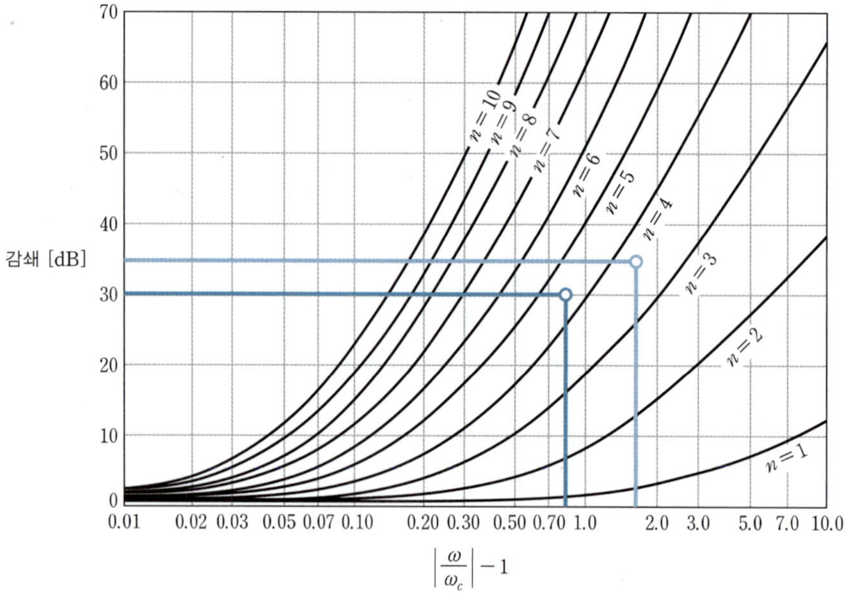

(a) 정규화된 주파수에 따른 감쇄특성

N	g_1	g_2	g_3	g_4	g_5	g_6	g_7	g_8	g_9	g_{10}	g_{11}
1	0.6986	1.0000									
2	1.4029	0.7071	1.9841								
3	1.5963	1.0967	1.5963	1.0000							
4	1.6703	1.1926	2.3661	0.8419	1.9841						
5	1.7058	1.2296	2.5408	1.2296	1.7058	1.0000					
6	1.7254	1.2479	2.6064	1.3137	2.4758	0.8694	1.6841				
7	1.7372	1.2583	2.6381	1.3444	2.6381	1.2583	1.7372	1.0000			
8	1.7451	1.2647	2.6564	1.3590	2.6964	1.3389	2.5093	0.8796	1.9841		
9	1.7504	1.2690	2.6678	1.3673	2.7239	1.3673	2.6678	1.2690	1.7504	1.0000	
10	1.7543	1.2721	2.6754	1.3725	2.7392	1.3806	2.7231	1.3485	2.5239	0.8842	1.9841

(b) 정규화된 임피던스

[그림 D-2] 균일 리플equal ripple **저역 통과 필터의 감쇄특성과 임피던스(0.5[dB] 리플)**

[그림 D-3]은 [그림 D-2(b)]의 5차 정규화된 임피던스(g) 값을 이용하여 저역 통과 필터를 설계한 것이다.

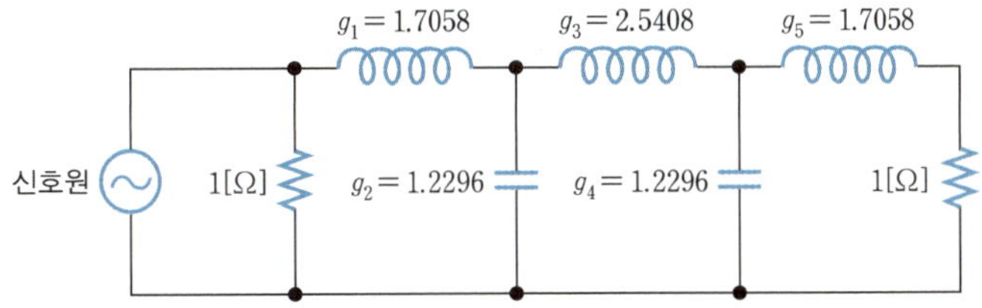

[그림 D-3] 5차 정규화된 임피던스 값을 이용한 저역 통과 필터 회로

설계한 저역 통과 필터를 대역 통과 필터로 주파수 스케일링 scaling 과 주파수 변환 transformation 을 한다. 우선 [그림 D-3]의 인덕터와 커패시터를 [그림 D-4]와 같이 주파수 스케일링 및 변환을 한다.

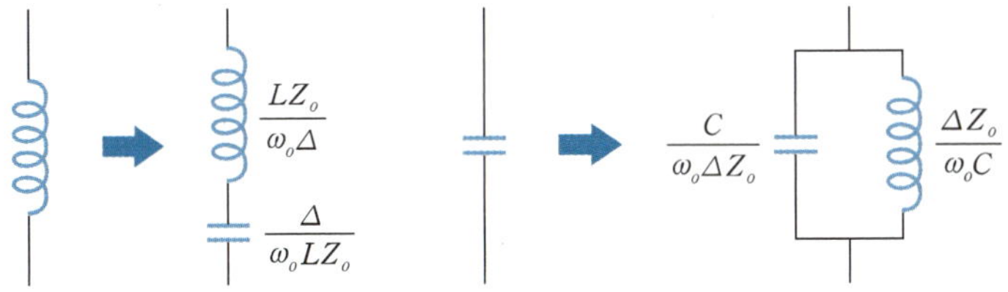

[그림 D-4] 주파수 변환

그 결과, 집중회로로 구현한 대역 통과 필터를 [그림 D-5]와 같이 나타낼 수 있다.

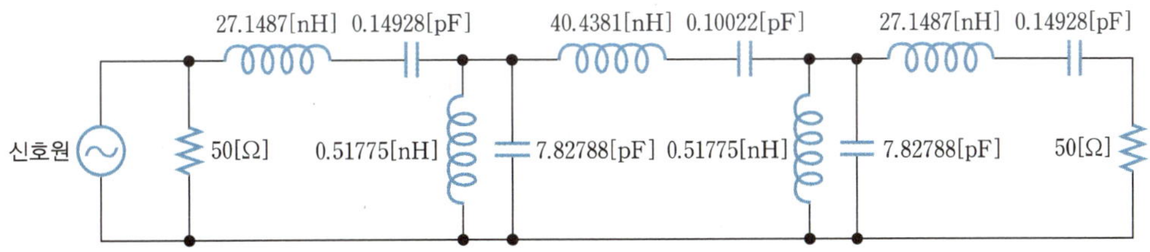

[그림 D-5] 저역 통과 필터를 대역 통과 필터로 변환

■ 시뮬레이션

앞서 계산한 값을 바탕으로, Ansoft Designer SV를 이용하여 집중회로로 구현한 대역 통과 필터를 시뮬레이션 해보자.

❶ Ansoft Designer SV를 실행한다. 메뉴표시줄에서 [Project]–[Insert Circuit Design]을 선택한 후 [None]을 누르면 'Project1–Circuit1–Schematic' 창이 생성된다.

[그림 D-6] 회로 편집기 창을 생성한 화면

❷ 프로젝트 관리창 하단의 [Components] 탭을 선택한다. [Lumped]-[Inductors]-[Inductor]를 선택한 후 회로 편집창에 [그림 D-5]처럼 인덕터를 배치한다. [Esc] 키를 누른 후 [Lumped]-[Capacitors]-[Capacitor]를 선택하여 커패시터를 배치한다.

❸ 이어서 각 소자들의 값들을 설정한다. [그림 D-5]를 보면 첫 번째 인덕터의 값이 27.1487[nH]이므로 회로Schematic 창에 있는 첫 번째 인덕터를 더블클릭하여 L 값Value에 27.1487을 입력한다. 나머지 인덕터와 커패시터 값도 같은 방법으로 입력한다.

❹ 다음으로 인터페이스 포트Interface port와 접지를 배치한다. 우선 [Draw]-[Interface port]를 선택하여 양단에 배치하고 [Esc] 키를 누른다. 그다음 'Port1'을 더블클릭하여 심볼에서 'Microwave Port'를 선택한다. Port2도 같은 방법으로 설정한다. 이어서 [Draw]-Wire]와 [Draw]-[Ground]를 선택하여 [그림 D-7]처럼 소자들을 서로 연결하고 접지를 배치한다.

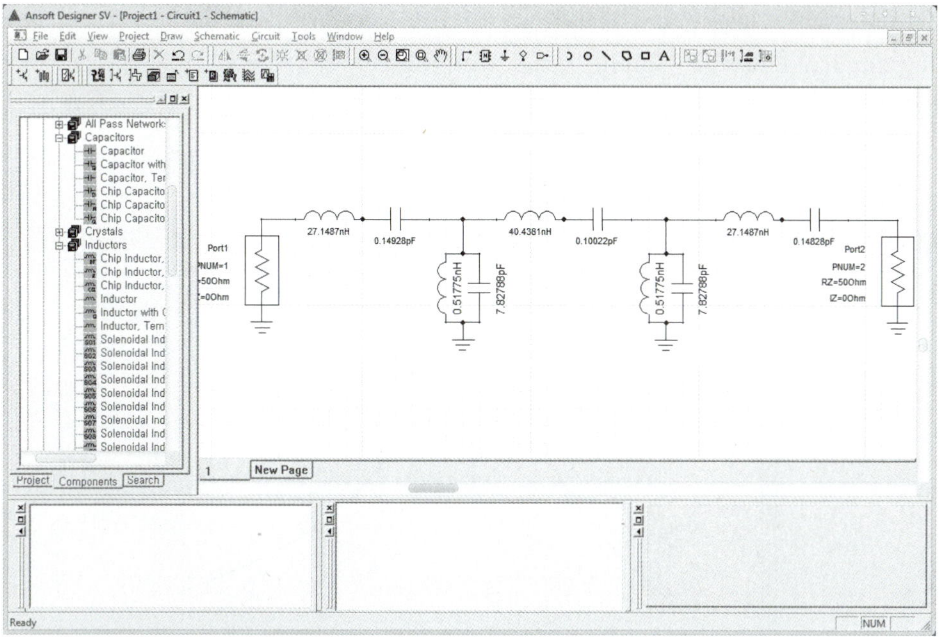

[그림 D-7] 서로 연결된 집중회로

❺ 이제 서로 연결된 집중회로를 해석해보자. 이를 위해 [Circuit]-[Add Analysis Setup]을 선택하여 해석하고자 하는 주파수 범위를 선택한다. [Add Analysis Setup]을 선택한 다음 [Next]를 누르고 해석하고자 하는 주파수 대역을 설정한다. 이 예제에서는 해석할 주파수 범위를 선형주파수 대역범위[linear count]를 선택하고 'Start: 1.5GHz', 'Stop: 4GHz', 'Count: 1001'로 설정한다.

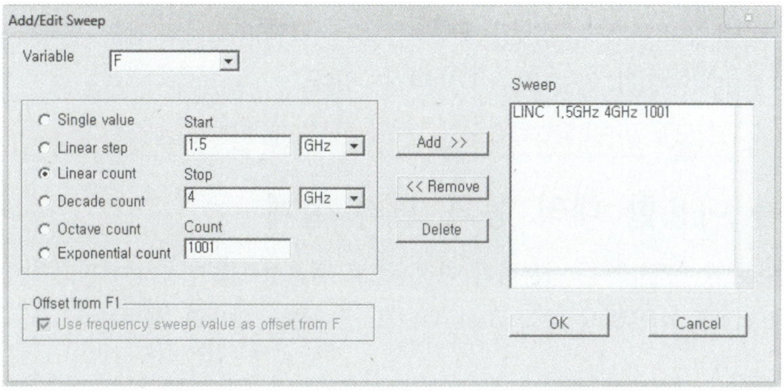

[그림 D-8] 해석 주파수 범위 설정

❻ [Circuit]-[Analyze]를 선택하여 시뮬레이션을 수행해보자. 메시지 창에서 시뮬레이션 진행과정을 확인할 수 있다.

❼ [Circuit]-[Create Report]를 선택하여 시뮬레이션 결과를 확인해보자. [Display Type] 창에서 'Rectangular Plot'이나 'Smith' 차트를 선택한다. 이 예제에서는 산란 행렬S Parameter을 확인하기 위해 일단 'Rectangular Plot'를 선택한 후 [Quantity] 메뉴에서 'S11'과 'S21'을 각각 더블클릭하면 시뮬레이션 결과를 확인할 수 있다.

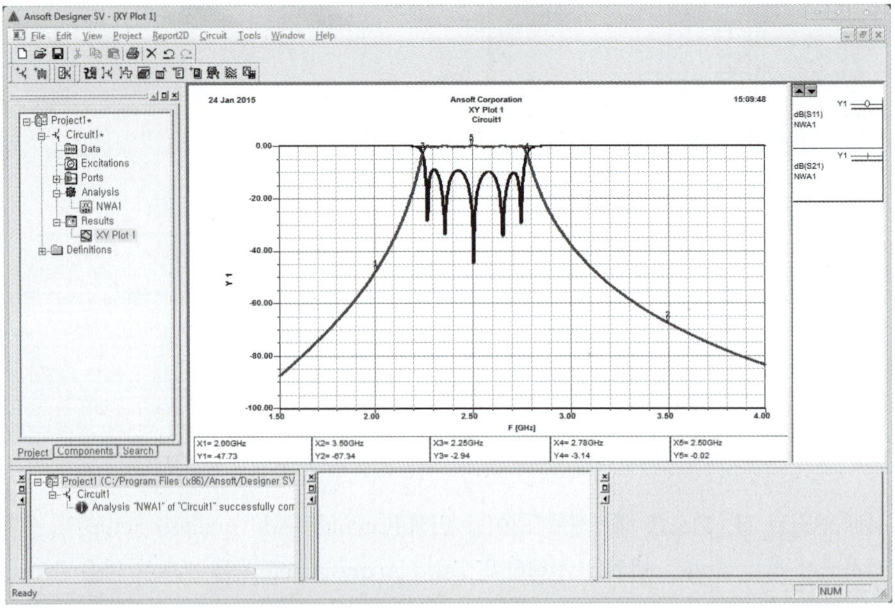

[그림 D-9] 집중회로 시뮬레이션 결과

리플ripple은 0.3[dB]이고 감쇄특성attenuation은 2[GHz]에서 −47.73[dB], 3.5[GHz]에서 −67.34[dB]로 제한된 설계조건을 만족하지만, 설계된 대역폭은 2.25~2.78[GHz]로 당초 설계조건인 2.25~2.75[GHz]와 약간의 차이가 있는 것을 확인할 수 있다.

D.2.2 결합선로를 이용한 대역 통과 필터 설계

고주파수인 경우, 집중회로lumped element를 사용하기 어려우므로 전송선로를 이용하여 필터를 설계할 수 있다. 다음은 결합선로를 이용하여 대역 통과 필터를 설계하는 방법을 설명한다.

필터의 차수를 앞서 $n=5$로 설정했기 때문에, [그림 D-2(b)]로부터 정규화된 임피던스는 모두 6개의 값을 갖는다. 이는 각각의 임피던스에 해당하는 6개의 결합선로가 서로 연결되어 필터를 구성할 수 있다는 것을 의미한다. 우선 각 결합선로의 폭(W), 간격(S), 길이(L) 값을 알기 위해서는 기모드와 우모드 임피던스 Z_{oo}와 Z_{oe}를 계산해야 한다. Z_{oo}와 Z_{oe}를 계산하는 과정은 다음과 같다.

❶ J_N 구하기

결합선로 ①	결합선로 ②
$J_1 = \frac{1}{50}\sqrt{\frac{\pi \times 0.24}{2 \times 1.7058}} = 0.0094$	$J_2 = \frac{1}{100}\frac{\pi \times 0.24}{\sqrt{1.7058 \times 1.2296}} = 0.0052$
결합선로 ③	**결합선로 ④**
$J_3 = \frac{1}{100}\frac{\pi \times 0.24}{\sqrt{1.2296 \times 2.5408}} = 0.0043$	$J_4 = \frac{1}{100}\frac{\pi \times 0.24}{\sqrt{2.5408 \times 1.2296}} = 0.0043$
결합선로 ⑤	**결합선로 ⑥**
$J_5 = \frac{1}{100}\frac{\pi \times 0.24}{\sqrt{1.2296 \times 1.7058}} = 0.0052$	$J_6 = \frac{1}{50}\sqrt{\frac{\pi \times 0.24}{2 \times 1.7058}} = 0.0094$

❷ 각 결합선로에 대한 Z_{oo}와 Z_{oe} 구하기

$Z_{oo1} = Z_o(1 - J_1 Z_o + (J_1 Z_o)^2) = 37.54466 \quad Z_{oe1} = Z_o(1 + J_1 Z_o + (J_1 Z_o)^2) = 84.55588$

$Z_{oo2} = Z_o(1 - J_2 Z_o + (J_2 Z_o)^2) = 40.37265 \quad Z_{oe2} = Z_o(1 + J_2 Z_o + (J_2 Z_o)^2) = 66.4033$

$Z_{oo3} = Z_o(1 - J_3 Z_o + (J_3 Z_o)^2) = 41.61022 \quad Z_{oe3} = Z_o(1 + J_3 Z_o + (J_3 Z_o)^2) = 62.9389$

$Z_{oo4} = Z_o(1 - J_4 Z_o + (J_4 Z_o)^2) = 41.61022 \quad Z_{oe4} = Z_o(1 + J_4 Z_o + (J_4 Z_o)^2) = 62.9389$

$Z_{oo5} = Z_o(1 - J_5 Z_o + (J_5 Z_o)^2) = 40.37265 \quad Z_{oe5} = Z_o(1 + J_5 Z_o + (J_5 Z_o)^2) = 66.4033$

$Z_{oo6} = Z_o(1 - J_6 Z_o + (J_6 Z_o)^2 = 37.54466 \quad Z_{oe6} = Z_o(1 + J_6 Z_o + (J_6 Z_o)^2) = 84.55588$

■ 시뮬레이션

앞서 계산한 값을 바탕으로, Ansoft Designer SV를 이용하여 결합선로 대역 통과 필터를 시뮬레이션 해보자.

❶ Ansoft Designer SV를 실행한 후 [File]–[New] 메뉴를 선택하여 새로운 프로젝트(Project)를 연다.

❷ 메뉴표시줄에 있는 [Project]–[Insert Circuit Design]을 선택한 후 [None]을 누르면 'Project1–Circuit1–Schematic' 창이 생성된다.

❸ 유전체 기판을 설정하기 위해 [Circuit]–[Add Model Data]–[Add Substrate Definition]을 선택한다. [Dielectric] 항목에 필터에 사용하는 유전체 기판의 정보, 즉 '상대 유전율(Er): 4.2', '손실탄젠트(TAND): 0.002', '두께(H): 1mm'를 입력한다. 이어서 [Metalization] 항목에 도체(금속)의 특성, 즉 '도체종류^{material}: copper', '두께^{thickness}: 0.035', '단위^{unit}: mm'로 설정한다.

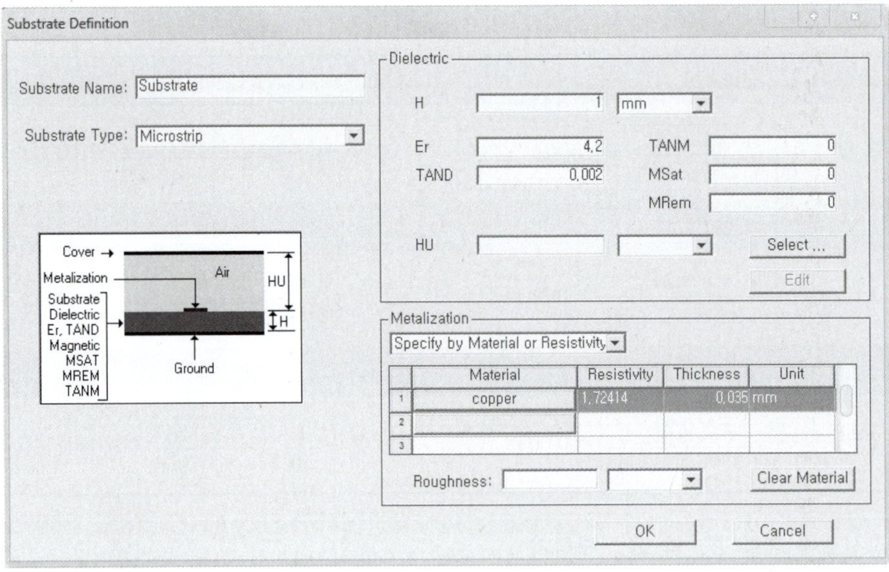

[그림 D-10] **유전체 기판 설정**

❹ Ansoft Designer SV에서 제공하는 Microstrip CPL 계산기를 이용하여 앞서 계산한 Z_{oo}와 Z_{oe} 값으로부터 결합선로의 폭(W), 간격(S), 길이(P)를 계산한다. [Circuit]−[TRL]−[Microstrip−CPL]을 선택한다. [Electrical] 항목의 E는 전기적인 길이Electronic Length로, 90으로 설정하고 공진주파수frequency는 2.5[GHz]로 설정한다. 그리고 Z_o와 Z_e에 앞에서 계산한 각 결합선로의 Z_{oo}와 Z_{oe} 값을 입력한 후 [Synthesis]를 선택한다. 그러면 각 결합선로의 W, S, P 값이 나타난다. [그림 D−11]은 결합선로 ①의 경우에 대해 계산한 것이다.

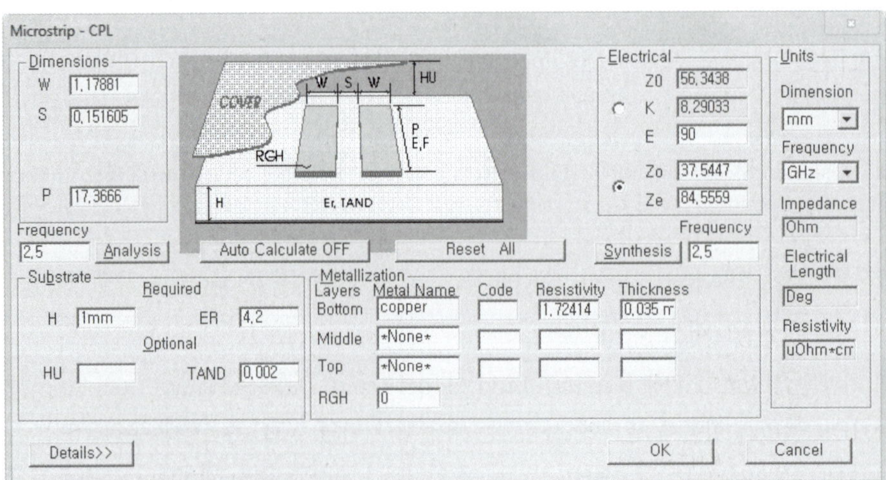

[그림 D−11] Microstrip CPL **계산기**

[표 D-1]은 [그림 D-11]의 Microstrip CPL 계산기를 이용하여 얻은 각 결합선로의 길이(W), 간격(S), 길이(P) 값을 정리한 것이다.

[표 D-1]

결합선로	W [mm]	S [mm]	P [mm]
①	1.17881	0.151522	18.0931
②	1.71133	0.521764	17.6971
③	1.78012	0.687471	17.6302
④	1.78012	0.687471	17.6302
⑤	1.71133	0.521764	17.6971
⑥	1.17881	0.151522	18.0931

❺ 프로젝트 관리창 하단의 [Components] 탭을 선택한다. [Microstrip]-[Coupled Lines]-[MS Coupled Line w/Open Ends, Symmetric]을 선택한 후 회로 편집창에 [그림 D-12]처럼 배치한다. 그다음 [Esc] 키를 누른 후 각 소자들의 값들을 설정한다. 회로 편집창에 있는 첫 번째 결합선로를 더블클릭한 후 [표 D-1]을 참고하여 결합선로 ①의 값(W=1.17881[mm], S=0.151522[mm], P=18.0931[mm])을 입력한다. 나머지 결합선로의 값도 위와 같은 방법으로 입력한다.

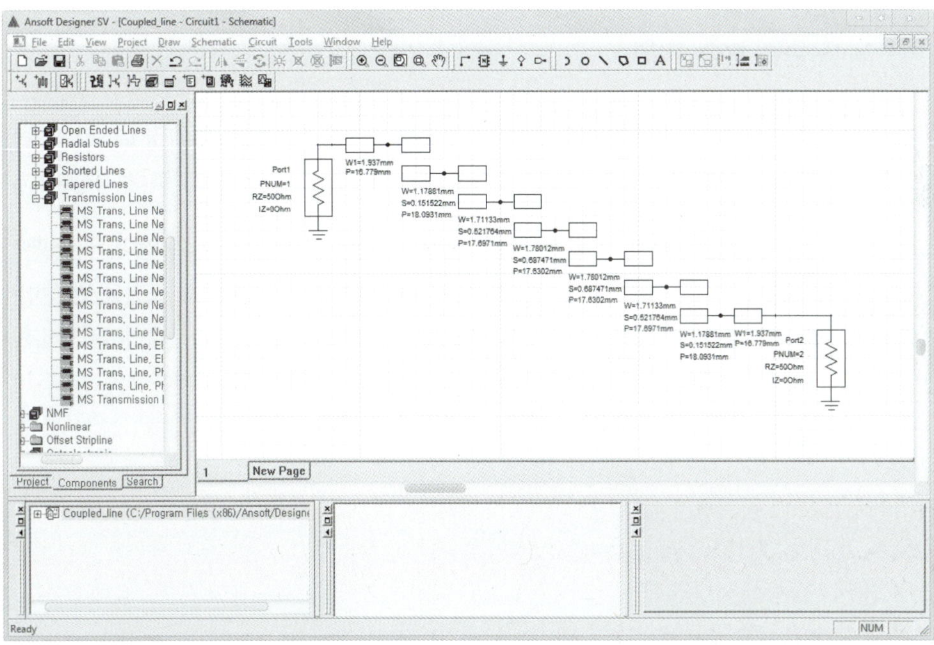

[그림 D-12] 결합선로 대역 통과 필터

❻ 설계한 대역 통과 필터의 주파수 특성을 얻기 위해서는 양단에 50[Ω]인 마이크로스트립 선로 microstrip line와 포트를 연결해야 한다. 우선 [Project Manager]–[Microstrip]–[Transmission Lines]에서 50[Ω]인 'MS Transmission Line, Full Wave Model'을 선택하여 결합선로 양단에 연결한다. 여기서 50[Ω]인 마이크로스트립 선로의 폭(W), 길이(P)를 구하기 위해서는 [Circuit]–[TRL]–[Microstrip–Single]을 선택한다. [그림 D–13]과 같이 공진주파수 frequency에 2.5[GHz], E에 90°를 입력한 후 [Synthesis]를 누른다. 그러면 마이크로스트립 선로의 폭(W=1.937[mm])과 길이(P=16.779[mm])가 나타난다. 마이크로파 포트 microwave port는 588페이지 과정 ❹를 참고하여 [그림 D–12]와 같이 연결한다.

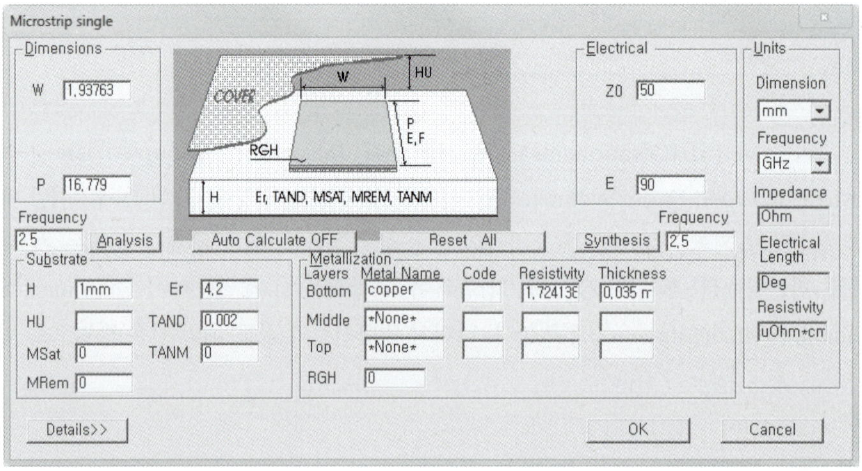

[그림 D–13] Microstrip single 계산기

❼ 이제 결합선로 대역 통과 필터를 해석해보자. 이 과정은 589~590페이지 과정 ❺~❼과 동일하며, 해석 주파수 범위를 'Start: 1.5GHz', 'Stop: 3.5GHz', 'Count: 1001'로 설정한다.

❽ [그림 D–12]인 결합선로 대역 통과 필터 회로도의 결과는 [그림 D–14]와 같다. 리플 ripple은 0.42[dB]이고 감쇄특성 attenuation은 3.5[GHz]에서 −62[dB]로 주어진 설계 조건을 만족하지만, 2[GHz]에서의 감쇄특성은 −28.35[dB]로 설계조건을 만족하지 않는다. 대역폭 설계조건인 2.25~2.75[GHz]에 비해 2.12~2.65[GHz]로 약 0.4%의 오차가 있는 것을 확인할 수 있다.

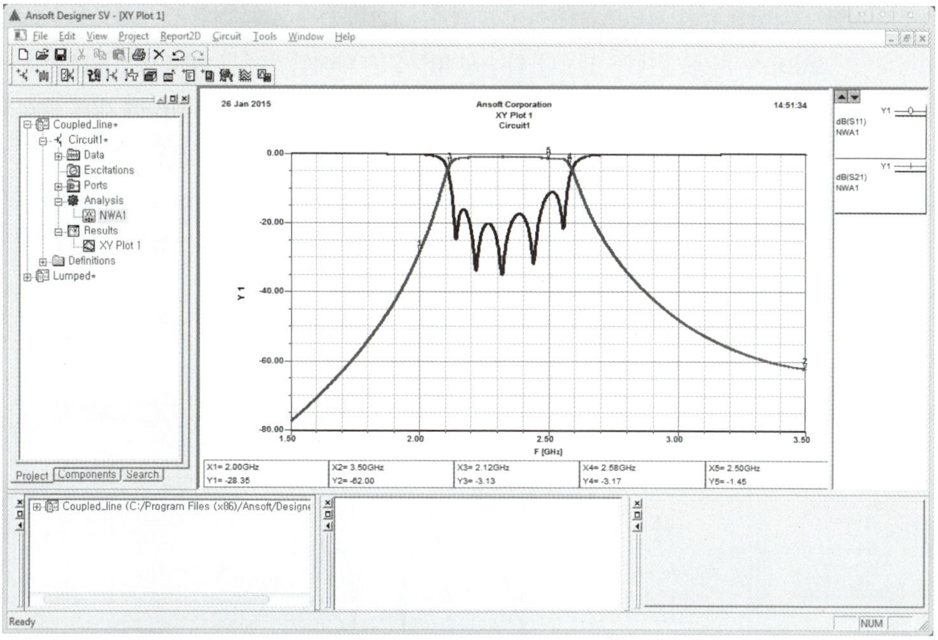

[그림 D-14] 결합선로 대역 통과 필터 시뮬레이션 결과

❾ 대부분 특성이 주어진 설계 조건에 만족하지만 2[GHz]일 때 감쇄특성과 대역폭 특성을 만족하지 않기 때문에 설계값을 조정해야 한다. 또한 제작의 용이성을 위해 치수들의 최소 단위를 0.1[mm]로 조정한다.

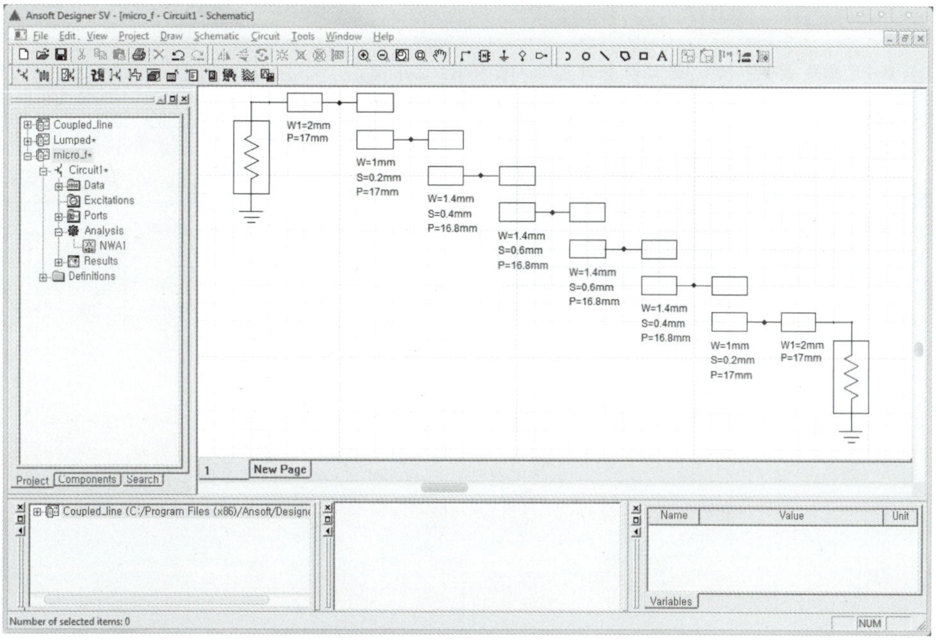

[그림 D-15] 완성된 결합선로 대역 통과 필터의 치수 조정

⑩ 완성된 결합선로 대역 통과 필터의 시뮬레이션 결과는 [그림 D-16]과 같다. 감쇄특성은 3.5[GHz]에서 −53.72[dB]로, 처음 설계한 값보다 약 −8[dB] 정도 나빠졌지만 주어진 설계조건을 만족한다. 또한 2[GHz]일 때의 감쇄특성은 −35.56[dB]로, 초기 설계값인 −28.35[dB]에 비해 개선되었다. 또한 대역폭 역시 2.1~2.8[GHz]로 약 0.13% 오차를 보이며, 초기 설계값인 2.12~2.65[GHz]보다 개선되었다. [그림 D-17]은 유전율 4.3, 손실탄젠트 0.002, 두께 1[mm]인 유전체 기판에 [그림 D-15]와 같은 치수로 제작한 결합선로 대역 통과 필터이다.

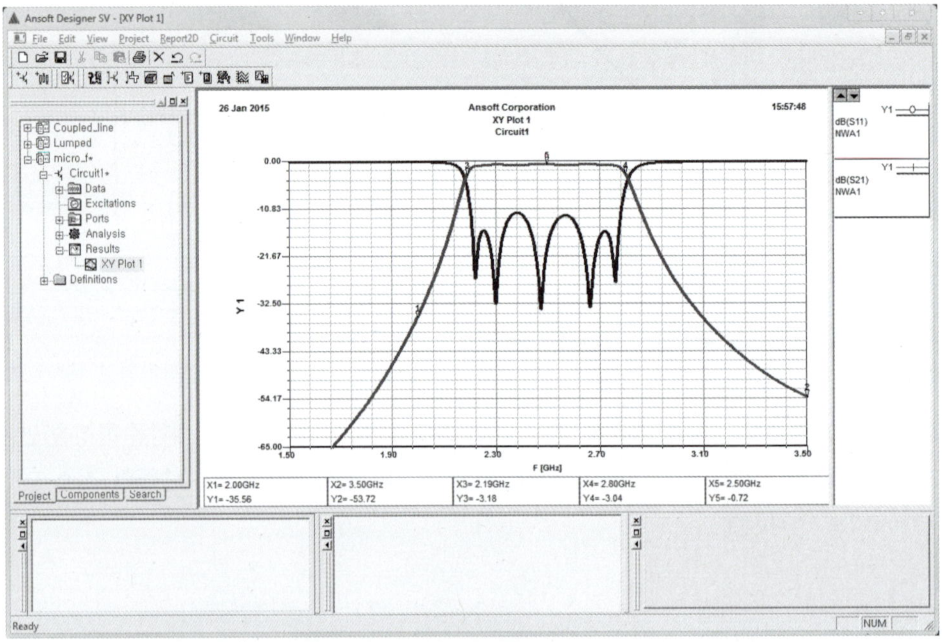

[그림 D-16] 최종 설계된 결합선로 대역 통과 필터 시뮬레이션 결과

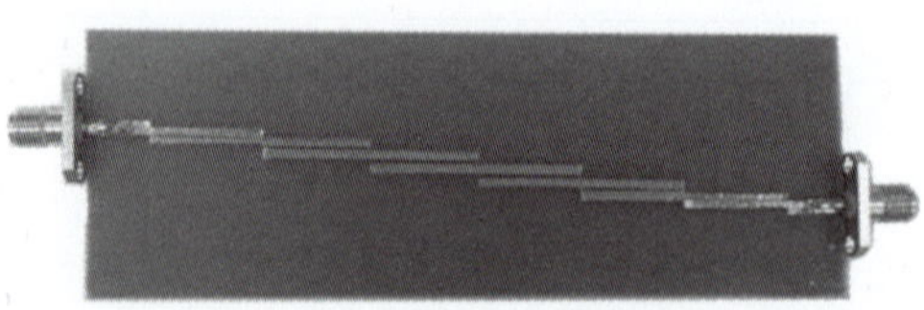
[그림 D-17] 실제 제작한 결합선로 대역 통과 필터

Appendix

E. 마이크로스트립 패치 안테나 설계

이 장에서는 전자기 해석 소프트웨어인 Altair Feko™ Student Edition 프로그램을 사용하여 2.45[GHz]에서 동작하는 마이크로스트립 패치 안테나를 설계하는 과정을 살펴볼 것이다. 먼저 Altair Feko™ Student 프로그램의 기본 기능을 살펴보자.

E.1 소프트웨어 소개

Altair Feko™는 MOM 기법을 토대로 MLFMM Multilevel Fast Multipole Method, PO Physical Optics/GO Geometrical Optics/PTD Physical Theory of Diffraction, GTD Geometrical Theory of Diffraction/PO 등 다양한 수치 해석 기법을 사용하여 3차원 구조의 광대역 전자기특성을 해석하는 시뮬레이션 프로그램이다. Altair Feko™ Student Edition 프로그램의 홈페이지(https://altairuniversity.com/free-altair-student-edition/)에서는 Altair Feko™의 학생용 버전인 FEKO Student Edition을 무료로 제공하고 있다. 정식버전에 비해 기능면에서 제한이 많지만, 다음을 고려한다면 간단한 마이크로파 회로(EM 이론, 안테나 디자인 등)를 충분히 해석할 수 있다.

[표 E-1] FEKO Student Edition의 제한조건

해석특징(항목)	제한
총 해석 가능한 메모리	1[GByte]
총 해석 시간	20분
CADFEKO의 wire/face/mesh 수	100/200/25000개
해석 주파수의 수	20개

[표 E-1]을 보면 알 수 있듯이, 해석에 필요한 메모리 용량은 총 1[GByte]로 제한되어 있으며, 해석 주파수의 수는 20개로 제한되어 있다.

FEKO Student Edition은 크게 CADFEKO, POSTFEKO, EDITFEKO 등 다양한 사용자 인터페이스로 구성되어 있다. 그중 CADFEKO는 다양한 구조를 모델링할 수 있는 모듈이다. CADFEKO를 실행하면 [그림 E-1]과 같은 창이 나타난다. 여기서는 FEKO에 대한 간단한 소개 동영상 및 매뉴얼을 확인할 수 있으며, 최근에 열었던 프로젝트 기록들도 확인할 수 있다.

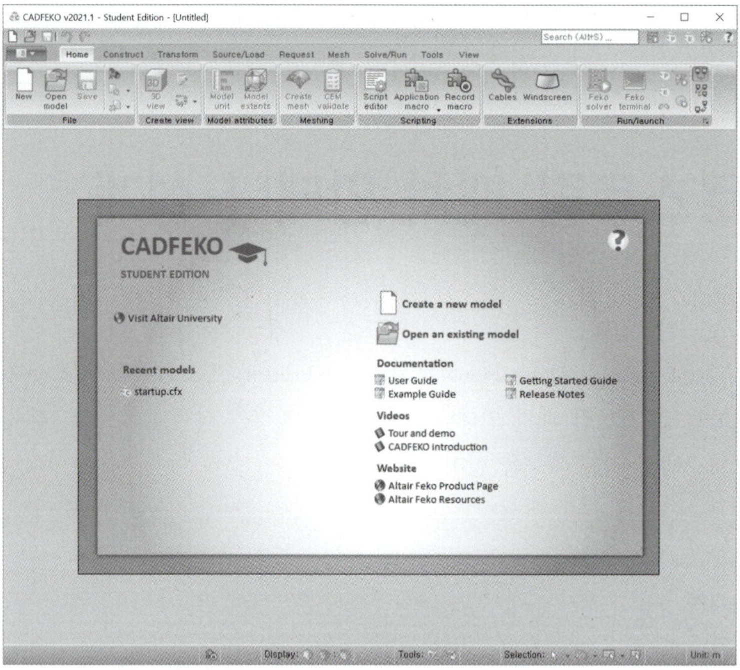

[그림 E-1] CADFEKO 첫 화면

[그림 E-1]의 메뉴표시줄에서 [New]를 선택하면 [그림 E-2]와 같은 사용자 인터페이스 화면이 나타난다. 화면은 크게 총 5가지의 창으로 이루어져 있으며, 각 창의 기능을 설명하면 다음과 같다.

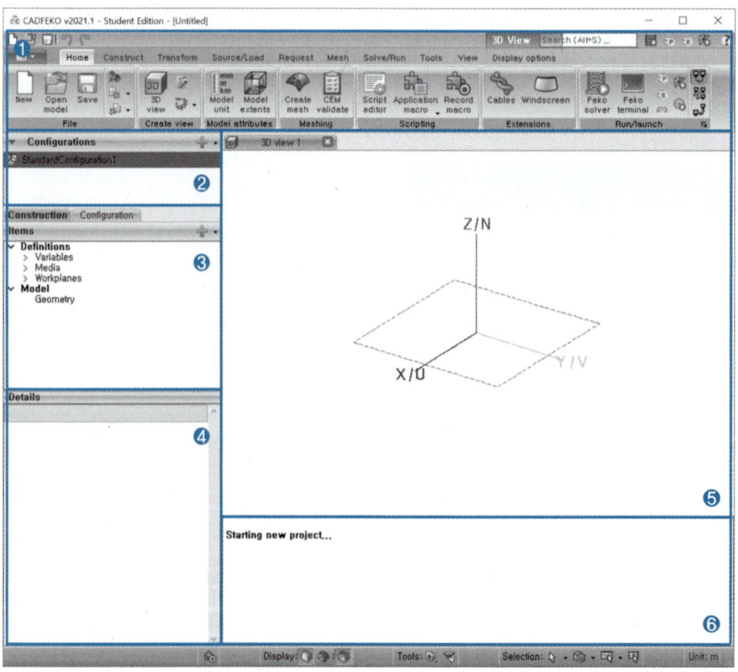

[그림 E-2] CADFEKO의 사용자 인터페이스 화면

❶ **설정 목록창**Configurations list Window : 현재 설계한 회로와 관련한 설정내용을 보여준다.

❷ **모델 트리창**Model tree Window : [Construction]과 [Configuration] 탭으로 구성되어 있다. [Construction] 탭에는 현재 모델을 구성하는 각 대상object 들의 치수 및 물질에 대한 정보가 담겨있다. [Configuration] 탭에서는 모델 설정 및 해석 설정 등을 할 수 있다.

❸ **상세 트리창**Details tree Window : 각 대상의 면, 모서리를 나타낸다. 여기서 custom solution 및 메쉬설정mesh setting 을 할 수 있다.

❹ **3D 창**3D view Window : 현재 모델을 3D로 보여준다. 키보드와 마우스를 이용하여 이동, 회전, 확대 및 축소를 할 수 있다.

❺ **메시지 창**Message Window : 사용자가 CADFEKO에서 사용한 모든 진행 사항을 기록하는 창이다. 이 창을 통해 설계 오류 및 실행 에러 메시지를 확인할 수 있다.

[그림 E-3]은 POSTFEKO의 화면이다. 구조의 메쉬 형상을 확인할 수 있으며, S-파라미터, 스미스 차트 등 다양한 해석 결과를 확인할 수 있다.

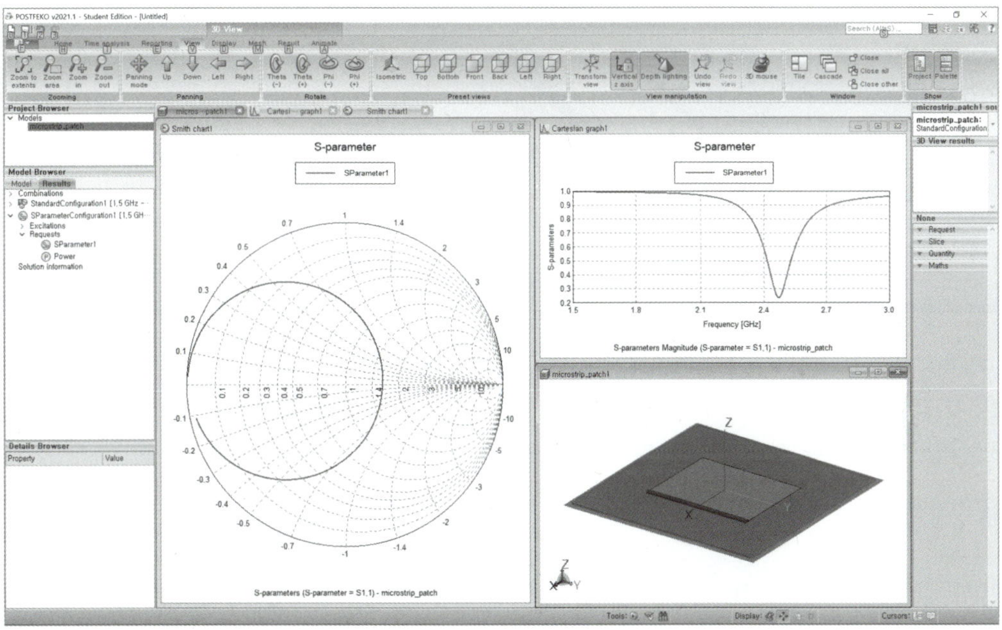

[그림 E-3] POSTFEKO 화면

그 외에 EDITFEKO, QUEUEFEKO 등 다양한 사용자 인터페이스가 있지만, 여기서는 다루지 않을 것이다. 자세한 내용은 CADFEKO의 Help에 있는 [User Manual]을 참고하기 바란다.

E.2 설계 및 시뮬레이션

E.2.1 패치 안테나 설계

지금부터 FEKO Student Edition을 사용하여 2.45[GHz]에서 동작하는 마이크로스트립 패치 안테나를 설계하는 방법을 살펴볼 것이다. 마이크로스트립 패치 안테나microstrip patch antenna는 마이크로스트립 안테나를 말하는데, 패치 안테나patch antenna라고 줄여서 부르기도 한다. 마이크로스트립 패치 안테나에 대해서는 8.3.4절에서 자세히 알아보았다.

2.45[GHz]는 무선랜WLAN, 블루투스Bluetooth, 지그비Zigbee, RFID와 같은 근거리 무선통신에 널리 사용되는 ISM 주파수 대역에 속한다. 지금부터 2.45[GHz] 대역에서 동작하는 패치 안테나를 설계하고 특성을 분석해보자. 패치 안테나에 사용되는 유전체 기판은 에폭시epoxy로, 상대 유전율이 $\varepsilon_r = 4.3$이고, 두께는 $d = 1$[mm]이며, 손실탄젠트는 0.025이다.

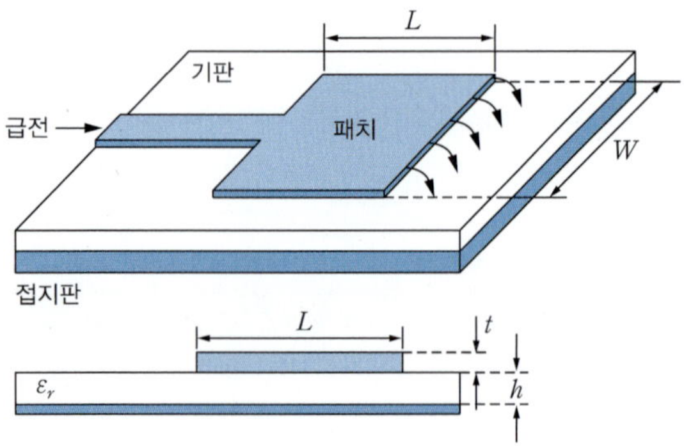

[그림 E-4] 마이크로스트립 패치 안테나의 구조

8.3.4절에서 설명한 설계 과정에 따라 패치 안테나의 치수를 구해보자.

❶ 방사효율을 최대로 하는 패치의 폭 W를 구한다.

$$W = \frac{1}{2f_r\sqrt{\varepsilon_0\mu_0}}\sqrt{\frac{2}{\varepsilon_r+1}} = \frac{c}{2f_r}\sqrt{\frac{2}{\varepsilon_r+1}}$$

$$= \frac{300}{2\times 2.45}\sqrt{\frac{2}{4.3+1}} = 37.6[\text{mm}]$$

❷ 유효 상대 유전율 $\varepsilon_{r_{\text{eff}}}$를 구한다.

$$\varepsilon_{r_{\text{eff}}} = \frac{\varepsilon_r+1}{2} + \frac{\varepsilon_r-1}{2}\left[1+12\frac{h}{W}\right]^{-1/2}$$

$$= \frac{4.3+1}{2} + \frac{4.3-1}{2}\left[1+12\frac{1}{37.6}\right]^{-1/2} = 4.087$$

❸ 프린징 효과에 따라 유효 패치길이 ΔL을 계산한다.

$$\Delta L = 0.412h \frac{\left(\varepsilon_{r_{\text{eff}}} + 0.3\right)\left(\frac{W}{h} + 0.264\right)}{\left(\varepsilon_{r_{\text{eff}}} - 0.258\right)\left(\frac{W}{h} + 0.8\right)}$$

$$= 0.412 \times 1 \times \frac{(4.087 + 0.3)\left(\frac{37.6}{1} + 0.264\right)}{(4.087 - 0.258)\left(\frac{37.6}{1} + 0.8\right)} = 0.4655$$

❹ 공진을 위한 마이크로스트립 패치 안테나의 실제 물리적 길이 L을 구한다.

$$L = \frac{1}{2f_r\sqrt{\varepsilon_{r_{\text{eff}}}}\sqrt{\varepsilon_0\mu_0}} - 2\Delta L = \frac{c}{2f_r\sqrt{\varepsilon_{r_{\text{eff}}}}} - 2\Delta L$$

$$= \frac{300}{2 \times 2.45\sqrt{4.087}} - 2 \times 0.466 = 29.4[\text{mm}]$$

따라서 설계한 2.45[GHz]용 패치 안테나의 폭(W)과 길이(L)는 각각 29.4[mm], 37.6[mm]이다.

■ 시뮬레이션

FEKO Student Edition을 사용하여 패치 안테나를 시뮬레이션 해보자. 이를 위해서는 먼저 패치 안테나의 구조를 CADFEKO에 그려 넣어야 하는데, 그 과정을 단계별로 설명해보기로 한다.

❶ CADFEKO 프로그램을 실행한 후, [그림 E-1]의 화면에서 [Create a new model]을 선택한다.

❷ 안테나를 그리기 전에 [Home]-[Model unit]을 선택하여 단위를 'mm'로 설정한다.

❸ 패치 안테나에 필요한 변수를 설정한다. [Construction]-[Variable]-[add variable]을 선택한 후 [그림 E-5]와 같이 앞에서 계산한 패치 안테나의 폭 값을 입력한다. [표 E-2]를 참고하여 패치 안테나의 길이도 입력한다.

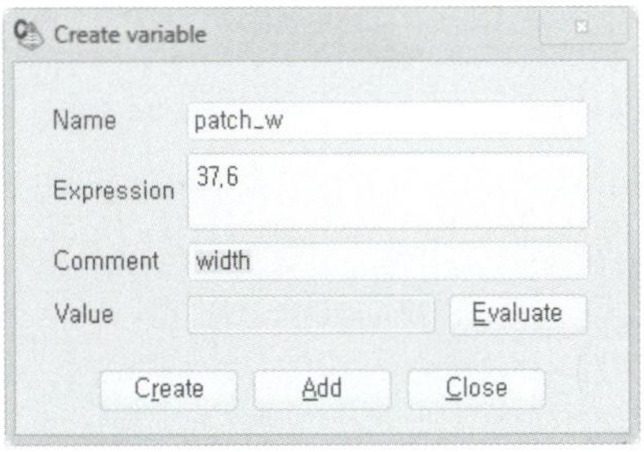

[그림 E-5] **변수 설정**

[표 E-2] **패치 안테나의 설계 변수**

Name	Expression	Comment
patch_w	37.6	width
patch_l	29.4	length

❹ 이어서 설계한 치수에 맞춰 패치를 그려 넣는다. [Construction]-[Rectangle]을 선택하면 [Create rectangle] 창이 나온다. [Definition methods] 항목에서 'Base centre'를 선택한 후 [그림 E-6]과 같이 입력한 후 [Create]를 누르면 3D view 창에 패치가 생성된다.

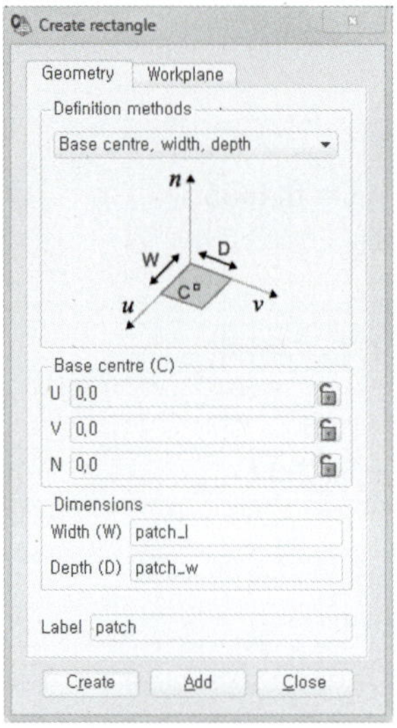

[그림 E-6] 패치 그리기

❺ 다음으로 패치 안테나에 사용하는 유전체를 설정해야 한다. 먼저 [Construction]-[Media]-[Dielectric]을 선택한다. 이 예제에서 사용하는 유전체 기판은 상대 유전율이 '4.3', 손실탄젠트 '0.025'의 에폭시이므로 [그림 E-7]과 같이 설정한다.

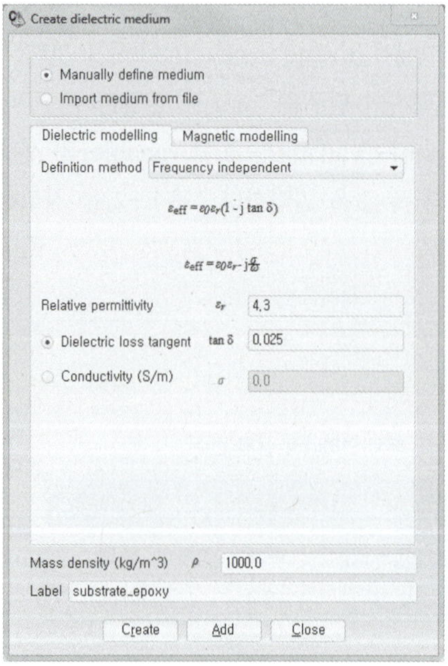

[그림 E-7] 유전체 기판의 특성 파라미터 설정

❻ 이제 유전체 및 접지를 생성해야 한다. [Construction]–[Planes/arrays]–[Plane/ground]를 선택하면 [Plane–ground] 창이 생긴다. 생성된 창에서 'Ground medium: Planar multilayer substrate', 'Substrate_epoxy: 1'로 설정하면 [그림 E–8]과 같이 높이가 1[mm]인 에폭시 유전체 기판이 생성된다.

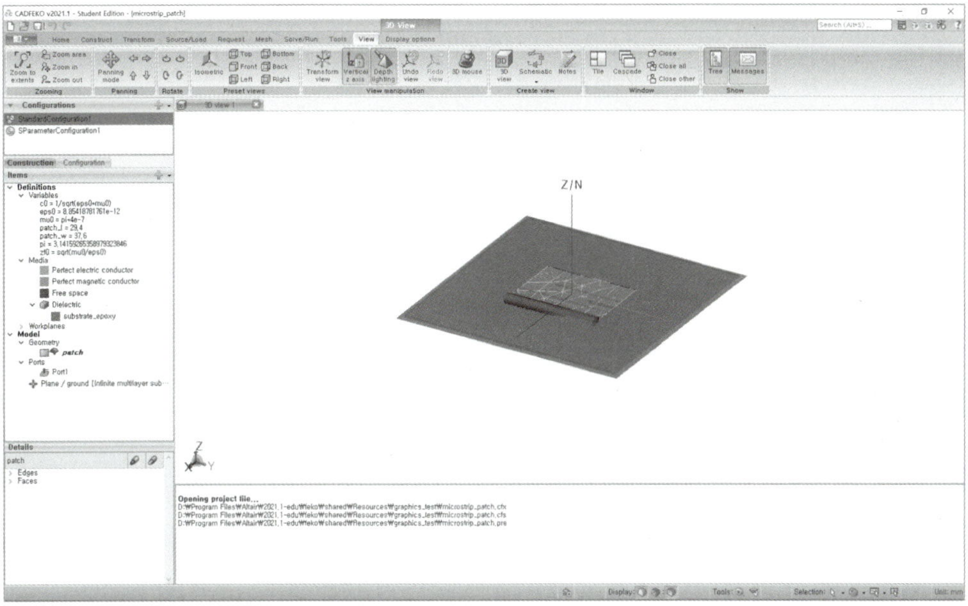

[그림 E–8] **유전체 기판 생성 및 포트 설정**

❼ 다음으로 포트port와 전압 신호원voltage source을 설정해보자. 포트를 설정하기 위해 패치 가장자리(Edge 2)를 선택한 후, 마우스의 오른쪽 버튼을 눌러 [Microstrip port] 메뉴를 선택한다. 전압 신호원을 설정하기 위해 모델 트리창에 생성된 'Port1'을 선택한 후, 마우스의 오른쪽 버튼을 눌러 [Voltage source]를 선택한다.

❽ 이제 패치 안테나를 해석해보자. [Frequency] 탭에서 [Linearly spaced discrete points]를 선택하고, 주파수 범위를 '1.5GHz'에서 '3.0GHz'까지로 설정하고 주파수 수를 '16'으로 설정한다. 앞에서 언급했듯이, FEKO Student Edition의 경우에는 해석가능한 주파수의 수가 총 20개로 제한되는 점을 주의해야 한다.

❾ 주파수 해석 범위까지 설정했으면 [Home]–[Feko solver] 메뉴를 선택하여 시뮬레이션을 수행한다. [그림 E–9]와 같은 실행창Executing runfeko에서 시뮬레이션의 진행결과를 실시간으로 보여준다.

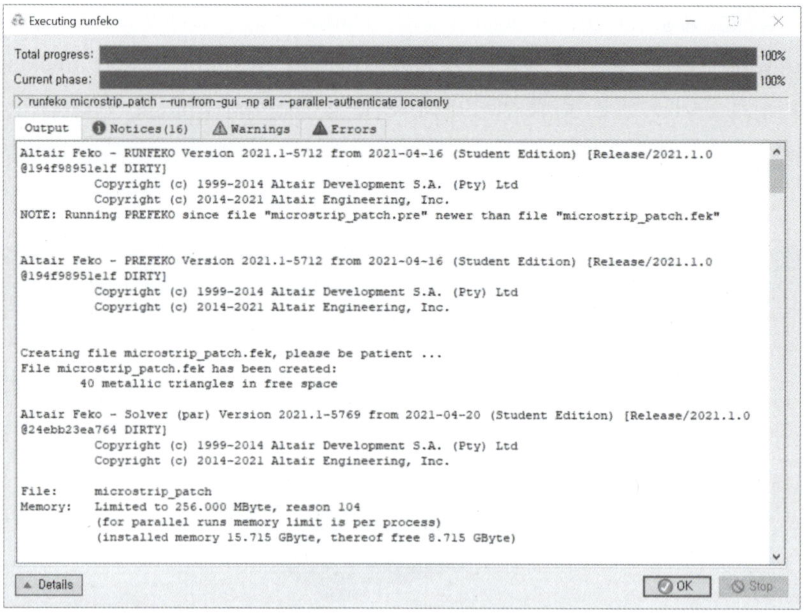

[그림 E-9] Executing runfeko 창

⑩ 해석결과를 확인하려면 POSTFEKO를 사용해야 한다. [Home]-[POSTFEKO] 메뉴를 선택한다. 화면에 나타난 POSTFEKO 창의 왼편에 있는 [Results] 탭에서 [SParameterConfiguration1]을 선택한 후 마우스의 오른쪽 버튼을 눌러 [Add to new] 메뉴를 선택한다. 여기서 [Cartesian graph]를 이용한 반사손실이나 [Smith chart]를 이용한 스미스차트를 선택하면 [그림 E-3]과 같은 시뮬레이션 결과를 확인할 수 있다.

E.2.2 패치 안테나 성능 개선

[그림 E-10]은 FEKO를 이용하여 2.45[GHz]에서 공진하는 패치 안테나를 시뮬레이션한 결과이다. 그러나 설계와 달리 시뮬레이션 결과에서는 2.46[GHz]에서 공진을 하고 있으며, 그때의 반사손실은 -12.58[dB]이다. 이는 설계한 패치 안테나의 신호원(포트) 급전은 50[Ω]인데 반해, 패치 안테나의 입력 임피던스가 80.76[Ω]으로 임피던스 정합이 이루어지지 않았기 때문에 발생한 결과이다. 이 경우에는 신호원 급전선로와 패치 안테나 사이에 임피던스 정합회로를 추가하여 안테나의 성능을 개선할 수 있다.

[그림 E-10(b)]를 보면 알 수 있듯이 2.45[GHz]에서 패치 안테나의 입력 저항값은 80.76[Ω]이다. 따라서 패치 안테나와 50[Ω] 마이크로스트립 급전선로 사이에 위치한 임피던스 정합용 $\frac{1}{4}$ 파장 변환기의 특성 임피던스 값은 다음과 같다.

$$Z_T = \sqrt{50 \times 80.76} = 63.54[\Omega]$$

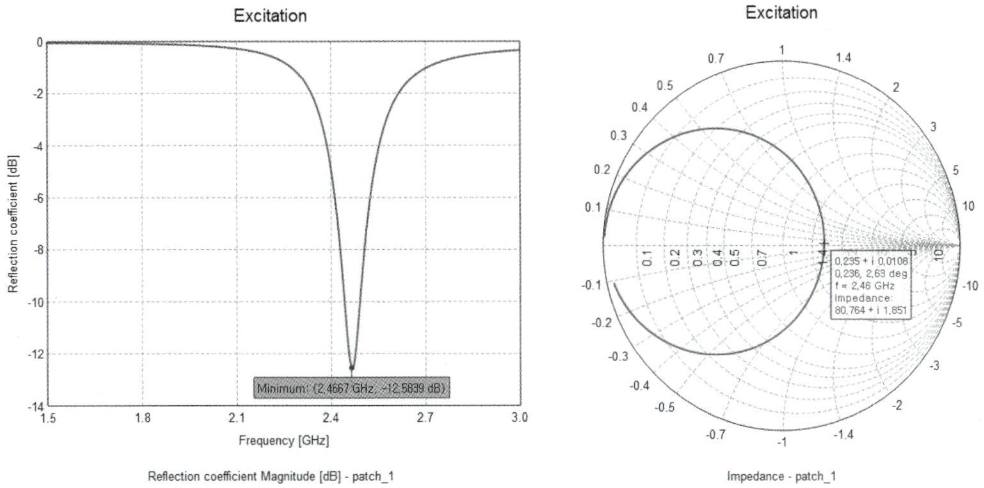

(a) 반사손실 (b) 스미스차트

[그림 E-10] 2.45[GHz] 패치 안테나 시뮬레이션 결과

특성 임피던스 $Z_T = 63.54[\Omega]$이고 길이가 $l = \dfrac{\lambda}{4}$인 정합용 마이크로스트립 전송선로의 폭을 구해야 한다. 인터넷을 검색해보면 전송선로의 특성 임피던스와 유효 유전상수를 자동으로 계산해주는 각종 전송선로 계산 프로그램Transmission Line Calculator들이 있다. 국내에서도 'RF Design House'(http://www.rfdh.com)에서 [그림 E-11]과 같은 프로그램을 서비스하고 있는데, 여기서는 이를 이용해보기로 한다.

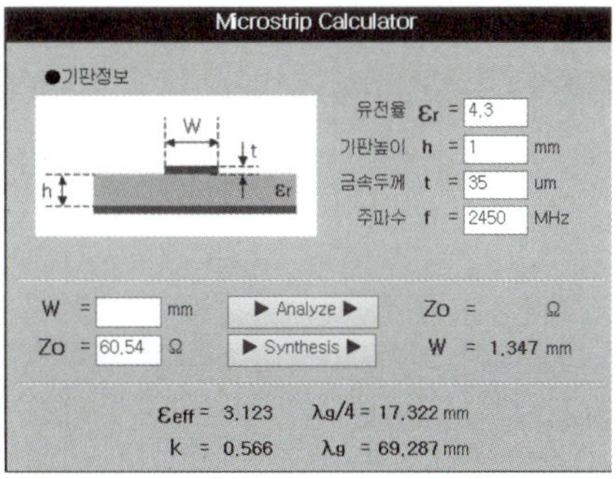

[그림 E-11] 전송선로 해석 및 설계용 프로그램
(출처: http://www.rfdh.com)

[그림 E-11]과 같이 예제에서 사용하는 유전체의 특성과 동작주파수를 입력하면 정합용 마이크로스트립 선로의 폭 $W_m \approx 1.35$[mm], 길이 $l = \dfrac{\lambda}{4} \approx 17.3$[mm]를 구할 수 있다. 같은 방법으로 급전용 $50[\Omega]$ 선로의 폭을 구해보면 $W_f \approx 1.89$[mm]이고, 급전선로의 길이는 17.1[mm]이다.

이렇게 계산된 마이크로스트립 선로들을 앞에서 설명한 방법을 참고하여 그려 넣어야 한다. 601페이지의 ❸번 과정을 참고하여 [표 E-3]과 같이 마이크로스트립 선로의 설계 변수를 설정한다.

[표 E-3] 마이크로스트립 선로의 설계 변수

Name	Expression	Comment
matching_w	1.35[mm]	1/4 파장 정합선로의 폭
matching_l	17.3[mm]	1/4 파장 정합선로의 길이
feed_w	1.89[mm]	급전선로의 폭
feed_l	17.1[mm]	급전선로의 길이

앞서 설명한 과정을 참고하여 [그림 E-12]와 같이 그려 넣는다.

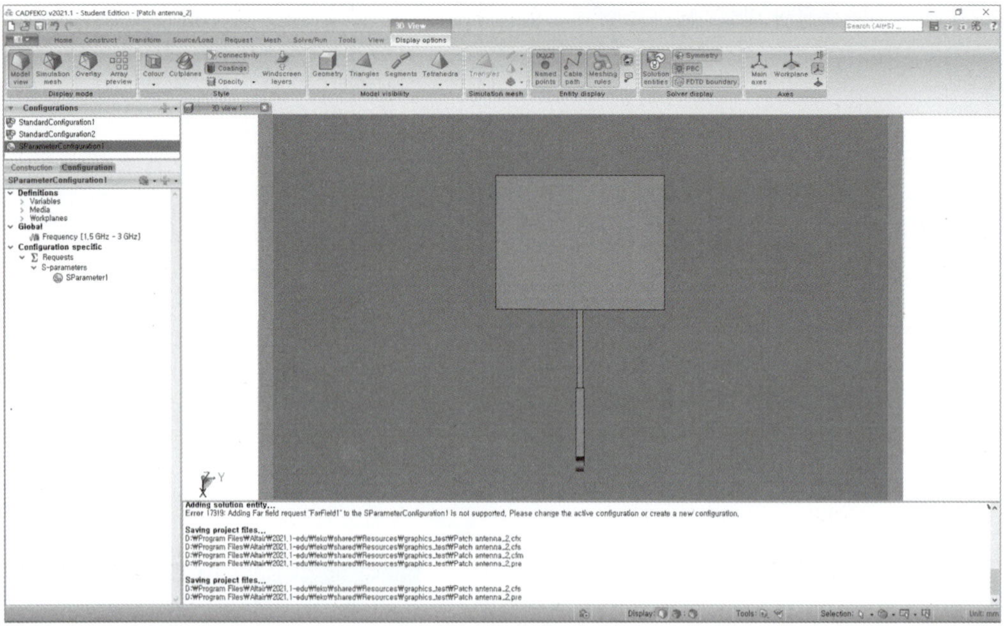

(a) 2D View

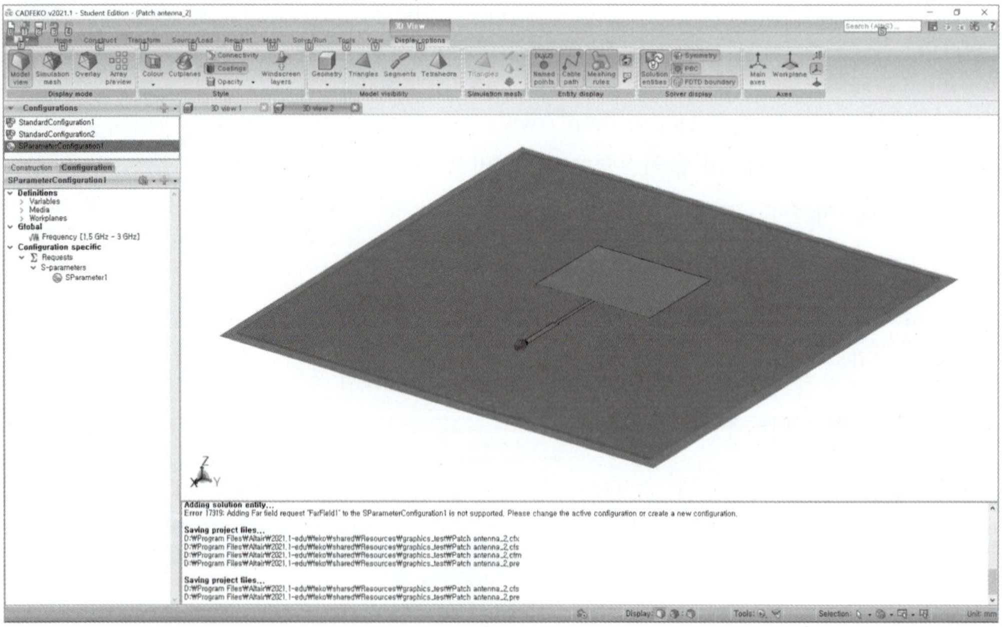

(b) 3D View

[그림 E-12] 2.45[GHz] 패치 안테나

계산된 값들을 이용하여 그린 패치 안테나를 시뮬레이션 해도 공진주파수가 2.45[GHz]에 정확하게 일치하지 않는다. 따라서 원하는 패치 안테나의 공진주파수 결과를 얻기 위해서는 패치 안테나의 설계 변수를 조금씩 바꿔가면서 튜닝을 해야 한다. [표 E-4]는 튜닝을 거쳐 얻은 패치 안테나의 최종 설계 변수들의 값이다. [그림 E-13]은 최종적으로 설계된 패치 안테나의 시뮬레이션 결과를 나타낸 것이다.

[표 E-4] **최종 설계된 패치 안테나의 설계 변수**

Name	Value [mm]	Name	Value [mm]
patch_w	37.9	matching_l	17.3
patch_l	29.6	feed_w	1.89
matching_w	1.24	feed_l	17.1

결과를 살펴보면 공진주파수는 2.45[GHz]이고 반사손실은 −22[dB]로, [그림 E-10]의 결과보다 성능이 개선된 것을 알 수 있다. 이는 [그림 E-13(b)]의 스미스차트에서 공진주파수의 임피던스가 스미스차트의 중심인 50[Ω]에 아주 가깝게 잘 정합되어 있는 것으로도 확인할 수 있다.

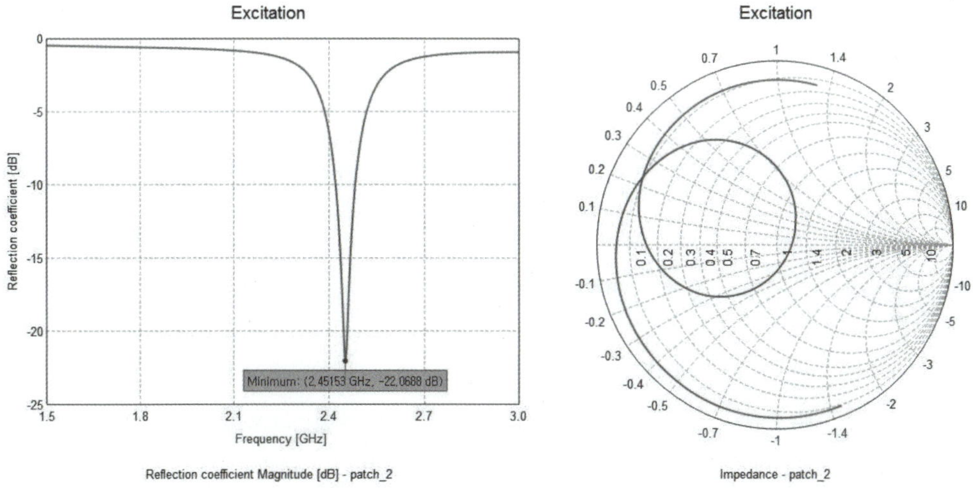

(a) 반사손실 (b) 스미스차트

[그림 E-13] **최종 설계된 2.45[GHz] 패치 안테나 시뮬레이션 결과**

참고문헌

[Chapter 01. 개요]

- C. Coleman, 『An Introduction to Radio Frequency Engineering』, Cambridge University Press, 2004
- B. Fette, R. Aiello, P. Chandra, D.M.Dobkin, A. Bensky, D.Miron, D.A.Lide, F. Dowla and R. Olexa, 『RF & Wireless Technologies』, Elsevier, 2008
- J. J. Carr, 『Microwave & Wireless Communications Technology』, Newnes, 1996
- T. K. Sarkar, R. J. Mailloux, A.A.Oliner, M.Salazar−Palma and D. L. Sengupta, 『History of Wireless』, John Wiley & Sons, 2006
- K. Chang, 『RF and Microwave Wireless Systems』, John Wiley & Sons, 2000
- J. F. White, 『High Frequency Techniques−An Introduction to RF and Microwave Engineering』, John Wiley & Sons, 2004
- P. Russer, 『Electromagnetics, Microwave Circuit, And Antenna Design for Communications Engineering, 2nd Ed』, Artech House, 2006
- D. M. Pozar, 『Microwave Engineering, 4th Ed』, John Wiley and Sons, 2011
- R. Schmitt, 『Electromagnetics Explained : A Handbook for Wireless/RF, EMC, and High−Speed Electronics』, Newnes, 2002
- D. M. Pozar, 『Microwave and RF Design of Wireless Systems』, John Wiley & Sons, 2000
- M. M. Radmanesh, 『RF & Microwave Design Essentials : Engineering Design and Analysis from DC to Microwaves』, Author House, 2007
- RFDH 운영자, 『RF 기초 강의실』, 코너북, 2009
- R. L. Freeman, 『Radio System Design for Telecommunications, 3rd Ed』, IEEE Press, 2007
- H. Lehpamer, 『Microwave Transmission Networks: Planning, Design, and Deployment, 2nd Ed』, McGraw−Hill, 2010
- H. R. Anderson, 『Fixed Broadband Wireless System Design』, John Wiley & Sons, 2003
- H. Sizun, 『Radio Wave Propagation for Telecommunication Applications』, Springer, 2005
- C. Haslett, 『Essentials of Radio Wave Propagation』, Cambridge University Press, 2008

[Chapter 02. 전자기학 기초]

- C. A. Balanis, 『Advanced Engineering Electromagnetics, 2nd Ed』, John Wiley & Sons, 2012
- N. N. Rao, 『Fundamentals of Electromagnetics for Electrical and Computer Engineering』, Prentice Hall, 2008
- A. V. Räisänen and A. Lehto, 『Radio Engineering for Wireless Communication and Sensor Applications』, Artech House, 2003
- J. G. Van Bladel, 『Electromagnetic Fields, 2nd Ed』, IEEE Press, 2007

• R. F. Harrington, 『Time–Harmonic Electromagnetic Fields』, IEEE Press, 2001
• J. A. Stratton, 『Electromagnetic Theory』, Wiley–IEEE Press, 2007
• D. Fleisch, 『A Student's Guide to Maxwell's Equations』, Cambridge University Press, 2008
• R. E. Collin, 『Field Theory of Guided Waves, 2nd Ed』, Wiley–IEEE Press, 1990
• M. Sadiku, 『Elements of Electromagnetics, 6th Ed』, Oxford University Press, 2014

[Chapter 03. 전송선로]

• R. Collier, 『Transmission Lines : Equivalent Circuits, Electromagnetic Theory, and Photons』, Cambridge University Press, 2013
• B. C. Wadell, 『Transmission Line Design Handbook』, Artech House, 1991
• W. T. Joines, W. D. Palmer and J. T. Bernhard, 『Microwave Transmission Line Circuits』, Artech House, 2013
• D. K. Cheng, 『Field and Wave Electromagnetics, 2nd Ed』, Addison–Wesley, 1989
• R. Garg, I. Bahl and M. Bozzi, 『Microstrip Lines and Slotlines, 3rd Ed』, Artech House, 2013
• A. Kumar, 『Microwave Techniques–Transmission Lines』, New Age International Publishers, 1998
• J. C. Freeman, 『Fundamentals of Microwave Transmission Lines』, John Wiley & Sons, 1996
• T. Edwards, 『Foundations for Microstrip Circuit Design, 2nd Ed』, John Wiley & Sons, 1992

[Chapter 04. 스미스차트와 산란 행렬]

• C. Bowick, 『RF Circuit Design, 2nd Ed』, Newnes, 2007
• R. Ludwig and G. Bogdanov, 『RF Circuit Design : Theory & Applications, 2nd Ed』, Prentice Hall, 2008
• A. S. Khan, 『Microwave Engineering : Concepts and Fundamentals』, CRC Press, 2014
• W. S. Cheung and L. A. Stark, 『Microwave Made Simple : The Workbook』, Artech House, 1986
• F. Gustrau, 『RF and Microwave Engineering : Fundamentals of Wireless Communications』, John Wiley & Sons, 2012
• W. Geyi, 『Foundations for radio frequency engineering』, World Scientific Publishing, 2015
• Y. Kotsuka, 『Electromagnetic Wave Absorbers-Detailed Theories and Applications』, John Wiley & Sons, 2019

참고문헌

[Chapter 05. 마이크로파 수동소자]

- M. Steer, 『Microwave and RF Design–A Systems Approach』, Scitech Publishing, 2010
- R. J. Weber, 『Introduction to Microwave Circuits–Radio Frequency and Design Applications』, IEEE Press, 2001
- P. A. Rizzi, 『Microwave Engineering–Passive Circuits』, Prentice Hall, 1988
- I. Bahl, 『Lumped Elements for RF and Microwave Circuits』, Artech House, 2003
- C. Sayre, 『Complete Wireless Design, 2nd Ed』, McGraw–Hill, 2008
- T. S. Laverghetta, 『Microwaves and Wireless Simplified, 2nd Ed』, Artech House, 2005
- J. S. Hong, 『Microstrip Filters for RF/Microwave Applications, 2nd Ed』, John Wiley & Sons, 2011
- T. C. Edwards and M. B. Steer, 『Foundations of Interconnect and Microstrip Design, 3rd Ed』, John Wiley & Sons, 2000
- L. Besser and R. Gilmore, 『Practical RF Circuit Design for Modern Wireless Systems–Vol.1 Passive Circuits and Systems』, Artech House, 2003
- I. Hunter, 『Theory and Design of Microwave Filters』, IET, 2001
- N. Kinayman and M. I. Aksun, 『Modern Microwave Circuits』, Artech House, 2005
- L. G. Maloratsky, 『RF and Microwave Integrated Circuits–Passive Components and Control Devices』, Elsevier, 2004
- M. Makimoto and S. Yamashita, 『Microwave Resonators and Filters for Wireless Communication – Theory, Design and Application』, Springer, 2000
- J. B. Hagen, 『Radio–Frequency Electronics : Circuits and Applications, 2nd Ed』, Cambridge University Press, 2009
- J. J. Carr, 『RF Components and Circuits』, Newnes, 2002

[Chapter 06. 마이크로파 능동소자]

- U. L. Rohde and D. P. Newkirk, 『RF/Microwave Circuit Design for Wireless Applications』, John Wiley & Sons, 2000
- S. C. Cripps, 『Advanced Techniques in RF Power Amplifier Design』, Artech House, 2002
- E. H. Fooks and R. A. Zakarevicius, 『Microwave Engineering Using Microstrip Circuits』, Prentice Hall, 1990
- F. A. Losee, 『RF Systems, Components, and Circuits Handbook, 2nd Ed』, Artech House, 2005
- A. Grebennikov, 『RF and Microwave Transmitter Design』, John Wiley & Sons, 2011
- I. A. Glover, S. R. Pennock and P. R. Shepherd, 『Microwave Devices, Circuits and Subsystems for Communications Engineering』, John Wiley & Sons, 2005

- W. A. Davis and K. Agarwal, 『Radio Frequency Circuit Design』, John Wiley & Sons, 2001
- G. Gonzalez, 『Microwave Transistor Amplifiers : Analysis and Design, 2nd Ed』, Prentice Hall, 1996
- W. F. Egan, 『Practical RF System Design』, John Wiley & Sons, 2003
- S. A. Maas, 『Practical Microwave Circuits』, Artech House, 2014
- D. K. Misra, 『Radio-Frequency and Microwave Communication Circuits』, John Wiley & Sons, 2001
- S. C. Bera, 『Microwave Active Devices and Circuits for Communication』, Springer, 2019

[Chapter 07. 무선통신 시스템 송수신기]

- K. McClaning and T. Vito, 『Radio Receiver Design』, Noble Publishing, 2000
- M. Golio and J. Golio, 『RF and Microwave Circuits, Measurements, and Modeling』, CRC Press, 2008
- Q. Gu, 『RF System Design of Transceivers for Wireless Communications』, Springer, 2005
- C. Drentea, 『Modern Communications Receiver Design and Technology』, Artech House, 2010
- R. C. Dixon, 『Radio Receiver Design』, Marcel Dekker Inc, 1998
- D. M. Dobkin, 『RF Engineering for Wireless Networks-Hardware, Antennas, and Propagation』, Elsevier, 2005
- F. Horlin and A. Bourdoux, 『Digital Compensation for Analog Front-Ends』, John Wiley & Sons, 2008
- G. Kalivas, 『Digital Radio System Design』, John Wiley & Sons, 2009
- A. Luzzatto and G. Shirazi, 『Wireless Transceiver Design-Mastering the Design of Modern Wireless Equipment and Systems』, John Wiley & Sons, 2007
- J. W. M. Rogers, C. Plett and I. Marsland, 『Radio Frequency System Architecture and Design』, Artech House, 2013

[Chapter 08. 안테나와 전파]

- W. L. Stutzman, 『Antenna Theory and Design, 3rd Ed』, John Wiley & Sons, 2012
- J. Carr and G. Hippisley, 『Practical Antenna Handbook, 5th Ed』, McGraw-Hill, 2011
- J. D. Kraus and R. J. Marhefka, 『Antennas For All Applications, 3rd Ed』, McGraw-Hill, 2001
- S. R. Saunders and A. A. Zavala, 『Antennas and Propagation for Wireless Communication Systems, 2nd Ed』, John Wiley & Sons, 2007
- Y. Huang and K. Boyle, 『Antennas - From Theory to Practice』, John Wiley & Sons, 2008.
- J. Carr, 『Antenna Toolkit, 2nd Ed』, Newnes, 2001

- C. A. Balanis, 「Antenna Theory : Analysis and Design, 3rd Ed」, John Wiley & Sons, 2005
- H. R. Anderson, 「Fixed Broadband Wireless System Design」, John Wiley & Sons, 2003
- J. S. Seybold, 「Introduction to RF Propagation」, John Wiley & Sons, 2005
- T. Macnamara, 「Introduction to Antenna Placement & Installation」, John Wiley & Sons, 2010
- A. A. Smith, 「Radio Frequency Principles and Applications – The Generation, Propagation, and Reception of Signal and Noise」, IEEE Press, 1998.
- K. Siwiak and Y. Bahreini, 「Radiowave Propagation and Antennas for Personal Communications, 3rd Ed」, Artech House, 2007

[Chapter 09. 레이다]

- D. K. Barton, 「Radar Equations for Modern Radar」, Artech House, 2013
- M. I. Skolnik, 「Introduction to Radar Systems, 3rd Ed」, McGraw–Hill, 2001
- G. S. B, Rao, 「Microwave and Radar Engineering」, Pearson, 2014
- J. J. Carr, 「Microwave & Wireless Communications Technology」, Newnes, 1996
- C. Ozdemir, 「Inverse Synthetic Aperture Radar Imaging with MATLAB Algorithms」, John Wiley & Sons, 2012
- H. Rahman, 「Fundamental Principles of Radar」, CRC Press, 2019
- K. Chang, 「RF and Microwave Wireless Systems」, John Wiley & Sons, 2000
- J. Lu, 「Design Technology of Synthetic Aperture Radar」, IEEE Press–Wiley, 2019
- A. W. Scott, 「Understanding Microwaves」, John Wiley & Sons, 1993
- J. C. Toomay, 「Radar principles for the non–specialist, 2nd Ed」, Van Nostrand Reinhold, 1989
- M. Jankiraman, 「FMCW Radar Design」, Artech House, 2018
- B. R. Mahafza, 「Radar systems & analysis and design using Matlab」, CRC Press, 2000

[Chapter 10. 변조와 복조]

- R. Blake, 「Wireless Communication Technology」, Delmar, 2001
- L. Smaini, 「RF Analog Impairments Modeling for Communication Systems Simulation」, Wiley, 2012
- T. S. Rappaport, R. W. Heath, R. C. Daniels and J. N. Murdock, 「Millimeter Wave Wireless Communications」, Prentice–Hall, 2015
- P. K. Chaturvedi, 「Microwave, Radar & RF Engineering With Laboratory Manual」, Springer, 2018
- M. Steer, 「Microwave and RF Design–A Systems Approach」, Scitech Publishing, 2010

- F. Dowla, 『Handbook of RF and wireless technologies』, Elsevier, 2004
- 윤남일, 『최신통신이론』, 생능출판사, 2018
- 김명진, 『MATLAB 실습과 함께 배우는 아날로그 및 디지털 통신이론』, 생능출판사, 2018
- J. G. Proakis and M. Salehi, 『Fundamentals of Communication Systems』, Pearson, 2014
- S. Haykin and M. Moher, 『Introduction to Analog and Digital Communications, 2nd Ed』, Wiley, 2006
- G. L. Stuber, 『Principles of Mobile Communication, 2nd Ed』, Kluwer Academic Publishers, 2002

[Chapter 11. 무선통신 시스템]

- E. D. Kaplan and C. J. Hegarty, 『Understanding GPS/GNSS, 3rd Ed』, Artech House, 2017
- A. V. Vorst, A. Rosen and Y. Kotsuka, 『RF/Microwave Interaction with Biological Tissues』, IEEE Press, 2006
- A. V. Räisänen and A. Lehto, 『Radio Engineering for Wireless Communication and Sensor Applications』, Artech House, 2003
- D. Bailey, 『Practical Radio Engineering and Telemetry for Industry』, Newnes, 2003
- M. Mehdizadeh, 『Microwave/RF Applicators and Probes』, Elsevier, 2010
- V. R. K. Murthy, S. Sundaram, and B. Viswanatha, 『Microwave Materials』, Springer–Verlag Berlin Heidelberg GmbH, 1994
- R. A. Poisel, 『Electronic Warfare Receivers and Receiving Systems』, Artech House, 2014
- A. El–Rabbany, 『Introduction to GPS – The Global Positioning System』, Artech House, 2002
- S. Arnold, 『Radio and Radar Astronomy Projects for Beginners, 2nd Ed』, Springer, 2021
- J. W. M. Baars, 『The Parabolidal Reflector Antenna in Radio Astronomy and Communication』, Springer, 2007
- A. Saakian, 『Radio Wave Propagation Fundamentals, 2nd Ed』, Artech House, 2021
- A. Ghasemi, A. Abedi and F. Ghasemi, 『Propagation Engineering in Radio Links Design』, Springer, 2013

찾아보기

찾아보기

J ~ L

M ~ N

O ~ Q

R

U ~ Z

가 ~ 나

찾아보기

사

아

찾아보기

차 ~ 타

파 ~ 하

찾아보기